Lehrbuch der Mikrobiologie und Immunbiologie

Von

Dr. Dr. Max Gundel und **Dr. Walter Schürmann**

Professor an der
Medizinischen Akademie Düsseldorf,
Direktor des Hygienischen Instituts
des Ruhrgebiets zu Gelsenkirchen

Honorarprofessor
an der Universität Münster,
Ärztlicher Direktor der Reichsknappschaft
zu Berlin

Zugleich zweite Auflage des
Leitfadens der Mikroparasitologie und Serologie
von E. Gotschlich und W. Schürmann

Mit 85 zum größten Teil farbigen Abbildungen

Springer-Verlag Berlin Heidelberg GmbH

1939

ISBN 978-3-662-23387-0   ISBN 978-3-662-25434-9 (eBook)
DOI 10.1007/978-3-662-25434-9

Vorwort zur zweiten Auflage.

Im Gegensatz zur ersten Auflage ist das Buch, das früher als Leitfaden der Mikroparasitologie und Serologie erschienen war, jetzt zu einem Lehrbuch ausgestaltet worden, dem die Verff. den Titel „Lehrbuch der Mikrobiologie und Immunbiologie" gegeben haben. An Stelle des ausgeschiedenen Mitarbeiters Prof. Dr. E. GOTSCHLICH, Ankara (früher Heidelberg), ist der Direktor des Hygienischen Instituts des Ruhrgebiets zu Gelsenkirchen, Prof. Dr. Dr. MAX GUNDEL, getreten. Das Buch hat eine vollkommene Umarbeitung erfahren. Es wendet sich in erster Linie an den Fachbakteriologen, an die Laboratorien, an die klinischen Assistenten und an die beamteten Ärzte, weiter aber auch an den praktischen Arzt, den Tierarzt und den Studierenden, der sich für das Fach interessiert.

Das Buch enthält die Grundlagen und Ergebnisse der Mikrobiologie und Immunbiologie in prägnanter Kürze. Im allgemeinen Teil ist eine Darstellung der Biologie der Mikroparasiten, sowie der Verhältnisse von Infektion und Immunität gegeben. Der spezielle Teil bringt eine Darstellung der einzelnen Krankheitserreger im Rahmen eines natürlichen Systems, soweit dies bei dem heutigen Stande unserer Wissenschaft möglich ist. Daneben werden die Epidemiologie und die Bekämpfung der Seuchen einschließlich der gesetzlichen Maßnahmen berücksichtigt. Der Anhang enthält den mikroskopischen Nachweis von Würmern und Wurmeiern. Im Text sind bei den einzelnen Kapiteln die wichtigsten Untersuchungsmethoden in Kleindruck angegeben, so daß es sich somit erübrigt, in dieser Hinsicht noch ein anderes Buch zu benutzen. Die farbigen Abbildungen, sowie die einfarbigen, insbesondere die Apparatebilder, sind auf das notwendigste Maß reduziert worden, ohne daß dem Verständnis in irgendeiner Weise Abbruch getan wird.

Wie schon eingangs gesagt wurde, ist das Lehrbuch auch für den praktischen Arzt gedacht, der nicht selbst bakteriologisch arbeitet, sondern die für seine praktischen Zwecke erforderlichen Untersuchungen an anderer Stelle ausführen läßt. Mehr und mehr hat sich ja, zum Segen für die medizinische Diagnostik, die Inanspruchnahme bakteriologischer Untersuchungsstellen seitens der praktischen Ärzte eingebürgert. Nach unserer eigenen reichen Erfahrung auf diesem Gebiete müssen wir aber sagen, daß für ein gedeihliches Zusammenarbeiten zwischen Arzt und Untersuchungsamt gewisse Vorbedingungen erfüllt sein müssen. Der Arzt muß wissen, welche Proben er bei jeder einzelnen Infektionskrankheit und in welcher Weise und zu welchem Zeitpunkt er sie zu entnehmen hat; er muß auch wissen, was er im gegebenen Falle von der bakteriologischen Untersuchung erwarten darf, und er muß vor allem das ihm zugehende Untersuchungsergebnis richtig bewerten können. Wie steht es aber hiermit in der Praxis? Abgesehen davon, daß zuweilen noch ganz ungeeignetes, technisch unrichtig behandeltes Material (z. B. bei Blutpräparaten) eingeht, oder daß Proben einem längeren Transport ausgesetzt werden, die es durchaus nicht vertragen, wo vielmehr die Verarbeitung des Materials unmittelbar nach der Entnahme an Ort und Stelle das einzig richtige wäre (z. B. bei Kultivierung von Ruhrbacillen aus Stuhl oder von Meningokokken aus Rachenabstrichen) — wird sehr häufig noch in der richtigen Auswahl des Materials und der Zeit der Entnahme gefehlt. Es ist z. B. ganz zwecklos, bei einer auf Typhus verdächtigen Erkrankung sogleich in den ersten Tagen eine Serumprobe zur WIDALschen Reaktion oder eine Stuhlprobe zur Untersuchung auf Typhusbacillen einzusenden (statt der in dieser Zeit fast sicheren Erfolg versprechenden Blutkultur) und womöglich gar sich mit dem so erhaltenen negativen Ergebnis der einmaligen Untersuchung zu beruhigen und den Typhusverdacht fallen zu lassen. In solchen immer wieder vorkommenden Fällen wirkt dann die falsch ausgelegte bakteriologische Untersuchung geradezu irreführend. Solche Irrtümer müssen und können vermieden werden, wenn der Einsender die erforderlichen Kenntnisse auf dem Gebiet der bakteriologischen Methodik hat und sich gegebenenfalls rasch orientieren kann. Möge das vorliegende Buch auch in dieser Hinsicht seine Aufgabe erfüllen.

Für das Entgegenkommen, das die Verlagsbuchhandlung JULIUS SPRINGER unseren Wünschen gezeigt hat und für die vorzügliche Ausstattung, die sie dem Buche zuteil werden ließ, möchten wir auch an dieser Stelle unseren aufrichtigsten Dank aussprechen.

Gelsenkirchen und *Bochum,* im Februar 1939.

M. GUNDEL.   W. SCHÜRMANN.

Inhaltsverzeichnis.

Allgemeiner Teil.

Spezieller Teil.

A. Begriffsbestimmung und Einteilung der pathogenen Mikroorganismen.

Als *Mikroparasiten* oder *pathogene Mikroorganismen (krankheitserregende Kleinwesen)* bezeichnet man kleinste, nur mit starker mikroskopischer Vergrößerung erkennbare Lebewesen, die auf den äußeren und inneren Körperoberflächen, sowie in den Geweben tierischer und pflanzlicher höherer Organismen zu leben und sich auf Kosten ihres Wirtes zu ernähren vermögen. Häufig kommt es dadurch zu Störungen des normalen Ablaufes der Lebensvorgänge, d. h. zur Erkrankung des Wirtsorganismus; da diese Krankheiten durch Übertragung der Mikroparasiten auf einen anderen Wirt zustande kommen, bezeichnet man sie als *ansteckende* oder *Infektionskrankheiten.* Bekanntlich gibt es auch ansteckende Krankheiten, welche durch Parasiten verursacht werden, die mit bloßem Auge sichtbar sind *(Makroparasiten)* und zu den Klassen der Würmer und Spinnentiere gehören; für diese Krankheiten hat man wohl auch — im Gegensatz zu den durch Mikroorganismen verursachten Infektionen — die Bezeichnung „*Invasionskrankheiten*" gewählt; doch ist eine solche Abtrennung eine willkürliche, da sowohl die biologischen Vorgänge zwischen Erreger und befallenem Organismus wie das epidemiologische Verhalten der einzelnen Krankheitsfälle zueinander keine grundsätzlichen Unterschiede zwischen den durch Mikro- und Makroparasiten verursachten Infektionen aufweisen. Wenn also die Begriffsbestimmung der *Mikro*parasiten oder pathogenen *Mikro*organismen zunächst nur rein äußerlich im Gegensatz zu den schon mit bloßem Auge erkennbaren *Makro*parasiten erfolgt ist und im übrigen die Mikroorganismen sehr verschiedenen Klassen des biologischen Systems angehören, indem einige entschieden pflanzlicher, andere entschieden tierischer Natur sind und noch andere auf der Grenze dieser beiden Reiche stehen, so ist doch ihre gemeinsame Betrachtung und Namengebung aus verschiedenen Gründen gerechtfertigt: erstens durch die *gemeinsame Methodik*, welche nicht nur durch die *mikroskopische Technik,* sondern vor allem durch das unmittelbare *medizinische Interesse,* das die Mikroorganismen als Erreger der wichtigsten Infektionskrankheiten beanspruchen, beherrscht wurde, und welche daher einerseits das Studium dieser Lebewesen mehr und mehr zu einer Domäne des Mediziners werden ließ, andererseits neue Gesichtspunkte und Aufgaben in die Forschung einführte, die (wie die Erkenntnis der Vorgänge der Desinfektion und Immunität) den rein biologischen Disziplinen der Botanik und Zoologie bisher so gut wie fremd gewesen waren; zweitens durch das theoretisch gemeinsame Merkmal aller Mikroorganismen, daß es sich im Gegensatz zu den mit bloßem Auge sichtbaren *mehrzelligen Makroparasiten* um *einzellige Lebewesen* handelt. Mit dieser grundsätzlichen Feststellung ist das Reich der Mikroorganismen von dem der mehrzelligen Lebewesen biologisch streng geschieden, schon deshalb, weil der Einzeller in sich die verschiedensten Lebensfunktionen vereinigt, während beim Mehrzeller selbst auf der niedrigsten Stufe der Entwicklung stets eine Differenzierung, eine Verteilung verschiedener Lebensäußerungen auf verschiedene Zellgruppen (Organe) stattfindet. Je mehr die Erforschung der einzelligen Mikroorganismen fortgeschritten ist und je zahlreichere und mannigfaltigere Arten erkannt wurden, desto mehr verwandtschaftliche Beziehungen zwischen den ursprünglich scheinbar so weit voneinander getrennten einzelnen Repräsentanten sind zutage getreten, so daß man jetzt schon den Versuch wagen kann, ein *natürliches System der Mikroorganismen* aufzustellen. Man geht dabei am besten von der auf der Stufenleiter biologischer Entwicklung am tiefsten stehenden Gruppe der *Bakterien* aus. Von diesen führt die phylogenetische Entwicklung einerseits zu rein *pflanzlichen Formen* (*Streptotricheen, Schimmel-* und *Sproß*pilzen), andererseits durch die Übergangsgruppe der *Spirochäten* zu einzelligen *niedersten Tieren (Protozoen)*; schließlich existiert noch eine Gruppe von Mikroorganismen, die der Klassifikation besondere Schwierigkeiten macht, weil es sich um Formen von solcher Kleinheit handelt, daß sie auf oder unter der Grenze der mikroskopischen Sichtbarkeit stehen *(sub-* oder *ultramikroskopische Erreger, Aphanozoen* [KRUSE]) und demgemäß die Poren von Filtern passieren, die sich den Keimen der oben genannten Gruppen gegenüber als völlig dicht erweisen *(filtrierbares Virus)*. Wenn diesen letztgenannten kleinsten Formen gegenüber die morphologische Erforschung entweder völlig versagt (Gelbfiebererreger) oder doch nur insoweit möglich ist, als der Mikroparasit in den Zellen des befallenen Wirtsorganismus nicht als solcher, sondern durch die den Eindringling einhüllenden färberisch darstellbaren Reaktionsprodukte der Wirtszelle sichtbar wird (daher die Bezeichnungen als Chlamydozoen [v. PROWAZEK] oder Strongyloplasmen [LIPSCHÜTZ]), so erlauben doch die biologischen Eigenschaften dieser kleinsten Lebewesen, sie vielleicht mit den Bakterien, Spirochäten und Protozoen in nähere verwandtschaftliche Beziehung zu setzen: vgl. weiter unten.

Ein *natürliches System der Mikroorganismen* läßt sich also etwa nach folgendem Schema aufstellen:

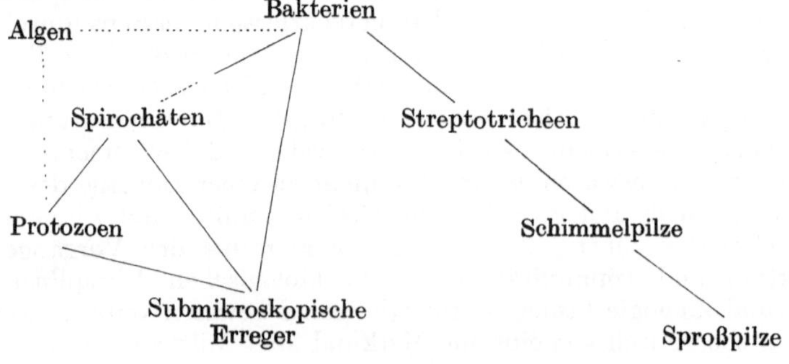

Von rein biologischem Interesse und ohne unmittelbare Bedeutung für die medizinische Wissenschaft ist dann noch die enge verwandtschaftliche Beziehung der Bakterien zu den Algen (unter denen bisher Parasiten bei Tieren nicht bekannt sind, die jedoch ihrerseits in naher Verwandtschaft zu manchen Protozoen [Flagellaten] stehen).

Die einzelnen Gruppen der Mikroparasiten lassen sich kurz etwa durch folgende Merkmale charakterisieren:

1. Bakterien (wegen ihrer engen verwandtschaftlichen Beziehungen zu den Pilzen auch als *Spaltpilze* oder *Schizomyceten* bezeichnet) sind einzellige, mit Ausnahme vereinzelter saprophytischer Arten chlorophyllfreie Mikroorganismen einfachster (kugeliger, stäbchen- oder schraubenartiger) Form, die sich ausschließlich durch Querteilung vermehren, demgemäß keine echten Verzweigungen bilden und in bezug auf ihre Lebensbedingungen und Lebensäußerungen eine ganz außerordentliche Mannigfaltigkeit der Artcharaktere zeigen.

2. Streptotricheen *(Strahlenpilze)*, von den stäbchenförmigen Bakterien, denen sie sonst sehr nahe stehen, durch das Vorhandensein echter Astbildung und keulenförmiger Endglieder, sowie strahliger Anordnung des Wachstums von einem Zentrum aus, unterschieden. Gewisse Arten, die, morphologisch streng genommen, zu den Streptotricheen gehören, wie die Tuberkel-, Rotz- und Diphtheriebacillen, werden im gewöhnlichen medizinischen Sprachgebrauch (dem auch unsere Darstellung folgt) zu den Bakterien gerechnet, weil sie im infizierten Organismus fast ausschließlich die Gestalt von Bakterien zeigen und die verästelten „höheren Wuchsformen" nur unter besonderen Umständen in künstlicher Kultur auftreten.

3. Schimmel- oder Fadenpilze bilden ein verzweigtes Netz (Mycelium) von Fäden (Hyphen), auf dem sich die besonders gestalteten *sporentragenden Frucht*körper erheben. Anläßlich der Fruktifikation findet bei einigen Arten *geschlechtliche Fortpflanzung* (Kopulation) statt. Von den Schimmel- und Fadenpilzen aus führt die phylogenetische Entwicklung einerseits zu den höheren Pilzen, andererseits zu den

4. Sproßpilze, Blastomyceten, die nach ihrer Erscheinung allerdings einfachere Formen darstellen als die komplizierter gebauten Schimmelpilze, dennoch aber stammesgeschichtlich als Abkömmlinge der letzteren aufgefaßt werden können, weil das Mycel echter Schimmelpilze unter gewissen Bedingungen (in Nährflüssigkeit untergetaucht) in Form von Sproßpilzen weiterwächst. Die Sproßpilze führen ihren Namen von der eigenartigen Form ihrer Vermehrung, wobei aus der kugeligen oder länglichen Mutterzelle seitliche runde Auswüchse (Knospen oder Sprossen) hervorgehen, die schließlich ihrerseits zu fertigen, der Mutterzelle gleichenden Zellen auswachsen und sich dann von der letzteren abschnüren. Übrigens zeigen manche Sproßpilze (Oidium, Soor) außer der Vermehrung durch Sprossung noch Wachstum in verzweigten Fäden, ähnlich dem Mycel der Schimmelpilze, worin eine besonders nahe Verwandtschaft zu diesen letzteren sich kundgibt.

Läßt sich so auf der einen Seite der Stammbaum der phylogenetischen Entwicklung von den Bakterien bis zu höheren pflanzlichen Formen verfolgen, so bestehen andererseits Beziehungen der Bakterien zu tierischen Lebewesen. Eine vermittelnde Stelle nehmen hierbei ein:

5. Spirochäten, die in ihrer Gestalt und Eigenbewegung zunächst am meisten an die schraubenförmigen Bakterien (Spirillen) erinnern und früher mit diesen häufig zusammengeworfen wurden, so daß die beiden Bezeichnungen Spirochäte und Spirillum fast unterschiedslos in Gebrauch waren. Genaueres Studium lehrt schon morphologische Unterschiede erkennen, indem bei den Spirillen der Zelleib verhältnismäßig starr, bei den Spirochäten dagegen außerordentlich biegsam ist. Strittig ist die Frage, ob bei den Spirochäten außer der Querteilung noch Längsteilung oder gar diese allein vorkommt, und damit zusammenhängend die weitere Frage, ob *echte* Verzweigungen auftreten. Manche Beobachtungen, z. B. das Verschwinden der typischen Formen in gewissen Entwicklungsphasen der Spirochäteninfektionen (Recurrens), sowie das (noch fragliche) Vorkommen filtrierbarer Keime von submikroskopischer Größenordnung sprechen dafür, daß der Entwicklungskreis der Spirochäten vielleicht reicher ist als derjenige der Spirillen, bei welch letzteren — wie bei allen Bakterien überhaupt — derselbe morphologische Typus immer wieder einzig und allein hervorgebracht wird. Dazu kommt die bei einigen Arten beobachtete Reifung in einem als Zwischenwirt fungierenden Insekt, ein Prozeß, der durchaus dem Entwicklungsgang tierischer Parasiten angehört.

6. Protozoen, einzellige tierische Lebewesen von mannigfaltiger Form und geschlechtlicher Fortpflanzung, die ihre Leibessubstanz nicht wie die Bakterien, Streptotricheen, Schimmel- und Sproßpilze aus einfachsten chemischen Verbindungen synthetisch aufbauen, sondern auf die Ernährung aus kompliziert gebauten hochmolekularen Eiweißstoffen (teilweise sogar wie die Amöben auf Aufnahme *geformter* organischer Elemente) angewiesen sind. Die verschiedenen Gattungen und Arten untereinander sowie auch die einzelnen Arten in ihrem Entwicklungszyklus zeigen einen großen Formenreichtum; neben der einfachen vegetativen Vermehrung durch Quer- oder Längsteilung oder durch Zerfall in zahlreiche Teilstücke findet sich bei vielen Arten noch eine besondere, ungleich kompliziertere *geschlechtliche Entwicklung* unter gleichzeitigem *Generationswechsel* in einem *Zwischenwirt* (stechendem Insekt oder Zecke); dazu kommt die weitgehende morphologische Differenzierung des einzelnen Individuums. Obgleich es sich um einzellige Organismen handelt, findet sich vielfach schon — nach Analogie der Bildung von verschiedenen Organen bei Metazoen — eine gewisse Verteilung der einzelnen Funktionen auf bestimmte Teile des Zelleibs (*„Organellen"*). So wird die Fortbewegung entweder durch amöboide Fortsätze des Plasmas (*Pseudopodien*) oder durch Geißeln oder durch eine *undulierende Membran* bewirkt. Bei manchen Arten findet sich eine besondere, offenbar Verdauungszwecken dienende *Nahrungsvakuole.* Das Plasma ist oft in ein körniges Endo- und ein hyalines Ektoplasma differenziert; dazu kommt bei manchen Arten die Ausbildung einer besonderen Hüllsubstanz oder encystierter Formen. Vor allem aber ist der *Kernapparat* deutlich morphologisch differenziert; neben dem Hauptkern findet sich bei Flagellaten ein zweites kernartiges Gebilde, aus dem die

Geißel entspringt, und das daher als *Geißelwurzel* („Blepharoplast")
bezeichnet wird.

7. Virus (s. im Speziellen Teil auch Virus und Viruskrankheiten):
Es gibt eine Reihe von Infektionskrankheiten, deren Erregernatur nur
mit Hilfe außerordentlich komplizierter Untersuchungsmethoden festgestellt werden konnte.

E. HAAGEN teilt die submikroskopischen Krankheitserreger nach
ihrer Morphologie und ihren Wirkungen auf die Zellen des infizierten
Organismus folgendermaßen ein:

1. Unsichtbare Viruse ohne Zellveränderungen (Einschlußkörnchen).

2. Noch unsichtbar gebliebene Viruse mit bestimmten Veränderungen
in den Zellen.

3. Mikroskopisch sichtbare Viruse ohne Bildung von Zellveränderungen.

4. Sichtbare Virusarten mit Zellveränderungen.

Die Durchmessergröße konnte durch Ultramikroskopie, Zentrifugation
oder Ultrafiltration festgestellt werden; sie schwankt zwischen 10 und
etwa 300 mμ (1 mμ ist $^1/_{1000}$ μ oder $^1/_{1000000}$ mm). Es ist gelungen, eine
Reihe von Virusarten in der Gruppe über 100 mμ färberisch und mikroskopisch sichtbar zu machen.

Die Virusarten bilden mehr oder weniger homogene kugelrunde
Körperchen, die sich intracellulär vermehren. Als Reaktionsprodukte
der Zellen sind die „Einschlußkörperchen" zu bezeichnen, die diagnostisch für die Erkennung mancher Viruskrankheiten eine große
Rolle spielen. Die in den letzten Jahren umfangreich und erfolgreich
durchgeführten Untersuchungen, die sich mit diesen Fragen beschäftigen,
sind noch nicht als abgeschlossen zu betrachten. Es scheint aber die
Ansicht vorzuherrschen, daß die Einschlußkörperchen nicht mehr als
die Erreger selbst aufzufassen sind.

Die Aufstellung eines natürlichen Systems der Mikroorganismen, wie
sie im vorstehenden versucht worden ist, gründet sich — soweit das
bei dem gegenwärtigen Stande unserer Kenntnisse möglich ist — auf
die Gesamtheit der morphologischen und biologischen Eigenschaften
der Kleinwesen. Wenn die morphologischen Merkmale in dieser Einteilung eine besonders wichtige und stellenweise geradezu die ausschlaggebende Rolle spielen, so liegt das nicht etwa darin begründet, daß
mangels eindringenderer Erkenntnis ein besonders sinnfälliges Merkmal
zu Unterscheidungszwecken über Gebühr hervorgehoben worden wäre,
sondern darin, daß die morphologischen Charaktere sich überall als
besonders konstant und spezifisch erwiesen haben, während die biologischen Eigenschaften in viel höherem Grade der Variation unterworfen sind. Um nur ein Beispiel zu nennen, so ist das Vorhandensein
einer einzigen polaren Geißel charakteristisch für den Choleravibrio;
ein mehrgeißeliger Vibrio scheidet von vornherein für die Choleradiagnose
aus. Der Versuch einer Systematik der Mikroorganismen, bei der in
erster Linie etwa die Ernährungsverhältnisse (ob zu synthetischem Aufbau von Eiweiß aus einfachsten Verbindungen befähigt oder auf prä-
formiertes Nahrungseiweiß angewiesen, — ob und zu welchen Gär-
prozessen befähigt u. a.), oder etwa das krankheitserregende Verhalten

zum tierischen Organismus in seiner verschiedenen Entwicklung als Einteilungsprinzip gewählt wäre, müßte von vornherein zum Scheitern
verurteilt sein, da hierbei Zusammengehöriges auseinandergerissen und
Unzusammengehöriges künstlich vereinigt würde. Wie wir sehen werden,
sind sowohl die chemischen Leistungen wie die pathogene Wirksamkeit
innerhalb der einzelnen natürlichen Gruppen und Unterabteilungen
(z. B. in der Gruppe des Typhus- und der Ruhrbacillen und der verwandten saprophytischen Formen) in den verschiedensten Möglichkeiten
vertreten. Als praktisch brauchbarstes Einteilungsprinzip hat es sich
vielmehr erwiesen, für die zunächst erfolgende Abgrenzung in größere
Gruppen die morphologischen Merkmale heranzuziehen, innerhalb dieser
großen *Gruppen* dann natürliche *Familien* nach ihren biologischen Merkmalen zu unterscheiden, um endlich bei der Abgrenzung der einzelnen
Arten oft genug genötigt zu sein, auf das pathogene Verhalten und die
spezifischen Immunitätsreaktionen als einzig brauchbare empfindlichste
Kriterien angewiesen zu sein.

B. Allgemeine Morphologie und Methoden der Beobachtung der Mikroparasiten.

I. Die morphologischen Eigenschaften der Mikroparasiten

sollen, soweit sie nicht schon im vorigen Abschnitt anläßlich der Systematik Erwähnung gefunden haben, im folgenden mit besonderer Berücksichtigung der *Bakterien* eingehend besprochen werden, während
betreffs der Einzelheiten bezüglich der anderen Klassen der Mikroparasiten auf die speziellen Kapitel im zweiten Teil dieses Buches verwiesen sein mag. Eine solche Sonderstellung der Bakterien ist in mehrfacher Beziehung gerechtfertigt. Nicht nur sind die pathogenen Bakterien
an Zahl der Arten für den praktischen Arzt und den Teilnehmer an
bakteriologischen Kursen besonders wichtig (zumal für Verhältnisse des
Inlands, während für die Infektionskrankheiten der heißen Klimate
allerdings die Protozoen eine mindestens ebenbürtige Rolle spielen),
sondern es haben auch die mikroskopischen Methoden, in erster Linie
seit den großen Entdeckungen R. Kochs, ihren Ausgangspunkt von den
Bakterien genommen, und „Bakteriologie“ wird ja auch heute noch
häufig im täglichen Sprachgebrauch als gleichbedeutend mit „Mikroparasitologie“ angewendet.

1. Normale und Degenerationsformen.
(Einteilung der Bakterien nach der Form.)

Das *morphologische System*, das sich auf die *Konstanz der Form sowohl
des Einzelindividuums als der Bakterienverbände* aufbaut, hat noch
heute seine volle Geltung. Man unterscheidet hiernach am besten *drei
Grundformen der Bakterien:* die *Kugel,* das *Stäbchen,* die *Schraube.*
Diesen drei verschiedenen Grundformen entsprechen drei morphologisch

wohlcharakterisierte Gruppen: *Coccus, Bacillus, Spirillum.* Das *Gesetz von der Konstanz der Form,* daß nämlich aus einem Kugelbacterium immer wieder ein Kugelbacterium, aus einem Stäbchen immer wieder ein Stäbchen hervorgeht, kann zwar insofern eine Änderung erfahren, als sich einerseits infolge ungünstiger Ernährungsbedingungen Degenerations- oder Involutionsformen, andererseits Dauerformen ausbilden, die sich sehr von der ursprünglichen Form des Einzelindividuums unterscheiden, die jedoch nur als vorübergehende Zustände aufzufassen sind. Durch Übertragung auf einen guten Nährboden lassen sich die typischen Formen wieder zum Vorschein bringen.

Innerhalb der drei erwähnten Gruppen beobachtet man eine große Mannigfaltigkeit der Formen, so unter den Kokken kugelrunde Gebilde,

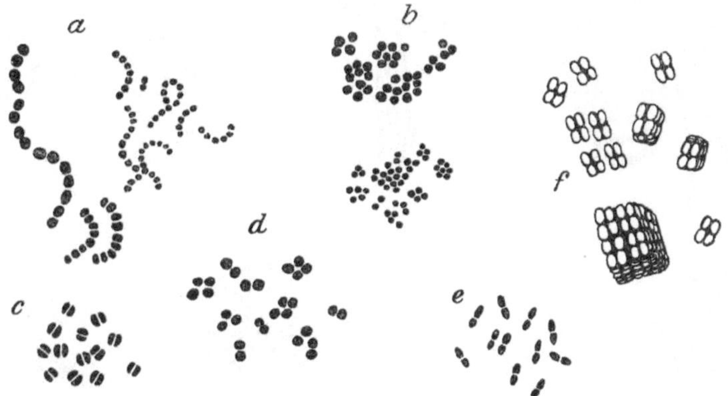

Abb. 1. Verschiedene morphologische Typen von Kokken. (Vergr. 1:1000.) *a* Streptokokken, *b* Staphylokokken, *c* Gonokokken, *d* Tetragenus, *e* Diplokokken, *f* Sarcine.

wie die Staphylo- und Streptokokken, lanzettförmige Individuen wie die Pneumokokken, sowie die einseitig abgeplatteten (semmelförmigen) Gonokokken und Meningokokken. Unter den Bacillen unterscheidet man nach dem Verhältnis der Dicke zur Länge schlanke Stäbchen (1 : 4 bis 1 : 10) und plumpe Stäbchen (Kurzstäbchen etwa 1 : 2) sowie ovoide Bakterien, die einen Übergang von den Bacillen zu den Kokken vermitteln. Die Polflächen der Stäbchen sind entweder scharf abgesetzt oder nach außen abgerundet, die Seitenflächen parallel oder gewölbt. Auch gibt es Bacillen mit zugespitzten Enden (spindelförmige Bacillen), die bei der Angina Plaut-Vincenti einen regelmäßigen Befund darstellen. Die Teilung der Bacillen findet in einer zur Längsrichtung senkrechten Ebene statt. Die neugebildeten Stäbchen können sich nun von dem Mutterstäbchen vollkommen lostrennen, wobei sich dann zusammenhanglose Einzelindividuen bilden. Es kann aber auch das neugebildete Stäbchen mit dem ersten in gewissem Zusammenhang bleiben, und es kommt dann durch weiter fortgesetzte Teilung zur Ausbildung von Kettenverbänden, wobei die Trennung in Einzelzellen, zumal im ungefärbten Präparat, oft recht schwer zu erkennen ist. Es bilden sich sog. Scheinfäden (vgl. Kap. Milzbrandbacillus, bei dem diese Neigung besonders auf künstlichen Nährböden ausgesprochen ist).

Weitere Stäbchen, die keine Ketten bilden, können in anderer Beziehung eine gewisse charakteristische Lagerung parallel oder pallisadenförmig, Y- oder V-Formen aufweisen, wie die Diphtheriebacillen (s. Abb. 2).

Bedeutende Mannigfaltigkeit in Form und Größenverhältnis des Dickendurchmessers zur Länge, sowie nach der Anzahl der Schraubenwindungen zeigen auch die Spirillen. Als Kommabacillen oder Vibrionen bezeichnet man diejenigen Mikroorganismen, welche schwachbogig (wie ein Komma) gekrümmt erscheinen und den Bruchteil einer Schraubenwindung (etwa bis zu einer halben Schraubenwindung) aufweisen. Die

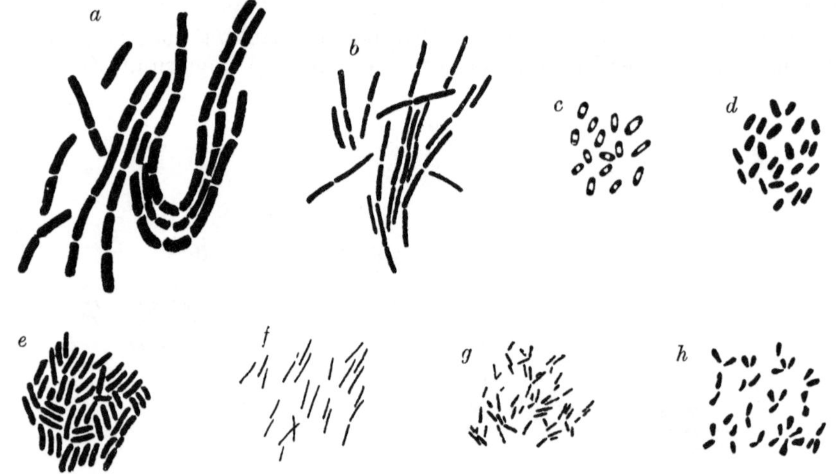

Abb. 2. Verschiedene morphologische Typen von Bacillen. (Verg. 1 : 500.) *a* Milzbrandbacillen, *b* Heubacillen (ohne Sporen), *c* Sporen der Heubacillen, *d* Bacterium coli, *e* Typhusbacillen, *f* Schweinerotlaufbacillen, *g* Diphtheriebacillen, *h* Pseudodiphtheriebacillen.

eigentlichen Spirillen setzen sich aus einer und mehreren Schraubenwindungen zusammen (s. Abb. 3).

Bei der Einteilung der Bakterien kommt es nicht nur auf die Formverschiedenheiten der einzelnen Individuen an, sondern auch auf die Art, wie sie sich zu größeren Verbänden zusammenlagern, die ihrerseits wieder mit den Teilungsvorgängen der Bakterien im Zusammenhang stehen. Es bilden sich Haufen von Kokken, im Aussehen vergleichbar einer Weintraube (Staphylokokken), wenn die Teilung regellos ohne bestimmte Orientierung der Achsen vor sich geht, oder es bilden sich Kettenverbände, wenn die Teilung fortgesetzt nur nach einer bestimmten Achse stattfindet, z. B. die Streptokokken. Tafelförmige Gebilde entstehen durch Teilung der Bakterien in zwei aufeinander senkrecht stehenden Ebenen wie beim Micrococcus tetragenus. Endlich kann eine Teilung regelmäßig in drei aufeinander senkrecht stehenden Ebenen erfolgen; es kommen so paketförmige oder warenballenartige Kokkenhaufen, die Sarcinen, zustande (vgl. Abb. 1, S. 7).

Neben diesen typischen kommen noch von der Regel *abweichende Wuchsformen* vor, und zwar erstens im Sinne *höherer Wuchsformen* (teratologische Formen nach MAASSEN), die eine Verwandtschaft gewisser Arten von Bakterien zu den Streptotricheen und Fadenpilzen bekunden und in Form echter Verzweigungen und Keulenformen unter gewissen vorläufig noch nicht genau erkannten Bedingungen bei den Tuberkel-, Diphtherie- und Rotzbacillen gelegentlich auftreten; nach A. MEYER handelt es sich vielleicht um atavistische Rückschläge.

Zweitens sind als atypische Erscheinung zu nennen die *Degenerations- oder Involutionsformen*, die im allgemeinen den Ausdruck herabgesetzter vitaler Energie darstellen. Sie entstehen demgemäß meist unter ungünstigen Wachstums- und Lebensbedingungen. Es kann aber auch zur Bildung von Involutionsformen durch erhöhtes Wachstum, mit dem die

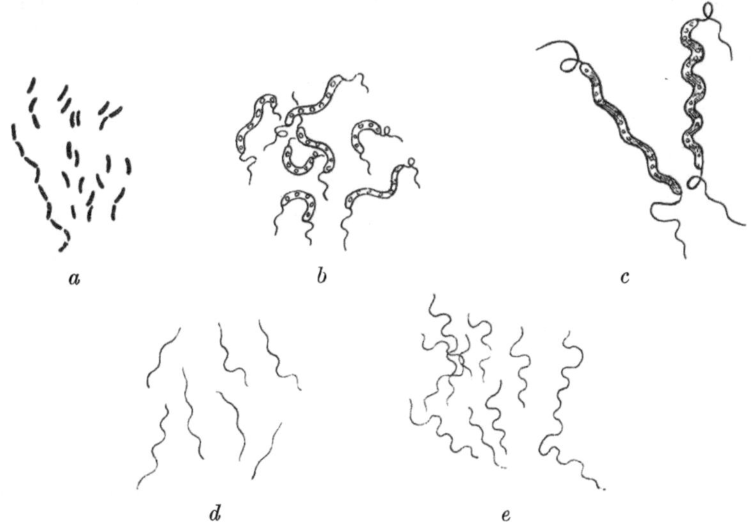

Abb. 3. Verschiedene Formen von Vibrionen, Spirillen und Spirochäten. (Vergr. 1:1000.) *a* Wasser-Vibrio, *b* Große Spirillen aus Jauche, *c* Spirillum undulans, *d* Spirochaete dentium, *e* Rekurrens-Spirochäte.

Teilungsvorgänge nicht Schritt halten, kommen. Es bilden sich dann Riesenwuchsformen oder mehr oder minder lange Scheinfäden (s. Abb. 4, S. 10).

Stärkere Veränderungen treten in alten Kulturen zutage, besonders dann, wenn der Nährboden in seiner Reaktion verschlechtert ist oder wenn die zum Gedeihen der Kultur notwendigen Nährstoffe ausgelaugt sind. Die Bakterien haben infolge der eingreifenden Schädigungen ihre normale Form verloren. Ihre Leiber sind gequollen oder es finden sich spindelförmige kugelige, hefeartige Gebilde, Formen, die man nicht mehr für Abkömmlinge jener typischen Bakterien halten würde, die man noch vor kurzem in Reinkulturen vor sich hatte.

Gewissen Degenerationsformen kommt eine praktische diagnostische Bedeutung zu; vgl. im speziellen Teil beim Pest- und Diphtheriebacillus.

Von besonderem Interesse sind die *Degenerations- und Zerfalls-produkte pathogener Bacillen im infizierten Organismus.* So verschwindet bei den Pneumokokken die Leibessubstanz selbst schneller als die Kapsel; es bleiben leere Kapseln als Übergangsformen übrig. Eigentümliche rundliche oder bläschenartige Formen nehmen die Pestbacillen im

Buboneneiter und besonders im Rattenkörper an. Betreffs der unter dem Einfluß bakteriolytischer Sera zustande kommenden Zerfallsformen von Choleravibrionen und Typhusbacillen vgl. dort.

Durch Übertragung der Degenerationsformen auf ein günstigeres Nährmedium läßt sich beweisen, daß diese atypischen wieder in die alten typischen Formen umgezüchtet werden können, daß also die atypischen Formen noch lebensfähig sind.

Weitere Formveränderungen der Bakterienzelle können *durch veränderten osmotischen Druck* herbeigeführt werden. Die Bakterienmembran besitzt wie der Protoplasmaleib den verschiedenen gelösten Stoffen gegenüber eine verschiedene Durchlässigkeit. Zwischen dem Innern der Zelle und der Außenflüssigkeit besteht eine Druckdifferenz

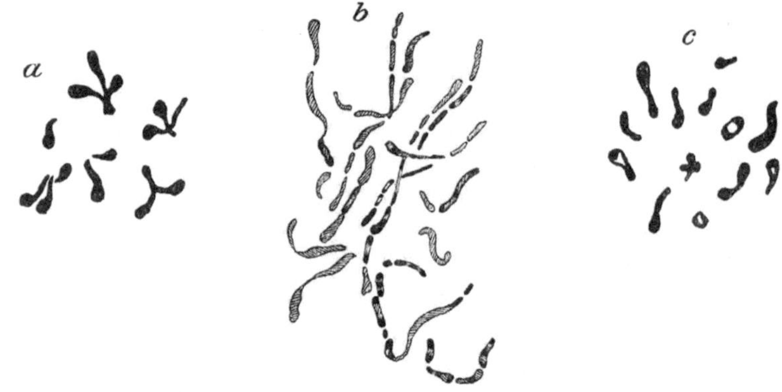

Abb. 4. Involutionsformen. (Vergr. 1:1000.) *a* Diphtherie-, *b* Milzbrand-, *c* Pestbacillen.

von einem bestimmten Grenzwert. Durch Eintrocknen der umgebenden Flüssigkeit, durch Erhöhung des Salzgehaltes muß eine Änderung des osmotischen Druckes eintreten und die Bakterienzelle einen Ausgleich herbeizuführen suchen durch entsprechende Änderung ihres eigenen osmotischen Innendrucks.

Nach den Untersuchungen von A. FISCHER über die Durchgängigkeit ihrer Wandungen gegenüber Salzen usw. werden zwei Gruppen unterschieden:

1. Gruppe der relativ leicht permeablen Arten, die imstande sind, das osmotische Gleichgewicht rasch wiederherzustellen,

2. Gruppe der relativ impermeablen Arten, bei denen es bei plötzlicher Steigerung des osmotischen Druckes nur langsam oder überhaupt nicht zum Ausgleich kommt. Es tritt somit eine Schrumpfung des Protoplasmas ein, das sich allmählich von der Außenmembran zurückziehen bzw. ablösen kann.

Dieser Vorgang wird als *Plasmolyse* bezeichnet. Es kann hierbei entweder ein Absterben der Zelle erfolgen oder der Prozeß geht nach dem Verschwinden der Drucksteigerung wieder zurück und das Protoplasma kann sich wieder an die Zellmembran anlegen.

Man kann gelegentlich Bilder von Plasmolyse durch Eintrocknenlassen der Bakterienaufschwemmung auf dem Deckglase beobachten.

Bei manchen Arten zeigt sich in durchaus regelmäßiger Weise die auch differentialdiagnostisch verwendbare Erscheinung der *Polfärbung*. Die Polenden, wohin sich das Protoplasma zurückgezogen hat, sind intensiv gefärbt im Gegensatz zu dem als helle Lücke auffallenden Mittelstück (Pest, Hühnercholera).

Beim Übertragen von Bakterien (hauptsächlich impermeablen) aus salzreichem in salzarmes Medium blähen sich die Bakterien auf. Es kommt zu einer Zerreißung der Membran und daselbst zum Austritt von Plasma. Dieser Vorgang wird als *Plasmoptyse* bezeichnet.

Beide Vorgänge können sich überall da abspielen, wo Bakterien zugrunde gehen, sei es im Tierkörper, sei es in Kulturen oder äußeren Medien (Wasser u. a.). Diese osmotischen Störungen sind von großer Bedeutung für das Verständnis mancher biologischen Vorgänge, z. B. des Einflusses des Salzgehaltes der Nährböden, sowie vor allem der bei empfindlichen Arten selbst in physiologischer Kochsalzlösung rasch eintretenden Schädigungen; man studiert daher z. B. die Eigenbewegung stets in Bouillon, nicht in Kochsalzlösung.

2. Kernapparat.

Während, wie bereits eingangs erwähnt, bei den Protozoen stets ein deutlicher Kern (manchmal sogar in der Mehrzahl) nachweisbar ist, erscheinen die Bakterien ungefärbt und bei der Färbung mit Anilinfarben in der Regel homogen, sie zeigen keinerlei Differenzierung in Kern und Plasma, wie wir sie sonst bei allen Zellen finden. Dieses homogene Aussehen des Bakterienleibes führte einerseits zu der Annahme ihrer Kernlosigkeit; da aber andererseits die Bakterien gerade eine so große Affinität ihres Leibes zu den kernfärbenden basischen Anilinfarben bekunden, so kam man auf die umgekehrte Annahme, daß der ganze Bakterienleib als Zellkern zu interpretieren sei, während das Plasma unsichtbar bleibe. Die Wahrheit dürfte zwischen beiden Annahmen liegen. Einen Kern im morphologischen Sinne wie die übrigen Zellen scheinen die Bakterien nicht zu haben, wohl aber haben sie sehr reichlich über den ganzen Bakterienleib unregelmäßig verteilte Kernsubstanz, wie sich bei der Färbung nach ROMANOWSKY-GIEMSA ergibt. Es besteht also bei ihnen wohl eine chemische, nicht aber eine morphologische Differenzierung zwischen Protoplasma und Kernsubstanz.

Der Bakterienleib enthält demnach die Kernsubstanz (Chromatin) in Mischung mit dem Protoplasma (Entoplasma). Außerdem besitzen die Bakterien noch eine durch besondere Präparationsmethoden darstellbare äußere Hülle, das Ektoplasma. Der eigentliche Bakterienleib besteht aus einer hellen, schwach färbbaren Gerüstsubstanz, dem Entoplasma mit dem für das Protoplasma charakteristischen wabigen Bau und der in dessen Maschen liegenden, Farbstoffe stark aufnehmenden Kernsubstanz, dem Chromatin, das stellenweise so mächtig werden kann, daß die Gerüstsubstanz, das Entoplasma, ganz verdeckt wird. Chromatin und Entoplasma bilden zusammen den sog. Zentralkörper. Dieser ist umgeben von Ektoplasma, das besonders an den Polen reichlich vorhanden ist und von dem die Bewegungsorgane, die Geißeln, entspringen.

Manche Bakterien scheinen nur aus Chromatin zu bestehen. Hier ist dann wahrscheinlich das Entoplasma nur in sehr geringer Quantität und sehr innig mit dem Chromatin gemischt vorhanden.

Bisweilen findet man in dem Bakterienleib ein oder mehrere *Körnchen*, *Verdichtungen des Protoplasmas*, die sich durch eine besonders starke Affinität zu den Kernfarbstoffen auszeichnen. Da sie meist polar liegen, werden sie auch als *Polkörner* bezeichnet. Gebräuchlicher ist noch die Benennung nach ihren Entdeckern als BABES-ERNSTsche *Körnchen*. Ihre morphologische und physiologische Bedeutung ist noch nicht recht klar. Bei den Diphtheriebacillen lassen sie sich durch eine besondere von M. NEISSER angegebene *Doppelfärbungsmethode* von dem übrigen Zellprotoplasma different färben; auch die Färbung nach GIEMSA läßt die Polkörnchen deutlich hervortreten. Erwähnt sei noch die von GINS modifizierte Färbungsmethode. Betreffs der differentialdiagnostischen Bedeutung dieser Färbemethode vgl. im speziellen Kapitel „Diphtherie".

Das Ektoplasma, das bei der gewöhnlichen Färbung ungefärbt bleibt, ist eine relativ wasserarme konzentrierte Substanz, wie sich aus seiner größeren Widerstandsfähigkeit gegen Färbung sowie schädigende Einflüsse ergibt. Vom Ektoplasma gehen die Geißeln aus. An der Grenzschicht zwischen Ektoplasma und Innenkörper kommt es bei manchen Bakterien zur Bildung einer echten Membran, in welche z. B. beim Tuberkelbacillus fett- und wachsartige Substanzen eingelagert sind. Durch Aufquellung, Vergallertung des Ektoplasmas kann es zur Bildung echter Kapseln kommen (s. Kap. Kapselbildung).

3. Bildung von Dauerformen (Sporen).

Besondere morphologisch wohl charakterisierte Dauerformen (Sporen) werden von Schimmel- und Sproßpilzen sowie von manchen Bakterien gebildet. Was man bei Protozoen Sporulation nennt, ist von der Sporenbildung der pflanzlichen Kleinwesen durchaus verschieden, und stellt vielmehr eine besondere Form der Vermehrung dar (vgl. die betreffenden speziellen Abschnitte). — Bei den Schimmelpilzen erfolgt die Bildung der Sporen, entsprechend der höheren Differenzierung dieser Pilze, in sehr verschiedener Weise (vgl. das betreffende Kapitel im speziellen Teil). Sproßpilze und Bakterien zeigen dagegen nur eine Form der Sporenbildung, die *endogene*.

Die Bildung dieser Dauerformen erfolgt stets unter dem Einfluß des Alters, der Erschöpfung oder plötzlicher sonstiger ungünstiger äußerer Einflüsse; die Sporenbildung dient also zur Erhaltung der Art. Sie ist bisher nur bei Bacillen beobachtet und kommt von den krankheitserregenden Arten nur dem Milzbrandbacillus sowie den pathogenen Anaerobiern (Bac. tetani, Bac. oedem. maligni, Rauschbrandbacillus) sowie auch einigen toxisch wirksamen Bakterien (dem Bac. botulinus und den peptonisierenden Bacillen der Kuhmilch FLÜGGE) zu; bei Kokken und Spirillen ist Sporenbildung noch nicht beobachtet.

Was die Bedingung der Bildung solcher endogenen Sporen betrifft, so ruft dauerndes lebhaftes Wachstum unter den günstigsten Bedingungen niemals Sporenbildung hervor. Hiermit hängt zusammen, daß die Sporenbildung im Innern des erkrankten Organismus nicht zustande kommt. Sie wird vielmehr beobachtet bei Verschlechterung des Nährbodens, und wenn man künstlich plötzlich die betreffende Bacillenart in ungünstigere Bedingungen bringt, z. B. sie in destilliertes Wasser überträgt. Oft sind jedoch hierzu noch weitere Bedingungen erforderlich, z. B. Anwesenheit freien Sauerstoffs bei den Aerobiern, eine bestimmte Temperatur usw.

Die Sporen erscheinen als stark lichtbrechende, entweder kugelige oder elliptische Gebilde im Innern des Bacillenleibes oder nach Zugrundegehen des letzteren als freie Sporen. Sie besitzen eine sehr bedeutende Widerstandsfähigkeit gegen Eintrocknung, Hitze und Chemikalien. Form, Lage und Größe der Sporen sind bei den einzelnen Bakterienarten konstant. Mittelständige Sporen finden sich z. B. beim Milzbrandbacillus, endständige beim Tetanusbacillus. In letzterem Falle spricht man von Trommelschlägel-, Nagel-, Stecknadel- oder Kochlöffelformen. Beim Milzbrandbacillus ist der Querdurchmesser der Spore ebenso groß wie derjenige der Mutterzelle. Ist dagegen der Querdurchmesser größer als derjenige der Mutterzelle, so entstehen an ihr Auftreibungen, sog. Clostridiumformen. Im allgemeinen enthält jede Mutterzelle nur eine Spore, die mit dem Zerfall frei wird und unter günstigen Umständen wieder zu den vegetativen Bakterienformen auskeimt. An jeder Spore kann man einen Innenkörper, auch Glanzkörper genannt, und eine Sporenmembran unterscheiden, der zuweilen nach dem Austritt aus der Mutterzelle noch Protoplasmareste anhängen.

Die starke Lichtbrechungsfähigkeit und schwere Färbbarkeit der Sporen ist teils auf eine Verdichtung des Protoplasmas, teils auf den Fettgehalt der Membran zurückzuführen. Bei der Färbung mit den gewöhnlichen in der Bakteriologie gebräuchlichen Farblösungen nehmen die Bakteriensporen den Farbstoff nicht auf und heben sich daher als helle Lücken in dem gefärbten Protoplasma des Bacteriums deutlich ab. Es bedarf zur Sporenfärbung eingreifenderer Verfahren (vgl. weiter unten S. 32).

Die Sporenbildung läßt sich im hängenden Tropfen bei heizbarem Objekttisch beobachten, wobei nach MÜHLSCHLEGEL zunächst feinste Körnchen im Protoplasma der Bakterienzelle auftreten, so daß diese wie gepudert erscheint. Durch Wechselwirkung und Verschmelzung dieser sporogenen Körnchen mit dem Protoplasma bildet sich eine stärker lichtbrechende Stelle, die sich dann gegen das übrige Protoplasma durch eine feste Membran abgrenzt.

Die Art, wie nun aus den Sporen bei günstigen Entwicklungsbedingungen wieder die vegetativen Wuchsformen auskeimen, ist bei den verschiedenen Bakterien verschieden und kann differentialdiagnostisch verwertet werden. Beim Milzbrandbacillus z. B. streckt sich die Spore, nachdem sie zuerst ihr starkes Lichtbrechungsvermögen verloren hat, in die Länge. Die Membran reißt an einem Pol und der neue Keimling, das Stäbchen, tritt an der Rißstelle, also polar aus. Das Stäbchen beginnt sich dann wiederum durch Querteilung zu vermehren. Der Heubacillus dagegen keimt äquatorial aus. Aber auch der bipolare Keimungsmodus ist von BURCHARD beschrieben.

Durch langdauernde Fortzüchtung auf künstlichen mit Natronlauge, Rosolsäure, Safranin, Malachitgrün usw. versetzten Nährböden (BEHRING) ist es gelungen, sporenfreie Bacillen, sog. *asporogene* Rassen, zu erhalten. ROUX erreichte das gleiche durch Züchtung auf Nährböden mit geringem Phenolzusatz oder durch Kultivierung bei 40 und 41° C.

Die von einigen Forschern, wie DE BARY, HUEPPE, WINOGRADSKY früher beschriebenen, sog. *Arthrosporen*, die durch Zerfall der Bakterien oder sproßartige Abschnürungen hervorgegangen sein sollten, sind nach neueren Untersuchungen zweifellos nur als Involutionsformen aufzufassen und stellen keineswegs Dauerformen im Sinne der soeben beschriebenen endogenen Sporen dar; vor allem geht ihnen die für echte Sporen charakteristische Resistenz gegen äußere Einflüsse durchaus ab.

Die Bakteriensporen werden zu *Desinfektionsprüfungen* wegen ihrer großen Widerstandsfähigkeit benutzt. Die Testobjekte, früher meist an Seidenfäden angetrocknete Milzbrandsporen, heute Erdbacillensporen, werden teils frei, teils eingewickelt der Einwirkung strömenden oder gespannten Dampfes ausgesetzt oder in die verschiedenen Desinfektionslösungen bestimmte Zeit eingelegt. Wegen der Gefährlichkeit der Milzbrandsporen wird auch ein nicht pathogener Bakterienstamm verwendet, der aus Gartenerde isoliert wird (s. Kap. Desinfektion). Nach Schluß der Desinfektion wird die Entwicklungsfähigkeit der Sporen im Kulturverfahren geprüft.

Für *Sterilisationsprüfungen* benutzt man native Erdsporen und zwar stets die frisch in der Erde enthaltenen nativen Sporen, da durch Kultivierung der Erdbacillen eine erhebliche Einbuße an Resistenz eintritt (s. Kap. Desinfektion S. 128).

4. Kapseln.

Bei vielen pathogenen und saprophytischen Bakterien lassen sich um den gefärbten Bakterienleib helle Höfe nachweisen, die man als schleimige Hüllen, als Kapseln, gedeutet hat. Diese Hüllen färben sich mit den gewöhnlichen Farbstoffen nur sehr schwach und zeigen bei gut gelungener Färbung am Außenrande einen deutlichen schmalen, intensiv gefärbten Saum, der den Abschluß der Kapsel nach außen bildet. Für manche Arten von Bakterien ist die Kapselbildung als charakteristisch zu betrachten und kommt dann auch in der Namengebung zum Ausdruck (Bac. capsulatus PFEIFFER, Diplococcus pneumon. capsulatus FRAENKEL-WEICHSELBAUM, FRIEDLÄNDERs-Kapselbacillus der Pneumonie).

Auch der Milzbrandbacillus bildet Kapseln, aber wie viele andere pathogene Bakterien nur im Tierkörper; betreffs der Verwendung der Kapselfärbung des Milzbrandbacillus zu differentialdiagnostischen Zwecken vgl. das betreffende spezielle Kapitel. Liegen zahlreiche Bakterien in einer gemeinsamen Schleimhülle eingeschlossen, so spricht man von Zoogloea. In manchen Kulturen (Pestbacillen) kann man schon makroskopisch die Bildung einer schleimigen Intercellularsubstanz durch die viscöse, fadenziehende Beschaffenheit der Kultur konstatieren. Die Kapsel entsteht durch eine Aufquellung, Vergallertung des Ektoplasmas. Sie enthält Mucin oder eine mucinähnliche Substanz. Die Kapselbildung kommt besonders schön in Präparaten zum Ausdruck, die aus dem Tierkörper stammen. In Kulturen ist sie meistens nur angedeutet, nur in flüssigem Blutserum oder in Milch stärker ausgebildet.

Es handelt sich bei der Kapselbildung offenbar um eine gegen die bakterienfeindlichen Kräfte des Organismus oder gegen ungünstige Bedingungen der Kultur gerichtete Abwehrtätigkeit, die häufig parallel mit anderen Veränderungen des Bakterienleibes in gleichem Sinne, z. B. Serumfestigkeit, geht und den sog. „tierischen" Zustand des Bacteriums (d. h. eine gegenüber den Abwehrkräften des tierischen Organismus erworbene Schutzvorrichtung) charakterisiert. In anderen Fällen, insbesondere bei der Bildung massenhafter schleimiger Intercellularsubstanz in älteren Kulturen, handelt es sich wahrscheinlich um eine Alters- oder Degenerationserscheinung.

Die Kapseldarstellung geschieht nach JOHNE:

1. Färbung mit 2%iger wässeriger Gentianaviolettlösung unter Erwärmen 1—2 Sekunden.

2. Abspülen in Wasser.

3. Entfärben in 1%iger Essigsäure 6—10 Sekunden. Abspülen in Wasser und in Wasser untersuchen (kein Dauerpräparat!), da in Zedernöl oder Kanadabalsam der Unterschied der Brechbarkeit verschwindet; es erscheinen die Bakterien dunkelviolett, die Kapseln hellviolett.

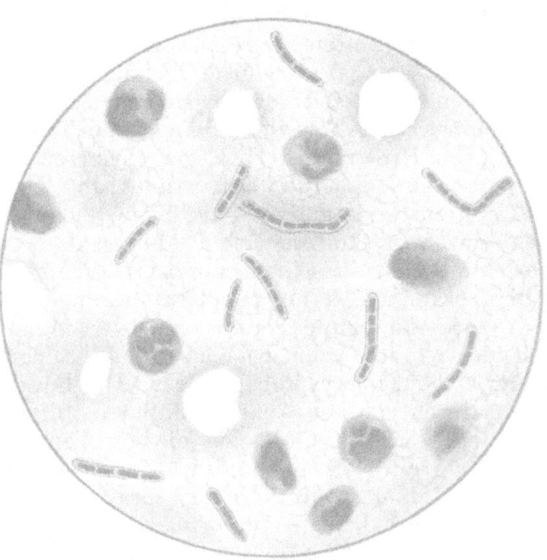

Abb. 5. Milzbrandbacillen. Kapselfärbung. (Vergr. 1:500.)
(Nach JOHNE.)

Weiter wird besonders bei angesammeltem Material die Färbung nach GIEMSA empfohlen.

5. Geißeln.

Wie schon erwähnt, unterscheidet man bewegliche und unbewegliche Mikroorganismen. Streptotricheen, Schimmel- und Sproßpilze zeigen keine Eigenbewegung, während unter den Bakterien und Protozoen solche mit und solche ohne Eigenbewegung vorkommen; Spirochäten sind immer mit Eigenbewegung begabt. Unter den Bakterien sind Spirillen (Vibrionen) stets, Kokken dagegen (außer manchen Sarcinen) nie eigenbeweglich. Die Untersuchung, ob Eigenbewegung vorhanden ist oder nicht, wird im hängenden Tropfen vorgenommen, und zwar nicht in Wasser (das öfters die Eigenbewegung schädigt), sondern in Bouillon. Falls die Entscheidung nicht sogleich mit Sicherheit möglich ist, bringt man den hängenden Tropfen auf einige Zeit in den Brutschrank, um die für das Zustandekommen der Lokomotion günstigsten Verhältnisse zu schaffen. Die Bewegung wird durch *amöboide Fortsätze* (Amöben,

Plasmodien) oder durch *Geißeln* vermittelt, die durch ihre lebhaft peitschenden und schraubenden Bewegungen die Mikroben vorwärts bewegen. Die Geißeln der Bakterien sind als Fortsätze des Protoplasmas aufzufassen. Bei einigen großen Spirillen und Bacillen konnte man im Innern der Geißeln einen *Achsenfaden* nachweisen, der in das Innere des Bakterienleibes verlief. Es liegen also ähnliche Verhältnisse vor wie bei Protozoen, wo die Geißeln von einem besonderen, im Innern des Zelleibes gelegenen und vom Zellkern unterschiedenen kernartigen, chromatinhaltigen Gebilde (dem Blepharoplast) entspringen und innerhalb einer undulierenden Membran verlaufen.

Von der echten Eigenbewegung ist die Brownsche Molekularbewegung streng zu trennen, die nicht nur Mikroorganismen, sondern auch allen kleinsten leblosen Körperchen zukommt (z. B. Aufschwemmung von chinesischer Tusche im hängenden Tropfen). Sie besteht in einem unruhigen Hin- und Herbewegen kleinster Partikelchen auf der Stelle, ohne daß eine dauernde Ortsveränderung, eine wirkliche Fortbewegung, dadurch zustande kommt. Die Schnelligkeit der Eigenbewegung ist bei den einzelnen Bakterienarten äußerst verschieden. Es bewegen sich einzelne Arten so schnell durchs Gesichtsfeld, daß man ihre Gestalt kaum erkennen kann (Choleravibrionen), andere wieder so träge, daß ihre Bewegung kaum von der Molekularbewegung zu unterscheiden ist, die man bei vielen Bakterienarten, wie bei den Kokken, Ruhrbacillen, ausgesprochen sieht. Die Beweglichkeit eines Bacteriums kann durch gewisse äußere Einflüsse aufgehoben werden; so wirken hohe (49—55⁰ C) und auch niedere Temperaturen hemmend auf die Bewegung ein (Wärme- und Kältestarre). Durch Überführung der betreffenden Kultur in normale zusagende Temperaturen erhalten die Bakterien ihre frühere Beweglichkeit wieder. Auch bei längerem Fortzüchten von sog. Sammlungs- oder Laboratoriumskulturen geht die Eigenbewegung bei manchen Arten mehr oder weniger vollständig verloren.

Die Geißeln wurden zuerst von F. Cohn und R. Koch im ungefärbten Trockenpräparat von großen Spirillen gesehen. Seit der Vervollkommnung der mikroskopischen Technik durch Einführung der Dunkelfeldbeleuchtung, welche die Betrachtung der ungefärbten lebenden Mikroorganismen gestattet, ist die Möglichkeit gegeben, die Geißeln an lebenden Bakterien in voller Bewegung zu beobachten, während ihre färberische Darstellung nur mit Hilfe komplizierter, zeitraubender Verfahren möglich ist.

Die Geißeln sind zarte Fäden, deren Dicke nur einen geringen Bruchteil des Durchmessers des Bacteriums ausmacht; sie sind leicht gewellt und ihre Enden oft etwas stumpf. Bei der Geißelfärbung kommen übrigens nicht nur die Geißeln selbst, sondern die ganze ektoplasmatische Hülle des Bakterienleibes zur Darstellung, der dadurch viel dicker und massiger erscheint als bei der gewöhnlichen Färbung.

Je nach der Zahl und Anordnung der Geißeln unterscheidet man:

1. Atricha, geißellose Bakterien, unbeweglich (z. B. der Milzbrandbacillus).

2. Monotricha, Bakterien mit einer einzigen Geißel an einem Pol (Choleravibrio).

3. Amphitricha, Bakterien mit je einer Geißel an je einem Pol (manche Vibrionen).

4. Lophotricha, solche mit einem Geißelbüschel an einem oder beiden Polen (große Spirillen).

5. Peritricha, solche mit Geißeln in verschiedener Anzahl rings um den Bakterienleib verteilt (Typhusbacillen) (s. Abb. 6).

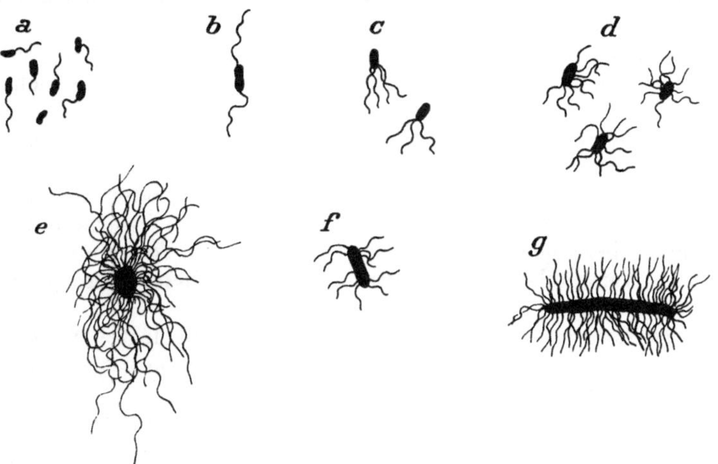

Abb. 6. Verschiedene Formen der Begeißelung. (Vergr. 1:1000.)

Die Geißeln werden außerordentlich leicht vom Bakterienleib abgerissen und liegen dann im Gesichtsfelde verstreut regellos umher. In jungen Kulturen, und zwar am besten in flüssigen Nährmedien gezüchteten, haften sie am festesten am Bakterienleib, bei solchen von festen Nährböden oder bei alten Kulturen sind sie bedeutend loser, und es genügen hier schon ganz geringfügige künstliche Eingriffe zum Abreißen der Geißeln (wie z. B. stärkeres Ausstreichen auf dem Deckglase, rasches Eintrocknenlassen des Tropfens usw.). Bei manchen Bakterien (z. B. den Rauschbrandbacillen) entstehen durch Verfilzung der abgelösten Geißeln zopfartige Gebilde, die sog. *Geißelzöpfe.*

Die Geißeln sind in Schrauben gewunden. Die zahlreichsten Windungen finden sich bei den begeißelten Bacillen, wo häufig 6—7 Schraubenwindungen gezählt werden können; weniger lang sind sie schon bei den Vibrionen (1—3 Schraubenwindungen); der größte Teil der Spirillen weist nur Geißeln von 1—1$\frac{1}{2}$ Schraubenwindungen auf. Die Bewegung der Geißeln ist gleichfalls schraubenförmig.

Nach neueren Untersuchungen haben die Geißeln Beziehungen zu der Fixierung der spezifischen Agglutinine, wozu sie durch ihre starke Oberflächenentwicklung und das dadurch erhöhte Absorptionsvermögen besonders befähigt sind.

II. Methoden der Beobachtung der Mikroparasiten.
1. Das Mikroskop und sein Gebrauch bei mikrobiologischen Arbeiten.

Es liegt nicht im Rahmen dieses Buches, das für bakteriologische Arbeiten notwendigste Instrument, das Mikroskop, in seiner Theorie und in allen Einzelheiten zu schildern, was eine genaue Kenntnis aller einschlägigen physikalischen und mathematischen Fragen voraussetzen würde. Es genügt vielmehr für das praktische Arbeiten eine kurze Besprechung der Hauptbestandteile des Mikroskops.

Am Mikroskop unterscheiden wir den sog. *mechanischen Teil* (das Stativ) und den *optischen Apparat* (Vergrößerungs- und Beleuchtungsapparat).

Der mechanische Teil. Das *Stativ* setzt sich nun wieder zusammen: 1. Aus dem Fuße, der verschiedenartig gestaltet sein kann und der mit dem Tubusträger durch ein Scharniergelenk verbunden ist, um den letzteren zwecks bequemerer Beobachtung nach rückwärts umzulegen und in jeder beliebigen Lage festzustellen. Für mikrophotographische Aufnahmen verwendet man heute die entsprechend durchgebildeten Apparaturen (z. B. Panphot, Leitz, u. a.).

Der Fuß muß so schwer sein, daß auch bei umgelegter Stellung des Tubus ein vollständig sicheres Feststehen des Mikroskopes gewährleistet und ein Umkippen ausgeschlossen ist.

2. dem Objekttisch; 3. dem groben Trieb; 4. der Mikrometerschraube; 5. dem Revolverobjektivträger; 6. dem ausziehbaren Tubus; 7. einem drehbaren Beleuchtungsspiegel (Plan- und Hohlspiegel); 8. der Beleuchtungs- und Abblendungsvorrichtung (Abbés Kondensor).

Der *Objekttisch* muß für die bakteriologischen Arbeiten eine Tiefe von etwa 100 mm haben, da es sich häufig um Untersuchungen von Bakterienkulturen in Petrischalen handelt und ein Absuchen durch Verschieben notwendig wird. Außerdem bietet für Hantieren mit infektiösem Material (Cholera, Milzbrand) ein geräumiger Objekttisch größere Sicherheit. Der in seiner Mitte befindliche kreisrunde Ausschnitt nimmt das Linsensystem des Beleuchtungsapparates oder einfache Blenden auf. Der Objekttisch ist an vollkommeneren Instrumenten drehbar und mit zwei seitlichen Stellschrauben zwecks Erleichterung der feinen Einstellung jeder gewünschten Stelle des Präparats (anstatt der gröberen Einstellung mittels der Hand) versehen. Die besten und teuersten Modelle besitzen einen durch Mikrometerschrauben mechanisch beweglichen „Kreuztisch", der mit Hilfe zweier in die Ebene des Objekttisches aufeinander senkrecht stehender Millimeterskalen mit Nonien die genaue Bezeichnung und das Wiederauffinden jeder gewünschten Stelle des Präparats erlaubt.

Die *Mikrometerschraube* dient *zur feineren Einstellung*. Es ist unbedingt notwendig zur orientierenden Einstellung der Präparate zunächst stets den großen Trieb zu benutzen; das genaue Einstellen geschieht dann mit der Mikrometerschraube. An Stelle der gelegentlich noch gebräuchlichen Anordnung der Mikrometerschraube am Kopf des Tubusträgers findet sich bei den heute in Kursen usw. gebräuchlichsten

Konstruktionen nur noch die seitliche Anordnung, parallel zur Achse des groben Triebes und unterhalb des letzteren; Mikroskope mit dieser

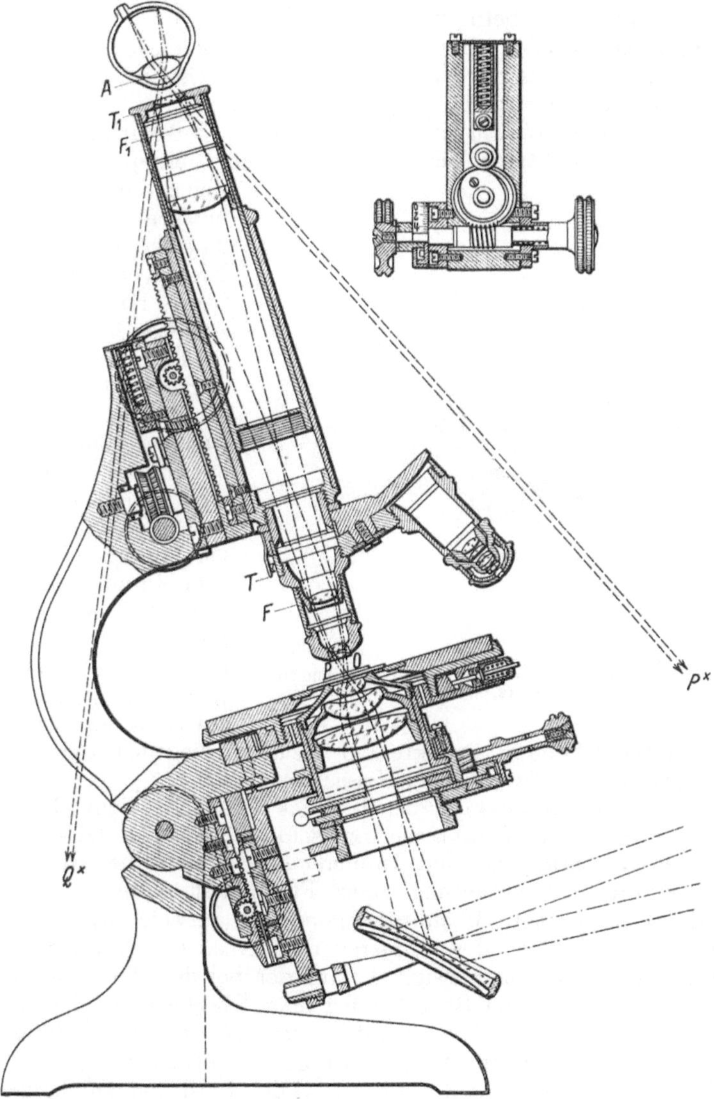

Abb. 7. Gang der Strahlen und Entstehung des vergrößerten Bildes im Mikroskop (E. Leitz, Wetzlar).

neueren Anordnung der Mikrometerschraube (nach BERGER) darf man an dem zu diesem Zweck weit nach rückwärts ausladenden Tubusträger beim Transport heben, was bei der älteren Anordnung der Mikrometerschraube durchaus unstatthaft ist, da hier der Tubusträger selbst die zum Betrieb der Mikrometerschraube erforderliche Spiralfeder enthält,

2*

und die letztere durch die beim Heben des Mikroskops erfolgende unzulässige Belastung beschädigt würde. Solche Mikroskope faßt man beim Heben *unterhalb* des Objekttisches in der Gegend des zwischen Tubusträger und Fuß befindlichen Scharniers an.

Der optische Apparat. Der *optische Teil des Mikroskops* besteht aus dem *Vergrößerungsapparat* (oberhalb des Objekttisches) und dem *Beleuchtungsapparat* (unterhalb des Tisches).

Die *Revolvervorrichtung* ist die drehbare Vorrichtung zur Auswechslung der Objektive; für bakteriologische Untersuchungen eignen sich zweiteilige Revolver besser als die dreiteiligen, da diese bei der Besichtigung von Platten bzw. beim Hin- und Herschieben hinderlich sind.

Der *Vergrößerungsapparat* setzt sich zusammen aus *Objektiv* und *Okular*. Das Objektiv entwirft von dem Objekt ein *vergrößertes, umgekehrtes, reelles* Bild; das Okular erzeugt von diesem ein noch weiter vergrößertes *virtuelles* Bild (analog der Wirkung einer Lupe). Die Objektive (so genannt, weil am unteren Tubusende dem zu untersuchenden Objekte am nächsten liegend) umfassen die *Trockensysteme* und *Tauch-* oder *Immersionssysteme*.

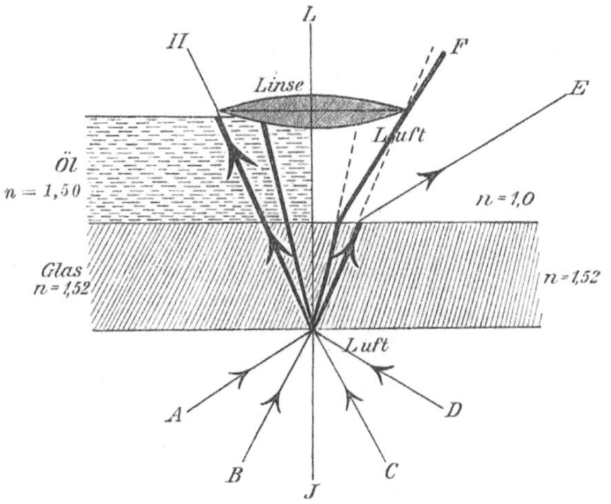

Abb. 8. Ablenkung der Strahlen durch Luft, Glas und Öl.
(Nach E. Leitz, Wetzlar.)

Bei den Trockensystemen berührt das Objektiv nicht direkt das Präparat, sondern es bleibt eine Luftschicht zwischen Objektiv und Objekt, im Gegensatz zu den Immersionssystemen, bei denen diese Luftschicht durch Verwendung einer Flüssigkeit ausgeschaltet wird, die möglichst denselben Brechungsexponenten aufweist wie das Deckglas und die Frontlinse des Immersionssystems. Durch die Zwischenschaltung der Immersionsflüssigkeit wird der bei den Trockensystemen stattfindende Verlust von Strahlen bei dem Übertritt des Lichtes von Glas in Luft und umgekehrt vermieden und so die Verwendung einer für den Gebrauch stärkster Vergrößerungen unentbehrlichen intensiven Beleuchtung ermöglicht (s. Abb. 8). Die Leistungsfähigkeit eines Objektivs hängt nämlich nicht nur von der durch die *Brennweite* desselben bestimmten *Bildvergrößerung*, sondern auch von seinem durch den Öffnungswinkel der einfallenden Strahlen bestimmten *Auflösungsvermögen* ab.

Als Immersionsflüssigkeit verwendete man früher Wasser, dessen Brechungsindex (1) aber noch sehr erheblich von dem des Glases (1,52) abweicht. Wasserimmersionen werden heute in der Mikrobiologie im allgemeinen nur noch für bestimmte Zwecke der biologischen Wasseruntersuchung angewandt. Sonst ist jetzt allgemein das (schon 1850 von STEPHENSON und DE AMICI zu diesem Zweck eingeführte) Zedernöl (mit dem Brechungsindex 1,5) als Immersionsflüssigkeit im Gebrauch.

Eine weitere Verbesserung der Leistungsfähigkeit der Objektive brachte die durch die Forschungen ABBÉs ermöglichte Einführung der sog. *Apochromate*, im Gegensatz zu den früheren *achromatischen* Linsensystemen. Durch die Kombination von verschiedenen optischen Gläsern (mit Zusatz von Bor-, Phosphor-, Barium- und Fluorverbindungen zum Glasfluß) ist bei den Apochromaten eine wesentlich vollkommenere Korrektur der jedem optischen System anhaftenden sphärischen und chromatischen Aberration möglich und wird dadurch einerseits eine gleichmäßigere Schärfe des Bildes in allen Teilen, sowie eine größere Farbenreinheit erreicht und andererseits durch die Anwendung besonderer Okulare (der sog. *Kompensationsokulare*) im Gegensatz zu den gewöhnlichen zum Gebrauch mit den achromatischen Objektiven bestimmten HUYGENSschen Okularen die Benutzung stärkster Vergrößerungen (bis etwa 1:2200) ermöglicht. Als Apochromate werden übrigens nicht nur Immersionssysteme, sondern auch schwache und stärkere Trockensysteme gebaut. Der Vorteil der Apochromate tritt besonders beim mikrophotographischen Arbeiten hervor; für gewöhnliche Zwecke reichen die (etwa nur halb so teuren) achromatischen Systeme vollständig aus.

Eine notwendige Ergänzung des optischen Apparates stellt, wenigstens für die Anwendung der Immersionssysteme, das Vorhandensein und die richtige Benutzung des *Beleuchtungsapparates* dar. Für Trockensysteme genügt die aus den histologischen Kursen bekannte Regelung der Beleuchtung durch *Spiegel* und *Blenden*. Die Anwendung der Immersionslinsen hingegen erfordert eine besonders intensive Beleuchtung, wie sie durch den unmittelbar unter dem Objekttisch angebrachten ABBÉschen *Kondensor* ermöglicht wird.

Dieser Apparat sammelt durch sein Linsensystem die vom Spiegel reflektierten Lichtstrahlen derart, daß sie in der Objektebene, d. h. etwa 2 mm über dem Objekttisch vereinigt werden. Bei sehr dünnen Objektträgern würde demnach der Brennpunkt der Strahlen etwas zu hoch stehen; man muß daher, um die ganze Lichtquelle auszunutzen, den Beleuchtungsapparat an einem besonderen Triebe etwas tiefer stellen. Die Benutzung des Beleuchtungssystems ist zur Erlangung eines prächtigen Farbenbildes geboten, da es eine solche Lichtfülle in das Objekt bringt, daß alle Schatten ausgelöscht werden und nur Farbe haltende Teilchen sichtbar bleiben. Anders bei der Untersuchung farbloser Strukturbilder (ungefärbtes Bakterienpräparat). Hier würde die durch den ABBÉschen Kondensor bei offener Blende zuströmende Lichtfülle alle Schatten und Konturen auslöschen und keinerlei Einzelheiten der Struktur erkennen lassen. Für ungefärbte Präparate ist daher die Ausschaltung des ABBÉschen Kondensors, sei es durch Senkung desselben oder durch mehr oder minder weitgehende Schließung der an der Unterseite des ABBÉschen Beleuchtungsapparates angebrachten Irisblende angezeigt. Durch Hin- und Herschieben des Stiftes an der

Irisblende wird ihre zentrale Öffnung vergrößert oder verkleinert, d. h. ein Teil der Randstrahlen mehr oder weniger abgeblendet.

Als Lichtquelle kommt für mikroskopisches Arbeiten entweder das diffuse Tageslicht, und zwar am besten das von einer weißen Wolke oder einer hellen Wand reflektierte Licht, oder eine künstliche Lichtquelle in Betracht. Als solche verwendet man Auerlicht oder elektrisches Glühlicht. Auch ist Petroleumlicht brauchbar, das am besten durch eine mit Kupfersulfat-Ammoniaklösung gefüllte Schusterkugel geleitet wird, um die im Petroleumlicht im Übermaß enthaltenen gelben und roten Strahlen zu kompensieren. Derselbe Effekt läßt sich durch Anwendung einer auf die Irisblende aufgelegten, leicht blau gefärbten Glasscheibe erreichen.

Für künstliche Beleuchtung gebrauchen wir wegen der Nähe der Lichtquelle den Hohlspiegel, für natürliches Tageslicht den Planspiegel.

Neben den im vorhergehenden beschriebenen unentbehrlichen Teilen des Mikroskops seien hier noch kurz einige für gewisse Zwecke erforderliche technische Hilfsapparate genannt, wie z. B. der heizbare Objekttisch, die Okularzählscheibe, Okular- und Objektmikrometer, Zeichenapparate, die jedoch für Kurszwecke außer acht gelassen werden können.

Bei der Anschaffung eines Mikroskopes spielt naturgemäß der Preis eine große Rolle. Ein für bakteriologische Arbeiten ausreichendes Mikroskop läßt sich schon für etwa 400 Mark beschaffen, wenn man auf die sehr teuren Apochromate verzichtet, von denen das für praktische Zwecke in erster Linie in Betracht kommende System Zeiß Apochrom. 2 mm, num. Apert. 1,30 173 Mark kostet. Empfehlenswert sind folgende Linsen:

Homogene Ölimmersion Achromat $^1/_{12}$, schwache Vergrößerung Zeiß AA oder Leitz III, Seibert 2, sowie 2 Okulare, Zeiß × × × oder Leitz 4fach und 7fach, Seibert 2 und 3, dazu ein stärkeres Trockensystem für histologische Arbeiten und zwar Zeiß 40 oder Leitz 6, Seibert 5. Im allgemeinen empfiehlt es sich, bei der Anschaffung des Stativs nicht zu sehr zu sparen, da wohl die optischen Systeme, nicht aber die mechanische Ausrüstung, nachträglich leicht ergänzt werden können.

Nach dem Mikroskopieren entferne man das Präparat erst, nachdem man den Tubus mittels des groben Triebes gehoben hat, da ohne diese Vorsichtsmaßregel eine Beschädigung der Linsen kaum zu vermeiden ist. Das Entfernen des der Immersionslinse anhaftenden Zedernöles geschieht am besten mit feinem Fließpapier und Nachputzen mit sauberem Lederlappen. Ein zu häufiges Reinigen mit Xylol oder Benzin ist zu vermeiden, da diese Flüssigkeiten, insbesondere Xylol, den Kitt der Linseneinfassungen aufzulösen imstande sind.

Nach Beendigung der Arbeit ist das Mikroskop vor Licht und Staub geschützt in den Mikroskopkasten oder unter eine Glocke zu setzen, falls die Objektive nicht abgeschraubt und die in die für sie bestimmten Metallhülsen eingesetzt werden, sondern, wie das bei den regelmäßig gebrauchten Objektiven meist der Fall, am Mikroskop angeschraubt verbleiben, so wird zwischen ABBÉschen Beleuchtungsapparat und Objektlinse zur Verhütung der unmittelbaren Berührung ein *weiches* sauberes Papier gelegt.

Mit den genannten optischen Hilfsmitteln sind lineare Vergrößerungen von etwa 1 : 60 bis 1 : 1000 erreichbar, was für die gewöhnliche bakteriologische Praxis vollständig ausreichend ist. Bei der Anwendung der Immersionslinse arbeitet man gewöhnlich mit einer Vergrößerung von 1 : 500—600; stärkere Okulare machen das Bild zwar größer, aber nicht deutlicher. Die abbildende Leistung eines Mikroskops, d. h. die Aufdeckung von Einzelheiten im Bilde des Objekts, hängt ausschließlich von der Güte des Objektivs ab. Hier ist der Ort, in Kürze auf die *Grenzen der optischen Leistungsfähigkeit des Mikroskops* überhaupt einzugehen. Eine solche Grenze besteht und liegt etwa bei einer Vergrößerung von 1 : 2000; selbstverständlich sind (z. B. auf dem Projektionsschirm) Darstellungen in sehr viel stärkerer Vergrößerung erreichbar; aber es kommen dadurch keine neuen Einzelheiten zum Vorschein. Die Tatsache einer Grenze der optischen Leistungsfähigkeit des Mikroskops — der wir ja schon bei der Besprechung der submikroskopischen Virusarten begegnet sind (vgl. oben S. 5) — hat ihren Grund nicht etwa in der Begrenzung der technischen Möglichkeit der Herstellung von Objektiven kürzester Brennweite, sondern in der Natur des Lichtes selbst. Aus Gründen, deren eingehende Auseinandersetzung tiefgehende mathematische Kenntnisse erfordern und hier zu weit gehen würde, ist eine *abbildende* Darstellung (in dem Sinne, daß ein getreues Abbild des Gegenstandes entsteht) nur bei Objekten möglich, deren Größe nicht die Länge der Lichtwellen des sichtbaren Spektrums unterschreitet. Man hat zwar mit Erfolg den Versuch gemacht, die mikroskopische Leistungsfähigkeit dadurch auf etwa das Doppelte zu steigern, daß man statt des sichtbaren Lichtes die zwar für das Auge unsichtbaren, aber durch ihre photographische Wirksamkeit indirekt erkennbaren ultravioletten Strahlen verwendet, doch ist das schon seit etwa 15 Jahren bekannte Verfahren (KÖHLER) sehr kompliziert und hat für die bakteriologische Technik keine weitere Anwendung gefunden. Noch weniger praktische Aussichten hat für die Mikrobiologie das sog. *Ultramikroskop* (SIEDENTOPF und ZSIGMONDY), das auf dem Prinzip beruht, kleinste Teilchen (bis herab zu etwa $^1/_{100\,000}$ mm Durchmesser) dadurch sichtbar zu machen, daß sie durch seitliche intensivste Beleuchtung selbstleuchtend auf dunklem Grunde erscheinen, ähnlich wie die sog. Sonnenstäubchen beim Einfallen eines Lichtstrahls in ein verdunkeltes Zimmer; doch zeigt das Ultramikroskop nicht etwa Abbilder dieser kleinsten Objekte, sondern nur Lichtpunkte (Beugungsscheibchen). Praktisch kommt diese (für Physik und Chemie überaus fruchtbare) neue Methode für die Mikrobiologie deshalb nicht in Betracht, weil die Körpersäfte und Nährflüssigkeiten, in denen wir die Mikroparasiten beobachten, schon durch ihren Gehalt an organischen gelösten und kolloidalen Stoffen von ultramikroskopisch sichtbaren Teilchen erfüllt und ihre Unterscheidung von Parasiten so gut wie aussichtslos wäre.

Wenn also das Ultramikroskop selbst für die mikroparasitologische Technik unverwendbar blieb, so gab doch seine Entdeckung den Anstoß zu der Einführung der in der Erscheinungsweise des mikroskopischen Bildes ähnlichen Methode der *Dunkelfeldbeleuchtung* (LANDSTEINER), die sich zur Untersuchung feinster Mikroben in lebendem Zustand, insbesondere der Syphilisspirochäten, praktisch sehr bewährt hat. Die Mikroben erscheinen bei dieser Methode leuchtend auf dunklem Grunde. Die Dunkelfeldbeleuchtung wird mit den sog. Spiegelkondensoren erzielt, die — in Verbindung mit einer in das Immersionssystem einzuhängenden trichterförmigen Blende — eine vollständige Abblendung der direkten Strahlen erzielen und nur die von dem mikroskopischen Objekt abgebeugten Strahlen in das Objektiv gelangen lassen. Es sind verschiedene Spiegelkondensoren (von *Zeiß, Leitz, Seibert, Reichert*) angegeben, die entweder an Stelle des gewöhnlichen ABBÉschen Kondensors eingeschaltet oder auf den Objekttisch des Mikroskops aufgesetzt werden. Erforderlich ist intensive Beleuchtung (Glühfadenlampe oder Liliput-Bogenlampe) bei vollkommen geöffneter Blende und Benutzung des Planspiegels. Zwischen Kondensor und Objektträger, der ebenso wie das Deckglas möglichst dünn gewählt werden soll, wird eine Schicht Zedernöl eingeschaltet; desgleichen selbstverständlich bei Betrachtung mit Immersionssystemen zwischen Frontlinse des Objektivs und Deckglas (s. auch die BURRische Tuschemethode S. 29). Es können auch gefärbte Präparate im Dunkelfeld untersucht werden; dabei werden gefärbte Formelemente stärker aufleuchten wie im Hellfeld (Leuchtbildmethode nach HOFFMANN).

Sowohl zum Nachweis bestimmter Mikroorganismen als auch zur Sichtbarmachung von filtrierbarem Virus gelangte in jüngster Vergangenheit die *Fluorescenz*mikroskopie[1] zum Einsatz, die deshalb besondere Erwähnung verdient, da diese Methode sehr wahrscheinlich immer größere Bedeutung erlangen wird. Nach diesem Verfahren erfolgt die Wahrnehmung von Mikroorganismen und Viruskörperchen durch ihre Nachbehandlung mit fluorescierenden Stoffen, den sog. Fluorochromen. Bei Bestrahlung mit filtriertem, unsichtbarem Ultraviolett auftretende Fluorescenzen erscheinen z. B. die fluorescenzmikroskopisch beobachteten Viruskörperchen als leuchtende, Fluorescenzlicht ausstrahlende Gebilde auf mehr oder minder dunklem Untergrund. Die Wiedergabe ist ungewöhnlich kontrastreich und der Nachweis erfolgt mit besonderer Schnelligkeit. Zur Verwendung gelangt z. B. die Fluorescenzapparatur nach Zeiss. Eine ins einzelne gehende Beschreibung erübrigt sich an dieser Stelle, da die Methode nur durch praktische Arbeit erlernt werden kann und da zu diesem Zweck auf die genannten Arbeiten und auf die Werkbeschreibungen verwiesen werden muß.

2. Beobachtung der Mikroorganismen im ungefärbten und gefärbten Präparat.

Die mikroskopische Untersuchung der Mikroorganismen kann im lebenden oder abgetöteten Zustande, ungefärbt und gefärbt erfolgen.

Die *Beobachtung der lebenden ungefärbten Bakterien* kann zwar gelegentlich, z. B. bei Untersuchung von Magensaft, Urinsediment, Fäkalien u. dgl., in einfachster Weise dadurch geschehen, daß man einen Tropfen

---

[1] Vgl. P. K. H. HAGEMANN: Münch. med. Wschr. 1937, 761 u. Zbl. Bakter. I Orig. **140**, 183 (1938).

des zu untersuchenden Materials (eventuell nach voraufgegangener Verdünnung mit steriler Kochsalzlösung, Wasser oder Bouillon) zwischen Objektträger und Deckglas bringt; doch haftet dieser einfachsten Methode der doppelte Übelstand an, daß einerseits eine länger dauernde Untersuchung wegen des raschen Eintrocknens der dünnen Flüssigkeitsschicht nicht möglich ist und andererseits bei infektiösem Material die am Deckglasrand vorquellende Flüssigkeit leicht störend oder gefährlich werden kann. Diese Methode hat nur da ihre Vorteile, wo es auf möglichst geringe Schichtdecke des Präparats ankommt und ist für die Untersuchung bei *Dunkelfeldbeleuchtung* (vgl. oben) geradezu unentbehrlich. In der gewöhnlichen mikroskopischen Praxis werden die Mikroorganismen im lebenden ungefärbten Zustand im *„hängenden Tropfen"* untersucht, der durch seinen luftdichten Abschluß beide soeben dargelegten Übelstände des gewöhnlichen ungefärbten Objektträgerpräparates vermeidet und eine beliebig (auf Stunden und Tage) ausgedehnte Beobachtung und Züchtung (wie in einer feuchten Kammer) ermöglicht.

Das Präparat des hängenden Tropfens wird folgendermaßen angelegt:

Ein hohlgeschliffener Objektträger wird an Stelle des gewöhnlichen glatten Objektträgers verwendet. Der Rand des kreisförmigen Ausschliffs wird mit Vaseline umzogen. Dann bringt man auf ein Deckglas mit der Öse einen kleinen flachen Tropfen der zu untersuchenden mikrobenhaltigen Flüssigkeit oder verreibt mit der Platinnadel eine Spur der auf festem Nährboden gewachsenen Reinkultur in einem Tropfen Bouillon; Wasser oder selbst physiologische NaCl-Lösung sind hierfür nicht zu empfehlen, weil viele Keime darin osmotische Schädigungen erleiden. Bedingung ist, daß der Keimgehalt des Tropfens möglichst gering ist, um eine Bewegung und Lagerung der Einzelindividuen genau erkennen zu können. Nun wird der Objektträger mit der hohlgeschliffenen Seite nach unten gekehrt und auf das Deckglas gelegt, und zwar so, daß der Tropfen in die Mitte des Ausschliffs zu liegen kommt. Durch leichten Druck haftet das Deckgläschen fest; nach vorsichtigem Umdrehen des Objektträgers ist das Präparat zur Untersuchung bereit und bildet eine luftdichte Kammer, in der der Tropfen längere Zeit vor Verdunstung und Eintrocknung geschützt ist. Die Untersuchung geschieht bei enger Blende, und zwar zunächst bei schwacher Vergrößerung. Man stellt sich den Rand des Tropfens so ein, daß er von vorn nach hinten gerade mitten durchs Gesichtsfeld zieht (s. Abb. 9a), bringt dann einen Tropfen Zedernöl auf das Deckglas und betrachtet jetzt den Tropfen mit der Immersionslinse. Hierbei muß vorsichtig verfahren werden, da der Anfänger sehr leicht das Deckglas eindrückt; am besten bewegt man das Präparat während der Einstellung ganz langsam mit der Hand hin und her, wobei man sofort merkt, wenn man mit dem Objektiv das Deckglas berührt. Nach erfolgter feiner Einstellung (s. Abb. 9b) wählt man den dünnsten Teil, den Rand des Tropfens, aus dem Grunde zur Beobachtung, weil daselbst die scharfe Einstellung der Mikroorganismen am leichtesten gelingt und diese wegen ihrer meist horizontalen Lage in ihrer ganzen Länge beobachtet werden können. Bei den Sauerstoff liebenden Bakterien kommt es am Rande des Tropfens zu einer Ansammlung der Mikroorganismen.

Nach abgeschlossener Untersuchung verschiebt man das Deckgläschen so, daß eine seiner Ecken über den Objektträgerrand reicht, hebt es vorsichtig mit der Pinzette ab, ohne daß das bakterienhaltige Tröpfchen mit dem Objektträger in Berührung kommt und bringt es in eine Sublimatlösung. Der Objektträger ist dann sofort wieder gebrauchsfertig.

Das Präparat des hängenden Tropfens macht dem Anfänger erfahrungsgemäß gewisse Schwierigkeiten, muß aber gerade deshalb sorgfältig geübt werden, weil die Untersuchung im hängenden Tropfen zur Beantwortung einer Reihe von Fragen (Eigenbewegung, Sporenkeimung, Bakteriolyse u. dgl.) unentbehrlich ist.

Einfacher und in der gewöhnlichen Untersuchungstechnik ungleich häufiger angewendet ist die Untersuchung im *gefärbten Präparat*[1]. Bevor wir die technischen Vorschriften über die Färbung der Mikroorganismen besprechen, seien einige kurze Bemerkungen über die Theorie der Färbung vorausgeschickt, soweit sie zum Verständnis der Wirkungen der verschiedenen Farblösungen erforderlich sind. Zur Färbung der Bakterien werden hauptsächlich die sog. *basischen Anilinfarbstoffe* (Fuchsin, Methylenblau, Gentiana- und Methylviolett, Methyl- und Malachitgrün, Vesuvin, Safranin u. a.) angewendet, die sich sämtlich vom Rosanilin ableiten und wegen seiner basischen Natur selbst als

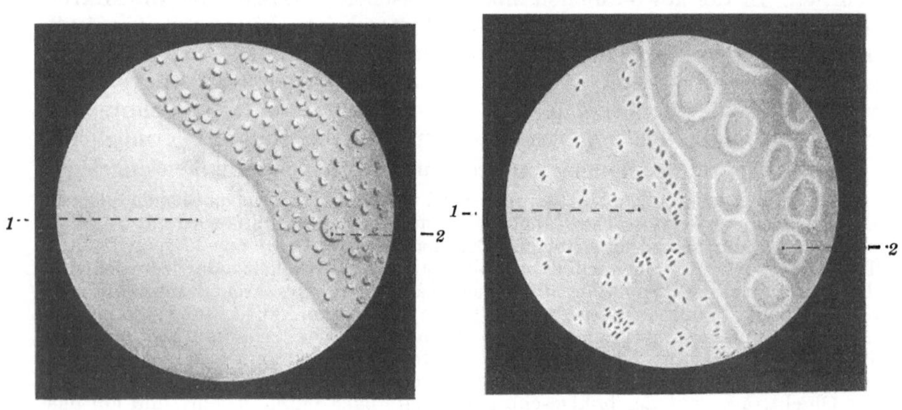

a   b

Abb. 9a und b. Hängender Tropfen (Bact. coli). a bei schwacher Vergr. (1:40), b bei starker Vergr. (1:500). *1.* Inneres des hängenden Tropfens (bei b die einzelnen Bacillen deutlich sichtbar). *2.* Tröpfchen von Kondenswasser außerhalb des hängenden Tropfens.

„basische Farbstoffe" bezeichnet werden, obwohl sie in der Tat ihrer chemischen Zusammensetzung nach neutrale Salze darstellen (z. B. Fuchsin = salzsaures Rosanilin). Die Färbung beruht nicht etwa auf einer rein mechanischen Durchtränkung des Bakterienleibes mit dem Farbstoff, sondern stellt eine mikrochemische Reaktion dar. Die chemische Bindung des Farbstoffs an das Plasma erfolgt etwa nach Analogie der Bildung von Doppelsalzen und ist nur eine ziemlich lockere und demgemäß in guten Lösungsmitteln des Farbstoffs leicht dissoziierbar. Hierauf beruht einerseits die entfärbende Wirkung des Alkohols, andererseits die scheinbar paradoxe Tatsache, daß ein Farbstoff um so weniger wirksam ist, in je vollkommenerem Lösungszustand er sich befindet. Farblösungen in reinem Alkohol haben daher Bakterien gegenüber gar keine Färbekraft; die im Laboratorium vorrätig zu haltenden alkoholischen Stammlösungen werden vor dem Gebrauch mit der etwa zehnfachen Menge destillierten Wassers verdünnt.

---

[1] Auch eine *vitale Färbung* der Mikroorganismen ist ausführbar, wird aber nur selten angewendet; man geht hierbei in folgender Weise vor:

1. Entweder setzt man zu einem hängenden Tropfen etwas Farblösung oder

2. trocknet auf gut gereinigten Objektträgern alkoholische oder wässerige Methylenblaulösung an und bringt darauf Tröpfchen der zu untersuchenden Probe mit samt dem Deckglase.

Die viel gebrauchte LÖFFLER*sche Methylenblaulösung* setzt sich zusammen aus 30 ccm gesättigter alkoholischer Methylenblaulösung und einer Lösung von 1 ccm 1%iger Kalilauge in 100 ccm destillierten Wassers.

Zusätze, welche die Löslichkeit des Farbstoffs erhöhen, bewirken eine Abnahme der Färbekraft; solche „farbschwache" Lösungen können in einzelnen Fällen, z. B. die essigsäurehaltige Methylenblaulösung bei der M. NEISSERschen Polkörnchenfärbung der Diphtheriebacillen (vgl. das betreffende spezielle Kapitel) mit Vorteil verwendet werden, weil sie nur gewisse besonders leicht färbbare Teile des Bakterienleibes elektiv darstellen. Umgekehrt wird die färbende Kraft der Farbstofflösungen durch solche Zusätze gesteigert, welche die Löslichkeit des Farbstoffs vermindern (z. B. Zusatz von Alkali, Anilinwasser oder beider zusammen); im letzteren Falle kommt es geradezu bis zu einer beginnenden Aus- fällung des Farbstoffs, die man treffend als „Schwebefällung" bezeichnet. Hiermit hängt es zusammen, daß solche verstärkte Farblösungen (ab- gesehen von den mit Carbolzusatz hergestellten) nicht haltbar sind, sondern meist schon binnen wenigen Tagen durch Ausfällung des Farb- stoffs unbrauchbar werden.

Über die Zeit der Einwirkung der Farblösungen lassen sich nicht immer bestimmte zahlenmäßige Angaben machen. Sie richtet sich nach der Stärke der einzelnen Farblösungen und nach der Art der Bakterien. Im allgemeinen kann man sagen, daß bei konzentrierten Farblösungen die Färbezeit kürzer ist, daß man aber, mit dünnen Farblösungen und entsprechend längerer Färbezeit (1—5 Minuten) klarere, schönere Bilder erzielt.

Die Vorbereitung der Präparate für die Färbung kann in verschie- dener Weise erfolgen, je nach der Art des zu verarbeitenden Materials. Am gebräuchlichsten sind *Ausstrich*präparate, die entweder auf dem Deckglas oder auf dem Objektträger hergestellt werden; letzteres Ver- fahren ist für den täglichen Gebrauch bequemer und billiger, da man die leicht zerbrechlichen Deckgläser spart. Für die Herstellung von Dauer- präparaten ist es jedoch zweckmäßig, auch bei Objektträgerausstrichen das Präparat der Schonung wegen schließlich mit einem Deckglas zu be- decken, das mit Kanadabalsam aufgeklebt wird. Keimhaltige *Flüssig- keiten* kann man, wenn sie nicht zu dichte Ausstriche geben, direkt ohne Verdünnung verarbeiten. Flüssigkeiten, die sehr zahlreiche ge- formte Elemente enthalten (Organsaft), sowie Reinkulturen von festem Nährboden verdünnt man mit etwas Wasser. Man bringt zu diesem Zweck auf das Deckglas oder den Objektträger ein Tröpfchen Wasser und verreibt darin das zu untersuchende Material mittels ausgeglühter Platinnadel, so daß eine gleichmäßige, möglichst dünne Schicht ent- steht. Läßt sich die Flüssigkeit auf dem Glase nicht gleichmäßig aus- breiten, so besagt dies, daß der Objektträger bzw. das Deckglas nicht genügend gereinigt war und einen fettigen Überzug aufweist, den man durch Abreiben mit Alkohol oder kurzes Erhitzen in der Flamme be- seitigen kann. Gewaltsames Zerquetschen des Untersuchungsmaterials ist nur dann angebracht, wenn es sich um den Nachweis von Mikroorga- nismen im Innern fester, schwierig zu verteilender Massen (z. B. nekro- tischer Brocken im tuberkulösen Sputum) handelt, und wenn es nicht auf die sorgfältige Erhaltung der zelligen Formelemente ankommt. Sonst ist möglichst schonendes Ausstreichen geboten, um grobe (und manchmal für den Anfänger irreführende) Verunstaltungen der zelligen Elemente zu vermeiden. Insbesondere aus den Zellkernen entstehen bei gewaltsamer Behandlung allerlei körnige und fädige, manchmal geradezu abenteuerlich (nach Art von Spermatozoen oder Kometenschwänzen) geformte Gebilde. Über die Technik der Blutausstrichpräparate vgl. im speziellen Teil Kap. „Malaria". Will man im Präparat ein getreues Abbild der natürlichen Anordnung und Lagerung der auf festem Nährboden gewachsenen Keime haben, die bei vielen Arten (Milzbrand-, Diphtherie-, Pest-, Tuberkelbacillen) überaus charakteristisch ist, so bedient man sich hierzu des *Klatschpräparats*, so genannt, weil durch Auflegen des Deckglases auf die zu untersuchenden Kolonien ein Abklatsch derselben erhalten wird. Das Auflegen und Abnehmen des Deckglases muß vorsichtig, ohne stärkeren Druck und ohne seitliche Verschiebung erfolgen (selbstverständlich, der Infektionsgefahr wegen, nicht mit den Fingern, sondern mit einer Pinzette, am besten einer besonderen „Deckglaspinzette" mit abgeknickten Enden). Die weitere Behandlung erfolgt wie beim Ausstrichpräparat. Zunächst muß nun das Präparat vollständig *lufttrocken* werden; dann wird es entweder durch Erhitzung oder durch Einlegen in absolutem Alkohol *fixiert*, damit die Mikroben und zelligen Elemente bei der nunmehr folgenden Behandlung mit wässerigen Lösungen nicht fortgeschwemmt werden. Die Fixierung erfolgt bei beiden Methoden durch Koagulation der Eiweißkörper. Am gebräuchlichsten ist in der gewöhnlichen bakteriologischen Praxis die Fixierung mittels dreimaligen Durchziehens durch die Flamme des Bunsen-Brenners; für Protozoen-Präparate sowie zur Darstellung feinerer Einzelheiten ist diese Methode zu eingreifend und muß durch Härtung in absolutem Alkohol (15—30 Minuten lang) ersetzt werden. Beim Durchziehen durch die Flamme sind verschiedene Fehler zu vermeiden war das Präparat noch nicht völlig lufttrocken, so platzen die Zellen durch die plötzliche Hitzeeinwirkung, und es entstehen Zerrbilder. Zu starke Erhitzung beeinträchtigt die Färbbarkeit der Bakterien, zu geringe kann bewirken, daß die Bakterien durch die aufgeträufelten Farblösungen und das nachfolgende Auswaschen mit Wasser heruntergespült werden. Jetzt erst erfolgt die Färbung, und zwar entweder einfach mit verdünnten Anilinfarben oder für besondere Zwecke nach speziellen im nächsten Abschnitt zu besprechenden Färbemethoden. Es folgt nach der Beendigung des Färbeverfahrens kräftige Abspülung der Präparate in Wasser und Trocknen zwischen Fließpapier. Das Deckglas wird nun in einem auf dem Objektträger befindlichen Tropfen Kanadabalsam oder Immersionsöl eingebettet; auf den Objektträgerausstrich wird einfach ein Tropfen Öl gebracht, in den die Immersionslinse taucht.

Zuweilen ist eine Untersuchung der gefärbten Präparate nur in Wasser möglich, z. B. bei der Kapselfärbung, weil in dem stärker lichtbrechenden Öl die zarten Kapseln verschwinden. Es sei aber hervorgehoben, daß in diesem Medium alle Bakterien infolge der durch Wasser bedingten Quellung größer aussehen als in Zedernöl bzw. Kanadabalsam.

Während der beschriebenen verschiedenen Prozeduren der Färbung wird das Deckglas- bzw. Objektträgerpräparat am besten von einer CORNETschen Pinzette in wagerechter Stellung festgehalten; für Deckgläser und Objektträger ist je ein verschiedenes Modell dieser Pinzette anzuwenden. Als billigere Behelfsmittel kommen in Betracht: für *Deck*gläser Auflegen auf Korke, die auf einem Brettchen festgeklebt sind oder auf einer Gummiplatte mit Gummistiften, wie sie in Läden für das bequeme Aufnehmen von Geldmünzen in Gebrauch sind; für Objektträger Auflegen auf Bänkchen, die man sich aus einem zurechtgebogenen Glasstab selbst herstellen kann, und die direkt auf dem zum Ablaufen der Farbe dienenden Becken (oder Schale) ruhen.

Eine besondere Besprechung erheischt noch das BURRI*sche Tuscheverfahren* für Ausstrichpräparate, das gewissermaßen eine Umkehrung des sonst gebräuchlichen Färbungsprinzips darstellt. Während bei den gewöhnlichen Färbemethoden die Mikroorganismen allein gefärbt und der Untergrund möglichst ungefärbt erscheinen soll, ist es hier gerade der Untergrund, der durch Verwendung einer äußerst feinkörnigen Tuscheaufschwemmung gefärbt (bräunlich bis schwarz) erscheint, während sich die im Ausstrich befindlichen Mikroorganismen ungefärbt und leuchtend hell von diesem dunklen Grund abheben. Ein gut gelungenes Tuschepräparat erweckt fast den Eindruck der Dunkelfeldbeleuchtung (vgl. oben S. 24), nur natürlich mit viel geringeren Differenzen in der Lichtstärke, — und dient auch den gleichen Zwecken wie diese Methode, in erster Linie dem Nachweis der Spirochaeta pallida (LANDSTEINER und MUCHA). Das Tuschepräparat wird in folgender Weise angelegt:

1 Tropfen „Pelikantusche Nr. 541" (Grübler, Leipzig) wird mit einem Tröpfchen des zu untersuchenden keimhaltigen Materials auf dem gut gereinigten Objektträger gemischt und gleichmäßig ausgestrichen; das lufttrocken gewordene Präparat wird direkt in Immersionsöl untersucht. Statt Tusche kann man auch eine 10%ige Kollargollösung oder gewisse Farbstoffe (Cyanochin = Chinablau + Cyanosin u. a.) verwenden.

Zum Nachweis von Mikroorganismen in *Schnittpräparaten* müssen zunächst die betreffenden Organe nach den für die allgemeine histologische Technik gültigen Vorschriften (auf welche hier verwiesen sein mag) gehärtet und eingebettet werden. Kommt es nicht auf Anfertigung sehr dünner Schnitte an, so können die in Alkohol gehärteten Gewebsstücke ohne Einbettung mit etwas Gummi- oder Celloidinlösung, die man in Alkohol erhärten läßt, auf einen Kork aufgeklebt und so mit dem Mikrotom geschnitten werden. Für feinere Untersuchungen kommt ausschließlich die Paraffineinbettung in Betracht. Die auf dem Objektträger durch mehrstündiges Verweilen bei 37° C fixierten und (durch Behandlung mit Xylol und Alkohol) von Paraffin gänzlich befreiten Schnitte werden dann nach denselben Färbemethoden behandelt wie Ausstrichpräparate. Wenn die zu untersuchenden Bakterien durch eine der im nächsten Absatz zu schildernden Färbemethoden in einer vom Gewebe verschiedenen Farbe dargestellt werden können (Gram- oder Tuberkelbacillenfärbung), so ist die Untersuchung leicht; zur Gegenfärbung des Gewebes wird der Schnitt entweder *vor* der Gramfärbung mit Pikrocarmin oder eventuell *nachher* mit Eosin behandelt. Lassen sich aber

die Krankheitserreger nicht in einer von der Gewebsfärbung verschiedenen
Farbe darstellen (Typhus-, Pest-, Rotz-, Cholerabacillen), so ist ihre
Erkennung in den Geweben schwieriger, da auch diese, insbesondere
die Zellkerne, die basischen Anilinfarbstoffe sehr intensiv aufnehmen.
Man muß dann versuchen, durch vorsichtige teilweise Entfärbung
des Schnittpräparates (mittels sehr verdünnter Essigsäure oder ver-
dünnten Alkohols) und darauf folgendes gründliches Auswaschen in
Wasser eine möglichst brauchbare Differenzierung zwischen den intensiv
gefärbten Bakterien und Zellkernen einerseits und den übrigen Gewebs-
bestandteilen andererseits zu erreichen. — Für die Darstellung der
Protozoen, im Ausstrich- wie im Schnittpräparat, ist die Färbung nach
ROMANOWSKY-GIEMSA die beste Methode; betreffs anderer anwendbarer
Methoden vgl. die betreffenden speziellen Kapitel.

3. Spezielle Färbemethoden.

a) Die GRAMsche Färbung (nach ihrem Entdecker benannt) ist ein
elektives Färbverfahren, welches nur bestimmte Arten von Mikroorganismen zur Darstellung bringt, während andere Arten und insbesondere auch die Zellkerne im Gewebe ungefärbt bleiben und eventuell
in einer Kontrastfarbe (mit sehr verdünnter Fuchsinlösung) zur Anschauung gebracht werden können. Das Verfahren ist daher sowohl
für Schnittfärbungen wie zur Unterscheidung verschiedener Bakterienarten von großem Werte. Je nach ihrem Verhalten zur GRAMschen
Färbung unterscheidet man *grampositive* und *gramnegative* Arten, da
dieses Merkmal für die meisten Arten konstant und für jede einzelne
Art streng gesetzmäßig ist. Nur wenige Bakterien machen hiervon eine
Ausnahme (Tetanus-, Rauschbrand- und maligne Ödembacillen), indem
sie sich der GRAMschen Färbung gegenüber zwar meistens negativ, aber
doch wechselnd verhalten und innerhalb derselben Kultur manche Individuen gefärbt, manche ungefärbt erscheinen. In der folgenden Tabelle
sind die wichtigsten Bakterien nach ihrem Verhalten zur Gramfärbung
zusammengestellt:

Grampositiv:	*Gramnegativ:*
Staphylokokken	Microc. gonorrhoeae
Streptokokken	Microc. meningitidis
Pneumokokken	Microc. catarrhalis
Alle Sarcinen	Bact. coli
Bac. anthracis	Bac. typhi abd.
Bac. subtilis	Bac. paratyphi A und B
Bac. mesentericus	Bac. dysenteriae (alle Arten)
Bac. diphtheriae	Bac. pestis
Bac. tuberculosis	Bac. septic. haemorrhag. (alle Arten)
Bac. leprae	Bac. influenzae
Actinomyces	Bac. melitensis
Hefen	Bac. pneumoniae Friedländer
Oidium	Bac. pyocyaneus
	Bac. proteus
	Bac. mallei
	Vibrio cholerae und
	choleraähnliche Vibrionen
	Spirillen, Spirochäten.

Die Vorschrift für die Gramfärbung ist folgende: Die fertig fixierten Präparate werden mit einem Pararosanilinfarbstoff (Gentianaviolett, Methylviolett) unter Anwendung einer Beize, z. B. Carbolsäure oder Anilin[1], vorgefärbt (2 Minuten) und später mit Jodjodkalilösung (Lugol) behandelt (2 Minuten). Die nachfolgende Anwendung von Alkohol — (solange das Präparat noch Farbstoff abgibt, meist etwa $\frac{1}{2}$ Minute) — entzieht den gramnegativen Bakterien, den Zellkernen und den Geweben allen Farbstoff. Eine Nachfärbung mit Eosin oder verdünntem Fuchsin bringt auch diese kontrastreich zur Darstellung.

Die grampositiven Bakterien erscheinen blauschwarz, die gramnegativen Bakterien sowie das Gewebe rot gefärbt. Es handelt sich bei der GRAMschen Methode nicht um eine Gentianaviolettfärbung, sondern um eine Jodpararosanilinfärbung, die, je nachdem die chemische Bindung zwischen dem Jodpararosanilin und dem Plasma fest oder locker ist, durch nachfolgende Alkoholbehandlung rückgängig gemacht werden kann oder nicht. Farbstoffe, die sich von Rosanilin ableiten (Fuchsin, Methylenblau) sind für die GRAMsche Färbung nicht verwendbar.

b) Färbung säurefester Bacillen. Eine ganze Gruppe von Bakterien, deren wichtigster Vertreter der Tuberkelbacillus ist, zeigt gegenüber der Färbung ein eigenartiges Verhalten, indem sie den

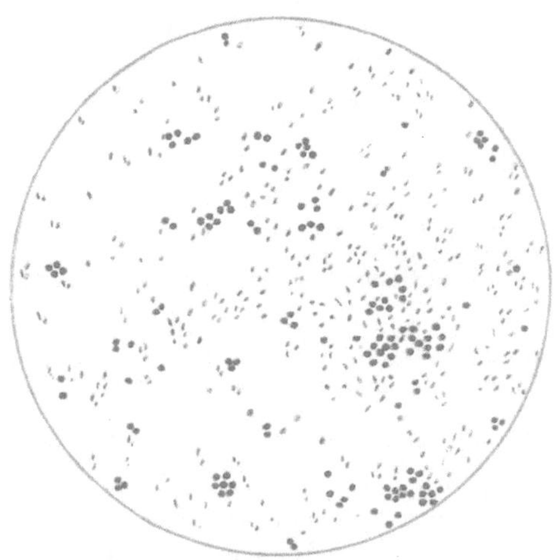

Abb. 10. Staphylokokken und Colibacillen. Gramfärbung mit nachfolgender Fuchsinfärbung. (Vergr. 1:500.)

Farbstoff nur schwierig und nur nach besonders intensiver Einwirkung aufnehmen, den einmal aufgenommenen Farbstoff aber auch ebenso schwierig wieder abgeben und insbesondere gegenüber den sonst so eingreifenden Entfärbungsverfahren durch verdünnte Säuren und Alkohol resistent („säure- und alkoholfest") bleiben. Dieses eigenartige Verhalten ist durch das Vorhandensein einer widerstandsfähigen wachsartigen Hülle dieser Bakterien bedingt und ermöglicht eine Kontrastfärbung im Gewebe, bei der die säurefesten Bacillen in der ursprünglichen Farbe (nach ZIEHL rot) und die übrigen Bakterien sowie die Gewebs-

---

[1] Der Carbolzusatz (2,5%) hat vor der ursprünglichen Vorschrift den Vorzug der dauernden Haltbarmachung der Farblösung, während die Anilinwasser-Gentianaviolettlösung nur einige Tage brauchbar ist und dann rasch verdirbt. Bei der Herstellung dieser letzteren Farblösung sind einige kleine Kunstgriffe zu beachten, wenn man gute Resultate erhalten will; die richtig hergestellte Lösung hat sehr hohe Färbkraft.

Anilin (im Handel als „Anilinöl" bezeichnet) wird mit etwa der 10fachen Menge destillierten Wassers gründlich durchgeschüttelt und die entstandene milchige Emulsion durch ein *nasses* Filter filtriert, um ein brauchbares, *völlig klares Filtrat* zu erhalten; diesem letzteren wird dann $\frac{1}{10}$ seines Volumens alkoholische gesättigte Gentianaviolettlösung zugesetzt. Die fertige Farblösung ist unmittelbar vor Gebrauch stets zu filtrieren.

bestandteile in der nach der Entfärbung angewandten Kontrastfarbe (blau) erscheinen. Nach der ersten von R. KOCH selbst angewandten Methode wurde die Färbung durch lange Einwirkung leicht alkalisierter Anilinwasser-Gentianaviolettlösung, die Kontrastfärbung mit Vesuvin (braun) vollzogen. Jetzt wird zur Färbung fast durchweg Carbolfuchsin (ZIEHLsche Lösung)[1] und zur Nachfärbung wässerige Methylenblaulösung verwendet. Der Anilinwasser- bzw. Carbolzusatz dient (wie schon oben bei der Gramfärbung) als Beize, um — wie in der Technik der Wollfärbung — das Eindringen der Farbe zu erleichtern; zur Beschleunigung des Prozesses dient (bei Ausstrichpräparaten) gleichzeitige Erwärmung, während bei Zimmertemperatur (für Schnittpräparate) eine Einwirkungsdauer von 24 Stunden erforderlich ist.

Die ursprüngliche Vorschrift für Tuberkelbacillenfärbung, in der die beiden Akte der Entfärbung mit Säure und Alkohol getrennt ausgeführt wurden, ist folgende:

1. Färbung des fixierten Ausstrichs mit Carbol- (oder Anilinwasserfuchsin) unter mehrmaligem Erwärmen bis zur leichten Dampfbildung (nicht aufkochen!) etwa 5 Minuten lang.

2. Entfärbung 2—3 Sekunden in 5%iger Schwefelsäure oder 25%iger Salpetersäure.

3. Entfärben in 70%igem Alkohol, bis das Präparat nahezu farblos erscheint; eventuell Wiederholung von Nr. 2 und 3.

4. Nachfärbung in wässeriger Methylenblaulösung, nur etwa 10 Sekunden.

5. Abspülen in Wasser, Trocknen usw.

Säure- und Alkoholbehandlung kann aber auch ohne Schaden in einem Akte erfolgen, am besten in Form des 1%igen Salzsäurealkohols, den man gleichfalls nur 2—3 Sekunden einwirken, und dem man eine Abspülung in gewöhnlichem Alkohol (etwa $^1/_2$ Minute, wie oben unter Nr. 3) nachfolgen läßt.

Weniger empfehlenswert ist es dagegen, der Vereinfachung wegen die Entfärbung und Gegenfärbung in einer und derselben Lösung erfolgen zu lassen, da man dann die Entfärbung und Gegenfärbung nicht jede für sich kontrollieren kann; unter den hierfür empfohlenen Methoden sei nur die *Corallin-Methylenblaumethode* angeführt, bei der wegen der sehr schonenden entfärbenden Wirkung eine zu weitgehende Entfärbung nicht zu befürchten ist. Die Behandlung des Präparats nach der Fuchsinfärbung erfolgt hier (ohne Abspülung des Fuchsins) mit folgender Lösung, die man 1 Minute einwirken läßt:

<pre>
Corallin   1,0
Gesättigte alkoholische Methylenblaulösung . . 100,0
Glycerin 20,0
</pre>

c) **Die Sporenfärbung** beruht auf demselben Prinzip wie die soeben geschilderte Färbung säurefester Bacillen, nur daß hier — wegen der außerordentlichen Widerstandsfähigkeit der Sporenhülle — besonders

---

[1] Carbolfuchsin nach ZIEHL-NEELSEN: 100 ccm 5%iger Carbolsäurelösung (zur vollständig klaren Lösung ist Erwärmung erforderlich) + 10 ccm gesättigter alkoholischer Fuchsinlösung; unbegrenzt haltbar und in etwa 10facher Verdünnung mit destilliertem Wasser auch zur Färbung aller anderen Bakterien vortrefflich brauchbar und in dieser Form heute fast überall für den täglichen Gebrauch am häufigsten angewendet. In gleicher Weise sind die Carbolmethylenblaulösung und die Carbolgentianaviolettlösung zusammengesetzt. — Anilinwasser-Fuchsinlösung wird genau nach Analogie der Anilinwasser-Gentianaviolettlösung (vgl. oben) bereitet.

eingreifende Mittel erforderlich sind, um das Eindringen der Farbe zu ermöglichen. Als solche sind zu nennen: *Erhitzung* (10mal statt nur 3mal beim Fixieren durch die Flamme ziehen), Vorbehandlung mit *Beizen* (Chromsäure), längere Erwärmung mit der Farbstofflösung. Nach erfolgter Färbung wird der Farbstoff bei der Einwirkung entfärbender Flüssigkeiten ebenso schwierig wieder abgegeben, im Gegensatz zu dem die Spore umschließenden Bakterienleib, worauf die Darstellung der Doppelfärbung von Bakterien und Sporen beruht.

Die erste einfache Sporenfärbung stammt von H. BUCHNER (1884), der konzentrierte H_2SO_4 oder Kalilauge 25 Minuten lang auf das fixierte Präparat einwirken ließ. Die ersten *Doppel*färbungen wurden von A. NEISSER und F. HUEPPE 1884 veröffentlicht. Die späteren Methoden der Sporenfärbung lehnen sich eng an die Tuberkelbacillenfärbung an.

1. Das lufttrockene Präparat wird zwecks Fixierung 10mal durch die Flamme gezogen[1].

2. In frisches dampfendes Anilinwasser-Fuchsin bringen, erhitzen, bis Blasen springen, dann 1 bis 2 Minuten warten, wieder aufkochen, wieder warten und so 3—5mal.

3. Kurz in absoluten Alkohol tauchen.

4. Dann in 60%igen Alkohol, bis keine Farbe mehr abgeht.

5. Trocknen.

6. Nachfärben mit einfacher wässeriger Methylenblaulösung 2 Minuten.

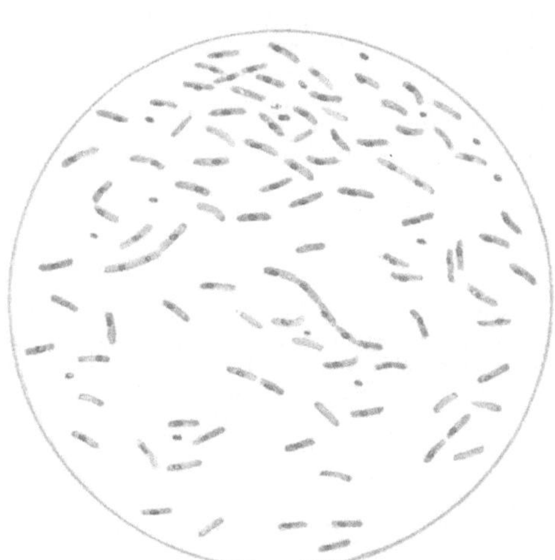

Abb. 11. Bac. subtilis. Sporenfärbung. Vegetative Formen blau, Sporen rot. (Vergr. 1:500.)

7. Wasserspülen. Trocknen. Einbetten in Cedernöl oder Kanadabalsam.

Die Sporen sind rot gefärbt im blauen Bakterienleib.

d) Die Geißelfärbung stellt an die Färbetechnik erhebliche Ansprüche; es bedarf besonderer Beizverfahren, um die Geißeln der Aufnahme des Farbstoffes, selbst in Lösungen, deren Färbkraft durch besondere Zusätze (Anilin- oder Carbolwasser, Alkali) erhöht ist, zugänglich zu machen.

Als Beize dienen tintenartige Mischungen von Tanninlösung mit Metallverbindungen und Fuchsin. Die ursprünglich von LÖFFLER angegebene Beize verwendete als Metallsalz Ferrosulfat, die sogleich zu schildernde PEPPLERsche Modifikation Chromsäure, das Verfahren nach ZETTNOW Antimon. Letzteres Verfahren ist theoretisch deshalb besonders bemerkenswert, weil es nach der Beizung die Geißeln nicht durch einen Färbungsprozeß, sondern durch Versilberung mit Äthylaminsilberlösung darstellt.

Vorschrift zur PEPPLERschen Methode. Zur Vermeidung von Niederschlägen sind die Deckgläser bzw. Objektträger sorgfältig zu *reinigen*, und zwar werden

---

[1] Nach dem Fixieren empfiehlt es sich, zur sicheren Erreichung einer guten Färbung das Präparat zunächst 2 Minuten in Chloroform zu entfetten, dann mit Wasser abzuspülen und darauf mit 5%iger wässeriger Chromsäurelösung 5 Sekunden bis 10 Minuten (für jede Art besonders auszuprobieren) zu beizen; nachher wieder Abspülen in Wasser und Färben.

sie entweder nach gründlicher Abspülung mit verdünntem Alkohol mit einem sauberen Tuche geputzt, mit der Pinzette auf ein erhitztes Eisenblech gebracht und mehrere Minuten dort belassen, oder es werden die Deckgläser in konz. H_2SO_4 erhitzt und nach Neutralisation mit Natronlauge mit klarem, fließendem Wasser abgespült und mit sauberem Tuche getrocknet. Ein Berühren des Deckglases mit den Fingern ist aufs peinlichste zu vermeiden, da das Präparat durch die dem Finger anhaftende Fettschicht in seiner Reinheit geschädigt wird. Um schöne, klare Bilder zu erhalten, darf nichts vom Nährboden, auch keinerlei Kulturflüssigkeit mehr an den Bakterien haften.

Zu diesem Zwecke werden drei der nach obiger Vorschrift besonders gereinigten Deckgläser mit je einem Tropfen *Leitungswasser (nicht destilliertes* Wasser wegen der dadurch zustande kommenden osmotischen Störungen) mit der Öse beschickt. In einen dieser Tropfen wird das Material vorsichtig ohne stärkeres Reiben gebracht, von hier etwas in den zweiten und von diesem wieder etwas in den dritten Tropfen übertragen. Die Tropfen werden vorsichtig ausgebreitet. Das trocken gewordene Präparat wird 1mal rasch durch die Flamme gezogen, dann 5—10 Minuten mit frisch filtrierter PEPPLER-Beize gebeizt[1]. Es folgt starkes Abspülen des Präparates im Wasserstrahl. Nachdem alles Wasser abgelaufen ist, erfolgt die eigentliche Färbung mit frisch filtriertem, unverdünntem Carbolgentianaviolett (2—3 Minuten). Nach der Wasserabspülung wird das Präparat *hoch* über der Flamme getrocknet, dann in Öl oder Balsam eingebettet.

Schrifttum.

GERLACH, F.: Über Versuche zur Sichtbarmachung und Züchtung spezifischer Mikroorganismen bei Virus-Infektionskrankheiten und bösartigen Geschwülsten. Wien. tierärztl. Mschr. 1938, H. 6. — GOTSCHLICH, E.: Allgemeine Morphologie der pathogenen Mikroorganismen. KOLLE-WASSERMANNs Handbuch der pathogenen Mikroorganismen, 3. Aufl. Bd. 1. 1926. — HAGER-MEZ: Das Mikroskop und seine Anwendung. 11. Aufl. Berlin: Julius Springer 1912. — JENTSCH: Über Dunkelfeldbeleuchtung. Verh. dtsch. physik. Ges. Jg. III, Nr. 22. — KOCH, R.: Arb. ksl. Gesdh.amt Bd. 1 u. 2. — KÖHLER u. ROHR: Mikroskopie mit ultraviolettem Licht. Veröff. der Zeiß-Werke. — REICHERT: Über die Sichtbarmachung der Geißeln und Geißelbewegungen der Bakterien. Zbl. Bakter. Orig. Bd. 51. — SIEDENTOPF: Über die physikalischen Prinzipien der Sichtbarmachung ultramikroskopischer Teilchen. Berl. klin. Wschr. 1904.

C. Allgemeine Biologie und Methoden der Züchtung der Mikroorganismen.

So wichtig die morphologische Erkenntnis, die den Gegenstand des vorangegangenen Kapitels gebildet hat, für das Studium der Mikroparasiten ist, so genügt sie doch in den meisten Fällen für sich allein nicht, um eine sichere Diagnose zu ermöglichen. Am ehesten ist das noch bei den Protozoen der Fall, wo z. B. bei der Untersuchung auf Malaria das mikroskopische Blutpräparat nicht nur mit Sicherheit die Entscheidung erlaubt, ob Malaria vorliegt oder nicht, sondern auch die genaue Differentialdiagnose zwischen den drei verschiedenen Arten der Malariaerreger gewährleistet. Viel größeren Schwierigkeiten begegnet die rein morphologische Diagnostik bei den Bakterien, da neben den krankheitserregenden Bakterien fast stets in großer Zahl sehr ähnliche

---

[1] Herstellung der Beize: Zu 100 ccm einer unter schwachem Erwärmen hergestellten und auf etwa 20° C abgekühlten 20%igen wässerigen Tanninlösung werden 15 ccm einer 2,5%igen wässerigen Lösung reiner Chromsäure in kleinen Portionen unter Umschütteln hinzugefügt; die Beize ist nach 4—6tägigem Stehen und sorgfältiger Filtration zum Gebrauch fertig.

verwandte freilebende Arten existieren. Hier lehrt das mikroskopische Präparat meist nur, welcher natürlichen *Gruppe* das zur Untersuchung vorliegende Kleinwesen angehört, ohne eine genaue Identifizierung der *Art* zu ermöglichen. Die Diagnose kann erst auf Grund der biologischen Eigenschaften des betreffenden Bacteriums erbracht werden. Dies gilt selbst für Bakterien von sehr charakteristischem, morphologischem und färberischem Verhalten, wie z. B. Tuberkelbacillen. Wenn nicht die Kenntnis der Herkunft des Untersuchungsmaterials an sich eine sichere Diagnose ermöglicht und eine Verwechselung mit verwandten saprophytischen Arten ausschließen läßt, so muß für die endgültige Entscheidung auch hier das biologische Studium eintreten. So ist z. B. die sichere Diagnose der Tuberkelbacillen zwar im Sputum des Phthisikers schon auf Grund des mikroskopischen Präparates möglich, nicht aber in der Kuhmilch oder im Urin, wo es sich sehr wohl um harmlose „säurefeste" Grasbacillen od. dgl. handeln kann.

Das Studium der biologischen Eigenschaften eines Mikroparasiten, seiner Lebensbedingungen und Lebensäußerungen ist nur dann in erschöpfender Weise möglich, wenn es gelingt, den Mikroben außerhalb des erkrankten Organismus auf *künstlichem Nährboden* zur Vermehrung zu bringen, zu *züchten*. Durch diese Vermehrung entstehen aus einzelnen Keimen Zusammenlagerungen sehr zahlreicher Individuen, die schließlich schon mit bloßem Auge sichtbar sind und dann als Einzel*kolonien* oder *Kulturen* bezeichnet werden; schon das makroskopische Aussehen derselben, noch mehr die Betrachtung mit schwacher Vergrößerung, liefert so oft auffallende und eindeutige Merkmale, daß oft allein hierauf die sichere Diagnose gegründet werden kann, so das charakteristische Aussehen der Kolonien von Milzbrand- und Pestbacillen. In anderen Fällen freilich genügen diese Merkmale noch nicht, da sie nicht der einzelnen Art, sondern der ganzen Gruppe eigentümlich sind (so z. B. bei den zu den Gruppen des Typhus- und der Ruhrbacillen gehörigen Bakterien); dann kann die bakteriologische Diagnose der einzelnen *Art*, auf die es in der ärztlichen Praxis gerade ankommt, oft überhaupt nicht auf ein einzelnes Merkmal, sondern nur auf das konstante Zusammensein einer Reihe verschiedener biologischer Charakteristika aufgebaut werden.

Bei der *Auswahl der künstlichen Nährböden* sind wir genötigt, um so mehr die Verhältnisse des erkrankten Organismus nachzuahmen, je inniger der betreffende Mikrobe der parasitischen Existenz angepaßt ist. *Obligate Parasiten*, die außerhalb ihres Wirtes unter natürlichen Verhältnissen keine dauernde Existenzmöglichkeit finden, können nur dann in künstlicher Kultur gezüchtet werden, wenn ihnen menschliches Blut (Protozoen) oder doch menschliches oder tierisches Eiweiß (Spirochäten) im Nährboden geboten werden. Für manche Erreger, die sog. *hämoglobinophilen* Bakterien (Influenzabacillus), besteht eine Anpassung an ganz bestimmte Eiweißkörper (Hämoglobin), wobei dagegen die Blutart ziemlich gleichgültig ist, und das Blut ebensowohl vom Mensch, wie vom Kaninchen oder der Taube stammen kann. *Fakultative Parasiten*, die auch außerhalb des infizierten Organismus zu wachsen vermögen, sind weniger anspruchsvoll und begnügen sich mit Ersatzstoffen (Milch, Pepton, Gelatine, Fleischbrühe, Kartoffeln), bis schließlich zu völlig eiweißfreien Nährböden, wie z. B. der Uschinskyschen Nährlösung, in welchen die Bakterien ihren Zelleib aus einfachen stickstoffhaltigen Verbindungen (Amiden, Aminosäuren) und Kohlehydraten synthetisch aufbauen. Einige kurzgefaßte Vorschriften für die Bereitung der allgemein gebräuchlichen Nährböden seien im folgenden wiedergegeben.

Kurzgefaßte Vorschriften für die Bereitung der wichtigsten in der bakteriologischen Technik allgemein verwendeten Nährböden.

(Betr. *Spezialnährböden* vgl. die betreffenden Kapitel im *speziellen Teil*.)

1. Fleischbrühe (Nährbouillon). 500 g fettfreies Fleisch werden fein zerhackt mit 1 Liter gewöhnlichen Wassers mehrere Stunden bei Zimmertemperatur maceriert, hierauf $^3/_4$ Stunden im Dampftopf gekocht und durch ein sauberes leinenes Tuch abgepreßt. Die klare Brühe wird mit 10 g Pepton. sicc. (Witte, Rostock) und 5 g Kochsalz versetzt, wiederum $^1/_2$ Stunde gekocht und zur Abstumpfung der aus dem Fleisch stammenden Milchsäure und sauren phosphorsauren Salze mit 10%iger Lösung von Natrium carbonicum siccum (eventuell durch Ausglühen von Natrium bicarbonicum selbst zu bereiten) neutralisiert, unter Verwendung von Lackmuspapier (am besten Charta exploratoria von *E. Merck*, Darmstadt). Der Lackmusneutralpunkt ist erreicht, wenn blaues Lackmuspapier eben nicht mehr gerötet wird, wobei rotes Papier schon deutlich gebläut wird. Für die meisten pathogenen Arten ist ein leichter Überschuß an Alkali erwünscht. Hierauf nochmals $^1/_4$stündiges Kochen im Dampftopf und Filtrieren durch doppeltes Papierfilter; läuft das Filtrat nicht völlig klar ab, Klärung durch Zusatz des Eiweißes von einem Hühnerei (oder 20 cm Blutserum) auf je 2 Liter Bouillon und nochmaliges kurzes Aufkochen. Die fertige Nährflüssigkeit wird in vorher durch trockene Erhitzung ($^1/_2$ Stunde bei 160° C) sterilisierte Gefäße (Kolben, Reagensgläser u. dgl.) abgefüllt und nach dem Abfüllen zwecks Vernichtung zufällig mit hinein gelangter Luftkeime nochmals 10 Minuten sterilisiert.

Als Ersatz für Fleisch dient Fleischextrakt, menschliche Placenta, Maggis Bouillonwürfel (aus Hefe) oder vegetabilische Extrakte (aus Kartoffeln, Sojabohnen u. dgl.).

2. Nährgelatine. Die wie oben beschrieben hergestellte Fleischbrühe erhält, außer Pepton und Kochsalz, noch einen Zusatz von 10—20% Gelatine (in weißen Blättern); hierauf wiederum $^1/_2$ Stunde kochen, neutralisieren, abklären, durch Faltenfilter filtrieren und in vorher sterilisierte Gefäße abfüllen. Da die Nährgelatine nach zu lange ausgedehnter Erhitzung nicht mehr prompt erstarrt, so muß die Sterilisation in schonenderer Weise durch 3maliges, je 10 Minuten dauerndes Kochen im Dampftopf, an 3 aufeinander folgenden Tagen (fraktionierte Sterilisation) ersetzt werden.

3. Nähragar. Die nach obiger Vorschrift hergestellte Fleischbrühe erhält, neben den angegebenen Zusätzen von Pepton und Kochsalz, noch einen solchen von $1^1/_2$—3% Agar-Agar (in Pulver-, Fäden- oder Stangenform). Da das Agar-Agar beim Kochen im offenen Gefäß sich nur sehr langsam löst, so empfiehlt sich die Anwendung des Autoklavs (etwa 1 Stunden bei $^1/_2$ Atmosphäre Überdruck). Hierauf erfolgt Neutralisation und Filtration, die zur Vermeidung der schon bei 40° C eintretenden Erstarrung des Nährbodens im Heißwassertrichter oder im Dampftopf vorgenommen werden muß; sehr erleichtert wird die Filtration (durch Papierfilter oder in einfacherer und durchaus ausreichender Weise durch eine dünne Watteschicht) durch vorhergegangenes Absitzenlassen und Dekantieren. Der fertige Nährboden wird in vorher sterilisierte Gefäße abgefüllt und in diesen nochmals $^1/_4$—$^1/_2$ Stunde sterilisiert.

Bei manchen Bakterienarten müssen Zusätze zur Wachstumsförderung zum Nährboden erfolgen. Es kommt hier ein Zusatz von Glycerin (2—8%) oder Traubenzucker (1—5%) in Frage, die vor der Reaktionseinstellung und endgültiger Sterilisierung dem Nährboden zugefügt werden.

4. Peptonlösung. Herstellung der Stammlösung: Pepton. sicc. Witte 100,0, Kochsalz 100,0, Kaliumnitrat 1,0, krystall. kohlensaures Natron 2,0, Aqu. dest. 1000 werden in der Wärme gelöst, in Kölbchen von 100 ccm abgefüllt und sterilisiert. Das Peptonwasser wird aus dieser Stammlösung so hergestellt, indem man von ihr 1 Teil mit 9 Teilen Aqu. dest. mischt und in Röhrchen von etwa 10 ccm oder Kölbchen von 50 oder 100 ccm Inhalt nochmals sterilisiert.

5. Sterilisierte Kartoffeln. Man verwende möglichst tadellose Exemplare, die zunächst gründlich mechanisch durch Abbürsten unter dem Strahl der Wasserleitung von allen anhaftenden grob sichtbaren Verunreinigungen (Erde u. dgl.) befreit werden; die sog. „Augen", in denen diese Unreinigkeiten besonders zäh haften, werden mit spitzem Messer ausgestochen. Hierauf werden die Kartoffeln zunächst auf 1 Stunde in eine Lösung von $1^0/_{00}$ Quecksilbersublimat ($HgCl_2$) oder ein entsprechendes Desinfektionsmittel eingelegt und dann durch nochmaliges scharfes Abspülen unter der Wasserleitung von den Resten dieses etwa noch anhaftenden chemischen Desinfiziens befreit. Die so vorbereiteten Kartoffeln werden, in doppelte Lage von Filterpapier eingewickelt, mindestens 2 Stunden im Dampftopf, besser etwa 1 Stunde im Autoklav (bei 1 Atmosphäre Überdruck) sterilisiert und sind nunmehr verwendungsbereit. Trotz der vorgenommenen kombinierten chemischen und Hitzesterilisation sind die Kartoffeln oft nicht völlig keimfrei, da an ihrer Schale außerordentlich widerstandsfähige Sporen erhalten geblieben sein können; man erreicht größere Haltbarkeit und besseren Schutz gegen Austrocknung, wenn man — nach Entfernung der Schale mit ausgeglühtem Messer — aus dem Innern der Kartoffeln Scheiben oder (mittels sterilisierten Korkbohrers) zylindrische Stückchen entnimmt, die dann in sterilen Glasschalen oder Reagensröhrchen verbracht und in diesen nochmals $^1/_2$ Stunde sterilisiert werden.

6. Milch. Nach der Entrahmung wird die Milch in Reagensgläser gefüllt, am ersten Tage 1 Stunde lang und an 2 folgenden Tagen wiederum je $^1/_2$ Stunde lang im Dampftopf sterilisiert. Aus Sicherheitsgründen empfiehlt es sich, die fertigen Röhrchen noch 3 Tage bei 37^0 C bebrüten zu lassen, um sie dann auf Sterilität zu prüfen.

7. Eier. Eiweißstückchen gekochter Hühnereier werden in Reagensgläser gebracht und unter Hinzufügung einer kleinen Menge Wasser im strömenden Dampf sterilisiert.

Durchsichtige Eiernährböden aus Eiweiß gewinnt man durch 14 Tage langes Aufbewahren von Eiern in Kalilauge. Nach steriler Entfernung der Schale wird das durchscheinende Eiweiß in Stücke geschnitten und in Reagensgläsern oder Doppelschalen als Nährboden benutzt.

8. Blutserum. Unter aseptischen Kautelen wird das aus der Jugularvene entnommene Tierblut (meist Rind- oder Hammelblut) in sterilisierten mit Deckel versehenen Glaszylindern aufgefangen. Nach 24stündigem Stehenlassen im Eisschrank hat sich das Serum klar abgeschieden. Das mit sterilen Pipetten abgehobene Serum wird in sterilen Flaschen mit 2% Chloroformzusatz aufbewahrt oder sofort zu festen Nährböden verarbeitet. Man läßt das Serum in Petrischalen oder in schräg gelegten Reagensgläsern in einem auf $65—70^0$ C eingestellten Thermostaten oder einem besonderen Serumerstarrungsapparat erstarren. Es folgt vor der Benutzung eine 24stündige Bebrütung der Platten bzw. Reagensgläser zur Prüfung auf Keimfreiheit. Auch kann man die Serumnährböden nach dem Erstarren im strömenden Dampf sterilisieren, wenn man keinen Wert auf die Durchsichtigkeit des Nährbodens legt.

Zu 3 Teilen des flüssigen Serums setzte LÖFFLER 1 Teil leicht alkalischer Bouillon, die außer 1% Pepton $^1/_2$% Kochsalz und 1% Traubenzucker enthält. Es erstarrt bei $90—95^0$ C gut und stellt einen vorzüglichen Nährboden dar (LÖFFLER-*Serum*).

9. Serumagar nach HUEPPE. 1 Teil flüssiges steriles Serum wird bei einer Temperatur von $40—50^0$ C mit 1 oder 2 Teilen flüssigen, $2—3\%$igen Agars gemischt. Ausgießen zu Platten.

10. Ascitesagar. Die steril entnommene Ascitesflüssigkeit wird im Verhältnis 1 : 3 bei einer Temperatur von $58—60^0$ C mit 3% Agar gemischt, der zweckmäßig mit Pepton bereitet ist.

Auch kann man auf 50^0 C erhitzte Ascitesflüssigkeit zu gleichen Teilen mit verflüssigtem Glycerinagar, der 3,5% Agar, 2% Glycerin, 5% Pepton und 0,5% Kochsalz enthält, vermischen. Am besten ist der Nährboden schwach alkalisch zu machen. Abfüllen in Reagensgläsern oder Ausgießen in Platten. Prüfung auf Sterilität durch 24stündige Bebrütung bei 37^0 C.

11. Blutagar. Steril entnommenes Blut wird auf fertigem Agar ausgestrichen. Verwendet wird Menschen-, Kaninchen- oder Taubenblut. Breiteste Anwendung findet heute die 5—10%ige Blutagarplatte (vgl. auch die Patientenblut-Agar-Guß-platte).

Ein unbedingtes Erfordernis für die Gewinnung von *Reinkulturen*, in denen die einzelne Species eines Mikroorganismus ungestört von fremden Arten beobachtet werden kann, ist die völlige *Keimfreiheit* der zu verwendenden Nährböden und der sie enthaltenden Gefäße, wie Reagensröhrchen, Kolben mit Watteverschluß, Kulturplatten, Schalen. Die Glassachen werden in einem Trockensterilisierungsschrank mit heißer Luft $^3/_4$ Stunden bei 160⁰ C sterilisiert.

Zur Sterilisation der meisten Flüssigkeiten genügt es, sie dem strömenden Dampf (im KOCHschen Dampftopf) 30—60 Minuten lang auszusetzen. Noch sicherer ist die Anwendung eines geringen Überdrucks von 0,15 Atmosphären bei 103⁰ C während einstündiger Einwirkungs-dauer. Sehr widerstandsfähige Keime (Sporen von Heubacillen) werden am zuverlässigsten im gespannten Dampf abgetötet. Apparate für ge-spannten Dampf mit mindestens 1 Atmosphäre Überdruck nennt man Autoklaven. In dem gespannten Dampf bei 120—130⁰ C werden die resistentesten Sporen in wenigen Minuten vernichtet.

Kleinere Gegenstände, die bei der Züchtung der Mikroorganismen gebraucht werden, wie Platinnadeln, Messer, Scheren, Pinzetten, Glas-stäbe werden z. B. in der Flamme durch Ausglühen oder durch Kochen keimfrei gemacht.

Operationsinstrumente werden durch 15 Minuten langes Kochen in 2%iger Sodalösung sterilisiert.

Für gewisse Substanzen, die weder trockene Hitze noch Kochen vertragen, ohne Veränderungen zu erleiden (wie Serum, Hühnereiweiß usw.), empfiehlt sich eine fraktionierte Sterilisation oder Filtration durch Chamberland-, Berkefeld-, Pukall-, Isny- oder Asbest-Filter.

Bei dem ersteren Verfahren werden die Lösungen täglich bis 8 Tage hintereinander 1—4 Stunden bei 56—60⁰ C gehalten und in der Zwischen-zeit bei etwa 20 oder 37⁰ C bebrütet. Durch die Wiedererhitzung werden die jedesmal vorhandenen vegetativen Formen abgetötet und durch die darauffolgende Bebrütung den etwa vorhandenen Sporen Gelegenheit zum Auskeimen gegeben, um die neu ausgekeimten vegetativen Indi-viduen bei der nächsten Erhitzung abzutöten. Diese Methode arbeitet aber nicht sicher, da nicht immer alle Sporen zwischen zwei Erhitzungen auskeimen; auch liegt für manche Bakterien (Thermophile) der Hoch-stand der Entwicklung gerade erst bei 60⁰ C. Es ist daher empfehlens-wert, Körperflüssigkeiten (Ascites) steril zu entnehmen und sie im Falle einer längeren Aufbewahrung durch Zusatz von 1% Chloroform (gut durchschütteln!) zu konservieren.

Zur Abhaltung des Eindringens fremder Keime aus Luft oder Staub in die einmal sterilisierten Gefäße genügt ein dichter Watteverschluß. — Soviel über die als Vorbedingung der Reinkultur erforderliche Sterili-sierung der Nährböden und Gebrauchsgegenstände.

Nun gilt es, die im Ausgangsmaterial meist nebeneinander vorhan-denen verschiedenartigen Keime voneinander zu *trennen* und die ge-wünschte Art, frei von allen fremden Eindringlingen, zu züchten. In manchen Fällen dient der Tierversuch als erste Vorbereitung zur Reinzucht, wobei aus dem ursprünglich vorhandenen Gemisch (z. B. Tuberkelbacillen in Stuhl) im Tierkörper nur der pathogene Erreger zur Entwicklung gelangt und die gleichzeitig vorhandenen Saprophyten unterdrückt werden. Die Gewinnung von Reinkulturen auf künstlichem Nährboden beruht stets auf dem Prinzip, durch geeignete Maßnahmen eine so weitgehende Verdünnung des Ausgangsmaterials zu erzielen, daß schließlich einzelne Keime räumlich getrennt von anderen liegen und bei ihrer Vermehrung nunmehr zu Kulturen auswachsen, die lediglich aus Angehörigen einer einzigen Art, ohne Beimengung fremder Kleinwesen, bestehen. Ursprünglich suchte man (PASTEUR, KLEBS) diese räumliche Trennung der einzelnen Keime durch weitgehende Verdünnung in flüssigem Substrat zu erreichen und Reinkulturen in Nährflüssigkeiten (Bouillon) zu gewinnen. Das Verfahren ist umständlich und unsicher, weil die Kontrolle, ob man es wirklich mit einer Reinkultur zu tun hat, sehr schwierig ist und Verunreinigungen, die dann sofort das ganze Kulturgefäß durchwuchern, beim zufälligen Eindringen vereinzelter Keime von außen kaum zu vermeiden sind. Besser eignete sich zur Reinzucht die Aussaat auf festem Substrat (Kartoffeln), weil hier die räumliche Trennung selbst benachbarter Kolonien sich streng durchführen läßt und Überwuchern der einen Kultur durch die andere nicht so leicht zustande kommt; dafür ist aber die Methode der Verdünnung durch Ausstreichen auf dem festen Nährboden nicht so wirksam wie durch Verteilung in Flüssigkeit. Die Lösung der Aufgabe brachte R. KOCHs Einführung *fester durchsichtiger gelatinierender Nährböden*, die zuerst zwecks gleichmäßiger Verteilung des Aussaatmaterials in flüssigem Zustand und dann zwecks Auswachsens der räumlich getrennten Keime zu ebensolchen Kolonien in erstarrtem Zustande verwendet wurden und demnach die Vorteile des flüssigen und des festen Nährbodens ohne ihre Nachteile in sich vereinigten.

Der erste von R. KOCH benutzte gelatinierende Nährboden war die Gelatine, die allerdings wegen ihres niedrigen Schmelzpunktes (29^0 C) eine begrenzte Anwendbarkeit hatte und insbesondere für Bakterien, deren Wachstumsoptimum bei höheren Temperaturen, z. B. bei 37^0 C liegt, sich als unbrauchbar erweist. Ein bedeutender Fortschritt in der bakteriologischen Technik wurde durch den von HESSE eingeführten Gelatineersatz Agar-Agar gemacht, der erst bei $90—100^0$ C flüssig wird und bei 40^0 C anfängt, zu erstarren. Ein weiterer Vorteil des Agars besteht darin, daß keine Verflüssigung durch bakterielle Fermente eintreten kann, infolgedessen die Platten bedeutend länger haltbar sind als Gelatineplatten.

Statt der anfänglich von R. KOCH verwendeten Platten werden jetzt allgemein die bequemer zu handhabenden und durch ihren Deckel besser vor Verunreinigungen geschützten Doppelschalen (nach PETRI) benutzt.

Die Anweisung für die Gelatineplattenserie ist folgende:

1. Drei Petrischalen werden auf dem Deckel mit Fettstift gekennzeichnet, mit dem Namen des Untersuchers, der Art des verarbeiteten Materials, dem Datum und mit den Zahlen I, II, III versehen.

2. Drei im Wasserbade bei 37^0 C verflüssigte Gelatineröhrchen werden ebenfalls mit I, II, III gezeichnet.

3. Eine ausgeglühte Platinöse wird mit dem Ausgangsmaterial beschickt, Röhrchen I beimpft, nachdem vorher der Rand des Reagensröhrchens in der Flamme abgebrannt und der Wattepfropfen angesengt ist. Durch öfteres Drehen, Senken und Heben des Röhrchens wird eine gute Durchmischung des Materials mit der Gelatine herbeigeführt, wobei der Wattepfropfen nicht benetzt werden darf.

4. Jetzt werden von Röhrchen I 3 Ösen in das Röhrchen II übertragen und die Verteilung in der gleichen Weise wie beim Röhrchen I vorgenommen, das in der Zwischenzeit, wie auch jetzt Röhrchen II, ins Wasserbad zurückgestellt wird.

5. Bei sehr keimreichem Material impft man in gleicher Weise von Röhrchen II einige Ösen in ein drittes Gelatineröhrchen (III) usw.

6. Nachdem man den Rand der Reagensgläser durch die Flamme gezogen hat, gießt man die Röhrchen in die entsprechend numerierten, geöffneten *Petrischalen*, die auf dem genau wagerechten Deckel einer mit Eiswasser gefüllten Schale stehen. Die ausgegossene Flüssigkeit wird in den Platten unter leichtem Hin- und Herbewegen gleichmäßig verteilt. Hierauf bringt man die Platten, mit dem Boden nach unten, in den Brutschrank bei 22⁰ C. Nach 2—3 Tagen sind die beim raschen Erstarren der Gelatine fixierten Keime zu Einzelkolonien ausgewachsen.

Es sei hier darauf aufmerksam gemacht, daß die den Nährboden enthaltenden Reagensröhrchen bei der Beimpfung und Entnahme stets schräg gehalten werden müssen, um das bei senkrechter Stellung mögliche Hineingelangen von Staub und Bakterien aus der Luft zu vermeiden.

Nach erfolgtem Ausgießen der beimpften Gelatineröhrchen sind diese nicht etwa auf den Arbeitstisch zu legen, sondern, um jede Infektionsgefahr zu beseitigen, sofort in ein bereitstehendes Gefäß mit Desinfektionslösung hineinzubringen.

In ähnlicher Weise, wie soeben für die Gelatine beschrieben, kann auch eine Plattenserie mit Verwendung von Agar gegossen werden.

Die verflüssigten Agarröhrchen werden hierzu auf 45⁰ C abgekühlt. Ein *schnelles* Arbeiten ist notwendig, da die in die Agarröhrchen verimpften Keime bei längerem Verweilen im Wasserbade bei 45⁰ C geschädigt werden können und andererseits bei weiterer Kühlung des Wasserbades ein Erstarren des Agars zu befürchten ist. Es ist daher zweckmäßiger, bei der Anfertigung von Agar-Gußplatten die zur Isolierung der einzelnen Keime erforderlichen Verdünnungen zunächst in 3 Bouillonröhrchen vorzunehmen (die je nur etwa 1 ccm Bouillon enthalten) und dann erst unmittelbar vor dem Ausgießen der Platten jedes einzelne dieser beimpften Bouillonröhrchen mit dem verflüssigten Agar zu vermischen. Die erstarrten Agarschalen werden umgekehrt in den Brutschrank bei 37⁰ C gesetzt, um die Ansammlung von Kondenswasser auf der Oberfläche des Nährbodens zu verhüten, wodurch leicht ein Zusammenfließen der einzelnen Kolonien herbeigeführt und der Zweck der Reinzüchtung vereitelt werden kann.

Sehr viel häufiger als zur Anlage von Gußplatten verwendet man den Agar zur Reinzüchtung der Bakterien durch *oberflächliche Aussaat* des zu untersuchenden Materials. Man geht dabei so vor, daß man mit Öse, Glasstab oder Wattetupfer die zu untersuchende Probe auf der Agaroberfläche (fertig gegossene Agarplatten, die im Brutschrank getrocknet sind) in parallelen Strichen oder gleichmäßig über die ganze Agaroberfläche verreibt; am besten eignet sich dazu der von v. DRIGALSKI und CONRADI für die Typhusdiagnose empfohlene, aber auch sonst zu verwendende rechtwinklig umgebogene Glasspatel.

Behelfsmäßig kann die Isolierung von Keimen auch ohne Platten direkt auf den schräg erstarrten Agarröhrchen selbst erfolgen. Man beginnt dabei den Ausstrich vom Kondenswasser am Grunde des Röhrchens ausgehend mit der Öse oder Platinnadel in gerader oder wellenförmiger Linie bis zur Spitze des Agars. Man muß, um Reinkulturen zu erhalten, einige Röhrchen hintereinander mit ein und derselben mit dem Ausgangsmaterial infizierten Nadel in der gleichen Weise beimpfen. Eine besonders wirksame Methode der Verdünnung besteht dabei darin, daß man die Nadel vor der Beschickung jedes einzelnen Röhrchens ausglüht und die Aussaat von der Spitze der Agaroberfläche des vorher beschickten Röhrchens, wo die Keime schon am dünnsten verteilt liegen, vornimmt.

Die konsequenteste Ausbildung hat das Verdünnungsverfahren zur Anlage von Reinkulturen in der *„Einzellkultur"* mittels des von BURRI im Jahre 1909 angegebenen *Tuscheverfahrens* erreicht, das eine (speziell für manche theoretische Studien über Variabilität erforderliche) zuverlässige *Züchtung der Kultur aus einer einzigen Bakterienzelle* gewährleistet, die heute allerdings für exakte Studien durch die Einzellkultur mittels des *Mikromanipulators* verdrängt ist, dessen Bedienung aber besonders sorgsame Einarbeitung voraussetzt (vgl. die speziellen Vorschriften).

Von einer besonders hergestellten sterilen Emulsion chinesischer Tusche bringt man einige Tropfen nebeneinander auf einen sauberen sterilisierten Objektträger. Von dem keimhaltigen Material verreibt man etwas im 1. Tuschetropfen, aus dem man mit einer 1 mm im Durchmesser haltenden Öse eine Spur in den 2. Tropfen und ohne Ausglühen in den 3. Tuschetropfen usw. überträgt. Von dem letzten Tropfen (stärkste Verdünnung der Keime) entnimmt man mit einer sterilisierten Zeichenfeder und legt eine Serie kleinster Tuschetropfen durch vorsichtiges Tupfen auf der Oberfläche einer Gelatineplatte an. Die mit einem sterilen Deckglas belegten Tuschepunkte werden mikroskopisch mit starker Vergrößerung untersucht. Man erkennt dann mit Leichtigkeit die hellaufleuchtenden Bakterien zwischen den dunklen Tuschepartikeln. Diejenigen Tuschepünktchen, die nur *eine* Bakterienzelle aufweisen, werden auf der Unterseite der Schale besonders bezeichnet und die aus dieser einen Zelle entstandene Kolonie wird später abgeimpft.

In manchen Fällen kann man die Reinzüchtung einer bestimmten Art dadurch erleichtern, daß man für die gesuchte Art die günstigsten Bedingungen im Nährboden herstellt (Alkalescenz bei Cholera) oder dadurch, daß man entwicklungshemmende Stoffe zusetzt, die der gesuchten Art selbst gegenüber sich ziemlich indifferent verhalten, die konkurrierenden Begleitbakterien aber zurückhalten (vgl. Kap. „Typhus").

Für die Züchtung der Bakterien ist ein auf konstante Temperatur eingestellter mit einer besonderen automatisch wirkenden Reguliervorrichtung (Thermoregulator) versehener Brutschrank („Thermostat") ein unbedingtes Erfordernis. Für gewöhnlich genügen zwei Brutschränke, deren einer auf 37⁰ C (für Agarplatten), der andere auf 22⁰ C (für Gelatineplatten) eingestellt ist. Für manche besonderen Zwecke sind andere Temperaturen erwünscht; so werden Tuberkelbacillen am besten bei etwa 38⁰ C, Pestbacillen dagegen bei nur 30—35⁰ C und Bac. botulinus gar nur bei 23—25⁰ C gezüchtet.

Bei Bebrütung der ausgegossenen Platten bei 37⁰ C sind meist schon nach 10—24stündiger Dauer des Wachstums Kolonien zur Entwicklung gelangt, die, mit der schwachen Vergrößerung des Mikroskops betrachtet,

Schlüsse über die Artzugehörigkeit des Bacteriums zulassen. Einige Bakterien bedürfen längerer Zeit zu ihrer Entwicklung, so die Tuberkelbacillen, die Maltafieber- und Pestbacillen. Die für den bestimmten Zweck in Betracht kommende Kolonie impft man nun mit der sterilen Platinnadel eventuell unter Zuhilfenahme der schwachen Vergrößerung des Mikroskops ab. Das sog. „Fischen" der Kolonie unter dem Mikroskop will geübt sein und ist mit Schwierigkeiten verbunden, teils infolge der Bildumkehrung im Mikroskop, teils wegen der Möglichkeit des Anstoßens an das Objektiv. Man kann nun das entnommene Material in gefärbtem oder lebendem, ungefärbtem Zustande untersuchen und auch von der Ausgangskolonie auf den verschiedensten Nährböden Strich- oder Stichkulturen zur Gewinnung bzw. Herstellung von Reinkulturen anlegen, die später genauer zu beobachten und zu identifizieren sind.

In vielen Fällen, z. B. bei der Diphtherieuntersuchung, ist es wünschenswert, im gefärbten Präparat die charakteristische Lagerung der einzelnen Bakterien innerhalb der Kolonie (die bei der gewöhnlichen Herstellung des Präparats durch Ausstreichen natürlich verwischt wird) getreu abgebildet zu erhalten; dies leistet das *Klatschpräparat*, das durch Auflegen eines Deckglases auf die Oberflächenkolonie und Abheben ohne Verschieben erhalten wird (vgl. S. 28).

Für eine ganze Reihe von Bakterien reichen die gewöhnlichen Züchtungsmethoden keineswegs aus, wie für die *obligaten Anaerobier*, d. h. *Bakterien, die nur unter Ausschluß von Sauerstoff* zu wachsen vermögen. Die einzelnen anaeroben Züchtungsverfahren seien hier kurz wiedergegeben.

Als Mittel zur Entfernung des Sauerstoffs kommen in Frage:

1. Das *Auskochen des Nährmediums*, sei es Bouillon, Gelatine oder Agar, mit nachfolgendem *mechanischen Abschluß der Luft* durch Überschichten; nach der Beimpfung, die bei 40⁰ C zu erfolgen hat, ist schnellstes Erstarren des Agars notwendig. Bei Beimpfung der tiefsten Agarschichten ist eine Überschichtung nicht unbedingt erforderlich. Sicherer ist natürlich die Überschichtung entweder mit flüssigem Agar oder sterilem Öl, Paraffin liqu. Diese Methode eignet sich für die Verimpfung von Reinkulturen auf hochgefüllte Bouillon- oder Agarröhrchen. Sie genießt nicht den Vorzug der Sauberkeit, da bei Weiterimpfungen die aufgegossene Fettschicht oder der aufgegossene Agar störend wirkt. Die Untersuchung der anaeroben Agarstich- oder -schüttelkulturen geschieht am besten folgendermaßen:

Entweder zerschneidet man mit einem Glaserdiamanten das Reagensglas in der Mitte oder zerschlägt den Boden des Röhrchens über einer Sublimatschale und schüttelt den Agar in eine sterile Petrischale aus oder erwärmt das Röhrchen einen Augenblick im kochenden Wasserbade, wodurch die Außenseite des Agars sich verflüssigt. So gelingt es mit Leichtigkeit, den noch festen Agar in die bereitstehende Schale zu gießen. Bei letzterem Verfahren bleibt das Reagensglas erhalten. Mit einem sterilen Messer wird dann der Agar in kleine Scheibchen zerlegt, aus denen mit der Nadel oder Öse die gewachsenen Kolonien entnommen, untersucht und weiterverimpft werden können. Die Untersuchung und Abimpfung überschichteter Bouillonkulturen erfolgt durch Entnahme mittels Capillarpipetten, die — am oberen erweiterten Ende mit dem Finger verschlossen — rasch durch die abschließende Ölschicht geführt werden und so eine direkte reine Entnahme aus der Tiefe der Nährlösung ermöglichen.

2. Ein *Zusatz reduzierender Mittel zum Nährboden*, z. B. Zucker, ameisensaures Natron. Die Absorption von Sauerstoff auf biologischem Wege gelingt auch durch Einlegen von frischen dem Tierkörper unmittelbar entnommenen sterilen Organstückchen (Leber oder Niere). Es genügt etwa 1 g Organ auf 100 ccm Bouillon, die vorher durch Auskochen von Luft befreit sein muß; sie darf auch später nicht umgeschüttelt werden, damit die Luft nicht aufs neue zu den tieferen Schichten treten kann (TAROZZI). Auch Kartoffelstückchen sind zu verwenden, die aus dem Innern gesunder gut gereinigter Kartoffeln steril entnommen werden. Ferner kann man an Stelle der Organe frisches (durch $^1/_2$stündiges Erhitzen auf 56⁰ C inaktiviertes) Serum benutzen, das sich zur Züchtung der Spirochäten bewährt hat. Aber auch in den festen Nährböden kann der Zusatz von Körperflüssigkeiten und Organen zur biologischen Absorption des Sauerstoffs benutzt werden, so z. B. als Blutagar (1 Teil Menschen- oder Tierblut zu 5 Teilen 3%ig. schwach alkalischen Agar mit Zusatz von 2%igem Traubenzucker) nach J. ZEISSLER oder auch Hirnbrei nach E. v. HIBLER und M. FICKER entweder für sich oder als Zusatz zum Agar.

3. Durch *Absorption des Sauerstoffs* auf chemischem Wege mittels alkalischer *Pyrogallussäurelösung*.

Nach dem Vorschlage BUCHNERS bringt man das beimpfte, lose verschlossene Röhrchen in ein weiteres, gut zu verschließendes Reagensglas, auf dessen Boden sich unter einem Drahtgestell alkalische Pyrogalluslösung befindet (1 g Pyrogallussäure + 1 ccm $^1/_{10}$%ige Lösung von Liquor Kal. caust.). In etwa 24 Stunden ist der im Röhrchen vorhandene Luftsauerstoff vollkommen absorbiert.

Für Petrischalen eignet sich folgendes von O. LENTZ ausgearbeitetes, außerordentlich einfaches Verfahren:

Ein mit Pyrogallussäure imprägnierter Filzring, der die Größe einer Petrischale aufweist, wird auf eine quadratische Glasplatte von ungefähr 12 cm Seitenlänge gelegt. Die beimpfte Agarplatte wird über den Filzring, der mit 15 ccm einer 1%igen wässerigen Kalilauge getränkt ist, mit der Öffnung nach unten darüber gestülpt und ein vorher bereitliegender Ring von Plastilin schnellstens zum luftdichten Abschluß um den Rand der Platte gedrückt. Dieses Verfahren gestattet selbst bei verschlossener Schale mikroskopische Untersuchung der gewachsenen Kolonien. Mit Pyrogallusstiften, die in gleicher Weise behandelt werden, gelingt auch eine anaerobe Röhrchenkultur. Dasselbe gelingt nach HEIM mit Wattebäuschchen, die mit alkalischer Pyrogalluslösung getränkt werden. Auch läßt sich bei Züchtung auf Platten der Abschluß des Luftsauerstoffs durch Bedecken der (vorher beschickten) Kulturplatte mit Glimmerscheiben erreichen.

4. *Durch Schaffung eines Vakuums* mit Hilfe der Luftpumpe.

ZEISSLER hat eine Apparatur angegeben, bei der die besonderen auf ihre Dichte geprüften Anaerobenapparate mit der PFEIFFERschen Anaerobenpumpe verbunden werden, die in wenigen Minuten bis auf 0,02 mm Quecksilber saugt. Durch einen Gummiring erfolgt eine so exakte Abdichtung zwischen Unterteil und Deckel der Gefäße, daß auf die Verwendung von Reduktionsmitteln usw. verzichtet werden kann. Der Apparat ist zur Aufnahme einer Reihe von Kulturen geeignet (siehe auch die Apparatur nach KNORR).

5. *Durch Verdrängung des Sauerstoffs mittels Wasserstoffs*, der aus dem KIPPschen Apparat austritt und zur Reinigung (zwecks Befreiung von Luft- und Säuredämpfen) durch zwei Waschflaschen mit Jodjodkalilösung bzw. alkalischer Pyrogalluslösung geleitet wird. Von dort gelangt das Gas bei Verwendung flüssiger Nährböden durch ein bis auf den Boden des Kulturgefäßes reichendes Zuleitungsrohr in die Tiefe des Nährbodens und wird nebst der Innenluft durch ein kurzes Rohr aus dem oberen Teil des Kulturgefäßes nach außen geleitet. Ist alle Luft

ausgetrieben, wovon man sich durch Anzünden des austretenden und in einem Reagensröhrchen aufgefangenen Gases überzeugt (reiner Wasserstoff entzündet sich hierbei mit einem kurzen scharfen Knall, während ein pfeifendes Geräusch auf Knallgas, d. h. Gemisch von Wasserstoff und Luft, deutet), so werden beide Röhrchen an den verengerten Stellen abgeschmolzen.

Dieses Verfahren eignet sich für Kulturen in Reagensgläsern, Flaschen und Kolben. Je größer der über der Nährflüssigkeit befindliche und von Gas erfüllte Raum im Kulturgefäß ist, desto sorgfältiger ist darauf zu achten, daß die Luft durch den eingeleiteten Wasserstoff wirklich vollständig verdrängt ist, und desto eindringlicher ist davor zu warnen, daß nicht etwa — wie es Anfänger manchmal unvorsichtigerweise tun — das ausströmende Gas direkt an der Ausströmungsöffnung angezündet wird; ist nämlich dann noch ein Gemisch von Luft und Wasserstoff (Knallgas!) im Kulturgefäß vorhanden, so erfolgt durch Zurückschlagen der Flamme eine Explosion, durch die das Kulturgefäß zertrümmert wird. Die dabei erfolgenden Verletzungen des Experimentators sind um so bedenklicher, als durch viele anaerobe Keime (Gasbrand, Tetanus) schwere Wundinfektionen gesetzt werden können. Besonders gilt diese Mahnung zur Vorsicht bei der Anwendung des für Plattenkulturen bestimmten BOTKINschen Apparates. In vollständig ungefährlicher und sicherer Weise erfolgt die Prüfung des abströmenden Gases, indem man es durch ein Rohr unter Wasser austreten läßt und dann, wie oben erwähnt, in einem Reagensglas auffängt. Einen zweckmäßigen Ersatz des großen für Massenkulturen bestimmten BOTKINschen Apparates stellen die kleinen BLÜCHERschen Apparate dar, die allerdings immer nur je für eine einzige Plattenkultur eingerichtet und daher in der Mehrzahl zu benutzen sind.

6. Schließlich sei hier noch die Methode von FORTNER genannt: Die eine Hälfte einer Agarplatte wird mit einem Sauerstoffzehrer, z. B. Bacillus prodigiosus, beimpft, die andere Hälfte mit dem zu untersuchenden Material. Nach der Verimpfung wird die Platte mit Plastilin abgedichtet. Dieses Verfahren bewährt sich bei großer Einfachheit in vielen Laboratorien.

Die in künstlicher Kultur auf verschiedenen Nährböden und unter verschiedenen äußeren Bedingungen gezüchteten Mikroorganismen lassen sich auf ihre *Lebensbedingungen* und *Lebensäußerungen* hin untersuchen. Selten reicht ein einzelnes der so beobachteten *Kulturmerkmale* aus, um die betreffende Art vollständig zu charakterisieren und ihre Identifizierung — das wichtigste praktische Erfordernis der mikrobiologischen Differentialdiagnostik — zu sichern. Meistens ist es die gesetzmäßige Verknüpfung einer Reihe verschiedener einzelner Merkmale, welche die Artcharakteristik ausmacht, so insbesondere in der Gruppe der Typhus-, Paratyphus- und Ruhrbacillen. Diese Konstanz der kulturellen Merkmale, im Verein mit dem charakteristischen morphologischen Habitus (vgl. Kap. B) und vor allem mit dem Verhalten im Tierversuch und gegenüber den Immunitätsreaktionen (vgl. Kap. E), machen die *Spezifität der Art* aus. Freilich kommen gelegentlich — aber gegenüber der großen Mehrzahl der Fälle typischen Verhaltens entschieden nur als Ausnahme — gewisse Abweichungen vom normalen Typus vor, die hier nur kurz erwähnt werden können. Diese Erscheinungen, die unter dem gemeinsamen Namen der *Variabilität* zusammengefaßt werden, können sich in dreifacher Weise geltend machen:

1. Degeneration, Verlust bestimmter Leistungen (wie Farbstoff-, Ferment-, Toxinproduktion) infolge Züchtung unter ungünstigen Bedingungen oder in alten Kulturen; darauf beruht insbesondere der Virulenzverlust lange fortgezüchteter Laboratoriumsstämme.

2. Anpassung, Adaptation, Akkommodation, Standortsmodifikation an neue oder ungewohnte äußere Lebensbedingungen und dadurch bedingte Entstehung von *Spielarten*. Diese neu erworbenen Eigenschaften, die entweder morphologisch oder funktionell sein können (Veränderung von Form, Farbe, Virulenz, Beweglichkeit, Sporenbildung, Ferment- und Toxinbildung, Gewöhnung an vorher ungewohnte Temperatur, Nährstoffe, Sauerstoffspannung u. a.) können wieder rückgängig gemacht werden. Die Spielart kehrt zum alten Typus zurück, sobald der Einfluß der ungewohnten Lebensbedingungen aufgehört hat und die Kultur wieder unter normale Verhältnisse gebracht ist.

3. Mutation (DE VRIES), d. h. das sprunghafte, spontane, nicht durch äußere Umstände bedingte Auftreten neuer Rassen, Typen und Species, deren neu erworbene Eigenschaften vererblich und im allgemeinen gar nicht oder doch nur sehr schwierig und selten in die Ausgangsformen zurückführbar sind.

Wenn es auch wichtig ist, sich die Möglichkeit des Variierens der Mikroorganismen vor Augen zu halten und durch das Auftreten atypischer Formen des Erregers (besonders am Anfang und Ende einer Epidemie) sich betreffs ihrer Zugehörigkeit zu der betreffenden Species nicht irre machen zu lassen, so ist es andererseits mindestens ebenso wichtig, solchen auffallenden Befunden gegenüber die schärfste Selbstkritik walten zu lassen und immer an die dabei infolge Auftretens von zufälligen Verunreinigungen und Vorliegens von Mischkulturen in Betracht kommenden Fehlerquellen zu denken. Erst wenn solche — bei ungenügendem Verfahren der Reinzüchtung sehr leicht vorkommenden — Irrtümer vollständig ausgeschlossen sind, darf man auf Mutation schließen.

Wir gehen nun an die Betrachtung der einzelnen Lebensbedingungen und Lebensäußerungen der Mikroorganismen, die ihre kulturelle Charakteristik ausmachen.

1. Lebensbedingungen der Mikroorganismen.

Von einer typischen, durch die chemische Analyse oder bestimmte chemische Reaktionen nachweisbaren *chemischen Zusammensetzung* der Bakterien, auch derselben Art, kann nicht die Rede sein; denn sie schwankt in ganz außerordentlich hohem Grade und hängt sehr von der Zusammensetzung des Nährmaterials ab. Die Bakterien vermögen sich also in ganz besonders hohem Grade in ihrer chemischen Zusammensetzung dem Nährsubstrat anzupassen, und diese Tatsache macht so viele von ihnen besonders dazu befähigt, sowohl unter saprophytischen als parasitischen Bedingungen zu leben, d. h. bald im lebenden Tierkörper, bald in der freien Natur die Bedingungen zu ihrem Fortkommen und zu ihrer Vermehrung zu finden. So sehr aber nun auch die chemische quantitative Zusammensetzung der Bakterien schwankt, so muß doch für eine jede Art eine ganz spezifische chemische Charakteristik angenommen werden. Das ergibt sich aus der Konstanz in der Erzeugung mancher Produkte (Fermente, spezifische Gifte usw.) und vor allem aus der durch die serologischen Reaktionen nachweisbaren spezifischen verschiedenen Konstitution der Eiweißkörper des Bakterienleibes.

Der Zelleib der Mikroorganismen besteht, wie bei allen Lebewesen, aus Eiweiß, Fetten, Kohlehydraten, Salzen und Wasser. Der Wassergehalt beträgt etwa 85%. Die Trockensubstanz enthält etwa 40—70% Eiweißkörper, 10—30% Kohlehydrate, 3—30% Asche. Außer den gewöhnlichen Eiweißkörpern sind auch Nucleine nachgewiesen, was die auf morphologischem Wege schon gewonnene Erkenntnis von dem Vorhandensein einer Kernsubstanz im Bakterienleib bestätigt. Von Kohlehydraten sind Cellulose und Hemicellulose festgestellt (Jodreaktion). Fette sind in den Bakterien sowohl durch die chemischen Fettreaktionen des Ätherextraktes als auch mikrochemisch durch besondere Färbung mit Fettfarbstoffen nachgewiesen. Das Fett der Tuberkelbacillen ist ein echtes Wachs; es kann bis auf 30% der Trockensubstanz steigen. Nach KOCH besteht die Hülle der Tuberkelbacillen, welche ihnen ihre Säurefestigkeit verleiht, aus ungesättigten Fettsäuren. Für die Richtigkeit dieser Annahme spricht, daß durch Ätherextraktion die säurefeste Substanz in den Äther übergeht und die entfetteten Bacillen gleichzeitig ihre Säurefestigkeit verlieren. Auch die Widerstandsfähigkeit der Sporen beruht — wenigstens zum Teil — auf ihrem Fettgehalt, der auch ihr stark glänzendes Aussehen bedingt. Unter den Salzen scheinen die phosphorsauren Salze in der Zusammensetzung der Leibessubstanz mancher Bakterien (Meningokokken) eine besonders wichtige Rolle zu spielen.

Was soeben über die chemische Zusammensetzung der Bakterien gesagt wurde, gilt auch im allgemeinen für die Streptotricheen, Schimmel- und Sproßpilze. Von dem chemischen Aufbau der Leibessubstanz der Spirochäten, Protozoen und filtrierbaren Virusarten wissen wir nur wenig, da es bisher nur ausnahmsweise gelungen ist, diese Kleinwesen — soweit sie überhaupt künstlicher Züchtung zugänglich sind — in einer für die chemische Erforschung erforderlichen Menge getrennt vom Nährboden zu erhalten.

In bezug auf die *Deckung des Nährbedarfs* weisen die letztgenannten drei Klassen der Mikroorganismen einen durchgreifenden gemeinsamen Unterschied gegenüber den pflanzlichen Kleinwesen auf — und auch die Bakterien zeigen gerade in ihrer Ernährung einen durchaus pflanzlichen Charakter —, insofern Protozoen, Spirochäten und filtrierbare Infektionserreger als obligate Parasiten sich ausschließlich von fertig gebildetem organischen Material ernähren[1], während Bakterien, Streptotricheen, Schimmel- und Sproßpilze ebensowohl die hochkomplizierte

---

[1] Manche Protozoen (Amöben) sind sogar auf die Ernährung durch *geformtes* organisches Eiweiß angewiesen und vermögen mit gelösten Stoffen allein nicht auszukommen. Die Züchtung solcher Amöben gelingt daher nur bei Anwesenheit von Bakterien, die ihnen als Nahrung dienen. Auch Flagellaten fressen Bakterien, besonders im Wasser.

Leibessubstanz ihres Wirtsorganismus abzubauen wie ihren eigenen Zelleib synthetisch aus einfachsten organischen Verbindungen aufzubauen vermögen. Je nachdem es sich um Arten handelt, die der parasitischen Existenz streng angepaßt sind oder nur fakultative Parasiten darstellen, erfolgt die Deckung ihres Stickstoffbedarfs entweder ausschließlich oder vorwiegend aus Eiweißstoffen bzw. ihren unmittelbaren Abkömmlingen (Albumosen, Peptonen, Leimsubstanzen) oder aus einfachen stickstoffhaltigen Verbindungen (Aminosäuren, Aminen, Ammoniak). Schon oben wurde erwähnt, daß pathogene Mikroorganismen, z. B. Tuberkelbacillen, in ganz eiweißfreier Nährlösung zu gedeihen vermögen. Gegenüber der Ernährung höherer Pflanzen besteht ein Unterschied in zweifacher Beziehung: erstens vermögen die pflanzlichen Mikroorganismen Nitrate nicht als Stickstoffquelle auszunützen; zweitens sind sie infolge ihres Mangels an Chlorophyll nicht befähigt, ihren Kohlenstoffbedarf aus der atmosphärischen CO_2 zu decken. Als Kohlenstoffquelle werden mit Vorliebe Kohlehydrate, sowie Alkohole, Aminosäuren, Amide und organische Säuren, Glycerin, Fettsäuren u. dgl. verwendet. Nach den ernährungsphysiologischen Grundgesetzen unterscheidet man

1. die prototrophen Bakterien, die einen Nährstoff (Kohlenstoff oder Stickstoff) in elementarer Form aufnehmen können;

2. die metatrophen Bakterien, die die einzelnen Elemente nur aus ihren Verbindungen entnehmen. Somit kann man diese Gruppe weiter einteilen

a) in die autotrophen Bakterien, die sich mit anorganischen Verbindungen begnügen,

b) in die heterotrophen Bakterien, die organische Verbindungen benötigen;

3. die paratrophen Bakterien, die nur im lebenden Organismus existieren können.

In bezug auf *Konzentration* und *Reaktion* des Nährbodens zeigen sich erhebliche Unterschiede in den Ansprüchen und optimalen Lebensbedingungen der verschiedenen pflanzlichen Mikroorganismen. Bakterien bevorzugen im allgemeinen wasserreiche oder flüssige Nährsubstrate, während Schimmelpilze noch auf sehr konzentriertem, äußerlich fast trockenem Material zu wachsen vermögen. Für die meisten Bakterien stellt eine schwach alkalische Reaktion des Nährbodens das Optimum dar, während Schimmel- und Sproßpilze eine saure Reaktion bevorzugen. Doch zeigen auch die verschiedenen Arten der Bakterien gegenüber der Reaktion des Nährbodens ein sehr unterschiedliches Verhalten. So bevorzugt z. B. der Choleravibrio zu seinem Wachstum Nährböden mit einem hohen Alkalitätsgrade und ist dementsprechend gegen Säure sehr empfindlich. Im Gegensatz zu diesen säureempfindlichen Bakterien lieben wieder andere Bakterien einen gewissen Säuregrad, z. B. die Essigbakterien (2%ige Säure), ebenso gewisse Bakterien im Säuglingsstuhl und auch der Typhusbacillus. Man nennt diese Säure bevorzugenden Arten *„acidophil"*.

Für die einzelnen Bakterienarten ist das *Sauerstoffbedürfnis* verschieden. Wir nennen diejenigen Mikroorganismen, die unbedingt freien Sauerstoff zum Leben und zur Vermehrung notwendig haben, *„obligate*

Aerobier" im Gegensatz zu den „*obligaten*" *Anaerobiern*, die unbedingt nur bei Sauerstoffabschluß entwicklungsfähig sind. Zwischen diese beiden Gruppen fallen noch die „*fakultativen Anaerobier*", d. h. solche Mikroorganismen, die sowohl bei Gegenwart wie bei Abwesenheit von Sauerstoff gedeihen können. Die Anaerobier spalten den Sauerstoff aus den Nährmedien ab, während die Aerobier den Luftsauerstoff direkt zur Assimilation benutzen. Auch die Spirochäten lassen sich nur bei Luftabschluß in künstlicher Kultur züchten.

Die Bakterien verlangen zur Entfaltung ihrer Lebensäußerungen eine bestimmte *Temperatur*. Nähert man sich den Grenzen, so bemerkt man gewisse Änderungen ihres normalen Verhaltens. Der Bac. prodigiosus z. B., der bei Zimmertemperatur einen schönen roten Farbstoff bildet und außerdem seinen Kulturen einen sehr charakteristischen Geruch nach Trimethylamin verleiht, verliert beide Eigenschaften, wenn man ihn bei Bruttemperatur züchtet. Werden die Grenzwerte der Temperatur nach unten oder nach oben überschritten, so sistiert das Leben. Bei niedriger Temperatur sistieren zwar die Lebensäußerungen der Bakterien, sie bleiben aber im Zustand latenten Lebens, und, unter günstige Bedingungen gebracht, zeigen die Mikroben alle ihre früheren Eigenschaften wieder. Selbst die niedrigsten Temperaturen, die man bisher erzielt hat (-180^0 C $=$ Temperatur der flüssigen Luft), vernichten weder die Lebensfähigkeit der Bakterien, noch vermögen sie ihre krankmachenden Eigenschaften zu zerstören. Ganz anders wirken die hohen Temperaturen. Hier zeigt sich eine deutliche deletäre Wirkung schon bei Temperaturen, die noch relativ nahe oberhalb der Wachstumstemperatur liegen. Es kommt bald zur völligen Abtötung, für vegetative Formen in feuchtem Zustand schon bei 55—60^0 C. Bedeutend widerstandsfähiger sind die Sporen.

Interessant ist nun, daß gewisse ungünstige Lebensbedingungen durch andere günstige ausgeglichen werden können. Der Milzbrandbacillus wächst z. B. bei Zimmer- und bei Bruttemperatur, bei ersterer aber entschieden weniger üppig. Setzt man nun zu einer mit Milzbrand besäten Gelatine Sublimat im Verhältnis $1:400000$ zu, so bleibt bei Zimmertemperatur jede Entwicklung aus, bei Bruttemperatur aber findet noch Wachstum statt und wird erst durch das 10fache der Sublimatmenge gehemmt. Es kompensiert also hier die günstige Temperatur die ungünstigen Wachstumsverhältnisse, wie sie durch Zusatz des Antisepticums geschaffen sind.

Die oberste Grenze, die für das Wachstum der Bakterien noch möglich ist, bezeichnet man als Temperaturmaximum (bei pathogenen Arten fast nie über 42^0 C), die niederste als Temperaturminimum (nicht unter 5^0 C). Zwischen beiden befindet sich eine für das Wachstum besonders günstige Zone, das Temperaturoptimum.

Man kann künstlich Bakterien an ihnen ursprünglich nicht zusagende Temperaturen gewöhnen, wie das z. B. beim Milzbrandbacillus und Pneumococcus gelungen ist. Ganz aus dem gewohnten Rahmen fallen aber einige Bakterien, die nicht nur bei Temperaturen von 60—70^0 C wachsen, sondern bei Temperaturen unter 45^0 C überhaupt nicht fortzukommen vermögen. Diese sog. thermophilen Bakterien sind besonders in heißen Quellen gefunden worden. Sie finden sich ferner in weitester Verbreitung in den oberflächlichen Bodenschichten, und zwar besonders reichlich in den Tropen. Neben diesen exquisit thermophilen, wärmeliebenden Bakterien gibt es auch thermotolerante, d. h. solche Bakterien, die zwar bei höheren Temperaturen zu wuchern vermögen, ihr Optimum aber bei gewöhnlicher Bruttemperatur haben. Den Gegensatz zu diesen Bakterien bilden solche, die noch bei 0^0 C intensiv zu wuchern vermögen, sog. psychro- oder kryophile Bakterien; sie finden sich hauptsächlich im Boden und im Meerwasser.

2. Die Lebensäußerungen der Mikroorganismen.

Der Stoff- und Kraftwechsel dient wie bei allen Lebewesen folgenden Zwecken:

1. Ersatz der ständig verbrauchten Energiemengen, 2. Bildung neuen lebenden Plasmas durch Wachstum und Vermehrung.

Die Kenntnis der Bakterien-*Stoffwechselprodukte* ist von großem praktischen Wert. Sie gestattet, die pathogene Wirksamkeit der Bakterien im infizierten Organismus durch die von ihnen gebildeten giftigen Produkte zu erklären und erweist sich als außerordentlich wertvolles diagnostisches Hilfsmittel zur Unterscheidung nahe verwandter Arten, die sich rein morphologisch schwierig oder gar nicht voneinander trennen lassen. So sind gewisse Lebensäußerungen für diese oder jene Bakterienart spezifisch, da sie konstant auftreten, wenn die Lebensbedingungen nicht verändert sind. Die Stoffwechselprodukte sind äußerst mannigfaltig; manche kommen vielen Arten zu, während wieder andere nur von besonderen Arten geliefert werden.

Die Hauptleistung der Bakterien besteht im allgemeinen in der Aufschließung organischer Substanz in ihre einfachsten chemischen Bestandteile. Auf dieser Tätigkeit der Bakterien beruht die ihnen zukommende wichtige Rolle im Haushalt der Natur, durch welche der Kreislauf des organischen Stoffumsatzes zwischen Tier- und Pflanzenreich ergänzt wird.

Den meisten Bakterien, wahrscheinlich allen Arten, kommt die Fähigkeit zu, *reduzierend* zu wirken. Diese Fähigkeit läßt sich durch Zusatz organischer Farbstoffe zum Nährboden augenscheinlich machen, wodurch Leukoprodukte entstehen und Entfärbung des Nährbodens eintritt. Geeignete Farbstoffe für derartige Reaktionen sind besonders Lackmus, Methylenblau, Neutralrot, Substanzen, die differentialdiagnostische Bedeutung gewonnen haben. Die Reduktionstätigkeit der Bakterien läßt sich sehr sinnfällig auf einem mit Natr. selen. oder tellurosum versetzten Nährboden demonstrieren. Das Metall wird frei, wodurch die Kulturmasse bei Selen-Nährböden rot, bei Tellur-Nährböden schwarz verfärbt wird.

Eine weitere den Bakterien zukommende Fähigkeit ist die *Bildung von* H_2S, die regelmäßig bei allen Fäulnisvorgängen auftritt. Außer Eiweiß und Peptonen kommen als Ausgangsmaterial hierfür solche Körper in Betracht, die Schwefel in leicht reduzierbarer Form enthalten (Sulfate, Thiosulfate usw.). Den in Kulturen sich bildenden H_2S weist man mittels eines mit basischem Bleiacetat getränkten Fließpapiers nach, das sich bei Anwesenheit von H_2S schwarz färbt. Andere von den Mikroorganismen gebildete gasförmige Stoffwechselprodukte sind CO_2, NH_3, H, CH_4.

Kurz sei noch erwähnt *die Bildung von Indol*, die manchen Bakterienarten zukommt und deren Vorhandensein oder Fehlen infolgedessen differentialdiagnostisch zu verwerten ist (s. z. B. die Typhusdiagnose).

Interessant ist ferner das Vermögen gewisser Bakterien, *Farbstoffe* zu bilden, so daß die gewachsenen Kolonien ein farbenprächtiges Bild darbieten. Zu den farbstoffbildenden pathogenen Bakterien gehören: Staphylococcus pyogenes aureus und citreus mit goldgelbem und citronengelbem Pigment, der Bac. pyocyaneus, der Erreger des grünblauen Eiters. Von den saprophytischen farbstoffbildenden Bakterien seien der Bac. prodigiosus mit seinem bekannten roten Farbstoff, der Bac. cyanogenes (der Erreger des Blauwerdens der Milch) erwähnt. Für die Farbstoffbildung spielen außer der Zusammensetzung des Nährbodens gewisse Mineralsalze, wie Magnesium in Verbindung mit Schwefel, eine Rolle. Für das Phänomen der Fluorescenz kommt die Anwesenheit von Phosphor in Betracht. Ferner sind die Gegenwart von Sauerstoff und auch die Einhaltung bestimmter Temperaturen oft notwendige Bedingungen für die Farbstoffbildung.

Zu erwähnen ist ferner die *Lichtentwicklung* gewisser Bakterien (Photobakterien), welche im Meerwasser, sehr häufig auf Seefischen, Fleisch und faulendem Holz beobachtet werden und deren Züchtung auch auf künstlichen Nährböden gelingt. Ein für das Leuchten unbedingtes Erfordernis ist die Anwesenheit von freiem Sauerstoff.

Bei den verschiedenen Stoffumsetzungen kann eine *Änderung in der Reaktion des Nährsubstrates* erfolgen, und zwar durch *Bildung von Säuren* (Milch-, Butter-, Oxalsäure, Citronensäure, Essigsäure, Ameisensäure, Äpfel-, Weinsäure usw.) oder *von Alkalien*. Die Säurebildung beruht immer auf einer Zerlegung von Kohlehydraten — im Gegensatz zur Alkalibildung, durch Abspaltung aus Eiweiß im Verfolg eines synthetischen Prozesses, der mit dem Wachstum und der Vermehrung der Bakterien zusammenhängt. Die Säure- und Alkalibildung läßt sich differentialdiagnostisch zur Unterscheidung nahe verwandter Arten verwerten, wie z. B. des Typhusbacillus von dem ihm sehr ähnlichen Bac. faecalis alcaligenes. Die Säurebildung läßt sich leicht veranschaulichen in Gelatineplatten, die mit feingeschlämmter Kreide undurchsichtig gemacht sind, wo dann bei Säurebildnern durch Auflösung der Kreide um die einzelnen Kolonien helle Höfe entstehen, — ferner auch wieder durch Zusatz von Lackmus zum Nährboden (vgl. im speziellen Kapitel Typhus).

Manche Bakterien liefern isolierbare *Fermente (Enzyme)*, andere rufen *Gärwirkung* hervor. Während die Fermentwirkung nicht unmittelbar an das lebende Protoplasma gebunden ist und auch nur indirekt im Zusammenhang mit dem Lebensprozeß der Bakterien steht, ist die Gärwirkung eine unmittelbare Funktion des lebenden Plasmas[1] und dient ihm als Energiequelle.

---

[1] Kann allerdings auch durch überlebendes Plasma (Buchners *Zymase*) ausgelöst werden.

Man teilt die Fermente ein:
I. in kohlehydratspaltende. Hierzu gehören:
  1. diastatische Fermente (Stärke verzuckernd),
  2. invertierende Fermente, solche, die Rohrzucker und andere Disaccharide
     spalten;
II. in eiweißspaltende:
  1. peptonisierende bzw. tryptische, welche Eiweiß in lösliche Produkte
     aufschließen; so erklärt sich auch die bei vielen Arten beobachtete Ver-
     flüssigung der Gelatine;
  2. Kinasen, die Eiweiß zur Gerinnung bringen (Labferment):
III. harnstoffspaltende (Urase);
IV. fettspaltende (Lipasen);
V. in Oxydasen und Reduktasen.

Fermentwirkung und Gärung durch Mikroorganismen spielen im Haushalt der Natur eine wichtige Rolle und sind auch für technische und wirtschaftliche Zwecke nutzbar gemacht. Alle Verwesung und Fäulnis der Tierleichen, die Vermoderung der Pflanzen werden durch Gärungen eingeleitet. Die Auflösung und Zerlegung aller toten organischen Substanzen sind ihr zu verdanken, ebenso die Humusbildung und Nitrifikation in der Ackererde. Durch Gärvorgänge werden alle pflanzlichen und tierischen Abfälle zu Bausteinen für einen neuen organischen Aufbau umgewandelt. Ohne Fäulnis und Verwesung würde ein unentbehrliches Bindeglied im Kreislauf der organischen Materie fehlen. Viele unserer Industriezweige sind ganz auf eine Mitwirkung von Bakterien angewiesen, so z. B. Bierbrauereien, Bäckereien, Käsereien, Tabakindustrie, Gerbereien, Weinkeltereien u. dgl. Andererseits sind freilich auch manche durch Mikroorganismen verursachte Gärungen sehr unerwünscht und wirtschaftlich schädlich, z. B. manche „Krankheiten des Bieres" sowie die Schleimbildungen in Zuckerfabriken, bei der Brotbäckerei, in der Milchwirtschaft usw.

Von medizinischem Interesse ist besonders die *Fäulnis* im Darmkanal und die Leichenfäulnis. Wir verstehen unter Fäulnis eine Zersetzung eiweißartiger Körper unter Produktion übelriechender Gase. Bei der in der Natur vorkommenden spontanen Fäulnis werden mannigfache Produkte, wie CO_2, CH_4, H_2, NH_3, H_2S, gebildet. An der Fäulnis können die verschiedensten Bakterien (meist obligate Anaerobier) beteiligt sein. Ein entscheidender Einfluß auf den Verlauf der Fäulnis ist durch die Anwesenheit oder den Mangel an Sauerstoff bedingt. Von *stinkender* Fäulnis spricht man bei Sauerstoffmangel oder -abschluß (Reduktion). Rasche vollständige Zersetzung bei reichlichem Zutritt von Sauerstoff unter Entwicklung gewisser nichtriechender Gase wird als *Verwesung* bezeichnet; hier handelt es sich um einen Oxydationsprozeß.

Die wichtigste aller Lebenserscheinungen der Mikroorganismen ist die *Vermehrung*, die insbesondere bei den Bakterien mit ungeheuerer Geschwindigkeit vor sich geht. Ihre vegetative Teilung ist unter günstigen Lebensbedingungen nach etwa 20 Minuten beendet. Nimmt man aber selbst eine wesentlich längere Generationsdauer des einzelnen Spaltpilzes, z. B. auf 1 Stunde, an, so würde nach Ablauf eines Tages die Zahl der entstandenen Individuen etwa 16 Millionen betragen, während nach weiteren 24 Stunden ihre Zahl schon auf Billionen angewachsen wäre. Eine Begleiterscheinung der Vermehrung ist die

Wärmebildung, die zuweilen erhebliche Grade erreichen kann (Selbsterhitzung des Heues). Die Vermehrung der Mikroorganismen würde bis ins Unberechenbare gehen, wenn nicht hemmende Umstände sie einschränkten, z. B. die Erschöpfung des Nährbodens oder Ausscheidung ihrer eigenen hemmend wirkenden Stoffwechselprodukte. Unter diesen hemmenden Einwirkungen zeigen die Mikroorganismen Degeneration und Absterben. Bei manchen Arten erfolgt die Bildung besonders resistenter Formen, der sog. *Dauersporen* (vgl. S. 12 f).

Bakteriophagie.

Man bezeichnet bestimmte an Bakterienkulturen beobachtete Vorgänge von leichten Veränderungen an den Bakterien oder deren Kolonien bis zum Zelltod und zur restlosen Auflösung der Bakterienzelle als „Bakteriophagie". Wenn auch schon von verschiedenen Forschern die Auflösung von Bakterien in alten Bouillonkulturen und auch die Lochbildung in Kulturen von Bakterien, Hefen und Schimmelpilzen beobachtet waren, so wurde doch erst durch die Arbeiten von TWORT und, unabhängig von ihm, von D'HÉRELLE eine gewisse Klarheit in die beobachteten Vorgänge gebracht.

TWORT fand in den Filtraten von Erde-, Dung-, Heu- und Grasaufschwemmungen einen bakterienauflösenden Stoff, der sich von Kolonie zu Kolonie überträgt. Dieses relativ thermostabile Agens wirkt nur auf lebende Bakterienkolonien. TWORT konnte den Nachweis erbringen, daß das kokkenauflösende Agens filtrabel ist, mit lebenden Kokken weiter gezüchtet und bei 60—65⁰ C zerstört wird.

D'HÉRELLE konnte feststellen, daß Filtrate aus dem Stuhl Dysenteriekranker von einem bestimmten Krankheitstage ab Ruhrbacillen auflösten und daß eine Züchtung von Ruhrbacillen von diesem Tag ab nicht mehr gelang. Dieses aus dem Filtrat gewonnene Agens läßt sich nach 24stündiger Bebrütung von Bouillonröhrchen zu Bouillonröhrchen weiter fortzüchten; es nimmt dabei an Wirksamkeit zu. Das keimfreie Filtrat, in eine Bouillonkultur von Ruhrbacillen gebracht, bringt die Ruhrbacillenkultur zur Auflösung; die vorher trübe Bouillonkultur klärt sich vollkommen auf (D'HÉRELLE*sches Phänomen*). Wenn man nun kleinste Mengen einer gelösten Ruhrbacillenkultur nach 1, 2 und 3stündigem Aufenthalt im Brutschrank auf Agarplatten, die man mit Ruhrbacillen beimpft, bringt, so zeigen sich nach 24stündiger Bebrütung an den dicht bewachsenen Stellen kreisrunde Löcher, in denen kein Wachstum stattfindet. Die Zahl der Löcher ist um so größer, je längere Zeit bis zum Ausstreichen der Platten aus der Dysenteriebouillonkultur vergangen ist. Die nach 4—6 Stunden mit einer Öse der gelösten Bouillonkultur bestrichenen Platten zeigten kein Bakterienwachstum mehr. D'HÉRELLE kam auf Grund seiner Versuche zu der Ansicht, daß es sich hier um ein vermehrungsfähiges, lebensfähiges Agens, ein bakterienvernichtendes Lebewesen handelt, das er als Bakteriophagum intestinale bezeichnete. Entgegen der Annahme von D'HÉRELLE, das beschriebene Agens sei nur in den Filtraten aus Stuhlentleerungen darmkranker Menschen (Typhus, Paratyphus und Ruhr) enthalten, konnte der Nachweis erbracht werden, daß derartige bakteriophage Stoffe auch in den Stuhlfiltraten gesunder Menschen und Tiere vorhanden sind. Sie fanden sich auch gegen andere Bakterien, so z. B. Lysine für Typhus-, Paratyphus-, Proteusbacillen, Choleravibrionen, Friedländer-Bacillen, Streptokokken, Staphylokokken, Diphtherie-, Mäusetyphus-, Rotlaufbacillen u. a. Auch gegen saprophytische Keime, wie Knöllchenbakterien, wurden aus den Wurzelknollen von Pflanzen verschiedene bakteriophage Lysine gewonnen. Das bakteriophage Agens ist in der Natur weitverbreitet; es findet sich im Hühnerkot, im Boden, im Kanal-, Fluß-, Wasserleitungs- und Brunnenwasser, auch im Meerwasser in der Nähe von Flußmündungen.

Das lytische Agens kann aus Reinkulturen von Bakterien, die lange auf künstlichen Nährböden fortgezüchtet sind, auf besondere Weise, wie die Versuche von OTTO und MUNTER, GILDEMEISTER, BORDET u. a. zeigen, die mit Bakterienkulturen arbeiteten, in denen anfänglich Lysine nicht nachgewiesen wurden, gewonnen werden. Nach Erhitzung auf 65⁰ C, durch Zusätze von bakterienschädigenden Chemikalien, von Organpreßsäften, von Pankreas und Darmschleimhautextrakt, von Trypsin trat in den Kulturen das filtrierbare bakteriophage Agens auf. Von GILDEMEISTER wurde die Beobachtung gemacht, daß das Agens oft spontan in den über längere Zeiträume hin auf künstlichen Nährböden gezüchteten Kulturen auftritt. Die hier angeführten Versuche geben einen gewissen Aufschluß über die Natur der Bakteriophagen. Sie können nicht dazu beitragen, der Ansicht D'HÉRELLEs beizutreten, wonach die Bakteriophagen aus dem menschlichen oder tierischen Körper stammen.

Zur wirksamen Gewinnung des Lysins aus lebenden Kulturen muß der Nährboden eine alkalische Reaktion besitzen; weiter ist die Lysinbildung von der Dichte der Bakterienaufschwemmung und von der Temperatur abhängig.

Wie wirken nun die Lysine auf Bakterienkulturen? Auf junge Kulturen wirken sie außerordentlich stark auflösend. Außer dem Schleimigwerden der Kulturen tritt eine Transparenz auf, die sich darin kundgibt, daß die der Lysinwirkung ausgesetzten Kolonien auf festen Nährböden glasig durchscheinend aussehen.

Bei den unter der Lysinwirkung gewachsenen Keimen beobachteten BORDET und CINCA das Auftreten lysinresistenter Keime, die nicht mehr die gleichmäßige Trübung der Bouillon, sondern einen Bodensatz oder agglomeriertes Wachstum zeigen. Zuweilen können sie sich ohne äußere Ursache in die normale lysinempfindliche Form zurückbilden.

Dafür, daß die lysinresistenten Keime selbst das Lysin enthalten, liefern die in den Kulturen auftretenden Flatterformen den Beweis, die regelmäßig zu finden sind, wenn den Kulturen Lysin zugesetzt wird; sie unterscheiden sich in keiner Weise von den aus direkten Stuhlausstrichen gewonnenen Kulturen, in denen das lytische Agens enthalten ist.

Die schon oben erwähnten Löcher, die als Folge des bakteriophagen Lysins in den Kulturen beobachtet werden, sind von wechselnder Größe. Die Größe der Löcher bzw. leeren Stellen richtet sich nach der Quantität und Qualität des wirksamen Agens.

Wie geschieht der Nachweis des Lysins?

Das zu untersuchende Material (Dejekte, Preßsäfte und Aufschwemmungen von Organen) wird zerkleinert, durch Tonkerzen oder Berkefeldfilter filtriert. Die Prüfung des Filtrats auf Lysine geschieht so, daß man 1 Tropfen bis 1 ccm desselben in Bouillonröhrchen zugleich mit einem Bruchteil einer Öse Bakterienkultur bringt, und dieses Gemisch 12—18 Stunden im Brutschrank bei 37º C beläßt. Sehr oft kann man dann schon an der Aufhellung der Kultur das Vorhandensein des Lysins feststellen. Da aber auch in getrübter Bouillon das Lysin sich bilden kann, ist eine Weiterverarbeitung des Kulturfiltrates auf festen Nährböden notwendig, um den Nachweis auf vorhandenes Lysin an den leeren Stellen oder den Löchern in der Kultur zu erbringen. Dabei verfährt man so, daß man das Bouillonkulturfiltrat entweder auf frischbeimpfte Agarplatten auftropft oder zunächst die Agarplatten mit dem Filtrat bestreicht, dann die Bakterienaussaat macht, oder daß man das Filtrat im Verhältnis 1:10 dem verflüssigten Agar zusetzt und später die Bakterienkultur auf der Oberfläche verteilt. Auch wird empfohlen, die Bakterien mit den Filtraten zu mischen und das Gemisch dann auszustreichen.

Die Frage der Spezifität des Lysins ist durch die Arbeiten von OTTO und MUNTER geklärt und von BAIL bestätigt worden. Man muß je nach der Bakterienart und der Zahl der Stämme, aus denen sich das Lysin herleitet, von monovalenten und polyvalenten Lysinen sprechen. Theoretisch nehmen die meisten Forscher ein einheitliches Lysin an, das aber in praxi „durch die Bakterienart, die ihm gerade als Bildungssubstrat diente, in ein streng spezifisches oder ein unspezifisch monovalent wirkendes Lysin getrennt werden kann, und so wird man bald *streng monovalente*, bald *polyvalente Lysine* auffinden".

Was nun die Natur des bakteriophagen Agens angeht, so kann gesagt werden, daß das Lysin sich bei den Filtrierversuchen mit Membranfiltern wie Eiweiß verhält, das zurückgehalten wird. In bezug auf die Filtrierbarkeit durch Bakterienfilter verhält es sich wie das ultravisible Virus der Vaccine, Lyssa und Encephalitis lethargica. Die Haltbarkeit des Lysins in verschlossenen Röhrchen oder in getrocknetem Zustand erstreckt sich auf Jahre. Auch ist es gegen Erhitzung sehr widerstandsfähig, wenn auch die verschiedenen Lysine in ihrer Hitzebeständigkeit großen Schwankungen unterworfen sind. Gegenüber Radiumeinwirkung ist das Lysin sehr resistent, während es durch ultraviolettes Licht geschädigt wird. Gegenüber Chemikalien ist das bakteriophage Agens widerstandsfähiger als die Bakterien, von denen es herrührt. Durch Desinfektionsmittel, wie z. B. $^1/_2$%iges Sublimat, 2%iges Phenol, Chloroformdämpfe, wird es auch nach längerer Einwirkung *nicht* geschädigt. Dieses Verhalten gegenüber physikalischen und chemischen Einflüssen läßt die Annahme, daß es sich bei dem bakteriophagen Agens um ein lebendes Agens handele, fallen.

Es gelingt mit Lysinen bei Tieren Antikörper, Antilysine, zu erzeugen. Das Lysin wird durch das Antilysin neutralisiert, die Neutralisation geht nach dem Gesetz der Multipla vor sich.

Ungeklärt bleibt immer noch die Frage nach der biologischen Natur des bakteriophagen Agens. D'HÉRELLE nimmt ein ultravisibles Lebewesen an und stützt seine Annahme durch die antigene Einheit des Lysins, die Züchtung lysinresistenter Bakterien, die Gewöhnung an schädigende Substanzen usw. Die Ansicht D'HÉRELLEs wird von den meisten Forschern nicht geteilt. Sie halten das bakteriophage Lysin für ein Zellenzym, das von krankhaft veränderten Bakterien geliefert wird. Die Frage, ob nun das Lysin als toxinartiges Sekretionsprodukt der Bakterien oder durch Zerfall des Bakterienprotoplasmas in korpuskuläre oder molekulare Splitter entsteht, ist noch umstritten.

Die Bakteriophagen sollten nach D'Hérelle eine Rolle bei der therapeutischen Bekämpfung der Infektionskrankheiten spielen.

Zunächst haben die therapeutischen Versuche enttäuscht. In den letzten Jahren jedoch hat die Phagentherapie bessere Erfolge aufzuweisen, besonders gegen Cholera, Dysenterie, Typhus und Coli, vgl. Sonnenschein.

Es ist bei jeder Therapie durch Phagen zu beachten, daß der Phage als Antigen eine Antiphagenbildung im Organismus hervorrufen kann. Es ist daher eine *parenterale* Behandlung nur im Anfang geboten und darf nicht längere Zeit fortgesetzt werden. Bei Typhus ist dagegen eine *orale* Behandlung längere Zeit durchzuführen. Im Gegensatz zum Coliphagen wirkt der Typhusphage fast auf alle Typhusstämme, wie auch die Paratyphusphagen eine sehr breite Wirkung aufweisen. Wenn auch bereits einige gute Erfolge mit der Phagentherapie vorliegen, so ist sie darum noch nicht spruchreif. Es sind noch weitere Versuche notwendig, bis sie in die Therapie des behandelnden Arztes eingereiht werden kann.

Schrifttum.

Bail: Das bakteriophage Virus von D'Hérelle. Wien. klin. Wschr. 1921. — v. Baumgarten: Lehrbuch der pathogenen Mikroorganismen. Leipzig: S. Hirzel 1911. — Bordet u. Cinca: Le bacteriophage de D'Hérelle, sa production et son interprétation. C. r. Soc. Biol. Paris 83 (1920). — Gildemeister: Über das D'Hérellesche Phänomen. Berl. klin. Wschr. 1921. — E. Gotschlich: Allgemeine Biologie in Kolle-Wassermanns Handbuch der pathogenen Mikroorganismen, 3. Aufl., Bd. 1, sowie Handbuch der Hygiene von Rubner, Gruber u. Ficker, Bd. 3, 2. Abt. Leipzig: S. Hirzel 1913. — D'Hérelle: Der Bakteriophage. Braunschweig: F. Vieweg & Sohn 1922. — Otto u. Munter: Bakteriophagie. Handbuch der pathogenen Mikroorganismen, 3. Aufl., Bd. 1, 1927. — Schmidt, Hans: Die ansteckenden Krankheiten von M. Gundel. Leipzig: G. Thieme 1935.

D. Die Mikroorganismen als Krankheitserreger.
(Ursache und Bedingungen der Infektion.)

Infektionskrankheiten (übertragbare oder ansteckende Krankheiten) werden durch belebte, vermehrungsfähige Erreger verursacht. Diese Erkenntnis vom „contagium animatum" war lediglich auf Grund vorurteilsfreier epidemiologischer Betrachtung bereits zu einer Zeit erreicht worden, als die technischen Methoden, insbesondere die Entwicklung des Mikroskops, noch nicht im entferntesten ausreichten, um die experimentelle Grundlage für die Erforschung der Infektionskrankheiten zu sichern. Die ursächliche Bedeutung der belebten Infektionserreger liegt darin, daß sie imstande sind, sich in den Geweben des befallenen Organismus zu vermehren und ihren Wirt durch die von ihnen gebildeten giftigen Stoffwechselprodukte oder durch ihre giftige Leibessubstanz zu schädigen. So mannigfaltig diese Schädigungen und die darauf erfolgenden Reaktionen des Organismus sind (lokale Nekrosen, Gewebsproliferationen, Entzündungen, — Allgemeinerscheinungen wie Fieber, Pulsbeschleunigung, Schädigung des Herzens, nervöse Symptome,

Nierenreizung, Leukopenie oder Leukocytose), so handelt es sich in letzter Linie bei allen Infektionen, selbst bei denjenigen mit ganz allgemeiner („septicämischer") Verbreitung der Erreger im Gewebe, um *Giftwirkung* und nicht etwa um eine rein mechanische Schädigung durch die Fremdkörperwirkung der fremden Eindringlinge, an deren Möglichkeit, wenn z. B. ganze Capillarnetze in Gehirn, Lunge, Leber und Nieren durch die schrankenlose Wucherung der Mikroparasiten verlegt sind, immerhin auch gedacht werden müßte. Das Gift haftet entweder der Leibessubstanz des Erregers selbst an (*Endotoxine* bei Cholera, Typhus) oder ist in *gelöstem Zustand* vorhanden (Ruhr, Diphtherie, Tetanus). Je nach seiner Bildungsstätte kann das Gift entweder erst durch die Vermehrung der Erreger im Organismus selbst produziert werden oder bereits fertig gebildet von außen eingeführt sein. Im letzteren Falle (Botulismus, Cholera infantum verursacht durch Toxinbildner in der Milch) handelt es sich streng genommen gar nicht mehr um eine echte Infektion, da ein Eindringen der betreffenden Erreger in das Gewebe oder auch nur eine Vermehrung im Darm gar nicht stattfindet, sondern um eine reine Giftwirkung durch „*toxische Saprophyten*". Auch das epidemiologische Merkmal der Übertragbarkeit von einem Kranken auf den andern fehlt bei diesen Krankheiten vollständig; dagegen können, wie bei jeder anderen Vergiftung, gleichzeitig oder nacheinander durch Aufnahme desselben giftigen Substrats mehrfache Erkrankungen oder sogar Massenerkrankungen (wie gerade beim Botulismus) auftreten. Immerhin spricht man auch in diesen Fällen von Infektion, da die den Krankheitsprozeß verursachenden Giftstoffe doch das Produkt lebender vermehrungsfähiger Erreger sind; auch hier sind also in letzter Linie Mikroorganismen die Ursache der Infektionskrankheit. Lernten wir hier Mikroorganismen kennen, die zwar pathogene Wirkung entfalten, ohne zur parasitären Existenz befähigt zu sein, so gibt es andererseits *Mikroparasiten ohne krankheitserregende Wirksamkeit*. Hierher gehören zahlreiche Arten, die als harmlose Schmarotzer *(Epiphyten, Kommensalen)* auf den äußeren und inneren Körperoberflächen (Haut, Schleimhaut der oberen Atmungswege, Darm) vegetieren: z. B. die Staphylokokken in den tieferen Hautschichten, die Strepto- und Pneumokokken auf der Rachenschleimhaut, die Fadenbakterien und Spirochäten von Zahnbelag, sowie die in der Mundhöhle der meisten Menschen vorhandene Amoeba buccalis, ferner das Bact. coli im Darm. Bei der Nennung dieser Arten fällt es allerdings schon auf, daß die gleichen oder doch biologisch sehr nahe verwandten Arten als Krankheitserreger bekannt sind. Jedoch tritt diese pathogene Wirksamkeit erst hervor, wenn durch eine vorangegangene Schädigung des Organismus (Erkältung, Trauma, andersartige Infektion) ein Locus minoris resistentiae geschaffen ist, an welchem die vorher harmlosen Epiphyten in das Gewebe, sei es für sich allein, sei es in Form der Mischinfektion, einzubrechen und daselbst zu wuchern vermögen. So kommt oft als eine sog. Autoinfektion die Pneumonie (Bronchopneumonie!) zustande. In anderen Fällen scheint es schon zu genügen, daß ein Bacterium an ein anderes als an das durch gewohnten Kontakt ihm angepaßte Körpergewebe gelangt, um an der neuen Stelle krankmachend zu wirken, wie das im Darmkanal harmlose Bact. coli bei der Perforationsperitonitis, bei Pyelitis und Cystitis. Noch einen Schritt weiter. In den zuletzt besprochenen Fällen war die unschädliche epiphytische Existenz die Regel und die krankheitserregende Wirkung die Ausnahme. Es kommt aber auch der umgekehrte Fall vor, wo spezifische Infektionserreger ausnahmsweise als harmlose Mitbewohner des Organismus auftreten können. Man spricht dann von *latenter Infektion* und nennt die Träger *Keimträger* (Bacillenträger bei Typhus, Paratyphus, Ruhr, Cholera und Diphterie, sowie Kokkenträger bei epidemischer Genickstarre). Die latenten Infektionserreger können in ihrer krankheitserregenden Wirksamkeit dauernd abgeschwächt sein, ja bis zum völligen Verlust. Sie können aber ihre pathogenen Eigenschaften auch dauernd beibehalten haben, was sich am deutlichsten daraus ergibt, daß der Bacillenträger zur Ansteckungsquelle für neue klinisch manifeste Erkrankungen werden und daß auch beim Bacillenträger selbst der bisher latente Prozeß zur Autoinfektion führen kann. — Die Betrachtung dieser Grenzfälle aus dem Gebiete der Infektion ist deshalb lehrreich, weil sie Anhaltspunkte für das Verständnis der biologischen Vorgänge bei der Infektion sowohl im allgemeinen wie im Einzelfalle gibt. Zwei grundsätzliche Fragen sind es, die sich da erheben. Erstens: *in welchem Verhältnis stehen die pathogenen Mikroorganismen zu verwandten saprophytischen Arten?* zweitens: *wie kommen im einzelnen Falle Infektion und Erkrankung zustande?*

In ersterer Hinsicht ist zunächst festzuhalten, daß pathogene und saprophytische Arten in ihrem ganzen biologischen Verhalten nicht etwa streng geschieden sind, sondern daß vielmehr eine Reihe von Übergangsstadien vorhanden ist. Es verhält sich nicht etwa so, daß pathogene Arten nur aus einer oder wenigen morphologisch oder biologisch charakterisierten Gruppen hervorgehen, sondern wir finden Krankheitserreger unter allen Klassen der Mikroorganismen und fast in jeder einzelnen Untergruppe, und dem einen oder den wenigen pathogenen Repräsentanten in jeder Gruppe steht eine ungleich zahlreichere Sippe saprophytischer verwandter Arten gegenüber, so dem einzigen menschenpathogenen Vibrio, dem Choleraerreger, das ganze Heer choleraähnlicher Vibrionen usw. Auch ist die Fähigkeit zur krankheitserregenden Wirksamkeit bei den verschiedenen Arten der Infektionserreger abgestuft und in sehr verschiedenem Grade und in verschiedener Weise der Äußerung vorhanden; wir können da etwa folgende Stufen unterscheiden:

1. Toxische Saprophyten (Bac. botulinus), zur parasitischen Existenz im Organismus unfähig und nur durch ihre Gifte wirksam (wie etwa jede andere Giftpflanze auch).

2. Mikroparasiten mit beschränktem Wachstum nur an der Eintrittspforte, während die allgemeinen Krankheitserscheinungen nicht durch die Mikroben selbst, sondern nur durch ihre im Körper zirkulierenden gelösten Giftstoffe zustande kommen (Tetanus, Diphtherie).

3. Krankheitserreger mit ausgebreiteter oberflächlicher Invasionsfähigkeit auf gewissen Schleimhäuten, aber ohne Verbreitung in die Tiefe und ohne Allgemeininfektion; hierher gehören *spezifische Epithelinfektionen*, wie Influenza, Cholera und Ruhr.

4. Krankheitserreger mit starker Ausbreitung in die Tiefe der Gewebe durch Fortschreiten, aber ohne allgemeine Durchseuchung des ganzen Körpers (Eiterungsprozesse, Genickstarre, Lungentuberkulose, Amöbenruhr mit konsekutivem Leberabsceß.)

5. Krankheitserreger mit allgemeiner Verbreitung im Organismus, aber *spezifischer Anpassung an bestimmte Gewebe*; so sind die Erreger der Hundswut und der Poliomyelitis spezifische Parasiten des Nervensystems, der Fleckfiebererreger speziell in den Gefäßwandungen lokalisiert.

6. Infektionserreger mit septicämischer, alle Organsysteme und den ganzen Körper betreffender *allgemeiner Verbreitung* (Streptokokkensepsis, Pest, Typhus, Syphilis, Malaria).

Der Grad der Entwicklung der parasitären Existenz nach dem vorangegangenen Schema ist für jede einzelne Art von Krankheitserregern charakteristisch und gibt im Verein mit den morphologischen und biologischen Eigenschaften des betreffenden Mikroben sowie mit seinem (im folgenden Abschnitt zu besprechenden) Verhalten gegenüber den Immunitätsreaktionen des Organismus ein zusammengehöriges und einheitliches Gepräge, das man als das *spezifische Verhalten des Erregers* bezeichnet. Jeder einzelnen genau definierten Infektionskrankheit entspricht ein ebenso genau charakterisierter Erreger. Dies ist das *Gesetz der Spezifität der Infektionserreger*, das die Grundlage für die ganze Entwicklung der modernen Mikroparasitologie bildet. Auf diesem Gesetz der Spezifität beruht auf der einen Seite die *mikrobiologische Diagnostik*, indem der Nachweis des bestimmt charakterisierten Erregers die sichere Diagnose der betreffenden Infektionskrankheit ermöglicht (mögen die klinischen Erscheinungen auch unvollständig ausgebildet sein), — auf der anderen Seite die *spezifische Bekämpfung und Heilung* der Infektionen durch Schutzimpfung, Serum-, Bacterio- und Chemotherapie.

Im einzelnen Falle kann der Grad der Ausbreitung der Infektion im Organismus (ob lokaler oder allgemeiner Prozeß), je nach den verschiedenen äußeren Bedingungen der Ansteckung und je nach der verschiedenen *Virulenz des Erregers* verschieden sein; doch handelt es sich hier lediglich um quantitative Unterschiede, die sich stets im Rahmen des Gesetzes der Spezifität des Erregers halten. Die Virulenz kann auch künstlich herabgesetzt oder gesteigert werden. Eine Verminderung der Virulenz erfolgt durch alle schädigenden Einflüsse, welche auch sonst eine Degeneration des Erregers zur Folge haben, vor allem bei vielen Arten schon durch längere Fortzüchtung auf künstlichem Nährboden; umgekehrt läßt sich die Virulenz durch Tierpassagen erhöhen bzw. wiederherstellen.

Von dem Gesetz, daß jeder einzelnen Infektionskrankheit ein bestimmter Krankheitserreger entspricht, gibt es nun *scheinbare Ausnahmen*, die sich aber bei näherer Betrachtung ohne weiteres aufklären, wenn man den Begriff der Krankheitseinheit nicht allein in klinischem, sondern auch in epidemiologischem Sinne auffaßt. Es kommt vor, daß *derselbe Erreger zwei oder mehrere verschiedene Krankheitsbilder auslöst*, die bei oberflächlicher Betrachtung als gänzlich unzusammengehörig erscheinen. So erzeugt der Pestbacillus bald die mit Drüsenschwellungen

einhergehende Bubonenpest, bald die unter dem Bilde einer Lungenentzündung verlaufende Lungenpest — so der Milzbrandbacillus bald
die Milzbrandpustel, bald den Lungen-, bald den Darmmilzbrand, —
so der Tuberkelbacillus bald das charakteristische Bild der Lungenschwindsucht, bald die als Skrofulose bezeichneten Drüsenveränderungen,
bald die unter dem Namen Lupus bekannte Hautaffektion — so der
Syphiliserreger einerseits die für die Lues in ihren verschiedenen Stadien
charakteristischen Krankheitsbilder, andererseits bei der Lokalisation im
Zentralnervensystem die von den vorigen so vollständig verschiedenen
Erscheinungen der Tabes dorsalis und der progressiven Paralyse. In
allen diesen Fällen ist es in erster Linie die Verschiedenheit der Eintrittspforte, welche die Entstehung so verschiedenartiger Krankheitsbilder durch denselben Erreger bedingt; die darauf beruhende Verschiedenheit der Verhältnisse der Lokalisation des Krankheitsprozesses und
der Ausscheidung des Ansteckungsstoffes kann es sogar mit sich bringen,
daß auch vom epidemiologischen Standpunkte aus diese einzelnen
Krankheitsbilder als ganz verschieden und zusammengehörig erscheinen,
wie z. B. die unkomplizierte Bubonenpest von Mensch zu Mensch nicht
direkt übertragbar, die Lungenpest aber ganz außerordentlich kontagiös
ist und ähnliche Differenzen zwischen skrofulöser Drüsenerkrankung
einerseits und Lungenschwindsucht andererseits bestehen. In allen
diesen Fällen lehrt aber die genaue epidemiologische Betrachtung, daß
zwischen diesen scheinbar ganz auseinander liegenden Krankheitsbildern
dennoch Zusammenhänge bestehen, daß eines aus dem andern hervorgeht, wie z. B. die Lungenpest als sekundäre Komplikation zu einem
Fall von Drüsenpest hinzutreten kann, wie die tuberkulöse Lungenerkrankung auf Grund einer ursprünglichen Drüsenaffektion sich entwickelt. Bei der Lues und ihren nervösen Nacherkrankungen war es
sogar die eindringliche epidemiologische Forschung allein, die den Zusammenhang beider schon zu einer Zeit erkennen ließ, da der mikroskopische Nachweis des Erregers noch nicht möglich war.

Wenn einerseits derselbe Erreger scheinbar ganz verschiedenartige
Krankheitsbilder zu erzeugen vermag, so kann andererseits *dasselbe
klinische Krankheitsbild durch ganz verschiedene Krankheitserreger zustande kommen*; so der charakteristische Symptomenkomplex der asiatischen Cholera durch Paratyphus- und andere toxische Darmbakterien
(Cholera nostras), ja sogar durch unorganische Gifte (Arsenik). In diesen
Fällen gibt das Vorhandensein der Ansteckung bei der asiatischen
Cholera und das Fehlen auf der anderen Seite ohne weiteres den
Ausschlag für die grundsätzliche Verschiedenheit dieser Krankheitsprozesse. In manchen Fällen kann dieser epidemiologische Gesichtspunkt aber auch fehlen, nämlich wenn sehr ähnliche Krankheitsbilder
durch verschiedene Infektionserreger verursacht werden und demnach
weder in ihrer Ansteckungsfähigkeit noch in ihren klinischen Symptomen
eine Unterscheidung ermöglichen zu lassen scheinen, wie bei der Ruhr,
die sowohl durch Amöben als auch durch Bacillen und unter diesen
letzteren wieder durch verschiedene Arten verursacht sein kann; aber
gerade bei der Ruhr lehrt die eingehende Erforschung, daß die ätiologische Unterscheidung der einzelnen unter dem Sammelnamen Ruhr

vereinigten Krankheitsbilder nicht willkürlich ist, sondern wirklichen und wesentlichen Unterschieden dieser verschiedenen Krankheitseinheiten entspricht. Es sei nur daran erinnert, daß gewisse Komplikationen, wie der Leberabsceß, nur bei der Amöben-, nicht aber bei der Bacillenruhr vorkommen, und daß auch die Möglichkeit einer Beeinflussung durch spezifische Therapie bei beiden Krankheitsprozessen und bei den verschiedenen Unterarten der Bacillenruhr untereinander ganz verschieden ist: Chemotherapie mittels Emetin bei Amöbenruhr, spezifische Serumtherapie bei der durch den KRUSE - SHIGAschen Bacillus verursachten Ruhr, nicht aber bei der Pseudodysenterie. Also nicht allein für die richtige Erkennung und Bekämpfung der Seuche hat sich hier die ätiologische Betrachtungsweise als ausschlaggebend erwiesen, sondern auch für das richtige therapeutische Handeln des praktischen Arztes. — Der dritte Fall einer scheinbaren Ausnahme von dem Gesetz der Spezifität des Erregers betrifft das schon oben kurz erwähnte *latente Vorkommen von Infektionserregern im Organismus ohne gleichzeitige klinische Erkrankung.* Aber schon die epidemiologische Tatsache, daß diese latente Infektion sich nicht etwa ubiquitär verbreitet findet, sondern daß ihre Träger fast immer aus der unmittelbaren Umgebung eines klinisch Erkrankten stammen, lehrt, daß auch hier ein ursächlicher Zusammenhang zwischen Erreger und Krankheit besteht. Es kann sich um folgende Möglichkeiten handeln: Entweder ist der scheinbare ganz gesunde Keimträger in Wirklichkeit doch *leicht erkrankt*, vielleicht ihm selbst ganz unbewußt, aber nichtsdestoweniger ebensosehr ansteckend wie der manifest klinisch Erkrankte. Gerade die ätiologische Erforschung hat ja diese für die Bekämpfung der Seuchen so überaus wichtige Erkenntnis der leichtesten, klinisch als solcher gar nicht diagnostizierbaren Fälle gebracht (leichter Durchfall ohne alle anderen Symptome bei Cholera, Typhus, Ruhr, leichte katarrhalische Erscheinungen von seiten der oberen Atmungswege bei Diphtherie und Meningokokkeninfektion). Oder der Keimträger ist zwar gegenwärtig nicht klinisch krank, aber hat die betreffende Erkrankung vor kürzerer oder längerer Zeit überstanden und scheidet nun seitdem noch lebende Infektionserreger aus. Am häufigsten handelt es sich dabei um vorübergehende *Ausscheidung in oder nach der Genesung*, wobei sich diese Ausscheidung immerhin Wochen und Monate hinziehen kann (*Spätausscheider* bei Typhus, Ruhr, Cholera, Diphtherie u. a.). Seltener, aber für die Verbreitung der Ansteckung um so wichtiger sind die *Dauerausscheider*, welche viele Jahre, ja ihr ganzes Leben hindurch von dieser latenten Infektion behaftet sind und die Krankheitserreger oft sogar massenhaft ausscheiden. Eine solche andauernde Vermehrung von Infektionserregern im Körper erfolgt auf der Grundlage eines chronischen Erkrankungsprozesses (bei Typhus in den Gallen- oder Harnwegen, bei Diphtherie im Nasenrachenraum, bei Ruhr im Wurmfortsatz). Dieser Erkrankungsprozeß besteht oft nicht nur im pathologisch-anatomischen, sondern oft auch im klinischen Sinne. Die Dauerausscheider sind also als wirklich kranke Menschen anzusehen, die nicht nur für ihre Umgebung, sondern auch für sich selbst eine beständige Gefahr bilden und bei denen auf Grund des latenten chronischen Prozesses gelegentlich durch Selbstinfektion eine akute manifeste

Erkrankung auftreten kann. Wenn diese Auffassung, daß der Dauerausscheider in Wirklichkeit ein chronisch Erkrankter ist, erst allgemein die richtige Würdigung fände, dann würden, beiläufig bemerkt, viele Schwierigkeiten, die sich jetzt der sanitätspolizeilichen Überwachung dieser Personen entgegenstellen, verschwinden. Ebenso wie zeitweise eine Verschlimmerung des chronischen Infektionsprozesses bei den Dauerausscheidern stattfindet, kann auch umgekehrt zeitweise ein Stillstand in der Ausscheidung der Krankheitskeime, als Ausdruck einer unvollständigen Heilungstendenz, zustande kommen. Hieraus ergibt sich die wichtige praktische Folgerung, daß der einmal begründete Verdacht auf Vorliegen von Dauerausscheidung nicht etwa auf Grund einzelner negativer bakteriologischer Untersuchungen entkräftet werden kann, da es z. B. bei Typhusbacillen-Ausscheidern vorkommt, daß selbst nach 40maliger, in regelmäßigen Abständen im Zeitraum eines Jahres erfolglos ausgeführter sorgfältiger Untersuchung doch noch nachträglich wieder positive Befunde erhoben werden. Man muß in solchen Fällen so häufig und so lange Zeit als möglich fortgesetzt untersuchen; manchmal kann man durch geeignete Provokation (leichte Abführmittel bei Typhusträgern, Urethralinjektionen bei chronischer Gonorrhöe) zu diagnostischen Zwecken die scheinbar zum Stillstand gekommene Ausscheidung der Keime aufs neue anregen. — Gegenüber den beiden bisher betrachteten Fällen, in denen die latente Ausscheidung von Krankheitserregern auf Grund eines pathologischen Prozesses erfolgte, gibt es nun noch eine dritte Möglichkeit latenter Existenz von Krankheitserregern im lebenden Körper ohne Vorhandensein eines, sei es klinisch, sei es anatomisch nachweisbaren Prozesses, nämlich dann, wenn die betreffenden Mikroparasiten auf die äußere oder innere Körperoberfläche gelangen, ohne mit dem lebenden Gewebe in irgendwelche Wechselwirkung zu treten und demnächst wie irgendein Fremdkörper aus dem Organismus wieder ausgeschieden werden. Solche Personen, bei denen naturgemäß die Ausscheidung nur ganz kurze Zeit anhält, werden zweckmäßig — gegenüber den eigentlichen Bacillenträgern — als „*Zwischenträger*" bezeichnet und sind z. B. bei Cholera unzweifelhaft festgestellt.

Wenn uns also weder die gelegentliche Inkongruenz des klinischen und des ätiologischen Krankheitsbegriffs noch das Vorhandensein latenter Infektion an der grundlegenden Bedeutung der Spezifität der Krankheitserreger irre machen kann, so müssen wir andererseits uns die Frage vorlegen, *welchen Kriterien ein Kleinwesen genügen muß, um als Erreger der betreffenden Infektionskrankheit unzweifelhaft gelten zu können.* Da ist es nun das erste und selbstverständliche Erfordernis, daß der supponierte Erreger bei allen Fällen der betreffenden Krankheit regelmäßig vorkommen muß; dies ist in der Tat bei jeder ansteckenden Krankheit in den verschiedensten Epidemien zu jeder Jahreszeit und an jedem Orte der Erde festgestellt worden. Schwierigkeiten können dadurch entstehen, daß der Erreger nur zu gewissen Zeiten (bei Rekurrens z. B. nur während der Fieberanfälle) nachweisbar ist oder im erkrankten Organismus rasch zugrunde geht (Pestbacillen in vereiterten Drüsen). *Das konstante Vorkommen eines Mikroparasiten bei einer Infektions-*

krankheit beweist jedoch für sich allein noch nicht, daß es sich um den Erreger handelt, da allgemein verbreitete Epiphyten (z. B. Streptokokken der Rachenschleimhaut) bei spezifischen Infektionen (Pocken, Scharlach, Masern) Misch- und Sekundärinfektionen hervorrufen und selbst im Blut und in den inneren Organen in allgemeiner Verbreitung sich finden können. Auch das Vorhandensein der sonst so bewährten spezifischen Serumreaktionen zwischen derartigen Mikroorganismen und dem Blute des Erkrankten beweist in solchen Fällen nichts für eine ursächliche Bedeutung dieser Keime, da solche Serumreaktionen sich gelegentlich auch gegenüber den sekundären Eindringlingen entwickeln (vgl. das spezielle Kapitel Fleckfieber). Wichtig ist für die ursächliche Bedeutung eines supponierten Erregers seine *charakteristische Verteilung im Körper* und seine *typische Lagerung im Verhältnis zu den pathognomonischen Gewebsveränderungen* (z. B. Tuberkelbacillen im Innern des Tuberkels, Choleravibrionen und Ruhramöben in der Darmschleimhaut). Aber auch hier muß mit der Möglichkeit gerechnet werden, daß eine unspezifische Sekundärinfektion mit bestimmter Lokalisation vorliegt (wie z. B. bei Schlafkrankheit Kokken in den Hirnhäuten gefunden wurden). Da, wo es möglich ist, mit dem reingezüchteten Erreger am Menschen, sei es durch das Experiment oder durch unabsichtliche Übertragung (Laboratoriumsinfektionen) das typische Krankheitsbild zu erzeugen, ist das natürlich ein vollgültiger Beweis. Der Tierversuch bietet nur dann dieselbe Sicherheit, wenn das beim Tier erzeugte Krankheitsbild im wesentlichen, besonders in bezug auf die charakteristischen Gewebsveränderungen mit dem menschlichen Krankheitsbilde übereinstimmt. Wo dagegen das Tier nur unter allgemeinen Erscheinungen erkrankt, beweist dies nichts für die ursächliche Bedeutung des supponierten Erregers beim Menschen, da derartige pathogene Wirkungen auch durch nichtspezifische giftige Eigenschaften der Leibessubstanzen vieler Bakterien ausgelöst werden können. Selbstverständlich müssen folgende *Gegenproben* erfüllt sein, damit die ursächliche Bedeutung eines Mikroparasiten sicher gestellt ist: Erstens *darf sich das betreffende Kleinwesen weder bei anderen Krankheiten noch bei Gesunden vorfinden,* abgesehen von den bereits oben besprochenen Fällen latenter Infektion; zweitens *darf die experimentelle Erzeugung des Krankheitsbildes nur mit dem einen reingezüchteten Erreger, nicht aber mit anderen Arten möglich sein.* In dieser Beziehung ist besonders lehrreich das Beispiel der Schweinepest, als deren Erreger seiner Zeit der zur weitverbreiteten Gruppe des Paratyphus gehörige „Bac. suipestifer" angesehen wurde, während es sich später herausstellte, daß der wirkliche Erreger ein filtrierbares Virus ist (UHLENHUTH) und der genannte Bacillus, ein regelmäßiger Bewohner des Schweinedarmes, nur eine Sekundärinfektion darstellte. — Aus allem Vorangegangenen ergibt es sich, daß die einwandfreie Feststellung der ursächlichen Bedeutung eines Mikroparasiten meistenteils keine leichte Aufgabe ist. In der Regel erfolgt diese Feststellung auch nicht auf Grund eines einzelnen Merkmals, sondern mit Berücksichtigung des gesamten morphologischen und biologischen Verhaltens, insbesondere im Tierversuch und gegenüber den Immunitätsreaktionen.

Soviel über die Charakteristik und Spezifität des Erregers. Damit er seine krankmachende Wirkung entfalten kann, müssen eine Reihe von *Bedingungen zum Zustandekommen der Infektion* erfüllt sein; fehlt auch nur ein Glied dieser ursächlichen Kette, so bleibt die Infektion aus. Hierauf beruht die rationelle Bekämpfung der ansteckenden Krankheiten, welche sich bestrebt, diese ursächliche Verkettung an *dem* oder *den* unseren Eingriffen am besten zugänglichen Punkten zu unterbrechen. Zum Zustandekommen einer infektiösen Erkrankung sind in jedem Falle folgende Bedingungen erforderlich:

1. Es muß eine *Infektionsquelle* vorhanden sein, an welcher Wachstum und Vermehrung der Krankheitserreger stattfindet und von wo aus sie auf neue Organismen übertragen werden können. Gegenüber den Anschauungen aus älterer Zeit, als die Lebensverhältnisse der Mikroparasiten noch gar nicht oder ungenügend bekannt waren, haben die Forschungen der letzten Jahrzehnte insofern eine grundlegende Änderung geschaffen, als wir jetzt nicht mehr die unbelebte Außenwelt, sondern *den infizierten Menschen* (oder für die auf den Menschen übertragbaren Tierkrankheiten das infizierte Tier) als *hauptsächlichste Ansteckungsquelle* ansehen müssen; vgl. betreffs des Verhaltens der Mikroparasiten in der unbelebten Außenwelt im Kap. G. (S. 168). Der Erkrankte oder latent infizierte Mensch wird zur Ansteckungsquelle durch seine *Ausscheidungen*. Je reichlicher die Ausscheidung des Virus erfolgt und je leichter unter natürlichen Verhältnissen die den Ansteckungsstoff enthaltenen Se- und Exkrete aufs neue mit empfänglichen Individuen zusammenkommen, desto größer ist die Ansteckungsfähigkeit der betreffenden Seuche. Hierauf beruht die bei den einzelnen Infektionskrankheiten sehr verschiedene Rolle, welche die latenten Fälle (Keimträger) in der Ausbreitung der Ansteckung spielen. Am gefährlichsten sind die Erkrankten, dann die Dauerausscheider, gerade wegen der Massenhaftigkeit der von ihnen ausgehenden Produktion des Virus. So kommt es, daß die latenten Fälle in der Epidemiologie des Typhus eine sehr bedeutsame Infektionsquelle darstellen, bei der Verbreitung der Cholera aber dem gegenüber sehr zurücktreten, weil Choleradauerausscheider nicht bekannt sind und auch bei den temporären Cholerabacillenträgern die Ausscheidung meist nur kurze Zeit anhält. In gewissen Fällen gelangt der Ansteckungsstoff aus dem erkrankten Körper überhaupt nicht nach außen. Solche Fälle „*geschlossener Infektion*" (unkomplizierte Drüsenpest, beginnende Tuberkulose) sind überhaupt nicht direkt ansteckend. In anderen Fällen, in denen das Virus nur im Blute zirkuliert, ohne in die natürlichen Ausscheidungen des Körpers zu gelangen, kommt die Übertragung unter natürlichen Verhältnissen nur durch blutsaugende Insekten zustande (Malaria, Fleckfieber u. a.). Da, wo eine Ausscheidung der Krankheitserreger nach außen erfolgt, kann dies teils mit den Krankheitsprodukten (durchgebrochene Eiterherde, Hautschuppen bei akuten Exanthemen), teils mit den natürlichen Se- und Exkreten geschehen. Das Sekret der Augenbindehaut kann die Erreger des Trachoms und anderer infektiöser Augenentzündungen enthalten; im Nasen- und Rachensekret finden sich die Erreger der Diphtherie, der Genickstarre, der Influenza, des Schnupfens sowie insbesondere die Erreger der akuten Exantheme im Beginn der

Erkrankung. In den Darmentleerungen finden sich die Erreger von Cholera, Typhus, Ruhr und anderen infektiösen Darmerkrankungen; im Harn werden häufig massenhaft Typhusbacillen ausgeschieden; hier finden sich auch bei anderen Infektionskrankheiten die Erreger (z. B. Tuberkelbacillen im Harn), wenn die Harnwege selbst erkrankt sind; dagegen ist die gesunde Niere ein bakteriendichtes Filter. Mit den Genitalsekreten werden die Erreger von Syphilis, Gonorrhöe, Ulcus molle übertragen. Endlich ist hier noch der (gegenüber den extrauterinen Infektionen allerdings an Bedeutung und Häufigkeit sehr weit zurücktretenden) erblichen Übertragung der Infektion zu gedenken, die beim Menschen nur in den seltensten Fällen mit den Keimzellen selbst (germinative Infektion), häufiger auf placentarem Wege erfolgt.

2. Die zweite Bedingung zum Zustandekommen der Ansteckung ist das Vorhandensein eines *Infektionsweges*, auf welchem die Krankheitserreger vom Orte ihrer Produktion zu dem neuen empfindlichen Organismus gelangen. Der Transport der Infektionserreger erfolgt entweder *direkt von Mensch zu Mensch* (bzw. bei den auf den Menschen übertragbaren Tierkrankheiten vom Tier auf den Menschen) oder *indirekt* durch *Vermittlung der unbelebten Außenwelt* oder *belebten Wesen*. Der direkte Kontakt spielt eine um so größere Rolle, je strenger die betreffenden Krankheitserreger der parasitischen Existenz angepaßt sind. Für solche Krankheiten, deren Erreger nur im Innern des Körpers zu gedeihen vermögen und nach Ausscheidung aus dem Körper schnell zugrunde gehen (Influenza, Syphilis) stellt der unmittelbare Kontakt sogar die ausschließliche Möglichkeit der Übertragung dar. Bei Krankheitserregern von größerer Winderstandsfähigkeit spielt daneben der indirekte Kontakt eine erhebliche Rolle, sei es durch Gegenstände aus der unmittelbaren Umgebung des Kranken (Kleider, Wäsche, Eß- und Trinkgeschirr, sonstige Gebrauchsgegenstände, Wohnung), sei es durch die verschiedenen Medien der Außenwelt, in denen sich die Krankheitserreger einige Zeit lebensfähig zu erhalten vermögen; vgl. darüber im Kap. G. (S. 168). Für die indirekte Übertragung durch belebte Wesen können Menschen oder Tiere in Betracht kommen: Menschen, insofern sie entweder rein mechanisch, z. B. durch Berührung mit der Hand, die vom Kranken aufgenommenen Erreger weiterverbreiten oder indem sie selbst latent infiziert werden. *Tiere* können die Infektionen dadurch weiterverbreiten, daß sie entweder selbst erkranken oder die Rolle von *Zwischenträgern* spielen (Fliegen bei Cholera, Typhus, Ruhr, ansteckenden Augenentzündungen) oder endlich, indem sie als *Zwischenwirte* die Krankheitserreger in ihrem Körper zur Vermehrung bringen und so aufs neue übertragen. Hierbei kann der Erreger entweder in derselben Form wieder ausgeschieden werden, in welcher er vom Zwischenwirt aufgenommen worden war (Pestbacillen in Flöhen), oder es findet im Zwischenwirt nicht nur eine Vermehrung, sondern auch eine *Reifung der Mikroparasiten* statt, wie bei den *Protozoeninfektionen durch stechende Insekten und Zecken*.

3. Als dritte Bedingung für die Ansteckung ist zu nennen, daß der Erreger an dem empfänglichen Organismus eine für sein Eindringen in denselben geeignete *Eintrittspforte* findet. Abgesehen von dem Fall,

daß der Erreger durch Wunden oder durch Insektenstich direkt ins Blut oder in die Lymphe gelangt, können alle Teile der äußeren und inneren Oberfläche unter Umständen als Eintrittspforte dienen. Hierbei kommt zunächst der Weg in Betracht, auf welchem der Krankheitserreger von außen herantransportiert wird. Unter natürlichen Verhältnissen werden z. B. Krankheitserreger, die an Nahrungsmitteln haften, meistens durch den Verdauungstractus aufgenommen, ausgehustete infizierte Tröpfchen eingeatmet u. dgl.; damit hängt es zusammen, daß so häufig dasselbe Organ gleichzeitig die hauptsächlichste Ausscheidungsstätte und die wichtigste Eintrittspforte darstellt (Lunge bei Tuberkulose, Rachen bei Diphtherie). Doch trifft dies nicht immer zu, es sei nur an die Übertragung von gonorrhoischem Genitalsekret auf die Augenbindehaut, sei es durch direkte Berührung oder durch Badewasser, erinnert. *An der Eintrittspforte* selbst kommen für das Zustandekommen oder Ausbleiben der Infektion einerseits die *Schutzvorrichtungen* oder umgekehrt die *örtlichen Schädigungen* an der betreffenden Körperstelle, andererseits die *spezifische Anpassung des betreffenden Krankheitserregers an bestimmte Gewebe* in Betracht. Die örtlichen Schutzvorrichtungen sind sehr mannigfaltiger Natur. Teilweise handelt es sich um rein mechanischen Schutz, z. B. durch die verhornte und wegen ihres Fettgehaltes schwierig benetzbare Oberhaut (worauf es beruht, daß die unverletzte Haut für die meisten Infektionserreger undurchgängig ist) oder durch die verschleimte Oberfläche des Magendarmtractus oder durch aktive Flimmerbewegung des Epithels, wodurch die etwa herangelangten Krankheitserreger wieder beseitigt werden. In anderen Fällen beruht die Schutzwirkung auf chemischen oder biologischen Wirkungen, wie z. B. der sauren Reaktion des normalen Magensaftes (insbesondere gegenüber Choleravibrionen), sowie der durch die normale Bakterienflora der Vagina zustande kommenden selbstreinigenden Kraft.

Im Gegensatz zu den örtlichen Schutzvorrichtungen stehen die verschiedenen Momente, welche eine Verringerung der Widerstandsfähigkeit an der Eintrittspforte bedingen. Ein Locus minoris resistentiae kann entweder natürlicherweise vorhanden sein (wie z. B. Epithellücken in den Tonsillen, Sekretstauung in der Appendix, verlangsamter Lymphabfluß in den Bronchien der Lungenspitze bei verengter oberer Thoraxapertur und dadurch bedingte Prädisposition für Tuberkulose) oder infolge äußerer Schädigung eintreten. Hierher gehört die durch gewöhnliche gastrointestinale Störungen geschaffene Schädigung des Dünndarmepithels gegenüber Cholera, die Begünstigung der tuberkulösen Infektion der Lunge durch Einatmung gewisser Staubarten u. dgl. Endlich kommt die spezifische Anpassung des Erregers gegenüber einer bestimmten Eintrittspforte in Betracht, z. B. des Cholerabacillus gegenüber dem Dünndarmepithel, des Gonococcus gegenüber dem Zylinderepithel der Cervix und der Urethra, während das derbere Plattenepithel der Vagina nicht angegriffen wird. In anderen Fällen ist es nicht das Gewebe, sondern die besondere Konfiguration an der Eintrittspforte, z. B. der Luftabschluß bei gewissen Wunden, die zu anaeroben Wundinfektionen disponieren. Manche Krankheitserreger sind nicht nur an eine, sondern an verschiedene Eintrittspforten angepaßt und es entstehen dann je nach dem Ort des Eindringens ganz verschiedene Krankheitsbilder, wie schon mehrfach erwähnt (Drüsenpest und Lungenpest, skrofulöse Drüsenveränderungen und Lungenschwindsucht). In diesen Fällen kommt für die *Wahl der Eintrittspforte* nicht nur der *äußere Infektionsweg,* sondern auch die quantitativen Verhältnisse der *Virusmenge* und *Virulenz* in Betracht. So erfolgt die tuberkulöse Infektion der Lunge schon durch ganz vereinzelte Tuberkelbacillen, die Aufnahme des Virus durch den Darm aber erst bei einer millionenfach größeren Dosis (FLÜGGE); andererseits scheint das Zustandekommen der Lungenpest eine wesentlich höhere Virulenz des Erregers vorauszusetzen als sie bei der Drüsenpest vorliegt, worauf die sehr verschiedene Häufigkeit beider Typen der Infektion in verschiedenen Pestepidemien beruhen dürfte. — Das *Eindringen der Krankheitserreger* erfolgt entweder durch *passive Verschleppung durch den Lymph- und Blutstrom* oder durch *aktives Eindringen* der *mit Eigenbewegung* begabten Parasiten; so dringen Ruhramöben und Trichinen durch die unverletzte Darmschleimhaut, Ankylostomalarven (LOOSS) sowie Spirochäten durch die unverletzte Haut ein. — Ob der durch den Erreger ausgelöste Krankheitsprozeß auf die Eintrittspforte beschränkt bleibt oder ihre nähere oder weitere Umgebung ergreift oder endlich sich über den ganzen Körper verbreitet und auf welchen Wegen (Blut, Lymphe, Nervenbahnen) diese Verbreitung erfolgt, hängt von der eingangs dieses Abschnittes besprochenen spezifischen Anpassung des betreffenden Kleinwesens ab. Hier sei nur noch erwähnt, daß für manche Allgemeininfektionen (Pest) gerade das Fehlen einer örtlichen Erkrankung an der Eintrittspforte charakteristisch ist.

4. Die letzte Bedingung zum Zustandekommen einer Infektion ist die *Empfänglichkeit des befallenen Individuums.* Ebenso wie wir am Eingange dieses Abschnittes von seiten der Mikroorganismen verschiedene Grade der Anpassung an die parasitische Existenz und demgemäß eine ganz verschiedene Entwicklung ihres pathogenen Vermögens kennen gelernt haben, so bestehen auch analoge graduelle Unterschiede in der Empfänglichkeit verschiedener Arten und Individuen gegenüber einem und demselben Krankheitserreger. Die letzten biologischen Ursachen, welche die Empfänglichkeit sowie auf der anderen Seite die angeborene oder erworbene Immunität gegenüber einem Krankheitserreger bedingen, werden wir im nächsten Abschnitt kennen lernen. Hier sei nur auf die *quantitativen Unterschiede der Empfänglichkeit des Menschen* je nach *Individuen, Alter, Geschlecht, Rasse, örtlichen, zeitlichen* und *sozialen Verhältnissen* hingewiesen. Die individuelle Disposition kann bei den einzelnen Menschen gegenüber gewissen Infektionen (Cholera, Typhus, Genickstarre) sehr erhebliche Verschiedenheiten zeigen, während sie gegenüber anderen ansteckenden Krankheiten (Masern, Pocken, Fleckfieber) fast ganz allgemein und gleichmäßig verbreitet ist. Zum Teil beruhen diese Verschiedenheiten auf der mehr oder minder hohen Ausbildung der bereits besprochenen Schutzvorrichtungen an der Eintrittspforte, zum Teil aber auch auf biologischen Vorgängen im Innern des Organismus. Diese können sich entweder im ganz spezifischen Sinne nur gegen bestimmte Krankheitserreger richten (vielleicht infolge erworbener teilweiser Immunität nach

früher bereits überstandener leichtester oder klinisch latenter Erkran
kung), oder es handelt sich um eine mehr oder minder ausgebildete allgemeine Resistenz des Körpers, wobei als ungünstige Faktoren Hunger,
Ermüdung, Diabetes — als günstig wirkende Momente gute Ernährungsverhältnisse, Abhärtung u. dgl. zu nennen sind. Solche Momente sind es,
die für das stärkere Vorherrschen der Seuchen im Kriege und in den
ärmeren Bevölkerungsschichten mit verantwortlich zu machen sind. Auch
die verschiedene Disposition nach verschiedenen Altersklassen beruht zum
großen Teil auf diesen allgemeinen physiologischen Verhältnissen; dazu
kommen allerdings noch besondere Ursachen, die einerseits eine erhöhte
Empfänglichkeit des frühesten Kindesalters, z. B. gegenüber Magen-
darmkrankheiten infolge der größeren Durchlässigkeit des Darmepithels,
andererseits eine erhöhte Gefahr mancher Infektionen für den alternden
Organismus, z. B. Tuberkulose und Fleckfieber infolge geringerer Widerstandskraft der Gewebe, bedingen. Die Tatsache der relativen Unempfänglichkeit Erwachsener gegenüber einer Reihe von Infektionen,
die als typische Kinderkrankheiten auftreten (akute Exantheme, Mumps,
Keuchhusten), erklärt sich ohne weiteres durch die infolge Überstehens
der Krankheit im Kindesalter erworbene Immunität. Wo eine solche
Durchseuchung fehlt, z. B. auf Inselgruppen, die fern vom menschlichen
Verkehr gelegen und deshalb jahrzehntelang von Masern verschont geblieben sind, treten die Masern dann nach erfolgter Einschleppung auch
ebenso wie sonst bei den Kindern ganz gleichmäßig bei den empfänglichen
Erwachsenen auf. Auf dieser Tatsache der Durchseuchung ganzer Volks-
stämme beruhen auch manche .Erfahrungen über Rassenimmunität.
Es ist bekannt, daß in tropischen Malariagegenden die zugewanderten
Europäer sehr empfänglich für Malaria sind, während die erwachsenen
Eingeborenen scheinbar verschont bleiben; dies liegt aber nur daran,
daß diese die Krankheit, die dort als typische Kinderkrankheit auftritt,
in frühester Jugend durchgemacht haben und dadurch immunisiert sind
(R. Koch). Auf ganz ähnlichen Verhältnissen beruht die auch im Weltkriege wieder häufig gemachte Erfahrung, daß Angehörige eines Volkes,
unter dem das Fleckfieber endemisch herrscht (Russen, Bewohner
des Orients), von der Seuche eher verschont bleiben oder jedenfalls
in viel ungefährlicherer Form an ihr erkranken als unsere deutschen
Stammesangehörigen, bei denen eine solche Schutzwirkung infolge
mangelnder Durchseuchung fehlt. Unerklärt ist noch die auffallende
Tatsache, daß in den ersten Lebensjahren das weibliche Geschlecht
eine viel geringere Widerstandsfähigkeit gegenüber dem Keuchhusten
zeigt als das männliche. Bei der örtlichen Disposition für gewisse
Infektionskrankheiten handelt es sich oft nicht um Verschiedenheiten
der Empfänglichkeit als vielmehr darum, daß infolge der verschiedenen
Verhältnisse von Klima und Lokalität die verschiedenen Bedingungen
der Infektion in ganz verschiedenem Grade gegeben sind oder fehlen.
So bedingt z. B. das Fehlen der für Malaria bzw. Gelbfieber als spezifische
Zwischenwirte fungierenden Mückenarten das Freisein der betreffenden
Gegend von diesen Seuchen. Daneben sind aber doch auch Verschieden-
heiten in der individuellen Empfänglichkeit je nach der Örtlichkeit anzunehmen, wie sich das z. B. bei Mäusen verschiedener Zucht direkt

nachweisen läßt und wobei die für eine bestimmte Örtlichkeit charakteristische Empfänglichkeit bzw. Resistenz nach Verpflanzung an einen anderen Ort nach einiger Zeit sich vollständig verändert (vielleicht infolge verschiedener Ernährungsverhältnisse und entsprechender Ausbildung der Darmflora). Auch für die zeitlichen Verschiedenheiten in der Empfänglichkeit gilt dasselbe; hier sind es meistens die verschieden entwickelten äußeren Bedingungen der Infektion, welche die ausschlaggebende Rolle spielen (Übertragung infektiöser Darmerkrankungen durch Fliegen findet häufiger in der warmen Jahreszeit statt, während die kälteren Monate infolge des engeren Zusammenwohnens die Gelegenheit für direkte Übertragungen vermehrt). Andererseits ist freilich auch zu gewissen Zeiten die Empfänglichkeit des Organismus selbst erhöht, z. B. im Sommer gegenüber infektiösen Darmkrankheiten infolge von Diätfehlern, im Winter gegenüber Ansteckungen der Atmungsorgane infolge von Erkältung). In vielen Fällen ist das, was man örtliche und zeitliche Disposition nennt, nur indirekt von den Verschiedenheiten von Zeit und Ort und in erster Linie vielmehr von den aus diesen Verhältnissen sowie von den sozialen Bedingungen hervorgegangenen verschiedenen Lebensgewohnheiten abhängig. Unterschiede in der Lebenshaltung und Reinlichkeit sowie im Verkehr und Beruf ergeben ebensoviele Verschiedenheiten in der Häufigkeit der Ansteckung, wie sich das insbesondere bei den Infektionskrankheiten der Schulzeit sowie bestimmter Berufe und Gewerbe zeigt.

Schrifttum.

Gotschlich: Werden und Vergehen von Infektionskrankheiten. Dtsch. med. Wschr. 1919, 593. — Kolle u. Prigge: Spezifität der Infektionserreger. Handbuch der pathogenen Mikroorganismen, 3. Aufl. Bd. 1, S. 565. 1927. — Neufeld: Über die Veränderlichkeit der Krankheitserreger in ihrer Bedeutung für die Infektion und Immunität. Dtsch. med. Wschr. 1924, 1. — Seitz: Wesen der Infektion. Handbuch der pathogenen Mikroorganismen, 3. Aufl., Bd. 1. 1927. — Misch- und Sekundärinfektion. Handbuch der pathogenen Mikroorganismen, 3. Aufl., Bd. 1, S. 505. 1927.

E. Immunität.

1. Allgemeines.

Ein Organismus ist *immun* oder unempfänglich gegen eine Infektionskrankheit, wenn trotz Vorhandenseins aller äußeren zum Zustandekommen der Infektion erforderlichen Bedingungen der in ihn eingedrungene Krankheitserreger dennoch seine pathogene Wirkung nicht zu entfalten vermag. Die Immunität kann *vollständig oder unvollständig* sein und entweder eine Eigentümlichkeit der Art oder des *Individuums* darstellen; die Immunität ist entweder eine *natürliche* oder *erworbene*. Der Ausdruck „angeborene Immunität" ist zu vermeiden, weil er eine verschiedene Deutung zuläßt, indem es sich entweder um eine natürliche Eigentümlichkeit der Art oder eine Übertragung erworbener Immunität von der Mutter auf das Kind (ererbte Immunität) handeln kann. Die natürliche Immunität ist von der erworbenen vollständig verschieden; die nach Überstehen einer Infektionskrankheit im Körper vorgehenden Veränderungen, welche das betreffende Individuum einer nochmaligen

Infektion demselben Erreger gegenüber unempfänglich machen, erfolgen keineswegs in dem Sinne, daß dadurch die Verhältnisse eines natürlich immunen Organismus hergestellt würden. Auch ist dies um so weniger möglich, als weder die erworbene noch die angeborene Immunität, wie wir sehen werden, einen biologisch einheitlichen Zustand des Körpers darstellen, sondern vielmehr in ihren Ursachen sehr mannigfaltiger Natur sein können. Sowohl die natürliche wie die erworbene Immunität können sich nicht nur gegen belebte Infektionserreger, sondern auch gegen ihre freien Gifte und ebenso auch gegen gewisse von höheren Pflanzen und Tieren produzierte Gifte eiweißartiger Konstitution richten.

Wenn wir nach den *Ursachen der natürlichen Immunität* fragen, so müssen wir uns vergegenwärtigen, daß in dem Verhältnis zwischen Kleinwesen und höheren Organismen die Empfänglichkeit der letzteren für die Infektion nicht etwa die Regel, sondern vielmehr die Ausnahme darstellt. Den einigen Dutzenden bekannter pathogener Arten stehen unzählige harmlose Saprophyten gegenüber; andererseits sind auch unter den pathogenen Arten nur wenige (Milzbrandbacillus) für ganze Klassen von Tieren pathogen, andere hingegen nur für sehr wenige oder gar eine einzige Tierspecies. So gibt es einerseits menschliche Infektionskrankheiten, die auf keinerlei Tiere übertragbar sind (menschliche Malaria), andererseits ist auch der Mensch gewissen Tierkrankheiten gegenüber vollständig unempfänglich (Rinderpest). Schon im vorigen Abschnitt wurde dargelegt, daß die eigentliche Ursache für die pathogene Wirkung der Krankheitserreger darin besteht, daß sie im empfänglichen Organismus sich zu vermehren vermögen. Die Frage liegt also nahe, was das Schicksal der Mikroorganismen ist, wenn sie in einen unempfänglichen Organismus gelangen. Solche Versuche sind häufig gemacht worden mit dem Ergebnis, daß stets binnen kurzer Zeit (weniger Stunden) die in die Blutbahn oder die Körperhöhlen unempfänglicher Tiere, selbst in sehr großen Mengen, eingebrachten Mikroorganismen zugrunde gehen. Es findet entweder *Auflösung der Keime in den Körperflüssigkeiten*[1] oder Aufnahme in das Innere von Leukocyten und fixen Gewebszellen (besonders in der Milz und im Knochenmark) statt, wo sie der verdauenden Tätigkeit der Zellen zum Opfer fallen; solche Zellen werden daher als *Freßzellen (Phagocyten)* und der Vorgang selbst als *Phagocytose* (METSCHNIKOFF) bezeichnet. Wenn die krankheitserregenden Mikroorganismen, im Gegensatz zu den Saprophyten, diesen zerstörenden Abwehrkräften des Organismus nicht erliegen, so müssen sie offenbar über Schutzvorrichtungen verfügen, gegen welche die mikrobiziden Kräfte des Organismus nicht aufkommen. Solche Schutzvorrichtungen sind tatsächlich nachgewiesen. Teilweise handelt es sich um gelöste Stoffe (von KRUSE als *Lysine*, von BAIL als *Aggressine* bezeichnet), welche die schon

---

[1] Auch außerhalb des lebenden Körpers übt das Blutserum auf die eingebrachten Bakterien eine abtötende Wirkung aus, und zwar in verschiedenem Grade gegenüber den verschiedenen Arten, wobei jedoch eine strenge Übereinstimmung zwischen der *baktericiden Wirkung in vitro* und der Unempfänglichkeit gegenüber derselben Art im Tierversuch nicht besteht; dies deutet darauf hin, daß die bei der baktericiden Wirkung des Blutserums beteiligten gelösten Stoffe (*Alexine* nach BUCHNER) nicht die einzigen Faktoren sind, welche die natürliche Immunität bedingen.

erwähnten bakterienauflösenden Stoffe des Blutserums neutralisieren;
teilweise haften die *Schutzvorrichtungen der Leibessubstanz der Erreger*
selbst an, und manchmal läßt sich sogar eine Veränderung der Bakterien
während ihres Aufenthaltes im Tierkörper im Sinne der Ausbildung
einer schützenden Hülle (Kapselbildung) direkt beobachten, die von
Bail mit dem Namen des „*tierischen Zustandes*" der *Krankheitserreger*
bezeichnet wird und häufig mit der später zu erwähnenden „*Serumfestigkeit*" (Widerstandsfähigkeit gegen die Immunkörper des Serums)
einhergeht. Das Vorhandensein oder Fehlen der Aggressine (Lysine)
einerseits, der Alexine andererseits gibt eine Erklärung für das Vorliegen
natürlicher Empfänglichkeit oder Immunität. Doch ist dies nur *eine*
der verschiedenen Erklärungsmöglichkeiten. In anderen Fällen kommen
nachgewiesenermaßen andere Ursachen für das Zugrundegehen der
Kleinwesen im unempfänglichen Organismus in Betracht. So kann z. B.
bei Kaltblütern, sowie beim winterschlafenden Säugetier die Entwicklung der Mikroparasiten wegen der zu niedrigen Temperatur des Körpers
nicht zustande kommen, tritt aber sofort ein, wenn diese Hemmung
durch Aufenthalt des Kaltblüters bei Bruttemperatur (Milzbrand bei
Fröschen) oder Erwachen aus dem Winterschlaf (Pestbacillen und
Trypanosomen beim Murmeltier) ausgeschaltet wird. Die Immunität
der Vögel gegenüber den meisten für Säugetiere pathogenen Mikroben
scheint umgekehrt, wenigstens teilweise, auf der höheren Körpertemperatur der ersteren zu beruhen. In anderen Fällen, z. B. bei der
Resistenz der Ratten gegen Milzbrandinfektion, scheint die hohe Alkalescenz ihres Blutes dem Wachstum der Milzbrandbacillen im Körper
hinderlich zu sein. Ganz andere Verhältnisse endlich sind es, welche
die natürliche Resistenz gegen Gifte bedingen. Bei manchen unempfänglichen Tieren, wie z. B. bei der Schildkröte, ist das Tetanusgift lange
Zeit unverändert im Blute nachweisbar; hier handelt es sich offenbar
nicht um eine Zerstörung oder Bindung des Giftes, sondern die Unempfänglichkeit kommt gerade dadurch zustande, daß die Gewebe
dieser Tiere keine Affinität zu dem Gift aufweisen, welches demnach
im Blute wie ein indifferenter Körper zirkuliert.

So vielfältig nach dem Vorangegangenen die Faktoren sind, welche
die natürliche Immunität gegen Mikroparasiten und Gifte bedingen, so
ist ihnen allen doch im Vergleich zu der erworbenen Immunität das
eine Merkmal gemeinsam, daß *die natürliche Immunität*, soweit bisher
bekannt, durch Injektionen des Blutserums eines unempfänglichen auf
ein empfängliches Tier *nicht übertragen* werden kann. Dies ist aber bei
der künstlichen (erworbenen Immunität) der Fall, und man bezeichnet
diese durch künstliche Übertragung des Blutserums verliehene Unempfänglichkeit als *passive Immunität* im Gegensatz zu der durch die
eigene Abwehrtätigkeit des Organismus erarbeiteten *aktiven Immunität*.
Ob aktiven oder passiven Ursprungs, die erworbene Immunität richtet
sich nur gegen den Erreger derjenigen Infektionskrankheit, durch deren
Überstehen die Immunität erworben wurde. *Das Gesetz der Spezifität
des Erregers gilt also für die Immunität ebenso wie für die Infektion.* Die
aktive Immunität kommt nicht nur durch das Überstehen der betreffenden
Infektionskrankheit, also nicht nur nach der Einverleibung der lebenden

Infektionserreger, sondern ebensowohl nach Verimpfung der durch vorsichtige Abtötung der Mikroben in möglichst unverändertem Zustande erhaltenen Leibessubstanzen der Erreger zustande. Dies bestätigt die im vorigen Abschnitt gewonnene Erfahrung, daß die pathogene Wirkung der Krankheitserreger in letzter Linie auf den durch sie erzeugten Giften beruht. Diese soeben ausgesprochenen Sätze sind das Fundament für die ganze theoretische und praktische Immunitätslehre. In *praktischer* Beziehung ist die Frucht der Erkenntnis, daß die Immunität nicht allein durch Überstehen der betreffenden Infektionskrankheit, sondern auch durch Einverleibung der abgetöteten (oder auch nur abgeschwächten) Mikroparasiten erworben wird, die *Schutzimpfung*; ebenso ist die Erkenntnis der passiven Immunisierung die Grundlage für die *Serumtherapie*. Zwar war die Tatsache, daß Immunität auch durch Überstehen leichtester klinischer Erkrankung erworben wird, schon eine alte volkstümliche Erfahrung, und auf ihr beruhte die schon seit Jahrhunderten geübte Variolation. Im Zusammenhang hiermit brachte dann die ätiologische Erkenntnis der Infektionskrankheiten als praktisches Ergebnis die Schutzimpfungen mit lebenden abgeschwächten Erregern, z. B. gegen Milzbrand und Hundswut (PASTEUR). Heute wissen wir, daß auch die seit über einem Jahrhundert von JENNER wissenschaftlich begründete Schutzpockenimpfung (Vaccination) in diese Klasse gehört, wenn auch zur Zeit ihrer Entdeckung der biologische Zusammenhang zwischen Variola- und Vaccinevirus noch nicht erkannt war. Daß aber auch durch abgetötete Krankheitserreger Impfschutz erreicht werden kann, ist erst eine Errungenschaft der letzten 50 Jahre, und diese praktisch zuerst von FERRAN und dann insbesondere von HAFFKINE geübte Methode erhielt ihre gesicherte wissenschaftliche Grundlage erst durch den von PFEIFFER und KOLLE geführten Nachweis, daß nach der Schutzimpfung mit dem abgetöteten Erreger im Blute des Geimpften dieselben Schutzstoffe auftreten wie nach Überstehen der betreffenden Infektionskrankheit. Hiermit kommen wir wieder auf die *wissenschaftliche Erklärung* der Immunität, als deren grundlegende Tatsache es anzusehen ist, daß bei der erworbenen Immunität im Blute gelöste Stoffe vorhanden sind, deren Wirkung spezifisch nur gegen den betreffenden Krankheitserreger gerichtet und deren Existenz unwiderleglich durch die Möglichkeit ihrer rein mechanischen Übertragung bei der passiven Immunisierung bewiesen ist. Diese *gelösten Immunkörper im Blute* sind nun nicht etwa bloße Umsetzungsprodukte der in den Organismus eingeführten Gifte mikroparasitären oder anderen Ursprungs, etwa in dem Sinne, daß das eingeführte Gift sich im lebenden Körper in die Immunsubstanz verwandelt. Dagegen sprechen schon die quantitativen Verhältnisse, indem z. B. bei der Immunisierung eines Pferdes gegen Tetanus die hunderttausendfache Menge von Antitoxin erhalten wurde, als der eingeführten Giftmenge entsprach (KNORR). Die Immunkörper sind vielmehr Reaktionsprodukte der lebenden Zellen des Körpers und die im Blutserum befindlichen Immunkörper stellen nur den Überschuß der vom lebenden Gewebe gebildeten Antikörper dar. Dies erklärt, daß das Fehlen solcher gelösten Immunsubstanzen im Blute noch keineswegs das Erloschensein der Immunität selbst bedeutet; gerade bei den

Pocken, die eine außerordentlich dauerhafte, jahrzehntelange Immunität hinterlassen, sind gelöste Antikörper im Blute nur kurze Zeit nachweisbar. Ähnlich liegen die Verhältnisse beim Fleckfieber. Man muß also offenbar eine *dauerhafte Gewebsimmunität* (*histogene* Immunität) von einer mehr oder minder *vorübergehenden humoralen Immunität* unterscheiden. Vollends bei der passiven Immunisierung, wo die gelösten Antikörper nicht Produkte der eigenen Zelltätigkeit, sondern von außen mechanisch eingeführt sind, bemißt sich die Dauer ihrer Anwesenheit nur nach Wochen, da sie vom ersten Tage an im Stoffwechsel umgesetzt und bald völlig ausgeschieden werden. Die *passive Immunität* ist also im Gegensatz zur aktiven nur ganz *vorübergehender Natur.*

Bevor wir die in den letzten Sätzen schon prinzipiell dargelegte Entstehung der Immunsubstanzen aus dem lebenden Gewebe im einzelnen näher betrachten, müssen wir zunächst die *verschiedenen Klassen der sog. Immunsubstanzen,* die sich im Blutserum gelöst finden, kennenlernen. Nicht von allen diesen beim Immunisierungsprozeß entstehenden *Antikörpern* können wir mit Bestimmtheit aussagen, daß sie an der erworbenen Unempfänglichkeit des Organismus gegen erneute Infektion ursächlich beteiligt sind. Bei einigen von ihnen, deren Wirkung direkt gegen den Erreger oder seine Gifte gerichtet sind, steht diese Schutzwirkung allerdings fest. Hierher rechnen wir die *Antitoxine,* welche die Gifte der Krankheitserreger neutralisieren, — ferner die *Bakteriolysine,* welche die eingedrungenen Erreger selbst auflösen und unschädlich machen —, ferner die *Opsonine* und *Bakteriotropine,* welche manche Erreger in spezifischer Weise so beeinflussen, daß sie von den Phagocyten aufgenommen und verdaut werden. — Dann aber finden sich im Blutserum des immunisierten Organismus verschiedene Klassen von spezifischen gelösten Stoffen, die zwar durch physikalisch-chemische Reaktionen mit den Leibessubstanzen oder Stoffwechselprodukten der Erreger nachweisbar sind, von denen es aber mindestens zweifelhaft ist, ob sie mit der erworbenen Unempfänglichkeit des Organismus gegen erneute Infektion etwas zu tun haben, und deren Entstehung man daher wahrscheinlich als Begleiterscheinung des eigentlichen Immunisierungsprozesses anzusehen hat. Hierher gehören die *Agglutinine,* welche die Bakterienleiber selbst ausfällen — die *Präcipitine,* welche eine analoge Reaktion mit gelösten Stoffwechselprodukten der Erreger geben — die *Meiostagmine,* welche mit diesen gelösten Produkten eine andere durch Veränderung der Oberflächenspannung und dadurch bedingte Verringerung der Tropfengröße sich offenbarende Reaktion geben. — Weiter finden sich im Blutserum gelöste Stoffe (BORDETsche *Antikörper, Reagine*), deren Vorhandensein direkt überhaupt nicht erkennbar ist, weil sie mit den Mikroparasiten und ihren löslichen Produkten keine unmittelbar wahrnehmbare weder biologische noch physikalisch-chemische Reaktion geben, und deren Existenz nur indirekt daraus zu erschließen ist, daß sie bei ihrer Verbindung mit den Erregern oder ihren Produkten eine dritte Substanz, das sog. *Komplement,* an sich ketten, das sonst im frischen Blutserum durch bestimmte Methoden nachweisbar wäre; vgl. weiter unten das Kap. *Komplementbindung.* — Endlich aber finden sich im immunisierten Organismus gelöste Stoffe, die, weit entfernt, dem Körper eine Schutzwirkung zu verleihen, umgekehrt sogar zu Gesundheitsschädigungen im Sinne einer Überempfindlichkeit gegenüber erneuter Infektion Anlaß geben; man nennt diesen Zustand, weil er das gerade Gegenteil der Verhütung (Prophylaxe) der Infektion darstellt, *Anaphylaxie.* — Die biologischen Reaktionen, mit welchen der Organismus das Eindringen von Mikroparasiten oder ihren Giften beantwortet, sind also nicht sämtlich in teleologischem Sinne als Schutzwirkungen aufzufassen. Man bezeichnet daher zweckmäßig nach dem Vorgange v. Pirquets die Umstimmung des Körpers gegenüber einer nochmaligen Infektion als *Allergie.* Diese Allergie, welche sowohl Schutzwirkung als auch Überempfindlichkeit einschließt, kommt nun aber nicht nur, wovon wir bei der ursprünglichen Betrachtung der Immunität ausgegangen waren, durch Parasiten oder ihre Gifte, sondern durch jedes andere artfremde Eiweiß zustande. Man nennt alle Substanzen, welche im Organismus Antikörper erzeugen, *Antigene,* mögen sie nun Leibessubstanzen lebender Krankheitserreger oder ungeformte Eiweißstoffe sein. Wegen ihrer sinnfälligen Wirkung sind insbesondere die nach Injektion von roten Blutkörperchen einer fremden Tierart auftretenden Antikörper *(Hämolysine)* studiert worden. Diese lösen im Reagensglase die Blutkörperchen der Tierart, von welcher das zur Injektion verwendete Blut stammt, und zwar in streng spezifischer Weise *nur diese,* auf; z. B. löst das Blutserum eines mit Hammelblut vorbehandelten Kaninchens nur Hammelblutkörperchen, nicht aber Blutkörperchen irgendeiner anderen Tierart. Die gegen ungeformte Eiweißstoffe gebildeten Antikörper lassen sich durch ihre präcipitierende oder komplementbindende Wirkung, die stets nur gegen das Antigen gerichtet ist, das zur Vorbehandlung gedient hatte, nachweisen. Die Tatsache, daß jedes andersartige Eiweiß im Organismus Bildung von Antikörpern auslöst, läßt sich nur verstehen, wenn wir die neueren Forschungen über Eiweißernährung und Eiweißassimilation berücksichtigen. Täglich nimmt der Organismus mit der Nahrung fremdartige tierische und pflanzliche Eiweißstoffe auf; diese werden aber in der Darmschleimhaut nicht als solche resorbiert, sondern vorher in ihre Bausteine (Aminosäuren u. dgl.) zerlegt, aus denen der lebende Organismus dann wieder sein arteigenes Eiweiß synthetisch aufbaut. Unter normalen Verhältnissen ist also die Darmwand der Schutzwall, welcher die Gewebe vor Überschwemmung mit fremdem Eiweiß, das die arteigene Natur der Gewebe stören würde, bewahrt. Tritt aber fremdes Eiweiß auf *parenteralem* Wege, d. h. unter Umgehung dieser Schutzvorrichtung des Darmes, also z. B. nach Injektion in die Blutbahn, an die lebenden Zellen heran, so ruft es von seiten dieser letzteren Reaktionen hervor, die unter normalen Verhältnissen nicht eintreten und die zur Bildung der Antikörper im immunisierten Organismus führen. Zur Veranschaulichung der hierbei stattfindenden biologischen Vorgänge hat Ehrlich eine geistvolle „*Seitenkettentheorie*" aufgestellt.

Nach dieser Theorie muß man sich vorstellen, daß das bei jeder Tierart spezifisch konstituierte Molekül des lebenden Eiweiß aus einem Kern (dem Träger der eigentlichen Lebensvorgänge) und aus Seitenketten besteht, welchen die Aufnahme der Nährstoffe und die Abwehr fremder Stoffe obliegt. Diese Seitenketten müssen offenbar in sehr großer Zahl und verschiedener Art vorhanden sein, so daß die zahlreichsten und mannigfaltigsten Reaktionen ermöglicht sind. Man kann sich das Verhältnis der Seitenketten zum Leistungskern etwa in derselben Form denken, wie in den aromatischen Verbindungen die mannigfaltigsten substituierten chemischen Gruppen am Benzolkern hängen. Jede Seitenkette reagiert nur mit einer bestimmten eiweißartigen Substanz, wie solche elektive Reaktionsfähigkeit ja auch schon aus der Chemie der viel einfacheren Zuckerarten bekannt ist und von E. FISCHER durch den Vergleich mit Schlüssel und Schloß veranschaulicht wird. So wie ein kompliziertes Schloß nur den dazu gehörigen Schlüssel aufzunehmen vermag und mit keinem anderen geöffnet werden kann, so reagieren bestimmte Zucker- und Eiweißarten nur auf bestimmte Fermente, und so vermögen bestimmte Seitenketten nur bestimmte zu ihnen passende Eiweißstoffe aufzunehmen und zu verarbeiten. Daher werden die Seitenketten von EHRLICH auch als *Receptoren* bezeichnet, und zwar als Receptoren erster, zweiter oder dritter Ordnung, je nachdem sie nur an einer oder mehreren Stellen die von außen herantretenden Eiweißkörper verankern können (ähnlich wie ja schon bei den verschiedenen chemischen Elementen eine verschiedene Wertigkeit [Valenz] besteht). Der Unterschied in dem Verhalten der Receptoren gegenüber Nährstoffen einerseits und artfremdem Eiweiß andererseits besteht nun in folgendem: Nährstoffe werden sogleich nach ihrer Aufnahme dem Leistungskern des lebenden Plasmas zugeführt, dort assimiliert oder weiterverarbeitet; fremde Eiweißstoffe aber werden von den Receptoren gebunden und nach erfolgter Bindung von dem Leistungskern samt dem Receptor abgestoßen, da sie für das lebende Plasma unbrauchbar sind. Für die durch diese Bindung verloren gegangenen Seitenketten (und zwar nur für diese *eine* auf das fremde Eiweiß spezifisch abgestimmte Art derselben) wird nun Ersatz geleistet, und zwar geschieht dies nach dem für jede unter anhaltender Reizwirkung erfolgende Regeneration geltenden Gesetz der kompensatorischen Hypertrophie (WEIGERT) in erhöhtem Maße, so daß die reichlich gebildeten Receptoren schließlich in freiem Zustande in das kreisende Blut abgestoßen werden. Diese *freien Receptoren* (HAPTENE) im Blute, die dann bei erneuter Einführung des betreffenden spezifischen artfremden Eiweißes dieses schon im Blute selbst binden und unschädlich machen, bevor es überhaupt an die lebenden Zellen heranzutreten vermag, sind identisch mit den Immunsubstanzen oder Antikörpern. Auch geht aus der Art ihrer Bildung unmittelbar hervor, daß sie streng spezifisch nur gegen dasjenige Antigen wirken, das ihre Bildung veranlaßt hatte. Denn nur die auf dieses eine Antigen abgestimmten Receptoren wurden ja in reichlicherer Menge als sonst erzeugt und schließlich frei in die Körpersäfte abgestoßen. Auch die Erklärung einer dauerhaften histogenen Immunität, die noch fortbesteht, nachdem im Blutserum längst keine gelösten Immunkörper mehr vorhanden sind, macht nach dieser Theorie keine Schwierigkeiten. Die Zelle hat dann eben, wenn sie auch nicht beständig freie Receptoren abstößt, doch die Fähigkeit behalten, auf den betreffenden spezifischen Reiz leichter zu antworten, wie wir das als allgemeines physiologisches Gesetz der Übung kennen. Das Antigen oder der betreffende Mikroparasit finden dann bei ihrem erneuten Eindringen in den Körper nach langer Zeit zwar nicht mehr im Blutserum ihre Absättigung, aber sie werden von der lebenden Zelle selbst in ungleich rascherer und für das Allgemeinwohl des Organismus unbedenklicher Art und Weise erledigt, als es das erstemal der Fall war. Solche *„beschleunigte Reaktionen"* oder *„Frühreaktionen"* (v. PIRQUET) treten z. B. bei der Wiederimpfung mit Schutzpockenimpfstoff in sinnfälliger Weise auf. — Es ist selbstverständlich im Rahmen dieses kurzen Grundrisses nicht möglich, auch nur annähernd aller Einzelheiten aus dem Gebiete der Immunität, die ja eine Wissenschaft für sich geworden ist, zu gedenken und auf die Möglichkeiten ihrer Erklärung durch die EHRLICHsche Theorie oder andere theoretische Vorstellungen einzugehen. Es muß dieserhalb auf Spezialwerke verwiesen werden, soweit nicht die wichtigsten Einzeltatsachen von praktischer Bedeutung in den nachfolgenden speziellen Kapiteln dargelegt werden. Es mußte genügen, einerseits die Vielheit (nicht nur nach der Zahl, sondern auch nach der Mannigfaltigkeit der Wirkungsweise), andererseits die Spezifität der Antikörper sowie das Verhältnis zwischen Gewebsimmunität und Existenz gelöster Immunsubstanzen im Blut aus allgemeinen biologischen Gesetzen abzuleiten. Nur ein Punkt muß hier noch Erwähnung finden, nämlich, daß die Bindung zwischen Antigen und Receptor nicht immer direkt erfolgt. So einfach liegen allerdings die Verhältnisse bei der Bindung zwischen Toxin und Antitoxin, die sich direkt vereinigen; in anderen Fällen aber, insbesondere bei den Bacterio- und Hämolysinen, erfolgt die *Bindung nicht unmittelbar, sondern durch Vermittlung eines dritten Körpers*, des sog. *Komplements.* Das Zustandekommen oder Ausbleiben dieser Bindung des Komplements ist ja seinerseits wieder die Grundlage für eine besondere diagnostische Methode *(Komplementbindungsversuch)*, die weiter unten besprochen werden soll. Der Beweis für das Vorhandensein des Komplements kann in folgender Weise geführt werden: Erhitzt man ein durch Vorbehandlung des Tieres mit einer Bakterienart oder mit roten Blutkörperchen einer bestimmten Tierspecies erhaltenes bacterio- oder hämolytisches Immunserum während etwa $1/_2$ Stunde auf 56^0 C., so verliert das Serum seine spezifische bakterien- oder blutlösende Kraft; doch kann ein solches *„inaktiviertes"* Serum jederzeit (auch nach monateoder jahrelanger Aufbewahrung) durch Zusatz *frischen* Serums eines *unvorbehandelten* Tieres (Meerschweinchen) in seiner ursprünglichen *spezifischen* Wirksamkeit wiederhergestellt, *„reaktiviert"* werden. Dieser Versuch läßt nur die eine Deutung zu, daß in dem Immunserum ursprünglich zwei verschiedene Stoffe vorhanden waren, deren einer, von *thermostabiler* Natur, der Träger der spezifischen Wirkung ist, während der andere, von *thermolabiler* Beschaffenheit, nicht spezifisch ist und schon im normalen Serum des unvorbehandelten Tieres vorkommt. Der spezifische thermostabile Immunkörper für sich allein vermag seine bakterien- oder blutlösende Wirkung nicht auszuüben, sondern erst mit Hilfe des unspezifischen thermolabilen Reagens, das, weil es die an sich unfertige Reaktion zwischen Antigen und Immunkörper vervollständigt (komplettiert), als *Komplement* bezeichnet wird. Der spezifische Immunkörper selbst wird, weil er nach zwei Seiten hin reagiert, nämlich einerseits das Antigen (Blutkörperchen oder Bakterien), andererseits das Komplement verankert, als *Amboceptor* bezeichnet. Läßt man die Reaktion zunächst bei 0⁰ C. und erst dann bei Bruttemperatur verlaufen *(Kältetrennungsversuch* von EHRLICH und MORGENROTH), so zeigt sich, daß bei 0⁰ C. nur die spezifische Bindung zwischen Antigen und Amboceptor und erst nach dieser und bei höherer Temperatur die unspezifische Bindung des Komplements erfolgt — ein neuer Beweis für die unabhängige Existenz von Immunkörper und Komplement.

Im folgenden sollen nun die praktisch wichtigsten Klassen der Antikörper und die auf ihrer Wirksamkeit beruhenden Erscheinungen der Immunität besprochen werden.

Schrifttum.

BIELING: Erzeugung der Antikörper. Handbuch der pathogenen Mikroorganismen, 3. Aufl. Bd. 1, S. 133. — FICKER: Aktive Immunisierung und Herstellung von Antigenen. Handbuch der pathogenen Mikroorganismen, Bd. 2, S. 1. 1929. — HAHN: Natürliche Immunität (Resistenz). Handbuch der pathogenen Mikroorganismen, 3. Aufl., Bd. 1, S. 663. — KOLLE u. PRIGGE: Die Grundlagen der Lehre von der erworbenen aktiven und passiven Immunität. Handbuch der pathogenen Mikroorganismen, 3. Aufl., Bd. 1, S. 607. — PRIGGE: Lokale Immunität. Med. Klin. 1937, 441. — TOPLEY u. WILSON: The principles of bacteriologie and immunity, 2. Aufl. London 1937. — WELLS: Die chemischen Anschauungen über Immunitätsvorgänge, 2. Aufl. Jena: Gustav Fischer, 1932.

2. Antitoxine.

Schon oben wurde erwähnt, daß den Zellen des tierischen und menschlichen Körpers die Fähigkeit zukommt, auf die Einführung von Giften bakteriellen Ursprungs sowie von gewissen pflanzlichen und tierischen Giften eiweißartiger Konstitution mit der Bildung von Schutzstoffen, die das Toxin unschädlich machen, zu antworten. Man bezeichnet diese Schutzstoffe als *Antitoxine.* Sie sind spezifisch, d. h. nur gegen das zur Immunisierung verwendete Gift gerichtet (C. FRAENKEL und BRIEGER, BEHRING und ROUX). Aber auch im normalen Menschen- und Tierserum können verschiedene Antitoxine nachgewiesen werden. Einen hohen Gehalt von Diphtherieantitoxin konnte WASSERMANN in 60% bei normalen Kindern und in 80% bei Erwachsenen nachweisen; weiter wurden Antistaphylolysin, Antihämolysine und sogar bei ein und demselben Individuum, wie M. NEISSER hervorhebt, verschiedene Antitoxine nebeneinander gefunden. Ein ungleich höherer Gehalt von Antitoxin wird bei der *künstlichen Immunisierung* erreicht. Durch Einverleibung anfangs kleiner und langsam steigender Giftdosen ist es möglich geworden, bei Tieren eine Immunität gegen große Giftmengen zu erzielen (BEHRING). Einige Tage nach jeder neuen Giftinjektion, nachdem eine insbesondere bei größeren Dosen eintretende „negative Phase" überwunden ist, steigt der Antitoxingehalt im Blute des immunisierten Tieres. Durch Übertragung des antitoxinhaltigen Serums auf gesunde Tiere *(passive Immunisierung)* gelingt es, diese gegen eine nachfolgende sicher tödliche Giftdosis zu schützen *(prophylaktische Wirkung),* ja sogar schon Tiere mit ausgesprochenen Krankheitserscheinungen zu heilen (*kurative* Wirkung). Man kann sich von der Aufhebung der Giftwirkung durch das Antitoxin auch im Reagensglasversuch überzeugen; diese Bindung geht allerdings erst nach einer gewissen Zeit vor sich. Jedenfalls beweist diese Tatsache, daß die Neutralisation des Toxins durch das Antitoxin auf direktem Wege, wie eine einfache chemische Reaktion ohne Mitwirkung des lebenden Organismus erfolgt; die neue Verbindung Toxin-Antitoxin ist ein für den Körper indifferenter Stoff. Zwischen Gift und Gegengift bestehen ganz bestimmte quantitative Beziehungen, die sich im Gesetz der multiplen Proportionen ausdrücken. 1 Toxin-Einheit wird durch 1 Einheit Antitoxin neutralisiert, 2 Toxin-Einheiten durch 2 Antitoxin-Einheiten usw. Eine Reingewinnung der Antitoxine ist bisher noch nicht gelungen. Sie stehen wahrscheinlich in ihrem Aufbau den Eiweißkörpern nahe und lassen sich durch Zusatz von Ammoniumsulfat, Chlorzink und ähnlicher Reagenzien zugleich mit den Eiweißstoffen des Serums ausfällen und dadurch in hoher Konzentration gewinnen. Durch Hitzegrade von 55—65⁰ C werden die Toxine rasch und völlig zerstört; ebenso werden sie durch Luft und Licht sowie durch Säuren geschädigt.

Bei Übertragung auf ein gesundes Individuum werden die Antitoxine aus der Blutbahn ziemlich rasch ausgeschieden; daher ist die passive Immunität nicht von langer Dauer (bei prophylaktischer Diphtherieseruminjektion dauert die Schutzwirkung nur etwa 2—3 Wochen). Im infizierten Organismus werden die Antitoxine fest an die Gifte verankert oder an die Körperzellen gebunden.

Die möglichst hochwertig hergestellten antitoxinhaltigen Seren dienen also dem doppelten Zweck, den gesunden Körper vor der drohenden Erkrankung zu schützen und den bereits erkrankten Organismus durch Bindung (?) der im Blute noch kreisenden Toxine oder womöglich durch Losreißung der an den Zellen schon fest verankerten Gifte zu heilen; letzteres läßt sich allerdings oft nur sehr schwierig oder überhaupt nicht mehr erreichen. So erklärt es sich, daß der Heilwert eines antitoxischen Serums (wie z. B. des Tetanusserums) hinter seiner schützenden Wirksamkeit sehr zurücksteht.

Für therapeutische Zwecke werden die Antitoxine durch Immunisierung von Pferden oder Maultieren, Rindern, Hammeln und Kaninchen in der Weise hergestellt, daß sich z. B. in 1 ccm Pferdeserum eine möglichst hohe Antitoxinmenge befindet. Derartige „hochwertige" Sera lassen sich nur dann gewinnen, wenn zur Vorbehandlung der Pferde ein starkes Toxin zur Verfügung steht. Das Gift wird subcutan zunächst in kleinen Mengen, dann in steigenden Dosen in Intervallen von etwa je einer Woche injiziert. Die Tiere antworten auf jede Giftinjektion mit einer lokalen Reaktion, einem Infiltrat an der Injektionsstelle und Fieber. Bei zu starker Reaktion wird nach dem Abklingen derselben nochmals die gleiche Giftdosis verabreicht, bei leichter Reaktion kann sogleich eine Steigerung der Giftdosis erfolgen. Wichtige Faktoren für das Gelingen der Immunisation sind die individuellen oder die Rassenunterschiede der einzelnen Tiere, hochwirksame Gifte und genaueste Beobachtung des ganzen Verlaufs des Immunisationsprozesses.

Die Werke stellen für die Behandlung von Personen, die Pferdeeiweiß gegenüber überempfindlich sind, auch Sera her, die von anderen Tieren, Rindern oder Schafen, gewonnen werden. Nach der Art des Antigens richtet sich die Herstellung der Sera, d. h. ob Toxine zur Herstellung antitoxischer Sera, ob Filtrate und Extrakte aus Bakterien usw. verwendet werden. Die Dauer des Immunisierungsprozesses ist von der Art des Serums und der Individualität des Tieres und der Tierart abhängig. Für die Immunisierung dürfen nur gesunde Tiere benutzt werden, die, bevor überhaupt eine Behandlung einsetzt, 4—6 Wochen lang im Quarantänestall auf ihren Gesundheitszustand beobachtet werden. Es ist als selbstverständlich anzunehmen, daß die Stallungen sauber gehalten werden und allen hygienischen Anforderungen entsprechen müssen. Die Immunisierungstechnik und die Gewinnung des Serums durch Teilblutung oder Totalentblutung sind in einschlägigen Werken zu finden. Die Abfüllung der carbolisierten (0,5% Phenol) fertigen Serums erfolgt entweder in mit Gummistopfen versehenen sterilen Fläschchen oder in Glasampullen, die zugeschmolzen werden. Der ganze Vorgang hat streng aseptisch zu erfolgen. Jeder Ampullenpackung liegt eine kleine Feile bei oder am Halse jeder Ampulle wird ein Feilenstrich angebracht, so daß die Öffnung ohne Glassplitterung erfolgen kann.

Die Herstellung und die Abgabe der Sera wird in den Fabrikationsstätten amtlich überwacht. In jeder Fabrik, die staatlich zu prüfende Sera gewinnt, muß ein staatlicher Kontrollbeamter angestellt sein, damit nur einwandfreie Sera in den Handel kommen. Die geprüften und einwandfrei befundenen Packungen werden mit amtlichen Erkennungszeichen (Plombe oder Ätzstempel) versehen.

Um die Sicherheit zu haben, daß die hergestellten Serumpräparate keimfrei und für längere Zeit haltbar sind, ohne ihre spezifischen Eigenschaften zu verlieren und stets die genügenden Mengen der therapeutisch und prophylaktisch wirksamen Stoffe enthalten, ist die staatliche Kontrolle eingeführt. Obligatorisch ist u. a. die Prüfung des Diphtherie-, des Tetanus-, des Meningokokken-, des Schweinerotlauf-, des Geflügelcholeraserums, d. h. von Präparaten mit zuverlässiger Prüfungsmethodik. Hierunter fallen auch die Tuberkuline. Einer *provisorischen* staatlichen Prüfung werden solche Sera unterzogen, die in der Praxis noch weiter erprobt werden sollen und deren Wertbemessungsmethoden noch verbessert werden können, wenn sich die Firmen verpflichten, nur geprüftes Serum in den Handel zu bringen. Hierher gehören das Dysenterie-, Antistreptokokken- und das Schweineseuchenserum.

In *Deutschland* wird die *staatliche Prüfung der Sera im Staatsinstitut für experimentelle Therapie in Frankfurt a. M.* durchgeführt. Geprüft wird die Unschädlichkeit und der Wirkungswert der Sera. Zur Feststellung des letzteren werden die Sera nach bestimmten Zeiten einer *Nachprüfung* unterzogen.

Die Unschädlichkeitsprüfung erstreckt sich auf das Aussehen der Sera, ob sie klar und frei von gröberen Niederschlägen, ob sie geruchlos sind bzw. nur den Geruch des Konservierungsmittels zeigen, ob sie frei von bakteriellen Verunreinigungen sind, ob der Phenol- bzw. Trikresolgehalt (0,5% bzw. 0,4%) nicht erhöht ist, ob die Sera frei von Toxinen, spez. Tetanustoxinen sind. Außer der mikroskopischen Prüfung erfolgt die Sterilitätsprüfung nach den bekannten bakteriologischen Methoden. Es werden ein Agarröhrchen, ein Bouillonröhrchen, ein Traubenzuckerbouillonröhrchen, ein Traubenzuckeragarröhrchen (hohe Schicht) mit je 5 Tropfen Serum beimpft. Die Kulturröhrchen müssen am 6. Tage noch steril befunden werden.

Zur Prüfung des Phenolgehaltes wird einer Maus von 15 g 0,5 ccm Serum subcutan eingespritzt. Sie muß am Leben bleiben. Die Menge des Konservierungsmittels ist nicht erhöht, wenn die Maus keine oder nur geringe Vergiftungserscheinungen (Zittern) zeigt.

Um sicher zu sein, daß anaerobe Keime (Tetanus- oder Gasödembacillen, bzw. deren Gifte) nicht im zu prüfenden Serum enthalten sind, verimpft man 10 ccm Serum subcutan auf ein Meerschweinchen. Bleibt das Tier bis zum Abschluß der Wertbemessung des Serums gesund, kann man auf das Nichtvorhandensein von Tetanussporen und -toxinen mit Sicherheit schließen.

Der Eiweißgehalt für alle beim Menschen zu verwendenden Sera darf 12% nicht überschreiten, damit die Gefahr der anaphylaktischen Wirkungen nicht vergrößert wird.

Im Gegensatz zu den obengenannten Infektionskrankheiten (Diphtherie, Tetanus, echte Ruhr, Gasbrand und Rauschbrand), wobei die echten Toxine (Ektotoxin) eine Rolle spielen, gibt es noch eine Reihe von bakteriellen Infektionskrankheiten, wo auch Toxine, aber Endotoxine, dem Krankheitsbild ihr besonderes Gepräge geben. Die giftigen Wirkungen der Leibessubstanzen der Bakterien hinterlassen nach Überstehen der Krankheit eine nicht rein antitoxische, sondern eine antiinfektiöse Immunität (Typhus-, Coli-, Meningokokken-, Pneumokokken-, Streptokokken-, Staphylokokkeninfektionen) s. d. im speziellen Teil.

Kurze Übersicht der wichtigsten bisher gefundenen Antitoxine.

Antitoxine gegen Bakterientoxine. Diphtherieantitoxin und Tetanusantitoxin (v. BEHRING), Botulinusantitoxin (KEMPNER), Dysenterieantitoxin (KRUSE-SHIGA), Pyocyaneusantitoxin (WASSERMANN), Staphylokokken-Streptokokkenantitoxin, Antitoxin gegen das Gift der Colibacillen, gegen die Gifte der Gasödemerreger (FRAENKELscher Bacillus, Pararauschbrandbacillus, Bacillus oedematiens und Bacillus histolyticus), Rauschbrandantitoxin (GRASSBERGER und SCHATTENFROH), Antileukocidin (DENIS und VAN DER VELDE), Antilysine gegen Bacteriolysine (DENIS und VAN DER VELDE, MADSEN, NEISSER und WECHSBERG, KRAUS u. a.).

Antitoxine gegen tierische Gifte. Gegen Schlangengift (PHISALIX und BERTRAND, CALMETTE), Skorpiongift (CALMETTE), Spinnengift (SACHS), Aalgift (CAMUS und H. KOSSEL), Salamandergift (PHISALIX), Krötengift (PRÖSCHER), Blutegelgift (WENDELSTADT), Schafsarkosporidie (TEICHMANN und BRAUN), Pfeilgift, Gift der Larve des in Afrika heimischen Blattkäfers (Chrysomeliden), Diamphidia locusta (HAENDEL und GILDEMEISTER), Gifte einiger Fische (Cyclostomen-, Physostomen, Muraena helena, Trachinus draco, Anguilla vulgaris).

Gegengifte gegen Pflanzengifte. Gegen Ricin, Abrin und Robin (EHRLICH), Krotin (MORGENROTH), gegen die Pollen, welche das Heufieber erregen (DUNBAR), Amanita (Gift des Knollenblätterschwammes, KOBERT, FORD, SCHLOSSBERGER und MENK).

Antifermente. Gegen Lab (MORGENROTH), Pepsin (SACHS), Trypsin (ACHALME), Fibrinferment (BORDET und GENGOU), Urease (MOLL), Lactase (GENARD), Tyrosinase (GENARD), Cynarase (MORGENROTH), Steapsin (SCHÜTZE), Fermente der Bakterienkulturen (v. DUNGERN).

Schrifttum.

OTTO u. HETSCH: Die Prüfung und Wertbemessung der Sera und Impfstoffe. 4. Aufl. Gustav Fischer Jena 1935. — PRIBRAM: Hämotoxine und Antihämotoxine der Bakterien. Handbuch der pathogenen Mikroorganismen, 3. Aufl., Bd. 2, S. 575. 1929. — SCHMIDT: Die Praxis der Auswertung von Toxinen und Antitoxinen. Jena 1931. — SCHÜRMANN: Methoden der Immunisierung, Antisera, Technik der Gewinnung, Auswertung und Anwendung. ABDERHALDENs Handbuch der biologischen Arbeitsmethoden, Abt. XIII. Berlin u. Wien: Urban & Schwarzenberg 1920. — WALBUM: Toxine und Antitoxine. Handbuch der pathogenen Mikroorganismen, 3. Aufl., Bd. 2, S. 513. 1929.

3. Bakteriolysine.

Die Bakteriolysine wurden im Jahre 1894 von R. PFEIFFER anläßlich seiner Studien über die Choleraimmunität entdeckt. Spritzt man einem gegen Cholera immunisierten Meerschweinchen Cholerabacillen in Reinkultur in die Bauchhöhle, so gehen die Vibrionen, wie man sich durch direkte mikroskopische Untersuchung des mittels feiner Capillaren entnommenen Bauchhöhlensaftes überzeugen kann, in kurzer Zeit (binnen $^1/_4$—$^1/_2$ Stunde) zugrunde. Die vorher lebhaft beweglichen Vibrionen verwandeln sich dabei zunächst durch Aufquellung in unbewegliche blasse Kügelchen, die sich schließlich vollständig auflösen und verschwinden. Der ganze Prozeß kommt allein durch bakterienfeindliche Kräfte der klaren, von zelligen Bestandteilen völlig freien Körperflüssigkeit des immunisierten Tieres, also ohne Mitwirkung von Phagocyten, zustande. Das Tier bleibt am Leben, während ein zur Kontrolle gleichzeitig infiziertes, nicht immunisiertes Tier unter starker Vermehrung der eingespritzten Choleravibrionen zugrunde geht. Derselbe Prozeß der Bakterienauflösung läßt sich nun auch bei einem unvorbehandelten Tiere hervorrufen, wenn gleichzeitig mit den Choleravibrionen eine geringe Menge Choleraimmunserum injiziert wird. Das Choleraimmunserum für sich allein äußert im Reagensglas keine baktericide Wirkung, außer wenn es in ganz frischem Zustande unmittelbar nach der Entnahme vom lebenden Tier verwendet wird, dagegen tritt die Bakteriolyse auch im Reagensglas zutage, wenn dem an sich unwirksamen Choleraimmunserum frisches Meerschweinchenserum zugesetzt wird. Desgleichen verliert das frische Choleraimmunserum seine ursprünglich vorhandene, direkt baktericide Kraft, die bei Aufbewahrung binnen weniger Tage von selbst verschwindet, sofort durch halbstündiges Erhitzen auf 55⁰ C. Alle diese Tatsachen erklären sich zwanglos durch die Annahme, daß der bakteriolytische Immunkörper die Choleravibrionen nicht direkt, sondern erst mit Hilfe des Komplements zur Auflösung bringt. Das Komplement ist in den Körpersäften des lebenden Tieres, sowie kurze Zeit im überlebenden frischen Serum enthalten, wird aber durch Erhitzen oder längeres Aufbewahren zerstört. Zu diagnostischen Zwecken wird die Bakteriolyse entweder im Tierversuch (PFEIFFERscher Versuch) oder im Reagensglasversuch studiert.

Der PFEIFFERsche *Versuch* ist ebenso wie die spezifische Agglutinationsprobe das feinste biologische Kriterium, um die spezifische Natur einer auf Cholera oder Typhus verdächtigen Kultur festzustellen.

Die Anstellung des PFEIFFERschen Versuches ist allerdings nur mit virulenten Kulturen möglich, da avirulente Kulturen, wie gewöhnliche Saprophyten, schon in den Körpersäften des normalen Tieres ohne Mitwirkung von Immunserum zerfallen. Man stellt daher vor dem Hauptversuch einen Kontrollversuch an, um sich über das Vorhandensein der Virulenz zu vergewissern; zu diesem Zweck erhält ein Meerschweinchen (Nr. A). eine intraperitoneale Injektion von einer Normalöse (gleich 2 mg) frischer etwa 18stündiger Agaroberflächenkultur in Fleischbrühe aufgeschwemmt ohne jeden weiteren Zusatz. Eine zweite Kontrolle ist erforderlich, um die Möglichkeit auszuschalten, daß die Bakteriolyse etwa schon durch Normalserum zustande kommt; ein zweites Meerschweinchen (Nr. B.) erhält eine Öse derselben Kultur plus normales Kaninchenserum in der 50fachen Menge des Titers des später im Hauptversuch zu verwendenden gleichfalls vom Kaninchen gewonnenen bakteriolytischen Choleraimmunserums. Ist z. B. der bekannte Titer dieses Immunserums gleich 0,0002 (d. h. genügen 0,2 mg des Immunserums, um gerade eben im Tierversuch noch eine Normalöse Cholerakultur aufzulösen), so verwendet man für die soeben besprochene Kontrolle des Normalserums bei Tier Nr. B 10 mg normales Kaninchenserum. Die intraperitonealen Injektionen werden, um eine Verletzung des Darmes zu vermeiden, mit abgestumpfter Kanüle gemacht; um das Eindringen dieser stumpfen Kanüle zu ermöglichen, wird die Bauchhaut des Meerschweinchens vor der Injektion an einer kleinen Stelle mit der Scheere bis auf die Muskelschicht durchtrennt; an derselben Stelle kann man dann leicht dünne Glascapillaren in die Bauchhöhle einführen und so ein Tröpfchen Exsudat zur mikroskopischen Untersuchung im hängenden Tropfen gewinnen. Ergibt diese Untersuchung 20 Minuten nach erfolgter Injektion (und eventuell im Zweifelsfalle bei Wiederholung 60 Minuten nach der Injektion) das Vorhandensein zahlreicher lebhaft beweglicher Vibrionen, so können die Kontrollen betreffs Virulenz und unspezifischer Serumwirkung als gesichert gelten und es wird sofort der Hauptversuch angeschlossen. In diesem erhalten zwei Meerschweinchen (Nr. C und D) je eine Normalöse der zu untersuchenden (und bereits zu den Kontrollen verwendeten) Kultur mit abgestuften Mengen bakteriolytischen Choleraserums, und zwar Tier Nr. C das 5fache der Titerdosis (also bei dem oben angenommenen Titer die Dosis von 1 mg), das Tier Nr. D das 10fache der Titerdosis, also 2 mg. Falls bei diesen beiden Tieren Nr. C und D in dem mittels Capillaren, wie oben beschrieben, entnommenen Bauchhöhlenexsudat binnen 20 oder spätestens 60 Minuten das PFEIFFERsche Phänomen, d. h. Körnchenbildung und später völlige Auflösung der Vibrionen eintritt, so ist die verwendete Kultur eine Cholerakultur; falls dagegen die Vibrionen im spezifischen Serum (Tier C und D) sich ebenso vermehren wie im Normalserum (Tier B), so handelt es sich nicht um den echten Choleravibrio, sondern um einen „choleraähnlichen Vibrio“. — In derselben Weise wie für die Choleradiagnose kann der PFEIFFERsche Versuch auch zur Typhusdiagnose angewendet werden; nur muß dann die Beobachtungszeit bis zur völligen Auflösung der Bacillen auf 2—3 Stunden ausgedehnt werden.

So wie hier der PFEIFFERsche Versuch mittels bekannten bakteriolytischen Serums zur Feststellung der Natur einer unbekannten Kultur angewendet wurde, so kann er umgekehrt auch (nach Analogie zur WIDALschen Reaktion, vgl. S. 87) mittels Anwendung einer authentischen Kultur zur Feststellung des Vorhandenseins spezifisch bakterienauflösender Immunkörper im Rekōnvaleszentenserum und hiermit zur Diagnose der Natur einer abgelaufenen Erkrankung dienen. Bei dieser Versuchsanordnung werden drei Meerschweinchen mit je einer Öse sicherer Cholerakultur plus 10 bzw. 50 mg des Patientenserums, dazu ein Kontrolltier ohne Serum injiziert und, wie oben beschrieben, das Auftreten oder Ausbleiben des PFEIFFERschen Phänomens im Exsudat beobachtet; positiver Ausfall der Bakteriolyse beweist, daß der Patient Cholera bzw. Typhus überstanden hat. — Einige wichtige technische Vorschriften zur Anstellung der PFEIFFERschen Reaktion mögen noch Erwähnung finden. Als bakteriolytisches Immunserum wählt man am besten solches vom Kaninchen, das mit intraperitonealer Injektion einer authentischen Kultur vorbehandelt wurde; die zum Versuche verwendeten Meerschweinchen sollen nur etwa 200 g schwer sein; das zur Injektion dienende Kulturmaterial soll in Fleischbrühe, nicht etwa in Kochsalzlösung aufgeschwemmt werden, da in letzterer die Choleravibrionen schon an sich häufig geschädigt werden. Schließlich sei noch eindringlich auf die erhebliche Ansteckungsgefahr hingewiesen, die mit der Anstellung des PFEIFFERschen Versuchs verbunden ist und die schon mehrfach zu Laboratoriumsinfektionen Veranlassung gegeben hat. Nach jedem Anfassen des Tieres desinfiziere man gründlich die Hände; man fasse das Tier am besten mit Gummihandschuhen an, da aus der Einstichöffnung am Bauche leicht infektiöse Flüssigkeit hervorsickert; selbstverständlich blase man die zur Entnahme des Bauchhöhleninhalts benützten Capillarpipetten nicht mit dem Munde, sondern mit einem kleinen Gummigebläse aus.

Im *Reagensglasversuch* wird seltener die *Bakteriolyse* (METSCHNIKOFF und BORDET), die in vitro meistens nur bis zur Granulabildung, nicht bis zur völligen Auflösung fortschreitet, häufiger die *bactericide Wirkung des Immunserums plus Komplement* festgestellt. Zur Anstellung des *bacterioden Reagensglasversuches mit nachfolgender Aussaat auf Platten*

und Zählung der ausgewachsenen Kolonien verfährt man nach M. NEISSER
und WECHSBERG folgendermaßen:

Gleiche Mengen von Bakterien (etwa $^1/_{1000}$ bis $^1/_{5000}$ Öse frischer Agarkultur)
werden mit abgestuften Mengen von baktericidem Immunserum und konstanten
Mengen von Komplement in Aufschwemmung mit physiologischer Kochsalzlösung
mit Zusatz von etwa 10% Bouillon 3—5 Stunden bei 37⁰ C gehalten und dann
gleiche abgemessene Mengen des Gesamtvolumens (das in jedem Röhrchen etwa
2—3 ccm betrage) mit flüssigem Agar vermischt und in Petrischalen ausgegossen
zwecks nachträglicher Auszählung der gewachsenen Kolonien; da nur deutliche
Ausschläge beweisend sind, genügt eine ungefähre Abschätzung. Als Komplement
wird wie gewöhnlich frisches Meerschweinchenserum oder noch besser frisches
Blutserum von derselben Tierart verwendet, von welcher das baktericide Immunserum stammt; durch eine besondere Kontrollreihe mit abgestuften Mengen des
Komplements allein versichert man sich, im Hauptversuch unterhalb derjenigen
Komplementdosis zu bleiben, welche schon an sich bactericide Wirkung äußert.
Weitere Kontrollen sind nötig mit Normalserum sowie mit der Bakterienauf-
schwemmung allein ohne jeden Zusatz.

In den stärkeren Konzentrationen des Immunserums tritt häufig
eine viel geringere baktericide Wirkung auf als in den mittleren Dosen.
M. NEISSER und WECHSBERG erklären diese Erscheinung als *Kom-
plementablenkung,* indem bei Anwesenheit reichlicher Mengen der Amboceptoren des Immunserums das Komplement zum Teil von diesen
allein verankert werde und so für die baktericide Wirksamkeit nicht
mehr in Betracht käme.

Die künstliche Gewinnung der Bakteriolysine geschieht durch Immunisierung von Tieren mit abgetöteten oder lebenden Bakterien und zwar
am besten auf subcutanem oder intraperitonealem Wege in 8—10tägigen
Intervallen in steigenden Dosen. Die Lymphdrüsen, die Milz und das
Knochenmark, also die Organe, die der Blutbildung dienen, sind als
die Bildungsstätten der Bakteriolysine anzusehen.

Die Bakteriolysine grenzen sich biologisch und physikalisch von den
anderen Immunkörpern des Blutes, den Antitoxinen und Agglutininen
scharf ab. Abgesehen von ihrer großen Haltbarkeit sind sie auch „stabiler“
gebaut als die Antitoxine und Agglutinine. Stundenlange Erhitzung auf
60⁰ C schädigt sie kaum oder gar nicht; dagegen erfolgt eine Abschwächung und eventuelle Zerstörung bei längerer Erhitzung auf 70⁰ C.
Kochen vernichtet sie außerordentlich rasch. Über den chemischen Aufbau der Bakteriolysine herrscht noch Unklarheit. Man hält sie für
fermentartige Stoffe, die auf ein bestimmtes Bakterienprotoplasma spezifisch abgestimmt sind. Sie sind nicht dialysierbar, daher kolloider Natur
und finden sich in der Globulinfraktion des Serums.

Die therapeutischen Erfolge der baktericiden Sera sind besonders
bei schon ausgebrochener Erkrankung als unzuverlässig zu bezeichnen.
Als Grund für die Mißerfolge wird der Umstand genannt, daß das
passende Komplement nicht in jedem Organismus für das betreffende
Immunserum vorhanden ist. Da die baktericiden Sera durch die Auflösung der Bakterien Gifte in Freiheit setzen, sie aber nicht zu neutralisieren vermögen, ist ihre therapeutische Anwendung beschränkt.

Schrifttum.

KNORR: Bakterizidie und bakteriolytische Stoffe des Blutes. Handbuch der
pathogenen Mikroorganismen, 3. Aufl., Bd. 2, S. 663. 1929.

4. Opsonine und Bakteriotropine.

Der früher bestehende Gegensatz zwischen der Auffassung Metschnikoffs, daß die Immunität auf der Tätigkeit der Phagocyten beruhe, und der Anschauung der deutschen Forscher (insbesondere von Ehrlich und Pfeiffer), daß die Immunität durch die Wirksamkeit der im Blute vorhandenen (oder seitens der Gewebe im Augenblick der Infektion produzierten) gelösten Immunsubstanzen zustande komme, ist durch die Forschungen von Wright und Neufeld in gewissem Sinne überbrückt worden, welche die Erkenntnis brachten, daß die Phagocyten ihre bei einigen Infektionen mit Sicherheit nachgewiesene Tätigkeit gegenüber den Krankheitserregern erst dann ausüben, wenn die letzteren durch bestimmte im Blutserum vorhandene gelöste Stoffe für die Aufnahme in die Freßzellen und die daselbst erfolgende intracelluläre Verdauung empfänglich gemacht worden sind. — Solche gelösten Stoffe wies zunächst Wright im Blutserum Gesunder und Kranker nach und nannte sie *Opsonine* (ὄψον = Zukost, Würze). Diese *Normalopsonine* sind gegen äußere Einflüsse außerordentlich empfindlich. Längeres Aufbewahren vermindert ihre Wirksamkeit, 1stündige Erhitzung auf 56⁰ C zerstört sie. Durch Absättigungsversuche an normalem Serum mit verschiedenen Bakterienarten wurde der Beweis der Vielheit und zugleich eine Spezifität der Normalopsonine erbracht. Während bei gesunden Menschen eine geringe Wirkung der Menge der im Blute befindlichen Opsonine je nach der Tageszeit, vielleicht in Abhängigkeit von den Mahlzeiten, zu beobachten ist, konnte bei künstlicher Immunisierung eine erhebliche Steigerung der Opsonine im Blutserum gefunden werden. Die Opsonine im Immunserum sind im Gegensatz zu den Normalopsoninen viel thermostabiler. Die Normalopsonine bedürfen zur Entfaltung ihrer Wirkung, wie die Bakteriolysine und Hämolysine, der Mitwirkung des Komplements, während die Opsonine des Immunserums nicht an die Anwesenheit des Komplements gebunden sind. Normalsera verlieren bei Erhitzung auf 56⁰ C ihre opsonische Wirkung, die sie aber durch Zugabe von Komplement wieder erlangen können, während Immunsera durch eine Inaktivierung (Erhitzung auf 56⁰ C) in ihrer bakteriotropen Wirkung keinen Schaden erleiden. Neufeld nannte die im Blutserum immunisierter Tiere vorhandenen bakteriotropen Stoffe „*Bakteriotropine*". Der *Nachweis der Opsonine* nach Wright kann diagnostisch verwertet werden, weil die Wirksamkeit der Opsonine, gemessen durch den sog. *opsonischen Index* gegenüber dem betreffenden spezifischen Erreger, beim Kranken geringer gefunden wird als beim Gesunden (wahrscheinlich infolge der seitens der Erreger erfolgenden Bindung von Immunkörpern). Der opsonische Index wird nach Wright dadurch bestimmt, daß man einerseits bei dem zu untersuchenden Kranken, andererseits beim Gesunden das Verhältnis der von einer bestimmten Anzahl von Leukocyten des Blutes aufgenommenen Bakterien, die sog. *phagocytäre Zahl*, feststellt und diese beiden Ziffern (durch Division der beim Kranken gefundenen durch die beim Gesunden festgestellte) vergleicht.

Diese Bestimmung geschieht in folgender Weise: Zwecks Gewinnung der Leukocyten wird das Blut eines gesunden Menschen unmittelbar nach seiner Entnahme

mit dem doppelten Volumen einer (gerinnungshemmenden) 1,5%igen Lösung von
Natrium citricum vermischt und die Blutkörperchen durch Abzentrifugieren und
einmaliges Waschen mit physiologischer Kochsalzlösung gewonnen; die den Leukocyten beigemischten roten Blutkörperchen sind für den Versuch nicht störend.
Die zum Versuche benötigten Bakterien werden in Form einer Aufschwemmung
von einer Öse frischer Agarkultur mit physiologischer Kochsalzlösung verwendet,
die so dünn sein soll, daß im gewöhnlichen Ausstrichpräparat die Bakterien einzeln
gelagert und leicht zu zählen sind (als Vergleich eine geeichte Mastixlösung für den
Opalescenzgrad vorrätig halten); für Tuberkuloseversuche benutzt man eine Aufschwemmung der von den Höchster Farbwerken käuflich zu beziehenden abgetöteten
trocknen Tuberkelbacillen. Zur Anstellung der Reaktion saugt man mit einer
und derselben Capillarpipette bis zu derselben Marke hintereinander die gleiche
Menge von Blutserum, Blutkörperchengemisch und Bakterienaufschwemmung
auf und drückt das ganze Gemisch auf einen gut gereinigten Objektträger
aus; der entstehende Tropfen wird durch mehrmaliges Aufsaugen und Wieder-
ausdrücken mit der Capillarpipette sorgfältig gemischt und schließlich in der
wieder zugeschmolzenen Capillarpipette auf 20 Minuten in den Brutschrank bei
37⁰ C gestellt; dann wird der Tropfen wieder auf den Objektträger gebracht,
mit der Kante eines anderen Objektträgers ausgestrichen und nach Trocknen
in (3%iger) Sublimatlösung etwa 3 Minuten fixiert; nach Wasserspülung und
erfolgter Färbung werden in dem Ausstrichpräparat die in 100 Leukocyten
enthaltenen Bakterien gezählt. Dieses ganze Verfahren wird einmal mit Blutserum eines Gesunden, ein anderes Mal mit Blutserum des zu untersuchenden
Kranken ausgeführt. Die Zahl, welche man durch Division der beim Kranken
gefundenen Ziffer durch die beim Gesunden gefundene Ziffer ermittelt, gibt den
opsonischen Index.

Die *Untersuchung auf Bakteriotropine* nach NEUFELD ermittelt nicht
die Zahl der phagocytierten Keime, sondern diejenige Verdünnung des
Serums, bei welcher (gegenüber einem zur Kontrolle dienenden Normalserum) noch deutliche Phagocytose bzw. Verstärkung der bereits im
Normalserum vorhandenen Phagocytose nachweisbar ist.

Die Leukocyten werden entweder aus menschlichen Abscessen oder Blut oder
aus dem Bauchhöhleninhalt von Meerschweinchen oder Kaninchen gewonnen,
die tagsvorher eine intraperitoneale Injektion von Aleuronataufschwemmung in
Bouillon erhalten haben; die Leukocyten werden durch mehrmaliges Waschen und
vorsichtiges Zentrifugieren von dem ihnen anhaftenden Serum befreit. Das zu
untersuchende Serum wird nach Inaktivierung in abgestuften Verdünnungen mit
der zu prüfenden Bakterienaufschwemmung und der Leukocytenemulsion zu je
gleichen Teilen in kleinen Reagensgläschen vermischt und nach einer (je nach der
Art der zu untersuchenden Bakterien) zwischen 15—30 Minuten (Choleravibrionen)
und einigen Stunden (Pneumokokken) schwankenden Zeit abzentrifugiert und
hierauf vom Bodensatz ein gefärbtes Präparat angefertigt. Durch Vergleiche mit
einer Normalserum- und einer Leukocytenkontrolle stellt man fest, in welcher
Serumverdünnung noch eine deutliche Förderung der Phagocytose stattfindet,
und ermittelt so den Titer des untersuchten Serums. Bei Versuchen mit stärkeren
Serumkonzentrationen verwendet man am besten Leukocyten der gleichen Spezies,
da heterologes Serum schädigend wirken kann.

Durch Impfung des Patienten mit kleinen Mengen genau dosierter
Aufschwemmung abgetöteter spezifischer Krankheitserreger *(Bakteriotherapie)* läßt sich der Gehalt des Serums an Opsoninen steigern,
nachdem zunächst in den ersten Tagen ein Absinken des Titers
(„negative Phase") erfolgt war.

Schrifttum.

NEUFELD: Bakteriotropine und Opsonine. Handbuch der pathogenen Mikroorganismen, 3. Aufl., Bd. II, S. 929.

5. Agglutinine.

Beim Vermischen von Immunserum mit der Aufschwemmung der homologen Kultur tritt eine eigentümliche Erscheinung auf, die sich bei mikroskopischer Betrachtung in einer Verklumpung und Zusammenballung der Bakterien zeigt und schon bei Betrachtung mit bloßem Auge (oder mit der Lupe) als Ausflockung oder Körnerbildung der vorher gleichmäßig milchig getrübten Flüssigkeit erscheint, wobei schließlich die agglutinierten Bakterien sich zu Boden senken und dadurch die Bildung eines Bodensatzes mit Aufhellung der überstehenden Flüssigkeit erfolgt. Diese Verklumpung bezeichnet man als *Agglutination* (Verklebung) oder auch als *Agglomeration*, die diese Reaktion bewirkenden Stoffe des Blutserums als *Agglutinine*.

Die Agglutinine wurden 1896 von GRUBER und DURHAM und unabhängig von ihnen von R. PFEIFFER und KOLLE beschrieben. Sie entstehen wahrscheinlich in den blutbildenden Organen (Milz, Knochenmark, Lymphdrüsen). Die Bakterien werden durch die Wirkung des spezifischen Immunserums in ihrer Entwicklungsfähigkeit nicht herabgesetzt.

Die Ausführung der Agglutinationsreaktion gelingt sowohl im Reagensglas, auf dem Objektträger oder im Blockschälchen als auch im hängenden Tropfen. In letzterem kann man direkt mikroskopisch verfolgen, wie die ursprünglich lebhaft beweglichen Bakterien, z. B. Typhusbacillen, ihre Bewegungen verlangsamen und schließlich ganz einstellen, wobei die einzelnen Bakterien miteinander zu kleinen Flocken verkleben, die nach und nach größer werden und zu Boden sinken. Im Reagensglase sowie auf dem Objektträger oder im Blockschälchen kann man mit bloßem Auge diesen Ausflockungsprozeß verfolgen. Haben sich die Flocken zu Boden gesetzt, so kann man durch Aufschütteln die Flocken wieder aufwirbeln und das rasche Wiederzustandekommen des Agglutinationsphänomens aufs neue beobachten, während in dem Kontrollröhrchen, dem der Zusatz von Immunserum fehlt, sich entweder überhaupt kein Bodensatz bildet oder durch Aufschütteln sofort wieder eine gleichmäßige bleibende Trübung der Aufschwemmung entsteht.

Die Agglutination ist abhängig von der Verdünnung des Immunserums. In unverdünntem Serum tritt das Agglutinationsphänomen sofort ein, in schwach wirksamen Serumverdünnungen, die der Titergrenze nahe stehen, erfolgt sie erst nach längerer Zeit, z. B. bei Typhusbacillen nach 1—2 Stunden, bei Ruhrbacillen sogar oft erst binnen 24 Stunden. Brutschrankwärme, bei manchen Arten von Bakterien sogar Temperaturen von 50—55⁰ C, wirken beschleunigend auf die Reaktion.

Über das Wesen des Agglutinationsvorganges sind verschiedene Hypothesen aufgestellt, die jedoch alle nicht ausreichen, ihn sicher und erschöpfend zu erklären. Die Annahme von GRUBER, daß es sich um eine Aufquellung der Bakterienhüllen, durch das spezifische Immunserum herbeigeführt, mit nachfolgender Verklebung handele, ist widerlegt durch exakte Untersuchungen an agglutinierten Bakterien, an denen man keinerlei Quellung, Gestaltsveränderungen, mikroskopisch und

färberisch usw. wahrnehmen konnte. Kraus und Paltauf erklären den
Agglutinationsvorgang als Folge einer Präcipitation, durch die die
Bakterien mit zu Boden gerissen werden. Daß aber Agglutinine und
Präcipitine nicht identisch sind, zeigt der Trennungsversuch durch
Wärme. Durch Erwärmen auf 60° C lassen sich aus agglutinierenden
Seren die Präcipitine entfernen, ohne daß die Agglutinationskraft der
Seren herabgesetzt wird. Bei der Agglutination verbindet sich das
Agglutinin mit der „agglutinablen Substanz" des Bakterienleibes. Die
Agglutinine sind äußeren Einwirkungen gegenüber (Licht, Austrocknung)
ziemlich widerstandsfähig. Sie werden durch Erhitzung auf 65—70° C
zerstört, d. h. die agglutinophore Gruppe wird vernichtet, während die
widerstandsfähigere haptophore Gruppe erhalten bleibt. Ein solches
Serum bewirkt noch eine Bindung der Bakterien, aber zu einer Verklumpung kommt es nicht. Solche veränderten Agglutinine werden
Agglutinoide genarmt. Bemerkenswert ist, daß die Agglutination nur
in vitro, nicht im lebenden Organismus (z. B. bei intravenöser Injektion
von Bakterien bei einem gegen diese Art hochimmunisierten Tier) eintritt.

Im normalen Blutserum finden sich sehr häufig *Normalagglutinine,*
die im Gegensatz zu den Agglutininen des Immunserums ihr Agglu-
tinationsvermögen schon bei geringen Verdünnungen verlieren. Von
einer spezifischen Wirkung der Normalagglutinine kann nicht die Rede
sein. Ebenso liegt auch bei Immunseren die Möglichkeit einer nicht-
spezifischen Reaktion vor, wenn konzentriertes oder wenig verdünntes
Serum benutzt wird. Von einer Spezifität der Agglutinine kann man
erst dann sprechen, wenn hohe Serumverdünnungen (1:1000 bis 10000),
die der Titergrenze nahe liegen, nur die homologen, nicht die heterologen
Bakterien agglutinieren.

Hochwertige Immunsera können neben dem *Hauptagglutinin* auch
noch *Neben-* oder *Partialagglutinine* enthalten, wodurch im System
nahestehende Gruppen, z. B. durch Typhusimmunserum manche Angehörige der Typhus-Coligruppe bis zu einem gewissen Grade, mit-
agglutiniert werden. Für die praktischdiagnostische Verwendung ist
daher stets eine genaue Austitrierung des Serums bis zur Titergrenze
notwendig, weil die artverwandten Bakteriengruppen in hohen Verdünnungen des Immunserums nicht agglutiniert werden.

Zur Gewinnung kleiner Mengen agglutinierenden Serums wählt man
unter den kleinen Versuchstieren am besten das Kaninchen, weil Immunsera, von diesem Tier gewonnen, eine sehr weitgehende spezifische Wirkung, ohne erheblichere Gruppenagglutination, zeigen. Die Vorbehandlung kann mit lebenden oder abgetöteten Kulturen, ja zertrümmerten
und autolysierten Bakterien subcutan, intravenös und intraperitoneal,
auch durch Verreiben auf der rasierten Bauchhaut (cutan) oder Verfütterung (per os) erfolgen. Als zuverlässigste und schnellste Methode
gilt jedoch die intravenöse Einverleibung. Durch 3—4 in Zeitabständen
von etwa 6 Tagen ausgeführte intravenöse Injektionen, beginnend mit
etwa $^1/_4$ und steigend bis auf 1—2 Ösen 24stündiger $^1/_2$—1 Stunde bei
55—60° C abgetötete Agarkulturen, erhält man leicht ein hochwertiges
Serum vom Titer 1:1000—10000 (je nach der Art der Erreger). Bei
Kulturen mit erheblicher Giftwirkung (Ruhr Kruse-Shiga) ist es zweck-

mäßig, die ersten Injektionen mit abgetöteter Kultur zu machen. Zur Gewinnung größerer Serummengen immunisiert man Pferde oder Esel.

Ebenso wie im künstlich immunisierten Tier treten auch im menschlichen Blutserum während oder nach Überstehen einer Infektionskrankheit spezifische Agglutinine auf, die sich für die klinische Diagnose mit Vorteil verwerten lassen. Da diese aber in bedeutend geringerer Menge gebildet werden als bei einer künstlichen Immunisierung, so sprechen negative Agglutinationsbefunde nicht gegen das Bestehen einer bestimmten Infektionskrankheit.

Auch ist die Bildung spezifischer Agglutinine bei Bacillenträgern festgestellt worden.

Die *Beurteilung*, ob eine Agglutination vorliegt oder nicht, erfolgt am besten nur bei Betrachtung mit bloßem Auge oder mit der Lupe

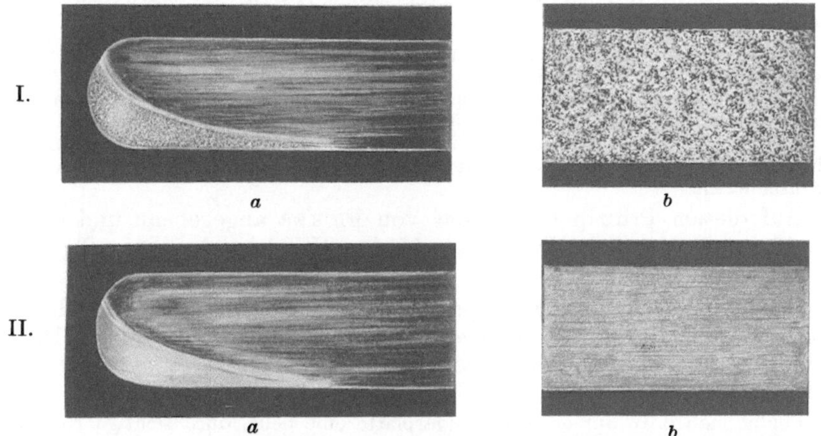

Abb. 12. I. Positive Agglutination mit Typhusbacillen und Typhusimmunserum *a* bei Betrachtung mit bloßem Auge, *b* mit Lupe oder Agglutinoskop. II. Negativer Ausfall der Agglutinationsprobe mit Normalserum und Typhusbacillen *a* bei Betrachtung mit bloßem Auge, *b* mit Lupe oder Agglutinoskop.

(Agglutinoskop) oder mit schwacher mikroskopischer Vergrößerung. Die Anwendung starker Vergrößerungen, insbesondere der Immersionslinse, ist zu widerraten, da hierbei schon kleinste Häufchenbildung, wie sie durch ungenügende Verteilung der Bakterien im hängenden Tropfen zustande kommt, irrtümlicherweise für Agglutination gehalten werden kann. Charakteristisch für die echte spezifische Agglutination ist die fortschreitende zeitliche Entwicklung des Prozesses sowie die quantitative Abstufung des Fällungsprozesses nach der Menge des zugesetzten spezifischen Serums.

Die *Anstellung* des Agglutinationsversuches geschieht nach der von PFEIFFER und KOLLE angegebenen Methodik folgendermaßen:

Man stellt sich abgestufte Serumverdünnungen von 1 : 10, 1 : 20, 1 : 50, 1 : 100, 1 : 200, 1 : 500 usw. her, bringt je 1 ccm dieser Verdünnungen in je ein Reagensglas und verreibt darin die gleiche Menge 18—20stündiger Kulturmasse von Agaroberflächenkulturen (2 mg = 1 Normalöse) bis zur Herstellung einer homogenen Aufschwemmung, die von kleinen und größeren Bröckelchen frei sein muß, wobei allerdings in den stärksten Konzentrationen oft schon während

des Verreibens der Kulturmasse ihre Ausfällung erfolgt. Kontrollen mit normalem
Serum und physiologischer NaCl-Lösung dürfen nicht fehlen; Kulturen, die schon
in letzterer Lösung Spontanagglutination zeigen (zu junge oder zu alte Kulturen)
sind für die Anstellung des Agglutinationsversuches unbrauchbar. Die Agglutination
ist nur dann als spezifisch anzusehen, wenn sie im Immunserum in wesentlich
höherer (10—20fach stärkerer) Verdünnung zustande kommt als im Normalserum
derselben Tierart. Die Röhrchen werden je nach der Art des Krankheitserregers
(bei Typhus- und Cholerabacillen 2 Stunden, bei Ruhrbacillen bis 24 Stunden) in
den Brutschrank von 37° C gestellt und nach dieser Zeit mit bloßem Auge oder
schwacher Lupenvergrößerung (Lupe oder Agglutinoskop) am besten gegen das
von der Decke des Zimmers reflektierte Tageslicht betrachtet.

Man kann an Stelle der eingeriebenen Kulturmasse vorteilhaft eine
homogene Bakterienaufschwemmung, sei es eine lebende Bouillonkultur,
die stets eine gleichmäßige Trübung aufweist, oder auch abgetötete
Bakterien verwenden, die man sich in Emulsionen monatelang gebrauchsfertig im Eisschrank vorrätig halten kann. Derartige Aufschwemmungen
stellt man sich wie folgt her:

Eintägige Bouillonkulturen werden mit 0,5%iger Phenol- oder 1%iger Formalinlösung versetzt. Die Formalin-Typhusbouillon bleibt in hohem Meßzylinder 2 Tage
bei 37° C stehen, damit sich die spontan agglutinierten Bakterien langsam zu
Boden setzen, die bei der Ausführung der Agglutinationsprobe leicht störend
wirken können. Die überstehende Flüssigkeit wird steril abgegossen und im Eisschrank aufbewahrt. Die Bakterienaufschwemmung ist vor dem Gebrauch kräftig
aufzuschütteln.

Auf diesem Prinzip beruht das von FICKER angegebene und durch
die Firma E. Merck in Darmstadt in den Handel gebrachte ,,Typhus-
Diagnosticum''.

Orientierende Agglutinationsprobe. An Stelle der soeben geschilderten
genauen quantitativen Austitrierung genügt für die vorläufige Beurteilung verdächtiger Kolonien die ,,*orientierende Agglutinationsprobe*'' auf
dem Objektträger.

Findet man z. B. auf einer Endoagarplatte eine helle, durchsichtige Kolonie,
die *typhusverdächtig erscheint,* so verreibt man mit der Platinnadel eine Spur davon
in einem Tropfen einer Typhusserumverdünnung 1:50 und 1:100 auf dem Objektträger oder im hängenden Tropfen. Gleichzeitig werden in gleicher Weise die
Kontrollen mit Kochsalzlösung und Normalserum angesetzt. Ist der Verdacht
auf Typhus begründet, so erkennt man makroskopisch oder mit schwacher Vergrößerung deutliche Klümpchenbildung im Gegensatz zu den Kontrollen, die eine
gleichmäßige milchige Trübung aufweisen.

Für die endgültige Diagnose, insbesondere, wenn es sich um Feststellungen erster Fälle handelt, genügt diese Probe nicht. Es muß unter
allen Umständen der oben beschriebene quantitative Agglutinationsversuch mit Bestimmung des Grenztiters herangezogen werden. Dies
ist deshalb nötig, weil eine unvollständige Agglutination, die wesentlich
unter der Titergrenze des verwendeten Serums bleibt, auch als Ausdruck
einer unspezifischen Gruppenreaktion oder Paragglutination (PH. KUHN)
auftreten kann. Der Unterschied von Gruppenreaktion *(Mitagglutination)* und *Paragglutination* liegt in folgendem: Bei letzterer handelt
es sich um eine infolge Zusammenlebens mit dem Erreger in der Kultur
oder im Darminhalt (meist vorübergehende) Annahme einer gewissen
Agglutinierbarkeit durch Bakterienarten, die mit dem spezifischen
Erreger sonst nichts zu tun haben und zu ihm nicht einmal in näheren
biologischen Verwandtschaftsbeziehungen stehen (z. B. Bact. coli bei

Ruhr); die kulturelle und morphologische Untersuchung (z. B. der Nachweis von Vergärung des Traubenzuckers und von Eigenbewegung) bringt hier sofort die Entscheidung. Bei der Mitagglutination handelt es sich hingegen um eine mehr oder weniger weitgehende Gruppenreaktion mit biologisch dem Erreger nahe verwandten Stämmen (z. B. zwischen Typhus- und Paratyphusbacillen). Soweit hier nicht die vergleichende quantitative Austitrierung der Agglutination mit verschiedenen Seren (Typhus- und Paratyphusserum) ganz einwandfreie Unterschiede bringt (wie das z. B. innerhalb der Paratyphusgruppe selbst vorkommen kann), stehen uns zur endgültigen Entscheidung zwei Methoden zur Verfügung, nämlich der noch weiter unten zu besprechende CASTELLANIsche Absättigungsversuch und die Prüfung des durch aktive Immunisierung beim Kaninchen mit der fraglichen Kultur gewonnenen spezifischen Serums gegenüber sicheren Testkulturen. Da nämlich die Spezifität der Serumreaktionen nicht nur zwischen einem in seiner Wirkung bekannten Immunserum und der zu prüfenden Kultur, sondern auch in reziprokem Sinne zwischen dem mit der fraglichen Kultur gewonnenen Immunserum und einem authentischen Laboratoriumsstamme gilt, so muß beispielsweise das neu gewonnene Immunserum, wenn die Ausgangskultur dem Paratyphus B angehört, auch seinerseits den bekannten Laboratoriumsstamm von Paratyphus B am stärksten agglutinieren.

Diese beiden letztgenannten Verfahren (CASTELLANIscher Versuch und Prüfung des durch aktive Immunisierung erhaltenen Serums gegenüber authentischen Kulturen) bieten auch in denjenigen Fällen eine Entscheidung, in denen sog. „serumfeste" Stämme vorliegen, d. h. z. B. Typhuskulturen, die alle morphologischen und kulturellen Eigenschaften des echten Typhusbacillus aufweisen, jedoch vom Typhusimmunserum gar nicht oder nur schwierig agglutiniert werden. Solche inagglutinable Stämme nehmen nach häufiger (täglicher) Überimpfung auf frische künstliche Nährböden bald wieder ihre normale Agglutinierbarkeit an.

So viel über die Verwendung eines hochwertigen agglutinierenden Immunserums zur sicheren Diagnose einer Kultur (vgl. in den speziellen Kapiteln Cholera, Typhus, Ruhr) und zu ihrer Unterscheidung von verwandten Stämmen. Wenn hier von dem *bekannten Immunserum* ausgegangen wurde, um eine fragliche Kultur zu bestimmen, so kann umgekehrt die Agglutinationsreaktion auch zur Identifizierung der *Immunkörper* eines Serums mit Hilfe *bekannter Bakterien* (GRUBER-WIDALsche Reaktion) differentialdiagnostisch verwendet werden. Wollen wir wissen, ob wir ein Typhus- oder Ruhrserum vor uns haben, so suchen wir quantitativ, d. h. durch Verdünnungen, den Gehalt des Serums an Typhus- oder Ruhragglutininen festzustellen. Zu den Verdünnungen gibt man gleiche Mengen von Typhus- bzw. Ruhrbacillenaufschwemmung und legt Kontrollen mit Normalserum an. Nach 2stündigem Verweilen im Brutschrank bei 37⁰ C finden wir dann z. B., daß das Serum Typhusbacillen in hohen Verdünnungen agglutiniert, während es sich Ruhrbacillen gegenüber wie Normalserum verhält. Es handelt sich demnach bei dem fraglichen Serum um ein Typhusserum.

Diese Reaktion hat eine große praktische Bedeutung gewonnen, einesteils für die frühzeitige Erkennung der Krankheit, da der Körper sehr bald nach der Infektion (2. Woche) mit der Produktion von Agglutininen antwortet, andernteils für Rückschlüsse auf überstandene Krankheiten. Angewendet wird diese „WIDALsche Reaktion" bei Typhus, Cholera, Dysenterie, Fleischvergiftungen (Paratyphus-Enteritis), Pest, Maltafieber, Genickstarre, Rotz u. a.

Bei dieser Prüfung menschlicher Sera auf ihre Agglutinationsfähigkeit kann man, besonders wenn eine Mischinfektion vorliegt, in der Diagnosestellung auf Schwierigkeiten stoßen, wenn nämlich das Serum zwei verschiedene Kulturen (z. B. Typhus und Paratyphus) in annähernd gleicher Höhe agglutiniert. In solchen Fällen ist der schon oben erwähnte *Absättigungsversuch nach* CASTELLANI heranzuziehen, der darauf beruht, daß die Agglutinine in Bakteriengemischen quantitativ an die homologen Bakterien verankert werden, daß man z. B. einem verdächtigen Krankenserum, das Typhus- und Paratyphusbacillen in stärkeren Serumverdünnungen agglutiniert, durch Einbringen von Typhusbacillen die Typhusagglutinine vollständig entziehen kann. Agglutiniert das Zentrifugat dann noch Paratyphusbacillen in gleicher Titerhöhe, so handelt es sich um eine Mischinfektion von Typhus- und Paratyphusbacillen; ist aber die Agglutinationsfähigkeit auch für Paratyphusbacillen erloschen, so hat es sich nur um eine Mitagglutination (vgl. oben) gehandelt.

Eine andere auffallende Erscheinung, die sich bei der Anstellung der WIDALschen Reaktion ergeben kann, wird als „*paradoxe Reihe*" bezeichnet, wenn nämlich die Agglutination, entgegen dem normalen Verhalten, in den stärkeren Konzentrationen des Serums schwächer auftritt (bis zur völligen Hemmung) als in den höheren Verdünnungen; es handelt sich um eine Störung durch agglutinationshemmende Stoffe, die unter Umständen aus den Agglutininen hervorgehen.

Die Qualität der Bakterien ist nach FELIX für die agglutinogene Wirkung von großer Bedeutung. Proteus-, Typhus- und Paratyphusbacillen besitzen mehrere Agglutinogene; das O-Antigen ist im Gegensatz zum H-Antigen, das in den Geißeln sitzt, an den Bakterienleib gebunden. Ersteres ist thermostabil, letzteres thermolabil. Im Körper bilden die genannten Antigene homologe Agglutinine. Bei der H-Agglutination bilden sich zarte graue Wolken, die sich beim Aufschütteln leicht verteilen lassen, während bei der O-Agglutination feinste weiße Pünktchen gebildet werden, die zu Boden gesunken daselbst oft zu Membranen verklumpen. FELIX konnte dann noch ein drittes thermostabiles Antigen feststellen, das als Vi-Antigen wegen seiner Beziehungen zur Virulenz der Bakterienstämme bezeichnet wurde. Die Typhus- oder Paratyphusstämme, die zur WIDALschen Reaktion benutzt werden, dürfen ein Vi-Antigen nicht enthalten, da es die Agglutinabilität des O-Antigens behindert und gerade die serologische Frühdiagnose des Typhus und Paratyphus auf die O-Agglutination abgestellt ist. Nach FELIX findet man bei Typhusschutzgeimpften nur H-Agglutinine, während bei Typhuskranken sich nur O- oder aber H- und O-Agglutinine im Blut finden.

Nach den gleichen Gesetzen, die für die bakteriellen Agglutinine gelten, ist die Entstehung und Wirkung der *Hämagglutinine* zu denken, die durch Vorbehandlung der Versuchstiere mit einer heterologen Blutart gebildet werden und welche die Fähigkeit haben, die roten Blutkörperchen derjenigen Tierart zusammenzuballen, deren Blut zur Immunisierung benutzt wurde.

Auch im Normalserum von Menschen und Tieren finden sich derartige Antikörper. Diejenigen Serumagglutinine, die gegen die Blutkörperchen anderer Individuen derselben Spezies gerichtet sind, haben eine große praktische Bedeutung erlangt. Im Gegensatz zu den auf artfremdes Material eingestellten heterogenen Antikörpern bezeichnet man diese gegen individuenfremde, aber artgleiche Zellen gerichteten Antikörper als Isoantikörper und spricht in diesem Fall von Isohämagglutininen. Auf Grund der agglutinogenen Eigenschaften der Erythrocyten und der im Blutserum enthaltenden Hämagglutinine lassen sich beim Menschen zwei verschiedene Blutkörpercheneigenschaften nachweisen, die als A und B bezeichnet werden. Dadurch, daß diese Blutkörpercheneigenschaften für sich allein oder gemeinsam vorkommen, oder auch ganz fehlen können, hat man vier Blutgruppen A, B, AB und O unterscheiden gelernt. Auf dieser Erkenntnis baut sich die Lehre von den menschlichen Blutgruppen mit ihren praktisch wichtigen Folgerungen auf. Da sich die Blutgruppenlehre inzwischen fast zu einer Spezialwissenschaft entwickelt hat, können in diesem Lehrbuch nur die wichtigsten Gesichtspunkte besprochen werden. Zudem sind nach einer ministeriellen Vorschrift im Deutschen Reich nur noch bestimmte Institute zur Erstattung von Blutgruppengutachten berechtigt — ein Beweis dafür, daß die Methodik doch derart beträchtliche Schwierigkeiten enthält, daß nicht jeder ohne weiteres sich geeignet fühlen sollte, Blutgruppenbestimmungen durchzuführen. Hierfür gehört eine besondere serologische Schulung.

Wir müssen darum darauf verzichten, die technischen Einzelheiten in den folgenden Ausführungen zu bringen und verweisen für Spezialuntersuchungen auf die am Schluß des Abschnittes aufgeführte besondere Literatur.

Anhang.
Die Blutgruppen des Menschen.

Für das Verständnis der vier Blutgruppen A, B, AB und O ist die Gesetzmäßigkeit von Wichtigkeit, daß die verschiedenen isoagglutinierenden Antikörper immer dann im Serum enthalten sind, wenn das homologe Agglutinogen den Blutkörperchen (und auch den anderen Körperzellen) fehlt. Umgekehrt sind auch naturgemäß die Agglutinine im Serum nicht nachweisbar, wenn die Blutkörperchen über das entsprechende Agglutinogen verfügen. Hieraus ergibt sich für die Einteilung der Blutgruppen das nebenstehende Schema:

Die Blutkörperchen enthalten das Agglutinogen	Die Sera enthalten das Agglutinin	Bezeichnung der Blutgruppe
O	Anti-A und Anti-B	O
A	Anti-B	A
B	Anti-A	B
A und B	—	AB

Aus der vorstehenden Tabelle ergibt sich dann folgerichtig, daß die Blutkörperchen von Menschen der Blutgruppe O inagglutinabel sind, daß aber im Serum dieser Menschen Agglutinine gegen die Blutkörperchen aller Gruppen enthalten sind. Das Serum eines Menschen der Blutgruppe O agglutiniert die Blutkörperchen von Menschen der Blutgruppen A, B und AB. Demgegenüber werden die Blutkörperchen der Gruppe AB durch die Sera der Gruppe O, A und B agglutiniert, da diese Sera die entsprechenden Agglutinine enthalten. Andererseits besitzt aber das Serum der Blutgruppe AB keine Agglutinine. Die Blutkörperchen der Gruppe A werden durch Sera der Gruppe O und B agglutiniert und das Serum der Blutgruppe A agglutiniert die Blutkörperchen der Blutgruppe B und AB. Schließlich werden die Blutkörperchen der Gruppe B durch Sera der Gruppe O und A agglutiniert und das Serum der Blutgruppe B agglutiniert die Blutkörperchen der Gruppe A und AB.

Diese Feststellungen sind in der Klinik für die Durchführung der Bluttransfusionen von allergrößter Bedeutung. Man hat besonders früher schwere gesundheitliche Schädigungen, die sogar zu tödlichem Ausgang führten, gesehen, sofern in dem Blut des Spenders Blutkörperchen enthalten waren, die durch das Serum des Empfängers agglutiniert werden. Wird beispielsweise einem Menschen der Gruppe B Blut der Gruppe A injiziert, dann ist mit einer Gefährdung des Lebens des Empfängers zu rechnen. Vor einer Bluttransfusion ist daher die Blutgruppenzugehörigkeit des Spenders und des Empfängers richtig festzustellen. Hierbei lautet die Frage, wer bei einer bestimmten Blutgruppe des Empfängers serologisch als Spender geeignet ist. Nach dem beigegebenen Schema ist diese Frage folgendermaßen zu beantworten:

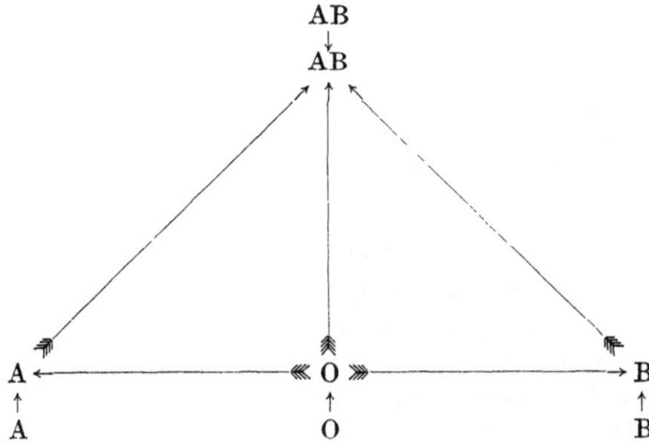

1. Jeder ist ohne weiteres als Spender geeignet, dessen Blutgruppe mit der des Empfängers übereinstimmt.

2. Unbedenklich ist im allgemeinen das Blut jener gruppenfremden Personen zur Transfusion geeignet, deren Blutkörperchen im Blute des Empfängers Antikörper nicht vorfinden. Dies gilt, wenn der Empfänger zur Gruppe AB gehört und wenn der Spender zur Gruppe O gehört (vgl. Schema). In praktischer Hinsicht ist besonders wichtig, daß alle Menschen der Blutgruppe O als Spender in Frage kommen, da es sich hierbei um Universalspender handelt, wodurch die praktische Arbeit insofern erleichtert wird, da der Empfänger nicht untersucht werden braucht. Da vereinzelte beobachtete Schädigungen möglicherweise auf

die Antikörper des Spenders zurückzuführen sind, empfiehlt es sich im allgemeinen, möglichst Spender der gleichen Blutgruppe zu verwenden. Es ist selbstverständlich, daß die Auswahl der Spender in einwandfreier Form zu geschehen hat und daß die Bestimmungen der Blutgruppenzugehörigkeit absolut zuverlässig sind. Auch hierfür liegen neuerdings eindeutige gesetzliche Bestimmungen vor (vgl. Richtlinien für die Ausführung der Blutgruppenuntersuchung, Min.Bl. RMdI 1937, 887). Bei der vollständigen Ausführung der Blutuntersuchung sind folgende Reaktionen anzustellen:

1. Empfängerserum mit Spenderblutkörperchen,

2. Gruppenbestimmung von Spender- und Empfängerblut mit Testserum A (Anti-B), B (Anti-A) und O (Anti-A und Anti-B),

3. Gruppenbestimmung von Spender- und Empfängerblut mit Testblutkörperchen A, B und O.

Nach den MENDELschen Gesetzen ist die Gruppenzugehörigkeit vererbbar und bleibt lebenslänglich unverändert. Hiernach liegen also Bluteigenschaften vor, deren Nachweis sowohl für rassenkundliche als auch für forensische Zwecke von großer Bedeutung ist.

Die Anwendung der Isohämagglutination kommt vor *Gericht* bei zwei verschiedenen Fragestellungen in Betracht. Bei der einen Frage kann es sich darum handeln festzustellen, ob es offenbar unmöglich ist, daß eine vorgelegte Blutprobe von einem bestimmten Menschen stammen kann oder nicht. Andererseits kann die gesetzmäßige Vererbbarkeit der Blutgruppen für forensische Zwecke Anwendung finden. So lassen sich bei geeigneter Blutbeschaffenheit des Kindes und der angeblichen Eltern die Bluteigenschaften des einen Elters vorhersagen, wenn die Blutgruppe des Kindes und des anderen Elters bekannt ist. Bei forensischen Zwecken, vor allem bei Blutgruppenbestimmungen an Kleidungsstücken usw., ist naturgemäß zuvor zu prüfen, ob es sich bei dem Blut um Menschenblut handelt.

Von größter Bedeutung ist die Isoagglutinationsprobe bei strittiger Abstammung geworden. Aus den Erbformeln lassen sich die folgenden praktisch wichtigen Grundsätze ableiten:

1. Die Bluteigenschaften A und B vererben sich nach den MENDELschen Regeln und zwar mit strenger Dominanz. Hat ein Kind z. B. die Bluteigenschaft A, dann muß sich A auch bei den Eltern in nachweisbarer Form finden, und zwar zum mindesten bei einem der Eltern. Fehlt A bei beiden angeblichen Eltern, dann kann das Kind nicht aus dieser Verbindung stammen. Dieser Satz gilt auch für die Bluteigenschaft B. Ist hingegen ein A oder ein B des Kindes auch bei einem der Eltern oder bei beiden Eltern vorhanden, dann ist die Abstammung aus der fraglichen Verbindung möglich.

2. Ein Kind der Blutgruppe O kann von einem Vater oder einer Mutter der Gruppe AB nicht abstammen und ein Kind der Blutgruppe AB kann von einem Vater oder einer Mutter der Gruppe O nicht abstammen. Hierin liegt eine Erweiterung über das Gebiet der Dominanzregel hinaus vor.

Aus der gesetzmäßigen Vererbungsweise der Bluteigenschaften läßt sich aus vorstehenden Ausführungen ableiten, welche Elternkombinationen bei gegebener Bluteigenschaft des Kindes in Frage kommen und welche nicht. Die nach diesem Vererbungsmodus zulässigen Kinder bei den verschiedenen Elternkombinationen gehen aus der nachfolgenden Tabelle hervor:

		Gruppe des einen Elters			
		O	A	B	AB
Gruppen	O	O			
des zweiten	A	O, A	O, A		
Elters	B	O, B	O, A, B, AB	O, B	
	AB	A, B	A, B, AB	A, B, AB	A, B, AB

Gruppen der Kinder.

Hiernach gehen Kinder der Gruppe O also auch aus O-freien Kombinationen hervor (da das recessive Merkmal O latent vererbt werden kann). Die Kinder müssen zur Gruppe O gehören, sofern beide Eltern dieser Gruppe angehören. Es läßt sich naturgemäß entsprechend angeben, zu welcher Blutgruppe der Vater eines Kindes von einer bekannten Mutter bei bekanntem Kind gehören kann und welcher Gruppe der Vater bei bekannter Gruppenzugehörigkeit von Mutter und Kind nicht angehören kann. Die letzteren Möglichkeiten seien in der nachfolgenden Tabelle zusammengestellt:

		Gruppe der Mutter			
		O	A	B	AB
Gruppe	O	AB	AB	AB	kommt nicht vor
des	A	O, B	—	O, B	—
Kindes	B	O, A	O, A	—	—
	AB	kommt nicht vor	O, A	O, B	O

Vater kann nicht sein!

Ordnet man nun die mögliche Kombination von Mutter und Kind nach ihrer gerichtlichen Verwertbarkeit, dann ergeben sich 2 Gruppen. In der einen Gruppe läßt sich über die Bluteigenschaft des Vaters nichts aussagen, während in der anderen Gruppe der Vater ein oder zwei bestimmten Blutgruppen angehören kann:

1. Die Blutgruppe des Vaters läßt sich nicht vorhersagen und auch die Blutgruppenuntersuchung führt nicht zu verwertbaren Ergebnissen, wenn Mutter und Kind übereinstimmend der Gruppe A oder B angehören und wenn das Kind einer Mutter AB der Gruppe A oder B angehört, da in diesem Falle der Vater jeder Blutgruppe angehören kann.

2. Die Blutgruppe des Vaters läßt sich vorhersagen und hierbei kann der in Anspruch genommene Vater der Erwartung entsprechen oder nicht entsprechen: Entspricht der Vater der Erwartung, dann ist das Ergebnis der Bestimmung für das Gericht nur bedingt verwertbar und abhängig von den besonderen Verhältnissen des Prozesses, da ja ein Beweis für die Vaterschaft aus der Blutuntersuchung allein nicht zu erbringen ist. Auch ein anderer Mann der gleichen Blutgruppenzugehörigkeit käme in Frage. Eindeutig positiv sind hingegen jene Fälle, wo der Vater nicht der Erwartung entspricht, da in diesem Fall die Vaterschaft auszuschließen ist und die Blutuntersuchung ein verwertbares eindeutiges Ergebnis liefert. Im folgenden sei eine Zusammenstellung der Kombinationen Mutter — Kind gegeben, in denen sich der Vater voraussagen läßt und in denen der Vater in der einen Gruppe der Erwartung entspricht und in der zweiten Gruppe nicht der Erwartung entspricht:

a) Vater *entspricht* der Erwartung.　　b) Vater *entspricht nicht* der Erwartung.

Kind O

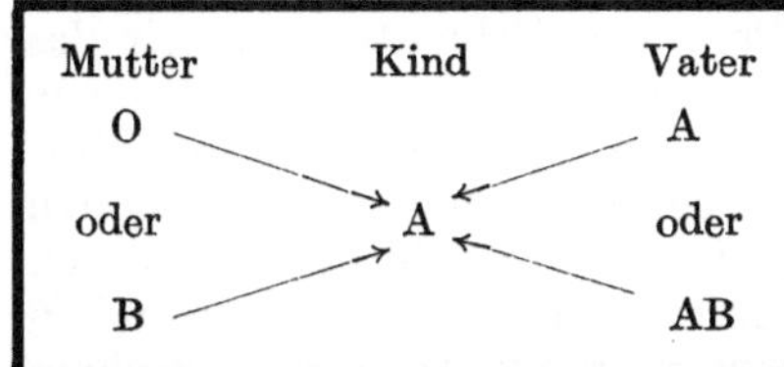

Kind A

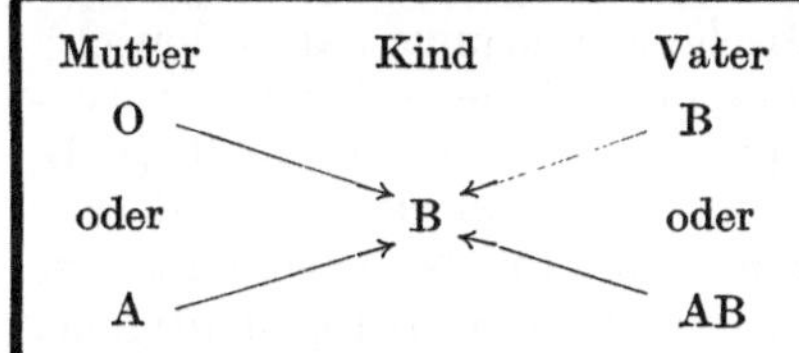

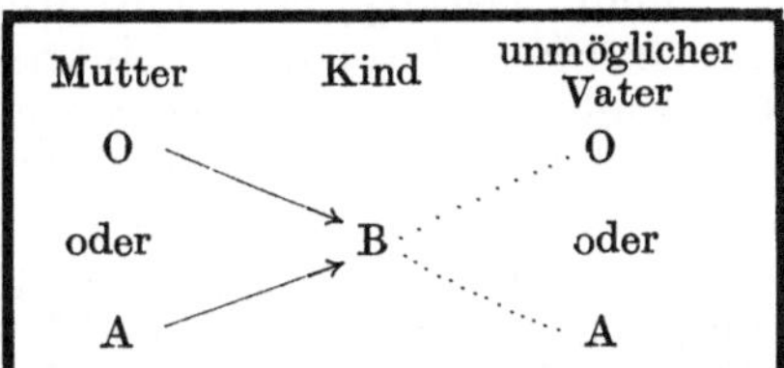

Kind B

Kind AB

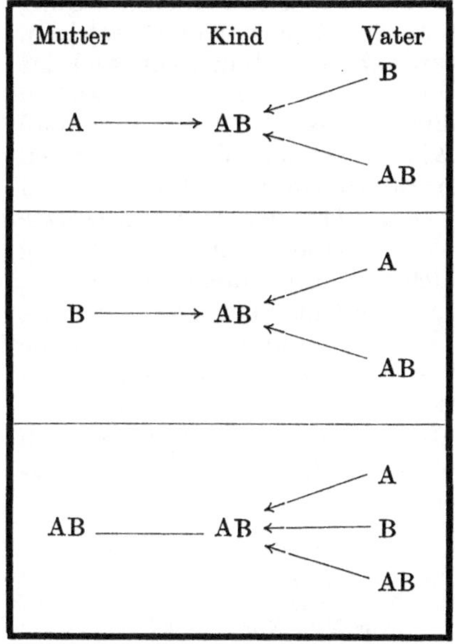

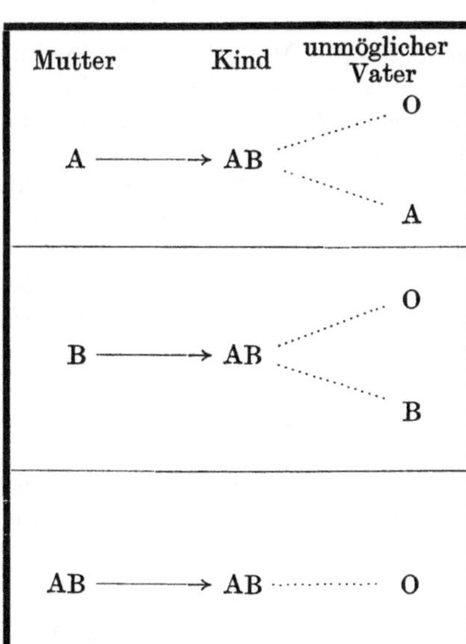

Durch die grundlegenden weiteren Studien von LANDSTEINER und LEVINE hat sich gezeigt, daß sich in den roten Blutkörperchen des Menschen außer den sog. klassischen Gruppenmerkmalen A und B und unabhängig von diesen noch weitere gruppenspezifische Agglutinogene nachweisen lassen, nämlich die *Faktoren M und N.* Da das normale Menschenserum im allgemeinen nur Isoantikörper für A und B enthält, gelingt der Nachweis dieser Faktoren nur auf dem Wege der Immunisierung. Diese beiden Eigenschaften M und N treten entweder einzeln oder zusammen auf (M, N und MN). Es gibt keinen Menschen ohne M bzw. ohne N, mindestens tritt beim Menschen eine der beiden Eigenschaften auf. Die Eigenschaften M und N vererben sich nach den MENDELschen Gesetzen. Ein einziges Paar von Erbfaktoren regelt das Auftreten der Eigenschaften M und N. Im Gegensatz zu den klassischen Blutgruppen finden sich aber im menschlichen Blutserum bei den Blutmerkmalen M und N keine Isoagglutinine gegenüber den fehlenden Faktoren. Zum Nachweis der Eigenschaften M und N muß man sich durch Immunisierung von Kaninchen mit M- bzw. N-Blutkörperchen (am besten der Gruppe O) spezifisch agglutinierende Antisera herstellen. Die Herstellung dieser Immunsera ist nicht einfach. Zudem treten bei der Immunisierung nicht nur gruppenspezifische Agglutinine (Anti-M bzw. Anti-N) auf, sondern auch artspezifische Agglutinine (Anti-Mensch). Daher müssen die Immunsera vor Gebrauch mit heterologen menschlichen Blutkörperchen, denen das entsprechende Merkmal fehlt (z. B. Anti-M-Serum mit N-Blutkörperchen) abgesättigt werden, so daß nur noch das gewünschte Agglutinin (Anti-M oder Anti-N) vorhanden ist. Außer den Faktoren A, B, M und N gibt es noch weitere Gruppenantigene, z. B. den Faktor P, die aber bisher noch keine größere praktische Bedeutung erlangt haben.

Aus den Erbformeln der Eltern lassen sich nun unter Berücksichtigung der Faktoren M und N sehr leicht die zu erwartenden Kinder ableiten, da sich aus ihrer Kenntnis für die Vaterschaftsprüfung sehr wichtige und wertvolle Konsequenzen ergeben, die die Ergebnisse der klassischen Blutgruppen erheblich erweitern. Maßgebend ist der Grundsatz, daß die Bluteigenschaft M oder N eines Kindes bei den Eltern vertreten sein muß. Außerdem kann unter den Eltern eines Kindes, das dem reinen Typus „Nur M" oder „Nur N" angehört, der entgegengesetzte reine Typus „Nur M" oder „Nur N" nicht vorhanden sein. Zur Klärung des ersten Satzes müssen beide angeblichen Eltern untersucht werden, bei der Klärung des zweiten Satzes genügt die Untersuchung des Kindes und des fraglichen Elters. Es kann hier also unter Umständen die Vaterschaft oder Mutterschaft ohne Untersuchung des zweiten Elters ausgeschlossen werden. Da nur Blutklassen vorliegen, sind die einzelnen Fälle einfacher zu überblicken als bei den vier Blutgruppen. In der folgenden Tabelle wird gezeigt, welche Kinder aus den sechs möglichen Elternverbindungen hervorgehen:

Elternverbindung.	*Kinder*
1. „Nur M" + „Nur M"	„Nur M"
2. „Nur N" + „Nur N"	„Nur N"
3. MN + MN	„Nur M" „Nur N" MN

Elternverbindung.		*Kinder.*		
4. „Nur M" + MN		„Nur M"	.	MN
5. „Nur N" + MN		.	„Nur N"	MN
6. „Nur M" + „Nur N"		.	.	MN

Aus der vorstehenden Zusammenstellung läßt sich ohne weiteres ableiten, ob es offenbar unmöglich ist, daß ein Kind von einem bestimmten Mann nicht erzeugt worden ist. Diese Zusammenstellung wird nochmals in der folgenden Tabelle gebracht:

Kind	*Mutter*	*Vater kann nicht sein*
1. MM	MM oder Mm	mm („Nur N")
2. mm	mm oder Mm	MM („Nur M")
3. Mm	MM	MM („Nur M")
4. Mm	mm	mm („Nur N"

Da die Aussichten, zu einer Ausschließung der Vaterschaft mittels Bestimmung dieser Faktoren zu gelangen, etwa ebenso groß sind wie bei der Anwendung der Blutgruppeneigenschaften A und B, hat man bei der heutigen Prüfung der Eigenschaften A, B und M, N nebeneinander die Möglichkeit, rund jeden dritten Nichtvater als solchen serologisch zu erkennen. Die Chancen der Vaterschaftsausschließung haben sich durch die Berücksichtigung von M und N verdoppelt. Auch haben sich dadurch die Aussichten, eine Kindesvertauschung aufzuklären, erheblich verbessert. Bei Bluttransfusionen sind hingegen die Eigenschaften M und N ohne wesentliche Bedeutung, da gegen sie keine Isoantikörper vorhanden sind. Ob bei wiederholten Transfusionen spezifische Antikörper auftreten und schädlich wirken können, ist noch ungewiß.

Schrifttum.

HIRSZFELD: Konstitutionsserologie. Berlin: Julius Springer 1928. — LATTES: Die Individualität des Blutes. Berlin: Julius Springer 1925, sowie 3. Aufl. Paris: Masson 1929. — SCHIFF, F.: Die Technik der Blutgruppenuntersuchung, 3. Aufl. Berlin: Julius Springer 1932. — THOMSON, O.: KOLLE, KRAUS, UHLENHUTH, 3. Aufl. 2 (1929).

6. Präcipitine.

Im Jahre 1897 fand KRAUS, daß beim Vermischen von keimfreien Kulturfiltraten von Bakterien mit dem homologen Immunserum eine Trübung des Filtrates bis zur Niederschlagsbildung eintrat *(Präcipitat)*. Die Reaktion, *Präcipitation* genannt, ist durchaus spezifisch und wird durch normales Serum nicht hervorgerufen. Die Stoffe, welche im Immunserum demnach vorhanden sein müssen und die gelösten Körper aus dem Kulturfiltrat spezifisch auszufällen vermögen, werden als *Präcipitine* bezeichnet. Nach neueren Anschauungen handelt es sich um die Fällung von kolloidalen Stoffen, die vorher im Solzustande sich befanden, nicht etwa um die Ausfällung von Krystalloiden aus echter Lösung. Es wird sich demnach bei der Präcipitation um die Überführung von Kolloidsolen in Gele handeln.

Die Präcipitine sind gegen Erhitzung wenig widerstandsfähig und verlieren schon bei Erhitzung auf 60° C ihre *ausfällende* (präcipitierende)

Wirksamkeit, wobei sie allerdings ihr Bindungsvermögen gegenüber dem Präcipitinogen noch beibehalten (Umwandlung in *Präcipitoïde*). Nach ihrem chemischen Aufbau rechnet man sie zu den Globulinen bzw. Pseudoglobulinen, denen sie jedenfalls nahe verwandt sind. Der amorphe, sehr voluminöse Niederschlag, das Präcipitat, eine Eiweißsubstanz, die zum größten Teil aus dem Immunserum gebildet wird, ist äußerst fein und passiert die dichtesten Filter; sie ist in verdünnten Säuren und Alkalien löslich. Enthält das betreffende Immunserum noch andere Immunstoffe, wie z. B. Antitoxine, so werden diese bei der Präcipitatbildung ebenfalls mit ausgefällt.

Die Bildung von Präcipitinen erfolgt nicht nur nach Injektion von Bakterien oder anderen geformten Elementen, sondern sie stellt eine allgemeine Reaktionserscheinung des Organismus auf parenterale Einführung gelösten Eiweißes, sei es tierischen, pflanzlichen oder bakteriellen Ursprungs, dar. Man nennt diese Immunsubstanzen im Gegensatz zu den Bakterienpräcipitinen „Eiweißpräcipitine" (TSCHISTOWITSCH und BORDET). Die Substanz, die in dem Bakterienkulturfiltrat oder in der Eiweißlösung vorhanden ist, wird als präcipitable oder, da sie antigene Funktionen aufweist, d. h. Antikörperbildung auszulösen vermag, auch als *präcipitinogene* Substanz bezeichnet.

Zur Gewinnung präcipitierender Immunsera werden die Versuchstiere mit Bakterien selbst, deren Kulturfiltraten oder Bakterienextrakten, in denen sich das Bakterieneiweiß in gelöster Form findet, mehrere Male intravenös oder intraperitoneal behandelt.

Das sterile *klare* Serum wird bei der Anstellung des Versuchs in fallenden Mengen zu einer bestimmten Menge sterilen, ebenfalls vollkommen ungetrübten Präcipitinogens gebracht oder umgekehrt. Die auftretenden Trübungen und Flockungen sind im reflektierten Licht am besten gegen einen schwarzen Hintergrund sichtbar. Der Ausfall der Reaktion ist von den quantitativen Verhältnissen sehr abhängig.

Die Versuchsanordnung zeigt folgende Tabelle:

Tabelle 1.

Pestbouillonfiltrat (Präcipitinogen)	Pestserum (Präcipitin)	0,85 %ige NaCl-Lösung	Resultat	
			nach 3 Std.	nach 24 Std.
5 ccm	0,5	0,5	sehr trüb	starker Bodensatz, Flüssigkeit darüber klar
5 „	0,1	0,9	trüb	geringer Bodensatz, Flüssigkeit darüber klar
5 „	0,05	0,95	klar	kein Bodensatz, klar
Kontr. 5 ccm	—	1,0	klar	klar
—	0,5	5,5	klar	klar
—	0,1	5,9	„	„
—	0,05	5,95	„	„
5 ccm	Normalserum 0,5	0,5	klar	klar

Neben dieser Mischungsmethode hat sich noch eine andere Methode eingebürgert, die *Schicht- oder Ringprobe* (ASCOLI).

In 6 cm lange, 0,4—0,5 cm breite Röhrchen werden auf kleine Mengen Immunserum bei schräg geneigtem Röhrchen kleine Mengen Antigen vorsichtig, um ein Vermischen der beiden Flüssigkeiten zu vermeiden, geschichtet.

Bei positivem Ausfall der Reaktion entsteht an der Berührungsfläche der beiden Flüssigkeiten ein grauweißer Ring.

Zur Unterstützung der klinischen Diagnose von Infektionskrankheiten macht man bisher nur in vereinzelten Fällen von der Präcipitation Gebrauch, z. B. wenn es sich um lösliche Bakteriensubstanzen in Exsudaten oder Organflüssigkeiten handelt.

Die Präcipitation hat dagegen zur Differenzierung von *Eiweiß* eine außerordentlich große praktische Bedeutung gewonnen. Die grundlegenden Versuche stammen von BORDET und TSCHISTOWITSCH (1899). Das Serum von Kaninchen, die mit Aalblut bzw. Pferdeblut vorbehandelt waren, erzeugte nur in der homologen, nicht aber in anderen Blutlösungen einen Niederschlag. Später gelang es WASSERMANN, UHLENHUTH und SCHÜTZE, durch Injektion von Milch verschiedener Tierarten bei Kaninchen Sera zu erzeugen, die streng spezifisch auf die zur Immunisierung benutzte Milchart eingestellt waren, so daß z. B. das Serum eines mit Kuhmilch vorbehandelten Kaninchens nur auf Kuhmilch und nicht auf Frauenmilch präcipitierend wirkte. Weiter konnte UHLENHUTH mit dieser biologischen Methode die Eiweißarten der verschiedenen Vogeleier unterscheiden und feststellen, daß mittels der Präcipitationsmethode sich noch Eiweiß in einer Verdünnung von 1:100000 nachweisen läßt, Verdünnungen, in denen chemische Methoden längst versagen. Diese Entdeckungen wurden von ausschlaggebender Bedeutung für die forensische Medizin, wenn es sich darum handelt, menschliches Eiweiß von tierischem zu unterscheiden (forensische Blutdifferenzierung). Die Reaktion gelingt selbst dann noch, wenn das verdächtige Material (Blut-Eiweißflecke) schon jahrelang an Gegenständen (Leinwand, Papier, Holz, Metall usw.) angetrocknet ist.

Weiter ist die Präcipitinreaktion ein wichtiger Faktor in der *Nahrungsmittelkontrolle* geworden. Sie wird zur Aufdeckung von Verfälschungen durch Beimengung minderwertiger Fleischsorten, wie Pferde- und Hundefleisch, herangezogen. Bei Fleisch- oder Wurstwaren können unter Umständen Schwierigkeiten dadurch auftreten, daß Fleischgemische, denen auch Pferdefleisch beigemengt sein kann, vorhanden sind. Das Präcipitationsverfahren läßt im Stich, wenn Fleisch- und Wurstwaren stärkeren Hitzegraden ausgesetzt waren, wodurch die Präcipitinogene zerstört wurden. Auch gesalzene, geräucherte, getrocknete oder gefrorene Fleischsorten, wie sie namentlich vom Auslande eingeführt werden, unterliegen der Kontrolle durch dieses Verfahren. Andere Nahrungsmittel, wie Eier-, Milchpräparate sowie Natur- und Kunsthonig, lassen sich in derselben Weise auf ihren Ursprung und ihre Reinheit prüfen. Ebenso können Nährpräparate pflanzlicher Herkunft durch diese biologische Methode einwandfrei geprüft werden, da sich die verschiedenen pflanzlichen Eiweiße voneinander und auch von tierischem Eiweiß unterscheiden lassen.

7*

Aber nicht nur für praktische Zwecke, sondern auch für die Beantwortung theoretischer Fragen ist die Methode der spezifischen Präcipitinreaktion versucht worden, so *für die Klarstellung der verwandtschaftlichen Beziehungen unter den verschiedenen Tierarten* (UHLENHUTH). Es hat sich aber ergeben, daß eine Differenzierung der Eiweißkörper nahe verwandter Tierarten vielfach nicht möglich war. So zeigt z. B. das Serum eines mit Hundeserum vorbehandelten Kaninchens auch in Blutlösungen von Fuchs und Wolf einen Niederschlag. Ebenso lassen sich Esel- und Pferdeeiweiß, Menschen- und Affeneiweiß, Kaninchen- und Feldhaseneiweiß usw. serologisch nicht trennen. Man ist aber hier

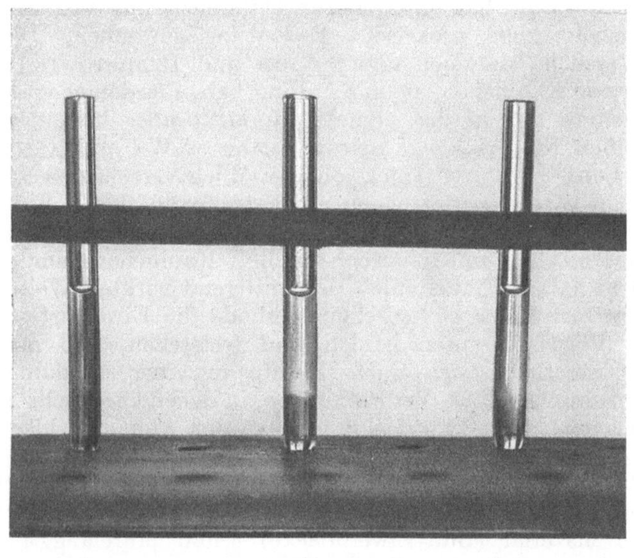

Abb. 13. Präcipitationsversuch. *a* Kontrolle, *b* und *c* positive Präcipitation.

durch die sog. kreuzweise Immunisierung weiter gekommen. Durch Immunisierung von Affen mit Menschenblut erhält man Sera, die spezifische Fällung von Menschenblut herbeiführen; ebenso gewinnt man von Kaninchen Hasenblutantisera und von Hasen Kaninchenblutantisera, von Hühnern Taubenblutantisera, von Tauben Hühnerblutantisera. Bei sehr naher Blutsverwandtschaft, z. B. Pferd und Esel, konnten Präcipitine wechselseitig nicht gewonnen werden. Durch ein solches Versagen ist in bezug auf die phylogenetischen Forschungen die praktische Bedeutung der Präcipitinreaktion in gewisser Beziehung herabgesetzt.

Mit Hilfe der Präcipitinreaktion wurde die entwicklungsgeschichtlich interessante Tatsache ermittelt, daß gegenüber der für jede Tierart spezifischen Beschaffenheit des Blutserums das Eiweiß der Krystallinse aller Tiere einen einheitlichen Körper darstellt und bei den einzelnen Arten sich nicht voneinander differenzieren läßt.

Die Technik und Methodik der biologischen Eiweißdifferenzierung soll hier noch kurz besprochen werden:

Für Immunisierungszwecke eignet sich am besten das Kaninchen. Es werden mehrere Tiere gleichzeitig immunisiert, da Tierversuche durch Anaphylaxie, die sich meistens nach der dritten Injektion einstellt, unliebsame Verzögerungen bringen können. Als Injektionsmaterial dient entweder Serum oder filtrierter Muskelpreßsaft, Eiweiß oder Milch. Am 1., 4. und 7. Tag wird 1 ccm der genannten Flüssigkeiten den Versuchstieren intravenös beigebracht. Am 17. Tag werden 2 ccm intraperitoneal injiziert; am 27. Tag erfolgt eine Probeblutentnahme zur Prüfung des Immunserums auf seine Wertigkeit. Erweist sich das Serum als hochwertig — hochwertige Sera sind nach UHLENHUTH für die forensische Praxis vorzuziehen — so wird das Tier entblutet, das Serum vollkommen geklärt und steril aufbewahrt. Bei schlechtem Ausfall der Wertigkeitsprüfung erfolgt Weiterbehandlung des Tieres.

Der Titer des Serums wird bestimmt, indem man von dem zu untersuchenden Eiweiß und dementsprechend zur Immunisierung benutzten Eiweiß (Präcipitinogen) verschiedene Verdünnungen (1:10, 100, 1000 usw.) ansetzt und zu je 1 ccm derselben 0,1 ccm des auszuwertenden Serums zufügt. Es entstehen Trübungen und Ausflockungen (eventuell Beobachtung nach 1stündigem Verweilen im Brutschrank bei 37⁰ C). Die Verdünnung des Eiweißes, in der sich noch ein deutliches Präcipitat nachweisen läßt, bestimmt dann den Titer des Serums.

Das zu untersuchende Material kann, wie gesagt, der verschiedenartigsten Provenienz sein. Bei allen gilt es, eine wasserklare Lösung des Untersuchungsmaterials herzustellen. Die in Kleidungsstücken befindlichen Blut-, Spermaflecke usw. werden herausgeschnitten, vollkommen zerkleinert und mit einer kleinen Menge physiologischer Kochsalzlösung ausgelaugt (etwa 24 Stunden im Eisschrank). Ist das Material an Holz usw. angetrocknet, so werden die Flecke sorgfältig mit sterilem Instrument abgekratzt und das Abschabsel ebenfalls mit NaCl-Lösung ausgelaugt. Die Extrakte müssen dann völlig klar filtriert werden, eventuell unter Zuhilfenahme eines BERKEFELD- oder eines SILBERSCHMIDTSchen Mikrofilters oder eines SEITZ-Filters. Es hat sich als zweckmäßig herausgestellt, im Hauptversuch das Untersuchungsmaterial in erheblicher Verdünnung (meistens 1:1000) und das präcipitierende Serum in unverdünntem Zustand zu verwenden. Zur annähernden Feststellung des erforderlichen Verdünnungsgrades des Testmaterials bedient man sich folgender Reaktionen:

1. Schaumbildung, die beim Schütteln einer eiweißhaltigen Lösung entsteht;

2. Kochprobe unter Zusatz eines Tropfens 25%iger Salpetersäure, wodurch bei einem Eiweißgehalt von 1:1000 die Flüssigkeit opalescierend getrübt wird.

Vor der Anstellung des Hauptversuchs muß man sich im Vorversuch überzeugen, ob das präcipitierende Serum auch wirklich mit der entsprechenden Testflüssigkeit, z. B. einem Extrakt aus an Leinwand angetrockneten alten Blutflecken vom Mensch, Rind, Schwein, Pferd usw. die Reaktion auszulösen vermag.

Die Anordnung dieses Vorversuchs zeigt nachstehende Tabelle 2.

Das Serum soll an der Wand des Reagensglases herunterlaufen und nicht auf die Flüssigkeit getropft werden.

Die Röhrchen dürfen nicht geschüttelt werden.

Die Reaktion soll spätestens in 20 Minuten bei Zimmertemperatur auftreten; nach dieser Zeit erscheinende Trübungen sollen nicht im

Tabelle 2.

Nr.	Präc.-Ser. vom Kaninchen	Normalserum vom Kaninchen	Test-flüssigkeit 1:1000	NaCl-Lösung 0,85%	Resultat	
1	0,1	—	1,0	—	Hauchartige Trübung nach 5 Min.	Ausflockung und Bodensatz nach 20 Min.
2	—	0,1	1,0	—	klar	klar
3	0,1	—	—	1,0	klar	klar

positiven Sinne gedeutet werden. Zur leichteren Erkennung der Trübungen ist es vorteilhaft, zwischen Lichtquelle und Präcipitationsröhrchen eine schwarze Tafel zu halten.

Handelt es sich z. B. um die Feststellung, ob ein alter an Leinwand
angetrockneter Blutfleck von Menschenblut herrührt oder nicht, so
stellt man nach UHLENHUTH und WEIDANZ den Hauptversuch mit den
erforderlichen Kontrollen folgendermaßen an:

Tabelle 3.

		Resultat
Röhrchen I	Fragliche Blutlösung 0,9 ccm + 0,1 Antiserum (Mensch)	Trübung, Ausflockung, Bodensatz
„ II	Fragliche Blutlösung 0,9 ccm + 0,1 normales Kaninchenserum	klar
„ III	Homologe Blutlösung 0,9 ccm (Mensch) + 0,1 Antiserum (Mensch)	Trübung, Ausflockung, Bodensatz
„ IV	Heterologe Blutlösung 0,9 ccm (Schwein) + 0,1 Antiserum (Mensch)	klar
„ V	Heterologe Blutlösung 0,9 ccm (Rind) + 0,1 Antiserum (Mensch)	„
„ VI	Physiologische Kochsalzlösung 0,9 ccm + 0,1 Antiserum (Mensch)	„
„ VII	Substratextrakt 0,9 ccm (Stoff) + 0,1 Antiserum (Mensch)	„

Das Zustandekommen einer spezifischen Ausfällung im Röhrchen I,
übereinstimmend mit der positiven Kontrolle (Röhrchen Nr. III) und
dem negativen Ausfall aller übrigen Kontrollen beweist, daß die im
Röhrchen I untersuchte fragliche Blutlösung derselben Art angehört
wie die im Röhrchen III verwendete, d. h. von Menschenblut herrührt.

Stehen nur geringe Mengen Untersuchungsmaterial zur Verfügung, wird die
Capillarmethode angewendet. Man verwendet 6 cm lange Röhrchen mit einem
Durchmesser von 2 mm. Hier hinein bringt man mit einer Capillarpipette etwa
3 cm hoch das Serum, das vorsichtig mit der Untersuchungsflüssigkeit überschichtet
wird. Bei positivem Ausfall erfolgt ein deutliches Auftreten eines grauen Ringes an
der Berührungsstelle der beiden Flüssigkeiten, der später in flockigen Niederschlag
übergeht, der sich in der Kuppe des Röhrchens sammelt. Mit 0,1 ccm Untersuchungsflüssigkeit kommt man hier gut aus.

Weiter hat sich die Präcipitation zur *Erkennung der bakteriellen Infektionskrankheiten* auch als brauchbar erwiesen. Hier wird entweder das fragliche präcipitinhaltige Patientenserum gegenüber bekannten Kulturfiltraten oder der Extrakt aus Organen von Tieren oder Menschen, die an einer Infektion zugrunde gegangen sind, gegenüber sicheren hochwertigen präcipitierenden Seren geprüft. Durch dieses letztere Verfahren gelingt es auch dann noch eine sichere Diagnose zu stellen, wenn das Kulturverfahren bzw. die serologischen Methoden (Agglutination) im Stich gelassen haben.

Für die Herstellung des Präcipitinogens aus Bakterienkulturen kommen folgende Verfahren hauptsächlich in Betracht:

I. Ältere Bouillonkulturen werden durch Kerzen filtriert.

II. Abschwemmen von 1—3 Tage alten Kulturen mit physiologischer NaCl-Lösung mit nachfolgendem Schütteln.

III. Abschwemmen der gewachsenen Massenkulturen mit 5—6 ccm physiologischer NaCl-Lösung, Kochen der Abschwemmung 5—10 Minuten lang, zentrifugieren, dann filtrieren bis zur vollkommenen Klarheit.

Bei der Herstellung des Präcipitinogens aus *Organen* schlägt man folgende drei Wege ein:

1. Einfache Extrahierung nach PFEILER. Organteilchen eines z. B. an Milzbrand eingegangenen Tieres werden zerkleinert, mit etwas Sand im Mörser verrieben, zwecks Entfärbung mit 10 ccm Chloroform durchmengt und 5 Stunden bei Zimmertemperatur belassen. Nach Entfernung des Chloroforms wird der Brei mit 5 ccm 0,5%iger Carbol-NaCl-Lösung extrahiert, wiederholt umgerührt und nach 2 Stunden filtriert (durch Papier oder Asbest). Das Extrakt muß vollkommen klar sein.

2. Schüttelextrakt nach ASCOLI. Ein kleines Organstück (angenommen Milzbrandverdacht) wird nach dem Zerkleinern mit Quarzsand etwa 3 Minuten mit 5 ccm 0,5%iger Carbolkochsalzlösung kräftig geschüttelt. Nach dem Zufügen von 1 ccm Chloroform wird nochmals 2 Minuten geschüttelt und dann mehrmals bis zur vollkommenen Klarheit filtriert.

Zur Anstellung des Präcipitationsversuches wird in besonderen Präcipitationsröhrchen das Extrakt auf ein hochwertig präcipitierendes, vollkommen klares Milzbrandserum und zur Kontrolle auf ein Normalserum geschichtet. Bei positivem Ausfall tritt in dem ersten Röhrchen an der Berührungsstelle der beiden Flüssigkeitsschichten ein grauweißer Ring auf, während das Kontrollröhrchen vollkommen unverändert bleibt.

Das Verfahren läßt sich unter Verwertung der Thermoresistenz der präcipitablen Substanz für den Praktiker bedeutend vereinfachen:

Nach Aufschwemmung der zerkleinerten Organe in physiologischer NaCl-Lösung (5—10faches Volumen) kocht man etwa 2 Minuten auf, filtriert durch Papier oder Asbest und stellt nach dem Erkalten die Schichtprobe an.

Die *Thermopräcipitation* dient dem Nachweis der thermostabilen bakteriellen Antigene, wie sie sich in den Organen oder den Exkreten der Menschen und der Tiere finden. Sie wurde im Jahre 1911 von ASCOLI und VALENTI zuerst bei Milzbrand versucht. Das Ergebnis war, daß Milzbrandserum in Koch-Extrakten aus Organen milzbrandkranker Tiere spezifische Fällungen hervorruft, während bei Verwendung sowohl von normalem als auch von heterologem Immunserum (Tetanus-, Pneumokokkenserum usw.) keine Präcipitatbildung eintritt.

Diese Thermopräcipitationsmethode hat mit den Ergebnissen der mikroskopischen Untersuchung stets übereinstimmende Resultate geliefert und selbst da, wo das bakteriologische Kulturverfahren im Stiche läßt (Überwuchern durch Fäulniskeime), noch den Nachweis der stattgehabten Infektion erbracht. Kontrollproben mit normalen Organen ergaben stets negative Resultate.

Für die Milzbranddiagnose hat Ascoli ein besonderes Diagnosticum angegeben.

Die Thermopräcipitinreaktion ist seitdem bei Schweinerotlauf, Rauschbrand, Paratyphusinfektionen, Tuberkulose, Rotz, Maltafieber, Pest, Fleckfieber versucht und insbesondere auch für die Diagnose der Pneumokokkeninfektionen (Schürmann) mit Erfolg angewendet worden.

Schrifttum.

Kraus: Bakterienpräcipitation und Bakterienpräcipitine. Handbuch der pathogenen Mikroorganismen, 3. Aufl., Bd. 2, S. 1141.

7. Hämolysine.

Die *Hämolysine*, 1898 von Bordet gefunden, sind Stoffe (Amboceptoren) die im normalen Serum vieler Tierarten und Tierindividuen vorhanden sein können und welche die Fähigkeit haben, Erythrocyten aufzulösen, d. h. auf Blutkörperchenstroma schädigend einzuwirken, so daß das Hämoglobin frei wird und sich dann im Serum auflöst; das Blut wird dadurch lackfarben. Diesen Prozeß der Lösung der roten Blutkörperchen, der erst oberhalb der Temperatur von 15^0 C und am besten bei 37^0 C erfolgt, nennt man Hämolyse. Die diesen Prozeß verursachenden Stoffe bezeichnet man, wenn sie sich schon im unvorbehandelten Tier finden, als *Normalhämolysine*, im Gegensatz zu den *Immunhämolysinen* oder künstlich erzeugten Hämolysinen. Injiziert man einem Versuchstier artfremde rote Blutkörperchen, so antwortet der Körper auf diesen Eingriff durch Bildung von streng spezifischen, nur auf die *eine* bestimmte Blutart eingestellten Antikörpern, welche die fremden Erythrocyten zur Auflösung bringen. Je weiter der Abstand der Art zwischen dem das Blut spendenden und dem injizierten Tiere ist, desto reichlicher werden Hämolysine erzeugt. Auch die Einverleibung von anderen tierischen Zellen führt zur Bildung von Reaktionskörpern, die auf die homologe Zellenart lösend wirken. Man bezeichnet die Antikörper als Cytotoxine, da eine vollkommene Lösung der Zellenart nicht auftritt, jedoch eine schwere Vergiftung der Zellen.

Die Hämolysine sind thermostabil; sie vertragen Temperaturen von $56—58^0$ C ohne Schaden. Sie bedürfen zur Entfaltung ihrer hämolytischen Eigenschaften des Komplements. Die Herstellung gut wirksamer Immunhämolysine bzw. hämolytischer Amboceptoren geschieht folgendermaßen:

Das als Antigen dienende Blut wird zur Vermeidung der Gerinnung in sterilem Erlenmeyerschen Kolben, in dem sich Glasperlen befinden, durch Schütteln defibriniert. Durch Zentrifugieren entfernt man das Serum, und die so gewonnenen Erythrocyten werden durch mehrmaliges Waschen mit 0,85%iger Kochsalzlösung in der Zentrifuge von den letzten Resten des Serums befreit. Nach dem letzten Zentrifugieren entfernt man die überstehende Waschflüssigkeit, füllt dafür mit physiologischer Kochsalzlösung bis zum ursprünglichen Volumen des Blutes auf und erhält dann die Erythrocyten in der gleichen Konzentration wie im Blute, aber vollkommen ohne jede Serumbeimengung.

Für die *Herstellung des hämolytischen Amboceptors* erweisen sich verschiedene Methoden der Immunisierung als brauchbar, und zwar

1. Die intraperitoneale Injektion von 5,0, 10,0 und 15,0 ccm gewaschener roter Blutkörperchen an drei aufeinander folgenden Tagen (Schnellmethode).

2. Die intraperitoneale Injektion von 20,0 und 30,0 ccm gewaschener Erythrocyten in Zwischenräumen von je 4—8 Tagen.

3. Am einfachsten die intravenöse Injektion von 1,5—2,5 ccm gewaschener Erythrocyten in Zwischenräumen von 4—6 Tagen 2—3mal.

Die Gewinnung der gewaschenen roten Blutkörperchen siehe S. 111.

Die ersten beiden Injektionen werden meistens gut vertragen im Gegensatz zur dritten und den eventuell folgenden nicht ungefährlichen Injektionen, bei denen bedrohliche *anaphylaktische Erscheinungen* auftreten können; vgl. weiter unten das betreffende Kapitel.

Vom 6. Tage an nach der zweiten bzw. dritten Injektion wird durch tägliche Probeblutentnahme der Amboceptorengehalt des Blutes bestimmt. Bei hohem Titer wird zur Entblutung des Tieres geschritten.

Die Konservierung des Amboceptors erfolgt am besten durch „Inaktivierung" durch Erhitzung des Serums während $1/_2$ Stunde im Wasserbad von 56⁰ C (wobei das Komplement zerstört wird) mit nachfolgendem Phenolzusatz (0,5%).

Wie geschieht nun *die Titration des hämolytischen Amboceptors?* Abfallende Mengen inaktivierten hämolytischen Amboceptors werden mit einer konstanten Menge Komplement und Erythrocyten der zur Immunisierung benutzten

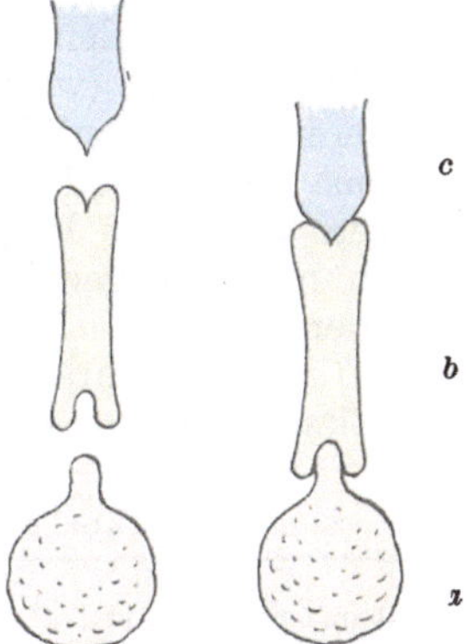

Abb. 14. Schema des hämolytischen Systems. *a* Antigen (hier Erythrocyten), *b* Amboceptor, *c* Komplement.

Tierart zusammengebracht. Als Komplement dient zur Komplettierung von Kaninchenserum gewöhnlich das frisch entnommene Serum von Meerschweinchen, das besonders reich an Komplement zu sein pflegt. Ein derartig zusammengestelltes System nennt man das hämolytische System.

Gewöhnlich verwendet man nach dem Vorschlage von BORDET und GENGOU als Antigen eine 5%ige Aufschwemmung frischer, gewaschener Schafblutkörperchen. Zur Verdünnung muß unbedingt eine 0,85%ige Kochsalzlösung verwendet werden.

Das Meerschweinchenkomplement wird durch Entbluten oder durch Herzstich (MORGENROTH) von normalen Meerschweinchen gewonnen. Man läßt das Serum sich vom Blutkuchen klar absetzen oder gewinnt es durch Zentrifugieren und verwendet gewöhnlich die konstante Dosis von 1 ccm der Verdünnung 1:20. Das Komplement ist im Eisschrank 24 Stunden, im „Frigo" wochenlang haltbar. Aus der beigefügten Zeichnung 14, die das Verständnis für derartige Hämolyseversuche wesentlich erleichtert, geht hervor, daß das Komplement sich nicht direkt mit den roten Blutkörperchen zu verbinden vermag, daß es vielmehr eines Zwischenkörpers, des Amboceptors, bedarf, der sich mit seiner komplementophilen Gruppe an die roten Blutkörperchen verankert und somit

das Bindeglied zwischen Komplement und roten Blutkörperchen darstellt. Erst in Verbindung mit dem Amboceptor kann das Komplement
nach Art eines Verdauungsfermentes seine lösende Wirkung auf die
Erythrocyten ausüben.

Je 1 ccm der oben aufgezählten Substanzen werden nun (s. Tabelle 4)
in ein Reagensglas eingefüllt, gut miteinander vermischt, mit 2 ccm
physiologischer NaCl-Lösung auf 5 ccm aufgefüllt. Als Kontrollen für
das hämolytische System werden angesetzt:

1. eine 5% Erythrocytenaufschwemmung + Amboceptor allein
2. ,, 5% ,, + Komplement allein
3. ,, 5% ,, + physiologischer Kochsalzlösung.

Diese Kontrollen müssen ungelöst bleiben; andernfalls sind entweder
der Amboceptor (wegen ungenügender Inaktivierung) oder das Komplement (wegen zufälligen Gehalts des betreffenden Meerschweinchenserums an Normalhämolysinen) oder die verwendeten Erythrocyten
(wegen abnormer Fragilität) zum Versuche unbrauchbar und müssen
durch neue Reagenzien ersetzt werden. Bei zufriedenstellendem Ausfall der Kontrollen wird im Hauptversuch nach etwa 1 Stunde Verweilen im Brutschrank bei 37⁰ C und danach 12stündigem Stehenlassen
im Eisschrank der Grad der Hämolyse festgestellt.

Tabelle 4. Einstellen des Amboceptors.

Röhrchen	Antigen	Amboceptor	Komplement	0,85%ige Kochsalzlösung		Resultat
1	1 ccm 5%-ige Schafblutkörperchenaufschwemmung	1 ccm $^{1}/_{400}$	1 ccm 5%-iges Meerschweinchen-Serum	2 ccm		$+++$
2	,,	1 ,, $^{1}/_{600}$	,,	2 ,,		$+++$
3	,,	1 ,, $^{1}/_{800}$	,,	2 ,,		$+++$
4	,,	1 ,, $^{1}/_{1000}$	,,	2 ,,		$+++$
5	,,	1 ,, $^{1}/_{1500}$	,,	2 ,,		$+++$
6	,,	1 ,, $^{1}/_{2000}$	,,	2 ,,	1 Stunde Brutschrank 37⁰ C	$+++$
7	,,	1 ,, $^{1}/_{2500}$	,,	2 ,,		$++$
8	,,	1 ,, $^{1}/_{3000}$	,,	2 ,,		$+$
9	,,	1 ,, $^{1}/_{4000}$	,,	2 ,,		0
10	,,	1 ,, $^{1}/_{5000}$	,,	2 ,,		0
11	Kontrollen	,,	—	,,	3 ,,	0
12		,,	1 ,, $^{1}/_{200}$	—	3 ,,	0
13		,,	—	—	4 ,,	0

Ergebnis:

1 ccm $^{1}/_{2000}$ Amboceptor = Minimaldosis, erforderlich zur vollständigen Hämolyse.

Aus der Tabelle ist ersichtlich, daß 1 ccm der Amboceptorverdünnung
$^{1}/_{2000}$ die zur vollständigen Hämolyse noch eben erforderliche Minimaldosis darstellt; für den Versuch (z. B. die Anstellung der WASSERMANN-
schen Reaktion) würde man demnach von diesem Amboceptor 1 ccm

der Verdünnungen $^1/_{1000}$ bis $^1/_{500}$, d. h. das Doppelte bis Vierfache der hämolytischen Minimaldosis, wählen.

Für die Beurteilung der Reaktion, d. h. den Grad der Hämolyse, haben sich folgende Bezeichnungen eingebürgert:

		Bodensatz:	*Flüssigkeit:*
$+++$	= komplette Hämolyse	fehlt	lackfarben und klar
$++$	= starke　　　　„	geringer, eben erkennbar	lackfarben und trübe
$+$	= inkomplette　„	deutlich rotgefärbt; trüb	mehr oder weniger rotgefärbt; trüb
0	= keine　　　　„	hoch (Kuppe)	farblos

Der Vollständigkeit halber sei hier noch hinzugefügt, daß Hämolyse auch durch zahlreiche andere Substanzen hervorgerufen werden kann, so durch Alkalien und Säuren, durch Pflanzengifte, wie Ricin, Abrin, Krotin, Robin, Phalin, ferner durch Bakteriengifte, wie Tetanolysin, Staphylolysin, Bouillonkulturen von Choleravibrionen, Streptokokken usw., endlich durch gewisse tierische Gifte (Schlangengift und Skorpionengift).

Bei den Hämolyseversuchen ist es weiter notwendig, auch das Komplement genau in seiner Wirksamkeit zu kennen, d. h. den Komplementgehalt des Meerschweinchenserums zu titrieren. *Das Einstellen des Komplements* geht so vor sich, daß man zu 1 ccm einer 5%igen Schafblutkörperchenaufschwemmung eine konstante, d. h. die im vorigen Versuch ermittelte Amboceptordosis mit fallenden Dosen Komplement zusammenbringt und das Ganze auf 5 ccm mit Kochsalzlösung (0,85%) auffüllt (s. Tabelle 5).

Tabelle 5. Einstellen des Komplementes.

Röhrchen	Antigen	Amboceptor	Komplement	Kochsalz 0,85%		Resultat
1	1 ccm 5%ige Schafblutkörperchenaufschwemmung	1 ccm $^1/_{1000}$	1 ccm 5%iges Meerschweinchenserum	2 ccm		$+++$
2	„	1 ccm $^1/_{1000}$	0,8 ccm　　„	2,2 ccm		$+++$
3	„	1　„　$^1/_{1000}$	0,7　„　　„	2,3　„		$+++$
4	„	1　„　$^1/_{10\,0}$	0,5　„　　„	2,5　„		$+++$
5	„	1　„　$^1/_{1000}$	0,3　„　　„	2,7　„		$++$
6	„	1　„　$^1/_{1000}$	0,2　„　　„	2,8　„		$+$
7	„	1　„　$^1/_{1000}$	1　„　1%	2,0　„		0
8	„	1　„　$^1/_{1000}$	0,8　„　　„	2,2　„		0
9	„	1　„　$^1/_{1000}$	0,6　„　　„	2,4　„		0
10	„	1　„　$^1/_{1000}$	0,4　„　　„	2,6　„		0
11	„	1　„　$^1/_{1000}$	0,2　„　　„	2,8　„	1 Stunde Brutschrank 37° C	0
12	Kontrollen	1　„　$^1/_{1000}$	—	3,0　„		0
13		—	1 ccm 10%	3,0　„		0
14		—	—	4,0　„		0

Zeichenerklärung: siehe oben.

Ergebnis: 0,025 ccm Meerschweinchenserum = hämolytische Minimaldosis. Gewählte Dosis 0,05 ccm, d. h. 1 ccm 5%iges Meerschweinchenserum.

8. Komplementbindung (Wassermannsche Reaktion), Flockungs- und Trübungsreaktionen.

Die eben beschriebenen Vorgänge bei der Hämolyse erleichtern das Verständnis der jetzt zu besprechenden „Komplementbindung". Von Bordet und Gengou wurde das Phänomen der Hämolyse zum ersten Male im Jahre 1901 zum Nachweis der Komplementbindung benutzt.

In dem klassischen Versuch der genannten Autoren über die Einheitlichkeit des Komplementes wurden Bakterien, z. B. Typhusbacillen, mit inaktiviertem homologen Immunserum (Amboceptor) und Komplement im Reagensglase gemischt. Es verbinden sich die Bakterien durch das Bindeglied Amboceptor mit dem Komplement und es tritt infolgedessen Bakteriolyse auf; das Komplement ist somit verbraucht. Fügt man nun zu diesem Gemisch nach einiger Zeit gewaschene Erythrocyten und homologes Immunhämolysin hinzu, um festzustellen, ob

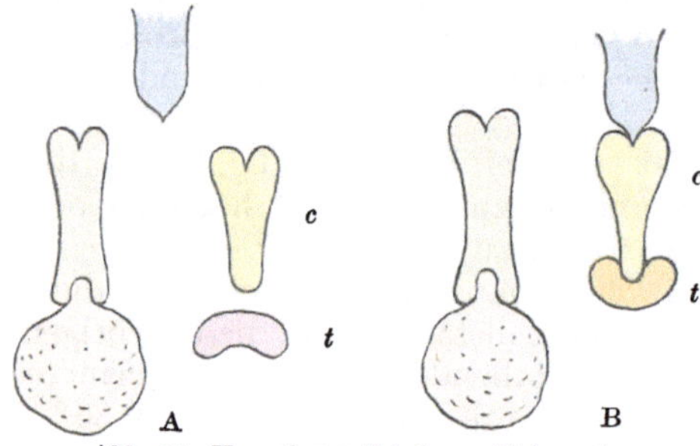

Abb. 15. Komplementbindung (Schema).

außer dem bakteriolytischen noch ein besonderes hämolytisches Komplement vorhanden sei, so zeigt sich durch das Ausbleiben der Hämolyse, daß das am Beginn des Versuchs vorhanden gewesene Komplement bereits vollständig durch den Vorgang der Bakteriolyse von den Bakterien „fixiert" oder „gebunden" war, daß also nicht etwa zwei verschiedene Komplemente vorhanden waren, sondern ein einheitliches Komplement, das sowohl bei der Bakteriolyse wie bei der Hämolyse in Wirkung tritt. Abgesehen von dieser theoretisch bedeutsamen Feststellung erhielt die Methode der Komplementbindung bald ihre diagnostische Bedeutung. Bei bekanntem Antigen ermöglicht sie die Feststellung spezifischer Amboceptoren in dem zu untersuchenden Serum, und umgekehrt kann man bei bekanntem Immunserum die Frage nach dem Vorhandensein und der Natur eines bestimmten Antigens beantworten, also beispielsweise die spezifische Natur einer Bakterienart feststellen.

Das vorstehende farbige Schema soll die Komplementbindung veranschaulichen.

In Abb. 15 A links haben wir das hämolytische System: Erythrocyten (Schaf) rot, Amboceptor grün, Komplement blau, rechts daneben ein Antigen (z. B. Typhusbacillen (t) violett und einen dazu nicht passenden Amboceptor Choleraimmunserum (c) gelb.

Das Komplement hat sich nicht an diese letzte Gruppe fixiert, da Antigen (t) und Choleraimmunserum (c) nicht aufeinander abgestimmt sind und daher keine Bindung eingehen können; das Komplement ist also frei geblieben und verankert sich daher am nachträglich zugesetzten hämolytischen System. Es tritt infolgedessen Hämolyse ein. Handelt es sich aber (s. Abb. 15 B) um ein Antigen mit zugehörigem Amboceptor,

z. B. um Choleravibrionen als Antigen (t_1) und das homologe Choleraserum (c), so tritt eine Verbindung dieser Körper mit dem Komplement ein und die Hämolyse bleibt bei nachträglicher Hinzufügung des hämolytischen Systems aus, da das für die Komplettierung des hämolytischen Systems notwendige Komplement bereits verbraucht ist.

Das hämolytische System dient also als *Indicator*, um den an sich nicht direkt sinnfälligen Vorgang der Bindung eines Antigens an den spezifisch abgestimmten Antikörper dem Auge wahrnehmbar zu gestalten.

Die diagnostische Anwendung der Komplementbindungsmethode ist außerordentlich groß. Sie ist anwendbar bei allen möglichen bakteriellen Infektionen, bei denen es sich um den Antikörpernachweis im Blute der Kranken und Genesenden gegenüber Extrakten aus den Erregern handelt. Wegen der technischen Schwierigkeiten, welche diese Methode bietet, hat sie eine praktische Bedeutung nur bei Lepra, Rotz, Echinokokkenkrankheit, Syphilis, Gonorrhoe, Keuchhusten und Tuberkulose erlangt. Auch kann diese Methode bisweilen zur Differentialdiagnose nahe verwandter Arten von Bakterien verwandt werden.

Einen Schritt weiter führen uns die von v. WASSERMANN und BRUCK gefundenen Tatsachen, daß es nämlich gelingt, auch mit Bakterien*extrakten*, also gelösten Bakteriensubstanzen, Amboceptoren zu erzeugen und ihr Vorhandensein durch den Komplementbindungsversuch festzustellen (Typhus). Auch konnten sie mit dieser Versuchsanordnung den Nachweis von Antituberkulin in den Organen Tuberkulöser und im Serum nur bei Tuberkulösen, die mit Tuberkulin vorbehandelt waren, erbringen. Von ungleich größerer praktischer Bedeutung war es aber, daß es v. WASSERMANN, A. NEISSER und BRUCK im Jahre 1906 gelungen ist, die von BORDET und GENGOU gefundene serologische Untersuchungsmethode durch Komplementbindung für die Diagnose der Syphilis brauchbar zu gestalten. Die genannten Forscher konnten zuerst im Blutserum experimentell mit Syphilis infizierter und wieder geheilter Affen die syphilitischen Antikörper nachweisen, desgleichen später auch im strömenden Blut von luischen Menschen und in der Lumbalflüssigkeit von Paralytikern (PLAUT). Die ursprünglich von den genannten Autoren verwendeten Extrakte waren wässerige Auszüge aus syphilitischen Organen (z. B. Lebern syphilitischer Foeten). Sie wurden später durch alkoholische Extrakte ersetzt. Auch alkoholische Extrakte aus Organen *gesunder* Menschen und Tiere wurden als geeignete Antigene befunden.

Die WASSERMANN*sche Reaktion* beruht darauf, daß die Reaktionsstoffe, die in dem Blut und in der Rückenmarksflüssigkeit Syphilitischer auftreten, wahrscheinlich Lipoidantigene, beim Einbringen in ein hämolytisches System eine spezifische Komplementverankerung wie bei der Vereinigung von Antigen und Antikörpern hervorrufen. Eine große ätiologische Bedeutung hat diese Reaktion bei der Tabes und Paralyse erlangt, Krankheiten, die einwandfrei als „metaluisch" nachgewiesen werden konnten.

Die Serodiagnostik der Syphilis leistet aber nicht nur für die Erkennung der Krankheit in zweifelhaften Fällen große Dienste, sondern sie ist auch in jedem Fall eine unentbehrliche Handhabe für die richtige Durchführung der Behandlung. Solange die Reaktion positiv ausfällt, ist das syphilitische Virus noch im Körper enthalten und mit der Möglichkeit von Rezidiven zu rechnen; erst der dauernd negative Ausfall der Reaktion spricht für eine sichere Heilung.

Die Wassermann-Reaktion (Wa.-R.), wie diese Methode kurz genannt wird, erfordert eine komplizierte Technik; sie ist keine von den Methoden, die der praktische Arzt in der Sprechstunde auszuführen vermag, sondern es ist erwünscht, sie in Spezialinstituten, denen ein geschultes Personal zur Verfügung steht, mit den notwendigen Kontrollversuchen ausführen zu lassen.

Für diese Reaktion kommen 5 Substanzen in Betracht, die im folgenden einzeln besprochen werden.

I. Als *Antigen* dient ein alkoholischer Auszug aus fetaler, syphilitischer Leber oder auch aus normalen Organen (z. B. Meerschweinchenherzen. normaler Menschenleber). Die aus normalen Organen hergestellten Extrakte, die unter Umständen eine ungeeignete Zusammensetzung zeigen. lassen sich durch Zusatz der einzelnen Lipoidsubstanzen, besonders von Cholesterin, verbessern. Die für die WASSERMANNsche Reaktion zu verwendenden Extrakte müssen *staatlich geprüft* sein. Die Anerkennung als „zuverlässig" erhalten die Extrakte nur dann, wenn sie verglichen mit zahlreichen erprobten Standardextrakten bei einem großen Untersuchungsmaterial einwandfrei ergeben, daß sie mit dem Serum Syphilitiker positiv, mit dem Serum sicher syphilisfreier Menschen negativ reagieren. Es ist erforderlich, jedes zu prüfende Serum mit mehreren Extrakten zu untersuchen. Auf den fertig bezogenen staatlich geprüften Extrakten ist die genaue Verdünnung mit physiologischer Kochsalzlösung angegeben. damit „die Gebrauchsdosis beim Arbeiten mit je 0,5 ccm der einzelnen Komponenten in 0,5 ccm der Verdünnung enthalten ist". Die Herstellung der Extraktverdünnungen geschieht kurz vor dem Ansetzen des Versuchs; wie sie zu geschehen hat, ist aus der Gebrauchsanweisung. die dem Extrakt beiliegt, zu ersehen. Betreff der theoretischen Bedeutung der Verwendbarkeit normaler Organextrakte für die Auffassung der Wa.-R. vgl. weiter unten.

Anbei einige bewährte Methoden für die Herstellung von Antigenen.

Das spezifische luetische Leberextrakt wird folgendermaßen bereitet. Zunächst wird die Leber mikroskopisch auf das Vorhandensein von Spirochäten geprüft; bei positivem Spirochätenbefunde wird dann die Leber zerkleinert und mit Seesand im Mörser gut verrieben. Man bringt diese Masse in Literflaschen und fügt auf je 1 g Leber 50 ccm 96%igen Alkohol hinzu; hierauf überläßt man dieses Extrakt sich selbst 48 Stunden, bringt es über Nacht in den Brutschrank, schüttelt es am anderen Tage nach Möglichkeit den ganzen Tag über im Schüttelapparat und läßt es eventuell noch eine Nacht im Brutschrank stehen. Das Extrakt wird dann bis zur vollkommenen Klarheit filtriert.

Nach einer anderen Methode wird die zerkleinerte Leber im Vakuumapparat getrocknet und im Mörser pulverisiert. Man bringt dann zu 1 g Leberpulver 50 ccm absoluten Alkohol und verfährt bei der Bereitung des Extraktes wie oben.

Das Filtrat stellt eine klare, leicht gefärbte Flüssigkeit dar; es ist in dunkler, gut verschlossener Flasche im Eisschrank lange haltbar. Im Versuch wird das alkoholische Extrakt mit physiologischer Kochsalzlösung soweit verdünnt, daß die größte eben nicht mehr hemmende Dosis zur Anwendung gelangt.

Bei Verwendung von normalen Organen empfiehlt sich die Methode der Antigenherstellung, wie sie von LANDSTEINER, PÖTZL und MÜLLER angegeben ist. Verreiben des betreffenden Organstückes mit Sand im Mörser; zu 1 g Organbrei setzt man 50 ccm 96%igen Alkohol zu. Extraktion 1—2 Stunden bei 58—60⁰ C im

Wasserbade und 1—2 Tage bei Zimmertemperatur unter öfterem Schütteln. Filtration durch Papierfilter.

MICHAELIS zerkleinert Herzmuskel und fügt zu 1 g desselben 10 ccm Alkohol. 24stündiges Extrahieren bei Zimmertemperatur, filtrieren. Vor dem Gebrauch ist das Extrakt im Verhältnis 1:5 mit physiologischer NaCl-Lösung zu verdünnen.

LESSER benutzt Ätherextrakt von Normalorganen. Zerkleinern der Organe (Menschen- oder Meerschweinchenherzmuskel) und Verreiben mit Seesand im Mörser. Versetzen mit Äther. 5stündiges Schütteln mit Glasperlen und über Nacht stehenlassen. Es folgt Abfiltrieren des Äthers, Verdampfen des Restes im Wasserbad bei 47° C. Der Rückstand wird mit 0,5% Carbol-NaCl-Lösung versetzt, mehrere Stunden geschüttelt und dann durch ein Tuch geseiht. Zum Gebrauch ist das Extrakt gewöhnlich mit der gleichen Menge physiologischer NaCl-Lösung zu verdünnen.

II. Serum bzw. Lumbalflüssigkeit, Ascitesflüssigkeit usw. Das verdächtige Patientenblut usw. wird zentrifugiert, das klare Serum mit der Pipette abgehoben, ein Teil des Serums inaktiviert ($^1/_2$ Stunde bei 56° C); steril und kühl aufbewahrt halten sich die inaktivierten Flüssigkeiten tagelang. Das inaktivierte Serum ist im Verhältnis 1:4 mit steriler physiologischer (0,85%iger) Kochsalzlösung zu verdünnen. Den Liquor cerebrospinalis braucht man wegen des Fehlens von Komplement nicht zu inaktivieren. Stets sind mindestens zwei Kontrollsera nötig, und zwar Serum von einem sicher nicht-syphilitischen und solches von einem sicher syphilitischen Menschen (negative und positive Serumkontrolle).

III. Komplement. Als komplementhaltiges Serum wird frisches Meerschweinchenserum verwendet. Dieses Serum wird zweckmäßig an demselben Tage, an dem der Versuch stattfinden soll, entnommen, entweder durch Aspiration mittels Spritze aus dem Herzen oder durch Entbluten aus den großen Halsadern des Meerschweinchens, wobei das ausströmende Blut durch einen sauberen, nicht für andere Zwecke zu benutzenden Trichter aufgefangen wird. Das Serum wird durch Zentrifugieren gewonnen; es muß *frisch* verwendet werden, darf weder im Licht noch in der Wärme für den Versuch aufgehoben werden. Ist eine Aufbewahrung des Serums durch irgendeine Versuchsverzögerung notwendig geworden, so kann man es gefroren im Frigo aufbewahren. Im Vorversuch wie im Hauptversuch wird davon 1 ccm in 10facher Verdünnung mit 0,85%iger Kochsalzlösung verwendet.

IV. Hämolytischer Amboceptor. Siehe Kap. Hämolysine, S. 104. Bevor man das Kaninchenserum (d. h. den hämolytischen Amboceptor) für die WASSERMANNsche Reaktion benutzt, muß es $^1/_2$ Stunde bei 56° C inaktiviert werden, um das eventuell im Serum noch enthaltene Komplement auszuschalten. Bei dunkler, kühler Aufbewahrung hält sich der Amboceptor lange Zeit; vor jedem Versuch muß er jedoch auf den Grad seiner Wirksamkeit geprüft werden.

V. Blutkörperchen (Schafblut). Das Blut wird am Versuchstage oder am Abend vorher aus der Jugularvene entnommen, durch Schütteln in dickwandigem sterilen Gefäß mit Eisenhobelspänen oder Glasperlen defibriniert und nach Markierung des Füllungsgrades am Zentrifugenglase zentrifugiert. Das Serum wird abgesaugt und durch 0,85%ige Kochsalzlösung ersetzt. Nach weiterem Zentrifugieren wird die Kochsalzlösung wieder abgesaugt und durch frische ersetzt. Nach dreimaligem in dieser Weise ausgeführten Waschen des Blutes (zwecks Befreiung von Serum) wird endlich wieder frische Kochsalzlösung bis zur Marke aufgefüllt. Man verwendet zum Versuch eine 5%ige Emulsion (5 ccm Blut-Aufschwemmung zu 95 ccm 0,85%ige Kochsalzlösung).

Die Anstellung der WASSERMANN*schen Reaktion* geht in folgender Weise vor sich:

A. Vorversuch. Vor jedem Versuch wird ein Vorversuch angestellt, in dem der Amboceptor, das Komplement und die antikomplementäre Wirkung des Extraktes austitriert werden.

1. Amboceptoreinstellung (s. Kap. Hämolysine, S. 106). Aus früheren Versuchen kennt man annähernd den Titer des Amboceptors. War z. B. beim letzten Versuch die kleinste gänzlich lösende Amboceptordosis 0,0006 ccm, so kann man im Vorversuch folgende Dosen nehmen: 0,0008, 0,0006, 0,0004, 0,0002. In jedes Röhrchen wird außerdem 0,1 ccm Komplement und soviel physiologische Kochsalzlösung gebracht, daß das Volumen 4 ccm beträgt und schließlich folgt noch der Zusatz von 1 ccm einer 5%igen Schafblutkörperchenlösung. Kurzes Schütteln der Röhrchen, Einstellen bei 37⁰ C auf 1 Stunde in den Brutschrank. Es zeigt sich dann z. B., daß vollkommene Lösung des Blutes in den ersten beiden Röhrchen eingetreten ist, während in den letzten Röhrchen nur teilweise Hämolyse besteht. Für den Hauptversuch nimmt man das Drei- bis Vierfache der kleinsten noch lösenden Dosis, also 0,0006 × 3 = 0,0018 ccm.

2. Komplementeinstellung. Siehe Kap. Hämolysine, S. 107. Absteigenden Dosen von normalem Meerschweinchenserum, z. B. 0,07, 0,06, 0,05, 0,04, 0,03, fügt man die Amboceptordosis, die man im Hauptversuch verwenden soll, also 0,0018 ccm, zu, füllt mit physiologischer Kochsalzlösung bis auf 4 ccm Volumen auf; schließlich setzt man noch 1 ccm einer 5%igen Schafblutkörperchenaufschwemmung hinzu; einstündiges Verweilen im Brutschrank bei 37⁰ C. Nun findet man z. B., daß 0,05 ccm Komplement die kleinste gänzlich lösende Dosis ist. Zum Hauptversuch wird das Komplement in der 2—3fachen Grenzdosis verwendet.

3. Antigeneinstellung, d. h. Einstellung des Auszuges aus foetaler syphilitischer Leber bzw. Normal-Organextrakten. Der auf die oben erwähnte Weise hergestellte Auszug wird auf seine *hemmende* und auf seine *lösende* Wirkung im Vorversuch geprüft. Im Vorversuch auf *Hemmung* werden absteigende Dosen dieses Extraktes mit dem hämolytischen System zusammengebracht und beobachtet, ob das Extrakt irgendwelche hemmenden Wirkungen auf das hämolytische System ausübt. Vom Antigen wird die größte nicht hemmende Dosis im Hauptversuch verwendet.

Bei der Prüfung auf seine *blutlösende* Kraft werden zu abfallenden Mengen Antigen je 1 ccm einer 5%igen Aufschwemmung von Schafblutkörperchen hinzugefügt. Die größte nicht lösende Dosis von Antigen kommt im Hauptversuch zur Anwendung.

B. Hauptversuch. WASSERMANN*sche Originalmethode mit* inaktiviertem Patientenserum und Meerschweinchenkomplement. Die durch die Vorversuche ermittelten Dosen werden nun in folgender Weise (Tabelle 6) zusammengebracht.

Wie aus der Tabelle 6 ersichtlich, wird zum Antigen in fallenden Dosen das inaktivierte Krankenserum, das auf das Vorhandensein syphilitischer Antikörper untersucht werden soll, und das Komplement hinzugefügt.

Tabelle 6.

Antigen I	0,1	0,05	0,02	0,01	Diese Reagenzien
Antigen II	0,15	0,1	0,05	0,02	sind immer in je 1 ccm physiol.
Krankenserum bei 56⁰C ½ Stunde inaktiv .	0,2	0,2	0,2	0,2	Kochsalzlösung enthalten
Komplement	0,05	0,05	0,05	0,05	
Brutschrank bei 37⁰ C 45—60 Minuten					
Amboceptor 3facher Titer.	0,0005	0,0005	0,0005	0,0005	
Schafblutkörperchen-aufschwemmung 5%	1 ccm	1 ccm	1 ccm	1 ccm	

Brutschrank bei 37⁰ C 45—60 Minuten

Diese 3 Komponenten werden zur Bindung $^3/_4$ Stunden in den Brutschrank (37⁰ C) gesetzt. Durch diese Versuchsanordnung macht man sich von dem wechselnden Gehalt des zu untersuchenden Krankenserums an Komplement unabhängig und arbeitet mit durchweg genau bekannten Größen.

Die verschiedenen Verdünnungen der Antigene, des Komplements und des Krankenserums werden vorher in je 1 ccm physiologischer NaCl-Lösung angesetzt. Die Amboceptorlösung läßt man mit den Blutkörperchen vor dem Einfüllen ungefähr ½ Stunde lang bei 37⁰ C binden (Sensibilisierung). Nach dem Einfüllen kommen die Röhrchen wiederum 45—60 Minuten in den Brutschrank (37⁰ C). In sämtlichen Röhrchen befinden sich je 5 ccm Flüssigkeit; man kann den ganzen Versuch aus Sparsamkeitsrücksichten auch mit durchweg der Hälfte der angegebenen Dosen ansetzen, so daß die Gesamtmenge der in jedem Röhrchen befindlichen Flüssigkeit je 2,5 ccm beträgt. Die Extraktkontrollen enthalten anstatt des Serums Kochsalzlösung (0,85%).

In der gleichen Weise werden als Gegenproben mindestens ein sicher positives und ein sicher negatives Serum, deren Reaktionskörpergehalt aus früheren Untersuchungen bekannt ist, geprüft.

Die weiteren Kontrollen sind: 1. Antigenkontrolle; Prüfung des Antigens allein auf eigenhemmende Wirkung.

2. Serumkontrollen, und zwar auf eigenhemmende (in der doppelten Dosis) und auf eigenlösende Wirkung im Verein mit Antigen, Amboceptor und Erythrocyten (aber ohne Komplement).

3. Die Kontrollen des hämolytischen Systems (s. Kap. Hämolysine).

Die Röhrchen Nr. 1—3 enthalten den Hauptversuch mit fallenden Antigenmengen; dazu nimmt man noch eine parallele Serie Nr. 1a bis 3a mit einem anderen Antigen. Nr. 4 und 6 sind die Kontrollen auf Eigenhemmung des zu untersuchenden luetischen und des normalen Serums. Nr. 5 ist ein vollständiger Kontrollversuch mit normalem Serum. Nr. 5a die entsprechende Gegenprobe mit sicher positiv reagierendem System. Nr. 7 ist die Kontrolle für die Brauchbarkeit des hämolytischen Systems, Nr. 8 und 9 die zur Ausschaltung etwa vorhandener Fragilität der Erythrocyten angesetzten Kontrollen.

Tabelle 7.

Kontrollen	I	II	III	IV	V	VI	VII
Antigen	0,2 bzw. 0,3	0,1 bzw. 0,15	—	—	0,1	—	—
Krankenserum bei 56°C ½ Std. inakt.	—	—	0,4	0,2	0,2	—	—
Komplement. . .	0,05	0,05	0,05	0,05	—	—	0,05

Brutschrank bei 37º C 45—60 Minuten

	I	II	III	IV	V	VI	VII
Amboceptor dreifacher Titer . .	0,0005	0,0005	0,0005	0,0005	0,0005	0,0005	—
Schafblutkörperchenaufschwemmung 5% . . .	1 ccm	1 ccm	1 ccm	1 ccm	1 ccm	1 ccm	1 ccm

Brutschrank bei 37º C 45—60 Minuten

Resultat.	Hämolyse	Hämolyse	Hämolyse	Hämolyse	keine Hämolyse	keine Hämolyse	keine Hämolyse

Tabelle 8. Beispiel einer positiven WASSERMANNschen Reaktion mit Kontrollen.

Röhrchen	1	2	3	4	5	5a	6	7	8	9
Antigen . . .	0,1	0,05	0,01	—	0,1	0,1	—	—	—	—
Patientensera .	0,1	0,1	0,1	0,2	—	0,1 sicher positives Lues-Serum	—	—	—	—
Normalsera . .	—	—	—	—	0,1	—	0,2	—	—	—
Komplement .	0,05	0,05	0,05	0,05	0,05	0,05	0,05	0,05	0,05	—

Brutschrank bei 37º C 45—60 Minuten

	1	2	3	4	5	5a	6	7	8	9
Amboceptor. .	0,004	0,004	0,004	0,004	0,004	0,004	0,004	0,004	—	—
Erythroc. Aufschw. (Schaf) 5% .	1 ccm	1 ccm	1 ccm	1 ccm	1 ccm	1 ccm	1 ccm	1 ccm	1 ccm	1 ccm
NaCl (0,85%) .	—	—	—	—	—	—	—	1 ccm	1 ccm	2 ccm

Brutschrank bei 37º C 45—60 Minuten

Ergebnis:	1	2	3	4	5	5a	6	7	8	9
	Hemmung	Hemmung	Hemmung	Hämolyse	Hämolyse	Hemmung	Hämolyse	Hämolyse	keine Hämolyse	keine Hämolyse

Enthält das Serum des Patienten den syphilitischen Amboceptor, so verankert sich das Komplement fest an das syphilitische System (Antigen + syphilitischer Amboceptor), es ist also für die Lösung des hämolytischen Systems nicht mehr verfügbar; die Lösung der roten Schafblutkörperchen bleibt aus. Die Reaktion ist positiv, der Patient ist Syphilitiker.

Fehlt aber der syphilitische Amboceptor im Patientenserum, so bleibt das Komplement frei; es verankert sich dann nachträglich am hämolytischen System; somit tritt eine Auflösung der roten Schafblutkörperchen ein: negative Reaktion.

Das endgültige Ablesen des Resultates erfolgt nach 12—24stündigem Verweilen im Eisschrank. Für die Beurteilung ist nur komplette Hämolyse

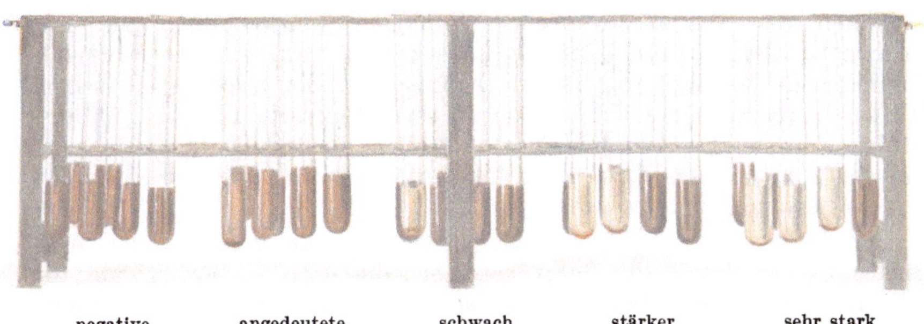

Abb. 16. Die verschiedenen Grade des Ausfalls der WASSERMANNschen Reaktion auf einem Gestell zusammengestellt.

oder komplette Hemmung entscheidend. Die inkompletten Hemmungen sind auch verwertbar, wenn sie entsprechend den fallenden Antigenmengen quantitativ zwischen kompletter Hemmung und Hämolyse

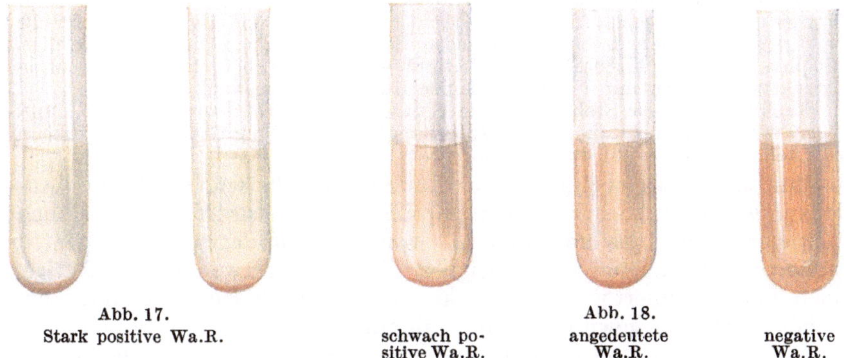

abgestuft sind. Der einmalige negative Ausfall der Reaktion spricht nicht ohne weiteres gegen Syphilis.

Von sonstigen Körperflüssigkeiten des Patienten sind neben dem Blutserum noch Cerebrospinalflüssigkeit, Milch, Pleura-, Perikard- und Peritoneal-, Trans- und Exsudat- und Hydrocelenflüssigkeit für den Nachweis der Reaktionskörper verwandt worden.

Bei Erkrankungen des Zentralnervensystems kann die Cerebrospinalflüssigkeit neben dem Blutserum mit Vorteil herangezogen werden. Da in vielen Fällen die Cerebrospinalflüssigkeit die eventuell vorhandene alleinlösende Wirkung des Antigens nicht in der dem Blutserum analogen Dosis von 0,1 zu neutralisieren vermag, steigert man zur Erzielung dieses Effektes die Dosis auf 0,2 und mehr, wie z. B. 0,4—0,8, ohne daß man freilich andererseits so große Dosen der Cerebrospinalflüssigkeit anwenden darf, daß diese ihrerseits Eigenhemmung äußerten. In den Kontrollen werden die doppelten Dosen der Cerebrospinalflüssigkeit ohne Antigen angesetzt.

Neben der WASSERMANNschen Reaktion werden auch die sog. *Flockungs-* und *Trübungsreaktionen* verwendet, die eine so wertvolle diagnostische Bereicherung für die Erforschung der Syphilis darstellen, daß sie heutzutage stets neben der WASSERMANNschen Probe mit ausgeführt werden. Es sind hier MEINICKE, SACHS und GEORGI, MÜLLER, KAHN u. a. zu nennen, deren zur Syphilisdiagnose angegebenen Methoden sich als brauchbar erwiesen haben.

Die MEINICKE*sche Lipoidbindungsreaktion* hat verschiedene Ausarbeitungen im Laufe der Jahre erhalten; die sog. Wassermethode, die sich im salzfreien Medium abspielt, ist ebenso wie die Kochsalzmethode ganz verlassen worden, die nur noch theoretisches Interesse beansprucht. Auch die einzeitige sog. „dritte Modifikation" (D. M. der MEINICKE-Reaktion) ist aufgegeben. Dagegen sind die MEINICKE*sche Trübungs-* und die *Klärungsreaktion* von Bedeutung.

Die von SACHS und GEORGI angegebene *Ausflockungsreaktion* verwendet cholesterinierten Rinderherzextrakt.

Zunächst werden gleiche Teile Extrakt und physiologische Kochsalzlösung rasch miteinander vermischt. Nach kurzem Schwenken dieser Mischung gibt man rasch weitere 4 Teile physiologischer Kochsalzlösung zu. Hiervon werden 0,5 ccm mit 1 ccm des 5fach verdünnten inaktivierten Patientenserums ($^1/_2$ Stunde auf 55^0 C erhitzt) vermischt. Angesetzt wird noch die Serum- und die Extraktkontrolle. Bei ersterer werden 1 ccm der 5fachen Serumverdünnung mit 0,5 ccm 6fach mit physiologischer Kochsalzlösung verdünnten Alkohols, bei letzterer 0,5 ccm der Extraktverdünnung mit 1 ccm 0,85%iger Kochsalzlösung versetzt.

Nach 24stündigem Stehenlassen im Brutschrank bei 37^0 C wird mit dem KUHN-WOITHEschen Agglutinoskop das Resultat abgelesen. Bei positivem Ausfall erkennt man helle Körnchen auf dunklem Grunde.

Für die Untersuchung von Lumbalflüssigkeiten zeigt die Ausflockungsreaktion sich zu wenig empfindlich und wird darum hier nicht verwendet. Die „*Ballungsreaktion*" von MÜLLER dagegen ist auch für Liquoruntersuchungen sehr geeignet. MÜLLER verwendet als Antigen einen cholesterinierten Herzextrakt, der im Verhältnis von 30:8 eingeengt wird. So gewinnt er die Fähigkeit der stärkeren Ballung.

Das Antigen, beziehbar von der Firma Schering-Kahlbaum AG., Berlin, wird mit 0,9%iger Kochsalzlösung zweizeitig verdünnt. Im Wasserbad werden 8 ccm der Verdünnung $^1/_2$ Stunde im gut verkorkten Reagensglas erwärmt. Inzwischen sind in ein kleines Becherglas 5 ccm und in ein größeres 50 ccm Kochsalzlösung von 17^0 C eingegossen. In das kleinere Becherglas wird sturzartig das Antigen, das dem Wasserbade entnommen ist, eingegossen und dazu eiligst der Inhalt des zweiten Becherglases gebracht. Die entstandene kolloidale Lösung wird in Reagensgläser abgefüllt, die mit Gummistopfen gut verschlossen werden und 18—24 Stunden im Thermostaten bei 56^0 C bleiben, damit das Antigen „reift". Es bleibt 2 Tage verwendungsfähig.

In positiven Fällen ballen sich die ausgeflockten Lipoidteilchen zu größeren Ballen zusammen.

Die MEINICKE*sche Trübungsreaktion* (M.T.R.) verwendet einen Pferdeherzextrakt, dem an Stelle der entfernten ätherlöslichen Lipoide Tolubalsam zugesetzt ist. Extrakt und 3%ige Kochsalzlösung werden vor Anstellung des Versuches auf 45° C im Wasserbade erwärmt. Die berechneten Mengen beider Flüssigkeiten werden dann derart miteinander vermischt, daß die Kochsalzlösung *schnell* in den Extrakt eingegossen wird, daß eine Verdünnung 10:1 entsteht. Zu 1 ccm der genannten Extraktverdünnung gibt man 0,2 ccm aktives Patientenserum, schüttelt gut durch. Bei positivem Ausfall der Probe zeigen die Röhrchen nach einstündigem Stehenlassen bei Zimmertemperatur eine mehr oder weniger starke Trübung im Gegensatz zur klaren durchsichtigen, negativen Probe. Eine zweite Beurteilung hat nach 24 Stunden zu erfolgen, wo sich am Grunde des Reagensglases in positiven Fällen eine Absetzung von Sediment gebildet hat, über dem die Flüssigkeit sich geklärt hat. Die negativen Proben zeigen keine Kuppenbildung. In der Kinderheilkunde wird diese Methode als *Mikromethode* (DOHNAL) in verbesserter Form von MEINICKE verwendet. Die Extraktverdünnungen werden mit geeichten Platinösen ausgeführt, Extraktverdünnung und Serum werden auf einem Objektträger gemischt und hiervon hängende Tropfen oder für die Dunkelfeldbeobachtung Schichtpräparate angefertigt. Bei Beobachtung nach 1 Stunde (Liegenlassen bei Zimmertemperatur) erkennt man bei schwacher Vergrößerung bei positivem Ausfall der Reaktion mehr oder weniger große Zusammenballungen der Lipoidteilchen im Gegensatz zu negativen Seren.

Die ebenfalls von MEINICKE angegebene *Klärungsreaktion,* die in größerem Maße als die Trübungsreaktion ausgeführt wird, benutzt auch einen alkoholischen Herzextrakt mit erhöhtem Tolubalsamgehalt. Der mit Kochsalzlösung vermischte Extrakt zeigt starke Trübung, die auch bei Zusatz negativer Seren bleibt, während bei positivem Ausfall der Probe eine Klärung auftritt. Die Ablesung geschieht nach 24 Stunden. Eine sofortige Ablesung des Ergebnisses kann erfolgen, wenn das Gemisch Extraktverdünnung und Serum nach einstündigem Stehenlassen bei Zimmertemperatur 3—4 Minuten bei 3000 Umdrehungen zentrifugiert wird.

Die neuerdings angegebenen Schnellreaktionen nach KAHN (Flockungsreaktion), die mit Recht breite Anwendung verdient, und nach SACHS und WITEBSKY (Zitocholreaktion) arbeiten mit hohen cholesterinierten Antigenen. Das Ergebnis kann schon nach 10 Minuten abgelesen werden.

Im Min. -Blatt f. d. Preuß. innere Verwaltung 1934, S. 1361 ist die seit dem 1. Januar 1935 für das Deutsche Reich gültige amtliche Anleitung für die Serumdiagnose der Syphilis abgedruckt. Hiernach muß jede Serumprobe im Komplementbindungsversuch nach v. WASSERMANN mit mindestens zwei verschiedenen Extrakten und im Flockungsversuch geprüft werden, Rückenmarksflüssigkeitsproben sind außerdem noch mit einer zuverlässigen kolloiden Reaktion (GOLDSOL-Mastixreaktion) zu untersuchen.

Die für die Reaktionen zu verwendenden Antigene müssen staatlich geprüft sein. Von dem Amboceptor wird ein Mindesttiter von 1:1000 verlangt; er muß, wenn er nicht selbst hergestellt wird, auch staatlich geprüft sein. Die Durchführung der Serumdiagnostik der Syphilis soll nur solchen Serologen überlassen bleiben, die über besondere Sachkenntnisse und Erfahrungen auf diesem Gebiet verfügen.

Die von MEINICKE angegebene *Tuberkulosereaktion* lehnt sich in der Technik der Klärungsreaktion auf Syphilis an. MEINICKE benutzt serienweise verschiedene Extrakte, deren Dosen ebenso wie die Dosen des Serums die gleichen wie bei der Syphilisreaktion sind (0,2 ccm aktives Serum und 0,5 ccm Extraktverdünnung). Zur Kontrolle dient der Standardextrakt. Ablesen mikroskopisch nach 2 und 6 Stunden, die Kuppenablesung nach 24 und 48 Stunden. Der serodiagnostische Wert dieser Reaktion ist von vielen Autoren bestätigt worden (s. Kap. Tuberkelbacillus).

Die neueste Vorschrift dieser Klärungsreaktion ist folgende:

Technik der MTbR.[1] Die MTbR wird in *peinlich sauberen* Reagensröhrchen von 12—14 mm Innendurchmesser angesetzt. Man verwendet 4 Antigene:
1. *Wässeriges Tuberkulosenantigen stark,*
2. *Wässeriges Tuberkuloseantigen schwach,*
3. *Alkoholisches Tuberkuloseantigen stark,*
4. *Alkoholisches Kontrollantigen.*

Die *alkoholischen* Antigene sind vor Licht geschützt, bei Zimmertemperatur, die *wässerigen* im Eisschrank aufzuheben.

Für *die erste Versuchsreihe* (Hauptserie) verwendet man eine 3,5%ige Kochsalzlösung *ohne Sodazusatz,* für die zweite (abgeschwächte) Versuchsserie eine Sodakochsalzlösung (0,01%).

Die *Sera* dürfen nicht erhitzt (inaktiviert) werden, sie müssen zu den Versuchen in *aktivem* Zustande verwendet werden.

Man arbeitet in dem ersten und vierten Versuchsröhrchen gleichzeitig mit dem starken wässerigen und dem starken alkoholischen Tuberkuloseantigen, im zweiten und fünften mit dem schwachen wässerigen und dem starken alkoholischen und in dem dritten und sechsten mit dem alkoholischen Kontrollantigen. Für die erste Versuchsserie (erstes bis drittes Röhrchen) werden die Antigenverdünnungen mit der 3,5%igen NaCl-Lösung ohne Sodazusatz, für die zweite abgeschwächte Versuchsserie (viertes bis sechstes Röhrchen) mit der 0,01%igen Sodakochsalzlösung hergestellt.

Die Antigenverdünnungen bereitet man folgendermaßen: *Erste Serie: Hauptserie.*

Erstes Versuchsröhrchen. Will man 20 Sera untersuchen, bringt man 1 ccm des *starken alkoholischen Tuberkuloseantigens* in ein Reagensglas. Ebenso 0,5 ccm des *wässerigen Tuberkuloseantigens stark* mit besonderer Pipette in ein zweites Reagensglas, fügt 9,5 ccm der 3,5%igen Kochsalzlösung schnell hinzu. Beide Reagensgläser stellt man für etwa 5 Minuten ins Wasserbad von 56—57° C. Dann gießt man schnell die Kochsalzlösung mit dem wässerigen Antigen in das Reagensglas mit dem alkoholischen Antigen und wieder zurück. Nachreifen nochmals für 2 Minuten im Wasserbade.

Zweites Röhrchen. Das *wässerige Tuberkuloseantigen schwach* wird in derselben Weise wie beim ersten Röhrchen benutzt und hergestellt.

Drittes Röhrchen (Kontrollröhrchen). Man nimmt 1 ccm des alkoholischen Kontrollantigens + 10 ccm der 3,5%igen Kochsalzlösung ohne Zusatz des wässerigen Antigens. Technik wie eben beschrieben.

Für die abgeschwächte Serie wird das 4., 5. und 6. Röhrchen angesetzt.

Für *das vierte Röhrchen* wählt man zum Extraktverdünnen die 0,01%ige Sodakochsalzlösung und verfährt wie beim ersten Röhrchen.

Das *fünfte Röhrchen* entspricht dem zweiten; zum Verdünnen wird nur statt der gewöhnlichen 3,5%igen Kochsalzlösung die 0,01%ige Sodakochsalzlösung benutzt.

Das *sechste Röhrchen* (Kontrollröhrchen) enthält eine Antigenverdünnung aus dem alkoholischen Kontrollantigen und der 0,01%igen Sodakochsalzlösung.

Wie werden nun die Reaktionen angesetzt?

Röhrchen 1, 2, 3 enthält 0,2 ccm Serum, Röhrchen 4, 5, 6 dagegen nur 0,15 ccm. Dazu gibt man je 0,5 ccm der sechs verschiedenen Antigenverdünnungen. Gut durchschütteln. Die Röhrchen bleiben dann bis zum anderen Tag bei Zimmertemperatur (etwa 20° C) geschützt stehen. Resultat ablesen. Dann schüttelt man den Inhalt der Röhrchen nochmals gut durch und stellt sie für 24 Stunden in den Brutschrank bei 37° C. Dann erfolgt die zweite Ablesung in Augenhöhe, so daß dem Untersucher die Kuppen zugewendet sind. Achten auf Form, Farbe und Beschaffenheit der Sedimente.

---

[1] Aus der Arbeit von MEINICKE, GERTRUD FUNK u. MARTIN SCHULZE: Z. Tbk. **78,** H. 1 u. 2.

Bei *negativem* Ausfall der Reaktion erkennt man in der Mitte des Bodens ein *kleines, knopfförmiges dunkelblaues Sediment.* Beim Schräghalten des Röhrchens fließt der blaue Knopf in einen schmalen Streifen aus.

Bei einer *positiven* Reaktion ist der Boden des Röhrchens *ganz oder teilweise mit einem gekörnten, festen, krümeligen, weißlich-bläulichen Sediment* bedeckt, das beim Schräghalten nicht ausläuft.

Wenn bei der ersten Ablesung die Kontrollröhrchen in beiden Serien ein stark positives Sediment mit teilweiser oder vollkommener Klärung der Flüssigkeit aufweisen, wird auch durch Brutschrankbeeinflussung wohl kaum eine Änderung in negativem Sinne eintreten. In solchen Fällen ist dann ein Absättigungsversuch anzustellen.

Man gibt in ein Zentrifugenröhrchen zu 0,5 ccm des betreffenden Serums 1,25 ccm einer nachgereiften Verdünnung des Kontrollantigens, zentrifugiert $^1/_4$ Stunde bei 2000—2500 Umdrehungen, gießt dann vorsichtig die klare über dem Sediment stehende Flüssigkeit in ein sauberes Reagensglas. Hiervon gibt man in zwei Versuchsröhrchen je 0,4 ccm und in zwei weitere je 0,2 ccm. Zum ersten und dritten Röhrchen fügt man 0,25 ccm einer nachgereiften Verdünnung der Kombination von schwachem wässerigen und starkem alkoholischen Tuberkuloseantigen entsprechend dem zweiten Röhrchen des Hauptversuchs und in Röhrchen 2 und 4 je 0,25 ccm einer Verdünnung des Kontrollantigens entsprechend dem Röhrchen drei des gewöhnlichen Versuchs. Gut durchschütteln, 24 Stunden stehenlassen bei Zimmertemperatur. Sollten beide Kontrollen noch positiv sein, werden nach gutem Durchschütteln die Röhrchen für weitere 24 Stunden in den Brutschrank (37° C) gebracht. Wenn jetzt die Kontrollen wiederum positiv ausfallen, ist das Serum nicht für obige Reaktion zu verwenden.

Bei positivem Ausfall des Absättigungsversuches zeigt das Kontrollröhrchen ein negatives Ergebnis im Gegensatz zu den Tuberkuloseröhrchen.

Für *diagnostische Zwecke und Reihenuntersuchungen* wird der abgekürzte Tuberkuloseversuch gewählt.

Man setzt zunächst nur die nicht abgeschwächte erste Serie des Versuchs (erstes bis drittes Röhrchen) an, liest nach 24stündigem Zimmertemperaturaufenthalt ab. Sera mit einwandfreien positiven Ausschlägen bei negativer Kontrolle können ausgewertet werden. Alle negativen Reaktionen werden nochmals für 24 Stunden in den Brutschrank von 37° C gestellt. Bei nochmaliger Ablesung erfaßt man dann die positiven Seren, die ihr Temperaturoptimum bei 37° C haben.

Nur von denjenigen Seren, die bei der ersten Ablesung keine einwandfreien Kontrollen gezeigt haben, setzt man den abgeschwächten Sodaversuch *bei Brutschranktemperatur* an. Bei *stark positiver* Kontrolle muß außerdem der Absättigungsversuch angesetzt werden.

Nach BOEHNE, der über 20000 Fälle untersuchte, geben aktive tuberkulöse Herde in der Lunge Erwachsener in einem sehr hohen Prozentsatz, progrediente chronische Phthisen in fast 100% der Fälle einwandfreie positive Reaktionen. Ganz frische Tuberkulosen werden großenteils nicht nachgewiesen, letale Lungentuberkulosen reagieren in 50% der Fälle negativ, wenn sie durch eine ulcerierende Darmtuberkulose oder allgemeine Amyloidose kompliziert sind. Negative Ergebnisse bringen Fälle von klinisch inaktiven Lungentuberkulosen. Chirurgische Tuberkulosen werden gut ermittelt, ulcerierende Nieren- und Blasentuberkulosen zeigen mittelstarke bis stark positive Reaktionen. In 50% werden frisch verkäsende Lymphdrüsentuberkulosen ermittelt.

Wenn auch einige Autoren (HEYMER und SCHULTE-TIGGES) die genannte Reaktion noch sehr skeptisch beurteilen, muß man doch auf Grund eigener Versuche zu der Ansicht kommen, daß sie eine wertvolle Bereicherung der Tuberkulosediagnostik darstellt, da sie eine selten hohe Spezifität aufweist, die bis vor kurzem von keinem Komplementbindungsverfahren bisher erreicht wurde. Wenn auch nach BOEHNE 1% der untersuchten Fälle zum Schaden ausfallen, so ändert das nichts an der Tatsache, daß die MEINICKEsche Reaktion wertvolle Aufschlüsse über die Abgrenzung der Tuberkulose von anderen Lungenerkrankungen (Silicosen, Tumoren, Echinokokken usw.) gibt. Nur derjenige wird einen wirklichen praktischen Vorteil dieser Reaktion erkennen, der über zuverlässiges technisches Können und über Erfahrungen in der Beurteilung der Ergebnisse verfügt. Heute stehen ferner vorzügliche Komplementbindungsreaktionen zur serologischen Diagnose der Tuberkulose zur Verfügung (Antigene nach BESREDKA, NEUBERG-KLOPSTOCK, WITEBSKY-KLINGENSTEIN-KUHN und soeben das Trocken-Antigen der Behringswerke; vergl. GUNDEL und HEINE: Z. Tbk. 1939, Bd. 81.

Die ursprünglich nach der Analogie der anderen Immunitäts-reaktionen naheliegende Auffassung, daß es sich bei der WASSERMANN-schen Reaktion um eine spezifische Antigen-Antikörperreaktion, d. h. eine Vereinigung von Lues-Antigen und Lues-Antikörper handelt, hat man fallen lassen müssen, seitdem es gelungen ist, die gleiche Reaktion auszulösen, wenn man an Stelle des luetischen Leberextraktes Extrakt normaler Organe oder Lecithin oder Seife oder ölsaures Natron ver-wendet. Die Untersuchungen von PORGES, FRIEDEMANN, ELIAS und P. SCHMIDT deuten darauf hin, daß die positive Reaktion durch eine Veränderung der Eiweißstoffe des Luetikerserums gegenüber dem nor-malen Serum herbeigeführt wird, die man sich vielleicht so zu denken hat, daß die quantitativ oder qualitativ veränderten Globuline durch ihre Affinität zu den Lipoiden und zu dem Extraktkolloid aus letzterem feinste Teilchen ausfällen, welche das Komplement absorbieren, eine Reaktion, die im Normalserum durch die Albumine verhindert wird. KLAUSSNER konnte eine Ausflockung des luetischen Serums, die auch auf einer Änderung der Globuline beruht, durch Zusatz von 3 Teilen Wasser herbeiführen.

Mit dieser Tatsache, daß die Wa.R. nicht (oder wenigstens nicht allein) eine spezifische Antigen-Antikörperbindung, sondern (mindestens zum Teil) eine unspezifische *Lipoidreaktion* ist (was allerdings an ihrer praktischen Bedeutung für die Diagnose der Lues nichts ändert), wird es auch erklärlich, daß ein positiver Ausfall der Wa.R. bei einer Reihe von anderen Krankheiten vorkommt, die offenbar ähnlich veränderte Verhältnisse zwischen Globulinen und Lipoiden im Blutserum schaffen wie die Lues. Hierher gehören die Lepra, die tropische Frambösie, zuweilen kachektische und fieberhafte Zustände, wie Endocarditis lenta, Scharlach, Malaria, Recurrens, Fleckfieber, Pest, Beriberi, Krankheiten, die entweder in unseren Breitegraden gar nicht vorkommen oder sich im klinischen Bilde deutlich von Lues unterscheiden lassen. Auch ist bei diesen Krankheiten das Vorhandensein einer positiven Wa.R. meist nur ganz vorübergehender Natur und z. B. bei Fleckfieber fast nur im aktiven, nicht im inaktivierten Serum nachweisbar. — Daß auch nach der *Narkose*, die ja eine Störung des Lipoidwechsels mit sich bringt, die Wa.R. bisweilen positiv ausfällt, ist gleichfalls hiernach verständlich.

Neuere Forschungen ergaben, daß auch die Helminthen imstande sind, im befallenen Organismus Antikörper zu erzeugen, die mit der Komplementbindungsmethode nachgewiesen werden können. Am ein-gehendsten ist diese Reaktion bei Echinokokkeninfektionen studiert worden. Sie hat hier eine praktische differentialdiagnostische Bedeutung. Als Antigen benutzt man entweder die mittels Punktion einer Echino-coccuscyste (am besten vom Schaf) gewonnene Flüssigkeit direkt oder das alkoholische Extrakt aus derselben oder Alkoholextrakt aus der Blasenwand der Echinococcuscyste.

Die Versuchsanordnung zeigt folgende Tabelle 9:

Tabelle 9.

Röhr-chen	Hydatiden-flüssigkeit	Inakt. Kranken-serum	Komple-ment in 5%iger Lösung	NaCl	45—60 Min. Brutschrank 37° C	Schafblut-körperchen-aufschwem-mung 5%	Amboceptor in 3-fach lösender Menge	45—60 Min. Brutschrank 37° C	Resultat Eintritt der Hämolyse
1	0,4	0,5	1,0	1,1		1,0	1,0		0
2	0,4	0,4	1,0	1,2		1,0	1,0		0
3	0,4	0,3	1,0	1,3		1,0	1,0		0
4	0,4	0,2	1,0	1,4		1,0	1,0		0
5	0,4	—	1,0	1,6		1,0	1,0		+++
6	—	0,5	1,0	1,5		1,0	1,0		+++
7	—	0,4	1,0	1,6		1,0	1,0		+++
8	—	0,3	1,0	1,7		1,0	1,0		+++
9	—	0,2	1,0	1,8		1,0	1,0		+++

9. Schutzimpfung und Bakteriotherapie.

Die Möglichkeit einer Schutzimpfung gegen Infektionskrankheiten gründet sich auf die Erkenntnis, daß dieselben biologischen Vorgänge, welche das Wesen der Immunität nach überstandener Erkrankung ausmachen, auch ohne stattgehabte klinische Erkrankung nach Impfung mit den Leibessubstanzen oder Stoffwechselprodukten des Erregers zustande kommen. Je nach der Art der *künstlichen Immunisierung* erhält man bei der Verwendung von Infektionserregern selbst bzw. ihrer Leibessubstanzen (Endotoxine) eine antiinfektiöse, bei der Verwendung löslicher Bakterientoxine eine antitoxische Immunität. Die Schutzimpfung kann erfolgen:

1. Mit *lebenden virulenden Erregern:* dies ist natürlich nur dann möglich, wenn der Erreger von einer bestimmten Eintrittspforte aus die typische klinische Erkrankung verursacht, während seine Verimpfung auf anderem Wege keine nennenswerten Gesundheitsstörungen nach sich zieht. Diese Forderung ist nur selten erfüllt, wie z. B. beim Cholera-Vibrio, der nur von der Darmschleimhaut, nicht aber von der Blutbahn aus beim Menschen pathogen wirkt, und so sind in der Tat die ersten Schutzimpfungen gegen Cholera von FERRAN durch subcutane Injektion lebender Kulturen ohne Schädigung beim Menschen ausgeführt worden. Auch die in früheren Jahrhunderten angewendete Variolation gehört hierher; das Pockenvirus vermag offenbar bei Verimpfung in die Haut in der Regel nicht zu einer so schweren Allgemeininfektion zu führen wie beim natürlichen Infektionsmodus von seiten der oberen Atmungswege, weil durch den nach der Hautimpfung zunächst einsetzenden lokalen Prozeß rechtzeitig eine teilweise Immunisierung des Körpers einsetzt, die genügt, um eine Allgemeininfektion auszuschließen oder doch abzumildern. Auch in der Tiermedizin werden Impfstoffe mit vollvirulenten Erregern verwendet, so z. B. bei der Lungenseuche der Rinder in Form der Verimpfung von vollvirulentem Lungensaft in die Schwanzwurzelhaut. Im allgemeinen wird man aber kaum die Gewähr für die Ungefährlichkeit einer Methode mit Verwendung lebender virulenter Erreger übernehmen können und wird sie schon deshalb für die Anwendung in der großen Praxis als ungeeignet erklären, weil das Hantieren mit lebendem infektiösem Material stets die Gefahr einer Ausbreitung der Seuche mit sich bringt.

2. Mit *lebenden abgeschwächten Erregern*: die Abschwächung kann erfolgen durch *physikalisch-chemische Schädigungen:* so bei der Schutzimpfung mit erhitzten, lebenden Milzbranderregern (PASTEUR), so der Versuch von STRONG einer Schutzimpfung mit lebenden durch Einwirkung von Alkohol abgeschwächten Pestbacillen. Ungleich bedeutsamer, weil völlig sicher und unbedenklich, ist die Verwendung *dauernd abgeschwächter biologischer Varietäten*, weil sie durch *Tierpassage* erhalten werden; hierher gehört in erster Linie die Vaccination mit Kuhpockenlymphe, da die Kuhpocken nachweislich eine durch die Verimpfung auf das Rind dauernd abgeschwächte Abart des echten Variola-Virus darstellen. Ganz analog ist der Schutz zu beurteilen, den bei der PASTEURschen Wutschutzimpfung das aus dem hochinfektiösen „Straßenvirus" durch Kaninchenpassage hervorgegangene „Virus fixe" gegen das echte Wutgift gewährt.

3. Mit *abgetöteten Erregern*, bei denen natürlich, abgesehen von der unspezifischen lokalen und allgemeinen Reaktion (örtliche Entzündung, Fieber, Kopfschmerz), die Möglichkeit einer Erkrankung selbst in abgeschwächter Form völlig fortfällt und nur noch die Leibessubstanzen des Erregers in genau dosierter Menge ihre Einwirkung entfalten. Hierher gehört die besonders während des Weltkrieges in den Heeren im weitesten Umfang angewandte Schutzimpfung gegen Cholera (PFEIFFER und KOLLE) und Typhus (KOLLE) durch Injektion abgetöteter Kulturen dieser Bacillen. Auch diese Methode ist nicht überall anwendbar, z. B. nicht gegen Ruhr, da der echte Ruhrbacillus (KRUSE-SHIGA) in seinen Kulturen heftig wirkende Gifte bildet, die auch bei der Verimpfung abgetöteter Leibessubstanzen auf den Menschen schwere Nebenerscheinungen zur Folge haben würden.

4. Während es sich bei den bisher besprochenen Verfahren um eine rein aktive Immunität (vgl. oben S. 70) handelt, bei deren Zustandekommen gewisse, mit mehr oder minder ausgesprochenem Krankheitsgefühl einhergehende Reaktionen des Organismus unvermeidlich sind, hat man versucht, durch *aktiv-passive Immunisierung* das Zustandekommen einer dauerhaften aktiven Immunisierung zu erreichen und die dabei sonst auftretenden Reaktionserscheinungen durch das gleichzeitig verabfolgte Heilserum zu verhindern oder doch abzumildern. Man erreicht durch Einspritzung von hochwirksamem Immunserum und sofort oder nach Tagen erfolgender Injektion von Bakterienmaterial eine aktive Immunität von langer Dauer. Auf diese Weise werden selbst Antigendosen, die allein injiziert, schwere Vergiftungserscheinungen bzw. den Tod bewirken, gut vertragen. LORENZ gebührt das Verdienst, zuerst diese Methode der Serovaccination bei der Bekämpfung des Schweinerotlaufs mit Erfolg angewendet zu haben, die sich auch bei Rauschbrand und Schweinepest bewährt hat. Für die Schutzimpfung gesunder Schweinebestände hat sich später die einfachere und billigere Simultanmethode, Einspritzung von Serum und Kultur gleichzeitig, aber örtlich getrennt, als zweckmäßiger erwiesen, eine Methode, die SOBERNHEIM für die Milzbrandschutzimpfung weiter ausgebaut hat.

Die bisher erwähnte Methode der Serovaccination hat durch die *gleichzeitige Vermischung von Serum und Vaccin*, die sog. *Mischimpfung,* eine Modifikation erfahren. Die Versuche bei Pest, Ruhr, Rotlauf ergaben keine besonderen Dauererfolge. Einen großen Erfolg in dieser Hinsicht stellt aber die von R. Koch und Kolle angegebene kombinierte Impfung gegen Rinderpest (mit virulentem Blut plus Heilserum) dar.

Ein anderer gangbarer Weg war noch der Versuch, die oben besprochenen, nach Schutzimpfung mit abgetöteten Kulturen eintretenden Reaktionserscheinungen dadurch zu vermeiden, daß der Impfstoff durch Vorbehandlung mit spezifischem Anti-Serum reizlos gestaltet wird. Die Frage dieser *sensibilisierten Vaccine* (Besredka) ist aber gleichfalls noch im Versuchsstadium. Das Verfahren ist umständlich, kostspielig und in bezug auf Sterilität unsicher. Dadurch, daß die verschiedenen Bakterien alle in verschiedenem Grade Amboceptoren des spezifischen Serums zu binden vermögen und sich infolgedessen für Immunisierungszwecke nicht völlig gleichwertig verhalten, entsteht eine große Schwierigkeit. Auch ist es nicht leicht, die richtigen Mengenverhältnisse von Bakterien und zugesetztem Serum festzusetzen. Durch einen Serumüberschuß kann unter Umständen die immunisierende Wirkung des Impfstoffes stark geschädigt werden. Nach den bisherigen Erfahrungen erscheint die praktische Brauchbarkeit nicht eindeutig anerkannt zu sein.

Durch Zusatz von antitoxinhaltigem Serum zu Giftlösungen gelingt eine Abschwächung der letzteren oder auch eine vollkommene Beseitigung der Giftwirkung. v. Behring hat zuerst gezeigt, daß man durch aktive Immunisierung mit Diphtherietoxin-Antitoxingemischen eine langdauernde Immunität des Menschen erzielen kann (T.A.-Präparat der Behringwerke Marburg). Nach der Injektion dieses Gemisches bildet der Körper aktiv Gegenkörper, die an arteigenes Eiweiß gebunden sind und eine langanhaltende Giftimmunität gewährleisten. Das Präparat eignet sich somit besonders für die aktive Schutzimpfung, vorausgesetzt, daß das Präparat sachgemäß hergestellt, auf Sterilität und im Tierversuch staatlich geprüft ist. Eine 2malige Injektion in Abständen von 8 bis 14 Tagen genügt zur sicheren Schutzwirkung. Neben den Toxin-Antitoxingemischen sind noch die *Toxin-Antitoxinflocken* für die aktive Diphtherieimmunisierung empfohlen. Beim Mischen von Diphtherietoxin und -antitoxin entstehen flockige Präcipitate, die sich abscheiden und, in physiologischer NaCl-Lösung suspendiert, neutrale Toxin-Antitoxingemische enthalten. Die Behringwerke haben das Präparat *T.A.F.* nach H. Schmidt hergestellt, das in 1 ccm der Flockensuspension höchstens 15 Gifteinheiten enthalten soll.

In neuerer Zeit ist die aktiv-passive Immunisierung bereits wieder verlassen worden. Zur Erzielung einer aktiven Immunität bei Diphtherie, Tetanus, Dysenterie, Gasbrand usw. verzichtet man heute auf die Anwendung von Toxin überhaupt und bedient sich fast ausschließlich der sog. *Toxoide*, entgifteten Toxine. Die Entgiftung erfolgt nach dem zuerst von Löwenstein gefundenen Verfahren (Tetanus), das später von Ramon auch bei Diphtherie angewandt wurde. Unter Zusatz von 0,3—0,5% Formalin bleiben die Gemische längere Zeit bei geeigneter Temperatur stehen. Ramon nennt seine auf diese Weise entgifteten Toxine „Anatoxine".

Diese Formoltoxoide weisen den Nachteil auf, daß zur Erreichung eines länger dauernden Schutzes eine gewisse Zeit verstreicht. Man hat aber in ihnen das beste Mittel zur aktiven Immunisierung gefunden. Die gewonnene aktive Immunität ist eine rein antitoxische. Sie bietet keinen Schutz vor der Infektion, jedoch gegen Erkrankung, wenn sie durch Giftwirkung bedingt ist, in einem hohen Prozentsatz der Geimpften.

Die Formoltoxoide haben den großen Vorzug der Ungiftigkeit. An der Einspritzungsstelle rufen sie allerdings schmerzhafte Reaktionen hervor, die zwar bei ganz kleinen Kindern kaum oder gar nicht auftreten, dagegen bei älteren Kindern und Erwachsenen sich deutlich äußern können. Aus diesem Grunde machte man drei Injektionen in steigendem zeitlichen Abstand und steigender Menge.

Will man, wie es bei augenblicklicher Gefährdung bei Diphtherie so oft verlangt wird, neben der aktiven Immunität mit langdauerndem Schutz auch den sofort einsetzenden Schutz haben, wählt man die neuerdings hergestellten präcipitierten Toxoide in subcutaner Einspritzung und injiziert subcutan oder intramuskulär etwa 500 AE. Serum gleichzeitig. Die aktiv-immunisierende Wirkung der präcipitierten Toxoide mittels Depotbildung erleidet durch die gleichzeitige Serumgabe keine Minderung.

Die Behringwerke stellen heute ein an Aluminiumhydroxyd adsorbiertes gereinigtes Diphtherie-Formol-Toxoid her: den Al.F.T.- (Diphtherie-Schutzimpfstoff). Dieses Präparat unterscheidet sich von den eben genannten Präparaten dadurch, daß zur aktiven Immunisierung nur eine *zweimalige Impfung* notwendig ist. Das Präparat eignet sich daher ganz besonders für Massenimpfungen, wie auch das Ditoxoid Asid des Anh. Serumwerkes.

Nach welcher Methode auch die Schutzimpfung erfolgen möge, immer kommt der Impfschutz, da es sich um eine durch den Organismus selbst zu erarbeitende aktive Immunisierung handelt, erst nach einer gewissen Frist (1—2 Wochen) zustande, im Gegensatz zu der Übertragung fertiggebildeter Schutzstoffe bei der Serumtherapie, wo der Impfschutz sogleich eintritt. Unmittelbar nach der Injektion des (lebenden oder abgetöteten) Virus tritt sogar eine direkt nachweisbare Abnahme des Gehalts des Serums an gelösten Immunsubstanzen auf; diese „*negative Phase*" ist jedoch praktisch, soweit alle Erfahrungen reichen, bedeutungslos, indem während derselben keine merkliche Erhöhung der Empfänglichkeit für die betreffende Infektion nachzuweisen ist, und stellt demnach nicht etwa eine Kontraindikation gegen die Schutzimpfung dar. Der Gehalt des Blutes an gelösten Schutzstoffen ist eben nicht ausschließlich der Gradmesser für die Höhe des erreichten Impfschutzes, da der letztere nur teilweise auf der Anwesenheit gelöster Immunsubstanzen, größtenteils vielmehr auf einer durch spezifische Umstimmung des Zellstoffwechsels zustande kommenden Gewebsimmunität beruht. Das vorübergehende Absinken des Gehalts an gelösten Schutzstoffen im Blutserum erklärt sich im Sinne der EHRLICHschen Seitenkettentheorie dadurch, daß diese gelösten Stoffe von dem neu eingebrachten Antigen (Virus) gebunden werden. Nach einigen Tagen, wenn wieder erhöhte Produktion gelöster Schutzstoffe seitens des Gewebes erfolgt ist, macht die negative Phase einer *positiven* durch erhöhten Impfschutz ausgezeichneten *Phase* Platz. Hierauf beruht der auch erfahrungsgemäß festgestellte günstige Erfolg der *wiederholten Schutzimpfung*; bei Cholera 2mal, gegen Typhus 3mal mit steigenden Gaben in Abständen von je etwa 8 Tagen. Neuerdings geht man dazu über, aktiv gleichzeitig gegen mehrere Infektionskrankheiten zu immunisieren (z. B. gleichzeitig gegen Diphtherie, Tetanus, Typhus und Paratyphus).

In letzter Linie kann über den Wert der Schutzimpfung nur die epidemiologische Statistik entscheiden, wie das betreffs des Impfschutzes gegen Pocken und Tollwut durch eine jahrzehntelange Beobachtung in einwandfreier Weise erfolgt ist; auch für den Erfolg der mit abgetöteten Kulturen gegen Pest, Cholera und Typhus unternommenen Schutzimpfung sprechen schon zahlreiche günstige Erfahrungen, doch sind die Akten über diese Frage noch nicht abgeschlossen. Die Schwierigkeit der Übertragung experimenteller Erfahrungen auf die natürlichen Verhältnisse liegt insbesondere darin, daß das Überstehen der natürlichen Infektionskrankheit offenbar nicht nur eine allgemeine Immunität des ganzen Körpers, sondern auch einen spezifischen lokalen Schutz an der Eintrittspforte zurückläßt, während letzterer bei der künstlichen Schutzimpfung natürlich nicht zustande kommt.

Bei der *technischen Herstellung der Impfstoffe* (abgetötete Kulturen) sind insbesondere im Massenbetrieb folgende Punkte genau zu beachten:

a) *Prüfung der zu verwendenden Kulturen auf Reinheit, antigene Wirkung und Freisein von besonderer Reizwirkung;* zu diesem Zweck ist es nötig, nur bestimmte in ihrer antigenen Wirkung und in ihrem möglichsten Freisein von unerwünschten Nebenwirkungen seitens anerkannter Institute sorgfältig geprüfte Stämme zu verwenden; zur Erzielung einer möglichst allgemeinen Verwendbarkeit ist es ferner wünschenswert, einen *vielwertigen,* aus mehreren Stämmen gemischten Impfstoff herzustellen, wie das jetzt bei der Bereitung des Typhusimpfstoffes geschieht. Zur Gewinnung von Massenkulturen verwendet man durchweg Oberflächenkulturen auf Agar in DRIGALSKI-Schalen oder noch besser in KOLLE-Flaschen, da letztere leichter die Fernhaltung von Verunreinigungen ermöglichen. Die früher von HAFFKINE angewendete Massenkultur in Bouillon kommt nur noch für die Gewinnung löslicher, keimfrei zu filtrierender Impfstoffe (Diphtherietoxin, Tuberkulin), nicht aber für die Gewinnung von Leibessubstanzen der Bakterien in Betracht, da erstens die Ausbeute in jungen flüssigen Kulturen zu gering ausfällt, zweitens in älteren Kulturen Abbauprodukte von unerwünschter unspezifischer Reizwirkung entstehen und endlich die Kontrolle auf Fernhaltung fremder, insbesondere anaerober Keime sehr viel schwieriger ist. Bei Agaroberflächenkulturen ist das Freisein von verunreinigenden Keimen leicht durch ein mikroskopisches Präparat und eventuelle Nachprüfung durch Aussaat auf Platten nachzuweisen.

b) Die *Abtötung der Kulturen* muß durch *vorsichtige Erhitzung* erfolgen, da die Einwirkung höherer Temperaturen leicht zur Bildung unspezifischer, starke Reizwirkungen auslösender Abbauprodukte führt; andererseits muß natürlich die Temperatur hoch genug gewählt werden, um eine absolut sichere Abtötung zu gewährleisten. Erfahrungsgemäß genügt für die Abtötung von Choleravibrionen und Typhusbacillen, selbst in sehr dichter Aufschwemmung, eine 1stündige Einwirkung von 53⁰ C im Wasserbade. Die Abschwemmung jeder einzelnen Kulturschale wird getrennt in je einem Reagensglas im Wasserbade mit Thermoregulator dieser Temperatur ausgesetzt, wobei sorgfältig darauf zu achten ist, daß der obere Teil des Reagensglases, der aus dem Wasserbad herausragt, durch Abbrennen von etwa anhaftenden, durch Verspritzen dorthin gelangten Tröpfchen sicher befreit wird; das Wasser im Wasserbade muß mindestens 2 cm oberhalb der Kulturaufschwemmung im Reagensglas stehen.

c) Die *Prüfung der Sterilität* nach erfolgter Erhitzung wird durch Aussaat je eines Tropfens aus jedem einzelnen erhitzten und zum Zweck der Kontrolle vorher numerierten Reagensglase auf sterilen Agar vorgenommen; jedes nicht steril befundene Glas wird vernichtet.

d) Nach Prüfung der Sterilität erfolgt die *erforderliche Verdünnung* der Kulturaufschwemmung mit steriler 0,85%iger Kochsalzlösung mit einem Gehalt von 0,5% Phenol oder 0,3% Trikresol zwecks *Konservierung*. Die Verdünnung wird so vorgenommen, daß 1 ccm des fertigen Schutzstoffes stets eine und dieselbe erfahrungsgemäß als zweckmäßig ausprobierte Dosis der Kultur enthält, und zwar ¹/₃ Normalöse Kultur auf 1 ccm. Diese Dosierung erfolgt zunächst annähernd nach Berechnung des Flächeninhaltes der Kultur, wobei man davon ausgeht, daß eine Schräg-Agar-Oberflächenkultur etwa 10 Normalösen entspricht. Die genauere Dosierung kann dann auf verschiedene Weise erfolgen; am gebräuchlichsten ist der Vergleich der Durchsichtigkeit des Impfstoffes mit einem als Prüfungstest dienenden Normalimpfstoff, eine Methode, die bei vergleichender Prüfung frischer Impfstoffe Brauchbares leistet, während in älteren, lange konservierten Kulturaufschwemmungen allmählich eine Aufhellung durch Autolyse erfolgt. Genauer ist die Dosierung durch direkte mikroskopische Zählung der Keime in der THOMA-ZEISSschen oder einer ähnlichen Zählkammer (z. B. von LIEBREICH), während die Zählung nach der sonst in der Bakteriologie üblichen Methode mittels Aussaat auf geeigneten Nährboden hier nicht anwendbar ist, da die Zahl der angegangenen Kolonien natürlich nur den lebenden Keimen entspricht, während für die antigene Wirkung ebensowohl auch die (schon in jungen Kulturen sehr zahlreichen) abgestorbenen Individuen in Betracht kommen. Eine annähernde direkte mikroskopische Zählungsmethode nach WRIGHT besteht darin, daß die auszuzählende Bakterienemulsion mit der gleichen Menge menschlichen Blutes sorgfältig vermischt im Objektträgerpräparat ausgestrichen und das zahlenmäßige Verhältnis zwischen roten Blutkörperchen und Bakterien in einer größeren Anzahl von Gesichtsfeldern bestimmt wird; aus der bekannten Zahl der roten Blutkörperchen (etwa 5 Millionen im Kubikmillimeter beim gesunden Manne) läßt sich dann ohne weiteres annähernd die Zahl der in der Kulturaufschwemmung enthaltenen Keime berechnen, wobei allerdings ein Teil der Keime, durch die roten Blutkörperchen verdeckt, der Zählung entgehen kann.

Die Haltbarkeit der bakteriellen Impfstoffe ist eine umstrittene Frage. In älteren Impfstoffen tritt Autolyse ein, wodurch allerdings die antigene Wirkung nicht immer beeinträchtigt wird. Die Wirksamkeit der Impfstoffe ist um so größer, je frischer sie sind. Viele Ärzte geben den autolysierten Impfstoffen den Vorzug. Bei der Anwendung älterer Impfstoffe hat man die Erfahrung gemacht, daß sie verträglicher sind, d. h. keine schweren lokalen Erscheinungen machen; jedoch beobachtet man je nach dem Endotoxingehalt auch das Umgekehrte.

Bei endotoxinhaltigen Keimen, wie z. B. bei Typhus und Cholera, sind zur Herstellung der Impfstoffe Bakterien mit guter antigener und geringer giftiger Wirkung zu wählen, da eine antibakterielle und nicht eine antitoxische Immunität erzielt werden soll, im Gegensatz zum Keuchhusten, wo der Impfstoff stark endotoxinhaltige Keime enthalten muß, um eine aktive antiendotoxische Immunität hervorzurufen.

Von der Schutzimpfung zu der *Bakteriotherapie*, d. h. zur Anwendung der Leibessubstanzen der Krankheitserreger zu Heilzwecken gegenüber der klinischen Erkrankung, ist es nur ein Schritt, wenn man sich vergegenwärtigt, daß dieselben biologischen Vorgänge, welche *nach* überstandener Erkrankung das Wesen der Immunität ausmachen, es auch sind, welche *während* der Erkrankung die natürliche Heilung des pathologischen Prozesses anbahnen. Wenn diese natürliche Heilungstendenz bei einigen chronischen Krankheiten (Tuberkulose, Lepra) oft oder fast immer unvollständig bleibt, so liegt das gerade darin begründet, daß auch die Immunisierungsprozesse bei diesen Infektionen unvollständig sind, und es scheint rationell, die Heilungstendenz des Organismus dadurch zu fördern, daß man den Immunisierungsprozeß durch künstliche Zufuhr der antigenen (mit möglichstem Ausschluß der rein giftigen) Leibessubstanzen des Eregers beschleunigt. Hiervon ging R. Koch aus, als er die Wirkung von löslichen Produkten des Tuberkelbacillus auf den tuberkulös infizierten Organismus studierte, und so wurde die Tuberkulinbehandlung das erste Beispiel einer zielbewußten Anwendung bakterieller Produkte zur spezifischen Heilung der betreffenden Infektionskrankheit. Auch für die Bakteriotherapie im engeren Sinne, d. h. für die Anwendung der gesamten abgetöteten Leibessubstanzen des Erregers statt eines löslichen Extraktes, bietet die Tuberkulinbehandlung ein Beispiel, indem R. Koch vom löslichen Alttuberkulin zu dem die Tuberkelbacillenleiber selbst enthaltenden Neutuberkulin (T.R.) fortschritt. Schon vorher hatten Beumer und Peiper die Heilung des Abdominaltyphus durch Injektion kleiner Mengen abgetöteter Typhuskulturen versucht. Die allgemeinere Anwendung der Bakteriotherapie datiert erst seit der durch Wright im Zusammenhange mit der Opsoninforschung unternommenen Anwendung von Bakterien (insbesondere Eitererregern) zur Behandlung chronischer Infektionen. Wright ging davon aus, daß der opsonische Index des Blutes gegenüber dem spezifischen Erreger während des Bestehens der betreffenden Infektionskrankheit herabgesetzt ist und suchte durch Injektion kleiner Mengen abgetöteter Kultur des Erregers diesen Index zu erhöhen; nach einem vorübergehenden Absinken in den ersten 1—2 Tagen nach der Injektion (negative Phase) kommt in der Tat ein Ansteigen des opsonischen Index zustande, dem häufig eine entsprechende Besserung der lokalen und allgemeinen Krankheitserscheinungen parallel geht; eine wiederholte Injektion darf erst erfolgen, wenn die negative Phase überwunden ist. Während Wright sich zur Beurteilung dieses Zeitpunktes stets der Bestimmung des opsonischen Index bedient, kann man von diesem umständlichen Verfahren auch absehen und Zeitpunkt und Dosierung des bakteriotherapeutischen Handelns, ähnlich wie bei der Tuberkulintherapie, von dem Ablauf der jedesmal ausgelösten Reaktion und von dem Gesamtverhalten des Kranken abhängig machen. Im allgemeinen gilt der Grundsatz, daß bei akuten Infektionen nur vorsichtige Anwendung kleiner Gaben angezeigt ist, während gegenüber chronischen Infektionen größere Dosen am Platze sind. Die Bereitung der Impfstoffe erfolgt grundsätzlich ebenso wie oben bei der Schutzimpfung beschrieben ist; der Gehalt der Impfstoffe wird in einer Zahl angegeben, die dem Gehalt an Bakterienleibern im Kubikzentimeter entspricht (z. B. Staphylokokkenvaccine 200 Millionen). Der Impfstoff wird entweder als *vielwertiges Produkt* (polyvalent, von einem Gemisch vorrätig gehaltener Stämme des betreffenden Virus) hergestellt oder man verwendet zur Bereitung der Vaccine nur den homologen, aus dem Kranken selbst herausgezüchteten Stamm (monovalent). Die Behandlung mit solcher „*Autovaccine*" leistet in manchen Fällen besonders gute Dienste.

Die bakteriellen Impfstoffe werden gewöhnlich *subcutan* injiziert. Zur Erzielung einer schnellen und intensiven Wirkung wird die *intramuskuläre* und *intravenöse* Einspritzung auch empfohlen, die aber nur bei absoluter Sterilität des Impfstoffes gemacht werden darf. Die I. G. Farbenindustrie hat eine *orale* polyvalente Typhus-Vaccine unter dem Namen „Typhoral" hergestellt. Es handelt sich um Dragees aus aufgeschlossenen Typhus- und Paratyphus-A- und B-Bacillen. Die antigenen Stoffe sind aus dem Darm leicht resorbierbar und sollen die Ausbildung einer allgemeinen Immunität fördern, und dort wo sie bereits vorhanden, erhalten und eventuell steigern. Die orale Form der Immunisierung scheint zum mindesten bei manchen Infektionen mehr und mehr Anhänger zu finden.

Einige allgemeine Winke in der Anwendung der Impfstoffe. Prophylaktisch sind 2—3 Injektionen erforderlich. Therapeutisch beginnt man bei *chronischen* Erkrankungen mit niedrigen Dosen (etwa 10 Millionen pro Kubikzentimeter) und steigt langsam, wobei stärkere Herd- und Allgemeinreaktionen zu vermeiden sind. Bei stärkeren Reaktionen geht man auf die vorletzte Dosis zurück. Die Injektionen erfolgen anfangs nach 3—5 Tagen, später nach 8—10—14 Tagen. Man steigt mit den Dosen anfangs 2—3fach, später $1^1/_2$—2fach oder noch geringer. Bei *akuten* Erkrankungen sind die Dosen verschieden.

F. Absterbebedingungen der Mikroorganismen (Desinfektion, Sterilisation und Entwesung).

Wir haben in einem der vorangegangenen Abschnitte die für Wachstum und Gedeihen der Mikroorganismen erforderlichen Lebensbedingungen kennen gelernt. Fehlen diese Lebensbedingungen ganz oder teilweise oder entfernen sich die Verhältnisse, unter welchen sich die Mikroorganismen befinden, erheblich vom Wachstumsoptimum, so tritt zunächst Verlangsamung oder Stillstand der Entwicklung ein. Das Leben ist unter diesen Verhältnissen im latenten Zustand und vermag sich so mehr oder minder lange Zeit zu erhalten, um schließlich entweder bei Wiederherstellung günstiger Bedingungen sich aufs neue in Wachstum und Leistungen zu entfalten oder bei fortdauernden ungünstigen Bedingungen allmählich zu erlöschen. Außer diesen Abweichungen von den normalen Lebensbedingungen kennen wir nun aber auch eine Reihe von *direkt keimschädigenden Faktoren*, welche selbst bei sonst gleichzeitig vorhandenen günstigsten Kulturbedingungen dennoch ihre deletäre Wirksamkeit entfalten. Die Kenntnis dieser *Absterbebedingungen* ist sowohl in theoretischer wie insbesondere in praktischer Beziehung für die Bekämpfung der Krankheitserreger von Wichtigkeit. Je nach der Intensität der Einwirkung offenbart sich die Keimschädigung in zweifacher Weise: Entweder nur als *Entwicklungshemmung*, wobei die betroffenen Keime zwar in Wachstum und Vermehrung verhindert werden, sich aber noch längere Zeit lebensfähig erhalten und bei erneuter Übertragung unter günstigen Bedingungen aufs neue sich lebhaft zu entwickeln vermögen; oder als *Abtötung*, wodurch die Keime endgültig vernichtet werden und auch nach Übertragung unter den besten ihnen sonst zusagenden Bedingungen sich als abgestorben erweisen. Speziell bei chemischen Mitteln unterscheidet man je nach der wirksamen Konzentration einen *entwicklungshemmenden (antiseptischen)* und einen *keimtötenden (desinfizierenden)* Wert; bei sporenbildenden Bakterien unterscheidet man zwischen bakterientötendem *(baktericidem)* und sporentötendem *(sporizidem)* Titer; der letztere liegt wegen der erheblich höheren Widerstandsfähigkeit der Sporen wesentlich höher als ersterer. Auch unter den vegetativen Formen ist die Widerstandsfähigkeit der einzelnen Arten ganz verschieden, so sind insbesondere die durch ihre Hülle geschützten Tuberkelbacillen und verwandten säurefesten Arten, ferner unter den Kokken der Staphylococcus pyogenes aureus sehr viel widerstandsfähiger als andere Bakterien. Das Absterben der im Testmaterial enthaltenen Keime unter dem Einfluß eines Desinfektionsmittels geht nicht schlagartig auf einmal vor sich, sondern in Gestalt der sog. Absterbekurve. Der Absterbevorgang verläuft so, daß die Zahl der Absterbenden immer der Menge der Überlebenden proportional ist (MADSEN und NYMANN, PAUL und KRÖNIG). Protozoen sind meist viel weniger resistent als Bakterien und unterliegen überdies wie alle tierischen Zellen der Einwirkung spezifischer Gifte (Cyan, Saponin), die gegenüber Bakterien fast wirkungslos sind. Sowohl unter den Bakterien wie unter den Protozoen werden gewisse Arten durch bestimmte Desinfizienzien schon in einer ganz schwachen Konzentration geschädigt, in der andere Arten noch jede Schädigung vermissen lassen; eine solch elektive Wirkung findet sich natürlich nur bei Substanzen von hochkomplizierter chemischer Konstitution, wie z. B. das Malachitgrün gegenüber dem Choleravibrio, das Tribrom-β-Naphthol gegenüber Eiterkokken, Diphtheriebacillen und sogar gegenüber den sonst so widerstandsfähigen Milzbrandsporen (die es in 1%iger Lösung binnen 2 Stunden abtötet, während es gegenüber Pyocyaneus- und Tuberkelbacillen fast wirkungslos ist). Je nach der Ausbildung dieser elektiven Wirkung spricht man von „*halbspezifischer*" (BECHHOLD) oder *spezifischer Desinfektionswirkung*; ihre höchste Ausbildung erreicht die letztere einerseits in den bei der Chemotherapie (vgl. am Schluß dieses Abschnitts) angewandten Mitteln, andererseits in den bei der Immunisierung im Tierkörper sich bildenden Baktericidinen (vgl. im Kap. Immunität).

Die *Methode zur Prüfung der entwicklungshemmenden Eigenschaft* eines physikalischen Faktors oder einer chemischen Substanz ist verhältnismäßig einfach. Man läßt den zu prüfenden Faktor in abgestufter Dosis (z. B. abfallende Konzentrationen einer chemischen Substanz oder verschiedene Temperaturgrade) auf die zu prüfenden, in einem geeigneten Nährboden befindlichen Keime einwirken und notiert, bei welcher Dosis das Wachstum eben vollständig gehemmt wird; dabei zeigt sich ganz im allgemeinen, daß die Widerstandsfähigkeit der Mikroorganismen gegen Entwicklungshemmung um so größer ist, je günstiger im übrigen die Lebensbedingungen sind; so äußert z. B. Sublimat im Blutserum erst bei viel höherer Konzentration seinen entwicklungshemmenden Einfluß als in Bouillon; desgleichen kommt bei Bruttemperatur die vollständige Entwicklungshemmung viel schwieriger zustande als bei Zimmertemperatur.

Die *Methoden zur Prüfung der keimtötenden Wirkung* beruhen grundsätzlich auf folgender Versuchsanordnung: Die Keime werden während einer bestimmten Zeit der Einwirkung des betreffenden schädigenden Agens ausgesetzt, worauf dieses letztere vollständig entfernt wird und die so vorbehandelten Keime nachträglich wieder in einen ihnen möglichst zusagenden Nährboden und überhaupt unter günstigste Entwicklungsbedingungen gebracht werden, um festzustellen, ob sie noch lebensfähig oder bereits abgestorben sind; eventuell ist zur Prüfung der Lebens- und Ansteckungsfähigkeit auch der Tierversuch mit heranzuziehen.

Nach der Definition des Deutschen Arzneibuches heißt „*Desinfizieren*", einen Gegenstand in einen solchen Zustand versetzen, daß er nicht mehr infizieren kann im Gegensatz zu „*Sterilisieren*", was bedeutet, einen Gegenstand von allen lebenden Mikroorganismen zu befreien, d. h. von vegetativen Formen und Dauerformen. Damit werden an die Sterilisation höhere Anforderungen als an die Desinfektion gestellt. Eine Trennung der Desinfektionsmethoden von den Sterilisierverfahren ist nicht möglich, da sich die Bakterien in bezug auf ihre Widerstandsfähigkeit äußeren Einflüssen gegenüber, insbesondere gegen Hitzeeinwirkung, verschieden verhalten. Widerstandsfähiger sind die pathogenen Sporenbildner, als diejenigen, bei denen nur vegetative Formen vorkommen, die saprophytischen wieder teilweise bedeutend widerstandsfähiger als die pathogenen Sporenbildner.

So gehen z. B. die Tuberkelbacillen (vegetative Bakterienform) bei Erhitzung auf 85^0 C in 1 Minute zugrunde. Milzbrandsporen vertragen Wasserdampf von 100^0 C nur einige Minuten, während die saprophytischen Bakterien selbst bei höheren Dampftemperaturen unter Umständen stundenlang lebensfähig bleiben können. Die resistentesten frisch aus der Gartenerde gezüchteten nativen Erdsporen werden bei einer Dampftemperatur von 100^0 C noch nicht in 50 Stunden, bei 108^0 C in 7 Stunden, bei 112^0 C in 30 Minuten und bei 120^0 C in 6 Minuten abgetötet.

Auf den Erfahrungen von der Widerstandsfähigkeit der Bakterien fußen die Desinfektions- und Sterilisationsmaßnahmen und zugleich die Prüfungsverfahren. Für Desinfektionsprüfungen benutzt man als Testobjekt Milzbrandsporen, für Sterilisationsprüfungen native Erdsporen und zwar stets die frisch in der Erde enthaltenen nativen Sporen, da durch Kultivierung der Erdbacillen eine erhebliche Einbuße von Resistenz eintritt. Wegen der Gefährlichkeit der Milzbrandsporen im Desinfektionsversuch wird auf Vorschlag von HOFFMANN als Desinfektionsmaterial ein nicht pathogener Bakterienstamm verwendet, der aus Gartenerde isoliert wird. Die Resistenz seiner Sporen gegenüber Dampf von 100^0 C beträgt etwa 4—20 Minuten.

Die Bakterien werden entweder in Flüssigkeiten aufgeschwemmt (Suspensionsmethode) (davon 0,3 ccm zu 10 ccm des zu prüfenden Desinfektionsmittels) oder in angetrocknetem Zustand der Wirkung des Desinfektionsmittels ausgesetzt und zwar an Seidenfäden, Granaten, Erbsen (PESCH) oder Battiststückchen angetrocknet (PAUL und KRÖNIG) (Keimträgermethoden).

a) **Suspensionsmethoden.** Bei der *Suspensionsmethode* nach GRUBER werden dichte Bakteriensuspensionen filtriert und mit Desinfektionslösung verschiedener Konzentration versetzt. Nach bestimmten Zeiten wird 1 Tropfen oder 1 Öse in Bouillon übertragen und von hier aus durch Weiterimpfung von z. B. 6 Ösen in ein zweites, eventuell drittes Röhrchen zur Vermeidung der Entwicklungshemmung durch das mitverimpfte Desinfiziens, das dabei stark verdünnt wird, weitere Kulturen angelegt.

Nach PROSKAUER soll die entwicklungshemmende Wirkung des mitverimpften Desinfiziens durch ein besonderes Lösungsmittel beseitigt werden. Er empfiehlt daher Vermischen von Bouillon zur Nachkultur in Reagensgläsern mit sackförmiger Ausbuchtung (1—2 cm unter oberem Rand), bei teerölhaltigen Präparaten mit Rüböl, welches die Kohlenwasserstoffe dann gelöst enthält.

b) **Keimträgermethoden.** α) *Seidenfädenmethode.* Schon bei den ersten Desinfektionsversuchen gebrauchte R. KOCH an Seidenfäden angetrocknete Milzbrandsporen. Seide mittlerer Dicke wird in 1—3 cm lange Stückchen zerschnitten und $1/_2$ Stunde bei 160^0 C in einem mit Watte gut verschlossenen Reagensglase sterilisiert. Um eine gleichmäßige Durchtränkung der Fäden mit Bakterien zu erzielen, wird eine 24stündige Kultur in steriler physiologischer Kochsalzlösung aufgeschwemmt, zur Beseitigung gröberer Bakterienklümpchen durch ein sterilisiertes

Papierfilter filtriert. In das Filtrat werden die Seidenfäden gebracht und darin für etwa 30 Minuten belassen. Am besten legt man sie dann zur Befreiung von der überschüssigen Flüssigkeit zunächst auf steriles Fließpapier (Vorsicht, damit nichts auf den Tisch durchsickert) und nachher einzeln in sterile Schälchen zum Trocknen (Exsiccator über Chlorcalcium oder Phosphorsäureanhydrid). Das Herausnehmen der getrockneten Fäden hat mit der größten Vorsicht zu geschehen. Man stellt das Schälchen mit den getrockneten Fäden auf einen Bogen Papier, da manchmal Fäden abspringen. Das Papier und die etwa abgesprungenen Fäden sind zu verbrennen und die Faßenden der benutzten Pinzette abzuflammen. Vor dem jedesmaligen Gebrauch sind die Sporen auf die Widerstandsfähigkeit am besten in dem von OHLMÜLLER angegebenen Apparat zu prüfen.

Dieser Apparat besteht aus einer Kochflasche, in der das Wasser durch eine untergestellte Gasflamme zu lebhaftem Sieden erhitzt wird. Auf dem durchbohrten Gummistopfen ist ein waagerechtes weites Glasrohr angebracht, das sich nach der einen Seite etwas im Durchmesser verkleinert und daselbst ein Thermometer enthält, dessen Quecksilberkugel gerade über der Dampfausströmungsöffnung liegt. Von der anderen Seite des Glasrohres wird ein Drahtnetzchen, das die zu prüfenden Sporenfäden aufnimmt, in den Dampfraum eingeschoben.

Bei der Anstellung des Versuches, Prüfung der Widerstandsfähigkeit der Testsporen gegen strömenden Dampf von 100⁰ C, wird das Wasser in der Flasche zum Kochen gebracht und wenn alle Luft daraus verdrängt ist, ein Sporenfaden auf dem Drahtnetz in den Dampfraum gebracht, nach $^1/_2$ Minute mit steriler Pinzette wieder herausgenommen und in ein Bouillonröhrchen gelegt. Ein zweiter Faden bleibt 1 Minute, ein dritter 2 Minuten usw. dem Dampf ausgesetzt. Die angelegten Bouillonröhrchen werden bei 37⁰ C mehrere Tage beobachtet. Für gewöhnlich werden Milzbrandsporen durch Dampf von 100⁰ C in 2—4 Minuten abgetötet.

β) Granatenmethode. Als Ersatz der Seidenfäden sind von KRÖNIG und PAUL die sog. *Granaten* (Halbedelsteine), die sich besonders für die Prüfung chemischer Desinfektionsmittel eignen, eingeführt worden, um beim Versuch eine möglichst gleichgroße Anzahl von Keimen an der Oberfläche zu haben.

Die Granaten werden daher (rissige oder defekte werden von vornherein ausgeschaltet) mittels eines Siebes ausgelesen und peinlich gereinigt; am besten werden sie mit roher Salzsäure (1 + 3 H_2O) ausgekocht, mit Wasser längere Zeit geschüttelt, dann mit Alkohol, Äther gewaschen, mit Aq. dest. gespült, getrocknet und schließlich im ERLENMEYERschen Kölbchen $^1/_2$ Stunde bei 200⁰ C sterilisiert. Mit der Bakterienaufschwemmung werden die Granaten im Schüttelzylinder geschüttelt; man läßt dann die überschüssige Flüssigkeit auf einem enghalsigen, mit flacher Schale bedeckten Trichter gut abtropfen; Trocknung auf Nickeldrahtnetz, das eventuell in einen Exsiccator eingelegt wird, am besten 12 Stunden im Eisschrank, damit die Sporen, die sich noch in dem anhaftenden Wasser befinden, nicht zu vegetativen Formen auswachsen können. Die weitere Aufbewahrung der getrockneten Granaten geschieht am vorteilhaftesten in kleinen Reagensgläsern, die in ebenso viele größere Reagensgläser über Chlorcalcium unter Gummikappenverschluß eingestellt werden.

Für die Prüfung eines Desinfektionsmittels sind von KRÖNIG und PAUL eine Reihe von Forderungen aufgestellt, von denen wir hier einige, die von besonderer Wichtigkeit sind, wiedergeben:

1. Die für eine vergleichende Versuchsreihe benutzten Mikroben müssen gleiche Widerstandsfähigkeit haben.

2. Die Anzahl der zu den einzelnen Versuchen verwendeten Bakterien muß annähernd die gleiche sein.

3. Die Bakterien müssen in die desinfizierenden Lösungen gebracht werden, ohne daß etwas von dem Nährsubstrat, auf dem sie gezüchtet werden, übertragen wird.

4. Die Desinfektionslösungen müssen während der Einwirkung stets die gleiche Temperatur haben (18⁰ C).

5. Nach der Einwirkung der desinfizierenden Mittel müssen die Bakterien wieder möglichst vollständig von diesen befreit werden.

6. Die Bakterien müssen, nachdem sie der Einwirkung der desinfizierenden Lösungen ausgesetzt wurden, auf gleiche Mengen desselben günstigen Nährbodens, bei gleicher Temperatur, wenn möglich beim Optimum zum Wachstum gebracht werden. Auch sind nach SÜPFLE für die verschiedenen Bakterien verschiedene optimale Nährböden angegeben.

Für Staphylokokken   3%ige Traubenzuckerbouillon
Für Bact. coli   1%ige Traubenzuckerbouillon
Für Streptokokken
Für Diphtheriebacillen   } 1%ige Traubenzuckerbouillon mit 5% Serum
Für Proteus
Für Milzbrandkeime und Schweine-
    rotlaufbakterien   3%ige Traubenzuckerbouillon mit 5% Serum

7. Handelt es sich um wissenschaftliche Untersuchungen, dürfen die Konzentrationen der Lösungen nicht nach Gewichtsprozenten verglichen werden, sondern es müssen äquimolekulare Mengen der betreffenden Stoffe zur Anwendung kommen.

Wird für den Desinfektionsversuch eine Bakterienaufschwemmung oder Seidenfäden mit angetrockneten Bakterien oder Granaten oder Quarzkörner benutzt, so geht man folgendermaßen vor: Nach dem Ansetzen dieser verschieden prozentigen Lösungen des Desinfektionsmittels z. B. 0,1%-, 0,5%-, 1%ig usw., werden zu je 10 ccm der Lösungen 0,3 ccm der betreffenden Bakterienaufschwemmung, einige Seidenfäden oder Granaten (s. weiter unten) zugesetzt und während einer bestimmten Zeit der Einwirkung des betreffenden chemischen Agens ausgesetzt, d. h. in verschiedenen Intervallen (1, 5, 10, 20, 30, 40, 50 und 60 Minuten) werden mit steriler Platinöse von dem Gemisch einige Ösen in eine sterile Petrischale gebracht und mit Agar, der auf 45⁰ C abgekühlt ist, unter Hin- und Herschwenken übergossen. Wenn es sich um an Seidenfäden angetrocknete Bakterien handelt, werden nach beendigter Desinfektionsdauer 2—3 Seidenfäden aus der Desinfektionsflüssigkeit herausgenommen und zum Abspülen derselben in steriles Wasser oder in Lösungen chemischer Neutralisationsmittel (Schwefelammonium gegenüber Sublimat, schwache Säure gegenüber Alkali und umgekehrt, Bromwasser gegenüber Phenol) etwa 5—10 Minuten getaucht, dann in derselben Weise, wie oben angegeben, in einen den Bakterien möglichst zusagenden Nährboden und unter günstigste Entwicklungsbedingungen gebracht, um nach 24—48stündiger Bebrütung bei 37⁰ C festzustellen, ob die Keime noch lebensfähig oder vollkommen abgestorben sind. Kontrollen der betreffenden Bakterien ohne Desinfektionszusatz sind jedem Versuch beizugeben. Am besten werden als Nährböden Agar und Bouillon nebeneinander benutzt.

Bei den Versuchen unter Benutzung von Granaten hat man bestimmte Winke zu beachten. Während der Zeit, in der die Desinfektionslösungen in einem Thermostaten (am besten mit Rührwerk) die Versuchstemperatur annehmen, werden mit einer sterilen Pinzette die für jede Lösung nötige Anzahl infizierter Granaten in kleine Glasschälchen, die durch übergreifende Deckel sicher zu verschließen sind, gelegt. Bei Versuchsbeginn werden die Granaten in die Desinfektionslösungen geschüttet. Dann bringt man die Granaten innerhalb der Lösung mittels Pinzetten auf kleine Platinsiebchen, die mit einem Platinhalter versehen sind, und läßt nun das Desinfektionsmittel noch weiter einwirken. Man wählt diesen etwas umständlichen Weg, um das Entstehen von Lufträumen zu vermeiden und um eine unbedingte gleichmäßige Benetzung mit der Desinfektionslösung zu garantieren. Nach Ablauf der für den Desinfektionsversuch angesetzten Zeit werden die Siebchen aus der Lösung herausgehoben und in Schälchen mit sterilem Wasser mehrere Male abgespült. Als Abspülflüssigkeit kommen noch in Betracht für Basen: verdünnte Essigsäure, für Säuren Ammoniak, für Chlor und Brom verdünntes Ammoniak, für Jod wässerige Natriumthiosulfatlösung, für Formaldehyd Ammoniak, für Salze der Schwermetalle Schwefelammonium, für Carbolsäure am besten verdünntes Ammoniak. Nach etwa 10 Minuten langem Verweilen der Granaten in einer der genannten Flüssigkeiten erfolgt Abspülung in sterilisiertem Wasser (10 Minuten). Nun bringt man ungefähr 5 Granaten in graduierte Röhrchen, die 3 ccm steriles H_2O enthalten. Schütteln mit einem sterilen Drahtröhrchen etwa 3 Minuten lang. Zu der so erhaltenen Bakterienaufschwemmung gießt man 12 ccm verflüssigten Agar (abgekühlt auf 42⁰ C), entleert das Ganze in sterile Petrischalen und läßt den Agar erstarren. Brutschrank (37⁰ C) 24 Stunden. Nach 24 Stunden erfolgt die erste Zählung der Kolonien. Nach 2—3tägiger Bebrütung nochmalige Zählung, die am besten unter dem Mikroskop bei schwacher Vergrößerung ausgeführt wird.

Die Untersuchungen von KRÖNIG und PAUL haben ergeben, daß die Abtötungszeit von Bakterien der Konzentration der Desinfektionsflüssigkeit nicht proportional ist oder anders ausgedrückt: um den gleichen Desinfektionseffekt hervorzubringen, gebraucht man bei halb so starken Lösungen nicht die doppelte Zeit, sondern mehr oder weniger.

γ) *Batiststückchenmethode* (HAILER). Stückchen vom durchsichtigen Baumwollbatist (8:12 mm) (Batist mit Appretur ist unverwendbar) werden im Autoklaven sterilisiert, in dichte Aufschwemmungen von Bakterien (24stündige Agarkultur mit 15 ccm Aq. dest. abgeschwemmt und nachgespült und durch 1 cm dicke Lage von Glaswolle filtriert) oder Sporen für $^1/_4$ Stunde eingelegt. Die Sporen werden in Schrägagarröhrchen gezüchtet, die mit je 2 ccm H_2O abgeschwemmt werden. Nach dem Zusammengießen wird die Aufschwemmung zur Zerteilung von Bakterien bzw. Sporenklümpchen mit Granaten gut geschüttelt; dann werden die Batiststückchen mit den Bakterien weiter behandelt. Die Batiststückchen werden im Exsiccator über Chlorcalcium getrocknet. Für den Versuch werden die infizierten Batiststückchen in Glasröhrchen eingelegt und im Thermostaten mit den vorgewärmten desinfizierenden Lösungen übergossen. Nach vorgesehenen Zeiten werden die Stückchen mit der sterilen Pinzette herausgenommen und bei Prüfung von Säuren und Basen mit der neutralisierenden Lösung, bei Phenolen mit sterilem Wasser oder Seifenlösungen abgespült und dann in Bouillon eingelegt. Beobachtung des Wachstums nach Brutschrankaufenthalt bei 37° C viele Tage lang. Zur Identifizierung der eventuell gewachsenen Keime Ausstriche auf feste Nährböden.

δ) Zur Entfernung des Desinfiziens von den Bakterienleibern hat SCHÄFFER das *Zentrifugieren* empfohlen. Dieses Verfahren erscheint aber wegen des zähen Festhaltens des Desinfiziens am Bacterium als wenig aussichtsreich.

c) Eine weitere Methode zur Prüfung der Desinfektionswirkung ist die von RIDEAL-WALKER. Das Wesentliche dieser Methode besteht darin, daß das Phenol und das zu prüfende Mittel, beide in verschieden gleichmäßig abgestuften Konzentrationen, auf Suspensionen von Bakterien (Typhusbacillen) wirken. Zu 5 ccm der entsprechenden Verdünnung des Desinfektionsmittels setzt man 5 Tropfen einer Bouillonkultur und impft in Abständen von $2^1/_2$ Minuten je 1 Öse in ein Bouillonröhrchen (5 ccm). Man erhält den Carbolsäurekoeffizienten dadurch, daß man die Konzentration des zu prüfenden Desinfektionsmittels durch die in der gleichen Einwirkungszeit abtötende Phenolkonzentration dividiert (HAILER).

Beispiel: Phenol tötet Typhusbacillen bei 1:100 in $4^1/_2$ Minuten ab, Cyllin bei 1:1500 in $7^1/_2$ Minuten, Carbolsäure-Phenol-Koeffizient $= \dfrac{1500}{100} = 15$.

Für die Beurteilung eines Desinfektionsmittels lehnt HAILER den Phenolkoeffizienten als Wertmaßstab ab, da man ein jedes Desinfektionsmittel nur mit einem Repräsentanten seiner eigenen Klasse vergleichen kann, z. B. Phenolpräparate nur mit Carbolsäure, Kresolseifenpräparate mit Kresol in wässeriger Lösung, Formaldehydpräparate mit rein wässeriger Formaldehydlösung, Säuren mit Salzsäure.

An die eben besprochene RIDEAL-WALKERsche Methode reiht sich die LANCET-*Methode* an. Man filtriert eine in Fleischwasser-Pepton-Bouillon gewachsene Kultur von Bact. coli durch doppelte Lage von schwedischem Filtrierpapier und gibt nun davon 5 Tropfen zu je 5 ccm der in abgestuften Verdünnungen (1:700, 1:800 usw.) — dieselben Verdünnungen wie die zum Vergleich herangezogene Carbolsäurelösung — frisch bereiteten Lösungen des Desinfektionsmittels. Abgeimpft wird daraus mit einem Platinlöffel von 8 mm Durchmesser und 0,08 ccm Inhalt in McCONKEYs Nährmedium, das aus 5 g Natriumtaurocholat, 5 g Glucose, 20 g Pepton, 100 ccm 5%iger MERCKscher Lackmuslösung hergestellt und mit destilliertem Wasser auf 1 l aufgefüllt wird. Abfüllung von je 10 ccm in Reagensgläser. Die Abimpfung erfolgt:

> bis 15 Minuten alle $2^1/_2$ Minuten,
> dann bis 30 Minuten alle 5 Minuten.
> 48 Stunden Brutschrank bei 37° C.

Der Koeffizient wird hier als Quotient der niedrigsten Prozentzahlen berechnet, in denen die Carbolsäure (Dividend) und das zu untersuchende Desinfektionsmittel (Divisor) keimtötend wirken.

Beispiel aus KLIMMER: Technik und Methodik der Bakteriologie und Serologie. Berlin: Julius Springer 1923.

Tabelle 10.

		Prozentgehalt der Lösung des Desinfektionsmittels							
Phenol		1,10	1,00	0,917	0,846	0,786	0,733	0,687	0,647
	$2^1/_2$ Min.	0	0	+	+				
	30 ,,					0	0	+	+
Das zu prüfende Desinfektionsmittel		0,333	0,250	0,200	0,166	0,143	0,125	0,111	0,100
	$2^1/_2$ Min.	0	0	+	+	+			
	30 ,,			0	0	+	+	+	+

Der Koeffizient beträgt, da Phenol in $2^1/_2$ Minuten bei einem Prozentgehalt von 1,00 das fragliche Desinfektionsmittel bei 0,25 abtötet, demnach 1,00:0,25 = 4. In 30 Minuten wirkt Phenol bei 0,733%, das fragliche Desinfektionsmittel bei 0,166% keimtötend. Der Koeffizient beträgt hier also 0,733:0,166 = 4,4. Das Mittel aus beiden Koeffizienten beträgt demnach

$$\frac{4 + 4,4}{2} = 4,2.$$

Wenn auch diese Methode als ein Vorteil gegenüber dem RIDEAL-WALKER-Verfahren anzusehen ist, so haftet ihr doch der Nachteil an, daß Bact. coli in seiner Widerstandsfähigkeit größere Schwankungen als Bact. typhi aufweist. Auch wird das bilesalt-medium nach MacConkey für geschwächte Coli-Typhuskeime als ein ungünstiger Nährboden im Gegensatz zu gewöhnlicher Bouillon angesehen.

Bei allen *praktischen Desinfektionsversuchen* kommt es vor allem darauf an, die *natürlichen Bedingungen,* unter denen die Desinfektion vor sich gehen soll, möglichst getreu nachzuahmen; so wird man z. B., wenn es sich um Versuche über Kleiderdesinfektion handelt, die zu prüfenden Keime an Kleiderstoffe bringen.

Durch die Verfeinerung der Technik und Methodik der Prüfung chemischer Desinfektionsmittel ist eine Verschiedenartigkeit in den Untersuchungsergebnissen eingetreten. Die von GRASBERGER tabellarisch zusammengestellten Unterschiede seien hier wiedergegeben:

Tabelle 11. Milzbrandsporen durch Sublimat abgetötet.

1881 nach R. KOCH	in Lösungen von	1:1000 in wenigen Minuten
1889 ,, GEPPERT	,, ,, ,,	1:1000 ,, 7 Stunden
	,, ,, ,,	1:100 ,, 12 Minuten
1890 ,, NOCHT	,, ,, ,,	1:1000 ,, 4 Stunden
1890 ,, v. BEHRING	,, ,, ,,	1:1000 ,, 10 Stunden
1891 ,, GEPPERT	,, ,, ,,	1:1000 ,, 70 Stunden
1897 ,, KRÖNIG u. PAUL ,,	,, ,,	16,5:1000 ,, 7—12 Minuten
1908 ,, OTTOLENGHI	,, ,, ,,	54:1000 ,, 24 Stunden

Die abtötende Wirkung von Sublimat auf vegetative Formen:

1881 nach KOCH	in Lösungen von	1:1000 sofort	
1897 ,, KRÖNIG u. PAUL ,,	,, ,,	4,2:100	in 3 Min. (Staphylo-
1903 ,, SCHUMBURG	,, ,, ,,	1:1000	,, 45 Min. [kokken)
1903 ,, BALLNER	,, ,, ,,	2:1000	,, 70 Min. ,,
1905 ,, SPECK	,, ,, ,,	1:1000	,, 70 Min. ,,
1908 ,, CHICK u. MARTIN ,,	,, ,,	50:1000	,, 50 Min. ,,
1909 ,, OTTOLENGHI	,, ,, ,,	5,4:1000	,, 7 Std. ,,
1911 ,, OTTOLENGHI	,, ,, ,,	27,1:1000	,, 3 Std. ,,
	,, ,, ,,	1,36:1000	,, 9 Std. ,,
	,, ,, ,,	0,136:1000	,, 24 Std. ,,

Zu berücksichtigen wäre insbesondere noch die Wirkung von Desinfizienzien auf Bakterien in *eiweißhaltigen* Medien. Von v. BEHRING wurde die geringere Desinfektionswirkung von Sublimatlösungen auf Bakterien in Serum, Blut und

Eiter auf die Ausfällung von unlöslichen Quecksilberalbuminat geschoben im Gegensatz zu KRÖNIG und PAUL, die diese Verminderung der desinfizierenden Wirkung auf eine Herabsetzung der Konzentration der Metallionen zurückführten, eine Ansicht, die auch von anderen Forschern bestätigt worden ist.

Wie schon oben auseinandergesetzt, ist der Ausfall der Desinfektionsversuche vor allem von dem Einfluß der Temperatur und von der Beschaffenheit des Materials (eiweißhaltig oder nicht) abhängig; weiter ist von wesentlicher Bedeutung der Einfluß des Lösungsmittels, indem chemische Desinfizientien in alkoholischer oder öliger Lösung ihre Wirksamkeit verlieren; dagegen bewirken manche Zusätze (Seife zu Kresolen) eine Steigerung der Desinfektionswirkung, wie auch verschiedene Desinfizienzien bei gleichzeitiger Einwirkung Summationswirkung zeigen können.

Die biologischen Vorgänge, welche für die Schädigung der Mikroorganismen durch physikalische und chemische Agentien ursächlich in Betracht kommen, können sehr verschiedener Art sein; neben ganz groben Veränderungen, wie z. B. Austrocknen, Verbrennung, Gerinnung, Aufquellen und Auflösung des lebenden Plasmas, kommen auch spezifische Giftwirkungen in Betracht; hierbei spielt bei verschiedenen Substanzen einerseits der Grad der Dissoziation in wirksame Ionen, andererseits die Lipoidlöslichkeit der betreffenden Substanzen eine Rolle; es ist hier nicht der Ort, auf diese komplizierten physikalisch-chemischen Gesetzmäßigkeiten näher einzugehen. Manche Stoffe (z. B. Kupfer) äußern selbst in außerordentlicher Verdünnung (1 : 1000000) Giftwirkung; solche Wirkungen werden als oligodynamische bezeichnet.

Von *physikalischen Faktoren* sind Austrocknung, Erhöhung des Drucks selbst bis zu 1000 Atmosphären sowie Kältewirkung (selbst bis zu so niedrigen Temperaturen wie derjenigen der flüssigen Luft) fast wirkungslos gegenüber den meisten Mikroorganismen. Sie erstarren in einem Zustand latenten Lebens und vermögen ihre Virulenz gut zu erhalten. Nur manche der parasitischen Existenz im Organismus streng angepaßte Krankheitserreger (Influenzabacillen) gehen bei Temperaturen unterhalb der gewohnten Brutwärme bald zugrunde. Von den Bakterien, die infolge Austrocknung sehr rasch zugrunde gehen, seien hier genannt der Gonococcus, der Influenzabacillus, der Pestbacillus und der Meningocossus. In der Natur beruht die Abtötung aber nicht nur auf einer Wirkung durch Austrocknung, sondern die desinfizierende Wirkung des Lichts spielt dabei eine große Rolle. Auch elektrische Ströme und Entladungen wirken nicht direkt schädigend, sondern nur indirekt durch elektrolytische Prozesse, Ozonentwicklung, Erwärmung usw. Dagegen haben die verschiedenen Formen der strahlenden Energie erhebliche keimschädigende Wirkung: Röntgen- und Radiumstrahlen sowie insbesondere das Licht, und zwar hauptsächlich durch seinen Gehalt an ultravioletten Strahlen. Man kann die keimtötende Wirksamkeit des Lichtes sehr hübsch dadurch zur Anschauung bringen, daß man Kulturen auf durchsichtigen Nährböden teilweise dem Lichte aussetzt, während andere Teile derselben durch undurchsichtige Schirme vor der Lichtwirkung geschützt sind. Auf den geschützten Partien findet Wachstum statt, während die übrigen Teile des Nährbodens unbewachsen bleiben; man kann auf diese Weise Buchstaben, Figuren u. dgl. auf den Kulturschalen ähnlich wie auf einer photographischen Platte erhalten. Die Lichtwirkung ist teils eine direkte, teils eine indirekte, wie sich daraus ergibt, daß auch bei nachträglicher Beimpfung vorher belichteter

Nährböden die Entwicklung gestört ist oder ganz ausbleibt; wahrscheinlich bilden sich durch die Belichtung keimschädigende Stoffe (H_2O_2 u. dgl.).

Physikalische Desinfizienzien.

Für die *Praxis der Desinfektion* kommen hier fast nur die thermischen Einwirkungen in Frage und zwar *in Form von trockener Hitze* (Verbrennung), — *von feuchter Hitze,* — a) durch *Auskochen* im Wasser, — b) im *strömenden ungespannten Dampf,* — c) im *gespannten Dampf.*

Die mächtigste keimschädigende Wirkung kommt unter den physikalischen Agenzien der Einwirkung der Hitze zu. Das einfachste Verfahren in Form der *trockenen Hitze* zur Zerstörung aller organischen Substanz ist die *vollständige Verbrennung* des zu desinfizierenden Materials, z. B. bei wertlosen Gegenständen (Lumpen, Spielzeug, Strohsäcke).

Auch das *Abflammen,* z. B. von Instrumenten, wird in Laboratorien verwendet. *Trockene Hitze* verbietet sich im allgemeinen aus dem Grunde, weil man zu sehr hohen Temperaturen (140⁰ C) greifen und diese zur Erzielung einer sicheren Desinfektionswirkung stundenlang einwirken lassen muß. Manche aus tierischen und pflanzlichen Fasern hergestellten Gegenstände werden durch solche hohen Wärmegrade geschädigt. Zur Desinfektion von Büchern, Lederwaren erwiesen sich schon Temperaturen zwischen 70 und 90⁰ C wirksam, und zwar bei einer Einwirkungsdauer von 16—24 Stunden bei Büchern, bei anderen Objekten von 48 Stunden. Wegen der langen Einwirkungsdauer und Kontrolle, dann wegen der Kostspieligkeit ist eine praktische Anwendung dieses Verfahrens auf wertvolle Gegenstände beschränkt. Die vegetativen Formen der Bacillen werden in trockener Luft von 100⁰ C erst in $1^1/_2$ Stunden abgetötet. Sporen können nach stundenlanger Einwirkung einer Temperatur von 140⁰ C am Leben bleiben.

Zur sicheren Vernichtung von *Sterilisiertestsporen* sind Temperaturen von 180—200⁰ C notwendig; Dauer der Einwirkung 10 Minuten.

Durch *bewegte trockene* Luft wird die Eindringungsdauer in die Objekte wesentlich abgekürzt.

Der Vondransche Apparat arbeitet mit Heißluft, die mittels Ventilators in die Kammer eingeleitet und oben entnommen und wieder durch die Heizung getrieben wird. Pelze, Leder, Plüsch und Samt werden durch bewegte heiße Luft von 90⁰ C, Felle und Leder auch bei 150⁰ C nicht geschädigt. Milzbrandsporen werden nach 2stündiger Behandlung mit heißer Luft von 150⁰ C abgetötet.

Feuchte Hitze wirkt bedeutend intensiver schädigend auf die Bakterien, aber auch auf empfindliche Gegenstände. Ihre Anwendung kann in Form von *warmem, heißem* oder *kochendem Wasser* oder von *gesättigtem strömenden* oder von *gespanntem Dampf* erfolgen. Nicht sporenbildende Bakterien werden schon durch warmes oder heißes Wasser unter 100⁰ C abgetötet. Die Prüfung geschieht für ganz exakte Versuche nach der Methodik von W. Patzschke.

In ein gut auf bestimmte Temperatur eingestelltes Wasserbad werden Zentrifugenröhrchen so eingesetzt, daß ihr Inhalt (destilliertes Wasser) wesentlich tiefer steht, als der Wasserbadspiegel. Ein besonderes Thermometer gibt die Temperatur des destillierten Wassers in den Röhrchen an. In eine gleichmäßig aufgeschwemmte Bakterienkultur (in 5 ccm oder mehr NaCl-Lösung) werden Filtrierpapierstreifen von 10 cm Länge und 1 cm Breite 1 cm tief getaucht, dann in eines der genannten Röhrchen, ohne die Glaswand zu berühren, gesenkt. Nach Ablauf der bestimmten Zeit wird der Streifen herausgenommen, das infizierte Ende abgetrennt und in geeignete Nährflüssigkeit übertragen. Zur Durchführung des Versuches sind mehrere Streifen einzulegen, die nach verschiedenen Zeiten in Abständen in der eben beschriebenen Weise weiter bearbeitet werden.

Das *Auskochen* in Wasser tötet die meisten Bakterienarten in etwa 4—10 Minuten, auch Milzbrandsporen gewöhnlich schon nach 1 bis 2 Minuten ab. Für die Desinfektion von Eß- und Trinkgeschirren ist dieses einfache und billige Verfahren sehr geeignet. Durch Zusatz von Soda (etwa 2%) wird die Desinfektionswirkung außerordentlich erhöht.

Ein bewährtes Desinfektionsmittel ist der *strömende Wasserdampf*. Schon $\frac{1}{2}$ Stunde nach Erreichung der Siedehitze ist Keimfreiheit erreicht. Als Vorbedingung gilt, daß der Dampf gesättigt ist, d. h., daß er die für die betreffende Temperatur höchste Spannung (Tension) erreicht.

Bei einem Überdruck von $\quad$ 0 $\quad$ $\frac{1}{2}$ $\quad$ 1 $\quad$ 2 $\quad$ 3 $\quad$ 4 Atm.
beträgt die Dampftemperatur 100⁰ 112⁰ 120⁰ 134⁰ 144⁰ 152⁰ C.

Von *ungesättigtem oder auch überhitztem Dampf* spricht man, wenn die Bedingungen nicht der vorstehenden Aufstellung entsprechen. Dieser Dampf hat eine höhere Temperatur als seinem Druck entspricht, z. B. 120⁰ C bei $\frac{1}{2}$ atü. Überhitzter Dampf spielt im Desinfektions- und Sterilisierbetrieb praktisch keine Rolle, weil es in richtig konstruierten Apparaten zu einer Dampfüberhitzung gar nicht kommt. Für Desinfektionszwecke kommt man mit einer Dampftemperatur von 100⁰ C aus, während man für die Sterilisation Dampf von 120⁰ C benötigt.

Man spricht von *strömendem Dampf*, wenn der in besonders konstruierten Apparaten sich bildende Wasserdampf aus dem Apparat ins Freie entweichen kann, von *gespanntem Dampf*, wenn der Dampf den geschlossenen Apparat nur durch ein besonderes Ventil verlassen kann, so daß ein gewisser Überdruck entsteht.

Die widerstandsfähigsten Sporen gewisser Saprophyten (Erd- und Kartoffelbacillen), die im ungespannten Dampf von 100⁰ C 16 Stunden standzuhalten vermögen, gehen im gespannten Dampf rasch zugrunde (105—110⁰ C in 2—4 Stunden, bei 115⁰ C in 30—60 Minuten, bei 120⁰ C in 5—15 Minuten, bei 140⁰ C in 1 Minute). Für die Praxis der Desinfektion hat man sich dieses Verfahren besonders zunutze gemacht. Man verwendet in den Desinfektionsapparaten meist nicht heiße Luft, sondern *Wasserdampf, am besten mit einem geringen Überdruck von etwa 0,2 Atmosphären und vermeidet im Betriebe der Apparate jede Überhitzung und Luftbeimengung des Dampfes*. Für einen Apparat mit Überdruck, also stärker gespanntem Dampf, verwendet man in Laboratorien und chirurgischen Kliniken den Autoklaven, der für einen Druck von 2—3 Atmosphären (entsprechend einem Überdruck von 1—2 Atmosphären) gebaut sein muß. Ein solcher Apparat braucht zur Desinfektion der eingelegten Gegenstände eine bedeutend kürzere Zeit als Apparate mit nicht gespanntem strömenden Dampf. Auch hat man hier die Sicherheit, daß selbst widerstandsfähigere Keime wie Tetanussporen abgetötet werden.

Die mit gespanntem Dampf arbeitenden Apparate, wie auch der Autoklav, müssen zur Vermeidung von Explosionen mit Sicherheitsventilen, einem Thermometer und auch mit einem Manometer ausgestattet sein, damit jederzeit Dampfdruck und Dampftemperatur bestimmt werden können. Zur Sicherung des Desinfektionserfolges muß der Dampf frei von Luftbeimengungen sein, daher die Bedingung bei jedem Desinfektions- und Sterilisationsprozeß zunächst die Luft aus der Kammer vor dem Einleiten des Dampfes zu entfernen.

Dies erreicht man am sichersten dadurch, daß der Dampf von oben in die Kammer geleitet wird und die Luft am tiefsten Punkte durch ein Ablaßrohr entweichen kann. Da der Dampf um etwa ein Drittel leichter ist als Luft, füllt er zuerst den oberen, dann die mittleren und unteren Kammerabschnitte und schiebt die Luft vor sich her und aus dem Ablaßventil die Luft heraus. Ist der Apparat mit porösem Material gefüllt, gelingt es leicht, die Kammer luftfrei zu machen, schwieriger ist es dagegen, wenn die Kammer mit allerlei Material vollgestopft ist. Die Luft ist noch nicht aus der Kammer entfernt, wenn der Dampf aus dem Luftablaßhahn strömt und das Thermometer 100⁰ C anzeigt. Man soll daher bei Erreichung der Temperatur von 100⁰ C den Lufthahn nicht schließen, sondern nur drosseln, um dem Luftrest das Entweichen mit dem Dampf zu ermöglichen.

Neuere Apparate sind mit einem *Luftabscheider* ausgestattet, der mit der Kammer durch ein weites Rohr in Verbindung steht. Bei derartig eingerichteten Apparaten kann man bei Erreichung von 100⁰ C den Luftabschlußhahn schließen, da der Luftabscheider die restierende Luft aufnimmt.

Für die Dampfdesinfektion sind eine Reihe von Apparaten konstruiert worden, fahrbare, stabile, runde, quadratische bzw. rechteckige.

Der Apparat von LÜMKEMANN in Dortmund ist folgendermaßen eingerichtet. Der in einem nur durch ein Rohr mit dem eigentlichen Desinfektionsraum in Verbindung stehende Ofen entwickelte Wasserdampf wird in den Desinfektionsraum oben eingeleitet. Luft und Kondensationswasser fließen unten ab. Der Desinfektionsapparat, der ganz aus Eisenblech hergestellt ist, enthält ein ausziehbares Gestell, das zum Aufhängen der desinfizierenden Gegenstände dient. An einem Thermometer kann man die im Innern des Apparates vorhandene Temperatur außen ablesen. Durch Dampfkessel bzw. Anschließung an einen Dampfkessel kann jederzeit der Dampferzeuger ersetzt werden.

Der THURSFIELDsche Desinfektionsofen besteht aus einem horizontal gelagerten Zylinder (bis 1,5 m Durchmesser) und enthält außen einen Blechmantel in einem Abstand von 3—19 cm. Der tiefste Teil des Mantelraumes enthält das Wasser, darunter liegt die Feuerung. Der sich entwickelnde Dampf steigt in dem Blechmantel hoch, um von oben mittels Öffnungen in das Innere des Zylinders zu strömen. Die Abströmungsöffnungen für den Dampf sind unten angebracht. Durch Schrauben usw. wird ein sicherer Verschluß des Apparates gewährleistet. Durch die nach dem Anheizen und vor dem Einströmen des Dampfes erfolgende Durchwärmung des Apparates und der Objekte wird eine Kondensation des Dampfes und somit eine Beschädigung der eingehängten Gegenstände verhindert.

Die viereckige Kammerform ist der zylindrischen wegen der besseren Raumausnutzung vorzuziehen. In einer viereckigen Kammer von 1¹/₂ cbm Inhalt können während einer 24stündigen Betriebsdauer nicht weniger als 150 Matratzen oder 2700 Decken desinfiziert werden. Durch die Dampfdesinfektion erleiden Betten, Kleider, Wäsche und die meisten Gebrauchsgegenstände des gewöhnlichen Lebens keinen Schaden; Leder und Gummi werden in strömendem oder gespanntem Dampf Schaden

nehmen und ihre Form einbüßen, dürfen daher nicht der Dampfdesinfektion ausgesetzt werden, ebensowenig wie mit Eiter und Blut
beschmutzte Wäsche, da sonst „Flecke" einbrennen.

Auch gesättigter Dampf von niedrigerem Siedepunkte als 100⁰ C (beim
Sieden unter negativem Druck) kann, obzwar von geringerer desin-
fektorischer Wirksamkeit als gewöhnlicher Wasserdampf, wegen seiner
schonenden Einwirkung zu manchen Desinfektionszwecken verwendet
werden; die geringere desinfektorische Wirksamkeit solchen Dampfes
von niedrigerem Siedepunkte wird in den von RUBNER angegebenen
Apparaten durch Zusatz von Formaldehyddämpfen zum Wasserdampf
ausgeglichen.

Ein von RUBNER konstruierter Apparat trägt den Namen Universal-
dampf- und Formalindesinfektionsapparat, weil er neben der gewöhnlichen
Desinfektionsmethode nicht gesättigten Wasserdampf bei 100 oder 110⁰ C
auch die Formalindesinfektion bei 55⁰ C zuläßt. Das System RUBNER
stellt eine ganz normale Dampfdesinfektion, jedoch mit herabgesetztem
Drucke und diesem entsprechender Temperatur dar. Man arbeitet mit
einem Vakuum von 600 mm Quecksilbersäule und leitet von oben den
aus einer 8%igen Formalinlösung indirekt entwickelten Formalindampf
in den Apparat ein. Die Luft wird aus den Gegenständen und dem Apparat
verdrängt und so erreicht man, daß der Formalindampf ebenso in die
innersten Teile der Objekte eindringt wie der gesättigte gespannte
Wasserdampf bei der Dampfdesinfektion. Das verwendete Formalin
wird nach der Desinfektion aufgefangen und kann wieder verwendet
werden. Durch diese Maßnahme werden die Betriebskosten einer
Formalindesinfektion erheblich herabgesetzt.

Bei der Bedienung eines modernen Dampfapparates unterscheidet
man 1. die *Vorwärmung* der Gegenstände, 2. den eigentlichen Desinfektionsprozeß, 3. die Nachtrocknung der Gegenstände.

Zur Vorwärmung, die die Kondenswasserbildung vermeiden soll, läßt man den
Dampf zunächst „indirekt" in die im Apparat befindlichen Rippenheizrohre oder
in einen Dampfmantel strömen, bis eine Temperatur von 60—70⁰ C im Innern
des Apparates erreicht ist. Dann erst wird direkt der Dampf in den inneren eigentlichen Desinfektionsraum von oben nach unten, zunächst bei geöffneter Dampf-
abzugsklappe, eingeleitet. Wenn das Thermometer im Dampfabzugsrohr am Boden
des Apparates einige Minuten 100⁰ C anzeigt, wird es geschlossen und es beginnt
der eigentliche Desinfektionsprozeß, der je nach der Dichte der Packung ¹/₂ bis
1 Stunde dauern wird. Die Nachwärmung erfolgt in gleicher Weise wie die Vorwärmung aber unter gleichzeitiger Öffnung der Ventilationsklappen.

Beabsichtigt man zu Desinfektionszwecken Temperaturen unter 100⁰ C
zu verwenden, so kommt man mit einer einmaligen Erhitzung im allgemeinen nicht aus. Ein derartiges Verfahren kommt bei Nahrungsmitteln und Gegenständen in Betracht, die höhere Temperaturen nicht
vertragen. Diese sog. fraktionierte Sterilisation geschieht nun so, daß
an drei aufeinanderfolgenden Tagen die Gegenstände je 1 Stunde lang
einer Temperatur von 50—70⁰ C ausgesetzt werden (Pasteurisierung).
Es gelingt, wenn auch Sporen nicht abgetötet werden, doch eine Vernichtung der vegetativen Formen der meisten Bakterien. Auch sporen-
haltiges Material kann man auf diese Weise keimfrei machen, da die
Sporen in der zwischen den einzelnen Desinfektionen liegenden Zeit

auszukeimen pflegen. Wie prüft man nun die Desinfektionsapparate auf ihre Wirksamkeit?

Nach Ziffer 7 der Amtlichen Desinfektionsanweisung vom 11. 4. 1907 hat eine Prüfung der Desinfektionsapparate bei der Inbetriebnahme und auch später in regelmäßigen Zwischenräumen *„grundsätzlich in beschicktem Zustand unter Zugrundelegung der ungünstigsten Bedingungen zu erfolgen"*.

Zur *bakteriologischen Prüfung* verteilt man an den verschiedensten Stellen der Kammer Sporenpäckchen (Milzbrandsporen bzw. Erdbacillensporen, wie oben bereits beschrieben), die nach Beendigung der Prüfung auf ihre Wachstumsfähigkeit geprüft werden. Die *physikalische Prüfung* geschieht 1. mittels *Maximalthermometern,* die ebenfalls an verschiedenen Stellen in der Kammer und im Desinfektionsgut ausgelegt werden und bei brauchbarer Apparatur überall Temperaturen von mindestens 99 bis 100° C anzeigen müssen. 2. Mittels *Jodkleisterstreifen* nach v. Mikulicz. Diese Streifen sind folgendermaßen hergestellt: Ein Streifen nicht geleimten Papiers wird an passender Stelle mit der Aufschrift „sterilisiert" bedruckt. Der bedruckte Teil oder auch der ganze Streifen wird mit 3%igem Stärkekleister dick bestrichen und halb trocken durch eine Jodjodkalilösung (Jod 1, Kali jodati 2,0, Aq. dest. 100) gezogen. Der Papierstreifen nimmt dann eine dunkelbläulich-schwarze Farbe an, welche die Aufschrift vollkommen verdeckt. Diese Streifen werden in trockener Hitze selbst bei 190° C gar nicht entfärbt. In strömendem Dampfe dagegen tritt durch das Freiwerden des Jods Entfärbung ein; es wird dann die Aufschrift wieder sichtbar, und zwar bei 106—107° C nach 10 Minuten langer Einwirkungszeit. Wird eine Temperatur von 100° C nicht erreicht, so dauert es bis zur Entfärbung eine volle Stunde. Auf eine vollkommene exakte Prüfung kann diese Methode keinen Anspruch erheben, denn die zur Entfärbung notwendige Zeitdauer ist von der Dicke der Jodstärkeschicht abhängig, die nicht in gleichmäßiger Dicke jedesmal hergestellt werden kann. 3. Durch *Phenanthrenröhrchen* (Sticher). Sie bestehen aus einem zylindrischen, an beiden Enden zugeschmolzenen Glasröhrchen, das ein wenig Phenanthren, dessen Schmelzpunkt bei 98° C liegt, enthält. Dieses Röhrchen liegt in einem zweiten ebenfalls zugeschmolzenen Glasröhrchen. Der Durchmesser der Röhrchen und der trennenden Luftschicht ist so gewählt, daß 10 Minuten verstreichen müssen, bevor das Phenanthren auf die Schmelztemperatur gekommen ist. Die flüssige Masse fließt dann bei aufrechter Stellung zum anderen Pol des Röhrchens. Nach der Kontrollzeit ist das Röhrchen sofort aus dem Desinfektionsofen zu nehmen, um sich davon zu überzeugen, ob überhaupt eine Verflüssigung des Phenanthrens eingetreten war. Diese Sticherschen Röhrchen sind für die fortlaufende Kontrolle eines im Betrieb befindlichen Apparates gut zu verwenden. Sie haben sich als Kontrollapparate bewährt. Andere Substanzen, die sich nach Analogie des Phenanthrens zur Prüfung von Desinfektionsapparaten mit Anwendung höherer Temperaturen eignen und die demgemäß einen höheren konstanten Schmelzpunkt besitzen müssen, sind Brenzcatechin (104° C) und Resorcin (110° C).

4. Durch *Legierungskontaktthermometer.* Sie beruhen auf dem Prinzip, daß bei einer Temperatur von 100° C leicht schmelzende Metallstäbchen im Augenblick ihrer Verflüssigung den Stromkreis schließen und eine elektrische Klingel ertönen lassen (Apparate von Mercke & Budde). Als Metallegierung kommen in Frage Blei-Zinn-Wismut. Infolge der öfter zu wiederholenden umständlichen und zeitraubenden Heizung der Apparate hat man für den allgemeinen Gebrauch davon Abstand genommen. Neuerdings bevorzugt man Kontaktthermometer, die nach dem Maximumsystem konstruiert sind. Es sind die

5. *Quecksilberskalen — Kontaktthermometer* (Wolffhügel). In einem Maximumthermometer liegen übereinander 2 Platindrähte, die durch Leitungsdrähte mit einer Klingelbatterie in Verbindung gebracht sind. Bei einer gewissen Temperatur (100° C) erreicht die aufsteigende Quecksilbersäule den oberen Platindraht, und es ertönt dann das Klingelsignal. Das von der Firma Lautenschläger in den Handel gebrachte Kontaktthermometer, bei dem eine beliebige Einstellung des Kontaktes auf verschiedene Temperaturen vorgenommen werden kann, arbeitet äußerst zuverlässig. Noch exakter als mit den besprochenen Methoden kann man den Grad der Durchwärmung der dem Dampf ausgesetzten Objekte mittels

6. *thermoelektrischer Elemente* feststellen. Sie werden in die Objekte verpackt und durch nach außen geführte Drähte mit Galvanometern usw. verbunden; somit kann man sich jederzeit über die im Innern der Objekte gerade herrschende Temperatur unterrichten. Für eine allgemeine Einführung ist diese Methode zu umständlich und vor allem zu kostspielig.

Die chemischen Desinfektionsmittel.

Sie sind in ihrer Wirkung der des Wasserdampfes bedeutend unterlegen. Dazu kommt noch, daß sie z. T. sehr giftig oder leicht zersetzlich und z. T. teuer sind; viele der wirksamen Präparate greifen das Desinfektionsgut stark an. Trotzdem ist es nicht möglich, alle derartigen Präparate von dem Gebrauch auszuschalten. Es ist je nach der Art des Erregers dasjenige Desinfiziens zu wählen, das im gegebenen Fall in bezug auf seine Wirksamkeit das Beste leistet.

Im folgenden sind die wichtigsten Desinfektionsmittel aufgezählt und kurz besprochen.

1. Die Schwermetalle.

Einige Metalle und die Metallegierungen, wie Kupfer, Messing, Silber und Gold, wirken antibakteriell. An sich werden sie ebenso wie die kolloidalen Metallösungen für die Desinfektionspraxis keine Verwendung finden.

2. Die Schwermetallsalze.

a) Die Quecksilbersalze. Das wichtigste Präparat ist das Sublimat, $HgCl_2$, das im Handel für Desinfektionszwecke mit einem Kochsalzzusatz in Pastillenform (nach VON ANGERER) abgegeben wird. Der Kochsalzgehalt gibt dem Sublimat eine leichtere Löslichkeit und verhindert in eiweißhaltigen Flüssigkeiten die Bildung von Quecksilber-Albuminniederschlägen, die selbst nicht bactericid wirken. Somit kann das Sublimat noch in eiweißhaltige Flüssigkeiten eindringen und desinfizierend wirken. Die Sublimatpastillen sind als starkes Gift kenntlich gemacht und durch Zusatz eines Farbstoffes Eosin oder Indigocarmin gefärbt. Man verwendet Sublimat gewöhnlich in $1^0/_{00}$-Lösung. Zur Auswurfdesinfektion ist eine $5^0/_{00}$ige Lösung und eine 4stündige Einwirkungsdauer vorgeschrieben. Der Nachteil des Sublimats besteht in der hohen Giftigkeit, in der Devisenbeanspruchung und in der unerwünschten Nebenwirkung auf Haut und Metallgegenstände. — Das *Quecksilberoxycyanid* (Hg_2Cy_2O) wirkt zwar weniger entwicklungshemmend als das Sublimat und wird in 1 bis 2%igen Lösungen angewendet. Das gleiche gilt für das *Sublamin*.

b) Silbersalze. Hier sei das *Silbernitrat* ($AgNO_3$) genannt, das als Desinfiziens in 1%iger Lösung prophylaktisch gegen Augenblennorrhöe und bei der Go-Therapie in schwächeren Konzentrationen verwendet wird. Da die Silbersalze durch den hohen Gehalt an Ag-Ionen das Gewebe reizen, hat man sie an Eiweißkörper gekuppelt, um die Reizwirkung zu vermindern, die Tiefenwirkung aber zu verstärken. Hierher gehört das *Argonin* (Casein-Silbernatrium), das *Albargin* in $AgNO_3$ und Gelatose, das *Protargol* aus Albumose, das *Choleval*; es enthält 10% kolloidales Ag mit gallensaurem Natrium als Schutzkolloid. Kurz genannt seien noch das *Actol* (milchsaures Ag), das *Itrol* (citronensaures Ag), das *Argentamin*.

Was die Prüfungsmethodik der Ag-Salze anbelangt, so muß den den Ag-Salzen ausgesetzten Mikroorganismen zunächst das ihnen anhaftende Silbersalz entzogen werden, bevor man sie auf Nährmedien überimpft. Eine Beseitigung gelingt nur durch Überführung in das fast unlösliche Silbersulfid durch Behandlung mit H_2S oder $(NH_4)_2S$.

c) Kupfersalze und Eisensalze, z. B. Eisenvitriol, kommen in 5% Lösung und zur Desodorisierung von Abortgruben und zur Abtötung von Ankylostomumeiern zur Verwendung.

d) Von den **Aluminiumsalzen** hat nur das Aluminiumacetat (essig-saure Tonerde) als Verbandwasser und Gurgelmittel in Verdünnungen von 1:10—15 Anwendung gefunden.

3. Säuren und Alkalien.

Sie haben mit den Metallsalzen die besondere Affinität zu den Eiweiß-stoffen gemein. Die für die Desinfektion in Frage kommenden Präparate sind von den Säuren die *schweflige Säure*, die sich zwar nicht zur Abtötung von Krankheitserregern eignet, jedoch eine Rolle spielt in Brauereien, bei der Weinbehandlung, zur Früchtekonservierung und zur Ungeziefer-vernichtung. Die *Schwefelsäure* wurde zur Desinfektion von Wasserleitungen gelegentlich von Typhus und Choleraepidemien in $2^0/_{00}$iger Lösung ver-wendet. *Salzsäure* hat sich in $2^0/_{00}$iger Lösung bei 40^0 C und 6 Stunden langer Einwirkung bei der Desinfektion von milzbrandverdächtigen Fellen oder Häuten bewährt.

In den Versuchen zur Feststellung der Säurewirkung darf nicht mit Sus-pensionen in Kochsalzlösung, Bouillon oder Serum, sondern nur in rein wässerigen Lösungen gearbeitet werden, da die zu prüfende Säure sonst durch Bindungen und Umsetzungen nicht rein zur Geltung kommt und auch Neutralsalze die Wirkung der Säure ungünstig beeinflussen. Auch ist daran zu denken. daß feste in die Lösung eingebrachte Stoffe, wie Wolle, Seide, Staub, Metalle, Carbonate usw. Säure binden unter Bildung dissoziabler, einer hydrolytischen Spaltung unterliegender Salze. Bei den Versuchen mit Seidenfäden als Keimträger und bei der Prüfung der des-infizierenden Wirkung von Essigsäure auf Flächen von Häuten, Fellen, Borsten mit Säurelösungen verdient dieser Punkt besondere Beachtung. Weiter darf bei Suspensionsversuchen die Keimdichte nicht zu groß sein, denn die vegetativen Zellen und Sporen binden selbst Säure und somit wird die Konzentration der Säure für den einzelnen Keim herabgesetzt. Die in der Literatur von verschiedenen Autoren bei denselben Bakterien angestellten Versuche haben infolge der Verwendung verschiedener keimdichter Suspensionen ungleichmäßige Resultate ergeben. Säure-bindende Keimträger müssen vor der Verimpfung durch Einlegen in schwache Sodalösung oder Abspülen von Säure befreit werden, nicht säurebindende (Filtrier-papier, Leinwand, Batist, Granaten usw.) durch Waschen mit Wasser. Bei Ver-impfung größerer Säuremengen kann man geschlämmten Marmor, Soda- und Bicarbonatlösung zur Aufrechterhaltung der alkalischen Reaktion zusetzen. Am geeignetsten erscheint die Verwendung von Keimträgern, die Säure selbst nicht binden, besonders dann, wenn die Salze der Säure selbst entwicklungshemmend wirken, wie die Fluoride, Benzoate, Salicylate, Trichloracetate usw.

Während bei den Säuren der Grad der Desinfektionskraft sich nach den in der Lösung vorhandenen H-Ionen richtet, die durch Metall ersetz-bar sind, ist *den basischen Stoffen* die Hydroxyl (OH)-Gruppe eigen, die an Metalle und Stickstoffverbindungen gebunden ist. Die desinfizierende

Wirksamkeit der Basen richtet sich nach dem elektrolytischen Dissoziationsgrade, d. h. nach der OH-Ionenkonzentration. Die Basen wirken chemisch auf die Bestandteile des Protoplasmas in ähnlicher Weise wie die Säuren: Hydrolyse des Eiweißes, Bildung halbkolloider und krystallinischer Verbindungen (Albumosen, Aminosäuren, Verseifung der Fette, Spaltung von Kohlehydraten).

Das für die Desinfektionspraxis wichtigste Präparat dieser Gruppe ist das *Calciumhydroxyd (CaOH$_2$)*, *Ätzkalk*, das leicht zu beschaffen ist und wegen seiner Billigkeit und geringen Giftigkeit gern Verwendung findet.

Das Ausgangsmaterial für die Kalkdesinfektion ist das Calciumoxyd, CaO („gebrannter Kalk"), eine weiße amorphe Masse. Durch Zugabe von Wasser („Löschen") entsteht Calciumhydroxyd, das sich in feiner Form in Wasser verteilen und je nach dem Wassergehalt zu Kalkmilch verarbeiten läßt. Die Lösung nimmt CO$_2$ aus der Luft auf; es bildet sich CaCO$_3$, das wegen seiner Unlöslichkeit in Wasser ausfällt, umhüllt bei größerer Menge das ungelöste Ca(OH)$_2$ und erschwert seine Löslichkeit. Es ist daher nicht ratsam, den gelöschten Kalk oder seine Aufschwemmung bzw. Lösung lange an der Luft stehen zu lassen. Unter Luftabschluß behält der Ätzkalk jahrelang seine desinfizierende Kraft. Für Laboratoriumsversuche verwendet man CaO aus reinem Marmor.

Es erscheint geboten, darauf hinzuweisen, daß die Kalkmilch stets frisch zu bereiten ist und zwar folgendermaßen:
Man fügt zu 1 kg CaO (gebrannter Kalk) vorsichtig 600 ccm Wasser hinzu. Das CaO zerfällt langsam in das feinpulverige Calciumhydrat (gelöschter Kalk). Hierzu gibt man 8 l Wasser und erhält somit 10 l der sog. 20%igen Kalkmilch. Auch aus gelöschtem Kalk, wie er sich bei jedem Neubau findet, kann Kalkmilch in gleicher Weise hergestellt werden (1 Teil Kalk und 3 Teile Wasser). Man hat nur darauf zu sehen, daß die oberste durch die CO$_2$ der Luft veränderte Kalkschicht der Grube vor der Entnahme des gelöschten Kalks entfernt wird.
Kalkmilch dient zur Desinfektion von Urin, Stuhl und Erbrochenem (Mischung 1:1), Dünger- und Abortgruben (Mischung 1:3 Teilen Grubeninhalt), Badewasser (1:10). Tünchung mit Kalkmilch tötet die vegetativen Erreger von Tierseuchen nach 2stündiger Einwirkung. Milzbrandsporen und Tuberkelbacillen bleiben selbst nach 3maliger Tünchung lebensfähig.
Die *Alkalicarbonate* zeigen bei gewöhnlicher Temperatur nur eine schwach antibakterielle Wirkung, Erwärmung dagegen steigert sie. Die *Soda* wird daher am besten in 1—2%iger kochender Lösung verwendet. Sie eignet sich zur Desinfektion metallener Instrumente, von Eß- und Trinkgeschirren, von infizierter Wäsche und waschbaren Kleidungsstücken.
Die *Seifen* gehören zu den wirksamsten und wertvollsten Desinfektionsmitteln. Sie töten in 8%iger Lösung Choleravibrionen in 2—3 Minuten, in 5%iger Lösung in 5 Minuten, Typhusbacillen in 6%iger Lösung in 30 Minuten, in 1%iger Lösung in 24 Stunden sicher ab. Die Erwärmung steigert den Desinfektionseffekt erheblich; so vermag eine 10%ige Schmierseifenlösung durch Erwärmung auf 70—85° C sogar Milzbrandsporen binnen $^1/_2$ Stunde abzutöten. Die gewöhnliche Schmierseife (Sapo kalinus oder viridis oder niger) eignet sich wegen ihrer Billigkeit und starken Desinfektionskraft für die Anwendung im großen. Für gewöhnlich wird Schmierseife in 3%iger Lösung ($^1/_2$ kg auf 1 l Wasser) verwendet. Es wird von BAYER, um sicher zu gehen, empfohlen, zur Desinfektion von mit Choleradejekten besudelter Wäsche die ganze Masse 1 Stunde lang auf 50° C in der 3%igen Schmierseifenlösung zu erwärmen und nachher noch 24 Stunden der Laugewirkung auszusetzen. Über die keimtötende Wirkung der Seifen liegen ganz widersprechende Angaben vor; wir möchten daher von einer weiteren Erörterung dieser Frage absehen.

4. Neutralsalze.

Unter den Neutralsalzen ist das Kochsalz nur in konzentrierten (über 25%) Salzlaken von zuverlässiger entwicklungshemmender Wirkung; diese Feststellung hat ihre praktische Bedeutung, weil bei

Anwendung zu schwacher Salzlösung zum Pökeln des Fleisches leicht ein Verderben des Fleisches durch Bakterienentwicklung und insbesondere durch Vergiftung durch den Bac. botulinus zu befürchten ist.

5. Oxydationsmittel.

Unter ihnen finden sich sehr wirksame Desinfektionsmittel wie z. B.: das *Kaliumpermanganat*. In 4%iger Lösung werden Milzbrandsporen schon innerhalb 15 Minuten, durch 2%ige Lösung innerhalb von 40 Minuten abgetötet.

Das *Wasserstoffsuperoxyd* ist ein billiges wirksames ungiftiges Desinfiziens, das sich bei längerem Aufbewahren leicht zersetzt. Durch das käufliche 3%ige H_2O_2 werden Milzbrandsporen in 1 Stunde vernichtet. Von dem 30%igen Wasserstoffsuperoxyd, *Perhydrol* Merck genannt, werden in 1%iger Lösung Staphylokokken und Diphtheriebacillen bei 35° C in 3 Minuten sicher abgetötet. Das *Ozon* findet Anwendung in der Trinkwasserbehandlung.

6. Halogene.

Für die Desinfektionspraxis eignet sich vor allem das *Chlor* wegen seiner außerordentlich energischen desinfizierenden Wirkung. Es wird zur Trinkwasserdesinfektion gebraucht. Auf Grund eines patentierten Verfahrens wird aus Bomben zunächst gasförmiges Chlor einer kleinen Menge Wasser zugesetzt und diese dann dem zu desinfizierenden Wasser beigemengt. Bei der Chlorung von Wasser in Schwimmbädern ist ein Gehalt an freiem Chlor von 0,2—0,5 mg/l im Badewasser erforderlich, um sichere Abtötung von pathogenen Bakterien und Colibacillen zu erreichen. Bei stärkerem Vorhandensein von organischen Substanzen im Wasser tritt ein Nachlassen der Chlorwirkung wegen der stärkeren Chlorbindung auf.

Chlorkalk, ein Gemisch von $Ca(OH)_2$, $CaCl_2$ und $Ca(OCl)_2$, das in 100 Teilen mindestens 25 Teile wirksames Chlor enthalten soll. Es ist gut verschlossen und im Dunkeln aufzubewahren, da schon die in der Luft vorhandene CO_2 unterchlorige Säure abspaltet, die dann wieder Chlor freiwerden läßt.

Der Chlorkalk wird als *Chlorkalkpulver* zur Desinfektion von Stuhl und Urin bei einer $^1/_2$stündigen Einwirkung verwendet und als *Chlorkalkmilch*, die durch Verrühren von 1 Teil Chlorkalk mit 5 Teilen Wasser stets frisch bereitet wird. Sie ist nur 1 Tag haltbar. Sie findet Verwendung zur Desinfektion von Fäkalien, Abwässer und Abfällen. Vegetative Formen von Bakterien werden schon in 0,1—0,2%igen Lösungen in 2—5 Minuten abgetötet.

Das *Antiformin* (10% Natriumhypochlorit + 7,5% Natronlauge) hat die Eigenschaft, daß es fast alle organischen Körper mit Ausnahme von Fett und fast alle Bakterien außer Tuberkelbacillen und Milzbrandsporen auflöst. Für die Desinfektionsanwendung ist es zu teuer; es wird für Stuhl- und Sputumdesinfektion gebraucht. Das *Chloramin* stellt ein organisches Chlorpräparat dar, das gewöhnlich in 0,5%iger Lösung (zur Auswurfdesinfektion in 5%iger Lösung) benutzt wird. Zur Wäschedesinfektion eignet es sich auch in $^1/_2$—$1^1/_2$%iger Lösung bei 2stündiger Einwirkungszeit. Gefärbte Waschstoffe, Wolle und Seide müssen von der Chloramindesinfektion ausgeschlossen werden.

Der Vollständigkeit halber seien noch aufgeführt das Chlorcarvacrol und von den Jodpräparaten das Jodoform, das nur noch selten Verwendung findet. Es ist ein schwaches Desinfiziens und wird wegen seines starken Geruchs gemieden. Es besitzt aber erhebliche entwicklungshemmende Eigenschaften. Seine günstige Wirkung bei der Wundbehandlung beruht auf Abspaltung von freiem Jod.

7. Kohlenstoffverbindungen der aliphatischen Reihe.

Der gewöhnliche *Äthylalkohol* (C_2H_5OH) hat auffallenderweise seine stärkste desinfizierende Wirksamkeit in einer Konzentration von 50%, während wasserfreier Alkohol (wenigstens gegenüber angetrockneten Keimen) vollständig wirkungslos ist. Die Ursache hierfür liegt in denselben physikalisch-chemischen Verhältnissen, welche auch die Unwirksamkeit anderer Desinfizienzien in reiner alkoholischer Lösung sowie konzentrierter alkoholischer Farbstofflösungen bedingen. Gegenüber den Sporen ist Alkohol bei gewöhnlicher Temperatur ohne Wirkung; doch hat siedender Alkohol auch erhebliche sporizide Kraft, und zwar wiederum nur in verdünntem, nicht in wasserfreiem Zustand.

Zur Händedesinfektion wird der Alkohol in Form des *offizinellen Seifenspiritus* angewendet, der vegetative Keime binnen weniger Minuten abtötet. Sein Alkoholgehalt beträgt 43%. *Formaldehyd* (HCOH), der Aldehyd der Ameisensäure (in 40%iger wässeriger Lösung unter dem Namen „Formalin" bekannt), hat schon in sehr hoher Verdünnung (1:5000 bis 20000 je nach den verschiedenen Arten der Bakterien) eine starke entwicklungshemmende Wirkung und wurde deshalb mehrfach zur Konservierung von Nahrungsmitteln empfohlen, was allerdings wegen der nicht zu unterschätzenden Giftwirkung des Formalins, selbst in geringen Mengen, zumal bei lange fortgesetzter Aufnahme, hygienisch zu beanstanden ist. Gegenüber dieser erheblichen entwicklungshemmenden Eigenschaft steht allerdings eine um so geringere desinfizierende Wirksamkeit, weshalb Formalin*lösungen* in der praktischen Desinfektion nur wenig Verwendung finden; desto größere Bedeutung hat die Desinfektion mit gasförmigem Formaldehyd zumal für die Wohnungsdesinfektion gefunden (vgl. weiter unten).

8. Organische Verbindungen der aromatischen Reihe.

Die wichtigsten Desinfektionsmittel unter den organischen Verbindungen leiten sich vom *Phenol (Carbolsäure)* ab. Carbolsäure (C_6H_5OH) selbst wird in 3—5%iger Lösung gegenüber vegetativen Formen mit Erfolg angewendet und ist praktisch um so brauchbarer, als ihre desinfizierende Wirksamkeit nicht wie diejenige der Metallsalze durch Anwesenheit von Salzen oder Eiweißkörpern beeinträchtigt wird; eine zuverlässige sporentötende Wirksamkeit kommt der Carbolsäure selbst in konzentriertem Zustand nicht zu. Wegen des verhältnismäßig hohen Preises und der Ätzwirkung stärkerer Lösungen von Carbolsäure werden statt dieser in der Desinfektionspraxis mehr die durch Methylierung entstehenden Abkömmlinge derselben, die sog. *Kresole* ($C_6H_4CH_3OH$), angewendet. Die Aufschließung dieser in der sog. „rohen Carbolsäure" in großer Menge enthaltenen Kresole erfolgt entweder (für die chirurgische Desinfektion) in alkalischer Lösung (Kresolseifenlösung, Lysol, Kreolin) oder für grobe Desinfektionszwecke (Ställe, Aborte) durch Aufschließung mit Säuren oder durch Vermischung mit Petroleum; das auf letzterem Wege erhaltene Gemisch („Saprol") eignet sich besonders für die Desinfektion von Abortgruben, da es, spezifisch leichter als Wasser, auf der Oberfläche des Grubeninhaltes schwimmt und so einen geruchsicheren Abschluß schafft, während gleichzeitig durch langsame Abgabe der Kresole in den Grubeninhalt die Desinfektion des letzteren erfolgt. Die Kresolseifenlösung stellt ein Gemisch von Rohkresol und Kaliseife zu gleichen Teilen, eine klare gelbbraune Flüssigkeit, dar, das Kresolwasser, ein Gemisch von 1 Teil Kresolseifenlösung und 9 Teilen Wasser. In 100 Teilen Flüssigkeit sind 5 Teile Kresol enthalten. Man verwendet am besten verdünntes Kresolwasser (2,5% Kresol), das man entweder aus dem 5%igen Kresolwasser durch Vermischen mit gleichen Teilen Wasser herstellt oder durch Auffüllen von 50 ccm Kresolseifenlösung auf 1 l Wasser. Besonders zu empfehlen für die Desinfektion von Wäsche, die mit Blut, Kot, Eiter usw. beschmutzt ist, dann für die Desinfektion der Fußböden, Wände, Türen, Möbel. Farbanstriche und Tapeten werden zuweilen durch Kresolwasser geschädigt. *Lysol* wird in 2—3%igen Lösungen angewendet; für Stuhl und Auswurf in 5—10%iger Lösung. *Bazillol* wird in 2—5%iger Lösung benutzt. In neuester Zeit sind unter den *Halogensubstitutionsprodukten der Kresole* hochwertige Desinfektionsmittel gefunden worden, die unter den Bezeichnungen *Phobrol*, *Grotan*, *Sagrotan* in den Handel kommen (LAUBENHEIMER u. a.) und insbesondere für die Desinfektion von tuberkulösem Auswurf sich bewähren. Ebenso fand BECHHOLD unter den Halogensubstitutionsprodukten des *Naphthols* sehr wirksame Desinfizienzien *(„Providoform")*, die wegen ihrer elektiven, „halb spezifischen" Wirksamkeit gegenüber einzelnen Bakterienarten bereits oben erwähnt worden sind.

Modernste Desinfektionsmittel von wachsender Anwendungsbreite sind besonders das *Zephirol* der I.G. Farben, ein Gemisch hochmolekularer Alkyl-dimethylbenzyl-ammoniumchloride, sowie das Quartamon.

9. Gasförmige Desinfizienzien.

Eine gemeinsame Besprechung fordern die *gasförmigen Desinfizienzien*, die, mögen sie auch im übrigen ganz verschiedener chemischer Natur sein, in ihrer praktischen Anwendung übereinstimmende, durch ihren gasförmigen Zustand bedingte Eigentümlichkeiten und Schwierigkeiten aufweisen. Diese letzteren bestehen hauptsächlich in der durch die Verschiedenheit des spezifischen Gewichtes von Gas und Luft bedingten ungleichmäßigen Verteilung des Gases in dem zu desinfizierenden Raume und der damit zusammenhängenden unvollkommenen Durchdringung der zu desinfizierenden Gegenstände. Wo nicht auf letzteres Moment ausdrücklich verzichtet wird und man sich mit einer bloßen Oberflächenwirkung (wie z. B. bei der Wohnungsdesinfektion mit Formaldehyd) begnügt, muß versucht werden, eine gründliche Durchmischung des Gases in dem zu desinfizierenden Raum und eine Tiefenwirkung im Innern des Desinfektionsgutes durch möglichst massenhafte Entwicklung und mechanische Luftbewegung zu erreichen, wie das bei den neueren Desinfektionsverfahren mittels schwefliger Säure (CLAYTON- und HYA-Apparat) geschieht. Eine ganze Reihe von Gasen, die man auf ihre Desinfektionswirkung untersucht hat, wie z. B. Wasserstoff, Stickstoff, Kohlensäure, Leuchtgas, Schwefelwasserstoff, Ammoniakdämpfe, sind für die Desinfektionspraxis wegen ihrer geringen baktericiden Wirkung nicht zu gebrauchen. Schweflige Säure, Chlor und Brom wirken zwar im Laboratoriumsexperiment, in größeren Räumen aber versagen sie, wie schon eben erwähnt, wegen der ungleichmäßigen Verteilung im Raume, und weil die trockenen Bakterien nur sehr schwierig der Einwirkung der Dämpfe erlagen. Praktisch verwendbar wurde die Desinfektion mit schwefliger Säure erst durch die Erfindung des CLAYTON-Apparates.

In besonderen Apparaten wird unter reichlichem Luftzutritt Schwefel verbrannt. Das Gas, das bei dieser Verbrennung entsteht, setzt sich zusammen aus schwefliger Säure (SO_2) und Schwefelsäureanhydrid (SO_3); daneben entstehen auch noch eine Reihe höherer nicht genau bekannter Oxydationsprodukte. Das gekühlte Gas wird nun unter Druck durch einen Ventilator in den zu desinfizierenden Raum unter gleichzeitiger Ansaugung der Luft des betreffenden Raumes eingeblasen und somit eine gründliche Durchmischung gewährleistet. So kommt es zu einer ziemlich erheblichen Tiefenwirkung des Gases. Dieses Verfahren gibt auch noch in größeren Räumen bei ausgedehnter Desinfektionswirkung brauchbare Resultate. Sporenfreie Bakterien werden bei mehrstündiger Anwendung einer etwa 8%igen Mischung sicher abgetötet. Das CLAYTON-Verfahren hat aber auch seine Nachteile; so werden Früchte, Mehl und Fleisch stark geschädigt, Kleiderstoffe werden gebleicht. Aus diesen Gründen wird es für die Wohnungsdesinfektion nicht in Betracht kommen.

Die größte praktische Bedeutung (insbesondere für Wohnungen) hat nach den Arbeiten FLÜGGES und seiner Schüler die Desinfektion mit *Formaldehyd* gefunden; doch handelt es sich dabei, streng genommen, gar nicht um eine Gasdesinfektion, sondern um eine Kondensation des Formaldehyds in Gestalt feinst verteilter Tröpfchen an der Oberfläche der zu desinfizierenden Gegenstände; aus diesem Grunde (sowie beim Verdampfenlassen wässeriger Formalinlösungen zwecks Vermeidung der Polymerisation des Formaldehyds zu Paraform) ist die Sättigung des zu desinfizierenden Raumes mit Wasserdampf erforderlich, mit dem sich der Formaldehyd in feinst verteilter, tropfbar flüssiger Form auf den zu desinfizierenden Gegenständen niederschlägt; deshalb kann auch die Vergasung des Formalins mit ebenso gutem, praktischem Erfolg durch Versprühen in wässeriger oder glycerinhaltiger Lösung ersetzt werden.

Von anderer Seite wurde zur Erzeugung großer Mengen Formaldehydgas eine trockene Erhitzung (etwa 150^0 C) des Polymerisierungsproduktes (Pastillen im Handel bei Schering erhältlich) empfohlen, bei der das feste Paraform sich wieder in gasförmiges Formaldehyd zurückverwandelt. Der von SCHERING konstruierte Apparat „Äskulap" bringt dieses letztere Verfahren zur Anwendung.

Die in einem Drahtkorb eingelegten Pastillen (Formalinpastillen) werden durch eine Spiritusflamme zur Vergasung gebracht. Die diesem Verfahren noch anhaftenden Mängel in bezug auf mangelhafte Desinfektionswirkung werden dadurch beseitigt, daß die Luft des Versuchs- bzw. des zu desinfizierenden Raumes mit

Wasserdampf gesättigt wird. Die Versuche von Rubner und Peerenboom zeigten, daß nach beendeter Desinfektion mit Formaldehyd nur noch ein kleiner Teil (12 bis 16 %) in der Luft des Versuchsraumes nachgewiesen werden konnte. Der größte Teil schlägt sich mit den feinen Wasserdampftröpfchen auf den Objekten nieder; ihm wohnt nach Rubner die desinfizierende Wirksamkeit inne. Auf dem eben genannten Prinzip beruht der kombinierte *Äskulap*apparat nach Schering.

Bei dem kombinierten Äskulap-Schering werden vor jeder Desinfektion ohne Unterschied der Größe des zu desinfizierenden Raumes in den Ringkessel 3750 ccm Wasser, in den Brenner bei Anwendung von 50—100 Formalinpastillen 350 ccm, von 100—500 Formalinpastillen 470 ccm Brennspiritus von 86 Vol.-% eingefüllt. Ferner sind einzufüllen (Tabelle 12).

Am besten hat sich für die Praxis die von Flügge und seinen Schülern ausgearbeitete „Breslauer Methode" bewährt, bei der das Formaldehydgas durch „*Verdampfen verdünnter wässeriger Formalinlösungen*" erzeugt wird, ohne daß Polymerisierung eintritt.

Der Breslauer Apparat besteht aus einem einfachen Kupferkessel, der in der Mitte des Deckels eine enge Abströmungsöffnung trägt.

Tabelle 12.

Bei einem Raumgehalt von cbm	Formalinpastillen		Brennspiritus in die Rinne
	bei 7stündiger Desinfektionsdauer	bei 3½ stündiger Desinfektionsdauer	
20	50	100	300
30	74	150	350
40	100	200	450
50	125	250	500
60	150	300	550
70	175	350	650
80	200	400	750
90	225	450	800
100	250	500	900

Daneben liegt noch eine dicht verschließbare Öffnung zum Eingießen von Formalin und Wasser. Das Ganze wird durch einen Spiritusbrenner erhitzt. Kessel und Lampe ruhen auf einem besonderen Gestell. Die Aufstellung des Apparates erfolgt entweder in dem zu desinfizierenden Raume selbst, was am richtigsten erscheint, oder außerhalb des Zimmers, wobei dann der sich entwickelnde Dampf durch ein Rohr durch das Schlüsselloch in das Zimmer eingeleitet wird. Man nimmt zur Speisung des Apparates 1 Teil Formalin + 4 Teile Wasser. Die für die Desinfektionspraxis je nach der Größe des Raumes gebrauchten Mengen Formalin, Wasser und Spiritus sind in folgender Tabelle zusammengestellt.

Tabelle 13.

Bei 2,5 g Formaldehyd auf 1 cbm Raum				Bei 5 g Formaldehyd auf 1 cbm Raum			
Raumgröße in cbm	Formalin 40 %	Wasser	Spiritus 86 %	Raumgröße in cbm	Formalin 40 %	Wasser	Spiritus 86 %
10	200	800	100	10	400	600	100
20	250	1000	250	20	500	750	250
30	300	1200	300	30	600	900	300
40	400	1600	400	40	800	1200	400
50	450	1800	500	50	900	1350	500
60	500	2000	600	60	1000	1500	600
70	550	2200	650	70	1100	1650	650
80	650	2600	750	80	1300	1950	750
90	700	2800	850	90	1400	2100	900
100	750	3000	950	100	1500	2250	950
110	800	3200	1050	110	1600	2400	1050
120	900	3600	1150	120	1800	2700	1150
130	950	3800	1200	130	1900	2850	1200
140	1000	4000	1300	140	2000	3000	1300
150	1050	4200	1400	150	2100	3150	1400

Für schwer zu dichtende Räume ist mehr zu nehmen, z. B. (nach
REICHENBACH) für

Tabelle 14.

	Formalin 40% in ccm	Wasser in ccm	Spiritus in ccm	Stundeneinwirkung
Eisenbahnabteile 2. Klasse	1000	2000	750	24
Eisenbahnabteile 3. Klasse	300	700	250	7
Eisenbahnviehwagen (nach mechanischer Reinigung des Fußbodens etwa 30 cbm)	600	1900	550	7

Durch das Formaldehydverfahren nach FLÜGGE werden Milzbrandsporen sowie Tuberkelbacillen, wenn sie nicht in dicken Schleimschichten
angetrocknet sind, sicher abgetötet. Es sei schon hier darauf hingewiesen, daß eine Desinfektion nur dann wirksam sein kann, wenn
eine sorgfältige Abdichtung des ganzen Zimmers vor der Desinfektion
stattgefunden hat.

Bei einer Anwendung von 5 g Formaldehydgas für je 1 cbm Raum
kann frühestens nach 4 Stunden (vom Anzünden des Spiritusbrenners
an gerechnet) die Desinfektion als beendigt angesehen werden. Dasselbe
gilt auch für die später zu besprechenden Kaliumpermanganatverfahren.

Zur Entfernung des Formaldehyds aus den desinfizierten Räumen wird
von außen durch das Schlüsselloch eine bestimmte Menge von Ammoniakdampf eingeleitet. Es verbindet sich das Formaldehyd mit dem Ammoniak zu dem völlig geruchlosen und unschädlichen Hexamethylentetramin. Über die für den Ammoniakentwickler (kleiner Kessel
mit Spirituslampe und Schlauch nebst Gestell und Ammoniakauffanggefäß) notwendige Menge von Ammoniak und Spiritus nach der Raumgröße des Zimmers gibt nebenstehende Tabelle Aufschluß.

Der in dieser Weise nachbehandelte Raum kann 1 Stunde nach
Beendigung der Ammoniakentwicklung geöffnet werden. Zur Beseitigung des Formaldehyds kann man auch
folgendermaßen vorgehen. Für 1 cbm Raum nimmt man 25 g gebrannten Kalk, 15 g Salmiak und 15 ccm Wasser. Es wird die für die
Raumgröße erforderliche Menge gebrannten Kalkes mit der nötigen

Tabelle 15.

Bei 2,5 g Formaldehyd pro cbm			Bei 5 g Formaldehyd pro cbm		
Raumgröße in cbm	Ammoniak 25%	Spiritus 86%	Raumgröße in cbm	Ammoniak 25%	Spiritus 86%
10	100	10	10	150	15
20	200	20	20	300	30
30	250	25	30	400	40
40	350	35	40	550	50
50	400	45	50	600	60
60	500	50	60	750	75
70	600	55	70	900	90
80	650	65	80	1000	100
90	750	75	90	1150	120
100	800	80	100	1200	130
110	900	90	110	1350	140
120	1000	100	120	1500	150
130	1050	105	130	1600	160
140	1150	110	140	1750	170
150	1200	120	150	1800	180

Salmiakmenge in einem passenden Gefäß vermischt und die Mischung mit der abgemessenen Menge Wasser (am besten heißem) übergossen. Das Entwicklungsgefäß wird nun schnell durch die geöffnete Tür in das desinfizierte Zimmer geschoben und die Tür sofort wieder geschlossen. Die Öffnung des Raumes kann nach 1 Stunde erfolgen.

Der BRESLAUER Methode haften einige Mängel an, die hier kurz gestreift werden sollen.

Die Anschaffungs- und Reparaturkosten sind nicht unerheblich, weiter bleibt die Spiritusflamme, die während der Vergasung sich selbst überlassen wird, eine Feuersgefahr für die im Zimmer befindlichen leicht brennbaren Gegenstände. Auch eignet ein einziger Apparat sich nicht zur Desinfektion größerer Räume (wie Hallen, Krankensäle); hier müßten eine Reihe von Apparaten aufgestellt werden, deren Beschaffung auf Schwierigkeiten stößt.

Erwähnt seien hier der Vollständigkeit halber noch der Verdampfungsapparat „Berolina" von PROSKAUER-ELSNER und die Sprayapparate von PRAUSNITZ, CZAPLEWSKI und LINGNER, bei denen der Formaldehyd mittels Versprayung zugleich mit Wasserdampf in die Zimmerluft gebracht wird.

Die in den letzten Jahren sich mehr und mehr eingebürgerten *apparatlosen Verfahren* der Formaldehyddesinfektion, die wegen ihrer Einfachheit und Billigkeit besonders für ländliche Bezirke sich eignen, sollen im folgenden besprochen werden. Hier wird durch chemische Umsetzungen Formaldehyd entwickelt. Hierher gehört das zuerst von EICHENGRÜN angegebene *Autanverfahren*. Das Baryumsuperoxyd-Paraformgemisch wird mit Wasser übergossen. Durch die starke Erwärmung, die bei Wasserzusatz eintritt, wird Formaldehyd und Wasser in größeren Mengen entwickelt. Von der Firma Bayer in Elberfeld wird das Autan in Blechbüchsenverpackung in den Handel gebracht. Die Büchse dient zugleich als Maßgefäß der zuzusetzenden Wassermenge. Das Autan ist in verschiedenen größeren und kleineren Packungen im Handel, um es für die Desinfektion der verschiedenen Raumgrößen vorrätig zu haben. Für einen Raum von 110 cbm benötigt man etwa 3850 g Autan. Die Firma hat wegen der von verschiedenen Seiten festgestellten ungleichmäßigen Entwicklung von Formaldehyd und Wasserdampf ein weiteres Präparat, das *Neu-Autan* (Packung B) herausgegeben, das zuverlässiger arbeitet. Leider ist das Autan noch zu teuer (4—5mal so teuer als Formalindesinfektion), um für Desinfektionszwecke in allgemeine Anwendung zu kommen.

Ein ebenso wirksames aber bedeutend billigeres apparatloses Desinfektionsverfahren ist das *Formalin-Permanganatverfahren* (EVANS und RUSSEL). Für je 1 cbm Raum sind folgende Mengen notwendig: 25 ccm Formalin, 25 g Kaliumpermanganat. cryst. und 15 ccm Wasser. Es ist bei diesem Verfahren wegen der sehr stürmischen Gasentwicklung und unter Umständen eintretenden Entzündung darauf zu achten, daß das Fassungsvermögen der Gefäße (Waschbottiche, Gefäße aus emailliertem Eisenblech usw.) sehr groß ist, und zwar wenigstens so viel Liter beträgt, als der zu desinfizierende Raum Kubikmeter hat; bei Räumen von über 100 cbm sind zwei entsprechend große Gefäße zu verwenden. Bei diesem Verfahren werden zunächst die abgemessenen Formalin- und Wassermengen in das Entwicklungsgefäß gegossen, und erst dann erfolgt das Einschütten der erforderlichen Kaliumpermanganatmenge unter stetem Umrühren. Das Aufnahmegefäß wird möglichst in der Mitte des Zimmers auf einer besonderen Holzunterlage aufgestellt. Bei dem Autoform- und Formanganverfahren wird der Formaldehyd in fester Seifenform angewendet.

KALÄHNE und STRUNK, LOCKEMANN und CRONER nehmen an Stelle von Formalin Paraform. Ihr Verfahren (Paraform-Kaliumpermanganat) gestaltet sich folgendermaßen: Für je 1 cbm Raum sind erforderlich 10 g Paraform, 25 g Kalium permanganicum crystallis. und 30 ccm Wasser. Zum sicheren Eintritt der Reaktion ist ein Sodazusatz von 1% der Paraformmenge notwendig. Die Entwicklungsgefäße (am besten aus Metall) sollen bei diesem Verfahren so groß sein, daß auf je 1 cbm des zu desinfizierenden Raumes $^1/_2$ l Gefäßinhalt zur Verfügung steht. Hier werden die abgewogenen Paraform- und Sodamengen in das Entwicklungsgefäß, das ebenfalls in der Mitte des Zimmers aufzustellen ist, geschüttet und mit der abgemessenen Menge Wasser von Zimmertemperatur übergossen. Erst dann wird die nötige Kaliumpermanganatmenge hinzugeschüttet und das Ganze mit einem Holzstab gründlich durchgerührt.

Auf diesem Verfahren beruhen die Präparate Paragan, Formangan (SCHERING) und Parautan (BAYER).

Eine sehr billige Methode ist die von HAMMERL angegebene. Gebrannter Kalk wird mit verdünnter Schwefelsäure übergossen. Durch die hierbei entstehende Reaktionswärme kommt es leicht zur Verdampfung des hinzugegossenen Formalins. Vorsicht beim Transport und der Verwendung der Schwefelsäure!

Wenn auch die genannten apparatlosen Verfahren wegen ihrer Einfachheit und des Fortfalls der Feuergefährlichkeit, der geringen Anschaffungs- und Reparaturkosten vieles für sich haben, so ist doch noch dem FLÜGGEschen Apparat der Vorzug zu geben, da er um die Hälfte billiger arbeitet.

Praktische Anwendung der Desinfektionsverfahren.

Die Desinfektionsmaßnahmen lassen sich zeitlich einteilen in die *laufende* Desinfektion, d. h. die Desinfektion am Krankenbett im engeren Sinne und in die sog. *Schlußdesinfektion*, die nach Ablauf der Krankheit, sei es durch Genesung oder die Wahl eines neuen Krankenzimmers oder durch den Tod, einsetzt.

Die *laufende Desinfektion* am Krankenbett, auf deren großen Wert besonders von ROBERT KOCH hingewiesen wurde bezieht sich auf alle Ausscheidungen des Kranken, auf die von den Kranken benutzten Gegenstände, auf die mit der Pflege des Kranken betrauten Personen. Die laufende Desinfektion darf, wenn sie nicht unvollkommen bleiben soll, nur von geschultem Personal ausgeführt werden. Sie richtet sich nach den für die einzelnen Erkrankungen aufgestellten amtlichen Desinfektionsanweisungen.

Die *Schlußdesinfektion* bezweckt, alle diejenigen Infektionsstoffe, die der laufenden Desinfektion entgangen sind, zu vernichten. Sie erstreckt sich auf alle von dem Kranken benutzten Räume und Gegenstände (vgl. Seuchengesetzgebung). Hier genügt nicht ein einzelnes Verfahren oder nur ein Desinfektionsmittel; es werden neben den flüssigen chemischen Desinfektionsmitteln und den mechanischen Faktoren vor der Reinigung auch gasförmige Desinfektionsmittel herangezogen. Die Schlußdesinfektion hat im letzten Jahrzehnt insofern eine gewisse Erleichterung bzw. Vereinfachung erfahren, als man versucht hat, bei den meisten übertragbaren Krankheiten ohne die Desinfektion sämtlicher Wohnungsteile und Gebrauchsgegenstände durch Formaldehyd auszukommen.

Es ist den Amtsärzten überlassen, in besonderen schwierigen und gefahrdrohenden Fällen von der Desinfektion mit Formaldehyd „erforderlichenfalls" Gebrauch zu machen. KIRSTEIN teilt die Schlußdesinfektion in besondere Gruppen ein:

1. In die chemisch-mechanische Schlußdesinfektion, die bei den meisten übertragbaren Krankheiten mit geringen Abweichungen ausreichend ist.

2. In die Schlußdesinfektion unter Zuhilfenahme der Dampfdesinfektion bei Cholera, möglichst auch bei Tuberkulose.

3. In die Schlußdesinfektion unter Zuhilfenahme der Formaldehyd- und Dampfdesinfektion bei Pocken, Pest und Aussatz.

Die genauen Ausführungen der Desinfektion bei Fällen von ansteckenden Krankheiten sind in den allgemeinen Ausführungsbestimmungen zu dem preußischen Gesetze, betreffend die Bekämpfung übertragbarer Krankheiten, enthalten.

Schließlich noch einige Worte über die besonderen Verhältnisse bei der *Händedesinfektion* mit spezieller Berücksichtigung der Versuchsmethodik.

Wenn es bis jetzt noch nicht möglich gewesen ist, eine zuverlässige Methode zu finden, die unter allen Umständen eine vollständige Befreiung der Hand von Keimen gewährleistet, so liegt die Ursache daran, daß die Bakterien, wenn sie erst einmal in die tieferen Schichten der Haut gelangt sind, von den Desinfektionsmitteln sehr schwierig erreicht werden, da die verhornten und fettimprägnierten Schichten der Oberhaut dem Eindringen des Desinfiziens in die Tiefe einen sehr großen Widerstand entgegensetzen. Es genügt daher nicht etwa, wie man früher glaubte, die Wirkung eines Händedesinfiziens dadurch zu prüfen, daß man einen Fingerabdruck auf sterilem Nährboden machen läßt und die Keimfreiheit dieses Fingerabdrucks als Beweis für die gelungene Desinfektion der Haut ansieht; es muß vielmehr durch energische mechanische Bearbeitung der Hand geprüft werden, ob auch die tieferen Schichten der Haut keimfrei geworden sind; insbesondere ist dabei auch auf den Nagelfalz und den Unternagelraum zu achten, an welchen Stellen die Bakterien sich besonders leicht erhalten. PAUL und SARWEY haben für diese Zwecke einen allseitig geschlossenen „Händeuntersuchungskasten" angegeben, in welchem alle diese Manipulationen an der Hand ohne das Dazwischentreten von bakteriellen Verunreinigungen von außen erfolgen können. Wie wichtig für die Beurteilung eines Händedesinfektionsverfahrens die Prüfung der tieferen Hautschichten ist, dafür noch zwei Beispiele: Läßt man die desinfizierte Hand im Heißluftkasten oder durch Tragen eines sterilen Gummihandschuhes, geschützt von jeder Verunreinigung von außen, schwitzen, so kommt durch die ursprünglich in der Tiefe befindlich gewesenen und nunmehr an die Oberfläche beförderten Bakterien sogar eine Vermehrung der ursprünglich nachweisbaren Keimzahl zustande; andererseits kann ein scheinbarer Desinfektionseffekt dadurch vorgetäuscht werden, daß durch die Einwirkung eines die Oberhaut härtenden und zusammenziehenden Mittels die Keime in den tieferen Schichten fixiert werden, so daß sie nicht so leicht wie vorher an die Oberfläche gelangen; hierauf beruht (wenigstens zum Teil, neben der unstreitig außerdem bestehenden desinfizierenden Wirksamkeit) der scheinbar vollständige Effekt in manchen Händedesinfektionsversuchen mit Alkohol.

Bei der *hygienischen* Prüfung der Händedesinfektion können die Keime der Tageshand nicht als Testobjekte dienen. Es muß zur *künstlichen Infektion*, für die sich das Bacterium coli in Bouillonkultur gut eignet, geschritten werden. Mit dieser Kultur getränkte Filtrierpapierstreifen werden in der Hand ordentlich geknetet und auch auf den Fingerkuppen verrieben. Vielfach ist auch ein Desinfektionsversuch mit Bacterium prodigiosum ausgeführt worden. Staphylokokken werden wegen ihrer allzu großen Widerstandsfähigkeit für Händedesinfektionsversuche abgelehnt. Nach dem Eintrocknen der Bakterienauftragung auf die Haut erfolgt die Behandlung mit dem zu prüfenden Desinfektionsmittel. Es ist aber geboten, nach dem Waschen das der Haut noch anhaftende Desinfektionsmittel durch Fällungs- oder Neutralisationsmittel zu entfernen, da sonst das Desinfiziens in das Nährmedium mit überführt wird und somit infolge seiner entwicklungshemmenden Wirkung das Versuchsergebnis trübt. Bei den Versuchen mit Sublimat ist daher eine ausgedehnte Behandlung mit Schwefelammonium geboten.

Für gewöhnlich wird folgendes bakteriologisches Prüfungsverfahren am besten in Anwendung kommen:

Prüfung der Hände gesondert, d. h. jede Hand für sich vor und nach des Desinfektion.

Filtrierter Agar (45—50 ccm) wird im ERLENMEYER-Kölbchen im Wasserbade flüssig gemacht, dann auf 45⁰ C abgekühlt. Von einer zweiten Person wird der Agar in dünnerem Strahle langsam über den Handrücken und in die hohle Hand gegossen und dabei mit der betreffenden Hand tüchtige Waschbewegungen gemacht, wobei besonders der Daumen kräftig die Nagelfalze der übrigen 4 Finger abreibt und die Fingerbeeren kräftig von den Nagelenden abzieht, so daß der Agar ausgiebig die subungualen Räume durchfließen kann. Der abfließende Agar wird in sterilen PETRI-Schalen aufgefangen. Für jede Hand werden etwa 35 ccm Agar gebraucht. Nach 24- bzw. 48stündigem Aufenthalt im Brutschrank bei 37⁰ C Auszählung der Platten auf die Keimzahl.

NEUFELD empfiehlt für den Nachweis der durch das Desinfektionsmittel erfolgten Keimabnahme das von SCHUMBURG angegebene Verfahren; hier werden die Finger jeder Hand ³/₄ Minuten lang in einer PETRI-Schale mit flüssigem DRIGALSKI-Agar durch reibende Bewegungen ausgedrückt und die Unternagelräume mit dem Daumennagel besonders bearbeitet. Es ist zweckmäßig, wegen der großen Unterschiede in der Fähigkeit der Keimaufnahme der Haut mehrere Personen für einen Händedesinfektionsversuch heranzuziehen. Nach mehrtägiger Bebrütung der Agarplatten bei 37⁰ C müssen die gewachsenen Kolonien mit der WOLFFHÜGELschen Zählplatte ausgezählt werden.

Neben der *hygienischen* Händedesinfektion, die darauf bedacht ist, die der Hand anhaftenden Keime zu entfernen und abzutöten, spricht man von der *chirurgischen* Händedesinfektion, deren Ziel es ist, jede Übertragung von Keimen von der Hand des Chirurgen auf das Operationsfeld zu vermeiden.

Eine wirksame Händedesinfektion läßt sich durch *chemische Mittel* nicht erreichen, es muß ihr eine *gründliche mechanische Reinigung* vorausgehen. Wird zwischen der letzteren und der chemischen Reinigung eine Waschung mit starkem Alkohol (nicht unter 80%) eingeschaltet, erhöht sich der Desinfektionseffekt (FÜRBRINGER). Der Alkohol spielt einmal eine vorbereitende Rolle für die nachfolgende chemische Desinfektion, indem er, abgesehen von seinem fettlösenden Vermögen, ein starkes Diffusionsvermögen besitzt und infolgedessen tief in die Haut eindringt; außerdem entfaltet er auch eine direkte baktericide Wirksamkeit. Auf den eben genannten Versuchen beruhen:

1. Die FÜRBRINGERsche Methode. Anwendung von Seife, Waschung 1 Minute mit 80%igem Alkohol und Sublimat.

2. Die AHLFELDsche Methode (Heißwasseralkoholdesinfektion). Anwendung von Seife und heißem Wasser 3 Minuten lang; darauf gründliche Behandlung der Hand (Nagelfalze und Unternagelraum) mit 96%igem Alkohol.

3. Die Methode von MIKULICZ, Waschung mit offizinellem Seifenspiritus (3 Minuten lang).

4. Die Methode von SCHUMBURG. Gründliches Abreiben der Hände mit Alkohol mittels Wattebausch. Später empfahl SCHUMBURG eine Waschung mit einer Alkohol-Äthermischung (2:1) + 0,5% Salpetersäure oder 1% Formalin.

5. HERFF ersetzt den Ätherzusatz der SCHUMBURGschen Methode durch Aceton.

6. Waschung mit warmem Wasser und Seife, gründliche Nageltoilette, Trocknen der Hände mit sterilem Handtuch, Alkoholdesinfektion 3 bis 4 Minuten lang.

7. Desinfektion mit Lysol, Sublimat, Sublamin in den entsprechenden Verdünnungen.

8. Methode von GOCHT. Waschung der Hände mit Gipspulver und warmem fließendem Wasser unter Gebrauch von Bürste und Nagelreiniger 10 Minuten mit darauffolgender Desinfektion mit 70%igem Alkohol mit Mulltupfer.

Da keine der angeführten Händedesinfektionsmethoden eine vollkommene Keimfreiheit der Hände garantiert, hat man nach Auswegen gesucht. Sterile Gummihandschuhe, die während den Operationen getragen werden, geben eine gewisse Sicherheit für keimfreies Arbeiten. Wenn auch die Hand unter dem Gummihandschuh infolge der ihr vom Waschen noch anhaftenden Feuchtigkeit schwitzt und dadurch aufquillt und zahlreiche Bakterien aus den Hauttiefen an ihre Oberfläche bringt, so ist doch das Operationsfeld gegen die Bakterien durch den Gummihandschuh geschützt. Daß während der Operation aber unter dem Handschuh eine Keimzunahme von der Hand aus erfolgt, ist durch die Versuche von GOTTSTEIN und BLUMBERG an Zwirnhandschuhen, die unter Gummihandschuhen getragen wurden, nachgewiesen, welche die Keime in den Maschen zurückhalten und nicht an die Wunde abgeben. Weiter wurde versucht, durch Handanstrich mit leicht erstarrenden, elastischen, desinfizierenden, ölig-harzigen Flüssigkeiten, die sich in der Gewebsflüssigkeit nicht zu lösen vermögen, einen undurchlässigen Überzug auf der Haut zu schaffen, Methoden, die sich aber im allgemeinen nicht bewährt haben.

Entwesung.

Da das Ungeziefer als Überträger eine ungeheuere Gefahr für die Verbreitung von Infektionskrankheiten bietet — Stechmücken bei Malaria und Gelbfieber, Kleiderläuse bei Fleckfieber und Recurrens, Flöhe bei Pest — ist seine Vernichtung eine der wichtigsten Aufgaben der Hygiene.

Der Kampf gegen die Stechmücken ist durch Beseitigung der Brutplätze (Wasseransammlungen in Tümpeln, Gräben und Sümpfen), Vernichtung der Larven und Puppen durch chemische Mittel (Petroleum, Floria, Larviol für nicht verunreinigtes Wasser, Saprol für verunreinigte Gewässer ($^1/_4$ l auf 10 qm Oberfläche) und durch Vernichtung der Mücken in ihren Winterverstecken durch Abbrennen oder Bespritzen mit einer 3%igen Lösung von Floria-Insektizid (Firma Nördlinger, Flörsheim) mit Erfolg durchgeführt worden. Auch Ausräuchern ist empfehlenswert. Man verbrennt das Pulver (2 Teile gepulverter spanischer Pfeffer, 1 Teil Dalmatiner Insektenpulver, 1 Teil Baldrianwurzel, 1 Teil gepulverter Kalisalpeter) in flachen Schalen und zwar 1 Eßlöffel voll auf je 10 cbm Raum. Einwirkung 2—3 Stunden.

Die Entlausung hat sich außer auf Personen auch auf Gegenstände wie Kleider, Wäsche usw. und auf Wohnräume zu erstrecken. Die gasförmigen Entwesungsmittel sind am wirksamsten, da sie auch versteckte und flüchtige Tiere erreichen. Die Blausäure und das Äthylenoxyd sind wegen ihrer hohen Giftigkeit strengen gesetzlichen Vorschriften unterworfen. (Verordnung über die Schädlingsbekämpfung mit hochgiftigen Stoffen vom 22. 8. 1927 und Verordnung über den Gebrauch von Äthylenoxyd zur Schädlingsbekämpfung vom 26. 2. 1932.) Weniger gefährlich ist das Schwefeldioxyd. Die Entwesung darf nur von geschultem vorgebildeten Personal ausgeführt werden, das mit einer besonderen Ausrüstung (Sauerstoffschutzgerät, Gasmaske) ausgestattet sein muß. Ist die Durchgasung beendet, erfolgt eine gründliche Belüftung und Vornahme einer Gasrestprobe, um festzustellen, ob die Räume Menschen wieder zugänglich gemacht werden dürfen.

Ein während des Weltkrieges zur Ungezieferbekämpfung in Deutschland in größerem Umfange angewandtes Gas ist die *Blausäure*, die aus Cyannatrium und Schwefelsäure im Raume selbst entwickelt wird, und bei deren Anwendung wegen ihrer außerordentlichen Giftigkeit und neben ihrer geringen Wahrnehmbarkeit (bittermandelartiger Geruch) größte Vorsicht geboten erscheint. Tödliche Dosis reiner gasförmiger Blausäure = 0,06 g = 50 ccm.

Über die Art der Verwendung von Blausäure sind vom Preußischen Kriegsministerium unter dem 9. Juli 1919 besondere Anweisungen erlassen worden. Die Ausgasung einzelner Räume in bewohnten Häusern mit Blausäure wurde durch Erlaß des Reichswehrministeriums vom 12. Dez. 1919 verboten und dafür Schwefeldioxyd vorgeschrieben. Heute darf das Blausäureverfahren nur von besonders damit beauftragten Stellen unter Berücksichtigung aller Vorsichtsmaßregeln, vollständige Räumung der zu durchgasenden Behausung, Absperrung usw., ausgeführt werden.

Für 25 cbm Luftraum rechnet man z. B.

2 l Wasser, 2 l 60%ige Schwefelsäure und 1,5 kg Cyannatrium.

Läuse und Nissen werden nach 2 Stunden langer Aussetzung durch Blausäuredämpfe von 2 Vol.-% Konzentration sicher abgetötet. Für Wohnräume genügt eine Konzentration von 1 Vol.-% bei einer 6stündigen Einwirkungsdauer. Die Blausäuredämpfe haben den Vorteil der großen Durchdringungsfähigkeit, der leichten Entfernung durch Lüftung und der Unschädlichkeit für alle Stoffe.

Wegen der Gefährlichkeit der Blausäure wird neuerdings das sog. *Zyklon* für die „*Entwesung*" der Wohnräume benutzt, das aus *Cyan*kohlensäureester besteht und schon in geringen Mengen infolge seines Gehaltes an Chlorkohlensäureester einen starken Hustenreiz hervorruft. Es wird, da es eine Flüssigkeit darstellt, aus besonders gebauten Messinggefäßen durch Luftdruck versprüht und durch ein besonderes Rohr in den zu behandelnden Raum geleitet. Nach mehrstündiger Einwirkung des „Zyklon"-Gases muß das Zimmer gelüftet werden. Das Zimmer darf in der folgenden Nacht, selbst wenn der Reizstoff verschwunden ist, nicht betreten oder zum Schlafen benutzt werden.

Das *Äthylenoxyd* (auch als T-Gas bezeichnet) ist ein hochwirksames, sehr giftiges Gas, das Einrichtungsgegenstände nicht schädigt. Es ist feuer- und explosionsgefährlich. Ungeziefer und Schädlinge jeder Art werden in einigen Stunden samt ihrer Brut sicher vernichtet. Im Gegensatz zum Blausäuregas ist eine Einzelzimmerdurchgasung möglich.

Das *Schwefeldioxyd* wird erzeugt: a) Durch Verbrennen von *Schwefel* in besonderen Apparaten oder in einer etwa 150 cm langen, an beiden Enden durch angeschweißte Verschlußstücke abgeschlossenen rinnförmigen Wanne aus Eisenblech, die mit Schamotterde oder einer ähnlichen unverbrennbaren Masse ausgekleidet und auf Spreizfüßen (50 cm hoch) befestigt ist. Sehr zweckmäßig sind die „*Hya*"-Apparate, in denen durch den bei der Verbrennung entstehenden Auftrieb von heißer Luft die Verteilung des SO_2 im Raume befördert wird.

b) Durch Verbrennen von *Schwefelkohlenstoff*. Wegen der großen Feuergefährlichkeit des Schwefelkohlenstoffs, der beim Anzünden explosionsartig aufbrennt, wird er zuvor mit Wasser und Brennspiritus in der Menge von je 5 Vol.-% versetzt. Verbrennung in eisernen Schüsseln oder Pfannen, vorsichtiges Anzünden, sofort den Raum verlassen.

Ein Präparat, das hauptsächlich aus Schwefelkohlenstoff besteht, ist „*Salfarkose*", zu beziehen durch die Fabrik chemisch-pharmazeutischer Produkte von A. Scholtz in Hamburg. Auf je 100 cbm Raum sind je 6 l Salfarkose zu verbrennen.

Ein Salfarkoseersatzpräparat für die teure Salfarkose ist dadurch herzustellen, daß man 90 Volumteile Schwefelkohlenstoff mit je 5 Volumteilen Brennspiritus und Wasser versetzt. Durch diese Zusätze zum

Schwefelkohlenstoff wird eine Explosionsgefahr vermieden. Vor dem Gebrauch ist ein tüchtiges Umschütteln der Flüssigkeit notwendig. Für die Verwendung von Salfarkose ist ein besonderer Apparat konstruiert, der aus einem inneren Kessel zur Aufnahme der zu verbrennenden Salfarkose aus einem auf Füßen stehenden äußeren Kessel und aus einem Verteilungsteller besteht, der mit seinen zungenartigen Ansätzen auf der Wandung des äußeren Kessels ruht.

c) Durch Verwendung *flüssiger schwefliger Säure* in *Stahlflaschen,* wodurch jede Feuersgefahr ausgeschlossen ist. Die Stahlflasche wird bei kühler Außentemperatur in ein Gefäß mit warmem Wasser 40—50° C (nicht heißer!) gestellt. Durch stetes Nachgießen von warmem Wasser ist die Temperatur auf der gleichen Höhe zu halten. Von der Flasche führt ein Gummischlauch durch eine Öffnung in das am besten vorher geheizte Zimmer. Um nicht zu große Mengen von Säuren zu verlieren, verfährt man am besten folgendermaßen:

Die mit schwefliger Säure gefüllte Flasche wird auf einer Dezimalwaage gewogen. Nach Herstellung des Gleichgewichtes nimmt man so viel Gewichtsstücke fort, als das Gewicht des zum Ausströmen bestimmten Gases betragen soll. Nach Öffnung des Hahnes läßt man das Gas so lange ausströmen, bis das Gleichgewicht wieder hergestellt ist. Dann erst wird die Zuleitung gesperrt. Die schweflige Säure hat den Nachteil, daß sie Metallteile angreift, gefärbte Stoffe bleicht und Nahrungsmittel u. dgl. schädigt.

Tabelle 16.

Zur Bestimmung der für die Wohnungsdesinfektion anzuwendenden Mengen von Schwefelkohlenstoff mit Zusatz von Brennspiritus und Wasser.

Raumgröße in cbm	Schwefelkohlenstoff Menge in ccm	Zusatz von Brennspiritus in ccm	Zusatz von Wasser in ccm
10	310	15	15
20	620	30	30
30	850	40	40
40	1000	50	50
50	1130	55	55
60	1300	65	65
70	1440	72	72
80	1580	80	80
90	1730	85	85
100	1900	95	95

Tabelle 17. Zur Entlausung bzw. Desinfektion mit schwefliger Säure.

Um einen Gehalt von 4 Vol.-% mit schwefliger Säure in dem Raume zu erzielen, sind erforderlich:

1. Bei Verbrennung von Schwefel in Stücken			2. Bei Verbrennung von Salfarkose bzw. Salfarkoseersatz	1. Bei Verbrennung von Schwefel in Stücken			2. Bei Verbrennung von Salfarkose bzw. Salfarkoseersatz
Raumgröße in cbm	Schwefelmenge in g	Brennspiritus in ccm	Salfarkose bzw. Salfarkoseersatz Mengen in ccm	Raumgröße in cbm	Schwefelmenge in g	Brennspiritus in ccm	Salfarkose bzw. Salfarkoseersatz Mengen in ccm
10	600	25	600	90	5400	225	5400
20	1200	50	1200	100	6000	250	6000
30	1800	75	1800	110	6600	275	6600
40	2400	100	2400	120	7200	300	7200
50	3000	125	3000	130	7800	325	7800
60	3600	150	3600	140	8400	350	8400
70	4200	175	4200	150	9000	375	9000
80	4800	200	4800				

Man rechnet in der Regel bei gut abdichtbaren Räumen mit 2 Vol.-% schwefliger Säure bei 6 Stunden langer Einwirkung. Auch hier ist es, wie bei der Formalindesinfektion notwendig, Kleider, Decken usw. einzeln auszubreiten oder an Gestellen usw. aufzuhängen. Taschen der Kleidungsstücke sind zu entleeren und umzudrehen.

Für die Entlausung der Wohnung eines Fleckfieberkranken ist die Menge der zu verwendenden schwefligen Säure auf 3 Vol.-% zu erhöhen bei einer Einwirkungsdauer von nur 4 Stunden. Dasselbe gilt für schlecht abdichtbare Räume.

Nach der Anweisung zur Bekämpfung des Fleckfiebers sind auf je 10 cbm Luftraum zur Erzeugung von schwefliger Säure erforderlich in einer Menge von

	2 Vol.-%	3 Vol.-%
a) Schwefel in Stücken	300 g	450 g
b) Schwefelkohlenstoffgemisch	400 g	600 g
c) flüssige schweflige Säure in Stahlflaschen	600 g	900 g

Die Entlausungen, die wegen der Feuersgefahr nur von geschulten erfahrenen, behördlich zugelassenen Personen ausgeführt werden sollen, werden am besten in eigens eingerichteten und geräumigen Kammern oder eventuell in Möbelwagen usw. unterhalten.

Sollte eine Durchgasung sich nicht ermöglichen lassen, muß man *trockene Hitze* anwenden, die, wie folgende Zusammenstellung zeigt, Läuse und ihre Eier sicher vernichtet.

Temp. von 45° C töten die Läuse in 1 Stunde ab;
  „   „ 55° C „   „   „   „ $^3/_4$ Stunden ab;
  „   „ 60° C „   „   „   „ 15—20 Minuten ab.

Für die Abtötung der Eier gelten folgende Zahlen:

Temp. von 54° C töten sie in $1^1/_4$ Stunde ab;
  „   „ 60° C „   „   „ 1 Stunde ab;
  „   „ 80° C „   „   „ 15 Minuten ab.

In der Praxis werden Temperaturen zwischen 65 und 75° C (2 Stunden) in besonderen Heißluftkammern z. B. im VONDRANschen Apparat benutzt. Heißes wiederholtes Bügeln führt in vielen Fällen auch zum Ziele. Auch kann die Entlausung durch mehrmaliges gründliches Abwaschen der Gegenstände mit $2^1/_2$%igem Kresolwasser erfolgen.

Wie wird nun die Entlausung im einzelnen ausgeführt?

Der mit der Entlausung Beauftragte muß sich vor allem vor der Aufnahme von Läusen schützen. Er legt daher am besten einen Schutzanzug an, der an den Öffnungen der Hände und Füße durch Heftpflasterstreifen eng geschlossen wird, so daß die Läuse nicht hineinkriechen können. Am besten wird der Kopf auch durch eine eng anschließende Kappe geschützt. Tragen von Gummihandschuhen und hohen Stiefeln verleiht weiteren Schutz. Nach der Entlausung wird der ganze Anzug entweder im Dampfofen oder mit schwefliger Säure desinfiziert. Der Desinfektor selbst nimmt ein Reinigungsbad.

Die verlausten Personen werden in einem geeigneten Raume auf einem mit verdünntem Kresolwasser, 5%iger Carbolsäurelösung oder Petroleum mit getränkten Laken, um ein Verstreuen der Läuse zu verhüten, entkleidet. Brustbeutel, Bruchbänder usw., Gegenstände, an denen die Läuse haften, werden durch den Arzt oder nach dessen Anweisung entfernt. Die vollständig entkleideten Personen werden dann in einem

Wannen- bzw. Brausebad gründlich mit warmem Wasser und Schmierseife gewaschen. Nacken, die Gegend zwischen den Schulterblättern über dem Kreuzbein, die Schamgegend bis in die Gesäßspalte sowie die Achselhöhlen sind am besten mit weißer Präcipitatsalbe oder *Cuprex* einzureiben und dies nach 8 Tagen zu wiederholen. Bei starker Verlausung wird zur Enthaarung geraten (Rasieren). Bei Personen, die außer Kleiderläusen auch Kopf- und Filzläuse an sich haben, kommt eine Entfernung der Kopfhaare mit einer Haarschneidemaschine in Frage mit nachfolgender Reinigung der geschorenen Stellen mit warmem Seifenwasser. Bei weiblichen Personen tränkt man die Haare reichlich mit läusetötenden Mitteln (Sabadilessig, Petroleum, Perubalsam) und umhüllt den Kopf 12—24 Stunden lang mit einer Badehaube oder einem festsitzenden Tuche. Ein Abschneiden der Kopfhaare kann durch Anwendung des Kupferpräparates „*Cuprex*" Merck, einem rasch und sicher wirkenden läusetötenden Mittel, vermieden werden. Das Präparat wird unverdünnt kräftig in die Haare eingerieben. Nach 1 Stunde werden die Haare mit warmem Wasser und Seife abgewaschen, getrocknet und mit Nißkakamm (Firma Mückenhaupt, Nürnberg) behandelt, mit dem die Nissen leicht und schmerzlos entfernt werden. Zur Vertilgung der Filzläuse sind die befallenen Stellen mit grauer Salbe oder mit weißer Präcipitatsalbe gründlich einzureiben. Eventuell Wiederholung nach 8 Tagen.

Nach dem Baden werden diese entlausten Personen in einem läusefreien Raume vollkommen mit frischer Wäsche und reinen Kleidern versehen oder in ein reines Bett gebracht, um die Desinfektion ihrer verlausten Kleidungsstücke abzuwarten. Die benutzten Handtücher und Laken werden in verdünntes Kresolwasser oder 5%ige Carbolsäurelösung gelegt. Der Fußboden, auf dem die mit Läusen behafteten Personen vor der Reinigung gestanden oder auf dem ihre Sachen gelegen haben, ist sorgfältig mit Kresolwasser oder 5%iger Kresolsäurelösung abzuwaschen. Auch die Badewanne ist nach der Benutzung in der gleichen Weise zu reinigen. Für eine scharfe Trennung der reinen läusefreien Seite von der unreinen verlausten Seite ist beim Bau derartiger Entlausungsanstalten Sorge zu tragen.

Leib- und Bettwäsche, sowie waschbare Kleidungsstücke sind 2 Stunden in verdünntes Kresolwasser oder 5%ige Carbolsäurelösung zu legen oder in Sodawasser auszukochen oder mittels Wasserdampf, trockener Hitze, schwefliger Säure oder mit Blausäuredämpfen zu behandeln. Wäsche mit Kot-, Blut- und Eiterflecken ist dagegen nicht mit Wasserdampf zu behandeln.

Bei Anwendung von trockener Hitze wird zweckmäßig das Kleiderfutter nach außen gewendet und die Taschen umgedreht. Nasse Kleider und Wäsche sind vor der Anwendung der schwefligen Säure oder der Blausäuredämpfe zu trocknen und nach der Entlausung noch mindestens 1 Stunde im Freien zu lüften, zu klopfen und zu schütteln; hierauf sind sie in einem warmen Raum einem starken Luftzug einige Zeitlang auszusetzen und schließlich nochmals zu klopfen und zu schütteln.

Kleidungsstücke, die nicht waschbar sind, Federbetten, wollene Decken, Matratzen ohne Holzrahmen, Teppiche, Bettvorlagen werden in einem

Dampfapparat oder mit trockener Hitze oder schwefliger Säure oder auch Blausäuredämpfen entlaust.

Pelzwerk und Ledersachen werden mit schwefliger Säure oder Blausäuredämpfen entlaust. Lederzeug kann auch auf 2 Stunden in verdünntes Kresolwasser oder 5%ige Carbolsäurelösung gelegt und alsdann zum Trocknen aufgehängt werden.

Kämme und Bürsten werden 2 Stunden in verdünntes Kresolwasser oder 5%ige Carbolsäurelösung eingelegt.

Gummigegenstände werden am besten mit einem Lappen abgerieben, der mit verdünntem Kresolwasser oder 5%iger Carbolsäurelösung getränkt ist.

Waschbecken und Badewannen sind nach ihrer Entleerung, ebenso *Bettstellen, Nachttische, Wand und Fußboden* gründlich mit verdünntem Kresolwasser oder 5%iger Carbolsäurelösung auszuscheuern und dann mit Wasser auszuspülen.

Samt, Plüsch und andere Möbel werden mit verdünntem Kresolwasser durchfeuchtet, feucht gebürstet und mehrere Tage hintereinander gelüftet.

Gegenstände von geringerem Wert werden verbrannt.

Die Entlausung geschlossener oder allseitig gut abschließbarer Räume geschieht nach Abdichtung mit schwefliger Säure oder Blausäuredämpfen.

Wo kein Dampfdesinfektionsapparat vorhanden ist, kann ein solcher unter Verwendung eines vorhandenen Dampfkessels (Lokomobile) und durch Anschließung an eine Tonne improvisiert werden. Noch einfacher verfährt man durch Aufsetzen einer Tonne mit durchlöchertem Boden über einem Waschkessel, wobei mit Lehm eine Abdichtung zwischen dem Kessel und der Tonnenwand geschafft werden muß. Im Notfall kann die Entlausung auch in einem Backofen durch trockene Hitze erfolgen, wobei eine Temperatur von 80° C wenigstens 2 Stunden einwirken muß.

Die *Unschädlichmachung von Fliegen* richtet sich zunächst auf die Vernichtung der Brutstätten, auf die Beseitigung der Abfallstoffe bzw. Übergießung derselben mit Chemikalien, wie z. B. Kalk, Chlorkalk, Eisensulfat, Schieferöl, Saprol und in der Fernhaltung und Bekämpfung der Imagines selbst durch Abflammen mit der Lötlampe oder durch Ausräuchern.

Präparate wie Fliegenleim usw. bringen nur geringen Nutzen. Dagegen haben sich, z. B. 10%ige Formalinlösungen mit Zusätzen von Milch oder Zucker, ferner Arsenik mit Zuckerlösungen oder Bier gemischt, Milch mit Chloroformzusatz, bewährt.

Die *Rattenbekämpfung* spielt in den Seehäfen und auf den Schiffen mit pestkranken Personen eine große Rolle. Bevor das Schiff anlegt, wird die Rattenvernichtung vorgenommen, und zwar durch Einleiten rattentötender Gase, wie Zyklon-B-Gas, Schwefeldioxyd (s. oben CLAYTON-Apparat) oder *Generatorgas*, das eine Mischung von Kohlenoxyd mit Kohlensäure und Luftstickstoff darstellt. Das Generatorgas wird durch Verbrennen von Koks mit ungenügender Sauerstoffzufuhr erzeugt, wobei die Konzentration an Kohlenoxyd 5—8% nicht überschreiten darf, um Explosionen zu vermeiden. Die auf einem Leichter montierte Anlage besteht aus dem Generator, dem Gasreinigungs- und Kühlapparat, dem Ventilator, der das Gas in die zu durchgasenden Räume drückt, und der zum Betrieb dienenden Maschinen. Es wird nach Abdichtung der Räume und Entfernung sämtlicher Personen und Haustiere usw. so viel Gas eingeleitet, als dem halben Kubikinhalt der Räume ohne Ladung entspricht. Einwirkungsdauer bei pestverdächtigen Schiffen 4 Stunden, sonst nur 2 Stunden; hierauf lüften. Das Wiederbetreten der Räume ist erst dann erlaubt, wenn in Käfigen herabgelassene Mäuse oder Ratten nach 2stündigem Aufenthalt bei geschlossenen Entlüftungsklappen am Leben bleiben. Das Generatorgas tötet nicht Flöhe. Es schädigt im Gegensatz zu Schwefeldioxyd die Waren nicht, hat aber den Nachteil der hohen Giftigkeit bei völliger Geruchlosigkeit.

Schrifttum.

FLÜGGE: Z. Hyg. **29** (1898); **30** (1899); **50** (1905). — Grundriß der Hygiene, 9. Aufl. 1921. — GOTSCHLICH: Handbuch der hygienischen Untersuchungsmethoden, Bd. 1. 1926. — Handbuch der pathogenen Mikroorganismen von KOLLE und WASSERMANN, Bd. 3, 2. Aufl. 1913. — KIRSTEIN: Leitfaden für Desinfektion. Berlin: Julius Springer 1938. — KLIMMER, M.: Technik und Methodik der Bakteriologie und Serologie. Berlin: Julius Springer 1923. — KOCH: Mitt. Kais. Gesdh.-Amt **1**, 234 (1880) **1**, 234 (1881). — KOCH, GAFFKY u. LÖFFLER: Mitt. Kais. Gesdh.-Amt **2** (1881). — KOLLE u. HETSCH: Die experimentelle Bakteriologie und die Infektionskrankheiten 1938. — KONRICH: Zbl. Bakter. I Orig. **126**, 307 (1932). — KLIEWE: Leitfaden der Entseuchung und Entwesung. Stuttgart: Ferdinand Enke 1937. — REICHENBACH: Z. Hyg. **50** (1905). Zbl. Bakter. **47**, 75 (1910). — Z. Hyg. **69**, Nr 1 (1911). — Zbl. Bakter. I Orig. **89**, H. 1—3. Bericht über die 19. Tagung der „Deutschen Vereinigung für Mikrobiologie vom 8.—10. Juni 1922 in Würzburg". — RIDEAL: WALKER-Methode. Journ. of the roy. sanit. instit. **24**, 424 (1903). Bericht XIV. intern. Kongr. f. Hygiene, Demogr. **2**, 979 (1908). — RUBNER: Hyg. Rdsch. **9** (1899). — Arch. f. Hyg. **56** (1906). — RUBNER u. PEERENBOOM: Hyg. Rdsch. **9**, 265 (1899). — SCHÜRMANN, W.: Methoden zur Prüfung und Begutachtung der Desinfektion, Bd. 3. E. GOTSCHLICHs Handbuch der hygienischen Untersuchungsmethoden.

Chemotherapie.

Schon eingangs des letzten Abschnitts wurde erwähnt, daß manche Desinfizienzien gegenüber bestimmten Arten von Mikroorganismen eine elektive Wirksamkeit äußern. Der Gedanke, solche spezifisch wirksamen Mittel praktisch in dem Sinne zu verwerten, daß die Infektionserreger im Innern des erkrankten Organismus selbst abgetötet werden und die Heilung der Krankheit zustande käme, mußte um so näher liegen, als derartige spezifisch wirksame Heilmittel rein empirisch in der Tat schon seit langer Zeit gegen verschiedene Krankheiten mit Erfolg angewendet worden waren; wir erinnern nur an die spezifische Wirkung des Quecksilbers gegenüber der Syphilis, der Salicylsäure gegenüber dem akuten Gelenkrheumatismus und des Chinins gegenüber der Malaria; die Abtötung der Malariaplasmodien unter dem Einfluß des Chinins ließ sich sogar direkt mikroskopisch nachweisen. Ganz allgemein lautete die Aufgabe, Desinfizienzien zu finden, die einerseits eine hohe spezifische Wirkung gegenüber bestimmten Krankheitserregern, andererseits eine möglichst geringe Schädigung der Zellen des menschlichen Körpers oder — wie BEHRING es ausdrückt — eine möglichst geringe *relative Giftigkeit* aufwiesen. Das Problem ist seitdem auf doppeltem Wege gelöst: erstens durch die *Serotherapie*, bei welcher die vom lebenden Organismus gebildeten spezifischen Immunkörper gegen die Mikroparasiten und ihre Gifte angewendet werden, zweitens durch die *Chemotherapie*, welche das gleiche Ziel einer rationellen Heilung der Infektionskrankheit durch Einführung elektiv wirksamer chemischer Substanzen zu erreichen versucht.

Es ist insbesondere den bahnbrechenden Forschungen von Paul Ehrlich, von Uhlenhuth und Kolle zu verdanken, daß chemisch wirksame Körper zur Bekämpfung der durch pathogene Protozoen und Spirochäten verursachten Erkrankungen (Syphilis, Trypanosomiasis) der Therapie zugänglich gemacht werden konnten. In jüngster Zeit ist besonders auf die Arbeiten von Domagk und seinen Mitarbeitern zur Chemotherapie bakterieller Infektionen mittels Prontosil, Uliron usw. aufmerksam zu machen.

Nach Ehrlich sind für chemotherapeutische Zwecke nur solche Chemikalien verwendbar, die eine stärkere Verwandtschaft zum Organismus der Parasiten als zu dem des Wirtes haben. Solche Substanzen heißen *parasitotrop* im Gegensatz zu den *organotropen* Stoffen, bei denen eine höhere Avidität zu den Zellen lebenswichtiger Organe als zu den Protozoenzellen besteht.

Behandelt man eine mit Trypanosomen infizierte Maus mit einer *großen* Dosis eines wirksamen Präparates, z. B. Fuchsin, so werden durch eine einmalige Injektion alle Parasiten ohne Schaden des Versuchstieres vernichtet. Bei zu *kleiner* Dosis kommt es zum Rezidiv. Nach mehrmaligen Injektionen kleiner Dosen erfolgen stets neue Rezidive, und schließlich lassen sich dann die Trypanosomen auch durch größere Dosen Fuchsin nicht mehr beeinflussen. Sie sind „fuchsinfest" geworden. Ein solcher fuchsinfester Stamm ist auch gegenüber anderen Triphenylmethanfarbstoffen fest, nicht aber gegen Arsenikalien oder Benzidinfarbstoffe (Trypanblau, Trypanrot). Ebenso zeigt sich ein trypanrotfester Stamm gegen Trypanblau als fest, nicht aber gegen Farbstoffe der Triphenylmethanreihe und Arsenikalien.

Gegen eine andere chemotherapeutisch wirksame Substanz, wie z. B. Atoxyl, ist ein fuchsinfester Stamm ebenso empfindlich wie ein bisher unbehandelter Trypanosomenstamm. Die erworbene Giftfestigkeit der Trypanosomen ist wie die Serumimmunität spezifisch. Diese Spezifität beschränkt sich also nicht auf das betreffende Mittel allein; sie bezieht sich auf die ganze chemische Gruppe, der die Substanz angehört. Andererseits hat man die Beobachtung gemacht, daß Trypanosomenstämme, die mit sog. orthochinoiden Farbstoffen oder mit „Bayer 205" (Germanin) gefestigt waren, auch durch Arsenikalien bzw. Trypanblau nicht mehr beeinflußt werden und umgekehrt, daß mit arseniger Säure, Brechweinstein, Trypaflavin, Trypanblau vorbehandelte Trypanosomen gegenüber Bayer 205 eine Festigung aufwiesen. Man muß nach Ehrlich eine Vielheit der Receptoren, „Chemoreceptoren", im Protoplasma der Trypanosomen annehmen, die für eine bestimmte Gruppe von Chemikalien eine besondere Verwandtschaft besitzen und daher dieselben an die Zelle verankern können.

Um nun die Entstehung von arsenfesten, trypanrotfesten usw. Trypanosomenstämmen zu verhindern, kam EHRLICH zu der Forderung einer „Therapia magna sterilisans", d. h. einer Therapie, die mit einem Schlage, d. h. mit einer einzigen Injektion, eine vollständige Heilung des infizierten Organismus von den Parasiten herbeiführen sollte, so daß dadurch die Gefahr vermieden wurde, durch mehrmalige Gaben des Präparates resistente Stämme zu bilden. Derartige Präparate sind giftig, sie müssen eine optimale Parasitotropie und eine minimale Organotropie zeigen. Es liegt auf der Hand, daß bei Erkrankungen, bei denen sich die Erreger im Blut finden, die Therapia magna sterilisans Erfolge zeitigen wird, im Gegensatz zu den Erkrankungen, bei denen die Drüsen und auch das Gewebe von den Parasiten befallen ist, wie bei der Schlafkrankheit, der Beschälseuche der Pferde, der menschlichen Syphilis. Hier setzt dann die sog. *Etappenbehandlung* ein, d. h. es werden kleinere wirksame Dosen in Zwischenräumen wiederholt gegeben (Syphilisbehandlung). Sollten sich aber arzneifeste Parasiten bilden, ist die Etappenbehandlung wegen ihrer Nutzlosigkeit aufzugeben.

Führen die Therapia sterilisans magna und auch die Etappenbehandlung nicht zum Ziele, setzt die *Kombinationstherapie* ein (z. B. Quecksilber und Salvarsan bei Syphilis, Chinin und Salvarsan bei Malaria), die Arzneimittel mit verschiedenen Angriffspunkten gleichzeitig oder alternierend anwendet. Es gelingt nämlich die Arzneifestigkeit, die gewissen chemischen Präparaten gegenüber besteht, dadurch aufzuheben, daß man Arzneimittel benutzt, die von anderen Receptoren der Parasitenzelle verankert werden. So läßt sich die Chininfestigkeit mancher Fälle von Malaria durch Salvarsan brechen. Auch wurde von EHRLICH, UHLENHUTH und KOLLE der experimentelle und klinische Nachweis erbracht, daß durch Kombination mehrerer Farbstoffe unter sich oder mit wirksamen Metallen eine ganz wesentliche Wirkungssteigerung erzielt werden kann (z. B. atoxylsaures Quecksilber, Metallsalvarsane usw.). KOLLE hat hierfür den Namen „*chemotherapeutische Aktivierung*" geprägt.

Zu der chemotherapeutischen Beeinflussung der Parasiten kommt noch die vom infizierten Körper ausgehende Reaktion; beide Wirkungen spielen bei der definitiven Sterilisierung des infizierten Körpers insofern eine besondere Rolle, als zunächst das Chemikale abtötend auf die Parasiten wirkt, und daß dann der Organismus mit der Bildung spezifischer Antikörper „als Reaktion auf die Giftwirkung der aufgelösten Parasiten" antwortet. Die Reaktion des Körpers wird um so intensiver einsetzen, je rascher der Organismus mit der aus den abgetöteten Parasiten kommenden Stoffen überschwemmt wird. Außer diesen spezifischen Antikörpern muß man noch die Bildung anderer nichtspezifischer Reaktionsprodukte annehmen, die indirekt durch die Vermittlung von Zellen die Parasiten schädigen. KOLLE hat auf Grund seiner Studien bei der experimentellen Kaninchensyphilis darauf hingewiesen, daß während dieser Erkrankung eine Änderung in der Lieferung der zur Heilung notwendigen Parasiten tötenden Stoffe eintritt. Nur während der ersten Wochen nach der Infektion gelingt eine „abortive" Heilung der syphilitischen Kaninchen mit Salvarsanpräparaten; bei schon längerer Erkrankung gelingt infolge „seiner veränderten Reaktionsfähigkeit" eine vollständige Vernichtung sämtlicher Erreger auch durch dauernde Kuren mit Salvarsan und anderen Präparaten nicht mehr, eine auch für die Syphiliserkrankung des Menschen und wahrscheinlich auch für andere chronische Infektionskrankheiten charakteristische Erscheinung.

Aus dem Gesagten ergibt sich, daß die Chemotherapie außer der „Desinfektionswirkung" auch der natürlichen Abwehrkräfte des Körpers zum sicheren Heilerfolg bedarf. Reagensglasversuche mit chemotherapeutischen Substanzen können an sich über den Heilwert eines Präparates nichts aussagen; die chemotherapeutische Wirksamkeit bringt stets der Heilversuch am künstlich infizierten Tier und dann am erkrankten Menschen.

Eine Vernichtung sämtlicher Infektionserreger im befallenen Organismus auf dem Wege der Chemotherapie ist erst dann erreichbar, wenn das Präparat „in hinreichender Konzentration und genügend lange im Körper" vorhanden ist. Eine Rolle dabei spielt naturgemäß außer der Art der Verabreichung die Stärke der Infektion. Bei der Verabreichung des Mittels in die Blutbahn setzt schlagartig die Wirkung auf die Infektionserreger ein, die jedoch bald infolge chemischer Umsetzungen, Ausscheidungen durch Nieren und Darm und Verankerung an Organzellen abgeschwächt wird. Man kann diesem Nachteil, den die intravenöse Einspritzung bringt, durch mehrfache Gaben von kleineren Dosen begegnen. Handelt es sich um wasserunlösliche Präparate, bevorzugt man die subcutane, intramuskuläre oder perkutane Verabreichung. Auch wenn eine langsame Aufnahme des Präparates und ein langes Verweilen des Mittels im Blut herbeigeführt werden soll (Depotbehandlung), wählt man die intramuskuläre Applikation. Auch die stomachale Verabreichung kann nur für solche chemotherapeutischen Mittel in Betracht kommen, die im Magen-Darmkanal der Zersetzung nicht ausgesetzt sind und in wirksamer Form aufgenommen werden.

Die chemotherapeutischen Präparate weisen im Gegensatz zu den kompliziert gebauten chemisch noch vollkommen unbekannt zusammengesetzten Antikörpern nicht dieselbe spezifische Wirkung auf wie sie. Die chemotherapeutische Wirkung erstreckt sich nicht auf eine einzige Art von Infektionserregern; so wirkt das Salvarsan nicht nur bei Spirochätenerkrankungen, sondern auch auf verschiedene Trypanosomenerkrankungen und auf Malariaplasmodien, ja auch auf bakterielle Infektionserreger (Milzbrand- und Schweinerotlaufbacillen) und auf das ultravisible Virus der Brustseuche der Pferde; das Atoxyl wirkt bei Trypanosomen und Spirochäteninfektionen therapeutisch günstig. Das arsenfreie *Germanin* (Bayer 205) übt bei Spirochätosen keine Heilwirkung aus, dagegen zeigt es große Heilerfolge bei zahlreichen Trypanosomeninfektionen.

Nachdem EHRLICH und BERTHEIM die chemische Konstitutionsformel des von BÉCHAMP im Jahre 1863 aufgefundenen und irrtümlich als Arsensäureanilid bezeichneten Körpers als eine p-Aminophenylarsinsäure erkannt hatten, war dem Aufbau neuer Arsenverbindungen der Weg geöffnet. Das Präparat wies eine geringe Toxizität auf, wurde daher

Atoxyl genannt und bei den verschiedensten Erkrankungen (Hautkrankheiten, Schlafkrankheit, Hühnerspirochätose, Recurrens, Lues) angewendet; in einer Reihe von Fällen wurden schwere Nebenerscheinungen (Opticusatrophien) beobachtet. Seine toxische Dosis lag ganz in der Nähe der therapeutischen, so daß Schädigungen nicht mit Sicherheit zu vermeiden waren. Durch Aufklärung der chemischen Konstitution gelang es vom Atoxyl ausgehend eine Reihe neuer Arsinsäuren herzustellen. Um zu den bisher unbekannten Arsenverbindungen des o-Aminophenols zu gelangen, stellte BENDA die p-Oxymetanitrophenylarsinsäure dar, die eine praktische Bedeutung erlangt hat, da aus ihr fast alle wichtigen Antisyphilitica der Arsenreihe hergestellt werden. EHRLICH und BERTHEIM schufen aus ihr durch Reduktion das Dioxydiamidoarsenobenzol, dessen Chlorhydrat, das *Salvarsan* (Alt-Salvarsan) und dessen Natriumphenolat als *Salvarsan-Natrium* im Handel ist, Präparate, die eine spezifische Wirkung auf die Syphilisspirochäten besitzen. Die Aufhebung der Giftigkeit der Präparate gelang EHRLICH durch Substituierung der Aminogruppen des Dioxydamidoarsenobenzols mit Formaldehydsulfoxylat. Das neu gewonnene Präparat war das *Neosalvarsan*, das in Wasser mit völlig neutraler Reaktion leicht löslich ist. Die therapeutischen Erfolge kommen dem Salvarsan gleich. Von den von EHRLICH und KARRER hergestellten Metallsalvarsanen wurde das *Kupfersalvarsan* wegen seiner schädigenden Wirkung auf die Venenwand wieder aufgegeben, das *Silber*salvarsan dagegen wegen seiner starken spirochätoziden Wirkung (KOLLE und RITZ) in die Salvarsantherapie eingeführt. Es ist aber Vorsicht geboten, da es sehr leicht zersetzlich ist und diese Zersetzung vom menschlichen Auge nicht wahrgenommen werden kann, da auch die reine unzersetzte Substanz stark gefärbt ist. Es wird meist nur bei hartnäckigen Fällen und Späterkrankungen des Zentralnervensystems gegeben. Besser verträglich ist das *Neosilbersalvarsan* (KOLLE, BINZ und BAUER); es zeigt allerdings eine geringere therapeutische Wirkung auf die Syphilis als das Silbersalvarsan.

Das *Sulfoxyl-Salvarsan*, eine Arsenopyrazolonverbindung, eine sehr lange haltbare Verbindung, die sich nur langsam aus dem Körper ausscheidet, eignet sich daher zur Nachbehandlung von Syphilitikern, die noch positive Serumreaktionen nach durchgemachten Salvarsankuren aufweisen. In einer großen Reihe von Fällen gelingt es meistens nach 2 Injektionen in längeren 2—3wöchigen Pausen einen negativen Ausfall der Serumreaktionen zu erzielen. Dieses Präparat eignet sich aber nach KOLLE ganz besonders bei der Recurrensspirochätentherapie.

Die genannten Salvarsanpräparate werden intravenös injiziert. Durch Einwirkung von Formaldehydbisulfit wurde das *Myosalvarsan* (KOLLE) gewonnen, das sich zur intramuskulären Injektion eignet und gut vertragen wird.

Genannt sei noch der neueste Fortschritt auf dem Gebiete der Antisyphilitica, das *Solu-Salvarsan*, das, was seine therapeutische Wirkung betrifft, dem Neosalvarsan ungefähr gleichkommt. Es kann intramuskulär injiziert werden; auch ist es als besonderer Vorteil anzusehen, daß seine wässerigen sterilen Lösungen wegen ihrer außerordentlichen Haltbarkeit dem Arzt in gebrauchsfertigem Zustande gegeben werden können. Die genannten vom Arsenobenzol hergeleiteten Verbindungen leiten sich vom dreiwertigen Arsen ab. Unter den fünfwertigen Arsenverbindungen findet sich bisher nur ein brauchbares Antisyphiliticum, das *Spirozid*. Es kann peroral verabfolgt werden. Auch bei anderen Spirochätosen und Protozoenerkrankungen, bei Amöbendysenterie und auch bei Lupus erythematodes usw. wird Spirozid mit Erfolg verwendet. Von französischen Forschern, LEVADITI und NAVARRO-MARTIN, wurde das EHRLICHsche Präparat unter dem Namen Stovarsol in den Handel gebracht.

Von weiteren Präparaten seien genannt das *Arsacetin*, das Arsenophenylglycin, das Tryparsamid (Trypothan), Präparate, die sämtlich eine therapeutische Wirkung bei Trypanosomenkrankheiten erkennen lassen. Das Tryparsamid wirkt bei Spätstadien der Lues und Schlafkrankheit, in letzterem Falle besonders mit Germanin kombiniert.

Bei Trypanosomenerkrankungen wurden gute Erfolge mit Antimonpräparaten erzielt. Genannt seien der Brechweinstein, kolloidales Antimon, Antimontrioxyd, „Trixidin", Antimontrisulfid eventuell in Kombination mit Arsenikalien (Atoxyl, Salvarsan), weiter das Stibenyl, das sich bei der durch Leishmanien hervorgerufenen tropischen Splenomegalie (Kala-Azar) besonders bewährt hat.

Die Antimonverbindungen haben gegenüber den Arsenikalien das voraus, daß durch sie eine Festigung der Trypanosomen nicht oder nur schwer eintritt. Wie bei den Antimonpräparaten, speziell beim Antimontrioxyd, so ist auch bei dem Natrium-Kalium-Wismuttartrat, das bei intramuskulärer Einverleibung erhebliche therapeutische Effekte aufwies, die Depotbildung (z. B. bei Wismutcarbonat oder Wismutsulfid) für die therapeutische Wirkung von maßgebender Bedeutung. Die Wismutpräparate sind bei intravenöser Einspritzung im Vergleich zum Salvarsan sehr giftig. Sie sind im Gegensatz zu den Arsenobenzolverbindungen gegenüber Spirochäten des Rückfallfiebers und gegen Trypanosomen fast wirkungslos. Auf Syphilisspirochäten wirken sie im infizierten Organismus sehr langsam.

Die Entdeckung des Präparates *Germanin* (Bayer 205) brachte einen weiteren Fortschritt auf dem Gebiet der Chemotherapie der Trypanosomenkrankheiten, vor allem der Schlafkrankheit des Menschen. Das Germanin kann als ein kompliziertes Substitutionsprodukt des Diphenylharnstoffes bezeichnet werden; es übertrifft an Heil- und Dauerwirkungen alle bisher bekannten chemischen Verbindungen, die auf Trypanosomen wirken. Eine einmalige Germanininjektion genügt, um auf eine Reihe von Monaten einen Schutz gegen Trypanosomeninfektionen zu gewährleisten. Aus diesem Grunde ist es auch als Prophylakticum zu gebrauchen. Leider wird die therapeutische Wirksamkeit des Präparates dadurch beeinträchtigt, daß die Parasiten, ja schon nach einer einzigen Injektion gegen das Präparat fest werden, so daß eine Sterilisierung des Körpers nicht immer gelingt.

Für die Malariabehandlung sei auf den besonderen Abschnitt verwiesen.

Die Chemotherapie *bakterieller Infektionen* hat in den beiden letzten Jahrzehnten, während deren man sich viel mit dieser Frage beschäftigte, zu keinem greifbaren Ergebnis geführt. Erst als MORGENROTH bei seinen Studien die spezifische Wirkung des Chinins auf die Pneumokokken-infektion der Maus fand, war der erste erfolgreiche Schritt auf dem bisher völlig unzugänglichen Gebiet der inneren Desinfektion bakterieller Erkrankungen getan. MORGENROTH und HALBERSTÄDTER sahen die Wirkung des Chinins noch in gewissen Derivaten des Alkaloids gesteigert. Besonders wirksam erwies sich das Äthylhydrocuprein, ein Substitutions-produkt des Cupreins, eines Nebenalkaloids der Chinarinde. Das Präpa-rat wurde später mit dem Namen *Optochin* belegt. Es ist im Handel als Optoch. hydrochloricum und als freie Base, *Optoch. basicum*, erhältlich. Es hat bei dem durch Pneumokokken hervorgerufenen Ulcus serpens, ferner bei der Pneumokokkenpneumonie des Menschen therapeutische Anwendung erfahren. Leider sind nach der Verabreichung von Optochin in zahlreichen Fällen Störungen des Sehvermögens bis zur völligen Erblindung beobachtet worden und somit hat die Anwendung des Präpa-rates eine Einschränkung erfahren. Das *Eukupin* (Isoamylhydrocuprein), das vielfach bei Grippe gegeben wird, wirkt mehr durch seine anti-pyretische Komponente. Das *Vuzin* (Isoctylhydrocuprein) hat sich wegen seiner tiefenantiseptischen Wirkung bei der Behandlung infizierter oder infektionsverdächtiger Wunden gut bewährt (Streptokokken). Bei Gasbrandinfektionen ließ die Heilwirkung im Tierexperiment im Stich.

Weiter gelang der Nachweis, daß auch andere bakterielle Allgemein-infektionen wie die Milzbrandinfektion (SCHUSTER, BETTMANN und LAUBENHEIMER) und der Schweinerotlauf (BIERBAUM) durch Salvarsan günstig zu beeinflussen waren. Im Tierversuch werden Heilerfolge nur in den ersten 24 Stunden nach der Infektion erzielt. Die Wirkung der Arsenobenzolderivate ist bei Erkrankungen durch Schweinerotlauf-bacillen gleich Null, sobald im Blut Bakterien auftreten. Außer den Chininderivaten werden bei bakteriellen Infektionen Farbstoffe in An-wendung gebracht, so von den Acridinfarbstoffen das *Rivanol* und das *Trypaflavin*. Beide Präparate töten Streptokokken und Staphylo-kokken auch im Gewebe ab und sind daher als chemotherapeutische Antiseptica anerkannt.

Auf der Suche nach wirksamen chemotherapeutischen Präparaten für alle in unseren Breiten vorkommenden bakteriellen Infektionen, wie z. B. Streptokokken-, Staphylokokken-, Pneumokokken- oder Coli-Infektionen, wurde von der I. G. Farbenindustrie A.G. das Gebiet der Azofarbstoffe eingehend geprüft. DOMAGK zog in den Bereich seiner Versuche die vor 25 Jahren von HÖRLEIN für textile Zwecke dar-gestellten Azofarbstoffe mit Sulfonamid- und substituierten Sulfonamid-gruppen. Die neuen Verbindungen zeichneten sich durch ihre Ungiftig-keit aus und zeigten im Reagensglasversuch eigentümlicherweise keine desinfizierende Wirkung gegenüber Streptokokken im Gegensatz zu der günstigen Wirkung im infizierten Tierkörper. Von den zahlreich her-gestellten Verbindungen sei das wirksame Präparat „*Prontosil*", das salzsaure Salz des 4-Sulfonamid-2′, 4′-diaminoazobenzols, ein in Wasser lösliches rotes Krystallpulver vom Schmelzpunkt 247—251⁰ C, genannt.

Das „*Prontosil*" ist als unschädlich zu bezeichnen. Chemotherapeutisch zeigt das *Prontosil* eine fast elektive Wirkung bei der Streptokokkensepsis der Maus. In vitro weist es gegenüber Streptokokken keine besondere Wirkung auf. Chemotherapeutisch wirkt es eigentlich nur im lebenden Organismus. Eine spezifische Wirkung konnte bei Streptokokkeninfektionen, übergreifend allerdings auch auf Staphylokokkeninfektionen, nachgewiesen werden. In der Klinik konnte eine gute Wirkung des *Prontosil* bei schweren, durch Streptokokken herbeigeführten Halsentzündungen (septischen Anginen), bei Wundrose (Erysipel), Scharlach, Kindbettfieber (Puerperalsepsis), Arthritiden und zahlreichen anderen Streptokokkeninfektionen beobachtet werden. Es wirkt in einer Reihe von Fällen lebensrettend. Für den Fall, daß durch den sehr raschen Zerfall vieler Streptokokken große Giftmengen frei werden, wird zur Milderung unerwünschter Nebenwirkungen die Anwendung eines antitoxischen Streptokokkenserums (Streptoserin) empfohlen, um die frei gewordenen Giftstoffe zu neutralisieren. Noch eine große Zahl anderer sulfonamidhaltiger Azofarbstoffe, die sich gegen Streptokokken als hochwirksam erwiesen, sind das Prontosil S, das Dinatriumsalz der 4'-Sulfonamidophenylazo-7-acetylamino-1-oxynaphthalin-3,6-disulfosäure, das bis zu 4% löslich ist, sich auch als gut verträglich erweist und gleich gute Resultate gegenüber Streptokokkeninfektionen aufweist. Auch Staphylokokkeninfektionen lassen sich durch intravenöse, subcutane oder perorale Verabreichung heilen. Auch beim Typ III der Pneumokokken, dem „Pneumococcus mucosus", ließ sich mit Prontosil S eine auffallend gute Heilwirkung erzielen.

Anhangsweise sei erwähnt, daß gegenwärtig Arsenacridin-Präparate klinisch geprüft werden, von denen einige nach den Versuchen von Schnitzer eine gute Wirkung gegenüber hämolytischen Streptokokken aufweisen, andere sich besonders für die lokale Behandlung der Gonorrhöe eignen sollen (siehe nach Domagk das Uliron, Diseptal B).

Die Chemotherapie ist noch in der Anfangsphase ihrer Entwicklung begriffen, und es ist zu hoffen, daß ihr noch eine große Zukunft bevorsteht. Möge es gelingen, Krankheiten, die jetzt noch als unheilbar gelten, therapeutisch so zu beeinflussen, daß man von Dauerheilungen sprechen kann.

G. Existenz und Nachweis der Mikroparasiten in der unbelebten Natur.

Gegenüber den Anschauungen aus früherer Zeit, welche die Ursache der Infektionskrankheiten im wesentlichen in der unbelebten Außenwelt, speziell in einem verseuchten Boden, schlechten Ausdünstungen usw. suchten, hat die fortschreitende Erkenntnis von den Mikroorganismen als Krankheitserreger einen erheblichen Wandel der Anschauungen geschaffen. Wir wissen heute, daß für die meisten Infektionskrankheiten der erkrankte Mensch (bzw. für die auf den Menschen übertragbaren Tierseuchen das erkrankte Tier) mit seinen Ausscheidungen die wichtigste Ansteckungsquelle darstellt; insbesondere ist dies der Fall für die obligaten Mikroparasiten, welche außerhalb ihres Wirtsorganismus überhaupt nicht dauernd zu existieren und sich zu vermehren vermögen. Immerhin müssen wir auch bei diesen der parasitischen Lebensweise streng angepaßten und natürlich noch viel mehr bei den fakultativen Mikroparasiten mit der Möglichkeit rechnen, daß sie — wenn auch nicht außerhalb des erkrankten Körpers Wachstum und *Vermehrung* stattfinden — dennoch sich längere Zeit in der Außenwelt lebend und infektionstüchtig *erhalten* können. Eine solche Möglichkeit liegt um so näher, als wir gesehen haben, daß selbst obligate Mikroparasiten (wie z. B. die Tuberkelbacillen) in der künstlichen Kultur mit Existenzbedingungen sich begnügen können, die von denen des menschlichen Körpers sehr verschieden sind und sogar in völlig eiweißfreiem Substrat üppig zu gedeihen vermögen. Andererseits findet beständig eine Abgabe von krankheitserregenden Mikroorganismen durch die Ausscheidungen des erkrankten Körpers an die Außenwelt statt, und die Frage drängt sich von selbst auf, ob und wie lange diese Mikroorganismen in der Außenwelt sich lebensfähig zu erhalten vermögen, welche Bedingungen eine solche Erhaltung begünstigen und durch welche Faktoren und nach wie langer Zeit das Absterben der Krankheitserreger in den verschiedenen äußeren Medien zustande kommt. In den vorangegangenen Kapiteln haben wir einerseits als Bedingungen für das Wachstum der Mikroorganismen das Vorhandensein bestimmter Nährstoffe, eines bestimmten Feuchtigkeitsgrades und Temperaturbereichs, desgleichen einer je nach den Arten der Mikroben wechselnden chemischen Reaktion des Nährbodens sowie des Zutritts oder der Fernhaltung des Luftsauerstoffs kennen gelernt. Andererseits haben wir als entwicklungshemmende oder keimtötende Faktoren, die in der freien Natur eine Rolle spielen, die Einwirkung des Sonnenlichts, der Austrocknung und der Konkurrenz der Saprophyten erkannt. Es soll im folgenden in Kürze betrachtet werden, wie sich diese der Entwicklung der Mikroparasiten teils förderlichen, teils entgegenstehenden Faktoren in den wichtigsten äußeren Medien, welche die Umgebung des Menschen ausmachen, je nach der Art des Mediums und der Natur des im einzelnen in Frage kommenden Krankheitserregers gestalten.

Luft. Es ist selbstverständlich, daß in der Luft, bei der Abwesenheit der erforderlichen organischen Nährstoffe, eine Vermehrung der Mikroparasiten wie überhaupt aller Kleinlebewesen vollständig ausgeschlossen ist. Aber auch die längere Erhaltung der Lebensfähigkeit stößt gerade in der Luft, wo Austrocknung und Einwirkung des Lichtes in ungehinderter Weise ihren entwicklungshemmenden Einfluß ausüben können, auf die größten Schwierigkeiten. Völlig ausgeschlossen ist die Luftinfektion bei allen denjenigen Arten von Krankheitserregern, welche das Austrocknen nicht vertragen können (Gonokokken, Meningokokken, Pest-, Influenza-, Ruhr- und Cholerabacillen); aber auch bei den übrigen Arten, die zwar in trockenem Zustande einige Zeit lebensfähig bleiben können (Eiterkokken, Tuberkelbacillen, Diphtherie- und Typhusbacillen, sporentragende Krankheitserreger), ist die Frage von der tatsächlichen Existenz einer Luftinfektion davon abhängig, ob diese Keime als *flugfähige* trockene Stäubchen in die Luft abgegeben werden. Dies ist z. B. bei den Pneumokokken, Diphtherie- und Tuberkelbacillen selten oder überhaupt nicht der Fall, da diese Keime stets in dicken, schleimigen

Massen eingehüllt, nach außen abgegeben werden (teilweise, wie die Pneumokokken, überhaupt nur innerhalb einer solchen Schutzhülle der Austrocknung Widerstand zu leisten vermögen) und eine Bildung verstäubbaren Materiales aus solchen angetrockneten Schleimkrusten nur schwierig und nur unter besonderen Umständen erfolgt. Tatsächlich sind daher selbst in Wohnungen von Phthisikern flugfähige tuberkelbacillenhaltige Stäubchen entschieden selten. Nun wissen wir allerdings nach den Forschungen FLÜGGEs und seiner Schüler, denen wir überhaupt die Aufklärung der für die Luftinfektion in Betracht kommenden Momente verdanken, daß in der Wohnungsluft in der unmittelbaren Nähe des Erkrankten Krankheitserreger auch in anderer als staubtrockener Form existieren können, nämlich in Form feinster Tröpfchen und Bläschen, wie sie beim Verspritzen und Aushusten infektiösen Materials, ja schon beim gewöhnlichen Sprechen durch Versprühen der Mundflüssigkeit entstehen. Doch ist die Existenz der Mikroparasiten in dieser Form zeitlich und räumlich eng begrenzt; erfahrungsgemäß ist ein genügender Schutz gegen tuberkelbacillenhaltige Tröpfchen schon in einer Entfernung von 1 m von dem hustenden Kranken gegeben, auch ist die Dauer der Existenz solcher infektiöser Tröpfchen beschränkt, da sie sehr bald eintrocknen und sich zu Boden senken. Im ganzen ist die Gefahr der Tröpfcheninfektion nur als eine erweiterte Form der Kontaktinfektion zu betrachten, da sie zeitlich und räumlich an die unmittelbare Nähe des Kranken gebunden ist. Innerhalb dieser enggezogenen Grenzen kann die Tröpfcheninfektion allerdings für die Übertragung mancher Krankheiten (Lungentuberkulose, Lungenpest, Influenza, Schnupfen) eine sehr bedeutsame, ja sogar eine die epidemiologischen Verhältnisse geradezu beherrschende Rolle spielen. Auch ist zu bemerken, daß die Luftinfektion durch infizierte Tröpfchen von der Frage der Widerstandsfähigkeit der betreffenden Keime gegen Austrocknung ganz unabhängig ist; es handelt sich vielmehr darum, ob die Verhältnisse der Ausscheidung der Erreger aus dem erkrankten Körper solcher Gestalt sind, daß die Bildung und Ausstreuung keimhaltiger Tröpfchen in größerem Umfange zustande kommt, was bei der Ausscheidung durch die Atmungswege (Husten, Niesen, Sprechen) die Regel ist, bei der Ausscheidung mit Stuhl und Urin aber entweder überhaupt nicht oder doch nur ausnahmsweise zustande kommt.

In jedem Falle ist die Luftinfektion, sei es durch keimhaltige Tröpfchen oder durch trockenen Staub, nur im Innern der Wohnung zu fürchten, während eine Luftinfektion im Freien zu den größten Seltenheiten gehören dürfte und auch dann in diesen Fällen (Pocken, Typhus) eine andere Möglichkeit der Übertragung, nämlich durch Insekten, kaum auszuschließen ist.

Der *Nachweis von Mikroorganismen in der Luft* erfolgt am einfachsten durch Aussetzen offener, mit Nährboden beschickter Kulturschalen; eine genauere quantitative Untersuchung auf Luftkeime erfolgt in der Weise, daß eine abgemessene Menge von Luft mittels Luftpumpe oder einer sonstigen Saugvorrichtung durch flüssige oder verflüssigte Nährmedien geleitet oder durch ein Filter gesogen wird, das die in der Luft enthaltenen Keime zurückhält; durch Aussaat des Filtermaterials (von

PETRI ursprünglich hierfür Sand angegeben, von FICKER in einem auch sonst zweckmäßiger konstruierten Filter durch Glassplitter ersetzt, da der Sand bei der Auszählung der Kulturen durch seine Undurchsichtigkeit stört) — auf geeigneten Nährboden und Auszählung der gewachsenen Kolonien läßt sich der Keimgehalt der Luft bestimmen. Für die praktische Erforschung und Bekämpfung der Seuchen ist das Verfahren ohne größere Bedeutung, da spezifische Infektionserreger zwar gelegentlich in der Wohnungsluft, in der Nähe des Erkrankten, nicht aber in der freien Luft gefunden werden; der Keimgehalt der Luft im Freien setzt sich ausschließlich aus Saprophyten zusammen und geht dem Gehalt an größeren Staubteilchen parallel.

Boden. Die *oberflächlichen Schichten* des Bodens sind außerordentlich reich an Mikroorganismen, und zwar da, wo der Boden regelmäßig mit Abfallstoffen (Düngstoffen) in Berührung kommt; gewisse Krankheitserreger, die im Darminhalt der Haustiere saprophytisch wuchern, wie die Erreger des Wundstarrkrampfs und des Gasbrands, finden sich regelmäßig in gedüngtem Boden und vermögen sich auch unter ungünstigen äußeren Bedingungen sehr lange Zeit lebensfähig zu erhalten, da sie widerstandsfähige Dauerformen (Sporen) bilden. Auch sporenfreie Krankheitserreger, wie z. B. Typhus- und Ruhrbacillen, gelangen häufig mit den Ausleerungen des Kranken auf die oberflächlichen Bodenschichten; ein Wachstum dieser Krankheitserreger im Boden wird wegen der erdrückenden Konkurrenz der Saprophyten kaum jemals stattfinden; doch ist es wohl möglich, daß diese krankheitserregenden Keime sich längere Zeit daselbst lebensfähig erhalten; insbesondere gilt dies von den verhältnismäßig widerstandsfähigen Typhusbacillen.

In die *tieferen Bodenschichten* können die an der Bodenoberfläche vorhandenen Mikroorganismen unter natürlichen Verhältnissen nur dann gelangen, wenn der Boden von gröberen Rissen und Spalten durchsetzt ist, die den Kleinwesen einen direkten Weg nach der Tiefe eröffnen. Andernfalls findet im dichten Sand- oder Lehmboden eine sehr energische Zurückhaltung der Keime statt, so daß schon in wenigen Metern Tiefe, selbst unter gedüngtem Ackerland oder dicht bewohnten Siedlungen, der Boden vollständig keimfrei ist. Diese zurückhaltende Kraft des Bodens macht sich nicht nur in vertikaler, sondern auch in horizontaler Richtung gegenüber den durch künstliche Eingriffe in tiefere Bodenschichten gelangten Mikroorganismen geltend, so daß auch eine seitliche Verbreitung von Keimen (etwa von beerdigten Leichen, verscharrten Tierkadavern, Abortgruben aus) auf weitere Strecken im dichten natürlichen Boden ausgeschlossen erscheint. Noch viel weniger vermögen die etwa in die Tiefe des Bodens gelangten Krankheitserreger wieder an die Oberfläche emporzusteigen; ebensowenig kann Wachstum oder Sporenbildung in der Tiefe stattfinden, da hierfür schon die Temperatur nicht ausreicht. Die tieferen Bodenschichten sind also, entgegen den Anschauungen aus früherer Zeit, für die Entstehung der Infektionskrankheiten belanglos, falls nicht etwa (wie im nächsten Absatz zu besprechen) in grobdurchlässigem Boden das Grundwasser infiziert und später wieder zu Trinkzwecken benutzt wird. Die bakteriologische Untersuchung der oberflächlichen Bodenschichten erfolgt durch Entnahme einer abgewogenen kleinen Probe mittels sterilen Löffelchens und Aussaat und Zählung der in steriler Flüssigkeit gleichmäßig aufgeschwemmten Probe. Um eine einwandfreie Probe aus der Tiefe ohne oberflächliche Verunreinigungen zu gewinnen, bedient man sich eines rechtsdrehenden (FRAENKELschen) Erdbohrers, an dem nach Erreichung der gewünschten Tiefe durch Drehung eines Handgriffs nach links am oberen Ende eine an der Spitze des Bohrers befindliche, bis dahin verschlossene Kammer sich öffnet. Durch Rechtsdrehung verschließt sich die Kammer wieder, so daß die Probe aus der gewünschten Tiefe, ohne weiter verunreinigt zu werden, entnommen werden kann. Mit sterilem Platinlöffel entnimmt man eine bestimmte Menge, die nach kräftigem Schütteln in steriler Kochsalzlösung zu Gelatineplatten und sonstigen Kulturen verarbeitet wird.

Zur Feststellung pathogener Keime im Boden ist der Tierversuch mit heranzuziehen, wo eine kleine Bodenprobe den Versuchstieren in Hauttaschen eingebracht wird.

Wasser. Die in der freien Natur vorkommenden Wässer zeigen je nach ihrer Herkunft ein ganz verschiedenes Verhalten betreffs ihres Gehalts an Mikroorganismen und insbesondere an Krankheitserregern. Meteorwässer (Regen, Hagel, Schnee) enthalten höchstens saprophytische, aus dem Luftstaub mitgerissene Keime, aber ebensowenig wie die freie Luft selbst Krankheitserreger. Das gleiche gilt von dem aus dichtem Boden stammenden Grund- und Quellwasser, das ebenso wie die tieferen Bodenschichten selbst keimfrei ist. Anders steht es mit Grundwasser aus oberflächlichen, vor Verunreinigungen durch Düngung und Abfallstoffe nicht hinlänglich geschützten Wasser, desgleichen mit Quellwasser aus lockerem spaltenreichem Gestein, das sehr häufig Keime von der Oberfläche des Bodens mit sich führt und natürlich auch Krankheitserreger enthalten kann. Solches Wasser ist unter allen Umständen als ebenso verdächtig zu beurteilen wie Oberflächenwasser (aus Flüssen, Teichen, Flachbrunnen usw.), das natürlich jederzeit der Verunreinigung mit Abfallstoffen und Krankheitserregern ausgesetzt ist, falls nicht etwa, wie z. B. bei der Anlage von Talsperren, die Möglichkeit einer solchen Verunreinigung durch besondere Vorkehrungen (Anlage einer Schutzzone) sorgfältig ausgeschlossen ist. Die in das Wasser gelangten Krankheitserreger werden sich allerdings nur unter besonders günstigen Bedingungen (reicher Gehalt an organischen Stoffen und Nährsalzen, hohe Temperatur) vermehren können, und wo eine solche Vermehrung stattfindet, wird es meistens nur an räumlich beschränkten Stellen der Fall sein, z. B. im verunreinigten Ufergebiet oder zwischen enggedrängten Schiffen und Flößen sowie an Stellen mit stagnierendem Wasser. Meistens gehen die in das Wasser eingeführten Fäulnis- und Krankheitserreger schon nach kurzer Zeit, binnen wenigen Tagen, zugrunde; auf dieser natürlichen Selbstreinigung der Gewässer beruht z. B. die Keimarmut des Wassers in großen Seen sowie die Erfahrungstatsache, daß selbst große Städte (München) bei günstigen Verhältnissen des Vorfluters ihre gesamten Abwässer ohne voraufgegangene Reinigung in einen natürlichen Wasserlauf ablassen können, und daß der letztere trotzdem schon wenige Kilometer unterhalb keine Verunreinigung mehr aufweist. Bei dieser natürlichen Selbstreinigung der Gewässer spielen verschiedene Faktoren mit: Die Verdünnung durch frisch zuströmendes reines Wasser, die Ausfällung durch die zu Boden sinkenden suspendierten Teilchen, die keimtötende Kraft des Sonnenlichtes und die vitale Konkurrenz der Saprophyten; an letzterem Prozeß sind nicht nur Bakterien, sondern auch Protozoen (durch ihre Freßtätigkeit), sowie alle jene niederen und höheren pflanzlichen und tierischen Organismen beteiligt, die im Wasser leben und deren Gesamtheit man unter dem Namen *Plankton* zusammenfaßt. Diese letzteren Organismen spielen ebenso wie bei der natürlichen Reinigung auch bei den Verfahren der künstlichen Reinigung durch Sandfiltration eine Rolle; im Sandfilter handelt es sich nicht etwa nur um eine mechanische Zurückhaltung der Keime, sondern um biologische Prozesse, die sich hauptsächlich in der Deckschicht des Filters abspielen. Zu erwähnen ist noch, daß, wenn auch in der großen Masse eines infizierten Wassers die Krankheitskeime verhältnismäßig rasch zugrunde gehen, dennoch an gewissen besonders geschützten Stellen, z. B. im Schlamm, eine längere Konservierung pathogener Keime möglich ist, wie das schon mehrfach teils im Laboratoriumsversuch, teils unter natürlichen Verhältnissen direkt nachgewiesen werden konnte.

Die mikrobiologische Untersuchung des Wassers ist eine der wichtigsten Aufgaben, welche dem Hygieniker gestellt werden kann. In erster Linie kommt die Keimzählung in Betracht, welche durch Aussaat einer bestimmten Menge des Wassers auf künstliche Nährböden erfolgt. Selbstverständlich muß die Entnahme der zur Untersuchung bestimmten Wasserprobe so erfolgen, daß eine Verunreinigung von außen vollständig ausgeschlossen ist; bei der Entnahme aus einem Brunnen oder dem Hahne einer Wasserleitung muß durch längeres, mindestens etwa viertelstündiges Abpumpen oder Ablaufenlassen dafür Sorge getragen werden, daß das im Rohr angesammelte stagnierende Wasser völlig entfernt ist; zur Entnahme aus tieferen Schichten bedient man sich besonderer Apparate, deren Entnahmegefäß sich erst in der gewünschten Tiefe öffnet, sei es, daß an einem zugeschmolzenen luftleer gemachten Glasgefäß die verschmolzene Zuflußröhre durch Fallenlassen eines Gewichtes oder Federkraft abgebrochen wird, sei es, daß aus dem versenkten, mit doppelt durchbohrten Stopfen versehenen Aufnahmegefäß das Wasser durch die eine Bohrung des Stopfens erst dann eindringen kann, wenn nach Erreichung der gewünschten Tiefe die Luft aus der anderen Bohrung zum Entweichen gebracht wird. Besondere Vorkehrungen fordert die Untersuchung eines Grundwasserstroms auf Keimfreiheit; will man hier ganz sicher gehen, so muß der bis in den Grundwasserstrom niedergebrachte eiserne Röhrenbrunnen durch Einlassen von gespanntem Dampf keimfrei gemacht werden, bevor die Entnahme erfolgen darf. Selbstverständlich muß in allen Fällen die entnommene Wasserprobe in zuverlässig sterilisierten Gefäßen aufgefangen werden, was nur von sachverständigen Personen geschehen sollte, um Verunreinigungen bei der Entnahme selbst zu vermeiden; ebenso selbstverständlich ist es, daß die Untersuchung des Wassers möglichst unmittelbar nach der Entnahme erfolgen oder, falls dies aus äußeren

Gründen unmöglich, daß der Transport in besonderen Ausrüstungs-
kästen nach dem Laboratorium so schnell als möglich und in Eispackung
erfolgen soll, um eine Vermehrung vereinzelter, sei es im Wasser schon
enthaltener oder bei der Entnahme zufällig in dasselbe gelangter Keime
zu verhindern. Die Aussaat der Wasserprobe erfolgt in der Regel in
Gelatineplatten; doch sind Agarplatten bei warmem Wetter oder im
heißen Klima ebenso brauchbar. Je nach der Zahl der zu erwartenden
Keime verarbeitet man kleinere oder größere Mengen, bei sehr keim-
armem Wasser bis zu 10 ccm, bei verunreinigten Wässern aus Bächen,
Flüssen und Kesselbrunnen usw. Bruchteile eines Kubikzentimeters in
abgestuften Mengen. So stellt man zunächst eine zehnfache Verdünnung
durch Vermischen von 1 ccm der entnommenen Wasserprobe mit 9 ccm
sterilen Wassers her und daraus wieder durch Vermischen von 1 ccm
mit 9 ccm sterilen Wassers eine 100fache und auf dieselbe Weise eventuell
eine 1000fache Verdünnung weiter jedesmal durch Verwendung einer
unbenutzten vollkommen sterilen Pipette her. Von der letzten Verdünnung bringt man 0,1, 0,5 und 1,0 ccm in frisch sterilisierte Petrischalen und gießt je 10 ccm verflüssigte 30—40° C warme Nährgelatine
unter vorsichtigem Schütteln darauf. Ebenso verfährt man mit von
vornherein als keimarm anzusehenden Wässern. Nach dem Erstarren
bringt man die Kulturen in einen auf 20—22° C eingestellten Brutschrank
für 48 Stunden. Die Zählung erfolgt entweder mit bloßem Auge unter
Zuhilfenahme eines Zählnetzes oder mikroskopisch bei schwacher Vergrößerung (Okular 1. Objektiv a), indem man das Mittel der aus einer
Anzahl von Gesichtsfeldern ausgezählten Bakterienkolonien nimmt und
nach dem Verhältnis der mikrometrisch berechneten Fläche des Gesichts-
felds zum Inhalt der ganzen Kulturschale ausrechnet.

Bei dem WOLFFHÜGELschen Plattenzählapparat zählt man die gewachsenen Kolonien unter einer Glasplatte, die in Quadratzentimeter,
bei dem LAFARschen Verfahren unter einer Zählscheibe, die in Sektoren
und Sektorenabschnitten eingeteilt ist. Nach Durchzählen einer größeren
Zahl von Quadratzentimetern und Sektorenabschnitten berechnet man
den Durchschnitt und daraus die Gesamtzahl der Kolonien auf die gesamte Nährbodenfläche. Unter Berücksichtigung der Menge der Original-
wasserprobe (1,0, 0,5, 0,1 ccm), die zu der betreffenden Kulturplatte
gegeben ist und des Grades der Verdünnung kann man mit Leichtigkeit die in 1 ccm der verarbeiteten Wasserprobe vorhandene Bakterien-
zahl feststellen.

Abgesehen von den Fällen, in denen die Keimfreiheit eines Wassers
zur Untersuchung steht und demgemäß jede größere Zahl von Keimen
das Wasser verdächtig erscheinen läßt, haben die absoluten Ziffern
der Bakterienzählung im Einzelfalle wenig Wert, sehr wohl aber der
Vergleich verschiedener unter übrigens gleichen Verhältnissen erhobener
Untersuchungsergebnisse untereinander. So deutet z. B. das Ansteigen
der Bakterienmenge an bestimmten Stellen eines Wasserlaufs auf dort-
selbst stattgehabte Verunreinigung; desgleichen deutet die Zunahme
der Keimzahl bei einem sonst sehr keimarmen Grundwasser in der Zeit
nach starken Regengüssen oder Überschwemmungen auf stattgehabte
Verunreinigungen von der Oberfläche her. Besonders wertvoll sind

regelmäßige Keimzählungen bei der laufenden Kontrolle einer Wasser-
reinigungsanlage, wobei dann das Ansteigen des Keimgehalts des Rein-
wassers sofort eine Störung des Reinigungsvorganges anzeigt. Bei
der Kontrolle der Sandfiltration nimmt man allgemein eine Keimzahl
von 100 im Kubikzentimeter als zulässigen Höchstwert an; besser ist
es jedoch, für jedes Filterwerk aus längerer Beobachtung die normale
Keimzahl des filtrierten Wassers zu ermitteln, die dann häufig (wie
z. B. bei den amerikanischen Schnellfiltern) weit unterhalb dieses Wertes
liegt, und jede erhebliche Überschreitung der so ermittelten Durchschnitts-
ziffer bereits als Zeichen einer Störung anzusehen. Notwendig ist die
Keimzählung zur Kontrolle eines Filters nach erfolgter Reinigung, um zu
ermitteln, wann die in der ersten Zeit nach dem Anlassen zunächst noch
ungenügende Filterwirkung wieder ihren normalen Stand erreicht hat.

Was die qualitative Beurteilung der Bakterienbefunde bei der
bakteriologischen Untersuchung anlangt, so ist weder die Vielfältigkeit
der gefundenen Arten noch der Nachweis von Keimen, welche die
Gelatine verflüssigen, als Beweis für eine bedenkliche Verunreinigung
des Wassers anzusehen, wie man wohl früher annahm. Dagegen ist man
in neuerer Zeit geneigt, dem Nachweis des Bact. coli im Wasser insofern eine erhebliche Bedeutung beizulegen, als das Bact. coli als Darmbewohner die stattgehabte Verunreinigung des Wassers mit Fäkalien
anzeigen soll. Der Nachweis eines hohen Colititers, d. h. einer größeren
Anzahl dieser Keime im Kubikzentimeter Wasser, besonders wenn es
sich um Coliarten handelt, die bei Bruttemperatur (oder nach EIJKMAN
bei 46° C) wachsen, ist entschieden ein Anzeichen auf Verunreinigungen
des Wassers durch Darmentleerungen von Warmblütern und läßt daher
das Wasser als infektionsverdächtig erscheinen; der Befund vereinzelter
Colikeime hingegen ist nicht beweisend, da solche auch aus dem Darminhalt von Fischen stammen können, und manche Coliarten auch als
harmlose Saprophyten existieren.

Nach EIJKMAN vermischt man am zweckmäßigsten 100 ccm Wasser mit $^1/_8$ bis
$^1/_6$ ihres Volumens steriler wässeriger Lösung von 10% Pepton, 10% Traubenzucker
und 5% Kochsalz, füllt in Gärungskölbchen ab, die 24 Stunden bei 46° C gehalten
werden. Colibakterien wachsen noch bei dieser Temperatur und trüben die Nährflüssigkeit im Gegensatz zu anderen Bakterien.

Der quantitative Nachweis des Bact. coli wird am einfachsten durch
Aussaat abgestufter Mengen von Wasser (z. B. von 0,1—100 ccm) in
Bouillon und nachträgliche Übertragung dieser Bouillonkulturen auf
Endo-Agar erbracht, wo dann die charakteristischen dunkelroten Kolo-
nien des Bact. coli seine Anwesenheit in der ausgesäten Wassermenge
leicht erkennen lassen; genauer ist das Verfahren mittels direkter Aus-
saat der zu prüfenden abgestuften Mengen des Wassers auf Endoplatten,
Verdunstenlassen im FAUST-HEIMschen oder SCHÜRMANNschen Apparat
(Firma Vondran, Halle a. S.), in welchem in kürzester Frist selbst größere
Wassermengen durch die Einwirkung eines Stromes keimfreier getrock-
neter Luft bei leichter Erwärmung zur Verdunstung gelangen und Auszählung der gewachsenen Colikolonien. — Absolut beweisend für die
Ansteckungsfähigkeit eines Wassers ist natürlich der direkte Nachweis
spezifischer Krankheitserreger im Wasser, wie er bezüglich der Cholera-

und Typhusbacillen schon in einer Reihe von Fällen gelungen ist. Die Untersuchung auf Choleravibrionen hat mehr Aussichten auf Erfolg, erstens weil uns zum Nachweis selbst vereinzelter Cholerakeime ein sehr brauchbares Anreicherungsverfahren zur Verfügung steht, zweitens weil wegen der kurzen Inkubationszeit der Cholera der Verdacht sich frühzeitig auf ein infektionsverdächtiges Wasser lenkt und man daher Aussichten hat, die etwa im Wasser befindlichen Cholerakeime nachzuweisen, bevor sie abgestorben oder überwuchert worden sind. In beiden Beziehungen (Untersuchungsverfahren und Untersuchungszeit) ist man bei der Prüfung des Wassers auf Typhusbacillen viel ungünstiger gestellt, weshalb auch der Nachweis der letzteren im Wasser nur sehr selten gelingt; vgl. die beiden Kapitel Cholera und Typhus im speziellen Teil.

In Anbetracht der großen Schwierigkeiten, welche sich dem direkten Nachweis der Krankheitserreger und überhaupt der Beurteilung des bakteriologischen Befundes entgegenstellen, wird man in den meisten Fällen sein Urteil über die Beschaffenheit und Ansteckungsfähigkeit eines Wassers nicht so sehr von dem Befund der bakteriologischen Untersuchung abhängig machen als vielmehr von dem Ergebnis der Nachforschungen an Ort und Stelle zwecks Entscheidung der Frage, ob eine Verunreinigung des Wassers mit Krankheitserregern, wenn sie auch im gegebenen Augenblick fehlt oder sich dem Nachweis entzieht, nicht etwa doch nach Lage der Umstände gelegentlich zu befürchten wäre. In vielen Fällen wird schon das Ergebnis der *örtlichen Besichtigung* zum Ziele führen, wenn es z. B. gelingt, Wege, auf welchen verunreinigende Zuflüsse zum Wasser gelangen können (Undichtigkeiten im Brunnendeckel, mangelhafte Konstruktion eines Filters) oder auch nur nahe gelegene Quellen der Ansteckung (Abzugskanäle, die oberhalb der Wasserentnahmestelle münden, gedüngtes Feld unmittelbar oberhalb der Fassung eines in geringer Tiefe fließenden Grundwasserstroms) nachzuweisen. In anderen Fällen kann man versuchen, die Möglichkeit des Durchtritts von Verunreinigungen zum Wasser durch direkte Versuche mit spezifischen Keimen augenfällig zu beweisen; so hat man durch Ausschütten von Massenkulturen von Hefe oder Bacillus prodigiosus auf die Bodenoberfläche ihren Durchtritt ins Grundwasser durch grobe Spalten des Bodens direkt nachgewiesen; in ähnlicher Weise wurde die Retentionsfähigkeit verschiedener Filter durch Zusatz spezifischer Keime zum Rohwasser ermittelt; das gleiche gilt von der Prüfung von Wasserreinigungsverfahren durch chemische Desinfizienzien, durch ultraviolette Strahlen u. dgl.

Nahrungsmittel können krankheitserregende Keime enthalten:

1. Bei Herkunft von *erkrankten Tieren* (Milzbrand- und Enteritisbacillen, Trichinen im Fleisch, Tuberkelbacillen in der Milch) oder von erkrankten Pflanzen (Strahlenpilz auf Getreideähren).

2. Durch *nachträgliche Verunreinigung* seitens der mit den Nahrungsmitteln in Berührung kommenden und *ansteckungsfähigen Personen* (Übertragung von Diphtherie und Scharlach durch Milch, von Typhus, Cholera und Ruhr durch rohes Gemüse).

3. Durch *Wachstum toxischer Saprophyten*, welche als zufällige Verunreinigung auf die Nahrungsmittel gelangen und unter günstigen

Bedingungen durch ihre starke Vermehrung Gifte bilden (Bac. botulinus, peptonisierende Bakterien der Kuhmilch).

Der Nachweis krankheitserregender Keime in Nahrungsmitteln erfolgt durch die der betreffenden Art angepaßten mikroskopischen und biologischen Methoden sowie durch den Tierversuch; vgl. die diesbezüglichen Artikel im speziellen Teil. Eine besondere Besprechung erfordert die bakteriologische Untersuchung und Beurteilung der Milch. Bereits unmittelbar nach dem Melken enthält die Milch mehrere Tausende von Keimen im Kubikzentimeter, und zwar um so mehr, je unsauberer beim Melken verfahren worden ist; insbesondere gelangen fast immer kleine Mengen von Kuhkot in die Milch, die man durch Zentrifugieren direkt nachweisen kann. Bei Eutererkrankungen enthält das Zentrifugat Eiterkörperchen und zahlreiche Streptokokken, oft auch rote Blutkörperchen. Frische Milch hat zwar durch ihren Gehalt an Fermenten gewisse bakterienfeindliche Eigenschaften, die sich aber schon nach mehreren Stunden verlieren. Wird die Milch nicht sofort nach dem Melken gekühlt, so tritt eine sehr starke Vermehrung der in ihr enthaltenen Keime ein; Marktmilch enthält im günstigsten Falle etwa 100000 Bakterien im Kubikzentimeter, oft aber bis zu einer Million und darüber. Durch diese Vermehrung der in ihr enthaltenen Keime geht die Milch binnen 1—2 Tagen Veränderungen ein, meist handelt es sich um Säuerung durch den Bac. acid. lactici, der bei Zimmertemperatur wächst, oder ihm verwandte Arten, die bei Bruttemperatur gedeihen (Yoghurt-, Kefirbacillen); solche Milch ist genießbar und wird sogar zu diätetischen Zwecken verwendet. Anders die Veränderung, welche die Milch durch sporentragende Bakterien bei höherer Temperatur (schon oberhalb 22° C) erleidet; solche Bakterien finden sich massenhaft in dem der Milch beigemengten Kuhkot. Selten kommt es zu anaerober Buttersäuerungsvergärung oder noch seltener zu stinkender Fäulnis, während im allgemeinen die Milchflora stark fäulniswidrige Eigenschaften hat. Häufiger kommt es zur Peptonisierung der Eiweißstoffe der Milch mit gleichzeitiger Ausfällung des Caseins durch Lab; solche Milch kann im Anfange dieses Prozesses kaum eine sinnfällige Veränderung aufweisen außer einer leichten Aufhellungszone unter der Rahmschicht und bitterlichem Geschmack. Derartige Milch kann bei Säuglingen durch die in ihr enthaltenen Bakteriengifte schwerste Magendarmerkrankungen (Cholera infantum) auslösen. Bei der Beurteilung der Wirksamkeit von Sterilisierungsverfahren, die eine Herstellung von Dauermilch anstreben, kommt es in erster Linie darauf an, festzustellen, ob die widerstandsfähigen sporentragenden Keime abgetötet sind. Eine solche Feststellung erfolgt am sichersten dadurch, daß man die verschlossenen Flaschen uneröffnet längere Zeit in den Brutschrank stellt, wobei sich die Anwesenheit selbst vereinzelter sporentragender Keime durch die erfolgende Zersetzung der Milch offenbart. Ganz anders sind diejenigen Milchsterilisierungsverfahren zu beurteilen, die wie die *Pasteurisierung* oder das *Biorisationsverfahren* nur die Abtötung der in der Milch eventuell enthaltenen *vegetativen* Krankheitserreger, nicht aber die Herstellung von Dauermilch erstreben; hier genügt die einfache Keimzählung.

H. Gesetzliche Maßnahmen zur Bekämpfung ansteckender Krankheiten.

Die von Robert Koch klar erkannten Forderungen für eine wirksame Bekämpfung der Infektionskrankheiten, wie die frühzeitige Erkennung aller infizierten Individuen, ihre Absonderung von den Gesunden und der für den Krankheitserreger empfänglichen Umgebung, Desinfektion der die Krankheitserreger enthaltenden Ausscheidungen und der mit diesen beschmutzten Gebrauchsgegenstände, bewirkten eine Umwälzung auf dem Gebiete der Seuchengesetzgebung. Das Deutsche Reich und Preußen, schufen anderen Staaten voran, das *Reichsgesetz, betreffend die Bekämpfung gemeingefährlicher Krankheiten vom 30. Juni 1900 und das Preußische Gesetz, betreffend die Bekämpfung der übertragbaren Krankheiten, vom 28. August 1905 mit seinen drei Abänderungsgesetzen vom 23. Juni 1924, 25. Mai 1926 und 10. August 1934.*

Das Reichsgesetz befaßt sich mit den bei uns nicht heimischen, aber gelegentlich eingeschleppten gemeingefährlichen Krankheiten, wie Aussatz, Cholera, Fleckfieber, Gelbfieber, Pest und Pocken. In § 5 Abs. 1 und § 48 besteht aber für die Landesregierungen die Möglichkeit, die Vorschriften des Reichsgesetzes auch auf andere Infektionskrankheiten auszudehnen. Das *Preußische Gesetz* dagegen berücksichtigte nicht nur die im Reichsgesetz genannten Krankheiten, sondern auch die meisten der bei uns heimischen übertragbaren Krankheiten, wie Diphtherie, übertragbare Genickstarre, epidemische Genickstarre, Kindbettfieber, einschließlich des septischen Aborts, epidemische Kinderlähmung, Körnerkrankheit, Rückfallfieber, übertragbare Ruhr, Scharlach, Typhus, Milzbrand, Rotz, Tollwut sowie Bißverletzungen durch tolle oder tollwutverdächtige Tiere, bakterielle Lebensmittelvergiftungen und Trichinose. Im 3. Abänderungsgesetz wurden im Preußischen Seuchengesetz infolge des im Jahre 1923 in Preußen erlassenen Tuberkulosegesetzes die ursprünglichen Erlasse, die sich mit den Todesfällen an Lungen- und Kehlkopftuberkulose befaßten, gestrichen.

Die Geschlechtskrankheiten werden im Preußischen Gesetz nur kurz berücksichtigt. Außer acht gelassen wurden wegen der geringen Kenntnisse über die Natur der Erreger und die zu spät einsetzenden Bekämpfungsmaßnahmen die weit verbreiteten Infektionskrankheiten wie Masern, Keuchhusten und Grippe.

So sei hier kurz erwähnt, daß nach § 5 Abs. 2 des Reichsgesetzes die Vorschriften über die Anzeigepflicht auch auf andere als die in § 1 des Gesetzes genannten übertragbaren Krankheiten ausgedehnt werden konnten, ebenso wie im Preußischen Gesetz die §§ 5, 7 und 11 das Gesetz auch auf andere bisher nicht genannte übertragbare Krankheiten ausgedehnt werden kann, wenn und solange diese in „epidemischer Verbreitung" auftreten.

Im Vordergrunde der Seuchenbekämpfung steht die *Anzeigepflicht* durch den behandelnden Arzt. Nach dem Reichsgesetz muß jede Erkrankung und jeder Todesfall, sowie jeder Verdacht, einer der im Gesetz genannten Krankheiten angezeigt werden, im Gegensatz zum Preußischen

Gesetz, das nur die Anzeige jeder Erkrankung und jedes Todesfalls an einer im Gesetz genannten Krankheiten bestimmte. Der Verdacht auf eine Typhuserkrankung war ebenfalls zu melden. Hierunter fallen auch die „Typhusbacillenträger" und „Typhusdauerausscheider". Der Polizeibehörde des alten und neuen Aufenthaltsortes ist weiter jeder Wohnungs- und Aufenthaltswechsel eines Kranken, bei Typhus auch eines Krankheitsverdächtigen, nach dem Reichsgesetz sofort nach der Feststellung der Krankheit, nach dem Preußischen Gesetz innerhalb von 24 Stunden zu melden. Die Meldung hat nach § 2 der genannten Gesetze durch den behandelnden Arzt, weiter durch den Haushaltungsvorstand, den Pfleger bzw. die Pflegerin, den Hausherrn und den Leichenschauer zu erfolgen. Der § 3 befaßt sich mit der Anzeigepflicht in öffentlichen Anstalten auf Schiffen und Flößen. Der § 4 gibt Aufschluß über Erstattung der Anzeige.

Da der praktische Arzt nicht in der Lage ist, alle Infizierten bzw. den Infektionsherd zu erfassen, ist es Sache des beamteten Arztes, Ermittlungen in dieser Hinsicht an Ort und Stelle anzustellen. Diese Ermittlungen gehen zunächst dahin, ob bei den gemeldeten Personen die angezeigte Erkrankung tatsächlich vorliegt. Erst nach dieser Klarstellung gehen die Erkrankungen zur Aufdeckung des Infektionsherdes durch Befragen des Erkrankten und seiner Umgebung weiter, wie z. B. der Hausgenossen, der Nachbarschaft, der Arbeitskameraden, der Schulgenossen. Die Bezugsquellen von Milch und Lebensmitteln sowie die Wasserversorgung sind zu kontrollieren und die hygienischen Verhältnisse des Wassers bei den Nachforschungen bzw. Besichtigungen nicht zu vergessen. Bei Krankheiten, wie Aussatz, Cholera, Fleckfieber, Gelbfieber, Pest und Pocken, bei Gehirnentzündung, Genickstarre, Kinderlähmung und Typhus, haben die genannten Ermittlungen nicht nur bei Erkrankungen und Todesfällen, sondern auch schon bei bloßem Verdacht auf eine der angeführten Krankheiten einzusetzen.

Vervollständigt werden diese Ermittlungen durch bakteriologische Untersuchungen der Ausscheidung des Kranken und seiner Umgebung (§ 7 des Reichsgesetzes), die nach der 3. Ergänzung des Preußischen Seuchengesetzes im § 6 Absatz 4 bei begründetem Verdacht, daß in ihren Ausscheidungen Erreger der im Absatz 1 genannten Krankheiten enthalten sind, gezwungen werden können, auf Erfordern des beamteten Arztes oder der Polizeibehörde „einen Abstrich und, soweit es der beamtete Arzt für notwendig erachtet, eine Blutprobe zur bakteriologischen bzw. serologischen Untersuchung zur Verfügung zu stellen". Bei Verweigerung einer Untersuchungsprobe kann nach § 35 Ziffer 2 eine Bestrafung erfolgen. Die geforderten Untersuchungen werden den Medizinaluntersuchungsämtern in besonderen Versandgefäßen, die aus Apotheken mit portofreiem Versandbeutel gratis zu haben sind, zugeleitet und daselbst kostenlos verarbeitet. Bei positivem Ergebnis wird dem zuständigen beamteten Arzt auch Mitteilung gemacht. Es ist selbstverständlich, daß auch den praktischen Ärzten die Medizinaluntersuchungsämter die Versandgefäße zur Einsendung von Untersuchungsmaterial zwecks Sicherung ihrer klinischen Diagnose zur Verfügung stellen.

Hält der beamtete Arzt eine Leichenöffnung zur Feststellung der Krankheit für notwendig, so kann diese bei Verdacht auf Cholera, Gelbfieber, Pest, Rotz und Typhus polizeilich erfolgen. In Bezirken bzw. Ortschaften mit gemeingefährlichen Erkrankungen kann ebenfalls eine amtliche Leichenschau angeordnet werden.

Bei Erkrankungen, die durch Übertragung von Tier auf Mensch zustande gekommen sind, werden die Ermittlungen gemeinsam vom beamteten Arzt und beamteten Tierarzt durchgeführt.

Wird vom beamteten Arzt der Ausbruch einer übertragbaren Krankheit festgestellt, greift die Polizeibehörde sofort mit den notwendigen Bekämpfungsmaßnahmen ein, die sich in erster Linie auf den Schutz der Gesunden in der Umgebung des Kranken erstrecken, wie auf die Isolierung des Kranken und die Desinfektion seiner Ausscheidungen (Reichsgesetz §§ 11—21 und Preußisches Gesetz §§ 8 und 9). Bei Isolierung kann die Form in einer Beobachtung durchgeführt werden, die darin besteht, daß der beamtete Arzt oder ein praktischer Arzt, ein Polizeibeamter oder eine andere geeignete Person die zu beobachtende Person täglich mehrmals in Zwischenräumen zwecks Unterrichtung über ihren Gesundheitszustand besucht. Daß die Beobachtung mit der bakteriologischen Untersuchung der Ausscheidungen usw. verknüpft ist, braucht nicht besonders erwähnt zu werden. Die Dauer der Beobachtung hängt von der Art der Erkrankung ab. So wurden z. B. tollwutkranke oder -verdächtige Personen nach der Schutzimpfung noch 1 Jahr lang beobachtet. Die Beobachtung geht ohne Zwang in der Behinderung der Bewegungsfreiheit in der Wohnung des Betroffenen vor sich. Nur bei Obdachlosen und Personen ohne festen Wohnsitz wird „eine Beschränkung in der Wahl ihres Aufenthaltes oder ihrer Arbeitsstätte" angeordnet, weiter wird für „Personen, die an Körnerkrankheit leiden, sowie für gewerbsmäßig Unzucht treibende Personen, die an Syphilis, Tripper oder Schanker leiden, *zwangsweise ärztliche Behandlung* angeordnet, wenn sie nicht glaubhaft nachweisen können, daß sie sich in ärztlicher Behandlung befinden".

Nach § 13 des Reichsgesetzes wird bestimmt, daß alle Personen, die aus dem Ausland oder aus Gegenden zugereist sind, in denen eine gemeingefährliche Krankheit herrscht, sich der Ortspolizeibehörde zu melden haben. Nach dem Preußischen Gesetz gilt die Meldepflicht nur gegenüber der Körnerkrankheit und dem Rückfallfieber.

Die *Absonderung* des Kranken kommt stets dann in Frage, wenn eine Übertragung von Krankheitskeimen durch einen Kranken oder Krankheitsverdächtigen in wirksamer Weise bekämpft werden soll. Es wird durch die Absonderung vermieden, daß der Kranke mit anderen als nur der zu seiner Pflege bestimmten Personen, dem Arzt und dem Seelsorger in Berührung kommt. Nur dann, wenn eine genügende Gewähr dafür gegeben ist, daß die Absonderung vorschriftsmäßig durchgeführt wird, kann sie in der Wohnung des Kranken erfolgen; sonst hat sie im Krankenhause zu erfolgen. Im übrigen kann der beamtete Arzt die Überführung ins Krankenhaus, falls der Zustand des Kranken einen Transport zuläßt, polizeilich anordnen. Daß während der Erkrankung die laufende Desinfektion und nach der Genesung die Schlußdesinfektion einzusetzen haben, ist selbstverständlich (s. Kap. Desinfektion). Der beamtete Arzt kann zur Verhinderung der Verschleppung von Krankheitskeimen für berufsmäßige Pflegepersonen, bei Kindbettfieber auch für Hebammen, Verkehrsbeschränkungen anordnen und Jugendliche aus der Umgebung des Kranken vom Schul- und Unterrichtsbesuch fernhalten.

Bei Ausbruch von Epidemien wird ein Versammlungsverbot erlassen, eine besonders strenge Überwachung der Schiffahrt und sonstiger Transportbetriebe (Stromüberwachungsstellen, Grenzkontrollen), weiter eine Überwachung von Gegenständen und Lebensmitteln angeordnet, durch die eine Verschleppung von Krankheitskeimen erfolgen kann. Auch kann die Benutzung von Wasserversorgungsanlagen und Badeanstalten eingeschränkt oder verboten werden. Für den Transport infektiöser Leichen können besondere Vorsichtsmaßregeln erlassen werden, wie z. B. Einhüllen der Leichen in mit desinfizierenden Lösungen getränkte Tücher, Bedecken des Sargbodens mit aufsaugendem Material, Einschränkung des Leichengefolges und das Verbot von Leichenschmäusen.

Bei den Krankheiten, bei denen durch einen Zwischenträger, z. B. die Übertragung der Pest durch Ratten, der Malaria durch die Anophelesmücke usw., die Infektion auf den Gesunden übertragen wird, muß die Vernichtung der Keimzwischenträger unter allen Umständen gefordert werden.

Ist die Krankheit erloschen, darf die Aufhebung der Isolierung des kranken Menschen erst dann erfolgen, wenn die bakteriologische Untersuchung, d. h. wenn 3 je nach der Krankheit in 2—8tägigen Zwischenräumen vorgenommene bakteriologische Untersuchungen der infektiösen Abgänge des Kranken ein negatives Resultat ergeben haben. Der Kranke wird erst dann als genesen und für seine Umgebung als unschädlich angesehen werden. Wie steht es aber nun mit den Bekämpfungsmaßnahmen bei gesunden Keimträgern und Dauerausscheidern? Nach dem Reichsseuchengesetz ist die Möglichkeit gegeben, alle mit Infektionskeimen Behafteten zu isolieren und solange zu behandeln, bis auf Grund der bakteriologischen Untersuchung erwiesen ist, daß sie frei von Krankheitskeimen sind. Nach dem Preußischen Gesetz ist diese Handhabe nur bei den Typhusbacillenträgern gegeben, nicht bei den Typhusdauerausscheidern und den Trägern anderer Infektionskeime. Wegen der langen Dauer der Ausscheidung bei den Dauerausscheidern wird sich daher die Isolierung über Monate, ja eventuell Jahre hinziehen. Aus diesem Grunde allein schon ist die Durchführung der Untersuchungen bei Dauerausscheidern und ihre Desinfektion nicht möglich. Daher hat man in den Ausführungsbestimmungen zur 2. Ergänzung des Preußischen Gesetzes Richtlinien für Typhusdauerausscheider erlassen, die sich auf Sauberkeit, auf den Verkehr mit den Mitmenschen usw. beziehen.

Wegen der nicht zu vermeidenden Einschleppung von Typhus, Paratyphus und Ruhr durch Dauerausscheider in Irrenanstalten hat der preußische Minister für Volkswohlfahrt im Jahre 1921 eine gründliche diesbezügliche Untersuchung sämtlicher neu aufgenommenen Kranken und neu einzustellenden Pflegepersonen angeordnet. Dabei gefundene Dauerausscheider werden sofort abgesondert.

Nach einem Ministerialerlaß über die Bekämpfung von übertragbaren Krankheiten in den Schulen aus dem Jahre 1927 sollen Schulkinder mit Infektionskeimen vom Schulbesuch ferngehalten werden. Diphtheriebacillenausscheider können nach dem Ministerialerlaß vom 11. April 1921 8 Wochen nach der klinischen Genesung wieder am Schulunterricht teilnehmen, da zu dieser Zeit die Diphtheriebacillen avirulent geworden sind. Auch durch das Reichs-Lebensmittelgesetz können die Dauerausscheider von Infektionskeimen aus dem Lebensmittelbetrieb entfernt werden.

Es sei hier kurz erwähnt, daß alle Versuche, bei Bacillenträgern und Dauerausscheidern z. B. mit Bestrahlungen, chemischen Präparaten, Operationen z. B. wie Exstirpation der Gallenblase bei Typhus- und Paratyphusausscheidern usw., zur Beseitigung der Krankheitskeime bisher noch zu keinem eindeutigen Erfolg geführt haben.

Zur Verhütung von Seucheneinschleppung aus dem Auslande wird eine Überwachung des gesamten Reiseverkehrs an den Grenzen des Landes und aller in den Seehäfen einlaufenden Schiffe angeordnet.

Außer diesen bisher genannten Maßnahmen fordern das Reichsgesetz und das Preußische Gesetz die Schaffung hygienisch einwandfreier Zustände auch bereits in seuchenfreien Zeiten. Hierher gehören die Einrichtung von Aborten, die Regelung des Abfuhrwesens und die Kanalisation der Städte und Ortschaften, um eine einwandfreie Beseitigung der menschlichen und tierischen Abfallstoffe und der Hausabwässer gewährleisten zu können. Weiter wichtig ist eine einwandfreie Brunnen- bzw. zentrale Wasserversorgungsanlage, die sorgfältige Überwachung der Nahrungsmittelbetriebe, von Milchhandel, Molkereien und Milchpasteurisierapparaten. Auf Grund des Erlasses des preußischen Ministers für Volkswohlfahrt vom 4. März 1926 werden alle in zentralen Wasserversorgungsanlagen und in Sammelmolkereien zu beschäftigenden Personen vor der Anstellung bakteriologisch auf die eventuelle Ausscheidung von Typhus-, Paratyphus- und Ruhrbacillen untersucht. Auch auf die einwandfreie Fleischversorgung und den Eierhandel hat der beamtete Arzt sein Augenmerk zu lenken.

Am 10. August 1934 erschien das Gesetz betr. die Bekämpfung der *Papageienkrankheit*, das die polizeiliche Beaufsichtigung von Züchtern und Händlern von Papageien und Wellensittichen regelt und die Maßnahmen zur Bekämpfung der Krankheit bei den genannten Vögeln angibt. Nach § 6 des Gesetzes müssen Vogelbestände, in denen das Virus der Papageienkrankheit nachgewiesen wird, vernichtet werden. Der Besitzer des vernichteten Bestandes wird angemessen vom Staate entschädigt.

Erwähnt seien noch das Preußische Tuberkulosegesetz vom 4. August 1923 und das Reichsgesetz zur Bekämpfung der Geschlechtskrankheiten vom 18. Februar 1927.

Das Preußische Tuberkulosegesetz schreibt die Anzeige jeder ansteckenden Erkrankung an Lungen- und Kehlkopftuberkulose, jeden Todesfalles an Tuberkulose, jeder Erkrankung an Hauttuberkulose und des Verdachts dieser Erkrankung vor. Die Meldung hat an den beamteten Arzt oder eine hierfür zugelassene Fürsorgestelle zu erfolgen und nicht an die Polizeibehörde. Jeder Wohnungswechsel ist zu melden. Die Fürsorge, falls vorhanden, übernimmt die weitere Betreuung der Kranken, sonst der beamtete oder behandelnde Arzt, die gemeinsam die Bekämpfungsmaßnahmen und die Fürsorge für den Kranken und seine Familie zu besprechen haben.

Die Bekämpfungsmaßnahmen der Geschlechtskrankheiten sind, wie schon gesagt, im Reichsgesetz vom 18. Februar 1927 enthalten. Hiernach muß sich jeder Geschlechtskranke ärztlich behandeln lassen. Entzieht sich der Kranke vor der Genesung der Behandlung, erfolgt eine Meldung an die Gesundheitsbehörde, die dann einer Geschlechtskrankheit verdächtigen Personen einer Behandlung bzw. Einweisung ins Krankenhaus zuführen kann. Weiter enthält das Gesetz Androhung von Strafen für solche Geschlechtskranke, die „obwohl sie um ihre Krankheit wissen, andere Personen in leichtfertiger Weise gefährden, weiter Verbote der Kuppelei, die Erregung öffentlichen Ärgernisses durch unzüchtige Handlungen, der öffentlichen Anpreisung und Ausstellung von Mitteln, Gegenständen oder Verfahren, die der Heilung und Linderung von Geschlechtskrankheiten dienen". Weiter verbietet es die Behandlung von Geschlechtskrankheiten, Krankheiten oder Leiden der Geschlechtsorgane durch nicht approbierte Personen.

Nach den vorstehenden Ausführungen war im Deutschen Reich bisher nur die Bekämpfung der sog. „gemeingefährlichen" Krankheiten des Reichsseuchengesetzes vom 30. Juni 1900 und der Papageienkrankheit durch das Gesetz vom 3. Juli 1934 reichseinheitlich geregelt. Außerdem hatte das Reichsimpfgesetz vom 8. April 1874 die zwangsweise Durchführung der Schutzimpfung gegen die Pocken angeordnet, während die Bekämpfung der Geschlechtskrankheiten auf Grund des Reichsgesetzes vom 18. Februar 1927 erfolgte. Die Bekämpfung aller anderen einheimischen übertragbaren Krankheiten war bisher landesrechtlich geordnet, wobei jedes einzelne Land durch besondere Seuchengesetze festlegte, welche übertragbaren Krankheiten in seinen Gebieten anzeigepflichtig waren. Wenn sich auch die meisten Länderregierungen in ihrer Seuchengesetzgebung dem Preußischen Gesetz betreffend die Bekämpfung übertragbarer Krankheiten vom 28. August 1905 angeschlossen haben, so blieben doch manche Unstimmigkeiten übrig. Schon die vorstehenden Ausführungen lehren, welch wesentlicher Fortschritt durch die neue Verordnung des Reichsministers des Innern vom 1. Dezember 1938 nebst der Ausführungsverordnung vom 12. Dezember 1938 bedeutet, die am 1. Januar 1939 in Kraft trat. *Seit dem 1. Januar 1939 ist die Anzeigepflicht für alle übertragbaren Krankheiten reichseinheitlich geregelt und gleichzeitig auf eine größere Zahl von Krankheiten erweitert.* Wegen der Bedeutung dieser Verordnungen sei diejenige vom 1. Dezember 1938 nachstehend im Wortlaut nachgedruckt.

Verordnung des Reichsministers des Innern, betr. Bekämpfung übertragbarer Krankheiten.

Vom 1. Dezember 1938. (Reichsgesetzbl. I S. 1721.)

Auf Grund des § 5 Abs. 2 des Gesetzes, betreffend die Bekämpfung gemeingefährlicher Krankheiten, vom 30. Juni 1900 (Reichsgesetzbl. S. 306), des § 12 des Gesetzes zur Bekämpfung der Papageienkrankheit (Psittacosis) und anderer übertragbarer Krankheiten vom 3. Juli 1934 (Reichsgesetzbl. I S. 532) sowie des § 10 des Gesetzes über die Vereinheitlichung des Gesundheitswesens vom 3. Juli 1934 (Reichsgesetzbl. I S. 531) wird verordnet:

§ 1. Übertragbare Krankheiten im Sinne dieser Verordnung sind außer den gemeingefährlichen Krankheiten (Aussatz, Cholera, Fleckfieber, Gelbfieber, Pest, Pocken) und der Papageienkrankheit (Psittacosis):

BANGsche Krankheit (Febris undulans),
Diphtherie,
Übertragbare Gehirnentzündung (Encephalitis epidemica),
Übertragbare Genickstarre (Meningitis cerebrospinalis epidemica),
Keuchhusten (Pertussis),
Kindbettfieber (Febris puerperalis),
Übertragbare Kinderlähmung (Poliomyelitis epidemica),
Körnerkrankheit (Trachoma),
Bakterielle Lebensmittelvergiftung (Botulismus, Enteritis infectiosa),
Malaria,
Milzbrand (Anthrax),
Paratyphus,
Rotz (Malleus),
Rückfallfieber (Febris recurrens),
Übertragbare Ruhr (Dysenteria),
Scharlach (Scarlatina),
Tollwut (Lyssa),
Trichinose,
Tuberkulose,
Tularämie,
Typhus (Typhus abdominalis),
WEILsche Krankheit (Icterus infectiosus).

Anzeigepflicht.

§ 2. (1) Innerhalb 24 Stunden nach erlangter Kenntnis sind anzuzeigen:
A. Jede Erkrankung, jeder Verdacht einer Erkrankung und jeder Sterbefall an

1. Kindbettfieber
   a) nach standesamtlich meldepflichtiger Geburt,
   b) nach Fehlgeburt,
2. übertragbarer Kinderlähmung,
3. bakterieller Lebensmittelvergiftung,
4. Milzbrand,
5. Paratyphus,
6. Rotz,
7. übertragbarer Ruhr,
8. Tollwut (auch Bißverletzungen durch tollwütige oder tollwutverdächtige Tiere),
9. Tularämie,
10. Typhus,
11. a) ansteckender Lungen- und Kehlkopftuberkulose,
    b) Hauttuberkulose,
    c) Tuberkulose anderer Organe.

B. Jede Erkrankung und jeder Sterbefall an

12. BANGscher Krankheit,
13. Diphtherie,
14. übertragbarer Gehirnentzündung,
15. übertragbarer Genickstarre,
16. Keuchhusten,
17. Körnerkrankheit,
18. Malaria,
19. Rückfallfieber,
20. Scharlach,
21. Trichinose,
22. WEILscher Krankheit.

C. Jede Person, die, ohne selbst krank zu sein, die Erreger der bakteriellen Lebensmittelvergiftung, des Paratyphus, der übertragbaren Ruhr und des Typhus ausscheidet.

(2) Beim Wechsel der Wohnung und des Aufenthaltsorts sowie bei Krankenhausaufnahme und -Entlassung ist erneut Anzeige zu erstatten; in der Entlassungsanzeige ist anzugeben, ob der Entlassene geheilt ist und ob er die Erreger einer übertragbaren Krankheit noch ausscheidet.

(3) Die Anzeige ist dem für den Aufenthaltsort zuständigen Gesundheitsamt zu erstatten. Das Gesundheitsamt hat nach Empfang der Anzeige unverzüglich die Ortspolizeibehörde zu benachrichtigen.

§ 3. (1) Zur Anzeige sind verpflichtet:
1. Jeder Arzt, der die Krankheit, den Krankheitsverdacht oder die Ausscheidung von Krankheitserregern festgestellt hat,
2. der Haushaltsvorstand,
3. jede mit der Pflege oder Behandlung des Erkrankten berufsmäßig beschäftigte Person,

4. derjenige, in dessen Wohnung oder Behausung der Verdachts-, Erkrankungs-
oder Todesfall sich ereignet hat,

5. der Leichenschauer.

(2) Auf Schiffen und auf Flößen gelten der Schiffer und der Floßführer oder
deren Stellvertreter als Haushaltsvorstand.

(3) Die Verpflichtung der im Abs. 1 in Nr. 2—5 genannten Personen trifft
nur dann ein, wenn ein vorher aufgeführter Verpflichteter nicht vorhanden ist.

§ 4. Die Anzeige kann mündlich oder schriftlich erstattet werden. Mit Aufgabe zur Post gilt die schriftliche Anzeige als erstattet. Die Gesundheitsämter
haben auf Verlangen Meldekarten für schriftliche Anzeigen unentgeltlich zu ver-
abfolgen.

Ermittlung der Krankheit.

§ 5. Das Gesundheitsamt hat alsbald in dem notwendigen Umfang Ermittlungen über Ursache, Art, Ansteckungsquelle und Ausbreitung der Krankheit
sowie über die Gefahr weiterer Ausbreitung vorzunehmen; ist die Mitwirkung
anderer Dienststellen erforderlich, so sind diese rechtzeitig zu beteiligen. Der Ortspolizeibehörde ist von dem Ergebnis der Ermittlungen unverzüglich Kenntnis
zu geben.

§ 6. (1) Den Beauftragten des Gesundheitsamtes ist der Zutritt zu dem Kranken
oder zu der Leiche und die Vornahme der für die Ermittlungen über die Krankheit,
den Krankheitsverdacht oder die Bacillenausscheidung erforderlichen Untersuchungen zu gestatten. Auch kann die Ortspolizeibehörde die Öffnung der Leiche
anordnen, wenn dies nach dem Gutachten des Gesundheitsamtes zur Feststellung
der Krankheit erforderlich ist.

(2) Der behandelnde Arzt ist berechtigt, den Untersuchungen insbesondere
auch der Leichenöffnung beizuwohnen.

(3) Die nach § 3 zur Anzeige verpflichteten Personen sowie die Kranken, Krank-
heits- und Ansteckungsverdächtigen und die Bacillenausscheider, ferner die der
Ausscheidung von Bacillen Verdächtigen haben dem Gesundheitsamt auf Befragen
über alle wichtigen Umstände Auskunft zu erteilen. Personen, auf die sich die
Ermittlungen erstrecken oder die aus der Absonderung oder Beobachtung ent-
lassen werden sollen, sind verpflichtet, sich den erforderlichen ärztlichen Untersuchungen und der Entnahme von Untersuchungsmaterial zu unterziehen.

Schutzmaßnahmen.

§ 7. (1) Wenn der Ausbruch einer übertragbaren Krankheit festgestellt oder
der Verdacht des Ausbruchs begründet ist, hat die Ortspolizeibehörde oder die
sonst in dieser Verordnung bestimmte Behörde unverzüglich die erforderlichen
Schutzmaßnahmen zu treffen. Das Gesundheitsamt hat entsprechende Vorschläge
zu machen. Der Vollzug der Schutzmaßnahmen ist Aufgabe der Ortspolizeibehörde;
die Schließung und Wiedereröffnung der Schule (§ 17) erfolgt jedoch durch den
Schulleiter bzw. ersten oder einzigen Lehrer.

(2) Bei Gefahr im Verzuge kann das Gesundheitsamt schon vor dem Eingreifen
der Ortspolizeibehörde die zur Verhütung der Verbreitung der Krankheit erforderlichen Maßnahmen anordnen. Den schriftlich gegebenen Anordnungen des Gesundheitsamtes ist Folge zu leisten. Von seinen Anordnungen hat das Gesundheitsamt
der Ortspolizeibehörde und der unteren Verwaltungsbehörde sofort schriftliche
Mitteilung zu machen; sie bleiben in Kraft, bis die zuständige Behörde anderweit
Verfügung getroffen hat.

§ 8. Die höhere Verwaltungsbehörde kann für Gemeinden oder Gemeindeteile,
die von einer übertragbaren Krankheit befallen sind, anordnen, daß jede Leiche
vor der Bestattung einer ärztlichen Besichtigung (Leichenschau) zu unterwerfen ist.

§ 9. Für die Dauer der Ansteckungsgefahr können diejenigen nach §§ 10—23
zulässigen Maßnahmen angeordnet werden, die zur Verhütung der Verbreitung
der Krankheit jeweils erforderlich sind. Die Anfechtung hat keine aufschiebende
Wirkung.

§ 10. Personen, die an einer übertragbaren Krankheit leiden oder dessen verdächtig sind, können einer Absonderung oder Beobachtung unterworfen werden.
Auch können ihnen und den für sie sorgenden oder verantwortlichen Personen

die zur Verhütung der Verbreitung der Krankheit erforderlichen Verhaltungsmaßregeln, insbesondere auch die Fernhaltung vom Schulbesuch und Unterricht, auferlegt werden.

§ 11. (1) Die Absonderung ist nach Möglichkeit in der Wohnung durchzuführen.

(2) Ist die Absonderung in der Wohnung nicht einwandfrei durchzuführen oder werden nach der Feststellung des Gesundheitsamtes die angeordneten Schutzmaßnahmen nicht befolgt oder besteht infolge des Verhaltens des Kranken oder Krankheitsverdächtigen die Gefahr der Verbreitung der Krankheit, so kann die Unterbringung in einem Krankenhaus oder einer anderen geeigneten Anstalt auf Vorschlag des Gesundheitsamtes durch die Ortspolizeibehörde auch gegen den Willen des Betroffenen angeordnet werden.

§ 12. Personen, die an einer übertragbaren Krankheit leiden, krankheitsverdächtig oder ansteckungsverdächtig sind, kann die Ausübung bestimmter Berufe und die Tätigkeit in bestimmten Betrieben ganz oder teilweise untersagt werden.

§ 13. (1) Bacillenausscheider können einer besonderen gesundheitlichen Beobachtung, wiederholter ärztlicher Untersuchung, der Verpflichtung zur Desinfektion der die Krankheitskeime enthaltenden Ausscheidungen, Verkehrsbeschränkungen und sonst etwa erforderlichen Verhaltungsmaßregeln unterworfen werden. Sie dürfen nach näherer Anordnung nicht bei der Gewinnung oder Behandlung von Lebensmitteln in einer Weise tätig sein, welche die Gefahr mit sich bringt, daß Krankheitserreger auf andere Personen oder auf Lebensmittel übertragen werden.

(2) Die Ortspolizeibehörde kann eine Absonderung derjenigen Bacillenausscheider anordnen, die den ihnen aufgegebenen Verhaltungsmaßregeln nicht nachkommen und durch ihren Zustand ihre Umgebung gefährden.

§ 14. Wohnungen und Häuser, in denen sich Personen mit übertragbaren Krankheiten befinden, sind auf Anordnung kenntlich zu machen.

§ 15. Für Pflegepersonen sowie für die mit der Leichenbesorgung beschäftigten Personen können Verkehrs- und Berufsbeschränkungen sowie sonstige Schutzmaßnahmen, insbesondere auch Schutzimpfungen angeordnet werden.

§ 16. Für Gemeinden oder Gemeindeteile, die von einer übertragbaren Krankheit befallen oder bedroht sind, können von der Kreispolizeibehörde Vorschriften über die Herstellung, Behandlung und Aufbewahrung sowie den Vertrieb von Gegenständen, durch welche die Krankheit übertragen werden kann, erlassen und die Ausübung des Gewerbebetriebes im Umherziehen verboten oder beschränkt werden.

§ 17. Die Kreispolizeibehörde, bei Gefahr im Verzuge die Ortspolizeibehörde, kann beim Auftreten von übertragbaren Krankheiten die Schließung von Schulen veranlassen und die Abhaltung von Märkten, Messen und anderen Veranstaltungen, die eine Ansammlung von Menschen mit sich bringen, verbieten oder beschränken.

§ 18. Für Gemeinden oder Gemeindeteile, welche von Typhus, Paratyphus oder übertragbarer Ruhr befallen oder bedroht sind, können die in der Schiffahrt oder der Flößerei beschäftigten Personen einer gesundheitlichen Überwachung unterworfen und Kranke und krankheitsverdächtige Personen sowie Gegenstände, von denen anzunehmen ist, daß sie mit Krankheitserregern behaftet sind, von der Beförderung ausgeschlossen werden.

§ 19. Die Benutzung von Brunnen, Teichen, Seen, Wasserläufen, Wasserleitungen sowie der dem öffentlichen Gebrauch dienenden Bade- und Waschanstalten kann verboten oder beschränkt werden.

§ 20. (1) Die Ortspolizeibehörde hat im Benehmen mit dem Gesundheitsamt eine laufende Desinfektion bei den Krankheitsfällen anzuordnen, bei denen angenommen werden muß, daß Gegenstände und Räume mit Krankheitserregern behaftet sind. Nach Erlöschen der Krankheit sowie beim Wohnungswechsel des Kranken hat die Ortspolizeibehörde die Schlußdesinfektion in dem vom Gesundheitsamt zu bestimmenden Umfang anzuordnen.

(2) Bei der ansteckenden Lungen- und Kehlkopftuberkulose ist die laufende und die Schlußdesinfektion Aufgabe des Gesundheitsamts.

§ 21. Die Vertilgung von tierischen Schädlingen, die zur Weiterverbreitung übertragbarer Krankheiten beitragen, kann angeordnet werden.

§ 22. Für die Aufbewahrung, Einsargung, Beförderung und Bestattung der Leichen von Personen, die an einer übertragbaren Krankheit gestorben sind, können besondere Vorsichtsmaßnahmen angeordnet werden.

§ 23. Personen, die an einer übertragbaren Krankheit leiden, können von der Ortspolizeibehörde angehalten werden, sich ärztlich behandeln zu lassen.

§ 24. Die Gemeinden sind nach näherer Anordnung der Gemeindeaufsichtsbehörde verpflichtet, diejenigen Einrichtungen zu schaffen und zu unterhalten, welche zur Bekämpfung und Verhütung übertragbarer Krankheiten notwendig sind. Die Gemeindeverbände können diese Einrichtungen an Stelle der Gemeinden schaffen und unterhalten.

Kosten.

§ 25. (1) Die Kosten der Absonderung nach § 11 Abs. 2 und § 13 Abs. 2 und der ärztlichen Behandlung nach § 23 sind von dem Betroffenen oder dem ihm gegenüber Unterhaltspflichtigen zu tragen.

(2) Wird ein Kranker, Krankheitsverdächtiger oder Bacillenausscheider auf Anordnung der Ortspolizeibehörde (§ 11 Abs. 2) oder des Gesundheitsamts (§ 7 Abs. 2) in einer Krankenanstalt oder einer anderen geeigneten Anstalt abgesondert, so hat im Verhältnis zur Polizei die öffentliche Fürsorge die Kosten des Anstaltsaufenthaltes zu tragen, wenn der Abgesonderte den Kostenbedarf nicht oder nicht ausreichend aus eigenen Kräften und Mitteln beschaffen kann und ihn auch nicht von anderer Seite, insbesondere von Angehörigen, erhält. Das gleiche gilt, wenn die Absonderung im Einvernehmen mit dem Gesundheitsamt freiwillig erfolgt.

(3) Im übrigen bleiben die bisherigen Bestimmungen über die Aufbringung der Kosten unberührt.

Strafvorschriften.

§ 26. Wer den nach §§ 9—23 getroffenen Anordnungen zuwiderhandelt, wird nach § 327 des Strafgesetzbuches bestraft.

§ 27. Mit Geldstrafe bis zu einhundertfünfzig Reichsmark oder mit Haft wird bestraft, wer vorsätzlich oder fahrlässig

1. die ihm nach § 3 obliegende Anzeige nicht oder nicht rechtzeitig erstattet; die Strafverfolgung tritt nicht ein, wenn die Anzeige, obwohl nicht von dem zunächst Verpflichteten, doch rechtzeitig erstattet worden ist;

2. den Vorschriften des § 6 zuwiderhandelt.

§ 28. (1) Diese Verordnung tritt am 1. Januar 1939 in Kraft.

(2) § 25 Abs. 2 hat rückwirkende Kraft. Die bis zu dem auf die Verkündung der Verordnung folgenden Tage durch Anerkennung oder rechtskräftige Entscheidung festgestellte Verpflichtung der Polizei, die Kosten des Anstaltsaufenthalts eines Abgesonderten zu tragen, bleibt jedoch unberührt und dauert bei den an dem genannten Tage schwebenden Fällen bis zur Beendigung des Anstaltsaufenthaltes des Abgesonderten.

(3) Gleichzeitig treten §§ 36 und 37 der Dritten Durchführungsverordnung zum Gesetz über die Vereinheitlichung des Gesundheitswesens vom 30. März 1935 (Reichsministerialbl. S. 327) außer Kraft.

Zu dieser Verordnung seien noch die folgenden ergänzenden Bemerkungen angefügt:

Während sich die Anzeigeverpflichtung im Preußischen Seuchengesetz auf 16 Krankheiten beschränkt, sind in der neuen Verordnung 6 weitere Krankheiten hinzugekommen: Keuchhusten, Malaria, BANG-sche Krankheit, Tuberkulose, Tularämie und WEILsche Krankheit. Während bisher in Preußen nur Verdachtsfälle bei Erkrankungen auf Typhus, Paratyphus, Milzbrand und Hauttuberkulose anzeigepflichtig waren, ist nach der neuen Verordnung innerhalb von 24 Stunden nach Erhalt der Kenntnis jede Erkrankung, jeder Verdacht einer Erkrankung und jeder Sterbefall meldepflichtig von Kindbettfieber, übertragbarer

Kinderlähmung, bakterieller Lebensmittelvergiftung, Milzbrand, Paratyphus, Rotz, Ruhr, Tollwut, Tularämie und Typhus. Eine wesentliche Erweiterung ist auch hinsichtlich der Meldepflicht der Tuberkulose erfolgt, da jetzt die Anzeigepflicht für jede Erkrankung, jeden Verdacht einer Erkrankung und jeden Sterbefall an ansteckender Lungen- und Kehlkopftuberkulose, Hauttuberkulose und Tuberkulose anderer Organe angeordnet ist. Schließlich erstreckt sich die Anzeigeverpflichtung neuerdings auch auf die Bacillenträger der bakteriellen Lebensmittelvergiftung, von Paratyphus, Ruhr und Typhus.

Hinsichtlich der Erfolge der Seuchenbekämpfung ist insofern ein wesentlicher Fortschritt erzielt worden, als die Ortspolizeibehörde auf Vorschlag des Gesundheitsamtes einen Kranken oder Krankheitsverdächtigen jetzt auch *gegen seinen Willen* in einem *Krankenhause* oder einer anderen geeigneten Anstalt unterbringen darf, wenn seine Absonderung in der Wohnung nicht einwandfrei durchzuführen ist, nach der Feststellung des Gesundheitsamtes die angeordneten Schutzmaßregeln nicht befolgt werden oder sonstwie die Gefahr der Ausbreitung der Krankheit besteht.

Während bisher eine *ärztliche Zwangsbehandlung* nur bei Trachomkranken zulässig war, können jetzt alle Personen, die an einer übertragbaren Krankheit leiden, von der Ortspolizeibehörde angehalten werden, sich ärztlich behandeln zu lassen.

Zweifelsohne ist zu erwarten, daß durch die Vereinheitlichung der Anzeigepflicht im ganzen Reichsgebiet und die neuen Vorschriften eine wirksamere Bekämpfung der übertragbaren Krankheiten möglich werden wird.

Schrifttum.

GAFFKY, G. u. O. LENTZ: Verhütung und Bekämpfung von übertragbaren Krankheiten. Festschr. d. Preuß. Med. Beamtenvereins. Berlin: Fischer 1908. — KIRCHNER: Die gesetzlichen Grundlagen der Seuchenbekämpfung im Deutschen Reich unter besonderer Berücksichtigung Preußens, Festschr. Jena: Gustav Fischer 1907. — Anweisung zur Bekämpfung ansteckender Krankheiten im Eisenbahnverkehr. Berlin: Julius Springer 1910. — Gesetz betreffend die Bekämpfung gemeingefährlicher Krankheiten vom 30. Juni 1900, Reichsgesetzbl. S. 306. — Gesetz betreffend die Bekämpfung übertragbarer Krankheiten vom 28. August 1905 unter Berücksichtigung der drei Abänderungen des Gesetzes vom 23. Juni 1924, 25. Mai 1926 und 10. August. Amtliche Ausgabe. Berlin: Richard Schoetz 1935. — Gesetz zur Bekämpfung der Geschlechtskrankheiten vom 18. Februar 1927, Reichsgesetzbl. 1927 I, Nr. 9, S. 61. — Gesetz zur Bekämpfung der Tuberkulose vom 4. August 1923. Preuß. Ges.-Samml. 1923, Nr. 46, S. 374. — Gesetz, betreffend die Änderung des Gesetzes zur Bekämpfung der Tuberkulose vom 4. August 1923. Preuß. Ges.-Samml. 1923, Nr. 46, S. 376. — Gesetz über die zweite Änderung des Gesetzes zur Bekämpfung der Tuberkulose vom März 1934. Preuß. Ges.-Samml. 1934, Nr. 18, S. 229. — Gesetz zur Bekämpfung der Papageienkrankheit. Reichsimpfgesetz vom 8. April 1874, Reichsgesetzbl. 1874, S. 31, nebst den zu diesem Gesetz ergangenen Ausführungsbestimmungen und Ministerialerlassen. — LENTZ, O.: Allgemeine und besondere gesetzliche Maßnahmen zur Bekämpfung ansteckender Krankheiten in GUNDEL, M.: Die ansteckenden Krankheiten. Leipzig: Georg Thieme 1935. — B. MÖLLERS: Dtsch. med. Wschr. 1939, 101. — Verordn. d. R.M.d.J. v. 1. 12. 1938. R.G.Bl. I, S. 1721 u. Ausführungsverordn. v. 12. 12. 1938. R.M.Bl.i.V. 1938, S. 2158.

J. Technische Hinweise
für das mikroparasitologische Arbeiten im Laboratorium.

1. Laboratoriumseinrichtung bzw. Ausstattung des Arbeitsplatzes.

Wenn es sich um häufig wiederkehrende bakteriologische Arbeiten handelt, so ist ein speziell für diesen Zweck hergerichteter Arbeitsplatz notwendig, der in einem hygienisch einwandfreien hellen Laboratorium am gut schließenden Fenster gelegen sein soll. Die Fenster müssen, falls das Laboratorium nach der Sonnenseite liegt, mit Vorrichtungen versehen sein, die eine direkte Bestrahlung des Arbeitsplatzes verhüten sollen, da das direkte Sonnenlicht die Bakterienkulturen abtötet oder in ihrer Virulenz schädigt und auch zu untersuchende Sera usw. schädlich beeinflußt bzw. zum Versuch unbrauchbar macht. Überhaupt muß man es sich zur Regel machen, die benutzten Kulturen so bald wie möglich in einem dunklen Raum, sei es Brutschrank oder gewöhnlicher Schrank, unterzubringen. Auch die zum Färben zu benutzenden Farbflüssigkeiten sollen nicht unnötigerweise dem Sonnenlichte ausgesetzt bleiben.

Der Arbeitstisch, der stets sauber gehalten werden soll, ist mit Fließpapier und darüber mit einer Glas- oder Asbestplatte zu belegen. An Stelle einer hölzernen Tischplatte kann auch eine Tischplatte mit Linoleumüberzug, aus Lava oder Glas treten. Vor dem Arbeitsplatz soll ein drehbarer Sessel stehen. Als Gebrauchsgegenstände und Hilfsmittel beim mikroskopischen Arbeiten gehören auf den Arbeitstisch außer einem *Mikroskop* mit *Mikroskopierlampe* ein *Bunsenbrenner, ein mit Sublimatlösung oder einer anderen Desinfektionslösung gefülltes Gefäß*, um infizierte Gegenstände, alte Kulturen, Deckgläser von hängenden Tropfen, Pipetten usw. hineinzulegen, ein Gebläse zum Glasschmelzen, eine Wasserstrahlluftpumpe für Saug- und Druckwirkung eingerichtet, *glatte und hohlgeschliffene Objektträger, Deckgläser*, eine Glasglocke zum Schutze des Mikroskops, *Pinzetten* (KÜHNsche Pinzette für Deckgläser, CORNETsche Pinzette), ein *Färbegestell* zum Auflegen der Objektträgerpräparate und der CORNETschen Pinzetten, *Präpariernadeln, Spatel, Skalpelle und Scheren, Platinnadeln und Platinösen* (eventuell mit dem *Ösenmaßstab* nach CZAPLEWSKI). An Glassachen müssen vorhanden sein: *Injektionsspritzen* verschiedener Größe, *Meßzylinder* zu 10, 25, 100 und 1000 ccm, *Pipetten* zu 1 ccm mit $^1/_{100}$ und *Pipetten* zu 10 ccm mit $^1/_{10}$ Einteilung, dazu ein *sterilisierbarer Pipettenkasten*, ERLENMEYER-*Kolben, Reagensgläser, Reagensglasgestelle* und *Reagensglasklemme, Wassergläser, Trichter,* PETRI- und KOLLEsche *Schalen, Flaschen* mit eingeschliffenem Stopfen in hellem und braunem Glase, *Tropfflaschen* für *Alkohol* und *Xylol, Flaschen* mit den *nötigen Farblösungen*, Glasstäbe und Glasröhren, Uhrgläser, *Blockschälchen, Trichter, Filtrierpapier*, Lackmuspapier. Notwendig sind ferner ein Wasserbad, Thermometer, Kork- und Gummistopfen, Gummikappen und Gummischläuche, Waage, eine elektrische und eine Wasserzentrifuge, Exsiccatoren. Vorräte an Kautschuk sind, um Vertrocknen und Brüchigwerden zu vermeiden, in einem luftdicht schließenden Kasten aufzuheben, in dem ein mit Schwefelkohlenstoff getränkter Wattebausch liegt.

Zum Abspülen von gefärbten Präparaten genügt eine Spritzflasche, besser jedoch ist es, ein Spülbecken direkt in den Arbeitsplatz einzulassen. Zweckmäßig ist es, im Zimmer selbst einen Abzug und eine Wasserleitung zu haben. Nicht fehlen darf die *Waschvorrichtung* für die Hände. Außer *Seife* und häufig zu wechselnden Handtüchern muß *eine 1 promill. Sublimat- cder 3%ige Lysol*lösung, bzw. Zephirol oder Sagrotan usw. neben der Waschvorrichtung bereitgestellt sein. Nicht zu vergessen ist ein Wandspiegel, um Farbflecke oder gar infektiöses Material, das beim Arbeiten ins Gesicht gespritzt sein sollte, sofort zuverlässig beseitigen und unschädlich machen zu können.

Soll ein Laboratorium eine vollständige bakteriologische Einrichtung aufweisen, so wären noch zu erwähnen je ein Brutschrank für Gelatine- und Agarplatten, ein Schüttelapparat, ein Dampfkochtopf, ein Trockensterilisator, ein Apparat zum Auskochen von Instrumenten, ein Eisschrank bzw. „Frigo", ein Schrank für Instrumente und Glassachen, für *Nährböden*, ein „*Schmiertisch*" für Harn-, Stuhl-, Sputumgefäße, für Sektionen usw., ein Apothekerkasten und eventuell im besonderen Tierstall leicht zu reinigende Tierkäfige.

Die im vorhergehenden kursiv gedruckten Gegenstände sind für den einzelnen Arbeitsplatz bestimmt, während sämtliche genannten Gegenstände eine Laboratoriumseinrichtung darstellen.

Auf jeden Arbeitsplatz gehören folgende Farblösungen:

1. Carbolgentianaviolettlösung,
2. LUGOLsche Lösung,
3. verdünntes Carbolfuchsin,
4. ZIEHLsches konzentriertes Carbolfuchsin,
5. Methylenblaulösung (LÖFFLER),
6. essigsaures Methylenblau ⎫
7. Krystallviolett   ⎬ NEISSERsche Färbung.
8. Vesuvinlösung   ⎭

Außerdem müssen vorhanden sein:

Absoluter Alkohol,
salzsaurer Alkohol (1% HCl in 90%igem Alkohol),
Canadabalsam,
Zedernöl,
Vaseline mit Pinsel,
je ein ERLENMEYER-Kölbchen mit Aq. dest. und physiol. NaCl-Lösung (0,85%).

2. Schutzmaßnahmen beim Arbeiten mit infektiösem Material.

Das Arbeiten mit hochinfektiösem Material bedeutet für den Kursteilnehmer und seine Umgebung bei Außerachtlassung genügender Vorsicht eine dauernde Quelle der Gefahr, und die Möglichkeit einer Verschleppung von Krankheitskeimen in seine Familie legt ihm eine schwere Verantwortung auf. Es erscheint deshalb geboten, einige allgemeine Vorschriften über die notwendigsten Vorsichtsmaßnahmen an dieser Stelle zu geben.

Bevor mit den eigentlichen bakteriologischen Arbeiten begonnen wird, muß darauf geachtet werden, daß keine offenen Wunden an den Händen vorhanden sind, durch die infektiöse Stoffe eindringen können. Offene Wunden sind demnach zu verbinden. Auch soll man während der bakteriologischen Arbeiten das Gesicht, besonders den Mund, mit den Händen nicht berühren. Weiter ist darauf zu achten, daß Etiketten, die zur Kennzeichnung der einzelnen Präparate auf den Objektträgern angebracht werden müssen, stets mit dem in Wasser eingetauchten Finger angefeuchtet werden. Das Anfeuchten mit der Zunge ist unbedingt unzulässig. Auch soll man vermeiden, mit nichtdesinfizierten Fingern oder Händen das Taschentuch zu benutzen und Türklinken zu berühren.

Eine Notwendigkeit, die beim Arbeiten mit infektiösem Material nicht außer acht gelassen werden darf, ist die Anschaffung einer Schutzkleidung, einer langen Schürze mit Brustlatz oder besser eines sog. Operationsmantels, der aus Drillich oder grobem Hemdstoff angefertigt ist. Der Mantel ist am besten hinten zuzuknöpfen, wie die Mäntel der Chirurgen mit Ärmeln versehen, mit einem Gürtel um den Leib und einer Brusttasche. Sollten von einigen der Kursteilnehmer Mäntel vorgezogen werden, die vorn verschließbar sind, so ist schon zu verlangen, daß sie doppelreihig sind oder daß mindestens die Seitenhälften weit übereinander geschlagen werden können. In die oberen Brusttaschen dürfen niemals Kulturen gesteckt werden, da sie bei plötzlichem Bücken oder bei stark geweiteten Taschen herausgleiten und zerbrechen und eine Infektion des Schuhwerks und des Fußbodens herbeiführen. Die Ärmel sollen nicht zu lang sein; am besten ist es, wenn sie das Handgelenk dicht umschließen. In diesem Falle müssen die Ärmelbündchen mit einem Knopf versehen sein. Bei Beschmutzung des Mantels mit infektiösem Material ist der Mantel im Dampf zu sterilisieren; für gewöhnlich genügt das Auskochen wie bei der Wäsche. Handelt es sich um besonders gefährliches Material, so kann man zum Schutze noch eine Gummischürze überziehen, eventuell noch Gummiärmel. In den in einigen Instituten vorhandenen Pestlaboratorien werden entweder Überschuhe getragen oder die Stiefelsohlen beim Verlassen des Raumes auf einem mit Lysol bzw. Sublimat getränkten Tuche abgerieben.

Arbeitsplatz. Bei allen bakteriologischen Arbeiten ist peinlichste Sauberkeit und Ordnung zu beobachten. Es darf nichts, weder gebrauchtes Fließpapier noch Holzsplitterchen eines gespitzten Bleistiftes auf den Fußboden geworfen werden oder auf dem Tische herumliegen. Die auf dem Platze befindlichen Flaschen mit Alkohol, Xylol und Farblösungen sind in Holzgestellen aufzubewahren. Kulturröhrchen werden in Wassergläsern, deren Boden mit einem Wattebausch bedeckt ist, um ein Zerbrechen der Glaskuppen der Kulturröhrchen zu vermeiden, aufbewahrt. Sie dürfen niemals nach dem Gebrauch auf dem Arbeitsplatz herumliegen, sondern müssen mit einem Wattebausch verschlossen wieder in die für sie bestimmten Wassergläser hineingestellt werden. Objektträger und Deckgläser sollen am vorteilhaftesten in kleinen Pappschachteln in den Schubladen untergebracht werden. Gebrauchte Objektträger oder Deckgläser werden in eine Schale mit Sublimat gebracht, die auf keinem Platze fehlen darf. Oder man wirft sie in ein Glas, das folgende Lösung enthält:

200 g $K_2Cr_2O_7$ gelöst in 2 l kochendem Wasser+200 ccm rohe H_2SO_4. Um die gebrauchten Objektträger und Deckgläser wieder benutzen zu können, werden dieselben 10 Minuten unter Umrühren in dieser Lösung gekocht. Dann gießt man die Flüssigkeit ab, spült 5 Minuten in verdünnter NaOH nach, wiederholt den Kochprozeß noch einmal 5 Minuten, spült wiederum in verdünnter NaOH ab, spült die Objektträger jetzt in Wasser und Alkohol nach und putzt sie darauf mit trockenem reinen Tuch (ZETTNOW).

Die noch nicht fixierten Deckgläser können durch Ungeschicklichkeit oder zu starkes Klemmen mit der CORNETschen Pinzette zerbrechen. In diesem Falle sind die auf den Arbeitsplatz gefallenen Glassplitterchen vorsichtig mit der Pinzette in Sublimat zu bringen und die Tischplatte mit Sublimat zu desinfizieren, da es beim späteren Arbeiten unbedachtsamerweise leicht vorkommen kann, daß die noch herumliegenden Glassplitterchen Verwundungen der Hände herbeiführen. Hat eine Verunreinigung mit sporenhaltigem Material stattgefunden, so genügt die Desinfektion mit der sonst üblichen 1—2$^0/_{00}$ Sublimatlösung nicht; die Desinfektion erfolgt dann durch Abbrennen oder durch konzentrierte Schwefelsäure.

Die gefärbten fertigen Präparate hebt man am besten in den eigens für Präparate bestimmten Mappen auf.

Auf dem Arbeitsplatze bleiben nur die unbedingt notwendigen Gebrauchsgegenstände, denn die Grundbedingung für ein steriles Arbeiten ist die völlige Übersichtlichkeit des Arbeitsplatzes. Für die Anfänger möge ein Vers an der Wand befestigt sein, der die Ordnungsregeln einschärft und immer wieder vor Augen führt: „Nach Gebrauch kommt jedes Stück rein an seinen Platz zurück" (HEIM).

Ösen und Nadeln. Vor jedem Arbeiten mit Kulturen werden, um keine fremden Keime in das anzufertigende Präparat zu bringen, und ebenso nach der Fertigstellung des Präparates Ösen und Nadel abgeglüht. Sie dürfen niemals unabgeglüht auf den Tisch gelegt werden. Am zweckmäßigsten werden sie in einen für sie bestimmten Halter gesteckt. Bei Außerachtlassung dieser Vorschriften kann es vorkommen, daß beim Hinlegen der Nadel und Öse auf den Tisch die der Nadel anhaftenden Infektionsstoffe sich auf dem Arbeitsplatz verbreiten. Ein einfaches Ausglühen der Öse oder Nadel an der Spitze ist grundfalsch. Alles anhaftende infektiöse Material wird dadurch nicht vernichtet; man bedenke, daß bei der Entnahme des Materials aus dem Kulturröhrchen der Stab, an dem die Öse befestigt ist, sehr tief in das Kulturröhrchen hineingelangt und auch mit der Wand des Röhrchens in Berührung kommt, so daß die Bakterien, die hier haften können, auch auf den Nadelhalter übertragen werden; der letztere ist also in seiner ganzen Länge durch die Flamme zu ziehen. Am vorteilhaftesten ist es, die Öse, besonders dann, wenn eine große Menge Kultur daran sitzt, mit der Spitze in den inneren durch das ausströmende Gas gebildeten, nicht brennenden Kegel der Flamme zu halten. Durch das seitliche Ausglühen der Nadel verkohlt im Innern langsam die infektiöse Masse.

Durch dieses Verfahren wird das gefährliche Abspringen der kleinsten Menge Material, was natürlich wiederum eine Infektionsgefahr des Tisches in sich faßt, vermieden.

Deckgläschen und Objektträger. Am saubersten und für dauernde Aufbewahrung am vorteilhaftesten sind die mit Deckgläschen angefertigten Präparate; für gewöhnlich werden der Einfachheit und Billigkeit der Herstellung wegen die weniger zerbrechlichen Ausstriche auf Objektträgern benutzt. Nach Beschickung derselben mit Material werden sie mit der CORNETschen Pinzette gefaßt, die auf einer Seite entweder einen Knopf oder eine kleine eiförmige Öffnung trägt, die dem Untersucher anzeigen soll, daß sich die Schichtseite des Präparates an dieser Seite befindet. Es ist nun nicht ratsam, das Material wahllos auf dem Deckgläschen zu verreiben. Der Wassertropfen wird genau in die Mitte des Deckgläschens gebracht und nach Beimpfung in der Mitte zu einem Kreis verrieben, der an keiner Stelle den Rand des Deckgläschens berührt, da sonst infektiöses Material über den Rand gebracht werden kann. Die nach einigen Minuten lufttrocken gewordenen Präparate werden am besten durch vorsichtiges dreimaliges Hindurchziehen durch die Flamme fixiert. Aber auch nach der Fixierung und nachfolgender Färbung ist immer noch damit zu rechnen, daß das Material infektiös ist. Bei ungenügender Fixierung kann es vorkommen, daß die Bakterien durch Farbflüssigkeit abgespült werden. Trotz der starken bactericiden Wirkung der Anilinfarben ist ein großer Teil der Mikroorganismen zuweilen noch lebensfähig und pathogen. Die Präparate werden nach der Färbung gewöhnlich mit Filtrierpapier getrocknet. Um zu verhindern, daß Infektionsstoff von den feuchten Deckgläschen durch das Papier hindurch an die Hände kommt, ist ein viereckiges Stück zuerst in der Mitte zu kneifen und jede Hälfte noch einmal umzulegen. Es befinden sich dann auf jeder Seite des Deckgläschens zwei Schichten Filtrierpapier.

Antrocknen von infektiösem Material. Große Gefahr bietet das angetrocknete infektiöse Material, z. B. das an Seidenfäden angetrocknete Material von Milzbrandsporen. Durch Versuche ist bekannt, daß Milzbrandsporen sich im Staube längere Zeit lebensfähig erhalten; durch Aufwirbeln des Staubes können sie der Atemluft beigemischt werden und so den stets tödlichen Lungenmilzbrand herbeiführen. Die Antrocknungsversuche werden am besten auf einem mit einem Bogen Filtrierpapier bedeckten Platze abseits von den anderen Arbeitstischen vorgenommen. Während des Arbeitens mit angetrocknetem Material ist Zugluft und auch tiefes Einatmen unbedingt zu vermeiden. Vorsichtiges Arbeiten, angestrengte Aufmerksamkeit sind erforderlich. Nach beendigter Arbeit wird der benutzte Bogen Filtrierpapier, ohne ihn seitwärts auszuschütteln, verbrannt.

Desinfektion. Über die Desinfektion der Platinnadel ist schon das Nähere mitgeteilt. Wertlose infizierte Gegenstände werden am besten sofort verbrannt; niemals dürfen infizierte Sachen in den Abfalltopf geworfen werden. Infizierte Instrumente usw. werden sofort sterilisiert, metallene Instrumente und Gefäße in schwacher Sodalösung ausgekocht. Dabei ist es notwendig, daß die Sodalösung die infizierten Gegenstände vollkommen überdeckt. Es ist darauf zu achten, daß der Topf hohe Wandungen hat, damit ein Überkochen der Flüssigkeit, die oft schäumt, nicht möglich wird, da sie nach nur kurzer Kochzeit immer noch infektiöse lebensfähige Keime beherbergen kann. Auf die übergekochte Flüssigkeit gieße man Sublimatlösung oder Lysol und lasse sie stundenlang einwirken. Bei Infektion des Fußbodens ist ebenso zu verfahren.

Die Desinfektion der Hände geschieht in den im Arbeitsraum aufgestellten Schalen mit Desinfektionslösung durch Bürsten und Abspülen. Es ist falsch, die Hände nach Desinfektion sofort abzuspülen und mit einem Handtuch abzutrocknen, besonders wenn es sich um eine Arbeit mit hochinfektiösem Material handelt. Das Mittel muß man an den Händen trocknen lassen. Nach Beendigung des Kursus werden die Hände mit Wasser und Seife gewaschen, ordentlich mit Wasser abgespült, dann mit Sublimat desinfiziert; zur Vermeidung von sog. aufgesprungenen Händen genügt ein Einreiben mit Lanolin oder Glycerin.

Der hängende Tropfen. Die größte Schwierigkeit bietet dem Anfänger die mikroskopische Untersuchung des hängenden Tropfens. Man kann häufig beobachten, daß beim Einstellen das Deckgläschen zerbricht und infolgedessen infektiöses Material an die Objektlinse gebracht wird. Der Kursteilnehmer darf sich nicht damit begnügen, das zerstörte Präparat mit dem Objektträger in die Desinfektionsflüssigkeit zu werfen, er muß auch eine Sterilisierung des Objekttisches und vor allem des Objektives aufs gründlichste, aber immer in schonender Weise, am besten mit Alkohol vornehmen.

Klatschpräparat. Die Klatschpräparate werden stets so angefertigt, daß man die gereinigten Deckgläschen mit der Pinzette auf die zu untersuchende Kolonie bringt. Ebenso ist es selbstverständlich, daß ein Abheben der Klatschpräparate nicht mit den Fingern, sondern stets mit der Pinzette zu geschehen hat. Auch während des Fixierens und Färbens dürfen sie nicht, wie es leider sehr häufig geschieht, mit den Fingern angefaßt werden, da eine Infektion der Hände dabei fast unvermeidlich ist.

Die Materialentnahme aus dem Kulturröhrchen. Um ein übersichtliches und gleichzeitig peinlich sauberes Arbeiten zu ermöglichen, wird das Kulturröhrchen zweckmäßig zwischen Daumen und Zeigefinger in der Weise gehalten, daß die flache Hand nach oben sieht und der untere Teil des Röhrchens nach außen zeigt. Zunächst wird der Wattepfropf durch Drehen (und nicht durch einfaches Ziehen, da sonst Watte im Reagensröhrchen zurückbleibt), herausgenommen, dann zwischen den 3. und 4. Finger gesteckt, daß die dem Röhrchen der Kultur zugewandte Seite des Pfropfens nach außen zeigt und die Finger nicht berührt. Dann wird der Oberteil des Röhrchens abgebrannt und mit der Öse oder Nadel die zu untersuchende Kultur entnommen. Der Nadelhalter wird nach Art des Federhalters gehalten. Nachdem man die Öse ausgeglüht hat, nimmt man nach erneutem Ausglühen des Röhrchens den Wattepfropf, brennt ihn kurz ab und verschließt das Kulturröhrchen, das dann wieder in das für die Röhrchen bestimmte Wasserglas gesetzt wird.

Plattengießen. Beim Anfertigen von Platten (Agar- und Gelatineplatten) beobachtet man immer wieder, daß die sog. Verdünnungsröhrchen, in denen das infektiöse Material mit Agar oder Gelatine gemischt wird, nach dem Ausgießen in die sterilisierte PETRI-Schale auf den Arbeitsplatz gelegt werden. Es muß, um eine Infektion des Arbeitsplatzes auch hier zu vermeiden, jedes gebrauchte Röhrchen sofort in eine Schale mit Desinfektionsflüssigkeit so gelegt werden, daß das Röhrchen mit der Flüssigkeit angefüllt ist. Auch dürfen keine Tropfen von den Verdünnungsröhrchen auf den Tisch fallen.

Pipetten. Vor dem Herausnehmen der Pipetten aus der Pipettenbüchse sind die Hände aufs sorgfältigste zu desinfizieren, da ja der Zeigefinger beim Pipettieren die obere Öffnung der Pipette verschließen muß, an der später mit dem Munde gesogen wird. Die Herausnahme der Pipetten aus dieser Büchse, in der sie sterilisiert worden sind, geschieht am zweckmäßigsten in der Weise, daß die Pipetten nach Öffnung der Büchsen in den Deckel geschüttet werden, so daß sie nach dem Abnehmen des Deckels frei aus der Blechbüchse ragen. Es wird nun eine Pipette vorsichtig, d. h. ohne die Mundstücke der übrigen Pipetten zu berühren, herausgenommen. Sollte das Mundstück mit irgendeinem Gegenstand in Berührung gekommen sein, so ist es kurz in der Flamme auszuglühen oder eine neue Pipette zu gebrauchen. Wegen der großen Infektionsmöglichkeit beim Pipettieren müssen die Gedanken vollkommen auf den Vorgang konzentriert sein.

Beim Arbeiten mit pathogenen Bakterien schiebt man in das Mundstück der Pipette einen noch luftdurchlässigen Wattepfropf, der die Pipette nach unten hin abschließt. Erst dann saugt man an. Im Laboratorium sind derartige sterile Pipetten stets vorrätig zu halten. Bei etwa vorkommender Infektion durch unvorsichtiges Pipettieren, d. h. wenn infektiöses Material in den Mund gelangt, sind Mundspülungen mit 1%igem Wasserstoffsuperoxyd öfters zu wiederholen. Am zweckmäßigsten ist es, das Ansaugen mit dem Munde — wenigstens bei infektiösem Material — ganz zu unterlassen und mittels eines kleinen Gummiballons od. dgl. anzusaugen.

Tierversuch. Bei Operationen an Tieren ist es vor allen Dingen notwendig, einen geschulten Diener zur Verfügung zu haben, der mit der bei der Operation in Betracht kommenden Haltung der Tiere vollkommen vertraut ist. Man hat selbst darauf zu achten, daß der Diener weder durch das Messer des Operierenden noch durch die Injektionsspritze verletzt wird. Ein Teil von Laboratoriumsinfektionen ist auf Unvorsichtigkeit bei Tieroperationen zurückzuführen. Bei schon infizierten Tieren ist zu bedenken, daß die eingespritzten Keime an das Fell der Tiere gelangt sein können, und zwar nicht nur bei der Impfung oder wenn sich die geschwürigen Stellen entwickelt haben, sondern auch wenn die Infektionserreger mit dem Kot und Harn der Tiere entleert werden. Weiter ist darauf zu achten, daß nicht irgendwelche Verletzungen, sei es durch Beißen oder Kratzen der Tiere beim Halten, an den Händen des Operateurs oder Dieners, vorkommen. In besonderen Fällen hat man die Hände durch Handschuhe zu schützen, die Tiere mit Zangen zu fassen. Jede Kratz- oder Bißwunde ist als Verunreinigung zu betrachten und entsprechend zu behandeln. Die Anwendung von Jodtinktur oder Ausätzung mit rauchender Salpetersäure ist zu empfehlen.

Bei der Narkose — am häufigsten wird die Äthernarkose angewendet —
ist darauf zu achten, daß sämtliche Flammen im Umkreise, insbesondere
die Zündflammen der Sparbrenner, gelöscht sind. Wie bekannt, sind
die Ätherdämpfe außerordentlich explosiv und die kleinste vergessene
Flamme genügt, sie zu entzünden. Also Vorsicht!

Injektionsspritze. Wenn sich in der Injektionsspritze Blasen an-
gesammelt haben, muß man, um sie zu entfernen, die Spritze nach
oben halten, die Luft durch Drücken am Stempel herausbringen. Kleinere Mengen Injektionsflüssigkeiten können dabei sehr leicht Hände
und Umgebung infizieren. Durch Aufsetzen eines Stückchens Filtrierpapier oder Watte auf die Nadel, wodurch die austretende Flüssigkeit
angesogen wird, ist diesem Übelstande abzuhelfen. Sollte der Stempel
der Injektionsspritze sich nicht bewegen lassen, so ist nicht etwa Ge-
walt anzuwenden, da hierbei leicht Verspritzen infektiösen Materials
stattfindet, sondern vorsichtig die Ursache der Störung zu ermitteln
und eventuell eine neue Spritze zu benutzen.

Sektion kleinerer Tiere. Um bei der Sektion kleinerer Versuchstiere
eine Verunreinigung zu vermeiden, breitet man über das Sektionsbrett eine
Schicht Filtrierpapier, das mit Sublimat getränkt ist, und spannt hierauf
in der üblichen Weise den Tierkörper auf. Nach beendigter Sektion wird
der Tierkadaver mit in Sublimatlösung getränktem Filtrierpapier oder
Watte überdeckt, um eine Verschleppung des infektiösen Materials durch
Fliegen usw. unmöglich zu machen. Das Tier wird später im Verbrennungsofen verbrannt. Bei hochinfektiösem Material sollte man es sich
zur Regel machen, nur mit Gummihandschuhen die Sektion auszuführen.

Schlußbemerkungen. In der Kursstunde, und überhaupt während des
bakteriologischen Arbeitens, soll nicht gegessen werden. Es ist eine ganze
Reihe von Laboratoriumsinfektionen zwar, wie oben schon erwähnt,
auf das Pipettieren zurückzuführen, doch ebenso auch auf das Essen
von Nahrungsmitteln, die mit nichtdesinfizierten Händen angefaßt
worden sind. Es ergibt sich daraus die Regel, während der Kursstunde
auf Essen zu verzichten oder das Brot usw. nach erfolgter Händedesinfektion aus dem Papier zu essen.

Endlich sollen noch einige Verhaltungsmaßregeln für Raucher gegeben werden. (Die Zigarre muß so hingelegt werden, daß der brennende
Teil auf einer Unterlage liegt, während das Mundstück frei in die Luft
ragt. Am besten ist es, das Rauchen während des bakteriologischen
Arbeitens überhaupt zu unterlassen, da die Gefahr, mit der Zigarre
infektiöses Material in den Mund zu bringen, naturgemäß außerordentlich groß ist). Beim Arbeiten mit gemeingefährlichen Krankheitserregern
ist das Rauchen streng zu verbieten — am besten in Laboratorien
überhaupt!

3. Der Tierversuch.

Das für den Tierversuch notwendige Instrumentarium setzt sich
zusammen:

1. Aus den Käfigen zum Aufbewahren der Versuchstiere,

2. den Operationsbrettern zum Aufspannen der Tiere,

3. den Injektionsspritzen, den notwendigen Skalpellen und anderen
Instrumenten.

Von den Versuchstieren werden Mäuse und Ratten in hohen Standgläsern, die einen mit Gewicht beschwerten Drahtnetzdeckel tragen, gehalten. Die Nummer der Versuchstiere und die Art des benutzten Materials, Datum der Impfung, Gewicht der Tiere usw. muß auf den Gläsern vermerkt sein. Meerschweinchen und Kaninchen werden in Steintöpfen mit Drahtdeckel, runden oder viereckigen Käfigen aus Eisenblech gehalten. Die Tiere sitzen in den Käfigen auf erhöhtem Drahtnetz, damit Kot und Urin die Streu nicht verunreinigen.

Man bezeichnet die Tiere entweder mit verschiedenen Farben oder benutzt bei Meerschweinchen Metallmarken, die durch das Ohr gestochen werden. Vögeln befestigt man Blechringe an den Füßen. Um Verwechslungen zu vermeiden, ist anzuraten, in den Protokollen eine genaue Beschreibung der Tiere zu geben, wie z. B. linkes Ohr schwarz, rechtes Ohr braun, Nase schwarz, Rücken rechts gelber Fleck, sonst weiß. Man kann auch besondere Gummistempel verwenden, in die man die Farben einzeichnen kann.

Die Messung der Temperatur infizierter Tiere nimmt man durch Einführung eines kleinen Maximalthermometers in anum vor.

Zu diagnostischen Zwecken, zur Differenzierung verschiedener Arten, sowie zur Prüfung und Steigerung der Virulenz und zu Versuchen über Sero- und Chemotherapie ist die Tierimpfung unerläßlich.

Häufig empfiehlt es sich, die Injektionsstelle von Haaren bzw. Federn entweder mit der Schere, dem Rasiermesser oder durch Epilation zu befreien.

Als Impfmethoden kommen in Betracht:

1. Die intracutane Impfung (verwendet diagnostisch bei Tuberkulose und Diphtherie).

2. Die cutane Impfung (PIRQUET). (Einreiben des Materials auf die rasierte Haut oder Anritzen derselben und Einbringen des Materials in die Wunde.)

3. Die subcutane Impfung a) in eine Hauttasche. Einführen des Impfmaterials in eine mit steriler Schere geschlagene kleine Wundöffnung im Unterhautzellgewebe (bei Mäusen und Ratten Gegend über der Schwanzwurzel, bei Meerschweinchen Bauch- oder Brustseite usw.), b) mittels einer Injektionsspritze.

4. Die intraperitoneale Impfung mittels stumpfer Nadel, um die sonst sehr leicht erfolgende Verletzung der Därme zu vermeiden. Das Eindringen der stumpfen Nadel durch die Bauchdecken erfolgt leicht, nachdem die Hautdecke durch einen kleinen Scherenschlag bis auf die Muscularis durchtrennt ist.

5. Intrapleurale und intramuskuläre Impfung.

6. Die Impfung in die vordere Augenkammer.

7. Die intravenöse oder intrakardiale Impfung.

8. Impfung durch Verfütterung a) per os, b) durch elastischen Katheter in den Magen.

Der Vollständigkeit halber sei noch erwähnt:

9. Die Infektion durch Inhalation, wobei natürlich besondere Vorsichtsmaßregeln (Anstellung des Versuches in hermetisch abgeschlossenem Raum) erforderlich sind, um Laboratoriumsinfektionen zu vermeiden.

4. Sektion.

Soll ein Tier seziert werden, so geht man folgendermaßen vor:

Vor allem muß man es sich zur Regel machen, das zu sezierende Tier nicht mit den Händen zu berühren. Es wird in Rückenlage auf das Sezierbrett aufgespannt, und zwar indem man entweder die Extremitäten mittels Fadenschlingen oder mit Nägeln oder Pfriemen oder Stecknadeln befestigt. Die Bauchseite wird mit Sublimat- oder Kresolseifenlösung befeuchtet, um das Verstreuen der Haare zu vermeiden und das Ungeziefer zu töten. Eventuell kann man mit Alkohol die Haare abbrennen; Federn sind auszurupfen.

Nun wird in der Mittellinie vom Hals bis zur Symphyse mit sterilem Instrument ein Schnitt gelegt und die Haut von der darunterliegenden Muskulatur abpräpariert, nach außen umgelegt und auf dem Sezierbrett befestigt. Jetzt geht man daran, die Bauchmuskulatur in der Mittellinie zu durchtrennen, ohne die Därme zu verletzen. Die Muskulatur wird von den Rippenbögen durch Querschnitt abgetrennt. Die Eröffnung der Brusthöhle geschieht durch Durchtrennung der Rippen beiderseits des Sternums, das schließlich hochgeklappt wird. Jetzt erfolgt Betrachtung der inneren Organe, Besichtigung der Inguinaldrüsen und sterile Herausnahme der verdächtigen Organe. Es ist angezeigt, die Instrumente öfters während der Sektion abzubrennen oder mit frischen sterilen Instrumenten zu vertauschen und nach Beendigung der Sektion die Instrumente niemals auf den Arbeitsplatz zu legen, sondern sie in einem bereitstehenden Behälter in siedender 2%iger Sodalösung zu sterilisieren.

Sollen Kulturen aus den Organen angelegt werden, so wird die Oberfläche des betreffenden Organs mit einem glühenden Skalpell abgebrannt, dann mit einem sterilen Skalpell angeritzt und mit einer ausgeglühten Platinöse etwas Impfmaterial auf feste und flüssige Nährböden übertragen. Zwecks mikroskopischer Untersuchung werden Ausstriche von Organstückchen auf sterilen Objektträgern angefertigt. Harte Knochen (Tb) werden zur Untersuchung zwischen 2 sterilen Objektträgern zerquetscht.

Nach beendigter Sektion wird das Tier am besten im Verbrennungsofen vernichtet. Ist kein Verbrennungsofen vorhanden, so kann man das Tier in einem mit Sublimat getränkten Tuch vergraben oder in konzentrierter roher Schwefelsäure vernichten.

Das Sezierbrett ist nach Gebrauch jedesmal mit 1—2⁰/₀₀ Sublimatlösung abzuwaschen.

Besonders schöne, zu Demonstrationszwecken geeignete Organe sind in KAISERLINGs Lösung zu behandeln.

1. Fixation der Organe bis zur völligen Entfärbung in Lösung I.

Formalin   200,0
Wasser   1000,0
Kalium nitric.   15,0
Kalium acetic.   30,0

2. Nachbehandlung mit Alkohol zur Wiederherstellung der Farbe des Blutes (80% Alkohol). Mehrmals wechseln.

3. Übertragen in ein Gemisch von:

Wasser . . . .   2000,0 ⎫ Aufbewahrungs-
Kalium acet. . . . .   200,0 ⎬
Glycerin . . . .   400,0 ⎭ flüssigkeit.

A. Die pathogenen Bakterien.

I. Die pathogenen Kokken.

Die *Kokken* oder kugelförmigen Bakterien lassen sich nach dem morphologischen Verhalten ihrer bei der Zellteilung entstehenden Verbände in natürliche Gruppen einteilen. Erfolgt die Zellteilung regellos nach den verschiedenen Richtungen, dann entstehen unregelmäßige, einer *Traube* ähnliche Haufen. Man spricht von Haufen-, Trauben- oder *Staphylokokken*. Ist die Zellteilung nach einer oder mehreren aufeinander senkrechten Richtungen des Raumes erfolgt, entstehen regelmäßig gestaltete und für die betreffende Art charakteristische Verbände. So kann die Teilung in einer Richtung erfolgen, woraus die Bildung kettenförmiger und mehr oder minder langer Reihen von Einzelindividuen resultiert: Ketten- oder *Streptokokken*. Die bei der Teilung entstehenden Tochterzellen können auch in Verbänden zu je zweien vereinigt bleiben, wodurch das Bild der *Diplokokken* entsteht. Eine weitere Unterscheidung bedingt bei diesen Mikroorganismen die Gestalt der in solchen Doppelverbänden vereinigten Kokken, sofern sie sich von der reinen Kugelform entfernt und einer elliptischen Gestalt nähert. So können lanzettförmige, nach außen zugespitzte Gebilde entstehen, wie der Diplococcus pneumoniae, Streptococcus lanceolatus oder *Pneumococcus*. Andererseits können die ovalen Kokken bei der Teilung einander die Breitseite zukehren; bei der Abflachung der aneinander liegenden Seiten entstehen semmel- oder nierenförmige Doppelgebilde wie bei den Gonokokken und Meningokokken. Erfolgt die Zellteilung in einer zweiten und auf der ursprünglichen senkrechten Ebene, dann sieht man das Entstehen von Viereck- oder Tafelformen, *Tetraden*, wie sie regelmäßig beim Micrococcus tetragenus beobachtet werden. Schließlich kann die Zellteilung auch regelmäßig nach allen drei Hauptrichtungen des Raumes erfolgen, wodurch es zur Bildung würfelförmiger, dem Gepäckstück (Sarcina) der römischen Soldaten ähnlicher Formen kommt, den *Sarcinen*. Diese Einteilung gründet sich nicht nur auf den genannten morphologischen Merkmalen, vielmehr entsprechen ihnen auch mehr oder minder charakteristische biologische Eigenschaften. Abgesehen von der Gruppe der Sarcinen enthalten alle genannten Gruppen pathogene Arten. Gemeinsam ist allen kugelförmigen Bakterien das Fehlen von Eigenbewegung und des Sporenbildungsvermögens.

1. Die pyogenen Staphylokokken.

Bei der Mehrzahl aller Entzündungen und Eiterungen sind Kokken ursächlich beteiligt, und zwar handelt es sich meistens entweder um Staphylo- oder um Streptokokken. Der Staphylococcus pyogenes aureus ist der am häufigsten vorkommende Eitererreger, er führt seinen Beinamen von dem in seinen Kulturen bei Sauerstoffzutritt gebildeten goldgelben Pigment. Andere, allerdings als Krankheitserreger nicht so häufig auftretende Staphylokokken bilden ein citronengelbes Pigment, weitere wachsen in porzellanweißen Kolonien. Entsprechend ihrer Pigmentbildung werden die einzelnen Typen der Staphylokokken daher als Staphylococcus aureus, citreus und albus bezeichnet.

Morphologisch handelt es sich stets, wie es auch die Abb. 19 zeigt, bei den Staphylokokken um ungeordnete traubenförmige Haufenbildungen sowohl in der Kultur als auch im Ausstrichpräparat aus Eiterungsprozessen des Menschen. Die Einzelindividuen messen meist etwas unter 1 μ im Durchmesser, wenn sie auch oft eine verschiedene Größe

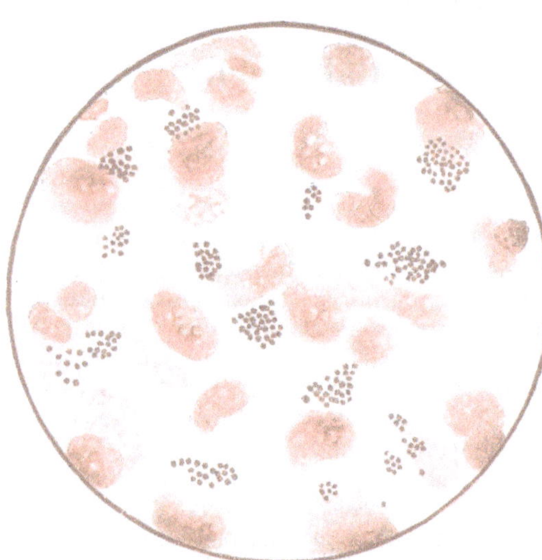

Abb. 19. Staphylokokkeneiter. (Färbung mit verd. Carbolfuchsin.) (Vergr. 1 : 500.)

zeigen. Stets sind die pyogenen Staphylokokken grampositiv. Das Temperaturoptimum liegt bei 24—38⁰ C. Die übliche Züchtung erfolgt bei 37⁰ C, die Vermehrungsgeschwindigkeit ist beträchtlich. Auf Agar oder Blutagar entwickeln sich schon binnen 12 bis 24 Stunden — je nach der Art des gebildeten Farbstoffs — üppige goldgelbe, weiße oder citronengelbe Kolonien bzw. Beläge. Fast alle aus Krankheitsprozessen isolierten Staphylokokken zeichnen sich bei ihrem Wachstum auf Blutagarplatten durch die Eigenschaft der *Hämolyse* aus, bedingt durch ein Ferment (Hämolysin), das die Auflösung der roten Blutkörperchen im Umkreise der Kolonien auf der Blutagarplatte hervorruft. Dieses Hämolysierungsvermögen ist jedoch kein sicherer Beweis für die Pathogenität eines gezüchteten Staphylokokkenstammes, da es auch in der Außenwelt hämolysierende Staphylokokken gibt und zudem diese Art überhaupt als nahezu ubiquitär verbreitet anzusprechen ist. Die Staphylokokken wachsen auf den verschiedensten Nährsubstraten und können als recht anspruchslose Mikroorganismen bezeichnet werden. Die Diagnose ist meistens schon mittels des direkten Präparats, sonst mittels einfacher Kulturverfahren zu erbringen. Die früher viel geübten Prüfungen dieser Keime in den verschiedensten Differentialnährböden haben heute nur historisches Interesse bzw. dienen Spezialuntersuchungen. Bedeutungsvoll ist allein noch die bemerkenswerte Resistenz der Staphylokokken gegenüber chemischen und physikalischen Einflüssen. Von den nicht sporenbildenden Mikroorganismen gehören die Staphylokokken zu den resistenteren Keimen. Im eingetrockneten Zustand halten sie sich oft monatelang lebensfähig. Gegen niedrige Temperaturen sind sie unempfindlich.

Außer einem peptonisierenden Ferment bilden die Staphylokokken das eingangs erwähnte *Hämolysin*, das auf der Blutagarplatte schon nach 24stündiger Bebrütung sich durch die Ausbildung einer Hämolyse bemerkbar macht und das man in Blutbouillonkulturen nachweisen kann. Bringt man solche Bouillonkulturen von Staphylokokken nach Filtration durch BERKEFELD-Filter in fallenden Mengen in eine etwa 5%ige Aufschwemmung gewaschener Schafblutkörperchen, dann beobachtet man nach einstündigem Verweilen der Mischung im Brutschrank bei 37⁰ C oder auch nach längerem Stehenlassen bei Zimmertemperatur oder im Eisschrank eine mehr oder minder vollständige Auflösung der roten Blutkörperchen.

Die Staphylokokken sind in der Natur weit verbreitet und finden sich auch normalerweise auf der äußeren Haut und auf den Schleimhäuten des Menschen. Eine sichere Methode der Differenzierung von Staphylokokken in pathogene und saprophytische Stämme ist bisher nicht gefunden, obschon sich zahlreiche Forscher mit diesem praktisch auch bedeutungsvollen Problem beschäftigt haben. Unter Berücksichtigung der neuerlichen Untersuchungen über die Ferment- und Giftproduktion als Kriterien für Virulenz und Pathogenität sprechen manche Ergebnisse für die Möglichkeit einer Aufteilung in *Saprokokken* und *Pyokokken*, von denen die letzteren für das Zustandekommen einer Staphylokokkenerkrankung des Menschen allein von Bedeutung sein sollen. Die Berechtigung dieser Differenzierung wird vor allem durch die in den letzten Jahren erfolgte genauere Kenntnis des Staphylokokken*toxins*, das als ein echtes Gefäß- und Zellgift anzusprechen ist, gegeben. Die Eigenschaften dieses Toxins spielen zweifelsohne auch in der Pathogenese der ernsteren Staphylokokkenerkrankungen eine wichtige Rolle und sind besonders für die toxämischen Allgemeinerscheinungen verantwortlich zu machen.

Die *Diagnose der Staphylokokken* als Krankheitserreger ist bei Eiterungen meistens schon durch die direkte mikroskopische Untersuchung (vgl. Abb. 19) eines nach GRAM gefärbten Präparates möglich. Sonst entscheidet die Kultur, indem man das Material auf Agar- und Blutagarplatten sowie in Bouillon überimpft. Bei Verdacht auf eine Staphylokokkensepticämie oder eines Einbruches von Staphylokokken in das strömende Blut wird man Blutkulturen anlegen bzw. Patientenblutagarplatten gießen und weitere Blutmengen in Bouillon zur Anreicherung spärlicher Keime überführen. Diese Ausführungen zeigen, daß man zur bakteriologischen Diagnose je nach den Krankheitssymptomen Eiter oder Blut oder beides einsendet.

Typische *Staphylokokkenerkrankungen* beim Menschen sind die Entzündungen der Haut, wie Furunkel, Karbunkel, Acnepusteln, gefürchtet dann vor allem auch die Osteomyelitis, die nicht selten unter dem Bilde einer Staphylokokkensepticämie tödlich endigen kann. Der Primärherd liegt meistens in der Haut, seltener sind die Schleimhäute die Eintrittspforte. Die häufigste Metastase einer Staphylokokkeninfektion stellt bei Kindern die Osteomyelitis, bei Erwachsenen der paranephritische Absceß oder Nierenabscesse.

Das *epidemiologische Bild* der Staphylokokkenerkrankungen des Menschen ist noch immer nicht genügend erforscht. Der früher meist vertretenen Ansicht von einer sekundären Invasion ubiquitär verbreiteter Staphylokokken, deren krankmachende Wirkung für den Menschen erst durch eine Resistenzverminderung des Makroorganismus ermöglicht wurde (z. B. Diabetes), muß man heute wenigstens in etwa die Gruppe der Pyokokken gegenüberstellen, deren primäre pathogene Wirkung bisher unzureichend gewürdigt wurde. Der Mensch ist Staphylokokkeninfektionen gegenüber verhältnismäßig wenig widerstandsfähig, vor allem dann, wenn örtliche Widerstandsherabsetzungen, wie bei Verletzungen (Haut), Erkältungen (Nase) usw. gegeben sind.

Viele Staphylokokkenerkrankungen, so insbesondere die häufigsten in Form der Furunkulose, zeichnen sich nicht selten durch viele Nachschübe und Rezidive aus. Hier vermag eine *spezifische Therapie* und *Prophylaxe* Gutes zu leisten. Besonders bei chronischen Staphylokokkenerkrankungen hat sich die Vaccinetherapie gut bewährt, sei es in Form einer käuflichen Staphylokokkenmischvaccine, sei es in Form der aus dem infizierenden Stamm hergestellten Autovaccine. Diese Autovaccinen müssen durch Züchtung des Erregers aus dem eingesandten bakterienhaltigen Material in einem Fachinstitut angefertigt werden. Da es sich aber durchweg um chronische Entzündungsprozesse handelt, empfehlen wir den unseres Erachtens therapeutisch günstigeren Weg der Autovaccinetherapie, besonders bei hartnäckiger Furunkulose, Schweißdrüsenabscessen und rezidivierenden Karbunkeln. Die Injektionen werden nach den angegebenen Vorschriften in Abständen von 3—5—8 Tagen meistens subcutan, seltener intramuskulär vorgenommen. Die Dauer der Vaccinebehandlung richtet sich nach dem Erfolg. Empfehlenswert ist eine etwas längere Dauer über 6—10 Injektionen, um gleichzeitig einen länger anhaltenden aktiven Schutz zu bewirken.

In den letzten Jahren hat sich besonders im Ausland an Stelle der Vaccinebehandlung die Verwendung des Staphylokokkentoxins in Form des durch Formol entgifteten Anatoxins oder Formoltoxoids immer mehr durchgesetzt. Es ist anzunehmen, daß nach genauerer Kenntnis des Staphylokokkentoxins auch in Deutschland die therapeutische Anwendung des Staphylokokkentoxoids von größerer Bedeutung werden wird.

Neuerdings hat man sich auch bei schweren Staphylokokkenallgemeininfektionen mit einem gewissen Erfolg der *Serumtherapie* unter Anwendung hochwertiger antitoxischer Sera bedient. Schon vorher war verschiedentlich der Gebrauch antitoxinhaltiger Sera von Osteomyelitiskranken oder -rekonvaleszenten empfohlen worden. Als artgleiche Sera haben sie den großen Vorzug der Unschädlichkeit, da sie keine Anaphylaxie hervorrufen und ohne Bedenken auch intravenös injiziert werden können. Unabhängig von den chirurgisch notwendigen Maßnahmen muß nach den vorliegenden Erfahrungen der Serumbehandlung unbedingt ein unterstützender Wert zuerkannt werden. Sowohl mit der Anwendung des Rekonvaleszentenserums als auch antitoxischer Sera vom Tier müssen jedoch noch weitere Erfahrungen abgewartet werden. Ähnliches gilt auch für ein weiteres spezifisches Behandlungsverfahren der Staphylokokkeninfektionen, nämlich mit der therapeutischen Anwendung von Bakteriophagen.

Auch gegen Staphylokokken können *Phagen* hergestellt werden, die in spezifischer Weise Staphylokokken sowohl in vitro als auch im Körper zu zerstören und vollständig aufzulösen vermögen. Die Phagotherapie erstreckt sich vor allem im Ausland auf die Staphylokokkeninfektionen der Haut. Allen diesen spezifischen Behandlungsmethoden ist unbedingt eine größere Aufmerksamkeit als bisher zu schenken. Die Staphylokokkenerkrankungen sind so außerordentlich verbreitet und oft so gefährlich, daß eine intensivere Beschäftigung auch von klinischer Seite mit diesen Problemen unbedingt angestrebt werden muß.

Schrifttum.

GROSS, H.: in M. GUNDEL: Die ansteckenden Krankheiten. Leipzig: Georg Thieme 1935. — GUNDEL, M.: Die Typenlehre in der Mikrobiologie. Jena: G. Fischer 1934. — TOPLEY and WILSON: The principles of bacteriology and immunity, 2. Aufl. London: E. Arnold 1936.

2. Die Streptokokken.

Ihren Namen verdanken die Streptokokken der Eigenschaft, daß sich die bei der Vermehrung neugebildeten Individuen in mehr oder minder langen Verbänden kettenartig aneinander legen. In der menschlichen Pathologie spielen die Streptokokken wegen der zahlreichen durch sie hervorgerufenen Krankheiten eine große Rolle, und zwar nicht nur als Erreger selbständiger Krankheitsbilder, sondern auch wegen ihres Vorkommens bei anderen Infektionen. Sie rufen akute Eiterungen und Abscesse hervor, sind die Erreger des Erysipels, puerperaler Endometritis und Sepsis und werden häufig bei der Pyämie und septischen Endokarditis gefunden. Sekundärinfektionen durch Streptokokken kommen insbesondere bei Pocken, Fleckfieber und anderen bakteriellen Erkrankungen vor. Während früher eine große Zahl verschiedener Streptokokkenarten unterschieden wurde, haben wir in den letzten Jahren gelernt, daß der Mehrzahl der Streptokokkeninfektionen, sei es eine Endokarditis, ein Erysipel oder eine Sepsis usw., meistens die Wirkung einer Streptokokkenart zugrunde liegt. Das Zustandekommen dieser verschiedenartigen Krankheitserscheinungen ist im wesentlichen davon abhängig, ob sich Erreger gleicher Eigenschaften in einer Vene, in einem Muskel oder am Endokard ansiedeln. So hat man dann die große Zahl von verschiedenen Streptokokkenarten und -typen, die sich hinsichtlich ihrer Differenzierung meistens auf morphologische Eigenschaften gründeten (longus, conglomeratus, brevis usw.) aufgegeben, ohne daß man aber nach dem derzeitigen Stande der Forschung von einer Arteinheit der Streptokokken sprechen kann. Von ihnen nimmt nur der Streptococcus pyogenes haemolyticus in menschenpathogener Hinsicht eine besondere Stellung ein. Es gibt verschiedene Aufteilungen der Streptokokkengruppe. Am einfachsten bedienen wir uns vorläufig einer von M. GUNDEL mitgeteilten, die eine Differenzierung in zwei Hauptgruppen vornimmt:

Hauptgruppe A: Stabile Stämme.

I. Streptococcus pyogenes haemolyticus.
II. Streptococcus viridans.
III. Streptococcus lanceolatus (Pneumococcus).
IV. Obligat anaerobe Streptokokken.

Hauptgruppe B: Labile Stämme.
I. (V) Gruppe der pleomorphen Streptokokken.
1. Mundstreptokokken.
2. Darmstreptokokken (Enterokokken).
3. Milchstreptokokken.
II. (VI) Gruppe der übrigen anhämolytischen Streptokokken.

Jede Systematik in der Mikrobiologie, also die Aufteilung und Kennzeichnung einzelner Arten und Typen, wird neben einer theoretisch naturwissenschaftlichen Zielsetzung vor allem praktischen Forderungen entsprechen. Die Systematik eröffnet erst die Möglichkeiten, bestimmte Bakterienarten und Typen mit bestimmten Krankheitsbildern in Zusammenhang zu bringen und hieraus bestimmte Folgerungen für die Erkenntnisse der Pathogenese und der spezifischen Therapie abzuleiten. Obschon die Arbeiten gerade auf dem Gebiete der Streptokokkengruppe noch keinen Abschluß gefunden haben, ist das Bedürfnis nach einer Typengliederung besonders dringend, da sich die Streptokokkeninfektionen des Menschen durch eine sehr weitgehende Mannigfaltigkeit der Krankheitsbilder auszeichnen und da neben den akuten gerade auch die chronischen Streptomykosen beim Menschen eine außerordentlich große und verhängnisvolle Rolle spielen.

Die verschiedenen Typen haben manche Gemeinsamkeit. Alle Streptokokken sind grampositiv. Ihre Kettenbildung ist bei Züchtung in Bouillon besonders gut erkennbar. Das Wachstum erfolgt am besten bei einer Temperatur von 37⁰ C. Nur wenige Streptokokkenstämme sind obligat anaerob, die meisten finden günstigste Lebensbedingungen unter aeroben Verhältnissen. Auf gewöhnlichem Agar bilden die meisten Stämme zarte, kleine, nicht konfluierende, graublau durchscheinende Kolonien. Während auf der Blutagarplatte die hämolytischen Streptokokken durch ihr Hämolysinbildungsvermögen einen breiten hellen Hof durch die Zerstörung des Hämoglobins bilden, bedingen andere durch Veränderung des Hämoglobins eine grünliche Verfärbung (Streptococcus viridans) oder wachsen in schleimigen Kolonien (Streptococcus mucosus). Auch das Wachstum in gewöhnlicher Bouillon zeigt mancherlei Verschiedenheiten. Im Gegensatz zu den Staphylokokken mit der starken Trübung der Flüssigkeitssäule bleibt bei den Streptokokken die Bouillon fast klar bzw. nur ganz leicht getrübt, während sich am Grunde ein mehr oder minder üppiger und oft flockiger Bodensatz ausbildet. Gemeinsam ist den Streptokokken ferner noch, daß sie nicht gallelöslich und gegen Optochin nicht empfindlich sind. Die Virulenz der einzelnen Stämme und Typen ist den üblichen Versuchstieren gegenüber sehr verschieden. Für die praktische Diagnostik ist der Tierversuch für Streptokokken, pleomorphe und anhämolytische Streptokokken, abgesehen von den Pneumokokken, nicht erforderlich. Äußeren schädigenden Einwirkungen gegenüber sind die Streptokokken meist ziemlich widerstandsfähig, wenn auch nicht in so hohem Grade wie Staphylokokken. Ganz im allgemeinen kann man feststellen, daß die verschiedenen Streptokokkentypen ubiquitär verbreitet sind. Da sich aber durch die Heranziehung verschiedenartigster Nährböden vielerlei Übergänge finden lassen und da sich ferner die einzelnen Stämme und Typen nicht genügend gleichsinnig verhalten, bedient man sich bei der Diagnose der verschiedenen Streptokokkenarten im wesentlichen des direkten Präparats und der Kultur auf Agar, Blutagar und Bouillon. Dem erfahrenen Mikrobiologen bereitet die Differentialdiagnose keine Schwierigkeiten. Bei der Untersuchung von Eiterproben genügt im allgemeinen schon das direkte Präparat und die Blutagarplatte. Um die Bedeutung der einzelnen Streptokokkentypen richtig würdigen zu können, ist eine getrennte Besprechung angezeigt, von der wir nur die Pneumokokken ausnehmen, denen wegen ihrer großen Bedeutung ein besonderer Abschnitt gewidmet sein soll.

a) Streptococcus pyogenes haemolyticus,

Diese in der Streptokokkengruppe wichtigste Art wird im allgemeinen wegen ihres Hämolysierungsvermögens auf bluthaltigen Nährböden kurz als „hämolytischer Streptococcus" bezeichnet. Er ist ein sehr häufiger Entzündungs- und Eitererreger; man züchtet ihn in der Mehrzahl der Fälle aus einem Panaritium, aus einem Erysipel usw. Sehr gefürchtet ist er als Erreger oft foudroyant verlaufender Streptokokkensepticämien. In den oberen Atmungswegen gesunder Menschen weitverbreitet, findet man ihn wohl ausnahmslos in Rachenabstrichen beim Scharlach, eine Tatsache, die viele Forscher in dem hämolytischen Streptococcus den Erreger des Scharlachs erblicken läßt. Die Berechtigung für diese Annahme wird vor allem auch darin erblickt, daß gewisse Streptokokkenstämme ein Gift bilden, das in einem spezifischen Verhältnis zum Scharlach steht. Dieses Gift erzeugt bei für Scharlach empfindlichen Personen in der Regel eine entzündliche Reaktion, nicht aber bei Scharlachgenesenden, da ihre Antitoxine das injizierte Toxin neutralisieren: *Dick Test.* Da zudem Scharlachrekonvaleszentensera und insbesondere vom Tier gewonnene, antitoxische Immunsera in schweren Scharlachfällen unzweifelhaft therapeutische Erfolge erkennen lassen, hat die Streptokokkenätiologie des Scharlachs mancherlei Stützen erfahren, ohne daß aber bisher ein letztes Wort gesprochen worden ist.

Der *Nachweis* der hämolytischen Streptokokken als Krankheitserreger bei Mensch und Tier stößt auf keine wesentlichen Schwierigkeiten. Die direkte mikroskopische Untersuchung eines Eiterausstrichs zeigt nach der Abb. 20 die charakteristischen Streptokokkenformen, die sich unter Verwendung der Agar- und Blutagarplatte (eventuell nach Anreicherung in Bouillon) leicht züchten und diagnostizieren lassen. Der Nachweis hämolytischer Streptokokken im Blut verlangt hingegen die Anreicherung des Blutkuchens in flüssigen Nährsubstraten (Bouillon) und am besten die Herstellung von *Patientenblutagargußplatten.*

Diese werden, wenn möglich, in Verbindung mit einem bakteriologischen Laboratorium hergestellt. Man bringt zu diesem Zweck etwa 1—2 ccm Blut, die man steril aus der Armvene entnimmt, in 10 ccm Agar, den man durch Kochen vorher verflüssigt und dann auf 45⁰ C abgekühlt hat. Das Blutagargemisch gießt man dann zu Platten aus. Es empfiehlt sich, eine größere Blutmenge zu entnehmen, mehrere Platten zu gießen und außerdem einige Kubikzentimeter Patientenblut in Kölbchen mit Bouillon zur Anreicherung einzelner Streptokokken überzuführen. Bei der Verwendung bestimmter Blutmengen vermag man dann auch die Keimzahl pro Kubikzentimeter Blut zu bestimmen.

Entsprechend der zu diagnostizierenden Krankheitsprozesse sendet man zur Untersuchung Blut, Eiter oder Rachenabstriche ein.

Durch die Untersuchungen von F. GRIFFITH, LANCEFIELD, M. GUNDEL und J. WÜSTENBERG u. a. ist sichergestellt worden, daß es sich bei den hämolytischen Streptokokken nicht um eine einheitliche Art handelt, vielmehr auf Grund serologischer Untersuchungen um eine größere Zahl nur auf serologischem Wege differenzierbarer *Typen*. Diese Feststellung ist nicht nur für die Epidemiologie (Übertragbarkeit, Wochenbettfieber!, Angina usw.) von grundsätzlicher Bedeutung und läßt die Weiterverbreitung von Streptokokkeninfektionen ohne wesentliche Schwierigkeiten erkennen, vielmehr wird die spezifische Therapie vor allem akuter Streptokokkeninfektionen auf eine sehr viel sicherere Basis gestellt. Die Mehrzahl der bisher Verwendung findenden Streptokokkenheilsera hat auf die Dauer den an sie gestellten Erwartungen nicht entsprochen. Eine Sonderstellung nimmt nur das Scharlachserum ein (vgl. später).

Soll eine *Serumbehandlung* erfolgreich sein, dann muß sie die selbstverständliche Voraussetzung erfüllen, daß die in dem Serum vorhandenen Antikörper spezifisch

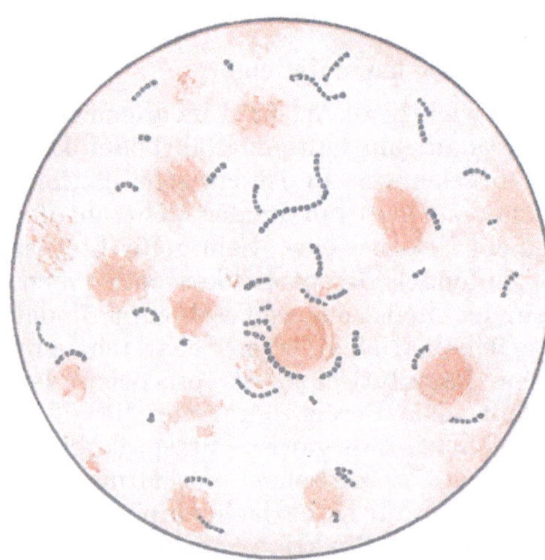

Abb. 20. Streptokokkeneiter. Gramfärbung.
(Vergr. 1:500.)

auf den Erreger eingestellt sind. Die vielfach beschriebenen Mißerfolge mit der Streptokokkenserumtherapie führen wir z.T. darauf zurück, daß die bisherigen Streptokokkensera nicht Antikörper gegen alle vorkommenden Typen enthalten. Ein antibakteriell wirksames Streptokokkenserum muß aber Antikörper gegen die verschiedenen Typen besitzen, wenn es bei der Mehrzahl der Fälle zum erfolgreichen Einsatz gelangen soll. Ein gutes Streptokokkenserum wäre außerordentlich erwünscht, denn man braucht ja nur an die schwereren Anginaformen, die prognostisch ungünstigen phlegmonösen Streptokokkeninfektionen des Rachenringes, die schwersten Formen des Erysipels zu denken, alles Krankheitsfälle, die die Gefahr eines Einbruchs der Keime in die Blutwege in sich bergen und stets die Gefahr eines tödlichen Ausgangs befürchten lassen, wie auch die Streptokokkensepticämie als Folgezustand der vorgenannten Krankheiten und die Puerperalsepsis. Wie bei allen anderen Infektionen hat auch hier die spezifische Therapie möglichst frühzeitig einzusetzen und bei zweifelhaften Fällen ist das Serum auch prophylaktisch zu verabreichen. Das intramuskulär oder intravenös zu verabfolgende Serum ist je nach der Schwere des Falles auch wiederholt zu geben. Neben der spezifischen Serumtherapie wird vielfach auch die Anwendung käuflicher polyvalenter *Vaccinen,* zum Teil auch von Autovaccinen, aus den Eigenkeimen empfohlen. Dies mag für chronische Streptokokkeninfektionen gut sein, im allgemeinen kommt aber eine Vaccinetherapie zu spät, da die meisten Streptokokkeninfektionen einen akuten Verlauf zu nehmen pflegen. *Chemotherapeutische* Präparate, wie Rivanol, Trypaflavin, Neosalvarsan usw., unterstützen vielleicht vielfach lokal oder allgemein den operativen Eingriff bzw. die Serumtherapie. Die meisten chemotherapeutischen Präparate haben aber bei ausreichender kritischer Prüfung bisher durchweg versagt.

Erst in der jüngsten Zeit findet ein neues Präparat der I.G. Farben, das *Prontosil*, zumindest bei manchen Streptokokkeninfektionen eine breitere und erfolgreichere Anwendung.

b) Der Streptococcus viridans.

Findet man bei der akuten septischen Endokarditis und bei der foudroyant verlaufenden Streptokokkensepticämie vorwiegend hämolytische Streptokokken, dann beobachtet man als Erreger der chronischen und subchronischen Endokarditis im Blut durch das Plattenverfahren meistens anhämolytisch wachsende Streptokokken, von denen der Streptococcus viridans als Erreger der Endocarditis lenta und alle sonstigen anhämolytisch wachsenden Streptokokken als Erreger der chronischen und rheumatischen, rezidivierenden Endokarditiden aufzufassen sind. Unseres Erachtens ist der Str. viridans seu mitior (SCHOTTMÜLLER) nur bei der Endocarditis lenta zu züchten. Im Gegensatz zu allen anderen mehr oder minder stark vergrünend und nicht hämolysierend wachsenden Streptokokken, die nach 24stündiger Bebrütung bereits kulturell nachweisbar sind, ist der Viridansstreptococcus schwer züchtbar und außerordentlich labil. Durchweg treten die Kolonien des Str. viridans erst nach mehrtägiger Bebrütung in den Patientenblutagargußplatten auf, nicht selten erst nach 4 und 5 Tagen. Auf der Blutagarplatte erscheint er in Form sehr zarter, ganz langsam wachsender, grünlich bis schwärzlicher und festhaftender Kolonien. Er wächst durchweg in kurzen Ketten von 4—6 Gliedern, die aus besonders kleinen und runden Einzelindividuen bestehen. In Bouillon und Serumbouillon wächst er nur unter Ausbildung einer ganz schwachen Trübung. Für Versuchstiere kann er als praktisch apathogen bezeichnet werden. Die geringe Pathogenität veranlaßt viele Autoren, den Streptococcus viridans als nur schwach pathogenen Typ zu bezeichnen. Dies kann aber nur für Versuchstiere gelten, für den Menschen allein insofern, als das Krankheitsbild nicht in wenigen Tagen tödlich endigt. Den Endausgang der Krankheit aber betrachtend, kann man nur zu der Auffassung gelangen, daß der Str. viridans zu den bösartigsten Krankheitserregern gehört, denn es dürfte kaum eine durch Viridansstreptokokken bedingte Endocarditis lenta geben, die nicht im Verlauf von Wochen oder Monaten tödlich endigt. Weder die Serumtherapie, noch die Vaccinebehandlung (direkt oder nach Vorbehandlung eines Blutspenders), noch eine chemotherapeutische Behandlung, z. B. mit Prontosil, haben bisher an dieser Auffassung rütteln können.

Gegenteilige, in der Literatur sich findende Meinungen sind auf fehlerhafte bakteriologische Technik und ungenügende bakteriologische Diagnostik zurückzuführen. Die bakteriologische Feststellung des Str. viridans auf Grund der Untersuchung einer eingesandten Blutprobe stößt auf größte Schwierigkeiten. Es empfiehlt sich, am Krankenbett durch den Mikrobiologen Patientenblutagargußplatten herzustellen und außerdem mehrere Kolben mit Bouillon und Serumbouillon mit einigen Kubikzentimetern Blut direkt nach der Entnahme zu beschicken.

c) Die Gruppe der pleomorphen Streptokokken und anhämolytischen Streptokokken.

Die Abgrenzung dieser Gruppe von den hämolysierend wachsenden Streptokokken stellt keinen Abschluß der einschlägigen Forschung dar, sondern nur eine vorläufige Lösung. Es gehören hierher Mikroorganismen, die in der Natur sehr weitverbreitet sind und die morphologisch das eine gemeinsam haben, daß sie durchweg ein pleomorphes Aussehen zeigen. Neben Kugeln kommen in Diplo- oder Kettenlagerung auch lanzettförmige Gebilde vor, die gelegentlich auch in Haufenformen auftreten. Die Keime findet man zahlreich in der Mundhöhle und im Darmkanal bei Mensch und Tier, auch sonst sind sie in der Natur weitverbreitet, wie z. B. in der Milch. Ihre Abgrenzung untereinander und ihre Aufspaltung in Typen stößt auf größere Schwierigkeiten. Sie treten zwar auf künstlichen Nährböden in zwei Haupterscheinungsformen auf, zwischen denen sich aber alle möglichen Übergänge finden. Manche von ihnen sind durch längeren Aufenthalt in einer Körperhöhle oder durch Anpassung an ein bestimmtes Gewebe gefestigt, andere wieder zeichnen sich durch eine ausgesprochene Variabilitätsneigung aus. Eine sichere Formulierung ihrer Diagnose und ihrer gegenseitigen Abgrenzung ist bei genügend kritischer Betrachtung noch nicht möglich. Manche von ihnen haben in der in- und ausländischen Literatur die Bezeichnung „*Enterokokken*" gefunden. Es ist zuzugeben, daß man unter einem Enterococcus eine bestimmte Erscheinungsform dieser pleomorphen und anhämolytischen Streptokokken finden kann. Jedoch sei mit voller Absicht auf eine genauere Beschreibung verzichtet, da ihm nahe verwandte Mikroorganismen gleiche und ähnliche Krankheitsbilder bedingen können und da sich diese von dem „echten" Enterococcus nur durch relativ unwesentliche Unterschiede in ihrer biochemischen Leistungsfähigkeit differenzieren lassen. Alle diese Keime sind unter bestimmten Voraussetzungen in der Lage, bei Mensch und Tier Erkrankungen hervorzurufen. Sie sind ähnlich wie der Colibacillus als Epiphyten aufzufassen, die vor allem beim Menschen als Erreger einer Cystitis, Pyelitis, eines Gallenblasenempyems oder einer Peritonitis allein oder gemeinsam mit Colibacillen pathogene Eigenschaften annehmen können. Spezifisch therapeutische Maßnahmen im Sinne einer Serumtherapie gibt es bisher nicht. Bei längerdauernden Entzündungsprozessen, wo diese Keime sich in Reinkultur oder zusammen mit Colibacillen zeigen, wäre an die Anwendung einer Autovaccine und von Prontosil zu denken.

Von großer volkswirtschaftlicher Bedeutung sind Infektionen dieser Streptokokkentypen bei *Tieren*. Im wesentlichen sind es zwei Infektionskrankheiten, die Druse der Pferde und der gelbe Galt oder die Streptokokkenmastitis der Kühe. Die Bekämpfung vor allem des gelben Galtes ist eine der wichtigsten Aufgaben der Tierheilkunde und ist von größter Bedeutung für die Milchwirtschaft und für die Milchversorgung.

Wenn man den vorgenannten Kokken, und insbesondere den Enterokokken, die durch die Spaltung von Äsculin, ihre beträchtliche Galleresistenz und ihre Thermoresistenz, eine Sonderstellung zusprechen will, dann dürfen doch bei diesen Keimen nicht die zahlreichen übrigen *nicht hämolysierend wachsenden Streptokokken* vergessen werden. Nicht nur die bekannten akuten Streptokokkeninfektionen, sondern gerade auch alle sog. „fluktuierenden" Streptokokkeninfektionen spielen beim Menschen eine große und verhängnisvolle Rolle und ihre wirkliche Bedeutung wird sowohl von Mikrobiologen als auch von Klinikern oft genug unterschätzt. Die Erreger dieser Erkrankungen sind nahezu ubiquitär verbreitet. Ohne Zweifel wird der Boden für diese chronischen infektiösen Erkrankungen erst durch besondere dispositionelle und konstitutionelle Faktoren bereitet. Die aus solchen Krankheitsfällen, insbesondere aus dem strömenden Blut, gezüchteten Keime erscheinen morphologisch und kulturell uneinheitlich. In ihren recht variablen Erscheinungsformen imponieren sie als das Produkt längerdauernder Einwirkungen des Makroorganismus. Daß es sich um biologisch umgewandelte Keime handelt, beweist neben ihrer beträchtlichen Variabilitätsneigung ihre oft stark herabgesetzte Vitalität. Morphologisch erscheinen sie meistens in Kettenformen bei pleomorphem Aussehen der Einzelindividuen. Kulturell sind sie bei relativ schwerer Züchtbarkeit ausgezeichnet durch das Auftreten grauweißlicher, ziemlich festhaftender Kolonien, die bei fehlendem Hämolysierungsvermögen gelegentlich eine leichte Vergrünung der Nährbodenumgebung bedingen. Bei der Fortzüchtung sterben sie meistens schnell ab und sind physikalischen und chemischen Einflüssen gegenüber sehr wenig widerstandsfähig. Diese Feststellungen sind für das Verständnis des Krankheitsgeschehens und auch für die phylogenetische Entwicklung der Keime wichtig. Man könnte sie geradezu als die „Erreger" der „*Herdinfektion*" bezeichnen. Sie sind nichts anderes als die Variationsformen ubiquitär in den verschiedenen Körperhöhlen schmarotzender Mikroorganismen. Ihre pathogenen Eigenschaften werden erst durch besondere Bedingungen im Wirtsorganismus zur Entfaltung gebracht. Sie dürften in ihrer Urform insbesondere durch die Schleimhäute unter bestimmten Voraussetzungen in die Blut- und Lymphwege einbrechen, wobei sie meistens zum Nutzen des Wirtsorganismus in den Abfangapparaten, in dem reticuloendothelialen System, phagocytiert und unschädlich gemacht werden. Ist dieser Abfangapparat aber geschädigt oder ausgeschaltet, dann können sie sich auf dem Wege der Blutbahn ansiedeln und vermehren. Es bildet sich ein neuer Herd, von dem immer wieder Schübe in die Blutbahn gelangen können, und aus dem Infekt ist die infektiöse Erkrankung eines Organs geworden, die nun zu einer neuen Metastasierung führen kann, wie es etwa bei einer Endokarditis der Fall ist. Maßgebend für das Zustandekommen dieser Erkrankungen ist also weniger der Mikroorganismus und seine sog. Virulenz. Die Erkrankung ist vielmehr die Resultante aus der angeborenen oder erworbenen Disposition, der aktuellen Resistenz des Gesamtorganismus oder eines Einzelorgans und des biologischen Zustandes des Mikroorganismus.

d) Anaerobe Streptokokken.

Vor allem als Erreger der Puerperalsepsis, dann aber auch als Erreger besonders von Halsphlegmonen ausgehenden Septicämien spielen obligat anaerob wachsende Streptokokken eine verhängnisvolle Rolle, da sie in

der Mehrzahl der Fälle einen tödlichen Ausgang der Erkrankung zur
Folge haben. Während alle anderen menschen- und tierpathogenen
Streptokokken unter aeroben Verhältnissen wachsen oder doch nur
fakultiv anaerob sind, lassen sich diese anaeroben Streptokokken nur
bei Anwendung den Luftsauerstoff fernhaltender Nährböden züchten.
Sie spielen unzweifelhaft eine sehr viel größere Rolle als ihnen bisher
in der üblichen Methodik der bakteriologischen Laboratorien zugesprochen
wird. Besonders verhängnisvoll sind sie als Erreger des Puerperalfiebers,
wobei bemerkenswert ist, daß sowohl hämolysierend als auch anhämolytisch wachsende Formen auftreten. Diese Bakteriengruppe ist leider
immer noch ungenügend erforscht. Viele zeichnen sich bei der Kultur
in künstlichen Nährsubstraten durch die Bildung eines sehr unangenehmen
putriden Geruches aus, der diesen Keimen auch den Namen *Streptococcus
putrificus* verliehen hat. Ihre Züchtung erfolgt unter anaeroben Bedingungen am besten auf Blutagarplatten und in flüssigen Nährsubstraten. Ihre biochemische Leistungsfähigkeit ist sehr gering. Auch
chemischen und physikalischen Einflüssen gegenüber verhalten sie sich
wenig widerstandsfähig. Ihre sichere Diagnose ist für die Prognose und
die richtige Beurteilung eines Falles von größter Wichtigkeit, ohne daß
allerdings bisher hochwertige spezifisch therapeutische Maßnahmen zur
Verfügung stehen.

Schrifttum.

BULLOCH, W.: A system of bacteriology, 2. Aufl. London 1929. — GRIFFITH, F.:
J. of Hyg. **34**, 542 (1935); **35**, 23 (1935). — GUNDEL, M.: Die Typenlehre in der
Mikrobiologie. Jena: G. Fischer 1934. — GUNDEL, M. u. J. WÜSTENBERG: Zbl.
Bakter. I. Orig. **138**, 325 (1937). — LEHMANN, W.: Erg. Hyg. **11**, 220 (1930). — Erg.
inn. Med. **40**, 604 (1931). — LIEBERMEISTER, G.: Handbuch der inneren Medizin,
3. Aufl., Bd. 1. Berlin: Julius Springer 1934. — LINGELSHEIM, v.: Handbuch der
pathogenen Mikroorganismen von KOLLE, KRAUS und UHLENHUTH. Jena 1928. —
TOPLEY and WILSON: The principles of bacteriology and immunity, 2. Aufl. London:
E. Arnold 1936.

3. Micrococcus tetragenus.

Der Micrococcus tetragenus wird in die Gruppe der Mikrokokken eingeordnet,
eine unglückliche Bezeichnung, die sich aber historisch aus der Entwicklung der
Mikrobiologie versteht. Die Mikrokokken, von denen es eine sehr große Zahl von
Arten gibt, mit denen wir uns aber im einzelnen nicht beschäftigen können, sind
weniger gut studiert wie die Staphylokokken und Streptokokken als pathogene
Vertreter.

Der einzige pathogene Angehörige dieser Gruppe ist der Micrococcus
tetragenus, der zu den Sarcinen gerechnet wird und durch ein typisches
Lagerungssystem charakterisiert ist, wie es die Abb. 21 zeigt. Die Keime
sind überwiegend zu vier Kokken in einem Verband zusammengelagert.
Die Art unterscheidet sich von den pyogenen Staphylokokken durch
seine erheblichere Größe, durch sein Kapselbildungsvermögen sowie
durch sein kulturelles Verhalten. Auf gewöhnlichen Nährböden wächst
der Micrococcus tetragenus als weißer, porzellanartiger, glänzender Belag
von schleimiger Beschaffenheit. In der nach 24 Stunden gleichmäßig
getrübten Bouillon mit reichlichem Bodensatz zeigt er die Anordnung
einer Sarcine. Die Kapselbildung ist zuweilen auch in der Kultur erhalten,
besonders gut aber im Tierkörper zu beobachten. Die Kapseldarstellung

gelingt leicht mittels der Johneschen Färbungsmethode, sonst aber auch im Tuscheausstrich und mittels Methylenblaufärbung. Der Micrococcus tetragenus ist für weiße Mäuse (nicht für graue) sowie für Meerschweinchen pathogen. Die Tiere gehen unter massiver Vermehrung der eingeimpften Keime zugrunde. Im Blutausstrich findet man zahlreiche, mit Kapseln versehene Kokkengruppen.

Beim Menschen werden durch Micrococcus tetragenus allein nur selten Erkrankungen herbeigeführt. Normalerweise findet er sich als Saprophyt im Nasenrachenraum. Gelegentlich kommt er als Erreger bei Eiterungen vor, häufiger bei Mischinfektionen in tuberkulösen Kavernen, bei Bronchopneumonien usw. Spezifisch therapeutische Maßnahmen sind nicht vorhanden.

Anhangsweise seien hier noch die *Sarcinen* erwähnt, die sich häufig in der Luft finden und als zufällige Verunreinigung auf unseren Nährböden erscheinen. Bei ihnen erfolgen Wachstum und Teilung regelmäßig nach drei zueinander senkrechten Richtungen des Raumes. Die Tochterzellen bleiben verbunden. Es entstehen warenballenähnliche Formen, die sich wiederum noch zu größeren Paketen zusammenlagern können. Sie lassen sich mit den gewöhnlichen Anilinfarbstoffen gut färben und sind grampositiv. Eine Eigenbewegung fehlt den meisten

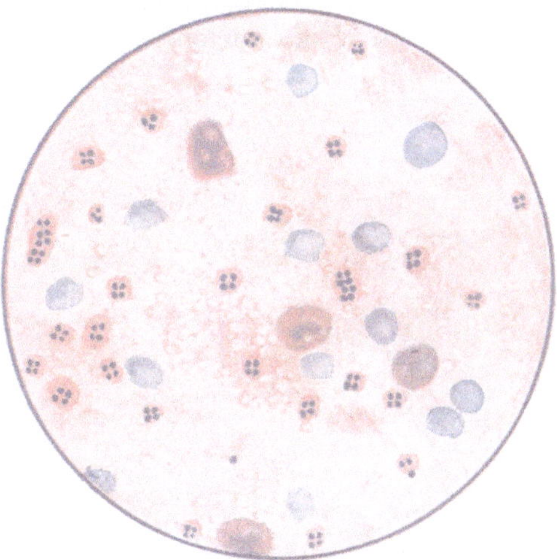

Abb. 21. Micrococcus tetragenus. Blutausstrich aus der Maus. Gramfärbung. (Vergr. 1 : 500.)

Arten, hingegen besteht eine lebhafte Molekularbewegung. In künstlicher Kultur bilden die meisten Sarcinen Farbstoffe. Man unterscheidet zahlreiche Arten, wie Sarcina lutea, flava, rosea, alba, rubra usw. Das Wachstum der einzelnen Sarcinen auf festen wie in flüssigen Nährmedien zeigt mancherlei Abweichungen, so gibt es gelatineverflüssigende und nichtverflüssigende Arten usw. Krankheitserreger sind unter ihnen nicht bekannt. Die einzige Ausnahme in der Pathologie spielt der Micrococcus tetragenus, der in die Gruppe der Sarcinen gehört.

4. Die Pneumokokken.

Der Pneumococcus als Erreger zahlreicher Erkrankungen des Menschen gehört an sich als Streptococcus lanceolatus oder Diplococcus lanceolatus in die Streptokokkengruppe hinein, obschon ihm früher meistens eine Sonderstellung als Art eingeräumt wurde. Geht man aber nicht nur von rein systematischen mikrobiologischen Fragestellungen aus, dann sind wir berechtigt, ihm wegen seiner besonderen Bedeutung als Krankheitserreger auch eine besondere Würdigung zu schenken.

Die Pneumokokken werden bei fast jedem gesunden Menschen im Speichel als latente Infektionserreger gefunden und spielen vor allem als Erreger der Lungenentzündungen, der Meningitis, Otitis und ihrer Nachkrankheiten eine überaus große Rolle. Man findet ihn ferner gelegentlich in den Blutwegen sowie als Erreger lokaler metastatischer Entzündungsprozesse bei Abscessen und als Erreger vieler Conjunctivitisfälle und des Ulcus corneae serpens. Pneumonische Prozesse können übrigens außer vom Pneumococcus auch durch Influenzabacillen, Pestbacillen, Bac. pneumoniae FRIEDLÄNDER und Streptokokken hervorgerufen werden.

Das charakteristische Bild des Pneumococcus in Ausstrichpräparaten aus dem pneumonischen Sputum, Eiter oder Organsaft ist das Folgende: Je zwei ovale oder an den äußeren Enden zugespitzte, lanzett- oder kerzenflammenförmige Kokken liegen paarweise zusammen, und nur verhältnismäßig selten findet man kurze kettenartige Gebilde von 4 bis 6 Gliedern. Die Kokkenpaare oder längeren Verbände sind je von einem hellen Hof umgeben, der bei der gewöhnlichen Färbung mit Anilinfarbstoff ungefärbt bleibt und mittels gewisser Methoden der Kapselfärbung deutlich sichtbar gemacht werden kann. Die Pneumokokken besitzen keine Geißeln und sind unbeweglich. Sie färben sich mit allen gebräuchlichen Farblösungen und auch die GRAMsche Färbung — sie sind grampositiv — liefert sehr klare Bilder. Ein differentialdiagnostisch wichtiges Merkmal ist ihre Fähigkeit der Kapselbildung im Tierkörper. Der Nachweis der Kapsel kann durch das Tuschepräparat oder durch die Kapselfärbung (vgl. S. 15 und 29) erfolgen.

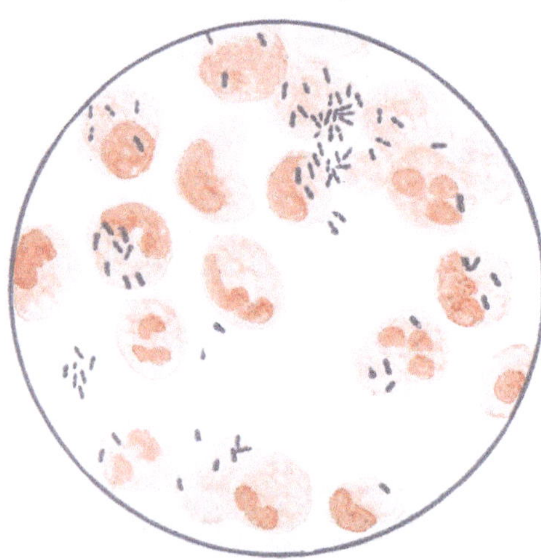

Abb. 22. Pneumokokken. (Eiter). Gramfärbung. (Vergr. 1 : 500.)

Das Aussehen der Pneumokokken in künstlichen Kulturen weicht von dem im Organismus (vgl. Abb. 22) bedeutend ab. In dem aus Bouillonkulturen hergestellten Präparat ist eine morphologische Unterscheidung von Streptokokken oft sehr erschwert, da die Pneumokokken dann vielfach Kettenbildung aufweisen. Auch in Agarkulturen ist das morphologische Bild nicht so eindeutig, zudem ist das Wachstum nur spärlich. Zur Züchtung der Pneumokokken bedient man sich am besten der Blutagarplatte, auf der ein recht üppiges Wachstum in Form flacher, glatter Kolonien unter leicht bräunlicher Verfärbung des Nährbodens (Methämoglobin) erfolgt. Auch auf der LEVINTHAL-Platte und in Serumbouillon wachsen die Pneumokokken reichlich. Nicht alle Stämme weisen das gleiche Kolonieaussehen auf. Besonders üppige Kolonien unter Ausbildung reichlicher Schleimmengen bildet der Pneumococcus mucosus, der auf Grund seines serologischen Verhaltens meistens dem Typus III angehört und der besonders zahlreich als Erreger der Otitis media und in etwa 10% der Fälle als Erreger schwerer Pneumonien auftritt.

Bei der Fortzüchtung in Kulturen treten frühzeitig Degenerationserscheinungen auf, zudem treten autolytische Prozesse ein, die bei nicht täglicher Weiterimpfung die Stämme meistens recht schnell zum Absterben bringen. Für die längere Aufbewahrung von Stämmen im virulenten Zustand empfiehlt sich die von F. NEUFELD angegebene Exsiccatormethode, nach der Organstückchen einer an Pneumokokkeninfektion zugrundegegangenen Maus im sterilen Schälchen im Exsiccator aufbewahrt werden. Will man den Stamm wieder verwenden, so wird ein Organstückchen mit etwas Bouillon im Mörser verrieben, eine Kultur angelegt sowie die Aufschwemmung einer Maus intraperitoneal eingespritzt. Aus dem Herzblut der verendeten Maus wird dann auf eine neue Blutagarplatte abgeimpft.

Während dem Geübten die Differentialdiagnose zwischen Pneumokokken und Streptokokken leicht möglich ist, empfiehlt sich für den Ungeübten die Heranziehung differentialdiagnostisch wichtiger Verfahren. Als wichtigste Methode zur Abtrennung der Pneumokokken von anderen Keimen dient die von F. NEUFELD angegebene Galleprobe, nach der der echte Pneumococcus gallelöslich ist. Diese Probe kann man entweder im hängenden Tropfen anstellen oder mittels der Reagensglasmethode nach dem folgenden Verfahren:

1. Röhrchen: 0,5 ccm Natr. taurochol. 1:10 in Bouillon.
2. Röhrchen: 0,5 ccm   ,,   ,,   1:20 in Bouillon.
3. Röhrchen: 0,5 ccm   ,,   ,,   1:40 in Bouillon.
4. Röhrchen: 0,5 ccm Bouillon.

Zu jedem Röhrchen kommen 0,5 ccm 24stündige Serumbouillonkultur des zu prüfenden Stammes. Nach Durchschütteln und etwa 10 Minuten langem Aufenthalt bei Zimmertemperatur wird das Ergebnis makroskopisch und gegebenenfalls mikroskopisch abgelesen. Bei positivem Ausfall tritt eine Klärung der Flüssigkeit in den Röhrchen 1—3, mindestens aber in den Röhrchen 1 und 2, infolge Auflösung der Kokken ein, während das Röhrchen 4 wegen des Fehlens von Natr. taurocholicum getrübt bleibt.

Der echte Pneumococcus ist gallelöslich und kann insbesondere von den Mundstreptokokken oder anderen vergrünend wachsenden Streptokokken auf diese Art sehr elegant abgetrennt werden. Es gilt dies insbesondere für die Pneumokokken der Gruppe X, deren serologische Differenzierung, wie wir noch sehen werden, nicht so einfach ist, wie die der Typen I—III.

Neben der Prüfung auf Gallelöslichkeit spielt in diagnostischer Hinsicht gegebenenfalls auch noch die Optochinempfindlichkeit der Pneumokokken eine bedeutsame praktische Rolle. Die Optochinempfindlichkeit der zu prüfenden Keime wird als Entwicklungshemmungsversuch im Reagensglas in der Weise angesetzt, daß zu einer Reihe von Serumbouillonröhrchen mit Zusatz fallender Optochindosen je ein Tropfen einer 24stündigen und 1:100 verdünnten Serumbouillonkultur hinzugegeben wird. Nach 24stündiger Bebrütung wird die Wachstumsgrenze makroskopisch bestimmt. Virulente, also echte Pneumokokken, werden durch Optochinkonzentrationen von 1:500000 bis 1:1000000 in ihrer Entwicklung gehemmt, während Streptokokken schon durch Optochinzusätze im Verhältnis 1:5000 bis 1:10000 nicht mehr gehemmt werden.

In der praktischen Laboratoriumsarbeit wird aber diese Probe wie auch die der Inulinvergärung kaum mehr angewandt, da man mit der serologischen Prüfung, dem Kulturverfahren und der Gallelöslichkeit zu durchaus sicherer Diagnostik gelangt ist.

Vor allem bei der Untersuchung von Lungensputum zum Nachweis des Erregers und des Erregertypus hat der Tierversuch an der weißen Maus mit intraperitonealer Injektion des Untersuchungsmaterials eine sehr breite Anwendung gefunden. Schon die Einverleibung ganz geringer Mengen pneumokokkenhaltigen Materials führt durchweg innerhalb von 24—48 Stunden zum Tode des Versuchstiers, wobei sich aus den inneren Organen und dem Herzblut reichlich mikroskopisch und kulturell Pneumokokken nachweisen lassen.

Die außerordentlichen Fortschritte, die gerade in den letzten Jahren hinsichtlich der Pneumokokkeninfektionen des Menschen erzielt werden konnten, haben auch für die Diagnostik neue Erkenntnisse gebracht und die Verfahren zur schnellen und sicheren Diagnose dieser Keime außerordentlich vereinfacht. Maßgebend für diese Fortschritte war die Erkenntnis, die wir NEUFELD und HÄNDEL verdanken, daß es sich bei den Pneumokokken nicht um eine einheitliche Art handelt. Durch Agglutination und Präcipitation konnte festgestellt werden, daß die Pneumokokken in serologisch verschiedenen Typen auftreten. Diese mit Hilfe serologischer Untersuchungsverfahren festgestellten Typen sind als durchaus stabil zu bezeichnen, und man teilt den Pneumococcus jetzt auf in die serologischen Typen I, II und III sowie in die Sammelgruppe X, die alle jene Typen umfaßt, die nicht zu I, II oder III gehören. Auf Grund seines kulturellen Verhaltens nimmt der Typus III vielfach eine Sonderstellung ein und er führt wegen seines Wachstums in üppigen, schleimigen Kolonien auch den Namen des Pneumococcus mucosus. Jedoch ist nicht jeder schleimig wachsende Pneumococcus ein Angehöriger des Typus III und nicht jeder serologisch als Typus III festgestellte Pneumococcus ein Pneumococcus mucosus! Abgesehen von diesen schleimig wachsenden Pneumokokken sind alle anderen Pneumokokkentypen weder morphologisch noch kulturell, vielmehr nur serologisch unterscheidbar. Die Typenspezifität der einzelnen Pneumokokkentypen ist an bestimmte Substanzen der Pneumokokken, an Kohlehydrate, gebunden, die sich aber nur bei den echten und virulenten Pneumokokken finden lassen.

Die *Typenbestimmung* ist in der Praxis, vor allem im Hinblick auf die Serumtherapie, von besonderer Wichtigkeit und hat zur Ausarbeitung verschiedener Schnellverfahren geführt. Wir beschränken uns auf die Wiedergabe der NEUFELD*schen Reaktion,* die in der Abb. 23 skizziert wird. Zur Technik dieser Reaktion sei noch besonders ausgeführt, daß man entweder aus dem pneumonischen Sputum (die Untersuchung von Mundflüssigkeit hat keinen Zweck) Sputumflocken oder bei Eiter- und Liquorproben eine kleine Eitermenge in die in der Abbildung aufgeführten typenspezifischen Sera einverleibt und dann mit alkalischer Methylenblaulösung vermischt. Nach kurzem Verweilen legt man ein Deckgläschen auf die Tropfen und untersucht mikroskopisch mit Ölimmersion bei leicht abgeblendetem Licht. Die positive Reaktion zeigt dann die schon gequollenen Kapseln, sofern das homologe Serum Anwendung gefunden hat. Durch die Einführung der NEUFELDschen Reaktion gelingt bei der Untersuchung geeigneten Materials bereits in wenigen Minuten durch den Geübten die Diagnose des Erregertypus. Sind in dem zu untersuchenden Sputum beispielsweise Pneumokokken des Typus I vorhanden, so zeigen diese Keime im direkten Präparat durch das typenspezifische homologe Serum des Typus I eine starke Aufquellung, die in den anderen Präparaten fehlt. Vermag man die Reaktion nicht selbst durchzuführen, dann wird das benachbarte bakteriologische Laboratorium nach entsprechender Verabredung fernmündlich dieses Ergebnis

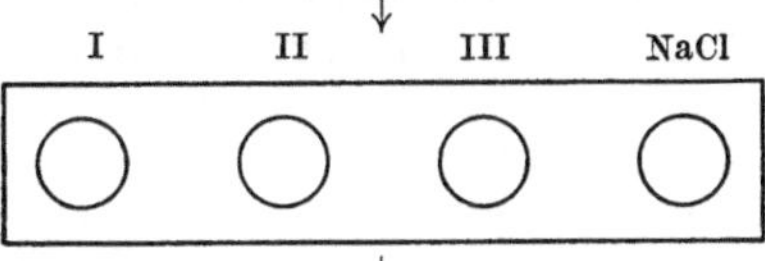

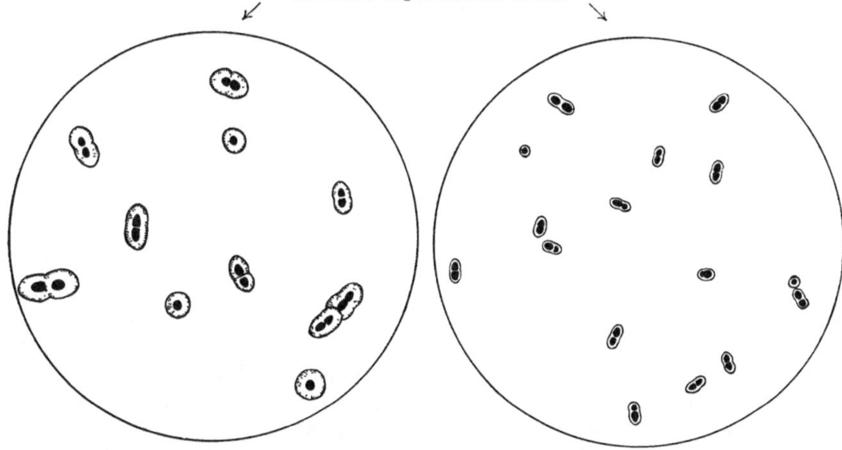

Abb. 23.

dem behandelnden Arzt schnell zukommen lassen. Das Ergebnis dieses Schnellverfahrens wird man in jedem Fall durch den Mäuseversuch mittels intraperitonealer Einspritzung von etwa 0,5 ccm Sputum und durch das Kulturverfahren bestätigen lassen. Bei der Maus kann man noch vor Eintritt des Todes, bereits 6—8 Stunden post infectionem, durch Punktion mittels Capillare intraperitoneal Exsudat entnehmen und durch dessen Untersuchung zu einer Typendiagnose gelangen, während bei gestorbenen oder bei getöteten Mäusen das Exsudat mit der Öse aus der Bauchhöhle entnommen wird. Bei Prüfung der Kultur wird man mit der Nadel ein wenig Material von den Platten entnehmen und in je einem Tropfen der Sera der Typen I, II und III sowie in einem Tropfen Kochsalzlösung verreiben und makroskopisch und mittels Lupe ablesen, ob eine typenspezifische Agglutination erfolgt.

Die Pneumokokken finden sich regelmäßig in den oberen Atmungswegen des Menschen. Das Verständnis für die Epidemiologie und Pathogenese menschlicher Pneumokokkenerkrankungen wurde durch diese Tatsache zunächst sehr erschwert und man erklärte sich das Zustandekommen der Lungenentzündungen des Menschen ganz allgemein so, daß die in den oberen Atmungswegen ubiquitär verbreiteten Keime nach einer Resistenzverminderung des Makroorganismus pathogene Eigenschaften annehmen könnten. So galt die Pneumonie als der Typus einer Autoinfektion. Bei einem Vorhandensein der „Disposition" würde es den mehr oder minder häufig sich in den oberen Atmungswegen findenden „saprophytischen Pneumokokken" möglich sein, nach Verschleppung in die Lungen Entzündungen hervorzurufen. Unter Berücksichtigung der soeben geschilderten serologischen Typendifferenzierung hat sich aber gezeigt, daß diese recht primitive Auffassung einer sehr viel komplizierteren Platz machen muß. Maßgebend für den derzeitigen Stand der Forschung sind die Unterschiede geworden, die sich in der Häufigkeit der einzelnen Pneumokokkentypen bei den verschiedenen Pneumokokkenerkrankungen und im Vorkommen dieser Keime in den oberen Atmungswegen Gesunder finden. Der Bakteriologe fand als Erreger der lobären Pneumonien, der nach Lappenpneumonien auftretenden metapneumonischen Empyeme sowie vieler primärer Infektionen der Meningen, des Peritoneums und des Mittelohres überwiegend Pneumokokken der Typen I, II und III. Herdförmige Lungenentzündungen, Bronchitiden und die sekundären Meningitiden nach Trauma usw. zeigen hingegen die beherrschende Rolle der Pneumokokkengruppe X. Im Nasen- und Rachenraum gesunder Menschen finden sich Pneumokokken der Gruppe X in durchschnittlich 80—90%, die der Typen I und II nur in 1—2%. Diese Unterschiede in der Typenhäufigkeit bei den verschiedenen Krankheitsgruppen, die alle durch die gleiche Bakterienart hervorgerufen werden, können ihre Ursache nur in der Tatsache finden, daß dem Zustandekommen dieser Erkrankungen auch ganz verschiedene epidemiologische und pathogenetische Bedingungen zugrunde liegen. Man gelangt so zu dem Ergebnis, daß das Zustandekommen einer lobären Pneumonie in der Mehrzahl der Fälle durch Ansteckung von außen bedingt sein muß, während die Pneumokokkeninfektionen der Bronchopneumonien post operationem oder als Folge vorangegangener anderer Erkrankungen direkt und indirekt durch eine Resistenzverminderung des Makroorganismus zu erklären sind, wobei den in den oberen Atmungswegen vorhandenen Pneumokokken, die meist der Gruppe X angehören, ein Eindringen in die tieferen Atmungswege ermöglicht wird. Diesen Epiphyten kommen dann durch die genannten Resistenzverminderungen krankheitserregende Eigenschaften zu. Nachdem durch Untersuchungen von M. GUNDEL und seinen Mitarbeitern unter anderem die Tatsache des häufigen Vorkommens echter Übertragungen bestimmter Pneumokokkentypen von Mensch zu Mensch erwiesen worden ist, nimmt es auch nicht wunder, wenn neuerdings echte Epidemien lobärer Pneumonien beobachtet wurden (M. Gundel und Wallbruch, G. Joppich u. a.). Hieraus aber folgert, daß man gelegentlich in die Lage versetzt wird, solche Pneumonieepidemien zu bekämpfen, wobei man sich der Erfahrungen bei anderen Infektionskrankheiten zu bedienen haben wird.

Die Typendifferenzierung der Pneumokokken hat weiterhin zu Fortschritten auf dem Gebiete der spezifischen Therapie menschlicher Pneumokokkenerkrankungen geführt. So gelang die Herstellung hochwertiger Heilsera gegen die Pneumokokkentypen I und II, die vor allem in Amerika und England bei der Behandlung der lobären Pneumonie breitere Anwendung gefunden haben. Wesentlich für den Erfolg spezifisch therapeutischer Maßnahmen ist die frühzeitige Anwendung ausreichender Serummengen eines hochwertigen Heilserums. Maßgebend ist des weiteren aber auch die Anwendung eines typenspezifischen Serums. So hat es naturgemäß keinen Zweck, eine lobäre Pneumonie des Typus III mit einem Heilserum des Typus I zu behandeln. Hieraus wiederum folgert, daß bei der Einlieferung einer schweren Lappenpneumonie möglichst sofort die typenspezifische Diagnose zu stellen ist, sofern man Heilserum geben will. Ist man nicht in der Lage, schnell zu einer Typendiagnose zu gelangen, dann kann man zunächst das polyvalente antiinfektiöse Pneumokokkenserum der Typen I und II anwenden, dem man nach Erhalt der Typendiagnose das monovalente Serum des Typus I oder II folgen läßt.

Gelegentlich wird man sich auch die Frage einer Vaccinebehandlung von Pneumokokkeninfektionen vorlegen müssen. Dies gilt insbesondere für die allerdings nicht häufigen chronischen Pneumokokkeninfektionen, z. B. bei den chronischen Pneumokokkensepticämien des Kindesalters. Zweckmäßigerweise stellt man am besten eine Autovaccine aus dem infizierenden Stamm her.

Die Pneumokokkeninfektionen des Menschen gehören in Mitteleuropa, aber auch in Amerika, zu den häufigsten infektiösen Erkrankungen überhaupt. Die Pneumonie ist eine der wichtigsten Todesursachen. Diese Tatsachen müssen den Arzt zu erhöhter Aufmerksamkeit veranlassen und ihn zwingen, sich immer wieder mit diesem Problem zu befassen. Darum wende man auch mehr als bisher seine Aufmerksamkeit diesen spezifisch therapeutischen Maßnahmen zu. Das zur Untersuchung dem Mikrobiologen zur Verfügung stehende Material richtet sich nach den Krankheitsfällen. Um schnell zu einer Diagnose zu gelangen, wähle man auch den schnellsten Beförderungsweg. Bei Lappenpneumonien sendet man zur Untersuchung Lungensputum ein, bei Meningitis Liquor, bei einer Otitis Ohreiter, bei einer Peritonitis Peritonealexsudat usw.

Schrifttum.

Gundel, M.: Die Typenlehre in der Mikrobiologie. Jena: G. Fischer 1934. Klin. Wschr. 1935, 417. — Gundel, M. u. E. Wallbruch: Dtsch. med. Wschr. 1935, 539. — Topley and Wilson: The principles of bacteriology and immunity, 2. Aufl. London: E. Arnold 1936.

5. Die Gonokokken.

Der Gonococcus wurde im gonorrhoischen Eiter von A. Neisser im Jahre 1879 entdeckt und von Bumm durch Reinzüchtung und erfolgreiche Verimpfung der Reinkulturen auf die menschliche Urethra in seiner ursächlichen Bedeutung für diese Erkrankung unzweifelhaft festgestellt.

Der Gonococcus ist ein Diplococcus von Semmel-, Nieren- oder Kaffeebohnenform. Die einander zugekehrten Flächen der Kokken sind abgeplattet, während die Außenseiten gewölbt erscheinen. Der Gonococcus ist unbeweglich und geißellos. Sowohl im Sekretausstrich als auch in frischen Kulturen zeigen die Gonokokken morphologisch ein durchaus typisches und wenig verändertes Verhalten. Erst in älteren Kulturen treten im Zentrum der Kolonien Degenerationserscheinungen in Form stark gequollener und schlecht färbbarer Formen auf. Ein besonderes Kennzeichen des Gonococcus ist bei akuter Gonorrhöe die Lagerung der Individuen innerhalb des Protoplasmas der Eiterkörperchen. Nicht selten erscheinen die Leukocyten fast ganz mit diesen Diplokokken angefüllt (vgl. Abb. 24). Andererseits kann es aber auch vorkommen, daß viele Individuen außerhalb der Eiterzellen liegen und dies ist besonders zu Beginn der gonorrhoischen Erkrankung der Fall, wo es sich meistens um schleimige Sekrete handelt und Eiterkörperchen noch fehlen. Die dem Bakteriologen gestellte bzw. vielfach auch vom behandelnden Arzt selbst gelöste Aufgabe der Diagnose der Gonorrhöe ist nicht nur überaus verantwortlich, sondern auch nicht immer so leicht, wie vielfach angenommen wird. Findet man keine intracellulär gelagerten Gonokokken, sondern nur extracellulär gelagerte Individuen, dann kann die Diagnose auf größte Schwierigkeiten stoßen. Aus diesem Grunde ist eine genauere Besprechung besonders des mikroskopischen Nachweises der Gonokokken notwendig.

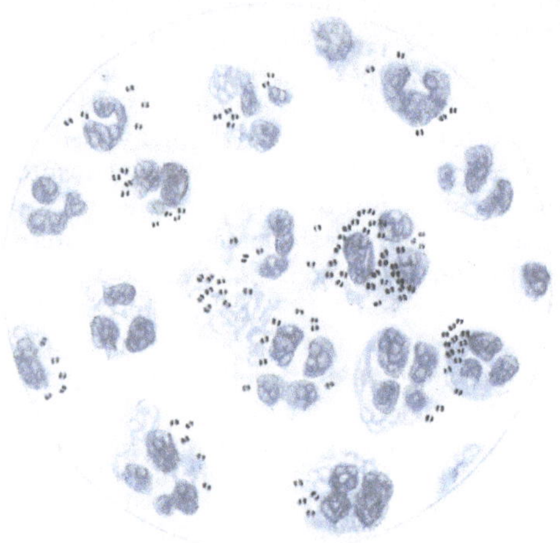

Abb. 24. Gonokokken. Färbung mit verd. Methylenblau. (Vergr. 1:500.)

Sehr charakteristische Bilder erhält man bei der Färbung mit gewöhnlicher verdünnter Methylenblaulösung, die man etwa eine Minute einwirken läßt (Abb. 24). Die Gonokokken nehmen den Farbstoff bedeutend intensiver auf als alle anderen chromatinhaltigen Gebilde. Dadurch heben sie sich dunkelblau, sehr schön und deutlich von dem hellblauen Protoplasma der Zellen ab. Diese einfache Färbung darf aber nicht als diagnostisch ausschlaggebend betrachtet werden, da mittels dieser Färbung keine sichere Abtrennung von harmlosen Saprophyten möglich ist. Von differentialdiagnostischer Bedeutung ist das Verhalten des Gonococcus gegenüber der Gramfärbung. Er ist im Gegensatz zu allen bisher besprochenen Kokken gramnegativ. Er gibt also bei der Gramfärbung zunächst den Farbstoff leicht ab und wird durch Gegenfärbung mit Fuchsin in roter Farbe dargestellt. Schwierigkeiten bereitet die Differentialdiagnose gegenüber den Meningokokken, weil beide,

Gonococcus und Meningococcus, gelegentlich bei schweren Allgemeininfektionen im strömenden Blut nachgewiesen werden können. Sonst aber gilt, daß beide Bakterienarten stets an verschiedenen Stellen zum Nachweis gelangen. Intracellulär gelagerte und gramnegative Kokken im Urethralsekret sind Gonokokken, wie andererseits im Lumbalpunktat nachgewiesene intracellulär gelagerte Diplokokken niemals Gonokokken, sondern stets Meningokokken sind. In unklar gelagerten Fällen können zudem kulturelle und serologische Verfahren, wie insbesondere die Agglutinationsreaktion mit agglutinierendem Meningokokkenserum und gegebenenfalls die Komplementbindungsreaktion herangezogen werden. Die Behauptung, daß der Gonococcus auch in grampositiver Form auftreten kann, gilt noch nicht als bewiesen.

Es sind zum *färberischen Nachweis* der Gonokokken noch eine größere Reihe sonstiger Methoden angegeben worden. Sie liefern auch in der Tat außerordentlich klare und kontrastreiche Bilder, ohne daß diesen Methoden aber eine besondere differentialdiagnostische Bedeutung zugesprochen werden kann. Von solchen Doppelfärbungsverfahren ist die Methode nach PAPPENHEIM zu erwähnen, bei der zwei basische Farbstoffe angewandt werden, von denen der eine eine Vorliebe für die Zelle und eine weit geringere Affinität zu den Bakterien zeigt (Methylgrün), der andere aber die Bakterien elektiv färbt (Pyronin). Die Zusammensetzung dieses Farbgemisches ist folgende:

Konzentrierte Lösung von Methylgrün in 5% Phenollösung 2 Teile.
Konzentrierte Lösung von Pyronin in 5% Phenollösung 1—3 Teile.

Nach einer Färbungsdauer von 3 Minuten erscheinen die Kokken leuchtend rot und die Zellkerne blaugrün bis lila gefärbt.

Nach der von PICK-JACOBSOHN empfohlenen Methode färbt man 8—10 Sekunden lang mit einer Mischung von 15 Tropfen ZIEHLscher Carbolfuchsinlösung, 8 Tropfen gesättigter alkalischer Methylenblaulösung und 20 ccm Aq. dest. Hierbei werden die Gonokokken dunkelblau bis schwarz, die Kerne hellblau und das Protoplasma rötlich gefärbt.

Der Gonococcus stellt an künstliche Nährböden hohe Ansprüche. Auf gewöhnlichem Agar, in Gelatine und Bouillon läßt er sich nicht züchten; er braucht zum Wachstum nicht koaguliertes Eiweiß in irgendeiner Form. Am besten wähle man Menscheneiweiß, eiweißhaltige Flüssigkeiten aus Körperhöhlen (Ascites, Pleuraexsudat usw.), die mit Erfolg als 20—30%iger Zusatz zu Agar und Bouillon verwandt werden. So hat sich ein Serumagar bewährt (1 Teil menschliches Blutserum + 2 Teile Fleischwasserpeptonagar), der Schweineserumnutroseagar, der Pferdeblutagar (1:3) und der von LEVINTHAL für die Züchtung von Influenzabacillen angegebene Kochblutagar. Am geeignetsten sind etwas feuchte Nährböden. Das Temperaturoptimum liegt zwischen 36—37° C. Auf diesen für die Züchtung der Gonokokken geeigneten Nährböden ist das Wachstum gut und stößt vor allem bei der Fortzüchtung und bei der direkten Entnahme des Materials vom Patienten auf keine besonderen Schwierigkeiten.

Auf LEVINTHAL-Agar wachsen die Gonokokken in durchscheinenden weißklaren, leicht gelblich getönten und flach gewölbten, etwa 2—3 mm großen Kolonien, die bei dichter Aussaat konfluieren können. Üppiger ist das Wachstum auf der Blutagarplatte (5% Pferdeblut) und auf der Blutwasseragarplatte. In flüssigen Nährsubstraten zeigt sich keine diffuse Trübung, vielmehr entwickelt sich nach 24—48stündiger Bebrütung auf der Oberfläche eine feinkrümelige Masse, die beim weiteren

Wachstum und Schütteln zu Boden sinkt. Auf dem vielfach gebrauchten Ascitesagar treten nach 24stündiger Bebrütung 1—2 mm große tautropfenartige Kolonien von leicht getrübtem und gelblichem Aussehen auf, die bisweilen in der Mitte eine kleine gelbe Kuppe zeigen. Die Kulturen sind durch einen ziemlich charakteristischen Spermageruch ausgezeichnet.

Die Widerstandsfähigkeit der Gonokokken ist gegen physikalische und chemische Einflüsse außerordentlich gering. Temperaturen von 45⁰ C töten Gonokokken in kurzer Zeit ab, auch die Austrocknung hält der Gonococcus nur kurze Zeit aus. Echte lösliche Gifte bildet der Gonococcus nicht. Die Wirkungen der Bouillonfiltrate sind nach subcutaner Injektion durch die Endotoxine bedingt, bei denen es sich um giftige Zellbestandteile handelt, die erst nach dem Absterben der Bakterien und ihrer Auflösung frei werden.

Sehr umfangreiche Untersuchungen sind zur Klärung der Frage durchgeführt worden, ob auch bei den Gonokokken mit dem Auftreten von Typen zu rechnen ist. Dieses Problem ist naturgemäß für die serologische Diagnostik und für die spezifische Therapie der Gonokokkenerkrankungen von grundsätzlicher Bedeutung. Jedoch ist bisher das Vorkommen serologisch differenzierbarer und stabiler Typen nicht bewiesen.

So ist es auch zu verstehen, daß der praktischen Verwendung agglutinierender Sera große Schwierigkeiten entgegenstehen und das um so mehr, als nicht wenige Stämme auch bereits vom normalen Serum agglutiniert werden. Immerhin ist bei sehr sorgfältiger und kritischer Arbeit eine serologische Diagnose der meisten Gonokokkenstämme durch entsprechende polyvalente Sera möglich, wenn auch die praktische Bedeutung dieser Methode nicht sehr groß ist.

Von größerem Wert hat sich im Laufe der letzten Jahre die Komplementbindungsreaktion zum Nachweis spezifischer Amboceptoren entsprechend der WASSERMANNschen Reaktion bei der Lues erwiesen. Als Antigene dienen abgetötete Gonokokkenkulturen, die in besonderer Weise hergestellt werden und die man am besten von einem Serumwerk bezieht. Der negative Ausfall der Komplementbindungsreaktion, mit dem man insbesondere bei der akuten Gonorrhöe rechnen muß, besagt nichts, während der positive Ausfall immerhin mit hoher Wahrscheinlichkeit für das Vorliegen einer Gonokokkeninfektion spricht.

Aus den bisherigen Ausführungen resultiert der folgende Gang der praktischen *Gonokokkendiagnostik*: Das für die mikroskopische Untersuchung bestimmte Material (Urethralsekret, Conjunctivitisabstrich usw.) wird sofort nach der Entnahme auf dem Objektträger ausgestrichen, luftgetrocknet und fixiert. Die Ausstriche, von denen man möglichst zwei anfertigt, werden mit LÖFFLERs Methylenblau und nach GRAM gefärbt. Hat man nur ein Präparat, dann färbt man mit LÖFFLERs Methylenblau; nach Feststellung typischer oder verdächtiger Befunde nimmt man eine Umfärbung nach GRAM vor, die in keinem Fall unterbleiben sollte. Das Kulturverfahren ist nur dann zu empfehlen, wenn man das Material direkt vom Patienten auf optimale Nährböden überführen kann, da die Gonokokken zu hinfällig sind, als daß sie eine viel-stündige Versendung des Materials mit der Post überstehen können. Bei der Untersuchung sonstiger Eiterproben und Punktate wird das Material mikroskopisch und kulturell geprüft. Für die Kultur aus dem Blut werden einige Kubikzentimeter Venenblut unmittelbar in 37⁰ C warme Ascites -oder Serumbouillon gebracht und diese Kölbchen für 24—72 Stunden bebrütet und wiederholt ausgesät. Bei der Blennorrhöe nimmt man das Material am besten von dem inneren Winkel des herabgezogenen unteren Lides. Es genügt im allgemeinen zunächst die mikroskopische Untersuchung; wegen der Möglichkeit einer Verwechslung mit dem Micrococcus catarrhalis empfiehlt sich aber nach Möglichkeit auch das Anlegen von Kulturen. Für die Identifizierung der Gonokokken haben sich mit O. LENTZ und W. SCHÄFER die folgenden Gesichtspunkte als maßgebend herausgestellt:

1. Gramnegative Diplokokken in Semmelform, die im Deckglasausstrich nicht in zusammenhängenden Verbänden, sondern einzeln zu zwei bis vier Pärchen nebeneinanderliegend erscheinen,

2. auch in lange fortgezüchteten Kulturen handelt es sich stets um gramnegative Diplokokken ohne Umwandlung zu grampositiven,

3. charakteristisches Wachstum auf Ascitesagar,

4. Spermageruch der Kultur,

5. kein Wachstum auf gewöhnlichem Agar, auch nach längerer Fortzüchtung keine Anpassung an gewöhnlichen Agar,

6. deutliche bis starke Schleimbildung in den Kulturen, die eine gleichmäßige Verreibung mit Kochsalzlösung erschwert und

7. gute Agglutination noch in starken Verdünnungen spezifischer Gonokokkensera. Bei schlecht verreibbaren Stämmen Herstellung von agglutinierendem Serum mit ihnen und Austitrierung des Serums mit gut agglutinierenden Gonokokkenstämmen.

Im Gegensatz zu Tieren, bei deren experimenteller Infektion immer wieder der Mangel jeglicher Tierpathogenität auffällt, ist der Mensch für eine Infektion mit dem Gonococcus sehr empfänglich. Die Schleimhäute, insbesondere die Urethral- und die Konjunktivalschleimhaut, die Schleimhäute des Uterus und seiner Adnexe, bilden die Eingangspforten für die Gonokokken. Die Blenorrhoea neonatorum, die während des Geburtsaktes durch Infektion mit Gonokokken hervorgerufen wird, wird durch die prophylaktischen Einträufelungen von Silberlösungen in den Konjunktivalsack unmittelbar nach der Geburt wirksam bekämpft (CREDÉ). Die Epidemiologie der Gonorrhöe des Menschen wird durch die Übertragung durch den Geschlechtsverkehr beherrscht, ohne daß allerdings die sonstigen Infektionsquellen und -wege (Schmierinfektion: Handtücher, Schwämme, Badewasser, Infektion während des Geburtsaktes usw.) übersehen werden dürfen. Die Gonorrhöe ist nicht nur eine akute und schnell vorübergehende Geschlechtskrankheit; gefährlich und bevölkerungspolitisch außerordentlich bedeutungsvoll wird sie durch die mit der Gonorrhöeerkrankung einhergehenden Komplikationen, wie z. B. beim Mann der Epididymitis, der Infektion der Samenblase, beim weiblichen Geschlecht der Adnexerkrankungen, der Endometritis, der zuweilen auftretenden Peritonitis sowie durch ernstere metastatische Erkrankungen, wie die gonorrhoische Arthritis, Endokarditis und herdförmige Lokalisationen im Rückenmark.

Da eine überstandene Gonorrhöe nicht vor einer neuen Infektion schützt, also keine aktive Immunität bedingt, so ist von einer Serumtherapie wenig zu erwarten. In der Tat sind bisher auch alle einschlägigen Versuche gescheitert. Aussichtsvoller gestaltet sich, vornehmlich bei chronischen Erkrankungen, die Vaccinebehandlung mit abgetöteten Gonokokken (Arthigon) und ähnlichen Präparaten. Alle Gonokokkenimpfstoffe werden aus möglichst zahlreichen verschiedenen Stämmen hergestellt. Der Therapie der Gonorrhöe dienen vornehmlich Silbersalze, wie Argonin, Protargol u. a. Argonin wirkt beispielsweise in $1^{1}/_{2}$%iger Lösung und Protargol in 1%iger Lösung in 10 Minuten abtötend. Vor kurzem ist ein Abkömmling des Prontosils, das Uliron, zur Behandlung der Gonorrhöe neu in den Arzneischatz aufgenommen worden, von dem man in einem bestimmten Teil der Fälle ausgezeichnete Erfolge in der Therapie der Gonorrhöe erwarten darf.

Eine der verantwortungsvollsten Aufgaben, die dem Bakteriologen gestellt werden kann, ist die Entscheidung, ob eine klinisch abgelaufene Gonorrhöe auch im bakteriologischen Sinne als völlig geheilt und der betreffende Patient als nicht mehr ansteckungsfähig erachtet werden kann. Die Gonokokken können sich in den Schleimhautfalten der akzessorischen Drüsen der Harn- und Genitalwege sehr lange erhalten und jeder Therapie, insbesondere beim weiblichen Geschlecht, trotzen. Die Entscheidung, ob in solchen scheinbar abgelaufenen Fällen noch Gonokokken vorhanden sind, läßt sich nur auf Grund wiederholter sorgfältigster bakteriologischer Untersuchung erbringen, wobei im Zweifelsfalle und besonders bei Vorhandensein vereinzelter gramnegativer, extracellulär gelagerter Diplokokken das Kulturverfahren mit heranzuziehen ist. Die Identifizierung der Kultur ist unter Umständen von großer Wichtigkeit bei forensischen Fällen und bei der Untersuchung von Se- und Exkreten und Gelenkergüssen. Bei der Entnahme des Untersuchungsmaterials ist darauf zu achten, daß auch die Sekrete der Prostata, der akzessorischen Drüsen und der Inhalt der Samenblasen (durch Ausdrücken vom Rectum aus zu erhalten) mit untersucht werden. Ferner empfiehlt es sich, etwaige versteckt liegende Kokken durch geeignete Provokation (Injektion in die Urethra, Arthigoninjektion) zu mobilisieren und der Untersuchung zugänglich zu machen. Stets bleibe man aber vorsichtig in der Deutung des ätiologischen Bildes, wenn man nur gramnegative, extracellulär gelegene Diplokokken findet, da es sehr viele saprophytische gramnegative Kokken gibt, die dem Ungeübten differentialdiagnostische Schwierigkeiten bereiten können.

Schrifttum.

GUNDEL, M.: Die Typenlehre in der Mikrobiologie. Jena: G. Fischer 1934. — KLOSE, F. u. H. NAGELL: In M. GUNDEI: Die ansteckenden Krankheiten. — LENTZ, O. u. W. SCHÄFER: Arb. Staatsinst. exper. Ther. Frankf. **33**, 39. Jena: G. Fischer 1936.

6. Die Meningokokken.

Der Erreger der Meningitis cerebrospinalis epidemica, der übertragbaren Genickstarre, ist der Diplococcus intracellularis oder Micrococcus meningitidis. Die übertragbare Genickstarre scheint erstmalig im Jahre 1805 anläßlich einer in Genf ausgebrochenen Epidemie genauer beschrieben worden zu sein. In Deutschland hörte man von dieser Seuche zum ersten Mal im Jahre 1863, als sie — von Schlesien ausgehend — in fast allen deutschen Staaten sich ausbreitete. Die folgenden Jahrzehnte bringen zahlreiche Berichte über Epidemien von Genickstarre aus verschiedenen Ländern Europas und Nordamerikas. Eine sehr heftige Epidemie brach im Jahre 1904 in Oberschlesien und in den angrenzenden östlichen Ländern aus. Allein auf preußischem Gebiet waren 3000 Erkrankungen und fast 2000 Todesfälle zu verzeichnen. Epidemische Häufungen folgten in den Jahren 1906/07 auch im westlichen Deutschland, besonders im rheinisch-westfälischen Industriegebiet.

Der Erreger wurde im Jahre 1887 von WEICHSELBAUM gefunden; der endgültige Beweis für seine ätiologische Rolle sowie die Abgrenzung von verwandten Formen und die Klärung der epidemiologischen Verhältnisse ist eine Frucht der Arbeiten anläßlich der letzten Epidemien in den beiden großen deutschen Industriebezirken, in Schlesien und im Ruhrgebiet. Außer der durch den Meningococcus verursachten spezifischen Infektionskrankheit, die als epidemische Meningitis oder epidemische Genickstarre bekannt ist, gibt es noch andere sporadische Formen der Hirnhautentzündung, die aber nicht durch Meningokokken, sondern durch Pneumokokken, Streptokokken, Influenzabacillen, Tuberkelbacillen und andere Erreger verursacht werden. Aufschluß über die Ätiologie der Erkrankung im Einzelfall und bei epidemischen Häufungen gibt *nur* die bakteriologische Untersuchung, die sowohl für die Prophylaxe wie auch für die Therapie und Bekämpfung der Genickstarre von allergrößter Bedeutung ist. Zwar ist auch der cytologische Befund von Wert. Bei der Untersuchung der Lumbalflüssigkeit beherrschen die Leukocyten das Bild, während bei der tuberkulösen Meningitis diese Zellen zurücktreten und Lymphocyten einzeln oder zahlreich gefunden werden. Für Arzt und Kliniker muß es aber stets als Gesetz gelten, bei meningitischen Krankheitserscheinungen Liquor zur bakteriologischen Untersuchung einzusenden (bzw. selbst zu untersuchen).

Der Meningococcus ähnelt nach seinem äußeren Verhalten sehr dem Gonococcus, ist wie dieser gramnegativ und liegt in Diplokokken- oder auch in Tetradenformen angeordnet. Charakteristisch und daher von diagnostischer Wichtigkeit sind die Größenunterschiede der einzelnen Kokken. Neben kleinen Kokken kommen sog. Riesenformen vor, die den gewöhnlichen Typus bis um das 5—8fache überragen. Ferner beobachtet man, daß die einzelnen Exemplare der Meningokokken sich den gewöhnlichen Farblösungen gegenüber verschieden verhalten. Neben gut gefärbten Exemplaren finden sich solche, die den Farbstoff nur schlecht annehmen; solche Degenerationsformen sind schon in jungen 24stündigen Kulturen vorhanden. Bei der Meningitis epidemica finden sich die Meningokokken in dem durch Leukocyten fast stets getrübten Liquor in wechselnder Anzahl, bisweilen in gewaltigen Mengen, gelegentlich auch nur so spärlich, daß sie erst durch die Kultur nachgewiesen werden können. In typischen Fällen kann man einen großen Teil der Meningokokken innerhalb der Leukocyten finden (ausgesprochene Phagocytose). Nicht selten können aber auch fast alle Kokken frei zwischen den Zellen liegen. Ein besonders schönes und charakteristisches Bild, das naturgemäß die Diagnose erheblich erleichtert, gibt die Abb. 25. Man erhält ein solches Bild mittels Färbung des Zentrifugats der Lumbalflüssigkeit durch 1:10 bis 1:20 verdünnte Fuchsinlösung, die aber nur ganz kurz einwirken darf, da sonst das Plasma der Leukocyten intensiv rot wird und phagocytierte Meningokokken zu wenig hervortreten. Außerdem wird man ein weiteres Präparat stets nach GRAM färben, wobei sich die Meningokokken gramnegativ verhalten.

Da der Meningococcus nur eine sehr geringe Widerstandsfähigkeit gegenüber äußeren Einflüssen zeigt, durch Sonnenlicht, Austrocknung und niedere Temperaturen schnell abgetötet wird, ist die Züchtung auf künstlichen Nährböden schwierig und regelmäßig erfolgversprechend nur sofort nach der Entnahme des Materials. Während sich die Meningokokken in der Rückenmarksflüssigkeit meistens auch bei längerer Versendung durch die Post noch ganz gut lebens- und vermehrungsfähig halten, gilt die sofortige Aussaat des Materials besonders für die Untersuchung des Meningokokkenabstrichs der aus dem Nasenrachenraum entnommenen Probe. Bei der Untersuchung derartiger durch die Post übersandter Abstriche ist fast regelmäßig ein negatives Ergebnis zu erwarten. Auch den Nährböden gegenüber ist der Meningococcus sehr anspruchsvoll. Auf gewöhnlichem Agar ist er zum mindesten in der ersten Generation nicht zum Wachstum zu bringen. Üppiges Wachstum ist besonders nur bei Zusatz von tierischem oder menschlichem Eiweiß zu erwarten. Mit Vorteil benutzt man daher Ascitesflüssigkeit, Pleuraexsudat, Spinalexsudat, Blut oder Serum als Zusätze zu den Nährböden. Auf Ascitesagar und Löffler-Serum wachsen die Meningokokken als runde, oberflächlich glatte, meistens spiegelnde, grau bis schwach-gelblich schimmernde Kolonien von 1—3 mm Durchmesser. Auf Blutagar

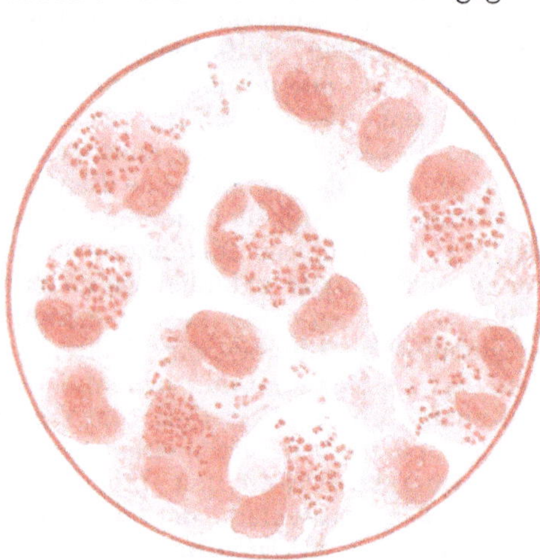

Abb. 25. Meningokokken. (Eitriges Lumpalpunktat.) (Gram-Fuchsinfärbung.) (Vergr. 1 : 800.)

sind es feine milchige tröpfchenartige Kolonien. In gewöhnlicher Bouillon wachsen sie gar nicht oder doch nur sehr kümmerlich, während sie in Serum- oder Ascitesbouillon ein gutes bis üppiges Wachstum zeigen. Eine Weiterzüchtung der gewonnenen Kulturen gelingt am besten auf Ascitesagar oder auf Löffler-Serum, wobei möglichst jeden 2. Tag zu überimpfen ist. Trotzdem pflegen die Kulturen immer wieder plötzlich abzusterben. Das Wachstumsoptimum liegt bei 37⁰ C.

Wie bereits erwähnt, sind die Meningokokken und ihre Kulturen gegen Eintrocknung und Lichteinwirkung sehr empfindlich, auch gegen sonstige physikalische und chemische Schädigungen. Außerhalb des menschlichen Körpers ist der Meningococcus weder vermehrungs- noch längere Zeit lebensfähig. Erhitzung auf 80⁰ C tötet ihn in 2 Minuten, die Einwirkung einer Temperatur von 50⁰ C wird höchstens 1 Stunde lang vertragen. Geringe Konzentrationen der üblichen Desinfektionsmittel führen schnell zur Vernichtung.

Da die Meningokokken keine löslichen Toxine bilden, beruht ihre Giftwirkung auf Endotoxinen, die beim Zerfall der Bakterienleiber frei werden und dann ihre Giftwirkung entfalten können. Die Tierpathogenität ist gering. Von den üblichen Laboratoriumstieren sind nur bei Anwendung großer Dosen hin und wieder weiße Mäuse und Meerschweinchen empfänglich.

Nach moderner Auffassung ist die übertragbare Genickstarre höchstwahrscheinlich nicht eine primäre und isolierte Erkrankung der Hirnhäute, vielmehr Teilerscheinung einer allgemeinen Infektion durch Meningokokken, wobei die hämatogene Metastase an den Meningen in der überwiegenden Mehrzahl der Fälle das klinische Bild beherrscht. In den letzten Jahren hat dieses Krankheitsbild in Deutschland und in vielen anderen Ländern eine deutliche Zunahme erfahren. Immer noch gehört die Meningitis epidemica zu den prognostisch ernsten Erkrankungen, da die Letalität sich trotz aller Bemühungen um 50% hält.

Als Eintrittspforte für den Meningococcus kommt nach allen Erfahrungen der Nasenrachenraum in Betracht. Wie die epidemiologische Statistik zeigt, begünstigt die Übergangszeit vom Winter zum Frühjahr, in der die meisten Affektionen des Nasenrachenraumes auftreten, ihre Übertragung. Bei Genickstarrekranken seien als Fundorte für den Meningococcus genannt: die weichen Hirnhäute, die Ventrikelflüssigkeit, der Liquor cerebrospinalis und der Nasenrachenraum. Auch im strömenden Blut werden Meningokokken, vor allem bei besonders schweren Fällen mit hämorrhagischer Diathese, die nach ihrem klinischen Bild zuweilen mit Fleckfieber verwechselt werden können, nicht gerade selten nachgewiesen.

Der *Nachweis* der Meningokokken geschieht, wie erwähnt, mikroskopisch und kulturell (aerob *und* anaerob!). Oft genügt zur Diagnose schon das typische Aussehen eines aus dem eitrigen Liquor cerebrospinalis hergestellten Ausstrichspräparates (Färbung nach GRAM und mit verdünnter Fuchsinlösung), wenn neben vielen polynukleären Leukocyten und wenigen Lymphocyten gramnegative, meist intracellulär gelagerte Diplokokken sichtbar sind. Vor Abgabe eines negativen Bescheids ist unter allen Umständen erst das Resultat der Kulturen auf Ascitesagarplatten oder ähnlichen Nährböden unter Anreicherung in Serumbouillon abzuwarten. Die bei der Züchtung gewonnenen Kolonien gramnegativer Kokken aus Genickstarre- oder verdächtigen Fällen sind aber nicht ohne weiteres als Meningokokken zu deuten. Sie *können* nach dem Verfahren von v. LINGELSHEIM zunächst auf ihr Gärungsvermögen geprüft werden, unseres Erachtens ist aber die serologische Prüfung mit einwandfreien und hochwertigen Seren im Agglutinationsversuch geeigneter.

Wie bereits oben erwähnt, kommen bei der *Differentialdiagnose* gegenüber den Meningokokken noch in Betracht, der Gonococcus (Herkunft des Materials!), der Micrococcus catarrhalis, der nur wenig größer als der Meningococcus ist und schon auf gewöhnlichem Agar in Form dicker weißlicher Kolonien wächst, sowie der Diplococcus crassus, der sich aber der GRAMschen Färbung gegenüber meistens positiv verhält. Weiter wären zu erwähnen der Diplococcus flavus, Micrococcus cinereus und Micrococcus pharyngis siccus.

Tabelle 18.

	Gärungsvermögen		
	Dextrose	Lävulose	Maltose
Gonokokken	+	—	—
Meningokokken	+	—	+
Diplococcus crassus. . .	+	+	+
Diplococcus phar. flav. III	+	—	+
Micrococcus catarrhalis .	—	—	—
Micrococcus cinereus . .	—	—	—

Das von v. LINGELSHEIM angegebene Verhalten dieser verschiedenen Kokken gegenüber Zuckerarten, denen Lackmuslösung als Indicator zugesetzt wurde, ist in der vorstehenden Tabelle 18 wiedergegeben.

Je nach der Einstellung des Untersuchers werden die nach dieser Tabelle für Meningokokken anzusprechenden Kulturen zur endgültigen Artbestimmung noch mit hochwertigem Meningokokkenserum agglutiniert oder aber, wie wir es tun, man verzichtet auf die biochemische Prüfung und prüft, sofern man im Besitz geeigneter diagnostischer Meningokokkensera ist, nur serologisch.

Schon lange hat man sich mit der serologischen Typendifferenzierung der Meningokokken befaßt. Das Ergebnis dieser in vielen Ländern durchgeführten Untersuchungen über die serologische Typendifferenzierung der Meningokokken ist bisher dahin zusammenzufassen, daß die Zahl der gegebenen Einteilungsversuche fast mit der Zahl der sich mit diesem Problem befassenden Forscher übereinstimmt. Im großen und ganzen ist von 3—4, wenn auch nicht genau miteinander übereinstimmenden Typen die Rede. Untersuchungen von M. GUNDEL und J. WÜSTENBERG scheinen neuerdings zu zeigen, daß die Meningokokken in etwa sechs serologisch differenzierbare Typen aufzuspalten sind.

Die Typendifferenzierung ist nicht nur von grundsätzlicher Bedeutung für die Epidemiologie der Meningitis epidemica, sondern darüber hinaus auch vor allem für die spezifische Therapie. Die Untersuchungen haben nämlich gezeigt, daß einige der im Handel befindlichen Heilsera in manchen Fällen eine therapeutische Wirksamkeit vermissen lassen, da spezifische Antiköper gegen einige der geprüften Stämme in ihnen nicht vorhanden waren. Von einer Serumtherapie und einem Serum kann man naturgemäß nur dann Erfolge erwarten, wenn dieses Serum auch Antitoxine gegen die entsprechenden Toxine enthält bzw. wie bei dem Meningokokkenserum antibactericid gegen alle etwa auftretenden Meningokokkentypen wirkt. Da diese Tatsache bisher ungenügend berücksichtigt worden ist, sind viele Mißerfolge mit dem bisherigen polyvalenten Heilserum verständlich und die immer noch festzustellende Letalität von etwa 50% ist damit unserem Verständnis nähergebracht worden. Vordringliche Aufgabe der nächsten Arbeit auf diesem Gebiet muß sein, tatsächlich ein polyvalentes Heilserum zu schaffen, das die Mehrzahl bzw. noch besser alle Fälle von Meningitis epidemica therapeutisch erfaßt. Dieses Serum ist intralumbal und unter Berücksichtigung der Tatsache, daß jede Meningokokkenmeningitis mehr oder weniger Teilerscheinung einer allgemeinen Meningokokkeninfektion ist, auch mehr als früher intravenös zu geben. Darum beginne man so bald wie möglich nach reichlicher Entleerung des Liquors mit der Injektion von 10—20 ccm eines polyvalenten Serums. Diese Serumzufuhr ist jeden zweiten Tag oder jeden Tag zu wiederholen. Steht klinisch die Allgemeininfektion im Vordergrund, so gebe man gleichzeitig intramuskulär oder intravenös Serum, insgesamt 80—100—150 ccm. Möglicherweise wird man, wie es bereits im Ausland zum Teil geschehen ist, nach Stellung der Diagnose des Erregertypus den ersten Gaben eines polyvalenten Heilserums die spätere Therapie mit monovalentem, also typenspezifischem Heilserum anschließen. Ob dies späterhin allgemein möglich sein wird, steht noch dahin und setzt zudem die serologische Typendiagnose voraus. Sie ist schon heute möglich, denn uns ist die Herstellung typenspezifischer diagnostischer Sera gelungen. Diese Diagnose kann entweder auf dem Objektträger durch Zusammenbringen der einzelnen typenspezifischen Sera mit den Reinkulturen der aus dem Krankheitsfall gezüchteten Meningokokken vorgenommen werden, oder auch im Reagensglas mit entsprechenden Verdünnungen nach der üblichen Agglutinationsreaktion.

Die Epidemiologie der Meningokokkeninfektionen ist zwar in ihren Grundzügen gut erforscht, doch hat der Seuchenbekämpfer in der Praxis mit den allergrößten Schwierigkeiten zu kämpfen. Für die epidemiologische Erkenntnis der Seuche hat insbesondere die Tatsache große Bedeutung erlangt, daß in der Umgebung des Erkrankten (Familie, Schule, Kaserne, Belegschaftsmitglieder) mehr oder minder zahlreiche Personen vorhanden sind, die — obzwar klinisch scheinbar ganz gesund oder nur mit geringen Symptomen von Schnupfen oder Angina behaftet —

dennoch Meningokokken in ihrem Nasenrachenraum beherbergen. Unter Umständen kann diese Zahl sehr groß sein, so daß Abwehrmaßnahmen gelegentlich auf größere Schwierigkeiten stoßen. Im Beginn einer Epidemie, möglicherweise auch während einer Epidemie, wird man jedoch gezwungen sein, je nach Lage der Verhältnisse unter Umständen zum rücksichtslosen Einsatz aller Abwehrmaßnahmen zu schreiten (Isolierung der Keimträger, Sperrungen und Schließungen von Schulen, Kasernen, Sperrung umschriebener Gebiete usw.). Zur Ermittlung dieser Bacillenträger oder „Kokkenträger" entnimmt man mittels eines an gebogener Sonde befindlichen Wattebäuschchens Sekret aus dem Nasenrachenraum hinter dem weichen Gaumen oder man macht Rachen- und Nasenabstriche. Wesentlich ist, daß man dieses Sekret sofort an Ort und Stelle auf Ascitesagarplatten oder andere optimale Nährböden aussät. Die Zusendung durch die Post, die viele Stunden oder Tage dauert, ist zwecklos. Man wird also an Ort und Stelle fahren müssen, um diese Materialentnahme bei Massenuntersuchungen selbst vornehmen zu können. Nur dann sind ausreichende Ergebnisse zu erwarten. Hier, wie auch bei der Bekämpfung aller anderen ansteckenden Krankheiten, ist engste Zusammenarbeit zwischen Arzt und Hygieniker notwendig und der Einsatz des Hygienikers am Epidemieort selbst erforderlich.

Im allgemeinen hat die Meningitis epidemica ihren Charakter in den letzten Jahrzehnten etwas geändert. Die früher häufig zur Beobachtung gelangenden größeren Epidemien gehören in den letzten Jahren erfreulicherweise zu den Seltenheiten. Das Bild beherrschen sporadische Fälle, deren frühzeitige Isolierung und Aufklärung ihres Zustandekommens naturgemäß von größter Wichtigkeit sind. Die Übertragung erfolgt fast ausschließlich durch Tröpfcheninfektion, erklärbar durch die Labilität des Erregers, der in der Außenwelt schnell zugrunde geht. Die meisten Bacillenträger finden wir nun aber nicht in der Altersklasse, die am meisten durch diese Seuche gefährdet ist (Kindesalter), vielmehr erfolgt die Übertragung am häufigsten von Erwachsenen auf Kinder. Nur bei engem Zusammenleben in dichtbelegten Kasernen, Gefängnissen usw., auch bei mangelnder Sauberkeit und Hygiene, ferner in Bergwerken und ähnlichen Betrieben kommt es noch zu Gruppeninfektionen. Aber auch hier sind es Keimträger, die das epidemiologische Bild beherrschen.

Schrifttum.

BERGMANN, G. v. u. R. STAEHELIN: Handbuch der inneren Medizin, 3. Aufl. Bd. 1. — GUNDEL, M.: Die Typenlehre in der Mikrobiologie. Jena: G. Fischer 1934. — GUNDEL, M. u. J. WÜSTENBERG: Zbl. Bakter. I Orig. **140**, 80 (1937). — HEGLER, C.: in M. GUNDEL: Die ansteckenden Krankheiten. Leipzig: Georg Thieme 1935. — MORAWITZ, P.: Meningokokkenmeningitis. Berlin: Julius Springer 1934. — WILSON and TOPLEY: The principles of bacteriology and immunity, 2. Aufl. London: E. Arnold 1936.

7. Sonstige gramnegative Kokken.

Die Diagnose sowohl der Gonokokken als auch der Meningokokken, die in der angelsächsischen Literatur den Namen Neisseria gonorrhoeae und meningitidis tragen, ist durch den Umstand vielfach sehr erschwert, daß es eine größere Zahl saprophytischer Kokken gibt, deren sichere Abgrenzung voneinander nicht immer möglich ist und auch nur selten durchgeführt wird. Da ihre Bedeutung weniger in ihren pathogenen

15*

Eigenschaften begründet liegt als in den Schwierigkeiten, die sie in differentialdiagnostischer Hinsicht bedingen, seien sie in Kürze besprochen.

a) Micrococcus catarrhalis. Dieser Micrococcus ist vielfach beschrieben worden. Gelegentlich wird ihm auch von Mikrobiologen eine bedingte pathogene Bedeutung zugesprochen. So ist es vereinzelt gelungen, ihn in Reinkultur aus Entzündungsprozessen zu züchten, eine Feststellung, die immer wieder neu veranlaßt, seine pathogenen Eigenschaften zu überprüfen. Trotzdem kann man ihn doch nicht zu den pathogenen Keimen rechnen. Übrigens sind Meerschweinchen bei intraperitonealer Einverleibung dieses Mikroorganismus recht empfindlich und sterben sehr oft innerhalb von 24 Stunden an einer Septicämie. Man findet ihn fast regelmäßig und gelegentlich in sehr beträchtlichen Mengen auf den normalen Schleimhäuten der oberen Luftwege. Bei Katarrhen erscheint er oft vermehrt, ein Umstand, der ihm von manchen Autoren eine ätiologische Bedeutung zuerkennt. Wahrscheinlich wird es wohl so sein, daß er ganz überwiegend als gewöhnlicher Saprophyt auftritt und nur bei ganz außerordentlicher Resistenzverminderung in besonders ungünstig gelagerten Fällen pathogene Eigenschaften annehmen kann. Vielleicht wird er sogar auch einmal als Erreger eitriger Meningitis oder septischer Allgemeininfektionen gefunden werden. Morphologisch ist er größer als die Meningokokken, auch gleichmäßiger in seiner Gestalt, meist in Diplokokkenform und gramnegativ. Er wächst üppig bereits auf gewöhnlichem Agar und selbst bei Zimmertemperatur. Seine Kolonien sind weiß, kompakt und bei der Durchsicht braun gekörnelt, bei der Aufsicht mit trockener und etwas unebener Oberfläche. Bei der biochemischen Prüfung nach der auf S. 225 angegebenen Tabelle erfolgt keine Säurebildung aus Dextrose, Maltose und Lävulose, wie naturgemäß auch keine spezifische Agglutination durch Meningokokkensera eintritt.

b) Micrococcus pharyngis flavus. Eine größere Zahl gramnegativer Diplokokken der Rachenschleimhaut wird in dieser Gruppe zusammengefaßt. Sie haben das gemeinsame Charakteristicum in dem Aussehen ihrer Kolonien, die sich durch eine grüngelbliche bzw. gelbliche Verfärbung auszeichnen. Diese Farbstoffbildung ist auf Agar oder Ascitesagar, besonders gut aber auch auf der LÖFFLERschen Serumplatte erkennbar. Auf Grund ihres Koloniebildes und der Zuckerreaktion werden sie in drei Gruppen aufgeteilt: I, II und III. Sie können auch als Verunreiniger von Nährböden und bei der Aussaat von Krankheitsmaterial eine Rolle spielen und dem Untersucher, sofern er sie nicht kennt, Schwierigkeiten bereiten. In jedem bakteriologischen Laboratorium werden sie häufig auftreten; man kann sich vor diagnostischen Irrtümern nur schützen, wenn man bei der Untersuchung eines Lumbalpunktats Blut-, Ascitesagar- und Agarplatten anlegt. Durch ihr üppiges Wachstum auf Agar ist dann ihre Abgrenzung von den Meningokokken wie auch durch das Aussehen der Kolonien nicht schwierig.

c) Diplococcus pharyngis siccus. Auch diese Bakterienart ist wie die soeben besprochene Bakteriengruppe erstmalig von v. LINGELSHEIM beschrieben. Bei diesen Keimen handelt es sich um feine gramnegative Diplokokken, die durch ihr kulturelles Bild auf Agar leicht erkennbar sind. Es handelt sich um unregelmäßig umrandete, stark gerunzelte, trockene, leicht gelblich scheinende Kolonien. Sie haften den Nährböden fest an und können in Kochsalzlösung nicht zur Emulsion verrieben werden. Sie bilden Säure aus allen differentialdiagnostisch wichtigen Zuckerarten. Unseres Erachtens ist es fraglich, ob man ihnen überhaupt als Art eine Sonderstellung zusprechen kann. Möglicherweise handelt es sich hier nur um Rauhformen anderer saprophytischer gramnegativer Kokken.

d) Micrococcus pharyngis cinereus. Bei diesen gleichfalls von v. LINGELSHEIM beschriebenen Keimen handelt es sich um plumpe, gramnegative, in Paaren oder häufiger in lockeren Haufen angeordnete Kokken, die dem Micrococcus catarrhalis ähneln, in ihrem Wachstum aber nicht die Vitalität dieser Art besitzen. Sie sind auch weniger weiße, sondern mehr grau bis grauweiße Kolonien. Aus den genannten Zuckerarten bilden sie keine Säure. Man möchte annehmen, daß es sich bei diesem Mikroorganismus mehr um eine Varietät des Micrococcus catarrhalis handelt.

e) Diplococcus mucosus. Schon auf gewöhnlichem Agar tritt dieser Keim durch sein üppiges schleimiges Wachstum in nahe Beziehung zu manchen anderen saprophytischen gramnegativen Diplokokken der oberen Atmungswege. Er imponiert so auch mehr als eine schleimbildende Variante einer der saprophytischen Diplokokkenarten des Nasenrachenraumes. Er ist gelegentlich im Liquor nachgewiesen worden, doch glauben wir, ihm keine pathogene Bedeutung beilegen zu dürfen. Er ist wie alle anderen ein Saprophyt der Rachenschleimhäute und ist morphologisch ein gramnegativer Coccus, der überwiegend in verhältnismäßig feinen Diplokokken und Tetraden auftritt. Für ihn charakteristische Zuckerreaktionen sind nicht beschrieben.

f) Diplococcus crassus. Dieser Mikroorganismus ist nicht leicht zu definieren. Er war von JAEGER zuerst als Meningococcus beschrieben worden, jedoch haben die weiteren Prüfungen ergeben, daß er schon bei Zimmertemperatur zu wachsen vermag und gelegentlich grampositive Formen enthält. Auch morphologisch ist das Bild recht vielgestaltig. Im ganzen ist er größer und plumper als der Meningococcus, kann aber bei der Züchtung aus Rachenabstrichen recht leicht mit ihm verwechselt werden, da er auf gewöhnlichem Agar zunächst nur kümmerlich wächst. Bei dem Wachstum auf Ascitesagar empfiehlt sich eine Prüfung im durchfallenden Licht, da seine Kolonien dann bräunlich getrübt und körnig aussehen. In der Zuckerreihe unterscheidet er sich von den Meningokokken, da er aus Lävulose Säure bildet. Maßgebend für seine Abtrennung ist das Fehlen einer spezifischen Agglutination durch die Meningokokkensera.

Schrifttum.

KOLLE, KRAUS u. UHLENHUTH: Handbuch der pathogenen Mikroorganismen. 3. Aufl. Jena: G. Fischer. — TOPLEY and WILSON: The principles of bacteriology and immunity, 2. Aufl. London: E. Arnold 1936.

II. Die pathogenen Bacillen.

Die Aufstellung eines natürlichen Systems der zahlreichen krankheitserregenden Arten der Bacillen ist nicht nach einem so einfachen Einteilungsprinzip möglich, wie es für die Kokken durch die morphologische Anordnung der Verbände nach der Zellteilung gegeben ist. Insbesondere läßt sich eine Einteilung der verschiedenen Arten der Bacillen nicht einfach vom morphologischen Gesichtspunkt durchführen, wenn sich auch zunächst nach dem Vorhandensein oder Fehlen echter Dauerformen eine Scheidung in zwei große natürliche Gruppen *„Sporenbildner"* und *„Nichtsporenbildner"* ergibt. Innerhalb dieser beiden Hauptgruppen und insbesondere innerhalb der Nichtsporenbildner vollzieht sich die weitere Differenzierung der einzelnen Familien und Arten nicht nach biologischen Charakteren, wie Eigenbewegung, Verhalten zur Gramfärbung, Säurefestigkeit, Gärvermögen, pathogene Wirkung usw. Es sind viele Einteilungsversuche veröffentlicht worden, so insbesondere auch die seitens der Nomenklaturkommission der Internationalen Vereinigung für Mikrobiologie. Wir halten uns hingegen an das in der ersten Auflage wiedergegebene natürliche System, wobei wir uns allerdings bewußt sind, daß auch diese Einteilung nicht als ideal bezeichnet werden kann. Zunächst seien die sporenbildenden Bacillen, dann die Nichtsporenbildner besprochen.

1. Der Milzbrandbacillus.

Der Milzbrandbacillus oder Bac. anthracis ist ein plumpes, unbewegliches Stäbchen von etwa 5—12 μ Länge und 1—1,5 μ Dicke, mit scharf abgeschnittenen Enden, das in Körperflüssigkeiten nur kurze, in künstlichen Kulturen längere kettenförmige Verbände bildet. Als gebräuchlichstes Versuchstier für die praktische Diagnose dient die weiße Maus, die der subcutanen Infektion mit einer Spur infektiösen Materials binnen weniger Tage erliegt. Bei Vorliegen von Milzbrand entsteht an der Infektionsstelle ein sulziges Ödem, in dem sich die Bacillen stark vermehren und dann über die Lymphgefäße in den Blutkreislauf gelangen. In jedem Tröpfchen Blut oder Gewebssaft eines solchen Tieres lassen sich die Milzbrandbacillen in gewaltigen Mengen nachweisen. Das gefärbte Präparat zeigt gegenüber dem ungefärbten gewisse Verschiedenheiten im Aussehen der Bacillen, die durch die infolge der Fixierung und Färbung eintretende Schrumpfung des Bakterienleibes hervorgerufen sind. Als solche sind die sog. „Bambusformen" zu nennen, indem die einzelnen den Kettenverband zusammensetzenden Glieder in der Mitte dünner als an den etwas aufgetriebenen Enden erscheinen. Es handelt sich hierbei um Kunstprodukte, da im ungefärbten Präparat diese Abweichungen von der rein zylindrischen Form des Bacillus nicht zu sehen sind. Die Milzbrandbacillen lassen sich

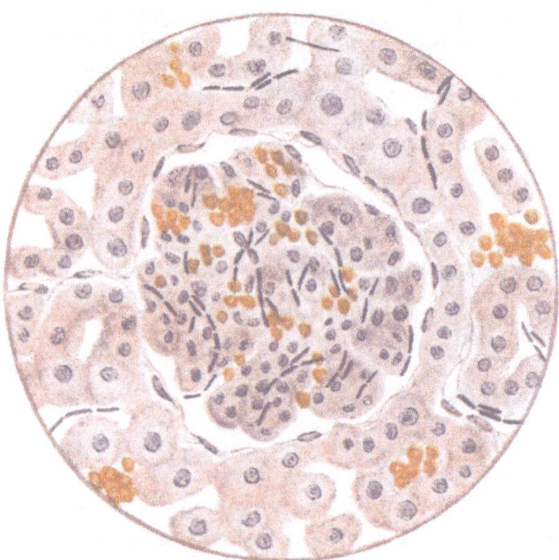

Abb. 26. Milzbrandbacillen im Glomerulus. Maus. Gramfärbung. (Vergr. 1 : 500.)

besonders gut in Ausstrich- und Schnittpräparaten mittels der GRAMschen Färbung nachweisen. In Schnitten aus Leber, Lunge und Niere (verschlungene Knäuel von Bacillen in den Glomerulis) liegen die Milzbrandbacillen in den Blutcapillaren entsprechend der Ausbreitung der Infektion auf dem Blutwege (vgl. Abb. 26). Im infizierten Organismus bildet der Milzbrandbacillus eine durch das Färbungsverfahren deutlich darstellbare Kapsel. In künstlichen Kulturen kommt die Kapsel im allgemeinen nicht zur Ausbildung. Ein negativer Ausfall des Tierversuchs spricht aber nicht unbedingt gegen das Vorliegen von Milzbrand, da z. B. bei Versuchen mit Kadavermaterial zu berücksichtigen ist, daß die Bacillen in ihnen ohne Sporenbildung relativ bald absterben können. Andererseits ist das Ergebnis des Tierversuchs durch Ausstrichpräparate und Anlage von Kulturen sicherzustellen.

Die Züchtung des Milzbrandbacillus gelingt aus frischem Material sehr leicht, da er auf allen gebräuchlichen Nährböden gut wächst. Die Kolonien, die auf Agar schon nach 12 Stunden erscheinen, zeigen ein sehr charakteristisches Aussehen. Es sind mittelgroße Kolonien von weißlichgrauer Färbung, matter und trockener Oberfläche und locken-

oder zopfartigen feinen Ausläufern. Die einzelne Kolonie verflüssigt infolge der Bildung eines peptonisierenden Fermentes die Gelatine. Besonders charakteristisch tritt die Anordnung einer Milzbrandkolonie im Klatschpräparat zutage. Man erkennt, wie die einzelnen „Locken" sich aus Bakterienfäden zusammensetzen. Auch fädige Ausläufer beobachtet man häufig am Rande der Kolonie und schon bei mittelstarker Vergrößerung tritt die Zusammensetzung der Fäden aus einzelnen Bakterien deutlich hervor. Es entstehen Bilder wie „gelocktes Frauenhaar" oder wie ein „Medusenhaupt". In Bouillon erfolgt das Wachstum in Schleimfäden, die sich als eine schleimige oder watteartige Flocke am Grunde ansammeln und die Flüssigkeit gewöhnlich klar lassen.

Die Sporenbildung, deren Bedingungen zuerst von ROBERT KOCH erkannt worden sind, kommt nicht im lebenden infizierten Organismus zustande und sie erfordert als notwendige Vorbedingung Sauerstoffzutritt, sowie eine über 16^0 C liegende Temperatur (am günstigsten zwischen 20 und 25^0 C). In der künstlichen Kultur tritt die Sporenbildung nicht sogleich, sondern erst dann ein, wenn das Optimum der Entwicklung überschritten und sich wachstumshemmende Einflüsse, insbesondere durch Erschöpfung des Nährsubstrats, geltend machen. Somit dient die Bildung der widerstandsfähigen Dauerformen oder Sporen der Erhaltung der Art. Die Milzbrandspore ist von eiförmiger Gestalt und mittelständiger Lagerung. Die Widerstandsfähigkeit der Milzbrandsporen gegenüber äußeren schädigenden Einflüssen ist sehr erheblich und konstant. Darum finden an Seidenfäden angetrocknete Milzbrandsporen vielfach Anwendung als Testobjekt für Desinfektionsversuche und zur praktischen Prüfung von Dampfdesinfektionsapparaten, wenn sie auch wegen der Infektionsgefahr in den letzten Jahren mehr und mehr durch saprophytische und in ihrer Resistenz gut bekannte Erdsporen ersetzt werden. Im strömenden Dampf von 100^0 C werden Milzbrandsporen binnen 2—12 Minuten abgetötet. $1\,^0/_{00}$ ige Sublimatlösung, 2% ige Formaldehydlösung und frische Chlorkalklösung vernichten die Sporen in durchweg 1—2 Stunden. Das Wiederauskeimen der Sporen bei Rückübertragung in günstige Kulturbedingungen erfolgt durch Auswachsen in der Längsrichtung. Gelegentlich findet man Milzbrandstämme, denen das Sporenbildungvermögen verlorengegangen ist. Diese asporogenen Stämme lassen sich auch künstlich unter bestimmten Bedingungen heranzüchten.

Die morphologischen und biologischen Merkmale des Milzbrandbacillus in der Kultur und im Tierversuch genügen meistens zur Sicherung der bakteriologischen Diagnose. Schwierigkeiten können entstehen, wenn das zu untersuchende Ausgangsmaterial bereits stark in Fäulnis übergegangen ist, da die Milzbrandbacillen im Organismus keine Sporen bilden und somit von Fäulnisbacillen überwuchert werden und absterben können. Wegen der möglichen Anwesenheit auch krankheitserregender Anaerobier, die unter Umständen im Mäuse- oder Meerschweinchenversuch ein ähnliches Bild liefern können, verlasse man sich nie auf das mikroskopische Präparat allein, sondern lege aus dem Blut und den Organen des geimpften Tieres stets an- und aerobe Kulturen an.

Der Gang der Untersuchung ist der folgende:

1. Von Karbunkelmaterial, Organen, Blut usw. werden Ausstrichpräparate angefertigt (Färbung nach GRAM, eventuell Kapselfärbung), Kulturen auf Agar und Blutagar angelegt und ein bzw. zwei Mäuse

subcutan infiziert. Bei Kadavern ist auch die Untersuchung des Marks kleiner Knochen anzuraten. Bei Einsendung von Material empfiehlt sich die Auftragung des zu untersuchenden Gewebssaftes usw. auf sterile Gipsstäbchen, ausgekochte Ziegelstückchen oder auf Filtrierpapierrollen, um störende Fäulnisprozesse hintan zu halten und die Sporenbildung eventuell zu fördern. Zweckmäßig erscheint auch die Miteinsendung eines gut fixierten Objektträgerausstrichs.

2. Borsten, Haare u. dgl. werden in geringen Mengen Wasser aufgeschwemmt, gut durchgeschüttelt und zwecks Abtötung vegetativer Formen und anderer Bakterien etwa 25 Minuten auf 80—85° C erhitzt. Vom Sediment werden dann Kulturen angelegt und der Tierversuch angesetzt.

In differentialdiagnostischer Hinsicht ist das Auftreten sog. Pseudomilzbrandbacillen wichtig, die im Gegensatz zum Milzbrandbacillus beweglich sind und in der Regel für Versuchstiere als apathogen befunden werden (POPPE). Bei den meisten dieser zur Gruppe der Heubacillen gehörenden oder ihr doch nahestehenden Stämme handelt es sich um Saprophyten.

Für die Bekämpfung des Milzbrandbacillus ist die einwandfreie bakteriologische Diagnose unbedingte Voraussetzung. Die bakteriologische Diagnose ist in jedem Verdachtsfall vorzunehmen. Für die Feststellung von Milzbrand bei Tieren ist die bakteriologische Untersuchung vorgeschrieben. Sie erstreckt sich auf die mikroskopische Untersuchung (Nachweis der Kapsel, Lagerung der Bacillen), die Kultur, charakteristische Oberflächenkolonien und den Tierversuch. Bei der Einsendung von Organen, die sich bereits in vorgeschrittener Fäulnis befinden, und auch bei der Prüfung der importierten Trockenhäute, von denen viele Infektionen in der verarbeitenden Industrie auftreten, hat die Serodiagnostik mittels des Präcipitationsverfahrens nach A. ASCOLI und VALENTI Hervorragendes geleistet. Dieses Thermopräcipitationsverfahren beruht darauf, daß das Serum von gegen Milzbrand immunisierten Tieren Präcipitine enthält, d. h. Stoffe, die imstande sind, aus Milzbrandbacillen stammendes Eiweiß auszufällen:

Organstücke werden zerkleinert, mit einigen Kubikzentimetern physiologischer Kochsalzlösung verrieben, einige Minuten aufgekocht und dann filtriert. Bei fraglichen Kulturen wird ein Schrägröhrchen mit 10 ccm physiologischer Kochsalzlösung abgeschwemmt, die Abschwemmung etwa $1/_2$ Stunde auf 100° C erhitzt und dann durch Papierfilter geklärt. Von Fellen werden kleinere Stückchen in Phenolkochsalzlösung 24 Stunden extrahiert. Von dem auf diese Weise gewonnenen Material gibt man einige Tropfen in ein 3 mm weites Röhrchen und vermischt sie mittels Pipette mit einigen Tropfen Serum. Extrakt und Serum müssen völlig klar sein. Handelt es sich um Milzbrand, enthält das Extrakt also reichlich präcipitinogene Substanzen, so entsteht an der Berührungsfläche der beiden Flüssigkeiten ein weißer Ring innerhalb etwa $1/_4$ Stunde. Auf keinen Fall dürfen die notwendigen Kontrollen fehlen. Der Versuch setzt sich etwa folgendermaßen zusammen:

Extrakt des verdächtigen Organbreies + Milzbrandserum = positiv.
Extrakt des verdächtigen Organbreies + Normalserum = negativ.
Sicheres Milzbrandextrakt + Milzbrandserum = positiv.
Sicheres Milzbrandextrakt + Normalserum = negativ.
Normalextrakt + Milzbrandserum = negativ.

Der Milzbrand ist eine akut verlaufende Infektionskrankheit von septicämischem Charakter und eine der gefürchtesten Seuchen der größeren Haustiere (Rinder, Pferde, Schafe, Schweine, Ziegen). Die Krankheit kann bei Tieren epizootisch auftreten und einen seuchenhaften Charakter annehmen. Die Verbreitung der Infektion erfolgt beim Tier meistens durch Aufnahme des Erregers vom Magendarmkanal aus, wobei die Abgänge anderer milzbrandiger Tiere das Futter infiziert haben. Auch durch Stechfliegen kann die mechanische Überimpfung des Virus zustande kommen. An Orten, an denen die Verstreuung infizierten Materials an der Oberfläche des Bodens stattfindet und wo es infolge günstiger Bedingungen für die Sporenbildung zur Entstehung dieser widerstandsfähigen Dauerformen kommt, können diese noch nach Jahren lebend und virulent nachgewiesen werden. So kann es unter geeigneten äußeren Umständen, wenn beispielsweise der gleiche Weideplatz immer wieder aufs neue benutzt wird, zu einer endemischen, an der Örtlichkeit haftenden und von Zeit zu Zeit sich manifestierenden Infektion kommen. Der Milzbrand bei Tieren ist in Europa durch die planmäßige Bekämpfung erheblich zurückgegangen. Die außereuropäischen Brutstätten des Milzbrandes sind in veterinär- und sanitätspolizeilicher Beziehung aber auch jetzt noch von großer Bedeutung, da Einschleppungen in vielen Fällen auf tierische Erzeugnisse oder Futtermittel aus diesen Gegenden zurückgeführt werden können. Somit erfolgt die Übertragung des Milzbrandes der Tiere nur in Ausnahmefällen von Tier zu Tier. Für die Verbreitung sind die primären Ursachen die Kadaver gefallener und die Ausscheidungen kranker Tiere, sofern darnach die Gelegenheit zur Sporenbildung gegeben ist (vgl. POPPE).

Von großer Wichtigkeit sind infizierte ausländische Futtermittel. Ferner kommt eine größere Zahl tierischer Milzbranderkrankungen auch durch Abwässer von Gerbereien zustande, die überseeische, häufig mit Milzbrandkeimen behaftete Häute bearbeiten. Mit diesen Abwässern gelangen Milzbrandsporen in die Wasserläufe und unmittelbar oder bei Überschwemmungen auf Wiesen und Weiden. Diese und die obengenannten Beispiele zeigen, daß gelegentlich die örtlichen Verhältnisse eine wesentliche Rolle spielen können, wodurch der Milzbrand oft als „Bodenkrankheit" imponiert, da der Boden mit infizierten Abfällen bzw. Sporen verseucht werden kann, wodurch in sumpfigen und feuchten Gegenden, bei Überschwemmungen und ungünstigen Grundwasserverhältnissen sowie hohen Außentemperaturen in den Sommermonaten eine Ausbreitung begünstigt wird.

Auch der Mensch ist für den Milzbrand empfänglich, wobei der Milzbrand des Menschen fast ausschließlich eine Erkrankung bestimmter Berufsstände ist, die mit der Pflege von Tieren, mit Notschlachtungen, mit der Beseitigung von Tierkadavern oder mit dem Handel und der Verarbeitung von tierischen Fellen zu tun haben. In der Regel gelangen nur Einzelerkrankungen zur Beobachtung. Im Deutschen Reich ist heute der Milzbrand fast ausschließlich vom Handel und Verkehr mit dem Auslande, in erster Linie von der Einfuhr tierischer Rohstoffe, von Häuten, Fellen und Tierhaaren abhängig. Die Infektionen des Menschen können in verschiedener Form auftreten: 1. am häufigsten und relativ gutartigsten nach einer Infektion der Haut als Hautmilzbrand, Milzbrandkarbunkel oder Pustula maligna, 2. seltener und von sehr ungünstiger Prognose als Lungenmilzbrand in Form einer sehr bösartigen Pneumonie nach Einatmung infektiösen Materials bzw. als schwere Allgemeinerkrankung oder 3. als Darmmilzbrand in Form einer schweren Darm- und Allgemeininfektion. Der Darmmilzbrand ist sehr selten und kann auf den Genuß ungenügend gekochten Fleisches milzbrandiger Tiere zurückgeführt werden. Entsprechend dem Krankheitsprozeß dient als Untersuchungsmaterial der Inhalt von Pusteln oder Karbunkeln (Sekret, niemals operativ angehen), bei der pneumonischen Form Lungenauswurf und beim Darmmilzbrand die Dejekte. Im Deutschen Reich überwiegt die Hautinfektion ganz außerordentlich, da von den 3005 in den Jahren 1910—1930 festgestellten Milzbrandübertragungen die Ansteckung in 94% der Fälle (2864) von der äußeren Haut ausgegangen war. Die Bacilleninfektion kommt in erster Linie für die Berufe in Betracht, die mit kranken oder verendeten Tieren zu tun haben, die Sporeninfektion hingegen für solche Personen, die mit dem Transport oder der Verarbeitung von tierischen Produkten beschäftigt sind. Gesetzliche Maßnahmen sind zur Bekämpfung aller Möglichkeiten erlassen worden, um die Übertragung des Milzbrandes auf Tier und Mensch zu verhindern.

Die Bekämpfung des Milzbrandes und die Verhütung der Infektion von Tier und Mensch ist abhängig von dem Erfolg der Maßnahmen gegen den tierischen Milzbrand. Hier haben die Bestimmungen des Reichsviehseuchengesetzes hervorragende Erfolge erzielt. Inländische Infektionsquellen sind fast zur Bedeutungslosigkeit zurückgegangen, wie es die Erfahrungen der Kriegsjahre beweisen. Die größte Gefahr besteht immer noch in der Einfuhr tierischer Rohstoffe. Die Häufigkeit der Infektion des Menschen kann man nur einschränken, wenn möglichst einwandfreies Rohmaterial zur Verarbeitung gelangt, worum sich der Gesetzgeber bemüht, und wenn die gefährdeten Berufskreise immer wieder auf die notwendige Prophylaxe hingewiesen werden. Bei verdächtigen Krankheitserscheinungen ist schnellste ärztliche Hilfe und Wartung erforderlich.

Neben den gesetzlich festgelegten Bekämpfungsmaßnahmen spielt in der Praxis der Seuchenbekämpfung des Milzbrandes der Tiere die Immunisierung mit abgeschwächten Milzbrandbacillen nach Pasteur eine große Rolle. Wenn auch die Impfverluste etwa $1^0/_{00}$ und die Dauer des Impfschutzes nur etwa 1 Jahr betragen, sind doch die Erfolge unverkennbar. Bei fast völliger Ungefährlichkeit gewinnt man eine sichere und längere Immunität bei Anwendung der aktiv-passiven Immunisierung, wobei man gleichzeitig an verschiedenen Körperstellen Milzbrandserum und Milzbrandkulturen verimpft. Bei augenblicklicher Gefährdung kommt schließlich noch die passive Immunisierung mit Milzbrandserum in Betracht.

Beim Menschen ist die Methode der Wahl die Serumbehandlung. Allerdings wird sie in Deutschland beim Milzbrandkarbunkel nicht in jedem Falle durchgeführt. Es sei aber auf die spezifische Therapie hingewiesen, da man im Einzelfall und im Beginn nicht weiß, wie der Ausgang der Erkrankung sein wird. Eine breite Anwendung hat neben dem Milzbrandserum die Chemotherapie mit Salvarsan gefunden, das als Neosalvarsan in zweitägigen Abständen und in der Menge von etwa 0,6 g intravenös verabfolgt wird. Als aussichtsreich ist die kombinierte Chemo-Serumtherapie zu bevorzugen.

Schrifttum.

Lommel, F.: in Handbuch der inneren Medizin, 3. Aufl. Bd. 1, S. 1065. 1934. — Poppe, K.: Die übertragbaren Tierkrankheiten in M. Gundel: Die ansteckenden Krankheiten. Leipzig: Georg Thieme 1935. — Erg. Hyg. 1922, 597. — Sobernheim, G.: Handbuch der pathogenen Mikroorganismen, 3. Aufl. Bd. 3, S. 1041. 1931.

2. Die Gruppe der Heubacillen.

Zahlreiche Bakterientypen und verschiedene Erscheinungsformen, die vielfach Ähnlichkeiten mit dem Milzbrandbacillus haben, werden aus Erde, Wasser, Luft, Nahrungsmitteln, von Tier und Mensch usw. gezüchtet.

Eine dieser Arten, sofern man ihr überhaupt diese Bezeichnung zuerkennen kann, sind die Pseudomilzbrandbacillen oder der *Bac. anthracoides*. Es genügt festzustellen, daß er sich von dem Milzbrandbacillus durch die in der Mehrzahl der Fälle festzustellende Beweglichkeit unterscheidet, ferner durch das Fehlen von Kapseln, durch sein anderes Wachstum in Bouillon, die fehlende Pathogenität usw. Eine genaue Klassifizierung dieser Mikroorganismen ist gegenwärtig noch unmöglich.

Bacillus subtilis. Bei diesem Mikroorganismus handelt es sich um eine Gruppe aerob wachsender und ubiquitär verbreiteter grampositiver Stäbchen, die immer noch verhältnismäßig ungenügend erforscht und ungeordnet sind. Da diesem Mikroorganismus keine primäre pathogene Bedeutung zuerkannt werden kann, sei auf eine Besprechung der morphologischen und kulturellen Eigenschaften verzichtet. Das gleiche gelte für die weiteren in diese Gruppe gehörenden Mikroorganismen, wie Bac. mesentericus vulgatus, Bac. megatherium, Bac. mycoides. Alle diese Keime sind in der Natur überaus weitverbreitet.

Jedoch muß ausdrücklich darauf hingewiesen werden, daß von FLÜGGE als Erreger der Cholera infantum Toxinbildner aus der Gruppe der Heubacillen beschrieben worden sind, die die Rolle toxischer Saprophyten spielen. Sie sind in der Milch, im Wasser, im Boden, im Kuhkot weitverbreitet und sie vermehren sich am besten bei Brutwärme, aber auch schon bei Temperaturen von 22° C. In der Milch rufen sie eine charakteristische Zersetzung hervor, die sich durch Peptonisierung und teilweise Ausfällung des Caseins durch Labferment äußert. Die so zersetzte Milch zeigt unter der intakten Rahmschicht eine gelblich durchsichtige Flüssigkeit und am Boden den durch Lab ausgefällten Rest des Caseins. Im Beginn ist diese Zersetzung bei Betrachtung mit bloßem Auge kaum wahrzunehmen. Die Milch zeigt einen bitteren Geschmack, der unter allen Umständen die Milch von dem Genuß auszuschließen verlangt. Wird solche Milch von Säuglingen genossen, dann kann ein durch schwerste Vergiftungserscheinungen charakterisiertes, der asiatischen Cholera ähnliches Krankheitsbild zustande kommen, das als Cholera infantum bezeichnet wird.

In den letzten Jahren haben sich die Ansichten über diese Krankheit zwar vielfach geändert; man hat den Eindruck, daß man diesen Mikroorganismen vielfach nicht mehr die Bedeutung im Sinne FLÜGGES zuerkennt. Sicherlich sind diese Keime auch nicht als echte Infektionserreger anzusprechen, vielmehr ähnlich wie der Bac. botulinus als toxische Saprophyten, die aber durch ihre in den menschlichen Organismus fertig eingeführten Giftstoffe Krankheitserscheinungen auslösen können. Die Sporen dieser toxischen peptonisierenden Bakterien sind außerordentlich widerstandsfähig und werden bei der für die Milchsterilisation und Pasteurisierung üblichen Hitzeeinwirkung nicht zerstört. Es erscheint geboten, diesen Fragen unter besonderer Berücksichtigung der künstlichen Ernährung, denn Kinder mit Brustmilchnahrung bleiben naturgemäß verschont, erhöhte Bedeutung zu schenken. Insbesondere sei in diesem Zusammenhang an die vielfach geübte Verabfolgung von Milch erinnert, die sich der Thermosflasche bedient und die bei längerer Aufbewahrung solcher Flaschen die massenhafte Vermehrung dieser Mikroorganismen begünstigt.

3. Der Tetanusbacillus.

Von den pathogenen Anaerobiern ist der Tetanusbacillus, der Erreger des Wundstarrkrampfes, morphologisch und biologisch am besten charakterisiert und relativ leicht zu diagnostizieren. Er wird fast

regelmäßig in gedüngten Erdproben und Straßenschmutz gefunden sowie
häufig im Kot des Pferdes und Rindes, zuweilen auch in den Darmentleerungen des Hundes und ganz selten des Menschen. Entsprechend
seiner ziemlich weiten Verbreitung kann er bei Verletzungen leicht in
Wunden gelangen, wobei die bakterielle Infektion in der Regel auf die
Wunde beschränkt bleibt, da die Bacillen nur durch das von ihnen
gebildete Toxin pathogen wirken. Die Sporen, die unter ungünstigen
Bedingungen von dem Starrkrampferreger gebildet werden, besitzen
eine erhebliche Widerstandskraft gegenüber Austrocknung, sowie sonstigen
chemischen und physikalischen Schädigungen. So ist es verständlich, daß
sie sich beispielsweise in oberflächlichen Erdschichten lange Zeit virulent erhalten können.

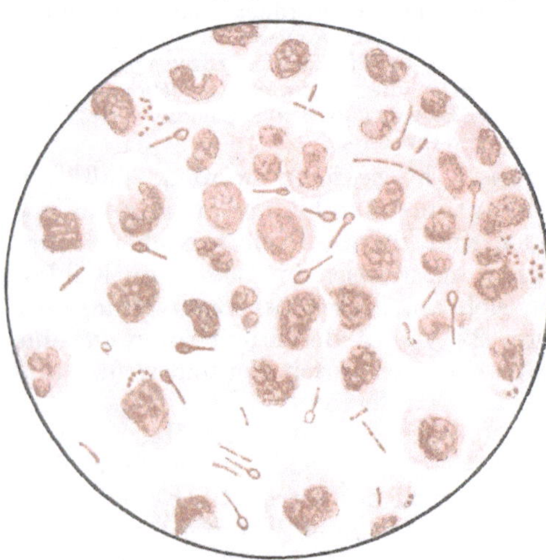

Abb. 27. Tetanusbacillen im Eiter (Färbung mit verd.
Carbolfuchsin). (Vergr. 1:500.)

Der Tetanusbacillus ist ein schlankes, langes Stäbchen mit abgerundeten Enden und charakteristischer Sporenbildung. Wie es die Abb. 27 zeigt, gibt die an einem Ende des Stäbchens sitzende Spore dem Bacillus die Form eines Trommelschlägels oder einer Stecknadel. Die sporenfreien Bacillen sind lebhaft beweglich und mit einer großen Zahl peritrich angeordneter Geißeln ausgestattet. Die Eigenbewegung wird, wie alle Lebensäußerungen dieses strengen Anaerobiers, durch
Sauerstoffzutritt bald gehemmt und ist daher nur bei Züchtung in
sauerstofffreien oder sehr sauerstoffarmen Nährflüssigkeiten gut zu beobachten. Der Erreger läßt sich durch Färbung mit den gewöhnlichen
Anilinfarbstoffen gut zur Darstellung bringen. Die Gramfärbung gelingt
nicht regelmäßig. Manche Autoren vertreten die Ansicht, daß die
Tetanusbacillen sich der Gramfärbung gegenüber negativ verhalten.
Im allgemeinen dürften die Bacillen in jungem Zustande mehr grampositiv, in älteren Kulturen zum Teil gramnegativ sein.

Die vegetative Form der Starrkrampferreger ist nicht besonders
resistent. Die Sporen dagegen werden selbst durch stundenlange Einwirkung von Temperaturen von 60—70⁰ C nicht geschädigt. Erst bei einer
Einwirkung von 90⁰ C sterben sie nach ungefähr 1 Stunde ab. Strömender
Dampf vernichtet sie in 5 Minuten, 1⁰/₀₀ Sublimatlösung erst in 3 Stunden.
Diese hohe Widerstandsfähigkeit der Sporen macht es verständlich,
daß mit derartigem Material infizierte Holzsplitter noch nach vielen
Jahren bei Menschen und Tieren Starrkrampf hervorrufen können
und daß Tetanussporen unter Umständen Jahre hindurch reaktionslos im Gewebe liegen können, um plötzlich bei einer auftretenden

Entzündung oder nach Operationen auszukeimen und einen Tetanus hervorzurufen.

Hinsichtlich des kulturellen Nachweises der Tetanusbacillen ist zu bedenken, daß es sich um einen strengen Anaerobier handelt, darum gelingt seine Züchtung nur nach Entfernung des Sauerstoffes. Wenn auch prophylaktische und therapeutische Maßnahmen bei Tetanusverdacht unabhängig von der bakteriologischen Diagnose zu erfolgen haben, so wird doch oft seitens des Arztes der Nachweis der Tetanusbacillen gewünscht. Zu diesem Zweck sendet man das Untersuchungsmaterial am besten trocken in einem sterilen Röhrchen dem nächsten bakteriologischen Institut zu (Erde, Holzsplitter, Wundsekret, Sekret von Nabelwunden der Säuglinge, excidierte Wundränder, Eiter, Geschoßsplitter usw.).

Für die Züchtung der Anaerobier sind eine größere Reihe von Kulturverfahren und Methoden beschrieben worden (vgl. S. 42). In großen Zügen sei nur das Prinzip der verschiedenen Verfahren an dieser Stelle wiedergegeben. Die gewöhnliche sauerstoffhaltige Umgebung kann man beispielsweise durch Wasserstoff ersetzen oder die gewöhnliche Atmosphäre durch den luftleeren Raum. Ferner kann man den Sauerstoff bei dicht abgeschlossenen Plattenkulturen auch durch pyrogallussaures Kali beseitigen. Bei Anwendung flüssiger Nährböden bedeckt man entweder eine Bouillonkultur mit einer Paraffinölschicht oder man bringt in die Flüssigkeit Stücke von gekochten Organen, wie Leber, Niere oder Muskeln, die reduzierende Wirkungen ausüben. Um bei der Verwendung fester Nährböden auf Grund des kulturellen Verfahrens leichter zu einer Diagnose zu gelangen, verwendet man vorteilhaft die Oberflächenkultur auf der Traubenzuckerblutagarplatte nach ZEISSLER. Von den vielen sonstigen Verfahren sei ferner die biologisch interessante Methode FORTNERs genannt, wobei die eine Hälfte der Platte durch einen üppig wachsenden Sauerstoffzehrer, z. B. Bac. prodigiosus, beimpft und die andere Hälfte der Platte mit dem Untersuchungsmaterial beschickt wird. Die Platte wird dann mit Plastilin abgedichtet. Für die schnelle Gewinnung eines Urteils, ob das Material Ausgangspunkt einer Tetanusinfektion geworden ist oder werden kann, mag der Tierversuch in der Praxis vielfach ausreichen. Nicht selten jedoch versagt er und gelegentlich täuscht er nach der positiven Seite. ZEISSLER ist auf Grund seiner großen Erfahrungen jedenfalls in der Bewertung des einfachen Tierversuchs für die Tetanusdiagnose sehr zurückhaltend geworden und erkennt ihn als allein ausreichendes Kriterium für die Diagnose des Tetanus nicht an. Noch weniger reichen aber die allein aus einem Ausstrich oder der kulturbakterioskopischen Diagnostik gewonnenen Ergebnisse und Diagnose aus, da Verwechslungen mit den bakteriologisch nicht zu unterscheidenden anaeroben Sporenträgern, wie Bac. tetanomorphus, Bac. amylobacter, Bac. sphenoides, Bac. cochlearoides nicht zu vermeiden sind. Hieraus folgert, daß mikroskopische Präparate, Kultur und Tierversuch mit dem Ausgangsmaterial sowie der Tierversuch mit den gewonnenen Kulturen zur Prüfung des Toxinbildungvermögens notwendig sind.

Bei dem Tierversuch an der weißen Maus geht man am besten so vor, daß man in der Gegend der Schwanzwurzel eine Wunde (Hauttasche) setzt und das Untersuchungsmaterial in die Hauttasche hineinbringt. Bei Vorhandensein von Tetanussporen wird bald eine mäßige Vermehrung der Tetanusbacillen mit Toxinbildung einsetzen und das Tier wird unter den charakteristischen Tetanuserscheinungen im Verlauf von 1—3 Tagen zugrunde gehen. Diese tetanischen Erscheinungen (Tetanus ascendens, opisthotonus, descendens) treten zunächst an dem der Injektionsstelle benachbarten Glied auf, worauf dann Verallgemeinerung der Krankheitserscheinungen mit baldigem Tod der Tiere folgt. Es handelt sich hierbei um eine reine Giftwirkung, was schon daraus hervorgeht, daß die Tetanusbacillen nur am Orte der Infektion selbst zum Wachstum gelangen, während der ganze übrige Organismus (wenigstens fast stets) von ihnen frei bleibt.

Der Gang der praktischen Untersuchung ist damit folgender: 1. Anfertigung von Präparaten, in denen nur mit dem Auftreten spärlicher Bacillen gerechnet werden kann. 2. Anlegen von Kulturen, wobei das Material auf feste und flüssige anaerobe Nährböden verimpft wird. Liegt eine Verunreinigung des Materials mit anderen Keimen in stärkerem Maße vor, dann empfiehlt es sich, eine Probe etwa $^1/_2$—1 Stunde bei 80^0 C und eine zweite kurz auf 100^0 C im Wasserbade zu erhitzen. Als Nährböden dienen die Traubenzuckerblutagarplatten nach ZEISSLER, die FORTNERsche Methode sowie Leberbouillon. 3. Der Tierversuch an der weißen Maus oder am Meerschweinchen. Im allgemeinen wählt man wegen des niedrigeren Preises die weiße Maus. Die Beobachtung des Tieres erstreckt sich auf mindestens 8 Tage. Die Verimpfung erfolgt mittels Hauttasche. Ein weiterer Tierversuch wird mit den mittels der Kulturen gewonnenen Stäbchen angesetzt, wobei man entweder direkt das gewonnene Material verimpft oder in den Kulturfiltraten nach 8 bis 10tägiger Bebrütung das Toxin nachweist.

Für die Reinzüchtung des verdächtigen Materials oder des Wundsekrets empfiehlt sich das Verfahren von KITASATO. Nach 24stündigem Wachstum wird die Kultur, die sich aus Begleitbakterien und Tetanusbacillen mit Köpfchensporen zusammensetzt, $^3/_4$—1 Stunde im Wasserbad von 80^0 C gehalten, wodurch die Begleitbakterien abgetötet werden. Die noch lebensfähigen Tetanussporen werden durch Übertragung auf neue Nährböden zur Entwicklung gebracht.

Zum Nachweis des Tetanustoxins in den Kulturfiltraten impft man Mäuse subcutan mit 0,1—0,5 ccm, Meerschweinchen mit 2—5 ccm. Zur Kontrolle werden 1. Mäuse mit dem Filtrat + 0,5 ccm Tetanusantitoxin 1:10 sowie 2. mit dem Filtrat + 0,5 ccm eines anderen Serums 1:10 gespritzt. Bei positivem Ausfall müssen die mit Filtrat allein und mit Filtrat + Normalserum gespritzten Mäuse an Tetanus erkranken und sterben, während die mit Antitoxin gespritzte Maus gesund bleibt.

Zur sicheren Identifizierung der gewonnenen Kultur dient gleichfalls der Tierversuch, wobei man von der 8—10 Tage bebrüteten, keimfreien Leberkultur Mäusen oder Meerschweinchen fallende Dosen subcutan injiziert. Als Kontrolle dienen wieder Tiere, die 1. mit dem Filtrat + Tetanustoxin und 2. mit dem Filtrat + Normalserum oder Diphtherieantitoxin gespritzt werden.

Schließlich kann man noch zum Nachweis des Giftes im Blut der Erkrankten, naturgemäß nur wenn kein Antitoxin gegeben ist, Mäusen 0,5 ccm Serum des Patienten subcutan injizieren. Nach subcutaner Einspritzung dieser Serummenge oder von 1—2 ccm Patientenblut kann dann ein typischer Starrkrampf erzeugt werden.

Von den kulturellen Eigenschaften des Tetanusbacillus seien ferner noch die folgenden Beobachtungen mitgeteilt: Die anaerob angelegte

Agarstichkultur zeigt Ähnlichkeit mit einem Tannenbaum. Vom Stichkanal geht das Wachstum nach allen Seiten und ist in der Tiefe am ausgesprochensten. Die Randteile zeigen starke Auffaserung. Man erkennt ferner, wie der Agar durch die Gasbildung in einzelne Teilstücke gesprengt ist. Das Gas besteht in der Hauptsache aus Kohlensäure und Kohlenwasserstoff und zeichnet sich durch einen widerlich süßlichen Geruch aus. In der anaeroben Bouillonkultur, die eine gleichmäßige Trübung aufweist werden an der Oberfläche infolge Gasbildung zuweilen Schaumblasen sichtbar. In Gelatine tritt bald Verflüssigung ein. In diesen Nährböden erscheinen die Tetanuskolonien als kleine Gebilde mit dunklem Zentrum, einem Knäuel verwickelter Fäden mit wunderlichen Schlingenbildungen ähnlich, von dem aus strahlenartige Fortsetzungen nach der Peripherie in feinen starren Fäden ziehen.

Das Toxin des Tetanusbacillus ist leicht löslich, ist in den Kulturen unter Luftabschluß schon vom 2. Tag an nachweisbar und nimmt in der Folgezeit an Menge zu. Das aus den Kulturen gewonnene gelöste Gift ist von außerordentlicher Wirksamkeit. Schon 0,000005 ccm filtrierter Bouillonkultur töten eine weiße Maus von 15 g Körpergewicht innerhalb von 5—6 Tagen unter typischen Erscheinungen. Das Gift, das übrigens kein einheitlicher Körper ist und über dessen chemische Natur nur wenig bekannt ist, wird vom Orte seiner Entstehung auf dem Wege der peripheren Nervenbahnen zum Gehirn oder Rückenmark weitergeleitet. Das Tetanusgift hat eine spezifische Affinität zu den Substanzen des Zentralnervensystems, wie es sich auch durch die Bindung des Giftes im Glase durch Hirnbrei zeigen läßt. Ist diese Verbindung im lebenden Organismus zustande gekommen, dann erweist sie sich als so fest verankert, daß sie auch durch große Dosen Antitoxin kaum rückgängig gemacht werden kann. Somit bleibt der Heilwert des Tetanusantitoxins weit hinter seinem Schutzwert zurück. Die schützende Wirkung des Tetanusantitoxins läßt sich sehr gut im Laboratoriumsversuch an einer gleichzeitig mit Gift und Antitoxin gespritzten Maus zeigen, wie es oben bei den diagnostischen Versuchen bereits besprochen worden ist.

Das Krankheitsbild des Tetanus ist überaus eindrucksvoll. Bereits aus dem Altertum liegen gute Beschreibungen des Starrkrampfes vor. Die wichtigste Eigenschaft der Tetanusbacillen ist nicht eigentlich ihre Ansteckungskraft, sondern ihre Giftigkeit. Die Gifte sind Ektotoxine, die während des Lebens gebildet werden und das Krankheitsbild auslösen. Die Inkubationszeit hängt von der Menge des gebildeten Giftes und von der Infektionsstelle am Körper ab. Je mehr Gift in den Körper gelangt, um so früher tritt der allgemeine Tetanus auf; je entfernter die Infektionsstelle vom Zentralnervensystem ist, um so mehr Zeit vergeht bis zum Auftreten der ersten Krankheitserscheinungen. Manchmal sind es kleinste, durch beschmutzte Holzsplitter geschaffene Verletzungen, gelegentlich sogar nur Schürfwunden bei Straßenunfällen, andererseits können es auch größere gequetschte und zerrissene, mit Erde oder Kot beschmutzte Wunden sein.

Der Tetanus kommt nicht nur beim Menschen vor, sondern auch beim Haustier. Besonders Pferde weisen sehr oft in ihrem Darminhalt Tetanusbacillen auf; sie sind auch die wichtigste Infektionsquelle für den Menschen. Sie könnte man fast als Virusreservoir des Tetanus bezeichnen, wie man andererseits auch den Tetanusbacillus als einen Erdbacillus auffassen kann, da er sich vor allem in stark gedüngter Gartenerde findet. Von besonders großer Bedeutung ist der Wundstarrkrampf im Kriege bei erdverschmutzten Wunden, wobei es sich nur um gut kultivierten Boden mit Mistdüngung handelt. Aber auch in Friedenszeiten ist bei allen Verletzungen stets an die Möglichkeit von Tetanusinfektionen zu denken. Ferner seien nicht die anderen Formen des Tetanus vergessen: der Tetanus der Neugeborenen durch Infektion der Nabelschnur, der Puerperaltetanus nach Abort, der Wundstarrkrampf bei Uteruscarcinom, der postoperative Tetanus sowie die in den letzten Jahren seltener gewordenen Catgutinfektionen.

Die Prognose des Tetanus ist in hohem Grade abhängig von der Länge der Inkubationszeit. Je früher der Tetanus nach einer Infektion auftritt, um so schwerer pflegt er zu sein. Da der Wundstarrkrampf die Folge der Giftwirkung des Tetanustoxins ist, das sich bei ausgebrochener Erkrankung im Zentralnervensystem unlöslich verankert, müssen die therapeutischen Maßnahmen vor allem prophylaktisch eingestellt sein, sie müssen den Ausbruch des Tetanus verhindern. Hierbei hat die Serumprophylaxe unbestritten große Erfolge erzielt. Seitdem im Weltkriege alle Verwundeten mit Tetanusserum gespritzt wurden, sind die vorher so zahlreichen Erkrankungen zahlenmäßig außerordentlich zurückgegangen. Neben der Serumprophylaxe hat naturgemäß auch eine sachgemäße Wundbehandlung einzusetzen. Liegen bereits Krankheitserscheinungen vor, dann wird man in Verbindung mit allen sonstigen Maßnahmen der Tetanusbehandlung auch die Serumtherapie mit großen Dosen versuchen. Wenn auch die Erfolge nicht allzu groß sein dürften, ist nicht auf eine frühzeitige Serumtherapie bei manifestem Tetanus zu verzichten, da von der Wunde her immer noch Toxine gebildet werden können. Somit ist die sog. Serumtherapie des Tetanus, ähnlich wie die der Diphtherie, nur eine fortgesetzte Prophylaxe gegenüber neugebildeten Toxinmengen.

Recht aussichtsreich erscheinen die Bestrebungen der letzten Jahre, durch aktive Schutzimpfung mit Formoltoxoiden (Anatoxine) bei durch Tetanus besonders gefährdeten Berufen eine langdauernde Immunität zu schaffen. Eine solche Immunisierung kann insbesondere bei Soldaten im Kriegsfalle, bei Landarbeitern und Gärtnern in Betracht kommen. Wie bei den Diphtherieformoltoxoiden tritt der Schutz aber nicht sofort ein, sondern benötigt Wochen. Bei augenblicklicher Gefährdung wäre darum eine aktiv-passive Immunisierung zu empfehlen.

Schrifttum.

Löhr, W.: Der Tetanus in M. Gundel: Die ansteckenden Krankheiten. Leipzig: Georg Thieme 1935. — Löhr, W.: Erg. Hyg. 10 (1929). — Schittenhelm, A.: Tetanus. In Handbuch der inneren Medizin, 3. Aufl. — Zeissler: Die Technik der Anaerobenzüchtung. In Kraus u. Uhlenhuth Bd. 2, S. 961 (1923). Wien und Berlin: Urban & Schwarzenberg, sowie Anaerobenzüchtung in Kolle-Kraus-Uhlenhuth: Handbuch der pathogenen Mikroorganismen, Bd. 10. 1929.

4. Die Erreger der Gasödeminfektionen.

Seit langem gehört der Gasbrand oder das Gasödem zu jenen Krankheitsbildern, die in Kriegs- und Friedenszeiten bei Verletzungen besonders gefürchtet sind. Die Ätiologie dieser Infektionen ist erst seit wenigen Jahren geklärt. Die Form, unter der diese Infektionen abzulaufen pflegen, kann von der klinisch fast unauffälligen Vergiftung ohne wesentliche Veränderungen an der Eintrittspforte bis zu den schwersten Graden des malignen Ödems und des klinisch so eindrucksvollen „Gasbrands" hinüberführen. An Stelle der für diese verschiedenartigen Krankheitsbilder gewählten zahlreichen Bezeichnungen bedienen auch wir uns des von Aschoff in die Nomenklatur eingeführten Namens „Gasödem". Das Wesen der Gasödemerreger ist das infolge der Gefäß- und Lymphgefäßparalyse hervorgerufene Ödem, während die Entwicklung von Gas vielen Formen der Gasödeminfektion fehlt. Die Gasödeminfektionen werden durch vier bzw. fünf Erreger hervorgerufen, und zwar den Welch-Fraenkelschen Gasbacillus, den Novyschen Bacillus des malignen Ödems (Bac. oedematiens), den Pararauschbrandbacillus (Vibron septique), den Bacillus gigas (Bac. haemolyticus) und den Bacillus histolyticus.

In unseren Ausführungen wird es unmöglich sein, auf die letzten Einzelheiten der bakteriologischen Differentialdiagnose der verschiedenen anaeroben Mikroorganismen und insbesondere auch auf die Entwicklung der Lehre von den Anaerobiern näher einzugehen, so interessant und wichtig auch das ganze Problem ist. In den letzten Jahrzehnten sind die Kenntnisse auf diesem Gebiet vornehmlich dank der Arbeit von ZEISSLER, WEINBERG u. a. erheblich erweitert worden. Maßgebend für die Fortschritte auf diesem Gebiet sind besonders die Fortschritte der Technik der Anaerobenzüchtung gewesen und die Verbesserung der Zusammensetzung der Nährböden. Eine richtige Diagnose der einzelnen anaeroben Arten kann nur von den fachlich Vorgebildeten erwartet werden. Die Untersuchung eines GRAM-Präparats oder die alleinige Anwendung des Tierversuches können unmöglich allein zu richtiger Diagnose führen. Früher war man der Auffassung, daß gerade bei den pathogenen Anaerobiern Tierpathogenität und Pathogenität für den Menschen übereinstimmen. Daß diese Auffassung nicht zutreffend ist, beweisen der Rauschbrandbacillus mit seiner hohen Pathogenität für das Rind und der Pararauschbrandbacillus, der für den Menschen äußerst gefährlich ist. Erschwerend für das Verständnis der anaeroben Sporenbildner ist aber nicht nur die Verschiedenartigkeit der von ihnen erzeugten Krankheitsbilder je nach dem Orte der Infektion, sondern fernerhin die Tatsache, daß bei fast allen diesen Infektionen Mischinfektionen die Klärung der Ätiologie erschweren, seien es nun die üblichen Entzündungs- und Eitererreger, Colibacillen oder sonstige Mikroorganismen. Durch Mischinfektionen und durch Begleitbakterien wird naturgemäß nicht selten das klinische Bild verwischt und die bakteriologische Untersuchung erschwert. Im Rahmen dieses Buches ist es unmöglich, die Technik der Anaerobenzüchtung und die Differenzierung der einzelnen Arten in allen Einzelheiten zu bringen. Es muß auf Spezialwerke verwiesen werden, von denen insbesondere die Arbeiten von ZEISSLER genannt seien.

Gemeinsam für alle Anaerobier ist ihre Sauerstoffempfindlichkeit. Ihre Kulturen wachsen darum nur bei Sauerstoffabschluß bzw. bei beträchtlicher Sauerstoffarmut. Zahlreiche Verfahren sind zu ihrem kulturellen Nachweis angegeben. Entweder kann man aus den Kulturen den Sauerstoff vertreiben oder ihn durch Zufuhr indifferenter Gase verdrängen, ihn durch chemische Bindung oder Absorption mittels des Pyrogallolverfahrens entfernen oder Sauerstoffarmut durch Aussaugen der Luft aus dem der Züchtung dienenden Gläsern herstellen. Von den letztgenannten Verfahren seien die von ZEISSLER und KNORR erwähnt. Breitere Anwendung besitzt wohl vor allem das der Luftaussaugung. Bei den anaeroben Apparaten nach ZEISSLER wird mittels Pumpe die Luft bis auf 0,02 mm Quecksilberdruck abgesogen. Neben der Entfernung des Sauerstoffs ist dann weiterhin noch die Auswahl geeigneter künstlicher Nährsubstrate für die Züchtung der Anaerobier wesentlich. Für die Differentialdiagnose ist die Kohlehydratspaltung der anaeroben Bacillen von großer Bedeutung geworden. Ein brauchbarer Anaerobennährboden wurde durch die Verwendung von Milch mit Zugabe von Leberstückchen erhalten. Unentbehrlich ist weiterhin das Hirnbreiröhrchen sowie die Leberbouillon von TAROZZI, die meistens in Form der Meerschweinchenleberbouillon benutzt wird. Einen sehr erheblichen Fortschritt bedeutete die Einführung der Oberflächenkulturverfahren und besonders die Verwendung der Traubenzuckerblutagarplatte nach ZEISSLER. Auf diesem Nährboden erscheinen die einzelnen Angehörigen der Gruppe der Gasödemerreger in zehn verschiedenen Wuchsformen, wie sie von ZEISSLER in eingehenden Beschreibungen und Bildern wiedergegeben worden sind. Ihre Untersuchung und Betrachtung wird durch das binokulare Plattenkulturmikroskop ZEISSLERs erleichtert.

Schließlich ist von praktischer Bedeutung noch die Hitzeresistenzprüfung der Sporen.

Bei der Einsendung des Materials ist immer zu bedenken, daß gerade bei dem Nachweis der Gasödemerreger diese selten oder fast nie in Reinkultur anfallen, vielmehr meistens Mischinfektionen vorliegen. Darum muß auch der Versand möglichst trocken erfolgen, um die sekundäre massenhafte Vermehrung der für den Krankheitsprozeß mehr

Tabelle 19.

	Bakterienart	Länge	Breite	Geißeln
		der Bacillen		
	I. Gasödembacillen.			
1	Der FRAENKELsche Gasbacillus (Bac. Welchii)	4—8	1—1,5	Keine
2	Der NOVYsche Bacillus des malignen Ödems (Bac. oedematiens)	5—10	1—1,5	Peritrich
3	Der Bac. gigas (Bac. haemolyticus)	4—20	1,2—2,0	Peritrich
4	Der Pararauschbrandbacillus (Vibron septique)	2—10	0,8—1,1	Peritrich
5	Der Rauschbrandbacillus (Bac. Chauvoei) .	2—6	0,5—0,7	Peritrich
6	Der Bac. histolyticus	2—5	0,5—0,8	Peritrich
	II. Apathogene anaerobe Bacillen.			
7	Der Bac. putrificus verrucosus (Bac. sporogenes)	3—7	0,8—1,1	Peritrich
8	Der Bac. putrificus tenuis (Bac. bifermentans)	4—8	1—1,5	Peritrich
9	Der Bac. multifermentans (tenalbus)	5—10	1—1,1	Peritrich
10	Der Bac. tertius	3—8	0,4—0,6	Peritrich
11	Der Bac. sphenoides	2—5	0,5—0,8	Peritrich
12	Der Bac. cochlearius	4—10	0,2—0,5	Peritrich
13	Der Bac. tetanomorphus	4—10	0,5—0,7	Peritrich
	III. Giftbildner, welche keine lokalen Gewebsveränderungen erzeugen.			
14	Der Tetanusbacillus	4—10	0,4—0,6	Peritrich
15	Der Botulinusbacillus	5—10	1—1,5	Peritrich
16	Der Bacillus der Art. VI von HIBLER . . .	2—6	0,5—0,7	Peritrich

oder minder unwesentlichen Begleitbakterien zu verhindern. Insbesondere darf das Untersuchungsmaterial nicht an Ort und Stelle bereits in einen Nährboden übergeführt und in diesem verschickt werden. Wegen des Sporenbildungsvermögens schadet eine Austrocknung des Materials nicht, im Gegenteil ist ein gut getrocknetes Ausgangsmaterial unbeschränkt lange haltbar. Wie bereits erwähnt, begnügt man sich bei der Untersuchung dieses Materials auf keinen Fall mit einem

(Nach ZEISSLER.)

Einfacher Tierversuch	Milch	Gelatine	Hirnbrei	Dampf-resistenz der Sporen
„Klassischer Gasbrand"	Stürmische Gerinnung	Verflüssigung	Keine Schwärzung	8—90 Min.
Sulzig-glasiges Ödem	Gerinnung	Verflüssigung	Keine Schwärzung	etwa 60 Min.
Sulzig-glasiges Ödem	Unvollständige Verdauung	Verflüssigung	Minimale Schwärzung der obersten Schicht	2—30 Min.
Blutig-seröses Ödem	Gerinnung	Verflüssigung	Keine Schwärzung	2—15 Min.
Blutiges Ödem	Gerinnung	Verflüssigung	Keine Schwärzung	2—12 Min.
Histolyse	Vollständige Peptonisierung	Verflüssigung stärkste Trübung	Langsame Schwärzung	60—90 Min.
Apathogen	Unvollständige Verdauung	Verflüssigung	Intensive Schwärzung, Gestank	1—2 Std.
Apathogen	Unvollständige Verdauung	Verflüssigung	Intensive Schwärzung, Gestank	40—60 Min.
Apathogen	Gerinnung	Keine Verflüssigung	Keine Schwärzung	5—10 Min.
Apathogen	Stürmische Gerinnung	Keine Verflüssigung	Keine Schwärzung	2—10 Min.
Apathogen	Gerinnung	Keine Verflüssigung	Keine Schwärzung	2—10 Min.
Apathogen	Keine Veränderung	Keine Verflüssigung	Angedeutete Schwärzung	1—3 Std.
Apathogen	Keine Veränderung	Keine Verflüssigung	Keine Schwärzung	1—2 Std.
Tetanus	Sehr feinflockige Gerinnung	Verflüssigung	Angedeutete Schwärzung	1—3 Std.
Botulismus	Vollständige Peptonisierung	Verflüssigung	Langsame, unvollständige Schwärzung	2—3 Std.
Hochpathogen makroskopisch keine lokalen Gewebsveränderungen	Gerinnung	Keine Verflüssigung	Keine Schwärzung	2—5 Min.

16*

mikroskopischen Präparat, etwa einem GRAM-Präparat, da dann fast in der Regel Irrtümer auftreten werden. Alle genannten Verfahren sind zum Einsatz zu bringen, wobei noch erwähnt·sei, daß man neben der Traubenzuckerblutagarplatte sich auch der von FORTNER angegebenen Platte bedienen kann, wobei man etwa die Hälfte des Nährbodens mit einem Sauerstoffzehrer, z. B. dem Bac. prodigiosus, beschickt und die andere Hälfte mit dem Untersuchungsmaterial. Die Platte wird dann sorgfältig mit Plastilin abgeschlossen; durch die Vermehrung der Prodigiosusbacillen wird die gewünschte Sauerstoffarmut erzielt. In der beigegebenen Tabelle 19 führen wir nach ZEISSLER die wichtigsten Eigenschaften der pathogenen Gasödembacillen, sonstiger pathogener Anaerobier und die Eigenschaften apathogener Anaerobier auf. Die Berücksichtigung dieser hier mitgeteilten wichtigsten Charakteristika der einzelnen Arten erleichtert die Differentialdiagnose.

Alle anaeroben Bacillen und insbesondere auch die Gasödemerreger stammen aus der Erde und sind in der Natur weitverbreitet. Sie spielen in der Pathologie eine verhängnisvolle Rolle, wobei man ihr Auftreten aber nicht nur nach Kriegsverletzungen erwarten darf, vielmehr ist dieses Krankheitsbild leider auch im Frieden längst nicht so selten, wie man vielfach liest. Auch ist die Annahme nicht richtig, daß die durch diese Erreger hervorgerufenen Krankheitsbilder nur in Form des „Gasbrands" auftreten, vielmehr beobachtet man, wie bereits erwähnt, die verschiedensten Krankheitserscheinungen, von denen mit W. LÖHR die folgenden genannt seien:

1. Das Gasödem in mannigfachster Form.
2. Das maligne Ödem.
3. Die Gasbacillensepsis.
4. Das metastatische Gasödem.
5. Die Gasbacillenperitonitis mit verschiedenem Ausgangspunkt.
6. Die Gasödembacilleninfektionen der inneren Organe und
7. Formen, die lediglich nur unter dem Bilde einer allgemeinen „Vergiftung" verlaufen.

Das Zustandekommen der Infektion ist von den verschiedensten Faktoren abhängig. Von großer Bedeutung ist hierbei offenbar die örtliche oder allgemeine Resistenzherabsetzung des infizierten Patienten. Bei Kriegs- und Friedensverletzungen ist die mangelnde Ernährung einer verwundeten Extremität besonders bedeutungsvoll, wie man sie vor allem bei der Verletzung größerer Gefäße mit gleichzeitiger starker Muskel- oder Nervenzertrümmerung beobachtet. Bei Granatschußverletzungen können von den mit Erde und Schmutz verunreinigten Uniformen Gasödembacillen und Begleitbakterien in die Tiefe der Wunden hineingerissen werden. Wie die schweren Schußverletzungen im Kriege das Zustandekommen dieser Infektionen erklären, so besonders deutlich bei Friedensverletzungen beispielsweise Mistgabelverletzungen u. ä. Sehr gefürchtet sind ferner die Gasödeminfektionen des Uterus, besonders bedauerlich auch die glücklicherweise seltenen Infektionen nach Injektion von Medikamenten. Neuerdings wird auch den anaeroben Bacillen eine Rolle beim Zustandekommen der postappendikulären Peritonitis zugesprochen, ein Problem, das unseres Erachtens aber noch nicht eindeutig entschieden ist. Immerhin dürfte aber bei diesem

Krankheitsbild mit der Möglichkeit der Resorption von Toxinen zu rechnen sein, da z. B. der Welch-Fraenkelsche Gasbacillus ein regelmäßiger Bewohner der normalen und kranken Appendix ist.

Die Diagnose der hierher gehörenden Infektionen wird oft allein durch die Klinik gestellt. Es dürfte sich aber mehr als bisher und vor allem auch bei allen fraglichen Krankheitsbildern dringend empfehlen, den Mikrobiologen zuzuziehen. Das einzusendende Material richtet sich nach dem jeweiligen Krankheitsfall. Im bakteriologischen Laboratorium werden dann neben der Anfertigung direkter Präparate die genannten Anaerobenkulturen angelegt, sowie ein oder noch besser zwei Meerschweinchen intramuskulär infiziert.

a) Der Welch-Fraenkelsche Gasbacillus (Bac. Welchii).

Dieser Bacillus ist einer der in der Natur am weitest verbreiteten Mikroorganismen. Die bei dem Verwesungsprozeß tierischer und menschlicher Leichen auftretende Schaumorganbildung ist auf die Vermehrung dieses Mikroorganismus zurückzuführen.

Er ist im Darmkanal von Mensch und Tier weitverbreitet und gilt als Erreger der Lämmerseuche „Lamb Dysentery". Seine Anwesenheit und Vermehrung ist durch das Vorhandensein starker Gasentwicklung in der Umgebung der Wunde ausgezeichnet. Bisweilen kommt es schon zu Lebzeiten durch Einbruch der Infektion in die Blutbahn zu septicämischer Ausbreitung der Erreger.

Der Gasbrandbacillus ist ein plumpes, dickes, unbewegliches Stäbchen, das vielfach an Milzbrandbacillen erinnert, jedoch abgerundete Enden zeigt. Sporen bildet er im lebenden Körper selten, dagegen auf Agar mit 2—3% Sodazusatz und in eiweißfreien kohlehydratfreien Nährböden. In Leberbouillon tritt schon nach 3 Stunden deutliches Wachstum mit Schaumbildung auf, binnen 12—34 Stunden unter Ausbildung eines reichlichen Bodensatzes. Er ist ein starker Säurebildner, bringt die Milch zu stürmischer Gerinnung, verflüssigt die Gelatine und schwärzt den Hirnbreinährboden nicht. Auf Meerschweinchen (nicht Kaninchen und Mäuse) ist er übertragbar und schon nach wenigen Stunden erfolgt ein zunderartiger Zerfall der Muskeln mit verschiebbarer Gasblasenbildung unter der Haut.

Durch Injektion der Kulturflüssigkeit oder des Untersuchungsmaterials zwischen äußerer Haut- und Bauch- oder Brustwand bzw. durch intramuskuläre Injektion kann man im Tierversuch das klinische Bild des Gasbrands erzeugen. Die Diagnose Gasbrand ist am Tier makroskopisch, mikroskopisch und kulturell zu stellen. Die typische reichliche Gasentwicklung und das Auftreten von Schaumorganen läßt sich meist erst später am toten Tier zeigen. Diese Auswirkungen der Infektion mit Gasbacillen sind die Folgen seiner spezifischen Toxine, durch deren Herstellung man zu einer Immunisierung von Tieren und damit zum Gewinn spezifischer Antitoxine gelangen kann. Außerdem bildet der Gasbrandbacillus ein Hämotoxin, das Hämolyse und damit schwere Blutschädigungen hervorrufen kann. Das antitoxische Serum, bei dessen Herstellung man das Vorhandensein verschiedener Typen berücksichtigen muß und das deswegen ein polyvalentes antitoxisches Serum ist, dient mit großem Erfolg sowohl der Prophylaxe als auch der Therapie.

b) Der Novysche Bacillus des malignen Ödems (Bac. oedematiens).

Wie alle Gasödembacillen ist auch der Novysche Bacillus ein ausgesprochener Giftbildner und für alle Tiere pathogen. Im Meerschweinchenversuch bildet sich meistens nur in der näheren Umgebung der subcutanen Impfstelle ein mehr oder weniger blutiges und sulzig-glasiges Ödem der Subcutis mit oder ohne kleine Gasblasen sowie mit Erguß in die Bauchhöhle. Seine Eigenschaften in Kultur und Tierversuch gehen aus der Tabelle 19 hervor.

In Leberbouillon erfolgt üppiges Wachstum und starkes Schäumen mit deutlicher Trübung. Nach etwa 20 Stunden tritt Flockenbildung ein, wonach sich die Flocken langsam zu Boden senken und in einer weißgrauen Wolke liegen bleiben. Milch gerinnt, Gelatine wird verflüssigt, Hirnbrei wird nicht geschwärzt, Kohlehydrate werden nicht zerlegt. Der Bacillus ist für jede Tierart pathogen. Im Jahre 1915 wurde von WEINBERG und SÉGUIN das Toxin des Bacillus oedematiens entdeckt. Das Toxin ist hitzelabil. Mit ihm ist die Herstellung wirksamer Antisera geglückt, die in der Prophylaxe und Therapie von hoher Wirkung sind. Bei den Stäbchen ist die Form länger als beim Gasbrandbacillus, man findet große ovale, mittel- bis endständige Sporen und peritriche Begeißelung.

Das mit dem Antigen hergestellte Antiserum ist antitoxisch und antibakteriell wirksam und gegen jeden beliebigen Stamm zu verwenden. Das außer dem Toxin vom Novyschen Bacillus gebildete Hämotoxin ist schwächer wirksam als das des WELCH-FRAENKELschen Bacillus. Der Novysche Bacillus ist in den letzten Jahren infolge der verbesserten Züchtung erheblich häufiger als Erreger des menschlichen Ödems gefunden worden als früher.

c) Der Pararauschbrandbacillus (Vibron septique).

Dieser Keim wurde in der menschlichen Pathologie früher meist Bacillus des malignen Ödems genannt und ist für fast alle Tierarten pathogen. Das morphologische und kulturelle Verhalten entspricht durchweg dem Rauschbrandbacillus, wobei wieder auf die Tabelle 19 auf S. 242 verwiesen sei. Seine Unterscheidung von dem Rauschbrandbacillus im Hinblick auf die menschliche Pathologie ist insofern erleichtert, als der Rauschbrandbacillus bisher niemals als Infektionserreger des Menschen nachgewiesen worden ist.

Das Meerschweinchen zeigt ein blutig-seröses Ödem der Subcutis mit oder ohne kleine Gasblasen, einen serösen oder blutig-serösen Erguß in den serösen Höhlen. In Abstrichen von frischen Leichenorganen sind die Pararauschbrandbacillen meist in größerer Zahl in Gestalt längerer Scheinfäden nachzuweisen. In Schnitten erhält man ein Bild ähnlich wie beim Milzbrandbacillus. Auch er bildet ein echtes Toxin, mit dessen Hilfe man gegen jeden beliebigen Stamm wirksame Antisera herstellen kann. Er ist in der Erde, aber auch im Darminhalt von Mensch und Tier weitverbreitet.

d) Bacillus gigas (Bac. haemolyticus).

Der Bacillus gigas, dessen Kenntnis erst jüngeren Datums ist, und der von ZEISSLER und RASSFELD aus Muskelproben von Schafen gezüchtet wurde, ist gegen alle Tierarten hochpathogen. Er ist ein echter Gasödembacillus. Das Krankheitsbild entspricht dem des malignen Ödems. Beim Schaf erzeugt er allein oder möglicherweise zusammen mit anderen Anaerobiern ein unter dem Namen „Bradsot" oder „Braxy" seit Jahrzehnten bekanntes Krankheitsbild. Seine pathogene Bedeutung für den Menschen ist noch nicht in jeder Hinsicht sicher geklärt. Immerhin ist bemerkenswert, daß er bereits von ZEISSLER aus menschlichen Krankheitsprozessen gezüchtet worden ist, so daß man wohl damit rechnen darf, daß ein genaueres Studium ihn in naher Zukunft auch häufiger als Krankheitserreger feststellen wird.

Seine kulturellen Eigenschaften gehen aus der auf S. 242 wiedergegebenen Tabelle 19 hervor. Auch der Bac. gigas bildet ein hitzelabiles Toxin. Das Krankheitsbild zeigt in naher und weiterer Umgebung der Impfstelle ein blutiges, sulzigglasiges Ödem der Subcutis mit Erguß in der Pleura- und Bauchhöhle sowie im Perikard.

e) Bacillus histolyticus.

Die im einzelnen unterschiedliche Pathogenität ist für Kaninchen, Meerschweinchen, Mäuse und Ratten ausgesprochen. Das Krankheitsbild ist beim Meerschweinchen besonders schwer, da es zu einer völligen Verdauung des peri- und intramuskulären Bindegewebes, späterhin zur Verdauung der Muskeln kommt, die in eine blutige Brühe verwandelt werden. Die Weichteile fallen vom Knochen, selbst Gelenkkapseln werden verdaut und es tritt schließlich eine Spontanamputation des infizierten Gliedes ein. Der Bac. histolyticus (WEINBERG und SÉGUIN) ist ein kleines schlankes Stäbchen mit abgerundeten oder zugespitzten Enden, oft paarweise oder in kurzen Ketten angeordnet und sehr beweglich durch peritriche Begeißelung. Er bildet in älteren Kulturen Blähformen, in jungen Kulturen ist er grampositiv. Seine Sporen sind oval und ziemlich groß und mittel- bis endständig. In Leberbouillon erfolgt üppiges Wachstum ohne Schaumbildung mit starker Trübung. Es bildet sich allmählich ein reichlicher Bodensatz aus, Gelatine wird verflüssigt, Milch peptonisiert bis zur völligen Caseinauflösung. Hirnbrei wird langsam geschwärzt, Kohlehydrate werden zerlegt. Mit den von WEINBERG und SÉGUIN aus 18—24 Stunden alten Kulturen gewonnenen Toxinen konnten antibakterielle und antifermentative Sera hergestellt werden. Seine pathogene Bedeutung beim Menschen ist noch nicht sicher erwiesen. Es ist mit dem Auftreten verschiedener Rassen dieses Mikroorganismus zu rechnen. Wahrscheinlich wird er im Laufe der Zeit aber auch als Krankheitserreger beim Menschen zu finden sein, als Mischinfektion dürfte er sicherlich eine Rolle spielen.

f) Der Rauschbrandbacillus.

Eine weitverbreitete Tierkrankheit, vor allem eine Krankheit der Rinder, die in früherer Zeit oft mit Milzbrand verwechselt wurde, ist der Rauschbrand. Das als Erreger in Betracht kommende, nur anaerob wachsende Stäbchen ist lebhaft beweglich, mit zahlreichen peritrich angeordneten Geißeln besetzt und grampositiv. In der Ödemflüssigkeit und in den serösen Höhlen der kranken Tiere findet man den Rauschbranderreger entweder einzeln oder zu zweien als gerade Stäbchen ohne jede Anschwellung im Bacillenleib. Im erkrankten Muskel hingegen findet man außerdem Blähformen, sog. Clostridiumformen. Auf der ZEISSLERschen Traubenzuckerblutagarplatte (2% Traubenzucker + 16—20% Menschen- oder Rinderblut) bilden sich blauviolett schimmernde, flache, weinblattförmige, im Zentrum einer ringförmigen Erhöhung des Nährbodens eingebettete, mit einem hämolytischen Hof umgebene Kolonien. Milch wird zur Gerinnung gebracht, Gelatine verflüssigt, Hirnbrei zeigt keine Schwärzung. Das Sporenbildungsvermögen geht aus einer Betrachtung der Abb. 28 hervor. Bei fortschreitender Versporung erkennt man in den Zellen endständige oder halbendständige, oft auch mittelständige Sporen, die keinen Farbstoff mehr aufnehmen. Auch die Sporen der Rauschbrandbacillen sind, wieder im Gegensatz zu den vegetativen

Formen, sehr widerstandsfähig, so daß sie sich über Jahre und Jahrzehnte in getrocknetem Zustande am Leben und in voller Infektiosität virulent halten können.

Die künstliche Rauschbrandinfektion gelingt sowohl mit Rauschbrandorganen als auch mit künstlichen Kulturen bei Rindern, Ziegen, Schafen und Meerschweinchen, während sich Kaninchen, Mäuse und Ratten schwieriger infizieren lassen. Das für den Laboratoriumsversuch geeignetste Tier, das Meerschweinchen, erkrankt ungefähr 14 Stunden nach der Infektion. Die der Injektionsstelle benachbarten Teile schwellen ödematös an und zeigen auf Druck Knistern durch Gasentwicklung. Das Tier geht unter allmählichem Verfall bald zugrunde.

Gegen die tierische Rauschbrandinfektion ist der Mensch gänzlich unempfänglich. Es besteht also eine spezifische Verschiedenheit zwischen dem tierischen Rauschbrand und dem menschlichen Gasbrand. Aus den Kulturen des Rauschbrandbacillus wurde von GRASSBERGER und SCHATTENFROH ein lösliches Gift nachgewiesen und als echtes gelöstes Toxin dargestellt.

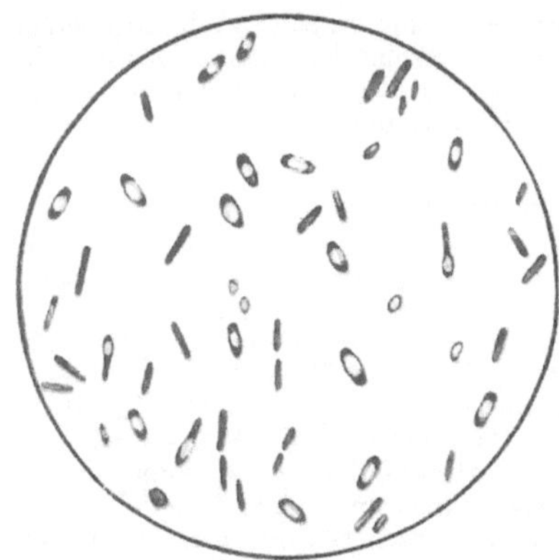

Abb. 28. Rauschbrandbacillen mit Sporen (Gramfärbung) (Vergr. 1:500).

g) Saprophytische anaerobe Sporenbildner.

Außer den bisher genannten menschen- und tierpathogenen Anaerobiern gibt es noch eine größere Zahl anaerober Sporenbildner, die bisher vielfach als pathogen aufgefaßt wurden. Ihre Nennung ist deswegen geboten, weil sie nicht nur in Begleitung der bisher genannten pathogenen Gasödembacillen auftreten können, mit ihnen zuweilen in Symbiose leben und derart bei der Trennung der Symbionten große Schwierigkeiten bereiten, sondern weil sie bei ihrer Anwesenheit in Mischinfektionen das Krankheitsbild beeinflussen und insbesondere die weitere Ausbreitung des Gasödems begünstigen können. Es sind dies insbesondere der Bac. putrificus verrucosus (Bac. sporogenes), Bac. putrificus tenuis (Bac. bifermentans), Bac. multifermentans (tenalbus), Bac. sphenoides, Bac. cochlearius und Bac. tetanomorphus. Ihre Eigenschaften gehen aus der Tabelle 19 auf S. 242 hervor. Sie sind sämtlich begeißelt und in jungen Kulturen grampositiv. Im Gegensatz zu den pathogenen Arten bilden sie aber keine Toxine. Untereinander zeigen sie im kulturellen Verhalten auf der ZEISSLER-Blutplatte in den Differentialnährböden und in der Zerlegung der Zuckerarten manche Verschiedenheiten.

Zusammenfassend läßt sich zur Handhabung der bakteriologischen Diagnosestellung der Gasödemerreger erneut sagen, daß man sich niemals auf den Nachweis der morphologischen, färberischen und kulturellen Merkmale beschränken darf. Neben den vielfach erwähnten Tierversuchen erscheint am geeignetsten zunächst die Untersuchung des Muskelgewebes, das entweder bei Operationen entnommen wurde oder sofort nach dem Tode zur Verfügung steht, die Untersuchung der durch Zerquetschung des Materials in Kochsalzlösung gewonnenen Ausstrichpräparate, die Serienanlegung von Kulturen auf Traubenzuckerblutagarplatten und Anaerobierbouillon. Nach Gewinnung von Reinkulturen auch aus dem Originaltierversuch beginnt die Prüfung des morphologischen und färberischen Verhaltens der Erreger. Durch den Nachweis von Eigenbewegung kann man den FRAENKELschen Erreger ausschalten. Die Gramfärbung ist nur bei jungen Kulturen beweisend. Für die weitere kulturelle Prüfung nach den Angaben der Tabelle 19 auf S. 242 werden eine Reihe bekannter Nährböden beimpft: Traubenzucker-blutagar, Blutbouillon, Milch, Lebermilch, Gelatine, Hirnbrei sowie Agar, der die verschiedenen Kohlehydratzusätze enthält.

Zur Toxingewinnung und Prüfung werden Kulturen in zuckerhaltiger und zuckerarmer Bouillon angelegt. Die Toxine sind artspezifisch und werden nur von den pathogenen Gasödembacillen gebildet.

In Anbetracht der hohen Letalität der Gasödeminfektionen im Kriege und im Frieden, die sich um etwa 50% bewegt, ist es sehr erfreulich, daß die Therapie der Gasödeminfektionen des Menschen in den letzten Jahren entschiedene Fortschritte gemacht hat. Selbstverständlich ist zunächst die Forderung nach aktivster chirurgischer Therapie immer wieder nachdrücklich zu stellen. Durch die Aufdeckung und durch die Kenntnisse von den ursächlich am Zustandekommen der Gasödem-infektionen beteiligten Mikroorganismen und ihrer Toxine wird neuer-dings von den Behringwerken ein Anaerobenserum hergestellt, das spezifisch als polyvalentes Serum gegen die verschiedenen Anaerobier eingestellt ist. In Anbetracht der Geschwindigkeit, mit der sich das Krankheitsbild entwickelt, ist es so frühzeitig und ausgiebig wie möglich anzuwenden, wobei die Serumtherapie mit der chirurgischen Behandlung Hand in Hand geht. Neben der Therapie sei die Prophylaxe nicht ver-nachlässigt, wenn der Verdacht auf eine Anaerobeninfektion vorliegt. Ob auch eine aktive Immunisierung mit Formoltoxoiden vor allem in Kriegszeiten möglich ist, bedarf noch der Prüfung. Theoretisch ist sie allerdings bereits durch die Tatsache ausreichend gesichert, daß es sich bei den Gasödemerregern um echte Toxinbildner handelt, deren Toxine, wie die der Diphtherie- und Tetanusbacillen, in ein für die aktive Immuni-sierung geeignetes ungiftiges Toxoid umgewandelt werden können.

Schrifttum.

Löhr, W.: Die Gasödeminfektionen des Menschen in M. Gundel: Die an-steckenden Krankheiten. Leipzig: Georg Thieme 1935. — Erg. Hyg. 10 (1929). — Zeissler: Handbuch der pathogenen Mikroorganismen Bd. 4. 1928; Bd. 10. 1929. — Zessler u. Rassfeld: Die Anaerobensporenflora der europäischen Kriegsschau-plätze 1917.

5. Bacillus botulinus.

Eine in Deutschland verhältnismäßig seltene Nahrungsmittel-vergiftung, der Botulismus, beruht auf einer Vergiftung durch das Toxin des Bacillus botulinus. In Nahrungsmitteln, in denen sich durch Verunreinigungen mit Erde Botulinusbacillen befinden, können sich unter bestimmten Voraussetzungen diese Mikroorganismen vermehren und hierbei ihr spezifisches Toxin bilden. Der Bac. botulinus gehört zu den anaeroben Sporenbildnern und produziert verschiedene typen-spezifische Toxine. Da er nur bei Abwesenheit von Sauerstoff ver-mehrungsfähig ist, sind die Lebensbedingungen für ihn in frischen Lebensmitteln usw. ungünstig, günstig aber in bestimmten Konserven von Fleisch, Gemüse, Obst u. a., sowie in tieferen Partien von Würsten mit fester Haut, in Räucherstücken, wie Schinken und Speckseiten.

Wenn beispielsweise mit sporenhaltiger Erde oder Staub beschmutztes
Gemüse zu Dosenkonserven verarbeitet und nicht sorgfältig gereinigt
wird, können die Sporen des Bac. botulinus bei ungenügender Sterilisierung der Büchsen infolge ihrer beträchtlichen Hitzeresistenz mehr
oder weniger zahlreich lebend in die fertigen Konserven gelangen.   In
diesen Konserven, die, luftdicht abgeschlossen, eine gute Anaerobiose
besitzen, kann es zur Entwicklung der Botulinusbacillen aus den Sporen
und zur Toxinbildung kommen.   Das Botulinustoxin ist durch Erhitzung
zwar leicht zerstörbar, doch wird bei der küchenheißen Behandlung der
Konserven nicht immer eine Temperatur von 60—80° C erreicht.   Dann
aber können die Botulinustoxine nach Aufnahme in den menschlichen
Organismus, da sie zu den wirksamsten Giften gehören, Krankheitserscheinungen auslösen.

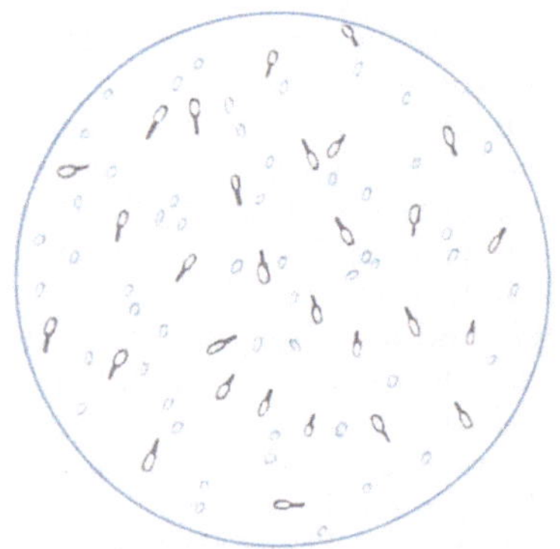

Abb. 29. Bacillus botulinus. Reinkultur
mit Sporen (Gramfärbung) (Vergr. 1:500).

Unter der Bezeichnung „Fleisch- und
Wurstvergiftung“ wurden früher ganz verschiedenartige Erkrankungen zusammengeworfen.   Teils handelte es sich um echte
Infektionserkrankungen, verursacht durch
Bacillen der Paratyphusenteritisgruppe (s.
dort), teils um wirkliche Vergiftungen durch
fertig gebildete bakterielle Gifte, von denen
das Gift des Bac. botulinus zu den schwersten
Vergiftungen führen kann.   Bei diesem Botulismus handelt es sich um eine besondere, mit
Lähmungserscheinungen einhergehende Erkrankung, die streng von den obengenannten
fieberhaften infektiösen Erkrankungen zu
trennen ist.   Der Name „Wurstvergiftung“
ist für das ätiologisch einheitliche Krankheits-
bild des Botulismus durchaus unglücklich gewählt, da nicht nur Wurstgenuß die
Ursache dieser Erkrankung zu sein braucht, sondern z. B. auch Gemüsekonserven
usw.   Der Botulismus ist also eine durch lösliche, in Fleisch oder Gemüse präfor-
mierte Giftstoffe verursachte echte Intoxikation. Wir haben es — streng genommen —
nicht mit einem pathogenen Parasiten, sondern mit einem toxigenen Saprophyten zu tun.

Der Bacillus botulinus ist ein streng anaerob wachsendes, bewegliches,
gerades Stäbchen mit abgerundeten Enden, das sich mit den gewöhnlichen
Anilinfarben, wie auch mit der GRAMschen Methode gut färben läßt.
Sein Wachstumsoptimum liegt bei 22—25° C. Darum vermag er sich
auch im lebenden Organismus nicht zu vermehren. Er bildet ovale,
zwischen Mitte und Ende des Bacillenleibes gelagerte Sporen, die sich
leicht darstellen lassen. Die Widerstandsfähigkeit dieser Sporen ist geringer als die anderer Sporen. In Agar- und Gelatinekulturen zeigt der
Bacillus Neigung zur Bildung von Clostridium- oder Spindelformen,
wobei die Spore in dem aufgeschwollenen Teil des Bacillenleibes liegt
(vgl. Abb. 29). In Traubenzuckeragar bildet er so große Mengen von
Gas, daß der Nährboden vollkommen zerrissen wird. Die Hauptmenge
dieses Gases besteht aus Wasserstoff und Methan, daneben entstehen
flüchtige Fettsäuren, durch welche die Kulturen einen ranzigen, nicht
direkt fauligen Geruch verbreiten. Das Toxin des Bacillus botulinus,
ein echtes, sezerniertes Gift, bildet sich am stärksten in flüssigen Nährböden bei einer Temperatur von 18—23° C. Dieses lösliche Gift vermag

vom Darmkanal aus die schwersten Vergiftungserscheinungen auszulösen. Es ist aber sehr labil und ist gegen Licht, Chemikalien und
Erhitzung nur wenig widerstandsfähig. Meerschweinchen und Mäuse
gehen nach Verfütterung kleinster Mengen des Giftes zugrunde (0,0001
bis 0,0005 ccm).

Zur Sicherung der Diagnose „Botulismus" hat in jedem Falle eine
Untersuchung der etwa noch vorhandenen Reste der Nahrungsmittel
auf Botulinustoxine bzw. Botulinusbacillen zu erfolgen. Ferner ist der
Nachweis im Erbrochenen, im ausgeheberten Mageninhalt, allenfalls
auch in den Darmentleerungen zu versuchen. Die Einsendung des
Materials ist, am besten durch Boten, zu beschleunigen. Die Diagnose
muß wegen der möglichst frühzeitigen Serumtherapie klinisch gestellt
werden, also ohne das bakteriologische Ergebnis der Untersuchung abzuwarten. Das kulturelle Bild auf der ZEISSLER- oder FORTNER-Platte
ist nicht ganz einheitlich. Im allgemeinen sind es asbestflockenartige,
flach anliegende rauhe Kolonien in Form eines hauchartigen Schleiers
mit deutlicher Hämolyse. Traubenzucker wird vergoren, Milchzucker
nicht. Das Gift der Botulinusbacillen läßt sich in der Weise gewinnen,
daß man eine Anzahl mehrtägiger Nährbouillonkulturen zusammengießt.
Zur Demonstration der Giftwirkung eignen sich Meerschweinchen und
weiße Mäuse, die wegen ihrer hohen Empfindlichkeit allerdings nach
subcutaner oder peroraler Verabfolgung selbst kleiner Giftdosen nicht
selten sterben, ohne daß das typische Krankheitsbild hervortritt. Es
fällt im besonderen die allgemeine Schlaffheit in der Körperhaltung auf.
Bei typischen Vergiftungen treten Lähmungen und Atemnot hinzu. Bei
Kontrolltieren gibt man zweckmäßigerweise gleichzeitig polyvalentes
Botulinusserum. Bei den derart behandelten Tieren müssen die Krankheitserscheinungen und der Tod ausbleiben. Man versucht also in erster
Linie, den Nachweis des Toxins in dem angeschuldigten Nahrungsmittel
sowie den kulturellen Nachweis der Bacillen zu erbringen:

Das Material wird im Mörser unter Zusatz von etwas Kochsalzlösung verrieben.
Von der Aufschwemmung erhalten Meerschweinchen oder Mäuse einige Kubikzentimeter subcutan eingespritzt. Außerdem stellt man sich durch Filtration
mittels BERKEFELD- oder REICHEL-Filter ein bakterienfreies Filtrat her, mit dem
ein weiteres Tier subcutan infiziert wird. Der Rest des Filtrats wird nach Durch-
schüttelung mit einigen Kubikzentimetern Toluol im Kühlschrank aufbewahrt.
Sterben die Tiere ohne das für die Diagnose charakteristische Krankheitsbild.
dann werden weitere Tiere mit kleineren Dosen von 0,5—0,005 ccm gespritzt und
2 Kontrolltiere erhalten gemischt 0,5 ccm Filtrat + 1 ccm polyvalentes Antitoxin
bzw. 0,5 ccm Filtrat + 1 ccm Diphtherieantitoxin. Schließlich kann man ein
weiteres Tier noch mit gekochtem Extrakt spritzen; bei diesem müssen Krankheitserscheinungen ausbleiben, da das Botulinusgift als echtes Toxin gegen Erhitzung
empfindlich ist.

Zur Züchtung der Botulinusbacillen verwendet man die Nährböden nach
ZEISSLER oder FORTNER, von denen gleichzeitig mehrere Platten beimpft werden.
Weitere Nährböden werden mit solchem Material beschickt, das zur Abtötung
der Begleitbakterien $^1/_2$ Stunde im Wasserbad auf 80° C erhitzt worden war. Die
Bebrütung erfolgt bei 25° C und 37° C. Mit abgestuften Mengen einer Aufschwemmung des Materials beschickt man weiter vorher verflüssigte und auf 48° C
abgekühlte Traubenzuckeragarröhrchen in hoher Schicht. Die erstarrten Agar-
säulen werden mit flüssiger Vaseline übergossen. Ist der Agar am nächsten Tage
gesprengt, werden von der Flüssigkeit in den Gasräumen ZEISSLER- oder FORTNER-
Platten und Serumplatten zur Kontrolle beimpft. Sind einwandfreie Kulturen mit
isolierten Kolonien gewonnen worden, werden Reinkulturen in Leberbouillon

angelegt und diese nach 2—3tägiger Bebrütung im Tierversuch auf Botulinustoxin geprüft.

Da der Bacillus botulinus ein ubiquitärer Bodenbewohner ist, haben Untersuchungen von Stuhlproben im allgemeinen wenig Zweck, da sein Nachweis im Stuhl nicht unbedingt beweisend ist. Bei den Untersuchungen von Leichenorganen liegen naturgemäß andere Bedingungen vor. Wesentlich ist, daß mit der therapeutischen Anwendung von Antitoxin niemals bis zum Vorliegen eines Untersuchungsresultats gewartet werden darf.

Der Bac. botulinus ist keine einheitliche Art, vielmehr tritt er in verschiedenen Typen auf. Diese Feststellung ist von größter praktischer Bedeutung, da die von diesen Typen gebildeten Toxine unterschiedlich sind. Da die Toxine der einzelnen Typen — man hat mit den Typen A, B, C und D zu rechnen — nur durch die ihnen spezifisch entsprechenden Antitoxine neutralisiert werden, müssen die für Therapie und Prophylaxe bestimmten Sera alle Antitoxine enthalten. Die im Handel befindlichen Botulinussera sind darum polyvalente Sera.

Die Schwere des Botulismus richtet sich nach der Menge der aufgenommenen Botulinustoxine. Es finden sich alle Übergänge von den leichtesten Erkrankungen bis zu den schwersten, die eine Letalität bis zu 100% aufweisen können. In ausgesprochenen Fällen ist das Krankheitsbild charakteristisch, in den leichteren Fällen sind es Akkomodationsstörungen, in den schwersten die Erscheinungen einer Bulbärparalyse. Es handelt sich um eine Vergiftung der Nervenzentren des verlängerten Marks. Im Vordergrund stehen außer Schwindel und Hinfälligkeit die Seh-, Sprech- und Schluckstörungen, die Pupillen sind erweitert, die Akkomodation ist gelähmt, Sprechen und Schlucken erschwert und die Absonderung von Speichel, Schweiß und Tränen gehemmt. Es fehlen die charakteristischen Erscheinungen von Magen-Darmstörungen, Fieber ist selten. Der Tod tritt etwa in $^1/_4$ der Fälle durch Atemlähmung ein. Hinsichtlich der Therapie ist nachdrücklichst auf frühzeitige und ausreichende Gaben des polyvalenten antitoxischen Botulinusserums aufmerksam zu machen. Personen, die von dem gleichen Nahrungsmittel gegessen haben, aber noch nicht erkrankt sind, erhalten bei frühzeitiger ärztlicher Inanspruchnahme zweckmäßigerweise eine prophylaktische Seruminjektion von etwa 50 ccm intramuskulär.

Schrifttum.

BITTER, L.: Erg. Path. **19** II, 733 (1921). — BOECKER, E.: Botulismus. In M. GUNDEL: Die ansteckenden Krankheiten. Leipzig: Georg Thieme 1935. — STAEHELIN, R.: Der Botulismus in: Handbuch der inneren Medizin Bd. 1. Berlin: Julius Springer 1934.

III. Nichtsporenbildende Bacillen.

Die Mehrzahl der als Erreger menschlicher oder tierischer Erkrankungen vorkommenden Stäbchenbakterien bildet keine Sporen. Eine allen in Betracht kommenden Gesichtspunkten genügende Systematik ist noch nicht gefunden, so daß im folgenden die wichtigsten Bakteriengruppen nacheinander zur Besprechung gelangen sollen.

1. Die Typhus-, Paratyphus-, Enteritisgruppe.

Morphologisch handelt es sich bei den zahlreichen Arten und Typen dieser Gruppe pathogener Mikroorganismen stets um kleine, schlanke, leicht färbbare und gramnegative Stäbchen mit lebhafter Eigenbewegung. Kulturell haben sie neben manchem Gemeinsamen charakteristische Unterschiede, auch in biochemischer Hinsicht, die zum Teil eine Differenzierung in Arten und Typen gestatten. Wesentlich ist aber die erst in den letzten Jahren umfassend ausgebaute serologische Differenzierung, die in Verbindung mit der Kenntnis bestimmter biochemischer Leistungen eine wissenschaftlich exakte Aufspaltung in Arten und Typen gestattet, die auch auf Grund epidemiologischer Verschiedenheiten in ihrer großen praktischen Bedeutung gestützt wird.

Wegen der prinzipiellen Bedeutung dieser Fragen der Typendifferenzierung innerhalb einer Bakteriengruppe, mit deren Bearbeitung sich in dem letzten Jahrzehnt zahlreiche Mikrobiologen aller Länder beschäftigt haben, erscheint eine etwas eingehendere Besprechung zweckmäßig, um so mehr, als diese Ausführungen hinsichtlich Methodik und wissenschaftlicher Bearbeitungsweise sich schon heute auf manche andere Bakteriengruppe übertragen lassen.

In der Gruppe der Typhus-, Paratyphus-, Enteritisbacillen (T. P. E.) sehen wir mit E. BOECKER Bacillen von unterschiedlicher Bedeutung und Auswirkung bei Mensch und Tier zu einer systematischen Einheit zusammengefaßt: Obligate Erreger übertragbarer Septicämien beim Menschen (Typhus), Nahrungsmittelvergifter, die für den Menschen weniger auf dem Wege einer echten Infektion als durch Giftbildung in Nahrungsmitteln gefährlich werden, andererseits zum Teil aber bei Tieren als Erreger übertragbarer Septicämien auftreten und schließlich drittens obligate Erreger bestimmter tierischer Infektionskrankheiten. Das Vorkommen aller dieser Mikroorganismen und ihre pathogenetische Bedeutung zeigt eine derartige Mannigfaltigkeit, daß die systematische Zusammengehörigkeit dieser verschiedenen Krankheitserreger nicht ohne weiteres klar war und erst durch die modernen kulturellen und serologischen Untersuchungen ermöglicht wurde. Die innere Einheitlichkeit und Geschlossenheit aller Mikroorganismen dieser Gruppe beruht darin, daß die einzelnen Angehörigen morphologisch und in bestimmten kulturellen und serologischen Grundeigenschaften miteinander übereinstimmen.

In serologischer Hinsicht bestehen die Bacillen dieser Gruppe aus einem thermostabilen Antigen, das längere Erhitzung auf 100^0 C ohne Einbuße seiner antigenen Eigenschaften verträgt, sowie aus einem thermolabilen Antigen, das bei Erhitzung auf 100^0 C zerstört wird. Das thermostabile Antigen oder O-Antigen ist in dem Bacillenleib gegeben, während das thermolabile oder H-Antigen an den Geißelapparat gebunden ist und daher bei geißellosen Formen fehlt.

Die Bezeichnungen O und H stammen von den beiden Formen her, in welchen der Bac. proteus auftritt. Zum Verständnis ist notwendig zu wissen, daß WEIL und FELIX festgestellt haben, daß begeißelte, auf Agarplatten in hauchartiger Schicht wachsende Proteusbacillen ein Antigen besitzen, das den geißellosen Proteusbacillen fehlt. Diese mit Hauch wachsenden begeißelten Proteusbacillen besitzen dieses thermolabile H-Antigen, während die geißellosen Proteusbacillen ohne dieses hauchartige Wachstum in rundlichen Kolonien auftreten und nur das Körperantigen, das thermostabile O-Antigen, besitzen. Nach seiner serologischen Struktur stellt der normal begeißelte Bacillus der T.P.E.-Gruppe eine O-H-Form dar, der unbegeißelte hingegen eine O-Form, die nach Zerstörung des H-Antigens durch Erhitzung auf 100^0 C künstlich erzeugt werden kann.

Zur Gewinnung agglutinierender Sera immunisiert man Kaninchen mittels intravenöser Einspritzungen von lebenden oder schonend abgetöteten Bacillen. Das O- und das H-Antigen bedingen jedes für sich die Bildung immuner Agglutinine, des O- und des H-Agglutinins. Beide Agglutininarten treten auch bei der natürlichen Infektion auf und lassen sich im Widal nachweisen. Bei der O-Agglutination, wobei das O-Agglutinin mit dem homologen O-Antigen agglutiniert, verkleben die Bacillenleiber miteinander. Bei makroskopischer Betrachtung treten feine weißliche Körnchen auf und es entsteht das Bild einer *körnigen* Agglutination. Bei der Reaktion des H-Agglutinins mit dem homologen H-Antigen werden die Geißeln der begeißelten Bacillen gelähmt, sie verkleben miteinander und es entstehen bei makroskopischer Betrachtung flockige Verbände und das Bild der *flockigen* Agglutination. Treten nun schließlich O- und H-Agglutinine mit Bacillen des homologen O- und H-Antigens zusammen, dann treten beide Agglutinationsarten auf, sowohl die H- als auch die O-Agglutination.

Die Kenntnis der serologischen Struktur ist für das Verständnis unserer folgenden Ausführungen wichtig. Die natürliche Zusammengehörigkeit der Bacillen der T.P.E.-Gruppe geht ohne weiteres daraus hervor, daß, wie es auch die Tabelle 20 auf S. 255 zeigt, zwischen den einzelnen Typen durch das Vorkommen identischer Antigene vielfache serologische Beziehungen bestehen.

Vor einiger Zeit ist bei dem Typhusbacillus noch ein drittes bisher noch nicht berücksichtigtes Antigen entdeckt worden, das von FELIX und PITT auf Grund seiner mutmaßlichen Beziehungen zur Virulenz des Erregers als Virulenzantigen oder Vi-Antigen bezeichnet wurde. Auf eine besondere Betrachtung dieses neuen Antigens sei aber verzichtet, da seine Rolle insbesondere auch bei dem Infektionsablauf des Typhus noch nicht abschließend beurteilt werden kann.

Innerhalb der T.P.E.-Gruppe lassen sich nun eine große Zahl von Typen unterscheiden, die als konstante systematische Einheiten zu gelten haben und deren diagnostische Merkmale ihre Antigene sind, die durch Agglutinationsversuche mit entsprechend ausgesuchten diagnostischen Sera festgestellt werden können. Auf S. 255 wird auf Grund der letzten Ergebnisse die Antigentabelle 20 nach BRUCE, WHITE und KAUFFMANN zusammengestellt.

Die Durchsicht dieser Tabelle zeigt das Vorkommen von bisher 13 O-Antigenen. Bei einer Zusammenfassung derjenigen Typen, die ein oder zwei gleiche O-Antigene aufweisen, gelangt man zu einer Gliederung in die Untergruppen A—G. Es kann nicht auf alle Einzelheiten dieser Antigentabelle eingegangen werden, da dies Aufgabe eines Handbuchartikels sein würde. Die wichtigsten Befunde lassen sich, wie folgt, zusammenfassen. Die Betrachtung der H-Antigene zeigt neben einer großen Zahl verschiedener noch eine Unterscheidung in spezifische H-Antigene oder monophasische Typen und unspezifische H-Antigene oder diphasische Typen. Ihre Unterscheidung hat die bis dahin sehr beträchtlichen Schwierigkeiten aufgehoben.

Beimpft man eine Agarplatte mit Paratyphus B-Bacillen, so daß man einzelne Kolonien erhält und prüft man nun diese Kolonien getrennt mit einem gewöhnlichen Paratyphus B- und einem Breslauserum, dann lassen sich in der Regel zwei serologisch verschiedene Koloniearten feststellen. Ein Teil der Kolonien wird nur von dem Paratyphus B-Serum agglutiniert, der andere außerdem auch von dem Breslauserum. Im ersten Fall handelt es sich um spezifische, im zweiten Fall um unspezifische Kolonien. Von einer spezifischen Kolonie angelegte weitere Plattenkulturen enthalten meistens wieder beide Koloniearten usw., woraus hervorgeht, daß unter den Nachkommen eines spezifischen Bacillus auch unspezifische Bacillen auftreten und umgekehrt. Dieser Vorgang wird als Phasenwechsel bezeichnet. Weiterhin ist zu bemerken, daß ein mit Bacillen der spezifischen Phase hergestelltes Serum bei geeigneter Technik nur Bacillen der spezifischen Phase flockig agglutiniert, nicht dagegen solche der unspezifischen Phase. Ebenso reagiert ein mit der unspezifischen Phase hergestelltes Serum nur mit in der unspezifischen Phase vorliegenden Bacillen flockig, nicht dagegen mit Bacillen der spezifischen Phase. Die erstgenannten Sera werden als typenspezifisch oder spezifisch, Sera der zweiten Art als unspezifisch bezeichnet.

Tabelle 20. (Nach BRUCE, WHITE u. KAUFFMANN.)

Unter-gruppe	Bacillus	Antigene		
		O-	H-spezifisch	H-un-spezifisch
A.	paratyphi A	II (I)	a	
B.	paratyphi B	IV (V)	b	1 2
	typhi murium	IV (V)	i	1 2 3
	stanley	IV (V)	d	1 2
	heidelberg	IV V	r	1 2 3
	reading	IV	e h	1 4 5
	essen 173	IV	g o m	
	bispebjerg	IV	a e n	
	abortus equi	IV	x e n	
	abortus ovis	IV	c	1 4 6
	brandenburg	IV	l v e n	
	derby	IV (I)	f g	
	bredeney	I IV	l v	1 7
	abortus bovis	I IV	b e n	
C.	paratyphi C	VI VII	c	1 4 5
	cholerae suis	VI VII	c	1 3 4 5
	typhi suis	VI VII	c	1 3 4 5
	thompson-berlin	VI VII	k	1 3 4 5
	virchow	VI VII	r	1 2 3
	oranienburg	VI VII	m t	
	potsdam	VI VII	l v e n	
	bareilly	VI VII	y	1 3 4 5
	oslo	VI VII	a e n	
	newport	VI VIII	e h	1 2 3
				1 3 4 5
	bovis morbificans	VI VIII	r	1 3 4 5
	münchen	VI VIII	d	1 2
D.	typhi	IX	d j	
	enteritidis jena	IX	g o m	
	enteritidis ratin	IX	g o m	
	enteritidis essen	IX	g o m	
	enteritidis chaco	IX	g o m	
	enteritidis kiel	IX	g p	
	enteritidis rostock	IX	g p u	
	enteritidis moskau	IX	g o q	
	enteritidis blegdam	IX	g o m q	
	sendai	(I) IX	a	1 4 5
	gallinarum	IX		
	pullorum	IX		
	eastbourne	IX	e h	1 3 4 5
	panama	I IX	l v	1 3 4 5
	daressalaam	I IX	l w e n	
E.	senftenberg	III (I)	g s	
	london	III X	l v	1 4 6
	anatum	III X	e h	1 4 5
				1 4 6
				1 7
F.	aberdeen	XI	i	1 2 3
G.	hvittingfoss	XIII	b e n	

Das H-Antigen der unspezifischen Phase setzt sich bei sämtlichen Typen aus mehreren Antigenen zusammen, die mit 1, 2, 3 usw. bezeichnet werden. Die unspezifischen Phasen aller Typen stimmen zum mindesten darin überein, als sie sämtlich das Antigen 1 enthalten. Die Antigene der spezifischen Phasen werden mit den Buchstaben a, b, c usw. bezeichnet. Sie treten in der Tabelle teils für sich allein, teils in Kombinationen bei verschiedenen Typen auf. Serologische Beziehungen bestehen aber nur in ganz bestimmten Richtungen, denn es kommt kein spezifisches Antigen vor, das bei sämtlichen Typen auftritt, wenn auch die spezifischen H-Antigene nicht im strengen Sinne des Wortes typisch sind.

Sicherlich sind in der aufgeführten Tabelle noch nicht alle Möglichkeiten erschöpft und insbesondere werden auch in der Zukunft sicherlich noch hier und dort neue Typen zu finden sein, doch sind die klinisch und epidemiologisch wichtigsten zweifelsohne gefunden, wobei immer wieder besonders herauszustellen ist, daß entgegen manchen gegenteiligen Auffassungen diese Typen als konstante Einheiten aufzufassen sind, deren Variabilitätsbreite sich in den gleichen engen Grenzen bewegt, wie die anderer Bakterienarten. Diese serologische Typendifferenzierung wird nun gestützt durch das vielfach unterschiedliche kulturelle Verhalten und die verschiedene biochemische Leistungsfähigkeit. Nachdem vor vielen Jahren die kulturelle Differentialdiagnose im Vordergrund stand, diese dann vor Jahren von manchen allzusehr auf die Serodiagnostik eingestellten Autoren verlassen wurde, erkennt man neuerdings wieder eine gewisse Rückkehr zur kulturellen Typendiagnose. Die richtige und glücklichste Formulierung wird aber die sein, daß beide Untersuchungsverfahren nicht entbehrlich sind und beide als fast gleichberechtigt nebeneinander zu stellen sind, wenn wir auch wegen der größeren Exaktheit der Serodiagnostik einen gewissen Vorrang einräumen möchten.

Der derzeitige Stand der Diagnostik ist mit E. BOECKER folgendermaßen zusammenzufassen:

1. Bei jedem verdächtigen Stamm ist zu entscheiden, ob er zu der Gruppe der T.P.E.-Bacillen gehört oder nicht. In der Mehrzahl der Fälle ist dies ohne Schwierigkeiten auf Grund des kulturellen und serologischen Verhaltens möglich. Es sind gramnegative, meist bewegliche Stäbchen, die Traubenzucker stets mit Säurebildung, meist auch mit Gasbildung zerlegen, Lactose und Saccharose nicht angreifen, nur ausnahmsweise Indol bilden, von einem oder mehreren Sera der T.P.E.-Gruppe flockig bzw. flockig und körnig oder gelegentlich auch nur körnig agglutiniert werden.

2. Bei jedem vorkommenden Bacillus der T.P.E.-Gruppe ist festzustellen, zu welchem Typus er gehört. Beim Vorliegen einer rein unspezifischen Phase bestehen gewisse Schwierigkeiten, die gelegentlich nur eine Wahrscheinlichkeitsdiagnose des Typus gestatten.

3. Gelegentlich ist durch die Feststellung besonderer Vergärungsformen ein Hinweis auf gewisse Infektionsquellen möglich.

Wie schon aus den bisherigen Mitteilungen hervorgeht, gehört zu diesen Untersuchungen reichliche bakteriologische Erfahrung und gute Kenntnis der Spezialliteratur. Wir können uns darum nur auf eine Wiedergabe der Richtlinien beschränken und müssen alle Einzelheiten den Originalarbeiten und Handbuchartikeln überlassen. Im folgenden seien nach E. BOECKER die für die praktische Diagnostik erforderlichen diagnostischen Sera und differentialdiagnostischen

Kulturmedien aufgeführt, um im Anschluß daran die praktische Diagnose der einzelnen Typen mit einer Bestimmungstabelle aufzuführen.

Sämtliche *diagnostischen Sera* sind O + H-Sera, die mit 1 Stunde bei 56° C erhitzten Bacillen hergestellt werden. Das Typhusimmunserum ist ein Pferdeserum, während die übrigen Sera von Kaninchen stammen. Die Sera werden nach ihrer Herstellung auf ihren H- und O-Titer geprüft, ferner auf das Vorhandensein der praktisch wichtigen Teilagglutinine sowie auf das Fehlen störender Mitagglutinationen. Bei der Heranziehung der Sera sind zu beachten die Endtiter für das spezifische H-Agglutinin, für das unspezifische H-Agglutinin und für das O-Agglutinin. Die Sera kann man entweder selbst herstellen oder man bezieht sie z. B. von dem Institut ROBERT KOCH.

Für die praktische Arbeit im laufenden Untersuchungsamtsbetrieb hat sich in den letzten Jahren durchaus die Übung bewährt, sich auf die folgenden diagnostischen Sera zu beschränken:

1. Serum Paratyphus A: Agglutinine I II a.
2. Serum Paratyphus B polyvalens: Agglutinine IV V b 1 2 3
Dieses Serum wird mit Bacillen des Typus paratyphi B spezifisch und des Typus bac. typhi murium var. binns hergestellt.
3. Serum Breslau: Agglutinine IV V i 1 2 3.
Dieses Serum wird mit einem gemischt spezifischen + unspezifischen Stamm Bac. typhi murium (Breslau) hergestellt.
4. Serum Suipestifer unspezifisch: Agglutinine VI VII 1 3 4 5.
Dieses Serum wird grundsätzlich mit einem Stamm Bac. suipestifer unspezifisch (Bac. cholerae suis var. kunzendorf) hergestellt, kann aber auch als Serum berlin abgegeben werden.
5. Serum Amerika: Agglutinine VI VII c 1 3 4 5.
6. Serum Newport: Agglutinine VI VIII e h 1 3 4 5.
7. Serum Typhus: Agglutinine IX d.
Dieses Serum wird möglichst mit verschiedenen Typhusstämmen hergestellt, um einen hohen H-Titer zu erhalten.
8. Serum Gärtner Jena: Agglutinine IX g o m.
9. Serum London: Agglutinine III X l v 1 4 6.

Hinsichtlich der *differentialdiagnostischen Kulturmedien* ist zu bemerken, daß man auf viele in den älteren Lehrbüchern aufgeführten Nährsubstrate verzichten kann. Wir beschränken uns darum vorteilhaft auf jene, deren Wert nicht nur in allgemein-diagnostischer, sondern besonders in differentialdiagnostischer Richtung liegt. Als Nährmedien sind zu empfehlen:

1. Nährbouillon.
2. Trypsinbouillon zur Prüfung der Indolbildung.
3. Traubenzucker-BARSIEKOW-Lösung mit Gärröhrchen.
4. Milchzucker-BARSIEKOW-Lösung.
5. Saccharose-BARSIEKOW-Lösung.
6. Mannit-BARSIEKOW-Lösung.
7. Arabinose-BARSIEKOW-Lösung.
8. Dulzit-BARSIEKOW-Lösung.
9. Rhamnose-BARSIEKOW-Lösung.
10. Rhamnose-Molke nach BITTER, WEIGMANN und HABS.
11. Arabinose-Molke.
12. Xyloselösung.

Die Lösungen 4 und 5 dienen vor allem der Abtrennung von Coli imperfectum- und intermedium-Stämmen. Außer diesen flüssigen Nährmedien kommen dann naturgemäß noch die klassischen festen Nährsubstrate und die der Anreicherung dienenden Nährböden in Betracht, die zum Schluß bei der Besprechung des Ganges der praktischen Diagnostik dargestellt werden.

Zur Herstellung dieser differentialdiagnostischen Nährmedien dienen nach BOECKER die folgenden Angaben:

1. Trypsinbouillon:

1000 ccm Fleischextraktbouillon, enthaltend 10 g Pepton Witte und 5—10 g Fleichextrakt Liebig, mit einer Sodaalkalität über den Lackmusneutralpunkt hinaus von 7 ccm n-Sodalösung (p_H 7,5), werden 35—40° C warm in dicht schließender Glasstopfenflasche (zubinden!) mit 0,2 g Trypsin Grübler und 10 ccm Chloroform versetzt und unter öfterem Durchschütteln 24 Stunden bei 37° C angedaut, durch feuchtes Faltenfilter gegeben, 4fach (1 + 3) mit physiologischer Kochsalzlösung verdünnt, zu etwa 3 ccm in Röhrchen gefüllt und an 2 Tagen je 30 Minuten sterilisiert. Diese Lösung entspricht einem Gehalt von 0,25 Pepton. Sie ist wasserhell, gestattet selbst den anspruchsvolleren Bakterien gutes Wachstum, ist leicht herstellbar und, von unwesentlichen Schwankungen des Fleischextraktes abgesehen, relativ konstant. p-Dimethylamidobenzaldehyd gibt in der Modifikation von PRINGSHEIM:

p-Dimethylamidobenzaldehyd . . . 5,0 g
Methylalkohol . . . . 50,0 ccm
Acid. hydrochlor . . . . 40,0 ccm

(ohne Persulfat!) bei Zusatz von 5—10 Tropfen zu 3—5 ccm Kulturflüssigkeit eine stets außerordentlich starke, unzweideutige Reaktion, die bei indolpositiven Bakterien tief kirschrot wird, bei Nichtindolbildnern absolut negativ ausfällt, d. h. die Flüssigkeit unverändert läßt. Durch Erwärmen der Röhrchen über der Sparflamme des Bunsenbrenners wird eine positive Reaktion schneller und deutlicher erkennbar; eine negative Reaktion wird durch Erwärmen nicht beeinflußt.

2. Die BARSIEKOW-Lösung wird hergestellt:

1. Peptonwasser: Pepton Witte . . . . 10,0 g
           NaCl . . . . 5,0 g
           Aq. dest. . . . . 1000,0 ccm
2. Lackmuslösung nach KUBEL-TIEMANN, zu beziehen von
    Kahlbaum-Schering . . . . 50,0 ccm
3. Kohlehydrat (Trauben-, Milchzucker usw.) . . . . 10,0 g

Nach Abfüllung in sterile Reagensgläschen (im Falle der Traubenzuckerlösung mit einem Gärröhrchen) wird an drei aufeinanderfolgenden Tagen je 10 Minuten im Dampftopf sterilisiert.

3. Rhamnosemolke:

Dinatriumphosphat . . . . 0,5 g
Ammoniumsulfat . . . . 1,0 g
Natriumcitrat . . . . 2,0 g
NaCl . . . . 5,0 g
Pepton . . . . 0,05 g
Rhamnose Merck bzw. Arabinose . . 0,5 g
Aq. dest. . . . . 1000,0 ccm

Sämtliche Zutaten werden gemischt und $^1/_2$ Stunde im Dampftopf gekocht, durch ein Papierfilter filtriert, in Röhrchen zu je 5 ccm abgefüllt und an zwei aufeinanderfolgenden Tagen je $^1/_2$ Stunde im Dampftopf sterilisiert.

4. Xyloselösung.

Xylose . . . . 0,5 g
Fleischextrakt Liebig . . . . 1,0 g
Pepton Witte . . . . 1,0 g
NaCl . . . . 5,0 g
Aq. dest. . . . . 100,0 ccm
Bromthymolblau . . . . $^1/_{400}$ %.

Das Verhalten der Angehörigen dieser Bakteriengruppe in diesen Nährmedien geht aus einer Durchsicht der beigegebenen Tabelle 21 hervor.

Unter Berücksichtigung der bisher besprochenen serodiagnostischen und kulturdiagnostischen Methoden lassen sich die einzelnen Typen dieser Bakteriengruppe in der folgenden Weise differenzieren und unter

Tabelle 21. Kulturtabelle nach E. BOECKER.

Bacillus	Gasbildung in Traubenzucker	Säurebildung in							
		Mannit	Dulcit	Arabinose	Rhamnose	Arabinose-molke	Rhamnose-molke	Xylose	Sternlösung
paratyphi A	+	+	−+	+	+	−	−	−	
senftenberg	+	+	+	+	+	+	±	+ +	
paratyphi B	+	+	∓	+	+	+	(+)	(−)	
typhi murium	+	+	+	+	+	+ (−)	+ (−)	+	
stanley	+	+	+	+	+	+	+	+	
heidelberg	+	+	+	+	+	+	+	+	
reading	+	+	+	+	+ −+	+	∓	+	
derby	+	+	+	+	+	±	±	+	
abortus equi	+	+	+	+	+	−	−	+	
abortus ovis	+	+	+ −+	− −+	−	−	+	+	
brandenburg	+	+	+	+	+	−	+	+	
essen 173	+	+	+	+		+	+		
paratyphi C	+	+	+	∓	−+	∓		+	
cholerae suis	+	+	− −+	−	+	−	±	+	
typhi suis	−±	(−+)	−+	+	+ −+	−	−	+	
thompson-berlin	+	+	+	+	+	±	(±)	+	
virchow	+	+	+	+	+	+	∓	+	
oranienburg	+	+	+	+	+	+	+	+	
potsdam	+	+	+	+	+	+	+	+	
bareilly	+	+	+	+	+	+	+	+	
newport	+	+	+	+	+	+	+	+	
morbificans bovis	+	+	+	+	+ −+	+	±	+	
münchen	+	+	+	+	+	+	+	+	
typhi	−	+	−+	−	−	−	−	±	
sendai	−	+	−+	+	+	−	−	−+	
enteritidis jena	+	+	+	+	+	±	±	+	++
„ ratin	+	+	+	+ (−+)	+	−	−	+	−
„ chaco	+		−+	+	+	+	+	+	−+
„ essen	+	+	−+	+	+	−	+	+	++
„ kiel	+	+	+	− −+	+ −+	−	−	+	++
„ rostock	+	+	+	+ +	−	−	−	+	−
„ moskau	+	+	−+	+	+	+	+	+	−+
„ blegdam	+		−+	+	+	∓	∓		−+
dar es salaam	+	+	+	+	+	+	+	+	
eastbourne	+	+	+	+	+	+	−	+	
panama	+	+	−+	+	+	+	+	+	
gallinarum	−	+	+ −+	+ −+	−+	− ±	−	−+	
pullorum	+	+	−	+	+	−	−	+ −+	
london	+	+	+	+	+	+	+	+	
anatum	+	+	+	+	+	+	+	+	
aberdeen	+	+	+	+	+	+	+	+	

Anmerkung zur Tabelle: ± = teils +, teils —; (±) = meist +, selten —; — = dauernd —; — + = zunächst —, später +; ± bei den Molken = orange nach Zusatz von Methylrot.

Hervorhebung der wichtigsten epidemiologischen Besonderheiten darstellen:

Bac. paratyphi A. Bei einer Antigenformel I II a zeigen die Stämme flockige Agglutination im Serum Paratyphus A mit typischem Ausfall der bunten Reihe. Festzuhalten ist, daß Sera Paratyphus A zuweilen mit Stämmen der Untergruppe D eine Mitagglutination zeigen. Darum ist bei seiner Diagnose die Heranziehung der kleinen bunten Reihe erforderlich, bei der Paratyphus A-Stämme die Xylose nicht angreifen.

Der gewöhnlich in Form eines leichten bis mittelschweren Typhus auftretende Paratyphus A kommt in Deutschland im allgemeinen nur selten vor und ist heimisch in den warmen Erdzonen.

Bac. paratyphi B. Dieser, vielfach auch kurz Bac. Schottmüller genannte Mikroorganismus zeigt die Antigenformel IV V b 1 2. Seine Typendiagnose erfolgt auf Grund der flockigen Agglutination in dem Serum Paratyphus B polyvalens, des Ausfalls der bunten Reihe und des Schleimwallversuches. Besonders wichtig ist die Abgrenzung dieses Mikroorganismus gegenüber dem Typus Bac. typhi murium (Breslau). Sie stützt sich in erster Linie auf den positiven Schleimwallversuch und in zweiter Linie auf das Verhalten in der Rhamnosemolke. Für Paratyphus B-Bacillen ist charakteristisch: Wallversuch +, Rhamnosemolke —, während für Bac. typhi murium oder Breslaubacillen das umgekehrte Verhalten typisch ist. Ausnahmen von der Regel kommen zwar vor, sind aber so selten, daß man in der praktischen Arbeit durchaus mit diesen Methoden zu günstigen Ergebnissen gelangt. Bei dem Wallversuch ist zu beachten, daß durch eine möglichst dünne Aussaat Einzelkolonien erhalten werden und daß die Platten nach 24stündigem Aufenthalt bei 37° C weitere 24 Stunden bei Zimmertemperatur aufzubewahren sind. Wie gesagt, mit diesen Methoden gelingt die Differenzierung in der überwiegenden Mehrzahl der Stämme. Gelegentlich mißlingt sie und man kann dann in wichtigen Fällen durch den Absättigungsversuch zu einer serologischen Typendifferenzierung gelangen.

Beim Menschen treten Infektionen mit dem Bac. paratyphi B als übertragbare septicämische Allgemeininfektion nach dem pathogenetischen und epidemiologischen Bilde des Typhus abdominalis auf. Nicht selten aber, vor allem nach Infektionen mit stark infizierten Nahrungsmitteln, steht zunächst ein gastroenteritischer Einsatz im Vordergrund, dem ein typhöses Bild folgen kann. Im Gegensatz zu den Infektionen mit dem Bac. enteritidis Breslau (Bac. typhi murium) steht beim Paratyphus B aber der Mensch als Infektionsquelle im Mittelpunkt, wobei die Übertragung entweder unmittelbar durch Kontakt oder mittelbar beispielsweise auf dem Wege der Nahrungsmittelinfektion zustande kommen kann. Wahrscheinlich spielen auch tierische Infektionen gelegentlich als Infektionsquellen eine Rolle.

Bac. typhi murium. Mit einer Antigenformel IV V i 1 2 3 ist dieser Typus auch unter dem Namen der Mäusetyphusbacillen und des Bac. enteritidis Breslau bekannt. Seine Erfassung ist durch das Serum Breslau gewährleistet und die Unterscheidung von dem etwa ebenso häufig vorkommenden Bac. Paratyphus B erfolgt durch den Wallversuch, den Fütterungsversuch an der weißen Maus, den Phagenversuch und die bunte Reihe. Die exakte Typendiagnose stößt aber sowohl serologisch als auch im Hinblick auf das kulturelle Verhalten auf Schwierigkeiten, so daß man in gewissen Fällen auch den Absättigungsversuch heranziehen muß. Unter den bei menschlichen Nahrungsmittelvergiftungen festgestellten Typen steht Bac. typhi murium der Häufigkeit nach an erster Stelle. Es ist eine schwere akute Gastroenteritis, bei der gelegentlich auch Allgemeininfektionen und längere Bacillenausscheidung zu beobachten sind. Die Häufigkeit der durch diesen Mikroorganismus verursachten Nahrungsmittelvergiftungen erklärt sich aus der Tatsache, daß er bei zahlreichen Nagetieren und Vögeln als Erreger septicämischer Infektionen auftritt. Er ist einer der Erreger der infektiösen Enteritis des erwachsenen Rindes, gelegentlich des Kälbertyphus und findet sich ferner bei Enten, Tauben und Gänsen. Auch geräucherte Fische waren ebenso verhängnisvolle Infektionsquellen, wie beispielsweise Mäuse, Ratten und andere Nagetiere. Man hat diesen Mikroorganismus (Mäusetyphus) in Kulturen früher in großem Umfange zur Vertilgung von Mäusen und verwandten tierischen Schädlingen benutzt. Zweifelsohne hat aber die reichliche Ausstreuung dieser Bacillen auch Infektionen von Haustieren und sonstige Unglücksfälle zur Folge gehabt, so daß durch eine Verordnung des Reichsministers des Innern vom 16. März 1936 die Verwendung lebender Bakterienkulturen zur Schädlingsbekämpfung verboten wurde.

Bac. stanley, heidelberg, reading, thompson-berlin, virchow, bareilly, newport, morb. bovis, münchen, eastbourne, panama, london, anatum usw.: Diese Typen ergeben, wenn man von dem teils abweichenden Verhalten gegenüber Dulcit, Arabinose und Rhamnose absieht, in der bunten Reihe und im Wallversuch das gleiche Resultat wie Bac. typhi murium. Eine sichtbare Abtrennung dieser Typen von dem Bac. typhi murium sowie unter sich ist mittels des üblichen diagnostischen Apparats bei Vorliegen der unspezifischen Phasen nicht möglich, sondern nur unter Heranziehung komplizierterer Absättigungsversuche. Die in größerer Zahl aufgeführten Typen sind durchweg verhältnismäßig selten Erreger menschlicher Nahrungsmittelvergiftungen, die klinisch unter dem Bilde der akuten Gastroenteritis zu verlaufen pflegen.

Besondere Hervorhebung verdient, daß der *Bac. abortus equi* der Erreger des infektiösen Stutenabortes, der *Bac. abortus ovis* der Erreger des seuchenhaften Verwerfens der Schafe ist. Der *Bac. abortus bovis* wurde bei Kühen, die verkalbt hatten, gefunden. Die letzten drei Erreger sind beim Menschen bisher nicht gefunden worden.

Bac. paratyphi C, suipestifer, glässer-voldagsen: Diese Stämme werden vor allem von dem Serum Amerika und, soweit sie in unspezifischer Phase vorliegen, von dem Serum suipestifer unspezifisch, aber auch von den übrigen diphasischen Sera flockig agglutiniert. Von dem wallpositiven Typus Bac. Paratyphus B können sie durch den Ausfall der bunten Reihe und von den übrigen Typen durch den positiven Ausfall des Wallversuches und teils auch durch das Verhalten in der bunten Reihe abgetrennt werden. Untereinander sind sie durch ihr Verhalten in der bunten Reihe zu differenzieren.

Der Paratyphus C (Typ Orient) ist in Deutschland bisher noch nicht festgestellt worden, findet sich aber zahlreich im Orient und wurde während des Weltkrieges an der Ost- und Südostfront zahlreich beobachtet.

Der Bac. cholerae suis führte früher den Namen suipestifer und wird
in zwei Untertypen aufgeteilt als Bac. cholerae suis (Typus Amerika)
und Bac. cholerae suis var. kunzendorf (suipestifer kunzendorf). Der
Untertyp Bac. cholerae suis ist wiederholt als Erreger gastroenteritischer
und paratyphöser Erkrankungen beim Menschen gefunden worden und
wurde früher wiederholt bei der amerikanischen Schweinepest nachgewiesen. Der natürliche Standort des anderen Untertypus Bac. cholerae
suis var. kunzendorf ist das Schwein. Früher als Erreger der Schweinepest aufgefaßt, gilt die Suipestiferinfektion bei der Schweinepest heute
als sekundäre Infektion. Ohne Beteiligung des Virus der Schweinepest
gilt er als Erreger des Paratyphus der Schweine. Auch diese Suipestifer-
bacillen kommen gelegentlich als Erreger von Nahrungsmittelvergiftungen
beim Menschen vor.

Auch die anderen Vertreter der Untergruppe C sind durchweg als
Erreger menschlicher Gastroenteritiden beschrieben worden, wenn sie
auch nicht die zahlenmäßige Rolle der bisher besprochenen Typen spielen.
Der Bac. typhi suis (Bac. glässer-voldagsen) wurde als Erreger des
Ferkeltyphus von dem Bac. suipestifer unterschieden.

Bac. typhi. Mit Hilfe des Typhusimmunserums und der bunten Reihe
ist die bakteriologische Diagnose des Typhus abdominalis als einer der
wichtigsten menschlichen Infektionskrankheiten ohne wesentliche Schwierigkeiten möglich. Die gelegentlich auftretenden Schwierigkeiten in der
Diagnostik machen die Heranziehung besonderer Verfahren erforderlich,
auf die an dieser Stelle nicht näher eingegangen werden kann. In neuerer
Zeit wollen DRESEL und seine Schüler in dem Bac. typhi flavum eine
früher nicht beobachtete Form des Bac. typhi entdeckt haben. Es soll
ihnen gelungen sein, aus diesen sog. Gelbkeimen typische Typhusbacillen
zu züchten. Die Mehrzahl der Fachleute ist aber der Auffassung, daß
es sich bei diesen Keimen um einen banalen Saprophyten handelt, dem
keine epidemiologische Bedeutung beizumessen ist.

Bac. enteritidis Gärtner. Die Erfassung der Gärtnerbacillen ist durch
die flockige Agglutination mit dem Serum Gärtner Jena gesichert.
Die Differenzierung in die einzelnen Typen erfolgt durch den Ausfall
der bunten Reihe. Immerhin kann die Differentialdiagnose untereinander und gegenüber den anderen Typen dieser Untergruppe D gelegentlich auf Schwierigkeiten stoßen. Die in diese Gruppe gehörenden
Mikroorganismen treten fast alle als Erreger menschlicher Nahrungsmittelvergiftungen auf, wobei wiederum meistens das Tier als Infektionsquelle im Mittelpunkt des epidemiologischen Geschehens steht. Derartige Zusammenhänge sind aber nicht immer klar zu stellen, wobei
besonders der seltenen Meningitiden beim Kleinkind gedacht sei, bei
denen aus dem Liquor Gärtnerbacillen gezüchtet wurden. Von den
einzelnen Typen der Untergruppe D sei erwähnt, daß der Bac. enteritidis
ratin der Erreger des Rattentyphus ist, einer übertragbaren und zu
seuchenartiger Ausbreitung neigenden Septicämie der Ratten und verwandter Nagetiere. Bis zu der bereits erwähnten Verordnung des Reichsministers des Innern wurde der Bac. enteritidis ratin in größerem Umfange zur Rattenbekämpfung verwandt. Der Typus Bac. enteritidis
essen hat in den letzten Jahren erhöhte Aufmerksamkeit durch die

Tatsache gewonnen, daß sein Standort die Ente ist und daß der Genuß von rohen oder unzulänglich erhitzten Enteneiern zu schweren Gastroenteritiden beim Menschen geführt hat. Die Verordnung vom 24. Juli 1936 mit der Vorschrift des Aufdruckes „Enteneier! Kochen!" sowie weitere Vorschriften dienen der Bekämpfung dieser Infektion. Der Bac. enteritidis kiel ist ein häufiger Erreger der infektiösen Enteritis des erwachsenen Rindes und des Kälbertyphus, tritt aber auch beim Menschen als Erreger von Fleischvergiftungen auf. Auch der Bac. enteritidis rostock ist einer der Erreger der infektiösen Enteritis des erwachsenen Rindes. Der Bac. gallinarum ist der Erreger des Hühnertyphus, einer mit enteritischen Erscheinungen einhergehenden, übertragbaren Septicämie der Hühner, Puten usw. und ist auch vereinzelt beim Menschen bei Gastroenteritiden gefunden worden. Während der Bac. pullorum der Erreger der Kückenruhr, der sog. weißen Ruhr der Kücken, ist, sind die weiteren Typen der Untergruppe D nur vereinzelt als Erreger akuter Gastroenteritiden beim Menschen in verschiedenen Weltteilen gefunden worden.

Unter Berücksichtigung der Tatsache, daß sich die Differentialdiagnostik der Typen dieser Bakteriengruppe immer mehr und mehr zu einem Sondergebiet der Bakteriologie auswächst, seien im folgenden — ohne ein Sichverlieren in Einzelheiten — wenigstens die Grundzüge einer Bestimmungstabelle nach E. BOECKER aufgeführt:

1. Bakterienstämme, die von dem Serum Typhus flockig agglutiniert werden und die sich in der bunten Reihe wie Typhusbacillen verhalten, werden diagnostiziert als Bac. typhi.

2. Stämme, die von dem Serum Paratyphus A flockig agglutiniert werden und die sich in der bunten Reihe gleichfalls wie paratyphi A-Bacillen verhalten, werden diagnostiziert als Bac. paratyphi A.

3. Stämme, welche von dem Serum Paratyphus B polyvalens (und in der unspezifischen Phase auch von den übrigen diphasischen Sera sowie von dem Serum Suipestifer unspezifisch) flockig agglutiniert werden, sich in der bunten Reihe charakteristisch verhalten und einen Schleimwall bilden, werden diagnostiziert als Bac. paratyphi B Schottmüller.

4. Stämme, die von dem Serum Amerika (und in der unspezifischen Phase auch von den übrigen diphasischen Sera und insbesondere von dem Serum Suipestifer unspezifisch) flockig agglutiniert werden, sich in der bunten Reihe typisch verhalten und einen Schleimwall bilden, werden diagnostiziert als Bac. paratyphi C.

5. Stämme, die vom Serum Breslau oder von einem der übrigen diphasischen Sera oder vom Serum Suipestifer flockig agglutiniert werden, in der Traubenzucker-BARSIEKOW-Lösung Gas und keinen Schleimwall bilden, werden diagnostiziert als Bac. enteritidis Breslau.

Bei den 17 teils sehr seltenen anderen Typen, die bei dieser diagnostischen Praxis mit den typhi murium-Bacillen in gemeinsamer Bezeichnung vereinigt werden, handelt es sich ebenfalls um Enteritisbacillen bzw. Nahrungsmittelvergifter.

6. Stämme, welche vom Serum Amerika flockig agglutiniert werden und einen positiven Wallversuch ergeben, werden nach dem Ausfall der bunten Reihe diagnostiziert als Bac. enteritidis Suipestifer bzw. als Bac. Glässer-Voldagsen der Paratyphus-Enteritisgruppe.

7. Stämme, die vom Serum Gärtner-Jena flockig agglutiniert werden, werden je nach dem Ausfall der bunten Reihe diagnostiziert als Bac. enteritidis Gärtner Jena, Kiel usw.

8. Stämme, die vom Serum Gärtner-Jena und Serum Typhus kräftig agglutiniert werden, sind nach dem Ausfall der bunten Reihe zu diagnostizieren als Bac. pullorum bzw. Bac. gallinarum.

9. Stämme, die vom seuchenhaften Verwerfen der Pferde isoliert worden sind und vom Serum Newport flockig agglutiniert werden, Schleimwall bilden und sich in der bunten Reihe entsprechend verhalten, werden diagnostiziert als Bac. abortus equi.

10. Stämme, die vom seuchenhaften Verwerfen der Schafe isoliert werden, vom Serum Amerika flockig agglutiniert werden, in der bunten Reihe sich entsprechend verhalten und keinen Schleimwall bilden, werden diagnostiziert als Bac. abortus ovis.

11. Stämme, die sich nach dem bisherigen Vorgehen nicht exakt diagnostizieren lassen, werden auf Grund des biologischen Verhaltens und der flockigen Agglutination mit einem der Sera diagnostiziert als Bacillen der Paratyphus-Enteritisgruppe.

Die große und vielfach hervorgehobene Bedeutung der Tiere als Infektionsquelle für die menschlichen Erkrankungen und die Beziehungen der Tierparatyphosen zu den Paratyphosen des Menschen geht aus der nachfolgenden Zusammenstellung, Tabelle 22 nach R. STANDFUSS sehr eindrucksvoll hervor.

Tabelle 22. Beziehungen der Tierparatyphosen zu den Paratyphosen des Menschen. (Nach R. STANDFUSS.)

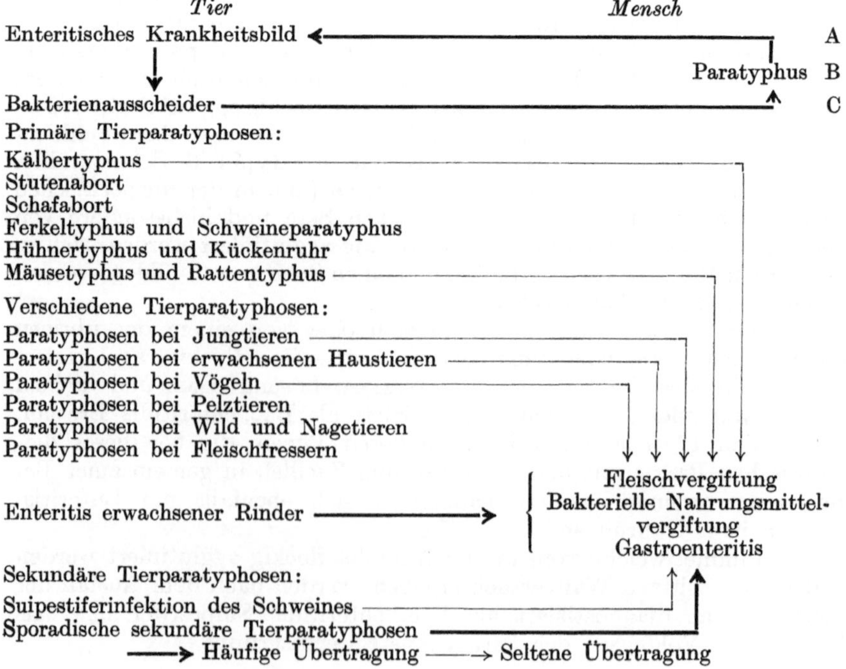

Durch die starken Linien sind diejenigen Tierparatyphosen gekennzeichnet, welche die Hauptgefahr darstellen; dies ist neben den sporadischen sekundären Tierparatyphosen die Enteritis des erwachsenen Rindes einschließlich der Dauerausscheider. Beziehungen des menschlichen Paratyphus und seines Erregers zwischen Mensch und Tier sind nachgewiesen, es steht aber auch fest, daß sie sehr selten sind.

Der Gang der praktischen Diagnose.

Zum Verständnis seien einige allgemeine Eigenschaften der Bakterien dieser Gruppe auf den wichtigsten Nährböden vorausgeschickt. Auf den gebräuchlichen Nährböden entwickeln sich diese Mikroorganismen ausnahmslos gut. Optimales Wachstum erfolgt etwa bei p_H 7,0. Sie gedeihen bei Sauerstoffzutritt am günstigsten. Von dem früher viel geübten Kulturverfahren auf Gelatineplatten, auf der Kartoffel usw. ist man abgekommen und bedient sich mehr einer größeren Anzahl von Spezialnährböden, die in fester Form fast alle Milchzucker und einen geeigneten Farbstoff als Indikator enthalten. Hierdurch ist eine Unterscheidung der den Milchzucker vergärenden Colibacillen von den die Lactose nicht angreifenden Vertretern der T.P.E.-Gruppe möglich. Häufigste Anwendung finden der Lackmus-Milchzucker-Nutroseagar von DRIGALSKI und CONRADI sowie der Fuchsin-Sulfit-Nährboden nach ENDO. Die Herstellung dieser beiden Nährsubstrate ist die folgende:

Der *Lackmus-Milchzucker-Nutroseagar nach* v. DRIGALSKI und CONRADI gestattet zunächst infolge seiner hohen Konzentration (3% Agar gegenüber den nur 1,5 bis 2%igen gewöhnlichen Nährböden) und der dadurch bedingten Festigkeit eine intensive mechanische Verteilung des Ausgangsmaterials auf der Kulturfläche, wodurch das Auswachsen der Keime zu vereinzelten nichtkonfluierenden Kolonien begünstigt wird, um so mehr, als man die Bildung von Kondenswasser durch kurzes Trocknenlassen der Nährbodenoberfläche nach Ausgießen in die Kulturschalen hintanhält. Ein Zusatz von Krystallviolett verhindert das Auswachsen vieler saprophytischer Keime (insbesondere Kokken), ohne den Typhusbacillus merklich zu schädigen. Der im Nährboden enthaltene Milchzucker wird wohl von den meisten Arten von Bact. coli, nicht aber von den Typhusbacillen vergoren, so daß letztere in Form blauvioletter (durchsichtiger, etwa nur 1—3 mm im Durchmesser großer) Kolonien wachsen, während die Kolonien von Bact. coli als rote (erheblich größere und weniger durchsichtige) Scheiben erscheinen.

Zur Herstellung von 2 l des Nährbodens werden 1,5 kg möglichst fettfreies gehacktes Pferdefleisch 24 Stunden lang mit 2 l kaltem Wasser ausgezogen; das durch ein leinenes Tuch abgepreßte Fleischwasser wird 1 Stunde gekocht und das Filtrat mit 20 g Pepton sicc. Witte, 20 g Nutrose und 10 g NaCl versetzt, nochmals aufgekocht, filtriert. Im Filtrat werden 60—70 g fein zerkleinerter Stangenagar unter dreistündigem Kochen im Dampftopf gelöst; dann erfolgt Neutralisation mit Sodalösung (10% wasserfreie Soda) bis zur schwachen Alkalescenz gegen Lackmuspapier. Nach nochmaligem halbstündigem Aufkochen und Filtration werden dem (etwas abgekühlten) Nährboden folgende vorher getrennt zubereitete Lösungen zugesetzt: a) 300 ccm Lackmuslösung von Kahlbaum (Berlin), 10 Minuten gekocht, dazu 30 g Milchzucker, wieder 10 Minuten gekocht; b) sterile Sodalösung (wie oben) in solcher Menge, daß der beim Umschütteln entstehende Schaum blauviolett erscheint; c) 20 ccm frisch bereitete Lösung von 0,1 g Krystallviolett B (Höchst) in 100 ccm warmem, sterilisiertem, destilliertem Wasser.

Dieser fertige Nährboden darf nicht mehr längere Zeit erhitzt werden, da sich sonst seine Farbe verändert; er ist daher entweder sogleich gebrauchsfertig in große Doppelschalen von etwa 15—20 cm Durchmesser (DRIGALSKI-Schalen) auszugießen, oder in sterilen Kölbchen von nicht mehr als 200 ccm Füllung, deren Aufschmelzen nicht allzu lange Erhitzung erfordert, aufzubewahren. Die Kulturschalen werden nach Erstarren des Nährbodens bei 37° C etwa ½ Stunde getrocknet. Das zu untersuchende Material wird (nach eventuellem Verreiben festen Stuhls mit steriler 0,85%iger NaCl-Lösung mittels des sog. DRIGALSKISCHEN Glasspatels, einem gekrümmten und am Ende rund geschmolzenen Glasstab) auf den Kulturschalen verrieben; man verwendet 3—4 Kulturschalen und sucht durch Wechsel des Glasspatels und möglichst sorgfältige Verteilung eine abgestufte Verdünnung der Aussaat auf den verschiedenen Platten zu erzielen.

Der *Fuchsin-Sulfit-Nährboden nach* ENDO bietet gegenüber dem vorher beschriebenen Nährboden den Vorteil der Verwendbarkeit bei künstlicher Beleuchtung, bei welcher die Farbenunterschiede sehr viel deutlicher ausfallen als beim Lackmusnährboden. Die Farbenreaktion kommt hier in der Weise zustande, daß das dem Nährboden zugesetzte aber durch Sulfitzusatz entfärbte Fuchsin an denjenigen Stellen, wo durch Vergärung des im Nährboden enthaltenen Milchzuckers Säure frei wird, sich regeneriert; so erscheinen die (den Milchzucker nicht vergärenden) Typhuskolonien glashell, während Bact. coli leuchtend rote undurchsichtige Kolonien, oft mit grünlichem metallischem Glanz an der Oberfläche bildet.

Zur Bereitung werden 2 l 30%iger Fleischwasserpeptonagar nach Neutralisation zum Lackmusneutralpunkt mit folgenden Zusätzen versehen: a) 20 ccm Sodalösung (wie oben); b) 20 ccm Milchzucker in 100 ccm destilliertem Wasser 10 Minuten vorher gekocht; c) 10 ccm gesättigte alkoholische Fuchsinlösung; d) 50 ccm frisch bereitete 10%ige Natriumsulfitlösung (Lösungen c und d am besten vor Zusatz vermischt). Der fertige Nährboden erscheint in heißem Zustand noch leicht rot gefärbt, entfärbt sich aber fast oder ganz vollständig beim Erkalten; der Nährboden muß vor Licht geschützt aufbewahrt werden, weil er sich sonst rasch rot verfärbt. Die Verarbeitung erfolgt wie beim vorigen.

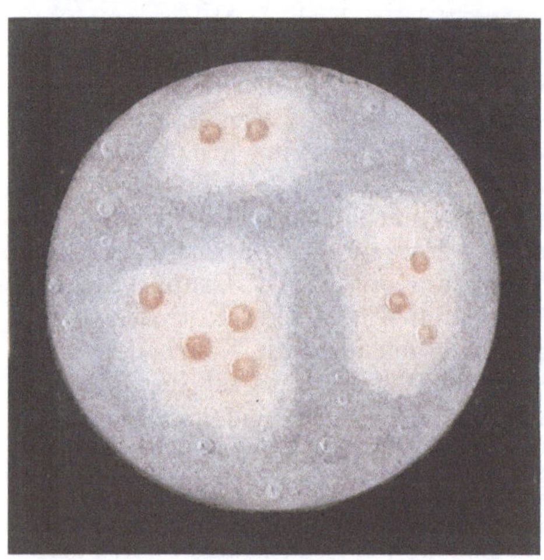

Abb. 30. Typhus- und Colikolonien auf DRIGALSKI-CONRADI-Platte. Typhuskolonien blau und durchsichtig; Colikolonien rot.

Die gewöhnlichen Colibacillen wachsen auf den DRIGALSKI-Nährböden infolge der Säurebildung in mehr oder minder deutlichen roten Kolonien auf dem blauen Nährboden, während die pathogenen Bakterien der T.P.E.-Gruppe in der Regel in zarten und durchscheinenden glasklaren Kolonien wachsen und die Farbe des Agars unverändert lassen (vgl. Abb. 30). Auch auf dem ENDO-Agar wachsen die pathogenen Vertreter dieser Gruppe wie auch die Ruhrbacillen farblos, während die Kolonien des Bact. coli commune durch einen roten Hof und die rote Färbung ihres Zentrums ausgezeichnet sind (vgl. Abb. 31). Da das Auffinden der verdächtigen farblosen Keime auf diesem Nährboden besonders leicht ist, findet er vielfach Anwendung. Außer diesen beiden festen Nährböden sind noch eine große Zahl weiterer Nährsubstrate beschrieben worden, auf die nicht im einzelnen eingegangen werden kann. Es sei der Nährboden nach GASSNER erwähnt, ferner der von WILSON und BLAIR. Dieser Nährboden soll sich besonders für die Züchtung der pathogenen Darmbakterien aus Wasser und Abwässern eignen. Er besteht aus einem 3%igen Agar mit Zusatz eines Traubenzucker-Sulfit-Phosphatgemisches, Ferrosulfat und Brillantgrün. Die Angehörigen der T.P.E.-Gruppe wachsen in Form schwarzer Kolonien mit einem metallisch glänzenden Hof, während das Wachstum der Colibacillen weitgehend gehemmt wird.

Da erfahrungsgemäß die direkten Aussaaten von Stuhl und Urin eine verhältnismäßig geringe positive Ausbeute liefern, werden fast stets Vorkulturen bzw. Anreicherungsverfahren verwendet. Eine solche Vorkultur wurde besonders früher auf Malachitgrünagar durchgeführt, während sich neuerdings mehr die Anreicherung in flüssigen Nährsubstraten durchgesetzt hat. Nach den Erfahrungen von F. KAUFFMANN u. a. empfiehlt sich auch u. E. hierfür der Tetrathionatnährboden. Die Zusammensetzung beider Nährböden sei im folgenden gegeben.

Die Vorkultur auf *Malachitgrünagar* (nach LENTZ und TIETZ) erfolgt auf einem 3%igen zum Lackmusneutralpunkt neutralisierten und nach Abkühlen auf etwa 50⁰ C mit „Malachitgrün extra chemisch rein" (Höchst) im Verhältnis von etwa 1 : 6000 versetzten Fleischwasserpeptonagar; der Malachitgrünzusatz ist vor Herstellung einer größeren Menge des Nährbodens am besten jedesmal besonders auszuprobieren, um diejenige Konzentration zu treffen, bei der einerseits möglichst erhebliche Zurückdrängung anderer Bakterien, andererseits aber möglichst geringe Wachstumshemmung der Typhusbacillen selbst stattfindet; zu diesem ver-

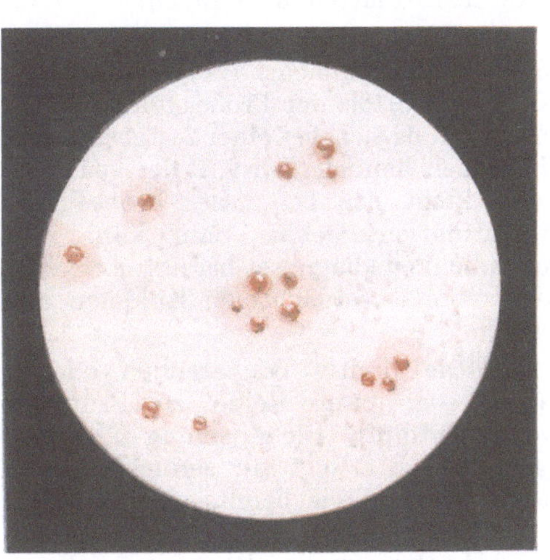

Abb. 31. Typhus- und Colikolonien auf ENDO-Platte. Typhuskolonien farblos. Colikolonien rot.

gleichenden Vorversuch sind zweckmäßig mehrere Stämme von Typhus und Coli heranzuziehen. Die Vorkultur auf dem Malachitgrünagar erweist sich nun in zweifacher Beziehung als nutzbringend für die Diagnose; nicht nur wachsen die Typhusbacillen fast ungehemmt, während die Begleitbakterien stark zurücktreten, sondern die Kolonien der Typhusbacillen haben auch — im Gegensatz zu den gleichzeitig noch aufgegangenen Kolonien der fremden Keime — die für die Weiterverarbeitung sehr willkommene Eigenschaft, daß sie sich leicht vom Nährboden ablösen, während die anderen Kolonien fester haften. Stellt man also eine Abschwemmung von der Malachitgrünplatte her (indem man sie einige Minuten lang mit physiologischer NaCl-Lösung überschichtet und nach leisem Hin- und Herschwenken von der am Grunde der schräg gestellten Kulturschale sich ansammelnden Emulsion einen Tropfen abimpft), so hat man in dieser abgeschwemmten Flüssigkeit eine erhebliche Anreicherung der Typhusbacillen, die nunmehr bei Überimpfung auf DRIGALSKI- oder ENDO-Nährböden zur Geltung kommt.

Tetrathionat-Nährboden. 45 g Calciumcarbonat, 900 ccm alk. Bouillon, 100 ccm Natriumthiosulfatlösung (50 g cryst. + aq. dest. ad 100), 20 ccm Jodjodkalium-lösung (20 g Jod + 25 g Jodkalium + aq. dest. ad 100), 50 ccm Rindergalle, 10 ccm Brillantgrünlösung (1 : 1000).

I. Der Gang der bakteriologischen Untersuchung von *Stuhl* und *Urin* auf pathogene Darmbakterien ist der folgende:

1. Aussaat von 3 großen Ösen Material oder nach Verreibung mit steriler physiologischer Kochsalzlösung von mehreren Tropfen der Emulsion auf die Differentialnährböden nach DRIGALSKI, ENDO, GASSNER

oder WILSON usw. Ferner werden mehrere Ösen oder Tropfen in die Tetrathionatbouillon zur Anreicherung pathogener Darmbakterien übergeführt und aus diesen Röhrchen werden nach 5- und 24stündiger Bebrütung Aussaaten auf die obengenannten Festnährböden vorgenommen. Verwendet man die Anreicherung bzw. Vorkultur auf dem Malachitgrünagar und sind nach 24 Stunden keine verdächtigen Kolonien gewachsen, dann kann man das auf der GRÜN-Platte gewachsene Material mit Kochsalzlösung abschwemmen und auf zwei neue ENDO- bzw. DRIGALSKI-Platten übertragen.

2. Sind verdächtige Kolonien gewachsen, dann nimmt man zweckmäßigerweise zunächst die serologische Untersuchung der verdächtigen Kolonien mittels der Probeagglutination auf dem Objektträger vor. Die Frage, ob es sich bei einer festgestellten Reaktion um H- oder O-Agglutinationen handelt, wird in der späteren Ausagglutination nachkontrolliert. Zeigt sich bei dieser Probeagglutination bereits ein eindeutiges Agglutinationsergebnis, dann kann man eine Verdachts- oder Wahrscheinlichkeitsdiagnose bereits mitteilen. Es ist dringend anzuraten, diese vorerst verdächtigen Kolonien in exakter Weise weiter zu untersuchen.

3. Die positiv reagierenden oder verdächtigen Kolonien werden auf die sog. „bunte Reihe" zur Prüfung ihrer biochemischen Leistungen weiter verimpft. Die Anlegung einer Reinkultur auf Platte oder Schrägagarröhrchen erfolgt zur serologischen Schlußuntersuchung. Die bunte Reihe besteht, wie bereits oben erwähnt, aus Bouillon, Typsinbouillon (auf Indolbildung), Neutralrot-Traubenzuckeragar (Gasbildung, Säuerung), Lackmusmolke, Rhamnosemolke und gegebenenfalls noch weiteren der oben empfohlenen Nährböden. Bei Angehörigen der Paratyphus-Enteritisgruppe ist ferner an die Anlegung des Wallversuches und gegebenenfalls an den Fütterungsversuch an der weißen Maus zu denken.

Während beispielsweise Paratyphus B-Bacillen in der überwiegenden Mehrzahl der Fälle die Tiere am Leben lassen, gehen die weißen Mäuse nach Fütterung mit Breslau- oder Gärtnerbacillen in durchweg 5—8 Tagen zugrunde.

Die quantitative Auswertung der spezifischen Agglutination mit der Reinkultur der verdächtigen Bakterien erfolgt in Röhrchen mit fallenden Verdünnungen bis zur Titergrenze des Serums nebst den erforderlichen Kontrollen sowie Normalserum und physiologische Kochsalzlösung.

II. Die Züchtung der Typhus-Paratyphus-Enteritisbacillen aus dem *Blut* erfolgt am besten durch Verarbeitung einer größeren Menge Blut (mehrere Kubikzentimeter), das durch Venenpunktion steril entnommen wurde. Der Blutkuchen wird bis zu 7 Tagen in steriler Galle, in Gallebouillon oder auch in Tetrathionatbouillon bebrütet. In täglichen oder zweitäglichen Abständen wird eine Aussaat des Blutgallegemisches usw. auf die genannten Differentialnährböden vorgenommen, worauf die Reinzüchtung und Identifizierung etwaiger verdächtiger Kolonien nach der bei der Stuhluntersuchung angegebenen Methodik erfolgt.

III. Bei der Einsendung von Blut wird nicht nur die kulturelle Untersuchung auf pathogene Bakterien durchgeführt, sondern in jedem Fall auch die Prüfung des *Blutserums* des verdächtig Erkrankten auf

die spezifisch agglutinierende Wirkung gegenüber pathogenen Darmbakterien (GRUBER-WIDALsche Reaktion). Die Anstellung dieser Probe
mit dem Blute eines typhusverdächtigen Patienten geschieht in der
folgenden Weise: Das Patientenserum wird mit Kochsalzlösung verdünnt
zu 1:50, 1:100, 1:200. In je 1,0 ccm dieser Verdünnungen wird eine
Öse Kulturmaterial (24stündige Agarkulturen von Typhus- usw. Bacillen)
gut verrieben oder zwei Tropfen einer Aufschwemmung hineingetan.
Nach 2stündiger Bebrütung bei 37° C erfolgt makroskopische Untersuchung bzw. Lupenbetrachtung. Positiv ist das Ergebnis, wenn die
Serumverdünnung 1:100 eine deutliche Agglutination anzeigt. Eine
Agglutination bei der Verdünnung 1:50 wird nicht als positiv angesehen,
stützt aber den Verdacht auf Typhus und läßt eine Wiederholung der
Untersuchung ratsam erscheinen. Im Beginn der Erkrankung und auch
bei früher gegen Typhus oder Paratyphus B schutzgeimpften Personen
sind die Werte niedrig, bei länger dauernder Erkrankung ist die Reaktion
auch in höheren Verdünnungen anzusetzen.

Bei reichlicher Inanspruchnahme des Bakteriologen muß in jedem
Falle die serologische bzw. bakteriologische Diagnose zu einer Klärung
des Krankheitsbildes führen. Beim Typhus und den verwandten Krankheitsbildern gelingt eine bakteriologische Diagnose fast stets, wenn man
in den ersten 10—14 Krankheitstagen Blut zur kulturellen Untersuchung
einsendet. Während dieses Zeitraumes pflegen die Untersuchungen von
Stuhl und Urin bei Typhus durchweg ein negatives Ergebnis zu zeitigen.
Aus Stuhl und Urin hingegen vermag man bei genügend häufigen Einsendungen erst von der dritten Krankheitswoche ab die Bakterien in
etwa 50% der Fälle nachzuweisen. Jedoch bietet im späteren Verlauf
der Erkrankung die serologische Untersuchung des Blutserums mittels
der GRUBER-WIDALschen Reaktion große Aussichten zur Deutung des
Krankheitsbildes, da sich die Antikörper erst von diesem Zeitpunkt ab
bilden. Bei den Enteritisinfektionen ist frühzeitige Untersuchung insbesondere von Stuhl aussichtsreich. Allerdings kann man auch im
späteren Verlauf sehr oft noch durch die Untersuchung des Blutserums
zu einer Diagnose gelangen. Bei allen Infektionen der Typhus-Paratyphus-
Enteritisgruppe empfiehlt sich grundsätzlich vom Krankheitsbeginn an
und bei allen verdächtigen Fällen die Einsendung von Blut, Stuhl und
Urin, verbunden mit möglichst eingehenden Angaben seitens des behandelnden Arztes auf dem Begleitzettel. Je nach der Dauer der Krankheit sind die Chancen der Züchtung oder der serologischen Diagnose
verschieden, doch wird man entweder auf dem einen oder auf dem
anderen Wege meistens zum Ziel gelangen. Die enge Zusammenarbeit
von Arzt und Bakteriologen und ein möglichst regelmäßiger Gedanken-
austausch bei negativ untersuchten Fällen bei Fortbestand des klinischen
Verdachtes ist anzuraten. Auch bei Umgebungsuntersuchungen, bei
Verdacht auf Typhus- oder Paratyphusbacillenträger, muß man zur
Einsendung von Blut, Stuhl und Urin raten, da bei negativen Stuhl-
und Urinuntersuchungen eine periodische Ausscheidung in Frage kommen
kann, wobei möglicherweise eine positive Serumuntersuchung den Verdacht auf ein Trägertum unterstützt und weitere zahlreiche Kontroll-
untersuchungen von Stuhl und Urin veranlassen wird.

Schrifttum.

BOECKER, E.: Zbl. Bakter. I. Orig.137 (1936). Veröff. Volksgesdh.dienst 49, H. 6 (1937). In M. GUNDEL: Die ansteckenden Krankheiten. Leipzig: Georg Thieme 1935. — STANDFUSS, R.: in M. GUNDEL: Die ansteckenden Krankheiten. — v. HUTYRA, MAREK u. MANNINGER: Spezielle Pathologie und Therapie der Haustiere, Bd. 1. Jena: G. Fischer 1938.

2. Bakterien der Gruppe des Bact. coli und des Bact. lactis aërogenes.

Unter dem Namen „Bact. coli" ist nicht eine scharf umschriebene Art, sondern eine Gruppe von Bacillen zu verstehen, die einerseits der Typhus-Paratyphus-Enteritisgruppe und andererseits der Ruhrgruppe nahe stehen. Während die Typhus- und Paratyphus- sowie Enteritisbacillen und meistens auch die Colibacillen das gemeinsame Merkmal der Eigenbewegung besitzen, sind Bac. aërogenes und Ruhrbacillen unbeweglich. Alle genannten Bakteriengruppen aber zeigen in vielen kulturellen Merkmalen Gemeinsames.

Die Colibacillen finden sich in großen Mengen im Darme eines jeden Menschen und spielen vermöge ihrer Fähigkeit, Kohlehydrate und Eiweiß zu zersetzen, eine bedeutsame Rolle, die sich normalerweise in der Einschränkung der Darmfäulnis zeigt. So spielen sie zwar als Darmbewohner die Rolle harmloser Epiphyten, entfalten aber bei Verschleppung aus dem Darm in andere Organe pathogene Wirkungen. Von solchen Coliinfektionen sind vor allem die Colicystitis, die Pyelitis, die Infektion der Gallenwege und die Peritonitis zu erwähnen. Das Bact. coli ist ferner der häufigste Erreger der Kälberruhr sowie der Ruhr der Säuglinge anderer Tiere (Fohlen, Ferkel, Lämmer).

Das Bact. coli ist ein kurzes, plumpes, gramnegatives Stäbchen mit peritrich angeordneten kurzen und zarten Geißeln. Die Eigenbewegung schwankt in ihrer Intensität aber innerhalb weiter Grenzen. Seine Züchtung gelingt ohne Schwierigkeiten auf den gewöhnlichen Nährböden bei Zimmertemperatur und Brutwärme. Die Kolonien sind durchweg größer und üppiger als die von Typhusbacillen. Die kulturellen Unterscheidungsmerkmale sind in dem vorangegangenen Abschnitt zusammengestellt. In ihrer Virulenz im Tierversuch verhalten sich die Colistämme nicht gleich, meistens gehen aber die Versuchstiere schnell unter den Erscheinungen einer Peritonitis und Septicämie zugrunde. EIJKMAN u. a. konnten feststellen, daß zwischen den im Darm von Warmblütern und Kaltblütern vorkommenden Stämmen von Bact. coli meistens insofern ein Unterschied besteht, als die aus den Warmblütern stammenden Arten noch bei 46° C Traubenzucker vergären, während die Colibacillen der Kaltblüter diese Fähigkeit nur bei niedrigeren Temperaturen aufweisen. Für die Wasserhygiene ist der Nachweis des Bact. coli von großer Bedeutung, da die Anwesenheit typischer Vertreter die Verunreinigung des Wassers mit menschlichen oder tierischen Abgängen beweist. Außer der Bestimmung des Keimgehaltes der zu untersuchenden Wasserproben ist also in jedem Falle eine Untersuchung auf Colibacillen derart durchzuführen, daß 10, 30, 50 und 100 ccm des zu prüfenden Wassers in eine Pepton-Traubenzuckerlösung übergeführt und bei 46° C bebrütet werden. Bei Vergärung erfolgt Aussaat auf ENDO-Platten mit nachfolgender Prüfung der „bunten Reihe". Ein Teil der vom Menschen und Tier gezüchteten Colistämme besitzt die Fähigkeit der Hämolyse auf Blutplatten, doch ist diesem Hämolysierungsvermögen wahrscheinlich keine besondere pathogenetische Bedeutung beizumessen.

In serologischer Hinsicht besteht in der Coligruppe keine Einheitlichkeit. Es ist mit dem Auftreten zahlreicher serologischer Typen zu rechnen, ohne daß aber diese Feststellung bisher irgendeine praktische Bedeutung besitzt. Auch für die Diagnose sind die bisherigen serologischen Feststellungen unwichtig.

Als Krankheitserreger züchtet man die Colibacillen ohne Schwierigkeiten aus der Gallenblase, dem Urin, aus Eiterproben usw. je nach dem Krankheitsprozeß. Bei Colisepticämien gelingt die Züchtung aus dem Blut am sichersten, wenn die Blutentnahme während eines Schüttelfrostes erfolgt. Auch hier ist wieder die Anlegung von Patientenblut-Agargußplatten sowie die Überführung von Blut in Bouillonkölbchen anzuraten.

Eine große Ähnlichkeit mit dem Bact. coli besitzt der *Bacillus aërogenes*, auch Bac. lactis aërogenes genannt. Das unbewegliche, kurze, plumpe, gramnegative Stäbchen besitzt oft eine mehr oder minder ausgesprochene Kapsel. Auf Agar wächst er in gewölbten, feucht glänzenden, schleimigen Kolonien. Der Keim findet sich regelmäßig im Darm von Mensch und Tier, er findet sich nicht selten in der Milch, die er durch Bildung von Linksmilchsäure zur Gerinnung bringt. Als Krankheitserreger kann er in denselben Organen vorkommen wie das Bact. coli, besonders häufig findet man ihn bei Blasenentzündungen.

In die Coligruppe gehört auch die gesamte Gruppe der *Paracoli*- und sog. „*Blaustämme*". Diese wachsen auf der DRIGALSKI-Platte in blauen Kolonien. Lactose wird nicht oder nur unter Säuerung zerlegt. Diese Keime, die auch vielfach als Bact. coli imperfectum bezeichnet werden, haben eine besondere differential-diagnostische Bedeutung, da ihre Abgrenzung von den pathogenen Vertretern der Typhus-Paratyphus-Ruhrgruppe nicht selten erhebliche Schwierigkeiten bereitet. Das Verhalten in der „kleinen bunten Reihe" ist ebenso wichtig (Säure- und Gasbildung in Dextrose, meist Bildung von Indol) wie die serologische Prüfung.

In differentialdiagnostischer Hinsicht ist schließlich noch der *Bacillus faecalis alcaligenes* zu erwähnen, der normalerweise im Darm vorkommt, unter Umständen aber auch pathogene Eigenschaften annehmen kann. Es handelt sich um kurze, gramnegative, meistens bewegliche und nicht-sporenbildende Stäbchen, die auf den gebräuchlichen Nährboden gut wachsen. In der diffus getrübten Bouillon entsteht ein oberflächliches Häutchen, Gelatine wird nicht verflüssigt, Milch nicht zur Gerinnung gebracht, in der Lackmusmolke wachsen sie unter tiefblauer Färbung durch Ausbildung einer stark alkalischen Reaktion. Von Typhusbacillen sind sie durch ihr kulturelles Verhalten oft schwer zu unterscheiden, maßgebend ist dann ihr abweichendes Verhalten in der bunten Reihe und das negative Ergebnis der Agglutinationsreaktion.

3. Infektionen mit Pyocyaneus- und Proteusbacillen.

Der Bacillus pyocyaneus ist ein in der Größe schwankendes, bewegliches, mit einer endständigen Geißel versehenes Stäbchen, das sich mit allen Anilinfarben gut färbt, jedoch gramnegativ ist. Es ist auf allen Nährböden leicht züchtbar. Auf Agar entsteht ein deutlicher grauer Rasen, wobei der ganze Nährboden von dem grünen fluorescierenden

Farbstoff der Kultur durchtränkt wird. Die Kultur entwickelt einen charakteristischen süßlich aromatischen Geruch. Auf der Bouillon bildet sich eine Kahmhaut, unter der sich in Form eines schmalen Ringes das gebildete Pigment anhäuft. Gelatine wird verflüssigt, Milch zur Gerinnung gebracht und gelbgrün verfärbt. Auf festen Nährböden wächst er meistens in Form feuchtglänzender Beläge (S-Form), seltener finden sich flache und trockene Kolonien der R-Form oder beide gemischt. Auf der Blutagarplatte zeigt sein Wachstum durchweg einen hämolytischen Hof.

Der Bacillus pyocyaneus ist als Saprophyt in der Außenwelt weitverbreitet. Allein oder meistens als Mischinfektionserreger findet er sich bei Eiterungen, wobei er einen blauen bzw. blaugrünlichen Eiter bildet. Gelegentlich kann er auch meist tödlich verlaufende Allgemeininfektionen hervorrufen. Sein Charakteristikum ist das grünliche bis blaue Pigment, das sich aus zwei Farbstoffen zusammensetzt, nämlich dem Pyocyanin, das sich durch Chloroform aus den Kulturen extrahieren läßt, und dem in Chloroform unlöslichen, dagegen in Wasser löslichen Farbstoff, dem Fluorescein. Dieser Farbstoff kommt auch bei anderen Bakterien vor, insbesondere beim Bac. fluorescens. Der Bacillus bildet ein auf Eiweiß und Fibrin wirkendes Ferment, das in älteren Bouillonkulturen nachzuweisen ist und als „Pyocyanase" bezeichnet wird. Es wurde besonders früher vielfach wegen seiner baktericiden Eigenschaften therapeutisch zur örtlichen Behandlung und bei Keimträgern zur Befreiung von Diphtheriebacillen oder Meningokokken benutzt.

Der Bacillus fluorescens liquefaciens ist mit dem Bacillus pyocyaneus verwandt, kommt als Saprophyt zahlreich vor, verflüssigt ebenfalls Gelatine und bildet einen grünen Farbstoff, jedoch kein Pyocyanin. Eine Abart stellt der Bacillus fluorescens non liquefaciens dar.

Bei dem *Bacillus proteus* handelt es sich im allgemeinen ebenfalls um harmlose Saprophyten, die in der Natur weitverbreitet sind, die aber ähnlich wie die Colibacillen auch pathogene Eigenschaften entfalten können. Insbesondere als Erreger von Infektionen des uropoetischen Systems sowie bei massenhafter Vermehrung in Nahrungsmitteln und als Mischinfektionserreger bei Eiterungen (z. B. Peritonitis) können sie zu schweren Krankheitserscheinungen führen. Es handelt sich um gramnegative, sehr bewegliche Stäbchen mit zahlreichen, peritrichen Geißeln, ohne Sporen und ohne Kapsel. Sie wachsen auf allen Nährböden, zeichnen sich durch ihr Ausschwärmen auf festen Nährböden, durch die Ausbildung eines hauchartigen, alles überziehenden dichten Rasens aus. Diese H-Form (von *H*auch) ist das Charakteristikum des Proteusbacillus, der aber auch in abgegrenzten und rundlichen Kolonien ohne Rasen in der O-Form (*o*hne Hauch) wachsen kann. Gelatine wird meistens verflüssigt, Milch zur Gerinnung gebracht und Indol gebildet; während Lactose und Mannit nicht gespalten werden, bildet er Säure und Gas aus Dextrose, Saccharose und Maltose.

Der Nachweis ist durch das charakteristische Wachstum sehr erleichtert. Bei der Untersuchung von Leichenorganen, Stuhlproben usw. macht der Proteusbacillus sich oft insofern störend bemerkbar, als er — ohne etwa immer pathogen zu sein — die angelegten Plattenkulturen überwuchert und dadurch die Feststellung spärlich vorhandener pathogener Bakterien erschwert.

Von besonderer Bedeutung sind die von WEIL und FELIX gefundenen Proteusstämme, besonders der Stamm X 19, der der serologischen Diagnose des Fleckfiebers dient (siehe dort).

Bacillus tumefaciens. Dieser Mikroorganismus sei deswegen kurz erwähnt, da er in der Geschwulstforschung ein besonderes Interesse gewonnen hat. Er gehört in eine große Gruppe gramnegativer, oft beweglicher, sporenloser Stäbchen, die bei Pflanzen experimentell granulationsartige Geschwülste erzeugen. Sie sind auch aus menschlichen Geschwülsten isoliert worden, ohne daß die vereinzelt behauptete ätiologische Beziehung zu menschlichen oder tierischen Geschwülsten aber bewiesen ist.

Bacillus prodigiosus. Dieses kleine, gramnegative, bewegliche Stäbchen zeichnet sich bei Aufenthalt bei Zimmertemperatur durch die Bildung eines intensiv roten Farbstoffes aus. Er ist in der Natur weitverbreitet, findet sich als Verunreiniger der Nährböden, ohne daß ihm eine pathogene Eigenschaft zugesprochen werden kann. Von besonderer Bedeutung ist dieser Mikroorganismus als fakultativer Anaerobier und damit als Sauerstoffzehrer auf der FORTNER-Platte geworden. Durch die dichte Beimpfung einer halben Platte mit dem Bac. prodigiosus und nachfolgende Abschließung dieser Platte durch Plastilin od. dgl. wird ein so großer Sauerstoffverbrauch erzielt, daß auch anspruchsvollere Anaerobier und insbesondere fakultative Anaerobier auf dieser verhältnismäßig einfachen Platte gut zum Nachweis gelangen.

4. Die Ruhrbacillen.

Die bakteriologische Erforschung der einheimischen Ruhr ist erst im Jahre 1898 geglückt. SHIGA konnte den Erreger der japanischen Ruhr züchten und ihn durch sein Verhalten im Tierversuch und seine Immunitätsreaktionen als Erreger dieser Form der Ruhr feststellen. Von KRUSE wurde dann im Jahre 1900 der Nachweis erbracht, daß auch die deutsche Ruhr durch den gleichen Mikroorganismus hervorgerufen wird. KRUSE gab als erster eine vollständig richtige Beschreibung des Erregers, dem SHIGA irrtümlicherweise noch eine Eigenbewegung zugesprochen hatte. Gerade die Unbeweglichkeit ist aber für den Ruhrbacillus charakteristisch. Es erscheint daher richtig, den echten Ruhrbacillus als Bacillus KRUSE-SHIGA zu benennen. Die weiteren Untersuchungen über die Ätiologie der Ruhr zeigten, daß die Bacillenruhr ätiologisch nicht nur auf eine Bakterienart zurückzuführen ist, sondern daß verschiedene, im System einander nahestehende Bakterien in Frage kommen, die im Hinblick auf ihre Giftbildung, ihre Immunitätsreaktionen und chemischen Leistungen von dem KRUSE-SHIGA-Typus abweichen.

In der üblichen Laboratoriumsarbeit trennt man also den Bacillus SHIGA-KRUSE als den ,,echten Ruhrbacillus", als den Erreger der schwersten und toxischen Form der Bakterienruhr (im Gegensatz zur Amöbenruhr), von den sog. Pseudoruhrbacillen ab. Es sind dies im wesentlichen der Bacillus FLEXNER, in den meistens die Typen Y (HIS und RUSSEL) und Bacillus STRONG einbezogen werden, sowie der Ruhrbacillus KRUSE-SONNE als Typus E der KRUSEschen Einteilung und der Bacillus SCHMITZ. Diese vier Typen sind sowohl serologisch als auch kulturell gut voneinander unterscheidbar.

KRUSE, dem wir neben SHIGA die wichtigsten Studien über die Ruhrbacillen verdanken, teilt sie in zwei Arten auf, in die Dysenterie- und Pseudodysenteriebacillen. Die Pseudodysenteriebacillen lassen sich weiter in eine Reihe von Unterarten oder Rassen auflösen, die von KRUSE mit A—J bezeichnet wurden. Hierbei dienen die ungleichen Agglutinationsverhältnisse, ausnahmsweise auch das Verhalten zu Milchzucker und die Indolreaktion als Unterscheidungsmittel.

Die Ruhrbacillen aller Typen sind durchweg plumpe Stäbchen, die für gewöhnlich kürzer und dicker als Typhusbacillen erscheinen und durch den Mangel an Eigenbewegung ausgezeichnet sind. Die starke

Molekularbewegung der Ruhrbacillen kann allerdings von Ungeübten leicht für Eigenbewegung gehalten werden. Sie färben sich gut mit den gewöhnlichen Anilinfarben und sind gramnegativ. Sporen und Geißeln besitzen sie nicht. Ihr Wachstumsoptimum liegt bei 35⁰ C, Sauerstoffzutritt beschleunigt ihr Wachstum. Sie wachsen auf den üblichen Nährböden gut. In Traubenzuckerlösung erfolgt Bildung von Säure, aber keine Gasbildung, Gelatine wird nicht verflüssigt.

Die Dysenteriebacillen sind gegen äußere schädigende Einflüsse weniger widerstandsfähig als die Angehörigen der Typhus-Paratyphusgruppe. In trockenem Zustand gehen sie schnell zugrunde, können sich allerdings im Inneren dickerer Schichten bei nicht vollständiger Eintrocknung monatelang halten. Im Wasser bleiben sie 5—9 Tage lebensfähig. Die gebräuchlichsten Desinfizienzien töten sie in kurzer Zeit ab. Einstündiges Erwärmen bei 53⁰ C vernichtet sie mit Sicherheit. Gegen Kälte sind sie wie alle anderen Mikroorganismen recht widerstandsfähig.

Von den einzelnen Typen der Dysenteriebacillen bildet der KRUSE-SHIGA-Bacillus, im Gegensatz zu den anderen giftarmen Typen, lösliche Gifte, die selbst in geringen Mengen bei Versuchstieren tödlich wirken und pathologische Veränderungen in Dünndarm, Colon, Blinddarm und im Zentralnervensystem hervorrufen. Es sind echte, lösliche Toxine, die durch Filtration von den Kulturen getrennt erhalten werden können. Durch Verfütterung von Reinkulturen der Dysenteriebacillen ist es bisher nicht gelungen, bei Versuchstieren typische Ruhr auszulösen. Die Krankheitserscheinungen sind die Folgen der Giftwirkung. Auch beim Menschen wirken schon kleine Mengen abgetöteter Dysenteriebacillen toxisch unter Hervorrufung von hohem Fieber, Kopf- und Gliederschmerzen mit starken Entzündungserscheinungen an der Injektionsstelle. Daher ist eine Schutzimpfung mit abgetöteten Kulturen, ähnlich wie beim Typhus, nicht ausführbar.

Serologisch besitzen die Ruhrbacillen nur ein O-Antigen. Bei der Ruhrinfektion des Menschen und bei der Immunisierung von Kaninchen werden Agglutinine gebildet, die die homologen Bacillen körnig agglutinieren. Die WIDALsche Reaktion bei der Untersuchung des Patientenserums ist nur dann als positiv zu bezeichnen, wenn sich in der Kuppe des Reagensglases eine deutliche Verklumpung der körnigen Agglutinate zu groben, weißlichen Aggregaten zeigt. Da die Laboratoriumsstämme gelegentlich plötzlich inagglutinabel werden, sind stets ausreichende Kontrollen mit verdünntem spezifischen Kaninchenimmunserum anzusetzen. Ferner sind Kontrollen mit Serum gesunder Menschen erforderlich, die die Prüfungsstämme unbeeinflußt und keine Spontanagglutination zeigen sollen. Nur eindeutige Agglutinationsreaktionen sind zu verwerten und positiv zu beurteilen.

Da die Dysenteriebacillen sich nicht (bzw. nur ganz ausnahmsweise) im Blut und Harn der Erkrankten finden, kommt für die Züchtung des Krankheitserregers nur Stuhl der Kranken oder Darminhalt der Leiche in Frage. Der Gang der Untersuchung ist der folgende:

1. Zur Züchtung aus den Faeces werden in erster Linie die Schleimbeimengungen verwandt. Eine oder mehrere Schleimflocken werden mit der Öse herausgenommen, in physiologischer Kochsalzlösung gewaschen und dann auf Lackmus-Milchzucker-Agarplatten nach von DRIGALSKI (jedoch ohne Krystallviolettzusatz) ausgesät.

2. Nach etwa 16—24stündiger Bebrütung bei 37⁰ C erfolgt die Untersuchung der blauen durchsichtigen Kolonien a) mittels orientierender Agglutination mit KRUSE-, SHIGA-, FLEXNER-, KRUSE-SONNE- und SCHMITZ-Serum, b) auf Unbeweglichkeit im hängenden Tropfen.

3. Von den positiv reagierenden Kolonien erfolgt die Übertragung auf Schrägagar und gegebenenfalls die Anlegung der kleinen bunten Reihe.

4. Quantitative Agglutination der ruhrverdächtigen Kultur mit hochwertigen Seren der genannten Typen.

Im folgenden seien zunächst die einzelnen Gruppen bzw. Typen der Dysenteriebacillen besprochen.

Bacillus dysenteriae SHIGA-KRUSE. Das kulturelle Verhalten zeigt keine abweichenden Besonderheiten. Nach der beigegebenen Tabelle 23 zur biochemischen Differentialdiagnose der Ruhrtypen erfolgt in Mannit, Maltose und Saccharose keine Säurebildung (also keine Rötung).

Tabelle 23.

Lackmusagar mit Zusatz von	Erscheint in der Kultur des Bacillus			
	KRUSE-SHIGA	KRUSE-SONNE	FLEXNER	STRONG
Mannit	blau	rot	rot	rot
Maltose	blau	rot	rot	blau
Saccharose. . . .	blau	blau	blau	rot

Serologisch stellen die SHIGA-KRUSE-Bacillen einen einheitlichen und von den übrigen Ruhrbacillen scharf getrennten Typus dar. Spezifische SHIGA-KRUSE-Sera agglutinieren praktisch nur SHIGA-KRUSE-Stämme, wodurch die Diagnose der toxischen Bakterienruhr sehr erleichtert ist.

FLEXNER-Gruppe. Sie umfaßt eine Anzahl von Typen oder Rassen der Ruhrbacillen, die sich durch ihr Verhalten gegenüber Mannit, ihre mehr oder weniger deutliche serologische Verwandtschaft und eine geringere Toxizität als zusammengehörig erweisen. Für die praktischen Bedürfnisse ist auf eine Differenzierung dieser FLEXNER-Gruppe etwa in die Typen FLEXNER, Y, STRONG zu verzichten, um so mehr, als bei der gleichen Epidemie mehrere dieser Typen gefunden werden können und da andererseits die Bestimmung der Rassen nach KRUSE kompliziertere Verfahren benötigt. In Mannit erfolgt Säurebildung, in Maltose zum Teil (FLEXNER), zum Teil nicht (Y, STRONG). Auch in Saccharose ist das Verhalten verschieden, da der Typus STRONG Säurebildung zeigt, während Y und FLEXNER sie vermissen lassen. Für die serologische Diagnose fraglicher Stämme sind polyvalente Kaninchenimmunsera zu verwenden, zu deren Herstellung mindestens je ein Stamm der in diese Gruppe gehörenden Typen Verwendung findet. Man wähle stets von der KRUSEschen Einteilung die Rassen A, D und H, nicht aber die Rassen I und E (SCHMITZ und KRUSE-SONNE).

Bacillus KRUSE-SONNE. Diese E-Ruhrbacillen zeichnen sich auf Agar-, DRIGALSKI- und ENDO-Platten durch ihr charakteristisches Wachstum in zwei Kolonieformen aus. Man sieht runde, gewölbte, glatte, spiegelnde und auf DRIGALSKI und ENDO im Zentrum leicht

18*

rötlich getönte sowie andererseits rauhe, flache, trockene, gekörnte und gezackte farblose Kolonien. Diese zweite Kolonieform entsteht aus der ersten und man hat das Bild etwa einer platzenden Bombe. Während die Weiterzüchtung der glatten Kolonie immer wieder die Aufspaltung in glatte und rauhe gibt, verhält sich die rauhe und flache Kolonieart bei der Weiterzüchtung konstant. In Mannit und Maltose erfolgt Rötung durch Säurebildung. In Bouillon wachsen die E-Ruhrbacillen als Bodensatz bei fast klarer Flüssigkeit, während die anderen Ruhrbacillen die Bouillon diffus trüben. Serologisch stellt dieser Typus eine scharf umschriebene Einheit dar. Die Immunsera agglutinieren keine anderen Ruhrbacillen. Wichtig ist, daß sich die beiden Wuchsformen serologisch verschieden verhalten. Die Sera, die mit dem Material der glatten Kolonien hergestellt sind, agglutinieren in der typischen Ruhragglutination nur die Bacillen der glatten Kolonien, nicht die der rauhen. Die Sera der rauhen Kolonien zeigen eine feine körnige Agglutination nur mit Bacillen der rauhen Kolonien. Bei der Prüfung eines verdächtigen Stammes sind darum die Bacillenaufschwemmungen beider Koloniearten getrennt in den entsprechenden Sera anzusetzen. Vielfach ist aber auch die Übung gebräuchlich, eine gemischte Abschwemmung beider Kolonieformen in beiden Sera zu prüfen. Zur Herstellung diagnostischer Sera sind beide Koloniearten zu berücksichtigen, wobei man durch tägliche Überimpfung die glatten Formen möglichst rein erhält.

Bacillus SCHMITZ. Es handelt sich um selten vorkommende Ruhrbacillen, für deren Diagnose man nicht unbedingt ein spezifisches Serum vorrätig zu halten braucht. Mannit negativ, Indol positiv, ruhrartige Bacillen sprechen für den Verdacht des Vorliegens einer Infektion mit diesem Typus. Der Bacillus SCHMITZ wird im allgemeinen nur von dem homologen Serum agglutiniert.

Es war hervorgehoben worden, daß die Ruhrbacillen in der Außenwelt verhältnismäßig schnell absterben. Hieraus resultiert, daß man die bakteriologischen Untersuchungen am besten am Krankenbett selbst ansetzt. Der Stuhl muß möglichst frisch verarbeitet werden, da oft schon nach Stunden die Ruhrbacillen abgestorben sind. Eine Ausnahme macht die KRUSE-SONNE- oder E-Ruhr, deren Angehörige sich im allgemeinen durch stärkere Widerstandsfähigkeit auszeichnen und selbst aus durch die Post versandtem Material noch isoliert werden können.

Das komplizierte Bild der Typendifferenzierung der Ruhrgruppe hat noch keine abschließende Klärung erfahren. Vorerst erscheint es am richtigsten, die Ruhrgruppe in einen „giftigen" Typus, den KRUSE-SHIGA-Bacillus, und die giftarmen Typen der Pseudodysenteriebacillen aufzuteilen. Diese könnten gegebenenfalls weiter differenziert werden nach dem Vorgang von KRUSE in die Rassen A—J. Hierbei würde der frühere SCHMITZ-Bacillus den KRUSEschen Rassen I und J, der FLEXNER-Bacillus der Rasse B, der Y-Bacillus den Rassen A, D, H, C, F, der STRONG-Bacillus der Rasse G und der KRUSE-SONNE-Bacillus der Rasse E entsprechen.

Allerdings stehen dieser Differenzierung immer noch Schwierigkeiten entgegen, die wir hinsichtlich der FLEXNER-Gruppe betont haben. In diesem Zusammenhang verdient die Benennung der Dysenteriebacillen durch SHIGA Aufmerksamkeit, da sie dem derzeitigen Stand der Forschung entspricht:

1. Dysenteriebacillus, 2. Metadysenteriebacillus und 3. Paradysenteriebacillus.

1. Der Bacillus dysenteriae entspricht dem SHIGA-KRUSE-Bacillus, das spezifische Toxin ist vorhanden, das im Tierkörper das Antitoxin bildet. Durch die Agglutination wird der Dysenteriebacillus sowohl vom Meta- als auch vom Paradysenteriebacillus streng unterschieden. Keine Indolbildung, Milch wird nicht koaguliert, Lackmusmolke wird nach 24 Stunden leicht rötlich, später wieder bläulich. Keine Gasbildung in Traubenzuckernährboden. Mannit und Lactose werden nicht verändert, Katalase ist nicht vorhanden.

2. Der Bacillus metadysenteriae umfaßt den SCHMITZ-Bacillus, FLEXNER-Bacillus, Y-Bacillus und STRONG-Bacillus. Keine spezifischen Toxine. Indol wird in verschiedenem Umfang gebildet. Milch wird nicht koaguliert. Lackmusmolke wird rot. Keine Gasbildung in Traubenzuckernährböden. Mannit wird unter Säurebildung gespalten, Lactose wird nicht verändert, Katalase ist vorhanden.

3. Bacillus paradysenteriae. Hierunter versteht man den KRUSE-SONNE-Bacillus. Keine Indolbildung, Milch gerinnt langsam, Lactose wird unter Säurebildung gespalten. Katalase ist vorhanden.

Diese Einteilung entspricht unseres Erachtens einem praktischen Bedürfnis. Dabei wird in keiner Weise die Möglichkeit verneint, die Metadysenteriebacillen in Unterarten oder Typen aufzuteilen, wenn eine solche Differenzierung einer besonderen Notwendigkeit entspricht. Andererseits wird die unglückliche Bezeichnung der „Pseudodysenteriebacillen" vermieden, die mit der Bezeichnung „Pseudo" immer wieder, etwa wie bei den Pseudodiphtheriebacillen, saprophytäre Eigenschaften dieser Keime voraussetzt.

Die Bacillenruhr des Menschen verläuft in der Mehrzahl der Fälle als eine akute Infektionskrankheit. Die klinischen Erscheinungen, die pathologisch-anatomischen Veränderungen und auch die epidemiologischen Verhältnisse bieten bei den einzelnen Unterarten keine wesentlichen Unterschiede, als daß eine besondere Besprechung notwendig wäre. Hervorzuheben ist nur, daß die durch den KRUSE-SHIGA-Bacillus verursachten Infektionen erheblich schwerere Symptome bedingen als die durch die anderen Ruhrformen. Jedoch können auch gelegentlich die E-Ruhrerkrankungen vor allem im frühen Lebensalter einen ungünstigen Ausgang nehmen. Die wichtigste Quelle der Seuchenausbreitung ist stets der ruhrkranke Mensch. Von ihm werden besonders in den ersten Krankheitstagen mit den schleimig-blutigen Stühlen enorme Mengen Ruhrbacillen ausgeschieden. Aber auch Dauerausscheider und Bacillenträger können eine verhängnisvolle Rolle spielen. Die Übertragung erfolgt entweder direkt durch Kontaktinfektion oder indirekt durch Vermittlung infizierter Nahrungsmittel (Milch und Wasser) oder Gebrauchsgegenstände. Auch die Fliegen spielen bei der Verschleppung der Krankheitserreger eine wichtige Rolle.

Da eine Schutzimpfung gegen Ruhr durch Injektion abgetöteter Kulturen, nach Analogie der Typhusschutzimpfung, wegen der durch die Giftstoffe der Bacillen verursachten unangenehmen Begleiterscheinungen praktisch nicht durchführbar ist, so hat man zwecks aktiver Immunisierung die Simultanmethode versucht, die in einer Einspritzung von Dysenterieserum und abgetöteter Kultur besteht. In neuerer Zeit ist die Verwendung von Formoltoxoiden zur aktiven Immunisierung bei der KRUSE-SHIGA-Ruhr zu einem brauchbaren Verfahren ausgestaltet worden. Schließlich hat gerade bei der Ruhr die orale Verabreichung neuerdings größere Aufmerksamkeit gefunden, wobei vor allem die Immunisierung gegen bestimmte giftarme Typen zu erwähnen ist. Bei augenblicklicher Gefährdung ist bei der Bekämpfung der echten Ruhr die passive Immunisierung mit antitoxischem Dysenterieserum wichtig, die naturgemäß nur einen kurzdauernden Schutz von etwa 10—12 Tagen besitzen kann. Unbestrittene Erfolge hat die spezifische Serumtherapie mit den Antitoxinen gegen das SHIGA-KRUSE-Toxin, wobei ferner in dem Serum aber auch antiinfektiös wirkende spezifische Stoffe eine Rolle spielen. Der Erfolg der Serumtherapie ist von der frühzeitigen Anwendung ausreichender Dosen abhängig, die gegebenenfalls wiederholt zu geben sind. Seit Anwendung dieser Therapie ist die Sterblichkeit der KRUSE-SHIGA-Dysenterie je nach der Schwere der Epidemie etwa von 10—50% auf 0,5—5% gesunken.

Schrifttum.

GUNDEL, M.: Die Typenlehre in der Mikrobiologie. Jena: G. Fischer 1934. — LENTZ u. PRIGGE: Handbuch der pathogenen Mikroorganismen von KOLLE, KRAUS und UHLENHUTH. Bd. 3, S. 2. 1932. — SHIGA: Zbl. Bakter. I Orig. **130** (1933).

5. Pathogene Kapselbacillen.

Neben Pneumokokken können auch andere Mikroorganismen gelegentlich als Erreger menschlicher Pneumonien gefunden werden, darunter ein Kapselbacillus, der Bacillus pneumoniae FRIEDLÄNDER, der jedoch auch sonstige entzündliche Prozesse, Eiterungen und Septicämien verursachen kann. Er ist ein kurzes, unbewegliches, sporenloses und kapselbildendes Stäbchen, das sich mit allen Anilinfarben gut färben läßt und sich gramnegativ verhält. Die Gewinnung von Kulturen gelingt leicht auf allen gewöhnlichen Nährböden. Das Wachstum erfolgt mit reichlicher Schleimbildung in runden, saftig weißen, schleimig fettglänzenden Kolonien. In Bouillon tritt diffuse Trübung ein, in traubenzuckerhaltigen Nährböden wird Gas und Säure gebildet. Dextrose, Lactose, Saccharose, Mannit, Lävulose und Maltose werden gespalten. Viele Stämme haben die Fähigkeit der Hämolyse. Im menschlichen und tierischen Körper zeigt der Erreger Kapselbildung. Die Maus ist das empfänglichste Versuchstier. Die Züchtung aus menschlichen Krankheitsprozessen, insbesondere aus Sputum, gelingt leicht durch Kultur und Tierversuch. Die durch ihn bedingten Lungenentzündungen zeichnen sich durch besondere Bösartigkeit aus. Die von amerikanischer Seite beschriebene serologische Typendifferenzierung hat keine praktische Bedeutung.

Auch bei anderen Krankheitsprozessen züchtet man nicht selten Kapselbacillen, die in den Gallenwegen, bei der Cystitis und Pyelitis zweifellos von pathogenetischer Bedeutung sind. Von allen Krankheitsprozessen kann es gelegentlich zu einem Einbruch in die Blutbahn kommen und damit zu schwerster septicämischer Allgemeinerkrankung.

Dem FRIEDLÄNDERschen Kapselbacillus stehen morphologisch und biologisch sehr nahe die von ABEL als Erreger der *Ozaena* und die von verschiedenen Seiten als Erreger des *Rhinoskleroms*, einer mit Knotenbildung auf der Nasenschleimhaut einhergehenden chronischen Infektion, beschriebenen Bacillen. Die Abgrenzung der Rhinosklerombacillen von den FRIEDLÄNDERschen Bacillen gelingt kaum, auch die ätiologische Bedeutung dieser Keime ist umstritten. Das gleiche gilt für die Kapselbacillen bei der Ozaena. Der gesamte Fragenkomplex harrt noch endgültiger Lösung.

Schrifttum.

ABEL: Handbuch der pathogenen Mikroorganismen, 3. Aufl. Bd. 6, S. 243. 1929. — KLIEWE: Zbl. Bakter. I Orig. **116**, 92 (1930).

6. Infektionen durch Nekrosebacillen bei Tieren.

Der Nekrosebacillus ist ein dünnes, schlankes, unbewegliches und sporenloses Stäbchen, das in Geweben wie in Kulturen zu langen Fäden auswächst. Die Färbung gelingt mit Anilinfarbstoffen gut, der Gramfärbung gegenüber verhält er sich gramnegativ. Zu seiner Züchtung ist dagegen Eiweiß notwendig. Üppiges Wachstum erfolgt nur bei Sauerstoffüberschuß und bei Körpertemperatur. Auf Traubenzucker-Blut-Agarplatten entwickeln sich in 48 Stunden tautropfenähnliche farblose Kolonien, um die sich ein hämolytischer Hof entwickelt. Der Nekrosebacillus bewirkt in Nährböden wie auch in pathologischen Produkten durch die Zersetzung von Eiweißkörpern die Entstehung von Fäulnisgasen und ist ein typischer Indolbildner. Seine Tierpathogenität ist erheblich. Bei Verimpfung unter die Haut entstehen bei Kaninchen und Mäusen Hautnekrosen. Der Nekrosebacillus spielt eine große Rolle bei verschiedenen Tierkrankheiten, in deren Verlauf als Komplikationen nekrotische Vorgänge beobachtet werden. Er ist in der Natur weitverbreitet und namentlich in den Darmentleerungen von Pflanzenfressern und in der Streu vorhanden. Die natürliche Ansteckung erfolgt durch die Aufnahme von infiziertem Futter und Trinkwasser. Beim Menschen sind sichere Infektionen durch Nekrosebacillen noch nicht nachgewiesen.

Schrifttum.

ALBRECHT: Handbuch der pathogenen Mikroorganismen, 3. Aufl. Bd. 6, S. 73. 1929. — Spezielle Therapie und Pathologie der Haustiere, Bd. 1. 7. Aufl. Jena: G. Fischer 1938.

7. Die Gruppe der Bacillen der hämorrhagischen Septicämie.

Sie umfaßt eine Anzahl krankheitserregender Bacillen, die eine meist sehr akut und mit Neigung zu Blutungen verlaufende Septicämie erzeugen. In diese Gruppe gehören vor allem der Bacillus der menschlichen Beulenpest sowie die Erreger einer Reihe von Tierseuchen. Nach der internationalen Nomenklatur werden sie auch als Pasteurellaarten und die durch sie erzeugten Infektionen als Pasteurellosen bezeichnet. In ihrem morphologischen und kulturellen Verhalten zeigen sie die folgenden gemeinsamen Merkmale: kurze, gedrungene, ovale Gestalt, polare Färbung mit ungefärbt bleibender zentraler Vakuole, negatives Verhalten gegenüber der Gramfärbung, fehlende Eigenbewegung, Bildung häutchenförmiger Oberflächenkolonien, in Gelatine ohne Verflüssigung. Der bei weitem wichtigste Vertreter dieser Gruppe ist der Pestbacillus.

a) Der Pestbacillus.

Der Bacillus pestis wurde im Jahre 1894 in Hongkong von YERSIN und KITASATO entdeckt. Gleichzeitig wurde die für das Verständnis der Pestepidemiologie grundlegende Feststellung gemacht, daß die Pest in erster Linie eine Erkrankung gewisser Nagetiere, insbesondere der Ratten ist, und erst von diesen erkrankten Tieren auf den Menschen übergeht. Kurze Zeit darauf konnte festgestellt werden, daß die Pest in zwei

klinisch wie epidemiologisch verschiedenen Formen beim Menschen auftritt, nämlich als Beulenpest (Drüsen- oder Bubonenpest mit Schwellung
und Vereiterung der Lymphdrüsen), die fast stets von der Ratte auf den
Menschen übertragen wird und von Mensch zu Mensch so gut wie gar
nicht ansteckend ist und andererseits als Lungenpest, die durch Tröpfcheninfektion von Mensch zu Mensch direkt übertragbar und äußerst ansteckend ist. Die Lungenpest kann aus der Beulenpest hervorgehen,
wenn zu einem Falle zunächst unkomplizierter Beulenpest als metastatische Infektion eine sekundäre Pestpneumonie hinzutritt und dann
durch direkte Infektion weitere Fälle folgen, die diesmal als primäre
Pestpneumonie imponieren. Die Übertragung der Pest von einer Ratte
zur anderen sowie von der Ratte auf den Menschen erfolgt durch bestimmte Arten von Flöhen, in deren Magendarmkanal sich die Pestbacillen außerordentlich stark vermehren. Naturgemäß sind auch
andere Infektionswege untereinander und von der Ratte zum Menschen
(Kontakt) möglich.

Der Pestbacillus findet sich mit gleichen morphologischen und biologischen Eigenschaften bei den verschiedenen Formen der Pest: 1. bei
der Bubonenpest im Gewebssaft der erkrankten Drüsen sowie in den
gelegentlich an der Eintrittspforte zur Entwicklung gelangenden Hautläsionen (Pestpustel, Pestkarbunkel, sowie unter Umständen im kreisenden Blute), 2. bei der Lungenpest im Auswurf, 3. bei der Pestsepticämie
im Blut und unter Umständen in allen Excreten (Sputum, Harn, Faeces),
4. bei der Pest der Nagetiere in den erkrankten Drüsen, im Blut sowie
in allen Organen, gelegentlich auch in Harn und Faeces und 5. in infizierten Rattenflöhen, die das Blut pestkranker Ratten oder anderer
Nager gesogen haben, im Magendarmkanal und in den Faeces, nicht aber
im Inneren der Gewebe. In vielen Fällen finden sich die Pestbacillen
in so ungeheuren Mengen, daß sie das ganze Gesichtsfeld des Mikroskops
ausfüllen und fast alle anderen Gewebsbestandteile verdrängen.

Der Pestbacillus ist ein kurzes, plumpes, unbewegliches, gramnegatives, sporenfreies Stäbchen, das bei Färbung mit Methylenblau
ausgezeichnete Polfärbung zeigt. Hierbei nehmen nur die Pole den
Farbstoff auf, während die Mitte völlig ungefärbt bleibt, so daß man
zunächst zwei nebeneinander gelagerte Mikrokokken vor sich zu haben
glaubt. Bei genauerem Zusehen erkennt man aber einen feinen Saum,
der beide Teile miteinander verbindet. Neben diesen typischen Formen
erscheinen in den Kulturen, gelegentlich aber auch schon in den Bubonen
und in der Leiche, Involutionsformen, keulen- oder bläschenförmige,
kugelige und ringförmige schlecht färbbare Gebilde, die eine differentialdiagnostische Bedeutung erlangt haben. Diese Formen lassen sich besonders deutlich in folgender Weise zur Darstellung bringen:

Die lufttrocken gewordenen Präparate werden in absolutem Alkohol 1 Minute
lang fixiert. Durch Abbrennen wird der Rest des Alkohols von den Präparaten
entfernt, die alsdann mit LÖFFLERschem Methylenblau unter Erhitzen während
5—10 Minuten gefärbt werden, hierauf Abspülen mit Wasser, trocknen usw.

Außer seinem charakteristischen färberischen Verhalten, wie es die
Abb. 32 zeigt, kommt dem Pestbacillus im Gegensatz zu anderen pathogenen Mikroorganismen noch die Eigentümlichkeit zu, daß er selbst

bei niederen Temperaturen, selbst im Eisschrank bei $+5^0$ C, zu wachsen vermag. Sein Temperaturoptimum liegt zwischen 25 und 30^0 C. Die Pestbacillen wachsen bei Sauerstoffzutritt und schwach alkalischer Reaktion auf den gewöhnlichen Nährböden. Auf der Agarplatte erscheinen die Kolonien als kleine, tautropfenähnliche, durchscheinende Gebilde, die bei mikroskopischer Betrachtung im Zentrum eine feine, dunklere Körnung aufweisen. Ein zarter Rand faßt die Kolonie ein. In älteren Agarkulturen bilden sie oft zwei verschiedene Arten von Kolonien. Der eine Typ behält als Zwergwuchs seine kleinen Formen und seine Transparenz bei, während der andere als sog. Riesenwuchs große, weißgraue, granulierte Kolonien zeigt. Es handelt sich um eine Variationserscheinung. Auf der Gelatineplatte, die nicht verflüssigt wird, gleichen die Kolonien denen auf der Agarplatte. Durch das Klatschpräparat gelangen Bilder zu Gesicht, die nur bei den Pestbacillen beobachtet werden und daher von differentialdiagnostischer Bedeutung sind. Sie zeigen in der Randpartie der Kolonien gewundene Fadenschlingen, die als KOSSELsche Schleifen bezeichnet werden. In Bouillon bilden die Pestbacillen lange streptokokkenähnliche Ketten. Es entsteht ein feinflockiger weißlicher Bodensatz, von dem aus kleinste Flocken an der Wand entlang nach oben zu kriechen scheinen. An der Oberfläche erkennt man einen „Schleimring" und ein dünnes schwimmendes Häutchen. Die Pestbacillen bilden keine Dauerformen und sind gegen Austrocknung sehr empfindlich, im feuchten Milieu halten sie sich aber verhältnismäßig lange lebensfähig.

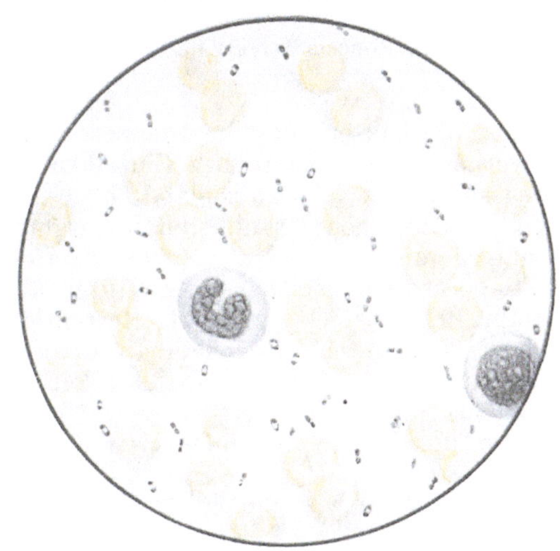

Abb. 32. Bubonen-Eiter mit Pestbacillen. (Polfärbung.) (Vergr. 1: 500.)

Temperaturen zwischen 60 und 65^0 C töten die Pestbacillen innerhalb 1 Stunde ab; auch gegenüber Sonnenlicht, Austrocknung und Konkurrenz von Saprophyten sind die Pestbacillen sehr empfindlich. Künstliche Desinfektionsmittel vernichten Pestbacillen schnell, wie 1%ige Lösung von Carbolsäure und Lysol in 12 Minuten, $1^0/_{00}$ige Sublimatlösung nach wenigen Sekunden usw.

Im Kadaver (Ratte) kann der Pestbacillus bei Temperaturen unter 22^0 C verhältnismäßig lange (bis zu 2 Monaten) seine Infektiosität behalten. Diese Tatsache ist von weittragender praktischer Bedeutung für die Verschleppung der Seuche. Auch im infizierten Floh kann sich der Pestbacillus wochenlang lebend und virulent erhalten. Die Pestbacillen sezernieren kein echtes Toxin. Ihre Giftwirkung beruht, wie bei den Typhusbacillen und Choleravibrionen, auf Endotoxinen, d. h. Giftstoffen, die in den Bacillenleibern selbst untrennbar vom lebenden Plasma enthalten sind.

In ihrer Tierpathogenität verhalten sich die einzelnen Pestkulturen bisweilen verschieden. Die empfänglichsten Versuchstiere sind die Nager, wie z. B. die Ratten (Wanderratte und Hausratte), ferner das sibirische Murmeltier. Selten kommen Mäuse in Betracht. Künstlich übertragbar ist die Pest auf Meerschweinchen, Kaninchen, Affen usw. Für diagnostische Zwecke kommen vor allem Meerschweinchen und Ratten in Frage, und zwar kann man als Infektionsmodus wählen:

a) bei Ratten:
1. die subcutane Infektion,
2. den Schwanzwurzelstich,
3. die cutane Infektion,
4. die Infektion von seiten der Schleimhaut der oberen Atmungswege (Conjunctiva),
5. die intraperitoneale Infektion,
6. die Infektion durch Inhalation (kommt praktisch wegen der außerordentlichen Gefahr der Verstreuung des Virus nicht in Betracht!).

b) bei Meerschweinchen:
1. die subcutane Infektion,
2. die cutane Infektion (auf die rasierte Haut),
3. die intraperitoneale Infektion.

Für die bakteriologische Diagnose der Pest enthalten die amtlichen Anweisungen alle technischen Einzelheiten. Arbeiten mit lebenden Pesterregern dürfen in Deutschland, abgesehen von den zur Feststellung eines verdächtigen Krankheitsfalles erforderlichen diagnostischen Maßnahmen, nur in besonders hierfür eingerichteten und mit abgesonderten Pestlaboratorien versehenen Instituten ausgeführt werden. Wegen der Gefahr der Ansteckung durch Rattenflöhe und des Eindringens von Pesterregern durch die scheinbar unverletzte Haut muß zur größten Vorsicht beim Arbeiten mit lebenden Pestbacillen gemahnt werden. Peinlichst muß jedes Verspritzen infektiösen Materials und jede Möglichkeit der Entstehung infektiöser Tröpfchen vermieden werden, weil sonst die Gefahr der Lungenpest droht.

Der Gang der bakteriologischen Untersuchung gestaltet sich folgendermaßen:

1. Anfertigung mikroskopischer Präparate. Gramfärbung und Färbung mit LÖFFLERs Methylenblau nach Alkoholfixierung.

2. Anlegen von Agarplatten bei 30 und 22⁰ C, sowie von Gelatineplatten bei 22⁰ C und eventuell, falls zahlreiche Begleitbakterien vorhanden, bei 10⁰ C.

3. Tierimpfung, und zwar stets: a) Meerschweinchen (cutan auf die rasierte Bauchhaut und in eine Hauttasche) und intraperitoneal, b) Ratten (intraperitoneal, Schwanzwurzelstich und Infektion seitens der Conjunctiva). (Die Tiere sind in flohsicheren, einwandfrei sterilisierbaren Käfigen zu halten.)

4. Aus den verendeten Tieren mikroskopische Präparate wie unter 1. und Züchtungsversuche (s. 2.).

5. Prüfung der gewonnenen Kultur mikroskopisch und mit Hilfe der spezifischen Immunitätsreaktionen (Agglutination und Präcipitation).

Als Untersuchungsmaterial kommt in Betracht:

A. Beim Lebenden.

1. Der Drüsensaft, der mittels Punktion gewonnen wird. (NB. Vereiterte Bubonen enthalten fast nie mehr lebende Pestbacillen!).
2. Das Blut.
3. Pestpusteln bei Hautpest oder Gewebssaft der Karbunkel.

B. Bei der Leiche.

1. Gewebssaft der Milz.
2. Aus Mund und Nase hervorgequollene Flüssigkeit.
3. Pusteln und Furunkeln der Haut.
4. Drüsensaft.
5. Blut.
6. Herdförmige Erkrankungen der inneren Organe, insbesondere bronchopneumonische Herde in den Lungen.

C. Pestverdächtige Tierkadaver.

Bei verfaulten Kadavern ist die bakteriologische Diagnose mit großen Schwierigkeiten verknüpft. Da die Pest durch die Ratten der Schiffe verschleppt wird, sind alle toten Ratten, die auf Schiffen, welche aus Pestgegenden kommen, gefunden werden, auf Pestbacillen hin zu untersuchen.

Man begegnet in Rattenkadavern pestverdächtigen Stäbchen, „pestähnlichen Bacillen", die teils nur Saprophyten, teils aber auch pathogen für Versuchstiere sind und öfters den Nachweis durch Kultur und Tierversuch erschweren, ja selbst bei typischem Sektionsbefund und bei gleichzeitiger Anwesenheit des Pesterregers den letzteren vollständig überwuchern können. Hierher gehören Bakterien aus der Gruppe des GÄRTNERschen Bacillus enteritidis, der Kapselbacillen, der Gruppe der hämorrhagischen Septicämie, vor allem der Bac. pseudotuberculos. rodentium, der so nahe mit dem Pestbacillus verwandt ist, daß selbst Immunitätsreaktionen nicht immer eine ganz scharfe Scheidung zulassen. In diesem Falle ist noch Klarheit zu erzielen:

a) durch subcutane Impfung oder Verreibung von Organsäften auf der rasierten Bauchhaut des Meerschweinchens;

b) durch die Thermopräcipitation nach ASCOLI.

Zur Entnahme und zum Versand pestverdächtigen Materials ist noch das Folgende zu sagen:

Vom Lebenden wird nach gründlicher Reinigung der Haut aus einer geschwollenen Drüse Drüsensaft entnommen und mehrere Deckglasausstriche angefertigt. Ebenfalls sind mehrere Blutausstrichpräparate einzusenden. Lungenauswurf und Urin werden in starkwandige Gefäße gefüllt. Von der Leiche genügt meistens die Entnahme einer geschwollenen Lymphdrüse, eines wallnußgroßen Stückes Milz und 10 bis 20 ccm Blut aus der Vena jugularis. Bei Verdacht auf Lungenpest sind auch erkrankte oder verdächtige Lungenteile einzuschicken. Bei Verpackung und Versand sind die gleichen Maßnahmen wie bei der Cholera zu treffen.

Zur Serologie ist zu erwähnen, daß die spezifische Diagnose der Pestbacillen mit Hilfe agglutinierender Sera gut möglich ist. Der Titer dieser agglutinierenden Sera ist meist nicht sehr hoch. Auch die Ansetzung der WIDALschen Reaktion ist zur Feststellung genesender und abgelaufener Pestfälle in den Verdünnungen 1:1, 1:2, 1:5 und 1:10 erforderlich. Der positive Ausfall spricht mit größter Wahrscheinlichkeit für Pest, ein negativer Ausfall spricht allerdings nicht gegen Pest.

Nach den amtlichen Anweisungen ist der diagnostische Tierversuch an Meerschweinchen und Ratten folgendermaßen auszuführen:

„Die Impfung (bei Ratten) geschieht durch Einspritzung von Gewebssaft unter die Haut oder Einbringung eines Stückchens des verdächtigen Materials in eine Hauttasche unter aseptischen Kautelen. Bei stark verunreinigtem Untersuchungsmaterial ist daneben die Verimpfung auf die unverletzte Conjunctiva und die Verfütterung vorzunehmen. Neben den Ratten können auch Meerschweinchen benutzt werden. Die Impfung derselben geschieht am besten durch Einreiben des zu untersuchenden Materials auf die rasierte Bauchhaut."

Diese Tierversuche werden zweckmäßigerweise durch die oben von uns erwähnten anderen ergänzt, wie den Schwanzwurzelstich bei der Ratte und die percutane Impfung beim Meerschweinchen. Bei der Ratte führt die Impfung in der Regel zu einer in 2—3 Tagen tödlich endigenden Pestinfektion. Die Gewebe und die regionären Lymphdrüsen sind dann ödematös hämorrhagisch durchtränkt, die Drüsen stark geschwollen, die Milz dunkelrot und vergrößert, Leber und Lunge sehr blutreich. Ähnlich sind die anatomischen Veränderungen beim Meerschweinchen. Den Schlußteil der Diagnose bildet die Prüfung der Agarkulturen mit einem agglutinierenden Pestserum, das am besten vom Pferd gewonnen wird und das das sicherste Identifizierungsmittel für die Pestbacillen ist. Die orientierende Agglutinationsprobe dient zur Auswahl der verdächtigen Kolonien, während die quantitative Agglutinationsprüfung der aus Einzelkolonien gewonnenen 48stündigen Reinkultur entscheidend ist. Sie muß annähernd bis zur Titergrenze des Serums positiv makroskopisch sichtbare Häufchenbildung erkennen lassen bei negativem Ausfall der Kontrollproben. Bei schwer agglutinablen Stämmen kann die Komplementbindung zur Identifizierung herangezogen werden.

Ausgehend von der Tatsache, daß nach einmaligem Überstehen der Pest meist (aber durchaus nicht immer!) eine ziemlich vollständige Immunität gegen Neuinfektionen zurückbleibt und Reinfektionen selten sind, hatte bekanntlich HAFFKINE die aktive Immunisierung des Menschen mittels abgetöteter Pestkulturen gelehrt.

Im Gegensatz zu der ursprünglichen HAFFKINEschen Methode der Züchtung von Massenkulturen in Bouillon wird man der Züchtung auf Agaroberflächenkulturen den Vorzug geben, weil hier die spezifischen Schutzstoffe allein ohne die in älteren Kulturen gebildeten sekundären Giftstoffe gewonnen werden können und die Abwesenheit von bakteriellen Verunreinigungen (Tetanus!) ungleich besser gewährleistet werden kann. Die Pestkulturen sind zwecks Herstellung des Impfstoffes 1 Stunde bei 68° C im Wasserbad zu erhitzen und der Schutzstoff mit 0,5% Phenol zu versetzen. Die Sterilität ist nicht nur durch Kulturverfahren, sondern stets auch durch den negativen Ausfall des Tierversuchs zu garantieren. Wenn auch die Schutzimpfung keinen absoluten Schutz gegen die Infektionen bietet, so ist doch eine Herabsetzung der Letalität und ein leichterer Verlauf der Erkrankung gewährleistet. Der Impfschutz dauert allerdings nur einige Monate. Man wird daher in großen Epidemien von Bubonenpest das HAFFKINEsche Verfahren neben den hygienischen Maßnahmen, die immer in erster Linie für die Bekämpfung und Verhütung der Seuche in Betracht kommen müssen, in Anwendung bringen, insbesondere für den Schutz solcher Personen, die sich täglich der Infektionsgefahr aussetzen, z. B. von Ärzten und Desinfektoren in verseuchten Distrikten, Laboratoriumsdienern usw. Für Personen, die sich vorübergehend der Infektion aussetzen, kommt eventuell die passive Immunisierung und zwar in Form einer prophylaktischen Injektion von Pestserum in Betracht.

Die spezifische Prophylaxe ist in der passiven Immunisierung durch subcutane Injektion von 10—20 ccm Antipestserum gegeben (kurzdauernder Schutz) sowie in der aktiven Immunisierung mit Pestimpfstoffen. Bei rasch und nachhaltig notwendigem Impfschutz kann die passive Serum- mit der aktiven Immunisierung kombiniert werden. Die spezifische Behandlung erfolgt mit antiinfektiösem Pestserum. Es ist möglichst intravenös, sonst intramuskulär in größeren Mengen von

täglich etwa 60—100 ccm zu geben. Die frühzeitige Anwendung in den
ersten Krankheitstagen ist erforderlich, wenn man überhaupt Erfolge
vom Serum erwarten darf. Bei Lungenpest ist auch vom Serum kaum
ein Erfolg zu erwarten.

Die Bekämpfung der Pest hat in Deutschland eine besondere Bedeutung in
den Hafenorten, wo nach den gesetzlichen Bestimmungen eine Untersuchung aller
pestverdächtigen Schiffsratten in Betracht kommt. Bei der Bekämpfung, Diagnose,
bei dem Versand pestverdächtigen Untersuchungsmaterials sind die reichsgesetz-
lichen Bestimmungen genauestens zu beachten. Es sei auf die verschiedensten
Anweisungen zur Bekämpfung der Pest und auf die Merkblätter hinsichtlich der
Belehrung für Ärzteschaft und Laien sowie auf die besonderen Vorschriften über
die Rattenbekämpfung ausdrücklich verwiesen.

Schrifttum.

DIEUDONNÉ u. OTTO: Handbuch der pathogenen Mikroorganismen, 3. Aufl.
Bd. 4, S. 179. 1928. — HETSCH: Neue dtsch. Klin. 8, 765 (1931). — KÜSTER:
Zbl. Bakter. 117, 4, 33 (1930). — SONNENSCHEIN, C.: In M. GUNDEL: Die an-
steckenden Krankheiten. Leipzig: G. Thieme 1935. — Anweisung zur Bekämpfung
der Pest. Bundesrat vom 3. 7. 1902. Berlin: Julius Springer. — Anweisung des
Bundesrates zur Bekämpfung der Pest. Berlin: R. Schoetz 1905. — Gesetze über das
Internationale Sanitätsabkommen vom 18. 3. 1903. Berlin W 9: Deckers. — Die
Rattenvertilgung. Berlin: Julius Springer 1918. — Verordnungen über die gesund-
heitliche Behandlung der Seeschiffe in den deutschen Häfen vom 21. 12. 1931.
Berlin: Reichsdruckerei.

b) Bacillus septicaemiae haemorrhagicae (Pasteurella-Gruppe).

Zahlreiche unter dem Bilde der hämorrhagischen Septicämie verlaufende Seuchen werden unter der Bezeichnung Pasteurellosen zusammengefaßt, die in der Veterinärmedizin eine große Rolle spielen
und die sehr wahrscheinlich durch einen einheitlichen, bei den verschiedenen Tierseuchen aber in einzelnen Rassen oder Typen vorliegenden
Erreger bedingt werden. In diese Gruppe der Pasteurellosen gehören
die Geflügelcholera, die Pasteurellose der Kaninchen, die Wild- und
Rinderseuche (mit Einschluß der septischen Pleuropneumonie der
Kälber, der entsprechenden Krankheiten der Renntiere und Dromedare
sowie der Büffelseuche), die Pasteurellose der Schafe und der Schweine.
In diese Gruppe sind ferner einzubeziehen die in den Tierställen der
Laboratorien immer wieder auftretenden Pasteurella-Infektionen der
Meerschweinchen und Kaninchen. Ihre pathogene Bedeutung für den
Menschen ist immer noch unzureichend geklärt. Nach Mitteilungen der
letzten Jahre will es aber scheinen, daß diese Erreger gelegentlich schwere,
ja tödlich endigende Erkrankungen beim Menschen bedingen können. Die
Erreger bei den einzelnen Tierkrankheiten tragen trotz ihrer weitgehenden
Übereinstimmung verschiedene Namen, wie z. B. die Pasteurella avi-
septica als Erreger der Geflügelcholera, cuniseptica als Erreger der
Kaninchenpasteurellosen, oviseptica als Erreger der Pasteurellose der
Schafe usw.

Es handelt sich durchweg um sehr kurze Stäbchen ohne Sporen und
ohne Geißeln, die in Kulturen so klein sein können, daß sie mit Kokken
zu verwechseln sind. Die Polfärbung ist in Ausstrichpräparaten aus
dem Tierkörper besonders deutlich. Sie färben sich mit den üblichen
Farblösungen und sind gramnegativ. Ihr Wachstum auf den üblichen

Nährböden ist zart, kann aber durch Blutzusätze zu den Nährmedien verbessert werden. Auf Agar wachsen sie in tautropfenartigen zarten Kolonien, auf Gelatine in kleinen, weißlichen, transparenten Kolonien mit glänzender Oberfläche. In Dextrose, Mannit, Saccharose und Xylose erfolgt Säure-, aber keine Gasbildung. Gelatine wird nicht verflüssigt, Milch wird nicht zur Gerinnung gebracht, Indol und Schwefelwasserstoff werden gebildet. Die Widerstandskraft dieser Keime ist nicht groß. Differentialdiagnostisch ist ihre Abgrenzung wichtig vom Pestbacillus und dem Bacillus pseudotuberculosis rodentium.

Ihr Nachweis beim kranken Tier gelingt leicht. Sie sind Erreger echter Septicämien, vermehren sich hauptsächlich im Blut und können schon im Blut mikroskopisch, stets aber durch die Kultur nachgewiesen werden. Bei den verendeten Tieren finden sie sich in großen Mengen im Blut und in allen Organen. Der Infektionsstoff wird vornehmlich durch den Kot der kranken Tiere weiterverbreitet. Er wird schnell und weit ausgestreut und gelangt mit dem Futter in den Magendarmkanal der gesunden Tiere.

Praktisch am wichtigsten von diesen Infektionen ist die Geflügelcholera, die unter Hühnern, Enten, Tauben usw. in weiter Verbreitung auftreten kann und gelegentlich auch in größeren Epizootien vorkommt.

Zur Bekämpfung der Seuche wendet man neuerdings in immer größerem Umfange die kombinierte Immunisierung an, bei der die Seruminjektion mit der durch sie bewirkten passiven Immunität und ihrem kurzdauernden Schutz durch die nachfolgende Einspritzung abgeschwächter Kulturen in eine langdauernde aktive Immunität übergeführt wird. Dieses Verfahren leistet bei der weitverbreiteten und wirtschaftlich bedeutungsvollen Geflügelcholera schon ausgezeichnete Dienste.

Schrifttum.

HUTYRA, VON, J. MAREK u. R. MANNINGER: Spezielle Therapie und Pathologie der Haustiere. Jena: G. Fischer 1938. — HUTYRA, VON, MANNINGER u. GLÄSSER: Handbuch der pathogenen Mikroorganismen, 3. Aufl. Bd. 6, S. 483, 529, 835. 1929.

c) Bacterium tularense.

Das durch diesen Krankheitserreger bedingte Krankheitsbild der Tularämie tritt wie die Pest in manchen Ländern als eine endemisch verbreitete Zoonose bestimmter Nagetiere auf, wie der Hasen, Wildkaninchen, Erdhörnchen, Bisamratten, Ratten usw. Der Krankheitserreger hat seinen Namen von dem ersten Fundbezirk in Kalifornien (tulare county).

Das Bacterium tularense ist ein kleiner, aerober, gramnegativer, sporenloser und unbeweglicher Kokkobacillus, der zu den kleinsten Bakterienarten gehört und auch gewisse serologische Beziehungen zu den Brucellen besitzt. Auf dem Traubenzucker und Cystin enthaltendem Serum-Agar von FRANCIS läßt er sich gut züchten, während er auf gewöhnlichem Blutagar nur sehr spärlich wächst Wichtig ist die Beachtung der Tatsache, daß die Erstkulturen nur sehr langsam angehen, oft erst nach 6—7 Tagen. Er verlangt reichlich Sauerstoffzutritt, ebenso wie der ihm nahestehende Pesterreger. Er wächst bei 37^0 C, p_H 6,8—7,3, vergärt Glucose, Lävulose, Maltose und Glycerin unter Säure-, aber ohne Gasbildung. Auf Agar, Gelatine, in Bouillon und Milch wächst er nicht. Es empfiehlt sich in erster Linie die Heranziehung des von FRANCIS angegebenen Blut-Traubenzucker-Cystinagars, der durch Zusatz von 0,1% Cystin und 1% Traubenzucker zu gewöhnlichem Fleischwasserpeptonagar (1% Pepton, $1^1/_2$% Agar, 0,5% Kochsalz; p_H 7,3) und Zusatz von 5—10% defibrinierten Kaninchenblut erhalten wird. Günstig ist auch sein Wachstum auf koagulierter Eidotterlösung (60 Teile Eidotter, 40 Teile physiologische Kochsalzlösung; $1^1/_2$stündiges Erhitzen bei 73⁰ C). Zur serologischen Identifizierung fraglicher Kulturen sind diese auf blutfreien Nährböden anzulegen, etwa den Nährböden von FRANCIS ohne Kaninchenblutzusatz.

Beim erkrankten Menschen treten im Blut etwa von der 2. Woche ab regelmäßig Agglutinine auf, die bei Verwendung einwandfreien Antigens gut und regelmäßig nachgewiesen werden können. Zur Anstellung der WIDALschen Reaktion verwendet man zweckmäßigerweise mit 0,1% Formalin versetzte Bakterienaufschwemmungen. Die Ablesung erfolgt nach $2^1/_2$—3 Stunden Aufenthalt bei 37⁰ C mit nachfolgendem Stehenlassen bei Zimmertemperatur und erneutem Ablesen am anderen Tage. Wegen der verwandtschaftlichen Beziehungen zur Brucellagruppe und der *übergreifenden* Agglutination mit Brucella melitensis und abortus BANG ist gegebenenfalls die Differenzierung durch den Absättigungsversuch nach CASTELLANI erforderlich. Werden Tularensissera mit melitensis- oder abortus BANG-Bacillen abgesättigt, dann agglutinieren sie noch Tularensisbacillen, während die Absättigung der Tularensissera mit Tularensisbacillen eine Entfernung der Agglutinine zur Folge hat.

Zur Diagnose ist ferner der Tierversuch am Meerschweinchen heranzuziehen, das nach Verimpfung von virulentem Material (subcutan oder percutan mit Einreibung in die rasierte Haut) nach 2—6 Tagen mit lokalen Läsionen an der Impfstelle, entzündlicher Schwellung der regionären Drüsen, mit Fieber, Freßunlust usw. erkrankt und nach 8 bis 14 Tagen verendet. Milz und Leber sind vergrößert und mit weißlichen Knoten durchsetzt, wie auch die Krankheitserscheinungen der lokalen Prozesse ähnlich der Pseudotuberkulose sind. Ferner sind die Nebennieren vergrößert und hyperämisch sowie die regionären Drüsen vergrößert und käsig-nekrotisch. Bei der Tularämie der wildlebenden Nagetiere handelt es sich entweder um eine rasch tödlich verlaufende Septicämie mit Schwellung der Lymphknoten und der Milz, oder, und zwar häufiger, um eine sich langsam entwickelnde Erkrankung mit Abmagerung und Entkräftigung der Tiere, mit Schwellung und Verkäsung der Lymphknoten, entzündlich nekrotischen Herdchen in der Leber, Milz, in den Lungen usw.

Beim Menschen verläuft die Erkrankung weniger akut als subakut bis chronisch. Todesfälle sind verhältnismäßig selten. Nach langsam einsetzenden Allgemeinerscheinungen tritt eine entzündliche Schwellung der regionären Drüsen (Achsel-Halsdrüsen) auf, die zu Vereiterung und Durchbruch führen kann. An der Infektionsstelle kann ein Primäraffekt entstehen, der sich zu einem Geschwür entwickelt. Es treten gelegentlich auch Fälle typhusartigen Charakters auf, die ohne Entzündung von Drüsen und ohne Primäraffekt verlaufen können. Die bei den Nagetieren vorkommende Bakteriämie kann durch Insektenstich, durch Biß von Zecken sowie beim Abfellen und Ausweiden erkrankter oder verendeter Tiere auf den Menschen übertragen werden. Bei dieser Arbeit kommt die Infektion in erster Linie durch Hautwunden oder durch Einbringen des infektiösen Materials auf die

Augenbindehaut zustande. Bei Tierversuchen und überhaupt bei der Arbeit im Laboratorium ist größte Vorsicht geboten. Durch einen Ministerialerlaß sind für das Arbeiten mit dem Erreger der Tularämie strenge Sonderbestimmungen angeordnet worden.

Die Diagnose bietet keine besonderen Schwierigkeiten. Für den Gang der Untersuchung sind neben den klinischen Erscheinungen und der Anamnese die Untersuchung des Serums und die Isolierung des Erregers erforderlich. Die Züchtung des Erregers erfolgt durch Verimpfung von Blut, Material vom Primäraffekt und von Drüsen auf Meerschweinchen, die direkten Kulturen des Untersuchungsmaterials sowie die nachfolgenden Kulturen aus Drüsen oder Milz des Versuchstieres. Die Krankheit verdient insofern besonderes Interesse, als sie, in Nordamerika erstmalig festgestellt, neuerdings auch in den nordischen Ländern, in Österreich, in der Tschechoslowakei, in Rußland beobachtet und wahrscheinlich auch schon in einzelnen Fällen in Deutschland aufgetreten ist. Sie ist seit dem 1. I. 1939 meldepflichtig.

Schrifttum.

FRANCIS: Handbuch der pathogenen Mikroorganismen, 3. Aufl. Bd. 6, S. 207. 1928. — POPPE: Dtsch. med. Wschr. 1937, 1008. — SONNENSCHEIN: Neue dtsch. Klin., Erg.-Bd. 1, 367 (1933).

8. Gruppe der hämoglobinophilen Bacillen.

Diese natürliche Gruppe umfaßt einige Arten von Krankheitserregern, die als gemeinsame Merkmale neben ihrer Kleinheit und Unbeweglichkeit und ihrem gramnegativen Verhalten besonders die Eigentümlichkeit aufweisen, in Kulturen nur auf hämoglobinhaltigen Nährböden zu wachsen.

a) Der Influenza-Bacillus.

Der im Jahre 1891 von R. PFEIFFER entdeckte Influenzabacillus ist einer der kleinsten pathogenen Bacillen. Er ist unbeweglich und gramnegativ, seine Färbung erfolgt am besten mit 10—20fach verdünnter ZIEHLscher Carbolfuchsinlösung. Außer in der Kokkobacillenform kommen die Influenzabacillen allerdings auch in deutlicher Stäbchenform mit Neigung zur Bildung kurzer Fäden vor, deren Auftreten zur Einteilung verschiedener Typen Veranlassung gegeben hat, denen aber keine praktische Bedeutung mehr beizumessen ist. Die Züchtung des Influenzabacillus gelingt nur bei Vorhandensein gewisser fördernder Substanzen, da auf gewöhnlichem Agar kein Wachstum eintritt. Auf bluthaltigen Nährböden wachsen sie in Form kleiner tautropfenähnlicher Kolonien, die allerdings in der Erstkultur auch gelegentlich ein schlechtes Wachstum zeigen können. Von Bedeutung für die Diagnose der Influenzabacillen ist das sog. Ammenphänomen. Impft man beispielsweise Influenzabacillen in mehreren Strichen über eine Blutplatte und streicht senkrecht dazu Sarcinen oder Staphylokokken über die Platte, dann erfolgt ein üppiges Wachstum der Influenzabacillen nur an den Schnittflächen der Impfstriche.

Zu ihrem Wachstum benötigen die Influenzabacillen in der Kultur außer anderen Substanzen offenbar eine vitaminartige, thermolabile Substanz, die im Blut und in anderen tierischen und pflanzlichen Säften vorhanden ist und eine thermostabile, biochemisch im Hämoglobin vorliegende Substanz. Das gute Wachstum der Influenzabacillen auf dem LEVINTHAL-Agar beruht wahrscheinlich auf seinem Gehalt an diesen beiden Substanzen.

Auf LEVINTHAL-Agar wachsen sie in glatten, gewölbten, klaren Kolonien, die die Diagnose sehr erleichtern.

LEVINTHAL-*Agar:* Etwa 1,5% Agar wird verflüssigt, auf 60—70⁰ C abgekühlt und mit 5% defibriniertem Pferdeblut unter Schütteln langsam versetzt. Dann gelangt der Nährboden in einen Dampftopf, bei 1 l für 8 Minuten, bei 2 l für 10 Minuten und bei 3 l für 15 Minuten. Dann wird das Blutagargemisch durch ein im Heißluftschrank sterilisiertes Wattefilter filtriert, der durchfließende Agar in Röhrchen abgefüllt und erstarren gelassen.

Die Widerstandsfähigkeit der Influenzabacillen gegen äußere Einflüsse ist gering. In angetrocknetem Zustande gehen sie schnell zugrunde. Über ihre Giftbildung liegen eindeutige Angaben nicht vor, man muß mit dem Vorliegen von Endotoxinen rechnen.

Der Influenzabacillus ist im allgemeinen ein wenig virulenter, auf den Schleimhäuten in Nasen und Rachen vieler Menschen sich findender Keim, der allerdings gelegentlich auch hochpathogene Eigenschaften annehmen kann. Beim Influenzakranken lassen sie sich

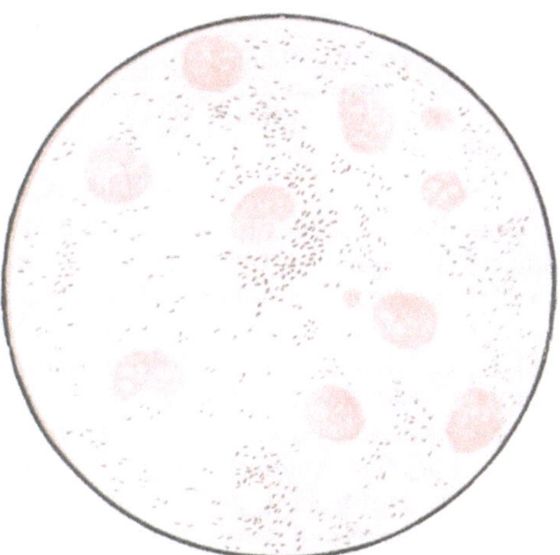

Abb. 33. Influenzabacillen im Rachenschleim. Färbung mit verd. Carbolfuchsin. (Vergr. 1:500.)

im Sekret des Nasenrachenraumes und im Auswurf unter Umständen in großer Menge nachweisen, ohne daß aber sicheres über ihre pathogenen Eigenschaften damit gesagt werden kann. Die Frage nach der Ätiologie der Grippe, jener pandemisch auftretenden Seuche, ist immer noch nicht sicher geklärt, wenn man auch neuerdings mehr der Auffassung zuneigt, ein ultravisibles Virus für diese furchtbare Seuche verantwortlich zu machen. Als Begleitbakterien bei Bronchopneumonien sind die Influenzabacillen aber sicher ebensowenig gleichgültig, wie als selbständige Entzündungs- und Eitererreger bei stets tödlich endigenden Meningitiden oder bei sonstigen Entzündungsprozessen, in denen sie sich oft zusammen mit Streptokokken oder Pneumokokken finden.

Bei der bakteriologischen Untersuchung ist der Nachweis der Influenzabacillen im Sputum und Rachenabstrich gelegentlich nicht schwierig, wie es die Abb. 33 zeigt, bei der man in großen Mengen die Influenzabacillen als feine Stäbchen erkennt. Bei der Untersuchung von Sputum und Rachenabstrichen ist die mikroskopische Untersuchung durch Färbung des Präparates mittels verdünnter Carbolfurchsinlösung notwendig. Für die Kulturdiagnose werden am besten gewaschene Flocken auf LEVINTHAL-Platten sowie auf Agar- und Blutplatten ausgestrichen. Es empfiehlt sich ferner, die Anlegung eines Tierversuchs durch intraperitoneale Injektion einer Schleimflocke bei der weißen Maus.

Die Untersuchung von Eiter und Lumbalpunktat sieht neben dem direkten Präparat die Kultur auf Optimalnährböden vor. Die serologische Identifizierung verdächtiger Stämme hat bisher ebensowenig eine größere praktische Bedeutung gewonnen wie die Anstellung der WIDALschen Reaktion mit Patientenserum.

Auch bei Pferden, Rindern, Schafen und Ziegen usw. treten Influenzaerkrankungen auf, die unzweifelhaft durch ein ultravisibles Virus hervorgerufen werden und deren Besprechung im Teil F, V erfolgt.

Schrifttum.

LÖWENTHAL: Handbuch der pathogenen Mikroorganismen, 3. Aufl. Bd. 5, S. 1271. 1928. — SCHMIDT u. KAIRIES: Neue Studien zum Problem der Influenza bei Mensch und Tier. Stuttgart 1936.

b) Bacillus KOCH-WEEKS.

Der Bacillus conjunctivitidis ist der Erreger einer weitverbreiteten akuten Bindehautentzündung von meist gutartigem Verlauf. Diese spezifische Augenbindehautentzündung wurde zuerst von ROBERT KOCH in Ägypten festgestellt, später von WEEKS in Amerika näher studiert und tritt auf der ganzen Erde in ziemlich weiter Verbreitung auf. Der KOCH-WEEKSsche Bacillus zeigt in Form, Größe und Färbbarkeit die gleichen Eigenschaften wie der Influenzabacillus. In den ersten Generationen wächst auch er nur auf hämoglobinhaltigen Nährböden üppig. Sicherlich steht er dem Influenzabacillus sehr nahe, ist aber wahrscheinlich deswegen von ihm abzutrennen, da die durch ihn verursachte Conjunctivitis keine epidemiologischen Zusammenhänge mit der Influenza aufweist. Übrigens ist er auch länger und schlanker als der Influenzabacillus und gedeiht im Gegensatz zu ihm recht gut schon auf Serum- und Blutagar. In der Tierpathogenität bestehen insofern Unterschiede, als ihm jede pathogene oder toxische Wirkung bei Affen, Kaninchen, Meerschweinchen und Mäusen fehlt. Seine ursächliche Bedeutung für die ihm zugeschriebene Conjunctivitis ist durch den positiven Ausfall von Übertragungsversuchen auf den Menschen sichergestellt.

In Ausstrichpräparaten finden sich in typischen Fällen zahlreiche, feine, gramnegative Stäbchen, teils frei im Sekret, teils innerhalb von Leukocyten. Zur Anlage der Kultur entnimmt man das Sekret direkt oder legt einen Seidenfaden in den inneren Winkel des unteren Augenlides, läßt ihn sich vollsaugen und streicht ihn dann auf Platten aus.

Schrifttum.

AXENFELD: Handbuch der pathogenen Mikroorganismen, 3. Aufl. Bd. 6, S. 284. 1930. — KNORR: Zbl. Bakter. **92**, 371, 385 (1924).

c) Bacillus pertussis.

BORDET und GENGOU fanden im Jahre 1900 im Auswurf keuchhustenkranker Kinder neben influenzaähnlichen Bacillen kleine, ovoide, fast kokkenähnliche Stäbchen mit abgerundeten Ecken, die im Stadium catarrhale extracellulär und im Stadium convulsivum oft intracellulär gelagert sind und eine mehr oder minder deutliche Polfärbung aufweisen. Nachdem die Frage ihrer ätiologischen Bedeutung längere Zeit unsicher war, erscheint sie nach den letzten Untersuchungen von

M. Gundel, W. Keller und W. Schlüter u. a. im Sinne des Keuchhustenbacillus
entschieden zu sein.

Es handelt sich um unbewegliche, geißellose, kleine, kokkoide Stäbchen, die weder Kapseln noch Sporen bilden. Sie sind mit den gebräuchlichen Farblösungen leicht, wenn auch nicht gleichmäßig und intensiv färbbar. Der Gramfärbung gegenüber verhalten sie sich negativ. Der früher viel geübten differentialdiagnostischen Färbung mit Carboltoluidinblau, bei der sich die Keuchhustenbacillen nicht wie die übrigen Bakterien im Sputum blau, sondern lila färben und deutliche Polfärbung aufweisen, glauben wir nicht mehr die frühere Bedeutung beimessen zu können.

Der Keuchhustenerreger ist ausgesprochen hämoglobinophil, d. h. seine Züchtung gelingt anfangs nur auf Nährböden mit Blutzusatz. Bei längerer Fortzüchtung gewöhnt er sich aber auch an Ascites-, Glycerin- und Traubenzuckeragar. Für die Erstzüchtung verwendet man vorteilhaft den Nährboden nach Bordet und Gengou, einen Kartoffel-Glycerin-Extrakt-Blutagar. Uns liefern günstige Ergebnisse auch ein 25% Vollblutagar mit einem Zusatz von 1 oder 2% Traubenzucker.

Kartoffel-Glycerin-Extrakt-Blutagar nach Bordet: 500 g Kartoffel, 40 g Glycerin, Aq. dest. 100 ccm. Die geschälten Kartoffeln werden in Stücke geschnitten und mit Glycerin und Wasser zusammen gekocht. Der Brei wird durch ein Tuch geseiht. Dann werden 1 Teil Kartoffelbreiextrakt, 2 Teile Bouillon, 1 Teil physiologische Kochsalzlösung mit 3—4% Agar $\frac{1}{2}$ Stunde im Autoklaven bei 108° C oder 2 Stunden im Dampftopf gekocht, in Kolben abgefüllt und an 3 aufeinanderfolgenden Tagen je 3 Stunden im Dampftopf sterilisiert. Dieser Kartoffelagar ist längere Zeit haltbar. Bei Bedarf wird er wieder verflüssigt, auf 50—60° C abgekühlt und dann die gleiche Menge defibrinierten Kaninchenblutes hinzugegeben. Man kann aber auch Rinder- oder Pferdeblut verwenden.

Das Wachstum der Keuchhustenbacillen ist auf diesen Nährböden günstig, wenn auch nur langsam. Bei der Erstkultur treten oft erst am 2. Tage zarte Kolonien auf, die allmählich größer werden und wie Quecksilbertropfen aussehen. Es bewährt sich gut die Heranziehung des Plattenmikroskops nach Zeissler, das insbesondere eine leichtere Unterscheidung der Keuchhusten- von den Influenzabacillenkolonien gestattet. Durch die Heranziehung bestimmter Nährböden, des Kartoffel-Glycerin-Vollblutagars, des 50% Vollblutagars, des 25% Vollblutagars mit Zusatz von 1 oder 2% Traubenzucker sowie des Levinthal-Agars oder Taubenblutagars, ist eine einwandfreie Differentialdiagnose von Influenza- und Keuchhustenbacillen möglich. Die Art des Wachstums, die Form der Kolonien, die Nährbodenansprüche sind bei beiden Bakterienarten verschieden. Die bisher in der Literatur immer wieder hervorgehobenen großen Schwierigkeiten der bakteriologischen Diagnose des Erregers und der Differentialdiagnose gegenüber Influenzabacillen bestehen nicht mehr. Dies gilt insbesondere auch für die Auffassung, daß weder morphologisch noch kulturell oder serologisch eine sichere Unterscheidung zwischen beiden Arten durchführbar wäre. Die Untersuchungen von M. Gundel und W. Schlüter haben gezeigt, daß die Diagnose des Keuchhustenbacillus und seine Unterscheidung von Influenzabacillen oft bereits durch morphologische Untersuchungen gelingt, stets aber auf kulturellem Wege bei Heranziehung optimaler, für beide Bakterienarten auszuwählender Nährböden, stets nach intracutaner

19*

Injektion ausreichender Mengen lebender Bacillen durch Prüfung des gewebsbiologischen Verhaltens beim Versuchstier sowie stets auf serologischem Wege mit Hilfe der Komplementbindungsreaktion.

Serologische Untersuchungen haben inzwischen auch den Wert der Serodiagnose zweifelsfrei erwiesen. Im Blut der Erkrankten, wenn von den jungen Säuglingen abgesehen wird, treten in der Regel Agglutinine auf. Ihr Nachweis stößt aber wegen der schwankenden Agglutinabilität der Keuchhustenstämme auf Schwierigkeiten. Viel günstiger erwies sich die Komplementbindungsreaktion, die sich in ihrer Spezifität bereits auch für die Praxis als wichtig erwiesen hat. Bei Verwendung geeigneten Antigens, z. B. von den Behring-Werken der I.G. Farbenindustrie, ist die Komplementbindungsreaktion von hohem diagnostischen Wert und weitgehender Spezifität.

Hinsichtlich des Ganges der Untersuchung ist entweder die mikroskopische und kulturelle Prüfung mit der Öse herausgenommener Sputumflocken nach wiederholter Waschung in Kochsalzlösung zu empfehlen, noch besser aber sind die Ergebnisse durch Anwendung der Hustenplatte. Zur Technik dieses Verfahrens sei empfohlen, eine Schale mit Nährsubstrat (Kartoffel-Glycerin-Blutagar oder Vollblut-Traubenzuckeragar) während des Hustenanfalles etwa 10 cm vor dem Mund des Kindes zu halten. Die durch Tröpfcheninfektion infizierte Schale wird für die Dauer von 2—4 Tagen in den Brutschrank gestellt. Bei einiger Übung gelingt es leicht, unter Heranziehung des Plattenmikroskops die durchaus charakteristischen Kolonien des Keuchhustenbacillus zu diagnostizieren. Bei Frühuntersuchungen gelingt der Nachweis der Keuchhustenbacillen so gut wie immer. Bei den zahlreichen unklaren klinischen Fällen sei ferner die Untersuchung des Serums mit Hilfe der Komplementbindungsreaktion zur Feststellung von Antikörpern angeraten.

Die Widerstandsfähigkeit der Keuchhustenbacillen gegen äußere Einflüsse ist gering. Die vorsichtig abgetöteten Bacillenleiber üben im Tierversuch durch Endotoxine eine stark entzündungserregende Wirkung aus und können bei reichlicher Einverleibung den Tod der Versuchstiere herbeiführen. Durch intratracheale Impfung der Reinkultur läßt sich bei Affen, Hunden und Katzen ein typischer Keuchhusten hervorrufen. Meerschweinchen gehen nur nach Verwendung großer Dosen bei intraperitonealer Injektion durch Endotoxinwirkung zugrunde. Nach Verimpfung der Bacillen auf das Kaninchenauge erfolgt eine stürmische Reaktion mit starker Trübung der Hornhaut und intensiver Conjunctivitis.

Der Keuchhusten gehört zu den gefährlichsten Kinderkrankheiten und ist in fast allen Gegenden der Welt endemisch. Fast in allen Ländern fordert der Keuchhusten mit seinen Komplikationen unter den Säuglingen mehr Opfer als Masern, Scharlach und Diphtherie zusammen. Die Übertragung erfolgt von Mensch zu Mensch, wobei die Tröpfcheninfektion die Hauptrolle spielt. Die hohe Bedeutung dieser Krankheit auch als Todesursache hat in der letzten Zeit zu vermehrter Arbeit hinsichtlich der spezifischen Bekämpfung geführt. Durch die Anfertigung neuer Impfstoffe aus reinen Keuchhustenbacillenantigenen gelang der Nachweis einer erfolgreichen spezifischen Prophylaxe. In therapeutischer Hinsicht ist die Wirkung dieser Keuchhustenvaccine allerdings gering zu veranschlagen.

Schrifttum.

GUNDEL, M.: Die ansteckenden Krankheiten. Leipzig: Georg Thieme 1935. — GUNDEL, M., W. KELLER u. W. SCHLÜTER: Z. Kinderheilh. 57 (1935). — GUNDEL, M. u. W. SCHLÜTER: Zbl. Bakter. I Orig. 129, 461 (1931). — Z. Immun.forsch. 81, 218 (1934). — SCHLÜTER, W.: Erg. Hyg. 18, 1 (1936). — WILDTGRUBE: Erg. inn. Med. 45, 643 (1933).

9. Schweinerotlauf- und Mäusesepticämie-Bacillen.

Diese Mikroorganismen sind in ihrem morphologischen Verhalten noch der vorigen Gruppe nahestehend, doch unterscheiden sie sich von ihr durch die positive Färbung nach GRAM und ihr charakteristisches Wachstum in Gelatine. Die Rotlaufbacillen sind kleine zarte, unbewegliche, grampositive Stäbchen, die auf allen gebräuchlichen Nährböden schon bei Zimmertemperatur, wenn auch nur langsam und wenig üppig, wachsen. Auf Agar sind es kleine, tautropfenartige Kolonien, während das Wachstum in Bouillon mit geringer Trübung unter Bildung eines grauweißlichen Bodensatzes erfolgt. Die Kulturen in Gelatine zeigen keine Verflüssigung des Nährbodens und bieten durch ihre vom Zentrum ausstrahlenden Ausläufer und ihr lockeres Gefüge ein zierliches Bild, das in Stichkulturen sehr deutlich hervortritt und etwa an eine Gläserbürste erinnert.

Ob der Schweinerotlauf- und Mäusesepticämiebacillus zwei getrennte, wenn auch einander sehr nahestehende Arten darstellen, oder ob der Mäusesepticämiebacillus nur als eine in ihrer Pathogenität für größere Tiere abgeschwächte Varietät des Schweinerotlaufbacillus aufzufassen ist, bleibt noch strittig.

Der Rotlauf des Schweines ist eine durch Exanthem gekennzeichnete Infektionskrankheit, die in der Regel als akute Septicämie verläuft. Die Erreger können gelegentlich beim Menschen von Hautwunden ausgehende, erysipelähnliche und im allgemeinen gutartige Entzündungen hervorrufen. Im Tierversuch ist die außerordentlich starke Vermehrung bemerkenswert, die der Erreger in den kleinsten Gefäßen entfaltet und die zur vollständigen Verstopfung der Gefäße und Erfüllung der Glomerulusschlingen führt. Die grampositiven Bacillen treten hierbei deutlich in Erscheinung.

Der bakteriologische Nachweis der Rotlaufbacillen beim erkrankten Menschen gelingt durch Untersuchung kleiner excidierter Hautstückchen nach Anreicherung in Bouillon. Für die Differentialdiagnose des Schweinerotlaufs hat die bakteriologische Diagnose zwar nur geringe, hingegen große Bedeutung für die Sicherung der Todesursache aus veterinärpolizeilichen und aus wirtschaftlichen Gründen (Entschädigung). Beim verendeten Tiere gelingt der Nachweis der Bacillen auf mikroskopischem Wege im Blut und in den Organausstrichen. Das Kulturverfahren und der Mäuseversuch dienen zur Ergänzung.

Die Maßnahmen zur Bekämpfung des Schweinerotlaufs sind etwa die gleichen wie bei anderen Tierseuchen: Verhütung der Einschleppung aus dem Ausland, unschädliche Beseitigung der Kadaver und der Schlachtabfälle, Desinfektion der Ställe, Schlachtstätten und des Dunges, der Eisenbahnviehwagen, Händlerstallungen usw. Zur Verhütung der Weiterausbreitung kann bei seuchenartigem Auftreten die polizeiliche

Impfung der gefährdeten Bestände angeordnet werden. Die Verhütung des Erysipeloids ist von Wichtigkeit für die Berufskreise, die mit der Pflege, Schlachtung und Weiterverarbeitung von Schweinen oder mit kranken oder toten Tieren beschäftigt sind. Der spezifischen Bekämpfung dient heute im wesentlichen die Schutzimpfung mit Immunserum und Kultur, wobei die geimpften Tiere alsbald nach der Impfung durch das Serum eine passive Immunität erhalten, die durch die gleichzeitig einverleibte Kultur in eine langdauernde aktive umgewandelt wird. Zur Gewinnung eines augenblicklich einsetzenden Schutzes und zur Behandlung dient das Rotlaufserum, das durch Vorbehandlung mit lebenden Rotlaufbacillen vom Pferde gewonnen wird. Diese Serumtherapie hat auch beim akuten Rotlauf des Menschen gute Wirkung und meist Heilung in wenigen Tagen zur Folge.

Schrifttum.

Poppe, K.: in M. Gundel: Die ansteckenden Krankheiten. Leipzig: Georg Thieme 1935. — Preiss, v.: Handbuch der pathogenen Mikroorganismen, 3. Aufl. Bd. 6, S. 449. 1928.

10. Der Diplobacillus Morax-Axenfeld.

Er ist der Erreger einer weitverbreiteten charakteristischen Form von Bindehautentzündung, der im Jahre 1896 fast gleichzeitig und unabhängig voneinander durch Morax und Axenfeld entdeckt wurde. Es handelt sich um ein verhältnismäßig plumpes, 2—3 μ langes, gramnegatives, unbewegliches Stäbchen, das meist zu zweien, aber auch in kurzen Ketten liegt und in seinem morphologischen Verhalten dem Bac. pneumoniae Friedländer ähnelt. Von diesem unterscheidet es sich aber durch sein Verhalten in der künstlichen Kultur, da es nur auf serumhaltigen Nährböden zum Wachstum gebracht werden kann und das erstarrte Blutserum verflüssigt. Im Sekretausstrich finden sich die Stäbchen meist in großer Zahl, teils frei, teils intracellulär. Auf der Löfflerschen Serumplatte erscheinen nach Bebrütung bei 37° C kleine, feuchte, eingesunkene Stellen, die sich bei weiterer Bebrütung vergrößern und vertiefen und schließlich als Folge proteolytischer Vorgänge zu größeren Löchern auswachsen. In Serumbouillon erkennt man eine zarte, diffuse Trübung mit einer Spur Bodensatz. Durch Übertragung der Reinkultur auf die menschliche Bindehaut läßt sich das typische Bild dieser Conjunctivitis erzeugen.

11. Streptobacillus ulceris mollis.

Der weiche Schanker oder Ulcus molle ist schon seit langer Zeit als Geschlechtskrankheit bekannt und wurde früher als identisch mit dem syphilitischen Primäraffekt betrachtet. Richtig ist, daß es sich aber ätiologisch um ein eigenes Krankheitsbild handelt, da das Ulcus molle stets einen streng lokalisierten Prozeß darstellt und höchstens die regionären Lymphdrüsen in Mitleidenschaft zieht.

Der Erreger des Ulcus molle ist ein kleiner, in langen Ketten angeordneter, gramnegativer und unbeweglicher Bacillus, der sowohl in Ausstrichpräparaten aus der Tiefe des Geschwürs als auch in Schnitten von kleinen, vom Rande des Geschwürs excidierten Gewebsstückchen nachweisbar ist und auf Nährböden mit Zusatz von Blutserum oder Ascitesflüssigkeit gezüchtet werden kann. Die Kultur gelingt am besten auf Menschen- oder Kaninchenblutagar. Die Kolonien entsprechen etwa der Größe der Kolonien des Gonococcus oder Influenzabacillus, sind rund, farblos und schleimig glänzend. Sie haben einen glatten oder leicht gezackten Rand, konfluieren nicht und lassen sich auf ihrer Unterlage verschieben. Klatschpräparate zeigen besonders schön die charakteristische Anordnung der Bacillen in langen Ketten. Durch Verimpfung der Kulturen kann bei Menschen und Affen ein typisches Ulcus molle hervorgerufen werden.

Die Diagnose des Ulcus molle ist nach den klinischen Erscheinungen meist leicht zu stellen und kann unschwer durch den Nachweis der Bacillen gesichert werden. Es genügt also für die praktische Diagnose der Nachweis der typisch angeordneten Stäbchenketten im Geschwürmaterial.

12. Die Brucella-Gruppe.

Zwar ist der Name „Brucellosis" noch nicht allgemein bekannt, seine Anwendung empfiehlt sich aber, um die durch nahe miteinander verwandte Krankheitserreger bedingten Infektionen „Maltafieber" und „Banginfektion" zusammenzufassen. Der Erreger des Maltafiebers ist das 1887 von BRUCE entdeckte Bact. melitense, während der Erreger des seuchenhaften Verwerfens der Rinder der 1896 von BANG gefundene Bacillus abortus ist. Auf Grund der überaus engen Beziehungen beider Bakterienarten zueinander werden sie jetzt allgemein in der Gattung „Brucella" zusammengefaßt. Dementsprechend werden die durch die Brucellen hervorgerufenen Krankheitsbilder bei Mensch und Tier als Brucellosen bezeichnet.

Die früher allgemein verbreitete Bezeichnung Maltafieber oder Mittelmeerfieber war nicht zwekmäßig, da sich das Krankheitsbild nicht auf das angegebene Gebiet beschränkt. Wegen des klinischen Verlaufes fand der Name „Febris undulans" größere Verbreitung. Die durch das Bact. abortus bedingten menschlichen Infektionen zeigen ein ähnliches klinisches Bild, so daß man von Febris undulans abortus und Febris undulans melitensis sprechen könnte. Jedoch ist auch diese Bezeichnung deswegen nicht glücklich, da sie nur auf die menschliche Infektion zutrifft, die hierher gehörigen und wichtigen Tierseuchen aber außer Betracht läßt. Diesen Nomenklaturschwierigkeiten entgeht man durch die gemeinsame Verwendung des Namens Brucellosis für die Krankheitszustände bei Mensch und Tier und des Namens Brucella für die Krankheitserreger.

Die Erreger sind kleinste, unbewegliche, gramnegative, oft kokkenähnliche Stäbchen, die auch serologisch untereinander weitgehend ähnlich sind. Die geringe Größe dieser Mikroorganismen geht aus einer Betrachtung der Abb. 34 hervor, in der sich neben den gramnegativen Mikroorganismen der Brucella melitensis die grampositiven Staphylokokken vorfinden. Man unterscheidet bisher 3 Vertreter der Brucellagruppe, nämlich die Brucella melitensis als Erreger des am Mittelmeer heimischen, aber auch in Afrika, in Asien und Amerika vorkommenden undulierenden Fiebers, die Brucella abortus als Erreger des seuchenhaften Verwerfens der Rinder und der vom Rind her auf den Menschen übertragbaren Infektion, die besonders in den nordischen Ländern und in Deutschland eine größere Rolle spielt, sowie die Brucella suis, die eine Schweineseuche hervorruft und die vom Schwein auf den Menschen übertragbar ist. Es handelt sich also um Krankheitserreger, die primär wichtige Tierseuchen bedingen und die wahrscheinlich erst seit verhältnismäßig kurzer Zeit pathogene Eigenschaften für den Menschen haben.

Da sich die Keime während des fieberhaften Stadiums im Blut finden, ist auch die kulturelle Diagnostik zu versuchen, wenn sie auch auf gewisse Schwierigkeiten stößt. Die Brucella melitensis gedeiht bei 37⁰ C bereits auf allen üblichen Nährböden, und zwar im Gegensatz zur Brucella abortus auch in der gewöhnlichen Atmosphäre. Allerdings erfolgt ihr Wachstum langsam. Auf gewöhnlichem Agar treten nach etwa 48 Stunden zarte, kleine, etwas opalescierende, gelblich getönte Kolonien auf. Auf der Blutplatte wachsen sie etwas üppiger. Gelatine wird nicht verflüssigt, in Bouillon erfolgt langsames Wachstum mit Trübung, keine Säurebildung aus Dextrose, Lactose und anderen Zucker-arten. Demgegenüber wächst Brucella abortus auch bei Züchtung aus frischem Material in gewöhnlicher Atmosphäre nicht. Bei herabgeminderter oder sehr hoher Sauerstoffspannung ist hingegen deutliches Wachstum erkennbar. Für den Nachweis der Brucella abortus aus dem strömenden Blut empfiehlt sich vor allem die Züchtung in der Kohlensäureatmosphäre. So wird man von den eingesandten Blutproben den Blutkuchen in 1000 oder 2000 ccm-Kolben mit etwa 60 ccm Bouillon übertragen und darauf in die Luft über der Bouillon für 2—3 Minuten aus einer Bombe

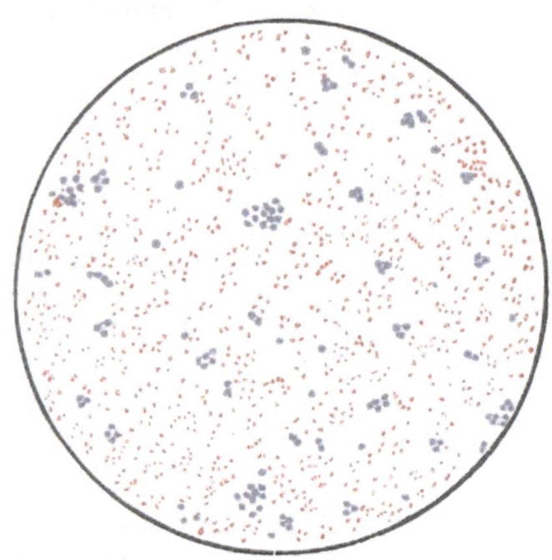

Abb. 34. Brucella melitensis und Staphylokokken. (Gramfärbung.) (Vergr. 1:500.)

CO_2 einleiten. Darauf werden die Kolben mit dem Wattepfropfen schnell verschlossen und diese mit geschmolzenem Paraffin durchtränkt. Nach Bebrütung bei 37⁰ C erfolgt Ausimpfung auf Agar nach 1, 2 und 3 Wochen. Nach längerer Fortzüchtung auf künstlichen Nährböden wächst schließlich die Brucella abortus, wenn auch zart, in gewöhnlicher Atmosphäre. Während die Brucella abortus praktisch nur im strömenden Blut nachgewiesen werden kann, läßt sich die Brucella melitensis oft und reichlich auch in dem Urin nachweisen.

Von großer praktischer Bedeutung ist die serologische Untersuchung. In erster Linie wird die Agglutinationsreaktion durch Untersuchung des Patientenserums zur Diagnose herangezogen. Durchaus bewährt sich auch die Komplementbindungsreaktion, wenn sie auch wegen ihrer Kompliziertheit in der praktischen Arbeit weniger oft angewandt wird. Im Serum der Erkrankten lassen sich spezifische Agglutinine verhältnismäßig regelmäßig nachweisen. Der Titer erreicht oft beträchtliche Höhen. Als beweisend gilt bei Mensch und Tier ein Titer von 1:100. Diese serologische Diagnose ist besonders leicht durchführbar bei der Abortus Banginfektion, während sich die Brucella melitensis durch das Auftreten schlecht agglutinabler oder spontan agglutinabler Stämme auszeichnet. Für die Anstellung der WIDALschen Reaktion ist die Verwendung stets frisch hergestellter Aufschwemmungen von 24 bis

48stündigen Agarkulturen zu empfehlen. Die Ablesung erfolgt nach 2 und 24 Stunden. Zur Diagnose fraglicher Stämme bedient man sich diagnostischer Immunsera, die man durch intravenöse Vorbehandlung von Kaninchen mit abgetöteten Bacillen leicht erhalten kann. Allerdings agglutinieren BANG-Immunsera die Brucella melitensis praktisch in gleicher Weise wie die Brucella abortus. Auch werden die verschiedenen Typen der Brucellagruppe vom Krankenserum meist gleich hoch agglutiniert. Aus der Titerhöhe kann darum eine Differentialdiagnose zwischen Melitensis- und Abortusinfektion nicht gestellt werden. Im Rahmen wissenschaftlicher Studien scheint es allerdings möglich zu sein, durch komplizierte Absättigungsversuche zu einer Diagnose zu gelangen. Im Beginn der Erkrankung kann naturgemäß wie auch sonst die WIDAL-Reaktion noch negativ sein. Ein einmaliger negativer Ausfall im Beginn der Erkrankung ist darum für die Diagnose nicht verwertbar, die Bluteinsendung ist vielmehr von Woche zu Woche zu wiederholen.

Trotz der engen Verwandtschaft aller 3 Brucellatypen stößt vorläufig in Deutschland die Diagnose der Erreger deswegen noch auf keine besonderen Schwierigkeiten, da bei uns als heimische Infektion vorläufig nur die Brucella abortus auftritt. Es sind zwar eine Reihe Differenzierungsmaßnahmen zwischen den einzelnen Typen beschrieben worden, die Methodik ist aber verhältnismäßig kompliziert. So kann man durch die Untersuchung auf Schwefelwasserstoffbildung und durch das Verhalten in Farbstoffnährböden, auf denen die verschiedenen Brucellen von verschiedenen Farbstoffen ungleich stark im Wachstum gehemmt werden, gewisse Ergebnisse erwarten. Bei Verwendung von Leberagar, der mit Methylviolett (1:100000) oder Fuchsin (1:25000) oder Pyronin (1:200000) versetzt ist, werden die Brucella melitensis und abortus in ihrem Wachstum kaum beeinträchtigt, wo hingegen die Brucella suis in ihrer Entwicklung gehemmt wird. Auf Thioninagar (1:30000) tritt hingegen eine Wachstumshemmung bei der Brucella abortus, nicht aber bei den anderen beiden Typen ein. Die Brucella melitensis bildet keinen Schwefelwasserstoff, wohl dagegen die Brucella abortus und die Brucella suis. Die Brucella abortus wächst in den ersten Kulturen nach der Isolierung nur in Nährböden mit einer erhöhten Kohlensäurespannung von etwa 10%, während die anderen beiden Typen in normaler Atmosphäre wachsen.

Der wichtigste Unterschied zwischen den einzelnen Brucellatypen besteht aber in ihrer verschiedenen Infektiosität für Mensch und Tier. Die Melitensiserreger sind beispielsweise außerordentlich infektiös und als Erreger von Laboratoriumsinfektionen besonders gefürchtet, während die Pathogenität der Brucella abortus erst in neuerer Zeit für den Menschen erkannt wurde. Die 3 Typen der Brucellen haben offenbar durch die Anpassung an den Körper ihrer hauptsächlichsten Wirte besondere Eigenschaften angenommen. Die Brucellosen sind in erster Linie nicht Seuchen des Menschen, sondern Seuchen der Haustiere. Die Ausrottung der Tierseuchen würde auch das Ende der menschlichen Erkrankungen bedeuten. Die Melitensis-Brucellosis ist an ihre Verbreitung bei der Ziege und beim Schaf gebunden, die Abortusbrucellosis an die des Rindes und die Suisbrucellosis an die des Schweines.

Die verschiedene geographische Verbreitung der Brucellatypen ist von dem Vorherrschen eines bestimmten Haustieres als Begleiter des Menschen in einem bestimmten Gebiet abhängig. In Deutschland steht von den Brucellosen im Vordergrund die Abortusinfektion des Menschen und der Rinder. Die menschlichen Infektionen kommen in der Regel durch Umgang mit erkrankten Rindern und durch Genuß roher, bangbacillen-infizierter Milch zustande. Bei der tragenden Kuh kommt es zu exsu-dativer nekrotisierender Entzündung der Uterusschleimhaut, die auf das Chorion und die Placenten übergeht. Es kommt zur Abtreibung des Fetus und zu dessen Ausstoßung. Die Tiere scheiden die Bangbacillen mit der Milch aus, was für die menschliche Pathologie von Bedeutung ist, während die Übertragung von Rind zu Rind durch die Infektion von Streu und Futter mittels der Sekrete zustande kommt.

Die menschliche Melitensis-Brucellosis kommt in Deutschland ausschließlich in Form eingeschleppter Erkrankungen vor, da die einheimischen Haustiere nicht von ihr befallen sind. Die Infektion dürfte fast stets auf Auslandsreisen erworben werden. Die Infektion des Schweines durch die Brucella suis ist in Deutschland vorerst sehr selten. Menschliche Infektionen porcinen Ursprungs sind bisher bei uns nicht mit Sicherheit festgestellt worden. Während der wirtschaftliche Schaden der Rinderbrucellosis außerordentlich groß ist und in Deutschland auf mindestens 200 Millionen Reichsmark zu schätzen ist, ist er für die Schweinebrucellosis relativ gering. Sie hat darum ihre Bedeutung vor allem in der Gefährdung des Menschen.

Die Bekämpfung der Seuche liegt im wesentlichen in der Durchführung hygieni-scher Maßnahmen, nachdem die Schutzimpfung durch Impfung mit lebenden Keimen bei Rindern in einem Zeitpunkt, in dem sie keinen Abortus zur Folge haben kann, deswegen bedenklich geworden ist, da durch die Lebendvaccinierung eine Ausscheidung der Brucellen mit der Milch eintreten kann, die wiederum menschliche Erkrankungen nach sich ziehen könnte. Der Seuchenschutz des Menschen ist auf der Verhütung der Übertragung der Krankheit vom Tier aufgebaut. Neben der Aufklärung der Bevölkerung, der Verbesserung der hygienischen und sanitären Verhältnisse auf dem Lande ist die Gesamtbevölkerung durch das Vermeiden des Genusses infizierter Rohmilch und roher Milchprodukte zu schützen, die ihre zentrale Regelung in der Pasteurisierung der Milch findet.

Die Therapie der menschlichen Brucellosis ist eine kombinierte spezifische und chemotherapeutische. Als spezifisches Behandlungsverfahren hat die Vaccine-therapie immer mehr Anhänger gefunden, wobei man sich entweder einer käuflichen polyvalenten Vaccine bedienen kann oder der aus dem eigenen Stamm hergestellten Autovaccine. Als chemotherapeutisch wirksame Stoffe sind Neosalvarsan und Trypaflavin, Silber- und Farbstoffpräparate zu nennen. Neuerdings scheint ins-besondere das Prontosil therapeutisch besonders erfolgversprechend zu sein.

Für die Praxis der bakteriologischen Untersuchung genügt im all-gemeinen von der zweiten Krankheitswoche ab der Nachweis der spezi-fischen Agglutination mittels der WIDALschen Reaktion. Naturgemäß ist aber auch stets die Züchtung des Erregers aus dem Blute zu ver-suchen, wobei man während des Fieberanstiegs einige Kubikzentimeter entnimmt und sie in einen Kolben mit etwa 50 ccm Bouillon überführt. Bei der Brucella abortus ist hierbei die Züchtung in Kohlensäure-atmosphäre durchzuführen. Bei der Brucella melitensis kommt weiterhin die Untersuchung von Urin in Betracht, bei der Brucella abortus neben der Untersuchung von Urinproben insbesondere die Prüfung des Zentri-fugats von Milch und Rahm. Bei tierischem Material ist zu bedenken, daß die Abortus-Bangbacillen vorzugsweise innerhalb der Chorion-epithelzellen in charakteristischen Häufchen liegen. Es sind Ausstrich-präparate aus dem Chorion und vom Uterussekret anzufertigen. Wenn auch nicht oft durchgeführt, so empfiehlt sich ferner der Tierversuch. Bei der Brucella melitensis führt die intravenöse oder intraperitoneale Injektion zu subakuter bis chronischer Allgemeininfektion, bei der sich die Bacillen aus dem Blut und besonders der Milz in Reinkultur gewinnen lassen. Bei der Brucella abortus führt die intraperitoneale Injektion beim Meerschweinchen zu einem charakteristischen Sektionsbefund. Im allgemeinen verläuft die Infektion zwar nicht tödlich, doch ist bei rechtzeitig getöteten Tieren eine starke Milzvergrößerung sowie das Auftreten miliarer und zum Teil verkäster Knötchen in den Organen festzustellen. Zur einwandfreien Diagnose und zum Erhalt einer Reinkultur tötet man die Tiere nach etwa 4—5 Wochen. In der Milz sind dann die Bacillen besonders zahlreich vertreten.

Schrifttum.

HABS, H.: in M. GUNDEL: Die ansteckenden Krankheiten. Leipzig: Georg Thieme 1935. — Erg. inn. Med. 34 (1928). — Zbl. Hyg. 28, 481; 30, 369 (1933). — LUSTIG u. VERONI: Handbuch der pathogenen Mikroorganismen, 3. Aufl. Bd. 4, S. 511. 1927. — POPPE: Handbuch der pathogenen Mikroorganismen, 3. Aufl. Bd. 6, S. 693. 1929.

13. Der Diphtheriebacillus.

In der Gruppe der Corynebakterien werden einige Arten zusammengefaßt, die den Übergang von den bisher betrachteten, einfach gebauten Bacillen zu den Streptotricheen bilden und die gelegentlich kompliziertere Wuchsformen, wie Kolben- und Keulenformen, sowie echte Verzweigungen zeigen. Im infizierten Organismus kommen solche echten Verzweigungen zwar nur selten zur Beobachtung, doch zeigen auch hier die einzelnen Bacillen meist eine unregelmäßige Form und Färbbarkeit.

Die Diphtherie, eine schon im Altertum bekannte Krankheit, wurde als klinische Krankheitseinheit erst von BRÉTONNEAU erkannt und als Diphtheritis bezeichnet. TROUSSEAU führte den heute gebäuchlichen Namen *Diphtherie* ein. 1883 beobachtete KLEBS in den Schnittpräparaten von Diphtheriemembranen eigenartige Stäbchen, die wahrscheinlich mit den heute als Erreger der Diphtherie anerkannten Diphtheriebacillen identisch sind. 1884 gelang es LÖFFLER, diese Stäbchen in Reinkultur zu gewinnen und die Spezifität dieses Bacillus für die Diphtherie nachzuweisen.

Bei dem Diphtheriebacillus handelt es sich um ein unbewegliches, meist sanft gekrümmtes Stäbchen von wechselnder Länge und Dicke, oft von keil- oder keulenförmiger oder unregelmäßiger Gestalt. So finden sich die Diphtheriebacillen in den Membranausstrichen und in den aus der Kultur hergestellten Präparaten. Sie liegen in regelloser, lockerer Lagerung, etwa wie die fächerartig ausgespreizten Finger kreuzweise übereinander gelegter Hände. Sehr charakteristisch sind auch die V- oder Y-Formen, wie sie aus dem NEISSER-Präparat der Abb. 35 erkennbar sind. Die Diphtheriebacillen färben sich mit allen Anilinfarben gut und sind grampositiv. Jedoch ist eine ungleichmäßige Färbung erkennbar, indem verschiedene Teile des Bacillenleibes die Farbe ungleich aufnehmen. Besonders intensiv färbbare Gebilde sind die Polkörnchen oder ERNST-BABESschen metachromatischen Körperchen, die von großer differentialdiagnostischer Bedeutung sind. Sie fehlen bei den saprophytischen diphtherieähnlichen Bakterien oder sind bei ihnen doch nur bei einzelnen Exemplaren nachweisbar. Beim echten Diphtheriebacillus nach Züchtung

auf dem LÖFFLERschen Nährboden und vor allem in nicht zu alten
Kulturen finden sich diese Körperchen regelmäßig und in größerer Zahl.

Die Polkörnchenfärbung nach NEISSER ist mit folgenden Lösungen vorzunehmen:

Lösung a) Methylenblau (Höchst) 1,0,   Lösung b) Krystallviolett (Höchst) 1,0,
      Alcohol absol. 20,0,   Alcohol absol. 10,0,
      Acid. acet. glac. . . . 50,0,   Aq. dest. . . . . . . 300,0.
      Aq. dest. . . . . . 1000,0.

Die Färbung der Ausstrichpräparate geschieht mit einer Mischung von 2 Teilen
Lösung a und 1 Teil Lösung b etwa 3—5 Sekunden. Nach Abspülen der Präparate
mit Wasser wird mit einer Chry-
soidin-Vesuvinlösung (2 g in 300 ccm
heißem, destilliertem Wasser gelöst)
gleichfalls etwa 3—5 Sekunden
nachgefärbt; nach einer späteren
Vorschrift können Färbung und
Entfärbung auch je 15 Sekunden
dauern.

Hierbei zeigen die Diphtheriebacillen entsprechend der
Abb. 35 schwarzblaue Körnchen im gelblich bis bräun-
lichgelb gefärbten Bacillenleib.

In der Praxis hat sich mehr
und mehr die von GINS empfohlene
Modifikation der NEISSERschen
Färbemethode durchgesetzt, die
darin besteht, daß zwischen die
beiden Akte der alten Diphtherie-
bacillendoppelfärbung eine Jodie-
rung eintritt, und zwar mit LUGOL-
scher Lösung, der 1% Milchsäure
zugesetzt ist. Die Präparate sind

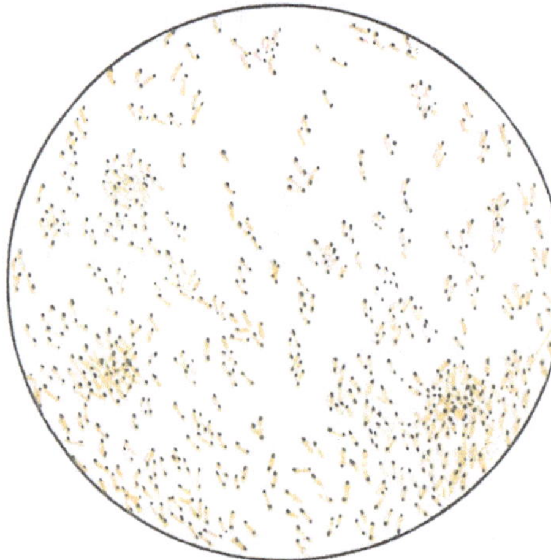

Abb. 35. Diphtheriebacillen.   (NEISSER-Färbung.)
(Vergr. 1: 500.)

nach der etwa 2—5 Minuten dauernden Jodbehandlung gut mit Wasser nach-
zuspülen und dann mit Chrysoidin nachzufärben. Hierbei erscheinen die Körperchen meist intensiver gefärbt und größer.

Die Diphtheriebacillen wachsen am besten bei 35⁰ C, sowohl aerob
als auch anaerob. Am üppigsten gedeihen sie auf LÖFFLER-Serum
(3 Teile Serum + 1 Teil 1%ige Traubenzuckerbouillon). Bei der häufigsten Untersuchung auf Diphtheriebacillen, nämlich aus Rachenabstrichen,
wachsen die Diphtheriebacillen gegenüber den Begleitbakterien üppiger
und gewinnen die Oberhand. Auf der LÖFFLERschen Serumplatte sind
die Diphtheriekolonien als kleine grauweißliche Knöpfe zu erkennen,
die sich etwa stecknadelkopfähnlich über die Unterlage erheben. Auf
gewöhnlichem Agar wachsen die Diphtheriebacillen nur sehr zart, etwas
üppiger auf Blutagar, doch immer noch am besten auf der Serumplatte.
Zur Diagnose auf diesen Nährböden sind aber stets Präparate anzufertigen
mit nachfolgender mikroskopischer Untersuchung. Bei der immer mehr
zunehmenden Untersuchung auf Diphtheriebacillen, auch im Hinblick
auf die in den letzten Jahren ansteigenden Diphtherieerkrankungsziffern,
hat man sich bemüht, zu einem Elektivnährboden zu gelangen, der die
Untersuchung zahlreicher Rachenabstriche auf Diphtheriebacillen in
kurzer Zeit und möglichst ohne mikroskopische Untersuchung gestattet.

Einen solchen Nährboden stellt die Indikatorplatte nach CLAUBERG dar.
Dem aus Hammel- oder Rinderblut hergestellten Blutagar ist Traubenzucker, Kaliumtellurit, Cystin, Natriumacetat und als Farbindikator
Metachromgelb und Wasserblau zugesetzt. Durch die Säurebildung des
Diphteriebacillus aus dem Traubenzucker zeigen seine Kolonien einen
intensiv blauen Hof, während die Pseudodiphtheriebacillen die Farbe des
Nährbodens nicht in diesem Maße verändern oder infolge Alkalibildung
einen mehr gelblichen Hof um die Kolonien bilden. Durch diese charakteristische Farbreaktion ist vor allem die Durchführung von Massenuntersuchungen außerordentlich erleichtert, da die negativen Platten
ohne mikroskopische Untersuchung schnell auszuschalten sind. Für den
geübten Untersucher wird nur eine kleine Zahl von Platten übrig bleiben,
bei denen die Untersuchung mikroskopischer Präparate zum Erhalt
einer einwandfreien Diagnose unerläßlich ist. Dies gilt aber nur für
wenige Fälle und zwar für solche Platten, bei denen bestimmte Kokken-
formen eine ähnliche Bläuung bedingen wie die Diphtheriebacillen. Die
Herstellung dieser Indikatorplatte und die Zusammensetzung des Nährbodens ist die folgende:

170 ccm	defibriniertes Rinderblut	
330 ccm	steriles Aq. dest.	*Lösung A.*
40 ccm	1%ige Tellurlösung	Im Eisschrank
25 ccm	Glycerinblut (1 Teil Glycerin und 2 Teile Blut;	aufbewahren.
	muß mindestens 6 Wochen alt sein)	

15 g	Traubenzucker	
12,5 ccm	1%ige Cystinlösung	*Lösung B.*
1,5 ccm	Natriumacetatlösung	Die Lösung wird
20,0 ccm	2%ige Metachromgelblösung	$^1/_2$ Stunde bei 50° C
60 ccm	2%ige Wasserblaulösung	sterilisiert.

500 ccm 4%iger Agar, 7,2 P_H auf 50° C abgekühlt.

Herstellung der Cystinlösung: 1 g wasserfreie Soda wird in 10 ccm Aq. dest.
kochend gelöst, dann wird 1 g Cystin in die Lösung geschüttet. Nachdem sich das
Cystin gelöst hat, wird dieses Gemisch mit Aq. dest. auf 100 ccm aufgefüllt.

Natriumacetatlösung: 50 g Natriumacetat ⎱ heiß lösen.
                               50 ccm Aq. dest. ⎰

Der Gang der Untersuchung ist der folgende: LÖFFLER-Serumplatten
oder der Indikatornährboden werden mit dem vom Arzt eingeschickten
Tupfer beimpft und die Platten gelangen etwa 18—24 Stunden in den
Brutschrank bei 37° C. Bei der Untersuchung von Krankheitsfällen werden
hier und dort gelegentlich auch beide Platten für die Untersuchung
jeden Falles herangezogen. Um zu schneller Diagnose zu gelangen, kann
man nach Beschickung der Kultur unter Drehen und Quetschen den
Wattetupfer noch auf einen Objektträger ausstreichen und nach GRAM
sowie nach NEISSER färben. Ein negativer Befund läßt zwar keine
Schlüsse zu, ein positiver kann in Zweifelsfällen aber dem Arzt wertvolle Dienste leisten. Ferner ist das direkte Ausstrichpräparat deswegen
wichtig, da nur auf diesem Wege jene Fälle erfaßt werden können, bei
denen es sich um eine Angina PLAUT-VINCENTI handelt. Nach der etwa
18stündigen Kultur bietet die LÖFFLER-Platte das Bild einer Mischflora,
da von dem Rachenabstrich nicht nur etwaige vorhandene Diphtheriebacillen gewachsen sind, sondern auch die reichhaltige saprophytische

Flora der oberen Atmungswege. Durch die Anfertigung zweier Präparate, die nach GRAM und NEISSER gefärbt werden, untersucht man auf das Vorhandensein von Diphtheriebacillen. Bei der Indikatorplatte forscht man nach dem Vorhandensein der intensiv blau gefärbten Diphtheriekolonien. Fehlen sie, ist die Untersuchung negativ ausgefallen, sind sie vorhanden, kann man im Zweifelsfalle noch durch die Anfertigung eines Präparats die Diagnose Diphtheriebacillen sichern. Auf vorgewärmten LÖFFLER-Platten sollte man stets versuchen, schon nach 6—8stündiger Bebrütung mittels eines Klatschpräparats die Diagnose zu stellen. Aber auch hier ist ein negatives Ergebnis noch nicht beweisend. Bei sehr zartem Wachstum wird man die Platte gegebenenfalls bis zu 48 Stunden bebrüten.

Die bakteriologische Diagnose ist naturgemäß für die Seuchenbekämpfung und auch für den behandelnden Arzt unerläßlich. Niemals aber soll der Arzt in der Praxis und in der Klinik sein therapeutisches Handeln von dem Ausgang einer bakteriologischen Untersuchung abhängig machen, d. h., auch diphtherieverdächtige Fälle sind so zu behandeln, als wenn es Diphtheriefälle wären.

Daß einwandfreie Diphtheriebacillen nicht nur morphologisch, sondern auch kulturell wesentliche Unterschiede zeigen können, ist schon länger bekannt, hat aber erst neuerdings zu einer Typendifferenzierung des Diphtheriebacillus geführt. Man unterscheidet jetzt im allgemeinen drei Wuchsformen des Diphtheriebacillus, wobei wir absichtlich von der Bezeichnung „Typen" absehen, da die besonders von englischer Seite aufgestellten Beziehungen zwischen Erscheinungsformen und Krankheitsbild nicht in dem behaupteten Umfange zutreffen. So wird von ihnen ein Typus gravis aufgestellt, der sich hauptsächlich bei schweren therapieresistenten Fällen finden soll, ein Typus mitis, der vorwiegend bei Leichtkranken beobachtet wurde, und ein Typus intermedius, der eine Mittelstellung zwischen diesen beiden einnimmt. Der Typus gravis wird als der Erreger der schweren Diphtherieepidemien bezeichnet, während der Typus mitis mehr die sporadisch auftretenden Krankheitsfälle bedingen soll. An dem Vorkommen dieser drei Wuchsformen besteht in der Tat kein Zweifel. Man bedient sich zu ihrem Nachweis am besten des von M. GUNDEL und TIETZ angegebenen Nährbodens [Kaninchen- oder Rinderblut (5%) — Serum (5%) — Cystin (0,001%) — Tellur (0,04%)]. Wir glauben annehmen zu dürfen, daß diese sog. Typendifferenzierung in klinischer Hinsicht nicht die von englischer Seite behauptete Bedeutung hat, da es nach unseren Feststellungen zahlreiche leichte Gravis-, wie auch nicht wenige schwere, ja tödlich endigende Mitis-Infektionen gibt. Für die praktische Arbeit im Laboratorium ist die Differenzierung der Wuchsformen zudem vorerst unwesentlich, da man sie auf der Serum- oder auf der Indikatorplatte nicht gut erkennen kann.

In Bouillon erkennt man ein zartes, krümeliges Wachstum mit geringem Bodensatz und der Bildung eines weißlichen Häutchens auf der Oberfläche. Diphtheriebacillen führen verhältnismäßig schnell eine deutliche Säuerung herbei, die später in eine alkalische Reaktion umschlagen kann. Diese Säurebildung ist differentialdiagnostisch vielfach von Wert gefunden worden, da Pseudodiphtheriebacillen keine oder nur sehr wenig Säure im Gegensatz zu dem echten Diphtheriebacillus bilden. Die Widerstandsfähigkeit der Diphtheriebacillen ist gegenüber Desinfektionsmitteln nur gering und auch gegen Erwärmen sind sie wenig resistent, gegen Kälteeinwirkungen hingegen fast unempfindlich. In den Membranen, also in dicker Schicht, können sie sich recht lange, etwa bis zu 6 Monaten, lebend erhalten, vorausgesetzt, daß sie hierbei vor Licht und hohen Temperaturen geschützt sind.

Die Entnahme des diphtherieverdächtigen Materials erfolgt mittels eines kleinen Wattetupfers aus dem Rachen, von den Tonsillen, aus der Nase oder von Wunden und wird in besonderen Versandgefäßen so schnell wie möglich dem betreffenden Untersuchungsamt zugesandt.

Der Diphtheriebacillus bildet ein Gift, das ein echtes Toxin ist, da es als Ektotoxin vom lebenden Diphtheriebacillus gebildet wird. Experimentell kann man bei Meerschweinchen ein charakteristisches Erkrankungsbild hervorrufen, das die Tiere binnen wenigen Tagen tötet. Die Toxinbildung wird zweckmäßig in Bouillonkulturen geprüft. Hinsichtlich der Geschwindigkeit und der Menge ist sie von der Eigenart des Stammes und von der Beschaffenheit des Nährbodens abhängig.

Es wird gelegentlich, wenn auch heute weniger als früher, notwendig sein, einen diphtherieverdächtigen Stamm daraufhin zu prüfen, ob es sich um einen echten, d. h. tierpathogenen Stamm handelt. Hierbei kann man sich entweder des diagnostischen Intracutanversuches oder des Subcutanversuches bedienen:

Diagnostischer Intracutanversuch: Je eine Öse Reinkultur von der LÖFFLERPlatte wird in 1, 10, 100 ccm Kochsalzlösung aufgeschwemmt und von diesen Aufschwemmungen einem Meerschweinchen an drei Stellen der enthaarten Haut je 0,1 ccm intracutan eingespritzt. Ein zweites Tier erhält gemischt 0,05 ccm der dichtesten Aufschwemmung + 0,05 Serum von 60 AE. Während beim Versuchstier je nach der Giftigkeit des Stammes an 1, 2 oder 3 Stellen eine mehr oder minder deutliche Reaktion auftritt, bei der sich zunächst eine kleine anämische Zone bildet, die sich vergrößert und sich nach etwa 48 Stunden mit einem hyperämischen Hof umgibt, zeigt das Kontrolltier nur leichte Rötung und Schwellung der Injektionsstelle. Bei stärkerer Reaktion des Versuchstieres kann sich eine weitere Verfärbung und Nekrotisierung herausstellen. Die Haut ist im Bereich der Injektionsstelle entzündlich verdickt. Unter Umständen bei sehr großer Toxizität kann das Versuchstier auch zugrunde gehen.

Diagnostischer Subcutanversuch: Das Meerschweinchen erhält hierbei subcutan eine Öse Kultur oder etwa 0,1 ccm einer Bouillonkultur. Das Tier geht danach in 1—5 Tagen unter zunehmender Abkühlung und Cyanose zugrunde. Bei der Sektion findet sich ein ganz charakteristisches Bild: das Unterhautzellgewebe ist in weiter Umgebung der Injektionsstelle hämorrhagisch ödematös infiltriert. In Brust- und Bauchhöhle sowie im Perikard findet sich ein seröses, oft blutig gefärbtes Exsudat. Die Nebennieren sind deutlich geschwollen, stark gerötet und im Schnitt findet sich eine mehr oder weniger ausgesprochene hämorrhagische Erweichung. Zweckmäßigerweise gehört zu einem derartigen Versuch auch ein Kontrolltier, das eine gleiche Dosis Diphtheriebacillen mit Injektion von etwa 50 oder 100 AE erhält und gesund bleiben muß.

Von einem echten Diphtheriebacillus verlangt man, daß er für das Versuchstier (Meerschweinchen) pathogen ist. Die Tatsache, daß die gleiche Wirkung im Tierversuch sich ebenso wie mit lebender Kultur auch mit bakterienfreien Filtraten von Diphtheriebacillenbouillonkulturen hervorrufen läßt, beweist, daß es sich um eine Giftwirkung und zwar durch ein giftiges Sekretionsprodukt der lebenden Diphtheriebacillen handelt.

Serologische Untersuchungsverfahren haben sich bei der Diagnose der Diphtheriebacillen nicht bewährt. Die Diphtheriebacillen verhalten sich serologisch uneinheitlich, da sich mehr oder weniger zahlreiche Gruppen unterscheiden lassen, ohne daß aber eine wirklich exakte Differenzierung und Gruppenbildung möglich ist.

Wie bereits kurz erwähnt, hat die Untersuchung auf Diphtheriebacillen in den letzten Jahren eine immer größere Ausdehnung gefunden, so daß an manchen Instituten täglich 1000 und mehr Abstriche zu untersuchen sind. Hierbei handelt es sich keineswegs nur um Diphtheriekranke, sondern vielfach um sanitätspolizeilich notwendige Untersuchungen und um Prüfung auf Diphtheriebacillenfreiheit bei Kinderversendungen usw. Epidemiologisch wichtig ist, daß zwar im Mittelpunkt der Ausbreitung der Diphtherie der kranke Mensch steht, daß aber auch scheinbar gesunde Menschen eine große und verhängnisvolle Rolle bei der Ausbreitung dieser gefürchteten Seuche spielen. Hierbei handelt es sich einmal um Dauerausscheider, die trotz überstandener Krankheit die Bakterien beherbergen und weiter ausscheiden, dann aber auch um Bacillenträger, die ohne erkennbare Erkrankung diese Bacillen weiterverbreiten. Besondere Aufmerksamkeit verlangen schließlich noch die sog. Inkubationsbacillenträger, echte Infekte in der Inkubationszeit, die aber nach neueren Feststellungen besonders stark an der Ausbreitung der Diphtherie mitwirken. Zwar haben die im großen Umfange durchgeführten Umgebungsuntersuchungen nicht zu einer erkennbaren wesentlichen Einschränkung der Diphtherieweiterverbreitung geführt, doch werden sie als Teil der sanitätspolizeilich notwendigen Maßnahmen unentbehrlich bleiben, da man sich zum mindesten ein Bild von der Verseuchung der Bevölkerung mit Diphtheriebacillen machen sowie Kinderheime usw. wenigstens zum Teil vor manchen Einschleppungen schützen kann.

Im Vordergrund der Seuchenbekämpfungsmaßnahmen bei der Diphtherie stehen neben der Isolierung der Erkrankten vor allem die spezifisch therapeutischen Maßnahmen, wie sie in der Behandlung der Diphtherie durch das Diphtherieserum, in der Prophylaxe bei augenblicklicher Diphtheriegefährdung durch kleine Serumgaben von etwa 500 AE und bei der Prophylaxe größerer Bevölkerungskreise durch die aktive Schutzimpfung mit dem Anatoxin oder Diphtherie-Formoltoxoid gegeben sind. Ohne an dieser Stelle auf Einzelheiten eingehen zu können, sei hinsichtlich der sog. Diphtherieserumtherapie nur gesagt, daß frühzeitige und ausreichende Serumgaben auch bei Verdachtsfällen unbedingt erforderlich sind, und daß es sich bei der Serumbehandlung im eigentlichen Sinne des Wortes nicht um eine Therapie, sondern um eine fortgesetzte Prophylaxe handelt. Das Serum vermag nicht die sich hinsichtlich des Lebens des Patienten unter Umständen verhängnisvoll auswirkende Bindung zwischen Toxin und lebenswichtigen Zellen zu lösen, es vermag aber die während und nach seiner Einverleibung im Körper kreisenden und noch nicht gebundenen Toxine zu neutralisieren. Hinsichtlich der aktiven Diphtherieschutzimpfung sei erwähnt, daß es gelungen ist, das Diphtherietoxin auf chemischem Wege in ein für den Menschen ungiftiges Toxoid umzuwandeln und daß dieses Formoltoxoid nach Einverleibung ausreichender Mengen zu einem langdauernden und relativ guten Schutz führt. Durch die Heranziehung von Aluminiumhydroxyd oder Kalialaun als Depotbildner konnten die Impfstoffe weiter verbessert werden. Diese Präparate bedingen bei Einführung geringerer Impfstoffmengen eine langsamere Resorption des Antigens, wodurch ein stärkerer und länger andauernder Antigenreiz mit einer entsprechend stärkeren Antikörperantwort und Schutzwirkung verbunden ist.

Verhältnismäßig weitverbreitet finden sich eine Reihe von Mikroorganismen, die morphologisch und kulturell den Diphtheriebacillen als Krankheitserreger nahe verwandt sind, die aber stets nur als Saprophyten aufzutreten pflegen. Besonders hinsichtlich der Differentialdiagnose unerwünscht sind hierbei die sog. *Pseudodiphtheriebacillen,* deren Bezeichnung nicht glücklich ist. Sie sind stets harmlos, finden sich praktisch ubiquitär verbreitet und können niemals als Krankheitserreger eine Rolle spielen. Jedoch zeigen sie morphologisch eine gewisse Ähnlichkeit mit den Diphtheriebacillen insofern, als auch diese nicht immer in der charakteristischen Lagerung und Form der Abb. 35 aufzutreten pflegen, sondern vor allem in älteren Kulturen in mehr oder minder großem Maße der Variabilität unterworfen sind. Die Pseudodiphtheriebacillen sind durchweg kürzer und plumper, verhalten sich auf der Indikatorplatte auch kulturell anders, bilden keine Säure und sind stets tierapathogen.

Eine Sonderstellung spricht man ferner dem *Bacillus xerosis*, der ein weitverbreiteter Haut- und Schleimhautschmarotzer ist, und dem Bacillus Hoffmanni zu. Auch dieser ist ein Schleimhautsaprophyt und vor allem durch die sehr kurzen und relativ dicken Stäbchen ausgezeichnet. Auf Agar und LÖFFLER-Serum wächst er in üppigeren, feuchten und deutlich weißen Kolonien. Stößt die morphologische Untersuchung auf differentialdiagnostische Schwierigkeiten, dann ist ausschlaggebend das Ergebnis des Tierversuches. Da aber manche Beobachtungen dafür sprechen, daß es vereinzelt avirulente Diphtheriebacillen gibt, sind gelegentlich auch die sonstigen Verfahren der Differentialdiagnose heranzuziehen. In der Regel gilt aber, daß Meerschweinchenpathogenität und Menschenpathogenität übereinstimmen.

Schrifttum.

GINS: Handbuch der pathogenen Mikroorganismen, 3. Aufl. Bd. 5, S. 451. 1928. — GUNDEL, M.: Die ansteckenden Krankheiten, S. 59 u. 171. Leipzig: Georg Thieme 1935. — Die Typenlehre in der Mikrobiologie. Jena: Gustav Fischer 1934. — HAMBURGER: Die Diphtherie. Berlin u. Wien: 1937.

14. Der Rotzbacillus.

Der Rotz (*Malleus*) ist eine bei Einhufern (Pferd, Maultier, Esel), seltener bei Fleischfressern auftretende und in der Regel chronisch verlaufende Infektionskrankheit, die auf den Menschen übertragbar ist. Sie ist durch Knötchen und Geschwüre in der Haut, auf den Schleimhäuten und in den Organen gekennzeichnet. Die Übertragung erfolgt auf wunde Hautstellen oder durch Einatmung in die Nasenschleimhaut.

Der Erreger des Rotzes ist ein kleines, im allgemeinen leicht gebogenes oder auch gerades, unbewegliches Stäbchen mit abgerundeten Enden. Es zeichnet sich durch eine besondere Variabilität der Form aus. Der gramnegative Rotzbacillus zeigt bei Färbung mit alkalischer Methylenblaulösung häufig Körnchenstruktur, in jungen Kulturen auch Coccobacillenform und manchmal Polfärbung. In älteren Kulturen hingegen treten mehr schlanke, gerade oder schwach gekrümmte Stäbchen von 2—5 μ Länge auf. Im Innern der einzelnen Stäbchen sieht man oft

stärker färbbare Stellen von Körnchenstruktur. Gelegentlich sieht man
Verzweigungen, woraus folgt, daß der Rotzbacillus wahrscheinlich zu den
Leptothrixarten gehört. In Ausstrichen von Pustelinhalt liegt meist die
Stäbchenform vor, wie es die Abb. 36 zeigt.

Die Züchtung aus dem Tierkörper gelingt nicht immer leicht. Hat
sich der Erreger erst an den künstlichen Nährboden gewöhnt, macht
seine Weiterzüchtung keine Schwierigkeiten. Sein Wachstumsoptimum
liegt bei 37° C. Auf 1—3 % Glycerinagar wächst er in kleinen, tautropfen-
förmigen Kolonien, die in älteren Kulturen einen gelblichen Farbton annehmen. Gutes Wachstum erfolgt auf Serumagar, in Bouillon gleichmäßige
Trübung, aus verschiedenen Kohlehydraten wird Säure gebildet.

Bei kühler Aufbewahrung im Dunkeln halten sich die Rotzbacillen in
Kulturen monatelang lebensfähig. Austrocknung vertragen sie nicht, so daß
eine Verbreitung durch trockenen Staub ausgeschlossen erscheint. Auch bei Einwirkung von Sonnenlicht gehen sie
schnell zugrunde. Die Widerstandsfähigkeit gegen Desinfektionsmittel und
höhere Temperaturen ist nur gering. Im Eiter und Blut bleiben die Bacillen
längere Zeit lebensfähig, dagegen werden sie im Kadaver durch Fäulnis
rasch vernichtet.

Das geeignete Tier für den diagnostischen Tierversuch ist das
Meerschweinchen. Nach intraperitonealer Injektion von Rotz-

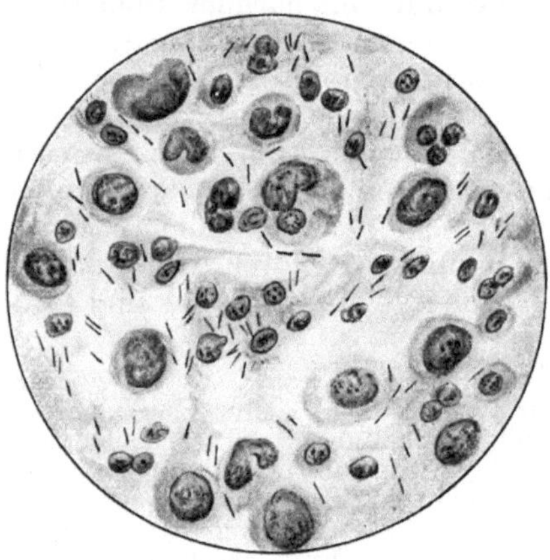

Abb. 36. Rotzbacillen. Methylenblaufärbung.
(Vergr. 1: 500.)

material tritt bei männlichen Tieren eine Erkrankung der Hoden und Neben-
hoden auf (STRAUSSsche Reaktion). In dem Tumor bilden sich Rotzherde,
die nach außen durchbrechen. Der Tod erfolgt in $1^1/_2$—5 Wochen. Nach
cutaner oder subcutaner Impfung erkranken die Tiere an einer ge-
schwürig zerfallenden lokalen Geschwulst, Schwellungen und Absze-
dierungen der benachbarten Drüsen. Es treten gelbliche tuberkelartige
Rotzknötchen in den inneren Organen auf, besonders in Milz, Leber
und Lunge. Noch empfänglicher als Meerschweinchen sind auch Feld-
mäuse, Waldmäuse und Zieselmäuse. Für den Menschen ist der Rotzbacillus hochpathogen. Mehrfache Laboratoriumsinfektionen lassen die Ver-
mutung zu, daß die Ansteckung auch durch die unverletzte Haut zustande
kommen kann. Daher ist größte Vorsicht beim Arbeiten mit Rotzbacillen
unbedingt geboten. Die STRAUSSsche Reaktion ist früher als spezifisch
für Rotz angesehen worden. Jedoch kann eine solche Reaktion auch bei
der intraperitonealen Einverleibung anderer Bakterien auftreten, so daß bei
jedem scheinbar positiven Tierversuch stets die Züchtung der Bacillen aus
den Herden und die serologische Prüfung der Reinkultur durchzuführen ist.

Die serologische Diagnose der Rotzbacillen erfolgt in spezifischer
Weise durch die Agglutination mittels Immunsera. Wegen der leichten
Spontanagglutinabilität der Rotzbacillen ist die Anfertigung besonderer
homogener Aufschwemmungen notwendig:

Agarkulturen werden bei 60⁰ C abgetötet; je eine Kultur wird mit 2 ccm Phenol-kochsalzlösung (0,5 % Phenol + 0,85 % Kochsalz) übergossen und abgeschwemmt. Diese Aufschwemmung wird bis zur schwach milchigen Trübung mit Phenol-kochsalzlösung aufgefüllt und filtriert.

Die Ablesung der Agglutination erfolgt nach 24stündigem Aufenthalt bei 37⁰ C. Bei spezifischer Agglutination liegen die Bacillen in weiß-lichen Häufchen verklumpt am Boden. Die Flüssigkeit ist dabei geklärt, Kontrollen mit Normalserum sind notwendig. Bei den Kontrollen löst sich das Bacillensediment beim Schütteln glatt auf, während sich die Häutchen des spezifischen Bodensatzes in krümelige Agglutinate auf-teilen. Sicher beweisend ist eine Agglutination erst in hohen Serum-verdünnungen.

Wie somit durch die Heranziehung eines Immunserums die serologische Diagnose fraglicher Stämme sichergestellt werden kann, ist andererseits durch die Prüfung eines fraglichen Blutserums durch Zusammenbringen mit bekannten Rotzstämmen die Diagnose fraglicher Krankheitsfälle möglich. Eine positive WIDALsche Reaktion spricht mit großer Wahr-scheinlichkeit für das Vorliegen einer Rotzinfektion. Nach GILDE-MEISTER wird zur Beschleunigung der Sedimentierung empfohlen, die Röhrchen 10—15 Minuten zu zentrifugieren. Für die Diagnose ist nur eine Agglutination in höheren Verdünnungen als beweisend anzusprechen. Ein positiver Widal in der Verdünnung 1:400 gilt als verdächtig, ein solcher in der Verdünnung 1:1000 als beweisend.

Die Schwierigkeiten, die stets der Agglutination anhaften werden, haben die Komplementbindungsreaktion immer mehr in den Vordergrund gerückt, da bei ihr nur in 1—2 % Fehldiagnosen auftreten. Sie ist auch für die Diagnose fraglicher Stämme wertvoll, da Rotzbacillen für den Ungeübten weder morphologisch noch kulturell leicht zu diagnostizieren sind. In allen fraglichen oder unsicheren menschlichen Krankheits-fällen empfiehlt sich ferner die Zuziehung eines Veterinärinstituts. Die Komplementbindungsreaktion pflegt frühestens 7 Tage nach der In-fektion positiv zu werden.

Die Rotzbacillen bilden bei der Züchtung in Bouillon einen löslichen, filtrierbaren Giftstoff, das *Mallein*, über dessen chemische Natur nichts näheres bekannt ist und das in seiner Gewinnung und Wirkungsweise dem Tuberkulin ähnelt. Es zeichnet sich durch große Stabilität aus und verträgt in trockenem Zustand sogar Temperaturen bis 120⁰ C. Für gesunde Individuen ist es so gut wie ungiftig, für Rotzkranke dagegen äußerst giftig. Das Mallein hat zwar keine Verwertung als Schutz- und Heilmittel gegen die Rotzinfektion finden können, doch hat es sich als Diagnosticum hervorragend bewährt. Der rotzinfizierte Organismus antwortet auf Dosen, die der Gesunde ohne weiteres reaktionslos verträgt, mit einer lebhaften Reaktion, die sich aus einer allgemeinen (Fieber) und einer lokalen Reaktion (Schwellung der Krankheitsherde) zu-sammensetzt. Bei den Tieren wird das Mallein in Form der subcutanen Injektion oder als Augenprobe angewandt. Die einfachste allergische Probe ist die konjunktivale Augenprobe durch Einbringen des Malleins in den Lidsack, die hinreichend zuverlässig arbeitet und den serologischen Befund nicht beeinträchtigt.

Die Diagnose der Rotzkrankheit des Menschen ist insofern mit Schwierigkeiten verbunden, als die bakteriologischen Untersuchungsmethoden nur geringe Bedeutung haben. Bei akuten Fällen wird man die Züchtung aus dem Blut versuchen. Sicher arbeitet der Tierversuch, sofern nicht verunreinigtes Material zur Impfung der Meerschweinchen benutzt wird. Unentbehrlich zur Diagnose sind auch beim Menschen die serodiagnostischen Methoden.

Alle Versuche, ein Heilserum gegen Rotz herzustellen, sind ergebnislos verlaufen. Eine spezifische Therapie des akuten Rotzes ist bisher nicht bekannt. Bei dem chronischen Rotz des Menschen sollte in jedem Falle die Vaccinetherapie versucht werden. Auch die Erfolge der Chemotherapie sind bis auf den heutigen Tag gering. Die Bekämpfung des Rotzes besteht in der restlosen Beseitigung der rotzkranken Tiere. Das Reichsviehseuchengesetz gibt umfassende Vorschriften, die die Anzeigepflicht, die Tötung der rotzkranken, unter Umständen auch der rotzverdächtigen Tiere, die unschädliche Beseitigung der Kadaver, Desinfektionsmaßnahmen usw. vorsehen. Der volle Erfolg der Rotzbekämpfung ist auf die Einführung der serologischen und allergischen Reaktionen zurückzuführen.

Schrifttum.

BIERBAUM, K. u. H. GOTTRON: Handbuch der Haut- und Geschlechtskrankheiten von JADASSOHN, IX. Bd. 1, S. 355. 1929. — HUTYRA, VON: Spezielle Therapie und Pathologie der Haustiere. Jena: Gustav Fischer 1935. — POPPE: Die ansteckenden Krankheiten von M. GUNDEL. Leipzig: Georg Thieme 1935.

15. Die Tuberkelbacillen.

Der Nachweis des Erregers der menschlichen Tuberkulose gelang erst ROBERT KOCH im Jahre 1882 durch die Anwendung besonderer Färbungs- und Züchtungsverfahren. Die Ergebnisse dieser für alle Zeit denkwürdigen Forschungen wurden von ROBERT KOCH in seiner Arbeit über die Ätiologie der Tuberkulose niedergelegt.

Der Tuberkelbacillus gehört zu der Gruppe der sog. säurefesten Bacillen, die durch ihre widerstandsfähige, aus wachsartigen Substanzen zusammengesetzte Hülle die Anilinfarbstoffe nur schwierig aufnehmen, den einmal aufgenommenen Farbstoff aber bei der Behandlung mit den gebräuchlichen Entfärbungsmitteln (Säuren und Alkohol) zäh festhalten und die bei der Nachfärbung mit einer anderen wässerigen Farbstofflösung gegenüber den die letztere Farbe annehmenden Gewebselementen und sonstigen Bakterien in der ursprünglichen Farbe erscheinen. Wie alle anderen säurefesten Bakterien ist der Tuberkelbacillus grampositiv und zeigt bei dieser Färbung, aber auch bei der ZIEHL - NEELSEN-Färbung, nicht selten körnige Formen. So glaubte MUCH, das neben der gewöhnlichen bacillären noch eine besondere „Granulaform" des Tuberkelbacillus bestände. Diese Behauptung dürfte aber vorerst noch nicht genügend begründet sein.

Ferner sieht man Abweichungen von der normalen Stäbchenform gelegentlich durch das Auftreten kolbiger oder verzweigter Gebilde. Diese Feststellung spricht dafür, daß der Tuberkelbacillus in verwandtschaftlichen Beziehungen zu den Streptotricheen steht. Da er aber derartige „höhere Wuchsformen" im menschlichen Körper kaum zeigt, vielmehr hier nur in Stäbchenformen auftritt, dürfte er im System weiterhin den Bakterien zuzurechnen sein.

Der Tuberkelbacillus ist wie alle anderen säurefesten Bakterien unbeweglich. Als Grundform stellt er ein schlankes, gerades oder schwach gekrümmtes, etwa 1,5—4 μ langes Stäbchen dar, wie es die Abb. 37 zeigt. Die Stäbchen liegen einzeln oder in dichteren, lockergefügten Häufchen und Gruppen. In Ausstrichen von tuberkulösem Sputum finden wir z. B. oft Nester, wie es die Abb. 38 zeigt. In den Stäbchen beobachtet man gelegentlich ungefärbt gebliebene Stellen, als wenn sie aus einzelnen Stückchen und Körnchen zusammengesetzt sind. Niemals sind dies aber Sporen, sondern wahrscheinlich nur Degenerationserscheinungen. Es war bereits betont, daß sich der Tuberkelbacillus wegen seines festen Wachsmantels mit gewöhnlichen Farblösungen in der Kälte nicht färben läßt. Darum muß man der Farblösung eine Beize zusetzen und sie unter Erwärmung einwirken lassen.

Die einmal gefärbten Bacillen halten die Farbe sehr fest. Während andere Bacillen die Farbe abgeben, wenn man sie mit Salzsäure — Alkohol behandelt, gilt dies nicht für die säurefesten oder (richtiger) säure- und alkoholfesten Tuberkelbacillen. Hierauf baut sich das Verfahren nach ZIEHL-NEELSEN auf, nach dem die Tuberkelbacillen und ähnliche Bakterien rot, die sonstigen Bakterien, Zellen und Gewebe blau gefärbt erscheinen.

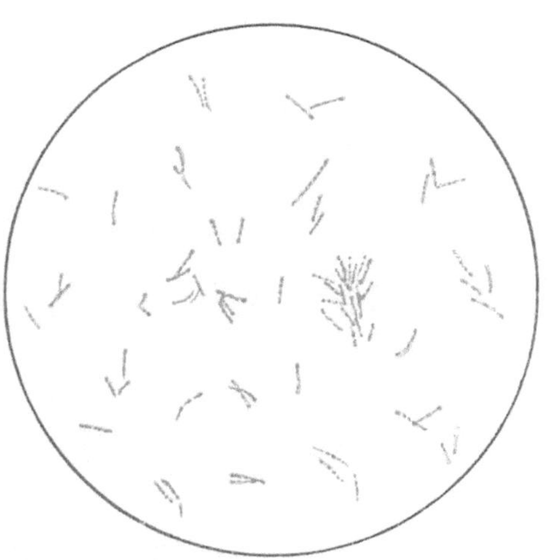

Abb. 37. Tuberkelbacillen. Reinkultur. Färbung nach MUCH. (Vergr. 1 : 500.)

Die künstliche Züchtung der Tuberkelbacillen gelingt nur bei Bruttemperatur, am besten zwischen 37 und 38° C, und nur bei Anwesenheit von Sauerstoff. Stets erfolgt das Wachstum nur sehr langsam und ist mit dem bloßen Auge frühestens nach einer Woche etwa erkennbar. ROBERT KOCH verwandte zur Züchtung zunächst erstarrtes Blutserum. Seit diesem ersten Nährboden sind eine große Reihe weiterer Spezialnährböden zur Züchtung von Tuberkelbacillen angegeben worden. Abgesehen von dem Glycerinserum von KOCH, dem Glycerinagar und dem Eigelbagar nach DORSET finden breiteste Anwendung die Eiernährböden nach LUBENAU und die Tuberkelbacillennährböden von HOHN, LÖWENSTEIN bzw. PETRAGNANI. Auf festen Nährböden werden die Tuberkelbacillen hauptsächlich in Form von Schrägkulturen angelegt. Wegen der ziemlich langen Kulturdauer reicht das natürliche Kondenswasser im allgemeinen nicht aus, aus welchem Grunde man vor dem Beimpfen am besten etwa $1^{1}/_{2}$—1 ccm Glycerinbouillon oder Bouillon in jedes Röhrchen unter sterilen Bedingungen hineinbringt. Das Wachstum der Tuberkelbacillen ist hinsichtlich Geschwindigkeit und Üppigkeit besonders günstig auf Eigelb enthaltenden Nährböden. Die Keime wachsen in feinen, grauweißlichen bis gelblich gefärbten Schüppchen, die schließlich auf der Oberfläche eine Warzen- und Faltenbildung erkennen lassen.

Es ist ein festes Wachstum von bröckeliger Konsistenz. In Glycerinbouillon schwimmt dieses Material auf der Oberfläche, wächst flächen-
artig aus und überzieht die Flüssigkeitssäule allmählich mit einem
Häutchen.

Bewährte Spezialnährböden sind der von HESSE empfohlene HEYDEN-Agar
und Hirnagar. Ersterer enthält auf 1 l Wasser 10—20 g Agar, 10 g Nährstoff
HEYDEN, 5 g Kochsalz, 30 g Glycerin und 5 ccm Normallösung von Krystallsoda
(26,8:100). Man sieht auf ihm schon nach 1—2 Tagen kleinste Kolonien, die im
Klatschpräparat eine charakteristische Gestalt zeigen. Der Hirnagar wird nach
FICKERS Vorschrift in der Weise hergestellt, daß zermahlenes Hirn — die Tierart

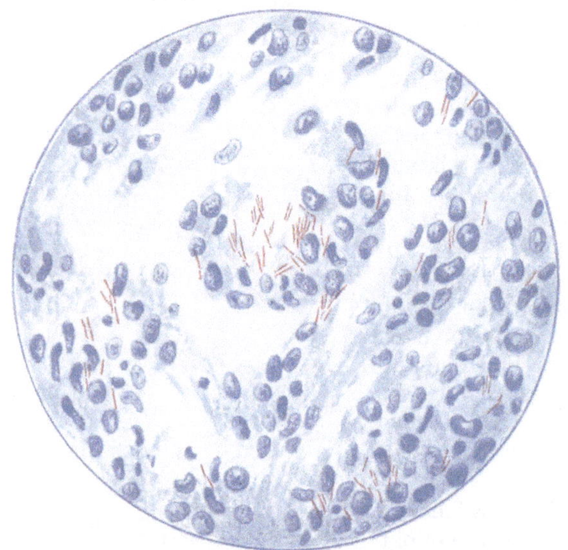

Abb. 38. Tuberkelbacillen im Schnittpräparat. Lagerung in Riesenzelle.
(Färbung nach ZIEHL-NEELSEN.) (Vergr. 1 : 500.)

ist gleichgültig — zu gleichen Teilen mit destilliertem Wasser vermischt und die
Mischung unter stetem Umrühren zum Kochen erwärmt, $^1/_4$ Stunde gekocht und
dann koliert wird, bis die Kolatur leicht breiig wird. Darauf wird die Mischung
mit gleichen Mengen 2,5%iger wässeriger Agarlösung versetzt, 3% Glycerin zugefügt, abgefüllt und sterilisiert. Der Inhalt der Röhrchen muß immer gut gemischt
bleiben und schnell erstarren.

Viel gebraucht wird auch der Eigelbnährboden nach LUBENAU: Man fügt in
einem großen Kölbchen zu 100 g steril entnommenen Eigelbs (aus 5—6 Eiern),
das energisch geschüttelt ist, 100 g neutraler Bouillon und 3% Glycerin, läßt den
gut durchmischten Nährboden in Reagensgläsern schräg erstarren und sterilisiert
3 Tage je 2—3 Stunden bei 90° C.

Bei der Herstellung des ebenfalls empfehlenswerten Kartoffel-Milch-Eier-
Nährbodens nach PETRAGNANI werden zu 150 ccm Milch 6 g Kartoffelmehl, 1 g
Pepton und eine eigroße zerschnittene Kartoffel zugesetzt. Die Mischung wird
unter Schütteln 10 Minuten im kochenden Wasserbad gehalten und eine weitere
Stunde heiß gestellt. Nach Abkühlung auf 50° C werden 4 Eier, 1 Eigelb, 12 ccm
Glycerin und 10 ccm einer 2%igen Lösung von Malachitgrün zugefügt. Nach
kräftigem Schütteln und Gazefiltrierung wird auf Röhrchen abgefüllt, die man im
LÖFFLERschen Serumerstarrungsapparat am 1. Tag 20 Minuten bei 80° C, am 2.
und 3. Tag je 15 Minuten bei 75° C sterilisiert.

Von flüssigen synthetischen Nährmedien, die sich gut zur Kultivierung der Tuberkelbacillen eignen, seien hier nur die von LOCKEMANN und von SAUTON angegebenen erwähnt. Das erstere enthält auf 1 l 4 g Monokaliumphosphat, 3 g Mononatriumphosphat, 0,6 g Magnesiumsulfat, 2,5 g Magnesiumcitrat, 5 g Asparagin und 20 g Glycerin. Die SAUTONsche Nährflüssigkeit enthält auf 1 l destilliertes Wasser 4 g Asparagin, 60 g Glycerin, 2 g Acidum citricum, je $^1/_2$ g Di-Kaliumphosphat und Magnesiumsulfat und $^1/_{20}$ g Eisenammoncitrat.

Bei dem Kulturverfahren nach LÖWENSTEIN-SUMIYOSHI wird nach den jetzigen Vorschriften folgender Nährboden verwendet: Zunächst stellt man eine Lösung her, die je $1^0/_{00}$ Di-Kaliumphosphat, Magnesiumsulfat und Magnesiumcitrat, $3^0/_{00}$ Asparagin und 3% Glycerin enthält. Zu 600 ccm dieser Lösung werden 10 ccm einer 50%igen, sorgfältig sterilisierten Kartoffelzuckerlösung und 60 ccm Tomatensaft hinzugefügt. Auf diese 2 Stunden im Wasserbad sterilisierte Mischung kommen 16 ganze Eier und 4 Eidotter und 20 ccm einer 2%igen, im Autoklaven sterilisierten Lösung von (Kongorot oder) Malachitgrün. Nach Umschütteln wird die Lösung durch Gaze filtriert und in sterile Reagensgläser (aus Jenaer Glas) abgefüllt, die mit Cellulosestopfen verschlossen werden. Die Röhrchen werden nach Schräglegung an 2 aufeinanderfolgenden Tagen je 2 Stunden im strömenden Wasserdampf auf 75—80⁰ C erhitzt. Die Sterilität wird durch Einstellen der fertigen Röhrchen in den Brutschrank kontrolliert. Die Röhrchen sind kühl·und dunkel aufzubewahren. Ihre Beimpfung gibt nur dann gute Resultate, wenn sie nicht älter als 14 Tage sind.

Der Amino-Eiernährboden nach HOHN wird folgendermaßen hergestellt: In 500 ccm destilliertem Wasser von etwa 80⁰ C werden gelöst 1,5 g Natriumphosphoricum, 2,0 g Kaliumphosphoricum, 0,3 g Magnesiumsulfat, 1,25 g Magnesiumcitrat, 2,0 g Alanin und 3,0 g Asparagin. Diese von Schering-Kahlbaum zu beziehenden Substanzen werden in der angegebenen Reihenfolge derart gelöst, daß die folgende Substanz erst dann zugefügt wird, wenn die vorhergehende gelöst ist. Nach Zufügung von 60 ccm Glycerin wird die Lösung in kaltem Wasser auf 20⁰ C abgekühlt und zu genau 50 ccm in Kölbchen abgefüllt, die zweimal je 35 Minuten im Dampftopf bei 100⁰ C fraktioniert sterilisiert und nach Abtrocknen der Wattestopfen zum Schutz gegen Verdunstung mit Papierhüllen überbunden und im Eisschrank aufbewahrt werden.

Auf 50 ccm dieser modifizierten synthetischen Flüssigkeit (nach LOCKEMANN) kommen vor dem Gebrauch 5 ccm einer 0,7%igen Lösung von Malachitgrün Standard (I.G. Farbenindustrie). Für eine Nährbodenserie werden dem Inhalt eines Kölbchens 165 ccm Eimischung (aus 4 Eiern abzumessen) zugefügt, so daß die Gesamtmischung 200 ccm beträgt. Nach dem Abfüllen auf Reagensgläser und dem Koagulieren wird natursaure Bouillon als Kondensflüssigkeit zugesetzt. Die Röhrchen werden mit Ceresinzellstoffstopfen verschlossen.

Der Tuberkelbacillus bildet keine Sporen. Dank seiner wachsartigen resistenten Hülle zeigt er aber eine erheblich größere Widerstandsfähigkeit als andere vegetative Keime. Gegen Austrocknung ist er recht widerstandsfähig. Die Desinfektion von dickem, tuberkulösem Sputum stößt auf erhebliche Schwierigkeiten, so daß sich die üblichen Desinfektionsmittel in den gewohnten Verdünnungen als nicht ausreichend erweisen. So ist auch von Sublimatlösung Abstand zu nehmen. Zu empfehlen sind insbesondere Desinfizienzien wie Alkalysol und Sagrotan.

Die Tuberkelbacillen sind nicht nur für den Menschen, sondern auch für zahlreiche Arten von Säugetieren und einige Vogelarten pathogen. Das gebräuchlichste Versuchstier ist das Meerschweinchen, das bei subcutaner oder intraperitonealer Impfung mit tuberkelbacillenhaltigem Material binnen 6—8—10 Wochen an Tuberkulose zugrunde geht bzw. ausgesprochene tuberkulöse Krankheitserscheinungen aufweist, selbst wenn das Ausgangsmaterial nur vereinzelt Erreger enthält. Auch durch Einatmung fein versprühter Emulsionen von Sputum oder Kultur kommt schon bei Verwendung einzelner Bacillen eine Ansteckung zustande, während die Infektion vom Magendarmkanal aus erst bei Aufnahme einer millionenfach größeren Dosis des Virus erfolgt. Die quantitativen Verschiedenheiten der Infektionsbedingungen je nach der Art der Eintrittspforte haben ihre große Bedeutung für die Erkenntnis der natürlichen Infektionsbedingungen beim Menschen. Je nach der Eintrittspforte im Tierversuch ist auch die Lokalisation der tuberkulösen Prozesse beim geimpften Tier verschieden. Bei Impfung in die Haut kann diese frei bleiben, wenn sie auch oft einen lokalen Absceß oder verkäste Knoten zeigt, stets aber sind die regionären Lymphdrüsen ergriffen. Im weiteren Verlauf der Infektion kommt es zur Entwicklung zahlreicher tuberkulöser Knötchen im Netz, in Milz und Leber sowie in den mesenterialen Lymphdrüsen. Nach subcutaner oder intraperitonealer Impfung werden die Lungen erst an letzter Stelle nach Ausbreitung der Infektion auf dem Blutwege ergriffen. Demgegenüber werden die Lungen an erster Stelle befallen, wenn die Infektion durch Einatmung oder auf intravenösem Wege vorgenommen wird. Nächst dem für die tuberkulöse Infektion am meisten empfänglichen Meerschweinchen wird für diagnostische Zwecke noch das Kaninchen verwendet, teils zur Bestimmung des Typus der Tuberkelbacillen, teils für die Impfung in die vordere Augenkammer, die ein direktes Studium der nach etwa 2 Wochen auf der Iris entstehenden Tuberkel erlaubt. Nach mehreren Wochen erfolgt auch bei diesem Versuchstier dann eine Generalisierung mit Befall des ganzen Organismus auf dem Lymph- und Blutwege.

Das charakteristische, durch die Tuberkelbacillen hervorgerufene Krankheitsprodukt ist die unter dem Namen Tuberkel bekannte Gewebsneubildung. Der Tuberkel ist in seinem jungen Stadium ein durchscheinendes, graues, gefäßloses Knötchen, das einen charakteristischen Aufbau aus epitheloiden und Riesenzellen mit wandständigen Kernen zeigt und in seinem Innern (besonders auch im Innern der Riesenzellen) eine mehr oder minder große Anzahl von Tuberkelbacillen aufweist. Im späteren Stadium seiner Entwicklung zeigt der Tuberkel im Innern eine als Verkäsung bezeichnete Nekrose, die sich auch schon bei Betrachtung mit bloßem Auge durch die gelblichweiße Verfärbung der Knötchen kundgibt; im verkästen Zentrum des Tuberkels sind die Bacillen oft nicht mehr nachweisbar. Die Kenntnis dieser histologischen Verhältnisse, die natürlich hier nur gestreift werden können, ist deshalb wichtig, weil tuberkelähnliche Bildungen zuweilen auch auf nichtspezifische Reize, z. B. nach Fremdkörperwirkung, entstehen. Bei zweifelhaften und vereinzelten Befunden tuberkelartiger Gebilde ist zur Entscheidung über ihre Natur die histologische Untersuchung und der mikroskopische Nachweis der Bacillen nicht zu entbehren. Der Tuberkel stellt die spezifische Reaktion des Organismus auf die giftigen Leibessubstanzen (Endotoxine) des Tuberkelbacillus dar, was dadurch bewiesen wird, daß echte Tuberkel auch durch Injektion abgetöteter Tuberkelbacillen erzeugt werden können. Neben diesen an der Leibessubstanz des Erregers haftenden Endotoxinen bildet der Tuberkelbacillus aber auch lösliche spezifische Giftstoffe, deren Wirkung sich in den klinischen Allgemeinsymptomen (Fieber, Abmagerung) äußert und die als Extrakt aus den Kulturen in Form des Tuberkulins gewonnen werden können.

Tuberkulöse Erkrankungen sind nicht nur beim Menschen, sondern auch bei verschiedenen Tierarten unter natürlichen Verhältnissen sehr verbreitet. Beim Menschen ist die wichtigste Form der tuberkulösen Erkrankungen die Lungenphthise. Demgegenüber treten die übrigen Formen der tuberkulösen Erkrankungen an der Haut (als Leichentuberkel und Lupus), an den Knochen und Gelenken, an den Hirnhäuten, in den Hals- und mesenterialen Lymphdrüsen sowie als Allgemeininfektion (Miliartuberkulose) zahlenmäßig zurück. Sehr häufig sind tuberkulöse Erkrankungen bei Rindern (Perlsucht); besonders gefährlich sind die Fälle generalisierter Erkrankung sowie die tuberkulöse Eutererkrankung, bei der die Tuberkelbacillen oft in ganz ungeheueren Mengen in die Milch übergehen. Ferner kommt Tuberkulose bei Schweinen, Schafen, Ziegen, Hunden und Katzen sowie bei Hausgeflügel und Papageien vor.

Von großer epidemiologischer und mikrobiologischer Bedeutung ist die Aufteilung des Tuberkelbacillus in verschiedene Typen. Bei der menschlichen Tuberkulose wird überwiegend der Typus humanus, seltener, in etwa 10% der Fälle, der Typus bovinus, der Erreger der Perlsucht des Rindes, angetroffen. Die Mehrzahl der Infektionen mit bovinen Bacillen betreffen das Kindesalter und die hier dominierenden Infektionen, insbesondere Halsdrüsen-, Darm- und Bauchfelltuberkulose. Aber auch Fälle von Hauttuberkulose und Lungentuberkulose können durch den Typus bovinus bedingt werden. Außer diesen beiden Typen humanus und bovinus ist dann noch der Typus gallinaceus, der Bacillus der Geflügeltuberkulose, zu nennen, der aber beim Menschen nur ausnahmsweise angetroffen wird.

Die Verschiedenheit der Erreger der menschlichen Tuberkulose (Typus humanus) und der Rindertuberkulose (Typus bovinus) war zwar schon im Jahre 1898 von SMITH erkannt, wurde aber in ihren praktischen Folgerungen erst seit den aufsehenerregenden Mitteilungen von R. KOCH auf dem Tuberkulosekongreß zu London im Jahre 1901 allgemein gewürdigt. R. KOCH bewies nach seinen gemeinsam mit SCHÜTZ angestellten Untersuchungen, daß Rinder bei Impfung mit menschlichen Tuberkelbacillen nur geringfügige örtliche Erkrankungsprozesse zeigen, während sie nach Impfung mit Perlsuchterregern an fortschreitender allgemeiner Tuberkulose zugrunde gehen. Umgekehrt war schon seit den Versuchen BAUMGARTENs bekannt, daß Menschen, die (zwecks Heilungsversuchen bei bösartigen Geschwülsten) mit Rindertuberkelbacillen geimpft worden waren, gleichfalls eine geringere Empfänglichkeit gegenüber diesem vom Tier stammenden Erreger aufwiesen. Seitdem ist die Frage der Artgleichheit oder Artverschiedenheit der menschlichen und der Rindertuberkelbacillen zum Gegenstand sehr eingehender Forschungen gemacht worden. Die im Laboratoriumsversuch feststellbaren Unterschiede zwischen beiden Typen lassen sich kurz wie folgt zusammenfassen:

Nach dem morphologischen Aussehen (Reinkulturen in Glycerinbouillon) erscheint der Typus humanus in Form gleichmäßig schlanker, oft gekrümmter, gut färbbarer Stäbchen, während der Typus bovinus plumpere, ungleichmäßigere, körnig gefärbte Stäbchen und in der Serumkultur sogar ganz kurze fast punktförmige Individuen aufweist. Die Züchtung in Glycerinserum und Glycerinbouillon gelingt beim Typus humanus leicht und es findet Wachstum in Form einer dicken gefalteten Haut statt; der Typus bovinus zeigt dagegen, aus dem Tierkörper frisch herausgezüchtet, nur spärliches Wachstum auf Glycerinserum und bildet auf Glycerinbouillon nur ein dünnes langsam wachsendes, trockenes Häutchen mit einzelnen warzenförmigen Verdickungen. Im Tierversuch sind Meerschweinchen wegen ihrer gleichmäßig hohen Empfänglichkeit für beide Typen zur Unterscheidung nicht brauchbar; dagegen zeigt die subcutane Verimpfung beim Kaninchen mit genau abgewogener Menge der von Glycerinbouillon abgehobenen Kulturmasse (0,01 g) charakteristische Unterschiede, indem nach Impfung mit Bacillen vom Typus humanus selbst nach 3 Monaten keine allgemeine Infektion, sondern nur ein lokaler Prozeß entsteht, während ein in gleicher Weise mit Bacillen des Typus bovinus geimpftes Tier binnen einiger Wochen an generalisierter Tuberkulose zugrunde geht; analoge Unterschiede treten zwischen beiden Typen bei Verimpfung von je 0,05 g bei jungen Rindern auf.

Die aufgeführten morphologischen und kulturellen Merkmale gestatten bei der üblichen Züchtung im Einzelfall keine sichere Typendiagnose. Es ist vorerst empfehlenswert, hierfür stets den Tierversuch heranzuziehen. Hinsichtlich der Einzelheiten sei insbesondere auf die Arbeiten von B. LANGE, GRIFFITH sowie auf die Zusammenstellung bei M. GUNDEL verwiesen.

Der Typus gallinaceus, der Erreger der Geflügeltuberkulose und bei anderen Säugetieren vorkommende Erreger, wird, wie gesagt, beim Menschen nur sehr selten angetroffen. Auf Glycerinagar geht die Kultur durchweg leichter an als bei den anderen beiden Typen. Der Bacillus wächst in Form eines feuchten, fettigen Belages, der im Gegensatz zu den anderen Typen leicht abnehmbar und verreibbar ist. Entsprechend seiner Anpassung an die höhere Körpertemperatur des Vogelkörpers ist er befähigt, auch bei höheren Temperaturen von 45—50° C zu wachsen. Während er für Meerschweinchen nur wenig pathogen ist, erweisen sich Hühner und Tauben als hochempfänglich. Auch Kaninchen erliegen der Infektion stets, wenn auch meist an generalisierter Tuberkulose.

Die viel umstrittene Frage, ob es sich bei diesen Unterschieden um eine wirkliche Verschiedenheit der Art oder um Anpassungserscheinungen eines und desselben Erregers an verschiedene Wirtsorganismen handelt, die durch Umzüchtung gelegentlich der Übertragung von einem Wirt auf den anderen leicht rückgängig gemacht werden könnten, läßt sich heute unbeschadet der phylogenetischen nahen Verwandtschaft und einheitlichen Abstammung beider Typen vom praktischen Standpunkte aus doch dahin beantworten, daß diese Typen sehr stabiler Natur sind und sie ihre Eigenschaften mit großer Zähigkeit festhalten, so daß jeder von ihnen, ganz im Sinne der ursprünglichen Auffassung von R. KOCH, als Erreger einer besonderen Krankheitsform gelten muß. Zwischenformen und Veränderungen des einen Typus im Sinne einer Annäherung an den anderen sind jedenfalls außerordentlich selten, wobei in den Versuchen mit scheinbarer Umzüchtung noch mit der Möglichkeit einer Mischinfektion oder zufälliger Befunde anderer säurefester Bacillen (vgl. weiter unten) gerechnet werden muß. Damit ist nicht gesagt, daß die Tuberkelbacillen vom Typus bovinus für den Menschen unschädlich seien. Für die weitaus wichtigste Form der menschlichen Tuberkulose, für die Lungenphthise, kommt allerdings überragend der Typus humanus in Betracht. Dagegen sind Befunde von bovinen Bacillen bei Drüsen-, Knochen- und tödlicher Miliartuberkulose, insbesondere bei Kindern (bei denen die Möglichkeit der Aufnahme des bovinen Virus mit der Kuhmilch durch die Darmschleimhaut gegeben ist), wesentlich häufiger und steigen bei leichten tuberkulösen Drüsenerkrankungen der Kinder bis auf etwa 40% der Fälle. Auch beim Lupus werden beide Typen in je etwa 50% der Fälle nachgewiesen, zeigen aber beide gewisse, vom normalen Verhalten abweichende Standortsmodifikationen. So wie Tuberkelbacillen tierischer Herkunft beim Menschen, so werden umgekehrt humane Bacillen gelegentlich auch bei Tieren gefunden, am häufigsten noch beim Schwein, ferner beim Pferd, Hund, Papagei und bei Tieren aus zoologischen Gärten, wo die Möglichkeit einer menschlichen Ansteckungsquelle nahe liegt.

Außer diesen bei Warmblütern gefundenen Tuberkelbacillen gibt es nun auch ähnliche säurefeste Bacillen bei Kaltblütern (üppiges Wachstum schon bei 25° C und bis herab zu 10° C) sowie saprophytische Arten,

die in der unbelebten Natur sehr verbreitet sind und eine praktische
Bedeutung dadurch gewinnen, daß sie gelegentlich das Vorhandensein
echter Tuberkelbacillen vortäuschen können. Solche saprophytischen
säurefesten Arten finden sich auf Gras und Mist (von wo aus sie leicht
in Milch und Butter gelangen), ferner auf der feuchten Innenfläche
von Blasinstrumenten („Trompetenbacillen"), sowie in den Messing-
hähnen von Wasserleitungsröhren. Viele von diesen saprophytischen
Arten lassen sich durch ihr Wachstum bei niederen Temperaturen sowie
durch die Farbstoffbildung ihrer Kulturen von echten Tuberkelbacillen
unterscheiden. Jedoch können diese Merkmale auch im Stiche lassen,
und bedenklich ist es, daß manche Stämme als harmlose Epiphyten auf
der Haut und den Schleimhäuten der äußeren Genitalien und ihrer
Umgebung sowie an anderen Körperteilen (Achselhöhlen, Ohrenschmalz)
vorkommen (SMEGMA-Bacillen) und bei der Untersuchung auf Urogenitaltuberkulose eine nicht zu vernachlässigende Fehlerquelle darstellen.
Auch finden sich säurefeste Bacillen unter den Erregern einiger ohne
eigentliche tuberkulöse Veränderungen einhergehenden Tierseuchen, z. B.
einer bei Rindern vorkommenden chronischen pseudotuberkulösen Darm-
entzündung (BANG, K. F. MEYER) sowie der sog. Rattenlepra.

Die Untersuchung auf Tuberkelbacillen muß, wenn nicht verhängnisvolle Trugschlüsse vorkommen sollen, sich dieser aus dem häufigen
Vorkommen säurefester Stäbchen sowie noch einiger anderer sogleich
zu besprechender Fehlerquellen stets bewußt bleiben. Als erster Grundsatz bei der Untersuchung von tuberkuloseverdächtigem Material muß
gelten, daß sowohl von der zu untersuchenden Probe als auch von den
mit dem Untersuchungsmaterial in Berührung kommenden Gerät-
schaften alles auf das sorgfältigste ferngehalten werden muß, das das
Vorkommen von Tuberkelbacillen in der vorliegenden Probe vortäuschen
könnte. Dahin gehören zunächst echte Tuberkelbacillen, die von früheren
Untersuchungen aus anderem Material herstammen und sich in Präparate
einschleichen können, in denen tatsächlich kein tuberkulöses Virus vorhanden ist. Da die Tuberkelbacillen gegen äußere Einwirkung und
auch gegen die gewöhnlichen Methoden der Reinigung von Glassachen
im Laboratorium sehr widerstandsfähig sind, so verwendet man am
besten zur Untersuchung auf Tuberkelbacillen nur ganz neue Objektträger und Deckgläschen[1], sonst kann man erleben, daß den schon
einmal gebrauchten Gläsern noch Tuberkelbacillen von früheren Untersuchungen her anhaften. Auch ist beim Aufbringen des Immersionsöls
darauf zu achten, daß man mit dem Glasstab nicht den gefärbten Objektträgerausstrich direkt berührt, da es schon vorgekommen ist, daß auf
diese Weise Tuberkelbacillen in das Immersionsölfläschchen gelangen
und von hier aus sich in neue Präparate einschleichen. Von dem zu
untersuchenden Material muß gleichfalls jede mögliche Verunreinigung
mit anderen säurefesten Stäbchen ferngehalten werden; schon das
gewöhnliche Leitungswasser kann solche enthalten und ist daher für

---

[1] Gebrauchte Gläser (Zentrifugengläschen und Schüttelgläser für die weiter
unten zu besprechende Antiforminmethode, Doppelschalen u. dgl), die man aufs
neue zur Untersuchung auf Tuberkelbacillen benutzen will, sollten vorher mehrere
Stunden in konz. Schwefelsäure eingelegt werden.

einwandfreie Untersuchungen durch frisches destilliertes Wasser aus Glasgefäßen zu ersetzen. Ferner können säurefeste Stäbchen mit der Nahrung (Milch und Butter) aufgenommen werden. Bei der Untersuchung von Stuhl lasse man den Patienten, um in dieser Beziehung ganz sicher zu gehen, die letzten 2—3 Tage vor der Probeentnahme sich des Genusses von Milch und Butter enthalten. Endlich ist bei der Untersuchung von Harn und Stuhl an die Möglichkeit von Verunreinigung durch SMEGMA-Bacillen zu denken; der Urin ist am besten nur mittels Katheters zu entnehmen. Aber nicht nur andere säurefeste Bacillen, sondern auch Zerfallsprodukte („Splitter") der Gewebszellen, Fettsäurekrystallnadeln u. dgl. können unter Umständen Tuberkelbacillen vortäuschen. Dies gilt insbesondere von manchen in den letzten Jahren berichteten Befunden von Tuberkelbacillen im strömenden Blut.

In einwandfreier Weise ist dieser Befund nur bei schweren Krankheitsfällen, insbesondere bei allgemeiner Miliartuberkulose, erhoben worden, während die gelegentlich auch bei leichten Fällen im Blute zirkulierenden, ganz vereinzelten Tuberkelbacillen mit Sicherheit nur durch den Tierversuch nachgewiesen werden können. Ganz besonders geboten ist die strenge Einhaltung aller dieser Vorsichtsmaßregeln, wenn es sich um den Befund vereinzelter, auf Tuberkelbacillen verdächtiger Stäbchen handelt. Oft läßt ja schon die große Zahl und die charakteristische Lagerung der gefundenen Stäbchen mit Sicherheit auf Tuberkelbacillen schließen.

Wenn man sich also auf der einen Seite vor einer verfehlten Deutung vereinzelter tuberkelbacillenähnlicher Gebilde im positiven Sinne hüten muß, so ist es auf der anderen Seite von größter Wichtigkeit, die Untersuchungsmethode so zu verfeinern, daß auch wenige, im Ausgangsmaterial enthaltene Bacillen dem Nachweis nicht entgehen. Hierfür ist in erster Linie die richtige Auswahl des Untersuchungsmaterials notwendig.

Bei der Untersuchung von Auswurf handelt es sich darum, daß man wirklich Lungensputum und nicht etwa nur Schleim aus den oberen Luftwegen zur Untersuchung bekommt. Man lasse sich das am frühen Morgen zuerst entleerte Sputum oder noch besser die Gesamtmenge des während der Nacht und am Morgen entleerten Auswurfs einsenden. Das Sputum wird dann zunächst in einer flachen Glasschale auf schwarzer Unterlage sorgfältig ausgebreitet und auf das Vorhandensein nekrotischer, weißgelblicher Bröckchen (der sog. „Linsen") untersucht, die man eventuell durch Zerzupfen aus dem Innern dicker Sputumballen erst gewinnen muß und die man zur Untersuchung zwischen zwei Objektträgern zerquetscht und ausbreitet. Aus solchen „Linsen" kann man auch mittels Züchtung auf Spezialnährböden direkt — statt auf dem gewöhnlich gewählten Umweg über den Tierversuch — Reinkulturen von Tuberkelbacillen gewinnen. Bei der Untersuchung des Urins verwendet man das durch Zentrifugieren erhaltene Sediment. Bei der Untersuchung von Stuhlgang ist folgender Kunstgriff empfehlenswert: man erziele durch Darreichung von Opium einen geformten, etwas harten Stuhlgang, an dessen Oberfläche die aus den tuberkulösen Darmgeschwüren stammenden schleimigeitrigen Beimengungen leichter aufzufinden sind und ein geeigneteres Material für die mikroskopische Untersuchung darstellen als der gesamte, bei Darmtuberkulose so häufig diarrhöische Stuhl. Im Lumbalpunktat läßt sich eine Anreicherung der ursprünglich etwa nur vereinzelt vorhandenen Tuberkelbacillen dadurch erzielen, daß die Punktionsflüssigkeit 1—2 Wochen im Brutschrank im zugeschmolzenen Gläschen gehalten wird. Bei der Untersuchung von Milch und Butter verwendet man den durch Zentrifugieren gewonnenen Bodensatz, von der Milch außerdem noch die nach dem Ausschleudern an der Oberfläche sich sammelnde Rahmschicht, in der sich gleichfalls zahlreiche Tuberkelbacillen ansammeln. Wenn bei direkter Untersuchung des Ausgangsmaterials Tuberkelbacillen nicht gefunden werden, so versuche man die etwa doch vorhandenen vereinzelten Tuberkelbacillen dadurch anzureichern, daß das Ausgangsmaterial durch geeignete Vorbehandlung in eine dünne, homogene Flüssigkeit aufgelöst wird, aus der die Tuberkelbacillen durch Absetzen oder besser durch Zentrifugieren gewonnen werden.

Alle früher für diesen Zweck angegebenen Anreicherungsverfahren sind durch die von UHLENHUTH in die bakteriologische Praxis eingeführte Antiforminmethode überholt worden. Das Antiformin, eine Lösung von unterchlorigsaurem Natron und kaustischer Natronlauge, löst fast alle organischen Substanzen mit Ausnahme wachsartiger Stoffe restlos auf. In den so behandelten Gewebsflüssigkeiten oder Gewebsstückchen werden die Gewebe selbst sowie alle Bakterien — außer Sporen und säurefesten Bacillen — aufgelöst, so daß diese durch Zentrifugieren leicht im Bodensatz gewonnen werden können, besonders wenn der durch die Antiformineinwirkung homogenisierten Flüssigkeit vorher zwecks Erniedrigung ihres spezifischen Gewichtes Alkohol zugesetzt worden ist. Das Verfahren gestaltet sich hiernach folgendermaßen:

Das Ausgangsmaterial (Sputum) wird mit etwa der gleichen Menge 50%igen Antiformins stark geschüttelt (eventuell auch aufgekocht) und nach $^1/_2$—2stündigem Stehenlassen mit Brennspiritus wiederum mit etwa der gleichen Menge versetzt und $^1/_4$—$^1/_2$ Stunde in der Zentrifuge ausgeschleudert; der erhaltene Bodensatz wird, damit er sicherer haftet, auf dem Objektträger mit etwas von dem unvorbehandelten Sputum oder mit einem Tropfen Eiweißlösung angeklebt, fixiert und wie üblich gefärbt.

Das Antiforminverfahren bietet den besonderen Vorteil, daß es auch zum Nachweis spärlicher Tuberkelbacillen in Organen (Hautstückchen bei Lupus, Granulation von Gelenktuberkulose) verwendet werden kann, deren Auffindung im Schnittpräparat sehr mühselig, wenn nicht ganz aussichtslos ist. Die Organstückchen werden in 25%iger Antiforminlösung unter häufigerem Umschütteln solange belassen, bis sie nahezu völlig aufgelöst sind; weitere Behandlung dann wie oben. Wenn auch mit Hilfe des Anreicherungsverfahrens Tuberkelbacillen nicht nachzuweisen sind, so bleibt als feinstes Reagens die Kultur und der Tierversuch, der am besten mit dem vorher durch Antiforminbehandlung homogenisierten, mit physiologischer Kochsalzlösung ausgewaschenem Material ausgeführt werden kann, da das Antiformin in der angegebenen Konzentration und Einwirkungsdauer die Tuberkelbacillen nicht schädigt und außer der Anreicherung des tuberkulösen Virus noch den großen Vorteil bietet, daß eventuell vorhandene Erreger einer Mischinfektion (B. coli und Streptokokken), die ein vorzeitiges Zugrundegehen der Versuchstiere herbeiführen könnten, ausgeschaltet werden. Für diagnostische Zwecke verwendet man ausschließlich das hochempfängliche Meerschweinchen, dem das zu untersuchende Material durch intraperitoneale oder subcutane Impfung unter die Haut der Schenkelbeuge beigebracht wird.

Die Tiere gehen nach 6—8 Wochen unter zunehmender Abmagerung und Schwellung der regionären Lymphdrüsen, öfters auch mit tuberkulösen Veränderungen an der Einstichstelle zugrunde, wenn es sich um den Typus humanus handelt; bei der Sektion findet man die oben angegebenen charakteristischen Veränderungen. Es kann aber nicht genug davor gewarnt werden, auf den bloßen makroskopischen Sektionsbefund für sich allein die Diagnose auf Tuberkelbacillen auszusprechen, da es Erkrankungen gibt, die bei Betrachtung mit bloßem Auge annähernd dieselben Veränderungen setzen, aber durch ganz andere Erreger verursacht werden. Hierher gehört insbesondere die häufig beim Meerschweinchen auch spontan vorkommende, mit Bildung von zahlreichen Knötchen in der Milz einhergehende Pseudotuberkulose der Nagetiere, deren Erreger zu der dem Pestbacillus verwandten Gruppe der bipolar gefärbten Bacillen der hämorrhagischen Septicämie gehört. Auch der dem vorigen ähnliche Erreger der Pseudotuberkulose des Schafes (der bei der Untersuchung verdächtigen Fleisches in Betracht kommen könnte) ist gleichfalls auf das Meerschweinchen übertragbar und setzt ganz ähnliche, allerdings viel rascher sich entwickelnde pathologisch-anatomische Veränderungen. Es muß also unter allen Umständen der mikroskopische Nachweis des Erregers in den Organen geführt werden. Falls die direkte mikroskopische Untersuchung aber versagt, dann ist das Kulturverfahren anzuwenden. Zu diesem Zweck werden die tuberkulösen Knötchen mit sterilen Instrumenten herauspräpariert, zerquetscht und auf Nährböden übertragen und mindestens 3 Wochen unter luftdichtem Verschluß bebrütet. Falls die geimpften Tiere nach 8 Wochen noch nicht eingegangen sind, werden sie dennoch getötet und sorgfältig seziert, um etwa vorhandene, ganz geringfügige tuberkulöse Veränderungen, wie sie nach Verimpfung sehr spärlicher Bacillen vorkommen, nachzuweisen.

Manche Vorschläge sind gemacht worden, um die lange Dauer des Tierversuchs abzukürzen. Zweckmäßig ist es, das Gewicht der Tiere wöchentlich nachzuprüfen, um bei eintretender starker Abmagerung und, falls geschwollene Drüsenpakete schon von außen durch die Bauchdecken fühlbar sind, sogleich die Sektion vornehmen zu können. Der Vorschlag, die regionären Lymphdrüsen schon bei der Impfung von außen zwischen zwei Fingern zu quetschen, um daselbst einen Ort verminderter Widerstandsfähigkeit und eine raschere Lokalisation des tuberkulösen Prozesses hervorzurufen, erscheint nicht zweckmäßig, da hiernach unspezifische Drüsenschwellungen auftreten können, die Tuberkulose vortäuschen und den vorzeitig abgebrochenen Versuch unbrauchbar machen. Die feinste Methode des Nachweises der beginnenden Tuberkulose beim Meerschweinchen ist die Prüfung des Tieres mit 0,02 ccm Tuberkulin bei intracutaner Reaktion (RÖMER, ESCH, SCHÜRMANN); auf diese Weise kann die Tuberkulose schon 10—14 Tage nach der Impfung nachgewiesen werden. Bei negativem Ausfall der Probe muß man aber doch nach etwa 4 Wochen den Sektionsbefund abwarten.

Bleibt die mit allen Hilfsmitteln der Diagnostik ausgeführte Untersuchung auf Tuberkelbacillen negativ, so ist damit noch keineswegs erwiesen, daß der betreffende Patient, von dem das zu untersuchende Material stammt, frei von Tuberkulose ist. Abgesehen davon, daß auch bei „offener Tuberkulose" (d. h. bei solchen Fällen, bei denen die Erkrankungsherde in offener Verbindung mit der Außenwelt stehen) gelegentlich insbesondere bei leichter und beginnender Erkrankung nur zeitweise Tuberkelbacillen ausgeschieden werden — eine Möglichkeit, die man durch Wiederholung der Untersuchung auszuschalten sucht — kann es sich auch um „geschlossene tuberkulöse Herde" handeln, von denen aus überhaupt keine Ausscheidung von Tuberkelbacillen nach außen stattfindet.

Da der Nachweis der Bacillen im Sputum, so wertvoll sein positiver Ausfall für die Diagnose ist, doch bei beginnenden Fällen, solange es sich noch um geschlossene Herde handelt, im Stich lassen kann, so sind hierfür die biologischen Reaktionen des infizierten Organismus auf tuberkulöses Virus heranzuziehen. So hat sich für die frühzeitige Erkennung tuberkulöser Erkrankungen die Tuberkulinreaktion außerordentlich bewährt. Das Tuberkulin (Alttuberkulin), ein lösliches Produkt aus Tuberkelbacillenkulturen in Glycerinbouillon, erzeugt nur beim tuberkulös infizierten, nicht aber beim gesunden Organismus nach Einbringung kleinster Mengen eine charakteristische lokale und allgemeine Reaktion, die im Sinne einer Überempfindlichkeitserscheinung des von seiten der in seinem Inneren vorhandenen Tuberkelbacillen bereits mit ihren löslichen Produkten sensibilisierten Organismus zu deuten ist.

Zur Erkennung beginnender aktiver Tuberkulose war die Tuberkulinprobe auf subcutanem Wege in der klassischen Methodik nach R. Koch ausschlaggebend. Man beginnt mit 0,1 mg und steigert unter genauer Beobachtung der etwa auftretenden lokalen und allgemeinen Reaktionserscheinungen (Fieber, Schwellung und Rötung örtlicher Erkrankungsherde) nach je etwa 4 Tagen allmählich die Dosis bis zu 5—10 mg. Bleibt auch bei dieser Dosis jede Reaktion aus, so ist der Patient als frei von aktiven tuberkulösen Herden anzusehen. In ähnlicher Weise kann die Beobachtung der Reaktion auch von seiten der Augenbindehaut des Lides nach Einbringung eines Tropfens einer 1%igen Tuberkulinlösung verfolgt werden. Diese Ophthalmoreaktion (Calmette) löst jedoch bisweilen nicht unbedenkliche örtliche Entzündungen aus.

Außerordentlich verfeinert wurde die Diagnostik durch Anwendung des Tuberkulins von der Haut aus. Die hiernach auftretenden gänzlich unbedenklichen Lokalreaktionen zeigen aber nicht nur aktive Herde, sondern auch latente abgekapselte, klinisch völlig unschädliche Herde an. Diese Reaktionen von der Haut aus werden angewendet:

1. Als Intracutanreaktion (nach Römer) durch Einspritzen von Tuberkulin in die Cutis, wo sich bei positivem Ausfall eine charakteristische Quaddel bildet. Etwas weniger empfindlich sind die beiden folgenden leichter auszuführenden Proben.

2. Cutanreaktion (nach v. Pirquet) durch Aufbringen je eines Tropfens einer 25%igen Lösung von Alttuberkulin in je 2 mittels eines besonderen Impfbohrers leicht scarifizierte Stellen am Oberarm; dazwischen eine Scarifikation ohne Tuberkulin als Kontrollprobe.

3. Percutanmethode (Moro, Petruschky) mittels Einreiben einer aus gleichen Teilen von Tuberkulin und Lanolin hergestellten Salbe während etwa 1 Minute.

Eine Wiederholung der Tuberkulinreaktion von der Haut aus binnen kurzer Frist ist unstatthaft, da durch die vorangegangene Sensibilisierung bei der nachfolgenden Prüfung eine positive Reaktion vorgetäuscht werden kann.

Nach allen Ausführungen gestaltet sich der Gang der praktischen Untersuchungen folgendermaßen:

1. Sputum. Zur Untersuchung wähle man am besten den Morgenauswurf, der in eine Schale ausgegossen und auf schwarzer Unterlage auf linsenförmige eiterige Ballen und Bröckchen untersucht wird. Mit frisch ausgeglühten Nadeln fischt man diese heraus und streicht auf noch nicht benutztem Objektträger aus. Die nach dem Eintrocknen hitzefixierten Präparate werden nach Ziehl-Neelsen gefärbt (S. 32). Auf die Fehlerquellen ist oben bereits hingewiesen worden. Bei negativem Ergebnis empfiehlt sich die Anreicherung sehr spärlicher Tuberkelbacillen mittels des Antiforminverfahrens. Liefert auch diese Untersuchung ein negatives Resultat, dann ist bei sonst verdächtigem Aussehen die Anlegung einer Kultur zur Züchtung von Tuberkelbacillen, gegebenenfalls auch der Tierversuch, anzuraten. Bei Instituten mit großen Materialeinsendungen kann naturgemäß nicht in jedem Falle eine Kultur bzw. ein Tierversuch angelegt werden, die Auswahl muß dann dem Untersucher überlassen werden, sofern nicht vom Arzt selbst bestimmte Wünsche geäußert werden. Ein positives Kulturergebnis kann binnen 3 Wochen vorliegen, die endgültige Untersuchung dauert etwa 6 Wochen, während der Tierversuch erst in 6—8 Wochen ein eindeutiges Resultat liefert. Es ist bekannt, daß eine einmalige negative Sputumuntersuchung das Vorliegen einer Tuberkulose nicht ausschließt. In solchen Fällen sind wiederholte Untersuchungen zu empfehlen. Die Untersuchung auf Tuberkelbacillen erfolgt immer noch viel zu wenig, wie Berichte von Heilstätten zeigen, nach denen vielfach nur $^1/_3$ ihrer Patienten vor Einweisung auf die Ausscheidung von Tuberkelbacillen untersucht wurden.

2. Urin. Wegen der Möglichkeit des Vorkommens von SMEGMA-Bacillen und der dadurch bedingten Verwechslung mit Tuberkelbacillen, ist zur bakteriologischen Untersuchung stets die Einsendung von Katheterurin, bei Verdacht auf Nierentuberkulose von Katheterurin der linken und rechten Niere zu empfehlen. Zur mikroskopischen Untersuchung wird das Zentrifugat verwendet. Da die mikroskopische Untersuchung in sehr vielen Fällen ein negatives Ergebnis hat, sollte in jedem Falle die Kultur auf Tuberkelbacillen angelegt werden, auch wenn sie vom einsendenden Arzt nicht gewünscht wird. Daneben ist in möglichst großem Umfange auch der Tierversuch heranzuziehen. Bei dem Tierversuch ist zu beachten, daß sowohl Sputum als auch Urin und andere Materialien vielfach auch andere Keime enthalten, die den richtigen Ablauf des diagnostischen Tierversuchs stören, da sie von sich aus den Tod der Versuchstiere bedingen können.

Insbesondere bei Vorhandensein von Colibacillen, aber auch bei Verwendung von Sputum, wird das Material entweder vorher mit Antiformin oder noch besser für 10—20—30 Minuten mit 10%iger Schwefelsäure behandelt. Darnach wird das Gemisch etwa 5 Minuten lang zentrifugiert. Das Sediment wird darauf zweimal mit Kochsalzlösung gewaschen und dient dann der Anlage der Kultur bzw. dem Tierversuch. Hinsichtlich der Schnelligkeit ist das Kulturverfahren naturgemäß dem Tierversuch überlegen, da die Kultur nach 10—14 Tagen (Auswurf) bis 3 Wochen (Urin) positiv ausfällt, während der Tierversuch länger währt. Jedoch kann der Tierversuch schon zu einem vorzeitigen Abschluß gebracht werden, sofern das Vorliegen einer deutlich erkennbaren Impftuberkulose anzunehmen ist. Hierfür bildet ein wichtiges Hilfsmittel die Intracutanreaktion. Die etwa 300—400 g schweren Meerschweinchen werden vor Einsatz des Versuchs intracutan mit Tuberkulin geprüft. Nach subcutaner Injektion in der Unterbauchgegend werden die geimpften Meerschweinchen fortlaufend beobachtet, wobei sie wöchentlich zu untersuchen sind und auf ihren Allgemeinzustand, Gewicht, Injektionsstelle und regionäre Drüsen geprüft werden. Zur Intracutanreaktion werden 0,1—0,2 ccm Alttuberkulin Höchst mit physiologischer Kochsalzlösung 1:5 verdünnt injiziert. Bei einer positiven Reaktion liegen nach 24 Stunden eine ödematöse Schwellung der Haut mit deutlicher Rötung vor. Stark positiv ist die Reaktion, wenn um die Einstichstelle eine grau- bis graurötliche Verfärbung auftritt, die von einem anämischen Ring und dieser wieder von einer hyperämischen Zone umgeben ist (Kokardreaktion). Liegen an der Impfstelle und bei den Drüsen verdächtige Befunde vor und fällt die Intracutanreaktion positiv aus, dann kann die Sektion schon vorzeitig durchgeführt werden. Sonst wartet man ab und wiederholt die Prüfung nach 1 Woche. Bei dauernd negativen Untersuchungsbefunden tötet man das Tier durchweg 8 Wochen nach der Impfung. Bei der Sektion wird festgestellt, ob eine Impftuberkulose vorliegt, ob also an der Impfstelle und von hier aus dem Verlauf der Lymphbahnen entlang an den Inguinaldrüsen, sowie an Milz, Leber usw. tuberkulöse Veränderungen vorliegen. Die makroskopische Sektionsdiagnose wird durch den Nachweis von Tuberkelbacillen im Ausstrichpräparat von Drüsen und Organen bestätigt. In differentialdiagnostischer Hinsicht ist immer wieder zu bedenken, daß tuberkuloseähnliche Bilder bei Meerschweinchen durch Stallinfektion usw. vorkommen können (vgl. unten). Ferner ist zu berücksichtigen, daß gelegentlich auch einmal Spontantuberkulosefälle unter dem Tierbestand und unter geimpften Tieren vorkommen können. In solchen Fällen handelt es sich im wesentlichen um Infektionen, die durch Fütterung oder Einatmung zustande kommen und die einen dementsprechenden Sektionsbefund durch Befall der Kiefer-, Hals- und Trachealdrüsen sowie der Lungen zeigen. In solchen Fällen und bei Freibleiben jener Organe, die bei der Impftuberkulose positiv zu sein pflegen, ist ein derartiges Untersuchungsergebnis als zweifelhaft zu bewerten und der Versuch zu wiederholen.

3. Stuhl: Die direkte mikroskopische Untersuchung und auch die Antiforminbehandlung geben kein sicheres Bild, da wie im Urin auch im Stuhl säurefeste Saprophyten auftreten und das Vorliegen einer Infektion mit Tuberkelbacillen vortäuschen können. In derartigen Fällen ist stets das Kulturverfahren, gegebenenfalls auch der Tierversuch, heranzuziehen. Bei Vorkommen säurefester Bacillen in Urin und Stuhl sollte man bei alleiniger mikroskopischer Untersuchung auch niemals die Diagnose „Tuberkelbacillen positiv" abgeben, vielmehr nur mitteilen, daß „säurefeste Bacillen" gefunden wurden und daß ein Kulturverfahren bzw. ein Tierversuch angesetzt wären.

4. Für *Eiter, Untersuchung von Punktaten usw.* gilt im Prinzip das gleiche wie für die Untersuchung von Urin und Stuhl. Naturgemäß ist es nur bei dem Punktat einer Pleuritis und auch bei der Untersuchung eines Liquors insofern eindeutiger, als bei diesen Sekreten das Vorliegen säurefester Bacillen stets für eine tuberkulöse Infektion zu sprechen pflegt. Unterstützt wird die mikroskopische Diagnose durch das Auftreten mehr oder minder zahlreicher Lymphocyten, die die Wahrscheinlichkeit des Vorliegens einer Tuberkulose erhöhen.

In den letzten Jahren hat von den serologischen Untersuchungsmethoden die Komplementbindungsreaktion mehr und mehr Bedeutung zur spezifischen Diagnose gefunden, nachdem in jahrelanger Arbeit festgestellt werden konnte, daß weder die Agglutinations- noch die Präcipitationsreaktionen praktisch brauchbar sind. Zur Durchführung der Komplementbindungsreaktion dienen Antigene, die auf die verschiedenste Art hergestellt werden. Derzeitig wohl das beste Antigen ist, abgesehen jener von BESREDKA, NEUBERG und KLOPSTOCK, sowie WITEBSKY, KLINGENSTEIN und KUHN, das durch die Behringwerke neu in den Handel gebrachte Tuberkulose-Trockenantigen. Nach manchen Arbeiten sollen die Flockungsreaktionen noch bessere Ergebnisse liefern, wie sie von MÜLLER und BRAND sowie MEINICKE in verschiedenen Modifikationen angegeben wurden. Vielfach wird der diagnostische Wert der Reaktion vor allem bei der Lungentuberkulose abgelehnt. Wir selbst sind nach neueren eigenen Untersuchungen der Überzeugung, daß sowohl die Komplementbindungsreaktion als auch die Flockungsreaktion von hohem diagnostischen und differentialdiagnostischen Wert sind, sofern sie technisch einwandfrei angestellt werden. Ferner meinen wir, daß eine besondere Bedeutung dieser Reaktion vor allem auch bei der Differentialdiagnose und Diagnose der Urogenitaltuberkulose vorliegt. Jedenfalls sollte in viel größerem Umfange als bisher die serologische Tuberkulosediagnostik herangezogen werden. Eine Beschreibung der technischen Einzelheiten ist nicht notwendig, da den von den Werken bezogenen Antigenen ausführliche technische Angaben beigegeben sind. Als Muster für die einschlägige Technik sei im folgenden die Gebrauchsanweisung für das Tuberkuloseantigen, das von den Behringwerken geliefert wird, angeführt.

Das Tuberkuloseantigen nach WITEBSKY, KLINGENSTEIN und KUHN ist eine Lösung von Tuberkelbacillenbestandteilen in Benzol mit einem Lecithinzusatz. Es dient als Antigen zum Nachweis spezifischer Antikörper im Serum Tuberkulöser mittels des Komplementbindungsverfahrens. Die Benzollösung ist lichtgeschützt und gut verschlossen aufzubewahren.

Bereitung des Antigens zum Versuch: Zum Gebrauch wird eine abgemessene Menge der Benzollösung in ein Porzellanschälchen gebracht. Man läßt das Benzol auf dem Wasserbad bei 60—80⁰ C gerade völlig verdunsten und nimmt sodann den Rückstand durch sorgfältiges Verreiben in 0,9% Kochsalzlösung auf derart, daß das doppelte Volumen der ursprünglichen Benzollösung erreicht wird. Dabei ist es zweckmäßig, die Kochsalzlösung zunächst tropfenweise unter gründlichem Reiben dem Rückstand zuzufügen. Die Verreibung geschieht in geeigneter Weise mit der Kuppe eines Reagensglases oder mit einem Glasstab. Die so erhaltene Suspension stellt das gebrauchsfertige Antigen dar.

Inaktivieren des Patientenserums: Die Patientensera werden durch $^1/_2$stündiges Erhitzen auf 56⁰ C inaktiviert. Unter Umständen kann im Interesse der Vermeidung unspezifischer Reaktionen, besonders bei Syphilitikern, nachfolgendes 15 Minuten langes Erhitzen auf 59—61⁰ C zweckmäßig sein.

Versuchsanordnung: Die Versuchsanordnung ist eine quantitative unter Verwendung absteigender Antigenmengen. Es werden in eine Reihe von Reagensgläsern je 0,25 ccm der Antigensuspension, sowie ihrer 3-, 9-, 27-, 81- und 243fachen Verdünnung (in 0,9% Kochsalzlösung) gefüllt. Ein siebentes Röhrchen, das nur 0,25 ccm 0,9% Kochsalzlösung enthält (Serumkontrolle), beschließt die Reihe. In den Versuchsreihen kommen dazu je 0,25 ccm 3fach verdünnten inaktivierten Patientenserums. In einer Kontrollreihe (Antigenkontrolle) wird das Patientenserum durch Zusatz von je 0,25 ccm 0,9% Kochsalzlösung ersetzt. Sodann werden zu allen Versuchsröhren je 0,25 ccm 15fach verdünnten Meerschweinchenserums (Komplement) hinzugefügt.

Die Gemische werden $1^1/_4$—$1^1/_2$ Stunden lang, je nach der jeweiligen lytischen Wirksamkeit des Komplements, im Brutschrank (37⁰ C) digeriert. Darauf erfolgt Zusatz von je 0,5 ccm eines gleichteiligen Gemisches von Hammelblutaufschwemmung und Amboceptorverdünnung. Die Amboceptorverdünnung soll mindestens dem 4fachen Multiplum der vollständig lösenden Amboceptordosis entsprechen.

Nach dem Zufügen des Blut-Amboceptorgemisches kommen die Untersuchungsreihen wieder in den Brutschrank zurück.

Ablesung und Beurteilung des Versuchsergebnisses: Die Ablesung erfolgt nach Lösung der Kontrollen, sodann ein zweites Mal nach weiterem $^1/_2$- bis 1stündigem Brutschrankaufenthalt. Manche Tuberkulosesera reagieren nur mit den höheren, andere dagegen nur mit den mittleren oder niedrigeren Antigendosen. Als einwandfrei positiv sind nur solche Sera zu bewerten, die mit mindestens zwei Antigendosen bei der ersten Ablesung eine vollständige Hemmung der Hämolyse ergeben.

Das neue *Tuberkulosetrockenantigen* der Behringwerke vermeidet die Schwierigkeiten, die mit der Versendung von Benzollösungen zusammenhängen. Das wesentliche des neuen Trocknungsverfahren liegt darin, daß eine Auflösung des in Ampullen gelieferten Materials in Aq. dest. sofort den gebrauchsfertigen Extrakt liefert, der allerdings dann in dieser Form nicht länger haltbar ist. Die Auflösung ist vielmehr sofort zu verwenden.

Es wird also der Inhalt der Ampulle des Tuberkulosetrockenextrakt „Behring" in 20 ccm Aq. dest. gelöst. Das sich daraus ergebende Antigen wird für den Komplementbindungsversuch genau in der gleichen Weise benutzt wie das Tuberkulose-Antigen nach WITEBSKY, wobei auf die oben angeführte Methodik verwiesen sei.

Bei dem Tuberkulosetrockenextrakt „Behring“ fällt aber das umständliche Verdampfen und die Aufnahme in physiologischer Kochsalzlösung weg. Es genügt, den Inhalt der Ampulle, wie anfangs schon gesagt, in 20 ccm destillierten Wassers aufzunehmen, um dann das gebrauchsfertige Antigen zu haben. Das einmal hergestellte gebrauchsfertige Antigen muß am gleichen Tage verarbeitet werden. Es empfiehlt sich nicht, das gebrauchsfertige Antigen längere Zeit aufzubewahren, da sonst die Reaktionsfähigkeit beeinträchtigt wird.

Unsere Erfahrungen mit diesem Trockenantigen müssen wir als vorzüglich bezeichnen.

Bei der großen Bedeutung der Tuberkulose als Volkskrankheit ist es verständlich, wenn man in zahllosen Versuchen bemüht war, zur Einführung spezifischer Bekämpfungsmaßnahmen zu gelangen. Eine aktive Immunisierung gegen Tuberkulose ist auf den verschiedensten Wegen mit lebenden, in ihrer Virulenz abgeschwächten und mit abgetöteten Kulturen bei Mensch und Tier versucht worden. Für die Immunisierung des Menschen haben besondere Bedeutung die Impfungen nach Calmette erlangt. In Frankreich, Amerika, Rußland, auf dem Balkan, in den nordischen Ländern usw. sind mehrere 100000 Kinder geimpft worden. Als Impfstoff diente eine als BCG (Bac. Calmette-Guérin) bezeichnete Kultur von bovinen Tuberkelbacillen, die viele Jahre in fortlaufenden Passagen auf Rindergalle-Kartoffeln mit Zusatz von 5% Glycerin fortgezüchtet worden war. Dieser Stamm soll seine ursprüngliche Pathogenität für Meerschweinchen, Kaninchen und Kälber fast vollständig verloren haben, ohne seine antigenen Eigenschaften und seine Fähigkeit, Tuberkulin zu produzieren, eingebüßt zu haben. Trotz begeisterter Empfehlungen der französischen Autoren gilt aber der Wert dieser Impfung nach Auffassung deutscher Forscher noch nicht als bewiesen. Auch die Versuche einer passiven Immunisierung mittels Serum tuberkuloseimmuner Tiere haben, wie die vorliegenden Resultate der Chemotherapie bei der Tuberkulose, bisher keine sicheren Heilerfolge erbringen können.

Schrifttum.

Gundel, M.: Die Typenlehre in der Mikrobiologie. Jena: Gustav Fischer 1934. — Lange, B.: Erg. Hyg. 18, 123 (1936); 13, 1 (1932). — Möllers, B.: Kolle-Kraus-Uhlenhuths Handbuch der pathogenen Mikroorganismen, 3. Aufl., Bd. 2, II. 1928. — Selter u. Blumenberg: Kolle-Kraus-Uhlenhuths Handbuch der pathogenen Mikroorganismen, 3. Aufl., Bd. 5, II. 1928. — Witebsky u. Klingenstein: Erg. ges. Tbk.forschg 5, 123 (1933). — Zwick u. Witte: Kolle-Kraus-Uhlenhuths Handbuch der pathogenen Mikroorganismen. Bd. 5, S. 981. 1928.

Anhang.

Saprophytische säurefeste Bacillen.

Als einen besonderen Typus der Tuberkelbacillen hat man lange Zeit den Erreger der sog. Kaltblütertuberkulose angesprochen. Es handelt sich aber tatsächlich um tuberkelbacillenähnliche Saprophyten, die auf Pflanzen (z. B. Timotheebacillen), im Boden und im Wasser weitverbreitet sind und dadurch unter Umständen in einem Material angetroffen werden können, das auf Tuberkelbacillen zu untersuchen ist. Dies gilt beispielsweise für die Untersuchung von Milch und Butter, die mit saprophytischen Bacillen von Futterpflanzen usw. verunreinigt sein können. Aber auch auf der menschlichen Haut und auf den Schleimhäuten, z. B. an den Genitalien, treten ähnliche Saprophyten auf (SMEGMA-Bacillen). Eine sichere Unterscheidung dieser harmlosen, saprophytischen säurefesten Bacillen von Tuberkelbacillen ist oft nur mit Hilfe des Tierversuches möglich. Dies gilt weniger für die Untersuchung von Sputum als vor allem für die Prüfung von Urin. Die sog. Kaltblüter- (Schildkröten-, Blindschleichen-, Frosch-) Tuberkelbacillen haben ebenfalls mit den echten Tuberkelbacillen lediglich ihre äußere Ähnlichkeit gemeinsam. Sie wachsen schon bei Temperaturen von 12—36⁰ C und am üppigsten etwa bei 25⁰ C. Vielfach ist eine gewisse pathogene Wirkung dieser Stämme bei Verimpfung größerer Dosen vor allem bei Kaltblütern beobachtet worden, wobei knötchenartige Krankheitsprozesse auftreten sollen. Jedoch geht jetzt wohl die allgemeine Auffassung dahin, daß die Aufstellung eines besonderen Typus der Kaltblütertuberkelbacillen nicht berechtigt ist.

Übrigens kommen bei dem wichtigsten Tuberkuloseversuchstier, dem Meerschweinchen, pathologisch-anatomisch ähnliche Bilder vor, wie sie bei der Impftuberkulose in den Organen festgestellt werden. Dies gilt insbesondere auch für Spontaninfektionen durch Bacillen aus der Paratyphus- und Pasteurellagruppe. Als Stallseuchen sind sie sehr gefürchtet. Dem Geübten bereitet die Unterscheidung dieser Infektionen von der echten Tuberkulose keine Mühe. In Zweifelsfällen aber ist auf das Vorhandensein säurefester Stäbchen zu untersuchen, gegebenenfalls auch eine histologische Untersuchung durchzuführen, wobei bei diesen Infektionen echte Tuberkel und Riesenzellen vermißt werden.

In diesem Zusammenhang sei auch der *Bacillus pseudotuberculosis rodentium* erwähnt. Dieser Mikroorganismus ist in gewisser Beziehung dem Pestbacillus ähnlich und verdient stets bei der Untersuchung von Tierkadavern besondere Beachtung. Diese sog. Pseudotuberkulosen treten hauptsächlich bei Nagetieren, aber z. B. auch bei Schafen auf. Die pathologisch-anatomischen Befunde haben vielfach große Ähnlichkeit mit beginnender Tuberkulose, wenn auch die Erreger vom Tuberkelbacillus leicht schon dadurch zu unterscheiden sind, daß sie nicht säurefest sind. Der Bacillus pseudotuberculosis rodentium, der für Mäuse, Meerschweinchen und Kaninchen hoch infektiös ist, ist ein kurzes, plumpes, im allgemeinen unbewegliches, gramnegatives Stäbchen, das im Gewebe oft als bipolares Stäbchen auftritt. Auf Agar bildet er üppige, grauweiße Kolonien, in Bouillon zeigt er Flockenbildung, oft auch schlierenförmige Fäden. Diese Eigenschaften trennen ihn naturgemäß unschwer von dem echten Tuberkelbacillus ab.

Schrifttum.

EICHBAUM: Erg. Hyg. 14, 82 (1933). — KÜSTER: KOLLE-KRAUS-UHLENHUTHs Handbuch der pathogenen Mikroorganismen, 3. Aufl. Bd. 5, S. 1037. 1928.

16. Der Leprabacillus.

Der Erreger des Aussatzes, der Leprabacillus, wurde schon im Jahre 1873 von ARMAUER-HANSEN entdeckt. Der Leprabacillus gehört wie der Tuberkelbacillus zu den säurefesten Bakterien. Doch ist diese Eigenschaft bei ihm nicht so ausgesprochen wie beim Tuberkelbacillus, vielmehr erfolgt häufig schon eine Färbung der Leprabacillen durch verhältnismäßig kurze (10 Minuten dauernde) Einwirkung gewöhnlicher wässeriger Farbstofflösungen, welche den Tuberkelbacillus in der Regel ungefärbt lassen.

Doch ist auf diese Unterschiede kein großer Wert zu legen. Im Zweifelsfalle läßt sich die Entscheidung, ob der eine oder der andere Erreger vorliegt, nur durch den Tierversuch erreichen. Das (für die intraperitoneale oder subcutane Einimpfung schon vereinzelter Tuberkelbacillen so hochempfängliche) Meerschweinchen verhält sich gegenüber der Infektion mit Leprabacillen selbst in größter Menge völlig refraktär. Auch die sonstigen Übertragungsversuche von menschlichem Lepramaterial auf Tiere, einschließlich menschenähnlicher Affen, und nach den verschiedensten Methoden haben bisher meist nur negative neben vereinzelten zweifelhaften Befunden geliefert. Ebensowenig ist bisher die künstliche Kultur der Leprabacillen sicher gelungen. Die neben zahlreichen negativen Ergebnissen von einigen Forschern erhobenen positiven Befunde von diphtheriebacillen- oder streptothrixähnlichen Formen haben sich bisher keine allgemeine Anerkennung zu verschaffen vermocht. Für die praktische Diagnose sind wir daher einzig und allein auf das mikroskopische Präparat angewiesen.

Die Lepra tritt beim Menschen in 2 Formen auf: als tuberöse und als makulo-anästhetische (nervöse) Form. Außerdem kommen Mischformen sowie Übergänge der einen Form in die andere, insbesondere die Umwandlung länger bestehender Erkrankung an tuberöser Lepra in die nervöse Form vor. Die tuberöse Form ist, wie der Name sagt, durch das Auftreten knotiger Krankheitsherde (Leprome), besonders im Gesicht, charakterisiert. Daneben kommen aber, wie bei der makulo-anästhetischen Form, auch pigmentierte und pigmentfreie Flecke sowie Verdickungen und Degenerationen der peripheren Nervenstämme mit Ausbildung von unempfindlich gewordenen Bezirken an der Haut zustande. Bei der nervösen Lepra beherrschen diese nervösen und trophischen Störungen das Krankheitsbild, während die Knoten fehlen. Bei beiden Formen ist sehr häufig, zuweilen sogar als erstes und einziges Krankheitssymptom, das Auftreten eines Geschwürs in der Nähe des vorderen Endes der mittleren Nasenmuschel, das wahrscheinlich als Primäraffekt der Lepra zu deuten ist. In diesem Geschwür, dessen Sekret meist dünnflüssig, eitrig oder von leimartiger Beschaffenheit ist, können in Ausstrichpräparaten die Leprabacillen meist in sehr großen Mengen, zum Teil in Häufchen und in Zellen eingeschlossen, nachgewiesen werden. Man versäume bei der Prüfung auf Lepraverdacht nie diese Untersuchung des Naseninneren, die eventuell durch Rhinoskopie erleichtert werden kann. Ebenso ist stets auf das Vorkommen verdächtiger Geschwüre in der Mund- und Rachenhöhle zu achten, die gleichfalls den Erreger in großen Mengen enthalten. Ferner sind Leprabacillen in allen anderen Krankheitsprodukten (Knoten, verdickte Nervenstämme) nachzuweisen, aber auch zuweilen in scheinbar ganz normalen Hautpartien. Auch im Blut sind Leprabacillen, insbesondere während der schubweise auftretenden Verschlimmerungen der Erkrankung, zu finden und liegen hier meist in Leukocyten eingeschlossen. Bei der tuberösen Form der Lepra kommen die Bacillen in der Regel in sehr großer Menge und charakteristischer Lagerung vor, während bei der makulo-anästhetischen Form nur vereinzelte Bacillen, häufig erst nach Durchmusterung zahlreicher Präparate, gefunden werden. In solchen Fällen empfiehlt sich die Anwendung des Antiforminverfahrens an excidierten Gewebsstückchen; doch darf das Antiformin wegen der geringeren Widerstandsfähigkeit des Leprabacillus höchstens in 10%iger Konzentration und mit $^1/_2$stündiger Einwirkungsdauer angewendet werden. Bei Fällen von tuberöser Lepra erlaubt die Massenhaftigkeit und charakteristische

Lagerung der Bacillen in den Lepraknoten meist ohne weiteres die bakteriologische Diagnose auf Grund von Ausstrich- oder besser Schnittpräparaten aus den erkrankten Hautpartien. Oft sind formlose, durch Konfluieren der Leprabacillen und ihrer Intercellularsubstanz entstandene Massen, die sog. *Globi*, nachweisbar, welche sich nach ZIEHL wie die typischen Leprabacillen färben. Falls die Untersuchung von verdächtigen Hautstellen sowie von der inneren Nase negativ ausfällt, ist eventuell von verdickten Nervenstämmen ein Stückchen zu excidieren und in Serienschnitten sowie nach der Antiforminmethode zu untersuchen.

Für diagnostische Zwecke ist früher und besonders in neuerer Zeit durch FICKER die Komplementbindungsreaktion unter Verwendung spezifischer und unspezifischer Antigene herangezogen worden. Die neueren Arbeiten scheinen auf erhebliche Fortschritte hinzudeuten, die aber noch des Ausbaues bedürftig sind.

Bei Ratten tritt eine Spontanerkrankung auf, die eine gewisse Ähnlichkeit mit dem menschlichen Aussatz hat und deshalb auch als Rattenlepra bezeichnet wird. Sie verläuft klinisch als Drüsenerkrankung oder als Hautmuskelform, bei der sich abgesehen von den Drüsenschwellungen unter Ausfall der Haare in der Haut bis bohnengroße Knoten entwickeln, in deren Umgebung die Muskeln weißlich und zerreißbar sind. Der Bacillus dieser sog. Rattenlepra ist dem Leprabacillus ähnlich. Die Übertragung der Krankheit von Ratte zu Ratte mit bacillenhaltigem Material gelingt meist, auch auf die Maus ist eine Übertragung möglich. Sichere Übertragungen der Rattenlepra auf den Menschen sind noch nicht beschrieben.

IV. Pathogene Vibrionen.
Vibrio cholerae asiaticae.

Der einzige für den Menschen pathogene Vibrio ist der Choleravibrio, der als Erreger der asiatischen Cholera von R. KOCH im Jahre 1883 in Ägypten und Indien anläßlich der nach diesen Ländern vom Deutschen Reiche entsandten wissenschaftlichen Mission entdeckt wurde und seitdem in allen seither beobachteten Choleraepidemien unabhängig von Örtlichkeit und Jahreszeit stets mit den gleichen typischen Eigenschaften wieder gefunden worden ist. Der Choleravibrio, oft auch als Cholerabacillus oder Kommabacillus bezeichnet, ist ein gekrümmtes Stäbchen (vgl. Abb. 39) oder stellt vielmehr einen Abschnitt aus einer Schraubenwindung dar, an der man oft noch selbst beim einzelnen Vibrio das Vorhandensein einer Krümmung in zwei aufeinander senkrechten Ebenen feststellen kann. In etwas älteren Kulturen wächst er zu langen Spirillen mit zahlreichen Windungen aus. Gestalt und Größe sind bei verschiedenen Stämmen wechselnd. Es gibt einerseits kurze, plumpe, ei- oder nierenförmige Varietäten, andererseits längere, schlanke, fast stäbchenförmige Spielarten, an denen die Krümmung kaum eben noch angedeutet ist. Immer aber hat der Choleravibrio nur eine Geißel, die an einem Pol angeheftet ist. Dieses Verhalten ist so regelmäßig, daß der Befund mehrfacher Geißeln bei einem zu untersuchenden Vibrio ohne weiteres die Diagnose Cholera ausschließt. Der Choleravibrio zeigt eine überaus lebhafte Eigenbewegung. Das Bild, das man im hängenden Tropfen zu sehen bekommt, wird treffend mit dem eines tanzenden Mückenschwarmes verglichen.

Der Choleravibrio färbt sich leicht mit den gebräuchlichen Anilinfarben, am besten mit verdünntem Fuchsin, und nimmt die GRAMsche Färbung nicht an. Er bildet keine Sporen und zeigt äußeren schädigenden Einwirkungen gegenüber nur eine sehr geringe Widerstandsfähigkeit. Insbesondere ist er sehr empfindlich gegen Säuren und Austrocknung, so daß seine Verbreitung durch trockenen Staub ausgeschlossen ist. Auch gegen höhere Wärmegrade ist er sehr empfindlich und wird schon durch eine nur wenige Minuten dauernde Erwärmung auf 56⁰ C abgetötet. Entsprechend seiner ursprünglichen Herkunft aus tropischen Gewässern (Gangesdelta) vermag er bei Temperaturen unter 20⁰ C nicht mehr zu gedeihen, bewahrt aber noch nach längerem Aufenthalt bei niederer Temperatur und selbst bei starker Winterkälte seine Lebensfähigkeit. Sein Wachstumsoptimum liegt bei 35—37⁰ C; schon oberhalb 38⁰ C tritt sehr bald Entwicklungshemmung ein. Der Choleravibrio vermag nur bei direktem Luftzutritt zu gedeihen und sammelt sich in flüssigen Nährböden an der Oberfläche an, wo es infolge des durch den Sauerstoffzutritt begünstigten reichlichen Wachstums oft zur Bildung eines feinen,

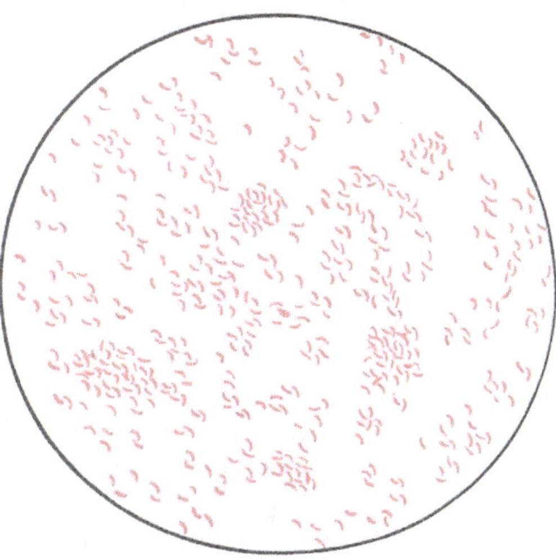

Abb. 39. Vibrio cholerae asiat. Reinkultur. (Färbung mit verd. Carbolfuchsin.) (Vergr. 1 : 500.)

mit bloßem Auge eben noch sichtbaren Häutchens kommt. Als ursprünglicher Wasserbewohner begnügt sich der Choleravibrio mit sehr verdünnter Nährlösung. So empfindlich der Choleraerreger gegen Säuren ist, so widerstandsfähig zeigt er sich andererseits gegen starken Überschuß von Alkali. Sein Wachstumsoptimum liegt sogar schon bei einer so hohen Alkalescenz des Nährbodens (3 ccm einer 10%igen Lösung von krystallisiertem Na_2CO_3 auf 100 ccm lackmusneutralen Nährboden), wobei die meisten anderen Bakterien nicht mehr oder doch nur kümmerlich gedeihen können. Diese biologischen Eigentümlichkeiten des Choleravibrio (Wachstum in sehr verdünnter und stark alkalischer Nährflüssigkeit, starkes Sauerstoffbedürfnis) macht man sich bei der Züchtung zunutze und hat insbesondere in dem Peptonwasser einen für Choleravibrionen in hohem Grade elektiven Nährboden geschaffen, in welchem die meisten anderen Bakterien nur kümmerlich, die Choleravibrionen dagegen sehr üppig gedeihen, so daß es möglich ist, mit diesem Anreicherungsverfahren selbst vereinzelte Vibrionen aus Bakteriengemischen binnen weniger Stunden herauszuzüchten. Die Choleravibrionen sammeln sich an der Oberfläche dieser Nährlösung und können, dank ihrer intensiven Vermehrung, schon 6—8 Stunden nach der Einsaat mikroskopisch und durch Verimpfung auf andere Nährböden nachgewiesen werden.

Das Peptonwasser wird folgendermaßen bereitet: Man hält sich eine konzentrierte, vor dem Gebrauch mit der 10fachen Menge abgekochten Leitungswassers
zu verdünnende Peptonwasserlösung steril in Kolben vorrätig, die in 100 Teilen
Wasser 10 g Pepton sicc. (WITTE), 10 g NaCl uud 0,1 g KNO_3 enthält, letzteres
zwecks Nachweises der Bildung von Nitriten, welche durch die reduzierende Wirkung des Choleravibrio gebildet werden. Dieser Nachweis wird, gleichzeitig mit
denjenigen des ebenfalls vom Choleravibrio gebildeten Indols, in Form der sog.
Nitrosoindol- oder Cholerarotreaktion geführt. Auf Zusatz von einigen Tropfen
verdünnter Schwefel- oder Salzsäure erfolgt Rotfärbung. Konzentrierte Säure
soll man zur Anstellung dieser Reaktion nicht verwenden, da sie durch die bei der
Zersetzung von organischen Substanzen erfolgende Braunfärbung die Reaktion
stören oder vortäuschen kann.

Unter den übrigen für die Züchtung des Choleravibrio verwendeten
Nährböden sind folgende zu nennen, die sich praktisch besonders bewährt haben:

Gelatine und Agar werden wie üblich, doch mit dem oben genannten, dem
Wachstumsoptimum des Choleravibrio entsprechenden Zusatz von Alkali verwendet. Auf Gelatineplatten bildet der Choleravibrio Kolonien von überaus charakteristischem Aussehen, die schon nach 24 Stunden bei 22⁰ C in Form kleinster,
eben nur mit dem bloßen Auge sichtbarer Pünktchen erkennbar werden, und bei
schwacher Vergrößerung unter dem Mikroskop einen unregelmäßigen Rand und
ein höckeriges, stark glänzendes Aussehen (wie aus Glasbröckchen zusammengesetzt) zeigen; im weiteren Verlauf bildet sich um die hellglänzende Kolonie ein
durch Verflüssigung der Gelatine entstehender Hof oder Trichter. Dieses Merkmal
kommt auch in dem typischen Aussehen der Gelatinestichkultur zur Geltung. Die
Verflüssigung dieses Nährbodens geht beim Choleravibrio (im Gegensatz zu manchen
saprophytischen Vibrionen) ziemlich langsam vor sich. In den ersten 24—48 Stunden
zeigt nur der obere Teil der Stichkultur einen Verflüssigungskelch, während in der
Tiefe das Wachstum nur entlang dem Impfstich ohne Verflüssigung erfolgt ist.
Trotz des so überaus charakteristischen Aussehens der Cholerakolonien in Gelatine
ist man doch in den letzten Jahren von der Verwendung dieses Nährbodens zur
praktischen Choleradiagnose abgekommen, weil wir heute im Besitze von Methoden
sind, die schneller und zuverlässiger arbeiten. Hier sind zunächst die Agarplatten
zu nennen, auf denen der Choleravibrio bei Oberflächenaussaat in Form von
flachen, etwa 2—3 mm im Durchmesser großen Kolonien von durchsichtigem,
bei auffallendem Lichte bläulich opalescent erscheinenden Aussehen wächst.

Von weitaus stärkerer elektiver Wirkung auf die Choleravibrionen
als die soeben genannten stark alkalischen Gelatine- und Agarnährböden
sind die folgenden beiden Nährmedien nach DIEUDONNÉ und ARONSON:

Der *Nährboden nach* DIEUDONNÉ wird folgendermaßen bereitet: Defibriniertes
Rinderblut wird mit der gleichen Menge Normalkalilauge (etwa 6% Ätzkali enthaltend) vermischt und $^1/_2$ Stunde im strömenden Dampfe sterilisiert: von dieser
Blutalkalilösung, die mehrere Monate haltbar ist, werden je 30 Teile mit je 70 Teilen
lackmusneutralem Agar vermischt, in Schalen ausgegossen und $^1/_2$ Stunde im
Brutschrank offen stehend getrocknet. Der Nährboden ist aber erst nach 24 Stunden
brauchbar, da vorher infolge starker Ammoniakentwicklung Wachstumshemmung
eintritt. Die fertigen DIEUDONNÉ-Platten sind 8—10 Tage brauchbar. Zwecks Herstellung eines sofort gebrauchsfertigen DIEUDONNÉ-Agars empfiehlt LENTZ, vom
Blutalkaligemisch und vom Neutralagar je ein Trockenpulver herzustellen und
diese im Augenblick des Bedarfs zu DIEUDONNÉ-Platten zu verarbeiten. Auf dem
DIEUDONNÉschen Nährboden wachsen außer dem Choleraerreger und den choleraähnlichen Vibrionen nur wenige andere Bakterien. Die Cholerakolonien sind schon
nach 10—12 Stunden in Form flacher durchsichtiger Scheibchen sichtbar.

Noch bequemer für den praktischen Gebrauch ist der von ARONSON angegebene
Nährboden, der nach dem Prinzip des Endoagars (vgl. im Kap. Typhus) zusammengesetzt ist, jedoch statt Milchzucker Rohrzucker und Dextrin enthält und durch

seine starke Alkalescenz in hohem Grade elektiv für Choleravibrionen wirkt. Dieser Nährboden wird folgendermaßen hergestellt: Auf 100 ccm flüssigen Neutralagars kommen 6 ccm einer 10%igen Lösung von Natr. carbon. sicc. Nach einer 15 Minuten dauernden Sterilisation im strömenden Dampf (wobei der Nährboden bräunlich verfärbt und getrübt wird) erfolgt Zusatz von 5 ccm 20%iger Rohrzuckerlösung, 5 ccm 20%iger Dextrinlösung, 0,4 ccm gesättigter alkoholischer Fuchsinlösung und 2 ccm 10%iger Natriumsulfitlösung. Nach Absetzen des Niederschlages werden Platten gegossen, die vor dem Gebrauch etwa 2 Stunden im Brutschrank zu trocknen sind. Die Platten dürfen nicht dem Tageslicht ausgesetzt sein, da sonst der ursprünglich hellbräunliche Nährboden sich rot verfärbt. Die Cholerakolonien sind binnen 15—20 Stunden auf dem ARONSONschen Nährboden in Form leuchtend roter Scheiben mit ganz schmaler farbloser Randzone erkennbar. Die praktischen Ergebnisse sind vortrefflich, da man wegen der leichten Auffindung selbst vereinzelter Cholerakolonien sehr große Mengen von Stuhlgang zur Aussaat bringen kann.

Das elektive Verhalten dieser Nährböden erstreckt sich nicht nur auf den Choleravibrio allein, sondern auch auf zahlreiche, ihm nahe verwandte saprophytische Vibrionen, wie sie in verunreinigtem Wasser vorkommen, aber auch, mit dem Wasser vom Menschen aufgenommen, in den menschlichen Darmentleerungen sich finden können. Diese Möglichkeit besteht besonders im heißen Sommer und noch mehr im heißen Klima, wo nichtspezifische Vibrionen im Stuhl viel häufiger gefunden werden als in Mitteleuropa. Viele dieser Vibrionen sind von dem echten Choleraerreger weder durch ihre Gestalt noch durch ihre Kulturmerkmale zu unterscheiden. Bei manchen choleraähnlichen Vibrionen gibt allerdings z. B. ihr pathogenes Verhalten gegenüber Tauben (Vibrio METSCHNIKOFF) oder die Phosphorescenz ihrer Kulturen oder das Vorhandensein mehrfacher Geißeln sowie die schnelle Verflüssigung der Gelatine u. dgl. die Möglichkeit ihrer Unterscheidung vom Choleravibrio.

Absolut zuverlässige Entscheidung liefern aber in jedem Falle die spezifischen Serumreaktionen, sei es im PFEIFFERschen Versuch oder durch die Agglutinationsprobe mit Auswertung bis zur Titergrenze unter Anwendung hochwertiger zuverlässiger Immunsera, wie sie z. B. vom Institut „ROBERT KOCH" in Berlin sowie von den verschiedenen Seruminstituten erhältlich sind. Über die Ausführung dieser spezifischen Immunitätsreaktionen vgl. im Kap. E des allgemeinen Teils (S. 80). Für die Agglutination sind Kulturen, die jünger als 16 Stunden sind, nicht zu verwerten, da sie häufig spontane Agglutination schon in Kochsalzlösung zeigen oder andererseits vorübergehend inagglutinabel sein können.

Bevor wir an Hand der für das Wachstum des Choleraerregers erkannten Bedingungen an die praktische Choleradiagnose herantreten, müssen wir uns das Verhalten des Choleravibrio im infizierten menschlichen Körper klar machen. Der Choleravibrio ist spezifisch an die Schleimhaut des Dünndarms angepaßt, in welcher er eine ausgedehnte Epithelinfektion hervorruft und auch bis in die Tiefe der Drüsen vordringt, wo er in Schnitten durch die Darmwand in charakteristischer Lokalisation sichtbar gemacht werden kann. Dagegen ist der Choleravibrio nur selten im Blut und in den übrigen Organen des Körpers nachzuweisen. So kommt es, daß von den Ausscheidungen des Cholerakranken nur der Stuhl, seltener das Erbrochene (da die Choleravibrionen hier durch die Magensäure geschädigt werden) den Erreger enthalten.

Die Ansiedlung des Choleravibrio im Darm wird begünstigt, wenn das Darmepithel durch äußere Schädigungen in seiner Widerstandsfähigkeit herabgesetzt ist. Je nach dem Grade der Widerstandsfähigkeit bzw. Empfänglichkeit des Organismus kann die Choleraerkrankung klinisch in sehr verschiedenem Grade ausgebildet sein: in den leichtesten Fällen beschränkt sich das Krankheitsbild auf einfachen Durchfall (Choleradiarrhöe), der als prämonitorische Diarrhöe auch das schwere Krankheitsbild (Stadium algidum) mit seinen teils durch die Wasserverarmung infolge der massenhaften dünnflüssigen Ausscheidungen, teils durch Giftwirkung zustande kommenden Erscheinungen (Anurie, Muskelkrämpfe, Stimmlosigkeit, allgemeiner Kräfteverfall) einleiten kann. Die Giftwirkung des Choleravibrio ist unmittelbar an seine Leibessubstanz gebunden. In den Kulturen gelingt es nicht (oder doch nur ausnahmsweise bei atypischen Stämmen) lösliche Gifte nachzuweisen. Dagegen lassen sich mit den vorsichtig (durch Chloroform) abgetöteten Bacillenleibern dieselben Vergiftungserscheinungen im Tierversuch auslösen wie mit den lebenden Kulturen. Diese dem Plasma selbst anhaftenden Giftstoffe, welche zum Unterschied von den eigentlichen löslichen Toxinen (wie bei Diphtherie und Tetanus) von R. Pfeiffer als Endotoxine bezeichnet sind, werden offenbar aus den in die Darmschleimhaut eingedrungenen Choleravibrionen resorbiert. Im Tierversuch läßt sich eine dem menschlichen Choleraprozeß analoge Erkrankung der Dünndarmschleimhaut mit nachfolgender allgemeiner Vergiftung des Körpers in mehrfacher Weise hervorrufen. Zuerst gelang dies R. Koch bei Meerschweinchen durch Einbringung der Cholerakultur mittels Schlundsonde nach vorangegangener Neutralisation des sauren Magensaftes mit Sodalösung und Herabsetzung der Widerstandsfähigkeit des Darmes mittels Darreichung von Opiumtinktur. Eine natürliche Cholerainfektion vom Munde aus wie beim Menschen gelingt bei säugenden Kaninchen. Bei diesen Tieren kommt die charakteristische Darmcholera übrigens auch nach intravenöser Injektion der Choleravibrionen zustande, die sich dann in der Dünndarmschleimhaut als am Orte ihrer elektiven Anpassung ansiedeln. Ein ganz besonderes Krankheitsbild entsteht nach intraperitonealer Injektion beim Meerschweinchen, indem hier der Infektionsprozeß ganz zurücktritt und bei Injektion von einer die Dosis letalis minima nicht wesentlich übersteigenden Kulturmenge eine Vermehrung der eingespritzten Vibrionen überhaupt ausbleiben und von vornherein unter gleichzeitigem Zugrundegehen der Vibrionen in der Bauchhöhlenflüssigkeit und Resorption der dadurch frei werdenden Endotoxine der Vergiftungsprozeß einsetzt. Die intraperitoneale Cholerainfektion des Meerschweinchens ist also nicht der ganzen menschlichen Choleraerkrankung, sondern nur ihrer zweiten Phase, dem auf Giftwirkung beruhenden Stadium algidum, analog.

An der ursächlichen Bedeutung des Choleravibrio für die menschliche Choleraerkrankung ist um so weniger ein Zweifel möglich, als eine ganze Reihe von Fällen vorliegt, in denen durch Selbstinfektion mit Laboratoriumskulturen, teils beabsichtigt, teils unabsichtlich, mehr oder minder schwere Choleraerkrankungen, ja sogar mit tödlichem Ausgang zustande gekommen sind, und das zu einer Zeit, in der das Land frei von Cholera war, andere menschliche Cholerafälle als Ansteckungsursachen also nicht in Betracht kommen konnten.

Neben der klinisch manifesten Choleraerkrankung kommt beim Menschen auch häufig eine latente Cholerainfektion vor. Im einzelnen Falle ist es praktisch oft unmöglich zu entscheiden, ob ein positiver Befund von Choleravibrionen im Stuhl eines Menschen als Ausdruck einer klinischen Erkrankung oder als latente Infektion gedeutet werden muß, da die klinische Erkrankung selbst, wie bereits erwähnt, in außerordentlich leichter Form verlaufen kann, so daß der Befallene sich gar nicht bewußt ist, an Cholera erkrankt zu sein. Solche leichtesten (ambulanten) Fälle sind natürlich gleichfalls ansteckend und für die Verbreitung der Seuche um so gefährlicher, als sie der Kontrolle gänzlich entgehen. Andererseits kann ein Befund von Choleravibrionen im Stuhl eines scheinbar Gesunden auch von einer vorangegangenen klinischen Erkrankung herrühren, da der Erreger sich im Stuhl oft 1—2 Wochen nach scheinbar erfolgter völliger Genesung erhält. Eine über viele Wochen oder Monate sich hinziehende Ausscheidung beim Rekonvaleszenten ist aber im Gegensatz zum Unterleibstyphus sehr selten und echte Dauerausscheider kommen, soweit bekannt, bei Cholera überhaupt nicht vor. Dagegen findet sich bei der Cholera unzweifelhaft eine zeitweilige, binnen weniger Tage vorübergehende latente Infektion ohne jeden Erkrankungsprozeß. Solche Zwischenträger trifft man natürlich nur nach stattgehabtem Kontakt mit Cholerakranken und meist nur in ihrer unmittelbaren Umgebung an.

Neben dem erkrankten oder latent infizierten Menschen kommen als Ansteckungsquellen für Cholera noch infiziertes Wasser und infizierte Nahrungsmittel, insbesondere Milch, in Betracht, da der Choleravibrio im Wasser sowie auf Nahrungsmitteln einige Zeit sich lebensfähig zu erhalten und bei günstigen Umständen sogar sich zu vermehren vermag. Der Nachweis des Choleravibrio im Wasser ist in einer Reihe von Fällen vollkommen einwandfrei gelungen; über die Ausführung vgl. weiter unten. Die durch Trinkwasser und in ähnlicher Weise die durch Milch verursachten Choleraepidemien sind epidemiologisch von den weitaus häufigeren Kontaktepidemien unterschieden. Im ersteren Falle bedingt das Vorhandensein einer allgemeinen Ansteckungsquelle, von der aus gleichzeitig massenhafte Infektionen ausgehen, ein explosives Auftreten der Epidemie, während im zweiten Falle, wo jede einzelne Erkrankung in ihrer Umgebung eine Reihe von anderen Ansteckungsquellen schafft, es zu einer langsameren Entwicklung der Epidemie und zur Ausbildung zusammengehöriger Kontaktketten kommt.

Betreffs aller Einzelheiten der Choleradiagnose sei auf die ausführliche amtliche Anweisung des Bundesrats vom 9. Dezember 1915 verwiesen.

Die wesentlichsten Grundzüge der Choleradiagnose lassen sich wie folgt in Kürze darlegen und begründen.

Als Untersuchungsmaterial dient der Stuhlgang, weniger geeignet ist das Erbrochene (vgl. oben). Ist im Augenblick der klinischen Untersuchung gerade kein Stuhlgang erhältlich, so kann man sich solchen leicht durch ein Glycerinsuppositorium verschaffen. Dies gilt insbesondere für Massenuntersuchungen zwecks Ermittlung latent infizierter Personen in der Umgebung eines Cholerakranken. Am besten ist es, stets ganz frisch entleerten Stuhlgang zur Untersuchung zu verwenden und jedenfalls sich zu vergewissern, daß der etwa in einem Gefäß bereits seit einiger Zeit gestandene Stuhlgang nicht mit einem Desinfiziens versetzt worden war, da bekanntlich die Choleravibrionen sehr leicht absterben. Letzteres ist schon in länger gestandenem Kot zu befürchten, besonders wenn er in ammoniakalische Gärung übergegangen war. Die Entnahme von Darminhalt aus der Choleraleiche mittels einer in den After eingeführten Sonde od. dgl. ist nicht zu empfehlen, da im Dickdarm und im Rectum der Leiche die Choleravibrionen infolge der saueren Reaktion des Darminhaltes oder durch Überwucherung durch Fäulnisbacillen zugrunde gegangen sein können. Von der Leiche entnimmt man am besten eine kleine, etwa 10 cm lange Darmschlinge, am besten aus dem unteren Teile des Dünndarms. Hierzu genügt ein ganz kleiner, nur wenige Zentimeter langer Einschnitt. Die Versendung des choleraverdächtigen Materials an die nächste Untersuchungsstelle erfolgt mittels der hierzu bei den beamteten Ärzten oder in den Apotheken vorrätig gehaltenen besonderen Versandgefäße, die ein geeignetes gut verschließendes Glasgefäß in einer dauerhaften hölzernen Verpackung enthalten. Der Versand soll möglichst schnell (durch Eilboten) erfolgen und ist drahtlich vorher anzuzeigen. — Für die Feststellung abgelaufener Cholerafälle dient die im Kap. E des allgemeinen Teils (S. 81) beschriebene serologische Untersuchung einer Blutprobe der auf Cholera verdächtigen Person. Die Blutprobe ist im Notfall nach Art der zu der WIDALschen Reaktion bei Typhus benötigten, durch Einstich in das Ohrläppchen oder die Fingerbeere, besser allerdings, da eine etwas größere Menge (1—2 ccm) erwünscht ist, durch Schröpfkopf oder Venenpunktion zu entnehmen.

Zur bakteriologischen Choleradiagnose gehören:

1. Das *Originalpräparat:* Dieses gibt die besten Aussichten für die Auffindung von Choleravibrionen, wenn es aus einer Schleimflocke, wie solche in typischen wässerigen Cholerastühlen (sog. Reiswasserstühlen) massenhaft vorkommen, angelegt wird. Man findet dann häufig die

Choleravibrionen fast allein und in einer sehr charakteristischen Anordnung („Fischzüge“), die zwar für Cholera nicht absolut beweisend
ist, aber doch die Diagnose Cholera sehr wahrscheinlich macht und zur
Abgabe der Erklärung auf dringenden Verdacht für Cholera berechtigt.
Häufig aber wird ein solcher typischer Befund im Cholerastuhl vermißt,
insbesondere wenn es sich nicht um schleimig-wässerige, sondern um
fäkulente Massen handelt.

Man findet dann inmitten eines bunten Gemisches der verschiedensten Darmbakterien eine mehr oder minder große Anzahl gekrümmter Formen. Selbstverständlich beweist die Abwesenheit solcher nichts gegen die Diagnose Cholera,
wie andererseits vereinzelte saprophytische Vibrionen oft auch im normalen Stuhlgang vorkommen. Eines merkwürdigen Nebenbefundes sei hier noch kurz gedacht:
Öfters finden sich im Stuhl feinste Spirochäten, die in manchen Fällen und gerade
in typischen Cholerastühlen zu dichten Massen, ähnlich Geißelzöpfen, miteinander
verflochten sind und übrigens mit dem Choleraprozeß ursächlich nichts zu tun
haben.

2. *Originalplattenkulturen* werden direkt aus dem Stuhl auf einem der
oben beschriebenen elektiven Nährböden (alkalische Gelatine, alkalischer
Agar, DIEUDONNÉsche oder ARONSONsche Nährboden) angelegt. Man
unterlasse niemals die Anlegung dieser Originalplatten, da sie über das
quantitative Verhältnis, in welchem die etwa gefundenen Vibrionen im
Stuhl vorhanden waren, guten Aufschluß geben, während das sogleich
zu besprechende Anreicherungsverfahren hierüber nichts aussagt, sondern
— ob wenige oder viele Vibrionen im Ausgangsmaterial vorhanden waren
— stets eine große Zahl von Vibrionen zur Entwicklung kommen läßt.

In einem allerdings bisher recht selten beobachteten Fall, dessen mögliches Vorkommen aber nicht außer acht gelassen werden sollte, könnte das Ergebnis der
Originalplatten allein unter Umständen auf den richtigen Weg führen, nämlich dann,
wenn inagglutinable (serumfeste) echte Choleravibrionen vorliegen würden. In
diesem Falle würde die große Zahl der bereits direkt aus dem Stuhl aufgegangenen
Vibrionenkolonien, selbst trotz fehlender Agglutination, den Verdacht auf Cholera
erwecken und zu weiteren Untersuchungen (aktive Immunisierung eines Kaninchens
und Prüfung des reziproken Verhaltens des so gewonnenen Serums gegenüber
einer echten Cholerakultur) anregen.

Bei schweren akuten Nahrungsmittelvergiftungen (Bacillus enteritidis
Breslau oder Gärtner) wird gelegentlich der Verdacht auf Cholera ausgesprochen und dadurch die gesetzlich vorgeschriebene Untersuchung
auf Cholera veranlaßt. Es empfiehlt sich daher stets, vor allem bei
Untersuchungen in Mitteleuropa bei Verdacht auf Cholera, gleichzeitig
auch DRIGALSKI-Platten und die Anreicherungsnährböden zu beimpfen,
um etwa vorhandene Bakterien der Typhus-, Paratyphus-, Ruhrgruppe
mit zu erfassen und die irrtümlich gestellte Choleradiagnose richtig zu
stellen.

3. Das *Anreicherungsverfahren mittels Vorkultur in Peptonwasser*
ist für den Nachweis vereinzelter Vibrionen die weitaus empfindlichste
und allen anderen Züchtungsverfahren überlegene Methode, die daher,
um Zeit zu gewinnen, zu allererst, selbst vor Anlegung des Original-
präparates, ausgeführt werden sollte. Eine weitere Beschleunigung des
Verfahrens, die besonders bei den ersten Fällen einer Epidemie für die
rechtzeitige Diagnose wünschenswert ist, läßt sich dadurch erreichen,
daß man die Einsaat des choleraverdächtigen Materials in das bereits
auf Bruttemperatur angewärmte Peptonwasser vornimmt. Je größer

die eingesäte Menge von Untersuchungsmaterial ist, desto größer sind natürlich die Aussichten auf Erfolg, selbst vereinzelte Choleravibrionen nachweisen zu können. Wo man daher mit der Wahrscheinlichkeit eines sehr spärlichen Vorkommens der Choleravibrionen zu rechnen hat, z. B. in stark fauligem Material oder bei der Untersuchung auf Bacillenträger, bringt man 1—2 Eßlöffel des Stuhlgangs in etwa $^1/_4$—$^1/_2$ l Peptonwasser in ERLENMEYER-Kolben, wobei darauf zu achten ist, daß der Kolben nur zum Teil gefüllt wird, um eine möglichst große Oberfläche der Kulturflüssigkeit zu haben, an der sich die Vibrionen infolge ihres Sauerstoffbedürfnisses ansammeln können. Für die Untersuchung klinischer Fälle werden im allgemeinen 2 mit je 5 ccm beschickte Reagensgläser genügen, in die je 1—2 Ösen des Stuhls, wenn möglich Schleimflocken, eingesät werden. Bei ersten Fällen besäe man aber stets mindestens 2 Kölbchen zu je 25—50 ccm und 6 Röhrchen, wobei man Sorge trägt, das Material aus möglichst verschiedenen Stellen der eingesandten Proben zu entnehmen. Die Untersuchung der Peptonwasserkulturen erfolgt das erste Mal 6—8 Stunden nach der Aussaat und bei negativem Ausfall das zweite Mal nach 24 Stunden. Bleiben diese beiden Untersuchungen negativ, d. h. werden in gefärbten Ausstrichpräparaten und im hängenden Tropfen keine Vibrionen gefunden, so ist der Schluß berechtigt, daß in der eingesandten Probe keine Choleravibrionen vorhanden waren. Es gibt wohl kaum eine andere Methode in der Bakteriologie, derem negativen Ausfall eine solche entscheidende Bedeutung beizulegen wäre. Der positive Befund von Vibrionen in der Peptonwasservorkultur beweist nun aber noch keineswegs mit Sicherheit, daß es sich um echte Choleravibrionen handelt, da ebenso wie diese auch choleraähnliche Vibrionen im Peptonwasser zur Anreicherung gelangen. Der positive Befund im Peptonwasser gestattet höchstens den Verdacht auszusprechen, daß Cholera vorliegt. Eine sichere Entscheidung ist erst möglich, nachdem die im Peptonwasser gefundenen Vibrionen auf festen Nährböden gezüchtet und mit Hilfe der spezifischen Immunitätsreaktionen als echte Choleravibrionen identifiziert worden sind. In den ersten Fällen einer Epidemie ist sowohl die Agglutination (und zwar mit quantitativer Austitrierung bis zur Titergrenze) als auch der PFEIFFERsche Versuch auszuführen. In späteren Fällen, insbesondere inmitten einer großen Epidemie, genügt die Prüfung auf spezifische Agglutination (eventuell nur als orientierende Agglutinationsprobe auf dem Objektträger), wobei aber Kontrollen in Kochsalzlösung und Normalserum (in mindestens 10fach höherer Konzentration als das Immunserum) niemals fehlen dürfen. Bei der Durchmusterung der Kulturplatten (sei es der Originalkulturen oder der aus dem Peptonwasser angelegten) achtet man in erster Linie natürlich auf die typischen Kolonien. Wenn aber solche fehlen, trotzdem in der Peptonwasservorkultur Vibrionen mikroskopisch nachgewiesen worden waren, so fertige man auch von den scheinbar atypischen Kolonien mikroskopische Präparate an, da infolge von Varietätenbildung der Choleravibrio zuweilen in verschiedenen Kolonieformen wächst, wie solche auf Gelatine als „hell" und „trübe" (KOSSEL, KOLLE) sowie in Form undurchsichtiger Kolonien auf Agar von BAERTHLEIN beschrieben worden sind.

Nach den umfassenden Untersuchungen von W. KOLLE, E. GOT-SCHLICH, HETSCH, LENTZ und OTTO ist die Spezifität und Einheitlichkeit des Choleravibrio sehr scharf ausgesprochen. Das Choleraproblem wurde jedoch in mikrobiologischer und epidemiologischer Hinsicht erheblich kompliziert, als von F. GOTSCHLICH bei Mekkapilgern ohne klinische Cholerasymptome die El-Tor-Vibrionen isoliert wurden.

Nach den Studien über diese abweichenden Stämme, die El-Tor-Vibrionen, sollen sie sich vom normalen Typus des Choleravibrio durch ihre hämolytische Wirkung und durch die Bildung eines löslichen, akut wirkenden Toxins unterscheiden (R. KRAUS). Da aber analoge Abweichungen vom normalen Typus auch bei zweifellos echten Choleravibrionen aus einwandfreien klinischen Choleraerkrankungen gefunden worden sind, so können diese Anomalien keine Artverschiedenheit begründen. Die eingehenden Untersuchungen von E. und F. GOTSCHLICH, GAFFKY, KOLLE und MEINICKE sowie NEUFELD und HÄNDEL zeigen, daß die El-Tor-Vibrionen alle Eigenschaften des echten Choleravibrio besitzen. Sie werden ebenso wie echte Cholerakulturen durch ein hochwertiges Choleraimmunserum bis zur Titergrenze agglutiniert und auch im PFEIFFERschen Versuch wie die echten Choleravibrionen aufgelöst. Die aus ihnen hergestellten Immunsera verhalten sich wie echte Cholerasera.

Wenn auch bezüglich der Cholera-El-Tor-Frage noch nicht alle Forscher zu einer einheitlichen Stellungnahme gelangt sind, dürfte man doch im allgemeinen der Ansicht sein, daß es sich bei diesen Keimen um avirulente sowie durch Mutation oder Anpassung bei längerem Aufenthalt in Keimträgern atypisch gewordene Choleravibrionen handelt (E. und F. GOTSCHLICH). Zu dem gleichen Ergebnis kommen letzten Endes UHLENHUTH und ZIMMERMANN bei ihren neueren Untersuchungen über das Hämolysierungsvermögen der Cholera- und El-Tor-Vibrionen auf der Blutagarplatte. Man ist in der Praxis zweifellos gezwungen, jeden El-Tor-Vibrionenträger als choleraverdächtig zu bezeichnen.

Viele Autoren haben sich in den letzten Jahren mit der Frage beschäftigt, ob nicht verschiedene Typen des echten Choleravibrio vorkommen (vgl. die zusammenfassende Darstellung bei M. GUNDEL). Alle diese Studien, vor allem von japanischen Autoren, zeigen, daß man offenbar eine gewisse Typendifferenzierung durchführen kann, daß aber diesen Typen in praktischer Hinsicht und insbesondere für epidemiologische Fragen bisher keine wesentliche Bedeutung zukommt.

Die *Untersuchung verdächtigen Wassers* auf das Vorhandensein von Choleravibrionen erfolgt mittels des Peptonwasserverfahrens und der daran anschließenden kulturellen und serologischen Untersuchung, wie oben beschrieben. Da in verunreinigtem Wasser choleraähnliche Vibrionen fast ein regelmäßiger Befund sind, so ist bei dieser Diagnose stets mit besonderer Vorsicht zu verfahren und unter allen Umständen der PFEIFFERsche Versuch mit heranzuziehen.

Andere Untersuchungsverfahren auf Cholera sind entbehrlich; dies gilt sowohl von der Prüfung der verdächtigen Kolonien auf Hämolysinbildung auf Platten mit Blutzusatz (nach R. KRAUS sollen echte Choleravibrionen nie Hämolysine bilden, was aber keineswegs ausnahmslos gilt), als auch von den mit Zusatz von spezifischem Serum zum Ausgangsmaterial und Beobachtung der Agglutination im hängenden Tropfen in der Peptonwasserkultur (DUNBAR, BANDI) arbeitenden sog. Schnelluntersuchungsverfahren. Die vollständige bakteriologische Cholerauntersuchung einschließlich des PFEIFFERschen Versuchs dauert vom Eintreffen des Untersuchungsmaterials bis zur endgültigen Feststellung höchstens 48 Stunden, in der Regel nur etwa 30 Stunden. Der negative Befund ist mit Sicherheit binnen spätestens 24 Stunden abzugeben. Die bakteriologische Choleradiagnose ist in der Hand des Geübten — und nur von solchen sollte ein so verantwortliches Urteil abgegeben werden — eine der am sichersten und promptesten arbeitenden bakteriologischen Methoden. Sollte trotz negativen bakteriologischen Befundes der klinische Verdacht auf Cholera dennoch fortbestehen oder gar das epidemiologische Verhalten (Gruppenerkrankungen, Kontaktketten) diesen Verdacht noch bestärken, so ist zunächst die Untersuchung zu wiederholen und dabei auch gleichzeitig auf die Möglichkeit einer andersartigen spezifischen Infektion, insbesondere von Paratyphus und Enteritis, zu achten und der eingesandte Stuhl in dieser Richtung zu untersuchen (vgl. die Kap. Paratyphus und Enteritis).

Schrifttum.

GOTSCHLICH, E.: Handbuch der Hygiene, Bd. 3, S. 2. 1913. — M. GUNDEL: Die ansteckenden Krankheiten. Leipzig: Georg Thieme 1935. — M. GUNDEL: Die Typenlehre in der Mikrobiologie. Jena: Gustav Fischer 1934. — KOLLE, W. u. R. PRIGGE: Handbuch der pathogenen Mikroorganismen, 3. Aufl., 4, I. 1. 1928.

B. Pathogene Streptotricheen.

Über die Stellung der Streptotricheen im natürlichen System der Mikroorganismen zwischen Spaltpilzen und Schimmelpilzen ist bereits im allgemeinen Teil verhandelt worden, desgleichen über ihre engen verwandtschaftlichen Beziehungen zu einigen Gruppen der Bakterien, wie den Diphtherideen und säurefesten Bacillen, bei denen gleichfalls, wie bei den Streptotricheen, schon echte Verzweigungen beobachtet wurden. Andere verwandtschaftliche Beziehungen bestehen zu den sog. Fadenbakterien (Leptothrix und Cladothrix), bei denen zwar keine echten Verzweigungen, aber das Auswachsen zu langen Fäden und durch Aneinanderlagerung „falsche Astbildung“, sowie auch Keulenbildungen (bei Cladothrixarten aus Wasser) zu beobachten sind. Einige Leptotricheen scheinen auch krankheitserregende Wirkungen beim Menschen auszuüben, insbesondere scheinen sie bei der Zahncaries und bei gewissen Formen von Tonsillenerkrankungen (Tonsillarpfröpfe) beteiligt (H. GINS).

Die morphologische und kulturelle Untersuchung der Streptothrixarten erfolgt nach denselben Methoden wie bei den Bakterien. Unter den Streptotricheen finden sich eine Reihe von Krankheitserregern. Insbesondere kommt es gelegentlich, offenbar von der Mundhöhle ausgehend, zu Streptothrixinfektionen der Lungen, des Mittelohrs und der Meningen. Die entstehenden Krankheitsprozesse sind entweder eitriger oder tuberkuloseähnlicher Natur.

Verschiedene Arten von Streptothrix (nach ihrem Aussehen in künstlicher Kultur als weiße, rötliche und schwarze Streptothrix madurae unterschieden) spielen ferner eine ursächliche Rolle beim Zustandekommen der in den Tropen und Subtropen vorkommenden Erkrankung des *Madurafußes* (Mycetoma pedis), die sich durch mächtige Verdickung des Fußes infolge von Bildung zerfallenden Granulationsgewebes kennzeichnet.

Zu den Streptotricheen gehörig oder ihnen mindestens sehr nahestehend sind die Actinomyceten oder Strahlenpilze, die Erreger der beim Menschen und einigen Tierarten vorkommenden Strahlenpilzerkrankungen.

Actinomyceten.

LANGENBECK hatte als erster bereits im Jahre 1845 bei der Strahlenpilzerkrankung des Menschen den Actinomycespilz gesehen. Später, 1868—1875, beobachteten RIVOLTA und PERRONCITO ihn beim Rinde in Kiefergeschwülsten und HAHN 1875 in der sog. „Holzzunge“. BOLLINGER brachte im Jahre 1877 eine genaue Beschreibung der Rinderaktinomykose. Weitere Arbeiten von Ponfick und Israel, Wolff, Bostroem brachten Aufklärung über die Identität der beim Tier und beim Menschen gefundenen Pilze und über die Pathogenese der Strahlenpilzkrankheit. Weiter wies Berestnew das Vorkommen der Pilze außerhalb des tierischen und menschlichen Organismus auf Gräsern und Getreide nach.

Die Strahlenpilze, die ihren Namen der strahlenförmigen Anordnung der Fäden in den Pilzkolonien verdanken, sind in der Natur weitverbreitet. Sie finden sich häufig auf Getreideähren, Stroh und überhaupt auf Gräsern. Bei dem Tier erfolgt die Erkrankung an Aktinomykose auf traumatischem Wege dadurch, daß sich starre Strohpartikel, Ährenteile und Gerstengrannen bei der Aufnahme des Futters in die Gewebe einbohren. Auch beim Menschen findet die Infektion durch Getreideähren und Grannen, an denen der Pilz haftet, statt. Durch die Unsitte, Gräser usw. in den Mund zu nehmen, kommt es häufig zu kleinen unscheinbaren Verletzungen der Schleimhaut, in denen sich die Pilze festsetzen und von hier aus in die Gewebe wuchern. Bostroem konnte bei der systematischen Untersuchung von Serienschnitten aktinomykotischen Gewebes regelmäßig nachweisen, daß die Pilzwucherung von einem Stückchen einer Granne oder eines Grasteilchens ausgegangen war.

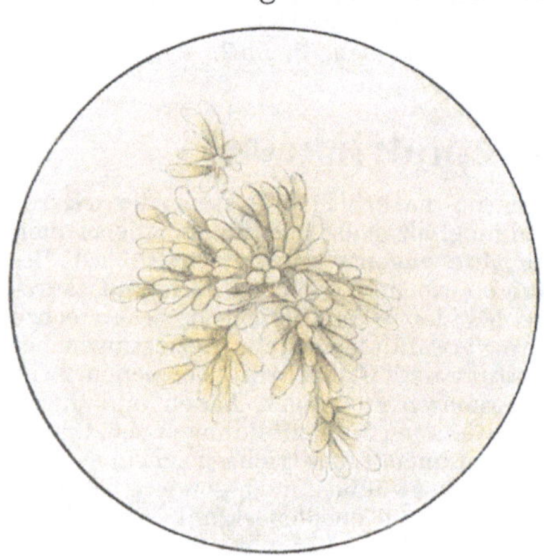

Abb. 40. Actinomyces-Druse (ungefärbt).
(Vergr. 1 : 1000.)

Beim Menschen kommen verschiedene Infektionspforten in Betracht:

1. Mund und Rachenhöhle. Hier erkranken die Kiefer-, Submaxillar- und Wangengegend, Zunge, Kehlkopf usw. Der Kiefer selbst wird beim Menschen nur äußerst selten in Mitleidenschaft gezogen. In der Zunge bilden sich harte knotige Infiltrate mit zuweilen schon verkalkten Pilzdrusen.

2. Die tieferen Respirationswege: Durch die Einatmung pilzhaltigen Staubes erfolgt die Infektion meistens in den Unterlappen der Lungen.

3. Der Darmkanal: Beim Verschlucken infizierter Gräser mit den Speisen kann die Erkrankung vom Magendarmkanal ihren Ausgang nehmen. Der häufigste primäre Sitz ist die Gegend des Proc. vermiformis und der Regio ileocoecalis, von wo aus sich die Actinomyceten teils durch direktes Fortwandern, teils auf hämatogenem Wege über den ganzen Körper weiterverbreiten können. Häufig treten dabei Metastasen im Pfortadergebiet, in der Leber, Milz und Darmschleimhaut auf.

4. Die Haut (durch Wunden).

Künstliche Übertragungsversuche der Actinomycespilze auf Tiere blieben erfolglos. Man konnte nur um die als Fremdkörper wirkenden Pilzmassen herum lokale Veränderungen entzündlicher Natur beobachten, ohne daß es zu Wachstum und zur Vermehrung der Pilze selbst kommt.

Untersucht man das erkrankte Gewebe bzw. den Eiter (oder eitrige Beimengungen des Sputums oder der Faeces) bei Aktinomykose, so erkennt man schon mit bloßem Auge sandkorn- bis hirsekorngroße oder noch größere Körnchen von weißgelblichem bis grünlichem oder braunem Aussehen. Diese Körnchen, nach ihrem charakteristischen Aufbau als „Drusen" bezeichnet, sind im jüngsten Stadium grau durchscheinend.

einem Gallert- oder Schleimklümpchen oder einem Sagokörnchen ähnlich, von glatter Oberfläche und weicher Beschaffenheit, in älteren Stadien dagegen infolge Verkalkung schwer zerreibbar. Die Drusen bestehen aus einem Netzwerk verfilzter Fäden mit Stäbchen und Sporen. Dieses Flechtwerk wird nach außen immer dichter und geht am Außenrande in kolbenähnliche Gebilde über, die aber keine Fruktifikationsorgane darstellen, sondern als Degenerationsformen des Pilzes, herbeigeführt

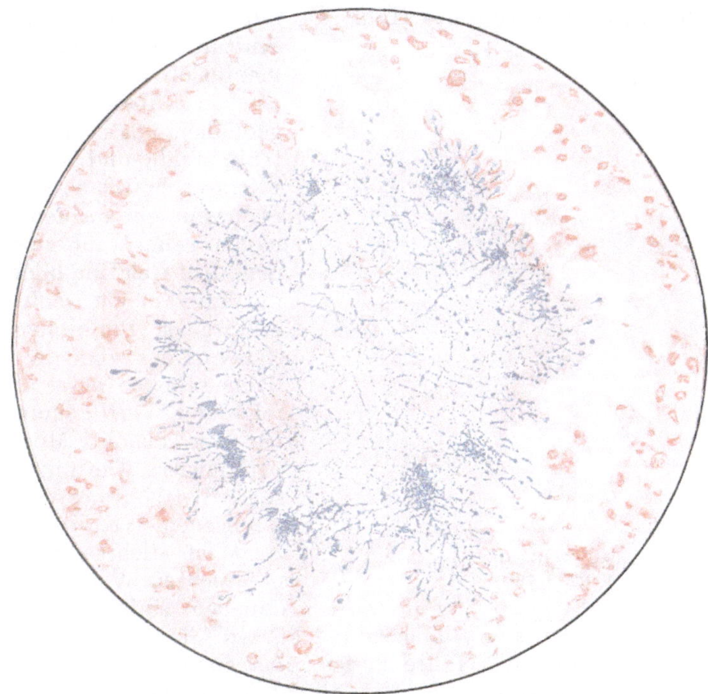

Abb. 41. Actinomyces-Druse im Gewebe. (Hämatoxylin-Eosinfärbung.) (Vergr. 1:500.)

durch Wachstumsbeschränkung durch das umgebende Gewebe, aufzufassen sind. Diese Kolben geben älteren Drusen durch ihren zusammenhängenden Mantel um das zentrale Fadengeflecht ein charakteristisches maulbeerförmiges Aussehen. Um die Strukturdetails auch bei älteren Körnern beobachten zu können, empfiehlt es sich, sie mit Essigsäure oder auch mit 30%iger Kalilauge zu behandeln.

Die einzelnen Fäden zeigen an den Enden gabelförmige Teilung. Die Zweige senden ihrerseits wieder Nebenäste aus. Die Fäden zerfallen in kürzere und längere Einzelfäden, sowie in Stäbchen, und diese in kleine kokkenähnliche Gebilde, die sog. „Sporen", die aber auch im Innern der Fäden entstehen können. Diese „Sporen" färben sich leicht mit allen Anilinfarben im Gegensatz zu den Sporen der Bakterien; auch fehlt ihnen die für echte Dauerformen charakteristische Resistenz.

Die künstliche Züchtung der Actinomycespilze gelingt nur dann, wenn die unter langsamen Zusatz von etwas verflüssigter Gelatine oder von Bouillon zerriebenen Drusen auf Kulturen (Serumagar, Ascitesagar' Blutserumbouillon) übertragen werden, und zwar aerob *und* anaerob. Sind die ersten Kulturen auf den Nährböden gewachsen, so bereitet ihre Weiterzüchtung keine Schwierigkeiten mehr (vgl. S. 338 unten).

Die aerobe Art überzieht die Oberfläche der Kulturmedien mit größeren gefalteten trockenen Kolonien und wächst ähnlich wie die Tuberkelbacillen als gerunzelte Haut, die mit zunehmendem Alter der Kultur eine gelbliche Pigmentation erfährt. Anfangs ist der Pilzrasen gallertig, gequollen aussehend, später trüb, kreidig und körnig. Der Pilzrasen haftet so fest, daß es nur mit sehr starken Platinnadeln gelingt, ihn zu entfernen. Auf Gelatine bildet sich nur langsam ein weißes oder grauweißes Pünktchen, das sich anfangs über die Oberfläche erhebt, später aber infolge der Verflüssigung der Gelatine einsinkt. Milch wird peptonisiert. Die mikroskopische Betrachtung von gewachsenem Kulturmaterial zeigt ein dichtes Fadennetz mit echten Verzweigungen,

Abb. 42. Actinomyces. Reinkultur (Gramfärbung). (Vergr. 1:500.)

daneben einfache und verzweigte längere Fäden sowie längere und kürzere Stäbchen, die schließlich in nur mit Sporen erfüllte Fäden übergehen. In Bouillon entstehen graue kleine Körnchen, die allmählich größer werden, durch Aufschütteln schwer zu verteilen sind und am Glase festhaften, während die Nährflüssigkeit selbst klar bleibt. Nach den neuesten Untersuchungen von LENTZE sind entgegen den bisherigen Auffassungen diese aerob wachsenden Formen jedoch in der Mehrzahl als ubiquitäre Saprophyten anzusprechen, wenn auch in dieser Gruppe zweifellos pathogene Typen vorkommen. Eine anaerobe Art des Strahlenpilzes wurde von WOLFF und ISRAEL gezüchtet. Nach LENTZE finden sich bei einwandfreier Methodik in der bei weitem überwiegenden Mehrzahl aller humanen Fälle vorzugsweise anaerob wachsende Formen dieses Typus, nicht also, wie früher angenommen, die aeroben Formen. Als Nährböden dienen:

1 Agarplatte
1 Frischblutplatte } aerob bebrütet, 14 Tage zu beobachten.
1 Kochblutplatte P_H 7,2
1 Kochblutplatte P_H 7,4 } anaerob nach FORTNER.
1 Frischblutplatte.
1 Leber-Gelatineröhrchen mit Vaseline-Siegel.

Mit den gewonnenen Reinkulturen soll es einzelnen Autoren gelungen sein, durch intraperitoneale Impfung bei Kaninchen und Meerschweinchen erbsen- bis pflaumengroße Aktinomykome zu erzeugen, die Körnchen, Drusen, Fäden und Keulen enthielten. Der Tierversuch hat aber bisher für die Diagnostik der Aktinomykose keine Bedeutung. Die Actinomyceskulturen sind äußerst resistent gegen Eintrocknung. Sie können über 1 Jahr lang lebensfähig bleiben. Erwärmung auf 75° C tötet sie rasch ab, Sublimatlösung (1:1000) tötet die Sporen nach 5 Minuten ab.

Die Färbung der Actinomycesfäden gelingt mit Leichtigkeit nach GRAM, wobei jedoch einzelne Teile des Fadengeflechtes sich gramnegativ verhalten (vgl. Abb. 42). Zur Darstellung der Kolbenformen sind verschiedene diffus färbende Farbstoffe, wie Safranin, Eosin usw. zu verwenden. Für Schnittpräparate kommt in erster Linie die Fibrinfärbungsmethode nach WEIGERT in Betracht.

Schrifttum.

LENTZE, F. A.: Zbl. Bakter. I. Orig. 141, 21 (1938); Münch. med. Wschr. 1938, 1826.

C. Pathogene Schimmel- und Sproßpilze.

1. Die Faden- oder Schimmelpilze.

Die Faden- oder Schimmelpilze sind in der Natur als Saprophyten weitverbreitet und finden sich auch oft als zufällige Verunreinigungen auf unseren gebräuchlichen Nährböden. Aber auch als Parasiten bei Pflanzen und Tieren kommen sie vor. Von Schmarotzern auf Pflanzen seien hier nur der Mutterkornpilz, sowie die Brand- und Rostpilze des Getreides genannt. Unter den bei Tieren parasitisch lebenden Arten seien die Muskardine der Seidenraupe und die Empusa muscae bei der Stubenfliege erwähnt. Auch beim Menschen sind Erkrankungen bekannt, die durch Schimmelpilze verursacht werden (Mykosen). Meist handelt es sich um Erkrankungen der inneren oder äußeren Körperoberflächen, insbesondere Hauterkrankungen (Dermatomykosen), wie z. B. Favus, Herpes tonsurans, Pityriasis versicolor, Trichophytie; doch kommen auch tiefergreifende und sogar Allgemeininfektionen vor (Sporotrichosis, Aspergillusmykosen).

Als Nährböden verwendet man pflanzliche Substrate von leicht saurer Reaktion, wie Kartoffeln, Brotbrei, Agar und Gelatine mit Zusatz von Pflaumeninfus oder Bierwürze. Die Kultur der Schimmelpilze, insbesondere die Ausbildung der Sporen, gelingt fast nur bei Anwesenheit von freiem Sauerstoff. Im ganzen stellen die Schimmelpilze nur geringe Ansprüche an ihr Nährsubstrat und vermögen auch auf sehr wasserarmen Nährboden noch zu gedeihen, daher ihre fast ubiquitäre Verbreitung.

Die Schimmelpilze bilden durch einseitiges Längenwachstum der einzelnen Zellen, die eine deutliche, doppelt konturierte Membran zeigen, lange Fäden oder Hyphen. Diese Fäden verschlingen sich zu einem Fadengewirr, das man als Thallus bezeichnet. Ein Teil der Fäden dient der Ernährung (Mycel), ein Teil der Fortpflanzung (Fruchthyphen). Die letzteren tragen die Sporen, die gegen Austrocknung und andere Schädigungen durch eine ziemlich derbe Membran geschützt sind und den Fortbestand der Art selbst unter ungünstigen äußeren Bedingungen zu sichern vermögen. Die verschiedene Anordnung der Fruchthyphen und die verschiedene Bildung bzw. Entwicklung der Sporen ist für jede Art charakteristisch und ermöglicht eine Unterscheidung der einzelnen Schimmelpilze.

Die Fortpflanzung der Fadenpilze ist:

1. Ungeschlechtlich. Hier entstehen die Sporen a) im Innern der Mycelfäden (Endosporen, Ascosporen). Sie werden gebildet in eigenen zu Behältern umgeformten Zellen, den Sporangien, ovalen oder rundlichen oder länglichen zylindrischen oder auch spindelförmigen Gebilden (Ascus = Sporenschlauch). Die reifen Sporen werden frei durch eine Öffnung in der Sporangienwand oder durch ihre Verflüssigung,

b) oder sie schnüren sich von den Mycelfäden bzw. Fruchtträgern ab (Conidien oder Exosporen). Zuweilen sitzen den Conidienträgern dünne stielartige Gebilde (Sterigmen) auf, auf denen sich die Sporen entwickeln.

Die Conidien lösen sich entweder von ihren Trägern ab oder werden durch besondere „Abschleuderungsmechanismen" aus dem Fruchtträger herausgeschleudert,

c) oder es bilden sich in den Mycelfäden Anschwellungen (Chlamydosporen oder Gemmen), in welche das Protoplasma der Nachbarzellen aufgenommen wird, während dieses abstirbt und dadurch die zur Spore gewordene Anschwellung frei wird;

Abb. 43. Penicillium glaucum (ungefärbt). (Vergr. 1 : 500.)

2. Geschlechtlich. Es kommt a) zur Bildung einer Zygospore durch Verschmelzung zweier nicht geschlechtlich differenzierter keulenförmiger Auszackungen der Hyphen,

b) oder durch Verschmelzung einer keulenförmigen männlichen Zelle (Antheridium) und einer kugeligen weiblichen Zelle (Oogonium) zur Bildung der Oospore.

Die Untersuchung der Schimmelpilze geschieht am besten im ungefärbten Präparat. Bei seiner Anfertigung geht man zweckmäßig so vor, daß man die entnommenen Pilzteilchen, da sie sich mit Wasser nicht benetzen, in einem Blockschälchen in 50%igem Alkohol zerzupft und die kleinsten Teile mit Hilfe von Präpariernadeln auf dem Objektträger in ein Tröpfchen Glycerin bringt. Hierauf legt man vorsichtig das Deckglas auf, das, wenn man das Präparat als Dauerpräparat aufheben will, am Rande mit Paraffin und zum vollständigen Luftabschluß noch mit Asphaltlack umzogen wird. Zunächst unterrichtet man sich bei schwacher Vergrößerung des Mikroskops über die Anordnung des Mycels, der Fruchthyphen und der Sporen und prüft dann erst die feineren Einzelheiten mit einem stärkeren Trockensystem. Zur Herstellung gefärbter Präparate eignet sich am besten die Gramfärbung, die bei der Mehrzahl der Fadenpilze unter günstigen Wachstumsbedingungen negativ ausfällt, sowie die WEIGERTsche Fibrinfärbungsmethode.

Der am häufigsten vorkommende Schimmel ist *Penicillium glaucum*, so genannt wegen der pinselförmigen Verzweigung der Fruchthyphen, die je eine Reihe kugelförmiger Sporen tragen (vgl. Abb. 43). Das anfangs weiße flockige Mycel geht nach der Sporenbildung bald in einen grünen Rasen über. Das Wachstum erfolgt besonders üppig bei einer Temperatur von 15 bis 20° C und ist bei 37° C nur sehr kümmerlich, weshalb der Pilz zu parasitischem Wachstum im Organismus nicht fähig ist.

Penicillium brevicaule: Er ist dem vorigen ähnlich, doch mit farblosen Sporen, und wird zum Nachweis kleinster Mengen von Arsen benutzt. Bringt man in die Kultur eine Spur arsenhaltiger Flüssigkeit, so entsteht ein nach Knoblauch riechendes Gas, das Diäthylarsin.

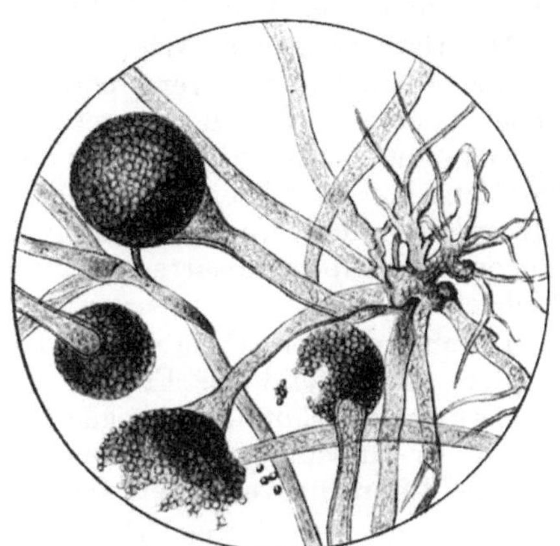

Abb. 44. Mucor mucedo (ungefärbt). (Vergr. 1:500).

Bei den verschiedenen *Mucorarten* kommt es zur Sporenbildung im Innern von meist braun- oder schwarzpigmentierten Sporangien (Abb. 44). Nach der Reifung der Sporen, insbesondere bei Berührung mit Wasser, platzt die Sporangienhülle und die Sporen werden frei. Die Fruchtträger erreichen bei einigen Arten eine Länge von 10—20 cm. Die am häufigsten bei gewöhnlicher Temperatur saprophytisch vorkommende Art ist der *Mucor mucedo*. Auch einige tierpathogene, bei 37° C wachsende Arten sind bekannt (M. corymbifer u. a.).

Die *Aspergillusarten* bilden an den Spitzen der Fruchtträger kugelförmige Anschwellungen, auf denen sich die sog. Sterigmen entwickeln (Abb. 45), die dann ihrerseits die runden Sporen in kettenförmiger Anordnung tragen. Das anfangs weiße Mycel wird je nach

Abb. 45. Aspergillus niger (ungefärbt). (Vergr. 1:350).

der Art mit eintretender Sporenbildung gelb, braun, schwarz usw. Eine häufig vorkommende saprophytische Art ist der Aspergillus glaucus, der am besten bei niederen Temperaturen (10—20° C) gedeiht. Von tierpathogenen Arten, die auch bei höheren Temperaturen wachsen, seien genannt Aspergillus fumigatus, niger, flavescens.

Die *Oidiumarten* kommen teils als Parasiten auf lebenden Pflanzen (Mehltau), teils auch auf totem Substrat vor. Der Milchschimmel,

Oidium lactis, mit weißem Mycel und weißen Sporen findet sich regelmäßig auf saurer Milch. An die kurzen Fruchthyphen schließt sich eine Kette walzenförmiger Sporen an. Sein bestes Wachstum findet bei einer Temperatur von 19—30⁰ C statt.

Die tierpathogenen Arten der genannten Pilze bilden nach intravenöser Injektion größerer Sporenmengen bei Kaninchen in der Niere, Leber oder im Herzen wuchernde Mycelien. Durch Einatmung der Sporen kann es ebenfalls zu einer ausgebreiteten Erkrankung der Lungen bei Menschen und Tieren, sog. Bronchomykosen, kommen. Auch sind Otomykosen und Keratomykosen durch gelegentliche Ansiedelung der Mucor- und Aspergillusarten im äußeren Gehörgang oder auf der Cornea beobachtet.

Durch besondere Pilze werden häufig *Erkrankungen der Haut* hervorgerufen. Betreffend der Erreger dieser Dermatomykosen, deren Differenzierung und Einteilung wegen ihres polymorphen Verhaltens Schwierigkeiten verursacht, muß hinsichtlich aller Einzelheiten auf die dermatologische Literatur verwiesen werden.

a) Favus: Der Favus, Erbgrind genannt, erzeugt eine Hautkrankheit, die vorwiegend die behaarten Körperstellen, so die Kopfhaut des Menschen, befällt. Mäuse, Hunde und Katzen, seltener Pferde und Esel werden infiziert. Die Krankheit ist übertragbar und zwar sowohl von Mensch zu Mensch, als auch vom Tier auf den Menschen. Die Nägel sind im ganzen verdickt und mit weißen Einlagerungen versehen. Der Erreger ist der im Jahre 1839 entdeckte *Achorion Schönleini.* Die Schuppen und Borken gruppieren sich gewöhnlich um ein Haar. Am infizierten Haar hängt nach dem Herausreißen ein Hautschüppchen (Scutulum) von schwefelgelber oder strohgelber Farbe; es enthält eine Reinkultur des Pilzes. Am Rand der Schuppen liegt das Mycel, die Sporen dagegen in der Mitte.

Die Züchtung gelingt leicht besonders bei Temperaturen zwischen 30 und 37⁰ C. Gelatine wird verflüssigt. Auf Agar bildet er weiße Kolonien mit Mycel und Sporen. Charakteristische Kolonien erhält man bei der Züchtung der Schüppchen in feuchter Kammer (hohlgeschliffener Objektträger), wo nach allen Seiten die Fruchthyphen auswachsen, die mit Sporen umgeben sind. Reinkulturen gewinnt man folgendermaßen: Die mit sterilem Quarzsand verriebenen Skutula werden in neutralem Agar verteilt, der zu Platten ausgegossen wird. Nach 48 Stunden Abimpfen einer Einzelkolonie am besten auf SABOURAUDschem Nährboden. Auf 100 ccm Aq. dest. enthält er 4 g Maltose, 2,0 g Pepton, 1,5 oder 2,0 g Fucus crispus. Dieser Nährboden ist besonders geeignet, den Menschenfavus- vom Mäusefavuspilz (Achorion Quinckeanum) zu unterscheiden. Letzterer bildet ein hohes weißes oder rötliches Luftmycel *(Flammtypus),* im Gegensatz zum gelblich wachsartigen Mycel des Menschenfavuspilzes *(Wachstypus).* Der Pilz zeigt eine geringe Widerstandsfähigkeit gegenüber Erwärmung und chemischen Desinfektionsmitteln.

b) Trichophytie: Die Trichophytie ist eine Infektion der Kopf- und Barthaare (Bartflechte), seltener der anderen Körperteile und der Nägel. Eine andere Bezeichnung ist Herpes tonsurans disseminatus, Sycosis parasitaria. Die Trichophytie ist ansteckend und wird durch Hände, Utensilien der Friseure usw. übertragen. Es zeigen sich um die einzelnen Haare juckende Knoten mit anschließender Ringbildung. Der Erreger ist der im Jahre 1845 entdeckte Pilz Trichophyton tonsurans. Neben den runden und kleinen Ektosporen, die meist an Sterigmen sitzen, kommen Mycelsporen vor, die oval und größer sind. Auch Chlamydosporen sind nachgewiesen.

Die großsporige Form des Trichophytiepilzes wächst bei 20—24° C weiß und kraterförmig fast ebenso üppig wie bei Körpertemperatur im Gegensatz zum Favuspilz. Die Agarkolonien sind sternförmig mit unregelmäßigen Zentren. Die Kulturen sehen mehlartig bestäubt aus und nehmen die verschiedensten Farbtöne von gelb bis braunschwarz an. Gelatine wird verflüssigt. Da diese Form des Pilzes meistens im Innern der Haare liegt im Gegensatz zu der kleinsporigen Form und dem Mikrosporon AUDOUINI, die hauptsächlich in den Schuppen der Haut und der Haare gefunden werden (Ektothrix), wird sie Endothrix genannt.

Die mikroskopische Diagnose gestaltet sich bei den oberflächlichen Trichophytie- (Herpes tonsurans) Erkrankungen leicht, besonders durch Aufhellung der Hautschuppen und Randhaare in 10%iger Kalilauge oder 30%iger Antiforminlösung. Bei den tieferen Formen ist stets wegen der wenigen Pilze das Kulturverfahren heranzuziehen.

Nach dem Überstehen der Infektion bleibt dem Menschen für eine längere Zeit eine Immunität zurück. Hierbei ist zu berücksichtigen, daß eine stärkere Umstimmung des Organismus durch die tierischen Trichophytiepilze verursacht wird als durch die menschlichen Trichophytiepilze. Durch besonders hergestellte Antigene lassen sich im Organismus immunisatorische Änderungen nachweisen, die diagnostisch und therapeutisch (Vaccinetherapie) verwertbar sind. Die Übertragung der meisten Pilzarten gelingt auf Meerschweinchen, Kaninchen, Katzen und Hunde.

c) Epidermophytie: Als Epidermophytie werden Pilzinfektionen der Haut bezeichnet, deren Erreger den Trichophytiepilzen nahe verwandt sind, jedoch niemals das Haar befallen. Hierhin gehört das Eczema marginatum, das sich an solchen Stellen entwickelt, an denen die Haut durch Schweiß oder Sekrete maceriert wird. Der Erreger ist das Epidermophyton inguinale. Abarten kommen ursächlich für das Zustandekommen dieser Infektion in Frage, so besonders der KAUFMANN-WOLFsche *Pilz*, das Epidermophyton interdigitale, das vor allem in den letzten Jahren vermehrt zur Beobachtung gelangte und oft zunächst in den Zwischenzehenräumen beginnt.

d) Pityriasis versicolor: Wegen des Wachstums des Erregers auf der Oberfläche der äußersten Epidermisschichten wird diese Erkrankung nicht als Dermatomykose, sondern als *Saprophytie* bezeichnet. Sie befällt vornehmlich die Haut der Brust, des Bauches, der Gelenkbeugen, der Achselhöhle.

e) Mikrosporie: Der Erreger ist ein kleinsporiger Fadenpilz, das Mikrosporon AUDOUINI. Es erzeugt bei Kindern und Schülern eine oft weitverbreitete Mikrosporie, kommt aber auch bei Tieren (Mikrosporon equinum, felineum, canis usw.) als Varietäten vor, die für den Menschen mehr oder weniger ansteckend sind. Das Mycel ist vielfach segmentiert, zeigt bambusartige Anschwellungen, sehr kleine Ektosporen und Chlamydosporen. Das Wachstumsoptimum liegt bei 25° C. Die Sporen sind gegenüber den gewöhnlichen Desinfektionsmitteln nicht widerstandsfähig. In Schuppen und toten Haaren halten die Pilze sich etwa 1 Jahr lebensfähig. Die Kulturen wachsen besonders gut auf Maltose-Bierwürzeagar und bilden weiße kurzflammige, sammetartige Rasen; in der Mitte Knopfbildung und von hier ausgehend Falten in verschieden großer Zahl. Es gibt zahlreiche Varietäten, die in der Morphologie der Einzelindividuen und derjenigen der Kulturen auseinandergehen. Die Ansteckungsfähigkeit ist gering.

Ähnliche Pilze finden sich bei Erythrasma, einer Erkrankung, die die Innenfläche der Oberschenkel befällt. Die Pilze sind kleiner und werden deshalb Mikrosporon minutissimum genannt.

Schrifttum.

ARTZ, W. u. SCHÜLER: Haut- u. Geschlechtskrankheiten Bd. 3. Berlin-Wien: 1935. — ENGELHARD, W.: in M. GUNDEL: Die ansteckenden Krankheiten. Leipzig: Georg Thieme 1935.

2. Die Sproß- oder Hefepilze.

Die Sproß- oder Hefepilze (Blastomyceten) sind ovale oder rundliche Zellen mit körnigem, von Vakuolen durchsetztem Protoplasma, doppelt konturierter Membran und deutlich differenziertem Zellkern, der sich am besten nach GIEMSA oder nach der HEIDENHAINschen Eisenhämatoxylinmethode färbt. Die Vermehrung geschieht durch Sprossung, indem an einer oder an mehreren Stellen der Zelle eine knospenartige oder knopfförmige Ausstülpung hervorsproßt, die, nachdem sie die Form und Größe der Mutterzelle angenommen, sich von dieser abschnürt oder auch, obgleich durch Querwand getrennt, noch längere Zeit mit der Mutterzelle in Zusammenhang bleibt. In diesem Falle spricht man von Sproßverbänden, die einen derartigen Umfang annehmen können, daß sie zusammenhängende Häute (Kahmhäute) auf der Oberfläche von Flüssigkeiten bilden.

Bei vielen Saccharomyceten werden wie bei gewissen Bakterienarten resistente Dauerformen, sog. Sporen, gebildet. Die Sporen werden als Ascosporen in der Mutterzelle als Sporenträgerin angelegt. Die Zahl der Sporen ist für die einzelne Species konstant und charakteristisch. Die frei gewordenen Sporen (meist von runder oder ovaler Form) keimen unter günstigen Ernährungsverhältnissen aus, entweder durch Sprossung wie bei einer gewöhnlichen Hefezelle oder durch Auswachsen eines Keimschlauches.

Die Sproßpilze spielen im Haushalt der Natur eine große Rolle, insbesondere als Erreger von Gärungsprozessen und finden als solche z. B. bei der Wein- und Biergärung, bei der Brotbereitung u. a. ausgedehnte industrielle Verwendung. Man unterscheidet obergärige und untergärige Hefen. Bei der durch obergärige Pilze hervorgerufenen Gärung, die am besten bei Temperaturen von 11—37⁰ C vor sich geht, sammeln sich die Hefezellen an der Oberfläche und bilden durch Auswachsen zu Fäden und Verfilzung eine Kahmhaut, während die untergärigen Hefen als flockige Massen auf den Boden sinken und schon bei niederen Temperaturen (3—8⁰ C) wachsen. Das die Gärung erzeugende Prinzip ist nicht unbedingt an die lebende Hefezelle gebunden.

Die Hefen sind mit allen Anilinfarben leicht färbbar und nehmen auch die Gramfärbung gut an. Auf künstlichen, leicht sauren, zucker- oder glycerinhaltigen Nährböden, besonders Bierwürzeagar, sind sie leicht zu züchten. Einige Arten bilden graugelbe, bräunliche, schwärzliche und rosa Farbstoffe und sind häufig als Verunreinigungen — aus der Luft stammend — auf Nährböden zu finden.

Den Hefen kommt gegenüber manchen bakteriellen Erkrankungen (Furunkulose) eine nicht zu unterschätzende Bedeutung in therapeutischer Hinsicht zu, dank ihrer durch vitale Konkurrenz bedingten antagonistischen Wirkung gegenüber Bakterien.

Andererseits ist durch neuere Untersuchungen festgestellt, daß unter den früher allgemein für harmlos gehaltenen Hefenarten auch Krankheitserreger vorhanden sind.

Zum ersten Male wurde der Nachweis der krankheitserregenden Natur einer Sproßpilzart im Jahre 1894 von BUSSE geführt, der durch einen aus einem Knochenabsceß gezüchteten Blastomyceten myxomatöse Tumoren bei Mäusen und Ratten experimentell erzeugen konnte, auch mit Bildung von Metastasen in den inneren Organen. Großes Aufsehen erregten dann die Befunde von SANFELICE, der durch Verimpfung einiger von ihm (auf Früchten gefundener) Blastomyceten bei Versuchstieren Tumoren hervorrufen konnte, die er als solche carcinomatöser oder sarkomatöser Natur ansprach. In der Tat handelte es sich aber nur um Granulome, die durch entzündliche Wucherung der Gewebszellen in der Umgebung des sich vermehrenden Blastomyceten entstehen.

Eine Mittelstellung zwischen Sproß- und Schimmelpilzen nehmen die Erreger des *Soors* ein, jener bekannten (im Volke als „Schwämmchen" bezeichneten) Erkrankung, die hauptsächlich bei Säuglingen, Greisen und geschwächten Personen in Form weißer Auflagerungen auf der Mundschleimhaut auftritt, unter Umständen auch weitere Ausbreitung in den Atmungswegen erlangt und gelegentlich zum Tode führt. Diese

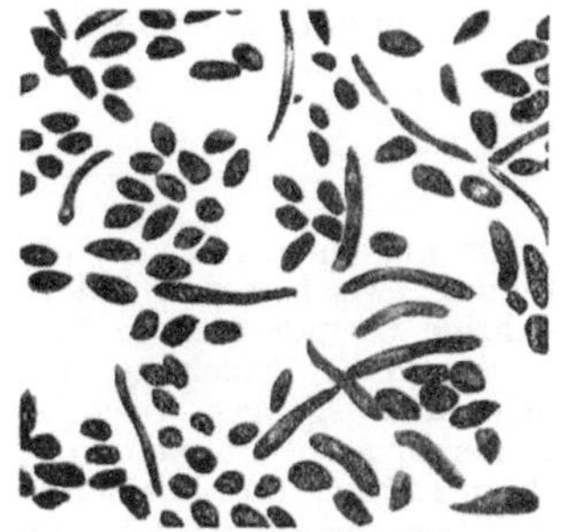

Abb. 46. Soor (Reinkultur). (Vergr. 1:500).

Auflagerungen setzen sich aus Epithelzellen, Pilzfäden, Conidien und Bakterienhaufen zusammen. Die Fäden dringen durch die obersten und mittleren Epithellagen. Bei geschwächten Individuen können, wenn die Schutzkräfte des Organismus darniederliegen, auch Wucherungen der Keime in die Tiefe vorkommen. Sie können in die Gefäße einbrechen und metastatische Entzündungsherde in den inneren Organen veranlassen.

Eine Übertragung des Soorpilzes (vgl. Abb. 46) auf die gesunde Schleimhaut ist nicht möglich, dagegen im Tierversuch (bei Tauben) nach Herabsetzung der Widerstandsfähigkeit durch Hunger. Durch intravenöse Injektion kann man bei Kaninchen tödliche Allgemeininfektion hervorrufen.

Der Erreger ist nicht einheitlicher Natur. Es kommen zwei Arten des Soorpilzes vor, die sich durch die Größe ihrer Sporen und durch das Vorhandensein oder Fehlen der Gelatineverflüssigung unterscheiden.

Endlich ist unter den durch Sproßpilze hervorgerufenen Erkrankungen noch die *Sporotrichosis* (DE BEURMANN-GOUGEROTsche Krankheit) zu nennen, die sich beim Menschen in der Bildung von harten kleinen Knoten und von Geschwüren und Fisteln in der Haut und in den oberen Atmungswegen äußert und im allgemeinen gutartig verläuft. Der Erreger — im Eiter in reichlicher Menge nachweisbar — ist ein sporenbildender Sproßpilz, der gut auf Maltoseagar, Glykoseagar oder Kartoffeln mit Glycerinzusatz und zwar sowohl bei Zimmertemperatur wie bei 37° C gedeiht. Die Kolonien erscheinen anfangs (nach etwa 1 Woche) als

kleine weiße Pünktchen und umgeben sich bald mit einem Strahlenkranze, worauf es durch das Einsinken der Oberfläche zu einer radiären
Fältelung kommt. Nach 2—3wöchentlichem Wachstum nimmt die
Kultur einen schwarzen Farbton an, während um sie herum ein schmaler
weißer Rand erkennbar ist.

Im Deckglasausstrich erkennen wir ein Gewirr von verzweigten Mycelfäden
mit zahlreichen Sporen. Die im Protoplasma liegenden Granulationen färben sich
intensiv mit Hämatoxylin und Methylenblau. Die Fäden sind grampositiv. Die
ovoiden Sporen sind von brauner Färbung und umgeben die einzelnen Fäden in
mantel- oder traubenförmig angeordneten Gruppen. Spontane Sporotrichose
findet sich bei Ratten, Hunden, Pferden und Mauleseln. Auch hier verläuft die
Erkrankung der menschlichen sehr ähnlich. Bei Ratten entstehen nach intraperitonealer Injektion multiple Abscesse, insbesondere in den Hoden. Das Serum
von an Sporotrichose Erkrankten zeigt in Verdünnungen von 1:800 bis 1:1000
spezifische Agglutinationswirkung gegenüber den Sporen der Pilze sowie Komplementbindung gegenüber den Kulturen.

D. Spirochäten.

Im allgemeinen Teil wurde bereits erwähnt, daß die Spirochäten eine Mittelstellung zwischen den Bakterien und den Protozoen einnehmen. Es liegen gewichtige Gründe für die Trennung der Spirochäten von den Bakterien vor und
für ihre nahe Beziehung zu den Protozoen, wie z. B. die Vielgestaltigkeit ihres
Entwicklungsganges, welche sich vielleicht auch in dem Auftreten filtrierbarer submikroskopischer Formen, sowie vor allem in der bei einigen Arten stattfindenden
echten Reifung und Vermehrung in einem Zwischenwirt (stechende Insekten) sogar
mit Übergang auf die Eier und die junge Brut durch germinative Infektion äußert.
Falls der von einigen Forschern (SCHAUDINN) behauptete Modus der Vermehrung
durch Längsteilung wirklich einwandfrei nachgewiesen wäre, würde auch diese
Eigenschaft durchaus gegen die Zugehörigkeit der Spirochäten zu den Bakterien
und vielmehr für ihre nahe Verwandtschaft mit den Protozoen sprechen. Doch
darf nicht verschwiegen werden, daß die als Längsteilung gedeuteten Gebilde auch
in anderer Weise (durch Aufspaltung schon vorher selbständiger zusammengedrehter Individuen) erklärt werden können. In dieser wie in anderen morphologischen Fragen bietet die Feinheit der zu untersuchenden Gebilde der Forschung
erhebliche Schwierigkeiten, so insbesondere auch in der Frage nach dem Vorhandensein einer undulierenden Membran. Unter den Protozoen stehen die Spirochäten
den Trypanosomen am nächsten, in deren Entwicklungskreis bei manchen Arten
spirochätenartige Formen gehören. Sämtliche Spirochäten sind mit lebhafter
Eigenbewegung begabt, die sich in dreifacher Weise äußert: als Fortbewegung, als
Schraubendrehung um die eigene Längsachse und als Beugung und Knickung,
wobei sich der Körper der Spirochäten im Gegensatz zu dem starren Bau der
Spirillen als außerordentlich biegsam erweist.

Unter den Spirochäten finden sich neben saprophytischen Arten —
insbesondere in stagnierendem Wasser — parasitische Formen, sowohl
beim Menschen wie bei Tieren. Je nach der Art des Parasitismus unterscheidet man: 1. Epithelschmarotzer, welche auf den Oberflächen von
Schleimhäuten leben, gelegentlich aber auch bei pathologischen Prozessen
beteiligt sein können. Hierher gehören die auf der Mundschleimhaut
und im Zahnbelag fast regelmäßig gefundenen Sp. buccalis und Sp.
dentium, die bei Noma und Angina PLAUT-VINCENTI sehr erheblich
vermehrt erscheinen. Hierher gehören ferner die häufig im Darminhalt
gefundenen zarten Spirochäten, die bei manchen Darmerkrankungen,
insbesondere bei der Cholera asiatica, außerordentlich vermehrt erscheinen, aber mit dem Choleraprozeß ätiologisch nichts zu tun haben.

Endlich sind hier Befunde von Spirochäten auf Geschwürsflächen zerfallender Tumoren zu erwähnen. 2. Blutschmarotzer (Recurrensspirochäten des Menschen, Erreger der Geflügelspirochätosen bei Hühnern und Gänsen) und 3. Gewebsschmarotzer (Syphilisspirochäten).

Sämtliche bekannten Spirochätenarten sind ohne Sporenbildung und gramnegativ. Den einfachen wässerigen Lösungen gewöhnlicher Anilinfarbstoffe gegenüber verhalten sich die Spirochäten verschieden, insofern einige Arten (Recurrenserreger und die auf Schleimhäuten epiphytisch wuchernden Spirochäten) schon mit solchen einfachen Färbungen leicht dargestellt werden können, während andere, insbesondere die Spirochäte der Syphilis, nur mittels eingreifender Verfahren gefärbt werden können. Die beste Methode für den Nachweis von Spirochäten ist ihre Beobachtung bei Dunkelfeldbeleuchtung. Einen annähernden Ersatz dafür bietet das Tuschepräparat (BURRI). Von Färbungen kommt für Ausstrichpräparate in erster Linie die Färbung nach GIEMSA, für den Nachweis in Gewebsschnitten die Versilberungsmethode nach LEVADITI in Betracht, die am besten nach folgender von LEVADITI angegebenen ursprünglichen Vorschrift ausgeführt wird:

Die Organstückchen, welche nicht über 1 mm dick sein sollen, werden in 10%iger Formalinlösung 24 Stunden fixiert, in Wasser ausgewaschen, in 96% Alkohol 24 Stunden gehärtet und in destilliertem Wasser ausgewaschen, bis sie darin untersinken. Dann erfolgt die Silberimprägnierung in einer 3%igen Lösung von Argent. nitric. im Brutschrank, 3—5 Tage lang. Nach kurzem Auswaschen in destilliertem Wasser wird die Reduktion des Silbers durch 24—48stündiges Verweilen bei Zimmertemperatur in folgender Lösung vorgenommen: 2—4 g Pyrogallussäure, 5 ccm Formalin, 100 ccm destilliertes Wasser. Hierauf Auswaschen in destilliertem Wasser und weitere Behandlung wie üblich zur Paraffineinbettung.

1. Recurrensspirochäten.

Als Erreger des europäischen Rückfallfiebers, welches früher in weiter Verbreitung auch in Deutschland vorkam, jetzt aber nur nach erfolgter Einschleppung aus dem Osten und Südosten Europas bei uns zur Beobachtung kommt, wurde bereits im Jahre 1873 die nach ihrem Entdecker benannte Sp. Obermeieri aufgefunden. In den letzten Jahrzehnten sind auch in außereuropäischen Ländern, zuerst in Zentralafrika (fast gleichzeitig von DUTTON und TODD), sowie von R. KOCH, ferner auch in Nordafrika, Ostindien und Nordamerika Rückfallfiebererkrankungen beobachtet worden, die durch Spirochäten verursacht sind. Es handelt sich hierbei teilweise sicherlich um getrennte Arten. Insbesondere unterscheidet sich die europäische von der afrikanischen Recurrens, abgesehen von Differenzen des klinischen Krankheitsbildes, durch die Verschiedenheit des die Infektion übertragenden Zwischenwirtes, indem die europäische und amerikanische Recurrens auf den Menschen durch Läuse, die afrikanische Recurrens aber durch eine Zecke, den Ornithodorus moubata, übertragen wird, daher auch der Name Zeckenfieber. Außerdem wird allerdings das europäische Rückfallfieber im Tierversuch auf Ratten durch die Rattenlaus — Haemotopinus spinulosus — übertragen (MANTEUFEL). Nicht zwischen allen Formen des Rückfallfiebers aus verschiedenen Ländern bestehen aber so charakteristische Unterschiede. Vielmehr ist es möglich, daß manche dieser geographisch verschiedenen Formen eine einheitliche Erkrankung darstellen. Andererseits ergibt freilich der Ausfall der Immunisierungsversuche sowohl bei aktiv immunisierten Tieren wie betreffs der baktericiden Wirkung (UHLENHUTH und HÄNDEL) sowie der Komplementbindung des Serums, daß in der Regel nur eine streng spezifische Wirkung gegen den eigenen Typus, nicht aber gegen die Erreger anderer geographischer Abarten der Recurrens besteht.

Die Recurrensspirochäten zeigen meist 6—8 ziemlich flache Windungen und deutlich zugespitzte Enden (vgl. Abb. 47). Öfters sind im

Innern der Spirochäte helle Lücken nachweisbar, über deren Bedeutung
sich noch nichts Bestimmtes sagen läßt. Der Nachweis gelingt mit
Sicherheit nur auf der Höhe des Fiebers. Gegen Ende des Fieberanfalls
findet man die Spirochäten häufig in Knäuel verflochten, eine Erscheinung, die auch künstlich durch Zusatz von Rekonvaleszentenserum zu
einem lebende Spirochäten enthaltenden Präparat hervorgerufen werden
kann und die wahrscheinlich als eine Art von Agglutination aufzufassen
ist. Im lebenden Zustand und ohne Anwendung der Dunkelfeldbeleuchtung sind die Spirochäten im Blut wegen ihres schwachen Licht-
brechungsvermögens nicht ganz leicht nachzuweisen. Eine gute Hilfe
gewährt dabei die Beob-
achtung der roten Blut-
körperchen, welche infolge
des Anstoßes der lebhaft
beweglichen Spirochäten
zuckende passive Bewegun-
gen zeigen. Zur färberischen
Darstellung genügt meist
schon folgende einfache und
schnelle Methode (BITTER):
der lufttrockene Objekt-
trägerausstrich wird $^1/_4$ bis
$^1/_2$ Minute durch Aufgießen
von Alkohol fixiert, der
Rest des Alkohols nach
Abgießen abgebrannt und
wiederum etwa $^1/_4$—$^1/_2$ Minute lang mit konzentrierter
ZIEHLscher Carbolfuchsin-
lösung unter leichtem Er-
wärmen über der Gasflamme

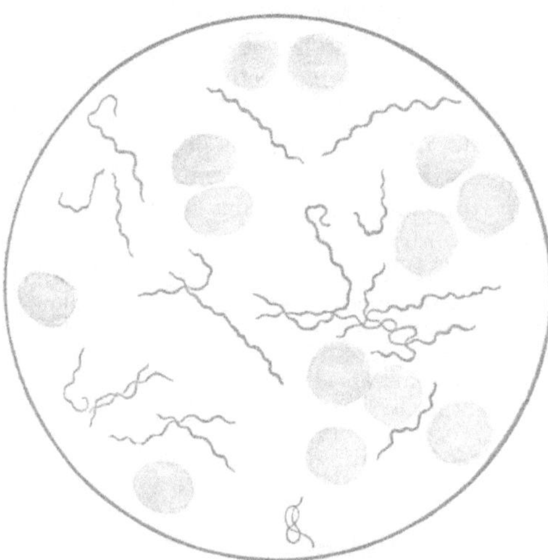

Abb. 47. Spirochäte der Recurrens (Giemsafärbung).
(Vergr. 1:700.)

gefärbt. Die schönsten Bilder erhält man mit der Giemsafärbung. Für
den Nachweis vereinzelter Exemplare eignet sich am besten das Präparat im dicken Tropfen, wie es im Kap. „Malaria“ beschrieben ist.

Das Rückfallfieber hat seinen Namen von den in regelmäßigen Abständen sich wiederholenden Fieberanfällen. Die Krankheit ist über
den ganzen Erdball verbreitet. Während der plötzlich auftretenden und
einige Tage anhaltenden Fieberanfälle enthält das Blut regelmäßig die
Spirochäten. Mit oder bald nach Beginn des Temperaturanstiegs erscheinen sie im Blut. In den fieberfreien Intervallen werden Spirochäten
im Blute nur ganz ausnahmsweise gefunden. Ob die Spirochäten diese
Zeit zwischen dem Ende eines Anfalls und dem Beginn des nächsten
in Gestalt einer noch unbekannten Entwicklungsform überdauern, oder
ob sie unterdessen nur in den inneren Organen (Milz und Knochenmark)
sich finden, steht noch nicht fest. Der negative Ausfall der Untersuchung
schließt das Vorliegen von Rückfallfieber nicht aus. Die Untersuchungen
sind darum mehrfach zu wiederholen, insbesondere gelegentlich eines
neuen Fieberanstiegs und auch durch Kultur- und Tierversuch zu er-
gänzen. Für die praktische Diagnose käme unter Umständen der

Nachweis einer spezifischen Wirkung des Krankenserums auf lebende Recurrensspirochäten (vgl. oben) in Betracht.

Außerhalb des menschlichen Körpers erhalten sich die Recurrensspirochäten im Blut bei Bruttemperatur höchstens einen Tag, bei Zimmertemperatur dagegen bis zu 14 Tagen lebensfähig. Im Zwischenwirt vermögen sich die Erreger sehr lange lebend zu erhalten und durch germinative Infektion auch auf die Eier und die junge Brut überzugehen, wie das bei dem das afrikanische Zeckenfieber übertragenden, zu den Argasarten gehörigen, Ornithodorus moubata direkt nachgewiesen wurde.

R. Koch konnte an den Ovarien der infizierten Zecken die massenhafte Ansammlung der Spirochäten nachweisen und Moellers fand in den aus Zentralafrika nach Europa mitgebrachten Zecken noch nach $1^1/_2$ Jahren Spirochäten, die unterdessen durch mehrere Generationen vererbt worden waren. Auch in Kleiderläusen sind die Spirochäten der europäischen und nordamerikanischen Recurrens mikroskopisch nachgewiesen worden, und zwar nicht nur im Darminhalt, sondern auch im Innern der Organe, wohin sie bei ihrem Reifungsprozeß aktiv einwandern. Sehr zu hüten hat man sich bei der Untersuchung stechender Insekten auf Spirochäten vor Verwechslung mit anderen fädigen, unter Umständen sogar lebhaft eigenbeweglichen Gebilden.

Außer der Übertragung durch den Stich der genannten Arten von Ungeziefer können die Spirochäten auch bei Menschen direkt durch die unverletzte Haut eindringen, wodurch sich manche Laboratoriumsinfektionen erklären. Bei Arbeiten mit Recurrens ist daher größte Vorsicht geboten (Gummihandschuhe!). Insbesondere hat man (z. B. durch Hineinstellen der zur Züchtung von Zecken benützten Gefäße in Untersätze mit Schwefelsäure) ein Entkommen der Tiere sorgfältig zu verhüten, da die jungen Larven auch an Glaswänden emporzuklettern vermögen.

Die Züchtung der Rückfallfieberspirochäten gelang zuerst Noguchi auf Ascites und Hydrocelenflüssigkeit mit frischen Organstückchen von Kaninchen nach Überschichtung mit Paraffinöl bei 37° C. Ungermann benutzte frisch gewonnenes unverdünntes Kaninchenserum oder Ringersche Lösung, die in kleinen Reagensröhrchen 30 Minuten auf 58—60° C erhitzt wurde und sogleich gegen Luftzutritt mit Paraffinöl überschichtet wurde. Die Züchtung gelingt in beliebig zahlreichen Passagen ohne Einbuße ihrer Pathogenität.

Dem Kulturversuch dient heute am besten das folgende Verfahren: Dem Koagulum wird nach Gerinnung des Blutes etwa die $1^1/_2$fache Menge eines Gemisches von 80 Teilen physiologischer Kochsalzlösung und 20 Teilen einer 1%igen Peptonnährbrühe zugesetzt. Die Bebrütung kann schon bei 20—30° C erfolgen. Nach Manteufel erfolgt vom 3.—4. Tag ab täglich die Untersuchung einer mit der Capillare entnommene Probe im Dunkelfeld. Zum Tierversuch eignen sich am besten Affen. Stehen sie nicht zur Verfügung, kann man auch ganz junge Mäuse oder Ratten nehmen. Am Tage nach der intraperitonealen Injektion von etwa 0,5 ccm Patientenblut sind die Spirochäten in 1—2 Tagen in dem Blut der Schwanzwurzel der weißen Maus nachweisbar. Bei postmortaler Untersuchung sind die Aussichten eines Nachweises der Spirochäten am günstigsten, wenn der Tod während einer Fieberattacke eingetreten ist. Es erfolgt die Untersuchung von Gewebssaft, von Milz, Leber, Knochenmark und die Färbung von Organstückchen nach Levaditi.

Die verschiedenen Abarten der Recurrens aus verschiedenen Erdteilen zeigen bezüglich ihrer Tierpathogenität gewisse, aber nicht sehr charakteristische Differenzen, auf welche hier nicht näher eingegangen werden kann.

In schweren Fällen tritt die Recurrens auch in einer biliösen Form auf, die nicht mit der später zu besprechenden Weilschen Krankheit verwechselt werden darf und sich von ihr durch den mikroskopischen Befund von Recurrensspirochäten im Blut unterscheidet.

Schrifttum.

HEGLER, C.: in M. GUNDEL: Die ansteckenden Krankheiten. Leipzig: Georg Thieme 1935. Handbuch der inneren Medizin, 3. Aufl., Bd. 1, S. 1150. 1934. — MÜHLENS, P.: Handbuch der pathogenen Mikroorganismen, 3. Aufl. Bd. 7, S. 383. 1929. In RUGE, MÜHLENS u. ZUR VERTH: Krankheiten und Hygiene der warmen Länder, 3. Aufl., S. 190. 1930.

2. Spirochäte der WEILschen Krankheit (Sp. icterogenes).

Die WEILsche Krankheit ist als eine durch den Symptomenkomplex von Ikterus, Milzschwellung, Nephritis und Muskelschmerzen (besonders in den Waden) charakterisierte fieberhafte Erkrankung schon 1886 durch WEIL beschrieben. Die Aufklärung ihrer Ätiologie gelang erst in den letzten Jahren. Die Übertragbarkeit der Erkrankung durch Verimpfung des Blutes des Erkrankten wurde zuerst von HÜBENER und REITER und unabhängig von den genannten Forschern wenige Tage später auch von UHLENHUTH und FROMME beschrieben. Einige Monate später veröffentlichten INADA, IDO, HOKI, KANEKO und ITO ihre bei einer in Japan vorkommenden Form des infektiösen Ikterus erhobenen ganz analogen Befunde.

Wie wohl fast bei allen Infektionskrankheiten, so gibt es auch bei der WEILschen Krankheit leichte und atypische Fälle, in denen nur ein Teil der obengenannten charakteristischen Symptome in Erscheinung tritt. Gerade in solchen Fällen ist die bakteriologische Untersuchung ausschlaggebend.

Der Nachweis des Erregers in den Organen des erkrankten Menschen ist auf direktem Wege bisher nur in ganz seltenen Ausnahmefällen möglich gewesen. Dagegen gelingt er mit großer Regelmäßigkeit durch den Tierversuch, falls man Sorge trägt, nur ganz frische Fälle in den ersten Krankheitstagen zu untersuchen. Offenbar geht die Spirochäte im erkrankten Menschen sehr bald zugrunde, und die zahlreichen negativen Ergebnisse, welche frühere Untersucher bei ihren Tierimpfungen hatten, erklären sich in erster Linie dadurch, daß die untersuchten Kranken sich in einem schon zu weit vorgeschrittenen Krankheitsstadium befanden. Das geeignetste Versuchstier ist das Meerschweinchen. die empfindlichste Methode des Nachweises die intrakardiale Impfung, bei der schon Bruchteile eines Kubikzentimeters defibrinierten Blutes genügen, um mit Sicherheit eine Infektion hervorzurufen. Bei intraperitonealer Verimpfung bedarf man größerer Mengen (5 ccm), die subcutane Impfung ist ganz unzuverlässig. Das geimpfte Meerschweinchen erkrankt nach 4—5 Tagen mit schweren Allgemeinsymptomen und starker ikterischer Verfärbung, die sich zuerst an den Skleren und an den Ohren zeigt. Die Tiere gehen fast ausnahmslos an der Infektion zugrunde und der pathologisch-anatomische Befund entspricht ganz dem bei der menschlichen Erkrankung: starke Gelbfärbung aller Organe, zahlreiche kleine Blutungen in den Schleimhäuten und serösen Häuten. trübe Schwellung von Leber und Niere, zahlreiche miliare Erkrankungsherde in der Muskulatur. Das Virus findet sich in allen Organen und Körpersäften, wie sich durch Weiterimpfung auf andere Meerschweinchen in beliebig ausgedehnten Reihen nachweisen läßt. Am meisten angereichert ist das Virus in der Leber, wo auch der direkte mikroskopische Nachweis der Spirochäten ohne Schwierigkeit gelingt, am besten bei Betrachtung im Dunkelfeld (in dem die Spirochäten durch ihre lebhafte Eigenbewegung auffallen), sowie durch das Tuschepräparat, durch

Giemsafärbung oder im Schnittpräparat mittels Versilberung nach
Levaditi. Die Spirochäten der Weilschen Krankheit erscheinen von
zarterer Gestalt als die Recurrensspirochäten und haben wie diese flache
Windungen (vgl. Abb. 48).

Die künstliche Kultur gelang zuerst Ungermann in Kaninchenserum
unter anaeroben Bedingungen (Überschichtung mit sterilem Paraffin).
In Gemischen von Serum und Bouillon im Verhältnis von 3:2 tritt noch
Wachstum ein, nicht aber in stärkeren Verdünnungen oder in reiner

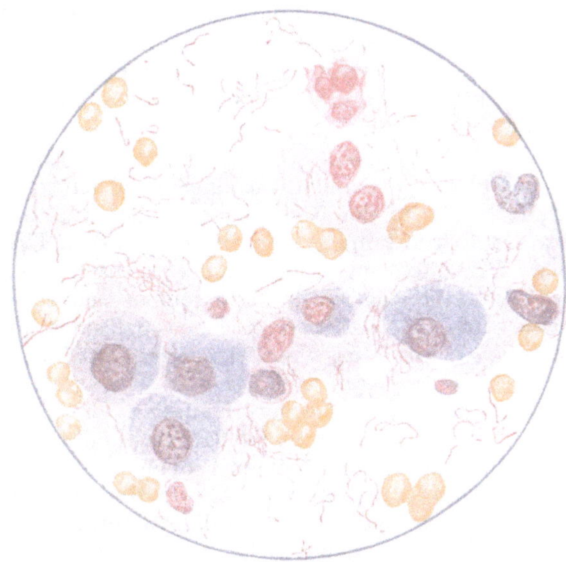

Abb. 48. Spir. icterogenes. Giemsafärbung. (Vergr. 1:500.) Ausstrich aus der Leber eines infizierten
Meerschweinchens.

Bouillon. Demgegenüber gelingt die Züchtung nach Uhlenhuth noch
in sehr weitgehender Verdünnung des Serums mit gewöhnlichem Leitungswasser (1:30), selbst in Massenkulturen, die für Zwecke der Immunisierung von Tieren verwendet werden können. Die Verimpfung von
Kulturspirochäten auf Meerschweinchen erzeugt bei diesen wieder
typische Weilsche Krankheit. Andere für die Infektion mit diesem
Erreger empfängliche Versuchstiere sind Kaninchen und Affen, doch
geht bei ihnen die Impfung nicht mit der gleichen Regelmäßigkeit an
wie beim Meerschweinchen. Die ursächliche Bedeutung der in Rede
stehenden Spirochäte für die Weilsche Krankheit beim Menschen ist
dadurch über jeden Zweifel erhaben, daß bei Versuchen mit infizierten
Meerschweinchen bereits mehrfach typische Laboratoriumsinfektionen
beim Menschen vorgekommen sind.

Im Gegensatz zu den meisten anderen bekannten krankheitserregenden Spirochäten ist der Erreger der Weilschen Krankheit einer chemotherapeutischen Beeinflussung durch Salvarsan u. dgl. nicht zugänglich.

Die Widerstandsfähigkeit des Erregers gegen Erhitzung und gegen die gebräuchlichen Desinfektionsmittel ist nur gering. Dagegen vermag sich der Erreger in

faulenden Organen einige Tage und in Verdünnungen des Blutes mit Leitungswasser selbst bei Zimmertemperatur bis über 2 Wochen lebend zu erhalten. Diese
Tatsachen sind wichtig für die Epidemiologie, da sie, ebenso wie die oben erwähnten
Laboratoriumsinfektionen beim Menschen (sowie Stallinfektionen bei Versuchstieren), das Vorhandensein einer direkten Übertragung beweisen. Der von UHLEN
HUTH erbrachte Nachweis der langen Haltbarkeit des Erregers im Wasser erklärt
die mehrfach gemachte Erfahrung, daß die Erkrankung anläßlich des Badens in
verunreinigtem Wasser übertragen wird.

Durch die Arbeiten der letzten Jahre ist nachgewiesen, daß die
Spirochäten im Wasser leben und durch Trinken oder beim Baden,
aber auch durch die Haut und die Conjunctiven in den Körper gelangen
können. Die Verbreitung der Spirochäten in der Außenwelt erfolgt in
erster Linie durch Ratten, die in einem hohen Prozentsatz mit Spirochäten infiziert sind und diese in großen Massen mit dem Urin ausscheiden können.

Zur Untersuchung auf WEIL-Spirochäten ist die Einsendung einer
größeren defibrinierten Blutmenge und einer steril entnommenen Urinprobe anzuraten. Während der Nachweis aus dem Blut im allgemeinen
nur im Beginn der Erkrankung gelingt, ist er aus dem Urin auch noch
später möglich. Die Züchtung, die zuerst UNGERMANN vor den japanischen Autoren gelang, erfolgt am besten in einem Gemisch inaktivierten
Kaninchenserums und physiologischer Kochsalzlösung im Verhältnis
etwa von 1:5 bis 1:10. Die Flüssigkeit ist mit sterilem flüssigem Paraffin
zu überschütten. Die p_H-Zahl soll 7,4—7,8 betragen. Die Wasser
Serummischungen sind unter sterilen Kautelen zu etwa 2,0 ccm in
kleine Reagensgläser abzufüllen und an 2 Tagen auf 56° C zu inaktivieren.
Nach Beendigung sind sie längere Zeit zu beobachten. Für die Diagnose
sehr wichtig ist die WIDALsche Reaktion, da im Blut der Kranken schon
frühzeitig, etwa wie beim Typhus, spezifische Agglutinine auftreten, die
in der Agglutinationsreaktion nachweisbar sind. Auch die Komplementbindungsreaktion hat sich gut bewährt. Sowohl bei der Agglutinationsals auch bei der Komplementbindungsreaktion nimmt man mehrere
Spirochätenstämme bzw. ein Antigen, das aus möglichst vielen Stämmen
hergestellt ist.

Zum Tierversuch wählt man das Meerschweinchen, dem man etwa
0,5—2,0 ccm defibriniertes Blut oder das in Kochsalzlösung aufgeschwemmte Urinsediment intrakardial oder intraperitoneal einspritzt.

Viele Untersuchungen der neuen Zeit galten der Frage, ob die sog.
Stuttgarter Hundeseuche ätiologisch zur WEILschen Krankheit gehört.
Nach SCHLOSSBERGER sprechen nicht nur die bakteriologischen Untersuchungen, sondern auch die günstigen therapeutischen Ergebnisse mit
Immunseren für nahe Beziehungen. Jedenfalls sind Hunde recht oft
Träger von Spirochäten des WEIL-Typus. Dem Typenproblem ist gleichfalls neuerdings besondere Bedeutung zugesprochen worden. Wahrscheinlich aber bestehen keine wesentlichen Unterschiede im Charakter
des Erregers, sofern man die in Europa isolierten Spirochätenstämme
zugrunde legt.

Während die Chemotherapie bei der WEILschen Krankheit noch
keine zufriedenstellenden Erfolge aufzuweisen hat, haben in neuerer
Zeit die Serumprophylaxe und Serumtherapie günstige Resultate

geliefert. Hochwertige tierische Immunsera hat man von Kaninchen gewonnen, zu deren erfolgreicher Verwendung aber immer wieder die rechtzeitige Verabfolgung ausreichender Dosen von etwa 40—60 ccm, gegebenenfalls wiederholt und intramuskulär oder intravenös, anzuraten ist. Besonders bei Laboratoriumsunfällen, die leider sehr oft tödlich verlaufen, oder nach Rattenbissen, ist die frühzeitige Gabe dieser Sera unbedingt geboten.

Schrifttum.

HEGLER, C.: in M. GUNDEL: Die ansteckenden Krankheiten. Leipzig: Georg Thieme 1935. — GAETHGENS, W.: Klin. Wschr. 1933, 697. — SCHITTENHELM, A.: Handbuch der inneren Medizin, 3. Aufl., Bd. 1, S. 1026. 1934. — SCHLOSSBERGER: Klin. Wschr. 1935, 1133. — SCHLOSSBERGER u. POHLMANN: Zbl. Bakter. I Orig. **136**, 182 (1936). — UHLENHUTH: Med. Welt 1936, 989. — UHLENHUTH u. ZIMMERMANN: Med. Klin. 1934, Nr 14. — UHLENHUTH u. FROMME: Handbuch der pathogenen Mikroorganismen, 3. Aufl., Bd. 7, S. 487. 1930.

3. Syphilisspirochäte (Sp. pallida).

Nach vielen vergeblichen Bemühungen früherer Forscher gelang es im Jahre 1905 SCHAUDINN, in syphilitischen Krankheitsprodukten eine charakteristische Spirochäte festzustellen und in gemeinsamer Erforschung mit E. HOFFMANN als Erreger der Syphilis nachzuweisen.

Die Sp. pallida (so genannt wegen ihrer zarten blassen Färbung) unterscheidet sich von allen anderen bekannten Spirochäten (mit Ausnahme der Sp. pertenuis, des Erregers der Frambösie, einer tropischen Hautkrankheit, die der Lues klinisch sehr ähnlich, aber durch ihre Gutartigkeit sowie durch den Ausfall der Immunitätsreaktionen von ihr scharf getrennt ist) durch folgende charakteristische morphologische Merkmale: außerordentliche Zartheit des Baues, zahlreiche enge steile Windungen, so daß die Gestalt der korkzieherartig gewundenen Spirale nicht nur während der Eigenbewegung, sondern auch im Ruhestadium bestehen bleibt und die Gestalt der Spirochäte wie „gedrechselt" (SCHAUDINN) erscheint. Am besten treten diese Merkmale bei der Betrachtung im Dunkelfeld hervor. Es ist dies geradezu die Methode der Wahl für den Nachweis der Syphilisspirochäten. In Ermangelung eines Apparates zur Dunkelfeldbeleuchtung gibt das Tuschepräparat nach BURRI einen gewissen Ersatz. Die Färbung gelingt mit den sonst in der Bakteriologie gebräuchlichen wässerigen Lösungen der Anilinfarbstoffe nur schwierig, es bedarf intensiverer Einwirkung des Farbstoffes wie bei der von HERXHEIMER angegebenen Schnellmethode der Färbung mit heißgesättigter Gentianaviolettlösung während 15 Minuten. Auch nach der LÖFFLERschen Geißelfärbung läßt sich die Sp. pallida darstellen. SCHAUDINN gelang es nach dieser Methode, auch die von den beiden zugespitzten Enden ausgehenden (je 1—2) äußerst feinen Geißelfäden nachzuweisen. Die besten Resultate erhält man mit der Färbung nach GIEMSA, welche zweckmäßig längere Zeit ausgedehnt (12 Stunden) und bei 37° C vorgenommen wird (vgl. Abb. 49). Man verwendet am besten die von G. Grübler (Leipzig) fertig bezogene alkoholische Lösung, von der zur Herstellung der gebrauchsfertigen Farblösung je 1 Tropfen auf 1 ccm destilliertes Wasser unmittelbar vor dem Gebrauch zu verdünnen ist (über das Prinzip der ROMANOWSKY-GIEMSA-

Färbung vgl. weiter unten im Abschnitt „Protozoen"). Bei dieser Färbung tritt nicht nur die oben geschilderte typische Gestalt der Sp. pallida

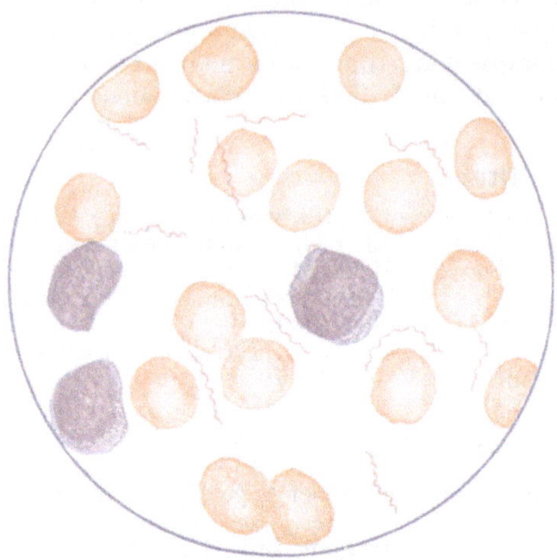

Abb. 49. Spiroch. pallida (Giemsafärbung). (Vergr. 1:1000.) Ausstrichpräparat.

sehr deutlich hervor, sondern auch der Ton der Färbung ist sehr charakteristisch, indem die Sp. pallida eine eigenartige blaßrötliche Färbung aufweist im Gegensatz zu Bakterien und anderen saprophytischen Spirochäten, welche sich nach GIEMSA mehr blauviolett färben. Durch dieses Merkmal sowie durch die Flachheit der Windungen und das stärkere Lichtbrechungsvermögen im lebenden Zustande unterscheidet sich von der Pallida insbesondere die Sp. refringens, welche häufig als Epiphyt auf Schleimhäuten und Geschwürsflächen vorkommt und vor deren Verwechslung mit der Pallida man sich sorgfältig hüten muß. Selbstverständlich kann die Sp. refringens auch vergesellschaftet mit der Pallida als Nebenbefund vorkommen.

Im Schnittpräparat läßt sich die Syphilisspirochäte nach der von LEVADITI angegebenen Versilberungsmethode in äußerst charakteristischer Weise zur Darstellung bringen (vgl. Abb. 50). Die Spirochäten erscheinen als braunschwarze bis tiefschwarze, starre, korkzieherartige Gebilde von wesentlich erheblicherer Dicke als im GIEMSA-Präparat und heben sich von dem hellgelben bis gelbbräunlichen Gewebe sehr kontrastreich ab.

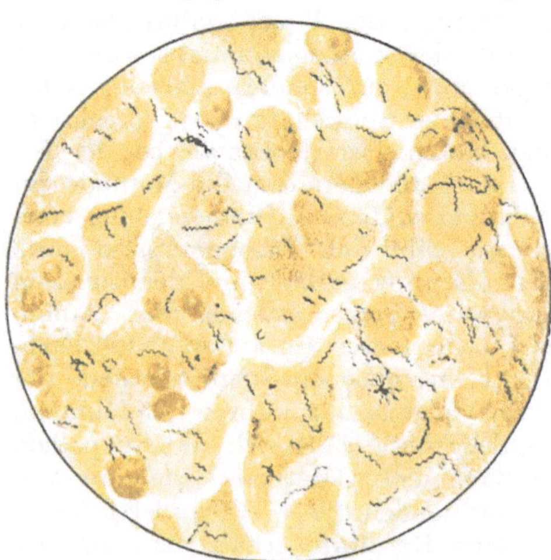

Abb. 50. Spiroch. pallida. (Leberschnitt.) Silberfärbung nach LEVADITI. (Vergr. 1:1000.)

Die künstliche Kultur der Sp. pallida gelang zuerst SCHERESCHEWSKI, als Mischkultur mit anderen Keimen vergesellschaftet, in halberstarrtem Pferdeserum unter Luftabschluß. Die ersten Reinkulturen erhielt MÜHLENS durch Abimpfung von den hauchartig getrübten Randpartien des Impfstiches, in welchen die Sp. pallida rascher vordringt als die eventuell vorhandenen begleitenden Keime. Die Reinkulturen der Sp. pallida sollen völlig geruchlos sein im Gegensatz zu den Kulturen saprophytischer Spirochäten, welchen ein übler fäulnisartiger Geruch eigen ist. Mit den Reinkulturen der Sp. pallida gelang es, bei Überimpfung auf Tiere dasselbe charakteristische

Krankheitsbild hervorzurufen, wie durch Übertragung von syphilitischem Material vom erkrankten Menschen (NOGUCHI, W. H. HOFFMANN). Desgleichen konnte NOGUCHI aus diesen Reinkulturen einen Extrakt (Luetin) gewinnen, der mit dem Serum syphilitisch Erkrankter spezifische Komplementbindung gibt. So interessant diese Versuche an Reinkulturen in theoretischer Beziehung sind, weil sie die ursächliche Bedeutung der Sp. pallida für die Syphilis in zweifelsfreier Weise erhärten, so sind sie doch für die praktische Diagnose bisher nicht verwertbar, weil die Kultivierung der Sp. pallida auf große Schwierigkeiten stößt. Von vielen Autoren, denen wir uns anschließen, wird sogar behauptet, daß die Züchtung der Sp. pallida auf künstlichen Nährböden noch nicht einwandfrei geglückt sei. Auch das von GAETHGENS zur serologischen Luesdiagnose herausgegebene Pallidaantigen zur Anstellung der sog. Pallidareaktion stellt wahrscheinlich keine Reinkultur von Pallidaspirochäten dar.

Die Übertragung von Syphilis auf Tiere gelang zuerst und fast gleichzeitig METSCHNIKOFF und ROUX an Anthropoiden sowie NICOLLE an Halbaffen. Beim Anthropoiden verläuft die Infektion ganz analog wie beim Menschen mit Bildung einer Initialsklerose am Orte der Infektion nach einer etwa 3wöchentlichen Inkubationszeit und mit typischen Sekundärerscheinungen nach weiteren 2 Monaten. Beim Halbaffen beschränkt sich der Impferfolg auf die Bildung rötlicher Flecken, Knötchen oder Geschwüre am Ort der Impfung, die am deutlichsten an den Augenbrauen oder am Mons veneris erfolgt. Die Affensyphilis läßt sich von Tier zu Tier weiter verimpfen. Unter den gebräuchlichen Laboratoriumstieren ist das *Kaninchen* allein für die regelmäßige Erzeugung der experimentellen Syphilis empfänglich. Zuerst konnte BERTARELLI bei Verimpfung auf die Cornea eine typische Keratitis mit massenhaften Spirochätenbefunden erzeugen. Später wurde die experimentelle Kaninchensyphilis insbesondere von UHLENHUTH und MULZER studiert, denen es gelang, bei direkter Verimpfung syphilitischen Materials in den Testikel eine Orchitis zu erzeugen, sowie bei jungen Kaninchen durch intravenöse Injektion das Krankheitsbild einer allgemeinen luischen Infektion (Papeln und Geschwüre an Haut und Schleimhäuten) hervorzurufen. Jedoch geht die Impfung bei Kaninchen nur unregelmäßig an. Es scheinen verschiedene Stämme des Syphiliserregers in sehr ungleicher Weise auf dieses Versuchstier übertragbar zu sein. Einerseits aus diesem Grunde sowie andererseits wegen der Schwierigkeit und Kostspieligkeit der Versuche an Affen sind auch die Tierversuche mit dem Syphiliserreger, so hoch ihre theoretische Bedeutung einzuschätzen ist, bisher für die praktische Syphilisdiagnose nicht allgemein verwertbar.

Für den Praktiker kommen in erster Linie der Nachweis der Spirochäte im erkrankten Menschen sowie die serologische Untersuchung (WASSERMANNsche Reaktion) in Betracht. Wann die eine oder die andere dieser beiden Methoden oder eventuell beide zusammen anzuwenden sind, ergibt sich aus dem sogleich zu besprechenden zeitlichen Verhalten des Spirochätenbefundes und der WASSERMANNschen Reaktion zu den verschiedenen Krankheitsstadien.

Der Nachweis der Sp. pallida gelingt bei genügender Übung und Ausdauer des Untersuchers verhältnismäßig leicht und regelmäßig in allen primären und sekundären Krankheitsprodukten. Bei der Untersuchung des Primäraffektes sowie sekundärer Papeln und Geschwüre bemühe man sich nach Möglichkeit, Gewebssaft aus den tieferen, nicht erodierten Teilen des Gewebes zu erhalten, um oberflächliche Verunreinigungen zu vermeiden. Am besten gewinnt man sog. „Reizserum" durch vorsichtige Scarifikationen, Kratzen mit einem Skalpell oder mit dem Rande des senkrecht aufgesetzten Deckgläschens, wobei ein Austritt von Bluttröpfchen zu vermeiden ist. Das gewonnene, möglichst klare Reizserum wird bei Dunkelfeldbeleuchtung untersucht und zu Tusche- und GIEMSA-Präparaten verarbeitet. Im lebenden Zustand hält sich die Sp. pallida stunden- bis tagelang und bewahrt ihre Eigenbewegung,

falls für Luftabschluß durch Umranden des Deckglaspräparates mit
Vaseline gesorgt ist. Gegen Zutritt des freien Sauerstoffes der Luft,
sowie gegen schädigende Einwirkungen (Temperaturen von 40—45° C,
Lösungen von Desinfektionsmitteln) ist die Sp. pallida sehr empfindlich
und geht in kürzester Frist zugrunde. Außerhalb des Körpers ist die
Widerstandsfähigkeit der Sp. pallida sehr gering. Kälte wird gut vertragen. In Leichen werden bis zu 2 Tagen noch lebende infektionstüchtige Spirochäten nachgewiesen. Auch in dem durch Punktion
gewonnenen Saft der geschwollenen regionären Lymphdrüsen ist die
Spirochäte leicht nachweisbar. Im kreisenden Blut ist die Sp. pallida
im floriden sekundären Stadium vorhanden; doch gelingt ihr Nachweis
nur schwierig und nur bei Untersuchung größerer Mengen von Blut,
die mit der 10fachen Menge 0,1%iger Essigsäure versetzt und zwecks
Gewinnung des Bodensatzes ausgeschleudert wird. In den tertiären
Krankheitsprodukten sind nur sehr spärliche Spirochäten vorhanden,
deren Nachweis praktisch nicht in Betracht kommt. Hier setzt dann
die WASSERMANNsche Reaktion ein. Auch bei den früher als metaluisch
bezeichneten (weil als toxische Nachkrankheiten aufgefaßten) Affektionen des Zentralnervensystems (progressive Paralyse, Tabes) ist jetzt
der Nachweis der Sp. pallida in den Ganglienzellen erbracht, sogar
durch Punktion am Lebenden. Für die praktische Diagnose tritt auch
hier die WASSERMANNsche Reaktion ein. In sehr großer Menge findet
sich die Sp. pallida bei kongenitaler Lues, insbesondere der Leber tot-
geborener Föten, bei Anwendung des LEVADITI-Verfahrens.

Während der Nachweis der Spirochäten sich auf die Zeit manifester
Krankheitserscheinungen beschränkt und praktisch nur während des
primären und sekundären Stadiums in Betracht kommt, ist die serologische Untersuchung während der ganzen Dauer der Erkrankung ausführbar, abgesehen von den ersten Krankheitswochen, in welchen die
WASSERMANNsche Reaktion noch nicht entwickelt ist und der Spiro-
chätennachweis allein die mikrobiologische Diagnostik beherrscht. Über
das Wesen und die Ausführung der WASSERMANNschen Reaktion vgl.
oben im allgemeinen Teil S. 108f. Das Blut wird am besten mittels
steriler Spritze durch Punktion der Armvene, oder bei Kindern und
sehr fetten Personen mittels Schröpfkopfes entnommen. Das Serum
ist möglichst bald von den roten Blutkörperchen (nach Absitzen oder
Ausschleudern) zu trennen und sofort durch Erhitzen auf 56° C während
einer halben Stunde zu inaktivieren. Im inaktivierten Zustand, kühl
und im Dunkeln aufbewahrt, ist es dann längere Zeit haltbar. Geringere
Trübungen oder rötliche Verfärbung stören die Reaktion nicht. Starke
Trübung oder blutige Verfärbung kann dagegen erhebliche Störungen
verursachen und das Serum unter Umständen unbrauchbar machen.
Stets ist das Serum auf eigenhemmende und eigenlösende Eigenschaften
zu untersuchen. Auch ist die Reaktion immer mit mehreren (2—3)
Antigenen zuverlässiger Herkunft anzustellen und außer den Kontrollen
des hämolytischen Systems regelmäßig noch je ein Kontrollversuch mit
einem sicher positiven und einem sicher negativen menschlichen Serum
anzustellen. Der positive Ausfall einer unter allen diesen Vorsichtsmaßregeln angestellten WASSERMANNschen Reaktion ist mit großer

Sicherheit beweisend für Lues, falls nicht gerade eine von den wenigen (klinisch ohne weiteres von Lues zu unterscheidenden) Erkrankungen vorliegt, wie Lepra, Scharlach, Fleckfieber, in deren Verlauf das Serum des Erkrankten oder Genesenden — wahrscheinlich infolge Störung des Lipoidstoffwechsels — Stoffe enthält, die eine positive WASSERMANNsche Reaktion geben. Dagegen beweist der negative Ausfall der WASSERMANN-schen Reaktion nicht, daß es sich bei dem Patienten um keine Lues handelt, da zu gewissen Zeiten während des Krankheitsverlaufes die WASSERMANNsche Reaktion negativ sein kann. Insbesondere ist dies regelmäßig am Anfang der Erkrankung der Fall. Ein positiver Ausfall der WASSERMANNschen Reaktion ist meist erst nach 6 Wochen post infectionem zu erwarten. Im Stadium des Primäraffektes wird der Prozentsatz der positiven Reaktionen noch recht verschieden angegeben, von 40—100% der Fälle, je nach der bereits erfolgten allgemeinen Durchseuchung des Körpers. Am häufigsten ist die WASSERMANNsche Reaktion positiv während des sekundären Stadiums (in 70—100% der Fälle). Ebenso ist die Reaktion fast stets positiv bei manifester kon-genitaler Lues. Im tertiären Stadium sowie bei Tabes und Paralyse ergibt das Blutserum in etwa 70% der Fälle eine positive WASSERMANN-sche Reaktion. Von noch größerer Bedeutung für die rechtzeitige Dia-gnose dieser letzteren beiden schweren Erkrankungen des Zentral-nervensystems ist die Untersuchung der durch Lumbalpunktion ge-wonnenen Spinalflüssigkeit, die schon in den Anfangsstadien dieser Erkrankungen in über 90% der Fälle eine positive WASSERMANNsche Reaktion ergibt. Die Technik der Untersuchung ist dieselbe wie beim Blutserum, nur daß man vom Liquor größere Mengen (0,5 ccm) ver-wendet und daß der Liquor, weil eiweiß- und komplementfrei, nicht inaktiviert zu werden braucht. Die WASSERMANNsche Reaktion ist nicht nur für die Diagnose einer auf Lues verdächtigen Erkrankung von größtem praktischen Werte, sondern auch ausschlaggebend für die Be-urteilung, ob eine vorliegende syphilitische Erkrankung als endgültig geheilt angesehen werden darf oder nicht. Solange noch eine positive WASSERMANNsche Reaktion besteht, selbst wenn keinerlei klinische Symptome vorliegen, oder wenn eine syphilitische Infektion vom Patienten gänzlich geleugnet wird (wie das ja bei dem zuweilen sehr leichten oder fast symptomlosen Verlauf der Lues selbst bona fide erklärlich ist), solange ist noch mit dem Fortbestehen lebender Spiro-chäten im Organismus und mit der Möglichkeit neuer klinischer Mani-festationen zu rechnen. Wie folgenschwer die Diagnose in solchen Fällen sein kann, dafür seien nur die Beispiele der Frage des Ehekonsenses nach (überstandener) Lues und die Ammenuntersuchung angeführt. Die Be-handlung muß daher solange fortgesetzt werden, bis die WASSERMANNsche Reaktion auch bei mehrmaliger Untersuchung dauernd negativ geworden ist. Unmittelbar nach einer Salvarsaninjektion findet sich öfters zunächst ein Ansteigen des Titers der WASSERMANNschen Reaktion oder ein Wiedererscheinen einer vorher nicht vorhandenen positiven Reaktion. Dieses scheinbar paradoxe Verhalten erklärt sich dadurch, daß infolge der chemotherapeutischen Beeinflussung durch Salvarsan zahlreiche im Körper vorhandene Spirochäten zugrunde gehen und die Bildung von

Antikörpern im Blute hierdurch anregen. Man bedient sich gerade dieser Provokation bei der WASSERMANNschen Reaktion, um eine bestehende latente luetische Infektion aufzudecken. Im weiteren Verlauf der spezifischen Behandlung verschwinden dann die Antikörper aus dem Blute. weil ihre Anwesenheit ebenso wie das Vorhandensein der Immunität bei Lues ziemlich streng an die Existenz des lebenden Virus im Organismus gebunden ist. Bekanntlich gibt es ja bei der Lues keine die Infektion überdauernde eigentliche Immunität, sondern nur eine fehlende oder verminderte Reaktionsfähigkeit gegenüber neuer Infektion, solange der alte Krankheitsprozeß noch fortbesteht. Andererseits ist die Möglichkeit einer Reinfektion das sicherste Zeichen der vollendeten Heilung, wie solche Fälle gerade in den letzten Jahrzehnten infolge der durch die Salvarsanbehandlung möglich gewordenen raschen Heilung schon binnen kurzer Frist nach der Erstinfektion bekannt geworden sind.

Neben der Reaktion nach WASSERMANN werden noch diagnostisch verwendet (vgl. S. 116):

1. Die Flockungs- und Trübungsreaktion nach MEINICKE.
2. Die Ausflockungsreaktion nach SACHS und GEORGI.
3. Die Klärungsreaktion von MEINICKE.
4. Die Schnellreaktion nach KAHN und die Citocholreaktion nach SACHS u. a.

4. Die Frambösie.

Die Spirochaeta pertenuis wurde zuerst von CASTELLANI bei der Frambösie, einer in tropischen Ländern vorkommenden, endemisch auftretenden Erkrankung gefunden. Auf der Haut entstehen im Verlaufe der Erkrankung himbeerähnliche Erhebungen (Framboise-Himbeere). Die Übertragung erfolgt im Gegensatz zur Syphilis extragenital und zwar durch Kontakt (Säugen, Küssen, Eß- und Trinkgeschirr usw.). Nach einer Inkubation von 2—6 Wochen entwickelt sich an der Eintrittspforte ein weicher Primäraffekt, dem nach 3—4 Wochen der Ausbruch eines Exanthems folgt. An vielen Körperstellen entstehen konfluierende, juckende, mit Borken besetzte Papeln, die nach dem Abheilen die charakteristischen himbeerartigen Erhebungen darstellen. Im Spätstadium zeigen sich geschwürige Prozesse und zuweilen Knochenerkrankungen.

Die Spirochaeta pertenuis ist der Syphilisspirochäte sehr nahe verwandt. Sie ist etwas dicker und ihre Windungen sind nicht so starr regelmäßig. Die Enden sind zuweilen umgebogen. Der Erreger ist in den Papeln, in den Lymphdrüsen, in der Milz, im Knochenmark nachzuweisen. Er fehlt aber bei den Tertiärformen der Krankheit und in der Cerebrospinalflüssigkeit. Eine kongenitale Übertragung ist bisher nicht beobachtet.

Bei Tieren gelingt die Übertragung auf Affen, sonst ist das Kaninchen sehr empfänglich. Mäuse zeigen nur eine symptomlose Infektion. Die Immunität bei Frambösie gleicht derjenigen bei Syphilis.

5. Spirochäten bei PLAUT-VINCENTscher Angina.

Im Jahre 1894 wurde von PLAUT und im Jahre 1899 von VINCENT eine eigentümliche diphtherieähnliche, geschwürige Form der Angina beschrieben, die sich von der echten Diphtherie durch ihre Gutartigkeit sowie durch den Mangel der Beeinflußbarkeit durch Diphtherieserum unterscheidet und bei welcher als regelmäßiger mikroskopischer Befund das gemeinsame Vorkommen von feinen flachgewundenen Spirochäten und Spirillen mit eigenartigen spindelförmigen Bacillen vorliegt (vgl. Abb. 51). Obgleich ähnliche Spirochäten (Sp. dentium) fast in jeder normalen Mundhöhle, insbesondere am Zahnfleischrande der letzten Molarzähne nachweisbar sind und bei manchen geschwürigen Prozessen, insbesondere bei Noma, in ungeheuren Mengen in das zerfallende Gewebe eindringen, so ist doch bei der PLAUT-VINCENTschen Angina eine ursächliche Rolle der Spirochäten schon aus dem Grunde anzunehmen, weil die Erkrankung durch Salvarsanbehandlung günstig beeinflußt wird.

Bei der Untersuchung von auf PLAUT-VINCENTsche Angina verdächtigem Material genügt ein gewöhnliches Carbolfuchsinpräparat oder das Tuscheverfahren. Da es nicht ausgeschlossen erscheint, daß sich auf diphtherischen Membranen fusiforme Bacillen

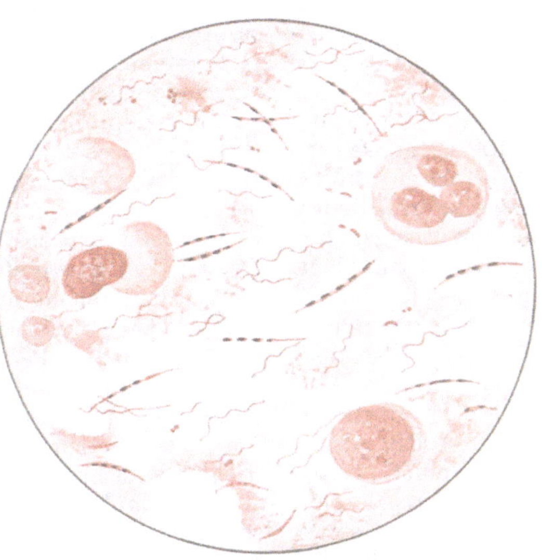

Abb. 51. Angina PLAUT-VINCENTI. Fusiforme Bacillen und Spirochäten. (Färbung mit verd. Carbolfuchsin.) (Vergr. 1:1000.)

und Spirillen angesiedelt haben, ist zur Vermeidung von Fehldiagnosen das Material unbedingt stets auch auf Diphtheriebacillen zu untersuchen.

Das fusospirilläre Gemisch findet sich auch schon in der Mundhöhle des Gesunden und insbesondere im Zahnbelag und in den Klüften der Mandeln. Ein pathologischer Befund liegt erst dann vor, wenn dieses Gemisch in großer Anzahl und überwiegend im Ausstrich festgestellt wird. Übrigens kann die PLAUT-VINCENT-Angina auch epidemisch auftreten, wobei offenbar die Resistenzverminderung breiterer Bevölkerungskreise, wie es der Weltkrieg gezeigt hat, von ursächlicher Bedeutung ist. Gelegentlich kann man auch Gruppenerkrankungen und Kontaktinfektionen beobachten.

Schrifttum.

GINS, H. A.: in M. GUNDEL: Die ansteckenden Krankheiten. Leipzig: Georg Thieme 1935.

6. Die Rattenbißkrankheit (Sodoku).

Bei der Rattenbißkrankheit handelt es sich um eine durch den Biß von Ratten, seltener von anderen Tieren, übertragene Spirochätose bzw. Spirilleninfektion durch Spirillum morsus muris, die mit rekurrierendem

Fieber, Primäraffekt an der Bißstelle und eigenartigen Hautausschlag einhergeht. In Japan wird sie „Sodoku" genannt (So = Ratte, doku = Gift). Auch in Deutschland ist mit dem seltenen Auftreten der Krankheit zu rechnen. Die Inkubation beträgt beim Menschen etwa 8—14 Tage. Die Krankheit beginnt mit hohem Fieber, Schüttelfrost und schwerem Krankheitsgefühl, mit einer Ulceration an der Bißstelle (einem schmerzhaften Primäraffekt), mit einer Schwellung der regionären Drüsen und eigenartigem Hautausschlag. Der Primäraffekt kann in der Mitte nekrotisch werden, es kann sogar zur Gangrän am betroffenen Glied, meist Finger oder Zehen, kommen. Meistens bestehen auch mehr oder minder starke Allgemeinerscheinungen. Besonders quälend sind oft die Schmerzen in Gelenk und Muskeln.

Die Diagnose ergibt sich meistens schon aus der typischen Anamnese, der erfolgten Bißverletzung, dem Primäraffekt, dem typischen Hautausschlag und dem Fieberverlauf. Gesichert wird sie durch den Nachweis des Erregers aus den Randgeweben des Primäraffekts und während des Fiebers aus dem Blut und dem Lymphdrüsenpunktat der Kranken. Blut, Gewebs- und Drüsensaft untersucht man entweder frisch, lebend und ungefärbt im Dunkelfeld oder aber in den nach GIEMSA gefärbten Blut- bzw. Saftausstrichen bzw. im dicken Tropfen. Auch der Tierversuch durch Blutverimpfung auf Affen, Meerschweinchen, weißen Mäusen ist diagnostisch verwertbar. Die WASSERMANNsche Reaktion ist häufig positiv, doch ist sie diagnostisch nur verwertbar, wenn andere Gründe einer positiven Reaktion sicher auszuschließen sind.

Als Erreger der Rattenbißkrankheit findet man beim infizierten Menschen im Gewebe des Primäraffekts und im Blut lebhaft bewegliche Spirochäten (Spirillen) Sp. morsus muris. Die Zahl der Windungen wird meist mit 2—6 angegeben. Die Windungen sind eng und regelmäßig. Meistens sind zwei endständige Geißeln feststellbar. Hauptträger des Erregers der Rattenbißkrankheit ist die Hausratte, in Japan außerdem die Feldmaus.

Schrifttum.

SONNENSCHEIN, C.: in M. GUNDEL: Die ansteckenden Krankheiten. Leipzig: Georg Thieme 1935.

7. Spirochätenkrankheiten der Tiere.

Spirochätenkrankheiten, die sowohl in ihrem cyclischen Ablauf wie auch nach den Eigenschaften der Erreger eine große Ähnlichkeit mit menschlichen Spirochäteninfektionen, insbesondere dem Rückfallfieber, aufweisen, treten bei einer größeren Zahl von Tieren auf. Die Spirochätose der Gänse, deren Erreger die Spirochaeta anserina ist, erscheint besonders in Rußland weitverbreitet, wird aber auch in anderen Ländern beobachtet. Die Erreger dieser schweren Spirochätose finden sich in großen Mengen im Blut und lassen sich von Tier zu Tier auch im Laboratorium leicht übertragen, wodurch sie sich für Demonstrationen zu Kurszwecken vorzüglich eignen (vgl. Abb. 52). Als Überträger kommen höchstwahrscheinlich Zecken in Betracht.

Die durch die Spirochaeta gallinarum bedingte Hühnerspirochätose ist eine seuchenhafte Krankheit der Hühner, die in Brasilien, Nordafrika und Osteuropa

heimisch ist. Auch bei diesem schweren Krankheitsbild sind die auffälligsten
Symptome Durchfall und Somnolenz. Bald nach dem Ausbruch des Fiebers erscheinen die Spirochäten in großer Menge im Blut und bilden schließlich gegen
Ende der Krankheit dichte Knäuel.

Spirochäten bei Rindern, Pferden, Schafen, Ziegen und Hunden wurden bis
jetzt fast nur in Afrika beobachtet. Der Erreger einer durch Spirochäten bedingten

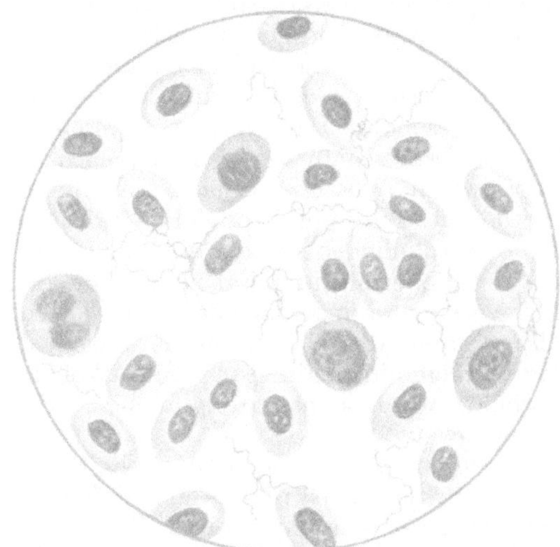

Abb. 52. Spiroch. gallinarum. (Hühnerblut) (Giemsafärbung). (Vergr. 1:700.)

chronischen Infektionskrankheit bei Kaninchen, die entzündliche und ulzerierende
Veränderungen am Genitalapparat zeigt, ist die Spirochaeta cuniculi, die der
Spirochaeta pallida ähnlich ist.

E. Krankheitserregende Protozoen.

Die Kenntnis der zum Tierreich gehörigen einzelligen Krankheitserreger, die
unter dem gemeinsamen Namen der Protozoen zusammengefaßt werden, hat in
den letzten Jahrzehnten immer mehr an Bedeutung gewonnen, seitdem die fortschreitende Erkenntnis gelehrt hat, daß die Protozoen nicht, wie es anfangs den
Anschein hatte, nur einen Ausnahmefall unter den Mikroparasiten darstellen,
sondern für die Pathologie der Seuchen der warmen Länder eine den bakteriellen
Erregern mindestens gleichwertige Bedeutung haben. Kurz seien noch einige
Bemerkungen über die allgemeine Morphologie und Biologie der Protozoen, soweit
zum Verständnis der nachfolgenden speziellen Kapitel erforderlich, vorausgeschickt.

Im Gegensatz zu den Bakterien sind die Protozoen durch eine viel
größere Mannigfaltigkeit von Form und Größe ausgezeichnet. Die höher
differenzierte Organisation dieser Lebewesen gibt sich auch dadurch
kund, daß schon bestimmte Teile ihres Zelleibes zwecks Übernahme
bestimmter Funktionen in besonderer Weise morphologisch ausgebildet
sind. So finden wir häufig eine Ausbildung von Gerüstsubstanzen im
Innern sowie von Cuticularbildungen an der Oberfläche der Protozoen,
ferner sehr häufig die Trennung in ein körniges Entoplasma und ein
hyalines Ektoplasma, bei manchen Arten auch die Ausbildung besonderer
Öffnungen für die Nahrungsaufnahme und für die Verdauung (Vakuolen).

Die Bewegung wird bei den Protozoen gleichfalls in sehr verschiedenartiger Weise bewerkstelligt: entweder durch Geißeln, die aber einen viel komplizierteren Bau aufweisen als diejenigen der Bakterien und häufig mit einer undulierenden Membran verbunden sind, oder durch amöboide Fortsätze (Pseudopodien). Vor allem ist stets eine morphologische Differenzierung zwischen Kern und Plasma vorhanden. Bisweilen existieren mehrere Kerne oder es ist neben dem Hauptkern ein besonderes Kerngebilde vorhanden, an dem die Geißel entspringt (Blepharoplast). Auch die Teilung des Kernes erfolgt häufig in komplizierter Weise. Bei vielen Arten sind besondere Dauerformen (Cysten) vorhanden, die sich durch erhöhte Widerstandsfähigkeit auszeichnen und der Erhaltung der Art unter ungünstigen äußeren Verhältnissen dienen.

Die Kompliziertheit des Baues und die Zartheit der Struktur bringen es mit sich, daß die gewöhnlichen bei der Färbung von Bakterien bewährten Methoden der Fixierung und Färbung nicht ausreichend sind, sondern nur ganz verzerrte und ungenügende Bilder liefern. Man bedient sich daher zur Darstellung der Protozoen derjenigen Methoden, wie sie in der Histologie üblich sind: Fixierung mit Alkohol oder Osmiumsäuredämpfen, Färbung mit Eisenhämatoxylin nach HEIDENHAIN oder Färbung nach ROMANOWSKY-GIEMSA.

Die letztere Methode hat für das morphologische Studium der Protozoen eine beherrschende Stellung erlangt, weil sie eine sehr augenfällige schöne Differenzierung zwischen Plasma und Chromatin und dadurch zugleich eine klare Darstellung des Kernapparates ermöglicht. Das Prinzip dieser Methode wird am besten aus ihrem Werdegang verständlich:

Bei lange aufbewahrten Lösungen von Methylenblau in schwach alkalischer Lösung (nach LÖFFLER) hatte man — im Gegensatz zu frischen Lösungen — festgestellt, daß bei Kontrastfärbung mit Eosin gewisse Teile der Protozoen sich leuchtend rot färben, während ihr Plasmaleib blau tingiert erscheint. Diese Rotfärbung kommt durch einen neuen (durch die Einwirkung von Alkali auf Methylenblau entstehenden) Farbstoff, das Methylenazur in Verbindung mit Eosin, zustande. Unter den zahlreichen Modifikationen der ursprünglichen ROMANOWSKYschen Färbung ist am meisten (weil einfach und zuverlässig) die von GIEMSA angegebene Methode zu empfehlen, die von chemisch-reinen Reagenzien (Azur und Eosin) ausgeht: 3 g Azur II-Eosin und 0,8 g Azur II in 125 g chemisch-reinem Glycerin bei 60⁰ C gelöst, hierauf 375 g auf 60⁰ C erwärmten Methylalkohol I (Kahlbaum) zugeben, durchschütteln und nach 24 Stunden filtrieren.

Am besten bezieht man die konzentrierte alkoholische GIEMSA-Lösung (von G. Grübler, Leipzig), die zwecks Gebrauch im Verhältnis von 1:20 mit reinem (säurefreien) destillierten Wasser verdünnt wird (je 1 Tropfen GIEMSA-Lösung auf 1 ccm destilliertes Wasser). Diese verdünnte Farblösung ist nicht haltbar und zersetzt sich durch fast sofort eintretende Schwebefällung und Niederschlagsbildung. Zur Färbung genügt eine Einwirkung von $^1/_4$—1 Stunde, doch kommt auch bei 24stündiger Einwirkungsdauer (die für schwierige färbbare Objekte, z. B. Syphilisspirochäten, zu empfehlen ist) keine Überfärbung zustande und nachträgliches Auswaschen mit reinem Wasser ist vollständig ausreichend. Die Färbung kann durch Aufenthalt bei 37⁰ C oder durch Zusatz von einer Spur Alkali verstärkt werden. Dagegen wirken schon die kleinsten Spuren von Säure schädlich, auch ist für die Konservierung der Präparate nur säurefreier Kanadabalsam brauchbar.

Schnellfärbung nach ROMANOWSKY-GIEMSA: Das lufttrocken gewordene Ausstrichpräparat wird mit einer mit gleichen Teilen reinem Methylalkohol verdünnten GIEMSA-Lösung übergossen. Nach 30 Sekunden überschichtet man den Objektträger in einer PETRI-Schale mit 10—15 ccm Aq. dest., mischt Farbe mit Wasser gut durch. Färbung bei Syphilisspirochäten 5, bei Malariaparasiten 3 Minuten. Abspülen des Präparates in fließendem Wasser, trocknen und in Cedernöl einlegen.

Für Ausstrichpräparate eignet sich auch die Doppelfärbung nach JENNER-MAY-GRÜNWALD (eosinsaures Methylenblau): Die lufttrockenen, *nicht* fixierten Ausstrichpräparate werden $^1/_2$ Minute in einer PETRI-Schale mit 2 ccm MAY-GRÜNWALDscher (methylalkoholischer) Lösung (Grübler-Leipzig) bedeckt. Dann fügt man 20 ccm Aq. dest. hinzu, dem weiter 5 Tropfen einer Kaliumcarbonatlösung 1:1000 beigemischt waren. Gründliches Mischen der Farblösung, die dann noch 1 Minute einwirkt, Trocknen der Präparate ohne nochmalige Wasserspülung.

Die Vermehrung der Protozoen erfolgt teils auf ungeschlechtlichem, teils auf geschlechtlichem Wege. Der geschlechtliche Entwicklungszyklus wird stets in einem Zwischenwirt (Insekt, Spinnentier) vollendet, wobei vielfach ganz andere Formen auftreten als im infizierten Organismus — eine Erscheinung, die auch bei höheren Parasiten (Würmern) unter dem Namen „Generationswechsel" bekannt ist. Die ungeschlechtliche Vermehrung ihrerseits erfolgt entweder durch Teilung in zwei oder mehr Teilstücke (Schizogonie), und zwar sowohl durch Quer- wie durch Längsteilung, oder durch Sporenbildung im Innern von Cysten.

Bezüglich ihrer Ernährung sind manche Protozoen (Amöben) auf geformte Elemente angewiesen, während sie in der Mehrzahl gelöste Stoffe aufnehmen. Die Züchtung krankheitserregender Protozoen in künstlicher Kultur im Reagensglase gelingt nur auf Nährböden mit Zusatz von menschlichem Blut, und auch unter diesen Bedingungen bei manchen Arten nur unvollkommen. Für die praktischen Zwecke des Laboratoriums kommt nur die Fortzüchtung im Tierkörper in Betracht, soweit es sich um Infektionen handelt, für welche überhaupt empfängliche Tierspecies vorhanden sind. Besonders bemerkenswert ist die strenge Anpassung mancher parasitischer Formen nicht nur an ihre obligat-parasitische Existenz, sondern auch an das Leben in ganz bestimmten Zellen und Gewebsteilen. Hier sind besonders die endoglobulären Parasiten zu nennen, die im Innern der roten Blutkörperchen parasitisch leben, wie die Erreger der menschlichen Malaria, sowie die als Erreger von Tierseuchen (Texasfieber) bekannten, nach ihrer birnförmigen Gestalt so benannten Piroplasmen. Höchst auffallend ist, daß manche Protozoen (vgl. unten bei den Trypanosomen) im Tierkörper parasitisch leben, ohne bei ihrem Wirt irgendwelche Krankheitserscheinungen auszulösen. Andererseits ist freilich bei gewissen Arten dieser Zustand der latenten Infektion nur ein Ausdruck eines chronischen, noch nicht abgelaufenen Prozesses (wie bei der Vogelmalaria). Hiermit hängt es zusammen, daß das Vorhandensein der Immunität bei Protozoen häufig an das Fortbestehen der latenten Infektion selbst gebunden ist und die definitive Heilung nicht überdauert (analog wie bei den schon früher besprochenen Spirochäteninfektionen). Von einer praktischen Verwendung der Immunisierung zur Bekämpfung und Verhütung der Protozoeninfektionen ist unter diesen Umständen natürlich nicht viel zu erwarten. Um so mehr ist es zu begrüßen, daß die Protozoen sehr viel häufiger, als das bei den Bakterien der Fall ist, einer chemotherapeutischen Beeinflussung zugänglich sind. Es sei hier nur der spezifischen Heilwirkung des Chinins und der neueren Präparate bei Malaria, des Emetins bei Amöbendysenterie, der organischen Arsenverbindungen, insbesondere des Salvarsans, bei Trypanosomeninfektionen, sowie gewisser organischer Farbstoffe gleichfalls bei Trypanosomen kurz gedacht.

Die systematische Einteilung der Protozoen erfolgt in erster Linie nach morphologischen Gesichtspunkten, die hier — wie bei den Bakterien — die sicherste Basis für ein natürliches System abgeben. Manche Familien der Protozoen weisen gar keine für Mensch oder Säugetier pathogene Arten auf, sondern enthalten nur saprophytische Arten, die insbesondere im Wasser und auf organischem Detritus leben und unter dem Namen der „Aufgußtierchen" oder „Infusorien" schon vor mehr als einem Jahrhundert beschrieben worden sind. Viele andere Arten leben parasitisch in Kaltblütern und niederen Tieren. Unter den Familien mit menschenpathogenen Repräsentanten sind zu nennen:

Rhizopoden („Wurzelfüßler"): als Krankheitserreger beim Menschen: Dysenterieamöben.

Mastigophoren („Flagellaten"): als Krankheitserreger beim Menschen: Trypanosomen und diesen nahestehend, weil in ihrem Entwicklungskreis trypanosomenartige Formen enthaltend: Leishmanien. Ferner die auf den Schleimhäuten des menschlichen Intestinal- und Genitaltractus schmarotzenden Trichomonas- und Lambliaarten.

Sporozoen: Unterabteilung Hämosporidien: die menschlichen Malariaparasiten. [Diesen nahestehend: Pirosomen (endoglobuläre birnförmige Parasiten mit exogenem Entwicklungszyklus in Zecken), keine menschenpathogene Art enthaltend, aber Erreger von Tierseuchen (Texasfieber)]. — Unterabteilung: Coccidien, in fixen Gewebszellen parasitisch lebend (z. B. sehr häufig bei Kaninchen), für Menschen nicht pathogen.

Ziliaten: Einige ziemlich harmlose Parasiten der menschlichen Darmschleimhaut (Balantidium coli).

1. Dysenterieamöben.

Im Gegensatz zu der in unseren Breiten heimischen bacillären Dysenterie wird die in den Tropen und Subtropen endemische Dysenterie durch Amöben (Entamoeba histolytica SCHAUDINN) verursacht. Die Amöben sind einzellige Organismen, die ihre Gestalt bei der Fortbewegung und bei dem Umfließen von Nährmaterial verändern und dabei

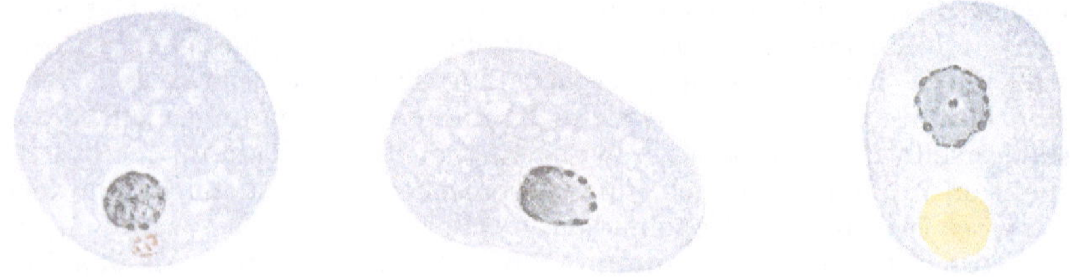

a   b   c

Abb. 53. a und b Entamoeba histolytica. Kern mit Chromatinring aus vielen Punkten zusammengesetzt mit Centriol. c Ent. histoly. mit rotem Blutkörperchen. Aus dem Atlas von R. O. NEUMANN und M. MAYER. (Vergr. 1:1000.)

Protoplasmafortsätze, sog. Pseudopodien, bald hier, bald dort an der Zelle bruchsackartig hervortreten lassen. Die Form der Pseudopodien kann breit, lappig, spitz usw. sein. Die Form der Amöben ist, wie schon der Name besagt, einem dauernden Wechsel unterworfen. Bei den Amöben unterscheidet man im allgemeinen ein feinkörniges Entoplasma, in dem der Kern und die contractile Vakuole liegt, und ein hyalines Ektoplasma (vgl. Abb. 53). Der Kern ist gewöhnlich bläschenförmig mit zentralem Karyosom versehen und mit Hämatoxylin färbbar.

Die Amöben sind züchtbar, wenn auch nicht in Reinkulturen, so doch in Mischkultur mit Bakterien, da sie in ihrer Ernährung auf geformte, corpusculäre Elemente angewiesen sind. Die Entamoeba histolytica kann im vegetativen Stadium entweder als die große gewebsparasitische Tetragena-Form gefunden werden, mit meistens etwa 20 bis 35 μ Durchmesser, oder als die kleinere, nur etwa 6—20 μ große Minuta-Form. Die großen vegetativen Formen finden sich im akuten Stadium, besonders in den Blutschleimflocken und in den Geschwüren. Die Minuta-Form tritt beim Übergang vom akuten ins mehr chronische

Stadium, bei der Festigung der Stühle, auf und sie ist das Vorstadium der späteren Encystierung.

Im Gegensatz zu der harmlosen Entmoeba coli fressen die echten Dysenterieamöben bei ihrer Nahrungsaufnahme auch rote Blutkörperchen, die häufig als Einschlüsse in ihnen gefunden werden. Bei Eintritt ungünstiger Lebensbedingungen hört zunächst die amöboide Bewegung auf. Es erfolgt schließlich die Bildung encystierter Formen, welche — im Gegensatz zu den bisher beschriebenen nackten vegetativen Formen —

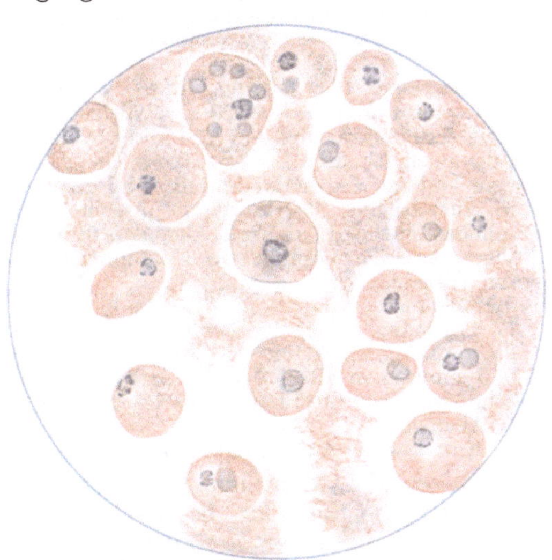

Abb. 54. Amöben in einem Leberabsceß. (Hämatoxylin-Eosinfärbung. (Vergr. 1:500.)

eine erhebliche Widerstandsfähigkeit gegen Eintrocknung und andere schädigende Einflüsse aufweisen und sich längere Zeit in der Außenwelt lebensfähig erhalten können. Mit cystenhaltigem Material gelingt, wie zuerst SCHAUDINN nachwies, auch die Infektion per os, während die vegetativen Formen der Amöben hierbei infolge der schädigenden Einwirkung des Magensaftes zugrunde gehen. In dieser Weise erfolgt wahrscheinlich die Ansteckung unter natürlichen Verhältnissen.

Eine sehr gefürchtete Komplikation bei der Amöbenruhr ist die durch Amöbenverschleppung auf dem Blut- oder Lymphweg zustande kommende Metastasierung mit der häufigsten Komplikation des Leberabscesses. Die Diagnose des Leberabscesses bzw. aller sonstigen Amöbenabscesse resultiert aus den klinischen Symptomen mit septischem Fieber oder subfebrilen Temperaturen, Leukocytose, Leberschmerz und ausstrahlendem Schulterschmerz. Zur Sicherung der Diagnose empfiehlt sich eine vorsichtige Probepunktion der Leber mit Nachweis des Erregers (vgl. Abb. 54).

Bei Verdacht auf Amöbendysenterie ist eine sichere Diagnose nur mit Hilfe des Mikroskops und der biologischen Verfahren möglich. Frisch entleerter, nicht sauer reagierender Stuhl ist das für die mikroskopische Untersuchung geeignetste Material. Die Untersuchung erfolgt im hängenden Tropfen möglichst ohne Zusatz von physiologischer Kochsalzlösung. Da die Amöben bei Temperaturen unter 37⁰ C ihre Beweglichkeit einstellen, ist es geraten, in Ermangelung eines heizbaren Objekttisches die Präparate kurze Zeit im Brutschrank (37° C) zu halten. Bei der mikroskopischen Untersuchung mit schwacher Vergrößerung heben sich die Amöben als mattglänzende Scheibchen ab. Mit Ölimmersion kann man die Zelleinschlüsse, das Ausstrecken der Pseudopodien und die Bewegung beobachten.

Die Untersuchung auf Amöben erfolgt in dieser Weise:

1. Frisch, ungefärbt und lebend: kleine Flöckchen möglichst frisch entleerten Stuhles (Schleim bzw. Blut) werden unmittelbar zwischen Objektträger und Deckglas mikroskopiert. Bei festem Stuhl ist das Material mit körperwarmer physiologischer Kochsalzlösung zu verreiben.

2. Fixiert, gefärbt:

a) Fixierung: Noch feuchte, dünne Stuhlausstriche (Schleimflocken) auf Deckgläschen eintauchen in 60—70° C heißen Sublimatalkohol (2 Teile konzentrierte wässerige Sublimatlösung + 1 Teil absol. Alkohol) für einige Sekunden. Man kann auch die noch feuchten Deckglasausstriche mit nach unten gekehrter Schichtseite schwimmend auf die heiße Flüssigkeit legen.

b) Auswaschen: 30 Minuten in Jodalkohol (60%iger Alkohol + Jod bis zur bräunlichen Färbung), danach Abspülen in Wasser. Dann 10 Minuten in 0,2 bis 0,5%ige wässerige Lösung von Natriumthiosulfat. Danach Abspülen in destilliertem Wasser.

c) Färbung:

1. 2 Stunden in 5%iger Ferriammoniumsulfatlösung.

2. Sorgfältig abspülen.

3. 5 Minuten in alte 1%ige alkoholische Hämatoxylinlösung, der vor Gebrauch gesättigte wässerige Lithiumcarbonatlösung bis zur dunklen Rotfärbung zugesetzt ist.

4. Abspülen.

5. Entwässern in Alkohol; Cedernöl.

In besonders wichtigen Fällen kann man noch den Tierversuch heranziehen, bei dem am besten junge Katzen durch hohe Klysmata von Aufschwemmungen amöben- oder cystenhaltigen Stuhles infiziert werden. Sie erkranken nach 5—6 Tagen an tödlich verlaufender, ulzerativer Dickdarmentzündung, die bisweilen mit Leberabscessen verbunden ist. Für die Kultur kann man das Plattenverfahren oder die Bebrütung einer kleinen Stuhlprobe in 7 Teilen physiologischer Kochsalzlösung und 1 Teil inaktivem Menschenserums durchführen.

Von saprophytischen Darmamöben ist wegen ihrer relativen Häufigkeit die *Entamoeba coli* zu nennen. Sie ist ein harmloser Saprophyt des oberen Darmtractus, größer als die E. histolytica, während die Bewegungen langsamer sind und rote Blutkörperchen als Nahrungseinschlüsse meist fehlen. Findet man bei typischen klinischen Erscheinungen viele bewegliche Amöben, dann handelt es sich sehr wahrscheinlich um die E. histolytica.

Eine amöbenähnliche Form *(Amoeba buccalis)* findet sich in fast jeder menschlichen Mundhöhle, allerdings meist nur in vereinzelten Exemplaren, häufiger in cariösen Zähnen. In Ermangelung parasitisch lebender Amöben kann man für Kurszwecke die häufig in Strohinfus sich findenden saprophytischen Amöben verwenden.

Anhangsweise seien hier noch einige andere Protozoen beschrieben, die gleichfalls auf menschlichen Schleimhäuten schmarotzen, meist ohne schwerere Erkrankungen hervorzurufen.

Balantidium coli, zu den Ziliaten, den wimpertragenden Protozoen gehörig, tritt gelegentlich beim Menschen als Erreger einer unter Umständen dysenterieartigen Enteritis auf. Die großen (bis 100 μ messenden), sehr lebhaft beweglichen Parasiten sind an ihrer ganzen Körperoberfläche mit Wimpern besetzt und zeigen eine trichterförmige, der Nahrungsaufnahme dienende Mundöffnung, sowie zwei contractile Vakuolen und neben dem bohnenförmigen Hauptkern meist einen kleineren Nebenkern. Die Parasiten behalten ihre Eigenbewegung im Stuhl nur einige Stunden bei. Sie sind sehr deutlich in Schnittpräparaten aus den Darmgeschwüren nachweisbar. Eine ähnliche (vielleicht identische?) Form findet sich häufig im Schweinedarm.

Zur Klasse der Flagellaten gehören die folgenden Parasiten von birnförmiger Gestalt mit 4—8 Geißeln (Größe 10—25 μ):

Trichomonas intestinalis im menschlichen Darm ist ein harmloser, bei Darmkatarrhen, oft auch bei Gesunden im Stuhl reichlich auftretender Darmparasit. Er stammt wahrscheinlich vom Mund her, in dem sich Trichomonen bei mangelhafter Zahnpflege nicht selten im Zahnbelag finden.

Trichomonas vaginalis gilt als harmloser Saprophyt des sauer reagierenden Vaginalschleimes. Seine pathogene Wirkung dürfte aber nach gelegentlichem Eindringen in Urethra und Blase unbestritten sein.

Lamblia intestinalis ist ein weitverbreiteter, bei zahlenmäßig geringem Auftreten wohl harmloser Parasit des Blinddarms, der aber bei verschiedenen Darmstörungen vermehrt, ja gelegentlich in enormen Mengen auftreten kann und möglicherweise in solchen Fällen auch pathogene Eigenschaften annehmen dürfte.

Schrifttum.

Fischer, W.: Handbuch der pathogenen Mikroorganismen, Bd. 8, S. 1. 1930. — Schittenhelm: Die Amöbenruhr. Im Handbuch der Infektionskrankheiten, 3. Aufl. Berlin: Julius Springer 1934. — Sonnenschein, C.: in M. Gundel: Die ansteckenden Krankheiten. Leipzig: Georg Thieme 1935.

2. Trypanosomen.

Trypanosomen sind Flagellaten von länglicher, fischähnlicher Form, die eine parasitische Existenz im Blute von Warm- und Kaltblütern führen, wobei Krankheitssymptome entweder fehlen oder in mehr oder minder schwerer Form vorhanden sein können. Die Länge der Trypanosomen übertrifft den Durchmesser eines roten Blutkörperchens um ein Mehrfaches. Das vordere Ende läuft in einer Geißel aus, die schraubenförmige Bewegungen ausführt. Sie nimmt ihren Ursprung an einem besonderen kernartigen Gebilde, dem Blepharoplasten oder der Geißelwurzel, und zieht sich als Randfaden am Körper entlang. Zwischen ihr und dem Protoplasma liegt ein dünner Protoplasmasaum, den man als undulierende Membran bezeichnet und der ebenfalls der Bewegung dient. Im Trypanosomenkörper läßt sich schon ungefärbt, besser aber in gefärbtem Zustande, ein großer scharf umrandeter Kern unterscheiden, der nach der Romanowsky-Färbung sich ebenso wie der Blepharoplast intensiv rot färbt. Auch die Geißel nimmt die rote Färbung an. Bei vielen Exemplaren kann man ein körniges Protoplasma, zuweilen auch Vakuolen, im Zelleib erkennen.

Die Vermehrung erfolgt im Blute des Wirtstieres auf ungeschlechtlichem Wege mittels Längsteilung (einfache, zuweilen auch multiple Teilung).

Die geschlechtliche Vermehrung geht im Zwischenwirt in der Stechmücke oder Stechfliege vor sich. Künstliche Züchtung der Trypanosomen ist verschiedentlich auf Blutagar bzw. dessen Kondenswasser gelungen.

Abgesehen von der Übertragung der Trypanosomen durch die als Zwischenwirt fungierenden stechenden Insekten (Glossina, Stomoxys, Tabanusarten), kann auch eine direkte Ansteckung durch Kontakt, insbesondere durch Coitus, erfolgen (regelmäßig und als einziger Infektionsmodus bei der Dourine, gelegentlich wahrscheinlich auch bei der Schlafkrankheit).

In der beigefügten Tabelle 24 sind die wichtigsten Trypanosomen, sowohl nichtpathogene wie pathogene, mit Wirt und Überträger aufgeführt.

Die verschiedenen Arten der Trypanosomen unterscheiden sich sowohl morphologisch, insbesondere durch die Gestaltung des Kernapparates, als vor allem biologisch durch ihre krankheitserregende Wirkung und ihre spezifische Anpassung an einen Zwischenwirt. Doch sind bei einigen Arten die Eigenschaften in erheblichem Grade der Variation unterworfen, so daß die Unterscheidung scharf abgegrenzter Species auf Schwierigkeiten stößt. Einige der praktisch wichtigsten oder auch in Europa vorkommenden Arten (während die meisten Arten auf tropische und subtropische Klimate beschränkt sind) seien im folgenden etwas näher beschrieben:

Trypanosoma Lewisi, zuerst 1878 von Lewis in Indien im Rattenblute gefunden und fast überall unter den Ratten sehr verbreitet. Krankheitserscheinungen werden nicht ausgelöst.

Tabelle 24. Säugetiertrypanosomen.

Name des Parasiten	Name der Krankheit	Wirt	Übertragen durch
I. Ohne manifeste krankmachende Wirkung.			
Trypanos. Lewisi . .	—	Ratte	Rattenlaus (Hämatopinus spinulosus) und Rattenfloh (Ceratophyllus fasciatus)
Trypanos. Theileri. .	—	Rinderarten	Wahrscheinlich Stechfliegen
II. Pathogene.			
1. Tier-Trypanosomen:			
Trypan. equiperdum .	Dourine, Beschälseuche	Pferde	Coitus
Trypan. equinum. . .	Mal de Caderas	Pferde und Maultiere	?
Trypan. evansi . . .	Surra	Pferde, Kamele(?)	Stomoxys- und Tabanusarten (Stechfliegen)
Trypan. brucei . . .	Nagana, Tsetse	Rinder, Pferd, Esel, Maultiere	Glossinaarten (Stechfliegen)
2. Menschen-Trypanosomen:			
Trypan. gambiense .	Schlafkrankheit	Mensch	Glossina palpalis, seltener Gl. morsitans (gelegentlich direkt durch Coitus)
Trypan. rhodesiense .	Schlafkrankheit	Mensch	Glossina morsitans
Schizotrypanum Cruzi	Brasilianische Schizotrypanosomiasis	Mensch	Conorhinus megistus (Wanze)

Bei Trypanosoma Lewisi liegt der ovale Kern im vorderen Drittel des Körpers. Das Hinterende des Körpers ist spitz ausgezogen, der Blepharoplast steht quer zur Körperachse. Die Vermehrung geschieht normalerweise durch Längsteilung, wobei sich zuerst der Kern, darauf der Blepharoplast und zuletzt die Geißel teilen. Schließlich kommt es zur Längsspaltung. Bei der multiplen Teilung (vgl. Abb. 55) zerfällt das Trypanosoma in viele Tochterindividuen, seltener ist Rosettenbildung. Dieses Trypanosoma wird von Ratte zu Ratte durch eine Läuseart, Hämatopinus spinulosus, und durch Rattenflöhe übertragen.

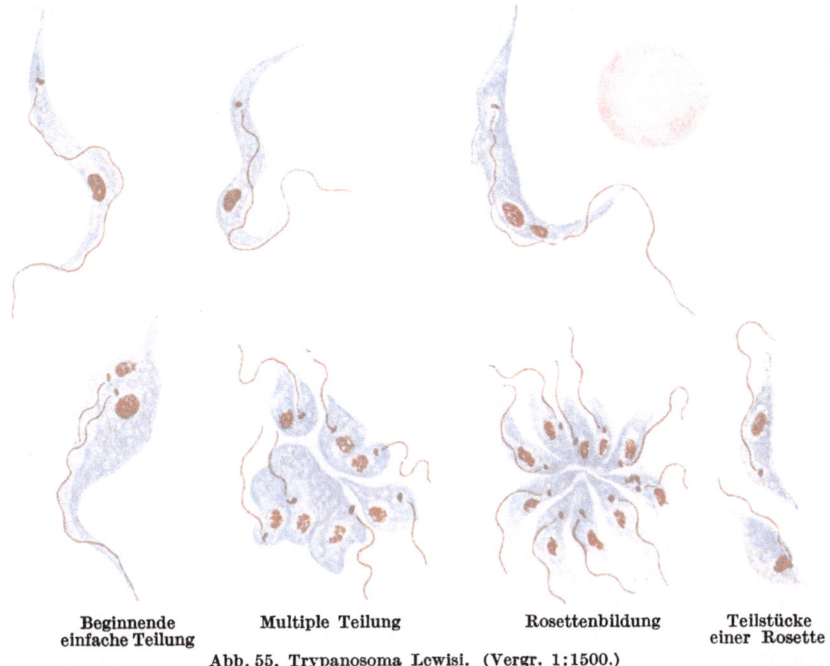

Abb. 55. Trypanosoma Lewisi. (Vergr. 1:1500.)

Trypanosoma equiperdum (vgl. Abb. 56), der Erreger der Beschälseuche der Pferde, der Dourine, ist in den Mittelmeerländern, auch in Nord- und Südamerika, in Rußland, weitverbreitet. Das infizierte Tier zeigt 8—15 Tage nach der Infektion Ödeme des Penis oder der Vulva, Plaques auf der Haut, Schleimhautaffektionen, sowie als spätere Folgeerscheinungen Abmagerung, Anämie, Lähmungen der Hinterextremitäten. Bei diesem 25—28 μ langen Trypanosomen ist der ovale Kern in der Mitte des Körpers gelagert. Das Hinterende ist stumpf, der Blepharoplast punktförmig.

Experimentell gelingt die Übertragung auf Rinder, Ziegen und kleinere Versuchstiere auch von intakten Schleimhäuten aus. Bei der europäischen Form der Beschälseuche ist der Nachweis der Erreger wegen seines spärlichen Vorkommens im Blute selbst durch Verimpfung auf kleine Tiere außerordentlich erschwert. Die serologischen Methoden, insbesondere die *Komplementbindungsreaktion*, liefern diagnostisch brauchbare Ergebnisse. Als Antigen wird reines Trypanosomenmaterial verwendet, das in Mengen von 0,2, 0,1 eventuell auch 0,05 ccm mit dem Serum der kranken Pferde positiv reagiert. Die Agglutinationsreaktion arbeitet weniger zuverlässig.

Das *Trypanosoma Brucei*, von BRUCE entdeckt, ist der Erreger der in Afrika weitverbreiteten Nagana- oder Tsetsekrankheit der Huftiere. Das Trypanosoma Brucei hat eine Länge von 25—35 μ. Das Hinterende ist relativ stumpf, die undulierende Membran ist bedeutend breiter als bei dem Trypanosoma Lewisi. Dadurch erscheinen die Nagana-Trypanosomen in der Gestalt plumper. Im Plasma finden sich vereinzelte Chromatinkörperchen. Der Kern liegt in der Mitte des Körpers, der Blepharoplast ist weit gegen das Hinterende gerückt und steht in der Längsachse des Körpers. Vor der Geißelwurzel läßt sich meistens eine Vakuole nachweisen. Die Vermehrung erfolgt durch Längsteilung und zwar fast stets durch regelmäßige Zweiteilung. Rosettenbildung ist nicht beobachtet worden. Die Übertragung findet durch die Tsetsefliegen oder Glossinen (Glossina morsitans, fusca und pallidipes) statt. Nach R. KOCH machen die Trypanosomen in diesen Fliegenarten einen Entwicklungskreislauf mit geschlechtlicher Vermehrung durch. Die Züchtung des Trypanosoma brucei gelingt auf Blutagargemischen. Auf dem Kondenswasser bilden sie rossetten- und morgensternartige Haufen. UNGERMANN gelang es 1918, Trypanosoma brucei, congolense und equiperdum in inaktiviertem

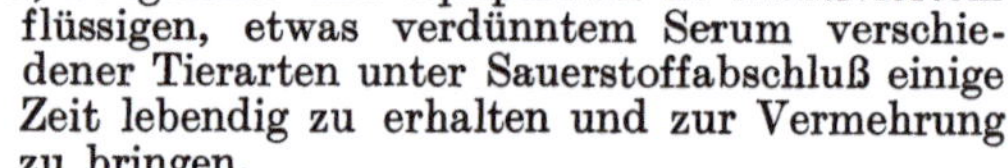

flüssigen, etwas verdünntem Serum verschiedener Tierarten unter Sauerstoffabschluß einige Zeit lebendig zu erhalten und zur Vermehrung zu bringen.

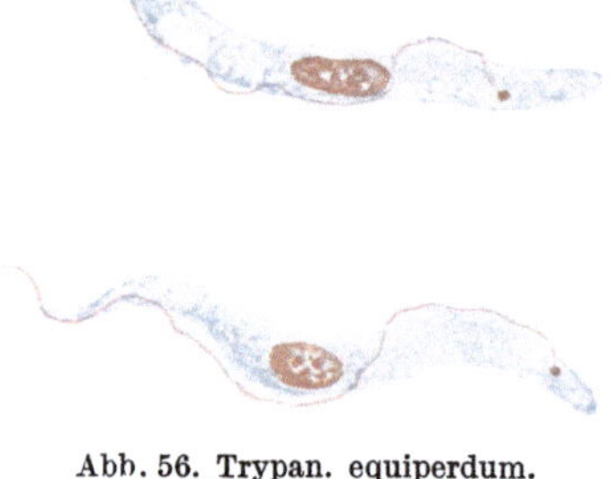

Abb. 56. Trypan. equiperdum.
(Vergr. 1:2000.)

Die größte praktische Bedeutung hat das *Trypanosoma gambiense*, der Erreger der menschlichen Schlafkrankheit, einer im tropischen Afrika (Britisch-Ostafrika, Uganda, Kongo, Westafrika) weitverbreiteten Krankheit (vgl. Abb. 57). Das Trypanosoma gambiense ist 15—30 μ lang und 1,5—2 μ breit. Der große Kern ist in der Mitte des Körpers gelegen. Neben dem ovalen Blepharoplasten ist eine Vakuole meist deutlich sichtbar. Die Form des Trypanosoma gambiense ist sehr wechselnd. Nach DOFLEIN lassen sich im Blut des Menschen ,,neben Formen von mittlerem Typus stumpfe Individuen mit kurzer Geißel und schlanke Individuen mit langer Geißel erkennen''. Die Infektion verläuft chronisch. Krankheitssymptome können oft erst nach Jahren auftreten. In den meisten Fällen endet die Erkrankung in einer eitrigen Cerebrospinalmeningitis mit Streptokokkenmischinfektion. In allen Fällen findet man eine chronische Meningitis oder Encephalitis. Als Frühsymptom zeigen sich oft Drüsenschwellungen am Hals und Nacken bei im übrigen scheinbar völliger Gesundheit. Später äußern sich die Krankheitserscheinungen in Kopfschmerzen, Fieber, Schwindel und Abgeschlagenheit. Die Kranken magern ab, das Gesicht wird aufgedunsen, Ödeme an den Extremitäten und am Rumpf stellen sich ein, die Milz ist vergrößert. Im letzten Stadium verfallen die Kranken in einen fast andauernden Schlaf.

Der Nachweis der Trypanosomen gelingt durch die mikroskopische Untersuchung (Giemsafärbung oder Tuschepräparat):

1. der Punktionsflüssigkeit aus den Drüsen (besonders wichtig für die Frühdiagnose),

2. des Blutes,

3. der Lumbalflüssigkeit, wenn cerebrale Symptome vorherrschen.

Die Übertragung des Trypanosoma gambiense auf den Menschen geschieht durch Stechfliegen, meist durch Glossina palpalis oder auch

Glossina morsitans, selten auf direktem Wege durch den Geschlechtsverkehr.

Eine andere Trypanosomenart, das *Trypanosoma rhodesiense,* wurde
in Nord-Rhodesia und im Nyassaland in vielen Fällen als Erreger der
dort vorkommenden Schlafkrankheit nachgewiesen. Diese später entdeckte sog. virulente Form, das Trypanosoma rhodesiense, scheint nach
den neueren Forschungen mit dem Trypanosoma gambiense identisch
zu sein. Die Übertragung findet durch die Glossina morsitans statt.

Trypanosoma (Schizotrypanum) Cruzi ist der von CHAGAS im Jahre
1908 entdeckte Erreger der Trypanosomiasis in Brasilien, der infektiösen
Thyreoiditis. Es zeichnet sich durch schlanke Formen aus, die einen
endständigen, meist relativ
großen Blepharoplasten aufweisen. Eine Längsteilung ist
bisher im Warmblüter nicht
beobachtet, dagegen kommt
es zur Abrundung des einzelnen
Individuums und zur Schizogonie, die zur Bildung von
8 Schizonten führt und in den
Lungencapillaren oder im Lun-
genendothel, im Herzmuskel,
Neuroglia und anderen Organzellen der infizierten Säugetiere

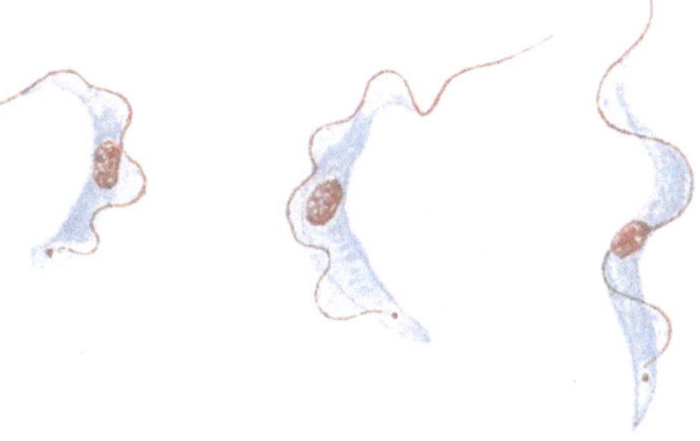

Abb. 57. Trypanosoma gambiense. (Vergr. 1:1500.)

vor sich geht. Die Übertragung vermittelt eine Wanze, Conorrhinus
megistus, in welcher der Erreger zuerst nachgewiesen wurde. Die Züchtung gelingt auf Blutagar und Pferdeblutdextroseagar.

Bei Katzen, bestimmten Affenarten und dem Gürteltier wurden Infektionen
mit Schizotrypanum Cruzi festgestellt. Experimentell gelingt eine Übertragung
auf Hunde, Meerschweinchen, Ratten, Mäuse und Kaninchen. —

Nach den vorstehenden Ausführungen handelt es sich also bei den
Trypanosomen um Flagellaten, die in der überwiegenden Mehrzahl als
harmlose Parasiten im Tierreich weitverbreitet sind. Nur eine verhältnismäßig kleine Zahl kommt von ihnen als Krankheitserreger bös-
artiger und verbreiteter Krankheiten des Menschen oder der Tiere in
Betracht. Maßgebend für das Verständnis der Epidemiologie ist die
Tatsache, daß fast alle Trypanosomenarten ihren Wirt wechseln und
dies erfolgt in der Regel zwischen einem Wirbeltier und einem blutsaugenden Insekt. Die Vermehrung der Trypanosomen im menschlichen
Organismus erfolgt durch Zweiteilung in der Längsachse, wie es die
Abb. 58 zeigt. Die menschen- und eine Reihe von tierpathogenen
Trypanosomen werden durch Tsetsefliegen übertragen. Gelangen sie
durch den Stich einer solchen Fliege in den menschlichen Körper, dann
treten nach einer in ihrer Länge den Angaben nach schwankenden
Inkubationszeit die Trypanosomen im peripheren Blutkreislauf auf und
vermehren sich hier durch Zweiteilung, bis eine gewisse Anzahl von
ihnen vorhanden ist. Krisenhaft verschwinden sie wieder aus dem Blut,
offenbar bedingt durch das Auftreten eines immunisatorischen Reaktions-
produktes des Organismus. Nach wechselnder Zeit erscheinen aber

wieder einzelne Trypanosomen im Kreislauf, die der Vernichtung durch
diese Antikörper entgangen sind (Rezidivstämme). Dieser cyclische Verlauf mit periodischem Auftreten und Verschwinden der Trypanosomen
kann sich über Jahre erstrecken und stellt ein Wechselspiel zwischen
der Virulenz der Trypanosomen und den Abwehrkräften des Organismus
dar. Auch in der Fliege machen die Trypanosomen eine cyclische Entwicklung durch und gelangen, wie es KLEINE und TAUTE gezeigt haben,
schließlich in die Speicheldrüsen. Dann sind sie wieder infektionsfähig
und die Infektion erfolgt durch den Stich und Saugakt. Die einmal
infizierten Fliegen bleiben das ganze Leben infektiös.

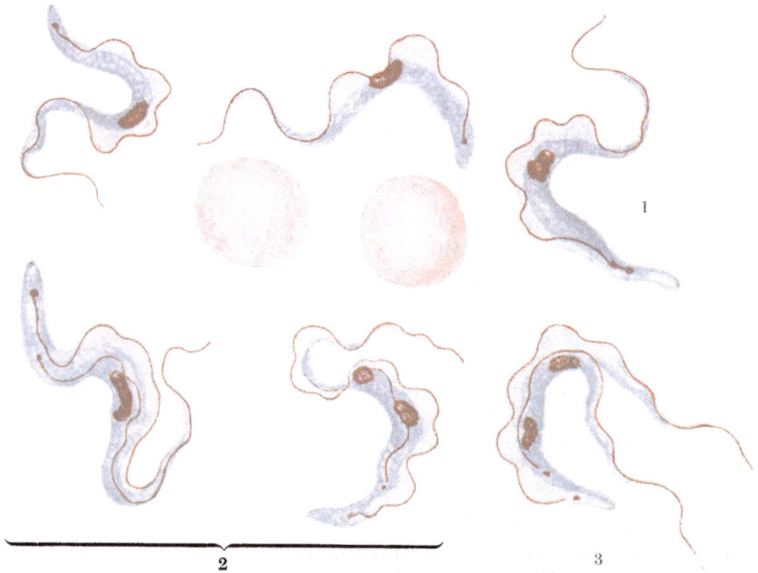

Abb. 58. Nagana Trypanosoma. (Vergr. 1:2000). 1. Stadium der Teilung: Handelförmiger
Blepharoplast; 2. fortschreitende Teilung: 3. beginnende Aufspaltung.

Die Bekämpfung der Schlafkrankheit richtet sich gegen die Glossinen
und gegen die Trypanosomen im infizierten Menschen. Die Fliegen
werden bekämpft durch Begrenzung ihrer Lebensbedingungen, durch
systematisches Abholzen des Busches an den Ufern von Flüssen und
Seen in der Umgebung von Ansiedlungen, in zwangsweiser Entfernung
der Eingeborenen aus verseuchten Gebieten, durch Anlegen von Schlaf-
krankheitslagern in fliegenfreien Gebieten, durch Grenzsperren und
Verkehrskontrolle. Die aussichtsreichste Bekämpfungsmaßnahme der
Schlafkrankheit und auch die wirksamste Methode ist die medikamentöse
Prophylaxe durch Germanin oder Bayer 205. Durch prophylaktische
Germanininjektionen vermag man nicht nur die betreffende Person
gegen eine Neuinfektion zu schützen, vielmehr sterilisiert man bei bereits
Erkrankten das Blut für längere Zeit von Trypanosomen. Dadurch
haben die Glossinen keine Gelegenheit, sich zu infizieren und auf diese
Weise wird der Kreislauf Mensch-Fliege-Mensch radikal unterbrochen.

Auch für die Behandlung der Schlafkrankheit ist das Germanin bei rechtzeitiger Anwendung das wirksamste Mittel. Diese Behandlung kann — vor allem bei der Arsenfestigkeit von Trypanosomenstämmen — durch die Antimontherapie erweitert und verbessert werden. Man kombiniert die Germaninkur mit der Antimonbehandlung in Form des Fuadin, eines synthetischen dreiwertigen Antimonpräparats.

Schrifttum.

KIKUTH, W.: in M. GUNDEL: Die ansteckenden Krankheiten. Leipzig: Georg Thieme 1935. — MANTEUFEL u. TAUTE: KOLLE-KRAUS-UHLENHUTHS Handbuch der pathogenen Mikroorganismen. Jena: Gustav Fischer 1930.

3. Leishmanien.

Den Trypanosomen nahestehend sind gewisse, bisher nur bei Menschen und Hunden beobachtete Parasiten, die in der Gattung Leishmania zusammengefaßt werden. Hierher gehören:

1. Leishmania Donovani (nach ihren Entdeckern LEISHMAN und DONOVAN benannt), der Erreger der *Kala-Azar* oder der tropischen Splenomegalie, einer in Indien, Ceylon, China und auch in Afrika verbreiteten, häufig letal verlaufenden Krankheit.

2. Leishmania tropica ist der Erreger der *Hautleishmaniose* und der L.-Donovani nahe verwandt. Die Hautleishmaniose zeigt durch diesen protozoischen Parasiten bedingte Knoten-, Beulen- und Geschwürsbildungen der Haut, die in einzelnen Gebieten der alten Welt unter den verschiedensten Namen bekannt sind, wie z. B. Orientbeule, Bagdadbeule usw.

3. Die Leishmania tropica var. americana ist der Erreger der amerikanischen Haut- und Schleimhaut-Leishmaniose, der *Espundia*.

Alle drei Parasiten treten meist intracellulär auf (vgl. Abb. 59). Sie erscheinen im ungefärbten Präparat als unbewegliche, birnenförmige, stark lichtbrechende Körperchen. Im GIEMSA-Präparat unterscheidet man im blau gefärbten Protoplasma einen ovalen roten Kern und einen stäbchenförmigen, dunkelviolett gefärbten Blepharoplasten. Bei der Orientbeule sind die Erreger massenhaft im Innern der Eiterkörperchen zu finden. Bei Kala-Azar verläuft die Untersuchung des kreisenden Blutes meist negativ, und die Erreger sind nur in Milz und Leber im Innern der Zellen nachweisbar. Im Blutpräparat legt die erhebliche Leukopenie den Verdacht auf Leishmaniainfektion nahe.

In der Kultur auf N-N-N-Agar (NOVY-NICOLLE-MCNEAL-Agar) mit Zusatz von defibriniertem Menschen- oder Kaninchenblut entwickeln sich aus den beschriebenen Formen längliche, mit einer Geißel versehene, bewegliche, trypanosomenähnliche Gebilde.

Die Übertragung der Kala-Azarparasiten erfolgt von Mensch zu Mensch aller Wahrscheinlichkeit nach durch Sandfliegen (Phlebotomen), die auch die Überträger der Hautleishmaniose sind. In diesen Phlebotomen wandeln sich die mit dem Blut Infizierter aufgenommenen Leishmanien in Flagellaten um, wobei sie sich stark vermehren. Epidemiologisch wichtig ist das neuerdings mehrfach festgestellte Vorkommen von Leishmaniainfektionen bei manchen Haustieren, so bei Hunden und Katzen.

Die Diagnose gründet sich zunächst auf die klinischen Erscheinungen mit chronischem Fieberverlauf, zunehmendem Milz- und Lebertumor, Leukopenie und eigenartiger grauer Hautfarbe. Der Beweis für das Vorliegen der Kala-Azar-Erkrankung wird durch den Nachweis des Erregers erbracht. Am ungefährlichsten ist die Leberpunktion, mit der etwas Zellsaft gewonnen wird, der, auf Objektträger ausgestrichen und nach GRAM gefärbt, mikroskopisch untersucht wird. Durch intraperitoneale Verimpfung von Punktionsmaterial oder von 5—10 ccm Blut

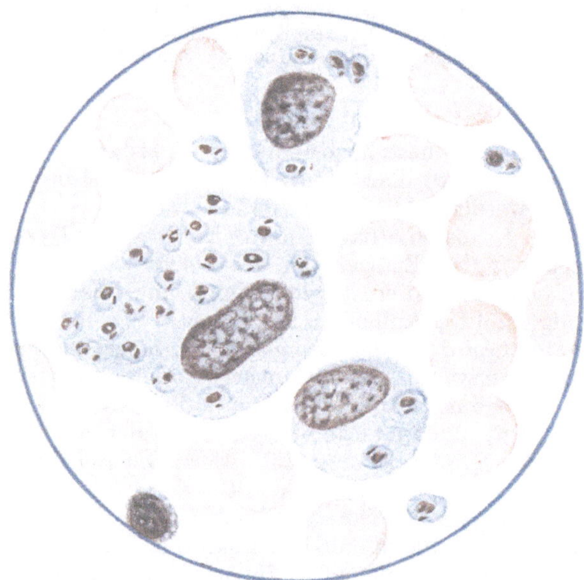

Abb. 59. Kala-Azar. Leberpunktionsflüssigkeit. Leberzellen mit zahlreichen Parasiten. (Vergr. 1:1500.)

kann man die Diagnose auch mittels des Tierversuchs am Hamster stellen.

Zur Vorbeugung und Bekämpfung ist in erster Linie an eine Expositionsprophylaxe zu denken, indem man sich in Kala-Azargebieten möglichst wenig den Sandfliegen aussetzt, die man einstweilen noch als wichtigste Überträger ansprechen muß. Vor allem gilt dies auch für Kleinkinder und Kinder, die besonders im Mittelmeergebiet und in Südeuropa gefährdet sind. Der Phlebotomenbekämpfung dienen vor allem in Häusern die verschiedenen insektentötenden Sprühmittel (Flit). Nachts vermag man sich durch engmaschige Moskitonetze zu schützen.

Die Behandlung zeigt beträchtliche Schwierigkeiten. Bisher haben sich nur das Antimon und besonders dessen organische Verbindungen als vortreffliches Heilmittel bewährt. Meist geht das Fieber schon nach einigen Injektionen zurück. Besonders breite Anwendung erfährt neuerdings das Neostibosan, eine Verbindung des fünfwertigen Antimons. Das gleiche Behandlungsverfahren findet auch Anwendung bei den Hautleishmaniosen, von denen sich namentlich bei multiplen Beulengeschwüren Neostibosan und Fuadin bewährt haben.

Schrifttum.

SONNENSCHEIN, C.: in M. GUNDEL: Die ansteckenden Krankheiten. Leipzig:
Georg Thieme 1935.

4. Malariaplasmodien.

Die Erreger der Malaria wurden im Jahre 1880 von LAVERAN entdeckt. Es
war dies das erste Beispiel einer durch Protozoen verursachten menschlichen Infektionskrankheit. Das feinere morphologische Studium der Malariaparasiten

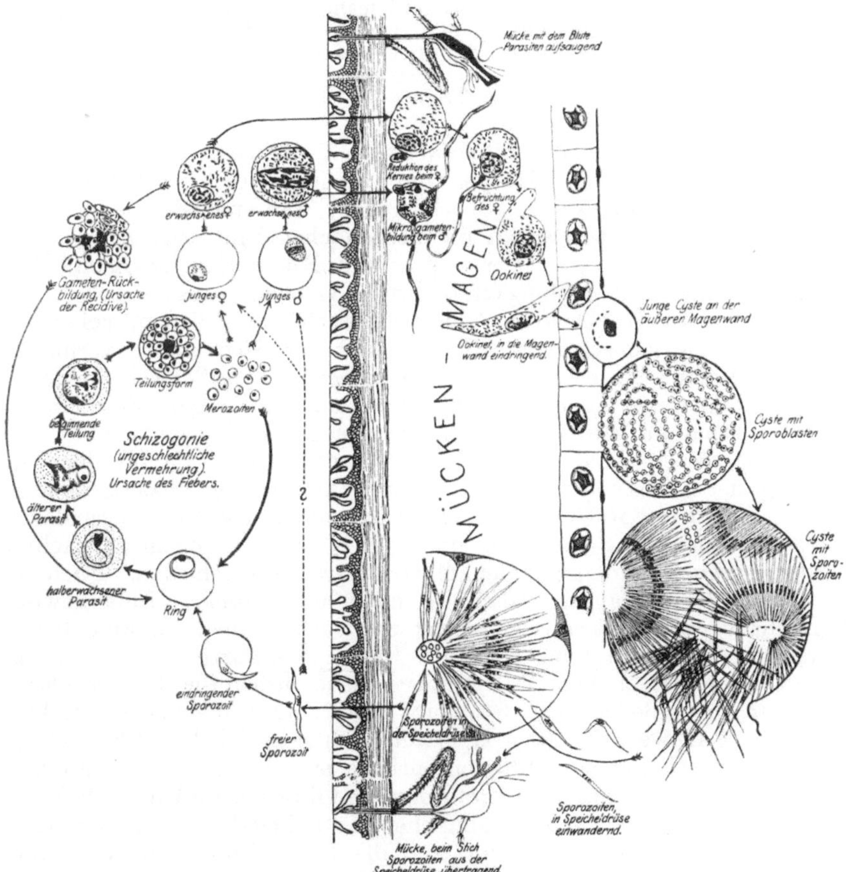

Abb. 60. Entwicklungskreis der Malariaparasiten (Plasmodium vivax). Nach einer Wandtafel des
Instituts für Schiffs- und Tropenkrankheiten Hamburg (Fülleborn comp.).

wurde insbesondere durch italienische Forscher (CELLI, GOLGI, MARCHIAFAVA)
gefördert. Den nächsten großen Fortschritt bahnte dann die Entdeckung von
R. Ross über die Entwicklung des Malariaerregers außerhalb des erkrankten
Menschen in gewissen Arten von Stechmücken an. Das Studium dieser exogenen
geschlechtlichen Entwicklung wurde später durch GRASSI und R. KOCH vervollständigt, so daß wir jetzt eine lückenlose Erkenntnis des Verhaltens dieses Krankheitserregers innerhalb und außerhalb des menschlichen Körpers besitzen, was
für die rationelle Bekämpfung und Verhütung der Malaria von ausschlaggebender

Bedeutung geworden ist. In den meisten warmen Ländern ist die Malaria außerordentlich verbreitet und auch in Deutschland, besonders im Nordwesten, fanden sich endemische Herde.

Gegenüber der ursprünglichen, namentlich von LAVERAN selbst vertretenen unitarischen Auffassung, daß die verschiedenen Formen der Malariaerreger nur Modifikationen einer und derselben im Grunde wesensgleichen Art seien und die eine Form in die andere übergehen könne, stehen wir heute (unabhängig von der phylogenetischen Zusammengehörigkeit der verschiedenen Formen der Malaria) auf dem Standpunkt, daß es sich um streng geschiedene Krankheitseinheiten handelt. Dafür sprechen nicht nur epidemiologische Erfahrungen (wie z. B., daß in begrenzten Gebieten, wie auf manchen einsamen Inseln, nur eine einzige Form der Malaria heimisch ist), sondern auch die weiter unten zu besprechenden, für jeden einzelnen der drei Erreger charakteristischen morphologischen Merkmale und endlich das ganz verschiedene Verhalten der Tertiana einerseits, der Quartana und der Tropica andererseits gegenüber der chemotherapeutischen Beeinflußbarkeit.

Allen drei Formen der Malariaerreger gemeinsam ist, daß sie im infizierten menschlichen Körper nur ihren ungeschlechtlichen Entwicklungsgang *(Schizogonie)* durchmachen, während die Geschlechtsformen *(Gameten)* zwar schon im menschlichen Blut angelegt werden, aber nicht zur weiteren Entwicklung und Kopulation gelangen. Der geschlechtliche Entwicklungskreis wird vielmehr ausschließlich im Körper gewisser Mückenarten, die als Zwischenwirt dienen, vollendet. Außerhalb des menschlichen Körpers und der Stechmücke vermögen sich die Malariaerreger weder in der unbelebten Außenwelt, noch in anderen Lebewesen zu entwickeln oder auch nur längere Zeit lebensfähig zu erhalten. Es ist dies eine für die Epidemiologie und die Bekämpfung der Malaria überaus bedeutsame Tatsache, da für die Verbreitung der Krankheit nur diese beiden Faktoren (der infizierte Mensch und die infizierte Mücke) in Betracht kommen. Die sog. Tiermalaria, die gelegentlich bei Säugetieren und sehr häufig bei Vögeln beobachtet wird, ist von der menschlichen Malaria streng verschieden. Auch ist die menschliche Malaria auf Tiere nicht übertragbar. Eine gewisse Vermehrung der Malariaparasiten ist zwar gelegentlich auf künstlichen Nährböden mit Zusatz menschlichen Blutes eine kurze Zeit lang beobachtet, doch haben diese Züchtungsversuche bisher für die praktische Diagnose keine Bedeutung. So bleibt hierfür ausschließlich der mikroskopische Nachweis der Malariaparasiten im menschlichen Blute übrig. Dieser Nachweis hat eine außerordentliche praktische Bedeutung einerseits für die Erkennung der Erkrankung und ihre sichere Unterscheidung von anderen klinisch oft sehr ähnlichen Krankheitsbildern, andererseits für die Beurteilung der Heilung und die Fernhaltung von Rezidiven, die erst dann mit Sicherheit zu erwarten ist, wenn die Erreger endgültig aus dem menschlichen Blute verschwunden sind. Zur mikroskopischen Malariadiagnose gehört einerseits die Kenntnis der *morphologischen Merkmale* der einzelnen Arten der Malariaerreger, andererseits die Kenntnis ihrer Beziehungen zum Fieberverlauf und endlich die Innehaltung der zur Anlegung der Blutpräparate erforderlichen *technischen Vorschriften.*

Der Parasit der *Malaria tertiana (Plasmodium vivax)* erscheint in seiner Jugendform als ringförmiges Gebilde (vgl. Abb. 61), dessen Durchmesser etwa dem vierten Teile des Durchmessers eines roten Blutkörperchens entspricht. Sehr häufig ist die eine Hälfte des Ringes

gegenüber der anderen erheblich verdickt und enthält dann die besonders
bei der Giemsafärbung deutlich hervortretende Chromatinmasse, während
die dünnere Hälfte des Ringes von Chromatin frei ist oder nur ein
kleines Chromatinkorn aufweist. Solche Gebilde bezeichnet man als
Siegelringformen. In diesem Jugendstadium ist der kleine Tertianaring

von einem mittleren Quartana-
ring oder Tropicaring nicht zu
unterscheiden. Wächst jedoch
der Tertianaparasit heran, so
ist er von den anderen beiden
Formen durch folgende beiden
Merkmale mit Sicherheit zu
trennen: gegenüber dem Tropicaparasiten schon durch seine
Größe, die schließlich fast das
ganze Blutkörperchen erfüllt
und dann als rundliche oder unregelmäßige Scheibe erscheint;
gegenüber dem Quartanaparasiten sowohl wie gegenüber
dem Erreger der Malaria tropica

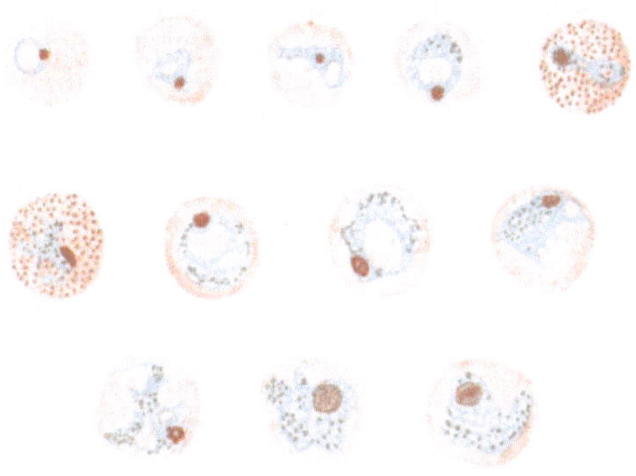

Abb. 61. Malaria tertiana. Ringformen.
Giemsafärbung. (Vergr. 1:500.)

durch die für Tertiana charakteristische Vergrößerung und Tüpfelung
der Wirtszelle. Diese Vergrößerung kann bis fast zum doppelten des
Durchmessers eines normalen roten Blutkörperchens gehen. Die Tüpfelung
(SCHÜFFNER) erscheint in GIEMSA-Präparaten in Form intensiv roter, über
das Plasma des Erythrocyten gleichmäßig verteilter Stippchen, die nicht

etwa Körperbestandteile des
Malariaparasiten sind, sondern
durch Veränderung des Blutfarbstoffes zustande kommen.
Damit geht gleichzeitig ein ebenfalls für Tertiana charakteristisches Abblassen des befallenen
roten Blutkörperchens einher.
Die Reste des von dem Parasiten
verbrauchten Blutfarbstoffes erscheinen in seinem Innern (bei
allen 3 Arten der Erreger schon

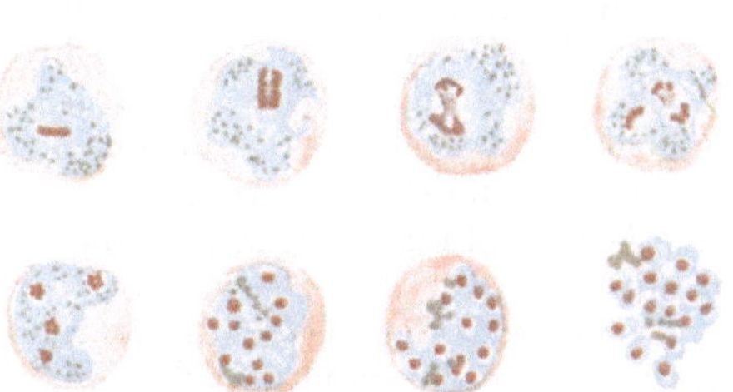

Abb. 62. Malaria tertiana. Teilung. Giemsafärbung.
(Vergr. 1:500.)

in den mittelgroßen Ringen) in Form kleinerer und größerer brauner
bis schwarzer Pigmentkörnchen und -schollen. Die Teilung des erwachsenen Tertianaparasiten (der entweder noch von einem schmalen
Saume des erhalten gebliebenen Blutkörperchens umgeben ist oder
nach völliger Zerstörung frei in der Blutflüssigkeit liegt) geschieht
nun in folgender Weise (vgl. Abb. 62): Die Bildung der Segmente setzt
vom Rande aus ein, so daß ein maulbeerartiges Gebilde (Morulaform)
resultiert, in dessen Mitte das Pigment zusammengeballt ist. Die
einzelnen Teilstücke, deren große Zahl (15—24) für den Tertianaparasiten ebenfalls charakteristisch ist, werden immer deutlicher und
trennen sich schließlich voneinander, um dann aufs neue in andere

rote Blutkörperchen einzudringen und den soeben beschriebenen Entwicklungsgang aufs neue zu beginnen. Die Teilung des erwachsenen Parasiten wurde früher und wird auch jetzt noch häufig als Sporulation bezeichnet, woher auch die ganze Klasse der Protozoen, zu denen die Malariaparasiten gehören, die Bezeichnung Hämosporidien erhalten haben. Doch ist der Ausdruck Sporulation irreführend, da er weder der Sporenbildung bei Bakterien noch auch der geschlechtlichen Sporogonie bei Protozoen analog ist. Man sagt daher besser statt Sporulation „*Merulation*" und bezeichnet ebenso die neu entstandenen Teilstücke statt Sporozoiten als *Merozoiten*.

Außer dieser ungeschlechtlichen Fortpflanzung, die sich beliebig lange fortsetzen kann und deren jedesmaligem Zyklus ein Fieberanfall entspricht, werden im menschlichen Körper auch *geschlechtliche Formen (Gameten)* angelegt, die allerdings ihre weitere Entwicklung nicht im Menschen, sondern in der Stechmücke durchmachen. Diese Gameten, innerhalb und außerhalb der roten Blutkörperchen gelegen, ähneln sehr den erwachsenen Schizonten und erscheinen wie diese als rundliche Scheiben, die allerdings im Gegensatz zu den großen ungeschlechtlichen Formen keinerlei Segmentierung erkennen lassen und eine mehr gleichmäßige Verteilung des Pigmentes aufweisen.

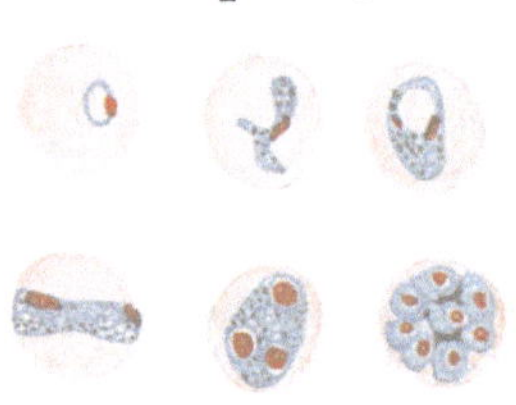

Abb. 63. Malaria quartana.
Giemsafärbung.
(Vergr. 1:500.)

Es gibt zweierlei voneinander durch das Verhalten des Chromatins deutlich unterschiedene Gameten: Die *männlichen Formen, Mikrogametocyten,* so genannt, weil sie außerhalb des menschlichen Körpers aus sich die spermatozoenartigen Mikrogameten hervorgehen lassen, zeigen das Chromatin in Form einzelner gröberer Brocken (Abb. 60). Die *weiblichen Formen, Makrogameten* (Abb. 60), hingegen weisen das Chromatin in feiner Verteilung über den ganzen Plasmaleib verstreut auf; von ihnen aus kann durch parthenogenetische Teilung die Entwicklung neuer Schizonten stattfinden (Malariarezidiv).

Der Parasit der *Malaria quartana* ist in seinen kleineren und mittleren Ringformen von dem des Tertianafiebers nicht zu unterscheiden (vgl. Abb. 63). Sehr charakteristisch für den Quartanaparasiten sind dagegen *bandartige Formen,* die bei seinem weiteren Wachstum auftreten und quer durch das ganze Blutkörperchen in geringerer oder größerer Breite ziehen. Nochmals sei daran erinnert, daß die durch den Tertianaparasiten hervorgerufenen Veränderungen des befallenen roten Blutkörperchens (Vergrößerung, Bleichung und Tüpfelung) bei der Malaria quartana nicht beobachtet werden. Auch die Teilungsformen beider Parasiten sind verschieden, indem der Erreger der Quartana eine geringere Anzahl von Teilstücken (6 bis höchstens 12) aufweist, welche unmittelbar vor der Teilung häufig eine sehr zierliche Anordnung um das zentral gelagerte Pigment, ähnlich einem Gänseblümchen, zeigen. Die Gameten des Quartanaparasiten sind denen des Tertianaparasiten sehr ähnlich, nur daß nie so große, über den Durchmesser eines Erythrocyten hinausgehende Formen beobachtet werden.

Der Erreger der *Malaria tropica* (vgl. Abb. 64) ist erst durch die Forschungen von R. Koch als einheitliche Art festgestellt, während frühere Beobachter mehrere Erreger beschrieben. Der Tropicaparasit ist erheblich kleiner als die beiden vorher genannten, so zwar, daß die großen Tropicaringe mit kleinen oder mittelgroßen Tertiana- oder Quartana- ringen verwechselt werden können, während die kleinen Tropicaringe etwa nur $^1/_8$ des Durchmessers eines roten Blutkörperchens ausmachen und durch diese Kleinheit sich schon ohne weiteres von den Jugend- formen der Tertiana- und Quartanaparasiten unterscheiden. Die Teilungs- formen des Tropicaparasiten kommen im kreisenden Blute nur äußerst selten zur Beobachtung, sind dagegen in großer Zahl in Ausstrich- oder Schnittpräparaten aus Milz, Knochenmark oder Gehirn nachzuweisen. Besonders die Gehirncapillaren zeigen sich oft ganz erfüllt von diesen

rosettenartigen Gebilden. Diese Lokali- sation macht die schweren nervösen Krankheitserscheinungen beim Tropica- fieber verständlich. Sehr charakte- ristisch sind die Gameten des Tropica- parasiten, die in halbmondförmiger Gestalt erscheinen und daher auch kurz als „*Halbmonde*" bezeichnet werden. Die Enden dieser Gebilde sind abgerundet, Pigment und Chromatin in der Mitte

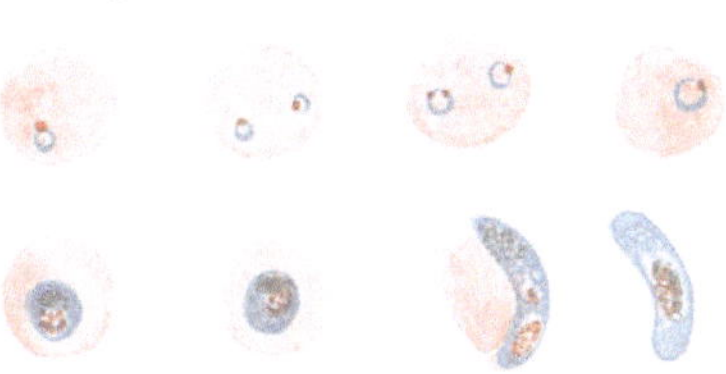

Abb. 64. Malaria tropica. Giemsafärbung. (Vergr. 1:500.)

angehäuft. An der konkaven Kontur des Halbmondes ist öfters noch ein Rest des befallenen Blutkörperchens als ganz zart gefärbtes Segment zu erkennen. Die meisten Halbmonde aber liegen frei und zeigen eine über den Durchmesser eines roten Blutkörperchens oft erheblich hinaus- gehende Länge.

Das mikroskopische Bild des Blutes bei Malaria kann gelegentlich dadurch kompliziert werden, daß einerseits mehrfache Infektion eines und desselben Blut- körperchens mit mehreren Parasiten derselben Art (besonders häufig bei jungen Tropicaringen beobachtet) vorliegt oder andererseits bei dem gleichen Patienten Mischinfektionen, sei es mit verschiedenen Generationen desselben Parasiten (z. B. bei der sog. Malaria quotidiana mit zwei verschiedenen, in ihrem Entwicklungs- zyklus um 24 Stunden auseinanderliegenden Generationen der Tertianaparasiten oder mit drei Generationen des Quartanaparasiten), sei es mit verschiedenen Malaria- erregern (z. B. gleichzeitig mit Tertiana und Tropica) vorkommen. Bisweilen finden sich auch ganz atypische zerrissene Formen der Malariaplasmodien, wie sie insbesondere nach Ruge bei unregelmäßigen ante- und postponierenden Fieber- formen vorkommen sollen (vgl. Abb. 61).

Die Beziehungen zwischen den verschiedenen Entwicklungsformen der Malariaparasiten und dem Krankheitsverlauf beim infizierten Menschen lassen sich dahin zusammenfassen, daß der Ausbildung einer neuen Generation von Schizonten der Beginn eines Fieberanfalls ent- spricht. Durch die massenhaft neu gebildeten jungen Parasiten werden zahlreiche rote Blutkörperchen neu befallen und es kommt hierdurch zu einem Fieberanstieg. Das cyclische Verhalten des Krankheitsverlaufes entspricht genau dem Entwicklungszyklus des betreffenden Malaria- parasiten. Dieses Verhalten ist allerdings in reiner Form nur bei frischen unkomplizierten Fällen zu beobachten und tritt besonders klar bei Tertiana und Quartana hervor, die, wie schon ihr Name besagt, ein zahlenmäßig genau bestimmtes Intervall zwischen den einzelnen Fieberanfällen erkennen lassen:

Bei der Malaria tertiana erfolgt die Entwicklung des Parasiten innerhalb 2×24 Stunden, daher jeden dritten Tag ein Anfall und 24 Stunden fieberfreies Intervall.

Bei der Malaria quartana geschieht die Entwicklung des Parasiten innerhalb 3×24 Stunden, daher jeden vierten Tag ein Anfall und 48 Stunden fieberfreies Intervall.

Bei der Malaria tropica ist sowohl die Dauer des Anfalls wie vor allem die Dauer des fieberfreien Intervalles unregelmäßig. Aber auch hier

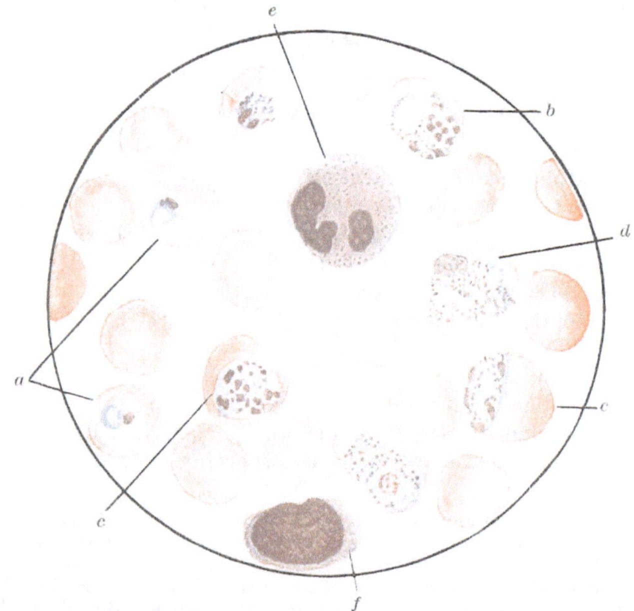

Abb. 65. Blutbild bei Malaria tertiana (aus verschiedenen Gesichtsfeldern zusammengestellt). Ausstrichpräparat. (Vergr. 1:700.) *a* kleiner, *b* großer Ring, *c* männlicher, *d* weiblicher Gamet, *e* polynukleärer neutrophiler Leukocyt, *f* großer mononukleärer Leukocyt.

besteht die Gesetzmäßigkeit, daß der Beginn des neuen Anfalls mit dem Freiwerden einer neuen Generation von Schizonten zusammenfällt.

Auf der Höhe des Fiebers finden sich bei allen drei Formen der Malaria nur die kleinen Ringformen der Parasiten, während beim Abklingen des Fiebers und insbesondere im fieberfreien Intervall die halberwachsenen und vollentwickelten Formen zur Anschauung kommen. Da die größeren Parasiten sehr viel leichter aufzufinden sind, während kleine Tropicaringe dem Ungeübten leicht entgehen, so empfiehlt es sich, wenn irgend möglich, die Blutuntersuchung nicht auf der Höhe des Anfalls, sondern in der fieberfreien Zwischenzeit, am besten etwa 6 Stunden vor dem neuen zu erwartenden Anfall vorzunehmen. Selbstverständlich muß man sich auch vergewissern, daß nicht etwa in den letzten Tagen Chinin eingenommen worden ist, da hierdurch negative Ergebnisse vorgetäuscht werden können.

Bei der künstlichen Malariainfektion, wie sie heute zur Behandlung der Tabes und Paralyse angewendet wird — es werden meistens Tertianaparasiten verimpft —, handelt es sich um Stämme, die infolge der ausschließlich ungeschlechtlichen Fortpflanzungen allmählich gametenarm geworden sind. Auch ist der Verlauf der künstlichen Infektion in der Regel milder. Bei dem atypischen Fieberverlauf sieht man im Blutbild ganze Schizonten neben amöboiden und ausgereiften Formen und allerlei Übergangsformen und Zwischenstadien. Gameten fehlen entweder ganz oder sind nur in geringer Zahl nachzuweisen. So kommt es auch, daß die Impfmalaria experimentell durch Anophelen verhältnismäßig schwer zu übertragen ist.

Die *Untersuchung des Blutes* auf Malariaparasiten kann entweder im lebenden ungefärbten Zustande oder im gefärbten Präparat erfolgen. Für praktische Zwecke kommt ausschließlich die letztere Form der Untersuchung in Betracht, während das Studium der Malariaparasiten im lebenden Zustande zwar für die Erkenntnis ihrer Lebens-

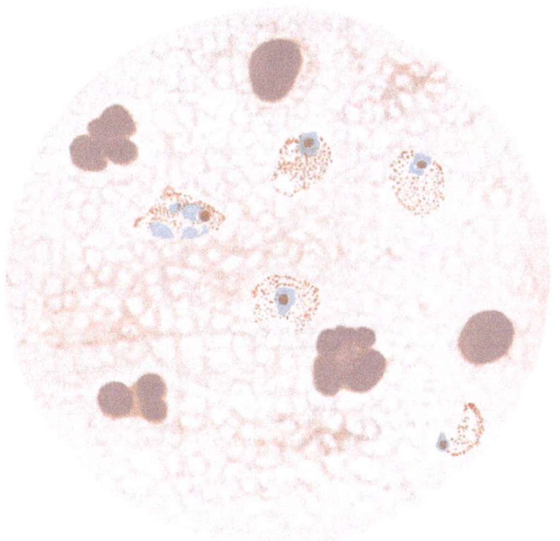

Abb. 66. Malaria tertiana. „Dicker Tropfen" nach ROMANOWSKY gefärbt. Protoplasma der Tertianaparasiten blau, Kern rot, SCHÜFFNERsche Tüpfelung rot. Orig. (Aus HARTMANN-SCHILLING: Die pathogenen Protozoen.)

äußerungen, insbesondere ihrer amöboiden Bewegung und ihrer Fortpflanzung, unentbehrlich ist, aber einerseits das Chromatin nicht zur Anschauung kommen läßt und andererseits für den Ungeübten eine Reihe von Fehlerquellen in sich birgt.

Das *gefärbte Präparat* wird entweder als *Ausstrichpräparat* (Abb. 65) oder in Form des sog. *dicken Tropfen* (Abb. 66) angelegt. Letztere Methode gestattet die Untersuchung des Blutes in dickerer Schicht und ermöglicht also noch die Auffindung vereinzelter Parasiten in Fällen, in denen das Ausstrichpräparat im Stich läßt. Man trocknet zu diesem Zwecke mehrere größere Bluttropfen auf dem Objektträger in dicker Schicht an und färbt, ohne vorher zu fixieren, in GIEMSA-Lösung. Nach vorsichtigem Abspülen mit destilliertem Wasser werden die Objektträger zwecks Trocknung senkrecht gestellt. Das sonst gebräuchliche Trocknen mit Fließpapier ist hier nicht statthaft, weil die am Glase nur schwach haftende Blutschicht sonst sofort am Papier ankleben würde. Man kann auch folgendermaßen bei der Behandlung des dicken Tropfenpräparates verfahren: Einlegen einige Minuten in eine wässerige Lösung von 2% Formalin $+ \frac{1}{2}$—1% Essigsäure. Das Hämoglobin wird dadurch ausgelaugt. Fixieren 2—5 Minuten in Alkohol, Färbung nach

Giemsa. In einem gut gelungenen dicken Tropfenpräparat sind die roten Blutkörperchen fast ganz ausgelaugt und die zwischen den erhaltenen Leukocyten und Blutplättchen liegenden Malariaparasiten an ihrem Aufbau aus rotem Chromatin und blauem Plasma deutlich erkennbar. Allerdings erscheinen die Parasiten infolge der eingreifenden Behandlung in etwas verzerrter Form, und derjenige, welcher nur die typischen Formen aus den Ausstrichpräparaten kennt, muß sich auf die richtige Beurteilung der im dicken Tropfen erscheinenden Formen erst besonders einarbeiten.

Für die Erkenntnis der feineren Struktur der Malariaparasiten ist das *Ausstrichpräparat* unentbehrlich und daher in jedem Falle in erster Linie mit heranzuziehen.

Das Ausstrichpräparat wird am besten auf dem Objektträger angelegt, da Deckgläschen zu zerbrechlich sind und auch nur eine zu kleine Blutmenge zu verwenden erlauben. Höchstens kommen Deckglaspräparate für Massenuntersuchungen (z. B. ganzer Ortschaften) in Betracht, wobei man zweckmäßig zwischen je 2 beschickte Deckgläschen ein Stückchen Papier mit einer Nummer legt, die auf die gleichzeitig geführte Liste verweist. Zwecks Anlegung eines gleichmäßigen und möglichst dünnen Blutausstrichs auf dem Objektträger verfährt man

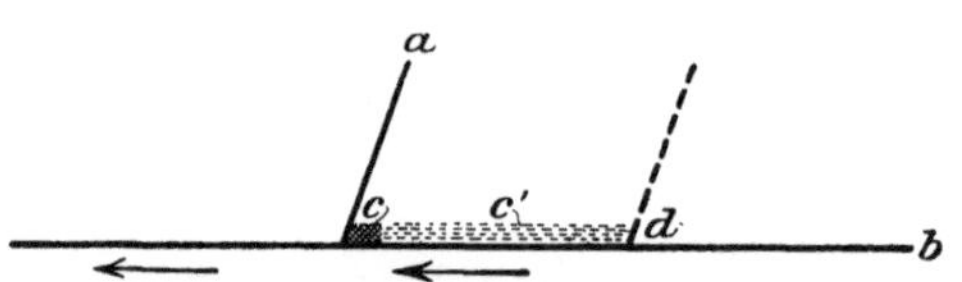

Abb. 67. Anfertigung des Blutausstrichpräparates. *a* erster Objektträger, *b* zweiter Objektträger, *c* Blutstreifen auf der hinteren Fläche des ersten Objektträgers, *c′* bereits ausgestrichene Blutschicht, *d* Stelle, auf der der Objektträger aufgesetzt wurde. (Nach Ruge.)

am besten folgendermaßen: das Blut wird durch Einstich in die mit Alkohol und Äther gereinigte Fingerbeere oder besser noch (weil weniger schmerzhaft) ins Ohrläppchen entnommen. Zum Einstich eignet sich vortrefflich ein „Schnepper" oder eine gewöhnliche Stahlfeder, deren eine Spitze abgebrochen und deren andere Spitze gut zugeschärft ist (R. Koch). Das hervorquellende Blutströpfchen wird mit der Kante eines (vorher gründlich mit Alkohol gereinigten) Objektträgers aufgenommen, wobei man vermeidet, mit der Glaskante direkt die Haut zu berühren. Hierauf setzt man die beschickte Kante des Objektträgers in einem Winkel von etwa 45⁰ auf die Fläche eines zweiten (gleichfalls tadellos gereinigten) Objektträgers auf und streicht in einem Zuge das Blut über den Objektträger aus (vgl. Abb. 67). Man vermeide durchaus ein mehrmaliges Ausstreichen desselben Präparates oder gar ein Zerquetschen der Blutschicht zwischen zwei aufeinander gelegten Objektträgern. Zwecks Anlegung mehrerer Präparate von demselben Patienten benutze man nie die gleiche Kante des zur Blutentnahme verwendeten Objektträgers, sondern wechsle mit den Kanten ab und verwende jede nur einmal. Auch lege man den Ausstrich unmittelbar nach der Entnahme des Blutes an, damit nicht durch Gerinnung oder sonst eintretende Veränderung der Formelemente des Blutes fehlerhafte Präparate entstehen. Sollte bei Verwendung einer gewöhnlichen Lanzette ein zu großer Blutstropfen bei der Blutentnahme an der Kante des Objektträgers hängen geblieben sein, so kann man auch dann noch die Entstehung zu dicker Ausstriche dadurch vermeiden, daß man diese beschickte Kante rasch hintereinander zweimal auf die Fläche des Objektträgers aufsetzt, bevor man ausstreicht. Die Kenntnis dieser scheinbar unbedeutenden Einzelheiten ist notwendig zur Erzielung guter Präparate. Aber auch in nicht ganz gelungenen Präparaten wird man meistens einige brauchbare Stellen finden. Die ausgestrichenen Präparate läßt man zunächst an der Luft gut trocknen und verpackt sie dann am besten in gewöhnliches sauberes Schreibpapier, falls man nicht die Färbung an Ort und Stelle sofort vornehmen kann. Vor der Färbung werden die Ausstriche durch ¹/₄stündiges Einlegen in absoluten Alkohol (oder besser noch in eine Mischung von gleichen Teilen Alkohol und Äther oder in Methylalkohol) fixiert.

Die schönsten Färbungen erhält man nach der Romanowsky-Giemsa-Methode, über deren Prinzip oben nachzulesen ist. In einem wohlgelungenen GIEMSA-Präparat erscheinen die Erythrocyten hell-rötlich, das Plasma der einkernigen Leukocyten hellblau mit vereinzelten kleinsten roten Einschlüssen, das Plasma der vielkernigen Leukocyten graublau mit rötlichen Granulationen und die Zellkerne rotviolett bis dunkelrot. Die Blutplättchen erscheinen teils in ihren kleineren eckigen Formen ganz aus Chromatin bestehend, teils aber in ihren größeren rundlichen oder länglichen Formen weisen sie eine typische Doppelfärbung mit blauem Plasmaleib und roten eingelagerten Chromatinbröckchen auf und sind dann, insbesondere wenn sie zufällig auf roten Blutkörperchen liegen, nicht immer leicht von Malariaparasiten zu unterscheiden. Diese letzteren zeigen himmelblau gefärbtes Plasma und leuchtend rotes Chromatin in der für die einzelnen Entwicklungsformen oben beschriebenen charakteristischen Anordnung. Wenn auch die Giemsafärbung die schönsten und klarsten Bilder liefert, so genügt für die gewöhnlichen Zwecke der Diagnose auch die Färbung mit Borax-Methylenblau nach MANSON.

Von einer vorrätig gehaltenen konzentrierten Farbflüssigkeit, enthaltend 2 g Methylenblau medicinale in 100 ccm kochender 5%iger Boraxlösung, wird unmittelbar vor Gebrauch eine Verdünnung mit destilliertem Wasser hergestellt, die im Reagensglas gerade eben durchsichtig erscheint. Mit dieser Lösung werden die Präparate etwa 15 Sekunden gefärbt und mit Wasser abgespült, bis sie eine grünliche Farbe aufweisen. Die roten Blutkörperchen erscheinen dann in hellgrüner, das Plasma der Leukocyten und der Malariaparasiten in hellblauer, die Kernsubstanz der Zellen sowie der Parasiten in tiefblauer Farbe.

Bei der Durchmusterung der Präparate sind die Malariaparasiten in frischen Fällen für den Geübten leicht und sicher zu finden. Bei älteren, schon längere Zeit mit Chinin behandelten Fällen muß man oft lange suchen, bis man die zuweilen nur vereinzelten Parasiten auffindet. Doch sind in solchen Fällen oft schon an den zelligen Elementen des Blutes Veränderungen erkennbar, die, wenn sie auch nicht sicher für Malaria sprechen, so doch eine gewisse Wahrscheinlichkeit für das Vorhandensein einer Malariainfektion ergeben. Hierher gehört die bei Malaria wie bei fast allen Protozoeninfektionen auftretende einseitige Vermehrung der großen einkernigen Leukocyten, ferner das Vorkommen metachromatisch (blauviolett bei MANSON, rotviolett bei GIEMSA) verfärbter roter Blutkörperchen, endlich das Auftreten eigentümlicher feiner Körnungen in den Erythrocyten, die seinerzeit irrtümlich als Jugendformen der Malariaparasiten angesehen wurden, aber sicher mit dem Erreger nichts zu tun haben, sondern durch pathologische Veränderungen der Blutzellen bei Malaria, wie auch bei anderen anämischen Prozessen, entstehen.

Außer der Untersuchung des erkrankten Menschen ist für die Epidemiologie und Bekämpfung der Malaria auch die Untersuchung der *Stechmücken* (vgl. Abb. 68) in dem verseuchten oder auf das Vorhandensein von Malaria verdächtigen Gebiet von Wichtigkeit. Für den Praktiker handelt es sich dabei um den Nachweis, ob die für die Übertragung der menschlichen Malaria allein in Betracht kommenden *Anophelesarten* vorhanden sind oder nur die gewöhnlichen *Culexarten,* die die Infektionen nicht zu übertragen vermögen. Man hat hierbei sowohl auf die ausgewachsenen Formen (Imagines) zu achten, als auch auf die unfertigen, im Wasser befindlichen Entwicklungsformen (Larven und Nymphen). Bei der gewöhnlichen Stechmücke (Culex) liegen die Eier in zusammenhängenden Häufchen und die Larve hängt von der Wasseroberfläche fast senkrecht herab. Bei der Malariamücke (Anopheles) liegt jedes Ei für sich und die Larve parallel zur Oberfläche des Wassers.

Die ausgewachsenen Mücken zeigen bei beiden Arten schon in ihrer Haltung beim Sitzen sehr charakteristische Unterschiede, die dem

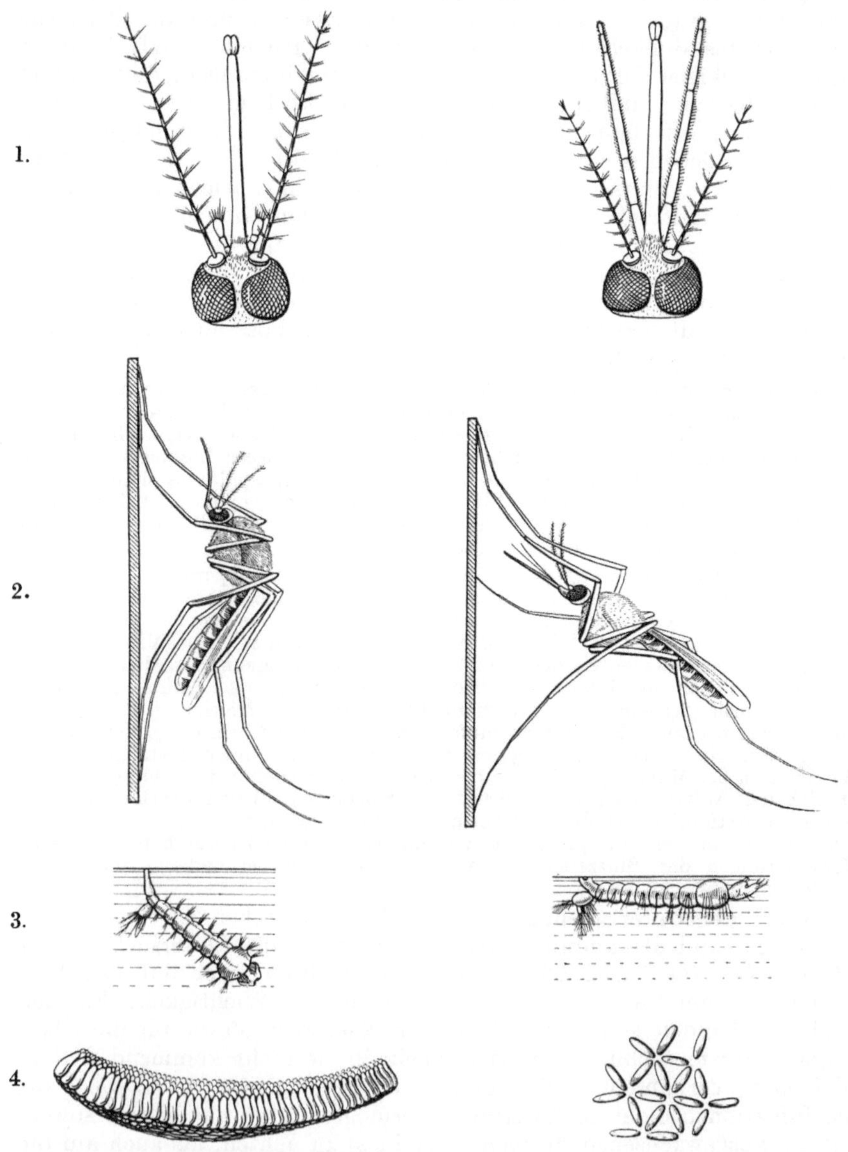

Abb. 68. Unterschiede zwischen Culex (links) und Anopheles (rechts). Orig. 1. Stechapparat. 2. Haltung der an der Wand sitzenden Mücke. 3. Haltung der Larve an der Wasseroberfläche. 4. Lagerung der Eier im Wasser. (Aus HARTMANN-SCHILLING: Die pathogenen Protozoen.)

Geübten oft auf den ersten Blick die richtige Erkennung der Art ermöglichen: Culex hält den Hinterleib parallel zur Wand, während Kopf

und Thorax nach der Wand zu gekrümmt sind; bei Anopheles bilden
Kopf, Thorax und Hinterleib eine gerade Linie, die schräg von der Wand
abgewendet gerichtet ist.

Um die sitzenden Mücken zwecks genauerer Untersuchung einzufangen, bedient
man sich folgenden Kunstgriffes (R. KOCH): Man stülpt über die auf ihrer Unterlage sitzende Mücke ein weites Reagensglas, auf dessen Boden man vorher einige
Tropfen Alkohol gebracht hat. Beim Auffliegen bleibt die Mücke an der benetzten
Wand hängen und kann durch etwas Alkohol in das Vorratsfläschchen gespült werden.

Für die sichere Unterscheidung beider Mückenarten ist die mikroskopische Untersuchung des Stechapparates maßgebend, wofür schon
die Lupenvergrößerung ausreicht. Die beiderseits des Stechrüssels befindlichen Palpen (Taster) sind beim Culexweibchen ganz kurz, beim
Männchen länger als der Rüssel, während bei Anopheles Palpen und
Stechrüssel bei beiden Geschlechtern von annähernd gleicher Länge
sind (die Palpen oder Taster sind nicht zu verwechseln mit den weiter
außenstehenden gefiederten Antennen oder Fühlhörnern). Auch in der
Beschaffenheit der Flügel unterscheiden sich die meisten Anopheles-
von den Culexarten, indem bei ersteren die Flügel in der Regel gefleckt
sind, bei letzteren nicht, doch kommen hiervon Ausnahmen vor.

Von großem theoretischem Interesse ist schließlich noch die Kenntnis der
Entwicklungsstadien der Malariaparasiten in der Mücke, die hier nur kurz skizziert
seien, weil ihr Nachweis für den Praktiker wegen der erheblichen technischen
Schwierigkeiten (Herauspräparieren des Magens und der Speicheldrüsen der Mücke)
nicht in Betracht kommt. Wie schon im hängenden Tropfen aus Patientenblut zu beobachten, so tritt auch im Mückenmagen das Ausschwärmen der spermatozoenartigen Mikrogameten ein. Je ein solcher Geißelkörper dringt dann in je
einen weiblichen Gamet ein und es entsteht durch Kopulation der würmchenförmige
Ookinet, welcher die Magenwandung der Mücke durchsetzt und an der Außenseite
des Magens zur Bildung einer Cyste führt, in der sich zunächst Tochtercysten und
in diesen wieder massenhafte Sichelkeime bilden, die dann nach Bersten der Cysten
auswandern und schließlich in die Speicheldrüsen gelangen, von wo sie mit dem
Stich in das Blut des Menschen entleert werden und hier eine neue Infektion vermitteln. Der geschlechtliche Entwicklungsgang der Malariaparasiten in der Mücke
ist bei einer Außentemperatur von 25⁰ C in etwa 12 Tagen beendet.

Nachdem der Kreislauf der Malariaparasiten in Mensch-Mücke-Mensch
erkannt wurde, war die Aufnahme des Kampfes gegen die Malaria
mit Aussicht auf Erfolg möglich. Der Kreislauf mußte an irgendeiner
Stelle unterbrochen werden, sei es nach R. Ross durch Vernichtung
und Einschränkung der Anophelen oder nach R. KOCH durch die Behandlung malariainfizierter Menschen. Diese beiden Methoden stellen
auch heute noch die Grundlage der Malariabekämpfung dar und je
nach den örtlichen Bedingungen tritt hier mehr die eine, dort mehr die
andere in den Vordergrund. Parallel mit den indirekten Abwehrmaßnahmen, wie Hebung des allgemeinen Wohlstands, hygienische und
soziale Verbesserungen usw., ist die Bekämpfung der Anophelen und
ihrer Brut durchzuführen. Die Anwendung mückenbetäubender und
tötender Mittel in Häusern, Kellern und Ställen, die Bekämpfung der
Anophelesbrut durch Trockenlegung von Tümpeln und Sümpfen, durch
Anpflanzung wasserentziehender Pflanzen und Bäume, die Verwendung
von Petroleum, Kresollösungen durch Überschütten von Wasseransammlungen, die Ansiedlung von Mückenlarvenfeinden in Gewässern —
alle diese Maßnahmen eignen sich nicht in gleichem Maße für alle Gebiete.

Die Wahl hat je nach den örtlichen Bedingungen stattzufinden. Der persönliche Schutz gegen Stechmücken erfolgt am häufigsten durch die Benutzung eines Moskitonetzes und durch Drahtschutz der Häuser.

Hervorragendes leistet dann die spezifische Prophylaxe und Therapie, die früher ausschließlich durch das Chinin ermöglicht wurde. Schon lange ist aber bekannt, daß das Chinin kein ideales Heilmittel ist, da das Chinin gegen die Gameten der Malaria tropica mehr oder weniger unwirksam ist, da es Rezidive in größerer Zahl nicht zu verhindern vermag, da es in nicht wenigen Fällen zu einer Chininidiosynkrasie und unter Umständen zu der gefürchtetsten Komplikation der Malaria, zum Schwarzwasserfieber, kommen kann und da schließlich häufig Nebenwirkungen des Chinins vor allem bei Überdosierung zu befürchten sind. Dem Chinin ist therapeutisch das Atebrin überlegen. Der besondere Vorteil der Atebrin-gegenüber der Chininbehandlung beruht in der intensiveren Wirkung auf die Parasiten, der stark verkürzten Behandlungszeit, der herabgesetzten Rezidivrate und in dem Fehlen gefährlicher Nebenwirkungen. Die günstige Wirkung des Atebrin wird in hervorragender Weise durch die des Plasmochin ergänzt, das eine ausgesprochene Wirkung gegen die Gameten der Tropica entfaltet. Durch das Plasmochin ist es möglich, medikamentös den Entwicklungszyklus der Malariaparasiten in Mensch-Mücke zu unterbrechen. Sehr wertvoll ist durch die Anwendung einer Kombination mit Atebrin oder Chinin die Herabsetzung der Rezidivrate. Die Erfahrungen der letzten Jahre haben gelehrt, daß die kombinierte Behandlung mit den synthetischen Mitteln Atebrin + Plasmochin bei allen Malariaformen jeder anderen Behandlung überlegen ist. In jüngster Zeit ist noch das neue Malariamittel „Certuna" (KIKUTH) hinzugetreten, das gewisse Nachteile des Plasmochin vermeidet und sich bei der Malaria tropica vorzüglich bewährt hat.

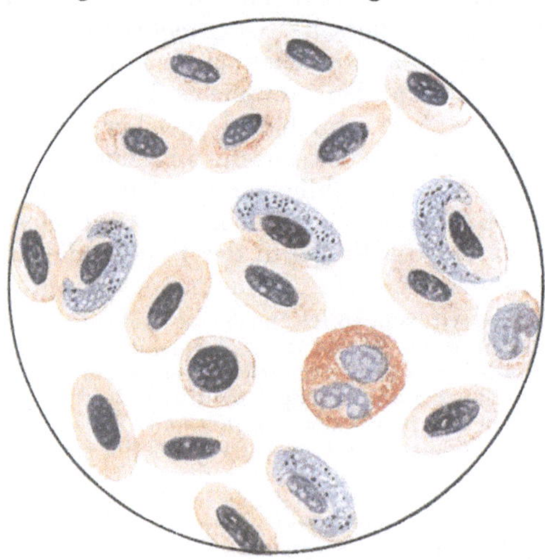

Abb. 69. Halteridium. Giemsafärbung. (Vergr. 1:1000.)

Kurze Besprechung erheischen noch die **Plasmodien der Vogelmalaria,** einerseits weil bei ihrer großen Verbreitung auch in unserem Klima für Kurszwecke stets geeignetes Material zur Verfügung steht, andererseits weil hier der vollständige Entwicklungsgang des Erregers schon früher erkannt worden ist als derjenige des menschlichen Malariaerregers und für den Ausbau der Erforschung des letzteren große Bedeutung gewonnen hat. Im Gegensatz zu den rundlichen und ringförmigen Formen der Malariaerreger im menschlichen Blut zeigen sich die Parasiten der Vogelmalaria als längliche würmchen- oder hantelförmige Gebilde (vgl. Abb. 69). In unseren Breiten ist *Halteridium* DANILEWSKY der häufigste bei Vögeln gefundene Parasit. In der warmen Jahreszeit ist die Infektion unter

Turmfalken, Buchfinken und anderen Vögeln außerordentlich verbreitet, ohne daß die befallenen Tiere irgendwelche erheblichen Krankheitserscheinungen erkennen lassen. In den roten Blutkörperchen findet man den Parasiten neben dem Kern liegend, der durch das Wachstum der Parasiten weder aus seiner Lage verdrängt noch zerstört wird. Die Jugendformen, von denen oft mehrere in einem roten Blutkörperchen liegen, erscheinen als kleine unregelmäßig begrenzte Gebilde. Die heranwachsenden Parasiten, von denen meistens nur einer, höchstens zwei in derselben Wirtszelle zur Reife gelangen, sind hantelförmig und füllen schließlich den größten Teil des roten Blutkörperchens aus, wobei sie um den Kern herumgelagert sind. Die Schizogonie tritt bei dieser für gewöhnlich beobachteten chronischen Infektion im peripheren Blute nicht in Erscheinung.

Schrifttum.

KIKUTH, W.: in M. GUNDEL: Die ansteckenden Krankheiten. Leipzig: Georg Thieme 1935. — RUGE, R.: Malaria. KOLLE-KRAUS-UHLENHUTHs Handbuch der pathogenen Mikroorganismen 1930. — RUGE, MÜHLENS u. ZUR VERTH: Krankheiten und Hygiene der warmen Länder. Leipzig: W. Klinkhardt 1930. — ZIEMANN: Malaria und Schwarzwasserfieber im Handbuch der Tropenkrankheiten von MENSE. Leipzig: Johann Ambrosius Barth 1924.

5. Piroplasmosen.

Als Piroplasmosen faßt man durch Zecken übertragene, gewöhnlich akut verlaufende Krankheiten zusammen, die durch Protozoen, die Piroplasmen (Babesien und Theilerien), verursacht werden. Sie äußern sich gewöhnlich in Blutarmut, häufig auch in Hämoglobinurie sowie Gelbsucht. Diese Gruppe enthält keine menschenpathogenen Arten, aber wichtige Erreger von *Tierseuchen*.

Die Piroplasmen sind den Hämosporidien oder Rhizopoden nahestehende, einzellige rundliche, ring-, birnen- oder stäbchenförmige, unpigmentierte Protozoen mit einem Kern und möglicherweise einem Blepharoplast. In den roten Blutkörperchen sind manche Arten nach ihrer Teilung häufig paarweise gelagert. Zu ihrer Darstellung eignen sich wieder die bekannten Färbungsmethoden von ROMANOWSKY-GIEMSA. In der Gattung Babesia werden jene Piroplasmen zusammengefaßt, die sich in den roten Blutkörperchen in 2 oder 4, manchmal auch in mehrere Tochterindividuen teilen, während die Gattung Theileria jene Parasiten umfaßt, die sich im Säugetier in Lymphocyten wahrscheinlich durch Schizogonie vermehren und die sich dann nach ihrem Eindringen in die roten Blutkörperchen nicht mehr teilen. Die Babesien lassen sich durch parenterale Verimpfung von parasitenhaltigem Blut künstlich übertragen. Unter natürlichen Verhältnissen werden die Piroplasmen durch Zecken von kranken Tieren auf gesunde übertragen, jedoch nicht in rein mechanischer Weise, sondern entweder durch Vermittlung der Nachkommenschaft der Zecke oder nach Vollendung des nächsten Entwicklungsstadiums im Zeckenindividuum. Sie machen dann einen bestimmten Entwicklungszyklus im Zeckenkörper durch, ehe sie mit dem Speichel in ansteckungsfähiger Form ausgeschieden werden. Von diesen Zecken kommen als Überträger von Piroplasmen nur die Ixodinae in Betracht. Sie sind obligate Parasiten, die sich mit Blut ernähren, die die Zecken von Wirbeltieren saugen. Die am Wirtstier befruchteten vollgesogenen Weibchen fallen zu Boden, wo sie ihre Eier ablegen. Die ausgeschlüpften Larven suchen dann ein neues

Wirtstier auf, um Blut zu saugen. Die Larven mancher Arten entwickeln sich auf demselben Individuum bis zur Geschlechtsreife, während bei anderen Zeckenarten sowohl die Larven als auch die Nymphen oder nur die Nymphen das Wirtstier verlassen, um sich am Erdboden in das nächstfolgende Stadium zu verwandeln. So unterscheidet man einwirtige, zweiwirtige und dreiwirtige Zecken.

Die meisten Babesien entfalten ihre krankmachende Wirkung in der Weise, daß sie in die roten Blutkörperchen eindringen und sie zerstören. Dadurch entwickeln sich neben fieberhaften Allgemeinerscheinungen mehr oder weniger ausgesprochene Anämien mit Hämoglobinämien. Bei stärkerem Zerfall der Blutkörperchen stellt sich Gelbsucht ein, es kommt zu Blutungen und oft zu einer parenchymatösen Nierenentzündung. In schweren Fällen können die Anämien und die Ernährungsstörungen schließlich durch Entkräftung zum Tode führen. Im Gegensatz hierzu beobachtet man bei den Theileriosen und bei der durch Babesia caballi verursachten Pferdepiroplasmose eine Hämoglobinurie gar nicht oder nur selten. Diese Krankheiten äußern sich unter den Erscheinungen einer Blutinfektion, während eine Anämie in mehr chronisch verlaufenden Fällen zur Beobachtung gelangt. Nach Überstehen des akuten Anfalls beherbergen viele Tiere oft jahrelang in ihren Blutkörperchen die Parasiten und werden damit zu Virusträgern, die wieder zur Ansteckung von Zecken und damit zur Weiterverbreitung der Krankheit Veranlassung geben können.

a) Als *Texasfieber* bezeichnet man eine in tropischen und subtropischen Gebieten heimische Rinderpiroplasmose, die durch die Babesia bigemina verursacht und durch Boophiluszecken von kranken auf gesunde Rinder übertragen wird. Das Verbreitungsgebiet des Texasfiebers auf dem amerikanischen Kontinent beschränkte sich zunächst auf Texas und Florida. Es führte aber bald zum Einbruch auch in andere Teile des Landes und zu außerordentlich starken Verlusten. In Afrika ist die Krankheit am häufigsten in Südafrika, auch sind weite Teile von Australien und Indien verseucht. In Europa beschränkt sie sich auf die Balkanländer, Südfrankreich und Süditalien. Die Babesia bigemina ist in den roten Blutkörperchen meist in Doppelbirnformen gelagert, die sich durch die Giemsafärbung leicht nachweisen lassen. Das Hauptgewicht der Bekämpfung wird auf die Bekämpfung der Zeckenplage und die Ausrottung der Parasitenüberträger gelegt. Der Therapie dienen chemotherapeutisch wirksame Mittel wie Trypanblau, Trypaflavin und neuerdings das Acaprin, einer von KIKUTH eingeführten farblosen Harnstoffverbindung. Breite Anwendung findet vielfach auch die Schutzimpfung junger Tiere mit ihrer geringeren Empfänglichkeit durch Übertragung von Blut durchseuchter Rinder.

b) Als *seuchenhafte Hämoglobinurie* oder europäische Rinderbabesiose bezeichnet man eine auf bestimmten Weidegebieten in Europa und Nordafrika enzootisch vorkommende Krankheit der Rinder, die mit Hämoglobinurie, Blutarmut und Gelbsucht einhergeht, durch die Babesia bovis verursacht und durch die Zecke Ixodes ricinus übertragen wird. Die Babesia bovis findet sich im Blut fieberhaft erkrankter Rinder meist im Innern von roten Blutkörperchen als kleine einzelne oder zu zweien liegende rundliche Gebilde von 1—2—3 μ Durchmesser, die bei Lagerung zu zweien in birnenförmiger Gestalt in spitzen Winkeln miteinander zusammenhängen. Der Behandlung dienen nach dem Trypanblau in erster Linie das Trypaflavin, ferner das Acaprin sowie das Todorit und das Urotropin. Vielfach wird auch die Impfung mit Blut von Rindern durchgeführt, die von der natürlichen oder künstlich erzeugten Krankheit genesen sind. In Deutschland wendet man meistens die Impfung mit Blut künstlich angesteckter Kälber an.

c) Bei dem *Küstenfieber* handelt es sich um die gefährlichste Form der Piroplasmose der Rinder, deren Erreger die Theileria parva ist. Das Küstenfieber tritt vornehmlich in Afrika auf und verursacht sehr starke Verluste. Es kommt aber auch in Griechenland, im Kaukasus, in Kleinasien und Australien vor. Die Theileria parva ist das kleinste der bisher bekannten Piroplasmen und bildet in den roten Blutkörperchen feine stäbchenförmige Gebilde, gelegentlich treten aber auch Ring-, Komma- und Scheibenformen auf. Im Gegensatz zu den Babesien vermehren sie sich nicht im strömenden Blut, sondern in gewissen Organen, wie Milz und Leber und in den Lymphocyten. Die natürliche Ansteckung erfolgt durch Nymphen und geschlechtsreife Formen von Rhipicephalusarten. Das Krankheitsbild zeigt ein hohes, kontinuierliches Fieber, erschwertes Atmen, starke Schwellung der äußeren Lymphknoten, Abmagerung und Schwäche des Hinterteils. Anatomisch liegt eine markige oder hämorrhagische Schwellung sämtlicher Lymphknoten vor, die Leber ist brüchig und von gelblicher oder mahagonibrauner Farbe, die blassen Nieren sind durch weiße Knötchen und Flecke bunt gestaltet. Das Unterhautzellgewebe und das Bindegewebe ist sulzighämorrhagisch durchtränkt. Am lebenden Tier wird die Diagnose nur durch den Nachweis der Parasiten im Blut sichergestellt. Die Behandlung ist vorläufig mehr symptomatisch, da noch nicht sichergestellt ist, ob das Acaprin sich bewähren wird. Auch die Schutzimpfungen haben sich bisher nicht voll bewährt.

d) Die *Babesiose der Pferde* ist eine Infektionskrankheit der Einhufer, die durch zwei Arten von Blutparasiten verursacht wird, die Babesia caballi und die Babesia equi. Die Pferdebabiose tritt in der warmen Jahreszeit in dem südeuropäischen Teil, ferner häufig in Afrika, Indien, Mittel- und Südamerika auf. Die Babesia caballi ist der Babesia bigemina ähnlich, während die Babesia equi noch bedeutend kleiner ist. Die natürliche Ansteckung erfolgt durch Vermittlung von Zecken. Klinisch sieht man zunächst eine hellgelbe oder rötlich-gelbe Färbung der Schleimhäute, später entstehen in den Schleimhäuten von Nase und Mund kleine Blutungen, am Rumpf ödematöse Schwellungen mit Fieber, oft mit Nesselausschlag und Hautnekrosen. Die Temperatur nimmt hohe Grade an. Die Zahl der roten Blutkörperchen kann stark sinken. Während bei der Babesia caballi die Erkrankungen nur selten zu tödlichem Ausgang führen, ist die Sterblichkeit bei der durch Babesia equi bedingten Krankheit mit etwa 50% anzugeben. Für die Diagnose ist der Nachweis der Krankheitserreger in den roten Blutkörperchen in in den ersten 2—5 Tagen maßgebend. Chemotherapeutisch ist bei Ansteckungen mit Babesia caballi Trypanblau, Trypaflavin und Acaprin sehr wirksam, während bei Ansteckung mit Babesia equi Trypanblau versagt, Trypaflavin, Acaprin und Urotropin hingegen gute Wirkungen zeigen.

e) Die *Babesiose der Schafe* kennzeichnet sich durch Gelbsucht, Hämoglobinurie und Blutarmut und wird durch die Babesia ovis oder motasi verursacht. Außer in den südeuropäischen Ländern tritt die Krankheit auch in Deutschland und Ungarn, sowie in Teilen Afrikas, Indiens und Nord- und Südamerikas auf. Die Babesia ovis ist der Babesia bovis ähnlich und liegt in den roten Blutkörperchen einzeln als rundliche Gebilde oder zu zweit in birnenähnlicher Gestalt. Die Babesia motasi ist größer und entspricht ungefähr der Babesia bigemina. Die natürliche Ansteckung erfolgt durch die Zeckenart Rhipicephalus bursa. In nicht allzu vorgeschrittenen Fällen läßt sich das Krankheitsbild mit Trypaflavin, Acaprin oder Urotropin günstig beeinflussen.

f) Die *Babesiose der Hunde* pflegt besonders Jagdhunde zu befallen und verläuft gewöhnlich unter den Erscheinungen einer hochgradigen Blutarmut, in akuten Fällen auch mit Gelbsucht und Hämoglobinurie; sie wird durch die Babesia canis im wesentlichen erzeugt. Vornehmlich tritt sie in tropischen Ländern und vor allem bei importierten Hunden bösartig auf. In der gemäßigten Zone beschränkt sie sich meistens auf Jagdhunde, die in Wäldern gejagt haben, und zeigt fast immer einen chronischen Verlauf. Die Babesia canis ist der Babesia bigemina ähnlich, doch sind die in den roten Blutkörperchen liegenden Parasiten größer. Als Überträger kommen verschiedene Zeckenarten in Frage. Die Diagnose wird durch den Nachweis der Parasiten in den roten Blutkörperchen sichergestellt. Therapeutisch haben sich besonders das Trypanblau, das Trypaflavin und das Acaprin bewährt.

6. Die Bartonellose.

Eine besondere Gruppe von Erkrankungen stellen die Bartonellainfektionen dar, die beim Menschen durch die Bartonella bacilliformis hervorgerufen werden. Sie sind die Erreger einer sehr bösartigen Krankheit des Menschen in Peru, die als *Oroyafieber* oder Verruga peruviana bezeichnet wird. Die Erreger treten in den roten Blutkörperchen auf in Form kleiner stäbchen- und kokkenartiger, sich nach GIEMSA rot färbender Gebilde. Es sind durchaus spezifische, winzige Einschlüsse der Erythrocyten. Es war lange ungeklärt, ob sie zu den Protozoen oder zu den Bakterien gehören. Man stellt sie neuerdings den Anaplasmen zur Seite, von denen einige Erreger einer fieberhaften Erkrankung bei Rindern und Schafen sind.

In der experimentellen Forschung haben ähnliche Gebilde in den letzten Jahren besondere Aufmerksamkeit gefunden, die bei Ratten auftreten und als *Bartonella muris* bezeichnet werden. Man hat sie auch bei Mäusen, Hunden und Rindern gesehen, wo sie jedoch unter natürlichen Verhältnissen keine Erkrankungen zur Folge haben. Wird aber beispielsweise der infizierten Ratte die Milz entfernt oder das reticuloendotheliale System sonstwie geschädigt, dann entwickelt sich binnen kurzem eine meist tödlich verlaufende Blutarmut mit zahlreichen Bartonellen in den roten Blutkörperchen.

Schrifttum.

HUTYRA, V., MAREK u. MANNINGER: Spezielle Pathologie und Therapie der Haustiere. Jena: Gustav Fischer 1938.

7. Coccidiosen.

Die Coccidien sind als Parasiten des Menschen bisher nur verhältnismäßig selten nachgewiesen, relativ häufig finden sie sich hingegen bei Haus- und Laboratoriumstieren und einige von ihnen sind als Erreger schwerer Tierseuchen bekannt. Es handelt sich um vorwiegend intracellulär gelagerte Parasiten, die einen verhältnismäßig komplizierten Entwicklungsgang durchmachen, der nicht selten mit einem Wirtswechsel verbunden ist. Man unterscheidet eine multiple vegetative Fortpflanzung oder Schizogonie, die Entstehung und Kopulation von Geschlechtsformen und eine zweite Vermehrungsperiode im Anschluß an die Befruchtung, die Sporogonie. Im Bau und Entwicklungsgang zeigen die Coccidien eine recht weitgehende Übereinstimmung mit den Malariaparasiten, die zur Folge gehabt hat, daß Fortschritte auf dem Gebiet der Coccidienforschung auch zur Erweiterung unserer Kenntnisse von den Plasmodien geführt haben. Eine genauere Schilderung der Morphologie, des Entwicklungsganges und der Systematik der Coccidien würde über die Aufgaben dieses Buches hinausgehen. Es sei auf die im Schrifttum vermerkten Sonderwerke hingewiesen. Im folgenden seien nur einige besonders wichtige Erreger kurz dargestellt:

Die Coccidien werden im allgemeinen in drei Gattungen aufgeteilt: *Eimeria, Isospora und Adeleidea*. Die Angehörigen der Gattung Eimeria bilden innerhalb der Oocyste 4 Sporocysten mit je 2 Sporozoiten aus, während die reifen Oocysten der Isosporaarten 2 Sporocysten mit je 4 Sporozoiten teilen.

Die am meisten untersuchte, zur Gattung Eimeria gehörige Coccidienart ist die *Eimeria stiedae*, die ein wichtiger Leber- und Darmparasit des Kaninchens ist. Die Verseuchung in den Beständen ist oft außerordentlich stark. Gelegentlich kommt es zu schwersten Epidemien, denen ganze Bestände, vor allem junge Tiere, zum Opfer fallen. Die Parasiten werden sehr leicht durch die in Streu und Futter gelangenden Cysten weiter verbreitet. Bei der Sektion fallen besonders die sog. Coccidienknötchen in der Leber auf, die die ganze Leber durchsetzen können. Der Darm ist oft stark gerötet. Mikroskopisch erkennt man vielfach eine weitgehende Zerstörung des Darmepithels, wodurch auch die Ernährungsstörungen und das sekundäre Eindringen von Bakterien und toxischen Substanzen in die Blutbahn erklärt wird. Diese sekundären Erscheinungen bedingen oft die schweren Erkrankungen und die Todesfälle.

Die „*rote Ruhr*" *des Rindes* wird durch die *Eimeria zürnii* hervorgerufen. Die Coccidien kommen nur im Darm, nicht in der Leber vor. Die Krankheit ist in verschiedenen europäischen Ländern, auch in Deutschland, sowie in Teilen von Amerika und Afrika, nicht selten zu beobachten und befällt vorzugsweise das Jungvieh. Der Name der Krankheit zeigt schon das wichtigste Symptom an, da Durchfälle mit Blutbeimischungen das klinische Bild beherrschen. In 2—5% der Fälle erliegen die Tiere der Infektion. Der Ausbreitung der Erkrankung begegnet man durch Isolierung der erkrankten Tiere und sorgfältige Desinfektion der Abgänge, durch Sanierung der Wasserverhältnisse auf den Weiden, Trockenlegung tümpelhaltiger Weideplätze usw.

Auch bei *Schafen, Ziegen und Schweinen* werden Coccidiosen beobachtet, die gelegentlich epidemisch auftreten und den Krankheitserscheinungen bei Rindern und Kaninchen ähneln. Auch hier werden vorzugsweise junge Tiere befallen, die der Seuche nicht selten erliegen. Bei Schafen und Ziegen ist vornehmlich der Dünndarm Sitz der Infektion. Die Parasiten sind nach neueren Untersuchungen zum Teil außerordentlich weitverbreitet. Ähnliches gilt für die Coccidieninfektionen beim Schwein.

Schwere Epidemien werden bei verschiedenen *Geflügel*arten durch Coccidien vom Eimeriatypus hervorgerufen. Diese Epidemien sind oft von erheblicher wirtschaftlicher Bedeutung, da nicht selten bis zu 95% aller erkrankten Vögel der Seuche erliegen, so daß ganze Zuchten vernichtet werden können. Die Krankheit äußert sich vornehmlich in diarrhöischen Erscheinungen, Mattigkeit, Abmagerung und Kräfteverfall. Die Seuche kann bei Hühnern, Enten, Gänsen, Tauben, Fasanen usw. auftreten. Wegen der weiten Verbreitung der Geflügelcoccidien ist die Bekämpfung sehr erschwert.

Die Coccidiosen der *Hunde und Katzen* werden im wesentlichen durch Angehörige der Gattung Isospora hervorgerufen, von denen es mehrere Arten gibt. Die Diagnose ist wie bei allen Coccidien leicht, wenn auch die Differentialdiagnose der einzelnen Arten auf Schwierigkeiten stößt.

Coccidieninfektionen beim Menschen gehören zu den Seltenheiten. Immerhin sind einige Infektionen durch das Kaninchencoccidium bekannt, die nach schweren Krankheitserscheinungen (Darmstörungen, Anämie, Fieber) zum Teil zum Tode führten und eine starke Vergrößerung der Leber mit zahlreichen größeren Geschwülsten bzw. käsigen Herden mit Coccidien zeigten. Zahlreicher sind Isosporabefunde beim Menschen durch den Nachweis von Oocysten im Stuhl. Massenstuhluntersuchungen während des Weltkrieges haben vor allem gezeigt, daß solche Infektionen beim Menschen, besonders im östlichen Mittelmeergebiet, nicht selten vorkommen. Diese Infektionen scheinen durchweg harmloser Natur zu sein, bedürfen aber noch eines weiteren sorgfältigen Studiums.

Schrifttum.

JOLLOS, V.: in KOLLE-KRAUS-UHLENHUTHS Handbuch der pathogenen Mikroorganismen, Bd. 8/1. Jena: Gustav Fischer 1930. — REICHENOW, E.: Handbuch der pathogenen Protozoen von v. PROWAZEK-NOELLER, 1921, Lief. 8.

F. Virus und Viruskrankheiten.

Die letzten Jahre haben unsere Kenntnisse über die Vira und die Viruskrankheiten erheblich erweitert und gestatten jetzt eine Definition des Begriffes Virus. Man versteht hierunter Krankheitserreger nicht voll bekannter biologischer Natur, die dadurch charakterisiert sind, daß sie

1. sehr klein sind und zum Teil unter mikroskopischer Sichtbarkeit liegen,

2. anscheinend nur in enger Symbiose mit lebenden Zellen sich erhalten können,

3. vermehrungsfähig sind und sich vornehmlich intracellulär vermehren,

4. in ununterbrochener Reihe bei geeigneten Wirten typische und gleichartige Krankheiten hervorrufen,

5. bei einer Infektion oft bestimmte Zellarten befallen,

6. eine bestimmte Antigenstruktur haben, die zur Bildung spezifischer Antikörper Anlaß gibt und

7. eine große Variationsfähigkeit besitzen (G. Seiffert).

Das erste Beispiel eines an der Grenze der mikroskopischen Sichtbarkeit stehenden Krankheitserregers lieferte der von Löffler und Frosch erbrachte Nachweis, daß die Maul- und Klauenseuche auch durch keimfrei filtrierten, vollständig klaren Bläscheninhalt von Tier zu Tier übertragen werden kann und daß sich diese Übertragung in Reihenversuchen unbegrenzt fortführen läßt. Hierdurch konnte der Einwand, daß es sich nicht um ein lebendes Virus, sondern um ein gelöstes Gift handelt, mit Sicherheit ausgeschlossen werden. In der Folgezeit, nach 1897 wurden bei zahlreichen Infektionskrankheiten solche unsichtbaren Krankheitserreger nachgewiesen. Hierauf entstanden Beifügungen zu dem Virusbegriff, wie filtrables, ultravisibles Virus und Namen wie submikroskopische Krankheitserreger usw. Diese Bezeichnungen haben heute keine Geltung mehr.

Die Zahl der virusbedingten Infektionskrankheiten des Menschen und der Tiere ist außerordentlich groß. Die Forschung ist noch jung und vieles befindet sich noch im Beginn einer Entwicklung, deren Abschluß noch gar nicht abzusehen ist. So können diese allgemeinen Vorbemerkungen auch nur einen oberflächlichen Einblick in dieses neue und unscharf umrissene Virusgebiet geben. Hinsichtlich aller Einzelheiten sei auf das zur Zeit erscheinende vorzügliche Handbuch der Virusforschung von Doerr und Hallauer verwiesen. Im Hinblick auf die oben gegebene, keineswegs unbedingt erschöpfende Definition des Virusbegriffs seien einige Charakteristika des Virus, die für das Verständnis der Viruskrankheiten selbst wichtig sind, in folgendem kurz aufgeführt:

Die *Größenordnung* der einzelnen Virusarten ist ganz verschieden. Unter Benutzung der verschiedensten Methoden (ultraviolette Strahlen, optisches System aus Quarzlinsen, Zentrifugiermethode, Ultrafiltration) gilt beispielsweise für einige Vira die lange angenommene Eigenschaft der Ultravisibilität nicht mehr. Die größten Vira entsprechen beinahe kleinsten Bakterien, während die kleinsten Vira schon großen Molekülen räumlich fast gleich sind. Das Virus der Variolavaccine ist z. B. im Volumen 15—20000mal größer als das der Maul- und Klauenseuche. Bestimmt man beispielsweise die Größe des Bac. prodigiosus mit 750, dann ist die Größe des Psittakosevirus 250, der Variolavaccine 150, der Lyssa 125, der Tabakmosaikkrankheit 30, des Gelbfiebers 22, der Maul- und Klauenseuche 10 $\mu\mu$.

Die frühere Definition der *Filtrabilität* der Vira gilt heute gleichfalls nicht mehr als biologische Begründung für eine Trennung des Virus von anderen Mikroorganismen, wenn sie auch naturgemäß von großer technischer Bedeutung ist. Man hat sogar noch nicht einmal für alle Vira sicher bewiesen, daß sie stets filtrabel sind. An sich ist die Filtrabilität des Virus nur ein Zeichen für die geringe Größe der Virusteilchen. Soweit man Vira bisher mit dem Mikroskop hat erkennen können, erscheinen sie in mehr oder minder kugeliger Gestalt und diese kleinen Partikelchen werden als *Elementarkörperchen* bezeichnet, die im Körper des Infizierten zu größeren Verbänden zusammentreten können. Diese dann entstehenden meist kugeligen Formgebilde zeigen natürlich einen größeren Durchmesser und können nach ihrer Vermehrung aus der platzenden Zelle in die umgebende Gewebsflüssigkeit ausgeschüttet werden. Ihr Nachweis wie der der eigentlichen Elementarkörperchen ist schon durch verhältnismäßig einfache Färbemethoden möglich, wofür sich nach HERZBERG besonders gut die Färbung lufttrockener Präparate mit einem Viktoriablau-Standardpräparat eignet. Gute Bilder gibt auch die Untersuchung mit dem Luminescenzmikroskop.

Neben den soeben genannten Elementarkörperchen, kleinen, kokkenförmigen Gebilden, die man bei einer Anzahl von Viruskrankheiten nachweisen kann und die heute als Erregerformen allgemein anerkannt werden, sind weiter die *Einschlußkörperchen* von besonderer Wichtigkeit, die man als Zelleinschlüsse bei bestimmten Viruskrankheiten findet. Ihre Lagerung in bestimmten Gewebszellen und die Färbbarkeit mit bestimmten Farbstoffen ist für die einzelnen Körperchen charakteristisch. Zweifelsohne besitzen diese Einschlußkörperchen bestimmte Beziehungen zu dem Virus, wenn auch vielfach Näheres über ihre Entstehungsweise und Bedeutung noch nicht bekannt ist. Beim Vaccinevirus sind die mit Viktoriablau gut färbbaren Einschlüsse wohl durch Zusammenballung der lockeren Kugeln entstanden. Ihr Nachweis ist bei manchen Krankheiten von besonderer Bedeutung, wie es das Beispiel der Lyssa zeigt.

Die Forschung hat außerordentliche Fortschritte auf diesem Gebiet seit jenem Zeitpunkt erreicht, nachdem die Züchtung des Virus gelang, deren *Kultur* auf den üblichen Bakteriennährböden stets mißlungen war. Eine künstliche Vermehrung von Vira ist nach den bisherigen Studien nur in Anwesenheit lebender Zellen möglich. Während man in der ersten Zeit der Virusforschung auf die fortlaufende Übertragung von Tier zu Tier angewiesen war, brachte die Entwicklung der künstlichen Gewebskultur erhebliche Fortschritte. So gelang die Züchtung des Virus zusammen mit sich teilenden Zellen, insbesondere von Hühnerembryonen. Aber bald zeigte sich, daß das Virus auch in einfachen physiologischen Kochsalzlösungen gedeihen und sich vermehren kann, wenn man diesen Partikelchen von frischem überlebendem Embryonalgewebe beigibt. Je nach der Art des zu züchtenden Virus muß man diese Nährböden durch Zusätze von Serum oder Plasma bestimmter Tiere, geeigneter Gewebsteile besonders empfänglicher Tierarten, abändern. Besonders verbreitet und bewährt ist das Verfahren der Viruszüchtung im bebrüteten Hühnerei, indem sich die Krankheitsstoffe vornehmlich auf der Chorion allantois, zum Teil auch im Körper des wachsenden Hühnchens vermehren. Die *Haltbarkeit* des Virus in der Außenwelt ist recht erheblich, wie man ja auch schon lange wußte, daß man manche Arten in reinem oder hochkonzentriertem Glycerin monatelang, ja jahrelang, wirksam erhalten kann, sofern die Aufbewahrung bei niedriger Temperatur erfolgt.

Entsprechend der Art der Erreger ist die *Pathogenität* und Virulenz der Vira gegenüber den einzelnen Versuchstieren verschieden. Meistens haben die bei dem Versuchstier gesetzten Krankheitserscheinungen eine recht erhebliche Ähnlichkeit mit den Krankheitssymptomen bei Mensch oder Tier. Die Technik ist verschiedenartig und für den einzelnen Erreger charakteristisch. Viele Mißerfolge der ersten Versuche sind darauf zurückzuführen, daß Pathogenität und Virulenz zunächst bei den verwendeten Versuchstieren gering waren oder gar zu fehlen schienen. Jedoch steigerte sich sehr oft bei weiteren Passagen die Virulenz bis zum Erhalt eines Passagevirus, das die betreffende Versuchstierart mit einiger Regelmäßigkeit und unter charakteristischen Erscheinungen tötete.

Die Untersuchungen über die *chemische Darstellung* des Virus in möglichst reiner Form haben naturgemäß eine außerordentlich große Bedeutung. Die Idee, ein chemisch reines Virus zu gewinnen, ist naturgemäß eng verknüpft mit der Anschauung, ob das Virus ein lebendiger Organismus oder ein enzymartiger Stoff ist. Die wichtigsten Studien sind bisher mit dem Virus der Tabakmosaikkrankheit durchgeführt worden, da man es leicht erhalten und in großen Mengen gewinnen kann und seine Eigenschaften gut studiert sind. Durch die Studien von STANLEY ist das Mosaikvirus ein einheitlicher Eiweißkörper, den man isoliert und in krystalliner Form darstellen kann. Die Versuche mit diesen Krystallen haben so weitgehende Resultate gezeigt, daß man vor der Frage steht, ob der gefundene Eiweißkörper ein pathologisches Produkt ist, das unter dem veränderten Stoffwechsel erzeugt wird, oder ob der Eiweißkörper selbst das Krankheit erzeugende Virus ist. Eine endgültige Antwort ist noch nicht zu geben.

Vergleicht man bakterielle Infektionen mit Viruskrankheiten, so ergibt sich insofern ein wichtiger Unterschied, als pathogene Bakterien während einer Krankheit vornehmlich in der Körperflüssigkeit und extracellulär in Erscheinung treten, während das Virus bei der Mehrzahl der Viruskrankheiten in verschiedenste Organzellen eindringt und sich hier vermehrt. Im Gegensatz zu den Bakterien ist also für viele Vira sozusagen nicht der Körper, sondern die Zelle der eigentliche Wirt. Wenn auch die Beziehungen der Vira bei den meisten Viruskrankheiten zur Zelle noch nicht genügend geklärt sind, so weiß man andererseits doch, daß besonders bei septicämisch verlaufenden Viruskrankheiten auch eine Vermehrung innerhalb der Zellen eintritt. Häufig ist die Virusvermehrung in den Zellen, wie schon gesagt, so stark, daß die Zelle platzt und zugrunde geht, das Virus austritt und derart zu neuen Zellinfektionen führen kann. Sehr ausgesprochen ist oft der Tropismus des Virus zu bestimmten Zellarten und Organen. Die Erklärung für diesen Cyto- und Organotropismus mag in spezifisch günstigen Ernährungsverhältnissen begründet liegen. Die Vira können die Zellen aller drei Keimblätter befallen. Es gibt Vira, die spezifische neuro-, dermo-, fibro-, hämo- und pneumotrope Eigenschaften besitzen. Übrigens ist für den Verlauf mancher Erkrankungen das Zusammenwirken von Virus und Bakterien von großer Bedeutung. So stellten sich Bakterien, die man als Erreger bestimmter Krankheiten erklärt hatte, späterhin als charakteristische Begleitorganismen des die Krankheit auslösenden Virus heraus. Es sei insbesondere an die Schweineinfluenza erinnert, an das Zusammengehen von Streptokokken mit Virusarten usw.

Die Probleme der passiven und aktiven Immunisierung und der serologischen Diagnose von Viruskrankheiten haben erst in den letzten Jahren wesentliche Fortschritte bringen können. Abgesehen von den größeren Schwierigkeiten auf diesem Gebiet gilt im wesentlichen zum mindesten in theoretischer Hinsicht das gleiche, wie bei den bakteriellen Infektionen. Auf diese Verhältnisse wird bei der Besprechung der einzelnen Viruskrankheiten näher eingegangen werden. Während noch in der ersten Auflage dieses Buches eine willkürliche Reihenfolge in der Besprechung der einzelnen Viruskrankheiten gewählt werden mußte, seien in dieser Darstellung die Viruskrankheiten in verschiedene Gruppen aufgeteilt, je nach den im Vordergrund des Krankheitsgeschehens stehenden Symptomen bzw. Organlokalisationen (BIELING). Die bei Tieren und Pflanzen bisher bekannten Viruskrankheiten müssen zugunsten der Virusinfektionen des Menschen etwas kürzer abgehandelt werden. Hinsichtlich der bisher vorliegenden größeren Abhandlungen über das Virusproblem sei auf das folgende Schrifttum verwiesen.

Schrifttum.

BIELING, R.: Viruskrankheiten des Menschen. Leipzig: Johann Ambrosius Barth 1938. — DOERR, R.: Filtrable Virusarten. Erg. Hyg. 16, 121 (1934). — DOERR u. HALLAUER: Handbuch der Virusforschung. Berlin: Julius Springer 1939. — FAIRBROTHER, R. W.: Handbook of filterable viruses. London 1934. — FINE, J.: Filtrable Virus diseases in man. London 1932. — LEVADITI u. LÉPINE: Les ultravirus. Paris 1938. — LUKSCH, FR.: Die Virusformen. Prag 1934. — RIVERS, TH. M.: Filtrable viruses. Baltimore, London 1928. — SEIFFERT, G.: Virus und Viruskrankheiten. Dresden u. Leipzig: Theodor Steinkopff 1938.

I. Allgemeinerkrankungen.

1. Gelbfieber.

Das Gelbfieber ist eine durch Mücken übertragbare, im wesentlichen tropische Seuche, die ungeheure Opfer gefordert hat, jedoch durch energische und zweckmäßige Sanierungsmaßnahmen wesentlich eingedämmt wurde und wohl ausgerottet werden kann. Das in den Körper eingedrungene Virus führt zu toxisch-degenerativen Schädigungen verschiedener Organe, insbesondere der Leber und der Nieren, zu Erscheinungen von Fieber, Gelbsucht, Albuminurie und Blutungen im Magendarmkanal. Die Krankheit ähnelt der WEILschen Krankheit, die man auch als Gelbfieber der gemäßigten Zone bezeichnen könnte. Nach erfolgreicher Bekämpfung in den amerikanischen Staaten gilt als wesentlichster Herd heute noch Westafrika. Eine Einschleppung nach Europa und insbesondere nach den Hafenplätzen ist durch den Schiffsverkehr mehrfach erfolgt und auch heute noch möglich, wenn auch das Gelbfieber niemals in Europa Fuß fassen konnte.

Der Erreger ist ein filtrierbares Virus von etwa 22 mμ Größe. Das im Krankenblut vorhandene Virus ist filtrierbar und auf flüssigen Nährböden mit Hühnerembryonalgewebe züchtbar. Die Übertragung des Virus erfolgt durch eine in den wärmeren Zonen heimische Mückenart, Aedes aegypti. Das Verbreitungsgebiet des Gelbfiebers ist an die Verbreitung des Überträgers gebunden und stellt damit ein geographisch begrenztes Gebiet des Tropengürtels dar. Die Infektion der Mücke erfolgt durch den Stich an einem Kranken während der ersten 3 Fiebertage. Sie wird frühestens nach etwa 12 Tagen infektiös und bleibt dann während ihres Lebens, also etwa 4 Wochen, infektionstüchtig. Für die Eindämmung des Gelbfiebers ist die Bekämpfung der Mücken und der Verschleppung infizierter Mücken in seuchenfreie Länder maßgebend.

Da das Virus im Blut frisch Erkrankter und in der infizierten Mücke vorhanden ist und infolge seiner geringen Größe auch durch die Haut des Menschen eindringen kann, ist äußerste Vorsicht vor den sehr gefährlichen Laboratoriumsinfektionen angezeigt. Das Gelbfieber kann mit dem Blut und Gewebe frisch Erkrankter auf Affen übertragen werden, durch die intracerebrale Injektion auch auf die weiße Maus. Das Überstehen des Gelbfiebers hinterläßt bei Mensch und Versuchstier gewöhnlich eine lebenslange Immunität. In durchseuchten Gebieten erkranken darum sehr oft nur Neuzugewanderte.

Nach Überstehen der Erkrankung enthält das Serum der Rekonvaleszenten Antikörper, die die krankmachende Wirkung des Gelbfiebervirus neutralisieren. Diese Eigenschaft ist durch den Schutzversuch am Tier leicht nachweisbar und ist eine wertvolle Untersuchungsmethode zur Beantwortung der Frage, ob in einer Bevölkerungsgruppe das Gelbfieber endemisch ist. Im Affenversuch schützen beispielsweise 5 ccm Rekonvaleszentenserum gegen eine 4—5 Stunden später durchgeführte Infektion mit tödlichen Dosen des Blutes eines infizierten Tieres. Im einfacheren Schutzversuch an der weißen Maus wird das zu untersuchende Serum zusammen mit dem Gelbfiebervirus in die Bauchhöhle der Maus gespritzt oder die Serumvirusmischung intracerebral injiziert. Enthält das miteingespritzte Serum Schutzstoffe, dann kommt es nicht zur Ausbildung einer Gelbfieberencephalitis. Zur Sicherung der Diagnose Verstorbener ist die histologische Untersuchung von Leberstückchen erforderlich, in denen sich charakteristische oxyphile Kerneinschlüsse finden.

Nach opferreichen Versuchen, zu einer Schutzimpfung zu gelangen, bemüht man sich jetzt um eine Dauerabschwächung des Virus durch wiederholte Züchtung auf einen künstlichen Nährboden oder durch wiederholte Passagen durch das Mäusegehirn. Nach neueren Ergebnissen scheint sich die Anwendung eines lebenden, durch Mäusepassagen abgeschwächten Virus zusammen mit dem Serum immunisierter bzw. durchseuchter Menschen im Sinne einer aktiv-passiven Immunisierung zu bewähren. Die Bekämpfung des Gelbfiebers hat zu hervorragenden Erfolgen geführt, sofern es gelingt, ähnlich wie bei der Malaria, die Kette Mensch-Mücke-Mensch zu durchbrechen. Verhindert man die Infektion der Mücken während der ersten 3 Krankheitstage durch Isolierung der Erkrankten in mückensicheren Hospitälern, ist schon viel gewonnen. Hinzu kommen die Vernichtung der Mücken und ihrer Brut und weitgehende Schutzimpfungen in gefährdeten Gebieten. Der Einschleppung der Mücken in seuchen- und mückenfreie Gebiete ist mit rücksichtsloser Energie entgegenzutreten. Gerade auch der Verbreitung mit modernen Verkehrsmitteln (Flugzeug) ist Aufmerksamkeit zu schenken. So ist es gelungen, vor allem Amerika, bis auf kleine Herde in Brasilien und Columbien, seuchenfrei zu machen.

Schrifttum.

Hoffmann: Kolle-Kraus-Uhlenhuths Handbuch der pathogenen Mikroorganismen Bd. 8, S. 419. 1930. — Nauck, E. G.: in M. Gundel: Die ansteckenden Krankheiten. Leipzig: Georg Thieme 1935. — Seiffert, G.: Virus und Viruskrankheiten. Dresden u. Leipzig: Theodor Steinkopff 1938.

2. Dengue.

Das Denguefieber wird durch ein filtrierbares Virus hervorgerufen, das im Blut der Patienten in den ersten Krankheitstagen enthalten ist und das durch die gleiche Mückenart wie das Gelbfieber (Aedes aegypti) übertragen wird. In dieser Mücke kann sich das Virus sehr lange halten. Die Erkrankung nimmt einen kurzen, nur wenige Tage dauernden Verlauf und geht mit Erscheinungen von Fieber, Hautexanthemen, Gelenk- und Muskelschmerzen einher. Das Denguefieber tritt in den verschiedensten Ländern auf, ist aber durch die Art seiner Übertragung ebenso wie das Gelbfieber an wärmere Länder gebunden. Die Letalität der Krankheit ist sehr gering. Die Bedeutung liegt darin, daß sie sich in ausgedehnten Epidemien plötzlich ausbreiten und eine ganze Bevölkerung fast restlos befallen kann. So waren beispielsweise bei der letzten großen Epidemie in Griechenland im Jahre 1928 etwa 80% der Bevölkerung befallen. Das Überstehen der Krankheit hinterläßt beim Menschen eine hinsichtlich Stärke und Dauer großen Schwankungen unterworfene Immunität. Wegen der mangelnden Empfänglichkeit von Versuchstieren ist es noch unbekannt, ob das Rekonvaleszentenserum Schutzstoffe enthält. Die Bekämpfung auch dieser Krankheit ist eine Bekämpfung der Mücken, die naturgemäß in den tropischen und subtropischen Ländern auf Schwierigkeiten stößt, so daß die prophylaktischen Maßnahmen des persönlichen Mückenschutzes nicht vernachlässigt werden dürfen.

3. Das Pappatacifieber.

Auch unter dem Pappatacifieber versteht man eine gutartige und kurzfristige Infektionskrankheit, die nicht durch den direkten Kontakt von Mensch zu Mensch, sondern ausschließlich durch den Stich von Phlebotomen übertragen wird und hauptsächlich in den Ländern um das Mittelmeer und das Schwarze Meer, aber auch in den warmen Ländern der übrigen Erdteile vorkommt. Es ist eine mit hohem Fieber, heftigen Allgemeinerscheinungen und oft auch mit einem erythematösen Ausschlag einhergehende Krankheit. Das Fieber währt durchweg nur 3 Tage, bedingt aber eine meist langdauernde Rekonvaleszenz.

Das Virus findet sich nur am ersten und zweiten Krankheitstag im Blut, passiert das Chamberland-F-Filter und hält sich im Serum des Körpers einige Tage lang. Die Krankheit ist mit dem Blut frisch fiebernder Kranker auf noch nicht durchseuchte Menschen übertragbar, während empfängliche Versuchstiere nicht bekannt sind. Nach Überstehen der Krankheit beobachtet man durchweg eine langdauernde Immunität. Eine Verhütung der Krankheit gelingt nur durch den Schutz vor Phlebotomenstichen. Diese kleinen Insekten aber passieren die gewöhnlichen Mückennetze, die also sehr engmaschig sein müssen. Rekonvaleszentenserum ist therapeutisch brauchbar, findet aber wegen der Gutartigkeit der Krankheit nur selten Anwendung.

4. Das Rifttalfieber.

Der Erreger dieser vornehmlich im Tal des Riftflusses in Ostafrika beobachteten Schafkrankheit, die aber auch auf Rinder und Menschen übergehen kann, ist ein filtrierbares Virus, das auf Mäuse, Ratten und Frettchen übertragbar ist. Bei Menschen bedingt es eine 3—4 Tage dauernde, grippeähnliche Erkrankung, die von einer deutlichen Immunität gefolgt wird. Die klinischen Erscheinungen beim Menschen zeigen gewisse Ähnlichkeiten mit der Dengue und die anatomischen zeigen Beziehungen zum Gelbfieber. Jedoch lassen sich die Erreger dieser Krankheit deutlich durch die Eigenschaften des Rekonvaleszentenserums sowie mittels der Komplementbindungsreaktion voneinander abtrennen.

II. An der Haut sich manifestierende Viruskrankheiten.

1. Pocken.

Den ersten Schritt zur ätiologischen Erforschung der Pocken brachte die Feststellung von GUARNIERI, daß bei Verimpfung von Pocken- oder Vaccinevirus auf die Cornea des Kaninchens in den Epithelzellen der Hornhaut kleinste, neben dem Zellkern liegende und mit Kernfarbstoffen sich färbende rundliche Gebilde sichtbar werden, die für Variola und Vaccine spezifisch sind und durch Verimpfung von Pustelinhalt von Varicellen nicht zustande kommen, demnach für die mikroskopische Diagnostik der Variola praktisch verwendbar sind (vgl. Abb. 70). Diese Befunde von GUARNIERI wurden von zahlreichen Nachuntersuchern bestätigt, und insbesondere ließ sich die Übertragbarkeit des spezifischen Prozesses der Kaninchencornea von einem Tier auf das andere durch sehr zahlreiche Generationen nachweisen. Sicherlich stellen aber diese GUARNIERIschen Körperchen nicht den Erreger der Pocken selbst, sondern nur ein charakteristisches Reaktionsprodukt der Zelle dar, was sich schon daraus ergibt, daß der Erreger selbst von submikroskopischer Größenordnung ist und bakteriendichte Filter passiert. Im bakterienfreien Filtrat wurden in der Tat von verschiedenen Forschern (PASCHEN u. a.) kleinste rundliche oder hantelförmige Gebilde nachgewiesen, die nur nach sehr intensiver Färbung (nach GIEMSA oder nach dem LÖFFLERschen Geißelfärbungsverfahren) sich zur Darstellung bringen lassen, aber morphologisch bei ihrer außerordentlich geringen Größe nicht genügend charakterisiert sind, um differentialdiagnostisch verwertet werden zu können. Dagegen bleibt die praktische Verwertbarkeit der Hornhautimpfung mit dem Pustelinhalt verdächtiger Krankheitsfälle und des mikroskopischen Nachweises der GUARNIERIschen Körperchen bestehen. Der praktische Wert der diagnostischen Verimpfung von Pockenvirus auf die Kaninchencornea ist durch die von PAUL angegebene Methodik, welche eine Schnelldiagnose binnen 2 Tagen erlaubt, erheblich erhöht worden. Dieses Verfahren ist für die allgemeine Verwendung um so mehr geeignet, als das Untersuchungsmaterial

(Pustelinhalt), auf dem Objektträger in dicker Schicht angetrocknet,
seine Virulenz bewahrt und demgemäß selbst einen längeren Transport
zum nächsten Untersuchungsamt verträgt. Der Tierversuch selbst
gestaltet sich nun folgendermaßen: Das eingesandte, auf dem Objektträger in dicker Schicht angetrocknete Material wird mit etwas
physiologischer Kochsalzlösung aufgeweicht und mittels einer feinen
Nadel auf die vorher kokainisierte Kaninchencornea aufgetragen, wobei
nur ganz leichte Scarifikationen anzulegen und gröbere Zerkratzungen
der Cornea zu vermeiden sind. Nach etwa 36—48 Stunden werden auf
der im übrigen völlig klar bleibenden Cornea winzige luftbläschenartige

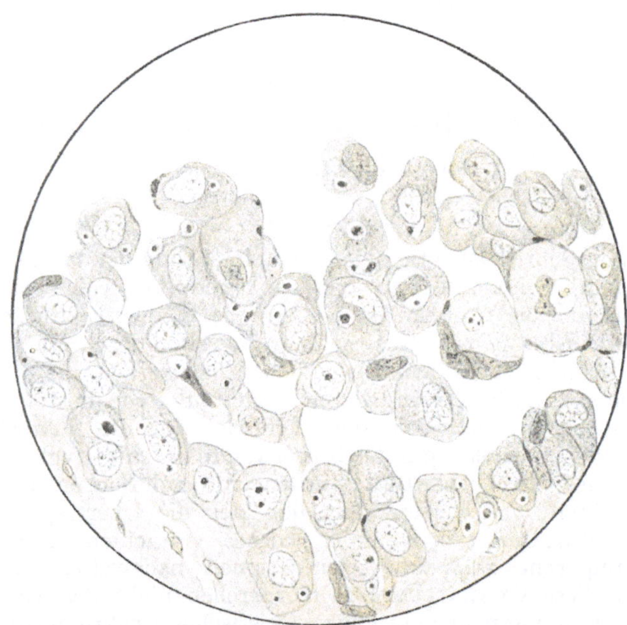

Abb. 70. GUARNIERIsche Körperchen. (Verg. 1 : 1000.)

Erhebungen, am besten bei Besichtigung mit der Lupe, erkennbar. Diese
Epithelläsionen lassen sich in überaus charakteristischer Weise deutlich
sichtbar machen, wenn man an dem vorher durch Nackenschlag getöteten
Tiere den Bulbus enukleiert und in gesättigten Sublimatalkohol ein-
legt. Die in Rede stehenden Gebilde treten dann schon nach wenigen
Minuten als kreideweiße Pünktchen und Knöpfchen hervor. Schon
dieser mit bloßem Auge feststellbare Befund ist für Variola bzw. Vaccine
spezifisch und wird bei Varicellen nicht beobachtet. Die histologische
Untersuchung dieser getrübten Hornhautpartien auf GUARNIERIsche
Körperchen bringt die weitere Sicherung der Diagnose.

Erst die Forschungen der letzten Jahre haben eindeutig gezeigt,
daß der Pockenerreger nicht nur ein filtrierbares Virus ist, sondern
daß er auch in den Pusteln der Erkrankung frei vorkommt und daß die
hierin gefundenen Elementarkörperchen, die PASCHENschen Körperchen,

die Erreger der Pocken sind. Ferner findet sich der Erreger im Blut, in den inneren Organen und frühzeitig in den Tonsillen, von denen er ausgeschieden wird. Hierdurch kann das Virus beim Sprechen und Husten mit den Tröpfchen verstreut und mit der Atemluft wieder aufgenommen werden, wie es andererseits auch mit Staubpartikelchen in die Luft gelangen und in die Atemorgane eindringen kann. So dient neuerdings neben dem Tierversuch der Diagnose auch die Färbung der PASCHEN-Körperchen. Während die Einschlußkörperchen in Form der GUARNIERIschen Körperchen eine verhältnismäßig beträchtliche Größe haben, ist der Durchmesser der PASCHEN-Körperchen 125—175 mμ.

Die Züchtung des Virus ist verhältnismäßig einfach mittels Tyrodelösung mit Gewebsstückchen oder angebrüteten Hühnereiern. Von letzteren zeigt die Chorionallantois des noch lebenden Embryos typische Veränderungen. Sie wird entnommen und auf Keimfreiheit sowie auf das Vorhandensein von PASCHEN-Körperchen untersucht.

Die überaus erfolgreiche Bekämpfung der Pocken mittels der systematisch durchgeführten Pockenimpfung hat in den meisten Kulturländern zu einer völligen Beseitigung des typischen Krankheitsbildes der Pocken geführt. Die Pockenimpfung gründet sich auf die Tatsache, daß das Überstehen der Krankheit eine Immunität wohl fast für das ganze Leben hinterläßt. Nach dem ersten Verfahren der Impfung in Form der Variolation mit Verwendung menschlichen Krankheitsmaterials, die naturgemäß Gefahren für den Impfling mit sich brachte, bedient man sich seit der Entdeckung JENNERs, wonach die Kuhpocken den Menschen nur milde infizieren, ihn aber sicher gegen die natürliche Pockenansteckung immunisieren, der Vaccination. Das Virus, das zur Impfung benutzt wird, ist das durch Rinderpassage für den Menschen abgeschwächte Pockenvirus. Diese Vaccine ist also eine Abart des Pocken- oder Variolavirus und man erhält sie, indem man größere Kälber mit dem Virus infiziert. Neuerdings bemüht man sich vielfach darum, diesen vom Tier gewonnenen Impfstoff, auch Lymphe genannt, durch die aus Kulturmaterial hergestellte keimfreie Eihautlymphe zu ersetzen. Im Deutschen Reich ist die Durchführung der Pockenimpfung durch das Reichsgesetz vom 8. April 1874 und die Bundesratsvorschriften zur Ausführung des Impfgesetzes vom Jahre 1917 geregelt. Die Bekämpfung der Pocken stützt sich in Deutschland auf der gesetzlich festgelegten allgemeinen Erst- und Wiederimpfung und auf der Erzeugung eines zuverlässigen Impfstoffes von hoher Wirksamkeit.

Schrifttum.

BIELING, R.: Viruskrankheiten des Menschen. Leipzig: Johann Ambrosius Barth 1938. — GINS, H.: in M. GUNDEL: Die ansteckenden Krankheiten. Leipzig: Georg Thieme 1935. — KOLLE-KRAUS-UHLENHUTHs Handbuch der pathogenen Mikroorganismen, Bd. 8, S. 911. 1931. — HAGEN: Erg. Hyg. 18, 193 (1936). — LENTZ u. GINS: Handbuch der Pockenbekämpfung und Impfung. Berlin: Richard Schoetz 1927. — PASCHEN: KOLLE-KRAUS-UHLENHUTHs Handbuch der pathogenen Mikroorganismen, Bd. 8, S. 821. 1930. — SEIFFERT, G.: Virus und Viruskrankheiten. Dresden u. Leipzig: Theodor Steinkopff 1938.

2. Alastrim.

Mit dieser Bezeichnung ist eine milde Form der Pocken belegt worden, die besonders in England und in der Schweiz, aber auch in Südamerika, als Seuche beobachtet wurde. Es ist noch nicht sichergestellt, ob es sich bei diesem Krankheitsbild um eine abgeschwächte Variola und bei dem Virus um ein abgeschwächtes Pockenvirus handelt. Im Tierversuch verhält sich dieses Virus allerdings wie das der Variola vera, während klinisch auffallende Unterschiede vorhanden sind. Die Alastrimform verbreitet sich in der ungeschützten Bevölkerung ebenso leicht wie die Variola vera, während sie durch den Impfschutz noch leichter abgewehrt wird als die echten Pocken.

3. Die Tierpocken.

Das Virus der Tierpocken, der Schaf-, Ziegen- und Schweinepocken, steht zu dem Virus der Variola vera in nahen Beziehungen, wenn alle nicht gar miteinander identisch sind. Durch Kaninchenpassage erhält man nämlich aus dem Virus der Tierpocken ein Vaccinevirus, das die gleichen Eigenschaften wie das der Kuhpocken hat. Nicht so eindeutig sind die Beziehungen des Virus der Geflügelpocken, der Hühner- und Taubenpocken zu dem Vaccinevirus. Insgesamt gesehen aber hat man den Eindruck, daß die verschiedenen Pockenvira von den einzelnen Tierarten sämtlich zu der Art des menschlichen Pockenvirus gehören und daß es sich bei ihnen nur um mehr oder minder stark angepaßte Formen handelt. Soweit bisher bekannt, werden auch die Tierpocken durch ein filtrables Virus hervorgerufen. Auch findet man meistens Zelleinschlüsse, die den GUARNIERISchen Körperchen sehr ähnlich sind.

4. Windpocken.

Die Windpocken oder Varicellen stellen eine weitverbreitete Krankheit dar, die aber ätiologisch klar von der Variola vera als den echten Pocken abzutrennen ist. Dieser Unterschied ist stets eindeutig durch den Tierversuch feststellbar, da der Bläscheninhalt der Varicellen in der Kaninchenhornhaut niemals eine Keratitis und niemals GUARNIERISche Körperchen erzeugt. Über die Ätiologie dieser häufigen Krankheit weiß man noch wenig. Mittels der Viktoriablaufärbung nach HERZBERG kann man Elementarkörperchen leicht feststellen. Ob engere Beziehungen zwischen Varicellen und Herpes zoster bestehen, ist noch nicht einwandfrei geklärt. Eine spezifische Therapie und Prophylaxe der Windpocken wird nicht durchgeführt, da sie wegen der bekannten Harmlosigkeit dieser Krankheit nicht erforderlich erscheinen. Die Varicellen hinterlassen eine Immunität von bemerkenswerter Dauer, wobei allerdings betont sei, daß die Windpockenimmunität naturgemäß keine Beziehungen zur Pockenimmunität besitzt. Windpocken und Pocken sind zwei ätiologisch verschiedene Infektionen.

5. Herpes zoster.

Bei dem Herpes zoster oder der Gürtelrose handelt es sich um eine übertragbare und mit Fieber und Ausschlag verbundene entzündliche Erkrankung eines sensiblen Neurons. Der Bläschenausschlag ist, entsprechend der Ausbreitungszone eines Intercostalnerven, auf ein umschriebenes Hautgebiet beschränkt. Im Bläscheninhalt findet man spezifische Einschlußkörperchen, die denen der Varicellen gleichen. Ob das Virus des Herpes zoster mit dem der Varicellen identisch ist, ist noch nicht sicher geklärt. Dem Überstehen der Krankheit folgt eine starke Immunität.

6. Herpes simplex.

Das Virus dieser Krankheit, deren bläschenförmige Krankheitssymptome am Lippenrand, im Gesicht, auf den Schleimhäuten oder am Auge auftreten, hat einen Durchmesser von 180—220 mμ, ist künstlich züchtbar und auf Kaninchen, Meerschweinchen und verschiedene Affenarten übertragbar. Eine Übertragung gelingt besonders gut mit keimfreiem Material auf die angeritzte Cornea der Kaninchen, bei denen eine spezifische Keratitis entsteht, in deren Corneazellen sich Kerneinschlüsse entwickeln. Manche Herpesstämme verbreiten sich von der Kaninchencornea bis ins Gehirn und führen eine Encephalitis herbei, die man bei Mäusen und Ratten auch durch intracerebrale Infektion mit diesem Virus hervorrufen kann. Diese Herpesencephalitis ist beim Menschen nicht beobachtet, auch sind diese Stämme von Herpesvirus, die beim Versuchstier eine Encephalitis hervorrufen, nicht mit den Encephalitiserregern des Menschen identisch.

7. Maul- und Klauenseuche.

Die Maul- und Klauenseuche oder Aphthenseuche ist eine der wichtigsten Tierseuchen, eine der bedeutendsten wegen der großen Verluste, die sie in schweren Seuchengängen verursacht, und eine der interessantesten Seuchen wegen der vielen Probleme, die sie aufwirft. Sie ist eine Infektionskrankheit der Wiederkäuer und Schweine, die mit der Bildung von Blasen an der Maulschleimhaut und deren Übergängen zur äußeren Haut sowie an den empfindlicheren Hautstellen in der Umgebung der Klauen und nicht selten auch am Euter einhergeht. Die Verluste, die die Volkswirtschaft erleidet, sind außerordentlich groß. Für den Menschen kann sie im allgemeinen als harmlos bezeichnet werden, wenn auch vereinzelt schwerere Fälle mit hohem Fieber vorkommen können. Differentialdiagnostisch kommt beim Menschen die Herpesinfektion in Frage. Als häufigste Erscheinung sieht man die Bildung bis zu erbsengroßen Bläschen auf der Mundschleimhaut, an den Lippen, Nasenflügeln sowie an den Fingerspitzen oder anderen Stellen der Haut. Im Munde bilden sich oft recht schmerzhafte Blasen, die nur selten zu umfangreicherer Geschwürsbildung führen.

Der Erreger ist ein Virus von der Größenordnung 8—12 mμ und findet sich in dem keimfreien Filtrat der Bläschenflüssigkeit. Die Züchtung gelingt auf künstlichen Nährböden, die lebendes Gewebe enthalten. Der Erreger ist nicht nur auf Rinder und Schweine übertragbar, sondern auch auf Meerschweinchen durch Injektion des keimfreien Bläscheninhalts unter die Fußsohle des Meerschweinchens. Nach Überstehen der Erkrankung bildet sich eine aktive Immunität aus, die man auch künstlich hervorrufen kann. Der Bekämpfung dient die kürzlich von WALDMANN angegebene aktiv-passive Immunisierung. Die klinisch gleichartigen Erkrankungen zeigen kein ätiologisch einheitliches Virus, da es mehrere Typen des Erregers gibt, die sich auch immunisatorisch verschieden verhalten. Die drei Typen des Virus müssen naturgemäß bei der spezifischen Prophylaxe berücksichtigt werden, da jeder Typus nur eine Immunität gegen den homologen Typus hervorruft.

Schrifttum.

SEIFFERT, G.: Virus und Viruskrankheiten. Dresden u. Leipzig: Theodor Steinkopff 1938. — STANDFUSS, R.: in M. GUNDEL: Die ansteckenden Krankheiten. Leipzig: Georg Thieme 1935. — WALDMANN u. TRAUTWEIN: in KOLLE-KRAUS-UHLENHUTHs Handbuch der pathogenen Mikroorganismen, Bd. 9, S. 189. 1929.

III. Durch Virusarten bedingte Exantheme.

1. Die Masern.

Über den Erreger der Masern, einer Kinderkrankheit von sehr beträchtlicher Bedeutung, die praktisch alle Kinder erfaßt, ist bis heute noch nicht viel bekannt. Das Virus geht durch bakteriendichte SEITZ-Filter und durch BERKEFELD-Kerzen W und N. Auch die künstliche Züchtung ist durch viele Passagen hindurch kürzlich auf dem bebrüteten Ei erfolgreich durchgeführt worden, wobei Verdickungen, weißliche Trübungen oder Herdbildungen auf der Eihaut entstehen. Der biologische Erregernachweis ist durch den Übertragungsversuch von HECTOEN und in der Folgezeit durch zahlreiche beabsichtigte oder unfreiwillige Infektionen durch Bluttransfusionen masernkranker Spender erbracht worden. Bereits in der Inkubationszeit enthält das Blut Infizierter das Krankheitsvirus.

Das Überstehen der Erkrankung hinterläßt eine starke und gewöhnlich bleibende Immunität. Der Kontakt eines noch nicht Durchmaserten mit einem Masernkranken führt mit großer Sicherheit zur Infektion. Die beträchtliche Immunität nach überstandener Erkrankung hat zu breiter Anwendung des Rekonvaleszentenserums (DEGKWITZ) geführt, da das Serum der Durchmaserten eine ausgezeichnete prophylaktische Wirkung hat. Naturgemäß führt auch diese Serumanwendung zu einer nur kurzdauernden passiven Immunität von etwa 2—4 Wochen. Will man einen länger dauernden Schutz erzielen, muß man kleinere Serummengen geben, um auf diese Weise mitigierte Masern zu erzielen, die gewöhnlich so schwach verlaufen, daß sie überhaupt nur bei genauester Untersuchung festzustellen sind.

Wegen der außerordentlich großen volksgesundheitlichen und sozialen Bedeutung der Masern sei wegen der Bedeutung des Rekonvaleszentenserums gesagt, daß nach DE RUDDER mit einer durchschnittlichen Maserngesamtletalität im Hinblick auf die Begleitkrankheiten von mindestens 3% zu rechnen ist. Diese Zahl bedeutet aber, daß bei einer Million Masernerkrankungen in Deutschland pro Jahr rund 30000 Kinder an Masern sterben! Der großen Ausbreitung der Masern ist deswegen so schwer entgegenzutreten, da die Ansteckungen gewöhnlich zu einem Zeitpunkt erfolgen, an dem die Masern bei der Infektionsquelle noch gar nicht erkannt sind und andererseits ist die Empfänglichkeit so außerordentlich groß, daß die Kontinuität der Durchseuchung niemals unterbrochen wird. Als Schutzeinheit des Rekonvaleszentenserums bezeichnet man diejenige Serummenge, die ein gesundes Kleinkind bis zum vierten Inkubationstage einschließlich vor dem Ausbruch der Masern schützt. Diese Serummenge beträgt 4,5—5 ccm bei Einzelserum und 3—4 ccm bei Mischserum. Die Dosierung des Masernrekonvaleszentenserums und die Wege zur Errechnung des Infektionstages gehen aus den Tabellen von DEGKWITZ und DE RUDDER hervor, wie sie auch W. KELLER zusammengestellt hat.

Schrifttum.

KELLER, W.: in M. GUNDEL: Die ansteckenden Krankheiten. Leipzig: Georg Thieme 1935. — RUDDER, DE: Die akuten Zivilisationsseuchen. Leipzig: Georg Thieme 1934. — SCHÜTZ: Die Epidemiologie der Masern. Jena: Gustav Fischer 1925. — WENCKEBACH u. KUNERT: Dtsch. med. Wschr. 1937, 1006.

2. Die Röteln.

Die Röteln sind eine durch Exantheme gekennzeichnete, klinisch leichte Krankheit des Kindesalters, die eine hohe Immunität hinterläßt. Der Erreger der Krankheit ist noch unbekannt. Auch experimentelle Übertragungen auf Versuchstiere sind bisher nicht eindeutig gelungen. Es ist anzunehmen, daß es eine Viruskrankheit ist, möglicherweise handelt es sich bei dem Erreger der Röteln sogar um eine Dissoziation des Masernvirus. Eine spezifische Immuntherapie und -Prophylaxe kommt wegen der relativen Harmlosigkeit der Erkrankung kaum in Frage.

3. Der Scharlach.

Obwohl in dem Abschnitt über die Streptokokkeninfektionen des Menschen bereits darauf hingewiesen ist, welche Rolle die hämolytischen Streptokokken beim Scharlach spielen, ist bisher die Frage noch nicht eindeutig entschieden, ob es sich bei dem Scharlach um eine Viruskrankheit oder um eine bakterielle Infektion durch hämolytische Streptokokken handelt. Es sei in diesem Zusammenhang ausdrücklich auf die Darstellung von v. BORMANN hingewiesen, der den Scharlach als eine Streptokokkeninfektion auffaßt und der auch im einzelnen die Gründe anführt, die für die Streptokokkenätiologie sprechen. Unseres Erachtens ist aber die Frage der Scharlachätiologie bisher immer noch nicht eindeutig geklärt. Es ist eigentlich eigenartig, daß in der heutigen Zeit, die sich besonders mit den Viruskrankheiten beschäftigt, die Mehrzahl der Forscher in den hämolytischen Streptokokken den Erreger des Scharlachs sieht, während gerade bei anderen Seuchen, bei denen wohl beschriebene Bakterien bisher als Erreger galten, diese nur noch als Begleitbakterien oder Aktivatoren eines Virus angesprochen werden. Immerhin gibt es eine Reihe von Befunden, die im Sinne einer Virusinfektion gedeutet werden können. Hervorgehoben seien die von CHRISTINES beschriebenen sehr kleinen Kokken, die nach CAROLEA eine filtrable Phase durchlaufen sollen. Von mehreren Autoren sind teils extra-, teils intranukleär gelagerte Körperchen gefunden worden, die im Sinne von Einschlußkörperchen sprechen, und auch PASCHEN will elementarkörperartige Gebilde gesehen haben. DÖHLE fand in Leukocyten bei Scharlach eigenartige Einschlußkörperchen von rundlicher oder mehr länglicher Gestalt, die bei massenhaftem Auftreten die Diagnose Scharlach wahrscheinlich machen. IMAMURA und seine Mitarbeiter berichteten über Versuche, das Scharlachvirus im Ei zu züchten usw. Es scheint so zu sein, daß bisher immer noch nicht genügend Beweise vorliegen, wonach der

Scharlach keine Viruskrankheit ist. In der ersten Auflage dieses Buches geht man sogar so weit zu sagen, daß die fast in jedem Scharlachfall auf den Tonsillen nachweisbaren Streptokokken keine spezifische Bedeutung haben, vielmehr seien sie nur der Ausdruck einer Mischinfektion.

Wegen der noch nicht geklärten Ätiologie sei darum der Scharlach vorläufig noch im Rahmen der Viruskrankheiten dargestellt; für ein weiteres Studium sei auf die im Schrifttum angeführten Werke verwiesen.

Will man in dem Streptococcus haemolyticus den Scharlacherreger anerkennen, dann bestehen manche Schwierigkeiten, diesen Keim laboratoriumsmäßig zu identifizieren. Die einzige Eigenschaft, die ihn von anderen hämolytischen Streptokokken trennt, ist seine Fähigkeit, das spezifische Scharlachgift in größeren Mengen zu bilden. Man stellt sich die Pathogenese so vor, daß die vorwiegend in den Gaumenmandeln sitzenden Streptokokken mit ihren Ektotoxinen den befallenen Organismus vergiften. Dadurch kommt das sog. spezifische, von einem Exanthem und allgemeinen toxischen Erscheinungen begleitete Stadium des Scharlachs zustande. Darüber hinaus verfügt der Scharlachstreptococcus aber auch, wie die meisten Streptokokken, über septisch-invasive Eigenschaften. Das eigentliche primäre Syndrom des Scharlachs mit allgemeiner Intoxikation, Ausschlag und Exanthem wird durch das Ektotoxin der Scharlachstreptokokken hervorgerufen und läßt sich mit einem antitoxischen Scharlachserum beseitigen bzw. günstig beeinflussen. Demgegenüber sind die Angina und die meisten Nachkrankheiten des Scharlachs (Otitis media, Nephritis usw.) Folgeerscheinungen der Streptokokkeninvasion und der damit verbundenen endotoxischen Vergiftung. Epidemiologisch ist der Scharlach, der durch Tröpfchen- und Kontaktinfektion von Mensch zu Mensch weiterverbreitet wird, vor allem eine spezifische Angina, die nur in einem bestimmten Prozentsatz der Fälle auch von einem Exanthem begleitet wird. Gesunde Bacillenträger spielen offenbar als Weiterträger der Infektion eine gewisse Rolle. Übrigens können auch infizierte Milch und Milchprodukte Scharlachepidemien hervorrufen. Die bakteriologische Untersuchung beschränkt sich vorerst auf die Untersuchung von Rachenabstrichen auf das Vorhandensein hämolysierender Streptokokken. Inwieweit man aus der Feststellung dieser Keime Folgerungen für die Bekämpfung ableiten will, bedarf noch weiterer Prüfungen.

Schrifttum.

BORMANN, V.: in M. GUNDEL: Die ansteckenden Krankheiten. Leipzig: Georg Thieme 1935. — BÜRGERS: Verh. d. Scharlachkongr. Königsberg 1928.

IV. Encephalomyelitiden.

1. Encephalitis epidemica.

Der Erreger der epidemischen Encephalitis ist trotz eingehender Forschungen noch nicht sicher bekannt. Es handelt sich aber mit großer Wahrscheinlichkeit um eine virusbedingte Krankheit, die wegen ihrer hohen Sterblichkeit sehr gefürchtet ist. Bisher sind die einschlägigen Ergebnisse der Virusforschung wegen der Frage der Identität des

Encephalitiserregers mit dem Herpesvirus von besonderer Bedeutung. LEVADITI sowie DOERR und ihre Schüler konnten mit Gehirnmaterial und durch Überimpfung von Liquor bei Kaninchen eine herpetische Encephalitis erzeugen. Die umfangreichen folgenden Studien dürften gezeigt haben, daß zwar eine Identität des menschlichen Herpesvirus mit dem Virus der Encephalitis epidemica nicht anzunehmen ist, daß aber nahe verwandtschaftliche Beziehungen zwischen beiden bestehen. Die große Bedeutung dieser Krankheit verlangt ein eingehendes weiteres Studium. Eine Behandlung mit Rekonvaleszentenserum sollte in jedem Falle versucht werden.

Schrifttum.

KELLER, W.: in M. GUNDEL: Die ansteckenden Krankheiten. Leipzig: Georg Thieme 1935.

2. Die spinale Kinderlähmung.

Der Erreger dieser gefürchteten Krankheit gehört zu den kleinsten Virusarten und der Durchmesser der einzelnen Teilchen wird mit 10 mμ angegeben. Das Poliomyelitisvirus hält sich in gefrorenem Zustand und in 50% Glycerin monatelang. Neben LEVADITI gelang vor allem GILDE-MEISTER in jüngster Zeit die einwandfreie Züchtung auch in Gewebe-kulturen, z. B. in 10% Tyrode-Affenserummischung, der als lebendes Gewebe Hühnerhirn eines 10—12tägigen Embryos zugesetzt wird. Als allein empfängliches Versuchstier kommen für die Übertragung Affen in Frage, die man am besten durch intracerebrale Injektion von Gehirn- oder Rückenmarksaufschwemmung eines menschlichen Falles oder des Affenpassagevirus infiziert. Auch die Einträufelung des Virus in die Nase führt mit großer Sicherheit zum Ausbruch der Erkrankung. Die Nasenschleimhaut, durch die das Virus gewöhnlich in den Körper ein-dringt, dürfte auch der gewöhnliche Ausscheidungsort sein. Die Krank-heit wird wohl in erster Linie durch Tröpfcheninfektion weiterverbreitet. Das Überstehen einer manifesten oder latenten Infektion hinterläßt eine gute aktive Immunität. Hierbei erwirbt insbesondere das Rekonvales-zentenserum die Eigenschaft, die krankmachende Wirkung des Virus bei der Übertragung auf den Affen zu verhüten. Die Stärke dieser Schutz-wirkung kann festgestellt werden. Diese Rekonvaleszentensera stellen bisher das einzige Mittel dar, mit dem es nach Ansicht vieler Forscher gelingen kann, bei Frühanwendung das schwere Krankheitsbild zu ver-hindern oder zum mindesten die Heilungsaussichten zu verbessern. Darum wird es auch in Deutschland durch das Reichsgesundheitsamt gesammelt, durch die Behringwerke aufgearbeitet und an bestimmten Verteilungs-stellen vorrätig gehalten. Eine endgültige Entscheidung über die tat-sächliche prophylaktische und heilende Wirkung des Rekonvaleszenten-serums steht zwar noch aus, immerhin ist die Anwendung des Serums in allen geeigneten Fällen wegen des Fehlens sonstiger Mittel wärmstens zu empfehlen.

Schrifttum.

GILDEMEISTER: Dtsch. med. Wschr. 1933, 877. — KELLER, W.: in M. GUNDEL: Die ansteckenden Krankheiten. Leipzig: Georg Thieme 1935. — RUDDER, DE: Die akuten Zivilisationsseuchen. Leipzig: Georg Thieme 1934.

3. Louping ill.

Eine mit eigenartigen Bewegungsstörungen und Lähmungen einhergehende Erkrankung der Schafe, die in Großbritannien beobachtet wurde, wird durch ein Virus hervorgerufen, das ähnlich dem Poliomyelitisvirus ist. Erkrankungen beim Menschen scheinen spontan nicht vorzukommen, doch sind mehrere Laboratoriumsinfektionen beobachtet worden. Die Züchtung des Virus gelingt in gleicher Weise wie beim Poliomyelitisvirus, ferner auch auf dem bebrüteten Hühnerei und auf Nährböden mit verschiedenen Emulsionen. Die Übertragung von Schaf zu Schaf erfolgt durch die Zecke Ixodes ricinus. Durch intracerebrale Injektion ist das Virus auch auf weiße Mäuse und Affen übertragbar, bei denen es zu schweren Gangstörungen und tödlichen Lähmungen kommt. Der Nachweis des Virus erfolgt am einfachsten durch intracerebrale Übertragung gelöster Blutkörperchen der Erkrankten auf die Maus.

4. Die Tollwut.

Die Tollwut oder Lyssa, auch Rabies, Hydrophobie genannt, ist unter vielen Tierarten, insbesondere unter dem Hundegeschlecht (Hund, Wolf, Fuchs, Hyäne, Schakal) verbreitet und wird vornehmlich mit dem Speichel der wutkranken Tiere durch Biß auf andere Tiere und auch auf den Menschen übertragen. Die Krankheit verdient unser besonderes Interesse, da sie die erste Infektion gewesen ist, bei der es auf experimentellem Wege gelang, eine spezifische Schutz- bzw. Heilmethode zu finden.

Die Grundlage für die experimentelle Erforschung der Wut bilden die Arbeiten LOUIS PASTEURs, der im Jahre 1883 mit seinen Mitarbeitern ROUX und CHAMBERLAND feststellen konnte, daß das Wutvirus im Zentralnervensystem der erkrankten Tiere seinen Sitz hat und daß das Virus einerseits bei fortgesetzter Passage durch Kaninchen an Virulenz für diese Tierart zunimmt (Virus fixe, im Gegensatz zu dem ursprünglichen, von natürlich infizierten Tieren stammenden „Straßenvirus") und sich andererseits durch besondere Verfahren, z. B. Trocknung, konservieren und abschwächen läßt. Auf dieser Grundlage gelangte PASTEUR zu seinem für die spezifische Immunisierung des Menschen und der Tiere geeigneten Verfahren der Tollwutschutzimpfung. Trotz dieser großen praktischen Errungenschaften ist die Natur des Erregers der Lyssa auch heute noch nicht vollkommen geklärt. Die von verschiedenen Autoren als Erreger beschriebenen Gebilde (Protozoen, Bakterien und Sproßpilze) haben sich bei Nachprüfung durchweg als bedeutungslose Nebenbefunde oder (wie die sog. „Protozoen") als Kunstprodukte herausgestellt, die mit der Ätiologie der Lyssa nichts zu tun haben. Im Jahre 1903 wurden von NEGRI spezifische, nur bei Wut vorkommende Gebilde beschrieben, die als kleine, runde Körperchen in den Ganglienzellen wutkranker Tiere, besonders im Ammonshorn, mit großer Regelmäßigkeit aufzufinden sind, wodurch es möglich geworden ist, die Diagnose „Tollwut" durch mikroskopische Untersuchung in kürzester Zeit zu stellen. Ihre Größe schwankt zwischen 1—27 μ und beträgt im Mittel 5 μ (vgl. Abb. 71). Im Innern dieser Gebilde liegen wiederum kleinere Körperchen, die anscheinend aus 2 Teilen bestehen, einem zentralen und einem peripheren, und die von einer doppelt konturierten Membran umgeben sind. Ihre Größe schwankt sehr und ihre Zahl beträgt innerhalb der kleineren Ganglienzellen 2—4, innerhalb der größeren bis zu 20—30.

Die Darstellung der NEGRIschen Körperchen erfolgt am besten nach folgendem, von LENTZ angegebenen Färbungsverfahren:

Dünne (nicht über 1 mm dicke) Scheibchen aus der Mitte des Ammonshornes werden nach dem von HENKE und ZELLER angegebenen Schnellverfahren $^1/_2$ bis $^3/_4$ Stunden in wasserfreiem Aceton, $1—1^1/_4$ Stunden in verflüssigtem Paraffin (Schmelzpunkt 55—60° C) eingebettet und die möglichst dünnen Schnitte wie üblich auf dem Objektträger angeklebt. Nach Entfernung des Paraffins mittels Xylol und darauffolgendem Abspülen in Alcohol. absolut.:

Färbung in 0,5%iger Lösung von Esoin extra B-Höchst in 60% Alkohol, 1 Minute.

Abspülen in destilliertem Wasser.

Nachfärbung in LÖFFLERS alkalischer Methylenblaulösung (100 ccm destilliertes Wasser + 0,1 ccm einer 10%igen Kalilauge gut vermischt und mit 30 ccm gesättigter alkoholischer Lösung von Methylenblau B, Patent Höchst, versetzt), gleichfalls 1 Minute. Abspülen in destilliertem Wasser und Trocknen durch vorsichtiges Aufdrücken von Fließpapier. Differenzierung in schwach alkalischem Alcohol. absolut. bis zum Erscheinen einer schwachen Rosafärbung (es ist vollständig wasserfreier 100%iger Alcohol. absolut. zu benutzen, den man durch Behandlung des käuflichen stets noch etwas wasserhaltigen „Alcohol. absolut." mit weißem, durch Erhitzen von seinem Krystallwasser befreiten Kupfersulfat erhält): zu 30 ccm dieses reinen Alkohols kommen 5 Tropfen einer 1%igen Lösung von NaOH in demselben reinen Alkohol.

Nochmalige Differenzierung in schwach saurem Alcohol. absolut. (wie oben zu 30 ccm 100%igem Alkohol 1 Tropfen 50%iger Essigsäure), bis die Ganglienzellenzüge noch eben als schwachblaue Linien sichtbar bleiben.

Kurzes Abspülen in Alcohol. absolut., Xylol. Einlegen in Kanadabalsam.

Der Nachweis der NEGRIschen Körperchen ist zweifellos von ausschlaggebender diagnostischer Bedeutung, denn sie finden sich lediglich im Gehirn und Rückenmark wutkranker Menschen und Tiere. Über die Natur der NEGRIschen Körperchen sind die Akten noch

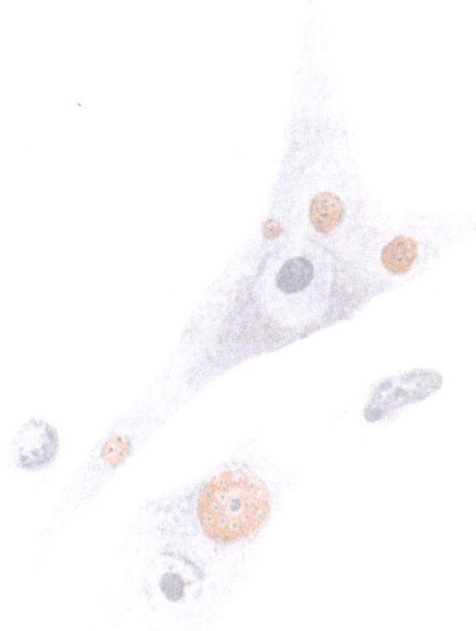

Abb. 71. Ganglienzellen mit NEGRIschen Körperchen. (Eosin-Methylenblaufärbung.) Vergr. 1:1000.)

nicht geschlossen: NEGRI selbst hielt sie für Protozoen und für den Erreger der Tollwut. Dem ist aber entgegen zuhalten, daß nachgewiesenermaßen das Wutvirus bakteriendichte Filter passiert, während die NEGRIschen Körperchen wegen ihrer Größe das Filter nicht passieren können. Entweder sind also die NEGRIschen Körperchen nicht die einzige Form, sondern nur eine Phase im Entwicklungskreis des Wuterregers, oder sie stellen überhaupt nicht den Erreger selbst dar, sondern ein Reaktionsprodukt der befallenen Zelle. Soviel steht jedenfalls fest, daß das Wutvirus auch außerhalb der NEGRIschen Körperchen existiert. Damit stimmt die Tatsache überein, daß die experimentelle Übertragung der Tollwut auch mit Teilen des Zentralnervensystems gelingt, in denen keine NEGRIschen Körperchen nachgewiesen werden konnten. Die Filtrierbarkeit des Wutvirus ist praktisch bedeutungsvoll, weil hiernach auch in stark gefaultem Hirn tollwütiger Tiere der Nachweis des Wutvirus trotz Gegenwart der Fäulniserreger, die man eben durch die Filtration entfernt, geführt werden kann.

Das Lyssavirus findet sich vor allem im Zentralnervensystem, und zwar sowohl im Gehirn als im Rückenmark, ferner im Speichel und in den Speicheldrüsen. Ab und zu ist es auch in den Nebennieren, in den Tränendrüsen, im Glaskörper, im Harn und im Hodensekret, in der Lymphe und in der Milch nachgewiesen worden. Ob sich das Virus auch im Blut findet, ist eine noch umstrittene Frage. Wichtig ist, daß es sich am Orte der Infektion, z. B. in einer Bißwunde, sehr lange Zeit lebend erhält.

Nach allgemeiner Ansicht gilt als Erreger ein filtrierbares Virus, das genau so wie andere neurotrope Virusarten zur Bildung von Einschlußkörperchen führt. Man kann das Virus durch Ultrafilter filtrieren, es hält sich in Glycerin bei niedriger Temperatur und die Züchtung gelingt auf Tyrodelösung mit Zusatz von Affenserum, im Gehirngewebe von Mäuseembryonen und auf dem bebrüteten Hühnerei.

Künstlich kann die Wut bei allen Säugetieren, aber auch bei Hühnern erzeugt werden. Das Kaninchen ist das gebräuchlichste Versuchstier. Die Symptome der künstlichen Wut entsprechen jenen der spontanen Wut, nur findet sich bei dem Kaninchen fast ausschließlich der Symptomenkomplex der stillen Wut, namentlich nach Impfung mit dem sog. Virus fixe. Das Inkubationsstadium ist bei subduraler Infektion der Kaninchen fast immer gleich, es schwankt zwischen 2—3 Wochen. Im übrigen ist die Dauer der Inkubation sehr von der Infektionsweise abhängig. Bei der Infektion von einer Hautwunde aus hat man schon ein Inkubationsstadium bis zu 313 Tagen beobachtet. In der Regel zeigen sich zuerst leichte Fieberbewegungen, später setzen Lähmungen ein, das Tier taumelt, manchmal folgen auch noch Erregungszustände verbunden mit Kieferkrämpfen und Wutanfällen und der Tod erfolgt nach einer 4 bis 5 Tage dauernden Agonie. Nach Impfung mit Virus fixe ist die eigentliche Krankheitsdauer meist auf nur 3 Tage beschränkt.

Für die experimentelle Erzeugung der Wut kommen verschiedene Infektionswege in Betracht. Die subcutane Infektion ist unsicher. Sicher wirkt dagegen, vorausgesetzt, daß man große Mengen des Virus verimpft, die intramuskuläre Injektion in die Rückenmuskulatur. Absolut sicher wirkt die intraokuläre Impfung, die Injektion des Materials in die vordere Augenkammer. Diese Methode ist aber nicht anwendbar bei schon fauligem Material. Am besten und am allgemeinsten anwendbar ist die subdurale Infektion, die Einführung unter die Dura des Gehirns oder Rückenmarks, oder noch einfacher die direkte Injektion in die Gehirnsubstanz. Die Verimpfung des Materials in den Nervus opticus hat keine besonderen technischen Vorteile. Es ist schon oben erwähnt, daß durch Verimpfung auf Kaninchen die Virulenz des ursprünglichen „Straßenvirus" derartig gesteigert wird, daß schließlich die Tiere schon nach einer Inkubationszeit von nur 6 Tagen, statt ursprünglich 2—3 Wochen, als Folge der subduralen Injektion eingehen.

Im auffallenden Gegensatz zu dieser Virulenzsteigerung bei Kaninchen steht die anläßlich von Immunisierungsversuchen vielfältig gemachte Erfahrung, daß selbst ganz frisches Virus fixe bei subcutaner Verimpfung für den Menschen völlig unschädlich ist. Das ursprüngliche Straßenvirus hat also durch Kaninchenpassage eine dauernde biologische Veränderung in dem Sinne erfahren, daß das neu entstandene Virus fixe für den Menschen unschädlich ist — eine Tatsache, die in Analogie zu der Entstehung der Kuhpocken (Vaccine) aus der menschlichen Variola durch Passage durch das Kalb steht.

Das Lyssavirus wird durch die meisten der gebräuchlichen Desinfektionsmittel in der gewohnten Konzentration vernichtet. Auffallend ist dabei ein größerer Grad von Widerstandsfähigkeit gegen höhere Temperaturgrade, sowie vor allem gegenüber Glycerin. Die letztere Eigenschaft weist vielleicht auf den tierischen Charakter des Wutvirus hin. Es hält sich in Glycerin monatelang virulent und lebensfähig.

Für die praktische Ausführung der mikrobiologischen Diagnose der Tollwut und der spezifischen Wutschutzimpfung existieren in Deutschland zwei Institute (Wutschutzabteilungen des Instituts für Infektionskrankheiten „Robert Koch" in Berlin und des Hygienischen Universitäts-Institutes in Breslau). Tollwutverdächtige Hunde sind, wenn ein Mensch gebissen worden ist, möglichst nicht zu töten, sondern im Einvernehmen mit dem beamteten Tierarzt sicher einzusperren. Am lebenden Tiere ist die Diagnose sehr viel rascher und sicherer zu stellen als am toten. An eines dieser beiden Institute sind die Kadaver der auf Wut verdächtigen Tiere zur Untersuchung einzusenden (oder wenigstens der Kopf des Kadavers) bzw. von menschlichen Fällen das Gehirn, eingelegt in Glycerin. An eben dieselben Institute sind auch die gebissenen, oder sonst auf Infektion (durch Berührung mit dem Speichel wutkranker Hunde u. dgl.) verdächtigen Personen zur kostenfreien Behandlung, die etwa 3 Wochen dauert, zu verweisen.

V. Viruskrankheiten der Atmungsorgane.

1. Die epidemische Grippe.

Wie es bereits in dem Abschnitt über die Influenzabacillen dargestellt wurde, ist die Ätiologie der epidemischen Grippe oder Influenza, die in großen Pandemien die Länder überzieht, aber auch in örtlich umschriebenen Epidemien immer wieder von Jahr zu Jahr in den verschiedensten Ländern beobachtet wird, immer noch nicht restlos geklärt. Hatte man jahrzehntelang in dem Influenzabacillus den Erreger gesehen, der ja auch tatsächlich echte Entzündungen und Eiterungen hervorrufen kann, dann ist an seine Stelle in den letzten Jahren ein Virus getreten, das man in den bakterienfreien Filtraten des Sputums der Erkrankten fand und das auf Frettchen sowie nach mehreren Passagen durch dieses Tier auch auf weiße Mäuse übertragbar ist. Bald gelang auch die direkte Übertragung des Virus vom Menschen auf die weiße Maus unter bestimmten Voraussetzungen. Die Größe des Virus wird mit 80—120 mμ angegeben, färbbare Elementarkörperchen oder Einschlußkörperchen sind bisher nicht bekannt. Jedoch gelang die Züchtung des Virus auf dem bebrüteten Hühnerei und auf Nährböden mit lebendem Hühnerembryonalgewebe. Es hält sich in Glycerin und auf Eis wochenlang, in getrocknetem Zustand monatelang. Wesentlich gefördert wurden unsere Kenntnisse durch die auf Shope zurückgehende Untersuchung der Schweineinfluenza, die weitgehende Analogien zur Influenza des Menschen zeigt. Nach dem derzeitigen Stand der Forschung ist das

Krankheitsgeschehen der menschlichen Grippe durch die Wirkung des Virus allein nicht zu erklären. Es bedarf offenbar zum Zustandekommen der typischen Krankheit beim Menschen und auch beim Schwein der Mitwirkung bakterieller Erreger neben dem filtrierbaren Virus. Beim Schweine fand SHOPE gleichfalls ein hämoglobinophiles Bacterium, das praktisch vom PFEIFFER-Bacterium nicht zu unterscheiden ist. Die Infektion der Schweine mit diesen Bakterienreinkulturen gelang auf direktem Wege nicht. Aber auch die Infektion mit dem bakterienfreien Filtrat influenzakranker Lungen erwies sich nicht als vollwirksam und führte nur zu leichter Unpäßlichkeit der Tiere. Wurden aber diese nun mit einem Gemisch von Virusfiltrat und Bakterien infiziert, dann erkrankten die Tiere unter dem Bilde einer typischen Schweineinfluenza. Diese Studien, die weiteren Untersuchungen von KÖBE, WALDMANN und KÖBE, ANDREWES, LAIDLAW und SMITH sowie auch von P. SCHMIDT und A. KAIRIES haben das Influenzaproblem außerordentlich gefördert. Es müssen auf Grund dieser umfassenden Untersuchungen als Erreger der Influenza des Menschen offenbar das Influenzavirus *und* Influenzabakterien auftreten. Möglicherweise gibt es noch verschiedene Virusarten, vielleicht auch verschiedene Typen von Influenzabacillen, prinzipielle Unterschiede bestehen aber wohl kaum, so daß wir erwarten dürfen, daß binnen kurzem eine völlige Klärung der Ätiologie der menschlichen Grippe erreicht wird.

Schrifttum.

SHOPE: J. of exper. Med. **60**, 49 (1934). — SMITH, ANDREWES u. LAIDLAW: Lancet 1933 II, 66. — SCHMIDT, P. u. KAIRIES: Neue Studien zum Problem der Influenza bei Mensch und Tier. Stuttgart: Ferdinand Enke 1936.

2. Die Psittacosis.

Erst durch die Forschungen der letzten Jahre ist die Psittacosis als eine neue und klinisch sowie ätiologisch abtrennbare Erkrankung bekannt geworden. Die letzten, gerade auch in Deutschland vorgekommenen Epidemien haben zur eingehenden Erforschung des Erregers geführt, bei dem es sich zweifelsohne um ein filtrierbares Virus handelt, das sowohl aus Fällen menschlicher Psittacosis als auch von kranken oder virustragenden Papageien und Wellensittichen gezüchtet worden ist. Die Krankheit ist nach Europa durch brasilianische Papageien eingeschleppt worden und ist jetzt auch unter den bei uns gezüchteten Wellensittichen verbreitet. Das menschliche Krankheitsbild ist schwer, gleicht einer schweren Grippe oder einem Typhus mit Lungenkomplikationen oder einer Bronchopneumonie. Die Sterblichkeit ist mit etwa 20% recht hoch. Der Erreger gehört zu den größten Virusarten mit etwa 200—330 mμ. Das Virus findet sich in der Milz, in den Exsudaten der Brusthöhle und des Herzbeutels und zeichnet sich durch einen ausgeprägten Pleomorphismus aus.

Zum Nachweis des Erregers im Krankheitsmaterial dient der Mäuseversuch, zu dem sich Blut kranker Menschen der ersten Krankheitstage eignet sowie Sputum und Leichenorgane (Milz, Leber, Lunge). Verdächtige Vögel sind mit Chloroform zu töten und in einem geschlossenen

Gefäß dem Institut Robert Koch zuzusenden, ebenso das vom Menschen stammende Material. Nach intraperitonealer Injektion weißer Mäuse erkranken sie nach ungefähr einer Woche und sterben dann in etwa 1—2 Tagen. In dem charakteristischen Exsudat der Bauchhöhle kann man die von Levinthal zuerst festgestellten, sehr kleinen, an der Grenze der Sichtbarkeit stehenden, filtrierbaren kokkoiden Körperchen nachweisen. In der Weltliteratur werden diese Elementarkörperchen LCL-Körperchen oder Levinthal-Coles- und Lilliesche Elementarkörperchen genannt. Der Erreger ist ein ausgesprochener Zellparasit und vermehrt sich nur bei Anwesenheit lebender oder überlebender Zellen. Die Züchtung gelingt leicht auf Nährböden mit Gewebe von Hühnerembryonen, auf dem bebrüteten Hühnerei und in der Mäusemilzkultur. Bei verdächtigen Krankheitsfällen ist die wiederholte Untersuchung des Sputums unbedingt angezeigt, da nicht in jeder Probe Virus enthalten ist. Das Arbeiten mit dem Erreger ist wegen der großen Gefahr der Laboratoriumsinfektionen nur unter besonderen Vorsichtsmaßnahmen möglich. Die Bekämpfung dieser Krankheit ist im Deutschen Reich durch das Reichsgesetz vom 3. Juli 1934 geregelt.

Die Übertragung der Psittakose vom virustragenden Vogel auf den Menschen erfolgt seltener direkt durch Biß in den Finger oder in die Zunge beim Futterreichen aus dem Mund, häufiger durch Tröpfcheninfektion. Die wichtigste Infektionsquelle sind kranke Papageien und Wellensittiche und gesunde Virusträger. Unter den in Deutschland gezüchteten Sittichen ist der Erreger der Psittacosis wahrscheinlich erst seit 1929 heimisch. Auch eine Ansteckung von Mensch zu Mensch ist durchaus möglich, wenn sie sich auch bisher noch nicht zahlreich ereignet hat. Zur wirksamen Bekämpfung der Psittacosis gehört in erster Linie eine sorgfältige Aufklärung der Bevölkerung über die Gefährlichkeit auch scheinbar gesunder Papageien und Wellensittiche.

Schrifttum.

Fortner u. Pfaffenberg: Z. Hyg. **117**, 286 (1935). — Hegler, C.: in M. Gundel: Die ansteckenden Krankheiten. Leipzig: Georg Thieme 1935. — Erg. inn. Med. **19**, 423 (1934).

VI. Erkrankungen der Drüsen.

1. Lymphogranuloma inguinale.

Diese als vierte Geschlechtskrankheit bezeichnete Infektion gewinnt auch in Europa wachsende Bedeutung. Sie wird von Mensch zu Mensch durch Kontakt übertragen und ist beim männlichen weit häufiger als beim weiblichen Geschlecht. Als Krankheitserreger gilt ein filtrierbares Virus, das in Form von Elementarkörperchen im Krankheitsgewebe nachgewiesen werden kann. Es ist auf Affen und weiße Mäuse durch intracerebrale Injektion übertragbar, wo es mittels der Viktoriablaufärbung nach Herzberg und der Giemsafärbung nachgewiesen werden kann. Die Diagnose der Erkrankung erfolgt aber weniger durch die Feststellung der Elementarkörperchen als vielmehr einfacher durch die spezifische Freische Reaktion. Das Antigen erhält man mittels Verwendung frischen Eiters aus einem nicht perforierten Bubo oder einer excidierten Drüse mit Zusatz fünffacher Menge physiologischer Kochsalzlösung und mehrfacher längerer Erhitzung auf 60⁰ C. Nach sicherer Abtötung des Virus erhalten Patienten 0,1 ccm dieser Aufschwemmung intracutan. Nach 48 Stunden liest man die Reaktion ab. Die positive Reaktion läßt an der Injektionsstelle eine von einem hellen Hof umgebene, bis zu 2 cm große rötliche Papel erkennen, die mehrere Tage lang sichtbar bleibt. Diese FREIsche Reaktion ist wohl als eine Hautallergie gegen das im Eiter enthaltene Antigen aufzufassen. Der Krankheit ist in der Gegenwart besondere Aufmerksamkeit zu schenken, da sie als ursprüngliche Tropenkrankheit sich jetzt mehr und mehr auch in der gemäßigten Zone ausbreitet und besonders in den Großstädten zahlreicher zur Beobachtung gelangt. Japanischen Autoren gelang die Züchtung des Virus im Ei, doch hat vorerst im wesentlichen nur die FREIsche Reaktion praktisch-diagnostische Bedeutung.

Schrifttum.

HERZBERG u. KOBLMÜLLER: Klin. Wschr. 1937, 1173. — LÖHE u. SCHLOSS-BERGER: Med. Klin. 1937, 1427 u. 1471.

2. Lymphogranulomatose.

Diese Krankheit, auch HODGKINSche Krankheit genannt, ist in ätiologischer Hinsicht noch nicht völliger Aufklärung zugeführt. Es gelang GORDON, mit Suspensionen von Lymphdrüsen aus HODGKINSchen Fällen bei Kaninchen und Meerschweinchen encephalitisartige Erscheinungen mit Paresen und Spasmen hervorzurufen, und er glaubt, daß die Ursache der Krankheit ein filtrables Virus sei. Ferner will er auch bei den Erkrankungen Elementarkörperchen gefunden haben, während sich die durch Impfung erzeugten Erscheinungen bisher nicht in Passagen weiter übertragen ließen. UHLENHUTH und seine Mitarbeiter konnten diese Ergebnisse im wesentlichen bestätigen, doch ist die Entscheidung, ob die HODGKINSche Krankheit tatsächlich eine Viruskrankheit ist, noch nicht gefallen, da man vor allem ähnliche Krankheitsbilder auch mit Knochenmark und Eiter von anderen Krankheiten erzeugen kann, da die Übertragung von Tier zu Tier bisher nicht möglich ist und auch der Befund von Elementarkörperchen sowie der Nachweis von Antikörpern nicht als gesichert angesehen werden kann.

3. Parotitis epidemica (Mumps).

Sicherlich ist diese über die Welt weitverbreitete endemische Parotitis epidemica (Mumps), bei der unter allgemeinen Erscheinungen besonders eine Entzündung der Parotisdrüsen und als Folgeerscheinung oft Orchitis auftritt, den Viruskrankheiten zuzurechnen. Die den amerikanischen Forschern JOHNSON und GOODPASTEURE gelungenen erfolgreichen Übertragungsversuche an Affen mit filtriertem und unfiltriertem Speichel mumpskranker Menschen entsprachen der menschlichen Erkrankung, und es gelang die Übertragung der Krankheit in Passagen von Affe zu Affe. Ferner gelang die Infektion von Menschen mit Drüsenmaterial und die weitere Übertragung des Virus von diesen erkrankten Menschen auf Affen. Das Überstehen der Erkrankung führt bei Menschen und Affen zu einer starken und langdauernden, oft lebenslänglichen Immunität. Spezifisch prophylaktische und therapeutische Maßnahmen haben bisher keine praktische Anwendung gefunden, obschon das Serum der Rekonvaleszenten Stoffe enthält, die die krankmachende Wirkung des Virus aufheben.

Schrifttum.

JOHNSON u. GOODPASTEURE: J. of exper. Med. **59**, 1 (1934). — Amer. J. Hyg. **21**, 46 (1935); **23**, 329 (1936).

VII. Erkrankungen der Augenbindehaut.
1. Die Körnerkrankheit.

Die Körnerkrankheit oder das Trachom durchsetzt in typischen Fällen allmählich die ganze Bindehaut mit Körnern, führt zur Narbenbildung und sehr oft dann zu dem trachomatösen Pannus. In den sich abstoßenden Epithelzellen des erkrankten Auges finden sich Einschlußkörperchen, die denen anderer Krankheiten außerordentlich ähnlich sind und deren Abtrennung Schwierigkeiten bereitet. Die von vielen Autoren im Laufe der Jahre beschriebenen Trachomerreger, Bakterien der verschiedensten Gruppen, haben sicherlich keine Bedeutung, so daß die von v. PROWAZEK und HALBERSTAEDTER gefundenen Körperchen in erster Linie ätiologisch in Frage kommen. Eine Übertragung des Trachoms gelang bisher nur bei Affen. Passagen des Virus aus menschlichem Krankheitsmaterial sollen im Hodengewebe der Kaninchen gelungen sein. Da weder Züchtungsversuche bisher erfolgreich waren, noch immunbiologische Studien Fortschritte gebracht haben, muß die Ätiologie des Trachoms vorerst als fraglich bezeichnet werden, wenn auch vieles für ein Virus spricht. Trotz dieser also noch ungeklärten Ätiologie verdient die Krankheit wegen ihrer Gefahren höchste Aufmerksamkeit und die Trachombekämpfung hat vor allem im Osten des Reiches, aber auch in gewissen Trachomherden in anderen Teilen Deutschlands, beträchtliche Erfolge erzielen können. Maßgebend hierfür sind vor allem die frühzeitige Ermittlung der Kranken, ihre sachgemäße Behandlung und ihre Fernhaltung von Gesunden, ferner die Überwachung der Einwanderer und der Wanderarbeiter aus Trachomländern sowie in Landesteilen mit sporadisch auftretendem Trachom die Belehrung weiterer Volkskreise über Wesen und Verbreitung dieser Krankheit.

Schrifttum.

GUNDEL, M.: Die ansteckenden Krankheiten. Leipzig: Georg Thieme 1935. — HEYMANN u. ROHRSCHNEIDER: KOLLE-KRAUS-UHLENHUTHs Handbuch der pathogenen Mikroorganismen Bd. 8/2, S. 997. 1930 — ROHRSCHNEIDER: Z. Augenheilk. **83**, 263 (1934).

2. Die Einschlußblennorrhöe.

Die recht weitverbreitete Einschlußblennorrhöe, die als akute Conjunctivitis auftritt, kommt nicht nur bei Neugeborenen, sondern auch bei älteren Kindern und Erwachsenen vor. Man findet oft in großer

Zahl Einschlußkörperchen, die von den bei Trachom gefundenen Formen unterscheidbar sind. Sie kann durch die bakterienfreie und filtrierte Spülflüssigkeit des erkrankten Auges auf gesunde Augen Erwachsener übertragen werden. Trotz der Ähnlichkeit der Einschlußkörperchen entstehen aber niemals Krankheitserscheinungen, die dem Trachom entsprechen. Eine Züchtung des Virus ist bisher nicht gelungen.

3. Die Schwimmbadconjunctivitis.

Bei diesem Krankheitsbild handelt es sich um eine in Hallenschwimmbädern häufig beobachtete Infektion, die aber in den letzten Jahren durch die ständige Chlorung des Badewassers in ihrer Ausbreitung sehr weitgehend gehemmt werden konnte. Auch bei diesem Krankheitsbild fand man Einschlußkörperchen in den Zellen des Sekrets. Es gelang die Übertragung auf Affen. Wenn auch eine Filtration noch nicht gelungen ist, so muß diese Infektion doch wohl als eine besondere Virus-Krankheit mit eigenem Erreger angesehen werden.

VIII. Virusähnliche Organismen.

In dieser Gruppe sind eine Reihe von Krankheitserregern zusammenzufassen, die zum Teil schon an anderer Stelle erörtert worden sind, wie die *Bartonellen* und *Grahamellen*, bei denen es sich um kleine, stäbchenförmige Mikroorganismen handelt, die nach GIEMSA gut färbbar sind und die sich bei verschiedenen Tieren hauptsächlich in den Erythrocyten finden oder ihnen aufgelagert sind. In diese Gruppe kann man auch die Erreger der *Lungenseuche*, der *Agalaktie* der Schafe, sowie den *Streptobacillus moniliformis* zählen. Schließlich könnten auch die *Bakteriophagen* (vgl. S. 52) in diese Gruppe eingeordnet werden, obschon sie an anderer Stelle eine ausführliche Besprechung erfahren haben, da bisher die Frage noch nicht erschöpfend beantwortet werden kann, ob es sich bei den Phagen um Lebewesen handelt oder um einen leblosen enzymartigen Stoff. In vielen ihrer Eigenschaften gleichen die Phagen allerdings den Vira.

In diesem Abschnitt seien ausführlicher aber eine Reihe von Erkrankungen besprochen, die durch *Rickettsien* hervorgerufen werden. Bei den Rickettsien handelt es sich um bakterienähnliche Organismen von sehr geringer Größe, die dem Aussehen nach etwa kleinen Kokken, Diplokokken und ganz kurzen Bacillen entsprechen. Diese kokkoiden Formen finden sich oft in großen Massen, sie sind unbeweglich, gramnegativ, färben sich nur schlecht mit den üblichen Anilinfarben, am besten nach GIEMSA und der CASTANELLI-Färbung. Die Rickettsien sind zweifellos lebende Organismen, von denen man allerdings noch nicht weiß, ob man sie mehr zu den Bakterien oder zu den Protozoen rechnen soll. Sie scheinen zunächst Parasiten von Insekten und niederen Tieren gewesen zu sein, dann sind sie offenbar späterhin auf höhere Tiere, insbesondere Nager, weiter übertragen worden, in denen sie ansässig wurden. Von diesen Wirtstieren werden sie durch Insekten weiterverbreitet und haben sich als pathogene Rickettsien allmählich dem Menschen angepaßt.

Die wichtigste der durch Rickettsien bedingten Erkrankungen des Menschen ist das Fleckfieber. Darüber hinaus gibt es noch eine große Reihe weiterer Erkrankungen, die im folgenden Abschnitt kurz genannt werden.

1. Das Fleckfieber.

Das Fleckfieber, das in den letzten 20 Jahren vor Kriegsausbruch in Deutschland so gut wie ausgestorben war und nur noch bei eingeschleppten Fällen, meistens aus Rußland stammend, beobachtet wurde, hat infolge des Weltkrieges aufs neue eine große Bedeutung für praktische Ärzte gewonnen. Im Osten und Südosten Europas (Rußland, Galizien, Balkanländer) herrscht die Seuche endemisch und zum Teil in weitester Verbreitung. Wenn trotz der zahlreichen Beziehungen, welche durch das Einrücken unserer Heere in diese verseuchten Gebiete sowie durch den Rücktransport zahlreicher Kriegsgefangener gegeben waren, dennoch das deutsche Heer und die deutsche Zivilbevölkerung von der Seuche recht verschont geblieben sind, so ist das in erster Linie dem glücklichen Umstande zu verdanken, daß gerade die letzten Jahre vor Kriegsausbruch die richtige Erkenntnis von der Art der Übertragung des Fleckfiebers gebracht haben und daß diese richtige Erkenntnis in zielbewußter Weise für die Bekämpfung der Seuche verwendet werden konnte. Die außerordentliche Ansteckungsfähigkeit des Fleckfiebers, das früher als eine der schlimmsten Kriegsseuchen gefürchtet war, ist zwar schon lange bekannt, war aber früher falsch gedeutet worden. Man hatte angenommen, daß die Übertragung, ähnlich wie bei den akuten Exanthemen, direkt von Mensch zu Mensch, sei es durch Berührung, sei es durch die Luft, erfolge.

Die richtige Erkenntnis von der Übertragungsweise des Fleckfiebers konnte erst gewonnen werden, nachdem es NICOLLE gelungen war, die Krankheit beim Affen experimentell durch Verimpfung des Blutes fleckfiebernder Menschen zu erzeugen. NICOLLE entdeckte auch sogleich den Weg, auf welchem unter natürlichen Verhältnissen die Übertragung des im Blute enthaltenen Virus von Mensch zu Mensch erfolgt. Dies geschieht ausschließlich durch den Biß der *Kleiderlaus.* Das Virus wird durch die Kleiderlaus nicht etwa rein mechanisch übertragen. Es findet vielmehr in der Kleiderlaus eine außerordentlich starke Vermehrung und Reifung des Virus statt. Eine Laus, die am fleckfieberkranken Menschen Blut gesogen hat, vermag erst frühestens am 4. oder 5. Tage nachher das Virus auf den Menschen oder auf Versuchstiere zu übertragen.

Der Erreger des Fleckfiebers ist die *Rickettsia Prowazeki*, die eine Größe von etwa 300—500 mμ hat. Wegen dieser Größe ist sie auch nicht filtrierbar und darum auch kein Virus im eigentlichen Sinne. Immerhin hat sie aber viele Merkmale mit den echten Virusarten gemeinsam. Sie ist ein echter Zellparasit, der sich innerhalb der Zelle vermehrt und auch unter Verwendung von lebendem Gewebe gezüchtet werden kann, während die üblichen bakteriologischen Nährböden versagen. Man findet die Rickettsien in den Endothelien der erkrankten Gefäße, im Darm der Läuse Fleckfieberkranker usw. Die Färbung gelingt besonders gut mit der GIEMSA-Lösung. Nicht nur in der Laus sind die Rickettsien gut nachweisbar und auch übertragbar, vielmehr gelingt die Übertragung auf den verschiedenen Wegen auch auf das Meerschweinchen. In der zweiten Woche nach der Infektion erkranken die Tiere hochfieberhaft und während dieser Zeit findet sich das Virus im Blut, in allen Organen und besonders im Gehirn. In der Abb. 72 finden wir ein Ausstrichpräparat mit zahlreichen Rickettsien aus einer infizierten

Laus. Übrigens hat ROCHA LIMA dem Erreger des Fleckfiebers den Namen Rickettsia Prowazeki zu Ehren zweier dem Fleckfieber erlegener Forscher gegeben.

Für die praktische Diagnose des Fleckfiebers ist der Nachweis der Rickettsien naturgemäß zu kompliziert. Dieser Aufgabe dient die WEIL-FELIXsche Reaktion, die nach Art der WIDALschen Reaktion mit dem Patientenserum ausgeführt wird. Es handelt sich um eine Agglutinationsreaktion mit dem Proteusstamm X_{19}, einer von den genannten Autoren aus dem Urin von Fleckfieberkranken gezüchteten Kultur. Mit

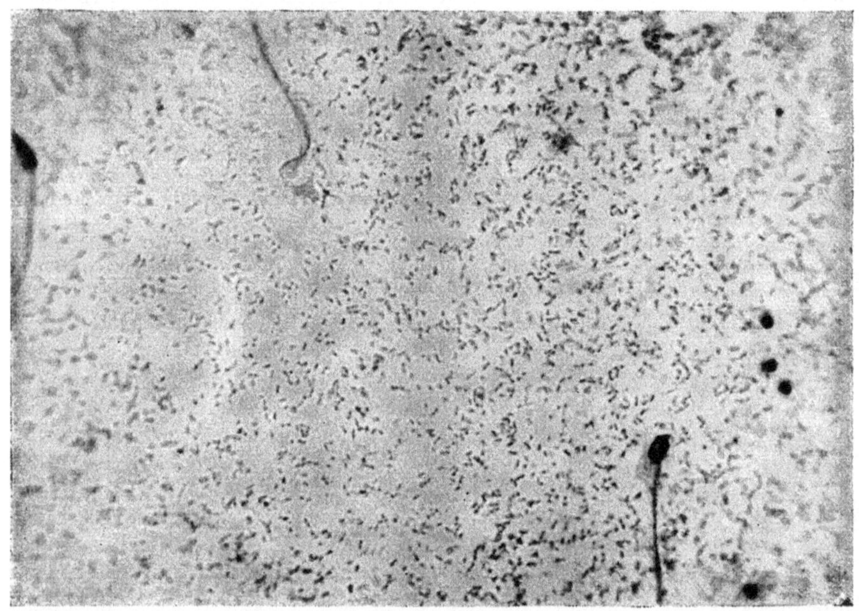

Abb. 72. Rickettsia Prowazeki. Ausstrichpräparat einer infizierten Laus. Orig. von ROCHA-LIMA. (Vergr. 1:1000.)

seiner Antigenstruktur besitzt er offenbar eine besonders große Verwandtschaft mit dem Fleckfiebererreger. Es handelt sich also nicht um eine spezifische Serumreaktion in dem Sinne, wie sie bei Cholera, Typhus, Ruhr und anderen Infektionskrankheiten mit dem Erreger erhalten wird, da der Proteus X_{19} mit der Fleckfieberinfektion ätiologisch nichts zu tun hat. Auch zeigen andere Stämme dieses Proteusbacillus (z. B. die Kultur X_2) diese Agglutinabilität in viel geringerem Grade. Wenn es sich aber auch um eine nichtspezifische Reaktion handelt, deren theoretisches Verständnis noch keineswegs geklärt ist, so tut das ihrer praktischen Brauchbarkeit keine Einbuße. Die positive Reaktion, die nach Art der WIDALschen Probe bei Abdominaltyphus angestellt wird, macht in einer Serumverdünnung von 1:50 bis 100 die Diagnose Fleckfieber sehr wahrscheinlich. Wichtig ist, durch den negativen Ausfall der WIDALschen Reaktion mit Typhuskulturen die klinisch oft nahe liegende Verwechslung mit Typhus auszuschließen.

Versuche, eine praktisch verwendbare spezifische Serumreaktion für Fleckfieber, sei es durch Präcipitation oder Komplementbindung zwischen Krankenserum und spezifischem Blut- oder Organextrakten zu erhalten, sind bisher fehlgeschlagen. Wichtig ist, daß die WASSERMANNsche Reaktion mit Luesantigen bei Fleckfieber vorübergehend, insbesondere in der Zeit kurz nach der Entfieberung, häufig positive Resultate gibt, allerdings meist nur bei Verwendung von aktivem menschlichen Serum (STERNsche Modifikation), sehr viel seltener bei der WASSERMANNschen Originalmethode. Ebenso gibt das Serum Fleckfieberkranker, wie das Serum des Syphilitikers, bei Verdünnung mit destilliertem Wasser eine Trübungsreaktion infolge Globulinausfällung. Bei Fleckfieber wie bei Lues erklärt sich das abnorme Verhalten der Globuline und Lipoide im Blutserum durch die Läsion der Wandungen der kleinsten Arterien.

Das Überstehen einer Fleckfieberinfektion, die mit steigendem Lebensalter zunehmende Todesziffern aufweist, hinterläßt eine langdauernde Immunität. Es ist selbstverständlich, daß man bemüht war, gegen diese gefürchtete Krankheit spezifische Bekämpfungsmaßnahmen zu finden. Eine wirksame aktive Immunisierung ist bei der Verwendung großer Mengen von Rickettsien möglich, wozu man den Impfstoff nach WEIGL verwendet, der aus einer phenolisierten Aufschwemmung der herauspräparierten Därme künstlich infizierter Läuse besteht. Von dieser Aufschwemmung gibt man drei Injektionen mit 1250—5000 Millionen Rickettsien, eine Zahl, die etwa 25—100 Läusedärmen entspricht. Naturgemäß sind die Schwierigkeiten außerordentlich groß, beträchtliche Mengen dieses Impfstoffes für Mäuseimpfungen aus Läusedärmen zu gewinnen. Auch die neueren Versuche, mittels Immunisierung von Rickettsien zu hochwertigen Immunseren zu gelangen, haben bisher noch nicht zu in größerem Umfang praktisch verwertbaren, wenn auch aussichtsreichen Ergebnissen geführt. Es empfiehlt sich die Gewinnung von Rekonvaleszentenserum und ein Ausbau der schon jetzt günstigen Versuche zur Gewinnung künstlicher Immunsera.

Das Fleckfieber gehört nach einem Ausspruch von K. KISSKALT zu den Krankheiten der Unkultur. Im großen gesehen, ist der Kampf gegen das Fleckfieber der Kampf gegen die Kleiderlaus. Der läusefreie Kranke ist für seine läusefreie Umgebung ungefährlich, Überträger des Fleckfiebers ist allein die mit Rickettsien infizierte Laus. Daher stehen die hygienischen Methoden (Entlausung des Menschen, Entlausung der Kleider, Gegenstände) im Vordergrund, wobei auf die deutschen gesetzlichen Anweisungen zur Bekämpfung des Fleckfiebers verwiesen sei. Die spezifischen Maßnahmen der aktiven und passiven Schutzimpfung bedürfen noch eines weiteren Ausbaues, um nicht nur die Erkrankten im Einzelfall zu behandeln, sondern auch das Heil- und Pflegepersonal nach Möglichkeit zu schützen, das in den vergangenen Kriegen so außerordentliche Opfer bringen mußte.

Wie schon betont, handelt es sich bei dem Fleckfieber um eine in Deutschland nicht mehr heimische, akute, fieberhafte, exanthematische Infektionskrankheit mit großer Sterblichkeit, um ein Krankheitsbild, das in verschiedenen Formen in der Welt vorkommt und dann sich auch durch verschiedene Überträger auszeichnet. In der nachfolgenden Tabelle 25 wird eine Zusammenstellung dieser verschiedenen Krankheitsformen, ihrer Überträger und ihrer Diagnose mit Proteus X-Typen gegeben (nach R. OTTO).

Tabelle 25.

Name	Vorkommen	Überträger	Agglutination mit Proteus X-Typen			Typus des Hauptantigens des Virus
			OX$_{19}$	OX$_2$	OXK	
Klassisches Fleckfieber	Alte und neue Welt	Läuse	+++	+	—	OX$_{19}$
Tabardillo	Mexiko	Läuse u. Rattenflöhe	+++	?	—	OX$_{19}$
Endemisches Fleckfieber (Brillsche Krankheit)	Südosten USA.	Rattenflöhe	+++	?	—	OX$_{19}$
Schiffsfleckfieber . . .	Toulon	Rattenflöhe	+++	?	—	OX$_{19}$
Endemisches Fleckfieber	Australien	unbekannt	+++	+	—	OX$_{19}$
Tropisches Fleckfieber Typus W (Shop typhus)	Malakka und Niederländ.-Ostindien	unbekannt	+++	+?	—	OX$_{19}$
Tropisches Fleckfieber Typus K (Scruptyphus)	Malakka und Niederländ.-Ostindien	unbekannt	—	—	+++	OXK
Tsutsugamushi	Sumatra, Malakka	Milben	—	—	+++	OXK
Tsutsugamushi	Japan	Milben	—	—	+++?	OXK
Rocky Mountain spotted fever	Westen und Osten USA.	Zecken	+	+	+	unbekannt
Fièvre boutonneuse . .	Marseille, Tunis	Zecken	+	+	—	„
Febbre eruttiva . . .	Italien	Zecken	+	+	+	„
Tick-bite fever	Südafrika	Zecken	+	+	+	„
Tick-typhus	Britisch Indien	Zecken	?	?	?	„
São Paulo, endemisches Fleckfieber	Brasilien	Zecken	+++	+	+	OX$_{19}$

+++ Hauptagglutination, + Gruppenagglutination, ? ungenügend untersucht.

Schrifttum.

Otto u. R. Munter: Kolle-Kraus-Uhlenhuths Handbuch der pathogenen Mikroorganismen, Bd. 8/2, S. 1007. 1930. — Schittenhelm, A.: in Handbuch der inneren Medizin von Bergmann-Staehelin, 3. Aufl. Bd. 1, S. 964. 1934. — Sonnenschein, C.: in M. Gundel: Die ansteckenden Krankheiten. Leipzig: Georg Thieme 1935.

2. Febris quintana.

Das Fünftagefieber, Febris quintana, Schützengrabenfieber oder Trench-fever, ist eine sporadisch auftretende akute Infektionskrankheit, die durch eine eigentümliche Fieberkurve charakterisiert ist. Das Fieber tritt in meist 5tägigem Rhythmus auf und dauert etwa 12—24 Stunden, wobei es von rheumatisch-neuralgischen Beschwerden begleitet wird. Die Sterblichkeit ist fast gleich Null. Die Krankheit wurde erstmalig während des Weltkrieges bei deutschen und englischen Truppen festgestellt und sie befiel etwa $^1/_2$ Million Mann. Der Erreger ist die Rickettsia quintana, die morphologisch und in ihrer Färbbarkeit der Rickettsia Prowazeki sehr ähnlich ist. Abgesehen von der Laus ist das Virus bisher auf andere Versuchstiere nicht übertragbar. Gesunde Menschen können aber mit dem Krankenblut nach der 12. Stunde des Fieberanfalls infiziert werden. Die Rickettsien werden vom kranken auf den gesunden Menschen durch Kleider- und Kopfläuse übertragen. Die Infektion erfolgt entweder durch Läusebiß oder durch das Verreiben der rickettsienreichen Ausscheidungen der infizierten Läuse. Im Darm der infizierten Läuse tritt eine starke Vermehrung der Rickettsien auf. Die Diagnose der Krankheit stützt sich auf die klinischen Symptome, vor allem die typischen Gliederschmerzen und den charakteristischen Fieberverlauf. Eine serologische Diagnose mittels der WEIL-FELIXschen Reaktion ist nicht möglich. Die Bekämpfung der Seuche ist die Bekämpfung der Kleider- und Kopflaus.

Schrifttum.

SCHITTENHELM, A.: Handbuch der inneren Medizin von BERGMANN-STAEHELIN, 3. Aufl., Bd. 1, S. 1001. Berlin: Julius Springer 1934. — SONNENSCHEIN, C.: in M. GUNDEL: Die ansteckenden Krankheiten. Leipzig: Georg Thieme 1935. — WERNER, H.: KOLLE-KRAUS-UHLENHUTHS Handbuch der pathogenen Mikroorganismen, Bd. 8/2, S. 1291. 1930.

G. Infektionen durch Würmer.

Den Wurmkrankheiten ist, wie es leider nur allzu selten geschieht, die gleiche Aufmerksamkeit zuzuwenden wie bakteriellen Infektionen. Wenn auch die Anwesenheit mancher Wurmarten bei einem Teil der Befallenen symptomlos bleiben kann, so gibt es doch andererseits Wurmträger, die für ihre Umgebung eine große Gefahr darstellen. Fast bei jeder Wurmart kennen wir pathogene Eigenschaften, so daß die Berücksichtigung dieser Infektionen unerläßlich ist, da eine erfolgreiche Bekämpfung die richtige Diagnose zur Voraussetzung hat. Eine Besprechung der Wurminfektionen kann nach systematischen oder epidemiologischen Gesichtspunkten erfolgen. LENTZE gab kürzlich eine vorzügliche Darstellung nach medizinisch-epidemiologischen Gesichtspunkten und verzichtete auf das zoologische System. In dieser gedrängteren Darstellung sei die folgende Einteilung gewählt, in die man die vorzugsweise im Darm und in seinen Entleerungen zu beobachtenden Eingeweidewürmer aufteilen kann: 1. Die Rund- oder Fadenwürmer oder Nematoden, 2. die Bandwürmer oder Zestoden und 3. die Saugwürmer oder Trematoden.

1. Die Nematoden.

Die runden, schlanken und ungegliederten Würmer zeichnen sich durch besonders resistente Eier aus, die von einer durchsichtigen, aber festen Schale umgeben sind. Die Entwicklung ist direkt und die Embryonen sind leicht als Rundwürmer zu erkennen.

a) Anguillula intestinalis (Strongyloides intestinalis).

Diese Art gehört eng zum Ankylostomum duodenale, dem Hakenwurm, der im folgenden Abschnitt eine ausführliche Besprechung erfährt.

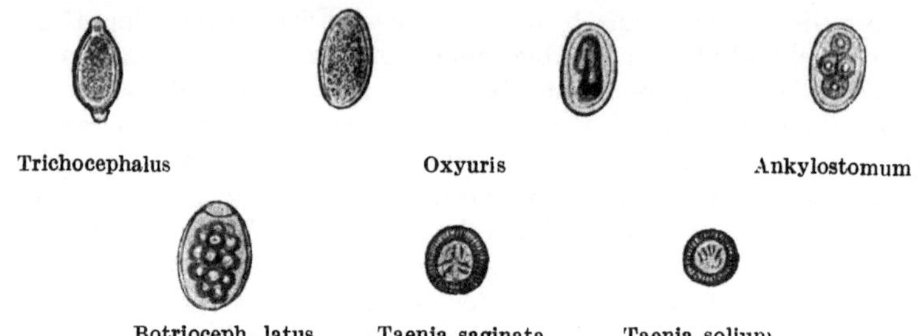

Abb. 73. Parasiteneier im Stuhl.

Anguillula intestinalis kommt im Dünndarm vor und lebt besonders vom Chymus, nicht vom Blut. Der Parasit fand sich zuerst als Ursache einer bei französischen, aus Cochinchina heimkehrenden Soldaten

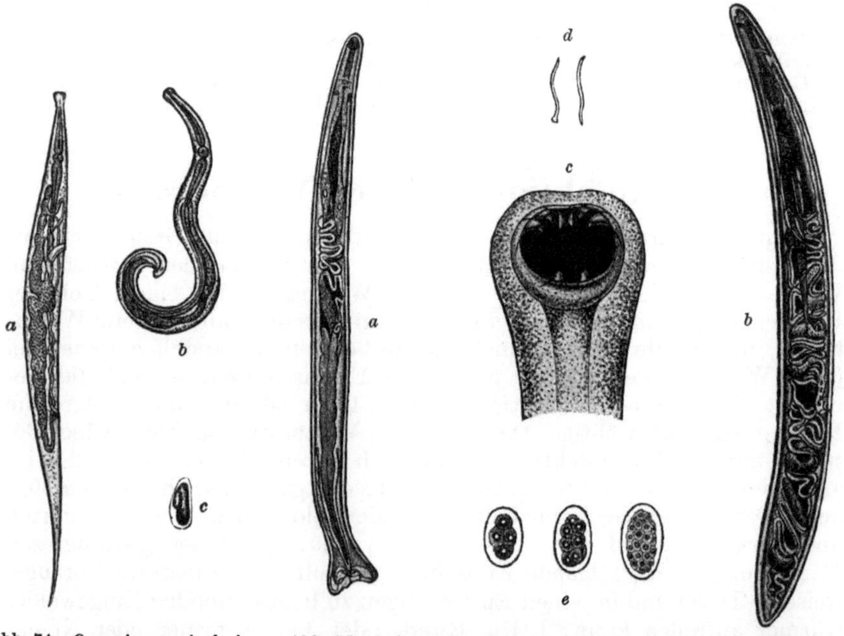

Abb. 74. Oxyuris vermicularis.   Abb. 75. Ankylostomum duodenale. *a* Männchen, *b* Weibchen.
a Weibchen, *b* Männchen.   (Nach LOOSS.) *c* Mundkapsel. (Nach VERDUN.) *d* Natürliche
(Nach CLAUS.) *c* Ei.   Größe. (Nach LEUCKART.) *e* Verschiedene Stadien der Embryonal-
(Nach SCHÜRMANN.)   entwicklung im Ei vom Ankylostomum duodenale.
(Nach SCHÜRMANN.)

aufgetretenen Diarrhöe. Er findet sich aber auch in den gemäßigten Zonen, insbesondere bei Tunnelarbeitern und Bergleuten, als Parasit. Die Durchfälle sind oft bluthaltig und in den Stuhlentleerungen finden sich die lebhaft beweglichen Larven.

b) Ankylostomum duodenale.

Das Ankylostomum duodenale, bereits im Jahre 1838 von DUBINI in Italien entdeckt und später, insbesondere von BILHARZ und GRIESINGER in Ägypten studiert, ist der Erreger einer durch schwere anämische Erscheinungen ausgezeichneten Erkrankung, welche hauptsächlich in warmen Ländern eine außerordentliche Verbreitung zeigt, aber auch in Mitteleuropa unter den weiter unten zu besprechenden, für die Entwicklung des Wurmes erforderlichen Bedingungen epidemisch auftreten kann. Solche Epidemien wurden insbesondere beim Bau des Gotthardtunnels und unter den Bergleuten im rheinisch-westfälischen Industriegebiet

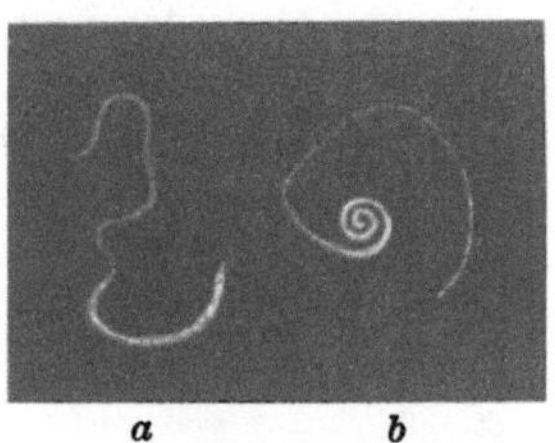

Abb. 76. Trichocephalus dispar.
a Weibchen. b Männchen.
(Nach NEUMANN-MAYER.)

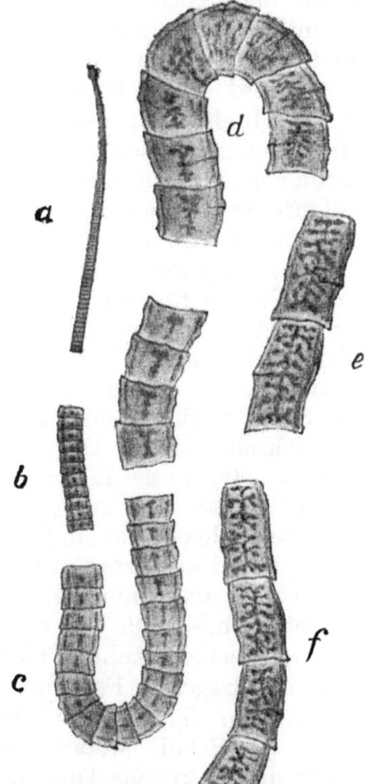

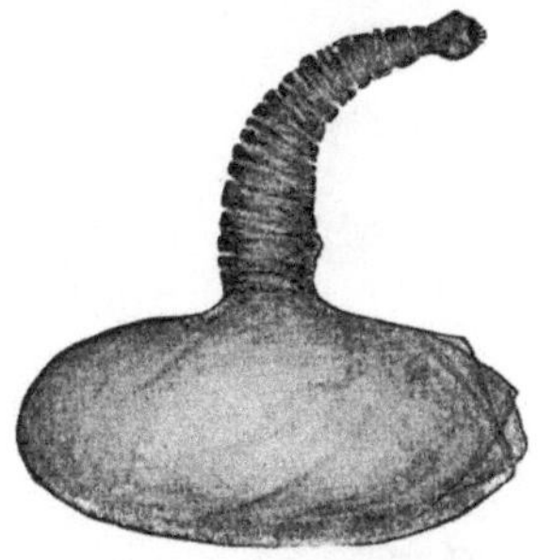

Abb. 77. Taenia solium. Cysticercus cellulosae mit vorgestülptem Scolex. (Nach NEUMANN-MAYER.)

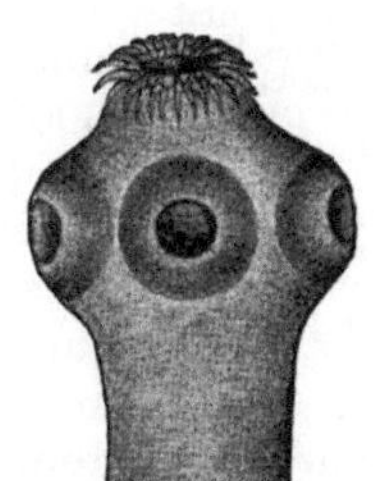

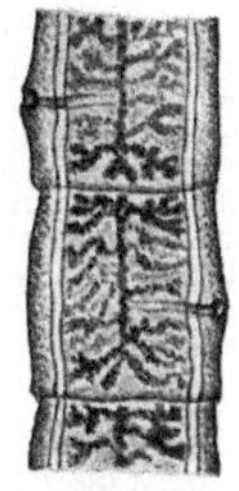

Abb. 78. Taenia solium. a Kopf und Hals, b junge Proglottiden, c junge Proglottiden mit beginnender Entwicklung der Geschlechtsorgane, d quadratische, fast reife Glieder. Größte Breite. e reife Glieder. Größte Länge und größte Breite. f dünnere Endglieder. (Nach NEUMANN-MAYER.)

Abb. 79. Taenia solium. Kopf mit vier Saugnäpfen und doppeltem Hakenkranz. (Nach NEUMANN-MAYER.)

Abb. 80. Taenia solium. Glied mit reiferem Uterus. (Nach ZSCHOKKE.)

beobachtet, wo diese Infektion anfangs dieses Jahrhunderts eine sehr große Verbreitung gefunden hatte, aber dank den getroffenen Maßnahmen restlos beseitigt werden konnte (vgl. BRUNS, HEINE). Die Anämie kommt teils direkt infolge der zahlreichen Bißverletzungen, welche die an der Darmschleimhaut haftenden Würmer verursachen, teils offenbar auch durch toxische Stoffwechselprodukte des Wurmes zustande.

Der Erreger trägt seinen Namen (Hakenwurm) von seiner mit vier größeren hakenförmigen und zwei kleineren Zähnen bewehrten geräumigen Mundkapsel, deren Rand hornartig verdickt ist. Die beiden Geschlechter sind daran deutlich zu unterscheiden, daß das Hinterende des Männchens in der Bursa copulatrix, einer dreilappigen Tasche, endigt, die das Weibchen in copula umfaßt, während das Hinterende des Weibchens in eine stumpfe Spitze ausläuft. Beim Weibchen liegt die Vulva hinter der Körpermitte. Das Männchen mißt 8—12 mm in der Länge und 0,5—0,7 mm in der Breite. Das Weibchen wird bis zu 18 mm lang und 0,8—1,2 mm breit. Die erwachsenen Würmer sind bei der Sektion in großen Massen an der Dünndarmschleimhaut haftend aufzufinden, desgleichen auch im Stuhl. In erster Linie kommt für die praktische Diagnose jedoch der Nachweis der Eier in Betracht, welche sich in der Regel in großen Massen im Stuhl finden und eine sehr charakteristische Gestalt haben, die sie kaum mit anderen im Stuhl vorkommenden Gebilden verwechseln läßt. Die Eier messen etwa 55—60 μ in der Länge und 35—40 μ in der Breite, sind von ovaler Gestalt mit breit abgerundeten Polen und besitzen eine dünne farblose bei 300facher Vergrößerung nur einfach konturiert erscheinende Hülle und einen bereits im ganz frischen Stuhl in mehrere (2—8, in der Regel 4) Furchungskugeln zerfallenden feinkörnigen Inhalt, der von der Schale stets durch

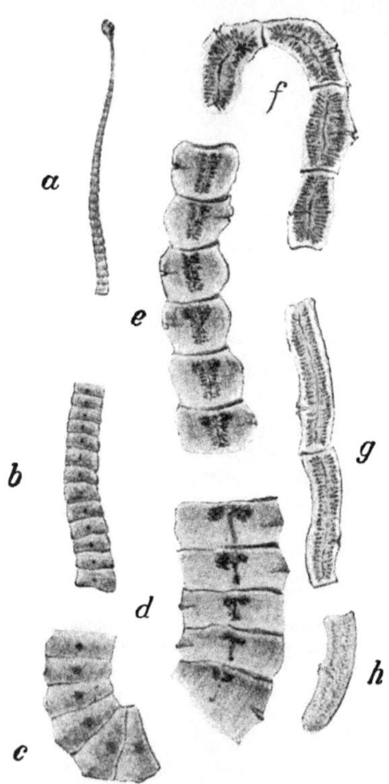

Abb. 81. Taenia saginata. *a* Kopf und Hals, *b* junge Proglottiden, *c* junge Proglottiden mit beginnender Entwicklung der Geschlechtsorgane, *d* breiteste Glieder, *e* unreife Proglottiden mit fast fertig gebildeten Geschlechtsorganen, *f* reife Proglottiden mit fast ausgebildeten Geschlechtsorganen, *g* reife langgestreckte Proglottiden, *h* leere Proglottiden ohne Eier. (Nach Neumann-Mayer.)

einen gewissen Zwischenraum getrennt ist. Für die praktische Diagnose kommt insbesondere in Betracht, daß im frischen Stuhl nur Eier, niemals Larven, enthalten sind. Die Entwicklung des Eies erfolgt nur bei einer Temperatur von über 20⁰ C (am besten bei 25—30⁰ C), bei genügender Feuchtigkeit und Schutz vor Sonnenlicht sowie bei Luftzutritt. Diese Bedingungen finden sich in unseren Breiten nur unter gewissen Verhältnissen im Bergwerksbetrieb unter Tage verwirklicht. Die Entwicklung erfolgt auch in künstlicher Kultur, wofür Looss folgendes Verfahren angegeben hat: ein Kotstück wird mit der etwa gleichen Menge

Tierkohle (Knochenkohle) und etwas reinem Wasser auf dem Boden einer PETRI-Schale zu einem Brei verrieben und 5—6 Tage bei 25 bis 30⁰ C aufbewahrt. Man übergießt hierauf die ganze Menge mit Wasser und wartet bei der allmählichen Eintrocknung die Bildung von mit Wasser gefüllten Spalten und Dellen ab, in welchen sich die Larven ansammeln. Auch auf 1%igem Agar ohne Zusatz von anderen Nährstoffen läßt sich die Entwicklung der Larven in der feuchten Kammer in ähnlicher Weise nach einem durch v. WASIELEWSKI, NISSLE und WAGNER ausgearbeiteten Verfahren beobachten. Man unterscheidet zwei Entwicklungsstadien der Larve: zunächst die unreife Larve unmittelbar nach dem Ausschlüpfen, etwa 0,2 mm lang und binnen einigen Tagen bis zu einer Länge von 0,8 mm heranwachsend, Ein charakteristisches Merkmal dieser unreifen Larve. durch welche sie sich von der ihr sonst ähnlichen Larve des Strongyloides (Anguillula) intestinalis unterscheidet, ist ihre „langzylindrische hinten leicht knöpfenartig erweiterte mit einer stark lichtbrechenden Membran ausgekleidete Mundhöhle" (Looss). Diese unreife Larve ist für den Menschen noch nicht infektionstüchtig, sondern geht (ebenso wie das Ei), falls in den menschlichen Magen eingeführt, zugrunde. Die unreife Larve verwandelt sich in die reife, nunmehr infektionstüchtige Larve durch zweimalige Häutung,

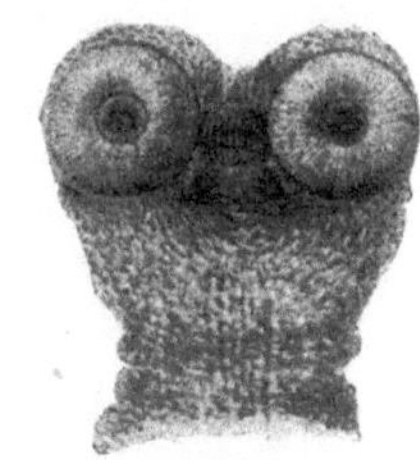

Abb. 82. Taenia nana. Kopf. (Nach NEUMANN-MAYER.)

wobei das zweitemal die alte Cuticula nicht abgeworfen wird, sondern das Tier in Gestalt einer zarten Scheide umgibt. Diese fälschlich oft als „encystiert" bezeichnete Larve vermag im Wasser und insbesondere im Schlamm mehrere Monate lang ohne weitere Nahrungsaufnahme sich lebend zu erhalten. Die Infektion mit dieser reifen Larve kann auf zwei Wegen erfolgen, wie durch Versuche direkt nachgewiesen: entweder direkt per os oder dadurch, daß die reifen Larven sich in die menschliche Haut einbohren, um von hier aus auf dem Lymph- und Blutwege in die Lungen zu gelangen, wo sie die Alveolenwandungen durchbrechen, in den Luftwegen aufwärts kriechen und so schließlich in den Oesophagus und von da in den Dünndarm gelangen. 7—10 Wochen nach der Hautinfektion werden die ersten Wurmeier im Stuhl beobachtet. Dieser von Looss zweifelsfrei nachgewiesene Infektionsmodus durch die unverletzte Haut entspricht auch durchaus den epidemiologischen Verhältnissen und spielt praktisch wahrscheinlich eine viel bedeutendere Rolle als die Infektion per os.

Für die Diagnose und praktische Bekämpfung der Wurmkrankheit ist es insbesondere wichtig, daß sehr zahlreiche Personen die Würmer in sich beherbergen können, ohne wahrnehmbare Krankheitserscheinungen zu zeigen. Solche „Wurmträger" (analog den Keimträgern bei bakteriellen Infektionskrankheiten) können, ebenso wie die Leichterkrankten, einzig und allein durch die mikroskopische Untersuchung der Faeces auf Ankylostomumeier erkannt werden. Diese Untersuchung ist daher das wichtigste Hilfsmittel bei der Bekämpfung der Wurmkrankheit und hat sich bei ihrer Ausführung im größten Maßstabe (mehrere hunderttausende von Untersuchungen im Gelsenkirchener Institut unter H. BRUNS) im rheinisch-westfälischen Industriebezirk — auch heute noch — auf das beste bewährt. Insbesondere dient die Stuhluntersuchung auch der Feststellung, ob nach der Abtreibungskur eine endgültige Heilung erfolgt ist. Zu diesem Zweck ist die Untersuchung während etwa 4 Wochen nach beendeter Kur mehrmals zu wiederholen.

Die Untersuchung erfolgt entweder durch direkte Durchmusterung einer Anzahl von Stuhlpräparaten, wobei etwa 40% der Fälle entdeckt

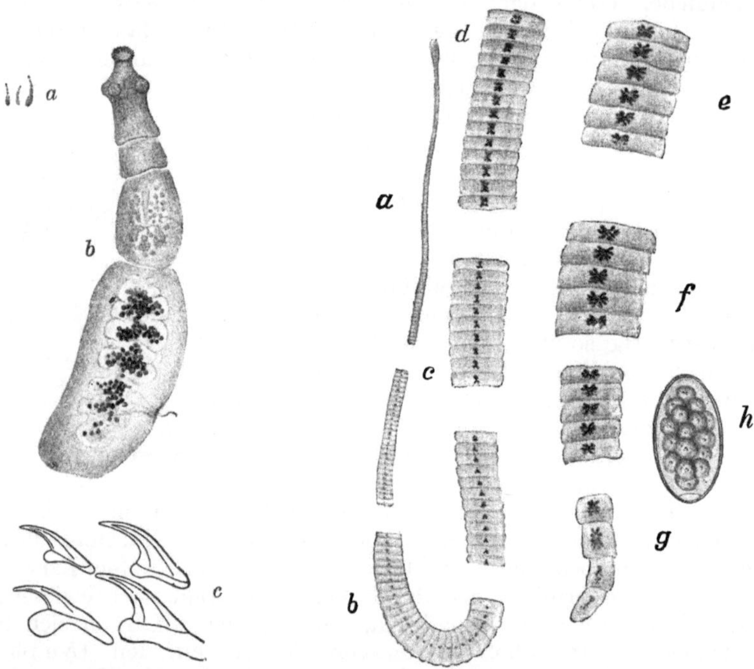

Abb. 83. Taenia echinococcus. *a* drei ausgewachsene, 3–4 mm lange Bandwürmer, *b* ausgewachsener Bandwurm mit vier Saugnäpfen und doppeltem Hakenkranz, vergrößert, *c* Haken. (Nach NEUMANN-MAYER.)

Abb. 84. Dibothriocephalus latus. *a* Kopf, *b* jüngste Glieder, *c* Glieder, in denen sich die ersten Eier im Uterus bilden, *d* Glieder, in denen der Uterus die ersten Windungen bildet, *e* Glieder, in denen alle Uterusschlingen entfaltet sind. Die älteren enthalten reife Eier. *f* die Glieder haben die größte Breite erreicht. Alle Eier sind reif. *g* Endglieder. (Nach NEUMANN-MAYER.) *h* Ei. (Nach SCHÜRMANN.)

werden. Ein Anreicherungsverfahren, das etwa 55% positive Resultate ergibt, ist von TELEMANN angegeben und besteht darin, daß die Faeces mit einem Gemisch von gleichen Teilen Äther und Salzsäure verrieben und ausgeschleudert werden, worauf man die Eier im Bodensatz nachweisen kann. Ganz wesentlich überlegen ist dem mikroskopischen Nachweis der Eier das von LOOSS angegebene Kulturverfahren (vgl. oben), das fast in allen Fällen zum Ziele führt und bei verdächtigen Erkrankungen, bei denen der direkte mikroskopische Nachweis der Eier im Stich läßt, stets herangezogen werden sollte. Auch die Blutuntersuchung liefert wenigstens gewisse Verdachtsmomente, indem bei bestehender Ankylostomiasis (allerdings auch oft noch längere Zeit nach überstandener Erkrankung sowie bei anderen Infektionen mit

Eingeweidewürmern) eine erhebliche Vermehrung der eosinophilen Zellen beobachtet wird. Immerhin liefert dieser Blutbefund nur ein Verdachtsmoment, während der vollgültige Beweis ausschließlich durch den mikroskopischen Nachweis des Erregers erbracht werden kann.

Die Hakenwurmkrankheit ist für Deutschland ein überwundenes Problem. Die Ankylostomiasis ist gerade auch in den Bergwerksbezirken völlig ausgerottet. Wir halten es jedoch für dringend notwendig, daß die Sorgfalt und Intensität der Überwachungsarbeit nicht nachläßt, da bei der wachsenden Verbesserung der wirtschaftlichen Verhältnisse in Deutschland immer mehr ausländische Arbeiter beschäftigt werden müssen, die teils aus Gebieten stammen, in denen die Ankylostomiasis noch heimisch ist.

Schrifttum.

HEINE, W.: Erg. Hyg. **21**, 157 (1938).

c) Oxyuris vermicularis.

Das Männchen ist 3—5 mm lang, das Weibchen 9—12 mm. Während das Männchen einen abgestutzten Schwanz hat, besitzt das Weibchen einen pfriemenartigen Schwanz. Am Kopfende befinden sich drei kleine Lippenpapillen. Die Eier werden nicht, wie bei der Mehrzahl der übrigen einheimischen Arten, in den Darminhalt abgelegt, sondern das Weibchen verläßt den Darm und setzt die Eier an der Haut der Umgebung des Afters ab, wo sie die zur Entwicklung notwendige Temperatur und Feuchtigkeit finden. Die Würmer leben vom Kot im Dickdarm, erzeugen bei ihrem Herauswandern einen heftigen Juckreiz und die Eier gelangen dann mit den beschmutzten Fingern in den Mund, werden durch den Magensaft ihrer Hülle beraubt und die freigewordenen Embryonen wandern wieder in den Dickdarm. Die Bekämpfung des Parasiten kann mit einiger Aussicht auf Erfolg nur am Wurmträger ansetzen. Die Diagnose stützt sich, abgesehen von der gelegentlichen Beobachtung abgehender Würmer im Stuhl, auf den Nachweis der Eier. Da aber diese Eier normalerweise nicht im Kot abgesetzt werden, ist die Einsendung von Stuhlproben völlig abwegig, was der Mehrzahl der Ärzte leider immer noch unbekannt ist. Die Methode der Wahl ist die Entnahme von Abstrichen der Haut des Afters oder vom Rectalschleim. Dieses Material überträgt man auf Objektträger, die dann wie Blutausstriche verpackt werden. Nach einem ersten negativen Befund empfiehlt sich die Wiederholung des Abstriches nach 14 Tagen.

d) Ascaris lumbricoides.

Diese Wurmart, auch Spulwurm genannt, zeigt Männchen von etwa 15—17 cm Länge und Weibchen von etwa 20 cm Länge. Die Würmer leben vorwiegend im Dünndarm. Die Infektion erfolgt durch Verschlucken des Eies. Sie gehen zahlreich im Kot ab. Eine Infektion des Menschen erfolgt aber erst, wenn die Eier etwa 4—6 Wochen in feuchter Umgebung in der Außenwelt zugebracht haben, wo sich der Embryo entwickelt. Im Magen oder Dünndarm schlüpft die völlig ausgereifte Larve aus, bohrt sich durch die Darmwand und erreicht auf verschiedenen Wegen über den Blutkreislauf die Lungen. Hier macht sie wahrscheinlich einen weiteren Reifungsprozeß durch, durchbricht die Alveolenwände und wandert über Trachea und Speiseröhre in den Darm zurück und wächst hier zum geschlechtsreifen Wurm aus. Der Spulwurm ruft einerseits toxische Schädigungen durch seine giftigen Stoffwechselprodukte hervor und kann andererseits lebensbedrohende Zustände durch die Obturation der Gallenwege und des Darmes auslösen. Der Parasit ist sehr weitverbreitet. Die häufigste Infektionsquelle dürfte infiziertes Gemüse sein, natürlich kommen auch Familieninfektionen in größerem Umfange vor. Dieser Schmutz- und Schmierinfektion ist nachdrücklichst entgegenzutreten.

e) Trichinella spiralis.

Zu den Nematoden gehört auch der Erreger der Trichinenkrankheit der Menschen und der Tiere, die Trichinella spiralis (OWEN 1835), deren Bedeutung für die menschliche Pathologie zuerst von ZENKER erkannt und deren Entwicklungsgang von LEUKART erforscht wurde.

Die Trichinosis hat in Deutschland vor der obligatorischen Fleischbeschau zahlreiche Opfer gefordert. Sie ist aber auch heute noch in Deutschland verhältnismäßig häufig, was auf die Unsitte zurückzuführen ist, daß bei uns rohes Schweinefleisch als Wurst und Schinken in großer Menge genossen wird. Aber auch durch ungenügend gesottenes oder unvollkommen geräuchertes trichinenhaltiges Fleisch kann eine Infektion beim Menschen erfolgen.

Die Trichinella spiralis lebt im geschlechtsreifen Zustande im Darm als Darmtrichine, ihre Larven dagegen in der quergestreiften Muskulatur desselben Wirtes als Muskeltrichine. Die Darmtrichine ist ein leicht gekrümmter, fadenförmiger Rundwurm. Das Männchen ist 1,2—1,6 mm lang und etwa 0,04 mm dick, das Weibchen etwa 3 mm lang und 0,03 bis 0,06 mm dick. Das Männchen hat am Ende des Schwanzes zwei konische Zapfen, zwischen denen vier kleinere Papillen, aber kein Spiculum sichtbar sind. Die Vulva liegt im vorderen Drittel des Körpers.

Die Würmer leben im Dünndarm. Die geschlechtsreifen Tiere gehen nach der Geburt der lebendigen Jungen (5—7 Wochen) zugrunde. Die Länge der Jungen beträgt im Anfang 0,1 mm, die Breite 0,006 mm.

Als Infektionsquelle der Trichinosis kommen neben dem Schwein die Ratten in Betracht, die durch Aufnahme trichinenhaltiger Fäkalien, sowie auch durch Anfressen ihrer eigenen Artgenossen erkranken. Durch Fressen trichinöser Ratten können wieder Schweine, Hunde, Katzen trichinös werden, während der Mensch von seiten des Schweines durch Genuß ungenügend gesottenen oder unvollkommen geräucherten trichinösen Schweinefleisches sich infiziert.

Wenn eine Person trichinenhaltiges Fleisch verzehrt, so werden die Trichinen durch die Salzsäure des Magens aus ihrer Kapsel befreit und wachsen nunmehr im Duodenum und im Jejunum zu geschlechtsreifen Trichinen, zu den sog. Darmtrichinen, heran. Nach einigen Tagen findet schon die Begattung statt, nach der die Männchen bald zugrunde gehen, während die Weibchen in die Darmwand eindringen und sich dort ansiedeln, um von hier aus ihre Jungen (bis zu 1500 von einem Weibchen) in die Lymphgefäße der Darmwand abzulegen. Diese gelangen dann weiter durch das Lymphsystem in die Blutbahn und schließlich in die quergestreifte Muskulatur des Skelets und des oberen Verdauungskanals. Die Trichinen bevorzugen das Zwerchfell, die Brust-, Bauch-, Hals-, Kehlkopf-, Gesichts- und Augenmuskeln. In der Herzmuskulatur setzen sie sich nicht fest.

In den Muskelprimitivbündeln entwickeln sich die jungen Formen in 14 Tagen zur Muskeltrichine, die sich jetzt spiralig aufrollt (Dauer etwa 5 Wochen) und sich allmählich mit einer Kapsel umgibt. In diesem encystierten Zustande — die Cyste liegt stets in der Längsrichtung der Muskelfaser — erhält sich die Muskeltrichine bis zu 11 Jahren entwicklungsfähig.

Zur Sicherstellung der Diagnose „Trichinosis" dient der Nachweis der Trichinen im Blut und in den excidierten Muskelstückchen. Für den Nachweis im Blut eignet sich am besten die Methode von STÄUBLI. Es werden hiernach einige Kubikzentimeter Blut mit einer größeren Menge 3%iger Essigsäure zur Verhinderung der Gerinnung und Auflösung der Erythrocyten gemischt, das Ganze zentrifugiert und das Zentrifugat mikroskopisch untersucht. In gefärbten Blutausstrichpräparaten findet man meist eine sehr erhebliche Vermehrung der Eosinophilen sowie eine starke Leukocytose. Der geeignetste Tag für eine Blutuntersuchung liegt zwischen dem 15.—23. Tag nach

Abb. 85. Encystierte Muskeltrichinen.
(Vergr. 1:80).

der Infektion. Die sicherste Methode zur Diagnose der Trichinose bildet der Nachweis der Muskeltrichinen im Muskelgewebe (vgl. Abb. 85), aus dem man, und zwar aus den schmerzhaftesten Teilen (insbesondere am Sehnenansatz des Biceps) längs dem Faserverlauf kleine Stückchen excidiert, zerzupft, mit Essigsäure aufhellt und bei 80—100facher Vergrößerung untersucht. Diese Untersuchung sollte in jedem Falle von „fieberhaftem Muskelrheumatismus" unklarer Ätiologie vorgenommen werden. Differentialdiagnostisch kommt gegenüber menschlicher Trichinose in erster Linie noch Abdominaltyphus in Betracht, wobei allerdings schon das Blutbild meist in diesem oder jenem Sinne entscheidet, da das Verhalten der Leukocyten, und insbesondere der Eosinophilen, in beiden Fällen entgegengesetzt ist.

Bei Trichinenfunden ist der Herkunft des betreffenden Schlachttieres nachzugehen und an Ort und Stelle ein Vernichtungsfeldzug gegen die Ratten durchzuführen. Da aber selbst die Fleischbeschau keinen absoluten Schutz gewähren kann, sollte der einzelne sich durch Unterlassung des Genusses von rohem Schweinefleisch zu schützen suchen.

f) Trichocephalus dispar.

Dieser Wurm, auch Peitschenwurm und neuerdings Trichocephalus trichiurus genannt, zeigt in epidemiologischer und pathogenetischer Hinsicht weitgehende Ähnlichkeit mit dem Spulwurm (Ascaris lumbricoides). Der Wurm findet sich meist im Coecum, ausnahmsweise auch im Dünndarm. Das peitschenartige Vorderende ist in die Schleimhaut eingebohrt. Bei massenhaftem Auftreten soll es zu schweren Krankheitssymptomen kommen, ganz geklärt ist allerdings die klinische Bedeutung dieses Wurmes noch nicht. Das Auftreten von mehr oder minder schweren Anämien wäre verständlich, da sich der Wurm ja tief in die Schleimhaut einbohrt und Blut saugt. Der Nachweis der sehr charakteristischen gelb- oder rotbraunen Eier in den Faeces sichert die Diagnose (vgl. Abb. 73).

g) Filarien.

Filarien sind dünne, fadenförmige Würmer, die im erwachsenen Zustande im Unterhautzellgewebe, unter der Augenbindehaut, in den Lymphspalten des Menschen eine parasitische Existenz führen, während ihre Larven (Mikrofilarien) im Blute des Trägers kreisen, bei einer Art (Filaria Bancrofti) bei Chylurie auch im Urin auftreten. Die Reifung und Übertragung der Larven findet in blutsaugenden Insekten (Stechmücken und Stechfliegen) statt. Die durch Filarien hervorgerufenen Krankheiten gehören ausschließlich der tropischen und subtropischen Zone an, kommen aber bei eingeschleppten Fällen wegen der langen Dauer der Erkrankung auch in Europa zur Beobachtung. Sehr oft zeigen die Personen, in deren Blut Mikrofilarien gefunden werden, gar keine Krankheitserscheinungen.

Für die Zwecke dieses Buches ist nur der Nachweis der Mikrofilarien im Blute zu besprechen, während betreffs der Beschreibung der erwachsenen Würmer (die zum Teil in ihrer Biologie noch nicht vollständig erkannt sind) auf die parasitologischen speziellen Lehrbücher verwiesen werden muß.

Das auffallendste Merkmal, auf welches man bei diesen Blutuntersuchungen schon sehr frühzeitig aufmerksam wurde, ist die Abhängigkeit des Auftretens der Mikrofilarien im Blut von der Tageszeit, indem die häufigste Art nur zur Nachtzeit, eine andere nur bei Tage und noch andere sowohl bei Tage wie zur Nacht gefunden werden. Je nach diesem regelmäßigen Turnus wurde der Erreger als Microfilaria nocturna, diurna oder perstans beschrieben. Dieser Unterschied nach den Tageszeiten (dessen physiologische Ursachen übrigens noch unbekannt sind) entspricht aber nicht immer einem strengen Artunterschied, da der Turnus nicht immer ganz regelmäßig eingehalten wird und andererseits durch Veränderung der Lebensweise des Trägers (wenn er bei Tage schläft und nachts wacht) der Turnus bei Microfilaria Bancrofti geradezu umgekehrt werden kann. Eine strenge Unterscheidung der Arten ist dagegen durch morphologische Charaktere und durch die Zugehörigkeit bestimmter Larvenformen zu bestimmten Arten der erwachsenen Würmer gegeben.

Die *Microfilaria nocturna* ist die Larve der Filaria Bancrofti, welche als erwachsener Wurm im Unterhautzellgewebe sitzt und Anschwellungen, Elephantiasis, sowie Chylurie erzeugt.

Die *Microfilaria diurna* ist die Larve der Filaria loa, welche im Unterhautzellgewebe und oft unter der Augenbindehaut sitzt und sich durch ihre häufigen Wanderungen von einem Ort zum anderen auszeichnet.

Die genannten zwei Mikrofilarien zeichnen sich im Gegensatz zu den beiden folgenden durch ihre erheblichere Größe (Länge etwa 0,3 mm, Breite etwa 7 μ), sowie durch das Vorhandensein einer Scheide, welche den ganzen Wurm umgibt und im gefärbten Präparat besonders an seinen beiden Körperenden gut sichtbar ist, aus. Die beiden Arten unterscheiden sich voneinander, neben Differenzen im feineren Bau, die hier übergangen werden können, hauptsächlich dadurch, daß Microfilaria Bancrofti in gerundeten Windungen, Microfilaria loa zerknittert erscheint.

Die *Microfilaria perstans* kann einer von den folgenden beiden (teilweise noch nicht vollständig erforschten) Arten angehören: *Filaria perstans* oder *Filaria Demarquayi*. Die erwachsenen Würmer dieser beiden Arten werden beim Menschen im retroperitonealen Bindegewebe gefunden. Die Mikrofilarien unterscheiden sich von den beiden zuerst genannten Arten schon durch ihre geringere Größe, sowie durch das Fehlen der Scheide.

Betreffs der technischen Vorschriften zum Nachweis der Mikrofilarien im Blute sei folgendes erwähnt: In erster Linie empfiehlt es sich, das Blut in dünner Schicht zwischen Objektträger und Deckgläschen unmittelbar nach der Entnahme im lebenden Zustand zu untersuchen. Die Auffindung der Larven ist dann durch ihre lebhafte Eigenbewegung sehr erleichtert, die gleichzeitig vor Verwechslung mit Fasern u. dgl. schützt. Bei der Anfertigung von gefärbten Trockenpräparaten sind nach FÜLLEBORN folgende Vorschriften zu beobachten: Man verwendet am besten nicht Blutausstrich-, sondern „dicke Tropfen"-Präparate (vgl. im Kap. Malaria, S. 381), doch wird hier der „dicke Tropfen" (nach eventuell vorangegangener vorsichtiger Auswaschung des Blutfarbstoffs mittels destillierten Wassers) vor der Färbung in Alkohol fixiert. Zur Färbung eignet sich GIEMSA-Lösung nicht so gut, weil sie die Scheide zu ungleichmäßig zur Darstellung bringt. FÜLLEBORN empfiehlt in erster Linie die BÖHMERsche Hämatoxylin- oder die Vitalfärbung (mit Methylenblau oder Neutralrot). Das Trocknen der Präparate hat möglichst rasch zu erfolgen, eventuell unter ganz leichter Erwärmung, da beim langsamen Eintrocknen die Parasiten Schrumpfungen zeigen können, durch welche die differentialdiagnostisch verwertbaren Merkmale verwischt werden. Durch Zentrifugieren des im Capillarröhrchen entnommenen Blutes kann eine Anreicherung der Parasiten, die sich im Serum dicht über den Blutkörperchen ansammeln, erreicht werden.

2. Die Zestoden.

Bei den Zestoden handelt es sich um mund- und darmlose Plattwürmer, die aus einer oft sehr langen Reihe von Einzeltieren gebildet sind. Das vorderste Glied, der Kopf oder Scolex, zeigt einen besonderen Bau. Er trägt Saugnäpfe, die zum Festhalten dienen, und mitunter einen Hakenkranz. Dieses erste Glied kann als die Mutter aller übrigen angesehen werden, da es durch Knospung und Teilungserscheinungen die ganze Kette der anderen Glieder hervorbringt, wodurch also das älteste Glied am entferntesten, das jüngste unmittelbar dem Kopf benachbart ist. Hierauf beruht auch der Unterschied in der geschlechtlichen Entwicklung der Einzelglieder. Die jüngsten Glieder zeigen keine Geschlechtsdrüsen, die mittleren beherbergen vollentwickelte Sexualorgane, die Endglieder sind rückgebildet bis auf den ursprünglich viel kleineren Uterus, der zu einem mächtigen Eibehälter ausgewachsen ist. Die reifen Glieder oder Proglottiden können den Darm selbständig verlassen und zeigen dann eine auffallend starke Muskulatur, wie die Taenia saginata, oder sie gelangen nur mit den Faeces nach außen, wie die Taenia solium. Diese Glieder enthalten viele tausend Eier, in denen der Embryo schon völlig entwickelt ist. Sind diese Eier nun in einen geeigneten Wirt gelangt (Rind, Schwein, Hecht), dann werden die Embryonen frei, durchbohren mit Hilfe ihrer Häkchen die Darmwand und gelangen durch den Blutstrom in die Organe. Hier entwickeln sie sich zu Bläschenformen. Gelangt eine solche Blase (Cysticercus, Echinococcus) in den Darm des ursprünglichen Bandwurmwirts, dann wird die Blase verdaut und der Scolex beginnt, durch Knospung wieder eine Gliederkette zu erzeugen. Ihre schädigende Wirkung wird durch ihre Stoffwechselprodukte und die bei ihrem Absterben sich entwickelnden Toxine bedingt.

a) Taenia solium.

Auch Taenia solium, der Schweinebandwurm, wird wie die Trichinellen durch das Fleisch des Hausschweins auf den Menschen übertragen. Allerdings ist das Larvenstadium, die sog. Finne, auch bei Hunden, Katzen und Bären gefunden worden. Die ausgewachsene Geschlechtsform scheint allerdings ausschließlich beim Menschen aufzutreten. Wie bereits bei der Besprechung der allgemeinen Eigenschaften der Zestoden betont worden ist, sind die Eier in den stückweise abgestoßenen Gliedern des Wurmes, den Proglottiden, enthalten, die mit dem Stuhl ausgeschieden werden. Frei sind die Eier im Stuhl allerdings nur selten nachzuweisen. Erst durch die Verwesung des Gliedes werden sie befreit und dann mit den Fäkalien zerstreut. Beim Herumwühlen der Schweine in Düngerhaufen usw. gelangen sie dann in den Darm des Schweines, wo die Larve ausschlüpft, durch die Darmwand in die Muskulatur einwandert, wo sie dann innerhalb 2—3 Monaten zur Finne (Cysticercus cellulosae) auswächst. Der Parasit ist dann dem Menschen durch die Fähigkeit seiner Finne gefährlich, sich anzusiedeln, wobei die Zystizerken besonders im Gehirn und Auge zu schweren Schädigungen führen können. In der obligatorischen Fleischbeschau ist das wichtigste prophylaktische Mittel gegeben, um die Verbreitung dieses Parasiten einzuschränken. Naturgemäß ist aber auch der Bandwurmträger als eigentliche Quelle der Infektion zu bekämpfen. Dies ist die Domäne des praktischen Arztes, der die Patienten von der Notwendigkeit einer sorgfältigen Vernichtung der abgehenden Proglottiden und Würmer überzeugen muß. Zwar sind diese Glieder für den Träger ungefährlich, nicht aber für die Mitmenschen. Die Diagnose stützt sich auf die Auffindung abgehender Proglottiden. Die Untersuchung von Stuhlproben auf Eier ist meist erfolglos.

b) Taenia saginata.

Die Taenia saginata, der Rinderbandwurm, ist der häufigste Bandwurm des Menschen, der als Zwischenwirt ausschließlich das Rind benutzt. Während Taenia solium etwa 2—3 m lang ist und etwa 800 Glieder zeigt, wovon 80—100 reif sind, ist die Taenia saginata 7—10 m lang und besitzt bisweilen 1200—1300 Glieder von 12—14 mm Breite, von denen 150—200 reif sind. Der Kopf zeigt in der Mitte eine grubenförmige Vertiefung, aber keine Haken und 4 auffallend stark muskulöse Saugnäpfe. Auch die Glieder sind sehr muskelstark, der Uterus ist reichlich verästelt. Die ausgeschiedenen Glieder gelangen mit dem Grünfutter in den Darmkanal des Rindes, wo sie sich zum Cysticercus bovis entwickeln. Wieder ist besonders hervorzuheben, daß die Eier mit den abfallenden Proglottiden ausgeschieden werden und sich gewöhnlich nicht frei im Stuhl finden. Durch die Düngung der Felder gelangen die Eier dann in das Futter der Rinder, schlüpfen im Darm aus und besiedeln die Muskulatur. Die Widerstandsfähigkeit der Finnen, die erst durch Temperaturen von mehr als 47^0 C abgetötet werden, stimmt mit der des Schweinebandwurms überein. Die Übertragung auf den Menschen erfolgt in erster Linie durch den Genuß rohen oder nur schwach gebratenen Fleisches. Darum ist die Verbreitung dieses Parasiten, der auf der ganzen Erde bekannt ist, vor allem in jenen Völkern besonders stark, die den Genuß rohen Rindfleisches bevorzugen.

c) Bothriocephalus latus.

Der Bothriocephalus latus, Dibothriocephalus latus oder Diphyllobothrium latum, ist in seiner Geschlechtsform nicht an den Menschen gebunden, sondern siedelt sich auch im Darm von Hund, Katze, Fuchs, Wolf, Bär usw. an. Er kann bis zu 8—9 m lang werden und besitzt bis zu 3000 Glieder. Sein Kopf ist abgeflacht und zeigt an den Seiten zwei seichte Sauggruben. Die Proglottiden werden nicht abgestoßen. Die Eier werden vielmehr im Darm des Menschen abgesetzt und werden mit dem Stuhl frei ausgeschieden. Die Diagnose kann sich also nicht auf die Durchmusterung des Stuhles auf Bandwurmglieder beschränken, vielmehr ist sie wegen der großen Menge der ausgeschiedenen Eier durch die mikroskopische Untersuchung leicht zu stellen. Die weitere Entwicklung der Eier erfolgt im Wasser. Aus ihnen entwickeln sich die mit einem Flimmerkleid besetzten Embryonen, die im Wasser schwimmend in den Darmkanal und die Muskulatur von Fischen (Hecht, Lachs, Barsch) gelangen und zu einem Scolex auswachsen.

Die Infektion des Menschen erfolgt durch den Genuß mangelhaft geräucherter oder mangelhaft gekochter Fische. Die Gesundheitsschädigungen dieses Parasiten beim Menschen sind besonders groß. Durch giftige Stoffwechselprodukte kommt es unter Umständen zu schweren Anämien, die tödlich endigen können. In zweifelhaften Fällen von Anämien ist an eine derartige Infektion zu denken. Das Blutbild ähnelt dem der perniziösen Anämie. Hinsichtlich der Bekämpfung stehen prophylaktische Maßnahmen des Einzelnen im Vordergrund. Vor allem in endemisch verseuchten Gebieten, wie das Kurische Haff im

Deutschen Reich, ist immer wieder dringend vor dem Genuß rohen Fischfleisches in Form von Fischsalat usw. zu warnen. Therapeutisch soll sich das Fuadin bewährt haben.

Auch der *Katzenleberegel, Opisthorchis felineus*, wird durch Fischfleisch auf den Menschen übertragen. Vorwiegend ist er ein Parasit von Seehund und Hauskatze, von Haushund und Fuchs. Die Eier werden mit dem Kot des Wirts ausgeschieden, durchlaufen im Körper einer bestimmten Wasserschnecke ihr erstes Larvenstadium, wandern dann in einem zweiten Stadium aus der Schnecke heraus, bohren sich in vorüberziehende Fische ein, in deren Fleisch sie sich einkapseln. Durch Genuß rohen Fischfleisches gelangen sie in den menschlichen Darm, wandern offenbar direkt in die Leber ein und entwickeln sich hier zur Geschlechtsform. Es kann zu schmerzhaften Lebererkrankungen kommen, die bei schwersten Fällen an Lebercarcinom erinnern können. Die Diagnose wird durch den Nachweis der Eier im Stuhl gestellt.

d) Taenia echinococcus.

Der Bandwurm Taenia echinococcus ist bei Hund, Wolf, Schakal und seltener bei der Hauskatze heimisch. Für den Menschen wird er nur dann pathogen, wenn er als Zwischenwirt in den Entwicklungskreis des Wurmes hineingerät und wenn der Mensch vom Finnenstadium befallen wird. Der Bandwurm besteht nur aus wenigen Gliedern und gehört zu den kleinsten Bandwürmern, da er nur 3—5 mm lang ist. Jedoch leben oft viele Tausende im Darm des Hundes. Gelangen die Eier durch „Anlecken" usw. vom Hund in den Magendarmkanal des Menschen, dann entwickeln sich die Embryonen in Leber, Lungen und anderen Organen zu einer oft großen Blase, die von einer weißen, elastischen und deutlich geschichteten Haut gebildet ist. Die vom Hund usw. mit dem Kot abgehenden Eier können auch durch verschmutztes Gras oder Wasser auf Vieh übertragen werden, sich in Rindern, Ziegen, Schafen, Pferden, Schweinen ansiedeln und zur Bildung der gleichen Cysten in den inneren Organen dieser Tiere führen. In diesen zunächst kleinen blasenförmigen Gebilden setzt eine außerordentlich starke Vermehrung ein. 1 ccm der im Innern der Cyste vorgefundenen Massen, die an sich ursprünglich von einem Ei stammen, können nach rechnerischer Feststellung etwa 400000 Bandwurmköpfchen enthalten, von denen jedes wieder zu einem einzelnen Bandwurm auswachsen kann. Wegen der außerordentlichen Gefährlichkeit dieses Parasiten sind umfassende Bekämpfungsmaßnahmen notwendig, die in erster Linie die Infektionsgelegenheiten für den Hund einschränken müssen. Bei dem Menschen kommen vornehmlich prophylaktische Maßnahmen im Einzelfall in Frage. Bei Kontakt mit Hunden ist größte Vorsicht geboten. Die Therapie des Echinococcus des Menschen ist vorwiegend chirurgisch. Die Diagnose der Echinococcuskrankheiten ist, entsprechend der WASSERMANNschen Reaktion, durch die serologische Untersuchung des Blutes möglich, indem man ein entsprechendes Antigen sich herstellt oder bezieht.

3. Die Trematoden.

Bei den Trematoden handelt es sich um blatt- oder zungenförmige Saugwürmer mit afterlosem Darm und mehreren Saugnäpfen. Besonders wichtig sind die in außereuropäischen Ländern verbreiteten Formen, insbesondere die im folgenden Abschnitt behandelte Art.

Bilharzia haematobia (Schistosomum haematobium): Die Bilharziainfektion kommt zwar in Europa als einheimische Infektion nicht vor, herrscht aber endemisch in außerordentlicher Verbreitung in Afrika und Ostasien und kann bei der Hartnäckigkeit des Leidens, welches sich über viele Jahre hinzieht, bei eingeschleppten Fällen auch in Europa zur Beobachtung kommen. Die afrikanische und die japanische Form der Infektion werden durch verschiedene Erreger verursacht und zeigen auch sonst Unterschiede, indem einerseits der Sitz der Infektion verschieden ist: die ägyptische Bilharzia befällt sowohl das Urogenitalsystem wie das Rectum, während sich bei der japanischen Form die Parasiten nur im Dickdarm festsetzen. Andererseits ist das Schistosomum japonicum auch auf Tiere (Hund, Katze, Pferd, Rind) übertragbar, während die ägyptische Bilharzia ausschließlich den Menschen befällt.

Die Krankheitserscheinungen sind eine Folge des auf die Gewebe ausgeübten Reizzustandes durch die in ihnen massenhaft abgelagerten Eier der Parasiten. Das häufigste Symptom der ägyptischen Bilharziaerkrankung ist das Auftreten von Blut im Harn, sowie die dadurch hervorgerufene Anämie, ferner das Auftreten von chronischen Entzündungserscheinungen und Tumoren in Blase und Rectum, sowie von Blasensteinen. Die Infektion kann aber auch bei anscheinend völlig gesunden Personen vorkommen und ist mit Sicherheit nur durch den mikroskopischen Nachweis der sehr charakteristisch geformten Eier im Urin und Stuhl oder in Gewebsschnitten aus den bei Operationen entfernten krankhaft veränderten Teilen zu stellen.

Der erwachsene Wurm, der seinen Namen nach seinem Entdecker BILHARZ trägt und zu den getrenntgeschlechtlichen Rundwürmern gehört, findet sich in den Venen der Darmwand, des Pfortadersystems sowie der Blase. Das Männchen, 6—11 mm lang und 0,5—0,7 mm dick, ist von weißlicher Farbe, das Weibchen erheblich dünner (0,2 mm) ist bräunlich gefärbt. Sehr charakteristisch sind Pärchen in copula, wobei das Weibchen einen großen Teil seiner Länge nach von dem an der Ventralseite des Männchens befindlichen Canalis gynaecophorus aufgenommen wird. Die Auffindung der erwachsenen Würmer im Blute wird wesentlich erleichtert, wenn man das Material in einer Glasschale in dünner Schicht ausbreitet und im durchfallenden Licht betrachtet. Die Eier zeigen eine Länge von 0,12—0,15 mm und eine Breite von 0,04—0,06 mm. Der eine Pol ist abgerundet, während der andere einen endständigen oder seitenständigen (nach Looss richtiger als bauchständig zu bezeichnenden) Stachel trägt. Die Eier mit bauchständigem Stachel sind nach Looss solche, die aus unreifen Parasiten hervorgehen und finden sich daher vor allem in der Leber (wo die Jugendformen der

Würmer sich aufhalten), sowie — neben normalen endstacheligen Eiern — auch im Stuhl, während mit dem Harn nur normale Eier mit endständigem Stachel ausgeschieden werden. In Gewebsschnitten findet man häufig Eier mit stark verkalkter Schale. Die Eier der japanischen Form des Erregers sind erheblich kleiner und zeigen entweder gar keinen oder nur einen kurzen knopfförmigen seitenständigen Stachel. Im Innern des Eies ist bereits der Embryo zu erkennen. Gelangt das Ei mit den menschlichen Ausscheidungen in Wasser, so wird der Embryo frei und schwimmt als flimmerbehaartes Miracidium lebhaft beweglich umher. Welche weitere Entwicklung dieses Gebilde durchmacht, bis es beim Menschen eine neue Infektion zu verursachen vermag, ist nocht nicht ganz aufgeklärt. Vielleicht macht das Miracidium eine Entwicklung in gewissen Süßwasserschnecken durch. Als Eintrittspforte der Infektion ist — wie beim Ankylostomum — die Haut anzusehen, wofür sowohl epidemiologische Erfahrungen (Looss) wie Tierversuche mit dem Schistosomum japonicum sprechen. Die außerordentlich weite Verbreitung, welche sowohl die Bilharzia- wie die Ankylostomeninfektion unter der ägyptischen Landbevölkerung zeigt, erklärt sich dadurch, daß diese Leute täglich stundenlang bei der Bewässerung der Felder ihre Haut mit infiziertem Wasser in Berührung bringen.

Zum Abschluß sei die folgende tabellarische Zusammenstellung nach F. A. Lentze gebracht, die die *Wege zur Diagnose der einheimischen Wurmkrankheiten* aufzeigt. Diese Tabelle zeigt vor allem, daß die auch heute noch von vielen Ärzten so oft rein schematisch vorgenommenen

Tabelle 26.

| Wurmart | Die Diagnose einheimischer Wurmkrankheiten erfolgt durch Untersuchung von | | | | |
| | Stuhl auf | | | Blut auf | Sonstiges |
	Eier	Larven	Proglottiden		
Oxyuris	0!	—	—	—	Eier in Analabstrichen
Ascaris	+	0	—	—	Eventuell Sputum auf Larven (bei Bronchopneumonien)
Trichuris	+	0	—	—	—
Ankylostomum	+	0	—	—	—
Strongyloides	0	+	—	—	—
Trichinella	0	vereinzelt	—	Muskeltrichinellen 5.—28. Tag	Excidierte Muskelstücke (frühestens 9. Tag)
Taenia solium	(±)	—	+	—	—
Taenia saginata	(±)	—	+	—	—
Diphyllobothrium latum	+	—	!0!	—	—
Opisthorchis felineus	+	—	—	—	—
Echinococcus	—	—	—	Komplementbindung	—

Einsendungen von Stuhl zur Untersuchung auf Wurmeier für die Diagnose menschlicher Wurmkrankheiten vielfach überflüssig und unnötig sind. Die Berücksichtigung der in dieser Tabelle aufgeführten Einzelheiten ist dringend geboten, wenn einwandfreie Diagnosen gestellt und erwartet werden sollen und wenn die Stellung einer richtigen Diagnose nicht nur der Behandlung und Heilung des Einzelfalles, sondern auch der wirksamen Bekämpfung und Eindämmung dieser Wurmkrankheiten dienen soll.

Schrifttum.

BRAUN u. SEIFERT: Tierische Parasiten des Menschen. Leipzig: Curt Kabitzsch 1925/26. — BRÜNING: Eingeweidewürmer und ihre Bekämpfung. Dtsch. med. Wschr. **60**, 425 (1934). — LENTZE: Oxyuris und Ascaris, Verbreitung und Bekämpfung. Veröff. Med.verw. **37**, 54 (1932). — LENTZE, F. A.: in M. GUNDEL: Die ansteckenden Krankheiten. Leipzig: Georg Thieme 1935. — LEUCKART: Die menschlichen Parasiten und die von ihnen herrührenden Krankheiten. 1876. — SZIDAT u. WIGAND: Leitfaden der einheimischen Wurmkrankheiten. Leipzig: Georg Thieme 1934.

Sachverzeichnis.